Leitfäden der Informatik

Kiyek / Schwarz
Mathematik für Informatiker 2

Leitfäden der Informatik

Herausgegeben von

Die Leitfäden der Informatik behandeln

- Themen aus der Theoretischen, Praktischen und Technischen Informatik entsprechend dem aktuellen Stand der Wissenschaft in einer systematischen und fundierten Darstellung des jeweiligen Gebietes.
- Methoden und Ergebnisse der Informatik, aufgearbeitet und dargestellt aus Sicht der Anwendungen in einer für Anwender verständlichen, exakten und präzisen Form.

Die Bände der Reihe wenden sich zum einen als Grundlage und Ergänzung zu Vorlesungen der Informatik an Studierende und Lehrende in Informatik-Studiengängen an Hochschulen, zum anderen an „Praktiker", die sich einen Überblick über die Anwendungen der Informatik(-Methoden) verschaffen wollen; sie dienen aber auch in Wirtschaft, Industrie und Verwaltung tätigen Informatikern und Informatikerinnen zur Fortbildung in praxisrelevanten Fragestellungen ihres Faches.

Mathematik für Informatiker 2

Von Prof. Dr. rer. nat. Karl-Heinz Kiyek
und Dr. rer. nat. Friedrich Schwarz
Universität-Gesamthochschule Paderborn

2., durchgesehene Auflage

B. G. Teubner Stuttgart 1994

Prof. Dr. rer. nat. Karl-Heinz Kiyek

Geboren 1936 in Berlin. Studium der Mathematik, Physik und Astronomie in Würzburg. Promotion in Mathematik 1963 (Würzburg), Habilitation in Mathematik 1969 (Saarbrücken), 1971 Professor an der Universität des Saarlandes. Seit 1973 Professor an der Universität-Gesamthochschule Paderborn.

Dr. rer. nat. Friedrich Schwarz

Geboren 1937 in Hartmanitz. Studium der Mathematik, Physik und Astronomie in Würzburg. Promotion in Mathematik 1966 (Würzburg), von 1965 bis 1974 Assistent und Akademischer Rat (Universität Saarbrücken). Seit 1974 Akademischer Oberrat an der Universität-Gesamthochschule Paderborn.

Die Deutsche Bibliothek – CIP-Einheitsaufnahme

Kiyek, Karl-Heinz:
Mathematik für Informatiker / von Karl-Heinz Kiyek und
Friedrich Schwarz. – Stuttgart : Teubner.
(Leitfäden der Informatik)
NE: Schwarz, Friedrich:
2. – 2., durchges. Aufl. – 1994
ISBN-13: 978-3-519-12278-4 e-ISBN-13: 978-3-322-88909-6
DOI: 10.1007/978-3-322-88909-6

Einband: Peter Pfitz, Stuttgart

Vorwort

Hiermit legen wir den abschließenden Band unserer "Mathematik für Informatiker" vor. Auch hier haben wir uns bemüht – soweit dies bei dem diesmal anspruchsvolleren Stoff möglich ist – den algorithmischen und konstruktiven Aspekt in den Vordergrund zu stellen. Die Stoffauswahl wurde u.a. dadurch bestimmt, daß auch auf die Bedürfnisse der Informatiker mit technischen Nebenfächern eingegangen wurde – so ist ein ausführliches Kapitel über Funktionen mehrerer Veränderlicher entstanden, welches für den "Nurinformatiker" erst in zweiter Linie interessant ist.

Zum Inhalt: In Kapitel VII werden numerische Fragen aus der Linearen Algebra und der Analysis behandelt. Nach einer Einführung in die Gleitpunktarithmetik – die nur bei der numerischen Behandlung von linearen Gleichungssystemen in Kapitel VII, §2 und der Fehlerabschätzung bei der Berechnung von Eigenwerten von Tridiagonalmatrizen in Kapitel VIII, §5 benötigt wird – werden in §2 Fehlerabschätzungen für die Lösung von linearen Gleichungssystemen bei Spaltenpivotsuche und Totalpivotsuche hergeleitet. Unitäre und orthogonale Matrizen werden in §3 eingeführt; neben dem numerisch ungünstigen Orthogonalisierungsverfahren nach E. Schmidt wird in §4 die QR-Zerlegung einer Matrix nach Householder behandelt, und es wird auf die Anwendung dieser Zerlegung beim Lösen linearer Gleichungssysteme hingewiesen. Weitere Methoden zur Lösung von linearen Gleichungssystemen werden in Kapitel IX, §3 behandelt, nämlich das Gesamtschrittverfahren [Jacobi-Verfahren] und das Einzelschrittverfahren [Gauß-Seidel-Verfahren]. Zum Verständnis der ersten 4 Paragraphen von Kapitel VII reichen die Kenntnisse aus Kapitel II aus. In den restlichen Paragraphen 5 bis 7 von Kapitel VII werden numerische Aspekte der Analysis studiert. §5 ist Fragen der Interpolation gewidmet [u.a. Newton- und Spline-Interpolation]. In §6 werden Bernoulli-Polynome und Bernoulli-Zahlen eingeführt, und daran anschließend wird die Eulersche Summenformel hergeleitet; sie wird in §6 zum Beweis der Stirlingschen Formel verwendet und dann in §7 bei der Behandlung des Romberg-Verfahrens zur numerischen Integration eingesetzt. Zum Verständnis dieser drei Paragraphen werden Kenntnisse aus den Kapiteln V und VI erwartet.

In Kapitel VIII werden Eigenwerte von Matrizen studiert. In §2 wird ein Verfahren zur Berechnung des charakteristischen Polynoms einer Matrix vorgestellt, dessen Aufwand mit dem des Gauß-Algorithmus vergleichbar ist. Ein konstruktives Verfahren zur Bestimmung der Jordanschen Normalform für Matrizen, deren Elemente komplexe Zahlen sind, wird in §3 behandelt. Die Eigenwerte von hermiteschen und symmetrischen Matrizen werden in §4 studiert, und in §5 wird vorgeführt, wie man die Eigenwerte von Tridiagonalmatrizen numerisch berechnen kann. Zum Verständnis der ersten 4 Paragraphen dieses Kapitels sind nur die Kenntnisse aus Kapitel II nötig.

Im umfangreichen Kapitel IX werden zunächst konvergente Folgen und Reihen in $\mathbb{R}^n$, genauer in $M(m,n;\mathbb{K})$ – hier ist $\mathbb{K}$ einer der Körper $\mathbb{R}$ oder $\mathbb{C}$ – behandelt. Stetigen und differenzierbaren Funktionen sind die Paragraphen 2 und 4 gewidmet.

Wir beschränken uns hierbei auf Fragen, die im Zusammenhang mit "einmal differenzierbar" auftreten; Resultate für "höhere Ableitungen" [Vertauschbarkeit der Reihenfolge der Differentiation, Taylor-Formel und anderes] werden ohne Beweis erwähnt. Der Fixpunktsatz in §3 wird zur Konstruktion der Umkehrabbildung in §5 benutzt; hieran schließt sich ein Newton-Verfahren zur Bestimmung von Nullstellen für Funktionen mehrerer Veränderlicher an. Der Existenz- und Eindeutigkeitssatz nach Picard-Lindelöf für Differentialgleichungen $y' = F(x, y)$, wo F stetig ist und einer Lipschitz-Bedingung genügt, wird in §6 vorgeführt; lineare Differential- und Differenzengleichungen werden in den Paragraphen 7 und 8 behandelt. Ein Überblick über die Lösungen einer linearen Differential- oder Differenzengleichung mit konstanten Koeffizienten wird durch Rückgriff auf die Jordansche Normalform für Matrizen gegeben. Nimmt man den Existenz- und Eindeutigkeitssatz für lineare Differentialgleichungen als bekannt an, so kann §7 ohne Kenntnis der vorherigen Paragraphen von Kapitel IX gelesen werden; in §8 [über lineare Differenzengleichungen] werden nur an einigen Stellen Resultate aus §7 benutzt; ansonsten kann dieser Paragraph nur mit den Kenntnissen aus Kapitel II studiert werden.

Das Kapitel X ist einem Simplexverfahren zur Lösung von linearen Ungleichungen [Lineares Optimieren] gewidmet; das hier geschilderte Verfahren ist die von R. G. Bland angegebene Version, von der gezeigt wird, daß sie in endlich vielen Schritten zum Ziel führt. Zum Verständnis dieses Kapitels werden nur die Kenntnisse von Kapitel II benötigt.

Grundbegriffe der Stochastik – Wahrscheinlichkeitsräume und zufällige Veränderliche – werden in Kapitel IX behandelt und an vielen Beispielen erläutert. Aus der umfangreichen Reihe bekannter statistischer Tests wird hier nur der chi-Quadrat-Test vorgeführt. Er wird in §6 benutzt, um von Zahlenfolgen entscheiden zu können, ob sie als Folgen von Zufallszahlen betrachtet werden können. Der Konstruktion von Zufallszahlen ist §7 gewidmet. Zum Verständnis dieses Kapitels werden die in Kapitel III hergeleiteten Fakten über Konvergenz von Folgen und Reihen benötigt.

In Kapitel XII werden die theoretischen Grundlagen für die Resultate in Kapitel II nachgereicht: Es werden Vektorräume und lineare Abbildungen studiert. Wir beschränken uns hierbei auf die Grundbegriffe und verweisen für weitere Fragen auf die Lehrbuchliteratur.

Die in Kapitel I, §3 und §4 eingeführten Grundbegriffe der Algebra werden in den ersten drei Paragraphen von Kapitel XIII noch einmal aufgegriffen; in §1 werden Monoide studiert, und es wird zu einem regulären kommutativen Monoid das Quotientenmonoid konstruiert. In §2 werden endliche abelsche Gruppen und insbesondere zyklische Gruppen behandelt; auf den Basissatz für endliche abelsche Gruppen wird nicht eingegangen. Einige Grundbegriffe der Ringtheorie [Quotientenkörper eines Integritätsrings, Restklassenringe von Ringen nach einem Ideal] werden in §3 behandelt. Spezielleren Fragen sind die restlichen Paragraphen dieses Kapitels gewidmet; Ringe mit eindeutiger Primzerlegung werden in §4 studiert, in §5 werden Polynome in mehreren Unbestimmten eingeführt, und in §6 werden dann symmetrische Polynome studiert. In §7 werden zwei Algorithmen zur Berechnung der Resultante von zwei Polynomen vorgeführt; der letztere gestattet es, die Resultante von Polynomen mit Koeffizienten in einen Integritätsring, also insbesondere in einem Polynomring über den ganzen Zahlen in endlich vielen Unbestimmten, zu berechnen.

In Kapitel XIV werden zunächst in §1 die Restklassenringe von $\mathbb{Z}$ und ihre Einheitengruppen behandelt. In §2 ist von Primzahlen die Rede; das zentrale Ergebnis ist dabei die Abschätzung der Fehlerwahrscheinlichkeit bei dem von M. O. Rabin angegebenen Primzahltest, der ausführlich beschrieben wird. Von den neueren Verfahren zur Berechnung der Primzerlegung einer ganzen Zahl wird in §3 der von R. S. Lehman angegebene Algorithmus behandelt; Hilfsmittel ist dabei die Theorie der Kettenbrüche. Auf die Bedeutung der Zahlentheorie für die Kryptographie wird hingewiesen; die Behandlung von kryptographischen Verfahren, die auf zahlentheoretischen Methoden beruhen, hätte den Rahmen des Buches gesprengt.

Grundbegriffe der Körpertheorie, insbesondere endliche Körper, werden in den ersten beiden Paragraphen von Kapitel XV studiert. Aus Platzgründen wurde auf einen Paragraphen über Kodierungstheorie verzichtet. Zwei Algorithmen für die Primzerlegung von Polynomen in einer Unbestimmten über endlichen Körpern werden in §3 behandelt, nämlich der Algorithmus von Berlekamp und der auf Zassenhaus und Cantor zurückgehende Algorithmus. Im letzten Paragraphen wird ein Algorithmus zur Primzerlegung von Polynomen über den ganzen Zahlen angegeben.

Im abschließenden Kapitel schließlich werden Verbände und Boolesche Algebren eingeführt, insbesondere wird der Struktursatz über endliche Boolesche Algebren formuliert und bewiesen.

Es wurde bereits erwähnt, daß Grundbegriffe der Kodierungstheorie keine Aufnahme fanden; auch auf Graphentheorie und Kombinatorik wurde verzichtet, wenngleich in das Kapitel über Stochastik eine Reihe von Resultaten aus der Kombinatorik Eingang fanden. Wir meinen, daß diese Dinge eher in ein Curriculum der Informatik als in die Mathematikausbildung der Informatiker gehören.

Die numerischen Rechnungen wurden unter Verwendung von Maple, dem von der Universität von Waterloo in Kanada entwickelten Computeralgebra-System, ausgeführt; Hinweise auf Maple im Text beziehen sich stets auf die Version 4.2.

Den größten Teil dieses Buches hat in bewährter Weise Frau W. Böhmer in LATEX geschrieben; Frau B. Elberg unterstützte uns bei der Schlußredaktion. Einzelne Kapitel wurden von Dr. M. Epkenhans, Dr. M. Mikus und Dr. U. Nagel kritisch durchgesehen. Besonderen Dank schulden wir den beiden Studenten Axel Boldt und Dirk Kussin, welche mit großer Gewissenhaftigkeit Korrektur lasen, uns auf eine Reihe von Ungenauigkeiten hinwiesen und viele Verbesserungsvorschläge machten.

In der vorliegenden zweiten Auflage wurden kleinere Richtigstellungen vorgenommen und Druckfehler verbessert.

Paderborn, im September 1994

K. Kiyek F. Schwarz

Inhaltsverzeichnis

Kapitel VII Numerik

§1 Gleitpunktrechnung

(1.1) Es sei $g \geq 2$ eine fest gewählte natürliche Zahl. Jede reelle Zahl $a \neq 0$ hat genau eine g-adische Entwicklung

$$a = \mathrm{sign}(a)(...a_{-2}a_{-1}a_0.a_1a_2...)_g \qquad (*)$$

[vgl. I(3.24) und III(2.3)(4); es werden hier im Gegensatz zu I(3.24) die Stellen nach dem Punkt mit wachsenden Indizes gezählt]. Ist i_0 die kleinste ganze Zahl i mit $a_i \neq 0$, so ist

$$a = \mathrm{sign}(a)(0.a_{i_0}a_{i_0+1}...)_g \cdot g^{-i_0+1}; \qquad (**)$$

man nennt $(*)$ die Festpunktdarstellung und $(**)$ die Gleitpunktdarstellung von a.

(1.2) Im folgenden wird ein Modell für Zahldarstellungen und arithmetische Operationen beschrieben, wie es in vielen Rechenanlagen realisiert ist. Es seien für den Rest dieses Paragraphen e und t fest gewählte natürliche Zahlen. Es sei $\mathcal{M} := \mathcal{M}(g;e,t)$ die Menge der reellen Zahlen der Form $\pm\mu g^h$, $\mu = (0.a_1...a_t)_g$ mit $a_1 \neq 0$ und mit $h \in \mathbb{Z}$ und $-e \leq h \leq e$. Es wird $\mathcal{M}$ oft die Menge der Maschinenzahlen genannt. Jedes $a \in \mathcal{M}$ hat genau eine Darstellung

$$a = \mathrm{sign}(a)\mu_a g^{e_a} \quad \text{mit } \mu_a = (0.a_1...a_t)_g, \quad a_1 \neq 0, \quad e_a \in \{-e,\dots,e\}. \qquad (*)$$

Man nennt $(*)$ die normalisierte Gleitpunktdarstellung von a; es heißen μ_a die Mantisse, e_a der Exponent von a. Es gilt $g^{-e-1} \leq |a| < g^e$.

(1.3) RUNDUNG: Im folgenden werden nur Zahlen betrachtet, deren g-adische Entwicklung abbricht [vgl. III(2.3)(4)], denn nur solche entstehen beim numerischen Rechnen; die Menge der von Null verschiedenen $a \in \mathbb{R}$, die eine abbrechende g-adische Entwicklung besitzen, wird mit $\mathcal{R}$ bezeichnet. Zu jedem $a \in \mathcal{R}$ gibt es also ein $n \in \mathbb{N}$ so, daß $a = \mathrm{sign}(a)(0.a_1...a_n)_g g^{e_a}$ mit $a_1 \neq 0$ und mit $e_a \in \mathbb{Z}$ gilt.
(1) Es sei $n \in \mathbb{N}$. Es gilt $(0.a_1...a_n)_g = 1/2$ genau dann, wenn g eine gerade Zahl ist und wenn $a_1 = g/2$, $a_2 = \cdots = a_n = 0$ gelten.
Beweis: Es gelte $1/2 = (0.a_1...a_n)_g = \sum_{i=1}^n a_i g^{-i}$. Dann gilt $g^n = 2\sum_{i=1}^n a_i g^{n-i}$, und daher ist 2 ein Teiler von g^n. Also ist g gerade, und daher gilt: Ist $n \geq 2$, so ist $2g$ ein Teiler von $g^n = 2\sum_{i=1}^{n-1} a_i g^{n-i} + 2a_n$ und somit von $2a_n$, also ist g ein Teiler von a_n, und daher ist $a_n = 0$. Auf diese Weise folgt schließlich $a_i = 0$ für jedes $i \in \{2,\dots,n\}$.
(2) Es sei $\mu \in \mathcal{R}$ mit $1/g \leq \mu < 1$; die g-adische Entwicklung von μ hat also die Form $\mu = (0.a_1...a_ta_{t+1}...)_g$ mit $a_1 \neq 0$. Es sei $\mu' := (0.a_1...a_t)_g$.
(a) Es gelte $g^t\mu \notin \frac{1}{2} + \mathbb{Z}$. Es wird

$$\widetilde{\mathrm{rd}}(\mu) := \begin{cases} \mu', & \text{falls } g^t(\mu - \mu') < 1/2 \text{ ist,} \\ \mu' + g^{-t}, & \text{falls } g^t(\mu - \mu') > 1/2 \text{ ist,} \end{cases}$$

gesetzt; es ist also $g^t\widetilde{\mathrm{rd}}(\mu)$ die ganze Zahl, die am nächsten bei $g^t\mu$ liegt.
(b) Es gelte $g^t\mu \in \frac{1}{2} + \mathbb{Z}$ – dieser Fall tritt nur für gerade Grundzahl g auf, und es ist dann $a_{t+1} = g/2$ und $a_i = 0$ für jedes $i \in \mathbb{N}$ mit $i > t+1$ [vgl. (1)]. Es wird

$$\widetilde{\mathrm{rd}}(\mu) = \begin{cases} \mu', & \text{falls } g^t\mu + 1/2 \text{ gerade ist,} \\ \mu' + g^{-t}, & \text{falls } g^t\mu + 1/2 \text{ ungerade ist,} \end{cases}$$

gesetzt; es ist also $g^t\widetilde{\mathrm{rd}}(\mu)$ eine der beiden ganzen Zahlen, die am nächsten bei $g^t\mu$ liegen.
(c) Häufig wird im Fall (b) immer zu $\mu' + 1/g^t$ gerundet, doch ist das keine befriedigende Vorschrift.
(3) Es sei $\mu \in \mathcal{R}$ mit $1/g \leq \mu < 1$; es wird mit $\mathrm{rd}(\mu)$ die normalisierte Gleitpunktdarstellung von $\widetilde{\mathrm{rd}}(\mu)$ bezeichnet. Es gilt also $\mathrm{rd}(\mu) = \widetilde{\mathrm{rd}}(\mu)$, falls $\widetilde{\mathrm{rd}}(\mu) \neq 1$ ist, und $\mathrm{rd}(\mu) = (0.1)_g g$, falls $\widetilde{\mathrm{rd}}(\mu) = 1$ ist. Im letzteren Fall spricht man von Rundungsüberlauf.
(4) Es sei $a \in \mathcal{R}$, $a = \mathrm{sign}(a)\mu_a g^{e_a}$ mit $1/g \leq \mu_a < 1$ und mit $e_a \in \mathbb{Z}$. Es wird

$$\mathrm{rd}(a) := \mathrm{sign}(a)\,\mathrm{rd}(\mu_a)g^{e_a}$$

gesetzt. Es entsteht folglich $\mathrm{rd}(a)$ aus a durch "Rundung". Der Exponent von $\mathrm{rd}(a)$ ist e_a, falls $\widetilde{\mathrm{rd}}(\mu_a) \neq 1$ ist, und $e_a + 1$, falls $\widetilde{\mathrm{rd}}(\mu_a) = 1$ ist.

(1.4) BEMERKUNG: (1) In der numerischen Praxis werden fast ausschließlich die Grundzahlen $g = 2$ oder $g = 10$ benutzt; für diese hat sich die in (1.3)(2)(b) getroffene Wahl der Rundungsvorschrift als nützlich erwiesen.
(2) Es sei $\mu \in \mathcal{R}$ mit $1/g \leq \mu < 1$. Ist $g^t\mu \notin \frac{1}{2} + \mathbb{Z}$, so ist $|\mathrm{rd}(\mu) - \mu| < g^{-t}/2$, ist $g^{-t}\mu \in \frac{1}{2} + \mathbb{Z}$, so ist $|\mathrm{rd}(\mu) - \mu| = g^{-t}/2$.

Es sei $a \in \mathcal{R}$, $a = \mathrm{sign}(a)\mu_a g^{e_a}$ mit $1/g \leq \mu_a < 1$ und mit $e_a \in \mathbb{Z}$. Es gilt

$$|\mathrm{rd}(a) - a| \leq \frac{1}{2}g^{-t+e_a} \quad \text{und} \quad \left|\frac{\mathrm{rd}(a) - a}{a}\right| \leq \frac{1}{2}g^{-t+1}$$

[wegen $g^{-1} \leq \mu_a$]. Man nennt $|\mathrm{rd}(a) - a|$ den absoluten Fehler, der bei der Ersetzung von a durch $\mathrm{rd}(a)$ entsteht, und $|(\mathrm{rd}(a) - a)/a|$ den relativen Fehler, der bei der Ersetzung von a durch $\mathrm{rd}(a)$ entsteht.
(3) Es sei $a \in \mathcal{R}$. Gilt $|a| \geq g^e$ oder $|a| < g^{-e-1} - g^{e-1-t}/2$, so ist $\mathrm{rd}(a) \notin \mathcal{M}$. Gilt hingegen $g^{-e-1} \leq |a| < g^e$, so ist

$$a = \mathrm{sign}(a)\mu_a g^{e_a} \text{ mit } \mu_a = (0.a_1...)_g, \quad a_1 \neq 0, \quad e_a \in \{-e, \ldots, e\};$$

es ist $\mathrm{rd}(a) \in \mathcal{M}$ genau dann, wenn $\widetilde{\mathrm{rd}}(\mu_a) < 1$ oder $\widetilde{\mathrm{rd}}(\mu_a) = 1$ und $e_a < e$ gilt [man spricht dann wieder von Rundungsüberlauf]. Ist $\widetilde{\mathrm{rd}}(\mu_a) = 1$ und ist $e_a = e$ – in diesem Fall gilt also $\mathrm{rd}(a) \notin \mathcal{M}$ –, so spricht man von Exponentenüberlauf.
(4) Die Elemente der Menge $\mathcal{M}$ sind die Zahlen, die für numerische Rechnungen zur Verfügung stehen; im Rest dieses Paragraphen wird untersucht, wie man mit den Elementen in $\mathcal{M}$ rechnet.

(1.5) GLEITPUNKTOPERATIONEN: Die vier arithmetischen Grundoperationen, Addition (+), Subtraktion (−), Multiplikation (·) und Division (/), angewandt auf Elemente aus $\mathcal{M}$, ergeben im allgemeinen keine Elemente aus $\mathcal{M}$. Es werden neue Operationen – Gleitpunktaddition ($\oplus$), Gleitpunktsubtraktion ($\ominus$), Gleitpunktmultiplikation ($\odot$) und Gleitpunktdivision ($\oslash$) – eingeführt, die, angewandt auf Elemente aus $\mathcal{M} \cup \{0\}$, wieder Elemente aus $\mathcal{M} \cup \{0\}$ ergeben – es sei denn, der Betrag des Resultats ist zu groß [Exponentenüberlauf] oder zu klein [Exponentenunterlauf].

Es seien a und $b \in \mathcal{M} \cup \{0\}$; ist $a \neq 0$, so sei $a = \operatorname{sign}(a)\mu_a g^{e_a}$ die normalisierte Gleitpunktdarstellung von a, ist $b \neq 0$, so sei $b = \operatorname{sign}(b)\mu_b g^{e_b}$ die normalisierte Gleitpunktdarstellung von b.

(1) Gleitpunktaddition, Gleitpunktsubtraktion: Es seien a und b von Null verschieden. Ist $e_b > e_a$, so werden a und b vertauscht; es wird daher $e_a \geq e_b$ angenommen. Es gilt $0 \leq e_a - e_b \leq 2e$.

(a) Es gelte $e_a - e_b > t$. Dann sind die ersten $t+1$ Nachkommastellen von $\mu_b g^{e_b - e_a}$ offensichtlich 0. Es wird

$$a \oplus b := a$$

gesetzt; es ist $\operatorname{rd}(a+b) = a$.

(b) Es gelte $e_a - e_b \leq t$. Es wird $\operatorname{sign}(a)\mu_a + \operatorname{sign}(b)\mu_b g^{e_b - e_a}$ exakt berechnet [es entsteht $\mu_b g^{e_b - e_a}$ durch Verschieben der Nachkommastellen von μ_b um $e_a - e_b$ Stellen nach rechts; zur Berechnung der Summe wird ein Unterprogramm benötigt, das mit $2t$ Nachkommastellen arbeitet], und es sei c diese Summe. Es sei h der Exponent von $\operatorname{rd}(c)$. Gilt $e_a + h > e$, so wird die Fehlermeldung "Exponentenüberlauf" ausgegeben, gilt $e_a + h < -e$, so wird die Fehlermeldung "Exponentenunterlauf" ausgegeben. Gilt $-e \leq e_a + h \leq e$, so wird

$$a \oplus b := \operatorname{rd}(c) g^{e_a}$$

gesetzt.

(c) In beiden Fällen gilt

$$a \oplus b = (a+b) \cdot (1+\varepsilon) \quad \text{mit } |\varepsilon| \leq \frac{1}{2} g^{-t+1}.$$

(d) Es wird

$$a \ominus b := a \oplus (-b)$$

gesetzt, und es gilt wieder

$$a \ominus b = (a-b) \cdot (1+\varepsilon) \quad \text{mit } |\varepsilon| \leq \frac{1}{2} g^{-t+1}.$$

Es ist klar, wie man $a \oplus b$ und $a \ominus b$ zu definieren hat, wenn $a = 0$ oder $b = 0$ ist.

(2) Gleitpunktmultiplikation: Es seien a und b von Null verschieden. Es gilt $g^{-2} \leq \mu_a \mu_b < 1$. Es wird $\mu_a \mu_b$ exakt berechnet [das berechnete Produkt hat höchstens $2t$ von Null verschiedene Stellen; es wird also wieder ein Unterprogramm benötigt, das mit $2t$ Nachkommastellen arbeitet], und es sei c dieses Produkt. Es

sei h der Exponent von rd(c). Gilt $e_a + e_b + h > e$, so wird die Fehlermeldung "Exponentenüberlauf" ausgegeben, gilt $e_a + e_b + h < -e$, so wird die Fehlermeldung "Exponentenunterlauf" ausgegeben. Gilt $-e \leq e_a + e_b + h \leq e$, so wird

$$a \odot b := \mathrm{rd}(c) g^{e_a + e_b}$$

gesetzt. Es gilt

$$a \odot b = a \cdot b \cdot (1 + \varepsilon) \quad \text{mit } |\varepsilon| \leq \frac{1}{2} g^{-t+1}.$$

Ist $a = 0$ oder ist $b = 0$, so wird $a \odot b = 0$ gesetzt.

(3) Die folgenden Abschätzungen werden bei der Untersuchung der Gleitpunktdivision benötigt; der Einfachheit halber werden nur gerade Grundzahlen g betrachtet. Es seien a und b von 0 verschieden.

(a) Es gelte $\mu_a < \mu_b$. Dann gilt $\mu_a \leq \mu_b - g^{-t}$ und daher $g^{-1} < \mu_a/\mu_b \leq 1 - g^{-t}$. Es sei $\mu_a/\mu_b = \sum_{i=1}^{\infty} c_i g^{-i}$ die g-adische Entwicklung von μ_a/μ_b. Es gilt $c_1 \neq 0$. Es wird $\mu_a/\mu_b = c + c'$ mit $c := (0.c_1 \ldots c_{t+1})_g$ und $c' := \mu_a/\mu_b - c$ geschrieben. Es gilt $0 \leq c' \leq g^{-t-1}$.

Ist $c_{t+1} < g/2$, so gilt $0 \leq \mu_a/\mu_b - (0.c_1 \ldots c_t)_g \leq (g-2)/(2g^{t+1}) + 1/g^{t+1} = g^{-t}/2$, ist $c_{t+1} \geq g/2$, so gilt $0 \leq (0.c_1 \ldots c_t)_g + g^{-t} - \mu_a/\mu_b = g^{-t} - c_{t+1} g^{-t-1} - c' \leq g^{-t}/2$. Es sei $\widetilde{c} := \mathrm{rd}(c)$, falls $c_{t+1} \neq g/2$, und es sei $\widetilde{c} = (0.c_1 \ldots c_t)_g + g^{-t}$, falls $c_{t+1} = g/2$ ist [es ist also $g^t \widetilde{c}$ die zum nächstgrößeren Ganzen gerundete Zahl $g^t c$]. Es gilt

$$\left| \frac{\mu_a}{\mu_b} - \widetilde{c} \right| \leq \frac{1}{2} g^{-t}. \qquad (*)$$

Es gilt $1/g \leq \mu_a/\mu_b \leq 1 - g^{-t}$, also $c \leq 1 - g^{-1}$; es gibt daher ein $i \in \{1, \ldots, t+1\}$ mit $c_i \neq g - 1$; beim Runden von c tritt kein Rundungsüberlauf auf.

(b) Es gelte $\mu_b \leq \mu_a$. Dann gilt $g^{-1} \leq (\mu_a/\mu_b)/g \leq 1 - g^{-t}$. Es wird die in (a) durchgeführte Überlegung auf $g^{-1}\mu_a/\mu_b$ angewandt: Es sei $g^{-1}\mu_a/\mu_b = \sum_{i=1}^{\infty} c_i g^{-i}$ die g-adische Entwicklung von $g^{-1}\mu_a/\mu_b$, und es sei $c := (0.c_1 \ldots c_{t+1})_g$. Zu c wird $\widetilde{c}$ wie in (a) bestimmt. Es ist dann

$$\left| \frac{g^{-1}\mu_a}{\mu_b} - \widetilde{c} \right| \leq \frac{1}{2} g^{-t}.$$

Auch hier tritt kein Rundungsüberlauf auf.

(4) Gleitpunktdivision: Es sei g gerade; es werden die Bezeichnungen aus (3) beibehalten.

(a) Es gelte $0 < \mu_a < \mu_b$. Gilt $e_a - e_b > e$, so wird die Fehlermeldung "Exponentenüberlauf" ausgegeben, gilt $e_a - e_b < -e$, so wird die Fehlermeldung "Exponentenunterlauf" ausgegeben. Gilt $-e \leq e_a - e_b \leq e$, so wird

$$a \oslash b := \widetilde{c} g^{e_a - e_b}$$

gesetzt. Es gilt

$$a \oslash b = (a/b) \cdot (1 + \varepsilon) \quad \text{mit } |\varepsilon| \leq \frac{1}{2} g^{-t+1}.$$

(b) Es gelte $0 < \mu_b \leq \mu_a$. Gilt $e_a - e_b + 1 > e$, so wird die Fehlermeldung "Exponentenüberlauf" ausgegeben, gilt $e_a - e_b + 1 < -e$, so wird die Fehlermeldung "Exponentenunterlauf" ausgegeben. Gilt $-e \leq e_a - e_b + 1 \leq e$, so wird

$$a \oslash b := \widetilde{c} g^{e_a - e_b + 1}$$

gesetzt. Es gilt

$$a \oslash b = (a/b) \cdot (1 + \varepsilon) \quad \text{mit } |\varepsilon| \leq \frac{1}{2} g^{-t+1}.$$

(c) Gilt $a = 0$ und $b \neq 0$, so wird

$$a \oslash b := 0$$

gesetzt.

(1.6) BEMERKUNG: (1) Die Behandlung von Exponentenüberlauf und Exponentenunterlauf wird auf konkreten Rechnern nicht einheitlich gehandhabt. Überlauf wird oft als Fehler gemeldet, Unterlauf meist nicht. Es wäre wünschenswert – was auch oft realisiert ist –, daß dem Benutzer die Möglichkeit gegeben wird, sich eine "Numerik-Umgebung" je nach Bedarf selbst zu definieren, also etwa die Art und die Genauigkeit der Rundung und eben auch die Behandlung von Über- und Unterlauf nach Wunsch festzusetzen, jedenfalls solange er einen numerischen Algorithmus implementiert und austestet [man vgl. dazu auch [43], S. 190/191].
(2) Man nennt eps $:= g^{-t+1}/2$ die Maschinengenauigkeit. Sind a und b in $\mathcal{M} \cup \{0\}$, so gilt mit den Bezeichnungen aus (1.5) [im Fall der Division ist g gerade und $b \neq 0$ vorauszusetzen]

$$a \oplus b = (a + b)(1 + \varepsilon_1), \qquad a \ominus b = (a - b)(1 + \varepsilon_2),$$
$$a \odot b = (a \cdot b)(1 + \varepsilon_3), \qquad a \oslash b = (a/b)(1 + \varepsilon_4)$$

mit reellen Zahlen $\varepsilon_1, \varepsilon_2, \varepsilon_3, \varepsilon_4 \in [-\text{eps}, \text{eps}]$, falls weder Exponentenüberlauf noch Exponentenunterlauf auftritt.
(3) Für die Gleitpunktoperationen gelten viele der Regeln, die in einem kommutativen Ring gelten, nicht. Zwar ist $a \oplus b = b \oplus a$ für $a, b \in \mathcal{M}$, falls nicht Exponentenüberlauf oder -unterlauf eintritt, aber $\oplus$ ist nicht assoziativ, wie das folgende Beispiel zeigt: Für $a = 0.741\,565 \cdot 10^{-3}$, $b = 0.541\,218 \cdot 10^{2}$, $c = -0.541\,213 \cdot 10^{2} \in \mathcal{M}(10; 4, 6)$ gilt

$$0.120\,000 \cdot 10^{-2} = (a \oplus b) \oplus c \neq a \oplus (b \oplus c) = 0.124\,157 \cdot 10^{-2}.$$

[Es ist $a + b + c = 0.124\,156\,5 \cdot 10^{-2}$.]

(1.7) Es seien α, β und $\gamma \in \mathcal{M}$, und es gelte, daß bei den im folgenden durchgeführten Rechnungen kein Exponentenüberlauf oder -unterlauf auftritt.
(1) Es wird $\alpha + \beta \cdot \gamma$ so berechnet: $\alpha \oplus (\beta \odot \gamma)$. Dann gibt es $\varepsilon, \varepsilon' \in \mathbb{R}$ mit $|\varepsilon| \leq \text{eps}$, $|\varepsilon'| \leq \text{eps}$ so, daß

$$\alpha \oplus (\beta \odot \gamma) = \big(\alpha + \beta \cdot \gamma(1 + \varepsilon')\big)(1 + \varepsilon) = \alpha + \beta\gamma + \eta \tag{1.7.1}$$

gilt mit $\eta := \alpha \cdot \varepsilon + \beta \cdot \gamma \cdot \varepsilon''$ und $\varepsilon'' := \varepsilon + \varepsilon' + \varepsilon\varepsilon'$. Es gilt also $|\varepsilon''| \leq 3\,\mathrm{eps}$.
(2) Es gelte jetzt $\gamma \neq 0$, und es sei g gerade. Es wird $(\alpha + \beta)/\gamma$ so berechnet: $(\alpha \oplus \beta) \oslash \gamma$. Dann gibt es $\varepsilon, \varepsilon' \in \mathbb{R}$ mit $|\varepsilon| \leq \mathrm{eps}$, $|\varepsilon'| \leq \mathrm{eps}$ so, daß

$$(\alpha \oplus \beta) \oslash \gamma = \frac{\alpha + \beta}{\gamma}(1 + \varepsilon)(1 + \varepsilon') = \frac{\alpha + \beta}{\gamma}(1 + \varepsilon'') \tag{1.7.2}$$

gilt mit $\varepsilon'' := -1 + (1 + \varepsilon)(1 + \varepsilon')$, und es gilt

$$(1 - \mathrm{eps})^2 \leq 1 + \varepsilon'' \leq (1 + \mathrm{eps})^2. \tag{1.7.3}$$

(1.8) Hilfssatz: *Es sei $x \in \mathbb{R}$ mit $x > 0$.*
(1) *Für jedes $\alpha \in (0, \infty)$ mit $\alpha x < 0.1$ gilt $(1 + x)^\alpha < 1 + 1.06 \cdot \alpha x$.*
(2) *Für jedes $k \in \mathbb{N}$ mit $kx < 0.1$ gilt*

$$(1 + x)^k < 1 + 1.06 \cdot kx, \quad (1 - x)^k > 1 - 1.06 \cdot kx.$$

(3) *Für jedes $k \in \mathbb{N}$ mit $kx < 0.1$ gilt*

$$(1 + x)^{k/2} < 1 + 0.55 \cdot kx, \quad (1 - x)^{k/2} > 1 - 0.55 \cdot kx.$$

Beweis: (a) Es sei $y \in (0, 1)$; es gilt $1 - y < e^{-y}$ [denn die Folge $(y^\nu/\nu!)_{\nu \in N_0}$ ist streng monoton fallend, und daher gilt $1 - y < \sum_{\nu=0}^{\infty}(-1)^\nu y^\nu/\nu! = e^{-y}$, vgl. III(2.12)(6)], und daher gilt $e^y(y-1) > -1$. Die Funktion $y \mapsto (e^y - 1)/y : (0, \infty) \to \mathbb{R}$ wächst monoton [denn ihre Ableitung in $y \in (0, \infty)$ ist $(e^y(y - 1) + 1)/y^2$, und es gilt $e^y(y - 1) + 1 > -1 + 1 = 0$ für jedes $y \in (0, 1)$ und $e^y(y - 1) + 1 > 0$ für jedes $y \in [1, \infty)$].
(b) Es ist $1 + x < e^x$ [vgl. IV(3.1)(3)]; nach (a) gilt daher

$$\frac{(1 + x)^\alpha - 1}{\alpha x} < \frac{e^{\alpha x} - 1}{\alpha x} \leq \frac{e^{0.1} - 1}{0.1} = 1.051\ldots < 1.06,$$

und damit ist (1) und die erste Ungleichung in (2) bewiesen. Es gilt

$$1 - (1 - x)^k = \sum_{\nu=1}^{k} \binom{k}{\nu} (-1)^{\nu-1} x^\nu \leq \sum_{\nu=1}^{k} \binom{k}{\nu} x^\nu = (1 + x)^k - 1 < 1.06 \cdot kx,$$

und damit ist die zweite Ungleichung in (2) bewiesen.
(c) Es ist $(0.55)^2 \cdot kx - 0.04 < (0.55)^2 \cdot 0.1 - 0.04 = 0.03025 - 0.04 < 0$, und daher gilt

$$(1 - 0.55 \cdot kx)^2 = 1 - 2 \cdot 0.55 \cdot kx + 0.55^2 \cdot (kx)^2 < 1 - 1.06 \cdot kx < (1 - x)^k;$$

damit ist die zweite Ungleichung in (3) bewiesen; die erste Ungleichung folgt aus (1).

(1.9) Folgerung: *Es seien t und ε reelle Zahlen, und es sei $k \in \mathbb{N}$. Es gelte $2^{-t}k < 0.1$ und $(1 - 2^{-t})^k \leq 1 + \varepsilon \leq (1 + 2^{-t})^k$. Dann gilt*

$$|\varepsilon| < 2^{-t_1}k \quad \textit{mit } t_1 := t - \log_2(1.06) = t - 0.084\ldots.$$

Beweis: Das folgt aus (1.8) mit $x := 2^{-t}$.

(1.10) FEHLERABSCHÄTZUNGEN: Es seien $a_1, \ldots, a_n$, $b_1, \ldots, b_n \in \mathcal{M} \cup \{0\}$. Es gelte in den folgenden Abschnitten, daß alle durchgeführten Einzelrechnungen zu Ergebnissen in $\mathcal{M} \cup \{0\}$ führen, daß also niemals ein Exponentenüberlauf oder ein Exponentenunterlauf vorkommt.

(1) Es gelte $a_i \neq 0$ für jedes $i \in \{1, \ldots, n\}$. Bei der Berechnung des Produkts $a_1 \cdots a_n$ werden $p_1 := a_1$ und $p_i := p_{i-1} \odot a_i$ für jedes $i \in \{2, \ldots, n\}$ berechnet; dann wird p_n als Näherung für $a_1 \cdots a_n$ verwendet. Zu jedem $i \in \{2, \ldots, n\}$ gibt es nach (1.5)(2) ein $\varepsilon_i \in [-\text{eps}, \text{eps}]$ mit $p_i = p_{i-1} a_i (1+\varepsilon_i)$. Es gilt $p_n = a_1 \cdots a_n \cdot (1+\varepsilon)$ mit dem relativen Fehler $\varepsilon := -1 + (1+\varepsilon_2) \cdots (1+\varepsilon_n)$ von p_n. Hierfür gilt $(1-\text{eps})^{n-1} \leq 1 + \varepsilon \leq (1+\text{eps})^{n-1}$, und hieraus und aus (1.8) folgt: Ist $(n-1)\text{eps} < 0.1$, so ist $|\varepsilon| < 1.06 \cdot (n-1)\text{eps}$, bzw. im Fall der Grundzahl $g = 2$ nach (1.9) $|\varepsilon| < (n-1)2^{-t_1}$, wobei wie vorher $\text{eps} = 2^{-t}$ und $t_1 = t - \log_2(1.06) = t - 0.084\ldots$ gilt.

(2) Bei der Berechnung von $a_1 + \cdots + a_n$ werden $s_1 := a_1$ und $s_i := s_{i-1} \oplus a_i$ für jedes $i \in \{2, \ldots, n\}$ berechnet; dann wird s_n als Näherung für $a_1 + \cdots + a_n$ verwendet. Zu jedem $i \in \{2, \ldots, n\}$ gibt es nach (1.5)(1) ein $\varepsilon_i \in [-\text{eps}, \text{eps}]$ mit $s_i = (s_{i-1} + a_i)(1 + \varepsilon_i)$. Folglich ist

$$s_n = a_1(1+\eta_1) + a_2(1+\eta_2) + \cdots + a_n(1+\eta_n)$$

mit $\eta_1 := -1 + (1+\varepsilon_2) \cdots (1+\varepsilon_n)$ und $\eta_i := -1 + (1+\varepsilon_i) \cdots (1+\varepsilon_n)$ für jedes $i \in \{2, \ldots, n\}$. Es gilt $(1-\text{eps})^{n-1} \leq 1 + \eta_1 \leq (1+\text{eps})^{n-1}$ und $(1-\text{eps})^{n+1-i} \leq 1+\eta_i \leq (1+\text{eps})^{n+1-i}$ für jedes $i \in \{2, \ldots, n\}$. Aus (1.8) folgt: Ist $(n-1)\text{eps} < 0.1$, so gilt $|\eta_1| \leq 1.06 \cdot (n-1)\text{eps}$ und $|\eta_i| \leq 1.06 \cdot (n+1-i)\text{eps} \leq 1.06 \cdot (n-1)\text{eps}$ für jedes $i \in \{2, \ldots, n\}$ und daher

$$\begin{aligned} |s_n - (a_1 + \cdots + a_n)| &= \Big| \sum_{i=1}^n a_i \eta_i \Big| \leq \sum_{i=1}^n |a_i| \cdot |\eta_i| \\ &\leq 1.06 \cdot (n-1)\text{eps} \sum_{i=1}^n |a_i|. \end{aligned} \tag{1.10.1}$$

Damit ist für den Fall, daß $a_1, \ldots, a_n$ entweder alle positiv oder alle negativ sind, eine Abschätzung des relativen Fehlers von s_n gefunden. Für den allgemeinen Fall ist eine derartige Abschätzung des relativen Fehlers nicht zu erwarten, da $a_1 + \cdots + a_n = 0$ sein kann. Im Fall $g = 2$ gilt nach (1.9): Ist $(n-1)\text{eps} < 0.1$, so ist $|\eta_i| \leq (n-1)2^{-t_1}$ für jedes $i \in \{1, \ldots, n\}$, und es folgt

$$|s_n - (a_1 + \cdots + a_n)| \leq \sum_{i=1}^n |a_i| \cdot |\eta_i| \leq (n-1)2^{-t_1} \sum_{i=1}^n |a_i|. \tag{1.10.2}$$

Bei der Berechnung von $a_1 + \cdots + a_n$ ist es günstig, die Summanden so zu numerieren, daß $|a_1| \leq |a_2| \leq \cdots \leq |a_n|$ gilt: Bei der Abschätzung des Fehlers $|s_n - (a_1 + \cdots + a_n)|$ wie in (1.10.1) und (1.10.2) wird dann der Fehler $|\eta_1|$, der die ungünstigste Abschätzung besitzt, mit der kleinsten der Zahlen $|a_1|, \ldots, |a_n|$ multipliziert.

Beispiel: Im $\mathcal{M}(10,4,3)$ seien $a_1 := 0.1111 \cdot 10^2$, $a_2 := 0.9111 \cdot 10^0$, $a_3 := \cdots := a_{10} := 0.4999 \cdot 10^{-2}$. In diesem Fall gilt

$$\begin{aligned}(\cdots(((a_1 \oplus a_2) \oplus a_3) \oplus a_4) \oplus \cdots \oplus a_9) \oplus a_{10} &= 0.1202 \cdot 10^2,\\ (\cdots(((a_{10} \oplus a_9) \oplus a_8) \oplus a_7) \oplus \cdots \oplus a_2) \oplus a_1 &= 0.1206 \cdot 10^2,\end{aligned}$$

und es ist $a_1 + \cdots + a_n = 12.061\,092$.
(3) Zur Berechnung von $t := a_1b_1 + \cdots + a_nb_n$ werden $t_1 := a_1 \odot b_1$ und $t_i := t_{i-1} \oplus (a_i \odot b_i)$ für jedes $i \in \{2,\ldots,n\}$ berechnet; dann wird t_n als Näherung für t verwendet. Es gibt ein $\varepsilon_1 \in [-\mathrm{eps}, \mathrm{eps}]$ mit $t_1 = a_1b_1(1+\varepsilon_1)$, und zu jedem $i \in \{2,\ldots,n\}$ gibt es ε_i, $\vartheta_i \in [-\mathrm{eps}, \mathrm{eps}]$ mit $t_i = (t_{i-1} + a_ib_i(1+\varepsilon_i))(1+\vartheta_i)$. Es ist

$$t_n = a_1b_1(1+\eta_1) + \cdots + a_nb_n(1+\eta_n)$$

mit $\eta_1 := -1+(1+\varepsilon_1)(1+\vartheta_2)\cdots(1+\vartheta_n)$ und $\eta_i := -1+(1+\varepsilon_i)(1+\vartheta_i)\cdots(1+\vartheta_n)$ für jedes $i \in \{2,\ldots,n\}$. Es gilt $(1-\varepsilon)^n \le 1+\eta_1 \le (1+\varepsilon)^n$ und $(1-\varepsilon)^{n+2-i} \le 1+\eta_i \le (1+\varepsilon)^{n+2-i}$ für jedes $i \in \{2,\ldots,n\}$. Aus (1.8) folgt: Ist $n\,\mathrm{eps} < 0.1$, so gilt $|\eta_1| \le 1.06 \cdot n\,\mathrm{eps}$ und $|\eta_i| \le 1.06 \cdot (n+2-i)\,\mathrm{eps} \le 1.06 \cdot n\,\mathrm{eps}$ für jedes $i \in \{2,\ldots,n\}$ und daher

$$\begin{aligned}|t_n - (a_1b_1 + \cdots + a_nb_n)| &= \Big|\sum_{i=1}^n a_ib_i\eta_i\Big| \le \sum_{i=1}^n |a_ib_i| \cdot |\eta_i|\\ &\le 1.06 \cdot n\,\mathrm{eps} \sum_{i=1}^n |a_ib_i|.\end{aligned}$$

Im Fall von $g = 2$ gilt nach (1.9): Ist $n\,\mathrm{eps} < 0.1$, so gilt

$$|\eta_1| \le n \cdot 2^{-t_1}, \quad |\eta_i| \le (n+2-i) \cdot 2^{-t_1} \quad \text{für jedes } i \in \{2,\ldots,n\}, \tag{1.10.3}$$

wobei wieder $\mathrm{eps} = 2^{-t}$ die Maschinengenauigkeit ist und $t_1 = t - \log_2(1.06) = t - 0.084\ldots$ gilt.

(1.11) Das Rechnen mit Gleitpunktzahlen wird in [35], 4.1 - 4.4, und in [82] eingehend behandelt. Ausführliche Grundlegungen der Computer-Arithmetik sind [43] und [75].

§2 Fehlerabschätzung bei linearen Gleichungssystemen

(2.0) (1) In diesem Paragraphen sind m, n und p stets natürliche Zahlen.
(2) In II(6.16) wurde für $x \in M(n,1;\mathbb{C})$ die Norm $\|x\|$ von x definiert, und in II(6.17) wurden die wichtigsten Eigenschaften dieser Norm bewiesen. Ist $x \in M(n,1;\mathbb{R})$, so kann man natürlich ebenfalls die Norm $\|x\| := \sqrt{({}^tx \mid x)}$ definieren, und es gelten auch dafür die in II(6.17) genannten Eigenschaften. Bei den nachfolgend einzuführenden Normen von Matrizen hat man zu unterscheiden, ob es sich um Matrizen mit Elementen in $\mathbb{R}$ oder in $\mathbb{C}$ handelt. Um lästige Fallunterscheidungen zu vermeiden, wird mit $\mathbb{K}$ einer der Körper $\mathbb{R}$ oder $\mathbb{C}$ bezeichnet.

(2.1) BEMERKUNG: (1) Es sei $h \in \mathbb{N}$, es seien $x_1, \ldots, x_h \in M(n,1;\mathbb{K})$. Aus der Dreiecksungleichung II(6.17)(4) erhält man durch Induktion $\|x_1 + \cdots + x_h\| \leq \|x_1\| + \cdots + \|x_h\|$. Ist $x_i = {}^t(\xi_{i1}, \ldots, \xi_{in})$ für jedes $i \in \{1, \ldots, h\}$, so gilt also

$$\left(\sum_{j=1}^{n} \left|\sum_{i=1}^{h} \xi_{ij}\right|^2\right)^{1/2} \leq \sum_{i=1}^{h} \left(\sum_{j=1}^{n} |\xi_{ij}|^2\right)^{1/2}.$$

(2) Es sei $A = (\alpha_{ij}) \in M(m,n;\mathbb{K})$, es sei $\gamma \in \mathbb{R}$, und es gelte $|\alpha_{ij}| \leq \gamma$ für jedes $i \in \{1, \ldots, m\}$ und jedes $j \in \{1, \ldots, n\}$. Es sei $x = {}^t(\xi_1, \ldots, \xi_n) \in M(n,1;\mathbb{K})$. Dann gilt nach (1)

$$\begin{aligned} \|Ax\| &= \left(\sum_{i=1}^{m} \left|\sum_{j=1}^{n} \alpha_{ij}\xi_j\right|^2\right)^{1/2} \leq \sum_{j=1}^{n} \left(\sum_{i=1}^{m} |\alpha_{ij}\xi_j|^2\right)^{1/2} \\ &\leq \sqrt{m} \cdot \gamma \cdot \sum_{j=1}^{n} |\xi_j| \leq n\sqrt{m} \cdot \gamma \cdot \|x\|, \end{aligned}$$

denn es ist $\sum_{j=1}^{n} |\xi_j| \leq n \max(\{|\xi_1|, \ldots, |\xi_n|\}) \leq n\|x\|$.
(3) Es sei $A \in M(m,n;\mathbb{K})$. Nach (2) gilt: Es gibt ein $\alpha \in \mathbb{R}$ mit $\alpha \geq 0$ und mit $\|Ax\| \leq \alpha\|x\|$ für jedes $x \in M(n,1;\mathbb{K})$.

(2.2) BEZEICHNUNG: (1) Es sei $x = {}^t(\xi_1, \ldots, \xi_n) \in M(n,1;\mathbb{K})$. Es wird

$$\|x\|_1 := \sum_{j=1}^{n} |\xi_j|, \qquad \|x\|_\infty := \max(\{|\xi_1|, \ldots, |\xi_n|\})$$

gesetzt. Es ist leicht zu sehen, daß für $\|x\|_1$ und $\|x\|_\infty$ die in II(6.17) für $\|x\|$ hergeleiteten Aussagen richtig sind.
(2) Es sei $A = (\alpha_{ij}) \in M(m,n;\mathbb{K})$, und es sei $\gamma \in \mathbb{R}$ mit $|\alpha_{ij}| \leq \gamma$ für jedes $i \in \{1, \ldots, m\}$ und jedes $j \in \{1, \ldots, n\}$. Es sei $x \in M(n,1;\mathbb{K})$. Es gelten

$$\|Ax\|_1 \leq m \cdot \gamma \cdot \|x\|_1, \qquad \|Ax\|_\infty \leq n \cdot \gamma \cdot \|x\|_\infty.$$

(3) Es sei $A \in M(m,n;\mathbb{K})$. Nach (2) gilt: Es gibt ein $\alpha \in \mathbb{R}$ mit $\alpha \geq 0$ und mit $\|Ax\|_1 \leq \alpha\|x\|_1$ und $\|Ax\|_\infty \leq \alpha\|x\|_\infty$ für jedes $x \in M(n,1;\mathbb{K})$.

(2.3) DEFINITION: (1) Eine Abbildung $A \mapsto |||A||| : M(m,n;\mathbb{K}) \to \mathbb{R}$ mit
(a) $|||A||| \geq 0$ und $|||A||| = 0$ genau dann, wenn $A = 0$ ist,
(b) $|||A + B||| \leq |||A||| + |||B|||$ für alle A, $B \in M(m,n;\mathbb{K})$ ["Dreiecksungleichung"],
(c) $|||\lambda A||| = |\lambda| \cdot |||A|||$ für jedes $A \in M(m,n;\mathbb{K})$ und jedes $\lambda \in \mathbb{K}$
heißt eine Norm.
(2) Eine Norm $|||\ |||$ heißt submultiplikativ, wenn gilt: Für jedes $A \in M(m,n;\mathbb{K})$ und jedes $B \in M(n,p;\mathbb{K})$ ist $|||AB||| \leq |||A||| \cdot |||B|||$.

(2.4) BEMERKUNG: (1) Es sind $\| \ \|$, $\| \ \|_1$ und $\| \ \|_\infty$ Normen auf $M(n,1;\mathbb{K})$.
(2) Es sei $||| \ |||$ eine Norm auf $M(m,n;\mathbb{K})$. Dann gilt $\big| \, |||A||| - |||B||| \, \big| \le |||A \pm B|||$ für alle A, $B \in M(m,n;\mathbb{K})$; dies ist eine einfache Folgerung aus der Dreiecksungleichung [vgl. den Beweis von II(6.17)(5)].

(2.5) DEFINITION: Es sei $A \in M(m,n;\mathbb{K})$. Es wird gesetzt:

$$\begin{aligned}
\|A\| &:= \inf\big(\{\alpha \mid \alpha \ge 0;\ \|Ax\| \le \alpha\|x\| \quad \text{für jedes } x \in M(n,1;\mathbb{K})\}\big),\\
\|A\|_1 &:= \inf\big(\{\alpha \mid \alpha \ge 0;\ \|Ax\|_1 \le \alpha\|x\|_1 \quad \text{für jedes } x \in M(n,1;\mathbb{K})\}\big),\\
\|A\|_\infty &:= \inf\big(\{\alpha \mid \alpha \ge 0;\ \|Ax\|_\infty \le \alpha\|x\|_\infty \quad \text{für jedes } x \in M(n,1;\mathbb{K})\}\big).
\end{aligned}$$

(2.6) BEMERKUNG: (1) Es sei $x \in M(n,1;\mathbb{K})$. In II(6.16) wurde $\|x\|$, in (2.2) wurden $\|x\|_1$ und $\|x\|_\infty$ definiert. Aus $\|\lambda x\| = |\lambda| \, \|x\|$, $\|\lambda x\|_1 = |\lambda| \, \|x\|_1$ und $\|\lambda x\|_\infty = |\lambda| \, \|x\|_\infty$ für jedes $\lambda \in \mathbb{K}$ folgt, daß die in (2.5) gegebene Definition für $\|x\|$, $\|x\|_1$ und $\|x\|_\infty$ dazu nicht in Widerspruch steht.
(2) Es sei $y = (\eta_1, \ldots, \eta_n) \in M(1,n;\mathbb{K})$. Es ist $\|y\| = \|y^*\| = \big(|\eta_1|^2 + \cdots + |\eta_n|^2\big)^{1/2}$, denn für jedes $x \in M(n,1;\mathbb{K})$ gilt $\|yx\| = |yx| = |(x \mid y^*)| \le \|x\| \cdot \|y^*\|$, und daher ist $\|y\| \le \|y^*\|$; andererseits ist $\|yy^*\| = |yy^*| = \|y^*\|^2$.
(3) Für die Einheitsmatrix $E_n \in M(n;\mathbb{K})$ gilt $\|E_n\| = \|E_n\|_1 = \|E_n\|_\infty = 1$.
(4) Es sei $A \in M(m,n;\mathbb{K})$, und es sei $||| \ ||| \in \{\| \ \|, \| \ \|_1, \| \ \|_\infty\}$. Es ist $|||A||| \ge 0$, und es gilt $|||Ax||| \le |||A||| \cdot |||x|||$ für jedes $x \in M(n,1;\mathbb{K})$, wie unmittelbar aus der Definition (2.5) folgt.
(5) Es sei $A \in M(m,n;\mathbb{K})$, und es sei $||| \ ||| \in \{\| \ \|, \| \ \|_1, \| \ \|_\infty\}$. Es seien $P \in \mathrm{GL}(m;\mathbb{K})$, $Q \in \mathrm{GL}(n;\mathbb{K})$ Permutationsmatrizen. Es gilt $|||PA||| = |||A||| = |||AQ|||$.
Beweis: Für jedes $y \in M(m,1;\mathbb{K})$ gilt $|||Py||| = |||y|||$, und daher ist $|||(PA)x||| = |||P(Ax)||| = |||Ax|||$ für jedes $x \in M(n,1;\mathbb{K})$. – Für jedes $x \in M(n,1;\mathbb{K})$ gilt einerseits $|||AQx||| = |||A(Qx)||| \le |||A||| \cdot |||Qx||| = |||A||| \cdot |||x|||$ und andererseits $|||Ax||| = |||AQ(Q^{-1}x)||| \le |||AQ||| \cdot |||Q^{-1}x||| = |||AQ||| \cdot |||x|||$, denn auch Q^{-1} ist eine Permutationsmatrix [vgl. II(2.4)(3)].

(2.7) Satz: *Es sei* $A \in M(m,n;\mathbb{K})$, *und es sei* $||| \ ||| \in \{\| \ \|, \| \ \|_1, \| \ \|_\infty\}$. *Dann gilt*

$$|||A||| = \sup\big(\{|||Ax||| \mid x \in M(n,1;\mathbb{K});\ |||x||| = 1\}\big).$$

Beweis: Für jedes $x \in M(n,1;\mathbb{K})$ mit $|||x||| = 1$ gilt $|||Ax||| \le |||A||| \cdot |||x||| = |||A|||$, und daher gilt $\alpha' := \sup\big(\{|||Ax||| \mid x \in M(n,1;\mathbb{K});\ |||x||| = 1\}\big) \le |||A|||$. – Für jedes $y \in M(n,1;\mathbb{K})$ mit $y \ne 0$ gilt $|||\, |||y|||^{-1} \cdot y||| = 1$ und daher

$$|||y|||^{-1} \cdot |||Ay||| = \big|\big|\big|A(|||y|||^{-1} \cdot y)\big|\big|\big| \le \alpha',$$

also $|||Ay||| \le \alpha' |||y|||$, und für $y = 0 \in M(n,1;\mathbb{K})$ ist dies trivialerweise richtig. Also gilt auch $|||A||| \le \alpha'$.

(2.8) Satz: $\| \ \|$, $\| \ \|_1$ *und* $\| \ \|_\infty$ *sind submultiplikative Normen.*
Beweis: Es sei $||| \ ||| \in \{\| \ \|, \| \ \|_1, \| \ \|_\infty\}$.

(1) Es seien $A,\ B \in M(m,n;\mathbb{K})$. Ist $A = 0$, so ist $|||A||| = 0$; ist $|||A||| = 0$, so gilt für jedes $x \in M(n,1;\mathbb{K})$ nach (2.6)(4) $|||Ax||| = 0$ und daher $Ax = 0$, und somit ist $A = 0$ [vgl. II(5.2)]. – Für jedes $x \in M(n,1;\mathbb{K})$ gilt

$$|||(A+B)x||| = |||Ax+Bx||| \le |||Ax||| + |||Bx||| \le (|||A||| + |||B|||)\cdot |||x|||,$$

und daher gilt $|||A+B||| \le |||A||| + |||B|||$. – Daß $|||\lambda A||| = |\lambda|\cdot|||A|||$ für jedes $\lambda \in \mathbb{K}$ gilt, folgt in jedem Fall sogleich aus der Definition der Norm $|||\ |||$ in (2.5).
(2) Es seien $A \in M(m,n;\mathbb{K})$ und $B \in M(n,p;\mathbb{K})$. Für jedes $x \in M(p,1;\mathbb{K})$ gilt

$$|||(AB)x||| = |||A(Bx)||| \le |||A|||\cdot|||Bx||| \le |||A|||\cdot|||B|||\cdot|||x|||,$$

und daher gilt $|||AB||| \le |||A|||\cdot|||B|||$.

(2.9) Satz: *Es sei $A = (\alpha_{ij}) \in M(m,n;\mathbb{K})$. Dann gelten*

$$\begin{aligned}\|A\|_1 &= \max\Big(\Big\{\sum_{i=1}^{m}|\alpha_{ij}| \mid j \in \{1,\ldots,n\}\Big\}\Big),\\ \|A\|_\infty &= \max\Big(\Big\{\sum_{j=1}^{n}|\alpha_{ij}| \mid i \in \{1,\ldots,m\}\Big\}\Big).\end{aligned}$$

Beweis: (1) Es sei $\{e_1,\ldots,e_n\}$ die Standardbasis von $M(n,1;\mathbb{K})$. Für jedes $x = {}^t(\xi_1,\ldots,\xi_n) = \sum_{j=1}^n \xi_j e_j \in M(n,1;\mathbb{K})$ gilt wegen $\|x\|_1 = \sum_{j=1}^n|\xi_j|$

$$\begin{aligned}\|Ax\|_1 &= \Big\|A\cdot\sum_{j=1}^n \xi_j e_j\Big\|_1 = \Big\|\sum_{j=1}^n \xi_j(Ae_j)\Big\|_1 \le \sum_{j=1}^n |\xi_j|\cdot\|Ae_j\|_1\\ &\le \max(\{\|Ae_1\|_1,\ldots,\|Ae_n\|_1\})\cdot\|x\|_1,\end{aligned}$$

und daher ist $\|A\|_1 \le \max(\{\|Ae_1\|_1,\ldots,\|Ae_n\|_1\})$. Für jedes $j \in \{1,\ldots,n\}$ ist andererseits $\|e_j\|_1 = 1$ und $\|A\|_1 = \|A\|_1\cdot\|e_j\|_1 \ge \|Ae_j\|_1 = \sum_{i=1}^m|\alpha_{ij}|$. Daher ist $\|A\|_1 \ge \max(\{\|Ae_1\|_1,\ldots,\|Ae_n\|_1\}) = \max(\{\sum_{i=1}^m|\alpha_{ij}| \mid j \in \{1,\ldots,n\}\})$.
(2) Es sei $k \in \{1,\ldots,m\}$ mit $\sum_{j=1}^n|\alpha_{kj}| = \max(\{\sum_{j=1}^n|\alpha_{ij}| \mid i \in \{1,\ldots,m\}\})$. Für jedes $x = {}^t(\xi_1,\ldots,\xi_n) \in M(n,1;\mathbb{K})$ gilt dann: Für jedes $i \in \{1,\ldots,m\}$ ist $|\sum_{j=1}^n \alpha_{ij}\xi_j| \le \sum_{j=1}^n|\alpha_{ij}|\cdot|\xi_j| \le \|x\|_\infty\cdot\sum_{j=1}^n|\alpha_{ij}| \le \|x\|_\infty\cdot\sum_{j=1}^n|\alpha_{kj}|$, also gilt

$$\|Ax\|_\infty = \max\Big(\Big\{\Big|\sum_{j=1}^n \alpha_{ij}\xi_j\Big| \mid i \in \{1,\ldots,m\}\Big\}\Big) \le \|x\|_\infty\cdot\sum_{j=1}^n|\alpha_{kj}|.$$

Also ist $\|A\|_\infty \le \sum_{j=1}^n|\alpha_{kj}|$. – Für $j \in \{1,\ldots,n\}$ sei $\eta_j := \overline{\alpha_{kj}}/|\alpha_{kj}|$, falls $\alpha_{kj} \ne 0$ ist, und $\eta_j := 1$, falls $\alpha_{kj} = 0$ ist. Dann gilt für $y := {}^t(\eta_1,\ldots,\eta_n) \in M(n,1;\mathbb{K})$: Es ist $\|y\|_\infty = 1$ und

$$\begin{aligned}\|A\|_\infty &= \|A\|_\infty\cdot\|y\|_\infty \ge \|Ay\|_\infty = \max\Big(\Big\{\Big|\sum_{j=1}^n\alpha_{ij}\eta_j\Big| \mid i \in \{1,\ldots,m\}\Big\}\Big)\\ &\ge \Big|\sum_{j=1}^n \alpha_{kj}\eta_j\Big| = \sum_{j=1}^n|\alpha_{kj}|.\end{aligned}$$

Also ist $\|A\|_\infty = \sum_{j=1}^n |\alpha_{kj}| = \max(\{\sum_{j=1}^n |\alpha_{ij}| \mid i \in \{1,\ldots,m\}\})$.

(2.10) BEMERKUNG: Es sei $A = (\alpha_{ij}) \in M(m,n;\mathbb{K})$. In VIII(4.7) wird gezeigt, wie man $\|A\|$ aus den Elementen α_{ij} berechnen kann.

(2.11) Hilfssatz: *Es sei* $|||\ |||$ *eine submultiplikative Norm. Es sei* $B \in M(n;\mathbb{K})$, *und es sei* $|||B||| < 1$. *Dann ist* $E_n + B$ *invertierbar, und es gilt*

$$|||(E_n + B)^{-1}||| \leq \frac{1}{1 - |||B|||}.$$

Beweis: Es sei $x \in M(n,1;\mathbb{K})$. Dann gilt

$$|||(E_n + B)x||| \geq \big|\,|||x||| - |||Bx|||\,\big| \geq |||x||| - |||B|||\cdot|||x||| = (1 - |||B|||)\,|||x|||.$$

Ist $x \neq 0$, so ist folglich $|||(E_n + B)x||| \neq 0$, also hat das lineare Gleichungssystem $(E_n + B)y = 0$ nur die triviale Lösung $y = 0$, d.h. es ist $E_n + B$ invertierbar [vgl. II(5.11)]. Für $C := (E_n + B)^{-1}$ gilt

$$1 = |||E_n||| = |||(E_n+B)C||| = |||C+BC||| \geq |||C||| - |||C|||\cdot|||B||| = |||C|||(1-|||B|||),$$

also $|||C||| \leq 1/(1 - |||B|||)$.

(2.12) BEMERKUNG: (1) Es sei $A \in M(m,n;\mathbb{R})$. Dann ist auch $A \in M(m,n;\mathbb{C})$, und die Formeln in (2.9) zeigen, daß man dieselben Zahlen $\|A\|_1$ und $\|A\|_\infty$ erhält, gleichgültig, ob man A als ein Element von $M(m,n;\mathbb{R})$ oder von $M(m,n;\mathbb{C})$ auffaßt. Die Formel in VIII(4.7) zeigt, daß das auch für die Norm $\|A\|$ richtig ist. Insbesondere gilt für jedes $A \in M(m,n;\mathbb{R})$

$$\|A\| = \sup(\{\|Ax\| \mid x \in M(n,1;\mathbb{C});\ \|x\| = 1\}).$$

(2) Es sei $A = (\alpha_{kl}) \in M(m,n;\mathbb{C})$. Dann hat A genau eine Darstellung $A = B + iC$ mit Matrizen $B = (\beta_{kl})$, $C = (\gamma_{kl}) \in M(m,n;\mathbb{R})$. Es wird $\mathrm{Re}(A) := B$, $\mathrm{Im}(A) := C$ gesetzt. Es sei $|||\ ||| \in \{\|\ \|, \|\ \|_1, \|\ \|_\infty\}$. Es gilt

$$\max\{|||B|||, |||C|||\} \leq |||A||| \leq |||B||| + |||C|||. \qquad (*)$$

Beweis: Für jedes $x = {}^t(\xi_1,\ldots,\xi_n) \in M(n,1;\mathbb{R})$ gilt

$$\left(\sum_{l=1}^n \beta_{kl}\xi_l\right)^2 \leq \left|\sum_{l=1}^n \beta_{kl}\xi_l + i\sum_{l=1}^n \gamma_{kl}\xi_l\right|^2 = \left|\sum_{l=1}^n (\beta_{kl} + i\gamma_{kl})\xi_l\right|^2$$

für jedes $k \in \{1,\ldots,m\}$ und daher $\|Bx\| \leq \|(B+iC)x\| \leq \|B+iC\|\,\|x\| = \|A\|\,\|x\|$. Also gilt $\|B\| \leq \|A\|$. Ähnlich beweist man $\|C\| \leq \|A\|$. Damit ist für die Norm $\|\ \|$ die erste Ungleichung in $(*)$ gezeigt; die zweite Ungleichung ergibt sich aus der Dreiecksungleichung. – Für die Normen $\|\ \|_1$ und $\|\ \|_\infty$ folgt $(*)$ aus (2.9).

(2.13) DEFINITION: Es sei $|||\ |||$ eine submultiplikative Norm. Es sei $A \in \mathrm{GL}(n;\mathbb{K})$. Es heißt

$$\operatorname{cond}(A) := |||A||| \cdot |||A^{-1}|||$$

die Konditionszahl der Matrix A bezüglich der Norm $|||\ |||$. [Es gilt $\operatorname{cond}(A) = |||A||| \cdot |||A^{-1}||| \geq |||AA^{-1}||| = |||E_n||| = 1$. Für die Norm $\|\ \|$ kann $\operatorname{cond}(A)$ ohne Kenntnis von A^{-1} berechnet werden, vgl. VIII(4.7).]

(2.14) FEHLERABSCHÄTZUNG I: Es sei $|||\ |||$ eine submultiplikative Norm.
(1) Es seien $A \in \mathrm{GL}(n;\mathbb{K})$, $b \in M(n,1;\mathbb{K})$; es wird das lineare Gleichungssystem

$$Ax = b \qquad (*)$$

betrachtet. Das Rechnen mit Gleitpunktzahlen hat zur Folge, daß im allgemeinen bereits die Ausgangsdaten A und b mit kleinen Fehlern behaftet sind. Es wird untersucht, wie sich "kleine" relative Änderungen der Matrix A und der rechten Seite b auf die Lösung x auswirken.
(2) Es sei $b \neq 0$, es sei x die Lösung von $(*)$, und es seien $\Delta b \in M(n,1;\mathbb{K})$ und $\Delta A \in M(n;\mathbb{K})$ Störungen von b und A. Es gelte

$$|||A^{-1} \cdot \Delta A||| < 1. \qquad (**)$$

Dann ist nach (2.11) $A + \Delta A = A(E_n + A^{-1} \cdot \Delta A) \in \mathrm{GL}(n;\mathbb{K})$. Es sei $\Delta x \in M(n,1;\mathbb{K})$ definiert durch

$$(A + \Delta A)(x + \Delta x) = b + \Delta b.$$

Dann gilt $\Delta x = (A + \Delta A)^{-1}(\Delta b - \Delta A \cdot x)$, und wegen $|||b||| = |||Ax||| \leq |||A||| \cdot |||x|||$ folgt aus (2.11)

$$\begin{aligned}\frac{|||\Delta x|||}{|||x|||} &\leq |||(A+\Delta A)^{-1}||| \cdot \left(|||\Delta A||| + \frac{|||\Delta b|||}{|||x|||}\right)\\ &\leq \frac{|||A|||\ |||A^{-1}|||}{1 - |||A^{-1}\Delta A|||} \cdot \left(\frac{|||\Delta A|||}{|||A|||} + \frac{|||\Delta b|||}{|||A|||\ |||x|||}\right)\\ &\leq \frac{\operatorname{cond}(A)}{1 - |||A^{-1}\Delta A|||} \cdot \left(\frac{|||\Delta A|||}{|||A|||} + \frac{|||\Delta b|||}{|||b|||}\right).\end{aligned}$$

Gilt darüber hinaus $|||A^{-1}||| \cdot |||\Delta A||| < 1$, so ist zunächst $(**)$ erfüllt, und aus der eben bewiesenen Ungleichung folgt

$$\frac{|||\Delta x|||}{|||x|||} \leq \frac{\operatorname{cond}(A)}{1 - \operatorname{cond}(A)\dfrac{|||\Delta A|||}{|||A|||}} \cdot \left(\frac{|||\Delta A|||}{|||A|||} + \frac{|||\Delta b|||}{|||b|||}\right).$$

Die Konditionszahl $\operatorname{cond}(A)$ bestimmt also die Schranke für den relativen Fehler von x: Ist $\operatorname{cond}(A)$ groß, so kann auch bei vergleichsweise kleinen Störungen von A

und b der dadurch bewirkte relative Fehler von x groß sein, wie das Beispiel (2.15) zeigt. Insbesondere können bei einer großen Konditionszahl von A die im Laufe der Rechnung auftretenden Rundungsfehler das Ergebnis erheblich beeinflussen.
(3) Es werde jetzt mit t-stelligen dezimalen Gleitpunktzahlen gerechnet, und es gelte $|||\Delta A|||/|||A||| \leq 5 \cdot 10^{-t}$, $|||\Delta b|||/|||b||| \leq 5 \cdot 10^{-t}$ und $\mathrm{cond}(A) \leq 10^m$ mit einer natürlichen Zahl $m \leq t-1$. Dann ist $|||A^{-1}||| \cdot |||\Delta A||| = \mathrm{cond}(A) \cdot |||\Delta A|||/|||A||| < 1$, und es folgt

$$\frac{|||\Delta x|||}{|||x|||} \leq \frac{10^{m-t+1}}{1 - 5 \cdot 10^{m-t}} \leq 2 \cdot 10^{m-t-1}.$$

Ist $m \leq t/2$, so hat der relative Fehler $|||\Delta x|||/|||x|||$ von x demnach höchstens die Größenordnung $10^{-t/2+1}$.

(2.15) Beispiel: Für

$$A := \begin{pmatrix} 10 & 1 & 4 & 0 \\ 1 & 10 & 5 & -1 \\ 4 & 5 & 10 & 7 \\ 0 & -1 & 7 & 9 \end{pmatrix} \in M(4;\mathbb{R}) \quad \text{und} \quad b := \begin{pmatrix} 15 \\ 15 \\ 26 \\ 15 \end{pmatrix} \in M(4,1;\mathbb{R})$$

gilt: A ist invertierbar, es ist

$$A^{-1} = \begin{pmatrix} 105 & 167 & -304 & 255 \\ 167 & 266 & -484 & 406 \\ -304 & -484 & 881 & -739 \\ 255 & 406 & -739 & 620 \end{pmatrix},$$

und das Gleichungssystem $Ax = b$ hat die Lösung $x = {}^t(1,1,1,1)$. Es gilt $\| A \|_1 = 26$ und $\| A^{-1} \|_1 = 2408$, und daher hat A bezüglich der Norm $\| \ \|_1$ die Konditionszahl $\mathrm{cond}(A) = 26 \cdot 2408 = 62608$. Es sei $\Delta b := {}^t(1,1,-1,1)$. Für die Lösung $y = x + \Delta x$ des linearen Gleichungssystems $Ay = b + \Delta b$ gilt [wegen $\Delta A = 0$] nach (2.14)(2): Es ist

$$\frac{\| \Delta x \|_1}{\| x \|_1} \leq \frac{\mathrm{cond}(A)}{1 - \mathrm{cond}(A)\dfrac{\| \Delta A \|_1}{\| A \|_1}} \left(\frac{\| \Delta A \|_1}{\| A \|_1} + \frac{\| \Delta b \|_1}{\| b \|_1} \right) = \frac{62608 \cdot 4}{71} = 3527.21\ldots.$$

Es ist $y = {}^t(832, 1324, -2407, 2021)$, und hiermit ergibt sich $\| \Delta x \|_1/\| x \|_1 = \| y - x \|_1/\| x \|_1 = 6580/4 = 1645$. Die Abschätzung aus (2.14)(2) schätzt also die Größenordnung des relativen Fehlers $\| \Delta x \|_1/\| x \|_1$ von x realistisch ab.

(2.16) Bemerkung: Die Fehlerabschätzung in (2.14)(2) ist ein klassisches Beispiel einer direkten Fehleranalyse: Aus den Daten des Problems [in (2.14)(2) aus der Matrix A] wird eine Schranke für den relativen Fehler der errechneten Lösung gewonnen. In vielen Fällen läßt sich eine solche direkte Abschätzung des Fehlers einer errechneten Näherung nicht gewinnen. Man versucht dann, wenigstens eine sogenannte Rückwärtsfehleranalyse durchzuführen. Bei der Untersuchung eines linearen Gleichungssystems $Ax = b$ geht man dabei so vor: Man zeigt, daß die durch das Lösungsverfahren, das zu analysieren ist, *berechnete* Lösung $\overline{x}$ die *exakte* Lösung eines linearen Gleichungssystems $(A + \Delta A)\overline{x} = b + \Delta b$ ist, wobei sich ΔA und Δb abschätzen lassen. Sind dabei ΔA und Δb vergleichsweise klein, so wird man $\overline{x}$ als eine gute Näherung für die exakte Lösung x von $Ax = b$ betrachten können. Einfache solche Rückwärtsfehleranalysen wurden bereits in (1.10) vorgeführt: Dort wurde etwa gezeigt, daß die in Gleitpunktarithmetik *berechnete* Summe s_n von n Maschinenzahlen $a_1, \ldots, a_n$ die *exakte* Summe von n Zahlen $a_1(1+\eta_1), \ldots, a_n(1+\eta_n)$ ist, wobei für $|\eta_1|, \ldots, |\eta_n|$ Schranken angegeben werden konnten, die im Fall $n\,\mathrm{eps} < 0.1$ hinreichend klein waren. In den folgenden Abschnitten (2.18) und (2.19) wird der in II(6.7) beschriebene Algorithmus zur Herstellung einer Links-Rechts-Zerlegung einer Matrix einer Rückwärtsfehleranalyse unterzogen. Die dabei gewonnenen Ergebnisse werden dann in (2.21) dazu benutzt, den relativen Fehler der mit Hilfe einer Links-Rechts-Zerlegung der Matrix $A \in \mathrm{GL}(n;\mathbb{R})$ mittels Gleitpunktarithmetik errechneten Lösung $\overline{x}$ eines linearen Gleichungssystems $Ax = b$ abzuschätzen [vgl. (2.21)(4)].

(2.17) BEMERKUNG: Es sei $\Gamma = (\gamma_{ij}) \in M(m,n;\mathbb{R})$ eine Matrix. Dann setzt man $|\Gamma| := (|\gamma_{ij}|) \in M(m,n;\mathbb{R})$. Ist auch $\Gamma' = (\gamma'_{ij}) \in M(m,n;\mathbb{R})$, so schreibt man $|\Gamma| \preceq |\Gamma|$, wenn $|\gamma_{ij}| < |\gamma'_{ij}|$ für jedes $i \in \{1, \ldots, m\}$ und jedes $j \in \{1, \ldots, n\}$ gilt. Aus der Dreiecksungleichung folgt: Sind $\Gamma \in M(m,n;\mathbb{R})$ und $\Delta \in M(n,p;\mathbb{R})$, so gilt $|\Gamma\Delta| \preceq |\Gamma| \cdot |\Delta|$.

(2.18) LR-ZERLEGUNG: Es sei $A \in M(m,n;\mathbb{R})$. In II(6.7) wurde gezeigt, daß A eine LR-Zerlegung $A = PLRQ$ besitzt, und es wurde ein Rechenverfahren zur Herstellung einer solchen Zerlegung angegeben.

(1) Das Verfahren verläuft so: Es sei $r := \mathrm{rang}(A) \geq 1$, und es sei $k \in \{1, \ldots, r\}$. Dann ist $A = P_{k-1}L_{k-1}R_{k-1}Q_{k-1}$ mit Permutationsmatrizen $P_{k-1} \in \mathrm{GL}(m;\mathbb{R})$, $Q_{k-1} \in \mathrm{GL}(n;\mathbb{R})$; die Matrizen $L_{k-1} = (\lambda_{ij}^{(k-1)})$ und $R_{k-1} = (\rho_{ij}^{(k-1)})$ haben die in II(6.7) angegebene Gestalt [es ist $P_0 = E_m$, $Q_0 = E_n$, $L_0 = E_m$ und $R_0 = A$]. Es gibt $s \in \{k, \ldots, m\}$, $t \in \{k, \ldots, n\}$ mit $\rho_{st}^{(k-1)} \neq 0$. Es sei $Z := V_{ks} \in M(m;\mathbb{R})$ und $Y := V_{kt} \in M(n;\mathbb{R})$; setzt man $P_k := P_{k-1}Z$, $Q_k := YQ_{k-1}$, so hat $L'_{k-1} := ZL_{k-1}Z =: (\lambda'_{ij})$ die gleiche Gestalt wie L_{k-1}, und $R'_{k-1} := ZR_{k-1}Y =: (\rho'_{ij})$ hat die gleiche Gestalt wie R_{k-1}. Ist $k = r = m$, so ist nichts mehr zu tun. Andernfalls setzt man $\mu_l^{(k)} := \rho'_{lk}/\rho'_{kk}$ für jedes $l \in \{k+1, \ldots, m\}$ und $M := \sum_{l=k+1}^{m} \mu_l^{(k)} E_{lk} \in M(m;\mathbb{R})$ [mit den Basismatrizen $E_{11}, E_{12}, \ldots, E_{mm} \in M(m;\mathbb{R})$, vgl. II(1.17)]. Die Matrix $X := E_m - M$ ist invertierbar, und es ist $X^{-1} = E_m + M$. Die Matrizen $L_k := L'_{k-1}X^{-1}$ und $R_k := XR'_{k-1}$ haben dann die gewünschte Gestalt, und es gilt $A = P_kL_kR_kQ_k$.

(2) Es sei $L_k := (\lambda_{ij}^{(k)})$, $R_k =: (\rho_{ij}^{(k)})$. Es gelten:

$$\lambda_{ij}^{(k)} = \lambda'_{ij} \quad \text{für alle } j \in \{1, \ldots, k-1\},\ i \in \{j+1, \ldots, m\},$$

$$\lambda_{ik}^{(k)} = \mu_i^{(k)} \quad \text{für jedes } i \in \{k+1, \ldots, m\},$$

$$\rho_{ik}^{(k)} = 0 = \rho'_{ik} - \mu_i^{(k)}\rho'_{kk} \quad \text{für jedes } i \in \{k+1,\dots,m\}, \quad \rho_{kk}^{(k)} = \rho'_{kk},$$

$$\rho_{ij}^{(k)} = \rho'_{ij} - \mu_i^{(k)}\rho'_{kj} \quad \text{für alle } i \in \{k+1,\dots,m\},\ j \in \{k+1,\dots,n\}.$$

Weiter wird

$$\rho_{k-1} := \max(\{|\rho_{ij}^{(k-1)}| \mid i \in \{k,\dots,m\};\ j \in \{k,\dots,n\}\})$$

gesetzt. Es gilt dann insbesondere

$$\rho_0 = \max(\{|\alpha_{ij}| \mid i \in \{1,\dots,m\};\ j \in \{1,\dots,n\}\}).$$

Außerdem sei noch

$$\rho := \max(\{\rho_0,\dots,\rho_{r-1}\}).$$

(3) Es sei nun A eine Matrix, deren Elemente Zahlen aus $\mathcal{M}(g;e,t) \cup \{0\}$ sind, und es gelte: Bei allen im folgenden durchzuführenden Rechnungen tritt weder Exponentenüberlauf noch Exponentenunterlauf auf. Es sei $k \in \{1,\dots,r\}$, es seien $\overline{R}_{k-1} = (\overline{\rho}_{ij}^{(k-1)})$ und $\overline{L}_{k-1} = (\overline{\lambda}_{ij}^{(k-1)})$ die im $(k-1)$-ten Schritt mittels Gleitpunktarithmetik berechneten Matrizen, und es seien $\overline{R}'_{k-1} = Z\overline{R}_{k-1}Y = (\overline{\rho}'_{ij})$ und $\overline{L}'_{k-1} = Z\overline{L}_{k-1}Z = (\overline{\lambda}'_{ij})$ die daraus durch Zeilen- und Spaltenvertauschungen gemäß der in (1) beschriebenen Vorschrift erhaltenen Matrizen. [Es wird $\overline{R}_0 := A$, $\overline{L}_0 := E_m$ gesetzt.] Es seien

$$\begin{aligned} \overline{\mu}_l^{(k)} &:= \overline{\rho}'_{lk} \oslash \overline{\rho}'_{kk} \quad \text{für jedes } l \in \{k+1,\dots,m\}, \\ \overline{\rho}_{ij}^{(k)} &:= \overline{\rho}'_{ij} \ominus (\overline{\mu}_i^{(k)} \odot \overline{\rho}'_{kj}) \quad \text{für alle } i \in \{k+1,\dots,m\},\ j \in \{k+1,\dots,n\}. \end{aligned}$$

Für jedes $l \in \{k+1,\dots,m\}$ gilt: Es gibt ein $\varepsilon_l^{(k)} \in [-\mathrm{eps},\mathrm{eps}]$ mit

$$\overline{\mu}_l^{(k)} = \frac{\overline{\rho}'_{lk}}{\overline{\rho}'_{kk}}(1+\varepsilon_l^{(k)}),$$

und es gilt

$$\overline{\rho}'_{lk} - \overline{\mu}_l^{(k)}\overline{\rho}'_{kk} + \omega_{lk}^{(k)} = 0 \quad \text{mit} \quad \omega_{lk}^{(k)} := \varepsilon_l^{(k)}\overline{\rho}'_{lk}.$$

Für jedes $i \in \{k+1,\dots,m\}$ und jedes $j \in \{k+1,\dots,n\}$ gilt: Es gibt $\theta_{ij}^{(k)}$, $\eta_{ij}^{(k)} \in [-\mathrm{eps},\mathrm{eps}]$ mit

$$\overline{\rho}_{ij}^{(k)} = (\overline{\rho}'_{ij} - \overline{\mu}_i^{(k)}\overline{\rho}'_{kj}(1+\theta_{ij}^{(k)}))(1+\eta_{ij}^{(k)}),$$

und es gilt

$$\overline{\rho}_{ij}^{(k)} = \overline{\rho}'_{ij} - \overline{\mu}_i^{(k)}\overline{\rho}'_{kj} + \omega_{ij}^{(k)} \quad \text{mit} \quad \omega_{ij}^{(k)} := \frac{\eta_{ij}^{(k)}}{1+\eta_{ij}^{(k)}}\overline{\rho}_{ij}^{(k)} - \theta_{ij}^{(k)}\overline{\mu}_i^{(k)}\overline{\rho}'_{kj}.$$

Mit den Matrizen

$$\Omega_k := \begin{pmatrix} 0 & 0 \\ 0 & (\omega_{ij}^{(k)})_{k+1\le i\le m, k\le j\le n} \end{pmatrix} \in M(m,n;\mathbb{R}), \qquad \overline{M}_k := \sum_{l=k+1}^{m} \overline{\mu}_l^{(k)} E_{lk}$$

gilt

$$\overline{R}_k = (E_m - \overline{M}_k)\overline{R}'_{k-1} + \Omega_k, \qquad \overline{L}_k = \overline{L}'_{k-1}(E_m + \overline{M}_k). \qquad (*)$$

(4) Es sei bereits eine Darstellung

$$A = P_{k-1}\Big(\overline{L}_{k-1}\overline{R}_{k-1} - \sum_{l=1}^{k-1}\Gamma_{k-1,l}\Big)Q_{k-1}$$

berechnet; für jedes $l \in \{1,\dots,k-1\}$ gehen hier die Matrizen $\Gamma_{k-1,l}$ aus Ω_l durch Zeilen- und Spaltenvertauschungen hervor, und $\Gamma_{k-1,l}$ hat die gleiche Gestalt wie Ω_l. Aus $(*)$ und $L_k\Omega_k = \Omega_k$ [man beachte die Gestalt der Matrizen L_k, Ω_k] folgt

$$A = P_k\Big(\overline{L}_k\overline{R}_k - \Omega_k - Z\sum_{l=1}^{k-1}\Gamma_{k-1,l}Y\Big)Q_k.$$

Mit $\Gamma_{kl} := Z\Gamma_{k-1,l}Y$ für jedes $l \in \{1,\dots,k-1\}$ und mit $\Gamma_{kk} := \Omega_k$ erhält man

$$A = P_k\Big(\overline{L}_k\overline{R}_k - \sum_{l=1}^{k}\Gamma_{kl}\Big)Q_k.$$

(5) Es sei $k = r$. Mit $P := P_r$, $\overline{L} := \overline{L}_r$, $\overline{R} := \overline{R}_r$, $Q := Q_r$ und $\Gamma := \Gamma_{r1} + \dots + \Gamma_{rr}$ erhält man

$$A = P(\overline{L}\cdot\overline{R} - \Gamma)Q.$$

Aus der Konstruktion der Matrix Γ ergibt sich leicht: Mit

$$C := \begin{pmatrix} 0 & 0 & 0 & \dots & 0 & 0 \\ 1 & 1 & 1 & \dots & 1 & 1 \\ 1 & 2 & 2 & \dots & 2 & 2 \\ 1 & 2 & 3 & \dots & 3 & 3 \\ \vdots & \vdots & \vdots & & \vdots & \vdots \\ 1 & 2 & 3 & \dots & r-1 & r-1 \\ \vdots & \vdots & \vdots & & \vdots & \vdots \\ 1 & 2 & 3 & \dots & r-1 & r-1 \end{pmatrix} \begin{matrix} \left.\vphantom{\begin{matrix}0\\1\\1\\1\\\vdots\\1\end{matrix}}\right\} r \text{ Zeilen} \\ \\ \\ \end{matrix} \in M(m,n;\mathbb{R})$$

und

$$\omega := \max\big(\{|\omega_{ij}^{(k)}| \mid k \in \{1,\dots,r\};\ i \in \{k+1,\dots,m\};\ j \in \{k,\dots,n\}\}\big)$$

gilt

$$|\Gamma| \preceq \omega C. \tag{$**$}$$

(2.19) Fehlerabschätzung II: Es werden die Bezeichnungen und Voraussetzungen aus (2.18)(3) beibehalten.
(1) Für jedes $k \in \{1, \ldots, r\}$ sei

$$\overline{\rho}_{k-1} := \max\bigl(\{|\overline{\rho}_{ij}^{(k-1)}| \mid i \in \{k, \ldots, m\};\ j \in \{k, \ldots, n\}\}\bigr),$$

also insbesondere

$$\overline{\rho}_0 = \max\bigl(\{|\alpha_{ij}| \mid i \in \{1, \ldots, m\};\ j \in \{1, \ldots, n\}\}\bigr).$$

Es sei weiter

$$\overline{\rho} := \max\bigl(\{\overline{\rho}_0, \ldots, \overline{\rho}_{r-1}\}\bigr).$$

(2) Es gelte

$$|\overline{\mu}_l^{(k)}| \le 1 \quad \text{für jedes } l \in \{k+1, \ldots, m\}. \tag{$*$}$$

Dann gilt auch

$$|\overline{\lambda}_{lk}^{(k)}| \le 1 \quad \text{für jedes } l \in \{k, \ldots, m\}. \tag{$**$}$$

Für jedes $l \in \{k+1, \ldots, m\}$ und für alle $i \in \{k+1, \ldots, m\}$, $j \in \{k+1, \ldots, n\}$ folgt aus den Gleichungen in (2.18)(3) sowie aus (1)

$$|\omega_{lk}^{(k)}| \le \text{eps}\,\overline{\rho}_{k-1}, \qquad |\omega_{ij}^{(k)}| \le \frac{\text{eps}}{1-\text{eps}}\overline{\rho}_k + \text{eps}\,\overline{\rho}_{k-1},$$

und daher gilt

$$\omega \le 2\overline{\rho}\,\frac{\text{eps}}{1-\text{eps}}, \qquad |\Gamma| \preceq 2\overline{\rho}\,\frac{\text{eps}}{1-\text{eps}}C.$$

Hat $\overline{\rho}$ die gleiche Größenordnung wie $\overline{\rho}_0$, so unterscheiden sich A und $A - P\Gamma Q$ nur wenig; es ist $\overline{L} \cdot \overline{R}$ eine LR-Zerlegung der gestörten Matrix $A - P\Gamma Q$.

(2.20) Bemerkung: Es werden die Bezeichnungen aus (2.18)(1) und (2.18)(2) beibehalten.
(1) Es gelte $m = n = r$, so daß A invertierbar ist. Es ist leicht zu sehen, daß in der Darstellung $LR = P^{-1}AQ^{-1}$ die Matrizen L und R [nach Wahl von P und Q] eindeutig bestimmt sind, so daß von *der* LR-Zerlegung der Matrix $P^{-1}AQ^{-1}$ gesprochen werden kann.

Für jedes $h \in \{0, \ldots, n-1\}$ wird $\widetilde{A}_h := (\rho_{ij}^{(h)})_{h+1 \le i \le n, h+1 \le j \le n}$ gesetzt.
(2) Spaltenpivotsuche: Es gelten die Voraussetzungen von (1). Es sei $k \in \{1, \ldots, n\}$. Es gibt mindestens ein $l \in \{k, \ldots, n\}$ mit $\rho_{lk}^{(k-1)} \ne 0$. [Sonst wäre $\widetilde{A}_{k-1}$ nicht invertierbar, und wegen $\det(A) = \det(PQ)\cdot\det(\widetilde{A}_{k-1})\cdot\rho_{11}^{(k-1)} \cdots \rho_{k-1,k-1}^{(k-1)}$ wäre dann A nicht invertierbar.] Es wird $s \in \{k, \ldots, n\}$ so gewählt, daß $|\rho_{lk}^{(k-1)}| \le |\rho_{sk}^{(k-1)}|$ für jedes $l \in \{k, \ldots, n\}$ gilt, und es wird $t = k$ gesetzt. Diese Auswahl von s wird

Spaltenpivotsuche genannt. Dann gilt $|\mu_l^{(k)}| \leq 1$ für jedes $l \in \{k+1, \ldots, n\}$. Aus den Formeln in (2.18)(2) erhält man $\rho_k \leq \rho_{k-1} + \rho_{k-1} = 2\rho_{k-1}$. Damit hat man das Resultat: *Bei Spaltenpivotsuche gilt*

$$\rho_h \leq 2^h \rho_0 \quad \textit{für jedes } h \in \{1, \ldots, n-1\}, \qquad \rho \leq 2^{n-1}\rho_0.$$

Es ist möglich, daß $\rho_h = 2^h \rho_0$ für jedes $h \in \{1, \ldots, n-1\}$ gilt, wie das folgende Beispiel zeigt: Für die Matrix

$$A = \begin{pmatrix} 1 & 0 & 0 & \ldots\ldots & 0 & 0 & 1 \\ -1 & 1 & 0 & \ldots\ldots & 0 & 0 & 1 \\ -1 & -1 & 1 & \ldots\ldots & 0 & 0 & 1 \\ \vdots & \vdots & \vdots & & \vdots & \vdots & \vdots \\ -1 & -1 & -1 & \ldots\ldots & -1 & 1 & 1 \\ -1 & -1 & -1 & \ldots\ldots & -1 & -1 & 1 \end{pmatrix} \in M(n; \mathbb{R})$$

erhält man bei Spaltenpivotsuche eine LR-Zerlegung mit der rechten Dreiecksmatrix

$$R_{n-1} = \begin{pmatrix} 1 & 0 & 0 & \ldots\ldots & 0 & 0 & 1 \\ 0 & 1 & 0 & \ldots\ldots & 0 & 0 & 2 \\ 0 & 0 & 1 & \ldots\ldots & 0 & 0 & 4 \\ \vdots & \vdots & \vdots & & \vdots & \vdots & \vdots \\ 0 & 0 & 0 & \ldots\ldots & 0 & 1 & 2^{n-2} \\ 0 & 0 & 0 & \ldots\ldots & 0 & 0 & 2^{n-1} \end{pmatrix}.$$

(3) Totalpivotsuche: Es gelten die Voraussetzungen von (1). Es sei $k \in \{1, \ldots, n\}$. Bei Totalpivotsuche werden s, $t \in \{k, \ldots, n\}$ so gewählt, daß $|\rho_{ij}^{(k-1)}| \leq |\rho_{st}^{(k-1)}|$ für alle i, $j \in \{k, \ldots, n\}$ gilt.

(a) Es sei $h \in \{0, \ldots, n-1\}$. Es gilt $|\det(A)| = \rho_0 \cdots \rho_{h-1} |\det(\widetilde{A}_h)|$, also insbesondere

$$|\det(A)| = \rho_0 \cdots \rho_{n-1}$$

und daher

$$\left|\det(\widetilde{A}_h)\right| = \rho_h \cdots \rho_{n-1}.$$

(b) Es sei $h \in \{0, \ldots, n-1\}$. Nach dem Satz von Hadamard [vgl. (3.19)] gilt wegen $\sum_{i=h+1}^n \widetilde{A}_h[i,j]^2 \leq (n-h)\rho_h^2$ für jedes $j \in \{h+1, \ldots, n\}$

$$\rho_h \cdots \rho_{n-1} = \left|\det(\widetilde{A}_h)\right| \leq \left((n-h)^{1/2}\rho_h\right)^{n-h}.$$

Mit $\sigma_j := \ln(\rho_j)$ für jedes $j \in \{0, \ldots, n-1\}$ folgt daraus

$$\sum_{j=h+1}^{n-1} \sigma_j \leq \frac{n-h}{2} \ln(n-h) + (n-h-1)\sigma_h. \qquad (*)$$

Hieraus folgt

$$\begin{aligned}
\sum_{j=1}^{n-1}\frac{\sigma_j}{n-j}-\frac{1}{n}\sum_{j=1}^{n-1}\sigma_j &= \sum_{j=1}^{n-1}\Big(\frac{1}{n-j}-\frac{1}{n}\Big)\sigma_j = \\
&= \sum_{j=1}^{n-1}\sigma_j\sum_{i=0}^{j-1}\Big(\frac{1}{n-i-1}-\frac{1}{n-i}\Big) = \sum_{j=1}^{n-1}\sigma_j\sum_{i=0}^{j-1}\frac{1}{(n-i)(n-i-1)} \\
&= \sum_{i=0}^{n-2}\frac{1}{(n-i)(n-i-1)}\cdot\sum_{j=i+1}^{n-1}\sigma_j \le \sum_{i=0}^{n-2}\Big(\frac{\ln(n-i)}{2(n-i-1)}+\frac{\sigma_i}{n-i}\Big) \\
&= \frac{1}{2}\sum_{i=0}^{n-2}\frac{\ln(n-i)}{n-i-1}+\sum_{j=0}^{n-2}\frac{\sigma_j}{n-j},
\end{aligned}$$

und wegen $\sum_{j=0}^{n-1}\sigma_j \le (n\ln n)/2+n\sigma_0$ [vgl. (∗) für $h=0$] folgt

$$\sigma_{n-1} \le \frac{1}{2}\sum_{i=0}^{n-2}\frac{\ln(n-i)}{n-i-1}+\frac{1}{n}\sum_{j=0}^{n-1}\sigma_j \le \frac{1}{2}\sum_{i=0}^{n-2}\frac{\ln(n-i)}{n-i-1}+\frac{1}{2}\ln n+\sigma_0.$$

Damit ist gezeigt: Setzt man $f(p) := p^{1/2}\big(2^1 3^{1/2}\cdots p^{1/(p-1)}\big)^{1/2}$ für jedes $p\in\mathbb{N}$, so gilt

$$\rho_{n-1} \le f(n)\,\rho_0.$$

(c) Damit hat man das Resultat: *Bei Totalpivotsuche gilt*

$$\rho_{h-1} \le f(h)\rho_0 \quad \textit{für jedes } h\in\{1,\dots,n-1\}.$$

Beweis: Es sei $h\in\{1,\dots,n-1\}$. Streicht man in der Matrix $P^{-1}AQ^{-1}$ die letzten $n-h$ Zeilen und Spalten, so ist L_hR_h die LR-Zerlegung [vgl. (1)] der so entstandenen Matrix B_h; das Maximum der Beträge der Elemente der Matrix B_h ist höchstens gleich dem Maximum der Beträge der Matrix A, und die Aussage folgt aus (b), angewandt auf die Matrix B_h.

(4) Die Folge $\big(f(p)\big)_{p\ge1}$ wächst sehr langsam: Es gilt

$$\lim_{p\to\infty}\left(\left[\frac{f(p)}{\sqrt{p}}\right]^{4/(\ln p)^2}\right) = e,$$

also

$$f(p) = \sqrt{p}\cdot e^{(\ln p)^2/4}\cdot\big(1+o(1)\big) = e^{(\ln p)/2+(\ln p)^2/4}\cdot\big(1+o(1)\big) \qquad \text{für } p\to\infty.$$

Beweis: Die Funktion $g:(e,\infty)\to\mathbb{R}$ mit $g(t):=(\ln t)/t$ für jedes $t\in(e,\infty)$ ist differenzierbar, und für jedes $t\in(e,\infty)$ ist $g'(t)=(1-\ln t)/t^2<0$. Also ist g

monoton fallend. Für jedes $\nu \in \mathbb{N}$ mit $\nu \geq 3$ gilt daher $g(\nu+1) \leq g(t) \leq g(\nu)$ für jedes $t \in [\nu, \nu+1]$ und daher nach VI(3.15)(3)

$$g(\nu+1) = \int_\nu^{\nu+1} g(\nu+1)\,dt \leq \int_\nu^{\nu+1} g(t)\,dt \leq \int_\nu^{\nu+1} g(\nu)\,dt = g(\nu).$$

Für jedes $q \in \mathbb{N}$ mit $q \geq 3$ gilt daher

$$\sum_{\nu=4}^{q+1} g(\nu) = \sum_{\nu=3}^{q} g(\nu+1) \leq \int_3^{q+1} g(t)\,dt = \sum_{\nu=3}^{q} \int_\nu^{\nu+1} g(t)\,dt \leq \sum_{\nu=3}^{q} g(\nu).$$

Weil $t \mapsto (\ln t)^2/2 : (e, \infty) \to \mathbb{R}$ eine Stammfunktion von g ist, folgt für jedes $p \geq 5$ einerseits

$$\begin{aligned} \frac{1}{2}\sum_{\nu=2}^{p} \frac{\ln \nu}{\nu-1} &\geq \frac{\ln 2}{2} + \frac{1}{2}\sum_{\nu=3}^{p} \frac{\ln \nu}{\nu} = \frac{\ln 2}{2} + \frac{1}{2}\sum_{\nu=3}^{p} g(\nu) \geq \frac{\ln 2}{2} + \frac{1}{2}\int_3^{p+1} g(t)\,dt \\ &= \frac{\ln 2}{2} + \frac{1}{4}\big(\ln(p+1)\big)^2 - \frac{1}{4}\big(\ln 3\big)^2 =: a_p \end{aligned}$$

und andererseits [wegen $\ln(1+v) \leq v$ für jedes $v \in [0,1]$, vgl. V(3.2)(3)]

$$\begin{aligned} \frac{1}{2}\sum_{\nu=2}^{p} \frac{\ln \nu}{\nu-1} &= \frac{\ln 2}{2} + \frac{\ln 3}{4} + \frac{\ln 4}{6} + \frac{1}{2}\sum_{\nu=5}^{p}\left(\frac{\ln(\nu-1)}{\nu-1} + \frac{\ln\big(1+(\nu-1)^{-1}\big)}{\nu-1}\right) \\ &\leq \frac{\ln 2}{2} + \frac{\ln 3}{4} + \frac{\ln 4}{6} + \frac{1}{2}\sum_{\nu=4}^{p-1} g(\nu) + \frac{1}{2}\sum_{\nu=5}^{p}\frac{1}{(\nu-1)^2} \\ &\leq \frac{\ln 2}{2} + \frac{\ln 3}{4} + \frac{\ln 4}{6} + \frac{1}{2}\int_3^{p-1} g(t)\,dt + \frac{1}{2}\sum_{\nu=4}^{p-1}\frac{1}{\nu^2} \\ &= \frac{\ln 2}{2} + \frac{\ln 3}{4} + \frac{\ln 4}{6} + \frac{1}{4}\big(\ln(p-1)\big)^2 - \frac{1}{4}\big(\ln 3\big)^2 + \frac{1}{2}\sum_{\nu=4}^{p-1}\frac{1}{\nu^2} =: b_p. \end{aligned}$$

Da die Folgen $(\ln(p+1)/\ln p)_{p\geq 2}$ und $(\ln(p-1)/\ln p)_{p\geq 2}$ gegen 1 konvergieren, was man leicht mit Hilfe der Regel von L'Hospital [vgl. V(1.24)] beweist, und da die Reihe $\sum_{\nu=4}^{\infty} 1/\nu^2$ konvergiert [vgl. III(2.3)(2)], konvergieren die beiden Folgen $(4a_p/(\ln p)^2)_{p\geq 2}$ und $(4b_p/(\ln p)^2)_{p\geq 2}$ gegen 1, und daher konvergiert nach III(1.15) die Folge

$$\left(\frac{4}{(\ln p)^2} \cdot \ln\left(\frac{f(p)}{\sqrt{p}}\right)\right)_{p\geq 2} = \left(\frac{4}{(\ln p)^2} \cdot \frac{1}{2}\sum_{\nu=2}^{p}\frac{\ln \nu}{\nu-1}\right)_{p\geq 2}$$

gegen 1. Da die Exponentialfunktion in 1 stetig ist, folgt daraus die Behauptung.
(5) Die in (3)(c) angegebene Fehlerabschätzung bei Totalpivotsuche ist sehr pessimistisch: Bisher ist keine invertierbare Matrix bekannt, für die bei Totalpivotsuche die Ungleichungen $\rho_{h-1} \leq h \cdot \rho_0$ für jedes $h \in \{1, \dots, n\}$ nicht erfüllt sind.

(6) Da die in (4) untersuchte Folge $(f(p))_{p\geq 2}$ wesentlich langsamer wächst als die Folge $(2^{p-1})_{p\geq 2}$, erlaubt die Totalpivotsuche eine wesentlich bessere Fehlerabschätzung als die Spaltenpivotsuche [vgl. (2)]. Dafür ist Totalpivotsuche deutlich aufwendiger als Spaltenpivotsuche: Für jedes $k \in \{0, 1, \ldots, n-1\}$ müssen bei Totalpivotsuche jeweils $(n-k)^2$ Matrixelemente getestet werden, bei Spaltenpivotsuche dagegen nur $n-k$.

(2.21) FEHLERABSCHÄTZUNG III: (1) In diesem Abschnitt wird im dyadischen Zahlsystem gerechnet, also mit Zahlen aus $\mathcal{M}(2; e, t) \cup \{0\}$. Die Maschinengenauigkeit ist jetzt eps $= 2^{-t}$. Es wird vorausgesetzt, daß

$$n\,\text{eps} < 0.1$$

ist und daß alle durchzuführenden Rechnungen Ergebnisse haben, die wieder in $\mathcal{M}(2; e, t) \cup \{0\}$ liegen. Es sei wie in (1.9) $t_1 := t - \log_2(1.06) = t - 0.084\ldots$. Dann sind die in (1.10) angegebenen Abschätzungen anwendbar.

(2) Es sei $L = (\lambda_{ij}) \in M(n; \mathbb{R})$ eine linke Dreiecksmatrix mit $\lambda_{ii} = 1$ für jedes $i \in \{1, \ldots, n\}$; die Elemente λ_{ij} mit $i, j \in \{1, \ldots, n\}$ und $i > j$ seien Zahlen aus $\mathcal{M}(2; e, t) \cup \{0\}$. Es sei $b = {}^t(\beta_1, \ldots, \beta_n) \in M(n, 1; \mathbb{R})$ eine Spalte, deren Elemente aus $\mathcal{M}(2; e, t) \cup \{0\}$ sind. Es wird das lineare Gleichungssystem

$$Ly = b$$

betrachtet.

(a) Für seine exakte Lösung $y = {}^t(\eta_1, \ldots, \eta_n)$ gilt

$$\eta_1 = \beta_1, \quad \eta_i = \beta_i - \sum_{j=1}^{i-1} \lambda_{ij}\eta_j \quad \text{für jedes } i \in \{2, \ldots, n\}.$$

(b) Es sei $\overline{y} = {}^t(\overline{\eta}_1, \ldots, \overline{\eta}_n)$ die folgendermaßen mittels Gleitpunktarithmetik gefundene Lösung: Man setzt $\overline{\eta}_1 = \beta_1$, berechnet für jedes $i \in \{2, \ldots, n\}$ gemäß (1.10)(3) die Summe $\tau_{i-1} := \sum_{j=1}^{i-1} \lambda_{ij}\overline{\eta}_j$ und setzt $\overline{\eta}_i := \beta_i \ominus \tau_{i-1}$. Für jedes $i \in \{2, \ldots, n\}$ gilt dann nach (1.10)(3)

$$\overline{\eta}_i = \left(-\sum_{j=1}^{i-1} \lambda_{ij}\overline{\eta}_j(1 + \varepsilon_{ij}) + \beta_i\right)(1 + \varepsilon_i)$$

mit reellen Zahlen ε_i und $\varepsilon_{i1}, \cdots, \varepsilon_{i,i-1}$, für die gilt: Es ist

$$|\varepsilon_i| \leq 2^{-t} = \text{eps}, \quad |\varepsilon_{ij}| \leq \begin{cases} (i-1)2^{-t_1} & \text{für } j = 1, \\ (i-j+1)2^{-t_1} & \text{für } j = 2, \ldots, i-1. \end{cases}$$

(c) Setzt man

$$\varepsilon_{11} := 0, \qquad \varepsilon_{ii} := -1 + \frac{1}{1 + \varepsilon_i} \quad \text{für jedes } i \in \{2, \ldots, n\},$$

so gilt

$$|\varepsilon_{ii}| \;=\; \left|\frac{\varepsilon_i}{1+\varepsilon_i}\right| \;\leq\; 2\cdot|\varepsilon_i| \;\leq\; 2\cdot 2^{-t} \;\leq\; 2\cdot 2^{-t_1} \quad \text{für jedes } i \in \{2,\ldots,n\},$$

und es ist

$$\sum_{j=1}^{i} \lambda_{ij}\overline{\eta}_j(1+\varepsilon_{ij}) \;=\; \beta_i \quad \text{für jedes } i \in \{1,\ldots,n\}.$$

(d) Für die linke Dreiecksmatrix $\Delta L \in M(n;\mathbb{R})$ mit $\Delta L[i,j] := \lambda_j\varepsilon_{ij}$ für alle $i \in \{1,\ldots,n\}$ und $j \in \{1,\ldots,i\}$ gilt

$$2^{t_1}|\Delta L| \;\preceq\; \begin{pmatrix} 0 & 0 & 0 & \ldots & 0 \\ 1|\lambda_{21}| & 2|\lambda_{22}| & 0 & \ldots & 0 \\ 2|\lambda_{31}| & 2|\lambda_{32}| & 2|\lambda_{33}| & \ldots & 0 \\ 3|\lambda_{41}| & 3|\lambda_{42}| & 2|\lambda_{43}| & \ldots & 0 \\ \vdots & \vdots & \vdots & & \vdots \\ (n-1)|\lambda_{n1}| & (n-1)|\lambda_{n2}| & (n-2)|\lambda_{n3}| & \ldots & 2|\lambda_{nn}| \end{pmatrix}.$$

(e) Damit hat man das Resultat: *Für die in* (b) *angegebene, mittels Gleitpunktarithmetik berechnete Lösung $\overline{y}$ des linearen Gleichungssystems $Ly = b$ gilt*

$$(L+\Delta L)\overline{y} \;=\; b.$$

(f) *Gilt $|\lambda_{ij}| \leq 1$ für jedes $i \in \{1,\ldots,n\}$ und jedes $j \in \{1,\ldots,i\}$, so gilt*

$$\|\Delta L\|_\infty \;\leq\; 2^{-t_1}\Big(2+\frac{n(n-1)}{2}-1+n-1\Big) \;=\; 2^{-t_1}\frac{n(n+1)}{2}$$

und folglich

$$\|\,L\overline{y}-b\,\|_\infty \;\leq\; 2^{-t_1}\,\frac{n(n+1)}{2}\,\|\,\overline{y}\,\|_\infty.$$

(3) Es sei $R = (\rho_{ij}) \in \mathrm{GL}(n;\mathbb{R})$ eine rechte Dreiecksmatrix, deren Elemente Zahlen aus $\mathcal{M}(2;e,t) \cup \{0\}$ sind. Es wird das lineare Gleichungssystem

$$Rx \;=\; \overline{y}$$

betrachtet.

(a) Für seine exakte Lösung $x = {}^t(\xi_1,\ldots,\xi_n)$ gilt

$$\xi_i = \frac{1}{\rho_{ii}}\Big(-\sum_{j=i+1}^{n}\rho_{ij}\xi_j+\overline{\eta}_i\Big) \quad \text{für jedes } i \in \{n,\ldots,1\}.$$

(b) Es sei $\overline{x} = {}^t(\overline{\xi}_1,\ldots,\overline{\xi}_n)$ die folgendermaßen mittels Gleitpunktarithmetik ermittelte Lösung: Man setzt $\overline{\xi}_n := \overline{\eta}_n \oslash \rho_{nn}$, berechnet für jedes $i \in \{n-1,\ldots,1\}$

gemäß (1.10)(3) die Summe $\tau_i := \sum_{j=i+1}^{n} \rho_{ij}\overline{\eta}_j$ und setzt $\overline{\xi}_i := (\overline{\eta}_i \ominus \tau_i) \oslash \rho_{ii}$. Für jedes $i \in \{1, \ldots, n\}$ gilt dann nach (1.10.3)

$$\overline{\xi}_i = \frac{1}{\rho_{ii}}\Big(-\sum_{j=i+1}^{n} \rho_{ij}\overline{\xi}_j(1+\varepsilon_{ij}) + \overline{\eta}_i\Big)(1+\varepsilon_i)$$

mit reellen Zahlen ε_i und $\varepsilon_{i,i+1}, \ldots, \varepsilon_{in}$, für die gilt: Es ist

$$|\varepsilon_i| \leq 2 \cdot 2^{-t_1}, \quad |\varepsilon_{ij}| \leq \begin{cases} (n-i)2^{-t_1} & \text{für } j = i+1, \\ (n+2-j)2^{-t_1} & \text{für } j = i+2, \ldots, n. \end{cases}$$

(c) Für jedes $i \in \{1, \ldots, n\}$ gilt: Setzt man

$$\varepsilon_{ii} := -1 + \frac{1}{1+\varepsilon_i},$$

so ist $|\varepsilon_{ii}| \leq 4 \cdot 2^{-t_1}$, und es gilt

$$\sum_{j=i}^{n} \rho_{ij}\overline{\xi}_j(1+\varepsilon_{ij}) = \overline{\eta}_i.$$

(d) Für die rechte Dreiecksmatrix $\Delta R \in M(n;\mathbb{R})$ mit $\Delta R[i,j] := \rho_{ij}\varepsilon_{ij}$ für alle $i \in \{1, \ldots, n\}$ und $j \in \{i, \ldots, n\}$ gilt

$$2^{t_1}\Delta R \preceq \begin{pmatrix} 4|\rho_{11}| & (n-1)|\rho_{12}| & (n-1)|\rho_{13}| & (n-2)|\rho_{14}| & \ldots & 2|\rho_{1n}| \\ 0 & 4|\rho_{22}| & (n-2)|\rho_{23}| & (n-2)|\rho_{24}| & \ldots & 2|\rho_{2n}| \\ \vdots & \vdots & \vdots & \vdots & & \vdots \\ 0 & 0 & 0 & 0 & \ldots & 4|\rho_{nn}| \end{pmatrix}.$$

(e) Damit hat man das Resultat: *Für die in* (b) *angegebene, mittels Gleitpunktarithmetik berechnete Lösung* $\overline{x}$ *des linearen Gleichungssystems* $Rx = \overline{y}$ *gilt*

$$(R + \Delta R)\overline{x} = \overline{y}.$$

(f) *Ist* ρ *das Maximum der Beträge der Elemente der Matrix* R, *so gilt*

$$\|\Delta R\|_\infty \leq 2^{-t_1}\rho\,\frac{4 + n(n+1)}{2}.$$

(4) Zum Abschluß wird ein lineares Gleichungssystem

$$Ax = b$$

mit $A \in \mathrm{GL}(n;\mathbb{R})$ und $b \in M(n,1;\mathbb{R})$ betrachtet; die Elemente von A und b seien wieder Zahlen aus $\mathcal{M}(2;e,t) \cup \{0\}$. Es sei $g := 3T^3/2 + 4T^2 + 13/2T - 2 \in$

$\mathbb{R}[T]$. Dann gilt: *Für eine mittels LR-Zerlegung berechnete Lösung* $\overline{x}$ *des linearen Gleichungssystems* $Ax = b$ *gilt*

$$\| A\overline{x} - b \|_\infty \leq 2^{-t_1}\overline{\rho} \cdot g(n) \cdot \| \overline{x} \|_\infty.$$

Beweis: Es sei $A = P(\overline{L} \cdot \overline{R} - \Gamma)Q$ die in (2.18) gefundene LR-Zerlegung von A. Es sei $\overline{y}$ die berechnete Lösung des linearen Gleichungssystems $\overline{L}y = P^{-1}b$, so daß mit den Bezeichnungen aus (2) $\overline{y}$ die exakte Lösung von $(\overline{L} + \Delta\overline{L})\overline{y} = P^{-1}b$ ist. Es sei $\overline{x}'$ die berechnete Lösung des linearen Gleichungssystems $\overline{R}x = \overline{y}$, so daß mit den Bezeichnungen aus (3) $(\overline{R} + \Delta\overline{R})\overline{x}' = \overline{y}$ ist. Dann ist $\overline{x} := Q^{-1}\overline{x}'$ die berechnete Lösung des linearen Gleichungssystems $Ax = b$.

Es seien die in (2.19)(2)(*) genannten Ungleichungen erfüllt – das ist bei Spaltenpivotsuche [vgl. (2.20)(2)] oder Totalpivotsuche stets der Fall –, so daß auch die in (2.19)(2)(**) genannten Ungleichungen erfüllt sind. Dann gelten $\|\overline{L}\|_\infty \leq n$ und $\|\overline{R}\|_\infty \leq \overline{\rho}n$. Nach (2.19)(2) und (2.18)(5) gilt

$$\| \Gamma \|_\infty \leq 2\overline{\rho} \cdot 2\,\mathrm{eps} \| C \|_\infty \leq 2\overline{\rho}\,\mathrm{eps}(n-1)n.$$

Es gilt [vgl. (2.6)(5) und (2.18)(5)]

$$\begin{aligned} \| A\overline{x} - b \|_\infty &= \| b - P(\overline{L} \cdot \overline{R} - \Gamma)Q\overline{x} \|_\infty \\ &= \| P^{-1}b - \overline{L} \cdot \overline{R}Q\overline{x} + \Gamma Q\overline{x} \|_\infty \\ &= \| \Gamma Q\overline{x} + P^{-1}b - \overline{L}(\overline{y} - \Delta\overline{R} \cdot Q\overline{x}) \|_\infty \\ &= \| \Gamma Q\overline{x} + (\Delta\overline{L} \cdot \overline{R} + \overline{L} \cdot \Delta\overline{R} + \Delta\overline{L} \cdot \Delta\overline{R})Q\overline{x} \|_\infty \\ &\leq \| \Gamma + \Delta\overline{L} \cdot \overline{R} + \overline{L} \cdot \Delta\overline{R} + \Delta\overline{L} \cdot \Delta\overline{R} \|_\infty \cdot \| \overline{x} \|_\infty \\ &\leq 2^{-t_1}\overline{\rho} \cdot g(n) \cdot \| \overline{x} \|_\infty, \end{aligned}$$

denn es ist $n \cdot 2^{-t_1-1} < 0.1 \cdot 2^{0.6} < 1$ und damit

$$2(n^2 + n - 2) + \frac{(n^2+n)n}{2} + \left(n + n \cdot 2^{-t_1-1}(n+1)\right)\frac{4 + n(n+1)}{2} \leq g(n).$$

(5) Es gilt $g(n) = O(n^3)$ für $n \to \infty$; durch Wahl von t kann daher die in (4) bestimmte Fehlerschranke klein gemacht werden, auch wenn die Zeilen- und Spaltenzahl n groß ist.

(2.22) BEMERKUNG: (1) Für die Größe $\overline{\rho}$ kann man bei Spaltenpivotsuche oder Totalpivotsuche näherungsweise die in (2.20) gegebenen Abschätzungen verwenden.
(2) Ähnliche Abschätzungen wie in (2.20) und (2.21) lassen sich auch herleiten, wenn A eine (m,n)-Matrix vom Rang r ist, doch wird darauf hier nicht eingegangen.

(2.23) Die Rückwärtsfehleranalyse zur Links-Rechts-Zerlegung einer Matrix wurde von J. Wilkinson in [83] angegeben. In [42] werden verschiedene Verfahren zur Berechnung der Lösungen linearer Gleichungssysteme behandelt, jeweils mit einer detaillierten Fehleranalyse.

§3 Unitäre und orthogonale Matrizen

(3.1) BEMERKUNG: In diesem Paragraphen seien m und n natürliche Zahlen, und es sei $\mathbb{K}$ einer der Körper $\mathbb{R}$ oder $\mathbb{C}$.

(3.2) DEFINITION: Es seien $x, y \in M(n,1;\mathbb{C})$.
(1) x und y heißen orthogonal, wenn $(x \mid y) = 0$ gilt.
(2) x heißt normiert, wenn $\|x\| = 1$ gilt.

(3.3) BEMERKUNG: Es seien $x, y \in M(n,1;\mathbb{R}) \setminus \{0\}$. Auf Grund der Cauchy-Schwarzschen Ungleichung [vgl. II(6.15)] gilt $-1 \leq (x \mid y)/(\|x\|\,\|y\|) \leq 1$. Man nennt die Zahl

$$\alpha := \arccos\left(\frac{(x \mid y)}{\|x\|\,\|y\|}\right) \in [0, \pi]$$

den Winkel zwischen x und y [vgl. V(1.23)(4)]. Es gilt $\alpha = 0$ oder $\alpha = \pi$, genau wenn x und y linear abhängig sind; es ist $\alpha = \pi/2$ genau dann, wenn x und y orthogonal [“senkrecht zueinander”] sind.

(3.4) BEMERKUNG: (1) Es seien $x, y \in M(1,n;\mathbb{C})$. Man setzt $(x \mid y) := xy^*$; nach (2.6)(2) gilt $(x \mid x) = \|x\|^2$.
(2) Die Regeln in II(6.14) und II(6.15) bleiben gültig, wie man sogleich sieht.
(3) Es seien $x, y \in M(1,n;\mathbb{C})$. x und y heißen orthogonal, wenn $(x \mid y) = 0$ gilt; x heißt normiert, wenn $\|x\| = 1$ gilt.

(3.5) BEMERKUNG: Es sei $A = (\alpha_{ij}) \in M(n;\mathbb{C})$; in II(6.12)(1) wurde zu A die Matrix $A^* = {}^t\overline{A} = {}^t(\overline{\alpha_{ij}})$ definiert, und in II(6.13)(1) wurden Eigenschaften der Abbildung $A \mapsto A^* : M(n;\mathbb{C}) \to M(n;\mathbb{C})$ hergeleitet. Ist A invertierbar, so ist A^* invertierbar, und es gilt $(A^*)^{-1} = (A^{-1})^*$ [nach II(5.11)(2), denn es gilt $(A^{-1})^*A^* = (AA^{-1})^* = E_n$].

(3.6) DEFINITION: Eine Matrix $Q \in M(n;\mathbb{C})$ heißt unitär, wenn $Q^*Q = E_n$ gilt.

(3.7) Satz: *Es seien P, $Q \in M(n;\mathbb{C})$ unitäre Matrizen. Dann gelten:*
(1) *Das Produkt PQ ist eine unitäre Matrix.*
(2) *Q ist invertierbar, Q^{-1} ist unitär, und es gilt $Q^{-1} = Q^*$ und $QQ^* = E_n$.*
Beweis: (1) Es ist $(PQ)^*PQ = Q^*P^*PQ = Q^*Q = E_n$.
(2) Wegen $Q^*Q = E_n$ ist Q invertierbar, und es ist $Q^{-1} = Q^*$ [vgl. II(5.11)(2)]. Also gilt $QQ^* = QQ^{-1} = E_n$ und $(Q^{-1})^*Q^{-1} = (Q^*)^{-1}Q^{-1} = (QQ^*)^{-1} = E_n^{-1} = E_n$ [vgl. (3.5)].

(3.8) BEMERKUNG: Es gilt $U(n) := \{Q \in M(n;\mathbb{C}) \mid Q \text{ ist unitär}\} \subset \mathrm{GL}(n;\mathbb{C})$ [vgl. (3.7)(2)]. Es ist $U(n) \neq \emptyset$, denn es gilt $E_n \in U(n)$; nach (3.7)(1) definiert die Matrizenmultiplikation eine assoziative Verknüpfung auf $U(n)$, und für jedes $Q \in U(n)$ ist nach (3.7)(2) auch $Q^{-1} \in U(n)$. Folglich ist $U(n)$ mit der Multiplikation als Verknüpfung eine Gruppe, die unitäre Gruppe. [In der Sprechweise von XIII(1.6)(2) ist $U(n)$ eine Untergruppe der Gruppe $\mathrm{GL}(n;\mathbb{C})$.]

(3.9) Satz: *Es sei $Q \in M(n;\mathbb{C})$. Die folgenden Aussagen sind äquivalent:*
(i) *Q ist unitär;*
(ii) *Q^* ist unitär;*
(iii) *die Spalten $Q_{\bullet 1}, \dots, Q_{\bullet n}$ von Q sind normiert und paarweise orthogonal;*
(iv) *die Zeilen $Q_{1\bullet}, \dots, Q_{n\bullet}$ von Q sind normiert und paarweise orthogonal.*
Beweis: (i) $\Leftrightarrow$ (ii): Ist Q unitär, so ist nach (3.7)(2) auch Q^* unitär; ist Q^* unitär, so ist nach (3.7)(2) auch $(Q^*)^* = Q$ unitär.
(i) $\Leftrightarrow$ (iii): Es gilt $Q^*Q = E_n$ genau dann, wenn $(Q_{\bullet i} \mid Q_{\bullet j}) = \delta_{ij}$ für alle $i, j \in \{1, \dots, n\}$ gilt. [Zum Kronecker-Symbol δ_{ij} vgl. I(8.24)(1).]
(ii) $\Leftrightarrow$ (iv): Es gilt $QQ^* = E_n$ genau dann, wenn $(Q_{i\bullet} \mid Q_{j\bullet}) = \delta_{ij}$ für alle $i, j \in \{1, \dots, n\}$ gilt.

(3.10) BEMERKUNG: (1) Es seien $x_1, \dots, x_m \in M(n,1;\mathbb{K})$ [$\in M(1,n;\mathbb{K})$]. Gilt $(x_i \mid x_j) = \delta_{ij}$ für alle $i, j \in \{1, \dots, m\}$, so heißt $\{x_1, \dots, x_m\}$ ein Orthonormalsystem von Spalten [von Zeilen].
(2) Es sei V ein Unterraum von $M(n,1;\mathbb{K})$. Eine Basis $\{x_1, \dots, x_m\}$ von V, welche ein Orthonormalsystem ist, heißt eine Orthonormalbasis von V.
(3) Es sei $Q \in M(n;\mathbb{C})$. Die in (3.9)(iii) [bzw. in (3.9)(iv)] aufgeführte Eigenschaft von Q besagt: Die Spalten [bzw. die Zeilen] von Q bilden ein Orthonormalsystem in $M(n,1;\mathbb{C})$ [bzw. in $M(1,n;\mathbb{C})$].

(3.11) Hilfssatz: *Es sei $Q \in \mathrm{GL}(n;\mathbb{C})$, und es sei $x \in M(n,1;\mathbb{C})$.*
(1) *Ist $Q^* = Q$, so ist $x^*Qx \in \mathbb{R}$.*
(2) *Ist $Q \in U(n)$, so gilt $(Qx)^*Qx = x^*x$ und $\|Qx\| = \|x\|$.*
Beweis: (1) Es ist $x^*Qx \in M(1;\mathbb{C}) = \mathbb{C}$. Ist $Q^* = Q$, so gilt $\overline{x^*Qx} = (x^*Qx)^* = x^*Q^*x = x^*Qx$, und daher ist $x^*Qx \in \mathbb{R}$.
(2) Ist Q unitär, so gilt $Q^*Q = E_n$ und daher $\|Qx\| = (Qx)^*Qx = x^*Q^*Qx = x^*x = \|x\|$.

(3.12) Hilfssatz: *Es seien $Q \in U(n)$ und $A \in M(n,\mathbb{C})$.*
(1) *Es gelten $\|Q\| = 1$ und $\|QA\| = \|AQ\| = \|A\|$.*
(2) *Ist $A \in \mathrm{GL}(n;\mathbb{C})$, so gilt für die Konditionszahlen von A, QA und AQ bezüglich der Norm $\| \; \|$: Es ist $\mathrm{cond}(QA) = \mathrm{cond}(A) = \mathrm{cond}(AQ)$.*
Beweis: Nach (3.11)(2) und (2.7) gilt $\|Q\| = 1$ und wegen $Q^* \in U(n)$ [vgl. (3.9)] auch $\|Q^*\| = 1$. Wegen der Submultiplikativität von $\| \; \|$ gilt

$$\|A\| = \|E_nA\| = \|Q^*QA\| \le \|Q^*\| \, \|QA\| = \|QA\| \le \|Q\| \, \|A\| = \|A\|.$$

Also gilt $\|A\| = \|QA\|$, und analog zeigt man $\|A\| = \|AQ\|$.
(2) Aus (1) folgt

$$\mathrm{cond}(QA) = \|QA\| \, \|(QA)^{-1}\| = \|QA\| \, \|A^{-1}Q^{-1}\| = \|A\| \, \|A^{-1}\| = \mathrm{cond}(A).$$

Analog zeigt man $\mathrm{cond}(AQ) = \mathrm{cond}(A)$.

(3.13) DEFINITION: Eine Matrix $Q \in M(n;\mathbb{R})$ heißt orthogonal, wenn ${}^tQQ = E_n$ gilt.

(3.14) BEMERKUNG: (1) Die Aussagen in (3.7), (3.9), (3.11) und (3.12) bleiben richtig, wenn man dort $\mathbb{C}$ durch $\mathbb{R}$ und "unitär" durch "orthogonal" ersetzt.
(2) Es ist $O(n) := \{Q \in M(n;\mathbb{R}) \mid Q \text{ ist orthogonal}\} \subset \mathrm{GL}(n;\mathbb{R})$ mit der Multiplikation als Verknüpfung eine Gruppe, die orthogonale Gruppe; das zeigt man wie in (3.8) für $U(n)$. [In der Sprechweise von XIII(1.6)(2) ist $O(n)$ eine Untergruppe der Gruppe $\mathrm{GL}(n;\mathbb{R})$.]

(3.15) Satz: *Es sei $k \in \mathbb{N}$, und es seien $a_1,\dots,a_k \in M(n,1;\mathbb{K})$ linear unabhängig. Für jedes $l \in \{1,\dots,k\}$ sei $V_l := \langle a_1,\dots,a_l\rangle$.*
(1) Es gibt Spalten $q_1,\dots,q_k \in M(n,1;\mathbb{K})$ mit $(q_i \mid q_j) = \delta_{ij}$ für alle $i, j \in \{1,\dots,k\}$ und mit: Für jedes $l \in \{1,\dots,k\}$ gilt $V_l = \langle q_1,\dots,q_l\rangle$.
(2) Es sei $A \in M(n,k;\mathbb{K})$ die Matrix mit den Spalten $a_1,\dots,a_k$, und es sei $Q \in M(n,k;\mathbb{K})$ die Matrix mit den Spalten $q_1,\dots,q_k$. Es gibt eine invertierbare rechte Dreiecksmatrix $R \in \mathrm{GL}(k;\mathbb{K})$ mit $A = QR$.
Beweis: (1)(a) Es ist $a_1 \neq 0$, da $a_1,\dots,a_k$ linear unabhängig sind. Es wird

$$q_1' := a_1, \quad q_1 := \frac{1}{\|q_1'\|}q_1'$$

gesetzt. Dann ist q_1 normiert, und es ist $V_1 = \langle q_1\rangle$.
(b) Es sei $l \in \{1,\dots,k-1\}$, und es seien von Null verschiedene Spalten $q_1',\dots,q_l'$, $q_1,\dots,q_l \in M(n,1;\mathbb{K})$ mit

$$\begin{cases} q_i' = a_i - \sum_{j=1}^{i-1}(a_i \mid q_j)q_j, \quad q_i = \frac{1}{\|q_i'\|}q_i' & \text{für jedes } i \in \{1,\dots,l\},\\ V_l = \langle q_1,\dots,q_l\rangle, & \\ (q_i \mid q_j) = \delta_{ij} \quad \text{für alle } i,j \in \{1,\dots,l\} & \end{cases}$$

gefunden. Dann wird

$$q_{l+1}' := a_{l+1} - \sum_{j=1}^{l}(a_{l+1} \mid q_j)q_j, \quad q_{l+1} := \frac{1}{\|q_{l+1}'\|}q_{l+1}'$$

gesetzt [wegen $a_{l+1} \notin V_l = \langle q_1,\dots,q_l\rangle$ ist $q_{l+1}' \neq 0$]. Hierfür gilt

$$(q_{l+1}' \mid q_j) = (a_{l+1} \mid q_j) - (a_{l+1} \mid q_j) = 0 \quad \text{für jedes } j \in \{1,\dots,l\},$$

$\|q_{l+1}\| = 1$ und $V_{l+1} = \langle q_1,\dots,q_{l+1}\rangle$.
(c) Durch Fortsetzen des Verfahrens ergibt sich die Behauptung.
(2) Es sei $R = (\rho_{ij}) \in M(k;\mathbb{K})$ die rechte Dreiecksmatrix mit

$$\rho_{ij} := \begin{cases} 0 & \text{für alle } j \in \{1,\dots,k\}, i \in \{j+1,\dots,k\},\\ \|q_i'\| & \text{für alle } i = j \in \{1,\dots,k\},\\ (a_j \mid q_i) & \text{für alle } j \in \{1,\dots,k\}, i \in \{1,\dots,j-1\}. \end{cases}$$

Wegen $\rho_{ii} \neq 0$ für jedes $i \in \{1,\dots,k\}$ ist R invertierbar. Die Konstruktion von $q_1,\dots,q_k$ in (1) zeigt, daß $A = QR$ gilt.

(3.16) Folgerung: (1) *Es sei $A \in \mathrm{GL}(n;\mathbb{C})$. Dann gibt es eine invertierbare rechte Dreiecksmatrix $R \in M(n;\mathbb{C})$ und eine unitäre Matrix $Q \in U(n)$ mit $A = QR$.*
(2) *Es sei $A \in \mathrm{GL}(n;\mathbb{R})$. Dann gibt es eine invertierbare rechte Dreiecksmatrix $R \in M(n;\mathbb{R})$ und eine orthogonale Matrix $Q \in O(n)$ mit $A = QR$.*
[Man nennt in jedem Fall $A = QR$ eine QR-Zerlegung der Matrix A.]
Beweis: Es ist $\{A_{\bullet 1}, \ldots, A_{\bullet n}\}$ eine Basis von $M(n,1;\mathbb{C})$ [bzw. von $M(n,1;\mathbb{R})$] [vgl. II(5.12)]. Die im Beweis von (3.15) konstruierte Matrix Q ist unitär [bzw. orthogonal], die dort definierte Matrix R ist eine invertierbare rechte Dreiecksmatrix, und es gilt $A = QR$.

(3.17) Folgerung: *Es sei V ein Unterraum von $M(n,1;\mathbb{K})$.*
(1) *Es gibt eine Orthonormalbasis von V.*
(2) *Es sei $\{x_1, \ldots, x_p\}$ eine Orthonormalbasis von V, und es sei $x = \sum_{i=1}^{p} \xi_i x_i \in V$. Dann ist $\|x\|^2 = \sum_{i=1}^{p} |\xi_i|^2$.*
Beweis: (1) folgt aus (3.15), und (2) folgt so: Es gilt

$$\|x\|^2 = (x \mid x) = \sum_{i=1}^{p}\sum_{j=1}^{p} \xi_i \overline{\xi_j}\,(x_i \mid x_j) = \sum_{i=1}^{p}\sum_{j=1}^{p} \xi_i \overline{\xi_j}\,\delta_{ij} = \sum_{i=1}^{p} |\xi_i|^2.$$

(3.18) BEMERKUNG: (1) Das im Beweis von (3.15) vorgeführte Konstruktionsverfahren heißt das "Schmidtsche Orthogonalisierungsverfahren" [nach E. Schmidt, 1876–1959].
(2) Es sei $k \in \{1, \ldots, n\}$, und es seien $a_1, \ldots, a_k \in M(n,1;\mathbb{K})$ linear unabhängig. Es sei

$$a_l^{(1)} := a_l \quad \text{für jedes } l \in \{1, \ldots, k\},$$

und für jedes $i \in \{1, \ldots, k\}$ seien

$$q_i' := a_i^{(i)}, \; q_i := \frac{1}{\|q_i'\|} q_i', \; a_l^{(i+1)} := a_l^{(i)} - (a_l^{(i)} \mid q_i) q_i \quad \text{für jedes } l \in \{i+1, \ldots, k\}.$$

Dann gilt für jedes $i \in \{1, \ldots, k\}$ mit den Elementen der im Beweis von (3.15)(2) definierten Matrix $R = (\rho_{hl}) \in M(k;\mathbb{K})$: Es ist

$$a_l^{(i)} = a_l - \sum_{h=1}^{i-1} \rho_{hl} q_h \quad \text{für jedes } l \in \{i, \ldots, k\}. \qquad (*)$$

Beweis: Für $i = 1$ ist das richtig, da dann die Summe 0 ist. Es sei $i \in \{1, \ldots, k\}$, und es sei $(*)$ für dieses i richtig. Für jedes $l \in \{i+1, \ldots, k\}$ gilt dann

$$\begin{aligned} a_l^{(i+1)} &= a_l^{(i)} - (a_l^{(i)} \mid q_i) q_i = a_l - \sum_{h=1}^{i-1} \rho_{hl} q_h - \Big(a_l - \sum_{h=1}^{i-1} \rho_{hl} q_h \,\Big|\, q_i\Big) q_i \\ &= a_l - \sum_{h=1}^{i-1} \rho_{hl} q_h - (a_l \mid q_i) q_i = a_l - \sum_{h=1}^{i} \rho_{hl} q_h. \end{aligned}$$

(3) In (2) werden die gleichen Spalten $q_1, \dots, q_k$ wie in (3.15) berechnet, wie aus (*) folgt; der Unterschied zu dem in (3.15) angegebenen Verfahren besteht darin: Sind für ein $i \in \{1, \dots, k-1\}$ bereits $q_1, \dots, q_i$ berechnet, so werden $a_{i+1}, \dots, a_k$ zuerst so abgeändert, daß sie zu $q_1, \dots, q_i$ orthogonal sind, bevor q'_{i+1} und daraus q_{i+1} ausgerechnet werden. Dieses modifizierte Verfahren gilt als numerisch günstiger; der Rechenaufwand bleibt derselbe: Beide Verfahren erfordern $k(k+1)n$ Multiplikationen im Körper $\mathbb{K}$.

(4) Beim Schmidtschen Orthogonalisierungsverfahren wird beim numerischen Rechnen die im i-ten Schritt berechnete Spalte q'_i wegen auftretender Rundungsfehler im allgemeinen nicht genau orthogonal zu den bereits berechneten Spalten $q_1, \dots, q_{i-1}$ sein. Man kann dann die Spalte q'_i einer "Nachorthogonalisierung" unterziehen; dieser Prozeß wird in [16], S. 86 beschrieben; in [18] findet man eine theoretische Begründung dafür.

(5) Das Schmidtsche Orthogonalisierungsverfahren hat in der Numerik vor allem theoretisches Interesse. Es kann auch in sog. euklidischen oder unitären Vektorräumen angewandt werden [worauf in diesem Buch nicht eingegangen wird]. Außerdem ist es in der Analytischen Geometrie, in der Ergebnisse der Linearen Algebra zur Beschreibung geometrischer Sachverhalte angewandt werden, von Bedeutung. Ein numerisch besseres Verfahren zur Herstellung von QR-Zerlegungen wird im nächsten Paragraphen behandelt werden.

(3.19) Satz: [J. Hadamard, 1865–1963] *Es sei* $A \in M(n;\mathbb{C})$. *Dann ist*

$$|\det(A)|^2 \;\le\; \prod_{j=1}^{n} (A_{\bullet j}|A_{\bullet j}) \;=\; \prod_{j=1}^{n} \|A_{\bullet j}\|^2.$$

Beweis: Ist $\det(A) = 0$, so ist nichts zu beweisen. Es gelte $\det(A) \neq 0$, also $A \in \mathrm{GL}(n;\mathbb{C})$ [vgl. II(8.28)]. Nach (3.16) gibt es ein $Q \in U(n)$ und eine invertierbare rechte Dreiecksmatrix $R = (\rho_{ij}) \in M(n;\mathbb{C})$ mit $A = QR$. Es ist $\det(A^*) = \det({}^t\overline{A}) = \det(\overline{A}) = \overline{\det(A)}$ [vgl. II(8.12)], und es gilt $A^*A = R^*Q^*QR = R^*R$ und daher [vgl. II(8.17)]

$$\begin{aligned} |\det(A)|^2 &= \overline{\det(A)}\det(A) = \det(A^*)\det(A) = \det(A^*A) = \det(R^*R) \\ &= \det(R^*)\det(R) = \prod_{j=1}^{n}\overline{\rho}_{jj}\prod_{j=1}^{n}\rho_{jj} = \prod_{j=1}^{n}|\rho_{jj}|^2. \end{aligned}$$

Es sei $\{e_1, \dots, e_n\}$ die Standardbasis von $M(n,1;\mathbb{C})$ [vgl. II(4.12)(4)]. Für jedes $j \in \{1, \dots, n\}$ gilt $A_{\bullet j} = Ae_j$ und $R_{\bullet j} = Re_j$ und daher

$$(A_{\bullet j} \mid A_{\bullet j}) = (A_{\bullet j})^* A_{\bullet j} = {}^te_j A^* A e_j = {}^te_j R^* R e_j = (R_{\bullet j} \mid R_{\bullet j})$$

[vgl. II(8.18)], also $|\rho_{jj}|^2 \le \sum_{i=1}^{n} \overline{\rho}_{ij}\rho_{ij} = (R_{\bullet j} \mid R_{\bullet j}) = (A_{\bullet j} \mid A_{\bullet j}) = \|A_{\bullet j}\|^2$.

§4 Das Verfahren von Householder

(4.1) In diesem Paragraphen sei stets n eine natürliche Zahl, und $\mathbb{K}$ sei einer der Körper $\mathbb{R}$ oder $\mathbb{C}$.

(4.2) Bemerkung: (1) Es sei $A \in \mathrm{GL}(n;\mathbb{K})$, und es sei $b \in M(n,1;\mathbb{K})$. Es wird das lineare Gleichungssystem

$$Ax = b \qquad (*)$$

betrachtet. Beim Gauß-Algorithmus [vgl. II(2.11)] wird zunächst ein Produkt von Elementarmatrizen $F \in \mathrm{GL}(n;\mathbb{K})$ konstruiert, für das $T := FA$ eine Treppenmatrix, in diesem Fall also eine invertierbare rechte Dreiecksmatrix ist; dann wird $c := Fb$ gesetzt, und damit wird das lineare Gleichungssystem $Tx = c$ gelöst. Dabei kann die Konditionszahl von T deutlich größer als die von A sein, und daher muß man erwarten, daß das lineare Gleichungssystem $Tx = c$ schlechtere numerische Eigenschaften als das ursprüngliche System $(*)$ besitzt.
(2) Nach (3.16)(1) gibt es eine rechte Dreiecksmatrix $R \in \mathrm{GL}(n;\mathbb{K})$ und im Fall $\mathbb{K} = \mathbb{C}$ eine Matrix $Q \in U(n)$, bzw. im Fall $\mathbb{K} = \mathbb{R}$ eine Matrix $Q \in O(n)$ mit $A = QR$. Dann gilt $P := Q^{-1} = Q^* \in U(n)$, bzw. $P := Q^{-1} = {}^tQ \in O(n)$, und die Lösung $x \in M(n,1;\mathbb{K})$ von $(*)$ ist die Lösung des linearen Gleichungssystems $Rx = Pb$, dessen Matrix eine Dreiecksmatrix ist. Da nach (3.12) $R = PA$ und A dieselbe Konditionszahl bezüglich der Norm $\|\ \|$ besitzen, hat das System $Rx = Pb$ jedenfalls keine wesentlich schlechteren numerischen Eigenschaften als das ursprüngliche System $(*)$. Allerdings sind die beiden Versionen des Orthogonalisierungsverfahrens von E. Schmidt, die in (3.15) und (3.18) beschrieben werden, zum numerischen Rechnen nicht besonders gut geeignet, da dabei in jedem Schritt durch eine – eventuell recht kleine – Norm dividiert werden muß. Es gibt aber ein anderes Verfahren zur Herstellung einer QR-Zerlegung einer invertierbaren Matrix und damit zur Berechnung der Lösung des linearen Gleichungssystems $(*)$ auf die eben beschriebene Weise. Dieses Verfahren, das 1958 von A. S. Householder angegeben worden ist, wird in den folgenden Abschnitten beschrieben.

(4.3) Hilfssatz: *Es sei $w \in M(n,1;\mathbb{K})$ mit $\|w\| = 1$. Dann ist die Matrix $P := E_n - 2ww^* \in M(n;\mathbb{K})$ unitär bzw. orthogonal, es gilt $P^* = P$, und es ist $Px = x - 2(w^*x)w$ für jedes $x \in M(n,1;\mathbb{K})$.*
Beweis: Es ist $P^* = E_n - 2(ww^*)^* = E_n - 2ww^* = P$, und wegen $w^*w = \|w\|^2 = 1$ ist $P^*P = PP = (E_n - 2ww^*)(E_n - 2ww^*) = E_n - 2ww^* - 2ww^* + 4w(w^*w)w^* = E_n$. Für jedes $x \in M(n,1;\mathbb{K})$ gilt $Px = x - 2w(w^*x) = x - 2(w^*x)w$.

(4.4) Hilfssatz: *Es sei $x = {}^t(\xi_1,\dots,\xi_n) \in M(n,1;\mathbb{K})$, und es gelte $x \neq 0$. Es sei $e_1 := {}^t(1,0,\dots,0) \in M(n,1;\mathbb{K})$. Es gibt ein $\kappa \in \mathbb{K}$ mit den folgenden Eigenschaften: Mit*

$$\beta := \frac{1}{\|x\|\,(\|x\| + |\xi_1|)}, \quad u := x - \kappa e_1, \quad P := E_n - \beta uu^*$$

gilt: P ist unitär bzw. orthogonal, und es gilt $P^* = P$, $Px = \kappa e_1$, $\beta(\|x\|^2 - \overline{\kappa}\xi_1) = 1$. Ist dabei $\mathbb{K} = \mathbb{R}$, so ist dies richtig mit

$$\kappa := \begin{cases} -\|x\|, & \textit{falls } \xi_1 \geq 0 \textit{ ist,} \\ \|x\|, & \textit{falls } \xi_1 < 0 \textit{ ist.} \end{cases}$$

Beweis: (1) Ist $\xi_1 \neq 0$, so gibt es [vgl. IV(4.8)] genau ein $\varphi \in [0, 2\pi)$ mit $\xi_1 = |\xi_1|e^{i\varphi}$. Mit $\varphi := 0$ ist dies auch im Falle $\xi_1 = 0$ richtig. Es wird $\kappa := -\|x\| \cdot e^{i\varphi}$ gesetzt. Damit gilt

$$|\xi_1 - \kappa|^2 = \left| |\xi_1|e^{i\varphi} + \|x\|e^{i\varphi} \right|^2 = \left(|\xi_1| + \|x\|\right)^2 = |\xi_1|^2 + 2\,|\xi_1|\,\|x\| + \|x\|^2,$$

also gilt für $u = x - \kappa e_1 \in M(n, 1; \mathbb{K})$

$$\|u\|^2 = |\xi_1 - \kappa|^2 + |\xi_2|^2 + \cdots + |\xi_n|^2 = 2\|x\|^2 + 2|\xi_1|\,\|x\| = 2\|x\|\left(\|x\| + |\xi_1|\right) > 0,$$

und daher ist $u \neq 0$. Für $w := (1/\|u\|)u \in M(n, 1; \mathbb{K})$ gilt $\|w\| = 1$ und

$$\begin{aligned} 2w^*x &= \frac{2}{\|u\|}(x^* - \overline{\kappa}e_1^*)x = \frac{2}{\|u\|}(x^*x - \overline{\kappa}\xi_1) = \frac{2}{\|u\|}\left(\|x\|^2 - \overline{\kappa}\xi_1\right) \\ &= \frac{2}{\|u\|}\left(\|x\|^2 + |\xi_1|\,\|x\|\right) = \|u\|. \end{aligned}$$

Also gilt $\|u\|^2 = 2(\|x\|^2 - \overline{\kappa}\xi_1)$. Nach (4.3) ist $P_1 := E_n - \beta uu^*$ eine unitäre Matrix, es gilt $P_1^* = P_1$ und $P_1x = x - 2(w^*x)w = x - \|u\|w = x - u = \kappa e_1$. Es ist $2/\|u\|^2 = 1/(\|x\|(\|x\| + \xi_1)) = 1/(\|x\|^2 - \overline{\kappa}\xi_1) = \beta$ und $2ww^* = \beta uu^*$ und daher $P_1 = E_n - 2ww^* = E_n - \beta uu^* = P$.

(4.5) Das Verfahren von Householder: Es sei $A = (\alpha_{ij}) \in M(n; \mathbb{K})$.
(1)(a) Es gelte $A_{\bullet 1} \neq 0$. Zu $x := A_{\bullet 1}$ werden wie in (4.4) die Zahlen $\kappa \in \mathbb{K}$ und $\beta \in \mathbb{R}$ sowie die Spalte $u = A_{\bullet 1} - \kappa e_1 \in M(n, 1; \mathbb{K})$ bestimmt, und es wird $P_1 := E_n - \beta uu^*$, $A_1 := P_1 A$ gesetzt. Für alle $k, l \in \{1, \ldots, n\}$ gilt

$$\begin{aligned} (A_{\bullet 1}(A_{\bullet 1})^*)[k, l] &= \alpha_{k1}\overline{\alpha_{l1}}, & (A_{\bullet 1}e_1^*)[k, l] &= \alpha_{k1}\delta_{l1}, \\ (e_1(A_{\bullet 1})^*)[k, l] &= \delta_{k1}\overline{\alpha_{l1}}, & (e_1e_1^*)[k, l] &= \delta_{k1}\delta_{l1}. \end{aligned}$$

Es gilt

$$\begin{aligned} A_1[1,1] &= \kappa, \quad A_1[i,1] = 0 \quad \text{für jedes } i \in \{2, \ldots, n\}, \\ A_1[1,j] &= \alpha_{1j} - \beta(\alpha_{11} - \kappa)\left(\sum_{l=1}^{n} \overline{\alpha_{l1}}\alpha_{lj} - \overline{\kappa}\alpha_{1j}\right) \quad \text{für jedes } j \in \{2, \ldots, n\}, \\ A_1[i,j] &= \alpha_{ij} - \beta\alpha_{i1}\left(\sum_{l=1}^{n} \overline{\alpha_{l1}}\alpha_{lj} - \overline{\kappa}\alpha_{1j}\right) \quad \text{für alle } i, j \in \{2, \ldots, n\}. \end{aligned}$$

(b) Es gelte $A_{\bullet 1} = 0$. Dann wird $P_1 := E_n$ und $A_1 := A$ gesetzt.

(c) In jedem der beiden Fälle (a) und (b) gilt also: Es ist $P_1 \in \mathrm{GL}(n;\mathbb{K})$ eine unitäre bzw. eine orthogonale Matrix, und $A_1 = P_1 A \in M(n;\mathbb{K})$ hat die Form

$$A_1 = \begin{pmatrix} * & * & \dots & * \\ 0 & * & \dots & * \\ \vdots & \vdots & & \vdots \\ 0 & * & \dots & * \end{pmatrix} = \begin{pmatrix} R_1 & S_1 \\ 0 & \widetilde{A}_1 \end{pmatrix}$$

mit Matrizen $R_1 \in M(1;\mathbb{K})$, $S_1 \in M(1, n-1;\mathbb{K})$ und $\widetilde{A}_1 \in M(n-1;\mathbb{K})$.

(2) Es sei $j \in \{1, \dots, n-2\}$, und es seien unitäre bzw. orthogonale Matrizen $P_1, \dots, P_j \in \mathrm{GL}(n;\mathbb{K})$ so gefunden, daß die Matrix $A_j := P_j \cdots P_1 A \in M(n;\mathbb{K})$ die Form

$$A_j = \begin{pmatrix} \ddots & & & \\ & \ddots & & * \\ & & \vdots & \\ & 0 & \vdots & \\ & & \vdots & \end{pmatrix} = \begin{pmatrix} R_j & S_j \\ 0 & \widetilde{A}_j \end{pmatrix}$$
$$\uparrow$$
$$j+1$$

mit einer rechten Dreiecksmatrix $R_j \in M(j;\mathbb{K})$, einer Matrix $S_j \in M(j, n-j;\mathbb{K})$ und einer Matrix $\widetilde{A}_j \in M(n-j;\mathbb{K})$ besitzt.

(a) Es gelte $(\widetilde{A}_j)_{\bullet 1} \neq 0$. Zu $x := (\widetilde{A}_j)_{\bullet 1} \in M(n-j, 1;\mathbb{K})$ werden wie in (4.4) die Zahlen $\kappa \in \mathbb{K}$ und $\beta \in \mathbb{R}$ sowie die Spalte $u \in M(n-j, 1;\mathbb{K})$ bestimmt. Die Matrix

$$P_{j+1} := \begin{pmatrix} E_j & 0 \\ 0 & E_{n-j} - \beta u u^* \end{pmatrix} \in M(n;\mathbb{K})$$

ist unitär bzw. orthogonal, und es gilt

$$A_{j+1} := P_{j+1} A_j = \begin{pmatrix} R_{j+1} & S_{j+1} \\ 0 & \widetilde{A}_{j+1} \end{pmatrix} \in M(n;\mathbb{K})$$

mit einer rechten Dreiecksmatrix

$$R_{j+1} = \begin{pmatrix} R_j & * \\ 0 & * \end{pmatrix} \in M(j+1;\mathbb{K})$$

und mit Matrizen $S_{j+1} \in M(j+1, n-j-1;\mathbb{K})$ und $\widetilde{A}_{j+1} \in M(n-j-1;\mathbb{K})$. Die ersten j Zeilen und Spalten von A_{j+1} stimmen mit den ersten j Zeilen und Spalten von A_j überein.

(b) Es gelte $(\widetilde{A}_j)_{\bullet 1} = 0$. Es wird $P_{j+1} := E_n$ gesetzt.

(c) In beiden Fällen ist also eine unitäre bzw. orthogonale Matrix $P_{j+1} \in \mathrm{GL}(n;\mathbb{K})$ konstruiert worden, für die gilt: Es ist

$$A_{j+1} := P_{j+1}A_j = \begin{pmatrix} \ddots & & & \\ & \ddots & & * \\ & & \vdots & \\ & 0 & \vdots & \\ & & \vdots & \end{pmatrix} = \begin{pmatrix} R_{j+1} & S_{j+1} \\ 0 & \widetilde{A}_{j+1} \end{pmatrix}$$
$$\uparrow$$
$$j+2$$

mit einer rechten Dreiecksmatrix $R_{j+1} \in M(j+1;\mathbb{K})$ und mit Matrizen $S_{j+1} \in M(j+1, n-j-1;\mathbb{K})$ und $\widetilde{A}_{j+1} \in M(n-j-1;\mathbb{K})$.

Fortsetzen des Verfahrens liefert eine unitäre bzw. orthogonale Matrix $P \in \mathrm{GL}(n;\mathbb{K})$ und eine rechte Dreiecksmatrix $R \in M(n;\mathbb{K})$ mit $PA = R$. Dann ist $A = QR$ mit $Q := P^{-1} = P^*$ eine QR-Zerlegung von A.

(3) Es sei jetzt neben der Matrix $A \in M(n;\mathbb{K})$ noch ein $b \in M(n,1;\mathbb{K})$ gegeben. Man berechnet wie in (1) und (2) die Matrizen $P_1, \dots, P_{n-1} \in \mathrm{GL}(n;\mathbb{K})$ und damit die rechte Dreiecksmatrix $R := P_{n-1} \cdots P_1 \cdot A \in M(n;\mathbb{K})$ und dazu auch noch $c := P_{n-1} \cdots P_1 \cdot b \in M(n,1;\mathbb{K})$. Dann hat das lineare Gleichungssystem $Rx = c$ dieselbe Lösungsmenge wie das lineare Gleichungssystem $Ax = b$.

(4.6) BEMERKUNG: Das folgende Programm beschreibt das Verfahren von Householder [für eine reelle Matrix].
Eingabe: eine Matrix $A \in M(n;\mathbb{R})$ und eine Spalte $b \in M(n,1;\mathbb{R})$ sowie eine positive reelle Zahl tol, welche zweckmäßig gleich η/relfeh gesetzt wird; hier ist η die kleinste positive Maschinenzahl, und relfeh ist die kleinste Maschinenzahl mit $1 \oplus$ relfeh > 1;
Ausgabe: die rechte Dreiecksmatrix $PA \in M(n;\mathbb{R})$ und die Spalte Pb [mit $P \in O(n)$].

```
for j := 1 to n − 1 do
  begin
    σ := 0;
    for k := j to n do σ := σ + A[k,j] * A[k,j];
    if σ ≤ tol then σ := 0; {h ist zu klein}
    if σ <> 0 then
    {ist σ = 0, so ist in der j-ten Spalte unterhalb der}
    {Hauptdiagonalen alles 0, und daher ist nichts zu tun}
      begin
        if A[j,j] < 0 then κ := sqrt(σ)
        else κ := −sqrt(σ);
        β := 1/(κ * A[j,j] − σ);
```

```
          {das in (4.5) beschriebene Verfahren arbeitet mit −β}
          {jetzt wird b berechnet}
          sum := 0;
          for l := j to n do sum := sum + A[l, j] * b[l];
          sum := sum − κ * b[j];
          sum := β * sum;
          b[j] := b[j] + (A[j, j] − κ) * sum;
          for i := j + 1 to n do b[i] := b[i] + A[i, j] * sum;
          {jetzt wird A berechnet}
          for k := j + 1 to n do
            begin
              sum := 0;
              for l := j to n do sum := sum + A[l, j] * A[l, k];
              sum := sum − κ * A[j, k];
              sum := β * sum;
              A[j, k] := A[j, k] + (A[j, j] − κ) * sum;
              for i := j + 1 to n do A[i, k] := A[i, k] + A[i, j] * sum;
            end;
          A[j, j] := κ;
        end;
      end,
    end;
  for i := 2 to n do for j := 1 to i − 1 do A[i, j] := 0;
  return(A, b).
```

Eine Abschätzung des Fehlers wird nicht durchgeführt.

§5 Interpolation

(5.1) Es sei K ein Körper, und es sei $n \in \mathbb{N}_0$. Es seien $x_0, x_1, \ldots, x_n \in K$ paarweise verschieden, und es seien $y_0, y_1, \ldots, y_n \in K$. Nach II(8.30)(2) gibt es ein eindeutig bestimmtes Polynom $P \in K[T]$ mit $P = 0$ oder $\operatorname{grad}(P) \leq n$ und mit $P(x_i) = y_i$ für jedes $i \in \{0, 1, \ldots, n\}$. Dieses Polynom P heißt das Interpolationspolynom zu den Daten $x_0, x_1, \ldots, x_n, y_0, y_1, \ldots, y_n$. Man kann P auf verschiedene Weisen berechnen.

(1) Ein erstes Verfahren zur Berechnung von P wurde in II(8.30)(2) angegeben: Die Vandermondesche Matrix

$$V_n(x_0, x_1, \ldots, x_n) := \begin{pmatrix} 1 & x_0 & x_0^2 & \ldots & x_0^n \\ 1 & x_1 & x_1^2 & \ldots & x_1^n \\ \vdots & \vdots & \vdots & & \vdots \\ 1 & x_n & x_n^2 & \ldots & x_n^n \end{pmatrix} \in M(n+1; K)$$

ist invertierbar, und daher existieren eindeutig bestimmte $a_0, a_1, \ldots, a_n \in K$ mit

$$V_n(x_0, x_1, \ldots, x_n) \cdot {}^t(a_0, a_1, \ldots, a_n) = {}^t(y_0, y_1, \ldots, y_n);$$

hiermit gilt

$$P = \sum_{j=0}^{n} a_j T^j.$$

(2) Die Interpolationsformel von J. L. Lagrange : Für jedes $j \in \{0, 1, \ldots, n\}$ besitzt das Polynom

$$L_j := \Big(\prod_{\substack{i=0\\ i\neq j}}^{n} (T - x_i)\Big) \Big/ \prod_{\substack{i=0\\ i\neq j}}^{n} (x_j - x_i) \in K[T]$$

den Grad n, und für jedes $i \in \{0, 1, \ldots, n\}$ ist

$$L_j(x_i) = \begin{cases} 1, & \text{falls } i = j \text{ ist,} \\ 0, & \text{falls } i \neq j \text{ ist,} \end{cases}$$

d.h. L_j ist das Interpolationspolynom zu den Daten

$$x_0, \ldots, x_{j-1}, x_j, x_{j+1}, \ldots, x_n, 0, \ldots, 0, 1, 0, \ldots, 0.$$

Für das Polynom $f := \sum_{j=0}^{n} y_j L_j \in K[T]$ gilt $f = 0$ oder $\operatorname{grad}(f) \leq n$ und $f(x_i) = \sum_{j=0}^{n} y_j L_j(x_i) = y_i$ für jedes $i \in \{0, 1, \ldots, n\}$, und somit gilt

$$P = f = \sum_{j=0}^{n} y_j L_j.$$

(3) Die Interpolationsformel von I. Newton: Man berechnet $b_0, b_1, \ldots, b_n \in K$, und zwar folgendermaßen: Man setzt $b_0 := y_0$ und für jedes $j \in \{1, \ldots, n\}$

$$b_j := \Big(y_j - \sum_{i=0}^{j-1} b_i \prod_{k=0}^{i-1} (x_j - x_k)\Big) \Big/ \prod_{k=0}^{j-1} (x_j - x_k).$$

Dann gilt

$$\begin{aligned} P &= \sum_{i=0}^{n} b_i \prod_{k=0}^{i-1} (T - x_k) \\ &= b_0 + b_1(T - x_0) + b_2(T - x_0)(T - x_1) + \cdots + b_n(T - x_0)\cdots(T - x_{n-1}). \end{aligned}$$

Beweis: Für jedes $j \in \{0, 1, \ldots, n\}$ setzt man

$$Q_j := \sum_{i=0}^{j} b_i \prod_{k=0}^{i-1} (T - x_k).$$

Es ist $Q_0 = b_0 = y_0$ und daher $Q_0(x_0) = y_0$. Es sei $j \in \{1, \ldots, n\}$, und es sei bereits gezeigt, daß $Q_{j-1}(x_i) = y_i$ für jedes $i \in \{0, 1, \ldots, j-1\}$ ist. Wegen

$Q_j = Q_{j-1} + b_j(T-x_0)(T-x_1)\cdots(T-x_{j-1})$ ist $Q_j(x_i) = Q_{j-1}(x_i) = y_i$ für jedes $i \in \{0,1,\ldots,j-1\}$, und wegen $b_j = \big(y_j - Q_{j-1}(x_j)\big) / \prod_{k=0}^{j-1}(x_j - x_k)$ ist

$$\begin{aligned} Q_j(x_j) &= Q_{j-1}(x_j) + b_j(x_j-x_0)(x_j-x_1)\cdots(x_j-x_{j-1}) \\ &= Q_{j-1}(x_j) + \big(y_j - Q_{j-1}(x_j)\big) \;=\; y_j. \end{aligned}$$

Also ist insbesondere $Q_n(x_i) = y_i$ für jedes $i \in \{0,1,\ldots,n\}$. Es gilt $Q_n = 0$ oder $\mathrm{grad}(Q_n) \leq n$, und daher ist das Polynom Q_n das Interpolationspolynom zu den Daten $x_0, x_1, \ldots, x_n, y_0, y_1, \ldots, y_n$.

(4) Das Verfahren von E. H. Neville: (a) Für alle $k, l \in \{0,1,\ldots,n\}$ mit $k \leq l$ sei $Q_{kl} \in K[T]$ das Interpolationspolynom zu den Daten $x_k, \ldots, x_l, y_k, \ldots, y_l$. Für jedes $k \in \{0,1,\ldots,n\}$ ist $Q_{kk} = y_k$, und für alle $k, l \in \{0,1,\ldots,n\}$ mit $k < l$ gilt

$$Q_{kl} = Q_{k+1,l} + \frac{1}{x_l - x_k}(T - x_l)\big(Q_{k+1,l} - Q_{k,l-1}\big).$$

Beweis: Es seien $k, l \in \{0,1,\ldots,n\}$ mit $k < l$. Für das Polynom

$$f := Q_{k+1,l} + \frac{1}{x_l - x_k}(T - x_l)\big(Q_{k+1,l} - Q_{k,l-1}\big) \in K[T]$$

gilt $f = 0$ oder $\mathrm{grad}(f) \leq l - k$ und

$$\begin{aligned} f(x_k) &= Q_{k+1,l}(x_k) + \frac{1}{x_l - x_k}(x_k - x_l)\big(Q_{k+1,l}(x_k) - Q_{k,l-1}(x_k)\big) \\ &= Q_{k,l-1}(x_k) \;=\; y_k, \end{aligned}$$

für jedes $i \in \{k+1,\ldots,l-1\}$ ist

$$\begin{aligned} f(x_i) &= Q_{k+1,l}(x_i) + \frac{1}{x_l - x_k}(x_i - x_l)\big(Q_{k+1,l}(x_i) - Q_{k,l-1}(x_i)\big) \\ &= y_i + \frac{1}{x_l - x_k}(x_i - x_l)(y_i - y_i) \;=\; y_i, \end{aligned}$$

und es ist $f(x_l) = Q_{k+1,l}(x_l) = y_l$. Also ist f das Interpolationspolynom zu den Daten $x_k, \ldots, x_l, y_k, \ldots, y_l$, d.h. es ist $f = Q_{kl}$.

(b) Nach (a) kann man das Interpolationspolynom $P = Q_{0,n}$ folgendermaßen berechnen: Man berechnet alle Einträge in der folgenden Tabelle:

$$\begin{array}{llllll} x_0 & Q_{00} := y_0 & & & & \\ x_1 & Q_{11} := y_1 & Q_{01} & & & \\ x_2 & Q_{22} := y_2 & Q_{12} & Q_{02} & & \\ x_3 & Q_{33} := y_3 & Q_{23} & Q_{13} & Q_{03} & \\ \vdots & \vdots & \vdots & \vdots & \vdots & \ddots \\ x_n & Q_{nn} := y_n & Q_{n-1,n} & Q_{n-2,n} & Q_{n-3,n} & \cdots \quad Q_{0,n} = P, \end{array}$$

und zwar folgendermaßen:

```
for i := 0 to n do P_i := y_i;
for j := 1 to n do
  for i := n downto j do P_i := P_i + (T - x_i) * (P_i - P_{i-1})/(x_i - x_{i-j});
P := P_n;
return(P).
```

(5) Bisweilen benötigt man nicht das Interpolationspolynom P selbst, sondern nur seinen Wert $y := P(x)$ für ein $x \in K$. Man erhält aus (4): Ist $x \in K$, so liefert das folgende Verfahren $y = P(x)$:

```
for i := 0 to n do z_i := y_i;
for j := 1 to n do
  for i := n downto j do z_i := z_i + (x - x_i) * (z_i - z_{i-1})/(x_i - x_{i-j});
y := z_n; {nach (4) ist y = P(x)}
return(y).
```

(5.2) Es sei $I \subset \mathbb{R}$ ein Intervall, es sei $n \in \mathbb{N}_0$, und es sei $f\colon I \to \mathbb{R}$ eine $(n+1)$-mal differenzierbare Funktion. Es seien $x_0, x_1, \ldots, x_n \in I$ mit $x_0 < x_1 < \cdots < x_n$, und es sei $P \in \mathbb{R}[T]$ das Interpolationspolynom zu den Daten x_0, x_1, ..., x_n, $f(x_0)$, $f(x_1)$, ..., $f(x_n)$.

(1) Nach V(2.19) gibt es zu jedem $x \in I$ ein $\xi \in I$ mit

$$\min(\{x, x_0\}) \leq \xi \leq \max(\{x, x_n\}) \quad \text{und} \quad f(x) = P(x) + \frac{f^{(n+1)}(\xi)}{(n+1)!}\prod_{i=0}^{n}(x - x_i).$$

Es gelte: Es gibt ein $M \in \mathbb{R}$ mit $M \geq 0$ und mit $|f^{(n+1)}(x)| \leq M$ für jedes $x \in I$. [Nach IV(2.13) gibt es ein solches M, wenn I ein abgeschlossenes Intervall endlicher Länge ist – etwa wenn $I = [x_0, x_n]$ ist – und $f^{(n+1)}$ auf I stetig ist.] Dann gilt für jedes $x \in I$

$$|f(x) - P(x)| \leq \frac{M}{(n+1)!}\prod_{i=0}^{n}|x - x_i|. \tag{$*$}$$

Man kann die Polynomfunktion $P\colon I \to \mathbb{R}$ als eine Näherung für die Funktion f auffassen, d.h. man kann für $x \in I$ den Funktionswert $P(x)$ als Näherung für den Funktionswert $f(x)$ verwenden; $(*)$ liefert dann eine Abschätzung des Fehlers. Dies kann für das praktische Rechnen von Bedeutung sein, etwa wenn sich die Funktionswerte von f nur mit großem Aufwand berechnen lassen oder wenn nur eine Tabelle von Funktionswerten von f gegeben ist. Da außerhalb von $[x_0, x_n]$ die Funktion $x \mapsto \prod_{i=0}^{n}|x - x_i| : I \to \mathbb{R}$ rasch wächst, sollte man P nur auf dem Intervall $[x_0, x_n]$ als Näherung für f verwenden.

(2) Die Polynomfunktion $P\colon I \to \mathbb{R}$ nimmt für jedes $i \in \{0, 1, \ldots, n\}$ in x_i denselben Funktionswert wie f an. Man wird erwarten dürfen, daß man eine bessere Approximation $Q\colon I \to \mathbb{R}$ für f erhält, wenn man ein Polynom $Q \in \mathbb{R}[T]$ (von möglichst kleinem Grad) konstruiert, für das gilt: Für jedes $i \in \{0, 1, \ldots, n\}$ stimmen in x_i nicht nur die Funktionswerte von Q und von f überein, sondern auch die von Q' und f' und eventuell auch die von höheren Ableitungen von Q und f.

Man kommt so zu der Interpolationsaufgabe von Ch. Hermite (1822–1901), die eine Verallgemeinerung der in (5.1) behandelten einfachen Interpolationsaufgabe ist.

(5.3) BEMERKUNG: Der folgende Satz behandelt einen Spezialfall der Interpolationsaufgabe von Hermite. Darin und in (5.5) wird zur Vereinfachung der Schreibweise für ein Polynom $p = \sum_{i=0}^{m} a_i T^i$ über einem Körper K die formale Ableitung $D(p) = \sum_{i=0}^{m-1}(i+1)a_{i+1}T^i$ von p [vgl. I(8.1)(7) und I(7.13)] mit p' bezeichnet. [Ein anderer Spezialfall der Hermiteschen Interpolationsaufgabe wird in (5.8) behandelt.]

(5.4) Satz: *Es sei K ein Körper, und es sei $n \in \mathbb{N}_0$; es seien $x_0, x_1, \dots, x_n \in K$ paarweise verschieden, und es seien $y_0, y_1, \dots, y_n, z_0, z_1, \dots, z_n \in K$. Dann gibt es ein eindeutig bestimmtes Polynom $Q \in K[T]$ mit $Q = 0$ oder* grad$(Q) \leq 2n+1$ *und mit $Q(x_i) = y_i$ und $Q'(x_i) = z_i$ für jedes $i \in \{0,1,\dots,n\}$, und zwar gilt*

$$Q = \sum_{j=0}^{n} y_j \left(1 - 2L_j'(x_j)(T - x_j)\right)L_j^2 + \sum_{j=0}^{n} z_j (T - x_j)L_j^2, \qquad (*)$$

worin $L_j \in K[T]$ für jedes $j \in \{0,1,\dots,n\}$ das in (5.1)(2) *angegebene Interpolationspolynom mit* grad$(L_j) = n$, *mit $L_j(x_j) = 1$ und mit $L_j(x_i) = 0$ für jedes $i \in \{0,\dots,j-1,j+1,\dots,n\}$ ist.*

Beweis: Man sieht: Für das in $(*)$ angegebene Polynom $Q \in K[T]$ gilt $Q = 0$ oder grad$(Q) \leq 2n+1$, und für jedes $i \in \{0,1,\dots,n\}$ ist $Q(x_i) = y_i$ und $Q'(x_i) = z_i$.

Es sei auch $q \in K[T]$ ein Polynom mit $q = 0$ oder grad$(q) \leq 2n+1$ und mit $q(x_i) = y_i$ und $q'(x_i) = z_i$ für jedes $i \in \{0,1,\dots,n\}$. Dann ist $q - Q \in K[T]$ ein Polynom mit $q - Q = 0$ oder mit grad$(q-Q) \leq 2n+1$, und für jedes $i \in \{0,1,\dots,n\}$ ist x_i eine Nullstelle von $q - Q$. Aus I(8.9)(2) folgt daher: Es gibt ein $p \in K[T]$ mit $q - Q = p \cdot \prod_{j=0}^{n}(T - x_j)$. Hierfür gilt $p = 0$ oder grad$(p) \leq n$. Es ist

$$\begin{aligned} q' - Q' &= \Big(p \cdot \prod_{j=0}^{n}(T - x_j)\Big)' \\ &= p' \cdot \prod_{j=0}^{n}(T - x_j) + p \cdot \sum_{j=0}^{n}(T - x_0)\cdots(T - x_{j-1})(T - x_{j+1})\cdots(T - x_n) \end{aligned}$$

[vgl. I(7.13)(2)], und für jedes $i \in \{0,1,\dots,n\}$ gilt daher

$$0 = z_i - z_i = q'(x_i) - Q'(x_i) = p(x_i)\underbrace{(x_i - x_0)\cdots(x_i - x_{i-1})(x_i - x_{i+1})\cdots(x_i - x_n)}_{\neq 0}$$

und somit $p(x_i) = 0$. Aus I(8.11) folgt daher $p = 0$, also $q = Q$.

(5.5) BEMERKUNG: Es sei K ein Körper, und es sei $n \in \mathbb{N}_0$; es seien $x_0, x_1, \dots, x_n \in K$ paarweise verschieden, und es seien $y_0, y_1, \dots, y_n, z_0, z_1, \dots, z_n \in K$. Nach (5.4) gibt es ein eindeutig bestimmtes Polynom $Q \in K[T]$ mit $Q = 0$ oder

$\operatorname{grad}(Q) \leq 2n+1$ und mit $Q(x_i) = y_i$ und $Q'(x_i) = z_i$ für jedes $i \in \{0, 1, \dots, n\}$, und in (5.4) ist auch angegeben, wie man Q mit Hilfe der Interpolationspolynome $L_0, L_1, \dots, L_n \in K[T]$ aus (5.1)(2) berechnen kann. Die $a_0, a_1, \dots, a_{2n+1} \in K$ mit $Q = \sum_{j=0}^{2n+1} a_j T^j$ kann man auch durch Lösen eines linearen Gleichungssystems berechnen: Für jedes $i \in \{0, 1, \dots, n\}$ gilt

$$\sum_{j=0}^{2n+1} a_j x_i^j = Q(x_i) = y_i \quad \text{und} \quad \sum_{j=1}^{2n+1} j a_j x_i^{j-1} = Q'(x_i) = z_i$$

und daher

$$A \cdot {}^t(a_0, a_1, \dots, a_{2n+1}) = {}^t(y_0, y_1, \dots, y_n, z_0, z_1, \dots, z_n) \tag{$*$}$$

mit der Matrix

$$A := \begin{pmatrix} 1 & x_0 & x_0^2 & x_0^3 & \dots & x_0^{2n} & x_0^{2n+1} \\ 1 & x_1 & x_1^2 & x_1^3 & \dots & x_1^{2n} & x_1^{2n+1} \\ \vdots & \vdots & \vdots & \vdots & & \vdots & \vdots \\ 1 & x_n & x_n^2 & x_n^3 & \dots & x_n^{2n} & x_n^{2n+1} \\ 0 & 1 & 2x_0 & 3x_0^2 & \dots & 2nx_0^{2n-1} & (2n+1)x_0^{2n} \\ 0 & 1 & 2x_1 & 3x_1^2 & \dots & 2nx_1^{2n-1} & (2n+1)x_1^{2n} \\ \vdots & \vdots & \vdots & \vdots & & \vdots & \vdots \\ 0 & 1 & 2x_n & 3x_n^2 & \dots & 2nx_n^{2n-1} & (2n+1)x_n^{2n} \end{pmatrix} \in M(2n+2; K).$$

Da $(*)$ nach (5.4) eine und nur eine Lösung ${}^t(a_0, a_1, \dots, a_{2n+1}) \in M(2n+2, 1; K)$ besitzt, ist die Matrix A invertierbar [vgl. II(5.2)].

(5.6) Es sei $I \subset \mathbb{R}$ ein Intervall, es sei $n \in \mathbb{N}$, und es sei $f: I \to \mathbb{R}$ eine $(2n+2)$-mal differenzierbare Funktion. Es seien $x_0, x_1, \dots, x_n \in I$ mit $x_0 < x_1 < \dots < x_n$, und es sei $Q \in \mathbb{R}[T]$ das Polynom mit $Q = 0$ oder $\operatorname{grad}(Q) \leq 2n+1$ und mit $Q(x_i) = f(x_i)$ und $Q'(x_i) = f'(x_i)$ für jedes $i \in \{0, 1, \dots, n\}$. Ähnlich wie in V(2.19) ergibt sich aus dem Satz von Rolle [vgl. V(1.17)]: Zu jedem $x \in I$ gibt es ein $\xi \in I$ mit $\min(\{x, x_0\}) \leq \xi \leq \max(\{x, x_n\})$ und mit

$$f(x) = Q(x) + \frac{f^{(2n+2)}(\xi)}{(2n+2)!} \prod_{i=0}^{n} (x - x_i)^2.$$

[Hierzu und zur allgemeinsten Fassung der Hermiteschen Interpolationsaufgabe vgl. man [79], §15.] Gibt es ein $M \in \mathbb{R}$ mit $M \geq 0$ und mit $|f^{(2n+2)}(x)| \leq M$ für jedes $x \in I$, so gilt daher für jedes $x \in I$

$$|f(x) - Q(x)| \leq \frac{M}{(2n+2)!} \prod_{i=0}^{n} |x - x_i|^2.$$

[Nach IV(2.13) gibt es ein solches M, wenn I ein abgeschlossenes Intervall endlicher Länge und $f^{(2n+2)}$ auf I stetig ist.] Diese Abschätzung gibt an, wie gut f durch die Polynomfunktion $Q: I \to \mathbb{R}$ approximiert wird.

(5.7) Es sei $n \in \mathbb{N}$, es seien $x_0, x_1, \ldots, x_n \in \mathbb{R}$ mit $x_0 < x_1 < \cdots < x_n$, und es seien $y_0, y_1, \ldots, y_n \in \mathbb{R}$.

(1) Sucht man eine Kurve $\mathcal{C}$, die durch die Punkte $(x_0, y_0), (x_1, y_1), \ldots, (x_n, y_n)$ geht und einigermaßen "glatt" ist, so kann man so vorgehen: Man berechnet das Interpolationspolynom $P \in \mathbb{R}[T]$ zu den Daten $x_0, x_1, \ldots, x_n, y_0, y_1, \ldots, y_n$ und setzt $\mathcal{C} := \{(x, P(x)) \mid x_0 \le x \le x_n\}$. Für größeres n pflegt P stark zu oszillieren, und daher hat die Kurve $\mathcal{C}$ meist zu viele Beulen.

(2) Beim technischen Zeichnen geht man anders vor: Man denkt sich auf dem Zeichenbrett die Punkte $(x_0, y_0), \ldots, (x_n, y_n)$ durch Nägel markiert, biegt einen elastischen Holz- oder Metallstreifen ["spline"] um diese Nägel und verwendet diesen Streifen als Kurvenlineal. Im folgenden wird ein Verfahren angegeben, mit dem man die Punkte der so gezeichneten Kurve ausrechnen kann. Dieses Verfahren kann man auch in der Computer-Graphik verwenden, um durch endlich viele Punkte der Ebene eine "glatte" Kurve zu legen.

(5.8) Hilfssatz: *Es seien $a, b \in \mathbb{R}$ mit $a < b$; es seien $\alpha, \beta, \alpha'', \beta'' \in \mathbb{R}$. Dann gibt es ein eindeutig bestimmtes Polynom $p \in \mathbb{R}[T]$ mit $p = 0$ oder $\mathrm{grad}(p) \le 3$ und mit $p(a) = \alpha$, $p(b) = \beta$ und $p''(a) = \alpha''$, $p''(b) = \beta''$, und zwar gilt mit $h := b - a$: Es ist*

$$p = \frac{\beta''}{6h}(T-a)^3 + \frac{\alpha''}{6h}(b-T)^3 + \Big(\frac{\beta}{h} - \frac{h\beta''}{6}\Big)(T-a) + \Big(\frac{\alpha}{h} - \frac{h\alpha''}{6}\Big)(b-T). \quad (*)$$

Beweis: (a) Man sieht, daß das in $(*)$ angegebene Polynom p die gewünschten Eigenschaften besitzt.

(b) Es sei $q \in \mathbb{R}[T]$ mit $q = 0$ oder $\mathrm{grad}(q) \le 3$ und mit $q(a) = \alpha$, $q(b) = \beta$ und $q''(a) = \alpha''$, $q''(b) = \beta''$. q'' ist ein Polynom mit $q'' = 0$ oder $\mathrm{grad}(q'') \le 1$, und wegen $q''(a) = \alpha''$ und $q''(b) = \beta''$ ist q'' das Interpolationspolynom zu den Daten a, b, α'', β''. Es gilt

$$q'' = \frac{\beta''}{h}(T-a) + \frac{\alpha''}{h}(b-T).$$

Man integriert zweimal und erhält: Es gibt $A, B \in \mathbb{R}$ mit

$$q = \frac{\beta''}{6h}(T-a)^3 + \frac{\alpha''}{6h}(b-T)^3 + AT + B.$$

Wegen

$$\alpha = q(a) = \frac{\alpha''}{6}h^2 + Aa + B \quad \text{und} \quad \beta = q(b) = \frac{\beta''}{6}h^2 + Ab + B$$

folgt

$$A = \frac{1}{h}(\beta - \alpha) - \frac{h}{6}(\beta'' - \alpha'') \quad \text{und} \quad B = \frac{1}{h}(b\alpha - a\beta) + \frac{h}{6}(a\beta'' - b\alpha'').$$

Hiermit folgt: Es ist $q = p$.

(5.9) Satz: *Es sei $n \in \mathbb{N}$, es seien $x_0, x_1, \ldots, x_n \in \mathbb{R}$ mit $x_0 < x_1 < \cdots < x_n$, und es seien $y_0, y_1, \ldots, y_n \in \mathbb{R}$. Dann gibt es eindeutig bestimmte Polynome $p_0, p_1, \ldots, p_{n-1} \in \mathbb{R}[T]$ mit*

(a) $p_i = 0$ *oder* $\operatorname{grad}(p_i) \le 3$ *für jedes* $i \in \{0, 1, \ldots, n-1\}$,

(b) $p_i(x_i) = y_i$ *und* $p_i(x_{i+1}) = y_{i+1}$ *für jedes* $i \in \{0, 1, \ldots, n-1\}$,

(c) $p'_{i-1}(x_i) = p'_i(x_i)$ *und* $p''_{i-1}(x_i) = p''_i(x_i)$, *für jedes* $i \in \{1, \ldots, n-1\}$,

(d) $p''_0(x_0) = 0$ *und* $p''_{n-1}(x_n) = 0$.

Beweis: (1) [Einzigkeit von $p_0, p_1, \ldots, p_{n-1}$]: Es seien $p_0, p_1, \ldots, p_{n-1} \in \mathbb{R}[T]$ Polynome mit den Eigenschaften (a) – (d). Man setzt $h_i := x_{i+1} - x_i$ für jedes $i \in \{0, 1, \ldots, n-1\}$, $z_0 := 0$, $z_n := 0$ und $z_i := p''_i(x_i)$ für jedes $i \in \{1, \ldots, n-1\}$. Nach (5.8) gilt dann für jedes $i \in \{0, 1, \ldots, n-1\}$: Es ist

$$\left\{\begin{aligned} p_i &= \frac{z_{i+1}}{6h_i}(T - x_i)^3 + \frac{z_i}{6h_i}(x_{i+1} - T)^3 + \\ &\quad + \left(\frac{y_{i+1}}{h_i} - \frac{h_i z_{i+1}}{6}\right)(T - x_i) + \left(\frac{y_i}{h_i} - \frac{h_i z_i}{6}\right)(x_{i+1} - T), \end{aligned}\right. \tag{$*$}$$

und daher ist

$$p'_i = \frac{z_{i+1}}{2h_i}(T - x_i)^2 - \frac{z_i}{2h_i}(x_{i+1} - T)^2 + \left(\frac{y_{i+1}}{h_i} - \frac{h_i z_{i+1}}{6}\right) - \left(\frac{y_i}{h_i} - \frac{h_i z_i}{6}\right).$$

Also gilt für jedes $i \in \{1, \ldots, n-1\}$

$$\begin{aligned} &\frac{z_i h_{i-1}}{2} + \left(\frac{y_i}{h_{i-1}} - \frac{h_{i-1} z_i}{6}\right) - \left(\frac{y_{i-1}}{h_{i-1}} - \frac{h_{i-1} z_{i-1}}{6}\right) = \\ &= p'_{i-1}(x_i) = p'_i(x_i) = -\frac{z_i h_i}{2} + \left(\frac{y_{i+1}}{h_i} - \frac{h_i z_{i+1}}{6}\right) - \left(\frac{y_i}{h_i} - \frac{h_i z_i}{6}\right) \end{aligned}$$

und daher

$$h_{i-1} z_{i-1} + 2(h_{i-1} + h_i) z_i + h_i z_{i+1} = 6 \cdot \left(\frac{1}{h_i}(y_{i+1} - y_i) - \frac{1}{h_{i-1}}(y_i - y_{i-1})\right).$$

Man setzt

$$A := \begin{pmatrix} 2(h_0 + h_1) & h_1 & & & & 0 \\ h_1 & 2(h_1 + h_2) & h_2 & & & \\ & h_2 & 2(h_2 + h_3) & h_3 & & \\ & & \ddots & \ddots & \ddots & \\ & & & \ddots & \ddots & h_{n-2} \\ 0 & & & & h_{n-2} & 2(h_{n-2} + h_{n-1}) \end{pmatrix}$$

$\in M(n-1; \mathbb{R})$ und für jedes $i \in \{1, \ldots, n-1\}$

$$\beta_i := 6 \cdot \left(\frac{1}{h_i}(y_{i+1} - y_i) - \frac{1}{h_{i-1}}(y_i - y_{i-1})\right).$$

Man sieht: Es ist [wegen $z_0 = 0$ und $z_n = 0$]

$$A \cdot \begin{pmatrix} z_1 \\ \vdots \\ z_{n-1} \end{pmatrix} = \begin{pmatrix} \beta_1 \\ \vdots \\ \beta_{n-1} \end{pmatrix}. \qquad (**)$$

Weil A invertierbar ist [nachrechnen!], folgt daraus: Die Zahlen $z_1, \ldots, z_{n-1}$ sind durch $x_0, x_1, \ldots, x_n, y_0, y_1, \ldots, y_n$ eindeutig bestimmt. Nach $(*)$ sind daher auch die Polynome $p_0, p_1, \ldots, p_{n-1}$ durch $x_0, x_1, \ldots, x_n, y_0, y_1, \ldots, y_n$ eindeutig festgelegt.

(2) [Existenz von $p_0, p_1, \ldots, p_{n-1}$]: An den Rechnungen in (1) sieht man, wie man Polynome $p_0, p_1, \ldots, p_{n-1}$ mit den Eigenschaften (a) – (d) finden kann: Man definiert die Matrix $A \in M(n-1; \mathbb{R})$ und die Zahlen $\beta_1, \ldots, \beta_{n-1} \in \mathbb{R}$ wie in (1). Dann berechnet man die Lösung ${}^t(z_1, \ldots, z_{n-1})$ des linearen Gleichungssystems in $(**)$ [A ist invertierbar], setzt $z_0 := 0$ und $z_n := 0$ und definiert für jedes $i \in \{0, 1, \ldots, n-1\}$ das Polynom p_i wie in $(*)$. Man sieht: Die so erklärten Polynome $p_0, p_1, \ldots, p_{n-1}$ haben die Eigenschaften (a) – (d).

(5.10) DEFINITION: Es sei $n \in \mathbb{N}$, es seien $x_0, x_1, \ldots, x_n \in \mathbb{R}$ mit $x_0 < x_1 < \cdots < x_n$, und es seien $y_0, y_1, \ldots, y_n \in \mathbb{R}$. Es seien $p_0, p_1, \ldots, p_{n-1} \in \mathbb{R}[T]$ die Polynome mit den Eigenschaften

(a) $p_i = 0$ oder $\operatorname{grad}(p_i) \leq 3$ für jedes $i \in \{0, 1, \ldots, n-1\}$,

(b) $p_i(x_i) = y_i$ und $p_i(x_{i+1}) = y_{i+1}$ für jedes $i \in \{0, 1, \ldots, n-1\}$,

(c) $p'_{i-1}(x_i) = p'_i(x_i)$ und $p''_{i-1}(x_i) = p''_i(x_i)$ für jedes $i \in \{1, \ldots, n-1\}$,

(d) $p''_0(x_0) = 0$ und $p''_{n-1}(x_n) = 0$.

Dann heißt die Funktion $f\colon [x_0, x_n] \to \mathbb{R}$ mit

$$f(x) = \begin{cases} p_0(x) & \text{für } x \in [x_0, x_1], \\ p_1(x) & \text{für } x \in (x_1, x_2], \\ \vdots & \\ p_{n-1}(x) & \text{für } x \in (x_{n-1}, x_n] \end{cases}$$

die Spline-Funktion zu den Daten $x_0, x_1, \ldots, x_n, y_0, y_1, \ldots, y_n$ [genauer: die natürliche kubische Spline-Funktion zu diesen Daten].

(5.11) BEMERKUNG: Es sei $n \in \mathbb{N}$, es seien $x_0, x_1, \ldots, x_n \in \mathbb{R}$ mit $x_0 < x_1 < \cdots < x_n$, und es seien $y_0, y_1, \ldots, y_n \in \mathbb{R}$. Man nennt die in (5.10) definierte Spline-Funktion f zu den Daten $x_0, x_1, \ldots, x_n, y_0, y_1, \ldots, y_n$ eine "natürliche" Spline-Funktion, da sie unter vernünftigen Annahmen über das Biegeverhalten die Form eines elastischen Metallstreifens beschreibt, der durch die Punkte (x_0, y_0), (x_1, y_1), $\ldots$, (x_n, y_n) gelegt ist [vgl. [71], Abschnitt 3.7.1]. Andere Spline-Funktionen erhält man, wenn man die Randbedingungen (d) in (5.10) abändert. So kann man statt der Bedingungen (d) in (5.10) verlangen, daß $p''_0(x_0)$ und $p''_{n-1}(x_n)$ vorgegebene Zahlen sind oder daß unter der zusätzlichen Bedingung $y_0 = y_n$ sowohl $p'_0(x_0) = p'_{n-1}(x_n)$

als auch $p_0''(x_0) = p_{n-1}''(x_n)$ gelten. Außerdem kann man auch Spline-Funktionen erklären, die etwa durch Polynome eines Grades ≤ 5 beschrieben werden. Man vergleiche dazu [71], Abschnitt 3.7.

In der Computer-Graphik verwendet man zur Beschreibung ebener Kurven verschiedene Verallgemeinerungen der in (5.10) erklärten Spline-Funktionen; außerdem benötigt man zur Beschreibung von Flächenstücken auch mehrdimensionale Spline-Funktionen. Hierzu vergleiche man [29], [6] und [7].

(5.12) ZUR BERECHNUNG VON SPLINES: Es sei $n \in \mathbb{N}$, es seien $x_0, x_1, \ldots, x_n \in \mathbb{R}$ mit $x_0 < x_1 < \cdots < x_n$, und es seien $y_0, y_1, \ldots, y_n \in \mathbb{R}$. Es sei $f\colon [x_0, x_n] \to \mathbb{R}$ die in (5.10) erklärte Spline-Funktion zu den Daten $x_0, x_1, \ldots, x_n, y_0, y_1, \ldots, y_n$. Es sei $x \in [x_0, x_n]$. Die beiden folgenden Code-Fragmente sind die wesentlichen Teile eines Pascal-Programms zur Berechnung von $f(x)$. Die Bezeichnungen sind die aus dem Beweis von (5.10). Man beachte, daß dabei die Polynome, die f beschreiben, nicht explizit berechnet werden.

(a) Berechnung der Lösung ${}^t(z_1, \ldots, z_{n-1})$ des linearen Gleichungssystems $(**)$ aus Abschnitt (5.10):

```
for i := 0 to n - 1 do h[i] := x[i+1] - x[i];
for i := 1 to n - 1 do
begin
    d[i] := 2 * (x[i+1] - x[i-1]); { = 2 * (h[i-1] + h[i]) }
    beta[i] := 6 * ((y[i+1] - y[i])/h[i] - (y[i] - y[i-1])/h[i-1])
end;
for i := 1 to n-2 do
begin
    beta[i+1] := beta[i+1] - beta[i] * h[i]/d[i];
    d[i+1] := d[i+1] - h[i] * h[i]/d[i]
end;
z[0] := 0;
z[n] := 0;
for i := n - 1 downto 1 do z[i] := (beta[i] - h[i] * z[i+1])/d[i];
```

(b) Berechnung von $y := f(x)$:

```
function g(t : real) : real; begin g := t * t * t - t end;
i := -1;
repeat i := i + 1 until x <= x[i+1];
t := (x - x[i])/h[i];
y := (g(t) * z[i+1] + g(1-t) * z[i]) * h[i] * h[i]/6
                    + t * y[i+1] + (1 - t) * y[i];
```

§6 Die Eulersche Summenformel

(6.1) BEZEICHNUNG: (1) Die Folge $(B_n)_{n\geq 0}$ mit $B_0 := 1$ und mit

$$B_n := -\frac{1}{n+1}\sum_{i=0}^{n-1}\binom{n+1}{i}B_i \quad \text{für jedes } n \in \mathbb{N}$$

heißt die Folge der Bernoulli-Zahlen. [Diese Zahlen hat Jakob Bernoulli in seinem Buch Ars conjectandi, einem der ersten Bücher über Probleme der Wahrscheinlichkeitsrechnung, eingeführt.]
(2) Für $n \in \mathbb{N}_0$ heißt

$$P_n := \sum_{i=0}^{n}\binom{n}{i}B_i T^{n-i} \in \mathbb{R}[T]$$

das n-te Bernoulli-Polynom.

(6.2) BEMERKUNG: (1) Es gilt $B_0 = 1$,

$$B_1 = -\frac{1}{2},\quad B_2 = \frac{1}{6},\quad B_4 = -\frac{1}{30},\quad B_6 = \frac{1}{42},\quad B_8 = -\frac{1}{30},$$
$$B_{10} = \frac{5}{66},\quad B_{12} = -\frac{691}{2730},\quad B_{14} = \frac{7}{6},\quad B_{16} = -\frac{3617}{510},\quad B_{18} = \frac{43867}{798}$$

und

$$B_3 = B_5 = B_7 = B_9 = B_{11} = B_{13} = B_{15} = B_{17} = B_{19} = 0.$$

Durch Induktion ergibt sich: Für jedes $n \in \mathbb{N}_0$ ist $B_n \in \mathbb{Q}$.
(2) Es gilt

$$P_0 = 1,\ P_1 = T - \frac{1}{2},\ P_2 = T^2 - T + \frac{1}{6},\ P_3 = T^3 - \frac{3}{2}T^2 + \frac{1}{2}T.$$

Für jedes $n \in \mathbb{N}_0$ ist $P_n \in \mathbb{Q}[T]$ ein normiertes Polynom vom Grad n, und es ist $P_n(0) = B_n$. Für jedes $n \in \mathbb{N}_0$ mit $n \neq 1$ gilt $B_n = P_n(1)$.
Beweis: Es ist $P_0(1) = 1 = B_0$, und für jedes $n \geq 2$ ist

$$P_n(1) = \sum_{i=0}^{n-2}\binom{n}{i}B_i + nB_{n-1} + B_n = -nB_{n-1} + nB_{n-1} + B_n = B_n.$$

(6.3) Satz: *Für jedes $n \in \mathbb{N}$ gilt*
(1) $P_n' = nP_{n-1}$,
(2) $\int_0^1 P_n(t)\,dt = 0$,
(3) $P_n(1+T) - P_n = nT^{n-1}$,

(4) $P_n(1-T) = (-1)^n P_n$.
Beweis: (1) Für jedes $n \in \mathbb{N}$ ist

$$P_n' = \sum_{i=0}^{n-1}(n-i)\binom{n}{i}B_i T^{n-i-1} = n\sum_{i=0}^{n-1}\binom{n-1}{i}B_i T^{(n-1)-i} = nP_{n-1}.$$

(2) Für jedes $n \in \mathbb{N}$ gilt nach (1) und nach (6.2)(2)

$$\int_0^1 P_n(t)\,dt = \frac{1}{n+1}\int_0^1 P_{n+1}'(t)\,dt = \frac{1}{n+1}\big(P_{n+1}(1) - P_{n+1}(0)\big) = 0.$$

(3) Für jedes $n \in \mathbb{N}$ gilt

$$\begin{aligned} P_n(1+T) - P_n &= \sum_{i=0}^{n}\binom{n}{i}B_i\left((1+T)^{n-i} - T^{n-i}\right) = \\ &= \sum_{i=0}^{n-1}\binom{n}{i}B_i\Bigg(\sum_{j=0}^{n-i-1}\binom{n-i}{j}T^j\Bigg) = \sum_{j=0}^{n-1}\Bigg(\sum_{i=0}^{n-j-1}\binom{n}{i}\binom{n-i}{j}B_i\Bigg)T^j \\ &= \sum_{j=0}^{n-1}\binom{n}{j}\Bigg(\sum_{i=0}^{n-j-1}\binom{n-j}{i}B_i\Bigg)T^j = \sum_{j=0}^{n-1}\binom{n}{j}\big(P_{n-j}(1) - B_{n-j}\big)T^j \\ &= n\big(P_1(1) - B_1\big)T^{n-1} = nT^{n-1}. \end{aligned}$$

Dabei wurde zuerst die binomische Formel aus I(4.26) verwendet, dann, daß

$$\{\,(i,j) \mid 0 \le i \le n-1;\ 0 \le j \le n-i-1\,\} = \{\,(i,j) \mid 0 \le j \le n-1;\ 0 \le i \le n-j-1\,\}$$

ist, und am Ende, daß nach (6.2)(2) $P_{n-j}(1) = B_{n-j}$ für jedes $j \in \{\,0,1,\dots,n-2\,\}$ gilt.
(4) Es gilt $P_1(1-T) = (1-T) - 1/2 = -(T-1/2) = -P_1$. Es sei $n \in \mathbb{N}$ mit $n \ge 2$, und es sei bereits gezeigt, daß $P_{n-1}(1-T) = (-1)^{n-1}P_{n-1}$ ist. Dann gilt nach (1)

$$\big(P_n(1-T)\big)' = -nP_{n-1}(1-T) = -n(-1)^{n-1}P_{n-1} = (-1)^n P_n',$$

und daher gibt es ein $c \in \mathbb{R}$ mit $P_n(1-T) = (-1)^n P_n + c$ [vgl. VI(1.2)]. Die Substitution $t = 1-v$ für jedes $v \in [\,0,1\,]$ liefert $\int_0^1 P_n(1-t)\,dt = -\int_1^0 P_n(v)\,dv = 0$ [vgl. (2)], und daher gilt

$$c = \int_0^1 c\,dt = \int_0^1 P_n(1-t)\,dt - (-1)^n\int_0^1 P_n(t)\,dt = 0.$$

(6.4) Folgerung: *Für jedes $k \in \mathbb{N}$ ist $B_{2k+1} = 0$.*
Beweis: Für jedes $k \in \mathbb{N}$ gilt nach (6.2)(2) und (6.3)(4)

$$B_{2k+1} = P_{2k+1}(1) = P_{2k+1}(1-0) = (-1)^{2k+1}P_{2k+1}(0) = -B_{2k+1}.$$

(6.5) Hilfssatz: (1) *Für jedes $n \in \mathbb{N}_0$ gilt*

$$P_n(\frac{1}{2}T) + P_n(\frac{1}{2}(T+1)) \;=\; 2^{1-n}\,P_n.$$

(2) *Für jedes $n \in \mathbb{N}_0$ ist $P_n(1/2) = -(1-2^{1-n})\,B_n$.*
(3) *Für jedes $k \in \mathbb{N}_0$ ist $P_{2k+1}(1/2) = 0$.*
Beweis: (1) Für jedes $n \in \mathbb{N}_0$ sei $Q_n := P_n(T/2) + P_n((T+1)/2))$.
(a) Für jedes $n \in \mathbb{N}$ gilt [wegen (6.3)(2)]

$$\begin{aligned}\int_0^1 Q_n(t)\,dt \;&=\; \int_0^1 P_n(t/2)\,dt + \int_0^1 P_n(t/2+1/2)\,dt \\ &=\; 2\int_0^{1/2} P_n(v)\,dv + 2\int_{1/2}^1 P_n(v)\,dv \;=\; 0.\end{aligned}$$

(b) Es ist $Q_0 \;=\; 2 \;=\; 2^{1-0}P_0$. Es sei $n \in \mathbb{N}$, und es sei bereits gezeigt, daß $Q_{n-1} = 2^{2-n}P_{n-1}$ ist. Dann ist [wegen (6.3)(1)]

$$\begin{aligned}Q_n' \;&=\; \frac{1}{2}P_n'(\frac{1}{2}T) + \frac{1}{2}P_n'(\frac{1}{2}(T+1)) \;=\; \frac{1}{2}nP_{n-1}(\frac{1}{2}T) + \frac{1}{2}nP_{n-1}(\frac{1}{2}(T+1)) \\ &=\; \frac{1}{2}nQ_{n-1} \;=\; \frac{1}{2}n2^{2-n}P_{n-1} \;=\; 2^{1-n}P_n',\end{aligned}$$

und daher gibt es ein $c \in \mathbb{R}$ mit $Q_n = 2^{1-n}P_n + c$. Hierfür gilt wegen (a) und nach (6.3)(2)

$$c \;=\; \int_0^1 c\,dt \;=\; \int_0^1 Q_n(t)\,dt - 2^{1-n}\int_0^1 P_n(t)\,dt \;=\; 0,$$

und daher ist $Q_n = 2^{1-n}P_n$.
(2) Für jedes $n \in \mathbb{N}_0$ gilt nach (1)

$$2^{1-n}B_n \;=\; 2^{1-n}P_n(0) \;=\; P_n(0/2) + P_n((0+1)/2) \;=\; B_n + P_n(1/2).$$

(3) folgt aus (2) und (6.4).

(6.6) Hilfssatz: *Für jedes $k \in \mathbb{N}$ gilt: Die Polynomfunktion $(-1)^k P_{2k}$ ist auf dem Intervall $[0,1/2]$ streng monoton wachsend und auf dem Intervall $[1/2,1]$ streng monoton fallend.*
Beweis: (1) Für jedes $t \in (0,1/2)$ ist $-P_2'(t) = -(2t-1) > 0$, und daher ist $-P_2$ auf $[0,1/2]$ streng monoton wachsend [vgl. V(1.21)(2)].

Es sei $k \in \mathbb{N}$, und es sei bereits gezeigt, daß $(-1)^k P_{2k}$ auf $[0,1/2]$ streng monoton wächst. Dann gilt

$$(-1)^k B_{2k} \;=\; (-1)^k P_{2k}(0) \;<\; (-1)^k P_{2k}(1/2) \;=\; -(-1)^k(1-2^{1-2k})B_{2k}$$

[vgl. (6.5)(2)], und daher ist $\operatorname{sign}(B_{2k}) = (-1)^{k-1}$. Gäbe es ein $\tau \in (0,1/2)$ mit $P_{2k+1}(\tau) = 0$, so hätte $P_{2k} = P_{2k+1}'/(2k+1)$ [vgl. (6.3)(1)] wegen $P_{2k+1}(0) =$

$B_{2k+1} = 0 = P_{2k+1}(1/2)$ [vgl. (6.4) und (6.5)(3)] nach dem Satz von Rolle [vgl. V(1.17)] zwei verschiedene Nullstellen in $[0, 1/2]$, im Widerspruch dazu, daß auf Grund der Induktionsvoraussetzung $(-1)^k P_{2k}$ auf $[0, 1/2]$ streng monoton ist. Also gilt $P_{2k+1}(t) \neq 0$ für jedes $t \in (0, 1/2)$, und hieraus und aus dem Zwischenwertsatz [vgl. IV(2.15)] folgt: Entweder ist $P_{2k+1}(t) > 0$ für jedes $t \in (0, 1/2)$, oder es ist $P_{2k+1}(t) < 0$ für jedes $t \in (0, 1/2)$. Es gilt

$$(-1)^k P'_{2k+1}(0) = (-1)^k (2k+1) P_{2k}(0) = (2k+1)(-1)^k B_{2k} < 0$$

[nach (6.3)(1) und wegen $\operatorname{sign}(B_{2k}) = (-1)^{k-1}$]. Wäre $(-1)^k P_{2k+1}(t) > 0$ für jedes $t \in (0, 1/2)$, so wäre aber

$$(-1)^k P'_{2k+1}(0) = \lim_{t \to 0+} \frac{(-1)^k P_{2k+1}(t) - (-1)^k P_{2k+1}(0)}{t} = \lim_{t \to 0+} \frac{(-1)^k P_{2k+1}(t)}{t} \geq 0$$

[denn es ist $P_{2k+1}(0) = B_{2k+1} = 0$], und daher gilt für jedes $t \in (0, 1/2)$: Es ist $(-1)^k P_{2k+1}(t) < 0$, also $(-1)^{k+1} P'_{2k+2}(t) = (-1)^{k+1}(2k+2) P_{2k+1}(t) > 0$. Also ist $(-1)^{k+1} P_{2k+2}$ auf $[0, 1/2]$ streng monoton wachsend [vgl. V(1.21)(2)].
(2) Es sei $k \in \mathbb{N}$. Nach (1) ist $(-1)^k P_{2k}$ auf $[0, 1/2]$ streng monoton wachsend, und für jedes $t \in [1/2, 1]$ ist $1 - t \in [0, 1/2]$ und $(-1)^k P_{2k}(t) = (-1)^k P_{2k}(1-t)$ [vgl. (6.3)(4)]. Also ist $(-1)^k P_{2k}$ auf $[1/2, 1]$ streng monoton fallend.

(6.7) Satz: *Es sei* $k \in \mathbb{N}$.
(1) *Es ist* $\operatorname{sign}(B_{2k}) = (-1)^{k-1}$.
(2) *Für jedes* $t \in [0, 1]$ *gilt*

$$(-1)^{k-1}(B_{2k} - P_{2k}(t)) \geq 0 \quad \textit{und} \quad |B_{2k} - P_{2k}(t)| \leq \frac{2^{2k}-1}{2^{2k-1}} |B_{2k}| < 2 |B_{2k}|.$$

Beweis: (1) folgt aus der Tatsache, daß $(-1)^k P_{2k}$ auf $[0, 1/2]$ streng monoton wächst [vgl. den Beweis von (6.6)].
(2) Nach (6.6) ist $(-1)^{k-1}(B_{2k} - P_{2k})$ auf $[0, 1/2]$ streng monoton wachsend, auf $[1/2, 0]$ streng monoton fallend und nimmt in 0 und in 1 den Wert 0 und in 1/2 nach (6.5)(2) den Wert $(2^{2k} - 1) |B_{2k}| / 2^{2k-1}$ an.

(6.8) Bemerkung: (1) Die Folge $(B_n)_{n \geq 0}$ ist nicht beschränkt: Es gilt

$$\lim_{k \to \infty} \left(|B_{2k}| \Big/ \frac{2(2k)!}{(2\pi)^{2k}} \right) = 1.$$

(2) Für jedes $z \in \mathbb{C}$ mit $0 < |z| < 2\pi$ gilt

$$\frac{z}{e^z - 1} = \sum_{n=0}^{\infty} \frac{1}{n!} B_n z^n.$$

(3) Für jedes $x \in \mathbb{R}$ mit $|x| < \pi/2$ gilt

$$\tan x = \sum_{k=0}^{\infty}(-1)^k\, 2^{2k}(2^{2k}-1)\,\frac{B_{2k}}{(2k)!}\,x^{2k-1}.$$

(4) Für jedes $x \in \mathbb{R}$ mit $0 < |x| < \pi$ gilt

$$\cot x = \frac{1}{x} + \sum_{k=1}^{\infty}(-1)^k 2^{2k}\,\frac{B_{2k}}{(2k)!}\,x^{2k}.$$

(5) Für jedes $k \in \mathbb{N}$ gilt

$$\sum_{n=1}^{\infty}\frac{1}{n^{2k}} = \frac{(2\pi)^{2k}}{2\,(2k)!}\,|B_{2k}|.$$

Also gilt

$$\sum_{n=1}^{\infty}\frac{1}{n^2} = \frac{\pi^2}{6}, \quad \sum_{n=1}^{\infty}\frac{1}{n^4} = \frac{\pi^4}{90}, \quad \sum_{n=1}^{\infty}\frac{1}{n^6} = \frac{\pi^6}{945}, \quad \sum_{n=1}^{\infty}\frac{1}{n^8} = \frac{\pi^8}{9\,450}.$$

[Beweise der Aussagen (1) – (5) findet man in [79], 12. E. 7 und 18. A. 6.]

(6.9) Hilfssatz: *Es sei $n \in \mathbb{N}$; es sei $m \in \mathbb{N}$, und es sei $f\colon [0,n] \to \mathbb{R}$ eine m-mal differenzierbare Funktion, deren m-te Ableitung auf $[0,n]$ stetig ist. Dann gilt*

$$\begin{aligned}\sum_{i=0}^{n} f(i) \;=\; &\int_0^n f(x)\,dx + \frac{1}{2}\,(f(0)+f(n)) + \\ &+\sum_{j=2}^{m}(-1)^j\,\frac{1}{j!}\,B_j\big(f^{(j-1)}(n) - f^{(j-1)}(0)\big) + R_m(n),\end{aligned}$$

und dabei gilt

$$R_m(n) = (-1)^{m+1}\,\frac{1}{m!}\int_0^n P_m(x - \lfloor x \rfloor)\, f^{(m)}(x)\,dx.$$

Beweis: (1)(a) Es sei $i \in \{0, 1, \ldots, n-1\}$. Es gilt

$$P_1(x - \lfloor x \rfloor) = x - \lfloor x \rfloor - 1/2 = \begin{cases} x - i - 1/2 & \text{für jedes } x \in [i, i+1), \\ -1/2 & \text{für } x = i+1. \end{cases}$$

Wegen VI(3.15)(7) folgt daher mittels partieller Integration

$$\begin{aligned}\int_i^{i+1} P_1(x - \lfloor x \rfloor) f'(x)\,dx \;&=\; \int_i^{i+1}\Big(x - i - \frac{1}{2}\Big) f'(x)\,dx \;= \\ &=\; \Big(\Big(x - i - \frac{1}{2}\Big) f(x)\Big)\Big|_{x=i}^{x=i+1} - \int_i^{i+1} f(x)\,dx \\ &=\; \frac{1}{2}\,(f(i+1) + f(i)) - \int_i^{i+1} f(x)\,dx,\end{aligned}$$

also

$$\frac{1}{2}\left(f(i+1)+f(i)\right) = \int_i^{i+1} f(x)\,dx + \int_i^{i+1} P_1\big(x-\lfloor x\rfloor\big)f'(x)\,dx.$$

(b) Aus (a) folgt

$$\begin{aligned}\sum_{i=0}^{n} f(i) &= \frac{1}{2}f(0)+\sum_{i=0}^{n-1}\frac{1}{2}\left(f(i+1)+f(i)\right)+\frac{1}{2}f(n)\\ &= \sum_{i=0}^{n-1}\int_i^{i+1} f(x)\,dx+\frac{1}{2}\left(f(0)+f(n)\right)+\sum_{i=0}^{n-1}\int_i^{i+1} P_1\big(x-\lfloor x\rfloor\big)f'(x)\,dx\\ &= \int_0^n f(x)\,dx+\frac{1}{2}\left(f(0)+f(n)\right)+R_1(n)\end{aligned}$$

mit

$$R_1(n) := \int_0^n P_1\big(x-\lfloor x\rfloor\big)f'(x)\,dx.$$

(2) Es sei $m \geq 2$, und es sei bereits bewiesen: Es ist

$$\begin{aligned}\sum_{i=0}^{n} f(i) &= \int_0^n f(x)\,dx+\frac{1}{2}\left(f(0)+f(n)\right)+\\ &\quad+\sum_{j=2}^{m-1}(-1)^j\frac{1}{j!}B_j\big(f^{(j-1)}(n)-f^{(j-1)}(0)\big)+R_{m-1}(n)\end{aligned}$$

mit

$$R_{m-1}(n) = (-1)^m\frac{1}{(m-1)!}\int_0^n P_{m-1}\big(x-\lfloor x\rfloor\big)\,f^{(m-1)}(x)\,dx.$$

(a) Es sei $i \in \{0,1,\ldots,n-1\}$. Es gilt

$$P_m\big(x-\lfloor x\rfloor\big) = \begin{cases} P_m(x-i) & \text{für jedes } x\in[\,i,i+1),\\ P_m(0) = B_m & \text{für } x=i+1\end{cases}$$

und

$$P_{m-1}\big(x-\lfloor x\rfloor\big) = \begin{cases} P_{m-1}(x-i) & \text{für jedes } x\in[\,i,i+1),\\ P_{m-1}(0) = B_{m-1} & \text{für } x=i+1.\end{cases}$$

Mittels partieller Integration [und im Fall $m=2$ wegen VI(3.15)(7)] folgt

$$\begin{aligned}\int_i^{i+1} P_m\big(x-\lfloor x\rfloor\big)f^{(m)}(x)\,dx &= \int_i^{i+1} P_m(x-i)f^{(m)}(x)\,dx =\\ &= \Big(P_m(x-i)f^{(m-1)}(x)\Big)\Big|_{x=i}^{x=i+1}-\int_i^{i+1}P_m'(x-i)f^{(m-1)}(x)\,dx\\ &= B_m\left(f^{(m-1)}(i+1)-f^{(m-1)}(i)\right)-m\int_i^{i+1}P_{m-1}(x-i)f^{(m-1)}(x)\,dx\\ &= B_m\left(f^{(m-1)}(i+1)-f^{(m-1)}(i)\right)-m\int_i^{i+1}P_{m-1}\big(x-\lfloor x\rfloor\big)f^{(m-1)}(x)\,dx.\end{aligned}$$

(b) Es folgt

$$\begin{aligned} R_{m-1}(n) &= (-1)^m \frac{1}{(m-1)!} \int_0^n P_{m-1}(x - \lfloor x \rfloor)\, f^{(m-1)}(x)\, dx = \\ &= (-1)^m \frac{1}{(m-1)!} \sum_{i=0}^{n-1} \int_i^{i+1} P_{m-1}(x - \lfloor x \rfloor) f^{(m-1)}(x)\, dx \\ &= \frac{(-1)^m}{m!} \sum_{i=0}^{n-1} \Big(B_m \left(f^{(m-1)}(i+1) - f^{(m-1)}(i)\right) - \int_i^{i+1} P_m(x - \lfloor x \rfloor) f^{(m)}(x)\, dx \Big) \\ &= (-1)^m \frac{B_m}{m!} \left(f^{(m-1)}(n) - f^{(m-1)}(0)\right) + R_m(n) \end{aligned}$$

mit

$$R_m(n) := (-1)^{m+1} \frac{1}{m!} \int_0^n P_m(x - \lfloor x \rfloor) f^{(m)}(x)\, dx,$$

und hiermit gilt

$$\begin{aligned} \sum_{i=0}^{n} f(i) &= \int_0^n f(x)\, dx + \frac{1}{2}\left(f(0) + f(n)\right) + \\ &\quad + \sum_{j=2}^{m} (-1)^j \frac{1}{j!} B_j \left(f^{(j-1)}(n) - f^{(j-1)}(0)\right) + R_m(n). \end{aligned}$$

(6.10) Satz: [Eulersche Summenformel] *Es sei $n \in \mathbb{N}$, es sei $p \in \mathbb{N}$, und es sei $f\colon [0,n] \to \mathbb{R}$ eine $2p$-mal differenzierbare Funktion, deren $2p$-te Ableitung auf $[0,n]$ stetig ist. Dann gilt*

$$\begin{aligned} \sum_{i=0}^{n} f(i) &= \int_0^n f(x)\, dx + \frac{1}{2}\left(f(0) + f(n)\right) + \\ &\quad + \sum_{k=1}^{p} \frac{1}{(2k)!} B_{2k}\left(f^{(2k-1)}(n) - f^{(2k-1)}(0)\right) + R_{2p}(n) \end{aligned}$$

mit

$$R_{2p}(n) = -\frac{1}{(2p)!} \int_0^n P_{2p}(x - \lfloor x \rfloor) f^{(2p)}(x)\, dx.$$

Beweis: Nach (6.4) gilt $B_3 = B_5 = \cdots = B_{2p-1} = 0$, und daher folgt die Behauptung unmittelbar aus (6.9).

(6.11) Zusatz: *Es sei $n \in \mathbb{N}$, es sei $p \in \mathbb{N}_0$, und es sei $f\colon [0,n] \to \mathbb{R}$ eine Funktion, die $(2p+1)$-mal differenzierbar und deren $(2p+1)$-te Ableitung auf $[0,n]$ stetig ist.*
(1) *Es gilt*

$$\sum_{i=0}^{n} f(i) = \int_0^n f(x)\, dx + \frac{1}{2}\left(f(0) + f(n)\right) +$$

$$+\sum_{k=1}^{p}\frac{1}{(2k)!}B_{2k}\big(f^{(2k-1)}(n)-f^{(2k-1)}(0)\big)+R_{2p+1}(n),$$

und dabei ist

$$R_{2p+1}(n) = \frac{1}{(2p+1)!}\int_0^n P_{2p+1}(x-\lfloor x\rfloor)f^{(2p+1)}(x)\,dx.$$

(2) *Ist f $(2p+2)$-mal differenzierbar und ist $f^{(2p+2)}$ auf $[0,n]$ stetig, so gilt*

$$R_{2p+1}(n) = \frac{1}{(2p+2)!}\int_0^n \Big(B_{2p+2}-P_{2p+2}(x-\lfloor x\rfloor)\Big)f^{(2p+2)}(x)\,dx,$$

und es gibt ein $\xi\in[0,n]$ mit

$$R_{2p+1}(n) = \frac{n}{(2p+2)!}B_{2p+2}\,f^{(2p+2)}(\xi);$$

es gibt ein $M_{2p+2}\in\mathbb{R}$ mit $M_{2p+2}\geq 0$ und mit $|\,f^{(2p+2)}(x)\,|\leq M_{2p+2}$ für jedes $x\in[0,n]$, und hiermit gilt

$$|R_{2p+1}(n)| \leq \frac{n}{(2p+2)!}\,|\,B_{2p+2}\,|\,M_{2p+2}.$$

Beweis: (1) folgt wegen $B_3=B_5=\cdots=B_{2p+1}=0$ unmittelbar aus (6.9).
(2) Es gelte: f ist $(2p+2)$-mal differenzierbar, und $f^{(2p+2)}$ ist auf $[0,n]$ stetig. Dann folgt aus (6.9): Es ist

$$\begin{aligned}
R_{2p+1}(n) &= (-1)^{2p+2}\frac{B_{2p+2}}{(2p+2)!}\big(f^{(2p+1)}(n)-f^{(2p+1)}(0)\big)+R_{2p+2}(n) = \\
&= \frac{B_{2p+2}}{(2p+2)!}\int_0^n f^{(2p+2)}(x)\,dx-\frac{1}{(2p+2)!}\int_0^n P_{2p+2}(x-\lfloor x\rfloor)f^{(2p+2)}(x)\,dx \\
&= \frac{1}{(2p+2)!}\int_0^n\Big(B_{2p+2}-P_{2p+2}(x-\lfloor x\rfloor)\Big)f^{(2p+2)}(x)\,dx.
\end{aligned}$$

Für jedes $x\in[0,n]$ ist $x-\lfloor x\rfloor\in[0,1]$, und daher gilt nach (6.7)(2) entweder $B_{2p+2}-P_{2p+2}(x-\lfloor x\rfloor)\geq 0$ für jedes $x\in[0,n]$ oder $B_{2p+2}-P_{2p+2}(x-\lfloor x\rfloor)\leq 0$ für jedes $x\in[0,n]$. Nach dem ersten Mittelwertsatz der Integralrechnung [vgl. VI(3.18)] folgt: Es gibt ein $\xi\in[0,n]$ mit

$$R_{2p+1}(n) = \frac{1}{(2p+2)!}f^{(2p+2)}(\xi)\int_0^n\Big(B_{2p+2}-P_{2p+2}(x-\lfloor x\rfloor)\Big)\,dx.$$

Für jedes $i\in\{0,1,\ldots,n-1\}$ ist

$$\int_i^{i+1}P_{2p+2}(x-\lfloor x\rfloor)\,dx = \int_i^{i+1}P_{2p+2}(x-i)\,dx = \int_0^1 P_{2p+2}(t)\,dt = 0$$

[vgl. (6.3)(2)], und daher ist

$$\int_0^n \Big(B_{2p+2} - P_{2p+2}(x - \lfloor x \rfloor)\Big)\,dx =$$

$$= \int_0^n B_{2p+2}\,dx - \sum_{i=0}^{n-1} \int_i^{i+1} P_{2p+2}(x - \lfloor x \rfloor)\,dx = n\,B_{2p+2}.$$

Also gilt

$$R_{2p+1}(n) = \frac{n}{(2p+2)!}\,B_{2p+2}\,f^{(2p+2)}(\xi).$$

Da $f^{(2p+2)}$ auf $[0,n]$ stetig ist, gibt es nach IV(2.13) ein $M_{2p+2} \in \mathbb{R}$ mit $M_{2p+2} \geq 0$ und mit $|f^{(2p+2)}(x)| \leq M_{2p+2}$ für jedes $x \in [0,n]$. Es folgt

$$|R_{2p+1}(n)| = \frac{n}{(2p+2)!}\,|B_{2p+2}|\,|f^{(2p+2)}(\xi)| \leq \frac{n}{(2p+2)!}\,|B_{2p+2}|\,M_{2p+2}.$$

(6.12) Zusatz: *Es sei $n \in \mathbb{N}$, es sei $p \in \mathbb{N}_0$, und es sei $f\colon [0,n] \to \mathbb{R}$ eine $(2p+4)$-mal differenzierbare Funktion, für die gilt: $f^{(2p+4)}$ ist auf $[0,n]$ stetig, und es gilt $f^{(2p+2)}(x) \geq 0$ und $f^{(2p+4)}(x) \geq 0$ für jedes $x \in [0,n]$, oder es gilt $f^{(2p+2)}(x) \leq 0$ und $f^{(2p+4)}(x) \leq 0$ für jedes $x \in [0,n]$. Dann gilt*

$$\sum_{i=0}^{n} f(i) = \int_0^n f(x)\,dx + \frac{1}{2}\big(f(0) + f(n)\big) +$$

$$+ \sum_{k=1}^{p} \frac{1}{(2k)!}\,B_{2k}\big(f^{(2k-1)}(n) - f^{(2k-1)}(0)\big) + R_{2p+1}(n),$$

und es gibt ein $\theta \in \mathbb{R}$ mit $0 \leq \theta \leq 1$ und mit

$$R_{2p+1}(n) = \theta \cdot \frac{1}{(2p+2)!}\,B_{2p+2}\big(f^{(2p+1)}(n) - f^{(2p+1)}(0)\big).$$

Beweis: Nach (6.11)(2) existieren $\xi,\ \xi' \in [0,n]$ mit

$$R_{2p+1}(n) = \frac{nB_{2p+2}}{(2p+2)!}\,f^{(2p+2)}(\xi) \quad \text{und} \quad R_{2p+3}(n) = \frac{nB_{2p+4}}{(2p+4)!}\,f^{(2p+4)}(\xi').$$

Wegen $\operatorname{sign}(B_{2p+4}) = -\operatorname{sign}(B_{2p+2})$ [vgl. (6.7)(1)] und auf Grund der Voraussetzung über $f^{(2p+2)}$ und $f^{(2p+4)}$ folgt: Es ist $0 \leq R_{2p+1}(n) \leq R_{2p+1}(n) - R_{2p+3}(n)$, oder es ist $R_{2p+1}(n) - R_{2p+3}(n) \leq R_{2p+1}(n) \leq 0$. Also gibt es ein $\theta \in \mathbb{R}$ mit $0 \leq \theta \leq 1$ und mit

$$R_{2p+1}(n) = \theta\cdot\big(R_{2p+1}(n) - R_{2p+3}(n)\big).$$

Aus der Summenformel in (6.11)(1) folgt sogleich: Es ist

$$R_{2p+1}(n) - R_{2p+3}(n) = \frac{1}{(2p+2)!}\,B_{2p+2}\big(f^{(2p+1)}(n) - f^{(2p+1)}(0)\big).$$

(6.13) BEISPIEL: Es sei $N \in \mathbb{N}$, und es sei $f: \mathbb{R} \to \mathbb{R}$ die Funktion mit $f(x) = x^N$ für jedes $x \in \mathbb{R}$. Wegen $f^{(N+1)} = 0$ ergibt sich aus (6.11)(1) und (6.11)(2) mit dieser Funktion f und mit $p := \lfloor N/2 \rfloor$: Für jedes $n \in \mathbb{N}$ gilt

$$\sum_{i=1}^{n} i^N = \frac{1}{N+1} n^{N+1} + \frac{1}{2} n^N + \frac{1}{N+1} \sum_{k=1}^{\lfloor N/2 \rfloor} \binom{N+1}{2k} B_{2k}\, n^{N+1-2k}. \qquad (*)$$

Hieraus erhält man: Für jedes $n \in \mathbb{N}$ gilt

$$\sum_{i=1}^{n} i = \frac{1}{2} n(n+1), \quad \sum_{i=1}^{n} i^2 = \frac{1}{6} n(n+1)(2n+1), \quad \sum_{i=1}^{n} i^3 = \frac{1}{4} n^2 (n+1)^2 = \Big(\sum_{i=1}^{n} i\Big)^2.$$

Die Formel in (*) stammt von Jakob Bernoulli; er hat "innerhalb einer halben Viertelstunde" mit ihrer Hilfe

$$\begin{aligned} \sum_{i=1}^{1000} i^{10} &= \frac{1}{11} 1000^{11} + \frac{1}{2} 1000^{10} + \frac{5}{6} 1000^{9} - 1000^{7} + 1000^{5} - \frac{1}{2} 1000^{3} + \frac{5}{66} 1000 \\ &= 91\,409\,924\,241\,424\,243\,424\,241\,924\,242\,500 \end{aligned}$$

berechnet.

(6.14) DIE HARMONISCHEN ZAHLEN: Für jedes $n \in \mathbb{N}$ heißt $H_n := \sum_{i=1}^{n} 1/i$ die n-te harmonische Zahl. Da die harmonische Reihe $\sum_{i=1}^{\infty} 1/i$ divergiert [vgl. III(2.3)(3)], ist die Folge der harmonischen Zahlen nicht beschränkt. In den Anwendungen benötigt man bisweilen genauere Aussagen über das Wachstum dieser Folge. Solche Aussagen kann man mit Hilfe der Eulerschen Summenformel gewinnen [vgl. etwa (4)].

(1) Die Funktion $f: [0, \infty) \to \mathbb{R}$ mit $f(x) := 1/(1+x)$ für jedes $x \in [0, \infty)$ ist beliebig oft differenzierbar, und zwar gilt für jedes $j \in \mathbb{N}_0$: Es ist $f^{(j)}(x) = (-1)^j j!/(1+x)^{j+1}$ für jedes $x \in [0, \infty)$.

(2) Es sei $p \in \mathbb{N}_0$. Nach (6.11)(1) und (6.11)(2), angewandt auf f, gilt für jedes $n \in \mathbb{N}$: Es ist

$$\begin{aligned} H_n &= \sum_{i=1}^{n} \frac{1}{i} = \sum_{i=0}^{n-1} f(i) = \\ &= \ln n + \frac{1}{2} + \frac{1}{2n} + \sum_{k=1}^{p} \frac{B_{2k}}{2k} (1 - n^{-2k}) + R_{2p+1}(n-1), \end{aligned}$$

und dabei gilt

$$\begin{aligned} R_{2p+1}(n-1) &= \int_0^{n-1} \Big(B_{2p+2} - P_{2p+2}(x - \lfloor x \rfloor)\Big)(1+x)^{-2p-3}\, dx \\ &= \int_1^{n} \Big(B_{2p+2} - P_{2p+2}((x-1) - \lfloor x-1 \rfloor)\Big) x^{-2p-3}\, dx \\ &= \int_1^{n} \Big(B_{2p+2} - P_{2p+2}(x - \lfloor x \rfloor)\Big) x^{-2p-3}\, dx. \end{aligned}$$

Für jedes $x \in [1, \infty)$ gilt $x - \lfloor x \rfloor \in [0,1]$ und daher nach (6.7)(2)

$$|B_{2p+2} - P_{2p+2}(x - \lfloor x \rfloor)| \, x^{-2p-3} \leq 2 \, |B_{2p+2}| \, x^{-2p-3}.$$

Also existiert das uneigentliche Integral

$$\begin{aligned} \rho_{2p+1} &:= \int_1^\infty \Big(B_{2p+2} - P_{2p+2}(x - \lfloor x \rfloor)\Big) \, x^{-2p-3} \, dx \\ &= \lim_{X\to\infty} \int_1^X \Big(B_{2p+2} - P_{2p+2}(x - \lfloor x \rfloor)\Big) \, x^{-2p-3} \, dx \end{aligned}$$

[vgl. VI(5.3)(4)], und daher konvergiert die Folge $\big(R_{2p+1}(n-1)\big)_{n\geq 1}$ gegen die Zahl ρ_{2p+1}.

(3) Es sei $p \in \mathbb{N}_0$. Nach (2) gilt für die Eulersche Konstante $C = \lim_{n\to\infty}(H_n - \ln n)$ [vgl. VI(5.9)(5)]: Es ist

$$\begin{aligned} C = \lim_{n\to\infty}(H_n - \ln n) &= \lim_{n\to\infty}\Big(\frac{1}{2} + \frac{1}{2n} + \sum_{k=1}^{p} \frac{B_{2k}}{2k}(1 - n^{-2k}) + R_{2p+1}(n-1)\Big) \\ &= \frac{1}{2} + \sum_{k=1}^{p} \frac{B_{2k}}{2k} + \rho_{2p+1}. \end{aligned}$$

Also gilt für jedes $n \in \mathbb{N}$: Es ist

$$H_n = \ln n + C + \frac{1}{2n} - \sum_{k=1}^{p} \frac{B_{2k}}{2k} n^{-2k} + r_{2p+1}(n) \tag{$*$}$$

mit dem Fehlerterm

$$r_{2p+1}(n) := R_{2p+1}(n-1) - \rho_{2p+1} = -\int_n^\infty \Big(B_{2p+2} - P_{2p+2}(x - \lfloor x \rfloor)\Big) \, x^{-2p-3} \, dx.$$

Es sei $n \in \mathbb{N}$. Aus $(*)$ folgt $r_{2p+1}(n) - r_{2p+3}(n) = -B_{2p+2}/\big((2p+2)n^{2p+2}\big)$, und aus (6.7)(2) folgt

$$(-1)^{p-1} r_{2p+1}(n) = \int_n^\infty (-1)^p \Big(B_{2p+2} - P_{2p+2}(x - \lfloor x \rfloor)\Big) \, x^{-2p-3} \, dx \geq 0$$

und ebenso $(-1)^p r_{2p+3}(n) \geq 0$. Hieraus folgt: Ist p ungerade, so gilt $0 \leq r_{2p+1}(n) \leq r_{2p+1}(n) - r_{2p+3}(n)$, und ist p gerade, so gilt $r_{2p+1}(n) - r_{2p+3}(n) \leq r_{2p+1}(n) \leq 0$. In jedem Fall gilt daher: Es gibt eine (von p und n abhängige) Zahl $\theta \in \mathbb{R}$ mit $0 \leq \theta \leq 1$ und mit

$$r_{2p+1}(n) = \theta \cdot \big(r_{2p+1}(n) - r_{2p+3}(n)\big) = -\theta \cdot \frac{B_{2p+2}}{2p+2} n^{-2p-2}.$$

(4) Aus (3) ergibt sich zum Beispiel mit $p = 2$: Zu jedem $n \in \mathbb{N}$ gibt es ein $\theta_n \in \mathbb{R}$ mit $0 \leq \theta_n \leq 1$ und mit

$$H_n = \ln n + C + \frac{1}{2n} - \frac{1}{12n^2} + \frac{1}{120n^4} - \frac{\theta_n}{252n^6}.$$

(5) Zur Berechnung von C: Aus (*) folgt für $p = 5$ und $n = 8$ [auf 15 Nachkommastellen gerundet]: Es ist

$$\begin{aligned} C &= H_8 - \ln 8 - \frac{1}{16} + \sum_{k=1}^{5} \frac{B_{2k}}{2k \cdot 8^{2k}} - \varepsilon = \frac{7\,907\,307\,282\,533}{2\,976\,412\,336\,128} - \ln 8 - \varepsilon \\ &= 0.577\,215\,664\,901\,822 - \varepsilon, \end{aligned}$$

und dabei gilt

$$0 \leq \varepsilon = r_{11}(8) \leq \frac{|B_{12}|}{12 \cdot 8^{12}} < 4 \cdot 10^{-13}.$$

Also gilt, wie schon in VI(5.9)(5) vermerkt wurde, $C = 0.577\,215\,664\,9\ldots$. Man sieht, daß man auf diese Weise C mit jeder gewünschten Genauigkeit berechnen kann: So hat D. E. Knuth 1962 in [34] die hier beschriebene Methode mit $p = 250$ und $n = 10\,000$ dazu benutzt, mehr als 1200 Dezimalstellen der Eulerschen Konstanten zu berechnen.

(6.15) DIE FORMEL VON STIRLING: (1) Es sei $f: [0, \infty) \to \mathbb{R}$ die Funktion mit $f(x) = \ln(1 + x)$ für jedes $x \in [0, \infty)$. f ist beliebig oft differenzierbar, und zwar gilt für jedes $j \in \mathbb{N}$: Es ist $f^{(j)}(x) = (-1)^{j-1}(j-1)!/(1+x)^j$ für jedes $x \in [0, \infty)$.
(2) Es sei $p \in \mathbb{N}_0$. Für jedes $n \in \mathbb{N}$ liefert (6.11)(2), angewandt auf die in (1) angegebene Funktion f: Es ist

$$\begin{aligned} \ln n! &= \sum_{i=1}^{n} \ln i = \sum_{i=0}^{n-1} f(i) = \\ &= n \ln n - n + \frac{1}{2} \ln n + 1 + \sum_{k=1}^{p} \frac{B_{2k}}{(2k-1)2k} \left(\frac{1}{n^{2k-1}} - 1 \right) + R_{2p+1}(n-1) \end{aligned}$$

mit

$$R_{2p+1}(n-1) = -\frac{1}{2p+2} \int_1^n \Big(B_{2p+2} - P_{2p+2}\big(x - \lfloor x \rfloor\big) \Big) x^{-2p-2}\, dx.$$

Nach VI(5.3)(4) existiert der Grenzwert

$$\rho_{2p+1} := \lim_{n \to \infty} \big(R_{2p+1}(n-1) \big) = -\frac{1}{2p+2} \int_1^\infty \Big(B_{2p+2} - P_{2p+2}\big(x - \lfloor x \rfloor\big) \Big) x^{-2p-2}\, dx.$$

Für jedes $n \in \mathbb{N}$ gilt

$$\ln n! = n \ln n - n + \frac{1}{2} \ln n + \alpha_{2p+1} + \sum_{k=1}^{p} \frac{B_{2k}}{(2k-1)2k} \cdot \frac{1}{n^{2k-1}} + r_{2p+1}(n) \qquad (*)$$

mit

$$\begin{aligned}
\alpha_{2p+1} &:= 1+\rho_{2p+1}-\sum_{k=1}^{p}\frac{B_{2k}}{(2k-1)2k} \quad \text{und}\\
r_{2p+1}(n) &:= R_{2p+1}(n-1)-\rho_{2p+1}\\
&= \frac{1}{2p+2}\int_n^\infty \Big(B_{2p+2}-P_{2p+2}(x-\lfloor x\rfloor)\Big)x^{-2p-2}\,dx,
\end{aligned}$$

und dabei gilt nach (6.7)(2): Es ist

$$(-1)^p r_{2p+1}(n) = \frac{1}{2p+2}\int_n^\infty (-1)^p\Big(B_{2p+2}-P_{2p+2}(x-\lfloor x\rfloor)\Big)x^{-2p-2}\,dx \geq 0.$$

Da $\big(r_{2p+1}(n)\big)_{n\geq 1}$ eine Nullfolge ist, folgt aus $(*)$: $\big(\ln n! - n\ln n + n - (\ln n)/2\big)_{n\geq 1}$ konvergiert, und zwar gilt:

$$\alpha := \lim_{n\to\infty}\big(\ln n! - n\ln n + n - (\ln n)/2\big) = \alpha_{2p+1}.$$

(3) Nach VI(4.8)(1b) gilt

$$\lim_{n\to\infty}\left(\frac{\binom{2n}{n}}{4^n/\sqrt{\pi n}}\right) = 1 \quad \text{und daher} \quad \lim_{n\to\infty}\left(\ln\binom{2n}{n} - \ln\frac{4^n}{\sqrt{\pi n}}\right) = 0.$$

Für jedes $n\in\mathbb{N}$ gilt [nach (2)$(*)$ mit $p=0$, angewandt auf $2n$ und auf n]: Es ist

$$\begin{aligned}
\ln\binom{2n}{n} - \ln\frac{4^n}{\sqrt{\pi n}} &= \ln((2n)!) - 2\ln n! - 2n\ln 2 + \frac{1}{2}\ln(\pi n)\\
&= \Big(2n\ln(2n) - 2n + \frac{1}{2}\ln(2n) + \alpha + r_1(2n)\Big) -\\
&\quad -2\Big(n\ln n - n + \frac{1}{2}\ln n + \alpha + r_1(n)\Big) - 2n\ln 2 + \frac{1}{2}\ln(\pi n)\\
&= \frac{1}{2}\ln\pi + \frac{1}{2}\ln 2 - \alpha + r_1(2n) - 2r_1(n).
\end{aligned}$$

Es ist also $\alpha = (\ln 2 + \ln\pi)/2 = \ln\sqrt{2\pi}$, und daher gilt für jedes $p\in\mathbb{N}_0$ und jedes $n\in\mathbb{N}$: Es ist

$$\ln n! = n\ln n - n + \ln\sqrt{2\pi n} + \sum_{k=1}^{p}\frac{B_{2k}}{(2k-1)2k}\cdot\frac{1}{n^{2k-1}} + r_{2p+1}(n). \qquad (**)$$

(4) Es sei $p\in\mathbb{N}_0$. Für jedes $n\in\mathbb{N}$ gilt nach (3)$(**)$

$$r_{2p+1}(n) - r_{2p+3}(n) = \frac{B_{2p+2}}{(2p+1)(2p+2)}\cdot\frac{1}{n^{2p+1}},$$

und wegen $(-1)^p r_{2p+1}(n) \geq 0$ und $(-1)^{p+1} r_{2p+3}(n) \geq 0$ [vgl. (2)] folgt wieder: Es gibt eine [von p und n abhängige] Zahl $\theta \in \mathbb{R}$ mit $0 \leq \theta \leq 1$ und mit

$$r_{2p+1}(n) = \theta \cdot \big(r_{2p+1}(n) - r_{2p+3}(n)\big) = \theta \cdot \frac{B_{2p+2}}{(2p+1)(2p+2)} \cdot \frac{1}{n^{2p+1}}.$$

(5) Für $p = 0$ ergibt sich aus (3)(**) und aus (4): Zu jedem $n \in \mathbb{N}$ gibt es ein $\theta_n \in \mathbb{R}$ mit $0 \leq \theta_n \leq 1$ und mit

$$\ln n! = n \ln n - n + \ln \sqrt{2\pi n} + \frac{\theta_n}{12n}.$$

Da die Exponentialfunktion monoton wächst, folgt daraus: Für jedes $n \in \mathbb{N}$ gilt

$$\sqrt{2\pi n} \cdot n^n \cdot e^{-n} \leq n! \leq \sqrt{2\pi n} \cdot n^n \cdot e^{-n} \cdot e^{1/12n} .$$

Dies ist die bereits in I(4.21) angegebene Stirlingsche Formel.
(6) Für $p = 2$ ergibt sich aus (3)(**) und aus (4): Zu jedem $n \in \mathbb{N}$ gibt es ein $\Theta_n \in \mathbb{R}$ mit $0 \leq \Theta_n \leq 1$ und mit

$$\ln n! = n \ln n - n + \ln \sqrt{2\pi n} + \frac{1}{12n} - \frac{1}{360n^3} + \frac{\Theta_n}{1260n^5}.$$

(7) Aus (5) ergibt sich

$363.738\,542 \leq \ln 100! \leq 363.739\,376$ und $9.324\,845 \cdot 10^{157} \leq 100! \leq 9.332\,626 \cdot 10^{157}$;

aus (6) ergibt sich

$$363.739\,375\,555\,563\,410 \leq \ln 100! \leq 363.739\,375\,555\,563\,491$$

und

$$9.332\,621\,544\,393 \cdot 10^{157} \leq 100! \leq 9.332\,621\,544\,395 \cdot 10^{157}.$$

Zum Vergleich: Es gilt $100! = 9.332\,621\,544\,394\,415... \cdot 10^{157}$.

§7 Numerische Integrationsverfahren

(7.1) Man kann ein bestimmtes Integral ohne Schwierigkeit berechnen, wenn man eine Stammfunktion des Integranden kennt und deren Funktionswerte in den Endpunkten des Integrationsintervalls berechnen kann [vgl. VI(4.4)]. Aber für viele Funktionen ist es nicht möglich, Stammfunktionen durch Funktionen aus dem üblicherweise bekannten Vorrat an "elementaren" Funktionen darzustellen. Dies gilt zum Beispiel für die Funktion $x \mapsto x^{-1} \ln(1+x) : [1,2] \to \mathbb{R}$; auch die elliptischen Integrale aus VI(5.11)(1) kann man nicht auf diese Weise berechnen. Man benötigt daher numerische Verfahren, mit deren Hilfe man bestimmte Integrale näherungsweise berechnen kann. In diesem Paragraphen werden zwei elementare solche Verfahren vorgestellt, nämlich das Trapez-Verfahren und das Simpson-Verfahren, und dann wird als eine der heute gängigen Methoden der numerischen Integration das 1955 von W. Romberg angegebene Verfahren behandelt.

(7.2) Vor den in (7.1) genannten Verfahren wird im nächsten Abschnitt aus der Eulerschen Summenformel ein erstes Verfahren zur numerischen Integration gewonnen. Die Eulersche Summenformel stellt ja einen Zusammenhang zwischen einer Summe und einem Integral her [vgl. (6.11)], und diesen Zusammenhang verwendet man meist zur (näherungsweisen) Berechnung der darin vorkommenden Summe [vgl. die Beispiele in (6.13), (6.14) und (6.15)]. Man kann ihn aber auch zur (näherungsweisen) Berechnung des dabei auftretenden Integrals ausnützen. Das Verfahren, das sich auf diese Weise ergibt, benötigt allerdings die Kenntnis der Werte von Ableitungen des Integranden in den Endpunkten des Integrationsintervalls und ist daher nicht gerade universell verwendbar. [Die in (7.3) durchgeführten Rechnungen werden auch später benötigt werden.]

(7.3) Es seien $a, b \in \mathbb{R}$ mit $a < b$, es sei $p \in \mathbb{N}_0$, und es sei $f\colon [a,b] \to \mathbb{R}$ eine $(2p+2)$-mal differenzierbare Funktion, für die $f^{(2p+2)}$ auf $[a,b]$ stetig ist.
(1) Es sei $n \in \mathbb{N}$, und es sei $h := (b-a)/n$. Die Funktion $g\colon [0,n] \to \mathbb{R}$ mit $g(t) := f(a+ht)$ für jedes $t \in [0,n]$ ist $(2p+2)$-mal differenzierbar, und zwar gilt für jedes $k \in \{0,1,\ldots,2p+2\}$: Es ist $g^{(k)}(t) = h^k f^{(k)}(a+ht)$ für jedes $t \in [0,n]$. Außerdem ist $g^{(2p+2)}$ auf $[0,n]$ stetig. Nach (6.11)(2) gilt: Es ist

$$\begin{aligned}\int_a^b f(x)\,dx &= h\int_0^n g(t)\,dt = \\ &= h\Big(\sum_{i=0}^{n} g(i) - \frac{1}{2}\big(g(0)+g(n)\big) - \sum_{k=1}^{p}\frac{B_{2k}}{(2k)!}\big(g^{(2k-1)}(n) - g^{(2k-1)}(0)\big)\Big) + \\ &\qquad + r_{2p+1}(n) = \\ &= h\Big(\frac{f(a)}{2} + \sum_{i=1}^{n-1} f(a+ih) + \frac{f(b)}{2}\Big) - \sum_{j=1}^{p}\frac{B_{2j}}{(2j)!}h^{2j}\big(f^{(2j-1)}(b) - f^{(2j-1)}(a)\big) + \\ &\qquad + r_{2p+1}(n),\end{aligned}$$

und dabei ist

$$\begin{aligned}r_{2p+1}(n) &= -\frac{h}{(2p+2)!}\int_0^n \Big(B_{2p+2} - P_{2p+2}\big(t - \lfloor t\rfloor\big)\Big)g^{(2p+2)}(t)\,dt \\ &= -\frac{h^{2p+2}}{(2p+2)!}\int_a^b \Big(B_{2p+2} - P_{2p+2}\Big(\frac{x-a}{h} - \Big\lfloor\frac{x-a}{h}\Big\rfloor\Big)\Big)f^{(2p+2)}(x)\,dx.\end{aligned}$$

(2) Es sei $M_{2p+2} \in \mathbb{R}$ mit $M_{2p+2} \geq 0$ und mit $|f^{(2p+2)}(x)| \leq M_{2p+2}$ für jedes $x \in [a,b]$ [ein solches M_{2p+2} existiert nach IV(2.13)]. Für jedes $t \in [0,n]$ gilt dann $|g^{(2p+2)}(t)| \leq h^{2p+2}M_{2p+2}$, und nach (6.11)(2) ergibt sich

$$|r_{2p+1}| \leq h\frac{n}{(2p+2)!}|B_{2p+2}|\,h^{2p+2}M_{2p+2} = \frac{|B_{2p+2}|}{(2p+2)!}\,\frac{(b-a)^{2p+3}}{n^{2p+2}}\,M_{2p+2}.$$

(7.4) BEISPIEL: Es sei $f\colon [1,2] \to \mathbb{R}$ die Funktion mit $f(x) := x^{-1}\ln(1+x)$ für jedes $x \in [1,2]$. Diese Funktion ist beliebig oft diffenzierbar, und durch Diskussion von $f^{(8)}$ [unter Benutzung eines Plotters] ergibt sich: Für jedes $x \in [1,2]$ ist $0 < f^{(8)}(2) \le f^{(8)}(x) \le f^{(8)}(1) \le 16.1 =: M_8$. Rechnet man wie in (7.3)(2) mit $p = 3$ und $n = 32$, so ergibt sich

$$\int_1^2 \frac{\ln(1+x)}{x}\,dx = 0.614\,279\,333\,459\,567\,725 + r_7(32) \quad \text{und}$$
$$|r_7(32)| < 1.3 \cdot 10^{-17}.$$

(7.5) DAS TRAPEZ-VERFAHREN: Es seien $a, b \in \mathbb{R}$ mit $a < b$; es sei $f\colon [a,b] \to \mathbb{R}$ auf $[a,b]$ stetig. Es sei $n \in \mathbb{N}$, es sei $h := (b-a)/n$, und es sei $x_i := a + ih$ für jedes $i \in \{0,1,\ldots,n\}$.

(1) Es sei $i \in \{0,1,\ldots,n-1\}$, und es sei $p_i \in \mathbb{R}[T]$ das Interpolationspolynom zu den Daten x_i, x_{i+1}, $f(x_i)$, $f(x_{i+1})$. Es gilt

$$p_i := f(x_i) + \frac{1}{h}\big(f(x_{i+1}) - f(x_i)\big)(T - x_i)$$

und

$$\int_{x_i}^{x_{i+1}} p_i(x)\,dx = \frac{h}{2}\big(f(x_i) + f(x_{i+1})\big).$$

(2) Man wählt für jedes $i \in \{0,1,\ldots,n-1\}$ das Integral $\int_{x_i}^{x_{i+1}} p_i(x)\,dx$ als Näherung für das Integral $\int_{x_i}^{x_{i+1}} f(x)\,dx$ und erhält auf diese Weise als Näherung für

$$\int_a^b f(x)\,dx = \sum_{i=0}^{n-1} \int_{x_i}^{x_{i+1}} f(x)\,dx$$

die *n-te Trapez-Summe für f*:

$$\begin{aligned}\operatorname{trap}(f,n) &:= \sum_{i=0}^{n-1} \int_{x_i}^{x_{i+1}} p_i(x)\,dx = \frac{h}{2}\sum_{i=0}^{n-1}\big(f(x_i) + f(x_{i+1})\big)\\ &= \frac{b-a}{n}\Big(\frac{f(a)}{2} + \sum_{i=1}^{n-1} f\big(a + i\,\frac{b-a}{n}\big) + \frac{f(b)}{2}\Big).\end{aligned}$$

Die nebenstehende Figur zeigt eine geometrische Deutung des Zusammenhangs zwischen der n-ten Trapez-Summe $\operatorname{trap}(f,n)$ und dem Integral $\int_a^b f(x)\,dx$: Ist $f(x) \ge 0$ für jedes $x \in [a,b]$, so ist die Trapezsumme $\operatorname{trap}(f,n)$ der Flächeninhalt der Vereinigung der n Trapeze $\{(x,y) \in \mathbb{R}^2 \mid x_i \le x \le x_{i+1};\ 0 \le y \le p_i(x)\}$ mit $i \in \{0,1,\ldots,n-1\}$, und das Integral $\int_a^b f(x)\,dx$ ist, wie in VI(3.12) vermerkt, der Flächeninhalt des Flächenstücks $\mathcal{M}(f) := \{(x,y) \in \mathbb{R}^2 \mid a \le x \le b;\ 0 \le y \le f(x)\}$.

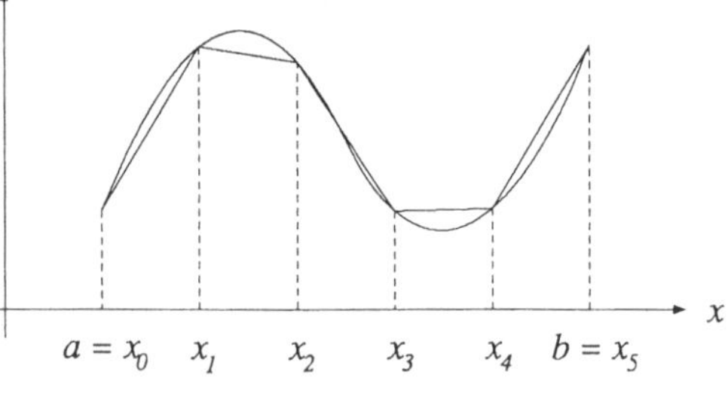

(7.6) Satz: *Es seien a, $b \in \mathbb{R}$ mit $a < b$, es sei $f\colon [a,b] \to \mathbb{R}$ zweimal differenzierbar, und es sei f'' auf $[a,b]$ stetig. Dann konvergiert die Folge $(\operatorname{trap}(f,n))_{n\geq 1}$ der Trapez-Summen für f gegen das Integral $\int_a^b f(x)\,dx$, und es gilt: Ist $|f''(x)| \leq M_2$ für jedes $x \in [a,b]$, so gilt für jedes $n \in \mathbb{N}$: Es ist*

$$\Big| \int_a^b f(x)\,dx - \operatorname{trap}(f,n) \Big| \leq \frac{1}{12} \cdot \frac{(b-a)^3}{n^2} M_2.$$

Beweis: Es sei $M_2 \in \mathbb{R}$ mit $|f''(x)| \leq M_2$ für jedes $x \in [a,b]$. [Weil f'' auf $[a,b]$ stetig ist, gibt es nach IV(2.13) ein solches M_2.] Nach (7.3), angewandt mit $p = 0$, gilt für jedes $n \in \mathbb{N}$: Es ist

$$\int_a^b f(x)\,dx = \operatorname{trap}(f,n) + r_1(n),$$

und dabei ist

$$\Big| \int_a^b f(x)\,dx - \operatorname{trap}(f,n) \Big| = |r_1(n)| \leq \frac{1}{12} \cdot \frac{(b-a)^3}{n^2} M_2.$$

(7.7) BEMERKUNG: Es seien a, $b \in \mathbb{R}$ mit $a < b$, es sei $f\colon [a,b] \to \mathbb{R}$ zweimal differenzierbar, und es sei f'' auf $[a,b]$ stetig.

(1) Für jedes $n \in \mathbb{N}$ gilt

$$\begin{aligned}\operatorname{trap}(f,2n) &= \frac{b-a}{2n}\Big(\frac{f(a)}{2} + \sum_{i=1}^{2n-1} f\big(a + i\,\frac{b-a}{2n}\big) + \frac{f(b)}{2}\Big)\\ &= \frac{1}{2}\operatorname{trap}(f,n) + \frac{b-a}{2n}\sum_{i=1}^{n} f\big(a + (2i-1)\,\frac{b-a}{2n}\big);\end{aligned}$$

zur Berechnung von $\operatorname{trap}(f,2n)$ aus $\operatorname{trap}(f,n)$ braucht man also f nur an den n neuen Stellen $a + (2i-1)(b-a)/(2n)$ mit $i = 1, \ldots, n$ auszuwerten.

(2) Nach (7.6) und III(1.6)(5) konvergiert die Folge $(\operatorname{trap}(f,2^m))_{m\geq 0}$ gegen das Integral $\int_a^b f(x)\,dx$, und die Terme dieser Folge können rekursiv berechnet werden: Es ist $\operatorname{trap}(f,1) = (b-a)(f(a)+f(b))/2$, und für jedes $m \in \mathbb{N}_0$ ist

$$\operatorname{trap}(f,2^{m+1}) = \frac{1}{2}\operatorname{trap}(f,2^m) + \frac{b-a}{2^{m+1}}\sum_{i=1}^{2^m} f\big(a + (2i-1)\,\frac{b-a}{2^{m+1}}\big).$$

(3) Man kann die Terme der Folge $(\operatorname{trap}(f,2^m))_{m\geq 0}$ als Näherungwerte für das Integral $\int_a^b f(x)\,dx$ verwenden. Diese Folge konvergiert aber auch für gutartige Funktionen nicht besonders gut, wie das folgende Beispiel zeigt.

(7.8) BEISPIEL: Es sei $f\colon [1,2] \to \mathbb{R}$ wie in (7.4) die Funktion mit $f(x) = x^{-1}\ln(1+x)$ für jedes $x \in [1,2]$. Es ist f'' streng monoton fallend, und es gilt $0 < f''(2) \le f''(x) \le f''(1) = \ln 2 =: M_2$. Für jedes $n \in \mathbb{N}$ gilt also $|\int_1^2 f(x)\,dx - \mathrm{trap}(f,n)| \le (\ln 2)/(12n^2) =: \delta(n)$. Man erhält die folgenden Werte:

m	$\mathrm{trap}(f,2^m)$	$\delta(2^m) <$	m	$\mathrm{trap}(f,2^m)$	$\delta(2^m) <$
0	0.621 226 662 447	$1.2 \cdot 10^{-2}$	6	0.614 281 066 050	$2.8 \cdot 10^{-6}$
1	0.616 043 575 182	$2.9 \cdot 10^{-3}$	7	0.614 279 766 609	$7.0 \cdot 10^{-7}$
2	0.614 722 246 788	$7.1 \cdot 10^{-4}$	8	0.614 279 441 747	$1.8 \cdot 10^{-7}$
3	0.614 390 180 181	$1.8 \cdot 10^{-4}$	9	0.614 279 360 531	$4.4 \cdot 10^{-8}$
4	0.614 307 052 582	$4.5 \cdot 10^{-5}$	10	0.614 279 340 228	$1.1 \cdot 10^{-8}$
5	0.614 286 263 706	$1.2 \cdot 10^{-5}$			

(7.9) Das Verfahren von Th. Simpson (1710–1761): Es seien $a, b \in \mathbb{R}$ mit $a < b$; es sei $f\colon [a,b] \to \mathbb{R}$ auf $[a,b]$ stetig. Es sei $n \in \mathbb{N}$, es sei $h := (b-a)/(2n)$, und es sei $x_i := a + ih$ für jedes $i \in \{0,1,\ldots,2n\}$.

(1) Es sei $i \in \{0,1,\ldots,n-1\}$, und es sei $q_i \in \mathbb{R}[T]$ das Interpolationspolynom zu den Daten x_{2i}, x_{2i+1}, x_{2i+2}, $f(x_{2i})$, $f(x_{2i+1})$, $f(x_{2i+2})$. Wie man sogleich sieht, gilt

$$\begin{aligned} q_i &= \frac{f(x_{2i})}{2h^2}(T - x_{2i+1})(T - x_{2i+2}) - \\ &\quad - \frac{f(x_{2i+1})}{h^2}(T - x_{2i})(T - x_{2i+2}) + \frac{f(x_{2i+2})}{2h^2}(T - x_{2i})(T - x_{2i+1}) \end{aligned}$$

und

$$\int_{x_{2i}}^{x_{2i+2}} q_i(x)\,dx = \frac{h}{3}\big(f(x_{2i}) + 4f(x_{2i+1}) + f(x_{2i+2})\big).$$

(2) Man wählt für jedes $i \in \{0,1,\ldots,n-1\}$ das Integral $\int_{x_{2i}}^{x_{2i+2}} q_i(x)\,dx$ als Näherung für das Integral $\int_{x_{2i}}^{x_{2i+2}} f(x)\,dx$ und erhält auf diese Weise als Näherung für das Integral $\int_a^b f(x)\,dx$ die *n-te Simpson-Summe für f*:

$$\begin{aligned} \mathrm{simp}(f,n) &:= \sum_{i=0}^{n-1} \int_{x_{2i}}^{x_{2i+2}} q_i(x)\,dx = \\ &= \frac{h}{3}\Big(f(a) + 4f(a+h) + 2f(a+2h) + 4f(a+3h) + \cdots + \\ &\qquad + 4f(b-3h) + 2f(b-2h) + 4f(b-h) + f(b)\Big) \\ &= \frac{h}{3}\Big(f(a) + 4\sum_{j=0}^{n-1} f(a+(2j+1)h) + 2\sum_{j=1}^{n-1} f(a+2jh) + f(b)\Big). \end{aligned}$$

(3) Wie man sogleich nachrechnet, gilt

$$\operatorname{simp}(f,n) = \frac{4}{3}\operatorname{trap}(f,2n) - \frac{1}{3}\operatorname{trap}(f,n).$$

Man wird $\operatorname{simp}(f,n)$ stets mit Hilfe dieser Formel aus $\operatorname{trap}(f,n)$ und $\operatorname{trap}(f,2n)$ berechnen. Wie man dabei $\operatorname{trap}(f,2n)$ aus $\operatorname{trap}(f,n)$ gewinnt, ist in (7.7)(1) angegeben.

(7.10) Satz: *Es seien a, $b \in \mathbb{R}$ mit $a < b$, es sei $f\colon [a,b] \to \mathbb{R}$ viermal differenzierbar, und es sei $f^{(4)}$ auf $[a,b]$ stetig. Dann konvergiert die Folge $(\operatorname{simp}(f,n))_{n\geq 1}$ gegen das Integral $\int_a^b f(x)\,dx$, und es gilt: Ist $|f^{(4)}(x)| \leq M_4$ für jedes $x \in [a,b]$, so gilt für jedes $n \in \mathbb{N}$*

$$\left|\int_a^b f(x)\,dx - \operatorname{simp}(f,n)\right| \leq \frac{1}{1728}\cdot\frac{(b-a)^5}{n^4}M_4.$$

Beweis: Es sei $M_4 \in \mathbb{R}$ mit $|f^{(4)}(x)| \leq M_4$ für jedes $x \in [a,b]$. [Weil $f^{(4)}$ auf $[a,b]$ stetig ist, gibt es ein solches M_4.] Es sei $n \in \mathbb{N}$. Aus (7.3) mit $p = 1$ erhält man

$$\begin{aligned}
\operatorname{simp}(f,n) &= \frac{4}{3}\cdot\operatorname{trap}(f,2n) - \frac{1}{3}\cdot\operatorname{trap}(f,n)\\
&= \frac{4}{3}\cdot\left(\int_a^b f(x)\,dx + \frac{B_2}{2}\cdot\frac{(b-a)^2}{(2n)^2}\cdot\big(f'(b)-f'(a)\big) - r_3(2n)\right) -\\
&\qquad -\frac{1}{3}\cdot\left(\int_a^b f(x)\,dx + \frac{B_2}{2}\cdot\frac{(b-a)^2}{n^2}\cdot\big(f'(b)-f'(a)\big) - r_3(n)\right)\\
&= \int_a^b f(x)\,dx - \frac{4}{3}r_3(2n) + \frac{1}{3}r_3(n),
\end{aligned}$$

und es ist

$$\begin{aligned}
\left|\int_a^b f(x)\,dx - \operatorname{simp}(f,n)\right| &= \frac{4}{3}|r_3(2n)| + \frac{1}{3}|r_3(n)|\\
&\leq \frac{4}{3}\frac{|B_4|}{4!}\frac{(b-a)^5}{(2n)^4}M_4 + \frac{1}{3}\frac{|B_4|}{4!}\frac{(b-a)^5}{n^4}M_4\\
&= \frac{1}{1728}\cdot\frac{(b-a)^5}{n^4}M_4.
\end{aligned}$$

(7.11) BEMERKUNG: Es seien a, $b \in \mathbb{R}$ mit $a < b$, es sei $f\colon [a,b] \to \mathbb{R}$ viermal differenzierbar, und es sei $f^{(4)}$ auf $[a,b]$ stetig.

(1) Die in (7.10) angegebene Abschätzung kann man noch verbessern: Der Faktor 1/1728 kann durch den Faktor 1/2880 ersetzt werden

(2) Die Folge $(\operatorname{simp}(f,n))_{n\geq 1}$ liefert bei vergleichbarem Rechenaufwand meist wesentlich bessere Näherungen für $\int_a^b f(x)\,dx$ als die Folge $(\operatorname{trap}(f,n))_{n\geq 1}$. So ist für

$n \in \mathbb{N}$ meistens die Simpson-Summe simp(f,n) eine deutlich bessere Näherung als die Trapez-Summe trap$(f,2n)$, zu deren Berechnung ebensoviele Funktionswerte ausgerechnet werden müssen. Man vergleiche dazu das Beispiel in (7.12).

(3) Das Verfahren von Simpson kann man folgendermaßen einsetzen: Man wählt eine reelle Zahl $\varepsilon > 0$ und eine natürliche Zahl $m_{\max}$ – abhängig vom verwendeten Rechner und auch vom Integranden f – etwa $\varepsilon = 10^{-10}$ und $m_{\max} = 10$.

(Simpson 1) Man berechnet simp$(f,1)$ und setzt $m := 1$.

(Simpson 2) Man berechnet simp$(f,2^m)$.

(Simpson 3) Ist $|\,\text{simp}(f,2^m) - \text{simp}(f,2^{m-1})\,| < \varepsilon \cdot (1 + |\,\text{simp}(f,2^m)\,|)$, so gibt man simp$(f,2^m)$ als Näherung für $\int_a^b f(x)\,dx$ aus und bricht ab.

(Simpson 4) Ist $m < m_{\max}$, so setzt man $m := m+1$ und geht zu (Simpson 2); ist $m := m_{\max}$, so bricht man mit der Meldung "Die gewünschte Genauigkeit ist in $m_{\max}$ Schritten nicht zu erreichen" ab.

(4) Bemerkung: (a) Die Abbruchbedingung in (Simpson 3) ist so formuliert, daß sie eine Näherung liefert, deren relativer Fehler hinreichend klein ist, die aber auch dann brauchbar ist, wenn das zu berechnende Integral einen vergleichsweise kleinen Betrag besitzt.

(b) Man beachte: Für jedes $m \in \{0,\ldots,m_{\max}\}$ ist trap$(f,2^{m+1})$ gemäß (7.7)(1) aus trap$(f,2^m)$ zu berechnen und dann simp$(f,2^m)$ gemäß (7.9)(3) aus trap$(f,2^m)$ und trap$(f,2^{m+1})$.

(7.12) BEISPIEL: Es sei $f\colon[1,2] \to \mathbb{R}$ wie in (7.4) die Funktion mit $f(x) = x^{-1}\ln(1+x)$ für jedes $x \in [1,2]$. Es ist $f^{(4)}$ streng monoton fallend, und es gilt $0 < f^{(4)}(2) \le f^{(4)}(x) \le f^{(4)}(1) = -131/8 + 24\ln 2 = 0.260\,532\,333\,438\,687... =: M_4$. Für jedes $n \in \mathbb{N}$ gilt also

$$\left|\int_1^2 f(x)\,dx - \text{simp}(f,n)\right| \le \frac{M_4}{1728n^4} =: \delta(n).$$

Man erhält die folgenden Werte:

m	simp$(f,2^m)$	$\delta(2^m) <$	m	simp$(f,2^m)$	$\delta(2^m) <$
0	0.614 315 879 426 402	$1.6 \cdot 10^{-4}$	5	0.614 279 333 498 397	$1.5 \cdot 10^{-10}$
1	0.614 281 803 990 296	$1.0 \cdot 10^{-5}$	6	0.614 279 333 461 995	$2.8 \cdot 10^{-12}$
2	0.614 279 491 311 822	$5.9 \cdot 10^{-7}$	7	0.614 279 333 459 719	$5.7 \cdot 10^{-13}$
3	0.614 279 343 381 881	$3.7 \cdot 10^{-8}$	8	0.614 279 333 459 577	$3.6 \cdot 10^{-14}$
4	0.614 279 334 080 607	$2.4 \cdot 10^{-9}$			

(7.13) Es seien $a, b \in \mathbb{R}$ mit $a < b$, es sei $p \in \mathbb{N}_0$, es sei $f\colon[a,b] \to \mathbb{R}$ eine $(2p+2)$-mal differenzierbare Funktion, und es sei $f^{(2p+2)}$ auf $[a,b]$ stetig.

(1) Es sei $n \in \mathbb{N}$, und es sei $h := (b-a)/n$. Wie in (7.3) ergibt sich

$$\begin{aligned} \operatorname{trap}(f,n) &= h \cdot \Big(\frac{f(a)}{2} + \sum_{i=1}^{n-1} f(a+ih) + \frac{f(b)}{2}\Big) \\ &= \int_a^b f(x)\,dx + \sum_{j=1}^{p} \frac{B_{2j}}{(2j)!} h^{2j}\big(f^{(2j-1)}(b) - f^{(2j-1)}(a)\big) - r_{2p+1}(n) \\ &= b_0 + \sum_{j=1}^{p} b_j \cdot h^{2j} - r_{2p+1}(n) \end{aligned}$$

mit

$$\begin{aligned} b_0 &:= \int_a^b f(x)\,dx, \\ b_j &:= \frac{1}{(2j)!} B_{2j} \left(f^{(2j-1)}(b) - f^{(2j-1)}(a)\right) \quad \text{für } j = 1,\dots,p \quad \text{und} \\ r_{2p+1}(n) &:= -\frac{h^{2p+2}}{(2p+2)!} \int_a^b \Big(B_{2p+2} - P_{2p+2}\Big(\frac{x-a}{h} - \Big\lfloor \frac{x-a}{h} \Big\rfloor\Big)\Big) f^{(2p+2)}(x)\,dx. \end{aligned}$$

Man beachte, daß darin $b_0, b_1, \dots, b_p$ nur von f, aber nicht von n abhängen.

(2) Es seien $n_0, n_1, \dots, n_p \in \mathbb{N}$ mit $n_0 < n_1 < \dots < n_p$, und es sei $h_i := (b-a)/n_i$ für jedes $i \in \{0,1,\dots,p\}$.

(a) Es sei $j \in \{0,1,\dots,p\}$. Für das Polynom

$$L_j := \prod_{\substack{k=0 \\ k \neq j}}^{p} \frac{T - h_k^2}{h_j^2 - h_k^2} \in \mathbb{R}[T]$$

gilt $\operatorname{grad}(L_j) = p$, $L_j(h_j^2) = 1$ und $L_j(h_i^2) = 0$ für jedes $i \in \{0,1,\dots,p\}$ mit $i \neq j$ [vgl. (5.1)(2)]. Es sei

$$c_j := L_j(0) = (-1)^p \prod_{\substack{k=0 \\ k \neq j}}^{p} \frac{h_k^2}{h_j^2 - h_k^2}.$$

(b) Es sei $F \in \mathbb{R}[T]$ mit $F = 0$ oder mit $\operatorname{grad}(F) \leq p$. Dann gilt

$$F = \sum_{j=0}^{p} F(h_j^2) \cdot L_j.$$

Beweis: Für das Polynom $G := \sum_{j=0}^{p} F(h_j^2) \cdot L_j$ gilt $G = 0$ oder $\operatorname{grad}(G) \leq p$, und für jedes $i \in \{0,1,\dots,p\}$ ist $G(h_i^2) = \sum_{j=0}^{p} F(h_j^2) L_j(h_i^2) = F(h_i^2) L_i(h_i^2) = F(h_i^2)$, und weil $h_0^2, h_1^2, \dots, h_p^2$ paarweise verschieden sind, folgt daraus $F = G$.

(c) Für jedes $i \in \{0, 1, \ldots, p\}$ gilt nach (b) [dies angewandt auf das Polynom $F = T^i$]: Es ist $T^i = \sum_{j=0}^{p} (h_j^2)^i \cdot L_j$, und daher gilt

$$\sum_{j=0}^{p} c_j h_j^{2i} = \sum_{j=0}^{p} h_j^{2i} \cdot L_j(0) = 0^i = \begin{cases} 1, & \text{falls } i = 0 \text{ ist,} \\ 0, & \text{falls } i > 0 \text{ ist.} \end{cases}$$

Für das Polynom

$$F := T^{p+1} - \prod_{k=0}^{p} (T - h_k^2) \in \mathbb{R}[T]$$

gilt $\text{grad}(F) \leq p$ und $F(h_j^2) = h_j^{2p+2}$ für jedes $j \in \{0, 1, \ldots, p\}$. Nach (b) gilt daher $F = \sum_{j=0}^{p} F(h_j^2) \cdot L_j = \sum_{j=0}^{p} h_j^{2p+2} \cdot L_j$, und hieraus folgt

$$\sum_{j=0}^{p} c_j h_j^{2p+2} = \sum_{j=0}^{p} h_j^{2p+2} \cdot L_j(0) = F(0) = -\prod_{k=0}^{p} (-h_k^2) = (-1)^p \prod_{k=0}^{p} h_k^2.$$

(d) Es sei $P \in \mathbb{R}[T]$ das Interpolationspolynom zu den Daten $h_0^2, h_1^2, \ldots, h_p^2$, $\text{trap}(f, n_0)$, $\text{trap}(f, n_1)$, $\ldots$, $\text{trap}(f, n_p)$. Es gilt $P = 0$ oder $\text{grad}(P) \leq p$, und für jedes $j \in \{0, 1, \ldots, p\}$ ist $P(h_j^2) = \text{trap}(f, n_j)$. Also gilt nach (b)

$$P = \sum_{j=0}^{p} P(h_j^2) \cdot L_j = \sum_{j=0}^{p} \text{trap}(f, n_j) \cdot L_j$$

und daher nach (c)

$$\begin{aligned} P(0) &= \sum_{j=0}^{p} \text{trap}(f, n_j) \cdot L_j(0) = \sum_{j=0}^{p} c_j \,\text{trap}(f, n_j) \\ &= \sum_{j=0}^{p} c_j \left(\sum_{i=0}^{p} b_i h_j^{2i} - r_{2p+1}(n_j) \right) = \sum_{i=0}^{p} b_i \left(\sum_{j=0}^{p} c_j h_j^{2i} \right) - \sum_{j=0}^{p} c_j r_{2p+1}(n_j) \\ &= b_0 - \sum_{j=0}^{p} c_j r_{2p+1}(n_j). \end{aligned}$$

Also gilt

$$\int_a^b f(x)\,dx = b_0 = P(0) + \sum_{j=0}^{p} c_j \; r_{2p+1}(n_j).$$

Es ist

$$\sum_{j=0}^{p} c_j r_{2p+1}(n_j) =$$

$$= \frac{-1}{(2p+2)!}\sum_{j=0}^{p} c_j h_j^{2p+2}\int_a^b \Big(B_{2p+2} - P_{2p+2}\Big(\frac{x-a}{h_j} - \Big\lfloor \frac{x-a}{h_j}\Big\rfloor\Big)\Big) f^{(2p+2)}(x)\,dx$$

$$= -\frac{1}{(2p+2)!}\int_a^b Q(x) f^{(2p+2)}(x)\,dx$$

mit der auf $[a,b]$ stetigen Funktion

$$\begin{cases} Q\colon [a,b]\to \mathbb{R} \quad \text{mit} \\ Q(x) := \sum_{j=0}^{p} c_j h_j^{2p+2}\Big(B_{2p+2} - P_{2p+2}\Big(\frac{x-a}{h_j} - \Big\lfloor \frac{x-a}{h_j}\Big\rfloor\Big)\Big) \text{ für jedes } x\in[a,b]. \end{cases}$$

Die Funktion Q hängt nur von n_0, n_1, $\ldots$, n_p und von a und b ab, aber nicht von der Funktion f.

(3) Es sei jetzt $n_0 \in \mathbb{N}$, und es sei $n_j := 2^j n_0$ für jedes $j \in \{1,\ldots,p\}$. Dann gilt mit $h_0 := (b-a)/n_0$: Es ist $h_j := (b-a)/n_j = h_0/2^j$ für jedes $j\in\{1,\ldots,p\}$. Man kann beweisen, daß für diese Wahl von n_0, n_1, $\ldots$, n_p gilt: Entweder ist $Q(x)\geq 0$ für jedes $x\in[a,b]$, oder es ist $Q(x)\leq 0$ für jedes $x\in[a,b]$ [man vgl. dazu [79], 18.C.4]. Nach dem Mittelwertsatz der Integralrechnung [vgl. VI(3.18)] gibt es daher ein $\xi\in[a,b]$ mit

$$\int_a^b Q(x)\,f^{(2p+2)}(x)\,dx = f^{(2p+2)}(\xi)\int_a^b Q(x)\,dx.$$

Für jedes $j\in\{0,1,\ldots,p\}$ gilt

$$\int_a^b P_{2p+2}\Big(\frac{x-a}{h_j} - \Big\lfloor\frac{x-a}{h_j}\Big\rfloor\Big)\,dx =$$

$$= h_j\int_0^{n_j} P_{2p+2}(t-\lfloor t\rfloor)\,dt = h_j\sum_{k=0}^{n_j-1}\int_k^{k+1} P_{2p+2}(t-\lfloor t\rfloor)\,dt$$

$$= h_j\sum_{k=0}^{n_j-1}\int_0^1 P_{2p+2}((t+k)-\lfloor t+k\rfloor)\,dt = h_j\int_0^1 P_{2p+2}(t)\,dt = 0$$

[vgl. (6.3)(2)], und daher ist

$$\int_a^b Q(x)\,f^{(2p+2)}(x)\,dx =$$

$$= f^{(2p+2)}(\xi)\int_a^b Q(x)\,dx$$

$$= f^{(2p+2)}(\xi)\sum_{j=0}^{p} c_j h_j^{2p+2}\int_a^b\Big(B_{2p+2} - P_{2p+2}\Big(\frac{x-a}{h_j} - \Big\lfloor\frac{x-a}{h_j}\Big\rfloor\Big)\Big)\,dx$$

$$= \ f^{(2p+2)}(\xi)\sum_{j=0}^{p} c_j h_j^{2p+2}\int_a^b B_{2p+2}\,dx$$

$$= \ f^{(2p+2)}(\xi)\,(b-a)\ B_{2p+2}\sum_{j=0}^{p} c_j h_j^{2p+2}$$

$$= \ f^{(2p+2)}(\xi)\,(b-a)\ B_{2p+2}\,(-1)^p\prod_{k=0}^{p} h_k^2$$

[vgl. (2)(c)]. Damit ist gezeigt: Es ist

$$\begin{aligned}\int_a^b f(x)\,dx &= P(0)\ +\ \delta_{\text{rom}}(f,p)\quad \text{mit}\\ \delta_{\text{rom}}(f,p) &= -\frac{1}{(2p+2)!}\int_a^b Q(x)\,f^{(2p+2)}(x)\,dx\\ &= (-1)^{p+1}f^{(2p+2)}(\xi)\,\frac{B_{2p+2}}{(2p+2)!}\,(b-a)\prod_{k=0}^{p} h_k^2.\end{aligned}$$

Weil $f^{(2p+2)}$ auf $[a,b]$ stetig ist, gibt es ein $M_{2p+2}\in\mathbb{R}$ mit $|\,f^{(2p+2)}(x)\,|\le M_{2p+2}$ für jedes $x\in[a,b]$ [vgl. IV(2.13)]. Hiermit ergibt sich

$$|\,\delta_{\text{rom}}(f,p)\,|\ \le\ \frac{|\,B_{2p+2}\,|}{(2p+2)!}\,(b-a)\ M_{2p+2}\prod_{k=0}^{p} h_k^2.$$

(4) Setzt man in (3) $n_j := 2^j$, also $h_j := (b-a)/2^j$ für jedes $j\in\{0,1,\dots,p\}$, so erhält man

$$\begin{aligned}\delta_{\text{rom}}(f,p) &= (-1)^{p+1}\,\frac{B_{2p+2}}{(2p+2)!}\,\frac{(b-a)^{2p+3}}{2^{p(p+1)}}\,f^{(2p+2)}(\xi)\qquad\text{und}\\ |\,\delta_{\text{rom}}(f,p)\,| &\le \frac{|\,B_{2p+2}\,|}{(2p+2)!}\,\frac{(b-a)^{2p+3}}{2^{p(p+1)}}\,M_{2p+2}.\end{aligned}$$

(7.14) Das Verfahren von W. Romberg (1955): Es seien $a,\,b\in\mathbb{R}$ mit $a<b$, es sei $p\in\mathbb{N}_0$; es sei $f\colon[a,b]$ eine $(2p+2)$-mal differenzierbare Funktion, und es sei $f^{(2p+2)}$ auf $[a,b]$ stetig.
(1) Für jedes $j\in\{0,1,\dots,p\}$ setzt man $n_j := 2^j$ und $h_j := (b-a)/n_j = (b-a)/2^j$. Dann berechnet man die Trapez-Summen $\text{trap}(f,n_0)$, $\text{trap}(f,n_1)$, ..., $\text{trap}(f,n_p)$ [man beachte dabei (7.7)(1)] und das Interpolationspolynom $P\in\mathbb{R}[T]$ zu den Daten h_0^2, h_1^2, ..., h_p^2, $\text{trap}(f,n_0)$, $\text{trap}(f,n_1)$, ..., $\text{trap}(f,n_p)$. Dann berechnet man $\text{rom}(f,p) := P(0)$ und verwendet dies als Näherung für das Integral $\int_a^b f(x)\,dx$.
(2) Man berechnet dabei nicht P, sondern nur $\text{rom}(f,p) = P(0)$, und zwar mit dem Verfahren von Neville aus (5.1)(5). Dabei werden die Einträge in dem folgenden

Schema berechnet:

$$\begin{array}{llllll} h_0^2 & A[0,0] & & & & \\ h_1^2 & A[1,0] & A[1,1] & & & \\ h_2^2 & A[2,0] & A[2,1] & A[2,2] & & \\ \vdots & \vdots & \vdots & \vdots & \ddots & \\ h_p^2 & A[p,0] & A[p,1] & A[p,2] & \dots & A[p,p], \end{array}$$

und zwar so: Es ist

$$A[i,0] := \operatorname{trap}(f, n_i) = \operatorname{trap}(f, 2^i) \quad \text{für jedes } i \in \{0,1,\dots,p\},$$

und für jedes $j \in \{1,\dots,p\}$ und jedes $i \in \{j,\dots,p\}$ ist

$$\begin{aligned} A[i,j] &:= A[i,j-1] + \frac{-h_i^2}{h_i^2 - h_{i-j}^2}\left(A[i,j-1] - A[i-1,j-1]\right) \\ &= A[i,j-1] + \frac{1}{2^{2j}-1}\left(A[i,j-1] - A[i-1,j-1]\right) \\ &= \frac{2^{2j}}{2^{2j}-1} A[i,j-1] - \frac{1}{2^{2j}-1} A[i-1,j-1]. \end{aligned}$$

Der Näherungswert für das Integral $\int_a^b f(x)\,dx$ ist dann $\operatorname{rom}(f,p) = P(0) = A[p,p]$.

(3) Beim Rechnen geht man so vor: Man wählt ein $\varepsilon > 0$ und ein $p \in \mathbb{N}$, z.B. $\varepsilon = 10^{-8}$ und $p = 8$. Ist die Funktion $f: [a,b] \to \mathbb{R}$ mindestens $(2p+2)$-mal differenzierbar und ist $f^{(2p+2)}$ auf $[a,b]$ stetig, so berechnet man nacheinander die Zeilen des in (2) angebenen Schemas, bis man ein $i \in \{1,\dots,p\}$ findet, für das gilt: Es ist

$$\left|A[i,i] - A[i-1,i-1]\right| \le \varepsilon \cdot \left|A[i-1,i-1]\right|.$$

Findet man ein solches i, so verwendet man $\operatorname{rom}(f,i) = A[i,i]$ als Näherung für $\int_a^b f(x)\,dx$. Findet man kein solches i, so ist die gewünschte Genauigkeit in p Schritten nicht zu erreichen. [In diesem Fall kann man an das Schema in (2) unter Umständen noch weitere Zeilen anhängen.]

(4) In dem beim Romberg-Verfahren verwendeten Schema kommen neben den Trapez-Summen $A[i,0] = \operatorname{trap}(f,2^i)$ für jedes $i \in \{0,1,\dots,p\}$ übrigens auch die Simpson-Summen vor: Für jedes $i \in \{1,\dots,p\}$ gilt

$$A[i,1] = \frac{4}{3}\operatorname{trap}(f,2^i) - \frac{1}{3}\operatorname{trap}(f,2^{i-1}) = \operatorname{simp}(f,2^{i-1}).$$

Insbesondere gilt $\operatorname{rom}(f,0) = A[0,0] = \operatorname{trap}(f,1)$ und $\operatorname{rom}(f,1) = A[1,1] = \operatorname{simp}(f,1)$.

(7.15) BEISPIEL: Es sei $f: [1,2] \to \mathbb{R}$ wie in (7.4), (7.8) und (7.12) die Funktion mit $f(x) = x^{-1}\ln(1+x)$ für jedes $x \in [1,2]$. Die folgende Tabelle enthält die Werte $\operatorname{rom}(f,0) = \operatorname{trap}(f,1)$, $\operatorname{rom}(f,1) = \operatorname{simp}(f,1)$, $\operatorname{rom}(f,2), \dots, \operatorname{rom}(f,8)$ und der Vollständigkeit halber für $p = 0, 1, \dots, 8$ auch eine Abschätzung für den Betrag des Fehlers $\delta_{\text{rom}}(f,p)$:

p	$\mathrm{rom}(f,p)$	$\delta_{\mathrm{rom}}(f,p) <$
0	0.621 226 662 447 000 077 557 427 369 960	$1.2 \cdot 10^{-2}$
1	0.614 315 879 426 402 277 045 154 550 772	$1.0 \cdot 10^{-5}$
2	0.614 279 532 294 555 930 445 940 732 673	$7.5 \cdot 10^{-7}$
3	0.614 279 334 035 458 196 905 658 384 838	$3.3 \cdot 10^{-9}$
4	0.614 279 333 460 282 750 367 031 715 986	$6.0 \cdot 10^{-12}$
5	0.614 279 333 459 568 067 645 103 297 644	$4.2 \cdot 10^{-15}$
6	0.614 279 333 459 567 728 184 052 675 139	$1.1 \cdot 10^{-18}$
7	0.614 279 333 459 567 728 126 697 718 517	$8.4 \cdot 10^{-23}$
8	0.614 279 333 459 567 728 126 694 440 632	$2.3 \cdot 10^{-27}$

Ein Vergleich mit der Tabelle in (7.12) zeigt, daß das Romberg-Verfahren bei gleicher Anzahl von Auswertungen des Integranden f, also bei vergleichbarem Rechenaufwand erheblich bessere Näherungen als das Simpson-Verfahren liefert.

(7.16) BEMERKUNG: Es gibt noch weitere Verfahren zur numerischen Integration, eines, das auf Gauß zurückgeht, und eines, bei dem der Integrand f des zu berechnenden Integrals durch eine geeignet gewählte Spline-Funktion approximiert wird und das Integral über f durch das Integral über diese Spline-Funktion. Man vergleiche zu beiden Verfahren [71], Kapitel 8.

Kapitel VIII Eigenwerte

§1 Eigenwerte und Eigenvektoren

(1.1) (1) In diesem Paragraphen seien m und n natürliche Zahlen, und es sei K ein Körper. Mit $K[T]$ wird der Polynomring über K in der Unbestimmten T bezeichnet [vgl. I(8.1)(6)].
(2) Dem Leser wird empfohlen, sich nochmals die Begriffe und Resultate in Kapitel II, §4 in Erinnerung zu rufen. Es seien $x_1, \ldots, x_m \in M(n,1;K)$. Es wird vereinbart: Ist $U := \langle x_1, \ldots, x_m \rangle$, so heißt $\{x_1, \ldots, x_m\}$ ein Erzeugendensystem von U. Gilt $\dim(U) \geq m$, so ist $\{x_1, \ldots, x_m\}$ eine Basis von U [vgl. II(4.13)].

(1.2) BEMERKUNG: (1) In Kapitel II, §1 wurden die Gruppe $M(m,n;K)$ und der Ring $M(n;K)$ eingeführt. Ersetzt man K durch einen kommutativen Ring R [vgl. I(3.11)], und definiert man Addition in $M(m,n;R)$ wie in II(1.3), Multiplikation mit Elementen aus R wie in II(1.5) und Multiplikation in $M(n;R)$ wie in II(1.6)(2), so wird $M(m,n;R)$ mit dieser Addition eine kommutative Gruppe, und für die Multiplikation mit Elementen aus R gelten die Regeln in II(1.5)(2); $M(n;R)$ wird mit dieser Addition und dieser Multiplikation ein Ring. Die Aussagen in II(1.13) und II(1.15) – II(1.18) bleiben richtig.
(2) Die Definition der Determinante $\det(A)$ einer Matrix $A \in M(n;R)$ erfolgt wie in II(8.10). Die Aussagen II(8.12) – II(8.19), II(8.22), II(8.23) und II(8.31) bleiben richtig, wie man unmittelbar an den Beweisen sieht.
(3) Aus II(8.27) entnimmt man: Eine Matrix $A \in M(n;R)$ ist genau dann eine Einheit im Ring $M(n;R)$, wenn $\det(A)$ eine Einheit in R ist; es gilt dann $A^{-1} = (\det(A))^{-1}\operatorname{adj}(A)$.

(1.3) DEFINITION: Es sei $A \in M(n;K)$. Ein Element $\lambda \in K$ heißt Eigenwert der Matrix A, wenn es ein von Null verschiedenes $x \in M(n,1;K)$ gibt mit $Ax = \lambda x$; jedes solche x heißt ein Eigenvektor der Matrix A zum Eigenwert λ.

(1.4) DEFINITION: Es sei $A = (\alpha_{ij}) \in M(n;K)$. Das Polynom

$$f_A = \det(TE_n - A) = \sum_{\sigma \in S_n} \prod_{i=1}^{n} (\delta_{i\sigma(i)}T - \alpha_{i\sigma(i)}) \quad \in K[T]$$

[δ_{ij} ist das Kroneckersymbol, vgl. I(8.24)] heißt das charakteristische Polynom der Matrix A. Die in der Summe auftretenden Produkte sind Polynome in $K[T]$ vom Grad $\leq n$ oder 0; genau ein Produkt hat den genauen Grad n, nämlich das für $\sigma = \mathrm{id}_{S_n}$ entstehende Produkt. Dieses hat 1 als höchsten Koeffizienten; es ist also

$$f_A = T^n - \gamma_1 T^{n-1} + \cdots + (-1)^n \gamma_n;$$

hier ist

$$\gamma_1 = \sum_{i=1}^{n} \alpha_{ii}, \quad \gamma_n = \det(A).$$

Es heißt $\gamma_1 =: \mathrm{Sp}(A)$ die Spur der Matrix A.

(1.5) BEISPIEL: (1) Es sei

$$A = \begin{pmatrix} 0 & 1 & 1 & 1 \\ 0 & 0 & 2 & 0 \\ 0 & 0 & 0 & 0 \\ 0 & 1 & 1 & 1 \end{pmatrix}.$$

Man findet nach den Methoden von II(8.15) – II(8.17)

$$f_A = \det(TE_4 - A) = \det \begin{pmatrix} T & -1 & -1 & -1 \\ 0 & T & -2 & 0 \\ 0 & 0 & T & 0 \\ 0 & -1 & -1 & T-1 \end{pmatrix} = T^3(T-1).$$

(2) Es sei $A = (\alpha_{ij})$ eine obere oder eine untere Dreiecksmatrix. Dann ist $f_A = (T - \alpha_{11}) \cdots (T - \alpha_{nn})$ [vgl. II(8.17)].

(1.6) Satz: *Es sei $A \in M(n; K)$.*
(1) *Ein $\lambda \in K$ ist genau dann ein Eigenwert von A, wenn λ Nullstelle des charakteristischen Polynoms f_A von A ist.*
(2) *Es sei A invertierbar. Dann hat A nur von Null verschiedene Eigenwerte, und ein $\lambda \in K^\times$ ist genau dann ein Eigenwert von A, wenn λ^{-1} ein Eigenwert von A^{-1} ist.*
Beweis: (1) Es sei $\lambda \in K$. Es ist λ ein Eigenwert von A genau, wenn es ein von Null verschiedenes $x \in M(n, 1; K)$ gibt mit $Ax = \lambda x$, also genau, wenn das lineare Gleichungssystem $(A - \lambda E_n)x = 0$ nichttriviale Lösungen hat. Dies ist genau dann der Fall, wenn $\det(A - \lambda E_n) = 0$ gilt [vgl. II(8.28)(3)], also genau, wenn $f_A(\lambda) = 0$ gilt.
(2) Es sei A invertierbar. Dann hat das lineare Gleichungssystem $Ax = 0$ nur die triviale Lösung, und daher ist 0 kein Eigenwert der Matrix A. Es sei $\lambda \in K^\times$ ein Eigenwert von A, und es sei $x \in M(n, 1; K)$ ein Eigenvektor von A zum Eigenwert λ. Aus $(A - \lambda E_n)x = 0$ folgt durch Multiplikation mit $\lambda^{-1}A^{-1}$, daß $(\lambda^{-1}E_n - A^{-1})x = 0$ ist, und daher ist λ^{-1} ein Eigenwert von A^{-1}. Es sei umgekehrt $\lambda \in K^\times$ ein Eigenwert von A^{-1}; Vertauschen der Rollen von A und A^{-1} zeigt, daß λ^{-1} ein Eigenwert von A ist.

(1.7) Folgerung: *Es sei $A = (\alpha_{ij}) \in M(n; K)$ eine linke oder rechte Dreiecksmatrix. Die Eigenwerte von A sind die Elemente $\alpha_{11}, \ldots, \alpha_{nn}$.*
Beweis: Das folgt aus (1.5)(2) und (1.6).

(1.8) BEMERKUNG: Es sei $A \in M(n; K)$.
(1) Zur Berechnung der Eigenwerte von A ist nach (1.6) das charakteristische Polynom f_A zu bestimmen; eine Methode dafür wird in §2 behandelt.
(2) Es sei $K = \mathbb{C}$. Das charakteristische Polynom f_A zerfällt in Linearfaktoren [vgl. I(8.12)(2)]; die numerische Bestimmung der Nullstellen von f_A ist kein einfaches Problem. Die Bestimmung der Nullstellen des charakteristischen Polynoms f_A für

eine spezielle Klasse von Matrizen wird in §5 behandelt.
(3) Es sei $\lambda \in K$ ein Eigenwert von A. Um Eigenvektoren von A zum Eigenwert λ zu bestimmen, ist das lineare homogene Gleichungssystem $(A - \lambda E_n)x = 0$ zu lösen; das kann mit den Methoden des Kapitels II geschehen.

(1.9) BEZEICHNUNG: Es seien A, $B \in M(n; K)$. Es heißt B ähnlich zu A, wenn es ein $P \in \mathrm{GL}(n; K)$ gibt mit $B = PAP^{-1}$. Diese Relation "ähnlich" ist eine Äquivalenzrelation auf $M(n; K)$.
Beweis: Es sei $A \in M(n; K)$. Wegen $E_n \in \mathrm{GL}(n; K)$ und $A = E_n A E_n^{-1}$ ist die Relation "ähnlich" reflexiv. Es seien A, $B \in M(n; K)$, und es sei B ähnlich zu A. Es gibt dann ein $P \in \mathrm{GL}(n; K)$ mit $B = PAP^{-1}$. Dann ist $A = QBQ^{-1}$ mit $Q := P^{-1}$, und A ist ähnlich zu B, die Relation "ähnlich" ist also symmetrisch. Es seien A, B und $C \in M(n; K)$, und es sei B zu A und C zu B ähnlich. Es gibt dann P, $Q \in \mathrm{GL}(n; K)$ mit $B = PAP^{-1}$ und mit $C = QBQ^{-1}$. Dann ist $C = QPA(QP)^{-1}$, die Relation "ähnlich" ist also transitiv.

(1.10) Satz: *Es seien A, $B \in M(n; K)$. Sind A und B ähnlich, so gilt $f_A = f_B$. Insbesondere gilt: Ein $\lambda \in K$ ist ein Eigenwert von A, genau wenn λ ein Eigenwert von B ist.*
Beweis: Es gibt ein $P \in \mathrm{GL}(n; K)$ mit $B = PAP^{-1}$. Nach II(8.18) gilt im Polynomring $K[T]$

$$\det(TE_n - B) = \det(TE_n - PAP^{-1}) = \det(P(TE_n - A)P^{-1}) = \det(TE_n - A).$$

(1.11) BEZEICHNUNG: (1) Es sei $f = \sum_{i=0}^{h} \gamma_i T^i \in K[T]$ ein Polynom. In I(8.8) wurde definiert, was unter $f(\alpha)$ für $\alpha \in K$ zu verstehen ist. Entsprechend setzt man für $A \in M(n; K)$

$$f(A) := \sum_{i=0}^{h} \gamma_i A^i = \gamma_0 E_n + \gamma_1 A + \cdots + \gamma_h A^h \in M(n; K).$$

(2) Es seien f, $g \in K[T]$ Polynome, und es sei $A \in M(n; K)$. Wie in I(8.8)(3) zeigt man: Es gelten $(f + g)(A) = f(A) + g(A)$ und $(fg)(A) = f(A)g(A)$.

(1.12) BEMERKUNG: Es sei $A \in M(n; K)$, und es sei $U \subset M(n, 1; K)$ ein Unterraum. Es gelte $AU \subset U$ [d.h. es gilt $Ax \in U$ für jedes $x \in U$]. Für jedes Polynom $f \in K[T]$ gilt dann $f(A)U \subset U$.
Beweis: Es sei $x \in U$; wegen $Ax \in U$ gilt für jedes $i \in \mathbb{N}_0$ auch $A^i x \in U$ [Beweis durch Induktion nach i]. Es sei $f = \sum_{j=0}^{h} \alpha_j T^j$. Für jedes $x \in U$ gilt $f(A)x = \sum_{j=0}^{h} \alpha_j (A^j x) \in U$, da U ein Unterraum ist.

(1.13) BEMERKUNG: Es sei $A \in M(n; K)$, und es sei $\lambda \in K$ ein Eigenwert von A. Für jedes Polynom $f \in K[T]$ gilt: $f(\lambda)$ ist Eigenwert der Matrix $f(A) \in M(n; K)$.
Beweis: Es sei $x \in M(n, 1; K)$ ein Eigenvektor von A zum Eigenwert λ, es ist also $x \neq 0$, und es gilt $Ax = \lambda x$. Mittels Induktion zeigt man, daß $A^i x = \lambda^i x$ für jedes

$i \in \mathbb{N}$ gilt. Ist $f = \sum_{i=0}^{h} \gamma_i T^i$, so gilt

$$\Big(\sum_{i=0}^{h} \gamma_i A^i\Big)x = \sum_{i=1}^{h} \gamma_i A^i x = \Big(\sum_{i=0}^{h} \gamma_i \lambda^i\Big)x$$

und damit $f(A)x = f(\lambda)x$.

(1.14) Satz: [von A. Cayley (1821–1895) und W. R. Hamilton (1805–1865)] *Es sei $A \in M(n;K)$; es gilt $f_A(A) = 0$.*

Beweis: (1) Es sei $f \in K[T]$ ein Polynom, und es sei $x \in M(n,1;K)$. Es wird $f * x := f(A)x$ gesetzt. Dann gelten für alle f, $g \in K[T]$ und alle x, $y \in M(n,1;K)$ und jedes $\alpha \in K$ nach (1.11): $(f+g)*x = f*x + g*x$ und $(fg)*x = f*(g*x)$, $f*(x+y) = f*x + f*y$ und $f*(\alpha x) = \alpha(f*x)$.

(2) Es sei $\{e_1, \ldots, e_n\}$ die Standardbasis von $M(n,1;K)$. Es sei $A = (\alpha_{ij})$, $B := TE_n - A =: (\beta_{ij}) \in M(n;K[T])$; für alle i, $j \in \{1,\ldots,n\}$ ist $\beta_{ij} = \delta_{ij}T - \alpha_{ij} \in K[T]$ ein Polynom. Nach II(8.27) gilt $B\mathrm{adj}(B) = \det(B)E_n = f_A E_n$ in $M(n;K[T])$. Es sei $\mathrm{adj}(B) =: (\widetilde{\beta}_{ij}) \in M(n;K[T])$. Für jedes $i \in \{1,\ldots,n\}$ gilt $Ae_i = \sum_{j=1}^{n} \alpha_{ji} e_j$. Für jedes $i \in \{1,\ldots,n\}$ gilt mit der Bezeichnung aus (1) $0 = \sum_{j=1}^{n} (T\delta_{ji} - \alpha_{ji}) * e_j = \sum_{j=1}^{n} \beta_{ji} * e_j$. Daher gilt auch $\sum_{j=1}^{n} (\widetilde{\beta}_{ik}\beta_{ji}) * e_j = 0$ für alle i, $k \in \{1,\ldots,n\}$. Für jedes $k \in \{1,\ldots,n\}$ gilt nun

$$0 = \sum_{i=1}^{n}\sum_{j=1}^{n} (\widetilde{\beta}_{ik}\beta_{ji}) * e_j = \sum_{j=1}^{n}\Big(\sum_{i=1}^{n} \beta_{ji}\widetilde{\beta}_{ik}\Big) * e_j = \sum_{j=1}^{n} \delta_{jk} f_A * e_j = f_A * e_k.$$

Es sei $x = \sum_{k=1}^{n} \xi_k e_k \in M(n,1;K)$; es gilt $f_A * x = \sum_{k=1}^{n} \xi_k (f_A * e_k) = 0$ und daher $f_A(A)x = 0$. Da dies für jedes $x \in M(n,1;K)$ gilt, ist $f_A(A)$ die Nullmatrix in $M(n;K)$.

(1.15) Bezeichnung: Es sei $h \in \mathbb{N}$, und es seien $U_1, \ldots, U_h$ Unterräume von $M(n,1;K)$.

(1) Es ist

$$U := \{u_1 + \cdots + u_h \mid u_1 \in U_1, \ldots, u_h \in U_h\}$$

ein Unterraum von $M(n,1;K)$.

Beweis: Es ist $U \neq \emptyset$, denn für jedes $i \in \{1,\ldots,h\}$ ist $0 \in U_i$ und daher $0 + \cdots + 0 = 0 \in U$. Es seien u und $u' \in U$, und es sei $\alpha \in K$. Dann gibt es dazu $u_1 \in U_1, \ldots, u_h \in U_h$ mit $u = \sum_{i=1}^{h} u_i$ und $u_1' \in U_1, \ldots, u_h' \in U_h$ mit $u' = \sum_{i=1}^{h} u_i'$, und daher gilt $u + u' = \sum_{i=1}^{h} u_i + \sum_{i=1}^{h} u_i' = \sum_{i=1}^{h} (u_i + u_i') \in U$. Weiter gilt $\alpha u = \alpha \sum_{i=1}^{h} u_i = \sum_{i=1}^{h} \alpha u_i$ und daher $\alpha u \in U$.

(2) Der in (1) definierte Unterraum U heißt die Summe der Unterräume $U_1, \ldots, U_h$, und man schreibt $U = U_1 + \cdots + U_h$ oder auch $U = \sum_{i=1}^{h} U_i$. [Der Begriff der Summe zweier Unterräume wurde in II(4.17) eingeführt.]

(3) Es sei $j \in \{1,\ldots,h\}$, und es seien $U' := U_1 + \cdots + U_j$, $U'' := U_{j+1} + \cdots + U_h$ [es ist $U'' = \{0\}$, falls $h = n$ ist]. Dann gilt $U_1 + \cdots + U_h = U' + U''$, wie unmittelbar

aus der Definition folgt.
(4) Es sei U die Summe der Unterräume $U_1, \dots, U_h$. Es gilt

$$\dim(U) \leq \sum_{i=1}^{h} \dim(U_i).$$

Beweis: Es sei $j \in \{1, \dots, h\}$ mit $j < h$, und es sei $U' := U_1 + \cdots + U_j$. Es sei bereits gezeigt, daß $\dim(U') \leq \sum_{i=1}^{j} \dim(U_i)$ gilt. Nach (3) und II(4.19) gilt

$$\dim(U_1 + \cdots + U_{j+1}) = \dim(U' + U_{j+1}) \leq \dim(U') + \dim(U_{j+1}) \leq \sum_{i=1}^{j+1} \dim(U_i).$$

Hieraus folgt die Behauptung.

(1.16) DEFINITION: Es sei $h \in \mathbb{N}$. Es seien $U_1, \dots, U_h$ Unterräume von $M(n, 1; K)$, und es sei $U := U_1 + \cdots + U_h$ ihre Summe. Die Summe heißt direkt, falls $\dim(U) = \dim(U_1) + \cdots + \dim(U_h)$ gilt.

(1.17) BEMERKUNG: (1) Es seien U, U' Unterräume von $M(n, 1; K)$. Die Summe $U + U'$ ist genau dann direkt, wenn $U \cap U' = \{0\}$ gilt [vgl. II(4.19)].
(2) Es seien $U_1, \dots, U_h$ Unterräume von $M(n, 1; K)$, und es sei die Summe $U := U_1 + \cdots + U_h$ direkt. Es sei $j \in \{1, \dots, h\}$, und es sei $U' := U_1 + \cdots + U_j$, $U'' := U_{j+1} + \cdots + U_h$. Es sind die Summen $U_1 + \cdots + U_j$, $U_{j+1} + \cdots + U_h$ und $U' + U''$ direkt, und es gilt $U' \cap U'' = \{0\}$.
Beweis: Es ist $U = U' + U''$ [vgl. (1.15)(3)]. Es gilt nach (1.15)(4) und II(4.19)

$$\begin{aligned} \sum_{i=1}^{h} \dim(U_i) &= \dim(U) = \dim(U' + U'') \leq \dim(U') + \dim(U'') \\ &\leq \sum_{i=1}^{j} \dim(U_i) + \sum_{i=j+1}^{h} \dim(U_i) = \sum_{i=1}^{h} \dim(U_i), \end{aligned}$$

und daher steht in dieser Formel stets = statt $\leq$; es gilt $\dim(U') = \sum_{i=1}^{j} \dim(U_i)$ und $\dim(U'') = \sum_{i=j+1}^{h} \dim(U_i)$, und die Summen $U_1 + \cdots + U_j$ und $U_{j+1} + \cdots + U_h$ sind direkt. Aus $\dim(U) = \dim(U') + \dim(U'')$ folgt, daß die Summe $U' + U''$ direkt ist, und aus (1) folgt $U' \cap U'' = \{0\}$.

(1.18) Satz: *Es sei $h \in \mathbb{N}$, und es seien $U_1, \dots, U_h$ Unterräume von $M(n, 1; K)$. Für jedes $j \in \{1, \dots, h\}$ sei $U'_j := U_1 + \cdots + U_{j-1} + U_{j+1} + \cdots + U_h$.*
(1) Folgende Aussagen sind äquivalent:
(i) Die Summe $U := U_1 + \cdots + U_h$ ist direkt;
(ii) jedes $u \in U$ hat genau eine Darstellung der Form $u = u_1 + \cdots + u_h$ mit $u_i \in U_i$ für jedes $i \in \{1, \dots, h\}$;
(iii) für jedes $i \in \{1, \dots, h\}$ gilt $U_i \cap U'_i = \{0\}$.

(2) *Es sei die Summe* $U_1 + \cdots + U_h =: U$ *direkt, und für jedes* $i \in \{1, \ldots, h\}$ *sei* B_i *eine Basis von* U_i. *Dann ist* $B := \bigcup_{i=1}^h B_i$ *eine Basis von* U.

Beweis: (1) Es wird zunächst die Äquivalenz von (i) und (ii) durch Induktion nach h gezeigt. Für $h = 1$ ist nichts zu zeigen. Es sei $h \in \mathbb{N}$ mit $h > 1$, und es sei die Äquivalenz von (i) und (ii) für $h - 1$ bewiesen.

(i) $\Rightarrow$ (ii): Es ist auch die Summe $U_1 + \cdots + U_{h-1}$ direkt und es gilt $U'_h \cap U_h = \{0\}$ [vgl. (1.17)(2)]. Es sei $u \in U$, und es habe u die beiden Darstellungen $u = \sum_{i=1}^h u_i = \sum_{i=1}^h u'_i$ mit $u_i,\ u'_i \in U_i$ für jedes $i \in \{1, \ldots, h\}$. Dann ist $u_h - u'_h = \sum_{i=1}^{h-1}(u'_i - u_i) \in U' \cap U_h$ und daher $u_h - u'_h = 0$ und $\sum_{i=1}^{h-1}(u'_i - u_i) = 0$. Somit ist $u_h = u'_h$, und aus der Induktionsannahme folgt $u_i - u'_i = 0$ und daher $u_i = u'_i$ für jedes $i \in \{1, \ldots, h-1\}$.

(ii) $\Rightarrow$ (i): Es hat auch jedes $u' \in U'$ genau eine Darstellung $u' = u'_1 + \cdots + u'_{h-1} + 0$ mit $u'_i \in U_i$ für jedes $i \in \{1, \ldots, h-1\}$, und daher ist die Summe $\sum_{i=1}^{h-1} U_i$ direkt; nach Induktionsannahme gilt daher $\dim(U') = \sum_{i=1}^{h-1} \dim(U_i)$. Es sei $u \in U' \cap U_h$. Dann hat u die beiden Darstellungen $u = u_1 + \cdots + u_{h-1} + 0$ mit $u_i \in U_i$ für jedes $i \in \{1, \ldots, h-1\}$ und $u = 0 + \cdots + 0 + u$, und daher gilt $u = 0$. Aus II(4.19) folgt dann $\dim(U) = \dim(U' + U_h) = \dim(U') + \dim(U_h) = \sum_{i=1}^h \dim(U_i)$, und daher ist die Summe $\sum_{i=1}^h U_i$ direkt.

(ii) $\Leftrightarrow$ (iii): Es gelte (ii). Es sei $i \in \{1, \ldots, h\}$, und es sei $u \in U_i \cap U'_i$. Dann ist $u = u_1 + \cdots + u_{i-1} + u_{i+1} + \cdots + u_h$ mit $u_j \in U_j$ für jedes $j \in \{1, \ldots, h\}$ mit $j \neq i$. Aus $0 = u - (u_1 + \cdots + u_{j-1} + u_{j+1} + \cdots + u_h)$ folgt $u = 0$. Es gelte (iii). Es seien $u_1 \in U_1, \ldots, u_h \in U_h$, und es gelte $\sum_{j=1}^h u_j = 0$. Es sei $i \in \{1, \ldots, h\}$. Dann gilt $u_i = -(-u_1 + \cdots + u_{i-1} + u_{i+1} + \cdots + u_h)$, also ist $u_i \in U_i \cap U'_i = \{0\}$.

(2) Es gilt $\dim(U) = \dim(U_1) + \cdots + \dim(U_h)$; da B ein Erzeugendensystem von U mit $\mathrm{Card}(B) \leq \sum_{i=1}^h \mathrm{Card}(B_i) = \sum_{i=1}^h \dim(U_i) = \dim(U)$ ist, folgt die Behauptung aus (1.1)(2).

(1.19) BEMERKUNG: Es sei $A \in M(n; K)$, und es $\lambda \in K$. Es heißt

$$E_A(\lambda) := \{x \mid x \in M(n,1;K);\ Ax = \lambda x\}$$

der Eigenraum der Matrix A bezüglich λ.

(1) Es ist $E_A(\lambda)$ ein Unterraum von $M(n,1;K)$, denn es gilt $E_A(\lambda) = R_{A-\lambda E_n}$ [zur Bezeichnung vgl. II(3.5)].

(2) Man setzt $d_A(\lambda) := \dim(E_A(\lambda))$; es ist λ genau dann ein Eigenwert von A, wenn $d_A(\lambda) \geq 1$ gilt.

(3) Ist λ ein Eigenwert von A, so heißt $d_A(\lambda)$ die geometrische Vielfachheit des Eigenwerts λ.

(1.20) BEMERKUNG: Es sei $A \in M(n; K)$. Für jedes $\lambda \in K$ wird $A(\lambda) := A - \lambda E_n$ gesetzt.

(1)(a) Es sei $\lambda \in K$ ein Eigenwert von A. Für jedes $i \in \mathbb{N}_0$ heißt $U_i(A, \lambda) := R_{A(\lambda)^i}$ der Unterraum der Hauptvektoren der Ordung i der Matrix A zum Eigenwert λ,

und die Elemente in $U_i(A,\lambda)$ heißen Hauptvektoren von A der Ordnung i zum Eigenwert λ.
(b) Es ist $U_1(A,\lambda) = E_A(\lambda)$ der Unterraum der Eigenvektoren von A zum Eigenwert λ.
(c) Für jedes $i \in \mathbb{N}_0$ gilt $U_i(A,\lambda) \subset U_{i+1}(A,\lambda)$ und daher $\{0\} = U_0(A,\lambda) \subset U_1(A,\lambda) \subset \cdots \subset M(n,1;K)$. Es gibt ein $s \in \mathbb{N}$ mit $U_s(A,\lambda) = U_{s+1}(A,\lambda)$ [denn es gilt $0 = \dim(U_0(A,\lambda)) \leq \dim(U_1(A,\lambda)) \leq \cdots \leq n$]. Es gilt dann $U_s(A,\lambda) = U_{s+t}(A,\lambda)$ für jedes $t \in \mathbb{N}$ [dies ist für $t = 1$ richtig; es sei dies für ein $t \in \mathbb{N}$ richtig; für jedes $x \in U_{s+t+1}(A,\lambda)$ ist $A(\lambda)x \in U_{s+t}(A,\lambda) = U_{s+t-1}(A,\lambda)$ und daher $0 = A(\lambda)^{s+t-1}(A(\lambda)x) = A(\lambda)^{s+t}x$, und folglich gilt $x \in U_{s+t}(A,\lambda)$].
(d) Es sei $s \in \mathbb{N}$ die kleinste natürliche Zahl mit $U_s(A,\lambda) = U_{s+1}(A,\lambda)$. Es ist dann $U_i(A,\lambda) = U_s(A,\lambda)$ für jedes $i \in \mathbb{N}$ mit $i \geq s$. Es wird $U(A,\lambda) := U_s(A,\lambda)$ der Unterraum der Hauptvektoren von A zum Eigenwert λ genannt, und die Elemente in $U(A,\lambda)$ heißen Hauptvektoren von A zum Eigenwert λ.
(2) Es sei λ ein Eigenwert von A, es sei $i \in \mathbb{N}$, und es sei $g \in K[T]$. Es gilt $g(A)U_i(A,\lambda) \subset U_i(A,\lambda)$.
Beweis: Es sei $x \in U_i(A,\lambda)$. Dann ist $A(\lambda)x \in U_{i-1}(A,\lambda)$, und daher gibt es ein $y \in U_{i-1}(A,\lambda)$ mit $A(\lambda)x = y$, so daß $Ax = \lambda x + y$ gilt. Folglich ist $Ax \in U_i(A,\lambda)$; die Behauptung folgt aus (1.12).
(3) Es sei λ ein Eigenwert von A, und es sei $g \in K[T]$. Es gilt $g(A)U(A,\lambda) \subset U(A,\lambda)$ [vgl. (2)].

(1.21) DEFINITION: Es sei $A \in M(n;K)$, und es sei $\lambda \in K$ ein Eigenwert von A. [Dann ist λ nach (1.6) eine Nullstelle des charakteristischen Polynoms f_A von A.] Die Vielfachheit $\mu_A(\lambda)$ der Nullstelle λ von f_A [vgl. I(8.14)] heißt die algebraische Vielfachheit des Eigenwerts λ von A.

(1.22) BEMERKUNG: Es sei $A \in M(n;K)$.
(1) Es sei $\lambda \in K$ ein Eigenwert von A, und es sei $\mu_A(\lambda)$ die algebraische Vielfachheit von λ. In (3.9)(3) wird gezeigt werden:

$$1 \leq d_A(\lambda) \leq \dim(U_i(A,\lambda)) \leq \mu_A(\lambda) \quad \text{für jedes } i \in \mathbb{N}.$$

(2) Man kann zeigen: Es sei $k \in \mathbb{N}$; sind $\lambda_1, \ldots, \lambda_k$ paarweise verschiedene Eigenwerte von A, so ist die Summe $U(A,\lambda_1) + \cdots + U(A,\lambda_k)$ direkt. Für den Fall, daß das charakteristische Polynom f_A der Matrix A im Polynomring $K[T]$ in Linearfaktoren zerfällt, wird das in (3.10)(2) gezeigt werden.

(1.23) BEMERKUNG: Es seien A, $B \in M(n;K)$ ähnliche Matrizen, und es sei $P \in \mathrm{GL}(n;K)$ mit $B = P^{-1}AP$. Die Matrizen A und B haben die gleichen Eigenwerte [vgl. (1.10)]. Es sei λ ein Eigenwert von A; dann gilt $E_A(\lambda) = PE_B(\lambda)$, $U_i(A,\lambda) = PU_i(B,\lambda)$ für jedes $i \in \mathbb{N}_0$ sowie $U(A,\lambda) = PU(B,\lambda)$.
Beweis: Es wird $E_A(\lambda) = PE_B(\lambda)$ gezeigt. Es sei $x \in E_B(\lambda)$; es gilt $Bx = \lambda x$ und daher $APx = PBx = \lambda Px$, also $Px \in E_A(\lambda)$. Es sei $x \in E_A(\lambda)$, und es sei $y := P^{-1}x$. Es gilt $Ax = \lambda x$, und daher gilt $By = P^{-1}Ax = \lambda P^{-1}x = \lambda y$, also $y \in E_B(\lambda)$ und $x = Py$. Ähnlich kann man die anderen Aussagen beweisen.

§2 Berechnung des charakteristischen Polynoms

(2.1) In diesem Paragraphen sei K ein Körper, und es sei n eine natürliche Zahl.

(2.2) DEFINITION: Eine Matrix $A = (\alpha_{ij}) \in M(n;K)$ heißt (obere) Hessenberg-Matrix [nach G. Hessenberg, 1874–1925], wenn $\alpha_{ij} = 0$ ist für alle $i, j \in \{1, \ldots, n\}$ mit $i - j > 1$.

(2.3) BEMERKUNG: Es sei $A = (\alpha_{ij}) \in M(n;K)$ eine Hessenberg-Matrix.
(1) Es sei $k \in \{1, \ldots, n\}$. Die Matrix $A_k := (\alpha_{ij})_{1 \leq i,j \leq k} \in M(k;K)$ ist eine Hessenberg-Matrix; es sei $g_k := f_{A_k}$ das charakteristische Polynom der Matrix A_k.
(2) Es sei

$$A = \begin{pmatrix} \alpha_{11} & \alpha_{12} & \cdots\cdots & \alpha_{1n} \\ \beta_2 & \alpha_{22} & \cdots\cdots & \alpha_{2n} \\ & \ddots & \ddots & \\ & & \ddots & \ddots \\ & & \beta_n & \alpha_{nn} \end{pmatrix}.$$

Dann ist

$$\begin{aligned} g_n = f_A = \det(TE_n - A) &= (T - \alpha_{nn}) \cdot g_{n-1} - \alpha_{n-1,n} \cdot \beta_n \cdot g_{n-2} \\ &\quad - \alpha_{n-2,n} \cdot \beta_n \cdot \beta_{n-1} \cdot g_{n-3} - \cdots \\ &\quad - \alpha_{2n} \cdot \beta_n \cdots \beta_3 \cdot g_1 - \alpha_{1n} \cdot \beta_n \cdots \beta_2, \end{aligned}$$

wie man durch Entwickeln nach der letzten Spalte leicht sieht. Man hat damit die Möglichkeit, für eine Hessenberg-Matrix rekursiv das charakteristische Polynom zu berechnen.

(2.4) Satz: *Es sei $A \in M(n;K)$. Dann gibt es eine zu A ähnliche Matrix $\tilde{A}$, welche eine Hessenberg-Matrix ist.*
Beweis: Ist $n \leq 2$, so ist nichts zu beweisen. Es sei $n \geq 3$.
(1) Es wird eine zu A ähnliche Matrix

$$A^{(1)} = \begin{pmatrix} \alpha_{11}^{(1)} & * & * \\ \alpha_{21}^{(1)} & * & * \\ 0 & & \\ \vdots & & \\ 0 & * & * \end{pmatrix} \in M(n;K)$$

konstruiert. Gilt $\alpha_{i1} = 0$ für jedes $i \in \{2, \ldots, n\}$, so setzt man $A^{(1)} := A$. Im anderen Fall wählt man $s \in \{2, \ldots, n\}$ mit $\alpha_{s1} \neq 0$. [Beim numerischen Rechnen im Fall $K = \mathbb{R}$ oder $K = \mathbb{C}$ wählt man s so, daß $|\alpha_{s1}| \geq |\alpha_{i1}|$ für jedes $i \in \{2, \ldots, n\}$ gilt.] Mit der Vertauschungsmatrix $V_{2s} \in \mathrm{GL}(n;K)$ [vgl. II(2.3)] setzt man $B^{(0)} := (\beta_{ij}^{(0)}) := V_{2s}^{-1} A V_{2s}$. Es geht also $B^{(0)}$ aus A durch Vertauschen der

2-ten und der s-ten Zeile und anschließendes Vertauschen der 2-ten und der s-ten Spalte hervor. Es ist $\beta_{11}^{(0)} = \alpha_{11}$, $\beta_{21}^{(0)} = \alpha_{s1} \neq 0$. Es seien E_{ij}, $i, j \in \{1, \ldots, n\}$, die Basismatrizen in $M(n; K)$ [vgl. II(1.17)]; für die durch

$$X_1 := E_n - \sum_{i=3}^{n} \frac{\beta_{i1}^{(0)}}{\beta_{21}^{(0)}} E_{i2}, \quad Y_1 := E_n + \sum_{i=3}^{n} \frac{\beta_{i1}^{(0)}}{\beta_{21}^{(0)}} E_{i2}$$

definierten Matrizen X_1, Y_1 aus $M(n; K)$ gilt $X_1 Y_1 = Y_1 X_1 = E_n$. Es geht

$$A^{(1)} := \left(\alpha_{ij}^{(1)}\right) := X_1 B^{(0)} X_1^{-1} = (V_{2s} X_1^{-1})^{-1} A (V_{2s} X_1^{-1})$$

aus $B^{(0)}$ dadurch hervor, daß für jedes $i \in \{3, \ldots, n\}$ das $\left(\beta_{i1}^{(0)} / \beta_{21}^{(0)}\right)$-fache der 2-ten Zeile von der i-ten Zeile subtrahiert wird und sodann für jedes $i \in \{3, \ldots, n\}$ das $\left(\beta_{i1}^{(0)} / \beta_{21}^{(0)}\right)$-fache der i-ten Spalte zur 2-ten Spalte addiert wird. Es ist

$$\alpha_{11}^{(1)} = \alpha_{11}, \quad \alpha_{21}^{(1)} = \beta_{21}^{(0)}, \quad \alpha_{i1}^{(1)} = 0 \text{ für jedes } i \in \{3, \ldots, n\}.$$

(2) Ist $n = 3$, so ist $A^{(1)}$ eine Hessenberg-Matrix. Es sei $n \geq 4$, $k \in \{1, \ldots, n-2\}$, und es sei eine zu A ähnliche Matrix $A^{(k)} = \left(\alpha_{ij}^{(k)}\right)$ mit $\alpha_{ij}^{(k)} = 0$ für alle $i, j \in \{1, \ldots, n\}$ mit $i > j + 1$ und $j \leq k$ bereits konstruiert. Ist $k = n - 2$, so ist nichts zu zeigen. Es sei $k < n - 2$. Ist $\alpha_{i,k+1}^{(k)} = 0$ für jedes $i \in \{k+2, \ldots, n\}$, so wird $A^{(k+1)} := A^{(k)}$ gesetzt. Im anderen Fall wird $s \in \{k+2, \ldots, n\}$ mit $\alpha_{s,k+1}^{(k)} \neq 0$ gewählt. [Im Falle $K = \mathbb{R}$ oder $K = \mathbb{C}$ wird s so gewählt, daß $|\alpha_{s,k+1}^{(k)}| \geq |\alpha_{i,k+1}^{(k)}|$ für jedes $i \in \{k+2, \ldots, n\}$ gilt.] Es wird $B^{(k)} := \left(\beta_{ij}^{(k)}\right) := V_{k+2,s}^{-1} A^{(k)} V_{k+2,s}$ gesetzt. Es geht also $B^{(k)}$ aus $A^{(k)}$ durch Vertauschen der $(k+2)$-ten und s-ten Zeile und nachfolgendes Vertauschen der $(k+2)$-ten und s-ten Spalte hervor. Es gilt $B_{\bullet i}^{(k)} = A_{\bullet i}^{(k)}$ für jedes $i \in \{1, \ldots, k\}$ sowie $\beta_{i,k+1}^{(k)} = \alpha_{i,k+1}^{(k)}$ für jedes $i \in \{1, \ldots, k+1\}$, $\beta_{k+2,k+1}^{(k)} = \alpha_{s,k+1}^{(k)} \neq 0$. Es sei

$$X_{k+1} := E_n - \sum_{i=k+3}^{n} \frac{\beta_{i,k+1}^{(k)}}{\beta_{k+2,k+1}^{(k)}} E_{i,k+2}, \quad Y_{k+1} := E_n + \sum_{i=k+3}^{n} \frac{\beta_{i,k+1}^{(k)}}{\beta_{k+2,k+1}^{(k)}} E_{i,k+2}.$$

Dann ist $X_{k+1} Y_{k+1} = Y_{k+1} X_{k+1} = E_n$, $X_{k+1} \in \mathrm{GL}(n; K)$, und es gilt: Die Matrix

$$A^{(k+1)} := \left(\alpha_{ij}^{(k+1)}\right) = X_{k+1} B^{(k)} X_{k+1}^{-1} = \left(V_{k+2,s} X_{k+1}^{-1}\right)^{-1} A^{(k)} \left(V_{k+2,s} X_{k+1}^{-1}\right)$$

geht aus $B^{(k)}$ so hervor: Für jedes $i \in \{k+3, \ldots, n\}$ wird das $(\beta_{i,k+1}^{(k)} / \beta_{k+2,k+1}^{(k)})$-fache der $(k+2)$-ten Zeile von der i-ten Zeile subtrahiert und anschließend wird für jedes $i \in \{k+3, \ldots, n\}$ das $(\beta_{i,k+1}^{(k)} / \beta_{k+2,k+1}^{(k)})$-fache der i-ten Spalte zur $(k+2)$-ten Spalte addiert. Es gilt

$$A_{\bullet i}^{(k+1)} \quad = \quad B_{\bullet i}^{(k)} \quad = \quad A_{\bullet i}^{(k)} \qquad \text{für jedes } i \in \{1, \ldots, k\},$$

$$\begin{aligned} \alpha_{i,k+1}^{(k+1)} &= \beta_{i,k+1}^{(k)} = \alpha_{i,k+1}^{(k)} && \text{für jedes } i \in \{1,\ldots,k+1\}, \\ \alpha_{k+2,k+1}^{(k+1)} &= \beta_{k+2,k+1}^{(k)}, \quad \alpha_{i,k+1}^{(k+1)} = 0 && \text{für jedes } i \in \{k+3,\ldots,n\}. \end{aligned}$$

(2.5) BEMERKUNG: Es sei $A \in M(n;K)$. Die Berechnung des charakteristischen Polynoms f_A von A kann so geschehen: Man berechnet nach (2.4) zunächst eine zu A ähnliche Hessenberg-Matrix $\tilde{A}$ und dann das charakteristische Polynom der Matrix $\tilde{A}$ gemäß dem in (2.3) vorgestellten Rekursionsverfahren. Die beiden Polynome sind nach (1.10) gleich.

§3 Die Jordansche Normalform

(3.1) BEZEICHNUNG: (1) Es seien m und n natürliche Zahlen, und es K ein Körper.
(2) Es sei $\{e_1,\ldots,e_m\}$ die Standardbasis von $M(m,1;K)$ [vgl. II(4.12)(4)], und es seien $E_{11},\ldots,E_{mm}$ die Basismatrizen in $M(m;K)$ [vgl. II(1.17)].
(3) Es seien $x_1,\ldots,x_n \in M(m,1;K)$ linear unabhängig. Es wird folgende Sprechweise benutzt: Die Menge $X := \{x_1,\ldots,x_n\}$ ist eine linear unabhängige Menge. [Man vgl. die Sprechweise in II(4.7); die leere Menge ist stets linear unabhängig.]

(3.2) DEFINITION: Für $\lambda \in K$ wird

$$J(\lambda,m) := \lambda E_m + \sum_{i=1}^{m-1} E_{i,i+1} \in M(m;K)$$

gesetzt. Es ist also

$$J(\lambda,m) = \begin{pmatrix} \lambda & 1 & 0 & \cdots\cdots & 0 \\ 0 & \lambda & 1 & \cdots\cdots & 0 \\ & & \ddots & \ddots & \\ & & & \ddots & \ddots \\ & & & & \ddots & 1 \\ & & & & & \lambda \end{pmatrix}.$$

Eine solche Matrix heißt ein Jordan-Kästchen der Zeilenzahl m für λ [nach C. Jordan, 1838–1922].

(3.3) BEMERKUNG: Es sei $J(\lambda,m) \in M(m;K)$ ein Jordan-Kästchen der Zeilenzahl m.
(1) Für $m = 1$ ist $J(\lambda,1) = (\lambda) \in M(1;K)$ $(= K)$.
(2) Es ist $\operatorname{rang}(J(\lambda,m)) = m$, falls $\lambda \neq 0$ gilt, und es ist $\operatorname{rang}(J(0,m)) = m-1$.
(3) Für jedes $s \in \mathbb{N}_0$ und alle k, $l \in \{1,\ldots,m\}$ gilt

$$J(\lambda,m)^s[k,l] = \begin{cases} \binom{s}{l-k}\lambda^{s-(l-k)}, & \text{falls } s \geq l-k \text{ und } l \geq k \text{ ist,} \\ 0, & \text{sonst.} \end{cases}$$

Beweis: Für $s = 0$ und $s = 1$ ist die Formel richtig. Es sei $s \in \mathbb{N}$, und es sei die Formel richtig für s. Für $k = l$ und $s+1$ ist die Formel richtig. Es seien k, $l \in \{1,\ldots,m\}$, und es sei $l > k$ und $s \geq l-k$. Es gilt

$$\begin{aligned} J(\lambda,m)^{s+1}[k,l] &= \sum_{i=1}^{m} J(\lambda,m)^s[k,i]\cdot J(\lambda,m)[i,l] \\ &= \binom{s}{l-k-1}\lambda^{s-(l-k-1)} + \binom{s}{l-k}\lambda^{s-(l-k)+1} \\ &= \binom{s+1}{l-k}\lambda^{s+1-(l-k)}. \end{aligned}$$

(4) Aus (3) folgt $J(0,m)^s = \sum_{i=1}^{m-s} E_{i,i+s}$ für jedes $s \in \{1,\ldots,m-1\}$; es gilt daher $J(0,m)^m = 0$ und $\operatorname{rang}(J(0,m)^s) = m - s$ für jedes $s \in \{0,\ldots,m\}$.
(5) Es gilt $J(\lambda,m)e_i = \lambda e_i + e_{i-1}$ für jedes $i \in \{m,\ldots,2\}$ und $J(\lambda,m)e_1 = \lambda e_1$.
(6) Das charakteristische Polynom von $J(\lambda,m)$ ist $(T-\lambda)^m$; es ist also λ der einzige Eigenwert von $J(\lambda,m)$, und seine algebraische Vielfachheit ist m. Ist $x = \sum_{i=1}^{m}\xi_i e_i$ ein Eigenvektor von $J(\lambda,m)$ zum Eigenwert λ, so ist nach (5) $\lambda x = J(\lambda,m)x = \lambda x + \sum_{i=2}^{m}\xi_i e_{i-1}$, also gilt $\xi_2 = \cdots = \xi_m = 0$ und folglich ist $E_{J(\lambda,m)}(\lambda) = \langle e_1\rangle$, $d_{J(\lambda,m)}(\lambda) = 1$.

(3.4) DEFINITION: Eine Matrix $A \in M(m;K)$ heißt nilpotent, wenn es ein $t \in \mathbb{N}$ gibt mit $A^t = 0$.

(3.5) BEMERKUNG: (1) Die Nullmatrix ist nilpotent.
(2) Ist $A \in M(m;K)$ nilpotent, so ist auch A^i nilpotent für jedes $i \in \mathbb{N}$.
(3) Die Matrix $J(0,m)$ ist nilpotent [vgl. (3.3)(4)].

(3.6) Satz: *Es sei $A \in M(m;K)$ eine nilpotente Matrix, und es sei $d := \dim(R_A)$.*
(1) Es gibt durch A eindeutig bestimmte natürliche Zahlen $m_1,\ldots,m_d$ mit $m_1 + \cdots + m_d = m$ so, daß A zu $J := \operatorname{diag}(J(0,m_1),\ldots,J(0,m_d))$ ähnlich ist. Das charakteristische Polynom von A ist T^m, und es ist $A^m = 0$.
(2) Für jedes $p \in \mathbb{N}$ sei $\kappa_p \in \mathbb{N}_0$ die Anzahl der in J auftretenden Jordan-Kästchen der Zeilenzahl p. Dann gilt für jedes $p \in \mathbb{N}$

$$\begin{aligned} \kappa_p &= \operatorname{rang}(A^{p-1}) - 2\operatorname{rang}(A^p) + \operatorname{rang}(A^{p+1}) && (3.6.1)\\ &= 2\dim(R_{A^p}) - \big(\dim(R_{A^{p-1}}) + \dim(R_{A^{p+1}})\big). && (3.6.2) \end{aligned}$$

Beweis: (a) Für jedes $i \in \mathbb{N}_0$ sei $U_i := U_i(A,0) = R_{A^i}$ und $h_i := \dim(U_i)$. Weil A nilpotent ist, gibt es ein $s \in \mathbb{N}$ mit $A^s = 0$, also mit $U_s = R_{A^s} = M(m,1;K)$. Es sei s die kleinste natürliche Zahl mit $h_s = m$. Dann gilt $\{0\} = U_0 \subset U_1 \subset \cdots \subset U_s$, $0 = h_0 < h_1 < \cdots < h_s = m$, und es ist $U_s = M(m,1;K) =: U$ der Unterraum $U(A,0)$ der Hauptvektoren der Matrix A zum Eigenwert 0 [vgl. (1.20)(1)(d)].
(b) Nach II(4.16) gibt es für jedes $i \in \{1,\ldots,s\}$ paarweise disjunkte und linear unabhängige Mengen $X_i \subset U_i$ so, daß $\biguplus_{j=1}^{i} X_j$ eine Basis von U_i ist.

(c) Es sei $Y_1 := X_s$. Es sei $i \in \mathbb{N}$ mit $i < s$, und es seien paarweise disjunkte Mengen $Y_j \subset X_{s-j+1}$ für $j = 1, \ldots, i$ so gefunden, daß mit

$$Z_1 := \biguplus_{j=1}^{s-i-1} X_j, \quad Z_2 := {\biguplus_{j=1}^{i}}' \biguplus_{l=0}^{i-j} A^l Y_j$$

[der Strich am Vereinigungszeichen bedeutet, daß die Indizes j, für welche $Y_j = \emptyset$, ausgelassen werden] gilt: $Z_1 \uplus Z_2 \uplus X_{s-i}$ ist eine Basis von U. [Für $i = 1$ ist $Z_1 = \bigcup_{j=1}^{s-2} X_j$, $Z_2 = Y_1 = X_s$ und daher $Z_1 \uplus Z_2 \uplus X_{s-1}$ eine Basis von U.] Insbesondere ist also $Z_1 \uplus Z_2$ eine linear unabhängige Menge. Es sei $\tilde{Z} := {\biguplus_{j=1}^{i}}' A^j Y_{i+1-j}$. Dann ist $Z_1 \uplus Z_2 \uplus \tilde{Z}$ linear unabhängig: Es sei etwa

$$Z_1 = \{x_l \mid l = 1, \ldots, p\}, \quad Z_2 = \{y_l \mid l = 1, \ldots, q\}, \quad \tilde{Z} = \{z_l \mid l = 1, \ldots, r\}.$$

Es gilt [wegen $Z_1 \subset U_{s-i-1}$, $\tilde{Z} \subset U_{s-i}$] $A^{s-i-1} Z_1 = A^{s-i} \tilde{Z} = \{0\}$. Multipliziert man eine Linearkombination

$$\sum_{l=1}^{p} \alpha_l x_l + \sum_{l=1}^{q} \beta_l y_l + \sum_{l=1}^{r} \gamma_l z_l = 0, \tag{$*$}$$

$\alpha_l, \beta_l, \gamma_l \in K$, von links mit der Matrix A^{s-i}, so erhält man $A^{s-i}(\sum_{l=1}^{q} \beta_l y_l) = 0$, d.h. $\sum_{l=1}^{q} \beta_l y_l \in U_{s-i}$. Da $Z_1 \uplus X_{s-i}$ eine Basis von U_{s-i} ist und $Z_1 \uplus X_{s-i} \uplus Z_2$ linear unabhängig ist, folgt $\beta_1 = \cdots = \beta_q = 0$. Nach Konstruktion ist $\tilde{Z} \subset AZ_2$; nach einer geeigneten Umnumerierung ist also $z_l = Ay_l$ für jedes $l \in \{1, \ldots, r\}$. Es wird ($*$) mit A^{s-i-1} multipliziert. Es ergibt sich $\sum_{l=1}^{r} \gamma_l y_l \in U_{s-i}$, woraus wie eben $\gamma_1 = \cdots = \gamma_r = 0$ folgt. Dann ist auch $\alpha_1 = \cdots = \alpha_p = 0$.

Nach II(4.13) gibt es $Y_{i+1} \subset X_{s-i}$ so, daß

$$Z_1 \uplus Z_2 \uplus \tilde{Z} \uplus Y_{i+1} = X_{s-i-1} \uplus \biguplus_{j=1}^{s-i-2} X_j \uplus {\biguplus_{j=1}^{i+1}}' \biguplus_{l=0}^{i+1-j} A^l Y_j = \biguplus_{j=1}^{s-i-1} X_j \uplus {\biguplus_{j=1}^{i+1}}' \biguplus_{l=0}^{i+1-j} A^l Y_j$$

eine Basis von U ist.

(d) Nach (c) gilt: Es hat U eine Basis B der Form $B := {\biguplus_{j=1}^{s}}' \biguplus_{l=0}^{s-j} A^l Y_j$. Es sei $I' := \{i_1, \ldots, i_t\}$ mit $i_1 < \cdots < i_t$ die Menge der $j \in \{1, \ldots, s\}$, für welche $Y_j \neq \emptyset$.

(e) Es sei $j \in \{1, \ldots, s\}$, und es gelte $Y_j \neq \emptyset$; es wird $d_j := \mathrm{Card}(Y_j)$ gesetzt, und es sei $Y_j =: \{y_{j1}, \ldots, y_{jd_j}\}$. Es sei $k \in \{1, \ldots, d_j\}$, und es sei $P_{jk} := (A^{s-j} y_{jk}, \ldots, y_{jk}) \in M(m, s-j+1; K)$. Es ist y_{jk} ein Hauptvektor der Ordnung $s-j+1$ der Matrix A zum Eigenwert 0, und es gilt

$$A(A^{s-j} y_{jk}, \ldots, y_{jk}) = (A^{s-j} y_{jk}, \ldots, y_{jk}) J(0, s-j+1) \in M(m, s-j+1; K),$$

also $AP_{jk} = P_{jk}J(0, s-j+1)$, und die Spalten der Matrix P_{jk} sind linear unabhängig. Zu y_{jk} "gehört" also ein Jordan-Kästchen der Zeilenzahl $s-j+1$ für 0.

Es wird

$$\begin{aligned} P_j : &= (P_{j1}, \dots, P_{jd_j}) \in M(m, d_j(s-j+1); K), \\ J_j : &= \operatorname{diag}(J(0, s-j+1), \dots, J(0, s-j+1)) \in M(d_j(s-j+1); K) \end{aligned}$$

gesetzt; die Spalten der Matrix P_j sind nach (c) linear unabhängig, und es gilt $AP_j = P_jJ_j$.

(f) Es gilt $\operatorname{Card}(B) = \sum_{i \in I'} d_i(s-i+1) = m$. Es wird $P := (P_{i_1}, \dots, P_{i_t}) \in M(m; K)$, $J := \operatorname{diag}(J_{i_1}, \dots, J_{i_t}) \in M(m; K)$ gesetzt. Die Anzahl der Jordan-Kästchen in J ist $\sum_{i \in I'} d_i$. Es sei $i \in \{1, \dots, s\}$; es gibt in der Matrix J genau $\operatorname{Card}(Y_i)$ Jordan-Kästchen der Zeilenzahl $s-i+1$, so daß $\kappa_{s-i+1} = \operatorname{Card}(Y_i)$ gilt. Die Spalten von P sind nach (c) linear unabhängig, es gilt also $P \in \operatorname{GL}(m; K)$ [vgl. II(5.12)], und es ist $A = PJP^{-1}$. Folglich ist A zu einer Matrix der Form $\operatorname{diag}(J(0, m_1), \dots, J(0, m_{d'}))$ ähnlich; es ist $d' = \sum_{i \in I'} d_i$, und es sind $m_1, \dots, m_{d'}$ natürlichen Zahlen mit $m_1 + \dots + m_{d'} = m$.

(g) Nach (d) ist $J^i = (P^{-1}AP)^i = P^{-1}A^iP$ für jedes $i \in \mathbb{N}_0$, also ist $\operatorname{rang}(A^i) = \operatorname{rang}(J^i)$ [vgl. II(5.9)]. Nach (3.3)(4) ist

$$\operatorname{rang}(J^i) = \sum_{\substack{p \in \mathbb{N} \\ p \geq i+1}} (p-i)\kappa_p \qquad \text{für jedes } i \in \{0, \dots, m\},$$

also gilt $\kappa_i = \operatorname{rang}(J^{i-1}) - 2\operatorname{rang}(J^i) + \operatorname{rang}(J^{i+1})$ für jedes $i \in \{1, \dots, m\}$, und das ist (3.6.1). Wegen $\dim(R_{A^i}) = m - \operatorname{rang}(A^i)$ [vgl. II(5.2)] erhält man aus (3.6.1) sofort (3.6.2). Es ist $\operatorname{rang}(A) = \operatorname{rang}(J) = \sum_{i \in I'} d_i(s-i) = m - \sum_{i \in I'} d_i$, und daher gilt $\dim(R_A) = \sum_{i \in I'} d_i = d'$.

(h) Weil A und J ähnlich sind, haben A und J das gleiche charakteristische Polynom [vgl. (1.10)]. Es gilt $f_J = T^{m_1} \cdots T^{m_d} = T^m$, und aus (1.14) folgt $A^m = 0$.

(3.7) BEMERKUNG: Die beiden folgenden Resultate werden in (3.8) benötigt.

(1) Es sei k eine natürliche Zahl mit $k \leq n$, und es sei $C \in M(n, k; K)$ eine Matrix mit linear unabhängigen Spalten, so daß $\operatorname{rang}(C) = k$ gilt [vgl. II(4.13)]. Es sei $l \in \mathbb{N}$, und es sei $D \in M(n, l; K)$. Es sollen $t \in \mathbb{N}_0$ und Spalten $D_{\bullet j_1}, \dots, D_{\bullet j_t}$ so gefunden werden, daß $\operatorname{rang}(C, D) = \operatorname{rang}(C, D_{\bullet j_1}, \dots, D_{\bullet j_t})$ gilt; dann sind die Spalten $C_{\bullet 1}, \dots, C_{\bullet k}$, $D_{\bullet j_1}, \dots, D_{\bullet j_t}$ eine Basis des von den Spalten der Matrix C und den Spalten der Matrix D erzeugten Unterraums von $M(n, 1; K)$.

Es sei $C = PLRQ$ eine LR-Zerlegung von C [vgl. II(6.7)], und es sei $C' := CQ^{-1}$; es entsteht C' aus C durch Spaltenvertauschungen. Es wird eine LR-Zerlegung von $(C', D) = PL(R, (PL)^{-1}D) = P'L'R'Q'$ bestimmt; das LR-Verfahren muß nur für die Spalten der Matrix $(PL)^{-1}D$ durchgeführt werden. Es ist $(C', D)Q'^{-1} = P'L'R'$; die Permutationsmatrix Q' vertauscht nur die Spalten von D. Es sei $l' := \operatorname{rang}(R') - k$. Läßt man in R' und DQ'^{-1} die letzten $l - l'$ Spalten weg – die so erhaltenen Matrizen seien $\tilde{R}$ und D' –, so hat die Matrix $\tilde{C} := (C', D')$ eine

LR-Zerlegung $\tilde{C} = \tilde{P}\tilde{L}\tilde{R}$ mit $\tilde{P} := P'$, $\tilde{L} := L'$, und es ist $\text{rang}(\tilde{C}) = \text{rang}(C, D)$. Die Spalten der Matrix D' sind die gesuchten Spalten der Matrix D.

(2) Es sei $A \in M(m; K)$. Es sei $r := \text{rang}(A)$, und es gelte $r < m$. Es sei $A = PLRQ$ eine LR-Zerlegung von A mit $R =: (\rho_{ij})$. Es sei $K(A) \in M(m-r, m; K)$ die Matrix mit den Zeilen $(PL)^{-1}_{r+1,\bullet}, \ldots, (PL)^{-1}_{m\bullet}$, und es sei

$$\tilde{R} := \begin{pmatrix} (\rho_{ij})^{-1}_{1\le i,j\le r} & 0 \\ 0 & 0 \end{pmatrix} \in M(m; K).$$

[Es ist $r \in \{0, \ldots, m-1\}$; ist $r = 0$, so sei $\tilde{R} = 0$.] Weiter wird $M(A) := Q^{-1}\tilde{R}(PL)^{-1}$ gesetzt. Es sei $b \in M(m, 1; K)$. Es gilt: Das lineare Gleichungssystem $Ax = b$ ist genau dann lösbar, wenn das lineare Gleichungssystem $Ry = (PL)^{-1}b$ lösbar ist, und dies ist nach II(3.7) genau dann der Fall, wenn $(PL)^{-1}_{r+1\bullet}b = \cdots = (PL)^{-1}_{m\bullet}b = 0$, also genau wenn $K(A)b = 0$ gilt. Es gelte $K(A)b = 0$; dann ist $M(A)b$ eine Lösung des linearen Gleichungssystems $Ax = b$, denn es gilt $AM(A)b = AQ^{-1}\tilde{R}(PL)^{-1}b = PLR\tilde{R}(PL)^{-1}b = b$ [wegen $K(A)b = 0$].

(3.8) BEMERKUNG: Es sei $A \in M(m; K)$ eine nilpotente Matrix. Es wird ein Verfahren angegeben, um die im Beweis von (3.6) eingeführten Größen, nämlich die Zahl s und für jedes $i \in \{1, \ldots, s\}$ die Mengen X_i und Y_i zu bestimmen. Damit kennt man auch $d = \dim(R_A) = \dim(U_1(A, 0)) = \text{Card}(X_1)$ und für jedes $i \in \{1, \ldots, s\}$ die Zahlen $h_i = \sum_{j=1}^{i} \text{Card}(X_j)$ und $\kappa_{s-i+1} = \text{Card}(Y_i)$. Es werden ohne weitere Erläuterung die Bezeichnungen aus dem Beweis von (3.6) benutzt.

(1) Mit den bekannten Verfahren aus Kapitel II wird eine Matrix $C_1 \in M(m, h_1)$, $h_1 = m - \text{rang}(A)$, bestimmt, deren Spalten eine Basis von $U_1 = R_A$ sind. Die Spalten von C_1 liefern die Menge X_1. Durch Spaltenvertauschungen in C_1 kann angenommen werden: C_1 hat eine LR-Zerlegung der Form $C_1 = P_1L_1R_1$ [d.h. es ist Q_1 die Einheitsmatrix]. Es sei $j \ge 1$, und es sei eine Matrix $C_j \in M(m, h_j; K)$ mit einer LR-Zerlegung $C_j = P_jL_jR_j$ konstruiert, deren Spalten eine Basis von U_j sind. Es ist also $U_j = \{C_jy \mid y \in M(h_j, 1; K)\}$. Es werden die Unterräume

$$V_j := \{z \in M(h_j, 1; K) \mid K(A)C_jz = 0\}\,, \quad V_j' := M(A)C_jV_j \subset M(m, 1; K)$$

betrachtet. Es wird gezeigt: $U_{j+1} = U_j + V_j'$.

(a) Es sei $u \in U_{j+1}$. Dann ist $w := Au \in U_j$, also $w = C_jy$ für ein $y \in M(h_j, 1; K)$. Das lineare Gleichungssystem $Ax = w$ hat eine Lösung, nämlich u; also ist $M(A)w$ eine Lösung [vgl. (3.7)(2)] und folglich $u - M(A)w =: u' \in U_1 \subset U_j$, und es gilt $K(A)w = 0$ [vgl. (3.7)(2)]. Damit ist $K(A)C_jy = K(A)w = 0$, also $y \in V_j$ und daher $M(A)w = M(A)C_jy \in V_j'$. Daher gilt $u = u' + M(A)w \in U_j + V_j'$ und folglich $U_{j+1} \subset U_j + V_j'$.

(b) Es ist $U_j \subset U_{j+1}$. Es sei $x \in V_j'$, also $x = M(A)C_jz$ für ein $z \in V_j$. Es ist dann $K(A)C_jz = 0$, also gilt $Ax = AM(A)C_jz = C_jz$ [vgl. (3.7)(2)] und daher $Ax \in U_j$ und folglich $x \in U_{j+1}$. Daher gilt $U_j \subset U_{j+1}$ und $V_j' \subset U_{j+1}$ und folglich $U_j + V_j' \subset U_{j+1}$.

Aus (a) und (b) folgt $U_{j+1} = U_j + V_j'$.

(2) Es sei $\{z_1, \ldots, z_t\}$ eine Basis von V_j – ist $V_j = \{0\}$, so ist nichts zu tun –; es sei $D := M(A)C_j(z_1, \ldots, z_t) \in M(m, t; K)$. Nach (1) bilden die Spalten von C_j und D ein Erzeugendensystem für den Unterraum U_{j+1}. Zu (C_j, D) wird gemäß (3.7)(1) $\tilde{C} = (C_j, D') = \tilde{P}\tilde{L}\tilde{R}$ bestimmt, und es wird $C_{j+1} := \tilde{C}$, $P_{j+1} := \tilde{P}$, $L_{j+1} = \tilde{L}$, $R_{j+1} := \tilde{R}$ gesetzt. Die Spalten von D' bilden die Menge X_{j+1}, und ihre Anzahl ist $h_{j+1} - h_j$; damit ist h_{j+1} bestimmt.

Das Verfahren bricht ab, wenn $V_j = \{0\}$ oder $V_j' = U_j$ gilt, d.h. wenn keine neuen Spalten hinzukommen. Damit ist auch s bestimmt.

(3) Es sei $Y_1 := X_s$, und es sei F_1 die Matrix, deren Spalten die Elemente in Y_1 sind. Es ist $\operatorname{Card}(Y_1) = h_s - h_{s-1}$. Es gilt $F_1 \in M(m, \kappa_s; K)$. Der letzte Schritt in (2) liefert eine Anordnung der Spalten von F_1 so, daß eine LR-Zerlegung von F_1 eine Form $F_1 = P_1 L_1 R_1$ hat [diese Größen können aus (2) bereits übernommen werden].

Es gelte $s(h_s - h_{s-1}) = h_s$; dann ist $P := \left(A^{s-1}F_1, \ldots, AF_1, F_1\right)$ eine Matrix, deren Spalten eine Basis von U sind, und für die $AP = P \operatorname{diag}(J(0,s), \ldots, J(0,s))$ gilt. Es gelte $s(h_s - h_{s-1}) < h_s$. Es gibt eine LR-Zerlegung $(F_1, AF_1) = P_1' L_1' R_1' Q_1'$, in der Q_1' nur die Spalten von AF_1 permutiert. Es sei $\tilde{F}_1 := (F_1, AF_1){Q_1'}^{-1}$. Es gelte $2(h_s - h_{s-1}) = h_{s-1} - h_{s-2}$, also $2\operatorname{Card}(Y_1) = \operatorname{Card}(X_{s-1})$; dann wird $F_2 := \tilde{F}_1$ gesetzt. Die Spalten von F_2 zusammen mit den Spalten in $X_1, \ldots, X_{s-2}$ sind eine Basis von U, und es ist $Y_2 = \emptyset$. Es gelte $2(h_s - h_{s-1}) < h_{s-1} - h_{s-2}$; dann sei D die Matrix, deren Spalten die Elemente in X_{s-1} sind. Zu $(\tilde{F}_1, D)$ wird gemäß (3.7)(1) eine Matrix F_2 gebildet [mit $\operatorname{rang}(F_2) = \operatorname{rang}(\tilde{F}_1, D)$; die $h_s - h_{s-1}$ ersten Spalten sind die Spalten der Matrix F_1, die $h_{s-1} - h_{s-2}$ zweiten Spalten sind Permutationen der Spalten von AF_1 und die restlichen Spalten sind Spalten der Matrix D] mit einer LR-Zerlegung $F_2 = P_2 L_2 R_2$. Fortsetzen des Verfahrens liefert gemäß der Konstruktion in (3.6)(c) eine Basis von U der in (3.6)(c) beschriebenen Form.

(3.9) BEMERKUNG: Es sei $A \in M(n; K)$, und es sei $\lambda \in K$ ein Eigenwert von A.
(1) Es sei $A(\lambda) := A - \lambda E_n$. Für jedes $i \in \mathbb{N}_0$ sei $U_i(A, \lambda) \subset M(n, 1; K)$ der Unterraum der Hauptvektoren der Ordnung i der Matrix A zum Eigenwert λ, und es sei $h_i(A, \lambda) := \dim(U_i(A, \lambda))$. Es wird $s := s(\lambda) \in \mathbb{N}$ minimal gewählt mit $h_s(\lambda) = h_{s+1}(\lambda)$. Dann gilt $0 = h_0(\lambda) < \cdots < h_s(\lambda)$, und es ist $U(A, \lambda) := U_s(A, \lambda)$ der Unterraum der Hauptvektoren von A zum Eigenwert λ [vgl. (1.20)]. Für jedes $x \in U(A, \lambda)$ gilt $A(\lambda)^s x = 0$. Man sagt: "$A(\lambda)$ operiert nilpotent auf $U(A, \lambda)$".

Nun wird für die Matrix $A(\lambda)$ für jedes $i \in \{1, \ldots, s(\lambda)\}$ die Menge $X_i(\lambda)$ so bestimmt, daß $X_1(\lambda) \uplus \cdots \uplus X_i(\lambda)$ eine Basis des Unterraums $U_i(A, \lambda)$ ist. Das kann nach dem in (3.8)(1) für eine nilpotente Matrix beschriebenen Verfahren geschehen. Anschließend wird nach (3.8)(2) für jedes $i \in \{1, \ldots, s(\lambda)\}$ die Menge $Y_i(\lambda)$ bestimmt. Es sei $i \in \{1, \ldots, s(\lambda)\}$, und es gelte $Y_i(\lambda) \neq \emptyset$. Für jedes $y \in Y_i(\lambda)$ gilt:

$$A\left(A(\lambda)^{s-i}y, \ldots, y\right) = \left(A(\lambda)^{s-i}y, \ldots, y\right) J(\lambda, s - i + 1);$$

es ist y ein Hauptvektor von A zum Eigenwert λ der Ordnung $s(\lambda) - i + 1$. Es sei $\nu(\lambda) := h_s(\lambda)$. Wie in (f) des Beweises von (3.6) erhält man $d(\lambda)$ und $m_1(\lambda), \ldots, m_{d(\lambda)}(\lambda) \in \mathbb{N}$ mit $m_1(\lambda) + \cdots + m_{d(\lambda)}(\lambda) = \nu(\lambda)$ und eine Matrix

$P(\lambda) \in M(n, \nu(\lambda); K)$, deren Spalten eine Basis des Unterraums $U_s(A, \lambda)$ sind, so daß für $J(\lambda) := \operatorname{diag}(J(\lambda, m_1(\lambda)), \dots, J(\lambda, m_{d(\lambda)}(\lambda))) \in M(n, \nu(\lambda); K)$ gilt

$$AP = PJ(\lambda).$$

(2) Es sei $\mu_A(\lambda)$ die algebraische Vielfachheit des Eigenwerts λ. Dann gilt $\nu(\lambda) \leq \mu_A(\lambda)$.
Beweis: Es werden $z_1, \dots, z_{n-\nu(\lambda)} \in M(n, 1; K)$ so gewählt, daß die Spalten der Matrix $Q := (P, z_1, \dots, z_{n-\nu(\lambda)})$ eine Basis von $M(n, 1; K)$ sind. Nach (1) gilt

$$AQ = Q \begin{pmatrix} J(\lambda) & B \\ 0 & C \end{pmatrix}$$

mit Matrizen $B \in M(\nu(\lambda), n - \nu(\lambda); K)$, $C \in M(n - \nu(\lambda); K)$ [ist $n = \nu(\lambda)$, so treten B und C nicht auf]. Es gilt dann [vgl. (1.10)] $f_A = f_{J(\lambda)} f_C = (T - \lambda)^{\nu(\lambda)} f_C$ und daher $\nu(\lambda) \leq \mu_A(\lambda)$.
(3) Für jedes $i \in \mathbb{N}$ gilt $\dim(U_i(A, \lambda)) \leq \mu_A(\lambda)$ [denn es gilt $U_i(A, \lambda) \subset U(A, \lambda)$].

(3.10) Satz: *Es sei $A \in M(n; K)$, und es zerfalle das charakteristische Polynom f_A in $K[T]$ in Linearfaktoren; es gibt also ein $k \in \mathbb{N}$, paarweise verschiedene Elemente $\lambda_1, \dots, \lambda_k \in K$ und natürliche Zahlen $\mu_1, \dots, \mu_k$ so, daß gilt*

$$f_A = (T - \lambda_1)^{\mu_1} \cdots (T - \lambda_k)^{\mu_k} \quad \text{in } K[T].$$

(1) Für jedes $i \in \{1, \dots, k\}$ gilt $\dim(U(A, \lambda_i)) = \mu_i$ und $U(A, \lambda_i) = U_{\mu_i}(A, \lambda_i)$.
(2) Es gilt $M(n, 1; K) = U(A, \lambda_1) + \dots + U(A, \lambda_k)$, und die Summe ist direkt.
Beweis: Es wird

$$g_i := \prod_{\substack{j=1 \\ j \neq i}}^{k} (T - \lambda_j)^{\mu_j} \in K[T] \quad \text{für jedes } i \in \{1, \dots, k\}$$

gesetzt. Die Polynome $g_1, \dots, g_k$ haben keinen gemeinsamen Faktor von positivem Grad und sind daher paarweise teilerfremd. Deshalb [vgl. I(8.25)(2) und XIII(4.30)] gibt es Polynome $h_1, \dots, h_k \in K[T]$ mit $1 = g_1 h_1 + \dots + g_k h_k$. Es gilt dann $E_n = g_1(A)h_1(A) + \dots + g_k(A)h_k(A)$ [vgl. (1.11)(2)]. Es sei $x \in M(n, 1; K)$; es gilt $x = E_n x = g_1(A)h_1(A)x + \dots + g_k(A)h_k(A)x$. Es sei $i \in \{1, \dots, k\}$. Es gilt $f_A = (T - \lambda_i)^{\mu_i} g_i$, also [vgl. (1.14)] $0 = f_A(A)x = A(\lambda_i)^{\mu_i} g_i(A)x$, so daß $g_i(A)x \in U_{\mu_i}(A, \lambda_i)$ und daher [vgl. (1.19)(2)] $h_i(A)g_i(A)x \in U_{\mu_i}(A, \lambda_i)$ gilt. Daher ist [wegen $U_{\mu_i}(A, \lambda_i) \subset U(A, \lambda_i)$ für jedes $i \in \{1, \dots, k\}$]

$$M(n, 1; K) = U_{\mu_1}(A, \lambda_1) + \dots + U_{\mu_k}(A, \lambda_k) = U(A, \lambda_1) + \dots + U(A, \lambda_k).$$

Es sei $i \in \{1, \dots, k\}$; nach (3.9)(3) gilt $\dim(U_j(A, \lambda_i)) \leq \dim(U(A, \lambda_i)) \leq \mu_i$ für jedes $j \in \mathbb{N}$. Nach (1.15)(4) gilt

$$n = \dim(M(n, 1; K)) \leq \sum_{i=1}^{k} \dim(U_{\mu_i}(A, \lambda_i)) \leq \sum_{i=1}^{k} \dim(U(A, \lambda_i)) \leq \sum_{i=1}^{k} \mu_i = n;$$

es steht also stets $=$ statt $\leq$. Es gilt daher $\dim(U_{\mu_i}(A,\lambda_i)) = \dim(U(A,\lambda_i)) = \mu_i$ und $U_{\mu_i}(A,\lambda_i) = U(A,\lambda_i)$ für jedes $i \in \{1,\ldots,k\}$, und die Summe $M(n,1;K) = U_{\mu_1}(A,\lambda_1) + \cdots + U_{\mu_k}(A,\lambda_k)$ ist direkt.

(3.11) Satz: [über die Jordansche Normalform] *Es sei $A \in M(n;K)$, und es zerfalle das charakteristische Polynom f_A in $K[T]$ in Linearfaktoren; es gibt also ein $k \in \mathbb{N}$, paarweise verschiedene Elemente $\lambda_1,\ldots,\lambda_k \in K$ und natürliche Zahlen $\mu_1,\ldots,\mu_k$ so, daß $f_A = (T-\lambda_1)^{\mu_1}\cdots(T-\lambda_k)^{\mu_k}$. Für jedes $i \in \{1,\ldots,k\}$ gibt es $d_i \in \mathbb{N}$ und natürliche Zahlen $m_{i1},\ldots,m_{id_i}$ mit $m_{i1}+\cdots+m_{id_i} = \mu_i$ so, daß mit $J(\lambda_i) := \operatorname{diag}(J(\lambda_i,m_{i1}),\ldots,J(\lambda_i,m_{id_i}))$ gilt: A ist zu $J := \operatorname{diag}(J(\lambda_1),\ldots,J(\lambda_k))$ ähnlich.* [Man nennt J eine Jordansche Normalform von A.]

(3.12) BEMERKUNG: (1) Es seien die Voraussetzungen von (3.11) erfüllt.
(a) Es sei $p \in \mathbb{N}$. Es gilt $R_{A(\lambda_i)^p} = \{x \in U(A,\lambda_i) \mid A(\lambda_i)^p x = 0\}$ für jedes $i \in \{1,\ldots,k\}$.
Beweis: Es gilt $M(n,1;K) = U(A,\lambda_1)+\cdots+U(A,\lambda_k)$. Es sei $i \in \{1,\ldots,k\}$. Für jedes $j \in \{1,\ldots,k\}$ gilt $A(\lambda_i)^p U(A,\lambda_j) \subset U(A,\lambda_j)$ [vgl. (1.20)(3)]. Es sei $x \in M(n,1;K)$. Dann gilt $x = x_1+\cdots+x_k$ mit $x_1 \in U(A,\lambda_1),\ldots,x_k \in U(A,\lambda_k)$. Es gilt $A(\lambda_i)^p x = 0$ genau, wenn für jedes $j \in \{1,\ldots,k\}$ gilt $A(\lambda_i)^p x_j = 0$ [vgl. (1.18)(1)]. Für jedes $j \in \{1,\ldots,k\}$ mit $j \neq i$ besagt $A(\lambda_i)^p x_j = 0$, daß $x_j \in U(A,\lambda_i)\cap U(A,\lambda_j) = \{0\}$ [vgl. (1.18)(1)] gilt.
(b) Es sei $i \in \{1,\ldots,k\}$, und für jedes $p \in \mathbb{N}$ sei $\kappa_{ip} \in \mathbb{N}_0$ die Anzahl der Jordan-Kästchen der Zeilenzahl p für die Matrix $A(\lambda_i)$. Aus dem Resultat in (3.6) und aus (a) folgt

$$\kappa_{ip} = 2\dim(R_{A(\lambda_i)^p}) - \left(\dim(R_{A(\lambda_i)^{p+1}}) + \dim(R_{A(\lambda_i)^{p-1}})\right) \quad \text{für jedes } p \in \mathbb{N},$$

und es ist $d_i = \dim(R_{A(\lambda_i)})$. Es sind also d_i und m_{il} für jedes $l \in \{1,\ldots,d_i\}$ durch A eindeutig bestimmt.
(2) Es sei $A \in M(n;K)$, und es gebe $P \in \mathrm{GL}(n;K)$ so, daß $P^{-1}AP =: J$ Jordansche Normalform hat. Dann zerfällt das charakteristische Polynom f_A der Matrix A in $K[T]$ in Linearfaktoren, und die auf der Hauptdiagonalen von J stehenden Elemente sind die Eigenwerte von A. Das folgt sofort aus (1.10).
(3) Die Matrix $A = \begin{pmatrix} 0 & 1 \\ -1 & 0 \end{pmatrix} \in M(2;\mathbb{R})$ hat $T^2+1 \in \mathbb{R}[T]$ als charakteristisches Polynom; dieses zerfällt in $\mathbb{R}[T]$ nicht, und A hat keine reellen Eigenwerte.

(3.13) BEISPIEL: Es sei $K = \mathbb{R}$, und es sei $A \in M(4;\mathbb{R})$ die Matrix

$$A = \begin{pmatrix} 1 & 1 & 1 & 1 \\ 0 & 1 & 2 & 0 \\ 0 & 0 & 1 & 0 \\ 0 & 1 & 1 & 2 \end{pmatrix}.$$

(1) Das charakteristische Polynom der Matrix A ist $f_A = (T-1)^3(T-2)$.
(2) Behandlung des Eigenwertes $\lambda = 1$. Es sei $A' := A(1) = A - E_4$; der Unterraum

$U(A',0)$ hat die Dimension 3, da 1 ein Eigenwert von A mit der algebraischen Vielfachheit 3 ist. Es gilt $A' = PLRQ$ mit $P = (2\,1\,3\,4)$, $Q = (3\,2\,1\,4)$ und

$$L = \begin{pmatrix} 1 & 0 & 0 & 0 \\ 0.5 & 1 & 0 & 0 \\ 0 & 0 & 1 & 0 \\ 0.5 & 1 & 0 & 1 \end{pmatrix}, \quad R = \begin{pmatrix} 2 & 0 & 0 & 0 \\ 0 & 1 & 0 & 1 \\ 0 & 0 & 0 & 0 \\ 0 & 0 & 0 & 0 \end{pmatrix}.$$

Es gilt dann

$$\widetilde{R} = \begin{pmatrix} 0.5 & 0 & 0 & 0 \\ 0 & 1 & 0 & 0 \\ 0 & 0 & 0 & 0 \\ 0 & 0 & 0 & 0 \end{pmatrix}, \quad (PL)^{-1} = \begin{pmatrix} 0 & 1 & 0 & 0 \\ 1 & -0.5 & 0 & 0 \\ 0 & 0 & 1 & 0 \\ -1 & 0 & 0 & 1 \end{pmatrix},$$

$$K(A') = \begin{pmatrix} 0 & 0 & 1 & 0 \\ -1 & 0 & 0 & 1 \end{pmatrix}, \quad M(A') = \begin{pmatrix} 0 & 0 & 0 & 0 \\ 1 & -0.5 & 0 & 0 \\ 0 & 0.5 & 0 & 0 \\ 0 & 0 & 0 & 0 \end{pmatrix}.$$

Es hat R den Rang 2, und das lineare Gleichungssystem $RQx = 0$ hat die linear unabhängigen Lösungen $c_1 = {}^t(1,0,0,0)$, $c_2 := {}^t(0,-1,0,1) \in M(4,1;\mathbb{R})$, also ist $C_1 = (c_1, c_2) \in M(4,2;\mathbb{R})$ und $h_1 = 2$. Es ist

$$K(A')C_1 = \begin{pmatrix} 0 & 0 \\ -1 & 1 \end{pmatrix}, \quad M(A')C_1 = \begin{pmatrix} 0 & 0 \\ 1 & 0.5 \\ 0 & -0.5 \\ 0 & 0 \end{pmatrix};$$

also hat V_1 die Basis ${}^t(1,1)$ und V_1' hat die Basis $M(A')C_1\binom{1}{1} = {}^t(0, 1.5, -0.5, 0) =: c_3$. Es ist $C_2 = (c_1, c_2, c_3)$ und $F_1 = c_3$. Ohne LR-Zerlegung sieht man sofort, daß die Spalten der Matrix $F_2 := (c_3, A'c_3, c_1)$ linear unabhängig sind.

(3) Behandlung des Eigenwertes $\lambda = 2$. Es sei $A'' := A(2) = A - 2E_4$. Ein Eigenvektor ist $y = {}^t(-1,0,0,-1)$.

(4) Mit $P := (A'c_3, c_3, c_1, y) \in \mathrm{GL}(4;\mathbb{R})$ gilt: $P^{-1}AP$ hat Jordansche Normalform. Es ist

$$\begin{pmatrix} 0 & -1 & -3 & 0 \\ 0 & 0 & -2 & 0 \\ 1 & 0 & 0 & -1 \\ 0 & -1 & -3 & -1 \end{pmatrix} A \begin{pmatrix} 1 & 0 & 1 & -1 \\ -1 & 1.5 & 0 & 0 \\ 0 & -0.5 & 0 & 0 \\ 1 & 0 & 0 & -1 \end{pmatrix} = \begin{pmatrix} 1 & 1 & 0 & 0 \\ 0 & 1 & 0 & 0 \\ 0 & 0 & 1 & 0 \\ 0 & 0 & 0 & 2 \end{pmatrix}.$$

(3.14) Die Jordansche Normalform, und allgemeiner die rationale Normalform einer Matrix wird ausführlich in [56] behandelt. Für numerische Aspekte sei auf die Arbeiten in Teil II von [84] und die dort zitierte Literatur verwiesen.

§4 Hermitesche Matrizen

(4.1) In diesem Paragraphen seien m und n stets natürliche Zahlen. Es wird $S_n := \{x \in M(n,1;\mathbb{C}) \mid \|x\| = 1\}$ und $Z_n := M(n,1;\mathbb{C}) \setminus \{0\}$ gesetzt.

(4.2) Satz: *Es sei $A \in M(n;\mathbb{C})$; es gibt zu A eine unitäre Matrix $Q \in U(n)$ so, daß Q^*AQ eine rechte Dreiecksmatrix ist.*
Beweis durch Induktion nach n: Für $n = 1$ ist die Aussage richtig. Es sei $n \in \mathbb{N}$, es sei $n > 1$, und es sei die Aussage für Matrizen in $M(n-1;\mathbb{C})$ richtig. Es sei $\lambda_1 \in \mathbb{C}$ ein Eigenwert von A, und es sei $x_1 \in M(n,1;\mathbb{C})$ mit $\|x_1\| = 1$ ein Eigenvektor von A zum Eigenwert λ_1. Nach VII(3.15) gibt es $x_2, \ldots, x_n \in M(n,1;\mathbb{C})$ so, daß $(x_i \mid x_j) = \delta_{ij}$ für alle $i, j \in \{1, \ldots, n\}$ gilt. Es sei T die Matrix mit den Spalten $x_1, \ldots, x_n$, also $T_{\bullet i} = x_i$ für jedes $i \in \{1, \ldots, n\}$. Dann gilt $T \in U(n)$, und es ist

$$T^*AT = T^{-1}AT = \begin{pmatrix} \lambda_1 & b \\ 0 & A_1 \end{pmatrix}$$

mit einer Matrix $A_1 \in M(n-1;\mathbb{C})$ und mit einem $b \in M(1, n-1;\mathbb{C})$. Zu A_1 gibt es nach Induktionsannahme ein $Q_1 \in U(n-1)$ mit: $Q_1^*A_1Q_1 \in M(n-1;\mathbb{C})$ ist eine rechte Dreiecksmatrix. Es wird

$$Q := T\begin{pmatrix} 1 & 0 \\ 0 & Q_1 \end{pmatrix}$$

gesetzt. Es ist Q unitär als Produkt unitärer Matrizen [vgl. VII(3.7)(1)], und es gilt

$$Q^*AQ = \begin{pmatrix} 1 & 0 \\ 0 & Q_1^* \end{pmatrix} T^*AT \begin{pmatrix} 1 & 0 \\ 0 & Q_1 \end{pmatrix} = \begin{pmatrix} \lambda_1 & bQ_1 \\ 0 & Q_1^*A_1Q_1 \end{pmatrix}.$$

(4.3) DEFINITION: Eine Matrix $A \in M(n;\mathbb{C})$ heißt eine hermitesche Matrix [nach C. Hermite], wenn $A^* = A$ gilt.

(4.4) BEMERKUNG: (1) Es seien A und $B \in M(n;\mathbb{C})$ hermitesche Matrizen, und es sei $\lambda \in \mathbb{R}$. Dann sind $A + B$ und λA hermitesche Matrizen.
(2) Es sei $A \in M(n;\mathbb{C})$ eine hermitesche Matrix, und es sei $B \in M(n;\mathbb{C})$. Dann ist B^*AB eine hermitesche Matrix [denn es gilt $(B^*AB)^* = B^*AB$].
(3) Es sei $Q \in U(n)$ eine hermitesche Matrix. Dann ist $Q^{-1} = Q^* = Q$.

(4.5) Satz: *Es sei $A \in M(n;\mathbb{C})$ eine hermitesche Matrix. Dann gibt es ein $Q \in U(n)$ mit $Q^*AQ = Q^{-1}AQ = \operatorname{diag}(\lambda_1, \ldots, \lambda_n)$ mit reellen Zahlen $\lambda_1, \ldots, \lambda_n$. Es sind $\lambda_1, \ldots, \lambda_n$ die Eigenwerte von A, und es ist $\operatorname{diag}(\lambda_1, \ldots, \lambda_n)$ eine Jordansche Normalform von A. Für jedes $i \in \{1, \ldots, n\}$ ist die i-te Spalte $Q_{\bullet i}$ von Q ein Eigenvektor von A zum Eigenwert λ_i, und es ist $\{Q_{\bullet 1}, \ldots, Q_{\bullet n}\}$ eine Orthonormalbasis von $M(n,1;\mathbb{C})$.*
Beweis: Nach (4.2) gibt es ein $Q \in U(n)$ so, daß $R := Q^*AQ$ eine rechte Dreiecksmatrix ist. Nun ist $R^* = (Q^*AQ)^* = Q^*A^*Q = Q^*AQ = R$, also $R = \operatorname{diag}(\lambda_1, \ldots, \lambda_n)$ mit $\lambda_i \in \mathbb{R}$ für jedes $i \in \{1, \ldots, n\}$. Weiterhin gilt $AQ_{\bullet i} = \lambda_i Q_{\bullet i}$ für jedes $i \in \{1, \ldots, n\}$.

(4.6) BEMERKUNG: Es sei $A \in M(n;\mathbb{C})$ eine hermitesche Matrix, und es seien $\lambda_1 \geq \cdots \geq \lambda_n$ die Eigenwerte von A. Es gelten

$$\lambda_1 = \sup(\{x^*Ax \mid x \in S_n\}), \quad \lambda_n = \inf(\{x^*Ax \mid x \in S_n\}),$$

und es gibt x, $x' \in S_n$ mit $\lambda_1 = x^*Ax$, $\lambda_n = x'^*Ax'$. [Die Zahlen x^*Ax sind reell.]
Beweis: Nach (4.5) gibt es ein $Q \in U(n)$ mit $Q^*AQ = \operatorname{diag}(\lambda_1, \ldots, \lambda_n)$. Es sei $x \in S_n$ [die Bezeichnung S_n wurde in (4.1) eingeführt]. Es ist

$$x^*Ax = x^*QQ^*AQQ^*x = (Q^*x)^*Q^*AQ(Q^*x). \qquad (*)$$

Es wird $y := Q^*x = {}^t(\eta_1, \ldots, \eta_n)$ gesetzt; nach VIII(3.11)(2) gilt $y \in S_n$. Der rechts in $(*)$ stehenden Ausdruck ist

$$(\overline{\eta}_1, \ldots, \overline{\eta}_n) \operatorname{diag}(\lambda_1, \ldots, \lambda_n)^t(\eta_1, \ldots, \eta_n) = \sum_{i=1}^{n} \lambda_i |\eta_i|^2 \leq \lambda_1 \sum_{i=1}^{n} |\eta_i|^2 = \lambda_1;$$

es gilt also $x^*Ax \leq \lambda_1$. Es sei x' ein Eigenvektor von A zum Eigenwert λ_1. Dann ist $x := (1/\|x'\|)x'$ ein Eigenvektor von A zum Eigenwert λ_1 mit $x \in S_n$, und es ist $x^*Ax = \lambda_1 \|x\|^2 = \lambda_1$. Damit ist die erste Gleichung bewiesen. Die zweite Gleichung zeigt man, indem man den letzten Ausdruck in $(*)$ nach unten abschätzt und indem man einen Eigenvektor $x \in S_n$ von A zum Eigenwert λ_n betrachtet.

(4.7) Folgerung: *Es sei $A \in M(m,n;\mathbb{C})$. Die Matrix $B := A^*A \in M(n;\mathbb{C})$ ist eine hermitesche Matrix. Die Eigenwerte $\lambda_1 \geq \cdots \geq \lambda_n$ von B sind nicht negativ. Für jedes $i \in \{1, \ldots, n\}$ sei $\sigma_i := \sqrt{\lambda_i}$; es gelten*

$$\sigma_1 = \sup(\{\|Ax\| \mid x \in S_n\}) = \|A\|, \quad \sigma_n = \inf(\{\|Ax\| \mid x \in S_n\}).$$

Es sei zusätzlich $A \in \mathrm{GL}(n;\mathbb{C})$; dann ist $\sigma_n > 0$, und es ist σ_1/σ_n die Konditionszahl $\|A\|\,\|A^{-1}\|$ von A bezüglich der Norm $\|\ \|$.
Beweis: (1) Es gilt $\lambda_n = \inf(\{x^*A^*Ax \mid x \in S_n\}) = \inf(\{\|Ax\|^2 \mid x \in S_n\}) \geq 0$, $\lambda_1 = \sup(\{\|Ax\|^2 \mid x \in S_n\})$ [vgl. (4.6)]. Folglich ist [vgl. VII(2.7)] $\sigma_1 = \sup(\{\|Ax\| \mid x \in S_n\}) = \|A\|$, $\sigma_n = \inf(\{\|Ax\| \mid x \in S_n\})$.
(2) Es gelte $A \in \mathrm{GL}(n;\mathbb{C})$. Es ist $C := (A^{-1})^*A^{-1} \in \mathrm{GL}(n;\mathbb{C})$, und daher gilt nach (1): Die Eigenwerte $\mu_1 \geq \cdots \geq \mu_n$ von C sind positiv [vgl. (1.6)(2)], und es ist $\|A^{-1}\| = \sqrt{\mu_1}$. Es gilt $C^{-1} = AA^*$. Die Matrizen AA^* und A^*A sind ähnlich, denn es ist $A^{-1}(AA^*)A = A^*A$. Nach (1.10) haben C^{-1} und A^*A die gleichen Eigenwerte, nach (1.6)(2) sind also $1/\lambda_n \geq \cdots \geq 1/\lambda_1$ die Eigenwerte von C, und daher gilt $\|A\|\,\|A^{-1}\| = \sigma_1/\sigma_n$.

(4.8) Satz: *Es sei $n \geq 2$, es sei $A \in M(n;\mathbb{C})$ eine hermitesche Matrix, und es seien $\lambda_1 \geq \cdots \geq \lambda_n$ die Eigenwerte von A. Für jedes $k \in \{1, \ldots, n-1\}$ gilt*

$$\lambda_{k+1} = \inf\big(\{\sup(\{x^*Ax \mid x \in S_n; p_1^*x = \cdots = p_k^*x = 0\}) \mid p_1, \ldots, p_k \in Z_n\}\big), \quad (*)$$

und es gibt $p_1, \dots, p_k \in Z_n$ *und* $x \in S_n$ *mit* $p_1^* x = \cdots = p_k^* x = 0$ *und mit* $\lambda_{k+1} = x^* A x$.

Beweis: Es sei $\{e_1, \dots, e_n\}$ die Standardbasis von $M(n, 1; \mathbb{C})$ [vgl. II(4.12)(4)]. Es gibt ein $Q \in U(n)$ mit $Q^* A Q = \mathrm{diag}(\lambda_1, \dots, \lambda_n)$ [vgl. (4.5)].

(1) Es seien $r_1, \dots, r_k \in Z_n$, und es sei $R \in M(n-1, n; \mathbb{C})$ die Matrix mit den Zeilen $r_1^*, \dots, r_k^*, e_{k+2}^*, \dots, e_n^*$. Es gilt $\mathrm{rang}(R) \leq n-1$, und daher gibt es ein $y' \in Z_n$ mit $Ry' = 0$ [vgl. II(5.2)]. Für $y := (1/\|y'\|)y' =: {}^t(\eta_1, \dots, \eta_{k+1}, 0, \dots, 0)$ gilt $y \in S_n$ und $y^* \mathrm{diag}(\lambda_1, \dots, \lambda_n) y = \lambda_1 |\eta_1|^2 + \cdots + \lambda_{k+1} |\eta_{k+1}|^2 \geq \lambda_{k+1}$.

(2) Es seien $p_1, \dots, p_k \in Z_n$. Es wird $r_1 := Q^* p_1, \dots, r_k := Q^* p_k$ gesetzt. Nach (1) gibt es ein $y \in S_n$ mit $r_1^* y = \cdots = r_k^* y = 0$ und mit $y^* \mathrm{diag}(\lambda_1, \dots, \lambda_n) y \geq \lambda_{k+1}$. Für $x := Qy$ gilt $0 = r_i^* y = p_i^* Q Q^* x = p_i^* x$ für jedes $i \in \{1, \dots, k\}$, $x \in S_n$ [vgl. VII(3.11)(2)] und $x^* A x = y^* Q^* A Q y \geq \lambda_{k+1}$, und daher ist

$$\sup(\{x^* A x \mid x \in S_n; p_1^* x = \cdots = p_k^* x = 0\}) \geq \lambda_{k+1}.$$

(3) Da die in (2) hergeleitete Ungleichung für jede Wahl von $p_1, \dots, p_k \in Z_n$ gilt, ist gezeigt, daß die rechte Seite in $(*)$ $\geq \lambda_{k+1}$ ist.

(4) Es seien $p_1 := Qe_1, \dots, p_k := Qe_k$, und es sei $x \in S_n$ mit $p_1^* x = \cdots = p_k^* x = 0$. Es sei $y := Q^* x = (\eta_1, \dots, \eta_n)$. Dann gilt $y \in S_n$, und für jedes $i \in \{1, \dots, k\}$ ist $0 = p_i^* x = e_i^* Q^* Q y = e_i^* y = \eta_i$, so daß $\eta_1 = \cdots = \eta_k = 0$ gilt. Daher ist $x^* A x = y^* \mathrm{diag}(\lambda_1, \dots, \lambda_n) y = \sum_{i=k+1}^n \lambda_i |\eta_i|^2 \leq \lambda_{k+1}$, so daß nach (2)

$$\sup(\{x^* A x \mid x \in S_n; p_1^* x = \cdots = p_k^* x = 0\}) = \lambda_{k+1}$$

gilt; insbesondere gilt für $\widetilde{y} := {}^t(0, \dots, 1, 0, \dots, 0)$ [mit 1 an der $(k+1)$-ten Stelle] und $\widetilde{x} := Q\widetilde{y}$: Es ist $\widetilde{x} \in S_n$, es gilt $p_i^* \widetilde{x} = e_i^* Q^* Q \widetilde{y} = e_i^* \widetilde{y} = 0$ für jedes $i \in \{1, \dots, k\}$ und es ist $\widetilde{x}^* A \widetilde{x} = \widetilde{y}^* \mathrm{diag}(\lambda_1, \dots, \lambda_n) \widetilde{y} = \lambda_{k+1}$.

(4.9) BEMERKUNG: Es seien A, $B \in M(n; \mathbb{C})$ hermitesche Matrizen, es seien $\lambda_1 \geq \cdots \geq \lambda_n$ die Eigenwerte von A, und es seien $\mu_1 \geq \cdots \geq \mu_n$ die Eigenwerte von B. Die Matrix $C := A + B$ ist eine hermitesche Matrix. Es seien $\nu_1 \geq \cdots \geq \nu_n$ die Eigenwerte von C. *Für jedes* $k \in \{1, \dots, n\}$ *gilt* $\lambda_k + \mu_n \leq \nu_k \leq \lambda_k + \mu_1$.

Beweis: (1) Es sei $\{e_1, \dots, e_n\}$ die Standardbasis von $M(n, 1; \mathbb{C})$. Nach (4.6) gilt

$$\begin{aligned} \nu_1 &= \sup(\{x^* C x \mid x \in S_n\}) \leq \sup(\{x^* A x \mid x \in S_n\}) + \sup(\{x^* B x \mid x \in S_n\}) \\ &= \lambda_1 + \mu_1. \end{aligned}$$

Es sei $k \in \{2, \dots, n\}$. Für jede Wahl von $p_1, \dots, p_{k-1} \in Z_n$ gilt nach (4.8)

$$\nu_k \leq \sup(\{x^* C x \mid x \in S_n; p_1^* x = \cdots = p_{k-1}^* x = 0\}).$$

Es gibt ein $Q \in U(n)$ mit $Q^* A Q = \mathrm{diag}(\lambda_1, \dots, \lambda_n)$. Es wird $p_1 := Qe_1, \dots, p_{k-1} := Qe_{k-1}$ gesetzt. Es sei $x \in S_n$, und es gelte $p_1^* x = \cdots = p_{k-1}^* x = 0$. Es sei $y := Q^* x =: {}^t(\eta_1, \dots, \eta_n)$. Es ist $\eta_1 = \cdots = \eta_{k-1} = 0$, und daher gilt

$$\begin{aligned} \nu_k &\leq \sup(\{x^* A x + x^* B x \mid x \in S_n; p_1^* x = \cdots = p_{k-1}^* x = 0\}) \\ &\leq \sup\left(\left\{\sum_{i=k}^n \lambda_i |\eta_i|^2 + x^* B x \mid x \in S_n; p_1^* x = \cdots = p_{k-1}^* x = 0\right\}\right). \end{aligned}$$

Aus $\sum_{i=k}^{n}\lambda_i \mid \eta_i \mid^2 \leq \lambda_k$ und $x^*Bx \leq \mu_1$ für jedes $x \in S_n$ mit $p_1^*x = \cdots = p_{k-1}^*x = 0$ folgt dann $\nu_k \leq \lambda_k + \mu_1$.
(2) Die Matrix $-B$ ist hermitesch, und es sind $-\mu_n \geq \cdots \geq -\mu_1$ die Eigenwerte von B. Es ist $A = C + (-B)$, und nach (1) gilt $\lambda_k \leq \nu_k + (-\mu_n)$, also $\nu_k \geq \lambda_k + \mu_n$.

(4.10) DEFINITION: Eine Matrix $A \in M(n;\mathbb{C})$ heißt positiv [negativ], wenn A eine hermitesche Matrix ist und wenn $x^*Ax > 0$ [$x^*Ax < 0$] für jedes $x \in Z_n$ gilt [es ist $x^*Ax \in \mathbb{R}$ nach VII(3.11)].

(4.11) DEFINITION: Es sei K ein Körper, und es sei $A = (\alpha_{ij})_{1\leq i,j\leq n} \in M(n;K)$. Für $k \in \{1,\ldots,n\}$ heißt $\det((\alpha_{ij})_{1\leq i,j\leq k}) \in K$ der k-te Hauptminor der Matrix A.

(4.12) BEMERKUNG: (1) Es sei $A \in M(n;\mathbb{C})$ eine hermitesche Matrix. Es ist A genau dann eine positive Matrix, wenn $-A$ eine negative Matrix ist.
(2) Für eine hermitesche Matrix $A \in M(n;\mathbb{C})$ gilt $\det(A) \in \mathbb{R}$.
Beweis: Für jede Matrix $B \in M(n;\mathbb{C})$ gilt $\det(\overline{B}) = \overline{\det(B)}$, wie unmittelbar aus der Definition der Determinante folgt [vgl. II(8.10)], und es gilt $\det({}^tB) = \det(B)$ [vgl. II(8.12)]; daher gilt $\det(A^*) = \overline{\det(A)}$, und aus $A^* = A$ folgt $\overline{\det(A)} = \det(A)$, so daß $\det(A) \in \mathbb{R}$ gilt.
(3) Es sei $A = (\alpha_{ij}) \in M(n;\mathbb{C})$ eine hermitesche Matrix. Für jedes $k \in \{1,\ldots,n\}$ ist $(\alpha_{ij})_{1\leq i,j\leq k} \in M(k;\mathbb{C})$ eine hermitesche Matrix, und daher sind nach (2) alle Hauptminoren von A reell.
(4) Es sei $A \in M(n;\mathbb{C})$ eine hermitesche Matrix, und es sei $P \in \mathrm{GL}(n;\mathbb{C})$; dann ist P^*AP eine hermitesche Matrix [vgl. (4.4)(2)]. Es ist A genau dann positiv [negativ], wenn P^*AP positiv [negativ] ist.
Beweis: Es wird nur der "positive" Fall behandelt; die Aussage für den "negativen" Fall ergibt sich dann aus (1).
(a) Es sei A positiv. Für jedes $y \in Z_n$ ist $Py \in Z_n$, und daher ist $0 < (Py)^*A(Py) = y^*(P^*AP)y$.
(b) Es sei P^*AP positiv. Es ist $Q := P^{-1} \in \mathrm{GL}(n;\mathbb{C})$, und es gilt $Q^* = (P^*)^{-1}$ [vgl. VII(3.5)]. Nach (a) ist $Q^*(P^*AP)Q = A$ positiv.

(4.13) Satz: *Es sei $A = (\alpha_{ij}) \in M(n;\mathbb{C})$ eine hermitesche Matrix. Folgende Aussagen sind äquivalent.*
(1) *Die Matrix A ist positiv [negativ].*
(2) *Die Eigenwerte von A sind positiv [negativ].*
(3) *Für jedes $k \in \{1,\ldots,n\}$ gilt $\det((\alpha_{ij})_{1\leq i,j\leq k}) > 0$ [$\mathrm{sign}(\det((\alpha_{ij})_{1\leq i,j\leq k})) = (-1)^k$].*
Beweis: Es wird nur der "positive" Fall behandelt; die Aussage für den "negativen" Fall ergibt sich dann aus (4.12)(1).
(1) $\Leftrightarrow$ (2): Es gibt ein $P \in U(n)$ mit $P^*AP = \mathrm{diag}(\lambda_1,\ldots,\lambda_n) =: D \in M(n;\mathbb{R})$ [vgl. (4.5)]. Es gelte: A ist positiv. Dann ist D positiv [vgl. (4.12)(4)]. Es sei $\{e_1,\ldots,e_n\}$ die Standardbasis von $M(n,1;\mathbb{C})$. Für jedes $k \in \{1,\ldots,n\}$ gilt $0 < e_k^*De_k = \lambda_k$. – Es gelte: Die Eigenwerte $\lambda_1,\ldots,\lambda_n$ von A sind positiv. Für jedes $x = {}^t(\xi_1,\ldots,\xi_n) \in Z_n$ gilt $x^*Dx = \lambda_1|\xi_1|^2 + \cdots + \lambda_n|\xi_n|^2 > 0$; daher ist D und somit A positiv [vgl. (4.12)(4)].

(1) $\Rightarrow$ (3): Es sei $k \in \mathbb{N}$, und es sei $B \in M(k;\mathbb{C})$ eine positive Matrix. Dann ist $\det(B) > 0$, denn es gibt ein $Q \in U(k)$ mit $Q^*BQ = \operatorname{diag}(\mu_1,\ldots,\mu_k)$, und wegen der Äquivalenz von (1) und (2) gilt $\mu_1 > 0,\ldots,\mu_k > 0$, also gilt $\det(B) = \det(Q^*BQ) = \mu_1\cdots\mu_k > 0$. Es sei $k \in \{1,\ldots,n\}$. Es sei $A =: (\alpha_{ij})$; die Matrix $A^{(k)} := (\alpha_{ij})_{1\le i,j\le k} \in M(k;\mathbb{C})$ ist hermitesch. Es sei $x = {}^t(\xi_1,\ldots,\xi_k) \in Z_k$. Setzt man $\xi_{k+1} := 0,\ldots,\xi_n := 0$ und $x' := {}^t(\xi_1,\ldots,\xi_n)$, so gilt $x' \in Z_n$ und

$$0 < (x')^*Ax' = \sum_{i=1}^{n}\sum_{j=1}^{n}\alpha_{ij}\xi_i\overline{\xi}_j = \sum_{i=1}^{k}\sum_{j=1}^{k}\alpha_{ij}\xi_i\overline{\xi}_j = x^*A^{(k)}x;$$

daher ist $A^{(k)}$ eine positive Matrix, und nach dem eben Gesagten gilt $\det(A^{(k)}) > 0$.
(3) $\Rightarrow$ (1): Es wird durch Induktion nach k gezeigt: Ist $B \in M(k;\mathbb{C})$ eine hermitesche Matrix, deren Hauptminoren positiv sind, so ist B positiv.

Es sei $B = (\beta_{11}) \in M(1,\mathbb{C})$ eine hermitesche Matrix, deren Hauptminor β_{11} positiv ist. Für jedes $x = (\xi_1) \in Z_1$ gilt $x^*Bx = \beta_{11}|\xi_1|^2 > 0$. Es sei $k \in \mathbb{N}$ mit $k > 1$, und es sei die Behauptung für $k-1$ richtig. Es sei $B = (\beta_{ij}) \in M(k;\mathbb{C})$ eine hermitesche Matrix mit positiven Hauptminoren. Dann ist $\beta_{11} > 0$. Es sei $l \in \{2,\ldots,k\}$, und es sei $P_l := A_{1l}(-\beta_{1l}/\beta_{11})$, eine Additionsmatrix [vgl. II(2.5)(1)]; es gilt $P_l^* = A_{l1}(-\overline{\beta}_{1l}/\beta_{11}) = A_{l1}(-\beta_{l1}/\beta_{11})$ [denn es ist $A^* = A$]. Es sei $Q := P_2\cdots P_k$. Dann gilt $Q \in \mathrm{GL}(k;\mathbb{C})$ [vgl. II(2.5)(3)], und für die hermitesche Matrix $B' := Q^*BQ =: (\beta'_{ij})$ gilt $\beta'_{11} = \beta_{11}$, $\beta'_{12} = \cdots = \beta'_{1k} = 0$, $\beta'_{21} = \cdots = \beta'_{k1} = 0$ [vgl. II(2.5)(4) und II(2.5)(5)]. Die Hauptminoren der Matrix B' und die Hauptminoren der Matrix B sind gleich [vgl. II(8.15)(3) und II(8.15)(4)]. Für jedes $l \in \{2,\ldots,k\}$ gilt $0 < \det\big((\beta'_{ij})_{1\le i,j\le l}\big) = \beta_{11}\det\big((\beta'_{ij})_{2\le i,j\le l}\big)$ [vgl. II(8.23)], und wegen $\beta_{11} > 0$ sind daher die Hauptminoren der hermiteschen Matrix $\widetilde{B} := (\beta'_{ij})_{2\le i,j\le k} \in M(k-1;\mathbb{C})$ positiv. Nach der Induktionsannahme ist $\widetilde{B}$ eine positive Matrix. Es sei $x = {}^t(\xi_1,\ldots,\xi_k) \in Z_k$, und es sei $\widetilde{x} := {}^t(\xi_2,\ldots,\xi_k) \in M(k-1,1;\mathbb{C})$. Es gilt

$$x^*B'x = \sum_{i=1}^{k}\sum_{j=1}^{k}\beta'_{ij}\xi_i\overline{\xi}_j = \beta_{11}|\xi_1|^2 + \sum_{i=2}^{k}\sum_{j=2}^{k}\beta'_{ij}\xi_i\overline{\xi}_j = \beta_{11}|\xi_1|^2 + \widetilde{x}^*\widetilde{B}\widetilde{x}.$$

Es ist $\widetilde{x}^*\widetilde{B}\widetilde{x} > 0$ genau wenn $\widetilde{x} \in Z_{k-1}$. Ist $\xi_1 = 0$, so ist $\widetilde{x} \in Z_{k-1}$, ist $\xi_1 \neq 0$, so ist $\widetilde{x}^*\widetilde{B}\widetilde{x} \ge 0$, und daher ist $x^*B'x > 0$. Es ist folglich B' eine positive Matrix, also ist nach (4.12)(4) auch B eine positive Matrix.

(4.14) DEFINITION: Es sei $A \in M(n;\mathbb{C})$, und es seien $\lambda_1,\ldots,\lambda_n \in \mathbb{C}$ die Eigenwerte von A. Dann heißt $\{\lambda_1,\ldots,\lambda_n\}$ das Spektrum von A, und $\max(\{|\lambda_1|,\ldots,|\lambda_n|\}) =: \rho(A)$ heißt der Spektralradius von A.

(4.15) BEMERKUNG: Es sei $A \in M(n;\mathbb{C})$.
(1) Für jede submultiplikative Norm $|||\ |||$ gilt $\rho(A) \le |||A|||$.
Beweis: Es sei $\lambda \in \mathbb{C}$ ein Eigenwert von A, und es sei $x \in M(n,1;\mathbb{C})$ ein Eigenvektor von A zum Eigenwert λ. Es gilt $|\lambda|\,|||x||| = |||\lambda x||| = |||Ax||| \le |||A|||\,|||x|||$ [vgl. VII(2.3)],

also $|\lambda| \leq |||A|||$ [wegen $x \neq 0$ und damit $|||x||| \neq 0$, vgl. VII(2.3)].
(2) Es gilt nach (4.7) $\|A\| = \sqrt{\rho(A^*A)}$.

(4.16) Satz: [S. A. Gerschgorin (1931)] *Es sei $A = (\alpha_{ij}) \in M(n;\mathbb{C})$. Es wird*

$$K_i := \Big\{ z \in \mathbb{C} \;\Big|\; |z - \alpha_{ii}| \leq \sum_{\substack{j=1\\ j\neq i}}^{n} |\alpha_{ij}| \Big\} \quad \text{für jedes } i \in \{1,\dots,n\}$$

gesetzt. Dann ist das Spektrum von A in $K := \bigcup_{i=1}^{n} K_i$ enthalten.
Beweis: (1) Es sei $C = (\gamma_{ij}) \in M(n;\mathbb{C})$, und es sei $x = {}^t(\xi_1,\dots,\xi_n) \in M(n,1;\mathbb{C})$ von 0 verschieden; es sei $\xi := \max(\{|\xi_1|,\dots,|\xi_n|\})$. Gilt $Cx = x$, so ist

$$|\xi_i| = \Big|\sum_{j=1}^{n} \gamma_{ij}\xi_j\Big| \leq \sum_{j=1}^{n} |\gamma_{ij}|\xi \quad \text{für jedes } i \in \{1,\dots,n\}$$

und folglich

$$1 = \max\Big(\Big\{\frac{|\xi_1|}{\xi},\dots,\frac{|\xi_n|}{\xi}\Big\}\Big) \leq \max\Big(\Big\{\sum_{j=1}^{n} |\gamma_{ij}| \;\Big|\; i \in \{1,\dots,n\}\Big\}\Big).$$

(2) Es sei λ ein Eigenwert von A, und es sei $x \in M(n,1;\mathbb{C})$ ein Eigenvektor von A zum Eigenwert λ. Für jede Matrix $B \in M(n;\mathbb{C})$ gilt $(A - B)x = (\lambda E_n - B)x$. Ist nun $\lambda \in \{\alpha_{ii} \mid i \in \{1,\dots,n\}\}$, so ist $\lambda \in K$. Ist hingegen $\lambda \notin \{\alpha_{ii} \mid i \in \{1,\dots,n\}\}$, so ist

$$\big(\lambda E_n - \operatorname{diag}(\alpha_{11},\dots,\alpha_{nn})\big)^{-1}\big(A - \operatorname{diag}(\alpha_{11},\dots,\alpha_{nn})\big)x = x$$

und daher nach (1)

$$\max\Big(\Big\{\frac{1}{|\lambda - \alpha_{ii}|}\sum_{\substack{j=1\\ j\neq i}}^{n} |\alpha_{ij}| \;\Big|\; i \in \{1,\dots,n\}\Big\}\Big) \geq 1.$$

Wird dieses Maximum etwa für i_0 angenommen, so gilt

$$|\lambda - \alpha_{i_0 i_0}| \leq \sum_{\substack{j=1\\ j\neq i_0}}^{n} |\alpha_{i_0 j}|,$$

also gilt $\lambda \in K_{i_0}$.

(4.17) Satz: *Es sei $A \in M(n;\mathbb{R})$ eine symmetrische Matrix. Dann hat das charakteristische Polynom von A nur reelle Nullstellen, d.h. es gibt $\lambda_1,\dots,\lambda_n \in \mathbb{R}$ mit $f_A = (T - \lambda_1)\cdots(T - \lambda_n) \in \mathbb{R}[T]$.*
Beweis: Es ist A, aufgefaßt als Matrix in $M(n;\mathbb{C})$, eine hermitesche Matrix. Nach (4.5) sind die Eigenwerte von A reell.

(4.18) Folgerung: *Es sei $A \in M(n;\mathbb{R})$ eine symmetrische Matrix. Dann gibt es eine orthogonale Matrix $P \in O(n)$ mit ${}^tPAP = \operatorname{diag}(\lambda_1,\dots,\lambda_n)$ mit reellen Zahlen $\lambda_1,\dots,\lambda_n$. Es sind $\lambda_1,\dots,\lambda_n$ die Eigenwerte von A, und es ist $\operatorname{diag}(\lambda_1,\dots,\lambda_n)$ eine Jordansche Normalform von A. Für jedes $i \in \{1,\dots,n\}$ ist die i-te Spalte $P_{\bullet i}$ von P ein Eigenvektor von A zum Eigenwert λ_i, und es ist $\{P_{\bullet 1},\dots,P_{\bullet n}\}$ eine Orthonormalbasis von $M(n,1;\mathbb{R})$*

Beweis: Das ergibt sich aus dem Beweis von (4.2): Da die Eigenwerte von A reell sind, gibt es zunächst eine orthogonale Matrix $P \in O(n)$ mit: $R := {}^tPAP$ ist eine rechte Dreiecksmatrix in $M(n;\mathbb{R})$. Wegen ${}^tR = {}^t({}^tPAP) = {}^tP^tAP = {}^tPAP = R$ ist R eine Diagonalmatrix.

§5 Berechnung der Eigenwerte von Tridiagonalmatrizen

(5.0) In diesem Paragraphen sei n stets eine natürliche Zahl, und es sei $\mathbb{K}$ einer der Körper $\mathbb{R}$ oder $\mathbb{C}$.

(5.1) BEZEICHNUNG: (1) Eine Matrix $A \in M(n;\mathbb{K})$ heißt Tridiagonalmatrix, wenn A die Form

$$A = \begin{pmatrix} \delta_1 & \gamma_2 & 0 & \cdots & 0 \\ \beta_2 & \delta_2 & \gamma_3 & \cdots & 0 \\ 0 & \beta_3 & \delta_3 & \cdots & 0 \\ \vdots & \ddots & \ddots & \ddots & \vdots \\ 0 & & & \delta_{n-1} & \gamma_n \\ 0 & \dots\dots\dots & & \beta_n & \delta_n \end{pmatrix}$$

hat mit Elementen $\delta_1,\dots,\delta_n$ und $\beta_2,\dots,\beta_n$, $\gamma_2,\dots,\gamma_n \in \mathbb{K}$.
(2) Jede Matrix A in $M(1;\mathbb{K})$ und in $M(2;\mathbb{K})$ ist eine Tridiagonalmatrix.
(3) Eine Tridiagonalmatrix wie in (1) ist genau dann hermitesch, wenn $\delta_i = \overline{\delta}_i$ für jedes $i \in \{1,\dots,n\}$ und $\gamma_i = \overline{\beta}_i$ für jedes $i \in \{2,\dots,n\}$ gilt.

(5.2) Satz: *Es sei A eine hermitesche Matrix in $M(n;\mathbb{K})$. Dann gibt es im Falle $\mathbb{K} = \mathbb{C}$ eine unitäre hermitesche Matrix $Q \in U(n)$ bzw. im Falle $\mathbb{K} = \mathbb{R}$ eine orthogonale hermitesche Matrix $Q \in O(n)$ so, daß $QAQ \in M(n;\mathbb{K})$ eine hermitesche Tridiagonalmatrix ist.*

Beweis: (1) Ist $n = 1$ oder $n = 2$, so ist A eine Tridiagonalmatrix [vgl. (5.1)(2)].
(2) Es sei $n \geq 3$. Es wird eine Folge $P_1,\dots,P_{n-2}$ unitärer bzw. orthogonaler hermitescher Matrizen in $M(n;\mathbb{K})$ so konstruiert, daß $(P_1\cdots P_{n-2})A(P_1\cdots P_{n-2}) =: A_{n-2}$ eine Tridiagonalmatrix ist. Diese Matrix ist wieder hermitesch [vgl. (4.4)(2)].
(3) Es wird $A_0 := A$ gesetzt. Es sei $A_0 =: (\alpha_{ij}^{(0)})$, und es sei $a_1 := {}^t(\alpha_{21}^{(0)},\dots,\alpha_{n1}^{(0)}) \in M(n-1,1;\mathbb{K})$. Nach VII(4.3) gibt es $u \in M(n-1,1;\mathbb{K})$, $\beta \in \mathbb{R}$ und $\kappa \in \mathbb{K}$ so, daß $\widetilde{P}_1 := E_{n-1} - \beta uu^* \in U(n-1)$ bzw. $\in O(n-1)$ eine hermitesche Matrix ist und daß $\widetilde{P}_1 a^{(0)} = {}^t(\kappa,0,\dots,0) \in M(n-1,1;\mathbb{K})$ gilt. Es sei

$$P_1 := \begin{pmatrix} 1 & 0 \\ 0 & \widetilde{P}_1 \end{pmatrix}.$$

Dann gilt $P_1 \in U(n)$ bzw. $\in O(n)$, P_1 ist hermitesch, und es ist

$$A_1 := P_1 A_0 P_1 = \begin{pmatrix} \delta_1 & \overline{\gamma}_2 & 0 \\ \gamma_2 & \delta_2 & a_2^* \\ 0 & a_2 & \widetilde{A}_1 \end{pmatrix}$$

mit $\delta_1 = \alpha_{11}^{(0)}$, $a_2 = {}^t(\alpha_3^{(2)}, \ldots, \alpha_n^{(2)}) \in M(n-2, 1; \mathbb{K})$, $\gamma_2 := \kappa$ und einer hermiteschen Matrix $\widetilde{A}_1 \in M(n; \mathbb{K})$.

(4) Es sei $i \in \{2, \ldots, n-2\}$, und es seien unitäre hermitesche Matrizen $P_1, \ldots, P_{i-1}$ $\in U(n)$ bzw. $\in O(n)$ und eine hermitesche Matrix $A_{i-1} \in M(n; \mathbb{K})$ so konstruiert, daß $A_{i-1} := (P_1 \cdots P_{i-1}) A_{i-2} (P_1 \cdots P_{i-1}) \in M(n; \mathbb{K})$ eine hermitesche Matrix von der Gestalt

$$A_{i-1} = \begin{pmatrix} B_{i-1} & \overline{\gamma}_i & 0 \\ \gamma_i & \delta_i & a_i^* \\ 0 & a_i & \widetilde{A}_{i-1} \end{pmatrix}$$

ist; hier ist $B_{i-1} \in M(i-1; \mathbb{K})$ eine hermitesche Tridiagonalmatrix der Form

$$B_{i-1} = \begin{pmatrix} \delta_1 & \overline{\gamma}_2 & 0 & \cdots & 0 \\ \gamma_2 & \delta_2 & \overline{\gamma}_3 & \cdots & 0 \\ & \ddots & \ddots & \ddots & \\ & & & \delta_{i-2} & \overline{\gamma}_{i-1} \\ 0 & \cdots & \cdots & \gamma_{i-1} & \delta_{i-1} \end{pmatrix},$$

$\widetilde{A}_{i-1}$ ist eine hermitesche Matrix in $M(n-i; \mathbb{K})$, und es ist $a_i = {}^t(\alpha_{i+1}^{(i)}, \ldots, \alpha_n^{(i)}) \in M(n-i, 1; \mathbb{K})$, $\gamma_i = \kappa$. Nach VII(4.3) gibt es zu a_i Elemente $u \in M(n-i, 1; \mathbb{K})$, $\beta \in \mathbb{R}$, $\kappa \in \mathbb{K}$ so, daß für die Matrix $\widetilde{P}_i := E_{n-i} - \beta u u^* \in U(n-i)$ bzw. $\in O(n-i)$ gilt: $\widetilde{P}_i$ ist hermitesch und $\widetilde{P}_i a_i = {}^t(\kappa, 0, \ldots, 0) \in M(n-i, 1; \mathbb{K})$. Setzt man

$$P_i := \begin{pmatrix} E_i & 0 \\ 0 & \widetilde{P}_i \end{pmatrix} = \begin{pmatrix} E_{i-1} & 0 & 0 \\ 0 & 1 & 0 \\ 0 & 0 & \widetilde{P}_i \end{pmatrix},$$

so ist P_i eine hermitesche Matrix, und es ist P_i in $U(n)$ bzw. in $O(n)$. Die Matrix $A_i := P_i^{-1} A_{i-1} P_i \in M(n; \mathbb{K})$ hat die Form

$$\begin{pmatrix} B_{i-1} & \overline{\gamma}_i & 0 \\ \gamma_i & \delta_i & a_i^* \widetilde{P}_i \\ 0 & \widetilde{P}_i a_i & \widetilde{A}_i \end{pmatrix}$$

mit $\widetilde{A}_i := \widetilde{P}_i \widetilde{A}_{i-1} \widetilde{P}_i \in M(n-i; \mathbb{K})$, so daß A_i und $\widetilde{A}_i \in M(n-i; \mathbb{K})$ hermitesche

Matrizen sind, und A_i die Gestalt

$$\begin{pmatrix} \delta_1 & \overline{\gamma}_2 & & & & & & & \\ \gamma_2 & \delta_2 & \overline{\gamma}_3 & & & & & & \\ & \ddots & \ddots & \ddots & & & & & \\ & & \ddots & \ddots & \overline{\gamma}_{i-1} & & & & \\ & & & \gamma_{i-1} & \delta_{i-1} & \overline{\gamma}_i & & & \\ & & & & \gamma_i & \delta_i & \overline{\gamma}_{i+1} & 0 \ \ldots & 0 \\ & & & & & \gamma_{i+1} & & & \\ & & & & & 0 & & & \\ & & & & & \vdots & & \widetilde{A}_i & \\ & & & & & 0 & & & \end{pmatrix}$$

hat; hier ist $\gamma_{i+1} := \kappa$. Nach $n-2$ Schritten ist die gewünschte Gestalt erreicht.
(5) Die Berechnung von $\widetilde{A}_i = \widetilde{P}_i\widetilde{A}_{i-1}\widetilde{P}_i$ erfolgt so: Es ist

$$\begin{aligned} \widetilde{A}_i &= (E_{n-i} - \beta uu^*)\widetilde{A}_{i-1}(E_{n-i} - \beta uu^*) \\ &= \widetilde{A}_{i-1} - \beta uu^*\widetilde{A}_{i-1} - \beta\widetilde{A}_{i-1}uu^* + \beta^2 uu^*\widetilde{A}_{i-1}uu^*. \end{aligned}$$

Es wird

$$p := \beta\widetilde{A}_{i-1}u, \quad q := p - \frac{\beta}{2}(p^*u)u$$

gesetzt; dann sind p, $q \in M(n-i, 1; \mathbb{K})$, und es ist $p^*u \in \mathbb{R}$ [wegen $\beta \in \mathbb{R}$ ist $p^*u = \beta u^*\widetilde{A}_{i-1}u = u^*p = (p^*u)^*$]; es gilt

$$\begin{aligned} \widetilde{A}_i &= \widetilde{A}_{i-1} - up^* - pu^* + \beta up^*uu^* \\ &= \widetilde{A}_{i-1} - u\Big(p - \frac{\beta}{2}(p^*u)u\Big)^* - \Big(p - \frac{\beta}{2}(p^*u)u\Big)u^* \\ &= \widetilde{A}_{i-1} - uq^* - qu^*. \end{aligned}$$

(5.3) BEZEICHNUNG: (1) Eine hermitesche Tridiagonalmatrix $A \in M(n; \mathbb{K})$ heißt unzerlegbar, wenn $n = 1$ gilt oder wenn im Falle $n \geq 2$ die auf der unteren Nebendiagonalen stehenden Elemente $\gamma_2, \ldots, \gamma_n$ alle von Null verschieden sind.
(2) Es ist leicht zu sehen: Jede hermitesche Tridiagonalmatrix $A \in M(n; \mathbb{K})$ kann als Blockmatrix $A = \operatorname{diag}(A_1, \ldots, A_h)$ von unzerlegbaren Tridiagonalmatrizen $A_1 \in M(n_1; \mathbb{K}), \ldots, A_h \in M(n_h; \mathbb{K})$ geschrieben werden [$n_1, \ldots, n_h$ sind natürliche Zahlen]. Das charakteristische Polynom der Matrix A ist das Produkt der charakteristischen Polynome der Matrizen $A_1, \ldots, A_h$ [vgl. II(8.31)]. Es sei $\lambda \in \mathbb{R}$ ein Eigenwert von A, und es sei $U := U_1(A, \lambda) \subset M(n, 1; \mathbb{K})$. Es seien $i_1, \ldots, i_k$ die Zahlen in $\{1, \ldots, h\}$, für die λ Eigenwert der Matrizen $A_{i_1}, \ldots, A_{i_k}$ ist. Es sei $j \in \{i_1, \ldots, i_k\}$, und es sei $U_j' := U_1(A_j, \lambda) \subset M(n_j, 1; \mathbb{K})$. Es sei $p_j := n_1 + \cdots + n_{j-1}$, $q_j := n_{j+1} + \cdots + n_h$. Für jedes $x' = {}^t(\xi_1, \ldots, \xi_{n_j}) \in U_j'$

sei $x := {}^t(0, \ldots, 0, \xi_1, \ldots, \xi_{n_j}, 0, \ldots, 0) \in M(n, 1; \mathbb{K})$ [mit p_j Nullen vor ξ_1 und q_j Nullen nach ξ_{n_j}]. Der so erhaltene Unterraum von $M(n; \mathbb{K})$ sei U_j. Dann gilt $U = U_{i_1} + \cdots + U_{i_k}$, und die Summe ist direkt.
(3) Aus (1.21), (2) und (5.2) folgt: Es sei $A \in M(n; \mathbb{K})$ eine hermitesche Matrix. Um die Eigenwerte λ von A und die Unterräume $U(A, \lambda)$ zu berechnen, genügt es, für eine unzerlegbare hermitesche Tridiagonalmatrix $B \in M(n; \mathbb{K})$ die Eigenwerte $\mu \in \mathbb{R}$ und die Unterräume $U(B, \mu)$ zu berechnen.

(5.4) Hilfssatz: *Es sei $f \in \mathbb{R}[T] \setminus \{0\}$ ein Polynom, und es sei $\gamma \in \mathbb{R}$ eine einfache Nullstelle von f. Dann gibt es ein positives δ so, daß $\operatorname{sign}(f(x)) = -\operatorname{sign}(f(x'))$ für jedes $x \in (\gamma - \delta, \gamma)$ und jedes $x' \in (\gamma, \gamma + \delta)$ gilt, und daß f in $(\gamma - \delta, \gamma + \delta)$ streng monoton ist.*
Beweis: Es ist $f = (T - \gamma)g$ mit einem Polynom $g \in \mathbb{R}[T]$, für welches $g(\gamma) \neq 0$ ist; es ist $f'(\gamma) = g(\gamma)$. Nach IV(2.7)(1) und IV(2.3)(4) gibt es ein positives δ mit $f'(x) \neq 0$ für jedes $x \in (\gamma - \delta, \gamma + \delta)$. Es gelte $f'(x) > 0$ für jedes $x \in (\gamma - \delta, \gamma + \delta)$; dann ist f streng monoton wachsend in $(\gamma - \delta, \gamma + \delta)$, und wegen $f(\gamma) = 0$ folgt $f(x) < 0$ für jedes $x \in (\gamma - \delta, \gamma)$, $f(x) > 0$ für jedes $x \in (\gamma, \gamma + \delta)$. Entsprechend schließt man, wenn $f'(x) < 0$ für jedes $x \in (\gamma - \delta, \gamma + \delta)$ gilt.

(5.5) BEZEICHNUNG: Es sei $p \in \mathbb{N}$, und es sei $(a_1, \ldots, a_p) \in M(1, p; \mathbb{R}) \setminus \{0\}$. In der Zeile $(a_1, \ldots, a_p)$ werden alle Nullen gestrichen; die Anzahl der dann verbleibenden Vorzeichenwechsel heißt die Anzahl der Vorzeichenwechsel in der Zeile $(a_1, \ldots, a_p)$.

(5.6) BEZEICHNUNG: Es sei $m \in \mathbb{N}$; Polynome $g_0, \ldots, g_m \in \mathbb{R}[T]$ bilden eine Sturmsche Kette [nach J.-C.-F. Sturm, 1803–1855], wenn gilt:
(1) Jede reelle Nullstelle von g_m ist einfach,
(2) $\operatorname{sign}(g_{m-1}(\xi)) \cdot \operatorname{sign}(g'_m(\xi)) = -1$ für jede reelle Nullstelle ξ von g_m,
(3) $\operatorname{sign}(g_{i-1}(\xi)) \cdot \operatorname{sign}(g_{i+1}(\xi)) = -1$ für jede reelle Nullstelle ξ von g_i und für jedes $i \in \{1, \ldots, m-1\}$,
(4) $g_0(x) \neq 0$ für jedes $x \in \mathbb{R}$.

(5.7) BEMERKUNG: Es sei $g \in \mathbb{R}[T]$ ein Polynom von positivem Grad, dessen reelle Nullstellen einfach sind. Dann gibt es eine Sturmsche Kette $g_0, g_1, \ldots, g_m$ mit $g_m = g$.
Beweis: Es wird $h_0 := g$, $h_1 := -h'$ gesetzt. Weil die reellen Nullstellen von g einfach sind, haben h_0 und h_1 keine gemeinsamen reellen Nullstellen. Zu den Polynomen h_0, h_1 gibt es $m \in \mathbb{N}$ und Polynome $h_2, \ldots, h_m \in \mathbb{R}[T] \setminus \{0\}$ mit $\operatorname{grad}(h_1) > \cdots > \operatorname{grad}(h_m)$ und Polynome $q_1, \ldots, q_m \in \mathbb{R}[T]$ mit

$$h_{i-1} = q_i h_i - h_{i+1} \quad \text{für jedes } i \in \{1, \ldots, m-1\} \tag{$*$}$$

und mit $h_{m-1} = q_m h_m$ [Euklidischer Algorithmus, vgl. I(8.25)(2); üblicherweise steht in $(*)$ ein $+$-Zeichen, doch kann man natürlich auch das $-$-Zeichen verwenden]. Es wird $g_i := h_{m-i}$ für jedes $i \in \{0, \ldots, m\}$ gesetzt. Es gilt

$$g_{i+1} = q_{m-i} g_i - g_{i-1} \quad \text{für jedes } i \in \{1, \ldots, m-1\}, \tag{$**$}$$

und es ist $g_1 = q_m g_0$. Es ist g_0 ein größter gemeinsamer Teiler von g_m und g_{m-1}, und daher hat g_0 keine reellen Nullstellen; es gilt also (4) in (5.6). Es ist (2) in (5.6) erfüllt. Es sei $i \in \{1, \ldots, m-1\}$, es sei $\xi \in \mathbb{R}$, und es gelte $g_i(\xi) = 0$. Aus (**) folgt $g_{i+1}(\xi) = -g_{i-1}(\xi)$. Wäre $g_{i-1}(\xi) = 0$, so wäre $i \geq 2$, und aus (**) folgte $0 = g_i(\xi) = q_{m-i-1}(\xi) g_{i-1}(\xi) - g_{i-2}(\xi)$, also $g_{i-2}(\xi) = 0$, und so der Reihe nach $0 = g_i(\xi) = g_{i-1}(\xi) = \cdots = g_0(\xi)$, und das ist nicht richtig. Damit gilt $g_{i-1}(\xi) \neq 0$, und es ist auch (3) in (5.6) erfüllt.

(5.8) Satz: [Sturm] *Es sei $m \in \mathbb{N}$, es sei $g_0, \ldots, g_m$ eine Sturmsche Kette, und für jedes $\gamma \in \mathbb{R}$ sei $w(\gamma)$ die Anzahl der Vorzeichenwechsel in der Zeile $(g_0(\gamma), \ldots, g_m(\gamma)) \in M(1, m+1; \mathbb{R})$. Für alle a, $b \in \mathbb{R}$ mit $a < b$ ist $w(b) - w(a)$ die Anzahl der Nullstellen von g_m im Intervall $[a, b)$.*

Beweis: Es sei $\gamma \in \mathbb{R}$.

(1) Es gelte $g_i(\gamma) \neq 0$ für jedes $i \in \{0, \ldots, m\}$; dann gibt es ein positives δ mit $g_i(x) \neq 0$ für jedes $x \in (\gamma - \delta, \gamma + \delta)$ und jedes $i \in \{0, \ldots, m\}$ [vgl. IV(2.7)(1) und IV(2.3)(4)], und es gilt $w(x) = w(x')$ für alle x, $x' \in (\gamma - \delta, \gamma + \delta)$.

(2) Es gelte $g_i(\gamma) = 0$ für ein $i \in \{0, \ldots, m-1\}$. Dann ist $i \neq 0$, und es ist $g_{i-1}(\gamma) \neq 0$, $g_{i+1}(\gamma) \neq 0$, und $\operatorname{sign}(g_{i-1}(\gamma)) = -\operatorname{sign}(g_{i+1}(\gamma))$. Es gibt deshalb ein positives δ mit $\operatorname{sign}(g_{i-1}(x)) \cdot \operatorname{sign}(g_{i+1}(x)) < 0$ für jedes $x \in (\gamma - \delta, \gamma + \delta)$, und für jedes $x \in (\gamma - \delta, \gamma + \delta)$ gibt es in der Zeile $(g_{i-1}(x), g_i(x), g_{i+1}(x)) \in M(1, 3; \mathbb{R})$ genau einen Vorzeichenwechsel.

(3) Es gelte $g_m(\gamma) = 0$. Dann ist $g'_m(\gamma) \neq 0$, und nach (2) in (5.6) gibt es ein positives δ mit $\operatorname{sign}(g_{m-1}(x)) = -\operatorname{sign}(g'_m(x))$ für jedes $x \in (\gamma - \delta, \gamma + \delta)$. Es wird δ so klein gewählt, daß für g_m und γ die Aussage von (5.4) gilt. Für jedes $x \in (\gamma - \delta, \gamma]$ gibt es daher in der Zeile $(g_{m-1}(x), g_m(x))$ keinen Vorzeichenwechsel, und für jedes $x \in (\gamma, \gamma + \delta)$ gibt es in der Zeile $(g_{m-1}(x), g_m(x))$ genau einen Vorzeichenwechsel.

(4) Aus (1)–(3) folgt: Ist γ eine Nullstelle von g_m, so gibt es ein positives δ mit $w(x') - w(x) = 1$ für jedes $x \in (\gamma - \delta, \gamma]$ und jedes $x' \in (\gamma, \gamma + \delta)$, und ist γ keine Nullstelle von g_m, so gibt es ein positives δ so, daß $w(x) = w(x')$ für alle x, $x' \in (\gamma - \delta, \gamma + \delta)$ gilt. Daher ist $w(b) - w(a)$ die Anzahl der Nullstellen von g_m in $[a, b)$.

(5.9) BERECHNUNG DER EIGENWERTE: (1) Es sei $n \geq 2$, und es sei

$$A = (\alpha_{ij}) = \begin{pmatrix} \delta_1 & \overline{\gamma}_2 & 0 & \ldots & 0 \\ \gamma_2 & \delta_2 & \overline{\gamma}_3 & \ldots & 0 \\ & \ddots & \ddots & \ddots & \\ & & & & \overline{\gamma}_n \\ & & & \gamma_n & \delta_n \end{pmatrix} \in M(n; \mathbb{K})$$

eine unzerlegbare hermitesche Tridiagonalmatrix; es gilt also $\gamma_2 \neq 0, \ldots, \gamma_n \neq 0$. Für jedes $k \in \{1, \ldots, n\}$ sei $A_k := (\alpha_{ij})_{1 \leq i,j \leq k} \in M(k; \mathbb{K})$, so daß $A_n = A$ gilt. Es werden Polynome $f_0 := 1$, $f_1, \ldots, f_n \in \mathbb{R}[T]$ rekursiv so konstruiert:

$$f_1 := T - \delta_1, \; f_i := (T - \delta_i) f_{i-1} - |\gamma_i|^2 f_{i-2} \quad \text{für jedes } i \in \{2, \ldots, n\}.$$

Es sei $i \in \{1, \ldots, n\}$. Durch Entwickeln von $\det(TE_i - A_i)$ nach der letzten Spalte sieht man: f_i ist das charakteristische Polynom der Matrix A_i.
(2) Für jedes $i \in \{1, \ldots, n\}$ ist die Matrix $A_i \in M(i; \mathbb{K})$ eine hermitesche Matrix, folglich hat f_i i reelle Nullstellen [vgl. (4.5)]. Es wird folgendes gezeigt:
(a) Für jedes $i \in \{1, \ldots, n\}$ gilt: f_i hat nur einfache Nullstellen. Sie seien

$$r_{i1} < r_{i2} < \cdots < r_{ii}.$$

(b) Für jedes $i \in \{1, \ldots, n-1\}$ gilt:

$$r_{i+1,1} < r_{i1} < r_{i+1,2} < r_{i2} < \cdots < r_{i+1,i} < r_{ii} < r_{i+1,i+1} \qquad (*)$$

["die Nullstellen von f_{i+1} werden durch die Nullstellen von f_i getrennt"].
Beweis: Es ist $r_{11} = \delta_1$ und

$$r_{21} = \frac{\delta_1 + \delta_2 - \sqrt{(\delta_1 - \delta_2)^2 + 4|\gamma_2|^2}}{2}, \quad r_{22} = \frac{\delta_1 + \delta_2 + \sqrt{(\delta_1 - \delta_2)^2 + 4|\gamma_2|^2}}{2},$$

also gilt

$$r_{21} < r_{11} < r_{22}.$$

Es sei $i \in \{2, \ldots, n-1\}$, und es sei bereits gezeigt: f_i und f_{i-1} haben nur einfache Nullstellen, und es gilt $(*)$ mit $i-1$ statt i. Es ist $f_{i+1}(r_{ik}) = -|\gamma_{i+1}|^2 f_{i-1}(r_{ik}) \neq 0$ für jedes $k \in \{1, \ldots, i\}$, so daß $\operatorname{sign}(f_{i+1}(r_{ik})) = -\operatorname{sign}(f_{i-1}(r_{ik}))$ für jedes $k \in \{1, \ldots, i\}$ gilt. Nach (5.4) gilt

$$\operatorname{sign}(f_{i-1}(r_{ik})) = -\operatorname{sign}(f_{i-1}(r_{i,k+1})) \quad \text{für jedes } k \in \{1, \ldots, i-1\}; \qquad (**)$$

folglich ist

$$\begin{aligned} \operatorname{sign}(f_{i+1}(r_{ik})) &= -\operatorname{sign}(f_{i-1}(r_{ik})) = \operatorname{sign}(f_{i-1}(r_{i,k+1})) \\ &= -\operatorname{sign}(f_{i+1}(r_{i,k+1})) \quad \text{für jedes } k \in \{1, \ldots, i-1\}. \end{aligned}$$

Es hat also f_{i+1} für jedes $k \in \{1, \ldots, i-1\}$ mindestens eine Nullstelle $r_{i+1,k+1}$ im Intervall $(r_{ik}, r_{i,k+1})$. Aus $\lim_{x \to \infty} f_{i-1}(x) = \infty$ [da f_{i-1} den höchsten Koeffizienten 1 hat] folgt $\operatorname{sign}(f_{i-1}(x)) = 1$ für jedes $x \in [r_{ii}, \infty)$, und es ist $\operatorname{sign}(f_{i+1}(r_{ii})) = -\operatorname{sign}(f_{i-1}(r_{ii})) = -1$. Damit hat f_{i+1} wegen $\lim_{x \to \infty} f_{i+1}(x) = \infty$ eine Nullstelle $r_{i+1,i+1} > r_{ii}$. Nun ist $\operatorname{sign}(f_{i-1}(x)) = (-1)^{i-1}$ für jedes $x \in (-\infty, r_{i,1}]$, und wegen $\lim_{x \to -\infty} f_{i+1}(x) = (-1)^{i+1}\infty$ und $\operatorname{sign}(f_{i+1}(r_{i1})) = -\operatorname{sign}(f_{i-1}(r_{i1})) = (-1)^i$ hat f_{i+1} mindestens eine Nullstelle $r_{i+1,1}$ im Intervall $(-\infty, r_{i1})$. Damit hat f_{i+1} die $i+1$ paarweise verschiedenen Nullstellen $r_{i+1,1}, \ldots, r_{i+1,i+1}$, und es folgt: f_{i+1} hat $i+1$ einfache Nullstellen, und diese werden durch die Nullstellen von f_i getrennt.
(3) Es wird $g_i := (-1)^i f_i$ für jedes $i \in \{0, \ldots, n\}$ gesetzt; es gilt $\operatorname{lcoeff}(g_i) = (-1)^i$. Für jedes $i \in \{1, \ldots, n\}$ haben f_i und g_i die gleichen Nullstellen. Es gilt $g_0 = 1$, $g_1 = \delta_1 - T$, und $g_i = (\delta_i - T)g_{i-1} - |\gamma_i|^2 g_{i-2}$ für jedes $i \in \{2, \ldots, n\}$, wie man durch Induktion sofort bestätigt. *Es ist $g_0, \ldots, g_n$ eine Sturmsche Kette.*

Beweis: g_n hat nur einfache Nullstellen; daher ist (1) in (5.6) erfüllt. Es sei $i \in \{1,\ldots,n\}$; es gilt $\lim_{x\to-\infty} g_i(x) = \infty$ und daher $\operatorname{sign}(g_i(x)) = 1$ für jedes $x \in (-\infty, r_{i1})$, und es gilt $\lim_{x\to\infty} g_i(x) = (-1)^i\infty$ und daher $\operatorname{sign}(g_i(x)) = (-1)^i$ für jedes $x \in (r_{ii}, \infty)$; weil die Nullstellen $r_{i1} < \cdots < r_{ii}$ von g_i einfach sind, gilt $\operatorname{sign}(g_i(x)) = (-1)^j$ für jedes $x \in (r_{ij}, r_{i,j+1})$ und für jedes $j \in \{1,\ldots,n-1\}$ [vgl. (5.4)]. Es gilt $r_{ij} \in (r_{i+1,j}, r_{i+1,j+1})$ für alle i, $j \in \{1,\ldots,n-1\}$, und es gilt $r_{ij} \in (r_{i-1,j-1}, r_{i-1,j})$ für alle i, $j \in \{2,\ldots,n\}$; es gilt $r_{i1} \in (-\infty, r_{i-1,1})$ und $r_{in} \in (r_{i-1,n-1}, \infty)$ für jedes $i \in \{2,\ldots,n\}$. Es gilt $\operatorname{sign}(g_n'(r_{nj})) = (-1)^j$ für jedes $j \in \{1,\ldots,n\}$ [vgl. (5.4)]. Es gilt $\operatorname{sign}(g_{n-1}(r_{n1})) = 1$, $\operatorname{sign}(g_{n-1}(r_{nj})) = (-1)^{j-1}$ für jedes $j \in \{2,\ldots,n-1\}$ und $\operatorname{sign}(g_{n-1}(r_{nn})) = (-1)^{n-1}$. Es ist daher $\operatorname{sign}(g_n'(r_{nj}))\cdot\operatorname{sign}(g_{n-1}(r_{nj})) = (-1)^j\cdot(-1)^{j-1} = -1$ für jedes $j \in \{1,\ldots,n\}$, und daher ist (2) in (5.6) erfüllt. Es gilt $\operatorname{sign}(g_2(r_{11})) = -1$; für jedes $i \in \{2,\ldots,n-1\}$ gilt $\operatorname{sign}(g_{i-1}(r_{ij}))\cdot\operatorname{sign}(g_{i+1}(r_{ij})) = (-1)^{j-1}\cdot(-1)^j = -1$ für jedes $j \in \{1,\ldots,n\}$, und daher ist (3) in (5.6) erfüllt. Es ist (4) in (5.6) erfüllt, da $g_0 = 1$ ist.

(4) Mit der in (5.8) eingeführten Bezeichnung gilt [wegen $w(a) = 0$ für jedes $a \in \mathbb{R}$ mit $a < r_{n1}$], daß für jedes $\lambda \in \mathbb{R}$ die Anzahl der Nullstellen von g_n in $(-\infty, \lambda)$ gleich $w(\lambda)$ ist. Für jedes $k \in \{1,\ldots,n\}$ gilt daher: Ist $w(\lambda) \le k-1$, so ist $r_{nk} \ge \lambda$.

(5) Die Eigenwerte von A sind nach (4.16) in der Vereinigung

$$\bigcup_{i=1}^{n} [\,\delta_i - (|\gamma_i| + |\gamma_{i+1}|),\ \delta_i + (|\gamma_i| + |\gamma_{i+1}|)\,] \quad \text{mit } \gamma_1 := 0 =: \gamma_{n+1}$$

von abgeschlossenen Intervallen enthalten.

Es sei $x\mathrm{min} := \min(\{\delta_i - (|\gamma_i| + |\gamma_{i+1}|) \mid i \in \{1,\ldots,n\}\})$, und es sei $x\mathrm{max} := \max(\{\delta_i + (|\gamma_i| + |\gamma_{i+1}|) \mid i \in \{1,\ldots,n\}\})$. Es gilt

$$|\delta_i| + |\gamma_{i+1}| \le \max(\{|x\mathrm{min}|, |x\mathrm{max}|\}) \quad \text{für jedes } i \in \{1,\ldots,n\}. \tag{$*$}$$

Es sei $k \in \{1,\ldots,n\}$. Der k-te Eigenwert r_{nk} der Matrix A kann durch ein Bisektionsverfahren [vgl. V(4.11)] berechnet werden. Es seien $a_0 := x\mathrm{min}$, $b_0 := x\mathrm{max}$. Es seien für ein $z \in \mathbb{N}_0$ a_z, $b_z \in \mathbb{R}$ mit $a_z \le r_{nk} \le b_z$ bestimmt, und es sei $\lambda := (b_z + a_z)/2$. Ist $w(\lambda) \le k-1$, so ist $r_{nk} \ge \lambda$ [vgl. (4)], und mit $a_{z+1} := \lambda$, $b_{z+1} := b_z$ gilt $a_{z+1} \le r_{nk} \le b_{z+1}$; ist $w(\lambda) > k$, so ist $r_{nk} < \lambda$, und mit $a_{z+1} := a_z$, $b_{z+1} := \lambda$ gilt $a_{z+1} \le r_{nk} < b_{z+1}$.

(6) Es sei $\lambda \in \mathbb{R}$. Die Berechnung der Zahlen $g_1(\lambda),\ldots,g_n(\lambda)$, die für die Bestimmung von $w(\lambda)$ benötigt werden, führt in der Praxis häufig zu Exponentenüberlauf und Exponentenunterlauf. Es gelte $g_i(\lambda) \ne 0$ für jedes $i \in \{1,\ldots,n\}$. Es wird $p_0(\lambda) := 1$, $p_i(\lambda) := g_i(\lambda)/g_{i-1}(\lambda)$ für jedes $i \in \{1,\ldots,n\}$ gesetzt. Es gilt $p_i(\lambda) = \delta_i - \lambda - |\gamma_i|^2/p_{i-1}(\lambda)$ für jedes $i \in \{1,\ldots,n\}$ [mit $\gamma_1 := 0$]. Die Anzahl $w(\lambda)$ der Vorzeichenwechsel in der Zeile $(1, g_1(\lambda),\ldots,g_n(\lambda))$ ist gleich der Anzahl der negativen Zahlen in der Zeile $(p_1(\lambda),\ldots,p_n(\lambda))$. Bei der Berechnung der Zahlen $p_1(\lambda),\ldots,p_n(\lambda)$ tritt i.a. weder Exponentenüberlauf noch Exponentenunterlauf auf [falls eine der Zahlen $g_1(\lambda),\ldots,g_n(\lambda)$ gleich 0 ist, behilft man sich wie in Zeile 34 des Algorithmus in (5.10)].

(5.10) Mit dem folgenden Algorithmus kann man die Eigenwerte $r_1 < \cdots < r_n$ einer symmetrischen unzerlegbaren Tridiagonalmatrix $A \in M(n;\mathbb{R})$ berechnen. Eingabe: $d[1],\ldots,d[n] \in \mathbb{R}$, die Hauptdiagonale von A, von Null verschiedene Zahlen $c[2],\ldots,c[n] \in \mathbb{R}$, die Nebendiagonale von A, $m1$, $m2 \in \mathbb{N}$ mit $1 \leq m1 \leq m2 \leq n$ [die Zahl relfeh in Zeile 26 ist die kleinste Maschinenzahl mit $1 \oplus \text{relfeh} > 1$, und die Zahl eps1 ist eine vom Benutzer zu wählende Genauigkeitsschranke]; Ausgabe: Näherungen $x[m1],\ldots,x[m2]$ für die Eigenwerte $r_{m1},\ldots,r_{m2}$ von A, und die Anzahl z der Bisektionen, die zur Erzielung der vorgeschriebenen Genauigkeit benötigt werden.

```
1.   begin {Berechnung von xmin, xmax nach Gerschgorin}
2.     c[1] := 0;  β[1] := 0;  z := 0;
3.     xmin := d[n] − abs(c[n]);  xmax := d[n] + abs(c[n]);
4.     for i := n − 1 downto 1 do
5.       begin
6.         h := abs(c[i]) + abs(c[i + 1]);  β[i + 1] := c[i + 1] * c[i + 1];
7.         if d[i] + h > xmax then xmax := d[i] + h;
8.         if d[i] − h < xmin then xmin := d[i] − h;
9.       end;
10.    {Innerer Block zur Berechnung der Eigenwerte}
11.    xo := xmax;
12.    for i := m1 to m2 do
13.      begin
14.        x[i] := xmax;  wu[i] := xmin;
15.      end;
16.    for k := m2 downto m1 do
17.      begin
18.        xu := xmin;  alfa := true;
19.        for i := k downto m1 do
20.          begin if alfa then if xu < wu[i] then
21.            begin
22.              xu := wu[i];  alfa := false;
23.            end;
24.          end;
25.          if xo > x[k] then xo := x[k];
26.          while ((xo − xu) > (2 * relfeh * (abs(xu) + abs(xo)) + eps1)) do
27.            begin
28.              x1 := (xo + xu)/2; z := z + 1;
29.              {Sturmsche Kette}
30.              w := 0;  q := 1;
31.              for i := 1 to n do
32.                begin
33.                  if q <> 0 then q := d[i] − x1 − β[i]/q
34.                  else q := d[i] − x1 − abs(c[i]/relfeh);
```

```
35.                 if q < 0 then w := w + 1;
36.               end;
37.             if w ≤ k - 1 then
38.               begin
39.                 xu := x1;
40.                 if w ≤ m1 - 1 then wu[m1] := x1
41.                 else
42.                   begin
43.                     wu[w + 1] := x1;
44.                     if x[w] > x1 then x[w] := x1;
45.                   end;
46.               end;
47.             else xo := x1;
48.           end;
49.       x[k] := (xo + xu)/2;
50.     end;{Schleife k}
51.   end;
52. return(x[m1],...,x[m2],z).
```

(5.11) KORREKTHEIT UND FEHLERABSCHÄTZUNG: (1) In dem in (5.10) beschriebenen Algorithmus werde im dyadischen Zahlsystem mit Gleitpunktoperationen gerechnet. Es sei $\mathcal{M} := \mathcal{M}(2; e, t)$ [vgl. VII(1.2)]; die Maschinengenauigkeit ist eps $= 2^{-t}$ [vgl. VII(1.6)(2)]. Es gelte $3 \cdot 2^{-t} < 0.1$. Für die Eingabedaten in (5.10) gelte $d[1], \ldots, d[n] \in \mathcal{M} \cup \{0\}$ und $c[2], \ldots, c[n] \in \mathcal{M}$; es wird noch $c[1] := 0 =: c[n+1]$ gesetzt. Es wird vorausgesetzt, daß bei den folgenden Rechnungen weder Exponentenunterlauf noch Exponentenüberlauf auftritt.
(2) Es sei $\lambda \in \mathcal{M} \cup \{0\}$. Es sei $q_0(\lambda) := 1$. Es werden rekursiv Elemente $q_1(\lambda), \ldots, q_{n-1}(\lambda) \in \mathcal{M}$, $q_n(\lambda) \in \mathcal{M} \cup \{0\}$ so berechnet. Es sei $i \in \{1, \ldots, n\}$, und es seien $q_0(\lambda), \ldots, q_{i-1}(\lambda)$ bereits berechnet. Es sei

$$h[i] := (d[i] \ominus \lambda) \ominus \big((c[i] \odot c[i]) \oslash q_{i-1}(\lambda)\big).$$

Es wird [relfeh wird durch eps $= 2^{-t}$ ersetzt]

$$q_i(\lambda) := \begin{cases} h[i], & \text{falls } h[i] \neq 0 \text{ ist,} \\ |c[i+1]|2^{-t}, & \text{falls } h[i] = 0 \text{ ist,} \end{cases}$$

gesetzt [$q_1(\lambda), \ldots, q_n(\lambda)$ sind gerade die in Zeile 33 und 34 des Programms in (5.10) berechneten Größen]. Es wird gezeigt: Es gibt eine unzerlegbare symmetrische Tridiagonalmatrix $\widetilde{A}(\lambda) \in M(n, \mathbb{R})$ so, daß die Zahlen $q_1(\lambda), \ldots, q_n(\lambda)$ gerade die in (5.9)(6) definierten Zahlen $p_1(\lambda), \ldots, p_n(\lambda)$ für die Matrix $\widetilde{A}(\lambda)$ sind [Rückwärtsfehleranalyse, vgl. VII(2.16)]. Darüber hinaus gilt: Werden die Elemente auf der Hauptdiagonalen von $\widetilde{A}(\lambda)$ mit $\widetilde{d}[1], \ldots, \widetilde{d}[n]$ und die Elemente auf der Nebendiagonalen von $\widetilde{A}(\lambda)$ mit $\widetilde{c}[2],\ldots,\widetilde{c}[n]$ bezeichnet, so gelten

$$\begin{aligned} |\widetilde{d}[i]-d[i]| &\le 2.12\cdot 2^{-t}(|d[i]-\lambda|+|c[i+1]|) && \text{für jedes } i\in\{1,\ldots,n\},\\ |\widetilde{c}[i]-c[i]| &\le 1.65\cdot 2^{-t}|c[i]| && \text{für jedes } i\in\{2,\ldots,n\}. \end{aligned}$$

Beweis: Es ist $h[1]=d[1]\ominus\lambda$. Es gibt [vgl. VII(1.6)(2)] eine reelle Zahl ε mit $|\varepsilon|\le 2^{-t}$ so, daß $h[1]=(d[1]-\lambda)(1+\varepsilon)$ ist. Ist $h[1]\ne 0$, so wird $\widetilde{d}[1]:=d[1]+\varepsilon(d[1]-\lambda)$ gesetzt. Es gilt $\widetilde{d}[1]-\lambda=q_1(\lambda)$, und es ist

$$|\widetilde{d}[1]-d[1]|\le 2^{-t}|d[1]-\lambda|\le 2.12\cdot 2^{-t}(|d[1]-\lambda|+|c[2]|).$$

Ist $h[1]=0$, so ist $d[1]=\lambda$. Es wird $\widetilde{d}[1]:=d[1]+|c[2]|2^{-t}$ gesetzt. Es ist $\widetilde{d}[1]-\lambda=|c[2]|2^{-t}=q_1(\lambda)$. Es gilt $|\widetilde{d}[1]-d[1]|\le 2.12\cdot 2^{-t}(|d[1]-\lambda|+|c[2]|)$. Es sei $i\in\{2,\ldots,n\}$, und es seien die Elemente $\widetilde{d}[1],\ldots,\widetilde{d}[i-1],\widetilde{c}[2],\ldots,\widetilde{c}[i-1]$ konstruiert. Es gibt reelle Zahlen $\varepsilon_1',\ldots,\varepsilon_4'$ mit $1-2^{-t}\le 1+\varepsilon_k'\le 1+2^{-t}$ für $k=1,\ldots,4$ so, daß [vgl. VII(1.6)(2)]

$$h[i]=((d[i]-\lambda)(1+\varepsilon_1')-(c[i]^2/q_{i-1}(\lambda))(1+\varepsilon_2')(1+\varepsilon_3'))(1+\varepsilon_4')$$

gilt. Es gibt daher reelle Zahlen ε_1, ε_2 mit

$$(1-2^{-t})^2\le 1+\varepsilon_1\le(1+2^{-t})^2,\quad (1-2^{-t})^3\le 1+\varepsilon_2\le(1+2^{-t})^3$$

so, daß $h[i]=(d[i]-\lambda)(1+\varepsilon_1)-(c[i]^2/q_{i-1}(\lambda))(1+\varepsilon_2)$ gilt. Es wird $\varepsilon_3:=\sqrt{1+\varepsilon_2}-1$ gesetzt; es gilt $(1-2^{-t})^{3/2}\le(1+\varepsilon_3)\le(1+2^{-t})^{3/2}$. Nach VII(1.8) gelten $|\varepsilon_1|\le 2.12\cdot 2^{-t}$, $|\varepsilon_3|\le 1.65\cdot 2^{-t}$. Es wird $\widetilde{c}[i]:=c[i](1+\varepsilon_3)$ gesetzt. Es gilt $|\widetilde{c}[i]-c[i]|\le 1.65\cdot 2^{-t}|c[i]|$.
(a) Ist $h[i]\ne 0$, so wird $\widetilde{d}[i]:=d[i]+\varepsilon_1(d[i]-\lambda)$ gesetzt. Es ist dann $q_i(\lambda)=\widetilde{d}[i]-\lambda-\widetilde{c}[i]^2/q_{i-1}(\lambda)$, und es gilt

$$|\widetilde{d}[i]-d[i]|\le 2.12\cdot 2^{-t}|d[i]-\lambda|\le 2.12\cdot 2^{-t}(|d[i]-\lambda|+|c[i+1]|).$$

(b) Ist $h[i]=0$, so wird $\widetilde{d}[i]:=d[i]+\varepsilon_1(d[i]-\lambda)+|c[i+1]|2^{-t}$ gesetzt. Es ist $\widetilde{d}[i]-\lambda-\widetilde{c}[i]^2/q_{i-1}(\lambda)=|c[i+1]|2^{-t}=q_i(\lambda)$, und es gilt

$$|\widetilde{d}[i]-d[i]|\le|\varepsilon_1||d[i]-\lambda|+|c[i+1]|2^{-t}\le 2.12\cdot 2^{-t}(|d[i]-\lambda|+|c[i+1]|).$$

(3) Für jedes $\lambda\in[xmin,xmax]$ gilt $|d[i]-\lambda|+|c[i+1]|\le 2\max(\{|xmin|,|xmax|\})$ für jedes $i\in\{1,\ldots,n\}$ [vgl. (5.9)(5)(*)].
(4) Es sei

$$\theta:=(2\cdot 2.12+2\cdot 1.65)2^{-t}\max(\{|xmin|,|xmax|\})=7.54\cdot 2^{-t}\max(\{|xmin|,|xmax|\}).$$

Es sei $\lambda\in\mathcal{M}\cup\{0\}$, und es sei $\lambda\in[xmin,xmax]$. Nach (2), (3) und (4.16) sind die Eigenwerte der hermiteschen Tridiagonalmatrix $\widetilde{A}(\lambda)-A$ in dem abgeschlossenen

Intervall $[-\theta, \theta]$ enthalten. Es seien $r_1(\lambda) < \cdots < r_n(\lambda)$ die Eigenwerte der Matrix $\widetilde{A}(\lambda)$. Nach (4.9) gilt $r_k(\lambda) \in [r_k - \theta, r_k + \theta]$ für jedes $k \in \{1, \ldots, n\}$.

Nach (5.9)(4) und (5.9)(5) gilt: Ist $k \in \{1, \ldots, n\}$, und ist die Anzahl $w(\lambda)$ der negativen Zahlen in der Zeile $(q_1(\lambda), \ldots, q_n(\lambda))$ höchstens $k-1$, so ist $r_k(\lambda) \geq \lambda$.

(5) Es sei $k \in \{1, \ldots, n\}$; es ist der k-te Eigenwert r_k von A näherungsweise zu berechnen. Dies geschieht durch das in Zeile 37 bis Zeile 47 des Algorithmus in (5.10) beschriebene Bisektionsverfahren. Es sei $z \in \mathbb{N}$, und es sei $[a_z, b_z]$ das im z-ten Schritt berechnete Intervall [mit $a_0 := x\text{min}$, $b_0 := x\,\text{max}$]. Es gilt $a_0 \leq r_k \leq b_0$ [vgl. (5.9)(5)]. Es wird folgende Sprechweise eingeführt: Der Algorithmus liefert beim z-ten Schritt die richtige Antwort, wenn für $\lambda := (a_z + b_z)/2$ gilt: Ist $w(\lambda) \leq k-1$, gilt also $\lambda \leq r_k(\lambda)$ für den k-ten Eigenwert $r_k(\lambda)$ der Matrix $\widetilde{A}(\lambda)$ und $a_{z+1} := \lambda$, $b_{z+1} := b_z$, so ist $a_{z+1} \leq r_k$, ist $w(\lambda) > k$, gilt also $\lambda > r_k(\lambda)$ für den k-ten Eigenwert $r_k(\lambda)$ der Matrix $\widetilde{A}(\lambda)$ und $a_{z+1} := a_z$, $b_{z+1} := \lambda$, so ist $r_k \leq b_{z+1}$.

(a) Liefert der Algorithmus stets die richtige Antwort, so gilt $a_z \leq r_k \leq b_z$ für jedes $z \in \mathbb{N}_0$.

(b) Es sei $z \in \mathbb{N}_0$, und für $\lambda := (b_z + a_z)/2$ gelte: $\lambda \notin [r_k - \theta, r_k + \theta]$. Dann liefert der Algorithmus die richtige Antwort, und λ ist ein Endpunkt des Intervalls $[a_{z+1}, b_{z+1}]$.

Beweis: Es gelte $\lambda < r_k - \theta$. Dann gilt $\lambda < r_k - \theta \leq r_k(\lambda)$, also gilt $w(\lambda) \leq k-1$ und $a_{z+1} := \lambda < r_k - \theta < r_k$. Es gelte $\lambda > r_k + \theta$. Dann gilt $r_k(\lambda) \leq r_k + \theta < \lambda$, also gilt $w(\lambda) \geq k$ und $b_{z+1} := \lambda > r_k$.

(c) Es sei $z \in \mathbb{N}_0$, und beim z-ten Schritt werde zum ersten Mal keine richtige Antwort gegeben. Dann hat für jedes $z' \in \mathbb{N}$ mit $z' > z$ das Intervall $[a_{z'}, b_{z'}]$ mindestens einen Endpunkt im Intervall $[r_k - \theta, r_k + \theta]$.

Beweis: Es sei $\lambda := (b_z + a_z)/2$. Es gilt $a_z \leq r_k \leq b_z$, und nach (b) ist λ in dem Intervall $[r_k - \theta, r_k + \theta]$ enthalten. Das Intervall $[a_{z+1}, b_{z+1}]$ hat einen Endpunkt im Intervall $[r_k - \theta, r_k + \theta]$. Liegen beide Endpunkte in diesem Intervall, so gilt $[a_{z'}, b_{z'}] \subset [r_k - \theta, r_k + \theta]$ für jedes $z' \in \mathbb{N}$ mit $z' > z$. Es gelte $a_{z+1} \notin [r_k - \theta, r_k + \theta]$, $b_{z+1} \in [r_k - \theta, r_k + \theta]$. Dann ist $b_{z+1} = \lambda$, und daher gilt $b_{z+1} < r_k$. Es sei $\mu := (b_{z+1} + a_{z+1})/2$. Ist $\mu \in [r_k - \theta, r_k + \theta]$, so liegt der Endpunkt μ des Intervalls $[a_{z+2}, b_{z+2}]$ in $[r_k - \theta, r_k + \theta]$. Ist $\mu \notin [r_k - \theta, r_k + \theta]$, so ist $a_{z+2} = \mu$, $b_{z+2} = b_{z+1}$ nach (b), weil $\mu < b_{z+1} \leq r_k + \theta$, also $\mu < r_k - \theta$ gilt [und es gilt $a_{z+2} < r_k$]. Entsprechend schließt man, wenn $a_{z+1} \in [r_k - \theta, r_k + \theta]$, $b_{z+1} \notin [r_k - \theta, r_k + \theta]$ gilt.

(6) Aus (5) folgt: Nach z Schritten gilt für den Mittelpunkt $\lambda = (b_z + a_z)/2$ des Intervalls $[a_z, b_z]$

$$|r_k - \lambda| = |r_k - r_k(\lambda) + r_k(\lambda) - \lambda| \leq (7.54 \cdot 2^{-t} + 2^{-z}) \max(\{|x\text{min}|, |x\text{max}|\}),$$

denn es ist $|r_k(\lambda) - \lambda| \leq (x\,\text{max} - x\,\text{min}) 2^{-z-1}$ [vgl. V(4.11)(8)].

(7) Die Näherungen für die Eigenwerte werden in der Reihenfolge $x[m2], \ldots, x[m1]$ bestimmt. Es werden zwei arrays $wu[m1..m2]$, $x[m1..m2]$ eingeführt, um die im Laufe der Rechnungen gewonnenen Informationen zu speichern. Zu Beginn gilt $xu = wu[i] = x\text{min}$, $xo = x[i] = x\text{max}$ für jedes $i \in \{m1, \ldots, m2\}$. Es ist

nicht notwendig, nach jedem Schritt die beiden arrays wu und x neu zu berechnen. Es genügt, jeweils folgende Information zu speichern. Es sei $k \in \{m1, \ldots, m2\}$, und es ist r_k zu berechnen. Ist $w \geq k$, so ist die einzige nützliche Information $xo := x1$ [da die Näherungen für die Eigenwerte $r_{k+1}, \ldots, r_{m2}$ bereits berechnet wurden]. Ist hingegen $w < k$, so gilt $r_i < x1$ für $i = m1, \ldots, w$ und $r_i \geq x1$ für $i = w+1, \ldots, m2$. Es ist $xu := x1$. Ist $w < m1$, so ist $wu[m1] := x1$, ist $w \geq m1$, so ist $wu[w+1] := x1$ und $x[w] := x1$, falls dies eine bessere obere Schranke ist.

Um die Anfangswerte xu und xo für die Berechnung von r_k zu finden, wird

$$xu := \max(\{x\min, wu[m1], \ldots, wu[k]\}), \quad xo := \min(\{xo, x[k]\})$$

gewählt. Die Anzahl der Schritte, die zur Erzielung einer gewünschten Genauigkeit benötigt werden, ist besonders klein, wenn die Eigenwerte "nahe zusammen" liegen.
(7) Für die Wahl des Abbruchkriteriums und numerische Beispiele vgl. man die Arbeit von Barth, Martin und Wilkinson in [84], insbesondere S. 253–255. Wegen der Abschätzung in (5) sind Fehler von der Größenordnung $2^{-t} \max(\{|x\min|, |x\max|\})$ unvermeidbar.

Kapitel IX

Funktionen mehrerer Veränderlicher

§1 Folgen von Matrizen

(1.0) BEMERKUNG: (1) In diesem Paragraphen seien m, n und r stets natürliche Zahlen.
(2) In III, §1 wurden Folgen $(a_p)_{p\geq 0}$ mit $a_p \in \mathbb{R}$ für jedes $p \in \mathbb{N}_0$, also Folgen in $\mathbb{R}$, oder mit $a_p \in \mathbb{C}$ für jedes $p \in \mathbb{N}_0$, also Folgen in $\mathbb{C}$, betrachtet, und es wurden die Begriffe "Konvergenz" und "Grenzwert" von Folgen behandelt. Grundlegend war dabei der Begriff des Betrags $|a|$ einer reellen oder komplexen Zahl a. In diesem Paragraphen werden Konvergenz und Grenzwert von Folgen $\left(A^{(p)}\right)_{p\geq 0}$ definiert, wobei $A^{(p)}$ für jedes $p \in \mathbb{N}_0$ eine Matrix in $M(m,n;\mathbb{R})$ oder in $M(m,n;\mathbb{C})$ ist. An die Stelle des Betrags von Zahlen tritt dabei eine Norm für Matrizen [vgl. (1.6)(2)].

Formuliert man Konvergenz von Folgen von Matrizen wie in (1.6)(2), so erhält man für jede der bisher eingeführten Normen $\|\ \|$, $\|\ \|_1$ und $\|\ \|_\infty$ die gleiche Klasse von konvergenten Folgen [vgl. (1.7)]; das gilt auch für die in (1.1) einzuführenden Normen $\|\ \|_{\mathrm{F}}$ und $\|\ \|_{\mathrm{G}}$.

(1.1) DEFINITION: Es sei $A = (\alpha_{ij}) \in M(m,n;\mathbb{C})$. Es wird

$$\|A\|_{\mathrm{F}} := \left(\sum_{i=1}^{m}\sum_{j=1}^{n}|\alpha_{ij}|^2\right)^{1/2}, \quad \|A\|_{\mathrm{G}} := \sqrt{mn}\cdot\max(\{|\alpha_{ij}| \mid 1\leq i\leq m; 1\leq j\leq n\})$$

gesetzt; es heißt $\|A\|_{\mathrm{F}}$ die Frobenius-Norm der Matrix A [nach G. Frobenius, 1849–1917] oder auch die Schur-Norm der Matrix A [nach I. Schur, 1875–1941], und es heißt $\|A\|_{\mathrm{G}}$ die Gesamtnorm der Matrix A.

(1.2) Satz: *Die Frobenius-Norm und die Schur-Norm sind submultiplikative Normen.*
Beweis: Es sind die in VII(2.3) genannten Eigenschaften nachzuweisen.
(1) VII(2.3)(1)(a) und VII(2.3)(1)(c) für beide Normen und VII(2.3)(1)(b) für die Gesamtnorm sind klar. VII(2.3)(1)(b) für die Frobenius-Norm folgt aus der Dreiecksungleichung [vgl. II(6.17)(4) und VII(2.1)(2)].
(2) Es sei $A = (\alpha_{ij})_{1\leq i\leq m, 1\leq j\leq n}$, $B = (\beta_{ij})_{1\leq i\leq n, 1\leq j\leq r}$. Es wird zunächst die Submultiplikativität für die Frobenius-Norm bewiesen. Nach der Cauchy-Schwarzschen Ungleichung [vgl. II(6.15)] gilt

$$\begin{aligned}\|AB\|_{\mathrm{F}}^2 &= \sum_{i=1}^{m}\sum_{j=1}^{r}\left|\sum_{k=1}^{n}\alpha_{ik}\beta_{kj}\right|^2 \leq \sum_{i=1}^{m}\sum_{j=1}^{r}\left(\sum_{k=1}^{n}|\alpha_{ik}|^2\right)\left(\sum_{k=1}^{n}|\beta_{kj}|^2\right)\\ &= \left[\sum_{i=1}^{m}\left(\sum_{k=1}^{n}|\alpha_{ik}|^2\right)\right]\left[\sum_{j=1}^{r}\left(\sum_{k=1}^{n}|\beta_{kj}|^2\right)\right] = \|A\|_{\mathrm{F}}^2\cdot\|B\|_{\mathrm{F}}^2.\end{aligned}$$

Nun wird die Submultiplikativität für die Gesamtnorm bewiesen. Es ist

$$\|AB\|_G = \sqrt{mr}\cdot\max\left(\left\{\left|\sum_{k=1}^n \alpha_{ik}\beta_{kj}\right| \mid 1\le i\le m; 1\le j\le r\right\}\right);$$

für jedes $i \in \{1,\dots,m\}$ und jedes $j\in\{1,\dots,r\}$ gilt

$$\begin{aligned}\left|\sum_{k=1}^n \alpha_{ik}\beta_{kj}\right| &\le \sum_{k=1}^n |\alpha_{ik}|\cdot|\beta_{kj}|\\ &\le \sum_{k=1}^n \max(\{|\alpha_{il}| \mid 1\le l\le n\})\cdot\max(\{|\beta_{lj}| \mid 1\le l\le n\})\\ &= n\cdot\max(\{|\alpha_{il}| \mid 1\le l\le n\})\cdot\max(\{|\beta_{lj}| \mid 1\le l\le n\}),\end{aligned}$$

und daher ist

$$\|AB\|_G \le \|A\|_G\cdot\|B\|_G.$$

(1.3) BEMERKUNG: (1) Ist $x\in M(n,1;\mathbb{C})$, so ist $\|x\|_F = \|x\|$ die in II(6.16) definierte Norm der Spalte x. Ist $x\in M(1,n;\mathbb{C})$, so gilt ebenfalls $\|x\|_F=\|x\|$ [vgl. VII(2.6)(2)].

(2) Es sei $A\in M(m,n;\mathbb{C})$. Es gilt

$$\frac{1}{\sqrt{mn}}\cdot\|A\|_G \le \|A\|_F \le \|A\|_G.$$

Beweis: Es sei $A =: (\alpha_{ij})$, und es sei $\alpha := \max(\{|\alpha_{ij}| \mid 1\le i\le m; 1\le j\le n\})$. Es ist

$$\frac{1}{mn}\|A\|_G^2 = \alpha^2 \le \sum_{i=1}^m\sum_{j=1}^n |\alpha_{ij}|^2 = \|A\|_F^2 \le mn\cdot\alpha^2 = \|A\|_G^2.$$

(3) Es sei $A\in M(m,n;\mathbb{C})$. Zwischen den in VII(2.5) definierten Normen $\|A\|_1$, $\|A\|_\infty$ und der hier definierten Norm $\|A\|_F$ bestehen diese Ungleichungen:

$$\|A\|_F \le \sqrt{mn}\cdot\min(\{\|A\|_1,\|A\|_\infty\}),\quad \|A\|_1\le\sqrt{m}\cdot\|A\|_F,\quad \|A\|_\infty\le\sqrt{n}\cdot\|A\|_F.$$

Beweis: Es sei $A =: (\alpha_{ij})$; es gilt nach (2) und VII(2.9)

$$\|A\|_F \le \|A\|_G \le \sqrt{mn}\cdot\max\left(\left\{\sum_{i=1}^m |\alpha_{ij}| \mid j\in\{1,\dots,n\}\right\}\right) = \sqrt{mn}\cdot\|A\|_1;$$

entsprechend zeigt man $\|A\|_F\le\sqrt{mn}\cdot\|A\|_\infty$. Für jedes $j\in\{1,\dots,n\}$ gilt nach der Cauchy-Schwarzschen Ungleichung

$$\left(\sum_{i=1}^m |\alpha_{ij}|\right)^2 = \left(\sum_{i=1}^m |1\cdot\alpha_{ij}|\right)^2 \le m\cdot\sum_{i=1}^m|\alpha_{ij}|^2 \le m\cdot\sum_{k=1}^n\sum_{i=1}^m |\alpha_{ik}|^2 = m\cdot\|A\|_F^2,$$

und daraus folgt die zweite Ungleichung. Entsprechend beweist man die dritte Ungleichung.
(4) Es sei $A \in M(m,n;\mathbb{C})$. Zwischen der in VII(2.5) definierten Norm $\|A\|$ und der hier definierten Norm $\|A\|_F$ bestehen diese Ungleichungen:

$$\|A\| \leq \|A\|_F \leq \sqrt{n} \cdot \|A\|.$$

Beweis: (a) Für jedes $x \in M(n,1;\mathbb{C})$ gilt nach (1.2)(2) und nach (1)

$$\|Ax\| = \|Ax\|_F \leq \|A\|_F \|x\|_F = \|A\|_F \|x\|;$$

nun folgt die linke Ungleichung aus der Definition von $\| \; \|$ [vgl. VII(2.5)].
(b) Es sei $\{e_1, \ldots, e_n\}$ die Standardbasis von $M(n,1;\mathbb{C})$. Es gilt

$$\|A\|_F^2 = \sum_{j=1}^{n} \|Ae_j\|^2 \leq n\|A\|^2,$$

denn für jedes $j \in \{1,\ldots,n\}$ gilt $\|Ae_j\| \leq \|A\|\,\|e_j\| = \|A\|$ nach VII(2.8).
(5) Aus (2)–(4) folgt: Es seien $|\!|\!| \; |\!|\!|$ und $|\!|\!| \; |\!|\!|'$ je eine der Normen $\| \; \|_F$, $\| \; \|$, $\| \; \|_1$, $\| \; \|_\infty$, $\| \; \|_G$. Dann gibt es dazu positive Zahlen γ, δ mit

$$|\!|\!|A|\!|\!| \leq \gamma \cdot |\!|\!|A|\!|\!|', \quad |\!|\!|A|\!|\!|' \leq \delta \cdot |\!|\!|A|\!|\!| \quad \text{für jedes } A \in M(m,n;\mathbb{C}).$$

(1.4) DEFINITION: (1) Es sei $\left(A^{(p)}\right)_{p\geq 0}$ eine Folge in $M(m,n;\mathbb{C})$; für jedes $p \in \mathbb{N}_0$ sei $A^{(p)} = \left(\alpha_{ij}^{(p)}\right)_{1\leq i\leq m, 1\leq j\leq n}$. Die Folge $\left(A^{(p)}\right)_{p\geq 0}$ heißt konvergent, wenn für jedes $i \in \{1,\ldots,m\}$ und jedes $j \in \{1,\ldots,n\}$ die Folge $\left(\alpha_{ij}^{(p)}\right)_{p\geq 0}$ in $\mathbb{C}$ konvergiert. Ist dies der Fall und wird $\alpha_{ij} := \lim_{p\to\infty}\left(\alpha_{ij}^{(p)}\right)$ für jedes $i \in \{1,\ldots,m\}$ und jedes $j \in \{1,\ldots,n\}$ und $A := \left(\alpha_{ij}\right)_{1\leq i\leq m, 1\leq j\leq n} \in M(m,n;\mathbb{C})$ gesetzt, so heißt A der Grenzwert der Folge $\left(A^{(p)}\right)_{p\geq 0}$, und man schreibt [wie in III(1.5)] $A = \lim_{p\to\infty}\left(A^{(p)}\right)$.
(2) Eine Folge $\left(A^{(p)}\right)_{p\geq 0}$ in $M(m,n;\mathbb{C})$ heißt eine Cauchy-Folge, wenn es zu jedem $\varepsilon > 0$ ein $p(\varepsilon) \in \mathbb{N}_0$ gibt mit

$$\left\|A^{(p)} - A^{(q)}\right\|_F < \varepsilon \quad \text{für alle } p,\, q \in \mathbb{N}_0 \text{ mit } p,\, q > p(\varepsilon). \qquad (*)$$

(1.5) BEMERKUNG: (1) Es sei $\left(A^{(p)}\right)_{p\geq 0}$ eine konvergente Folge in $M(m,n;\mathbb{C})$, und es sei $A := \lim_{p\to\infty}\left(A^{(p)}\right)$. Gilt $A^{(p)} \in M(m,n;\mathbb{R})$ für jedes $p \in \mathbb{N}_0$, so ist auch $A \in M(m,n;\mathbb{R})$.
(2) Es sei $\left(A^{(p)}\right)_{p\geq 0}$ eine Folge in $M(m,n;\mathbb{C})$. Die Bedingung $(*)$ in (1.4)(2) wurde mit der Frobenius-Norm $\| \; \|_F$ formuliert. Diese Bedingung kann natürlich auch für jede der Normen $\| \; \|$, $\| \; \|_1$, $\| \; \|_\infty$ und $\| \; \|_G$ formuliert werden. Aus den Ungleichungen in (1.3)(5) folgt: Ist die Bedingung in (1.4)(2) für eine dieser Normen erfüllt, so ist sie auch für jede andere dieser Normen erfüllt.

(1.6) Satz: *Es sei $\left(A^{(p)}\right)_{p\geq 0}$ eine Folge in $M(m,n;\mathbb{C})$.*
(1) Die Folge $\left(A^{(p)}\right)_{p\geq 0}$ ist genau dann konvergent, wenn sie eine Cauchy-Folge ist.
(2) Die Folge $\left(A^{(p)}\right)_{p\geq 0}$ ist konvergent mit dem Grenzwert $A \in M(m,n;\mathbb{C})$ genau dann, wenn es zu jedem $\varepsilon > 0$ ein $p(\varepsilon) \in \mathbb{N}_0$ gibt mit $\left\|A^{(p)} - A\right\|_{\mathrm{F}} < \varepsilon$ für jedes $p \in \mathbb{N}_0$ mit $p > p(\varepsilon)$.

Beweis: (1) Für jedes $p \in \mathbb{N}_0$ sei $A^{(p)} = \left(\alpha_{ij}^{(p)}\right)_{1\leq i\leq m, 1\leq j\leq n}$.
(a) Es sei $\left(A^{(p)}\right)_{p\geq 0}$ eine Cauchy-Folge; dann ist $\left(\alpha_{ij}^{(p)}\right)_{p\geq 0}$ für jedes $i \in \{1,\ldots,m\}$ und jedes $j \in \{1,\ldots,n\}$ eine Cauchy-Folge [vgl. (1.3)(2)] und daher konvergent [vgl. III(1.28)]; folglich ist $\left(A^{(p)}\right)_{p\geq 0}$ eine konvergente Folge.
(b) Es sei $\left(A^{(p)}\right)_{p\geq 0}$ eine konvergente Folge; für jedes $i \in \{1,\ldots,m\}$ und jedes $j \in \{1,\ldots,n\}$ ist dann die Folge $\left(\alpha_{ij}^{(p)}\right)_{p\geq 0}$ konvergent und daher eine Cauchy-Folge [vgl. III(1.26)]. Das bedeutet: Zu jedem $\varepsilon > 0$ und zu jedem $i \in \{1,\ldots,m\}$ und jedem $j \in \{1,\ldots,n\}$ gibt es ein $p(\varepsilon,i,j) \in \mathbb{N}_0$ mit

$$\left|\alpha_{ij}^{(p)} - \alpha_{ij}^{(q)}\right| < \frac{\varepsilon}{\sqrt{mn}} \qquad \text{für alle } p,\ q \in \mathbb{N}_0 \text{ mit } p,\ q > p(\varepsilon,i,j).$$

Wird $p(\varepsilon) := \max(\{p(\varepsilon,i,j) \mid 1 \leq i \leq m; 1 \leq j \leq n\})$ gesetzt, so ist [nach (1.3)(2)]

$$\left\|A^{(p)} - A^{(q)}\right\|_{\mathrm{F}} < \varepsilon \quad \text{für alle } p,\ q \in \mathbb{N}_0 \text{ mit } p,\ q > p(\varepsilon),$$

und daher ist $\left(A^{(p)}\right)_{p\geq 0}$ eine Cauchy-Folge.
(2) kann entsprechend bewiesen werden.

(1.7) BEMERKUNG: Aus den Ungleichungen in (1.3)(5) folgt: In dem Kriterium in (1.6)(2) kann die Frobenius-Norm $\|\ \|_{\mathrm{F}}$ durch jede der Normen $\|\ \|$, $\|\ \|_1$, $\|\ \|_\infty$ und $\|\ \|_{\mathrm{G}}$ ersetzt werden.

(1.8) BEMERKUNG: Aus der Definition und den Regeln in III(1.11) folgt:
(1) Es seien $\left(A^{(p)}\right)_{p\geq 0}$, $\left(B^{(p)}\right)_{p\geq 0}$ konvergente Folgen in $M(m,n;\mathbb{C})$ mit den Grenzwerten A bzw. B, und es sei $\left(\lambda^{(p)}\right)_{p\geq 0}$ eine konvergente Folge in $\mathbb{C}$ mit dem Grenzwert λ. Dann konvergiert die Folge $\left(A^{(p)} + B^{(p)}\right)_{p\geq 0}$ mit dem Grenzwert $A + B$ und die Folge $\left(\lambda^{(p)}A^{(p)}\right)_{p\geq 0}$ mit dem Grenzwert λA.
(2) Es sei $\left(A^{(p)}\right)_{p\geq 0}$ eine konvergente Folge in $M(m,n;\mathbb{C})$ mit dem Grenzwert A, und es sei $\left(B^{(p)}\right)_{p\geq 0}$ eine konvergente Folge in $M(n,r;\mathbb{C})$ mit dem Grenzwert B. Dann ist die Folge $\left(A^{(p)}B^{(p)}\right)_{p\geq 0}$ konvergent mit dem Grenzwert AB.

(1.9) Satz: *Es sei $\left(A^{(p)}\right)_{p\geq 0}$ eine konvergente Folge in $M(m,n;\mathbb{C})$ mit dem Grenzwert A, und es sei $|||\ |||$ eine der Normen $\|\ \|_{\mathrm{F}}$, $\|\ \|$, $\|\ \|_1$, $\|\ \|_\infty$, $\|\ \|_{\mathrm{G}}$.*
(1) Es gilt $\lim_{p\to\infty}(|||A^{(p)}|||) = |||A|||$.
(2) Es seien β, $\gamma \in \mathbb{R}$. Gibt es ein $p_0 \in \mathbb{N}_0$ mit $\beta \leq |||A^{(p)}||| \leq \gamma$ für jedes $p \in \mathbb{N}_0$ mit $p \geq p_0$, so gilt $\beta \leq |||A||| \leq \gamma$.

Beweis: (1) Es gilt

$$\big| |||A||| - |||A^{(p)}||| \big| \leq |||A - A^{(p)}||| \quad \text{für jedes } p \in \mathbb{N}_0,$$

und daher gilt $\lim_{p\to\infty}(|||A^{(p)}|||) = |||A|||$.
(2) folgt aus (1) [vgl. III(1.14)].

(1.10) BEMERKUNG: (1) Es sei $\left(A^{(p)}\right)_{p\geq 0}$ eine Folge in $M(m,n;\mathbb{C})$. Für jedes $q \in \mathbb{N}_0$ sei $S^{(q)} = \sum_{p=0}^{q} A^{(p)}$. Ist die Folge $\left(S^{(q)}\right)_{q\geq 0}$ konvergent mit dem Grenzwert A, so sagt man: Die Reihe $\sum_{p=0}^{\infty} A^{(p)}$ konvergiert und hat die Summe A; man schreibt dann

$$\sum_{p=0}^{\infty} A^{(p)} = A.$$

(2) Es seien $\left(A^{(p)}\right)_{p\geq 0}$ und $\left(B^{(p)}\right)_{p\geq 0}$ Folgen in $M(m,n;\mathbb{C})$, und es seien die Reihen $\sum_{p=0}^{\infty} A^{(p)}$, $\sum_{p=0}^{\infty} B^{(p)}$ konvergent mit den Summen A bzw. B. Dann ist die Reihe $\sum_{p=0}^{\infty}\left(A^{(p)} + B^{(p)}\right)$ konvergent und hat die Summe $A + B$.

(1.11) BEMERKUNG: (1) Ist $\left(A^{(p)}\right)_{p\geq 0} = \left((\alpha_{ij}^{(p)})\right)_{p\geq 0}$ eine Folge in $M(m,n;\mathbb{C})$ und ist $\sum_{p=0}^{\infty} \|A^{(p)}\|_{\mathrm{F}}$ konvergent, so heißt die Reihe $\sum_{p=0}^{\infty} A^{(p)}$ absolut konvergent. Dies ist genau dann der Fall, wenn für jedes $i \in \{1,\dots,m\}$ und jedes $j \in \{1,\dots,n\}$ die Reihe $\sum_{p=0}^{\infty} \alpha_{ij}^{(p)}$ absolut konvergiert.
Beweis: Ist $\sum_{p=0}^{\infty} A^{(p)}$ absolut konvergent, so hat für jedes $i \in \{1,\dots,m\}$ und jedes $j \in \{1,\dots,n\}$ nach Definition der Frobenius-Norm die Reihe $\sum_{p=0}^{\infty} \alpha_{ij}^{(p)}$ die konvergente Majorante $\sum_{p=0}^{\infty} \|A^{(p)}\|_{\mathrm{F}}$. Es sei umgekehrt für jedes $i \in \{1,\dots,m\}$ und jedes $j \in \{1,\dots,n\}$ die Reihe $\sum_{p=0}^{\infty} \alpha_{ij}^{(p)}$ absolut konvergent. Es sei $\varepsilon > 0$. Dann gibt es zu jedem $i \in \{1,\dots,m\}$ und jedem $j \in \{1,\dots,n\}$ ein $p(\varepsilon,i,j) \in \mathbb{N}_0$ mit

$$|\alpha_{ij}^{(p)}| + \cdots + |\alpha_{ij}^{(q)}| < \frac{\varepsilon}{(mn)^{3/2}} \quad \text{für alle } p,q \in \mathbb{N}_0 \text{ mit } q \geq p \geq p(\varepsilon,i,j).$$

Es sei $p(\varepsilon) := \max(\{p(\varepsilon,i,j) \mid i \in \{1,\dots,m\}; j \in \{1,\dots,n\}\})$. Es gilt nach (1.3)(2)

$$\sum_{k=p}^{q} \|A^{(k)}\|_{\mathrm{F}} \leq \sum_{k=p}^{q} \|A^{(k)}\|_{\mathrm{G}} \leq \sqrt{mn} \sum_{k=p}^{q}\sum_{i=1}^{m}\sum_{j=1}^{n} |\alpha_{ij}^{(k)}| < \sqrt{mn}\cdot(mn)\cdot\frac{\varepsilon}{(mn)^{3/2}} = \varepsilon$$

für alle p, $q \in \mathbb{N}_0$ mit $q \geq p \geq p(\varepsilon)$. Daher ist $\sum_{p=0}^{\infty} A^{(p)}$ absolut konvergent.
(2) Es sei $\left(A^{(p)}\right)_{p\geq 0}$ eine Folge in $M(m,n;\mathbb{C})$. Aus den Ungleichungen in (1.3)(5) ergibt sich sogleich, daß folgende Aussagen äquivalent sind:
(a) Die Reihe $\sum_{p=0}^{\infty} A^{(p)}$ ist absolut konvergent.
(b) Für mindestens eine der Normen $|||\ ||| \in \{\|\ \|_{\mathrm{F}}, \|\ \|, \|\ \|_1, \|\ \|_\infty, \|\ \|_{\mathrm{G}}\}$ ist $\sum_{p=0}^{\infty} |||A^{(p)}|||$ absolut konvergent.

(c) Für jede Norm $\||\ \||\in\{\|\ \|_F,\|\ \|,\|\ \|_1,\|\ \|_\infty,\|\ \|_G\}$ ist $\sum_{p=0}^\infty \||A^{(p)}\||$ absolut konvergent.

Beweis: Das folgt sofort aus den Ungleichungen in (1.3)(5).

(3) Ist $\sum_{p=0}^\infty A^{(p)}$ absolut konvergent, so konvergiert $\sum_{p=0}^\infty A^{(p)}$. Das folgt wegen (1) wie in III(2.8).

(1.12) BEMERKUNG: Wie in III(2.19) zeigt man: Es sei $(A^{(p)})_{p\geq 0}$ eine Folge in $M(m,n;\mathbb{C})$, und es sei $(B^{(p)})_{p\geq 0}$ eine Folge in $M(n,r;\mathbb{C})$. Sind die Reihen $\sum_{p=0}^\infty A^{(p)}$ und $\sum_{p=0}^\infty B^{(p)}$ absolut konvergent, so ist $\sum_{p=0}^\infty(\sum_{q=0}^p A^{(q)}B^{(p-q)})$ absolut konvergent, und es gilt

$$\Big(\sum_{p=0}^{\infty} A^{(p)}\Big)\Big(\sum_{p=0}^{\infty} B^{(p)}\Big)=\sum_{p=0}^{\infty}\Big(\sum_{q=0}^{p} A^{(q)}B^{(p-q)}\Big).$$

(1.13) BEISPIEL: Es sei $A\in M(n;\mathbb{C})$.

(1) Es sei $\gamma:=\|A\|_F$. Für jedes $p\in\mathbb{N}_0$ ist $\|A^p\|_F\leq\|A\|_F^p=\gamma^p$, und daher ist $\sum_{p=0}^\infty A^p/p!$ absolut konvergent, denn $\sum_{p=0}^\infty \|A^p\|_F/p!$ hat die konvergente Majorante $\sum_{p=0}^\infty \gamma^p/p!$.

(2) Es wird

$$\exp(A):=\sum_{p=0}^{\infty}\frac{A^p}{p!}$$

gesetzt.

Ist $n=1$, ist also $A=(\alpha)$ mit $\alpha\in\mathbb{C}$, so stimmt die hier gegebene Definition von $\exp(A)$ mit der in III(2.20) gegebenen Definition von $\exp(\alpha)$ überein.

(3) Es sei $\||\ \||$ eine der Normen $\|\ \|_F$, $\|\ \|$, $\|\ \|_1$, $\|\ \|_\infty$, $\|\ \|_G$. Ist $\||A\||<1$, so ist E_n-A invertierbar, und es gilt

$$(E_n-A)^{-1}=\sum_{p=0}^{\infty}A^p.$$

Beweis: Die absolute Konvergenz der rechts stehenden Reihe folgt aus (1.11)(2), und es gilt [nach (1.8)(2)]

$$(E_n-A)\sum_{p=0}^{\infty}A^p=\sum_{p=0}^{\infty}A^p-\sum_{p=1}^{\infty}A^p=E_n.$$

(4) In VII(2.11) wurde die erste Aussage von (3) für die Normen $\|\ \|$, $\|\ \|_1$ und $\|\ \|_\infty$ gezeigt.

(1.14) Satz: (1) *Es seien A, $B\in M(n;\mathbb{C})$, und es gelte $AB=BA$. Dann ist*

$$\exp(A+B)=\exp(A)\exp(B)=\exp(B)\exp(A).$$

(2) *Es seien* $A \in M(n;\mathbb{C})$, $T \in \mathrm{GL}(n;\mathbb{C})$. *Dann ist*

$$\exp(T^{-1}AT) = T^{-1}\exp(A)T.$$

(3) *Es sei* $A \in M(n;\mathbb{C})$, *und es sei* $\{\lambda_1,\ldots,\lambda_n\}$ *das Spektrum von* A [zur Definition vgl. VIII(4.14)]. *Dann ist* $\{e^{\lambda_1},\ldots,e^{\lambda_n}\}$ *das Spektrum von* $\exp(A)$.
(4) *Es sei* $A \in M(n;\mathbb{C})$. *Dann ist*

$$\det\big(\exp(A)\big) = e^{\mathrm{Sp}(A)};$$

insbesondere ist $\det\big(\exp(A)\big) \neq 0$ [$\mathrm{Sp}(A)$ ist die Spur von A, vgl. VIII(1.4)].
(5) *Es sei*

$$A = \begin{pmatrix} A_1 & & \\ & \ddots & \\ & & A_h \end{pmatrix}$$

mit quadratischen Matrizen $A_1,\ldots,A_h$. *Dann ist*

$$\exp(A) = \begin{pmatrix} \exp(A_1) & & \\ & \ddots & \\ & & \exp(A_h) \end{pmatrix}.$$

Beweis: (1) Wegen $AB = BA$ ist nach der binomischen Formel [vgl. I(4.26)]

$$(A+B)^p = \sum_{q=0}^{p} \binom{p}{q} A^q B^{p-q};$$

nun kann der Beweis wie in III(2.20) zu Ende geführt werden und ergibt

$$\exp(A+B) = \exp(A)\exp(B);$$

durch Vertauschen von A und B erhält man $\exp(B+A) = \exp(B)\exp(A)$.
(2) Es ist $T^{-1}A^pT = (T^{-1}AT)^p$ für jedes $p \in \mathbb{N}_0$, und daher gilt

$$\exp(T^{-1}AT) = \sum_{p=0}^{\infty} \frac{1}{p!} T^{-1}A^pT = T^{-1}\left(\sum_{p=0}^{\infty} \frac{A^p}{p!}\right)T = T^{-1}\exp(A)T.$$

(3) Nach VIII(4.2) gibt es ein $U \in U(n)$ so, daß $U^{-1}AU =: R = (\rho_{ij})$ eine rechte Dreiecksmatrix ist. Es ist

$$R^p = \begin{pmatrix} \rho_{11}^p & & & \\ & \ddots & * & \\ 0 & & \ddots & \\ & & & \rho_{nn}^p \end{pmatrix} \quad \text{für jedes } p \in \mathbb{N}_0,$$

und wegen $R^p = (U^{-1}AU)^p = U^{-1}A^pU$ für jedes $p \in \mathbb{N}_0$ gilt

$$U^{-1}\exp(A)\,U = \begin{pmatrix} e^{\rho_{11}} & & & \\ & \ddots & * & \\ 0 & & \ddots & \\ & & & e^{\rho_{nn}} \end{pmatrix}.$$

Nach VIII(1.6) und VIII(1.10) haben $\exp(A)$ und $U^{-1}\exp(A)U$ das gleiche Spektrum; die Eigenwerte einer rechten Dreiecksmatrix sind die Elemente auf der Hauptdiagonalen [vgl. VIII(1.7)].

(4) Es wird U wie im Beweis von (3) gewählt; nach dem Beweis von (3) gilt dann

$$\det\bigl(\exp(A)\bigr) = \det\bigl(U^{-1}\exp(A)U\bigr) = \prod_{i=1}^{n} e^{\rho_{ii}} = e^{\mathrm{Sp}(R)} = e^{\mathrm{Sp}(A)},$$

denn nach VIII(1.4) und VIII(1.10) haben die ähnlichen Matrizen R und A die gleiche Spur.

(5) Es gilt [vgl. II(1.19)]

$$A^p = \begin{pmatrix} A_1^p & & \\ & \ddots & \\ & & A_h^p \end{pmatrix} \quad \text{für jedes } p \in \mathbb{N}_0;$$

hieraus folgt die Behauptung.

(1.15) Satz: *Es sei $\lambda \in \mathbb{C}$, und es sei $A := J(\lambda, n)$ das zu λ gehörige Jordan-Kästchen der Zeilenzahl n. Dann ist für jedes $t \in \mathbb{C}$*

$$\exp(tA) = e^{\lambda t}\begin{pmatrix} 1 & \frac{t}{1!} & \cdots & \frac{t^{n-1}}{(n-1)!} \\ 0 & 1 & \cdots & \frac{t^{n-2}}{(n-2)!} \\ \vdots & & \ddots & \vdots \\ 0 & & & 1 \end{pmatrix}.$$

Beweis: Für jedes $p \in \mathbb{N}_0$ gilt

$$(tA)^p = t^p(\lambda E_n + J(0,n))^p = t^p \sum_{\nu=0}^{p} \binom{p}{\nu} \lambda^{p-\nu} J(0,n)^\nu,$$

und daher ist

$$\exp(tA) = \sum_{p=0}^{\infty} \frac{t^p}{p!} \sum_{\nu=0}^{p} \binom{p}{\nu} \lambda^{p-\nu} J(0,n)^\nu .$$

Aus VIII(3.3)(2) folgt: Falls $i > j$ ist, gilt $\exp(tA)[i,j] = 0$, und falls $i \leq j$ ist, gilt [vgl. I(4.20)]

$$\begin{aligned}\exp(tA)[i,j] &= \sum_{p=j-i}^{\infty} \frac{t^p}{p!}\binom{p}{j-i}\lambda^{p-j+i} \\ &= \frac{t^{j-i}}{(j-i)!}\sum_{p=j-i}^{\infty}\frac{(\lambda t)^{p-j+i}}{(p-j+i)!} = \frac{t^{j-i}}{(j-i)!}e^{\lambda t}.\end{aligned}$$

§2 Stetige Abbildungen

(2.0) (1) In diesem Paragraphen sind m, n, p, q, r und s stets natürliche Zahlen. Im folgenden sei $\mathbb{K} \in \{\mathbb{R}, \mathbb{C}\}$, und es sei $\mathbb{K}' \in \{\mathbb{R}, \mathbb{C}\}$. Es wird $\mathcal{X} := M(m,n;\mathbb{K})$ und $\mathcal{Y} := M(r,s;\mathbb{K}')$ gesetzt.
(2) Es sei $I \subset \mathbb{R}$ ein Intervall. In den Kapiteln IV und V wurden Funktionen "einer Veränderlichen" $f: I \to \mathbb{R}$ untersucht; insbesondere wurden die Begriffe Stetigkeit und Differenzierbarkeit studiert.

Es sei $Z \subset \mathcal{X}$. In diesem Paragraphen werden Abbildungen $F: Z \to \mathcal{Y}$ untersucht, und es werden für solche Abbildungen die Begriffe Stetigkeit und Grenzwert eingeführt; sodann werden die wichtigsten Eigenschaften stetiger Abbildungen zusammengestellt. Dem Leser sei empfohlen, bei der Lektüre dieses Paragraphen sich stets die Definitionen und Resultate in Kapitel IV, §1 und §2 zu vergegenwärtigen.

Am Ende dieses Paragraphen wird der Begriff der gleichmäßigen Konvergenz von Funktionenfolgen studiert; Anwendungen dieses Begriffs finden sich in §6, in dem Differentialgleichungen behandelt werden.

(2.1) BEZEICHNUNG: (1) Es sei $A \in \mathcal{X}$, und es sei $\rho \in \mathbb{R}$ eine positive Zahl. Es heißt $K_\rho(A) := \{X \in \mathcal{X} \mid \|X - A\|_F < \rho\}$ die Kugel um A vom Radius ρ [vgl. die entsprechende Definition in III(3.15), wo eine Kugel in $\mathbb{C}$ eine offene Kreisscheibe genannt wurde].
(2) Es sei $A = (\alpha_{ij}) \in \mathcal{X}$, und es sei ρ eine positive Zahl. Es gibt ein $B \in K_\rho(A)$ mit $B \neq A$, z.B. $B := (\beta_{ij})$ mit $\beta_{11} = \alpha_{11} + \rho/2$ und $\beta_{ij} = \alpha_{ij}$ für jedes $i \in \{1,\ldots,m\}$ und jedes $j \in \{1,\ldots,n\}$ mit $(i,j) \neq (1,1)$. Es gilt also $K_\rho(A) \setminus \{A\} \neq \emptyset$.

(2.2) DEFINITION: Eine Menge $U \subset \mathcal{X}$ heißt offen, wenn es zu jedem $A \in U$ eine positive Zahl ρ gibt mit $K_\rho(A) \subset U$.

(2.3) BEMERKUNG: In (2.2) werden offene Mengen durch Verwenden der Norm $\| \; \|_F$ definiert. Man erhält die gleichen offenen Mengen, wenn man eine der Normen $\| \; \|$, $\| \; \|_1$, $\| \; \|_\infty$, oder $\| \; \|_G$ zur Definition einer Kugel benutzt [vgl. die Ungleichungen in (1.3)(5)].

(2.4) BEMERKUNG: (1) Die leere Menge und $\mathcal{X}$ sind offene Teilmengen von $\mathcal{X}$.
(2) Es sei $B \in \mathcal{X}$, und es sei $\rho \in \mathbb{R}$ eine positive Zahl. Es sind $K_\rho(B)$ [deshalb

die Bezeichnung "offene" Kreisscheibe in III(3.15)] und $\{X \in \mathcal{X} \mid \|X - B\|_F > \rho\}$ offen.
Beweis: Es sei $A \in K_\rho(B)$, und es sei $\sigma := \|A - B\|_F$. Es ist $\rho' := \rho - \sigma > 0$, und es gilt $K_{\rho'}(A) \subset K_\rho(B)$, denn für jedes $C \in K_{\rho'}(A)$ gilt

$$\|B - C\|_F = \|(B - A) + (A - C)\|_F \leq \|B - A\|_F + \|A - C\|_F < \sigma + \rho' = \rho.$$

Ähnlich beweist man, daß auch $\{X \in \mathcal{X} \mid \|X - B\|_F > \rho\}$ offen ist.
(3) Der Durchschnitt von endlich vielen offenen Mengen in $\mathcal{X}$ ist offen.
Beweis: Es sei $p \in \mathbb{N}$, und es seien $U_1, \ldots, U_p$ offene Mengen in $\mathcal{X}$; es sei $U := \bigcap_{i=1}^p U_i$. Es sei $A \in U$. Zu jedem $i \in \{1, \ldots, p\}$ gibt es eine positive reelle Zahl ρ_i mit $K_{\rho_i}(A) \subset U_i$. Es sei ρ das Minimum der Zahlen $\rho_1, \ldots, \rho_p$. Dann ist $\rho > 0$, und es gilt $K_\rho(A) \subset U$.
(4) Die Vereinigung von offenen Mengen ist offen.
Beweis: Es sei J eine nichtleere Indexmenge, und für jedes $\iota \in J$ sei $U_\iota \subset \mathcal{X}$ eine offene Menge; es sei $U := \bigcup_{\iota \in J} U_\iota$. Es ist zu zeigen, daß U offen ist. Es sei $X \in U$; dann gibt es dazu ein $\iota \in J$ mit $X \in U_\iota$, und deshalb existiert ein $\rho > 0$ mit $K_\rho(X) \subset U_\iota \subset U$.
(5) Es sei $U \subset \mathcal{X}$. Es ist U genau dann offen, wenn es zu jedem $X \in U$ eine offene Menge V gibt mit $X \in V \subset U$.
Beweis: Es sei U offen. Für jedes $X \in U$ ist $V := U$ eine offene Menge mit $X \in V \subset U$. Es gelte umgekehrt: Zu jedem $X \in U$ gibt es eine offene Menge V mit $X \in V \subset U$. Es sei $X \in U$; es gibt dann eine offene Menge V mit $X \in V \subset U$. Weil V offen ist, gibt es ein $\rho > 0$ mit $K_\rho(X) \subset V$, also mit $K_\rho(X) \subset U$.

(2.5) DEFINITION: Eine Menge $Z \subset \mathcal{X}$ heißt abgeschlossen, wenn das Komplement $\mathcal{X} \setminus Z$ von Z in $\mathcal{X}$ eine offene Menge ist.

(2.6) BEMERKUNG: In (2.5) werden abgeschlossene Mengen durch Verwenden der Norm $\| \|_F$ definiert. Man erhält die gleichen abgeschlossenen Mengen, wenn man eine der Normen $\| \|$, $\| \|_1$, $\| \|_\infty$, oder $\| \|_G$ benutzt [vgl. (2.3)].

(2.7) BEMERKUNG: Aus (2.4)(1) und (2.4)(3) und (2.4)(4) folgt leicht: $\emptyset$ und $\mathcal{X}$ sind abgeschlossene Mengen, die Vereinigung von endlich vielen abgeschlossenen Mengen ist abgeschlossen und der Durchschnitt von abgeschlossenen Mengen ist abgeschlossen. Diese Resultate werden im folgenden nicht benötigt.

(2.8) BEMERKUNG: (1) Es ist $M(1,1;\mathbb{R}) = \mathbb{R}$. Es seien $a, b \in \mathbb{R}$ mit $a < b$. Die Intervalle $(-\infty, a)$, (a, b), (b, ∞) sind offen. Das Intervall $[a, b]$ ist abgeschlossen, da $\mathbb{R} \setminus [a, b] = (-\infty, a) \cup (b, \infty)$ nach (2.4)(4) offen ist. Die Intervalle $[a, b)$ und $(a, b]$ sind weder offen noch abgeschlossen.
(2) Endliche Mengen in $\mathcal{X}$ sind abgeschlossen.
Beweis: Es sei $S = \{A_1, \ldots, A_p\} \subset \mathcal{X}$ eine endliche Menge. Es sei $A \in \mathcal{X} \setminus S$, und es sei ρ das Minimum der Zahlen $\|A - A_1\|_F, \ldots, \|A - A_p\|_F$. Es gilt $K_\rho(A) \cap S = \emptyset$.
(3) Es sei $A \in \mathcal{X}$, und es sei $\rho > 0$. Die Menge $Z := \{X \in \mathcal{X} \mid \|A - X\|_F \leq \rho\}$ ist abgeschlossen, wie aus (2.4)(2) folgt.

(4) Es sei $A \in \mathcal{X}$, und es sei $\rho > 0$; die Menge $\{X \in \mathcal{X} \mid \|A - X\|_F = \rho\}$ ist abgeschlossen, denn das Komplement dieser Menge ist die nach (2.4)(2) und (2.4)(4) offene Menge $K_\rho(A) \cup \{X \in \mathcal{X} \mid \|X - A\|_F > \rho\}$.

(2.9) DEFINITION: Es sei $Z \subset \mathcal{X}$. Ein $A \in \mathcal{X}$ heißt ein Häufungspunkt von Z, wenn es zu jedem $\varepsilon > 0$ ein $B \in Z$ mit $0 < \|B - A\|_F < \varepsilon$ gibt.

(2.10) BEMERKUNG: (1) Im Falle $m = n = 1$, also $\mathcal{X} = \mathbb{K}$, stimmt die Definition eines Häufungspunktes mit der in IV(1.2) gegebenen Definition überein.
(2) Aus den Ungleichungen in (1.3)(5) folgt, daß die Definition eines Häufungspunktes unabhängig von der Auswahl der verwendeten Norm ist.
(3) Es sei $U \subset \mathcal{X}$ eine offene Menge, und es sei $X_0 \in U$. Es ist X_0 ein Häufungspunkt von U und von $U \setminus \{X_0\}$.
Beweis: Es sei $\varepsilon > 0$. Es gibt ein $\rho > 0$ mit $\rho < \varepsilon$ und mit $K_\rho(X_0) \subset U$; es gibt ein $X \in K_\rho(X_0)$ mit $X \neq X_0$ [vgl. (2.1)(2)], und hierfür gilt $X \in U \setminus \{X_0\}$ und $0 < \|X - X_0\|_F < \varepsilon$.
(4) Es sei $Z \subset \mathcal{X}$, und es sei $A \in \mathcal{X}$ ein Häufungspunkt von Z mit $A \in Z$; dann ist A auch ein Häufungspunkt von $Z \setminus \{A\}$.
Beweis: Weil A ein Häufungspunkt von Z ist, gibt es zu jedem $\varepsilon > 0$ ein $X \in Z$ mit $0 < \|X - A\|_F < \varepsilon$, und hierfür gilt $X \in Z \setminus \{A\}$.

(2.11) BEMERKUNG: Es sei $Z \subset \mathcal{X}$, und es sei $A \in \mathcal{X}$ ein Häufungspunkt von Z. Dann gibt es eine konvergente Folge $(A^{(p)})_{p\geq 1}$ in $Z \setminus \{A\}$ mit $\lim_{p\to\infty}(A^{(p)}) = A$.
Beweis: Zu jedem $p \in \mathbb{N}$ gibt es ein $A^{(p)} \in Z$ mit $0 < \|A^{(p)} - A\|_F < 1/p$. Die Folge $(A^{(p)})_{p\geq 1}$ konvergiert gegen A.

(2.12) Satz: *Es sei $Z \subset \mathcal{X}$. Folgende Aussagen sind äquivalent:*
(1) *Z ist abgeschlossen.*
(2) *Jede Cauchyfolge in Z hat ihren Grenzwert in Z.*
(3) *Jeder Häufungspunkt von Z liegt in Z.*
Beweis (1) $\Rightarrow$ (2): Es sei $(A^{(p)})_{p\geq 0}$ eine Cauchyfolge in Z, und es sei $A := \lim_{p\to\infty}(A^{(p)})$. Wäre $A \notin Z$, so gäbe es ein $\rho > 0$ mit $K_\rho(A) \cap Z = \emptyset$, da Z abgeschlossen ist. Andererseits gibt es aber zu jedem $\sigma > 0$ ein $p_0 \in \mathbb{N}_0$ mit $A^{(p)} \in K_\sigma(A)$ für jedes $p \in \mathbb{N}_0$ mit $p \geq p_0$ [vgl. (1.6)], und das ist ein Widerspruch.
(2) $\Rightarrow$ (3): Es sei $A \in \mathcal{X}$ ein Häufungspunkt von Z. Nach (2.11) gibt es eine Folge $(A^{(p)})_{p\geq 1}$ in Z mit $A = \lim_{p\to\infty}(A^{(p)})$, und daher gilt $A \in Z$ [vgl. (1.6)].
(3) $\Rightarrow$ (1): Es sei $A \in \mathcal{X} \setminus Z$. Es ist A kein Häufungspunkt von Z, und daher gibt es ein $\rho > 0$ mit $K_\rho(A) \cap Z = \emptyset$, so daß $K_\rho(A) \subset \mathcal{X} \setminus Z$ gilt. Folglich ist $\mathcal{X} \setminus Z$ offen, und Z ist daher abgeschlossen.

(2.13) DEFINITION: (1) Eine Menge $Z \subset \mathcal{X}$ heißt beschränkt, wenn es ein $\rho > 0$ mit $Z \subset K_\rho(0)$ gibt [es gilt also $\|X\|_F < \rho$ für jedes $X \in Z$].
(2) Eine Abbildung $F: M \to \mathcal{Y}$ einer Menge M in $\mathcal{Y}$ heißt beschränkt, wenn das Bild $F(M)$ eine beschränkte Menge ist.

(2.14) BEMERKUNG: (1) Der Begriff "beschränkt" ist unabhängig von der verwendeten Norm [vgl. (1.3)(5)].
(2) Es sei $A \in \mathcal{X}$, und es sei $\rho > 0$. Es ist $K_\rho(A)$ eine beschränkte Menge, denn es ist $K_\rho(A) \subset K_{\rho'}(0)$ mit $\rho' := \rho + \|A\|_F$.

(2.15) BEZEICHNUNG: Es sei $Z \subset \mathcal{X}$, und es sei $F: Z \to \mathcal{Y}$ eine Abbildung. Ist $\mathcal{Y} = \mathbb{K}'$, so nennt man F eine Funktion.
(1) Es sei $X = (\xi_{ij}) \in Z$. Statt $F((\xi_{ij}))$ wird häufig nur $F(\xi_{ij})$ geschrieben.
(2) Für $k \in \{1, \ldots, r\}$ und $l \in \{1, \ldots, s\}$ sei $\varphi_{kl}: Z \to \mathbb{K}'$ die Funktion mit $\varphi_{kl}(X) = F(X)[k,l]$ für jedes $X \in Z$ [hier ist $F(X)[k,l]$ das Element in der k-ten Zeile und der l-ten Spalte der Matrix $F(X) \in M(r,s;\mathbb{K}')$, vgl. II(2.17)]. φ_{kl} heißt die (k,l)-te Koordinatenfunktion von F.
(3) Besonders häufig tritt der Fall $\mathcal{X} = \mathbb{K}^m$ und $\mathcal{Y} = \mathbb{K}'^r$ auf. Für $k \in \{1, \ldots, r\}$ sei φ_k die k-te Koordinatenfunktion von F. Für jedes $x = (\xi_1, \ldots, \xi_m) \in Z$ gilt

$$\begin{aligned} F(x) = F(\xi_1, \ldots, \xi_m) &= (\varphi_1(x), \ldots, \varphi_r(x)) \\ &= (\varphi_1(\xi_1, \ldots, \xi_m), \ldots, \varphi_r(\xi_1, \ldots, \xi_m)). \end{aligned}$$

(2.16) BEZEICHNUNG: Es sei $Z \subset \mathcal{X}$.
(1) Es seien $F: Z \to \mathcal{Y}$ und $G: Z \to \mathcal{Y}$ Abbildungen; es sei $\gamma \in \mathbb{K}'$. Die durch $X \mapsto F(X) + G(X) : Z \to \mathcal{Y}$ definierte Abbildung $F + G: Z \to \mathcal{Y}$ heißt die Summe der Abbildungen F und G. Die durch $X \mapsto \gamma \cdot F(X) : Z \to \mathcal{Y}$ definierte Abbildung wird mit γF bezeichnet. Es ist leicht zu sehen, daß mit der so erklärten Addition von Abbildungen die Menge $\mathrm{Abb}(Z,\mathcal{Y})$ eine abelsche Gruppe ist [vgl. I(3.17); das Nullelement ist die Abbildung $X \mapsto 0 : Z \to \mathcal{Y}$, die auch als Nullabbildung bezeichnet wird]. Für die Multiplikation mit Elementen aus $\mathbb{K}'$ gelten folgende Regeln: Für alle F, $G \in \mathrm{Abb}(Z,\mathcal{Y})$ und alle γ, $\delta \in \mathbb{K}'$ ist

$$\gamma(F+G) = \gamma F + \gamma G, \quad (\gamma+\delta)F = \gamma F + \delta F, \quad (\gamma\delta)F = \gamma(\delta F), \quad 1 \cdot F = F.$$

(2) Es seien $F: Z \to M(r;\mathbb{K}')$ und $G: Z \to M(r;\mathbb{K}')$ Abbildungen. Die Abbildung $FG: Z \to M(r;\mathbb{K}')$ mit $FG(X) = F(X) \cdot G(X)$ für jedes $X \in Z$ heißt das Produkt der Abbildungen F und G. Es ist leicht zu sehen, daß mit der in (1) definierten Addition und der gerade erklärten Multiplikation die Menge $\mathrm{Abb}(Z, M(r;\mathbb{K}'))$ ein Ring ist [vgl. I(3.6); das Einselement ist die Abbildung $X \mapsto E_r : Z \to M(r;\mathbb{K}')$]. Es sei $\gamma \in \mathbb{K}'$; es gilt $\gamma(FG) = F(\gamma G) = (\gamma F)G$.
(3) Man sieht: Mit der in (1) erklärten Addition und der in (2) erklärten Multiplikation von Funktionen ist $\mathrm{Abb}(Z,\mathbb{K}')$ ein kommutativer Ring [vgl. I(3.11)].
(4) Es seien $F: Z \to M(r,s;\mathbb{K}')$ und $G: Z \to M(s,q;\mathbb{K}')$ Abbildungen. In Verallgemeinerung von (2) heißt die Abbildung $FG: Z \to M(r,q;\mathbb{K}')$ mit $FG(X) = F(X) \cdot G(X)$ für jedes $X \in Z$ ebenfalls das Produkt der Abbildungen F und G.
(5) Es sei $F: Z \to M(n;\mathbb{K}')$ eine Abbildung. Die durch $X \mapsto \det(F(X)) : Z \to \mathbb{K}'$ definierte Abbildung wird mit $\det(F)$ bezeichnet. Gilt $\det(F)(X) \neq 0$ für jedes $X \in Z$, so wird die Abbildung $X \mapsto F(X)^{-1} : Z \to M(n;\mathbb{K}')$ mit F^{-1} bezeichnet. Man überlegt sich leicht, daß nun die üblichen Regeln für das Rechnen mit Matrizen und Determinanten [vgl. Kapitel II] auch hier richtig bleiben.

(2.17) BEMERKUNG: Es sei $Z \subset \mathcal{X}$.
(1) Es sei $f: Z \to \mathbb{C}$ eine Funktion. Die Funktion $\mathrm{Re}(f): Z \to \mathbb{R}$ mit $\mathrm{Re}(f)(X) = \mathrm{Re}(f(X))$ für jedes $X \in Z$ heißt der Realteil von f, und die Funktion $\mathrm{Im}(f): Z \to \mathbb{R}$ mit $\mathrm{Im}(f)(X) = \mathrm{Im}(f(X))$ für jedes $X \in Z$ heißt der Imaginärteil von f. Es gilt $f = \mathrm{Re}(f) + i \cdot \mathrm{Im}(f)$.
(2) Es sei $F: Z \to M(r, s; \mathbb{C})$ eine Abbildung mit den Koordinatenfunktionen φ_{kl} mit $k \in \{1, \ldots, r\}$ und $l \in \{1, \ldots, s\}$.
(a) Die Abbildung

$$\begin{cases} \mathrm{Re}(F): Z \to M(r, s; \mathbb{R}) \quad \text{mit} \\ \mathrm{Re}(F)(X) := \mathrm{Re}(F(X)) = \big(\mathrm{Re}(\varphi_{kl}(X))\big)_{1 \le k \le r, 1 \le l \le s} \quad \text{für jedes } X \in Z \end{cases}$$

[vgl. VII(2.12)(2)] heißt der Realteil von F, und die Abbildung

$$\begin{cases} \mathrm{Im}(F): Z \to M(r, s; \mathbb{R}) \quad \text{mit} \\ \mathrm{Im}(F)(X) := \mathrm{Im}(F(X)) = \big(\mathrm{Im}(\varphi_{kl}(X))\big)_{1 \le k \le r, 1 \le l \le s} \quad \text{für jedes } X \in Z \end{cases}$$

heißt der Imaginärteil von F.
(b) Es gilt $F = \mathrm{Re}(F) + i \cdot \mathrm{Im}(F)$, und für jedes $X \in Z$ gilt [vgl. (1.2)]

$$\max(\{\|\mathrm{Re}(F)(X)\|_G, \|\mathrm{Im}(F)(X)\|_G\}) \le \|F(X)\|_G \le \|\mathrm{Re}(F)(X)\|_G + \|\mathrm{Im}(F)(X)\|_G.$$

(c) Die Funktion $X \mapsto \|F(X)\|_F: Z \to \mathbb{R}$ wird mit $\|F\|_F$ bezeichnet.

(2.18) BEISPIEL: (1) Es sei $Z \subset \mathbb{R}$ ein Intervall, und es sei $F: Z \to \mathbb{R}^r$ eine Abbildung. Die Menge $F(Z) = \{F(X) \mid X \in Z\} \subset \mathbb{R}^r$ heißt eine Kurve in $\mathbb{R}^r$, und F heißt eine Parameterdarstellung dieser Kurve. Da hier über F keine Voraussetzungen gemacht werden, braucht die Menge $F(Z)$ keine Ähnlichkeit mit einer "Kurve" zu haben, wie man sie sich üblicherweise vorstellt.

Ist $Z = [0, 2\pi]$, und ist $F: Z \to \mathbb{R}^2$ die Abbildung mit $F(t) = (\cos t, \sin t)$ für jedes $t \in Z$, so ist $F(Z) = \{(\eta_1, \eta_2) \in \mathbb{R}^2 \mid \eta_1^2 + \eta_2^2 = 1\}$ die Kreislinie vom Radius 1 mit dem Mittelpunkt $(0,0) \in \mathbb{R}^2$; $F(Z)$ ist eine beschränkte und abgeschlossene Menge.
(2) Es sei $Z \subset \mathbb{R}^2$ offen oder es sei $Z = I \times J$ mit Intervallen I, $J \subset \mathbb{R}$; es sei $F: Z \to \mathbb{R}^r$ eine Abbildung. Die Menge $F(Z) = \{F(X) \mid X \in Z\} \subset \mathbb{R}^r$ heißt eine Fläche in $\mathbb{R}^r$, und F heißt eine Parameterdarstellung dieser Fläche.

Ist $Z = \{(\omega, \varphi) \in \mathbb{R}^2 \mid 0 \le \omega, \varphi \le 2\pi\}$ und ist $F: Z \to \mathbb{R}^2$ die Abbildung mit $F(\omega, \varphi) = (\sin\omega \cos\varphi, \sin\omega \sin\varphi, \cos\omega)$ für jedes $(\omega, \varphi) \in Z$, so ist $F(Z) = \{(\xi, \eta, \zeta) \in \mathbb{R}^3 \mid \xi^2 + \eta^2 + \zeta^2 = 1\}$ die Kugelfläche vom Radius 1 um den Punkt $(0,0,0) \in \mathbb{R}^3$; $F(Z)$ ist eine beschränkte und abgeschlossene Menge.
(3) Es sei $U \subset \mathbb{R}^n$ offen, und es sei $f: U \to \mathbb{R}$ eine Funktion. Zu f wird die Abbildung $F: U \to \mathbb{R}^{n+1}$ durch $F(x) := (x, f(x))$ für jedes $x \in U$ definiert. Die Menge $\Phi := F(U) = \{(x, f(x)) \mid x \in U\} \subset \mathbb{R}^{n+1}$ heißt die durch f definierte Hyperfläche in $\mathbb{R}^{n+1}$ [oder auch der Graph der Funktion f].
(a) Es sei $n = 1$, und es sei U ein offenes Intervall. Dann ist Φ nach (1) eine Kurve in $\mathbb{R}^2$, und es ist Φ der Graph der Funktion f [vgl. V(1.1)].
(b) Es sei $n = 2$. Dann ist Φ nach (2) eine Fläche in $\mathbb{R}^3$.

(2.19) DEFINITION: Es sei $Z \subset \mathcal{X}$, und es sei $F: Z \to \mathcal{Y}$ eine Abbildung.
(1) Es sei $X_0 \in Z$. Die Abbildung F heißt stetig in X_0, wenn es zu jedem $\varepsilon > 0$ ein $\delta > 0$ mit $\|F(X) - F(X_0)\|_F < \varepsilon$ für jedes $X \in Z$ mit $\|X - X_0\|_F < \delta$ gibt.
(2) Ist F stetig in jedem $X_0 \in Z$, so heißt F eine stetige Abbildung bzw. eine stetige Funktion, wenn $\mathcal{Y} = \mathbb{K}'$ ist.

(2.20) BEMERKUNG: (1) Aus den Ungleichungen in (1.3)(5) folgt: Der Begriff "Stetigkeit" ist von der benutzten Norm unabhängig.
(2) Ist $Z \subset \mathbb{R}$ ein Intervall oder eine Vereinigung von Intervallen und ist $f: Z \to \mathbb{R}$ eine Funktion, so stimmt die hier gegebene Definition der Stetigkeit in einem Punkt mit der in IV(2.2) gegebenen Definition und die hier gegebene Definition der Stetigkeit auf der Menge Z mit der in IV(2.5) gegebenen Definition überein.

(2.21) BEMERKUNG: Es sei $Z \subset \mathcal{X}$, und es sei $X_0 \in Z$. Es sei $F: Z \to \mathcal{Y}$ eine Abbildung mit den Koordinatenfunktionen φ_{kl} mit $k \in \{1, \ldots, r\}$ und $l \in \{1, \ldots, s\}$.
(1) Es ist F in X_0 genau dann stetig, wenn alle Koordinatenfunktionen $\varphi_{kl}: Z \to \mathbb{K}'$ in X_0 stetig sind.
Beweis: Nach (1.3)(2) gilt für jedes $X \in Z$, für jedes $k \in \{1, \ldots, r\}$ und für jedes $l \in \{1, \ldots, s\}$

$$\begin{aligned} |\varphi_{kl}(X) - \varphi_{kl}(X_0)| &\leq \|F(X) - F(X_0)\|_F \\ &\leq \sqrt{rs} \cdot \max\big(\{|\varphi_{ij}(X) - \varphi_{ij}(X_0)| \mid 1 \leq i \leq r; 1 \leq j \leq s\}\big). \end{aligned}$$

(2) Es sei $\mathbb{K}' = \mathbb{C}$. Aus (2.17)(2)(b) folgt: Es ist F in X_0 genau dann stetig, wenn die Abbildungen $\mathrm{Re}(F): Z \to M(r, s; \mathbb{R})$ und $\mathrm{Im}(F): Z \to M(r, s; \mathbb{R})$ in X_0 stetig sind.
(3) Es sei F in X_0 stetig. Dann ist $\|F\|_F$ in X_0 stetig, denn es gilt [vgl. VII(2.4)]

$$\big|\, \|F(X)\|_F - \|F(X_0)\|_F \,\big| \leq \|F(X) - F(X_0)\|_F \quad \text{für jedes } X \in Z.$$

(2.22) BEMERKUNG: Es sei $Z \subset \mathcal{X}$, und es sei $X_0 \in Z$.
(1) Es sei $F: Z \to \mathcal{Y}$ in X_0 stetig. Dann gibt es ein $M > 0$ und ein $\delta > 0$ mit $\|F(X)\|_F < M$ für jedes $X \in K_\delta(X_0) \cap Z$.
Beweis: Zu $\varepsilon := 1$ gibt es ein $\delta > 0$ mit $\|F(X) - F(X_0)\|_F < 1$ für jedes $X \in K_\delta(X_0) \cap Z$; für jedes solche X gilt $\|F(X)\|_F = \|(F(X) - F(X_0)) + F(X_0)\|_F < 1 + \|F(X_0)\|_F =: M$.
(2) Es sei $F: Z \to \mathcal{Y}$ in X_0 stetig. Dann gelten:
(a) Ist $F(X_0) \neq 0$, so gibt es ein $\delta > 0$ und ein $\gamma > 0$ mit $\|F(X)\|_F \geq \gamma$ für jedes $X \in K_\delta(X_0) \cap Z$.
(b) Es sei $\mathcal{Y} = \mathbb{R}$, und es sei $F(X_0) > 0$ [oder < 0]. Dann gibt es ein $\delta > 0$ und ein $\gamma > 0$ mit $F(X) \geq \gamma$ [oder mit $F(X) \leq -\gamma$] für jedes $X \in K_\delta(X_0) \cap Z$.
Beweis: (a) Es ist $\gamma := \|F(X_0)\|_F/2 > 0$. Zu $\varepsilon := \|F(X_0)\|_F/2$ gibt es ein $\delta > 0$ mit $\|F(X) - F(X_0)\|_F < \|F(X_0)\|_F/2$ für jedes $X \in K_\delta(X_0) \cap Z$, und hierfür gilt $\|F(X)\|_F = \|F(X_0) + (F(X) - F(X_0))\|_F \geq \|F(X_0)\|_F - \|F(X_0)\|_F/2 = \|F(X_0)\|_F/2 = \gamma$ [nach VII(2.4)].

(b) beweist man entsprechend.
(3) Es seien $F: Z \to \mathcal{Y}$ und $G: Z \to \mathcal{Y}$ in X_0 stetig. Dann ist $F + G: Z \to \mathcal{Y}$ in X_0 stetig.
Beweis: Zu jedem positiven ε gibt es ein $\delta > 0$ mit $\|F(X) - F(X_0)\|_F < \varepsilon/2$ und $\|G(X) - G(X_0)\|_F < \varepsilon/2$ für jedes $X \in Z$ mit $\|X - X_0\|_F < \delta$, und hierfür gilt

$$\|(F+G)(X)-(F+G)(X_0)\|_F \le \|F(X)-F(X_0)\|_F+\|G(X)-G(X_0)\|_F < \frac{\varepsilon}{2}+\frac{\varepsilon}{2} = \varepsilon.$$

(4) Es seien $F: Z \to M(r,s;\mathbb{K}')$ und $G: Z \to M(s,q;\mathbb{K}')$ in X_0 stetige Abbildungen. Dann ist $FG: Z \to M(r,q;\mathbb{K}')$ in X_0 stetig.
Beweis: Es sei $\varepsilon > 0$. Es gibt dazu ein $\delta > 0$ und ein $M > 0$ mit $\|F(X)\|_F < M$ für jedes $X \in K_\delta(X_0) \cap Z$ [vgl. (1)] und mit $\|F(X)-F(X_0)\|_F < \varepsilon/\big(2(1+\|G(X_0)\|_F)\big)$ und $\|G(X) - G(X_0)\|_F < \varepsilon/(2M)$ für jedes $X \in K_\delta(X_0) \cap Z$, und hierfür gilt

$$\begin{aligned}&\|F(X)G(X) - F(X_0)G(X_0)\|_F = \\ &\qquad \|F(X)(G(X) - G(X_0)) + G(X_0)(F(X) - F(X_0))\|_F < \frac{\varepsilon}{2} + \frac{\varepsilon}{2} = \varepsilon.\end{aligned}$$

(2.23) Bemerkung: (1) Gelten die in (2.21) und (2.22)(3) und (2.22)(4) formulierten Voraussetzungen für jedes $X_0 \in Z$, so gelten auch die Aussagen für jedes $X_0 \in Z$.
(2) Es sei $Z \subset \mathcal{X}$, und es sei $f: Z \to \mathbb{K}'$ eine stetige Funktion. Gilt $f(X) \neq 0$ für jedes $X \in Z$, so ist die Funktion $X \mapsto 1/f(X) : Z \to \mathbb{K}'$ stetig.
Beweis: Es sei $X_0 \in Z$. Zu $\varepsilon > 0$ gibt es ein $\delta > 0$ und ein $\gamma > 0$ mit $|f(X)| \ge \gamma$ [vgl. (2.22)(2)(a)] und mit $|f(X)-f(X_0)| < \varepsilon\,|f(X_0)|\,\gamma$ für jedes $X \in K_\delta(X_0) \cap Z$. Für jedes solche X gilt daher

$$\left|\frac{1}{f(X)} - \frac{1}{f(X_0)}\right| = \left|\frac{f(X) - f(X_0)}{f(X)f(X_0)}\right| < \frac{1}{|f(X_0)|\,\gamma}\cdot \varepsilon|f(X_0)|\,\gamma = \varepsilon.$$

(3) Es sei $Z' \subset Z$, und es sei $F: Z \to \mathcal{Y}$ eine stetige Abbildung. Dann ist die Einschränkung $F|Z': Z' \to \mathcal{Y}$ von F auf Z' stetig.

(2.24) Beispiel: (1) Die Abbildung

$$\begin{cases} \alpha: \mathbb{K}^2 = \mathbb{K} \times \mathbb{K} \to \mathbb{K} \\ \text{mit } \alpha(\xi,\xi') = \xi + \xi' \quad \text{für jedes } (\xi,\xi') \in \mathbb{K}^2 \end{cases}$$

ist stetig.
Beweis: Es sei $(\xi_0,\xi_0') \in \mathbb{K}^2$. Es sei ε eine positive reelle Zahl. Für jedes $(\xi,\xi') \in \mathbb{K}^2$ mit $\|(\xi,\xi') - (\xi_0,\xi_0')\|_G < \varepsilon/\sqrt{2}$ gilt

$$|(\xi + \xi') - (\xi_0 + \xi_0')| = |(\xi - \xi_0) + (\xi' - \xi_0')| < \frac{\varepsilon}{2} + \frac{\varepsilon}{2} = \varepsilon.$$

(2) Die Abbildung

$$\begin{cases} \mu: \mathbb{K}^2 = \mathbb{K} \times \mathbb{K} \to \mathbb{K} \\ \text{mit } \mu(\xi,\xi') = \xi \cdot \xi' \quad \text{für jedes } (\xi,\xi') \in \mathbb{K}^2 \end{cases}$$

ist stetig.
Beweis: Es sei $(\xi_0, \xi'_0) \in \mathbb{K}^2$. Es sei ε eine positive reelle Zahl. Für jedes $(\xi, \xi') \in \mathbb{K}^2$ mit $\|(\xi,\xi') - (\xi_0,\xi'_0)\|_G < \sqrt{2}\min(\{1, \varepsilon/(2(1+|\xi_0|)), \varepsilon/(2(1+|\xi'_0|))\}) =: \delta$ gilt

$$|\xi\xi' - \xi_0\xi'_0| = |\xi(\xi' - \xi'_0) + \xi'_0(\xi - \xi_0)| \leq |\xi|\,|\xi' - \xi'_0| + |\xi'_0|\,|\xi - \xi_0| < \frac{\varepsilon}{2} + \frac{\varepsilon}{2} = \varepsilon.$$

(2.25) BEISPIEL: (1) Es sei $|||\ |||$ eine der Normen $\|\ \|_F$, $\|\ \|$, $\|\ \|_1$, $\|\ \|_\infty$, $\|\ \|_G$. Es ist $X \mapsto |||X||| : \mathcal{X} \to \mathbb{R}$ stetig, denn für alle X, $X_0 \in \mathcal{X}$ gilt $\big|\,|||X||| - |||X_0|||\,\big| \leq |||X - X_0|||$ [vgl. VII(2.4); vgl. auch (2.21)(3)].
(2) Es sei $r \leq n$, es seien $i_1, \ldots, i_r \in \{1, \ldots, n\}$, und es sei $\pi_{i_1,\ldots,i_r}\colon \mathbb{K}^n \to \mathbb{K}^r$ die Abbildung mit $\pi_{i_1,\ldots,i_r}(\xi_1, \ldots, \xi_n) = (\xi_{i_1}, \ldots, \xi_{i_r})$ für jedes $(\xi_1, \ldots, \xi_n) \in \mathbb{K}^n$. Es ist $\pi_{i_1,\ldots,i_r}$ stetig, denn für alle x, $x_0 \in \mathbb{K}^n$ gilt $\|\pi_{i_1,\ldots,i_r}(x) - \pi_{i_1,\ldots,i_r}(x_0)\|_F \leq \|x - x_0\|_F$.
(3) Es sei $A \in M(m, n; \mathbb{K})$.
(a) Die Abbildung $x \mapsto Ax : M(n, 1; \mathbb{K}) \to M(m, 1; \mathbb{K})$ ist stetig, denn für alle x, $x_0 \in M(n, 1; \mathbb{K})$ gilt $\|Ax - Ax_0\|_F \leq \|A\|_F\, \|x - x_0\|_F$.
(b) Die Abbildung $X \mapsto X + A : M(m, n; \mathbb{K}) \to M(m, n; \mathbb{K})$ ist stetig, denn für alle X, $X_0 \in M(m, n; \mathbb{K})$ gilt $(X + A) - (X_0 + A) = X - X_0$. Diese Abbildung ist bijektiv, und $X \mapsto X - A : M(m, n; \mathbb{K}) \to M(m, n; \mathbb{K})$ ist die Umkehrabbildung.
(4) Es sei $A \in M(n; \mathbb{K})$. Die Abbildung

$$t \mapsto \exp(tA) = \sum_{p=0}^{\infty} \frac{t^p A^p}{p!} : \mathbb{K} \to M(n; \mathbb{K})$$

ist stetig.
Beweis: Es sei $\alpha := \|A\|_F$. Es sei γ eine positive Zahl. Für alle t, $t_0 \in \mathbb{K}$ mit $|t| \leq \gamma$ und $|t_0| \leq \gamma$ und jedes $p \in \mathbb{N}$ ist $|t^p - t_0^p| = |t - t_0|\,\big|\sum_{i=1}^{p} t^{p-i} t_0^{i-1}\big| \leq |t - t_0| p\gamma^{p-1}$, und daher gilt nach (1.9)

$$\|\exp(tA) - \exp(t_0 A)\|_F \leq \alpha|t - t_0| \sum_{p=0}^{\infty} \frac{\alpha^p \gamma^p}{p!} = \alpha|t - t_0| \exp(\alpha\gamma).$$

(5) Es sei $Z \subset \mathcal{X}$, es sei $r = s$, d.h. es sei $\mathcal{Y} = M(r; \mathbb{K}')$, und es sei $F\colon Z \to \mathcal{Y}$ eine stetige Abbildung. Für jedes $X \in Z$ gelte $\det(F(X)) \neq 0$. Dann ist die Abbildung $X \mapsto F(X)^{-1} : Z \to \mathcal{Y}$ stetig.
Beweis: Es ist die Abbildung $\det(F) : Z \to \mathbb{K}'$ stetig, denn für alle k, $l \in \{1, \ldots, r\}$ sind die Koordinatenfunktionen $\varphi_{kl}\colon Z \to \mathbb{K}'$ von F stetig [vgl. (2.21)(1)], also ist nach Definition der Determinante [vgl. II(8.10)] die Funktion $\det(F)$ stetig als Summe von Produkten stetiger Funktionen [vgl. (2.22)(3) und (2.22)(4)], und daher ist $X \mapsto \det(F(X))^{-1} : Z \to \mathbb{K}'$ stetig [vgl. (2.23)]. Es ist $X \mapsto \operatorname{adj}(F(X)) : Z \to \mathcal{Y}$ nach (2.22) stetig [hier ist für jedes $X \in Z$ die Matrix $\operatorname{adj}(F(X))$ die zu $F(X) \in M(r; \mathbb{K}')$ adjungierte Matrix, vgl. II(8.26)], weil die Koordinatenfunktionen dieser Abbildung als Summe von Produkten stetiger Funktionen wieder stetig sind. Für jedes $X \in Z$ gilt $F(X)^{-1} = \operatorname{adj}(F(X)) \cdot \det(F(X))^{-1}$ [vgl. II(8.27)]; hieraus folgt die Behauptung nach (2.22).

(2.26) BEMERKUNG: Es sei $Z \subset \mathcal{X}$, und es sei $F: Z \to \mathcal{Y}$ eine Abbildung. Es sei $X_0 \in Z$. Wie in IV(2.3)(1) beweist man: Es ist F genau dann stetig in X_0, wenn für jede Folge $\left(X^{(p)}\right)_{p\geq 0}$ in Z, die gegen X_0 konvergiert, die Folge $\left(F(X^{(p)})\right)_{p\geq 0}$ in $\mathcal{Y}$ gegen $F(X_0)$ konvergiert.

(2.27) BEZEICHNUNG: (1) Für die Formulierung des nachstehenden Satzes ist es bequem, folgende Bezeichnung einzuführen: Ist $Z \subset \mathcal{X}$, so heißt eine Teilmenge $U' \subset Z$ offen in Z, wenn es eine offene Menge U von $\mathcal{X}$ gibt mit $U' = U \cap Z$. Ist $Z = \mathcal{X}$, so erhält man den in (2.2) eingeführten Begriff zurück.
(2) Es sei $Z \subset \mathcal{X}$. Eine Teilmenge $U' \subset Z$ ist genau dann offen in Z, wenn es zu jedem $X_0 \in U'$ ein $\rho(X_0) > 0$ mit $K_{\rho(X_0)}(X_0) \cap Z \subset U'$ gibt.
Beweis: Es sei U' offen in Z; dann ist also $U' = U \cap Z$ mit einer offenen Menge $U \subset \mathcal{X}$. Es sei $X_0 \in U'$. Dann gibt es ein $\rho(X_0) > 0$ mit $K_{\rho(X_0)}(X_0) \subset U$, und daher ist $K_{\rho(X_0)}(X_0) \cap Z \subset U'$. – Es sei umgekehrt U' eine Teilmenge von Z mit: Zu jedem $X_0 \in U'$ gibt es ein $\rho(X_0) > 0$ mit $K_{\rho(X_0)}(X_0) \cap Z \subset U'$. Die Menge $U := \bigcup_{X_0 \in U'} K_{\rho(X_0)}(X_0)$ ist als Vereinigung von offenen Mengen wieder offen [vgl. (2.4)(4)], und es gilt $U' = U \cap Z$.

(2.28) Satz: *Es sei $Z \subset \mathcal{X}$, und es sei $F: Z \to \mathcal{Y}$ eine Abbildung.*
(1) *Es ist F genau dann stetig, wenn für jede offene Menge $V \subset \mathcal{Y}$ gilt: $F^{-1}(V)$ ist offen in Z.* [$F^{-1}(V) = \{X \in Z \mid F(X) \in V\}$ ist das Urbild von V bei F, vgl. I(2.13)(b).]
(2) *Es sei $Z = \mathcal{X}$, und es sei $F: \mathcal{X} \to \mathcal{Y}$ eine bijektive Abbildung. Ist die Umkehrabbildung $F^{-1}: \mathcal{Y} \to \mathcal{X}$ von F stetig, so ist für jede offene Menge $U \subset \mathcal{X}$ die Menge $F(U) \subset \mathcal{Y}$ eine offene Menge.*
Beweis: (1)(a) Es sei F stetig, und es sei $V \subset \mathcal{Y}$ eine offene Menge. Es sei $U' := F^{-1}(V)$, und es sei $X_0 \in U'$. Weil V offen ist, gibt es ein $\rho > 0$ mit $K_\rho(F(X_0)) \subset V$. Weil F stetig ist, gibt es zu ρ ein $\delta > 0$ mit $F(X) \in K_\rho(F(X_0))$ für jedes $X \in Z$ mit $\|X - X_0\|_F < \delta$. Hiermit gilt $K_\delta(X_0) \cap Z \subset U'$.
(b) Es gelte: Für jedes offene $V \subset \mathcal{Y}$ ist $F^{-1}(V)$ offen in Z. Es sei $X_0 \in Z$. Es sei $\varepsilon > 0$. Es ist $K_\varepsilon(F(X_0)) \subset \mathcal{Y}$ offen, also ist $F^{-1}\left(K_\varepsilon(F(X_0))\right)$ offen in Z. Es gibt daher ein $\delta > 0$ mit $K_\delta(X_0) \cap Z \subset F^{-1}\left(K_\varepsilon(F(X_0))\right)$, und es ist $\|F(X) - F(X_0)\|_F < \varepsilon$ für jedes $X \in Z$ mit $\|X - X_0\|_F < \delta$.
(2) Für jede offene Menge $U \subset \mathcal{X}$ gilt $F(U) = (F^{-1})^{-1}(U)$, und daher folgt die Behauptung nach (1).

(2.29) Satz: *Es sei $Z \subset \mathcal{X}$, und es sei $F: Z \to \mathcal{Y}$ stetig. Es sei $Z' \subset \mathcal{Y}$, es sei $\mathbb{K}''$ einer der Körper $\mathbb{R}$ oder $\mathbb{C}$, und es sei $G: Z' \to M(p,q;\mathbb{K}'')$ stetig. Es gelte $F(Z) \subset Z'$. Die Abbildung $G \circ F: Z \to M(p,q;\mathbb{K}'')$ ist stetig.*
Beweis: Es sei $W \subset M(p,q;\mathbb{K}'')$ eine offene Menge. Dann ist nach (2.28)(1) $G^{-1}(W)$ offen in Z', also gibt es eine offene Menge $V \subset \mathcal{Y}$ mit $V \cap Z' = G^{-1}(W)$. Es ist $F^{-1}(V)$ offen in Z, und es gilt $F^{-1}(V) = F^{-1}(V \cap Z') = F^{-1}(G^{-1}(W)) = (G \circ F)^{-1}(W)$. Nach (2.28)(1) ist daher $G \circ F$ eine stetige Abbildung.

(2.30) BEISPIEL: (1) Die Abbildung $\alpha_n: \mathbb{K}^n \to \mathbb{K}$ mit $\alpha_n(\xi_1, \ldots, \xi_n) = \xi_1 + \cdots + \xi_n$ für jedes $(\xi_1, \ldots, \xi_n) \in \mathbb{K}^n$ ist stetig.

Beweis: $\alpha_1 = \mathrm{id}_{\mathbb{K}}$ ist stetig. Es sei $n > 1$, und es sei bereits bewiesen, daß α_{n-1} stetig ist. Es sei $F: \mathbb{K}^n \to \mathbb{K}^2$ die Abbildung mit den Koordinatenfunktionen α_{n-1} und π_n; es gilt also $F(\xi_1, \ldots, \xi_n) = (\alpha_{n-1}(\xi_1, \ldots, \xi_{n-1}), \xi_n)$ für jedes $(\xi_1, \ldots, \xi_n) \in \mathbb{K}^n$. Es ist α_{n-1} stetig nach Induktionsannahme, und es ist π_n stetig nach (2.25)(2); nach (2.21)(1) ist F stetig. Es gilt $\alpha_n = \alpha_2 \circ F$; da α_2 stetig ist [vgl. (2.24)(1)], ist α_n stetig nach (2.29).

(2) Die Abbildung $\mu_n: \mathbb{K}^n \to \mathbb{K}$ mit $\mu_n(\xi_1, \ldots, \xi_n) = \xi_1 \cdots \xi_n$ für jedes $(\xi_1, \ldots, \xi_n) \in \mathbb{K}^n$ ist stetig. Das beweist man wie in (1) unter Benutzung von (2.24)(2) statt (2.24)(1).

(3) Es seien $\varphi_1: \mathbb{K} \to \mathbb{K}', \ldots, \varphi_n: \mathbb{K} \to \mathbb{K}'$ stetige Funktionen. Die Funktion $\varphi: \mathbb{K}^n \to \mathbb{K}'$ mit $\varphi(\xi_1, \ldots, \xi_n) = \varphi_1(\xi_1) \cdots \varphi_n(\xi_n)$ für jedes $(\xi_1, \ldots, \xi_n) \in \mathbb{K}^n$ ist stetig.

Beweis: Die Abbildung $F: \mathbb{K}^n \to \mathbb{K}'^n$ mit $F(\xi_1, \ldots, \xi_n) = (\varphi_1(\xi_1), \ldots, \varphi_n(\xi_n))$ für jedes $(\xi_1, \ldots, \xi_n) \in \mathbb{K}^n$ hat die Koordinatenfunktionen $\varphi_1, \ldots, \varphi_n$ und ist daher stetig [vgl. (2.21)(1)]. Nach (2) und (2.29) ist daher $\mu_n \circ F = \varphi$ stetig.

(4) Die in (2.18)(1) und (2.18)(2) definierten Abbildungen sind stetig, wie aus (3), (2.21)(1) und der Stetigkeit der trigonometrischen Funktionen folgt.

(5) Es sei $I := (0, \infty)$. In VI(5.9) wurde die Γ-Funktion $\Gamma: I \to \mathbb{R}$ behandelt, und es wurde erwähnt, daß sie stetig ist und daß $\Gamma(x) \neq 0$ für jedes $x \in I$ gilt. In V(2.10) wurde die Beta-Funktion $B: I \times I \to \mathbb{R}$ mit $B(x, y) = \Gamma(x)\Gamma(y)/\Gamma(x+y) = \mu_2 \circ (\Gamma \circ \pi_1, \Gamma \circ \pi_2)(x, y)/\Gamma \circ \alpha_2(x, y)$ für jedes $(x, y) \in I \times I$ erwähnt; sie ist stetig nach (2.23)(2), (2.24)(1), (2.25)(2) und (2.29).

(2.31) Der folgende wichtige Satz über stetige Funktionen wird nicht bewiesen. Er verallgemeinert das in IV(2.13) angeführte Resultat.

(2.32) Satz: *Es sei $Z \subset \mathcal{X}$ eine beschränkte und abgeschlossene Menge, und es sei $F: Z \to \mathcal{Y}$ stetig.*

(1) F ist beschränkt, d.h. es gibt ein $M > 0$ mit $\|F(X)\|_F \leq M$ für jedes $X \in Z$.

(2) Es sei $\mathcal{Y} = \mathbb{R}$. Dann gibt es $X_1, X_2 \in Z$ mit $F(X_1) \leq F(X) \leq F(X_2)$ für jedes $X \in Z$.

(2.33) Definition: Es sei $Z \subset \mathcal{X}$, und es sei $F: Z \to \mathcal{Y}$ eine Abbildung. Es sei $Z' \subset Z$. Es sei X_0 ein Häufungspunkt von Z' [er braucht nicht in Z' zu liegen]. Es sei $Y_0 \in \mathcal{Y}$. Gibt es zu jedem $\varepsilon > 0$ ein $\delta > 0$ mit $\|F(X) - Y_0\|_F < \varepsilon$ für jedes $X \in Z'$ mit $\|X - X_0\|_F < \delta$, so sagt man: $F|Z'$ hat in X_0 den Grenzwert Y_0; man schreibt $\lim_{X \to X_0} F(X) = Y_0$ in Z' und läßt den Zusatz "in Z'" weg, wenn $Z' = Z$ gilt. [Es ist klar, daß $F|Z'$ in X_0 höchstens *einen* Grenzwert hat.]

(2.34) Bemerkung: Es sei $Z \subset \mathcal{X}$, und es sei $F: Z \to \mathcal{Y}$ eine Abbildung. Es sei X_0 ein Häufungspunkt von Z.

(1) Es gelte $\lim_{X \to X_0} F(X) =: Y_0$. Es sei $\||\ \||$ eine der Normen $\|\ \|_F$, $\|\ \|$, $\|\ \|_1$, $\|\ \|_\infty$, $\|\ \|_G$. Dann gibt es zu jedem $\varepsilon > 0$ ein $\delta > 0$ mit $\||F(X) - Y_0\|| < \varepsilon$ für jedes $X \in Z$ mit $\||X - X_0\|| < \delta$, wie aus den Ungleichungen in (1.3)(5) folgt.

(2)(a) Es sei $Z' \subset Z$, und es sei X_0 ein Häufungspunkt von Z'. Hat F in X_0 den Grenzwert Y_0, so hat die Einschränkung $F|Z'$ in X_0 den Grenzwert Y_0.

(b) Es sei $Z' \subset Z$, und es sei X_0 ein Häufungspunkt von Z'. Gibt es ein $\rho > 0$ mit $K_\rho(X_0) \subset Z'$, so gilt: Hat $F|Z'$ in X_0 den Grenzwert Y_0, so hat F in X_0 den Grenzwert Y_0.
(3) Es sei $Y_0 = (\eta_{kl}^{(0)}) \in \mathcal{Y}$. Es hat F in X_0 den Grenzwert Y_0 genau, wenn für jedes $k \in \{1,\dots,r\}$ und jedes $l \in \{1,\dots,s\}$ die Koordinatenfunktion φ_{kl} von F in X_0 den Grenzwert $\eta_{kl}^{(0)}$ hat.
Beweis: Nach (1.3)(2) und (1.3)(4) gilt für jedes $X \in Z$, jedes $k \in \{1,\dots,r\}$ und jedes $l \in \{1,\dots,s\}$

$$\begin{aligned}|\varphi_{kl}(X) - \eta_{kl}^{(0)}| &\leq \|F(X) - Y_0\|_{\mathrm{F}} \\ &\leq \sqrt{rs}\cdot \max\big(\{|\varphi_{ij}(X) - \eta_{ij}^{(0)}| \mid 1 \leq i \leq r; 1 \leq j \leq s\}\big).\end{aligned}$$

(4) Cauchy-Kriterium: Gibt es zu jedem $\varepsilon > 0$ ein $\delta > 0$ mit

$$\|F(X_1) - F(X_2)\|_{\mathrm{F}} < \varepsilon \quad \text{für alle } X_1, X_2 \in K_\delta(X_0) \cap Z,$$

so existiert $\lim_{X\to X_0} F(X)$. Das beweist man wie in IV(1.9)(8).
(5) Es gelte $X_0 \in Z$. Dann ist X_0 ein Häufungspunkt von $Z \setminus \{X_0\}$ [vgl. (2.10)(4)]. Man sieht, daß folgende Aussagen äquivalent sind:

- F ist in X_0 stetig.
- F hat in X_0 einen Grenzwert [dieser ist $F(X_0)$].
- $F|(Z \setminus \{X_0\})$ hat in X_0 den Grenzwert $F(X_0)$.

(6) Es sei $Y_0 \in \mathcal{Y}$. Es hat F in X_0 den Grenzwert Y_0 genau, wenn für jede Folge $(X^{(p)})_{p\geq 0}$ in Z, die gegen X_0 konvergiert, die Folge $(F(X^{(p)}))_{p\geq 0}$ gegen Y_0 konvergiert. Dies beweist man wie IV(1.9)(6).

(2.35) BEMERKUNG: Es sei $Z \subset \mathcal{X}$, und es sei $X_0 \in \mathcal{X}$ ein Häufungspunkt von Z. Die folgenden Resultate sind leicht einzusehen.
(1) Es seien $F: Z \to \mathcal{Y}$ und $G: Z \to \mathcal{Y}$ Abbildungen, es habe F in X_0 den Grenzwert $B \in \mathcal{Y}$, und es habe G in X_0 den Grenzwert $C \in \mathcal{Y}$. Dann hat die Summe $F + G$ in X_0 den Grenzwert $B + C$.
(2) Es seien $F: Z \to \mathcal{Y} = M(r,s;\mathbb{K}')$ und $G: Z \to M(s,q;\mathbb{K}')$ Abbildungen. Es habe F in X_0 den Grenzwert $B \in \mathcal{Y}$, und es habe G in X_0 den Grenzwert $C \in M(s,q;\mathbb{K}')$. Dann hat das Produkt FG in X_0 den Grenzwert $BC \in M(r,q;\mathbb{K}')$.
(3) Es sei $F: Z \to \mathcal{Y}$ eine Abbildung. Folgende Aussagen sind äquivalent:
(a) Es hat F in X_0 den Grenzwert 0;
(b) für mindestens ein $|||\ ||| \in \{\|\ \|, \|\ \|_1, \|\ \|_\infty, \|\ \|_{\mathrm{F}}, \|\ \|_{\mathrm{G}}\}$ gilt $\lim_{X\to X_0} |||F(X)||| = 0$;
(c) für jedes $|||\ ||| \in \{\|\ \|, \|\ \|_1, \|\ \|_\infty, \|\ \|_{\mathrm{F}}, \|\ \|_{\mathrm{G}}\}$ gilt $\lim_{X\to X_0} |||F(X)||| = 0$.
(4) Es seien $f: Z \to \mathbb{R}$ und $g: Z \to \mathbb{R}$ Funktionen. Es gelte $f(X) \leq g(X)$ für jedes $X \in Z$. Hat f in X_0 den Grenzwert $\alpha \in \mathbb{R}$ und hat g in X_0 den Grenzwert $\beta \in \mathbb{R}$, so gilt $\alpha \leq \beta$.
(5) Es seien $f: Z \to \mathbb{R}$, $g: Z \to \mathbb{R}$ und $h: Z \to \mathbb{R}$ Funktionen, und es gelte $f(X) \leq$

$g(X) \leq h(X)$ für jedes $X \in Z$. Haben f und h in X_0 den gleichen Grenzwert $\alpha \in \mathbb{R}$, so hat auch g in X_0 den Grenzwert α.
(6) Es sei $f: Z \to \mathbb{C}$ eine Funktion. Es seien α, $\beta \in \mathbb{R}$, und es sei $\gamma := \alpha + i\beta$. Genau dann hat f in X_0 den Grenzwert γ, wenn $\mathrm{Re}(f)$ in X_0 den Grenzwert α und $\mathrm{Im}(f)$ in X_0 den Grenzwert β hat.

(2.36) BEMERKUNG: Es sei U eine offene Menge in $\mathcal{X}$, und es sei $X_0 \in U$. Es sei V eine offene Menge in $\mathcal{Y}$, und es sei $Y_0 \in V$ [es ist X_0 ein Häufungspunkt von U und Y_0 ein Häufungspunkt von V, vgl. (2.10)(3)]. Es sei $F: U \to \mathcal{Y}$ eine Abbildung mit $F(U) \subset V$; es sei $\mathbb{K}'' \in \{\mathbb{R}, \mathbb{C}\}$, und es sei $G: \mathcal{Y} \to M(p, q; \mathbb{K}'')$ eine Abbildung. Es habe F in X_0 den Grenzwert Y_0, und es habe G in Y_0 den Grenzwert $C \in M(p, q; \mathbb{K}'')$. Dann hat $G \circ F: U \to M(p, q; \mathbb{K}'')$ in X_0 den Grenzwert C.
Beweis: Es sei $\varepsilon > 0$. Es gibt ein $\delta > 0$ mit $K_\delta(Y_0) \subset V$ und mit $\|G(Y) - C\|_F < \varepsilon$ für jedes $Y \in K_\delta(Y_0)$. Zu δ gibt es ein $\delta' > 0$ mit $K_{\delta'}(X_0) \subset U$ und mit $\|F(X) - Y_0\|_F < \delta$ für jedes $X \in K_{\delta'}(X_0)$. Es gilt daher $\|G(F(X)) - C\|_F < \varepsilon$ für jedes $X \in K_{\delta'}(X_0)$. Also hat $G \circ F$ in X_0 den Grenzwert C.

(2.37) BEMERKUNG: Es sei $I = (a, b) \subset \mathbb{R}$ ein Intervall, und es sei $F: I \to \mathcal{Y}$ eine Abbildung. Es sind a und b Häufungspunkte von I.
(1) Hat F in a den Grenzwert $Y_0 \in \mathcal{Y}$, so schreibt man dafür häufig $\lim_{t \to a^+} F(t) = Y_0$ [wie in IV(1.9)(4)].
(2) Hat F in b den Grenzwert $Y_0 \in \mathcal{Y}$, so schreibt man dafür häufig $\lim_{t \to b^-} F(t) = Y_0$ [wie in IV(1.9)(4)].

(2.38) BEMERKUNG: (1) Damit sind die im folgenden benötigten Resultate über Stetigkeit und Grenzwerte zusammengestellt. Der Leser mache sich klar, daß hier nur die im Falle von "Funktionen einer Veränderlichen" in Kapitel IV, §1 und §2 erzielten Ergebnisse auf den Fall von "Funktionen von mehreren Veränderlichen" übertragen wurden.
(2) Der restliche Teil dieses Paragraphen beschäftigt sich mit dem Begriff der gleichmäßigen Konvergenz von Funktionenfolgen. Das wesentliche Resultat [(2.48)] wird nur in §6 benötigt.

(2.39) BEMERKUNG: Es sei $f = \sum_{p=0}^{\infty} a_p T^p \in \mathbb{K}[[T]]$ eine Potenzreihe mit positivem Konvergenzradius ρ, und es sei $I := (-\rho, \rho)$. Für jedes $p \in \mathbb{N}_0$ sei f_p die Polynomfunktion $t \mapsto a_p t^p: I \to \mathbb{K}$. Es gilt

$$f(t) = \sum_{p=0}^{\infty} a_p t^p = \sum_{p=0}^{\infty} f_p(t) \quad \text{für jedes } t \in I;$$

man sagt, daß die Reihe von Funktionen $\sum_{p=0}^{\infty} f_p$ gegen die Funktion $f: I \to \mathbb{K}$ konvergiert.

(2.40) DEFINITION: Es sei $I \subset \mathbb{R}$ ein Intervall. Für jedes $p \in \mathbb{N}_0$ sei $F_p: I \to \mathcal{Y}$ eine Abbildung.
(1) Konvergiert für jedes $t \in I$ die Folge $(F_p(t))_{p \geq 0}$ in $\mathcal{Y}$ und ist F die durch

$t \mapsto \lim_{p\to\infty}(F_p(t)) : I \to \mathcal{Y}$ definierte Abbildung, so sagt man: Die Folge von Abbildungen $(F_p)_{p\geq 0}$ konvergiert [punktweise] gegen F, und man schreibt dafür $F = \lim_{p\to\infty}(F_p)$.
(2) Konvergiert für jedes $t \in I$ die Reihe $\sum_{p=0}^{\infty} F_p(t)$ in $\mathcal{Y}$ und ist F die durch $t \mapsto \sum_{p=0}^{\infty} F_p(t) : I \to \mathcal{Y}$ definierte Abbildung, so sagt man: Die Reihe $\sum_{p=0}^{\infty} F_p$ ist [punktweise] konvergent mit der Summe F, und man schreibt dafür $F = \sum_{p=0}^{\infty} F_p$.

(2.41) BEISPIEL: Es sei $A \in M(n;\mathbb{K})$.
(1) Es sei $A \neq 0$, und es sei $\alpha := 1/\|A\|_{\mathrm{F}}$. Die Reihe $\sum_{p=1}^{\infty}(-1)^p(tA)^p/p$ konvergiert absolut für jedes $t \in (-\alpha,\alpha)$, denn $\sum_{p=1}^{\infty} |t/\alpha|^p$ ist eine konvergente Majorante für $\sum_{p=1}^{\infty} \|tA^p\|_{\mathrm{F}}/p$. Die Abbildung $t \mapsto \sum_{p=1}^{\infty}(-1)^p(tA)^p/p : (-\alpha,\alpha) \to M(n;\mathbb{K})$ wird mit $\ln_A$ bezeichnet.
(2) Die Abbildung $t \mapsto \sum_{p=0}^{\infty} (tA)^p/p! : \mathbb{R} \to M(n;\mathbb{K})$ [vgl. (1.13)(2)] wird mit $\exp_A$ bezeichnet.
(3) Man kann zeigen [vgl. I(7.11)(2) und V(3.2)(1)]: Es gilt $\exp_A(\ln_A(t)) = E_n + tA$ für jedes $t \in (-\alpha,\alpha)$.

(2.42) DEFINITION: Es sei $I \subset \mathbb{R}$ ein Intervall, und es sei $(F_p)_{p\geq 0}$ eine Folge von Abbildungen $F_p: I \to \mathcal{Y}$. Die Folge $(F_p)_{p\geq 0}$ konvergiert gleichmäßig, wenn gilt: Zu jedem $\varepsilon > 0$ gibt es ein $p(\varepsilon) \in \mathbb{N}_0$ mit $\|F_p(t) - F_q(t)\|_{\mathrm{F}} < \varepsilon$ für alle p, $q \in \mathbb{N}_0$ mit $p > p(\varepsilon)$ und $q > p(\varepsilon)$ und für jedes $t \in I$.

(2.43) BEMERKUNG: Auch in (2.42) ist es wieder unerheblich, welche Norm zur Definition der gleichmäßigen Konvergenz verwandt wird.

(2.44) BEISPIEL: Für jedes $p \in \mathbb{N}_0$ sei f_p die durch $t \mapsto t^p : I \to \mathbb{R}$ definierte stetige Funktion. Die Folge $(f_p)_{p\geq 0}$ konvergiert: Es gilt $\lim_{p\to\infty}(f_p(t)) = 0$, falls $t \in [0,1)$ ist, und es gilt $\lim_{p\to\infty}(f_p(1)) = 1$. Die Funktion $f := \lim_{p\to\infty}(f_p)$ ist nicht stetig, also konvergiert die Folge $(f_p)_{p\geq 0}$ nicht gleichmäßig [vgl. (2.48)].

(2.45) BEMERKUNG: Es sei $I \subset \mathbb{R}$ ein Intervall, und es sei $(F_p)_{p\geq 0}$ eine Folge von Abbildungen $F_p: I \to \mathcal{Y}$.
(1) Die Folge $(F_p)_{p\geq 0}$ konvergiere gleichmäßig. Dann konvergiert für jedes $t \in I$ die Folge $\big(F_p(t)\big)_{p\geq 0}$, und für $F := \lim_{p\to\infty}(F_p)$ gilt: Zu jedem $\varepsilon > 0$ gibt es ein $p(\varepsilon) \in \mathbb{N}_0$ mit $\|F_p(t) - F(t)\|_{\mathrm{F}} < \varepsilon$ für jedes $p \in \mathbb{N}_0$ mit $p > p(\varepsilon)$ und jedes $t \in I$.
Beweis: Zu $\varepsilon > 0$ wird ein $p(\varepsilon) \in \mathbb{N}_0$ so gewählt, daß $\|F_p(t) - F_q(t)\|_{\mathrm{F}} < \varepsilon/2$ für alle p, $q \in \mathbb{N}_0$ mit $p > p(\varepsilon)$ und $q > p(\varepsilon)$ und jedes $t \in I$ gilt; nach (1.9)(1) gilt für jedes $p \in \mathbb{N}_0$ mit $p > p(\varepsilon)$ und jedes $t \in I$

$$\|F_p(t) - F(t)\|_{\mathrm{F}} = \lim_{q\to\infty}\big(\|F_p(t) - F_q(t)\|_{\mathrm{F}}\big) \leq \frac{\varepsilon}{2} < \varepsilon.$$

(2) Es konvergiere $(F_p)_{p\geq 0}$, und es sei $F := \lim_{p\to\infty}(F_p)$. Es gelte: Zu jedem $\varepsilon > 0$ gibt es ein $p(\varepsilon) \in \mathbb{N}_0$ mit $\|F(t) - F_p(t)\|_{\mathrm{F}} < \varepsilon$ für jedes $p \in \mathbb{N}_0$ mit $p > p(\varepsilon)$ und jedes $t \in I$. Dann konvergiert die Folge $(F_p)_{p\geq 0}$ gleichmäßig.
Beweis: Zu $\varepsilon > 0$ wird ein $p(\varepsilon) \in \mathbb{N}_0$ so gewählt, daß $\|F_p(t) - F(t)\|_{\mathrm{F}} < \varepsilon/2$ für jedes $p \in \mathbb{N}_0$ mit $p > p(\varepsilon)$ und jedes $t \in I$ gilt; dann gilt für alle p, $q \in \mathbb{N}_0$ mit

$p > p(\varepsilon)$ und $q > p(\varepsilon)$ und jedes $t \in I$

$$\begin{aligned} \|F_p(t) - F_q(t)\|_F &= \|(F_p(t) - F(t)) + (F(t) - F_q(t))\|_F \\ &\leq \|F_p(t) - F(t)\|_F + \|F(t) - F_q(t)\|_F \\ &< \frac{\varepsilon}{2} + \frac{\varepsilon}{2} = \varepsilon. \end{aligned}$$

(2.46) DEFINITION: Es sei $I \subset \mathbb{R}$ ein Intervall, und es sei $(F_p)_{p \geq 0}$ eine Folge von Abbildungen $F_p: I \to \mathcal{Y}$. Die Reihe $\sum_{p=0}^{\infty} F_p$ konvergiert gleichmäßig, wenn die Folge der Partialsummen $\left(\sum_{p=0}^{q} F_p\right)_{q \geq 0}$ gleichmäßig konvergiert.

(2.47) Satz: [K. Weierstraß, 1815–1897] *Es sei $I \subset \mathbb{R}$ ein Intervall, und es sei $(F_p)_{p \geq 0}$ eine Folge von Abbildungen $F_p: I \to \mathcal{Y}$. Die Reihe $\sum_{p=0}^{\infty} F_p$ konvergiert gleichmäßig, wenn es eine konvergente Reihe $\sum_{p=0}^{\infty} a_p$ mit $a_p \in \mathbb{R}$ für jedes $p \in \mathbb{N}_0$ und mit $\|F_p(t)\|_F \leq a_p$ für jedes $p \in \mathbb{N}_0$ und jedes $t \in I$ gibt.*
Beweis: Es sei $\varepsilon > 0$. Nach dem Cauchy-Kriterium [vgl. III(2.4)] gibt es ein $p(\varepsilon) \in \mathbb{N}_0$ mit: Für jedes $p \in \mathbb{N}_0$ mit $p > p(\varepsilon)$ und jedes $k \in \mathbb{N}_0$ gilt $a_p + \cdots + a_{p+k} < \varepsilon$ und daher $\|F_p(t) + \cdots + F_{p+k}(t)\|_F \leq a_p + \cdots + a_{p+k} < \varepsilon$ für jedes $t \in I$. Daher ist $\sum_{p=0}^{\infty} F_p$ gleichmäßig konvergent.

(2.48) Satz: *Es sei $I \subset \mathbb{R}$ ein Intervall, und es sei $(F_p)_{p \geq 0}$ eine Folge von Abbildungen $F_p: I \to \mathcal{Y}$. Ist F_p stetig für jedes $p \in \mathbb{N}_0$ und konvergiert die Folge $(F_p)_{p \geq 0}$ gleichmäßig, so ist $F := \lim_{p \to \infty}(F_p): I \to \mathcal{Y}$ stetig.*
Beweis: Es sei $t_0 \in I$, und es sei $\varepsilon > 0$. Zu ε wird ein $p_0 \in \mathbb{N}_0$ so gewählt, daß $\|F(t) - F_p(t)\|_F < \varepsilon/3$ für jedes $p \in \mathbb{N}_0$ mit $p \geq p_0$ und jedes $t \in I$ gilt [vgl. (2.45)(1)]. Weil F_{p_0} in t_0 stetig ist, gibt es zu ε ein $\delta > 0$ mit $\|F_{p_0}(t) - F_{p_0}(t_0)\|_F < \varepsilon/3$ für jedes $t \in I$ mit $|t - t_0| < \delta$. Für jedes solche t gilt nun

$$\begin{aligned} \|F(t) - F(t_0)\|_F &= \|F(t) - F_{p_0}(t) + F_{p_0}(t) - F_{p_0}(t_0) + F_{p_0}(t_0) - F(t_0)\|_F \\ &\leq \|F(t) - F_{p_0}(t)\|_F + \|F_{p_0}(t) - F_{p_0}(t_0)\|_F + \|F_{p_0}(t_0) - F(t_0)\|_F \\ &< \frac{\varepsilon}{3} + \frac{\varepsilon}{3} + \frac{\varepsilon}{3} = \varepsilon. \end{aligned}$$

§3 Fixpunktsatz und Anwendungen

(3.0) In diesem Paragraphen sind m und n stets natürliche Zahlen. Mit $\mathbb{K}$ wird einer der Körper $\mathbb{R}$ oder $\mathbb{C}$ bezeichnet, und es wird $\mathcal{X} = M(m, n; \mathbb{K})$ gesetzt.

(3.1) In vielen Fällen läßt sich die Konvergenz von iterativ bestimmten Folgen der Form $x_{p+1} = F(x_p)$ [vgl. V(4.10)] mit Hilfe eines Fixpunktsatzes untersuchen; ein solcher Fixpunktsatz wird in diesem Paragraphen bewiesen, und es werden eine Reihe von Anwendungen gegeben.

(3.2) DEFINITION: Es sei $|||\ |||$ eine Norm auf $\mathcal{X}$, es sei $Z \subset \mathcal{X}$, und es sei $F: Z \to \mathcal{X}$ eine Abbildung.

(1) F heißt eine kontrahierende Abbildung, wenn $F(Z) \subset Z$ gilt und wenn es ein $\kappa \in \mathbb{R}$ mit $0 \leq \kappa < 1$ und mit

$$|||F(B) - F(A)||| \leq \kappa |||B - A||| \quad \text{für alle } A, B \in Z$$

gibt; die Zahl κ heißt eine Kontraktionszahl für F.
(2) Ein $A \in Z$ heißt ein Fixpunkt von F, wenn $F(A) = A$ gilt.

(3.3) BEMERKUNG: Es sei $||| \; ||| \in \{\| \; \|, \| \; \|_1, \| \; \|_\infty, \| \; \|_F, \| \; \|_G\}$, es sei $Z \subset \mathcal{X}$, und es sei $F: Z \to \mathcal{X}$ eine kontrahierende Abbildung. Dann ist F stetig.

(3.4) Satz: [Fixpunktsatz von S. Banach, 1892–1945] *Es sei $||| \; |||$ eine der Normen $\{\| \; \|, \| \; \|_1, \| \; \|_\infty, \| \; \|_F, \| \; \|_G\}$, es sei Z eine abgeschlossene Teilmenge von $\mathcal{X}$, und es sei $F: Z \to \mathcal{X}$ eine kontrahierende Abbildung mit Kontraktionszahl κ. Dann gelten:*
(1) F hat genau einen Fixpunkt A in Z.
(2) Es sei $A_0 \in Z$. Die durch $A_{p+1} := F(A_p)$ für jedes $p \in \mathbb{N}_0$ definierte Folge $(A_p)_{p \geq 0}$ konvergiert gegen A.
(3) Für jedes $p \in \mathbb{N}_0$ und jedes $s \in \{0, \ldots, p\}$ gelten

$$|||A_{p+1} - A||| \leq \kappa |||A_p - A|||, \tag{3.4.1}$$

$$|||A_p - A||| \leq \frac{\kappa^{p-s}}{1-\kappa} |||A_{s+1} - A_s|||. \tag{3.4.2}$$

Beweis: (a) Es sei $p \in \mathbb{N}_0$. Für jedes $s \in \mathbb{N}_0$ gilt

$$|||A_{p+s+1} - A_{p+s}||| \leq \kappa^s |||A_{p+1} - A_p|||. \tag{$*$}$$

Für $s = 0$ ist nämlich $(*)$ richtig. Es sei $s \in \mathbb{N}$, und es sei $(*)$ für $s - 1$ gezeigt, es gelte also $|||A_{p+s} - A_{p+s-1}||| \leq \kappa^{s-1} |||A_{p+1} - A_p|||$. Dann gilt

$$\begin{aligned} |||A_{p+s+1} - A_{p+s}||| &= |||F(A_{p+s}) - F(A_{p+s-1})||| \\ &\leq \kappa |||A_{p+s} - A_{p+s-1}||| \leq \kappa \cdot \kappa^{s-1} |||A_{p+1} - A_p|||. \end{aligned}$$

(b) Für alle p, $q \in \mathbb{N}_0$ mit $p < q$ gilt nach (a)

$$\begin{aligned} |||A_q - A_p||| &\leq \sum_{s=0}^{q-p-1} |||A_{p+s+1} - A_{p+s}||| \leq \sum_{s=0}^{q-p-1} \kappa^s |||A_{p+1} - A_p||| \\ &\leq |||A_{p+1} - A_p||| \sum_{s=0}^{\infty} \kappa^s = \frac{1}{1-\kappa} |||A_{p+1} - A_p|||. \end{aligned}$$

(c) Für alle p, $q \in \mathbb{N}_0$ mit $p < q$ gilt nach (b) und nach (a) mit $p = 0$ und $s = p$ in $(*)$

$$|||A_q - A_p||| \leq \frac{1}{1-\kappa} |||A_{p+1} - A_p||| \leq \frac{\kappa^p}{1-\kappa} |||A_1 - A_0|||.$$

(d) Es sei $\varepsilon > 0$. Es wird ein $p_0 \in \mathbb{N}$ so gewählt, daß $\kappa^{p_0}|||A_1 - A_0|||/(1-\kappa) < \varepsilon$ gilt. Dann ist $|||A_q - A_p||| < \varepsilon$ für alle $p, q \in \mathbb{N}$ mit $p_0 \le p < q$, also ist $(A_p)_{p\ge 0}$ eine Cauchyfolge in Z. Es sei $A := \lim_{p\to\infty}(A_p)$. Da Z abgeschlossen ist, gilt $A \in Z$ [vgl. (2.12)], und da F in A stetig ist [vgl. (3.3)], gilt $F(A) = \lim_{p\to\infty}(F(A_p)) = \lim_{p\to\infty}(A_{p+1}) = A$ [vgl. (2.26(1)], und daher ist A ein Fixpunkt von F.
(e) Es sei $p \in \mathbb{N}_0$. Die Ungleichungen (3.4.1) und (3.4.2) erhält man so: Es ist

$$|||A_{p+1} - A||| = |||F(A_p) - F(A)||| \le \kappa |||A_p - A|||,$$

und daher gilt (3.4.1); für jedes $q \in \mathbb{N}$ mit $q > p$ ist nach (b)

$$|||A_p - A||| \le |||A_p - A_q||| + |||A_q - A||| \le \frac{1}{1-\kappa}|||A_{p+1} - A_p||| + |||A_q - A|||,$$

es gilt $\lim_{q\to\infty}(|||A_q - A|||) = 0$ nach (1.9)(1) und daher

$$|||A_p - A||| \le \frac{|||A_{p+1} - A_p|||}{1-\kappa};$$

benutzt man nun (a), wobei in (*) p durch s und s durch $p - s$ zu ersetzen ist, so folgt die Ungleichung in (3.4.2).
(f) Es seien A und A' zwei Fixpunkte von F in Z. Dann ist

$$|||A - A'||| = |||F(A) - F(A')||| \le \kappa |||A - A'|||,$$

und wegen $0 \le \kappa < 1$ folgt $A = A'$.

(3.5) BEMERKUNG: (1) Aus der Ungleichung (3.4.2) folgt für $s = 0$

$$|||A - A_p||| \le \frac{\kappa^p}{1-\kappa}|||A_1 - A_0||| \quad \text{für jedes } p \in \mathbb{N}.$$

Ist A_1 berechnet, so liefert diese Ungleichung eine Abschätzung des Fehlers $|||A - A_p|||$ beim p-ten Iterationsschritt.
(2) Aus der Ungleichung (3.4.2) folgt für $s = p - 1$:

$$|||A - A_p||| \le \frac{\kappa}{1-\kappa}|||A_p - A_{p-1}||| \quad \text{für jedes } p \in \mathbb{N}.$$

(3) Die Aussage in (3.4)(2) besagt, daß für *jeden* Startwert $A_0 \in Z$ die Folge $(A_p)_{p\ge 0}$ gegen den Fixpunkt von F konvergiert. Bei der Anwendung des Fixpunktsatzes kommt es darauf an, zu F die Menge Z so zu wählen, daß F eine kontrahierende Abbildung ist – und daß κ möglichst klein ist.

(3.6) Satz: *Es sei $I := [a, b]$ ein abgeschlossenes Intervall, und es sei $f: I \to \mathbb{R}$ eine Funktion. Es sei f eine kontrahierende Abbildung, und es sei $\xi \in I$ der Fixpunkt von f. Es sei $x_0 \in I$; es wird $x_{p+1} := f(x_p)$ und $r_p := |\xi - x_p|$ für jedes $p \in \mathbb{N}_0$ gesetzt.*

(1) *Es sei f differenzierbar, und es sei f' stetig; es gelte $f'(x) \neq 0$ für jedes $x \in I$. Ist $r_0 \neq 0$, so ist $r_p \neq 0$ für jedes $p \in \mathbb{N}$, und es gilt*

$$\lim_{p\to\infty}\left(\frac{r_{p+1}}{r_p}\right) = |f'(\xi)|.$$

[Die Folge $(x_p)_{p\geq 0}$ konvergiert also linear gegen ξ, vgl. III(1.20).]
(2) *Es sei f zweimal differenzierbar, und es sei f'' stetig. Es sei $f'(\xi) = 0$, und es sei $f''(x) \neq 0$ für jedes $x \in I$. Ist $r_0 \neq 0$, so ist $r_p \neq 0$ für jedes $p \in \mathbb{N}$, und es gilt*

$$\lim_{p\to\infty}\left(\frac{r_{p+1}}{r_p^2}\right) = \frac{1}{2}|f''(\xi)|.$$

[Die Folge $(x_p)_{p\geq 0}$ konvergiert also quadratisch gegen ξ, vgl. III(1.20).]
Beweis: (1) Es gelte $r_0 \neq 0$. Angenommen, es gibt ein $p \in \mathbb{N}$ mit $r_{p-1} \neq 0$ und $r_p = 0$. Dann ist $x_{p-1} \neq \xi$ und $x_p = \xi$, und nach dem Mittelwertsatz [vgl. V(1.19)] gibt es ein $\zeta_p \in I(\xi, x_{p-1}) \subset I$ [zur Bezeichnung vgl. V(2.18)] mit

$$0 = x_p - \xi = f(x_{p-1}) - f(\xi) = f'(\zeta_p)(x_{p-1} - \xi),$$

so daß $f'(\zeta_p) = 0$ gilt im Widerspruch zur Voraussetzung.

Nach dem Mittelwertsatz gibt es zu jedem $p \in \mathbb{N}_0$ ein $\xi_p \in I(\xi, x_p)$ mit

$$\frac{r_{p+1}}{r_p} = \left|\frac{\xi - x_{p+1}}{\xi - x_p}\right| = \left|\frac{f(\xi) - f(x_p)}{\xi - x_p}\right| = |f'(\xi_p)|.$$

Wegen $\lim_{p\to\infty}(x_p) = \xi$ und $\xi_p \in I(\xi, x_p)$ gilt $\lim_{p\to\infty}(\xi_p) = \xi$, und wegen der Stetigkeit von f' gilt folglich $\lim_{p\to\infty}(f'(\xi_p)) = f'(\xi)$.
(2) Zu jedem $p \in \mathbb{N}_0$ gibt es nach V(2.6)(2) ein $\xi_p \in I(\xi, x_p)$ mit

$$f(x_p) = f(\xi) + \frac{f'(\xi)}{1!}(x_p - \xi) + \frac{f''(\xi_p)}{2!}(x_p - \xi)^2;$$

daher ist

$$x_{p+1} - \xi = f(x_p) - f(\xi) = \frac{1}{2}f''(\xi_p)(x_p - \xi)^2.$$

Hieraus folgt: Ist $r_0 \neq 0$, so ist $r_p \neq 0$ für jedes $p \in \mathbb{N}_0$, und es gilt

$$\frac{r_{p+1}}{r_p^2} = \frac{1}{2}|f''(\xi_p)|;$$

wegen $\lim_{p\to\infty}(x_p) = \xi$ und der Stetigkeit von f'' folgt die Behauptung.

(3.7) Folgerung: *Es sei $I = [a, b]$ ein abgeschlossenes Intervall, es sei $f: I \to \mathbb{R}$ dreimal differenzierbar, und es sei f''' stetig. Es sei $\xi \in (a, b)$ eine Nullstelle von f. Es gelte $f'(\xi) \neq 0$ und $f''(\xi) \neq 0$. Es gibt ein $\delta > 0$ mit: Das Intervall $I_1 := [\xi - \delta, \xi + \delta]$ liegt in I, es ist $f'(x) \neq 0$ für jedes $x \in I_1$, die Funktion*

$F: I_1 \to \mathbb{R}$ mit $F(x) := x - f(x)/f'(x)$ für jedes $x \in I_1$ ist kontrahierend, zweimal differenzierbar und ihre zweite Ableitung ist stetig. Es ist ξ der Fixpunkt von F. Es sei $x_0 \in I_1$, und es sei die Folge $(x_p)_{p\geq 0}$ durch $x_{p+1} := F(x_p)$ für jedes $p \in \mathbb{N}_0$ definiert. Dann konvergiert die Folge $(x_p)_{p\geq 0}$ gegen ξ. Es sei $r_p := |\xi - x_p|$ für jedes $p \in \mathbb{N}_0$. Ist $r_0 \neq 0$, so ist $r_p \neq 0$ für jedes $p \in \mathbb{N}_0$, und die Folge $(x_p)_{p\geq 0}$ konvergiert quadratisch gegen ξ.

Beweis: Es wird zunächst ein $\delta' > 0$ so gewählt, daß $[\xi-\delta', \xi+\delta'] \subset I$ und $f'(x) \neq 0$ für jedes $x \in [\xi-\delta', \xi+\delta']$ gilt [vgl. (2.22)(2)(a)]. Es gilt für jedes $x \in [\xi-\delta', \xi+\delta']$

$$F'(x) = 1 - \frac{f'(x)^2 - f(x)f''(x)}{f'(x)^2} = \frac{f(x)f''(x)}{f'(x)^2},$$

$$F''(x) = \frac{f'(x)^2 f''(x) + f(x)f'(x)f'''(x) - 2f(x)f''(x)^2}{f'(x)^3},$$

und wegen $f(\xi) = 0$ gilt daher $F'(\xi) = 0$ und $F''(\xi) = f''(\xi)/f'(\xi)$. Es wird ein $\kappa \in (0,1)$ gewählt. Weil f, f' und f'' stetig sind, existiert zu κ ein δ mit $0 < \delta < \delta'$ so, daß $|F'(x)| \leq \kappa$ und $F''(x) \neq 0$ für jedes $x \in I_1 := [\xi - \delta, \xi + \delta]$ gilt. Für alle x, $y \in I_1$ gibt es nach dem Mittelwertsatz [vgl. V(1.19)] ein $\theta \in (0,1)$ mit $F(x) - F(y) = F'(x + \theta(y-x))(x-y)$; es gilt $|F(x) - \xi| = |F(x) - F(\xi)| \leq |x - \xi|$ für jedes $x \in I_1$, also ist $F(I_1) \subset I_1$, und daher ist $F|I_1: I_1 \to \mathbb{R}$ kontrahierend mit Kontraktionszahl κ. Aus (3.6)(2) folgt die Behauptung.

(3.8) BEMERKUNG: Das eben bewiesene Resultat wurde bereits in V(4.4) unter etwas schwächeren Voraussetzungen hergeleitet. Bei dem hier geführten Beweis mußte von f vorausgesetzt werden, daß f''' stetig ist, damit F'' stetig wird und daher (3.6)(2) angewandt werden kann.

(3.9) BEISPIEL: (1) Es sei $I = [a,b] \subset \mathbb{R}$ ein abgeschlossenes Intervall, und es sei $f: I \to \mathbb{R}$ differenzierbar mit $f(I) \subset I$. Es gebe ein $\kappa \in (0,1)$ mit $|f'(x)| \leq \kappa < 1$ für jedes $x \in I$. Nach dem Mittelwertsatz [vgl. V(1.19)] gibt es für alle x, $y \in I$ mit $x \neq y$ ein $\xi \in I(x,y)$ mit

$$\left|\frac{f(x) - f(y)}{x - y}\right| = |f'(\xi)| \leq \kappa < 1.$$

Folglich ist $f: I \to I$ kontrahierend.

(2) Es sei α eine positive reelle Zahl, und es sei $I := [3/(4\alpha), 5/(4\alpha)]$. Dann gilt $1/\alpha \in I$. Die durch $x \mapsto 2x - \alpha x^2 : I \to \mathbb{R}$ definierte Funktion f ist differenzierbar, monoton wachsend in $[3/(4\alpha), 1/\alpha]$ und monoton fallend in $[1/\alpha, 5/(4\alpha)]$; es gilt $f(I) \subset I$, und es gilt $|f'(x)| \leq 1/2$ für jedes $x \in I$. Nach (1) ist f kontrahierend, also hat f genau einen Fixpunkt $\beta \in I$. Aus $\beta = 2\beta - \alpha\beta^2$ und $\beta \neq 0$ folgt $\beta = 1/\alpha$. Für jedes $x_0 \in I$ gilt nach (3.4): Die durch $x_{p+1} := 2x_p - \alpha x_p^2$ für jedes $p \in \mathbb{N}_0$ definierte Folge $(x_p)_{p\geq 0}$ konvergiert gegen $1/\alpha$.

(3.10) Satz: *Es sei $C \in M(n;\mathbb{K})$ mit $\min(\{\|C\|, \|C\|_1, \|C\|_\infty, \|C\|_F, \|C\|_G\}) < 1$, und es sei $c \in M(n,1;\mathbb{K})$.*

(1) Die durch $x \mapsto Cx + c : M(n,1;\mathbb{K}) \to M(n,1;\mathbb{K})$ definierte Abbildung $F: M(n,1;\mathbb{K}) \to M(n,1;\mathbb{K})$ ist kontrahierend; es sei $x^* \in M(n,1;\mathbb{K})$ der Fixpunkt von F.
(2) Die Matrix $E_n - C \in M(n;\mathbb{K})$ ist invertierbar, und der Fixpunkt x^* von F ist die Lösung des linearen Gleichungssystems $(E_n - C)x = c$.
(3) Es sei $x^{(0)} \in M(n,1;\mathbb{K})$. Die durch

$$x^{(p+1)} := Cx^{(p)} + c \quad \text{für jedes } p \in \mathbb{N}_0 \tag{$*$}$$

definierte Folge $\left(x^{(p)}\right)_{p\geq 0}$ konvergiert gegen x^*.

Beweis: (1) Es sei $|||\ ||| \in \{\|\ \|, \|\ \|_1, \|\ \|_\infty, \|\ \|_F, \|\ \|_G\}$ eine Norm mit $|||C||| < 1$. Für alle x, $y \in M(n,1;\mathbb{K})$ gilt

$$|||F(x) - F(y)||| = |||C(x-y)||| \leq |||C|||\, |||x-y|||,$$

und daher ist F eine kontrahierende Abbildung. Es ist $M(n,1;\mathbb{K})$ abgeschlossen; folglich hat F genau einen Fixpunkt $x^* \in M(n,1;\mathbb{K})$.
(2) Es gilt $|||C||| < 1$; daher ist die Matrix $E_n - C$ invertierbar [vgl. (1.13)(3)], und es gilt $(E_n - C)x^* = c$.
(3) folgt wieder aus dem Fixpunktsatz.

(3.11) (1) Es sei $A = (\alpha_{ij}) \in GL(n;\mathbb{K})$, und es sei $b = {}^t(\beta_1,\ldots,\beta_n) \in M(n,1;\mathbb{K})$. Es wird das lineare Gleichungssystem

$$Ax = b \tag{$*$}$$

betrachtet; es sei x^* die Lösung von $(*)$. Zur Berechnung von x^* wurden bereits mehrere Verfahren behandelt, nämlich in II(3.9) [Gauß-Algorithmus], II(6.8)(2) [LR-Zerlegung] und in VII(4.5)(3) [Householder-Verfahren]. In (3.12) und (3.13) werden Iterationsverfahren zur näherungsweisen Berechnung von x^* angegeben.
(2) Weil A invertierbar ist, kann durch Vertauschen von Zeilen und Spalten von A erreicht werden, daß die Elemente auf der Hauptdiagonalen der so entstandenen Matrix von Null verschieden sind [denn es gilt $0 \neq \det(A) = \sum_{\sigma\in S_n} \operatorname{sgn}(\sigma)\prod_{i=1}^n \alpha_{i,\sigma(i)}$, und daher gibt es ein $\sigma \in S_n$ mit $\alpha_{1\sigma(1)}\cdots\alpha_{n\sigma(n)} \neq 0$]. Es werde also vorausgesetzt, daß $\alpha_{ii} \neq 0$ für jedes $i \in \{1,\ldots,n\}$ gilt. Es wird

$$L := -\begin{pmatrix} 0 & \cdots & \cdots & 0 \\ \alpha_{21} & \ddots & & \vdots \\ \vdots & & \ddots & \vdots \\ \alpha_{n1} & \cdots & \alpha_{n,n-1} & 0 \end{pmatrix}, \quad R := -\begin{pmatrix} 0 & \alpha_{12} & \cdots & \alpha_{1n} \\ \vdots & \ddots & & \vdots \\ \vdots & & \ddots & \vdots \\ 0 & \cdots & \cdots & \alpha_{n-1,n} \\ 0 & \cdots & \cdots & 0 \end{pmatrix}$$

und

$$D := \operatorname{diag}(\alpha_{11},\ldots,\alpha_{nn})$$

gesetzt, so daß $A = D - (L + R)$ gilt und die Matrix D invertierbar ist.

(3.12) DAS GESAMTSCHRITTVERFAHREN: (1) Mit den Bezeichnungen aus (3.11) wird

$$C_G := D^{-1}(L+R), \quad c_G := D^{-1}b$$

gesetzt. Es gilt $Ax = b$ genau, wenn $x = C_G x + c_G$ gilt. Es sei $x^{(0)} = {}^t(\xi_1^{(0)}, \ldots, \xi_n^{(0)}) \in M(n,1;\mathbb{K})$. Es wird die Folge $(x^{(p)})_{p\geq 0}$ in $M(n,1;\mathbb{K})$ mit $x^{(p)} = {}^t(\xi_1^{(p)}, \ldots, \xi_n^{(p)})$ für jedes $p \in \mathbb{N}_0$ durch

$$\xi_j^{(p+1)} = \frac{1}{\alpha_{jj}}\Big(\beta_j - \sum_{\substack{k=1\\k\neq j}}^{n} \alpha_{jk}\xi_k^{(p)}\Big) \quad \text{für jedes } j \in \{1,\ldots,n\}$$

definiert. Es gilt dann

$$x^{(p+1)} = C_G x^{(p)} + c_G \quad \text{für jedes } p \in \mathbb{N}_0.$$

(2) Nach (3.10) konvergiert die Folge $(x^{(p)})_{p\geq 0}$ gegen die Lösung des linearen Gleichungssystems $Ax = b$, wenn $\|C_G\|_\infty < 1$ gilt, wenn also

$$\sum_{\substack{k=1\\k\neq j}}^{n} |\alpha_{jk}| < |\alpha_{jj}| \quad \text{für jedes } j \in \{1,\ldots,n\}$$

gilt ["starkes Zeilensummenkriterium"], oder wenn $\|C_G\|_1 < 1$ gilt, wenn also

$$\sum_{\substack{j=1\\j\neq k}}^{n} |\alpha_{jk}| < |\alpha_{kk}| \quad \text{für jedes } k \in \{1,\ldots,n\}$$

gilt ["starkes Spaltensummenkriterium"].

(3) Das in (1) definierte Iterationsverfahren heißt Gesamtschrittverfahren oder Jacobi-Verfahren [nach C. G. J. Jacobi, 1804–1851]. Es werden bei der Berechnung der Komponenten von $x^{(p+1)}$ nur die Komponenten von $x^{(p)}$ und nicht die bereits berechneten Komponenten von $x^{(p+1)}$ herangezogen.

(3.13) DAS EINZELSCHRITTVERFAHREN: (1) Mit den Bezeichnungen aus (3.11) wird

$$C_E := (D-L)^{-1}R, \quad c_E := (D-L)^{-1}b$$

gesetzt. Es gilt $Ax = b$ genau, wenn $x = C_E x + c_E$ gilt. Es sei $x^{(0)} := {}^t(\xi_1^{(0)}, \ldots, \xi_n^{(0)}) \in M(n,1;\mathbb{K})$. Es wird die Folge $(x^{(p)})_{p\geq 0}$ in $M(n,1;\mathbb{K})$ mit $x^{(p)} = {}^t(\xi_1^{(p)}, \ldots, \xi_n^{(p)})$ für jedes $p \in \mathbb{N}_0$ durch

$$\xi_j^{(p+1)} = \frac{1}{\alpha_{jj}}\Big(\beta_j - \sum_{k=1}^{j-1} \alpha_{jk}\xi_k^{(p+1)} - \sum_{k=j+1}^{n} \alpha_{jk}\xi^{(p)}\Big) \quad \text{für jedes } j \in \{1,\ldots,n\}$$

definiert. Es gilt dann

$$x^{(p+1)} = C_{\mathrm{E}} x^{(p)} + c_{\mathrm{E}} \quad \text{für jedes } p \in \mathbb{N}_0.$$

(2) Das in (1) definierte Iterationsverfahren heißt Einzelschrittverfahren oder auch Gauß-Seidel-Verfahren [nach C. F. Gauß und L. Ph. von Seidel, 1821–1896]. Es werden bei der Berechnung von $\xi_j^{(p+1)}$ nicht nur die Komponenten von $x^{(p)}$, sondern auch die Elemente $\xi_1^{(p+1)}, \ldots, \xi_{j-1}^{(p+1)}$ herangezogen.
(3) *Genügt die Matrix A dem starken Zeilensummenkriterium oder dem starken Spaltensummenkriterium, so konvergiert die Folge $\left(x^{(p)}\right)_{p\geq 0}$ in (1) gegen die Lösung von $Ax = b$.*
Beweis: Es wird der Beweis nur für den Fall geführt, daß die Matrix A das starke Zeilensummenkriterium erfüllt, daß also $\|C_{\mathrm{G}}\|_\infty < 1$ gilt [vgl. (3.12)(2)].
(a) Es sei $y = {}^t(\eta_1, \ldots, \eta_n) \in M(n, 1; \mathbb{K})$. Dann gilt für $C_{\mathrm{E}} y =: z = {}^t(\zeta_1, \ldots, \zeta_n)$

$$|\zeta_i| \leq \sum_{\substack{k=1\\k\neq i}}^{n} \frac{|\alpha_{ik}|}{|\alpha_{ii}|} \|y\|_\infty \quad \text{für jedes } i \in \{1, \ldots, n\}. \qquad (*)$$

Es ist nämlich $(D - L)z = Ry$ und daher

$$|\zeta_1| \leq \sum_{k=2}^{n} \frac{|\alpha_{1k}|}{|\alpha_{11}|} |\eta_k| \leq \sum_{k=2}^{n} \frac{|\alpha_{1k}|}{|\alpha_{11}|} \|y\|_\infty.$$

Es sei $j \in \{2, \ldots, n\}$, und es sei $(*)$ für jedes $i \in \{1, \ldots, j-1\}$ richtig. Dann gilt

$$\begin{aligned} |\zeta_j| &\leq \frac{1}{|\alpha_{jj}|}\left(\sum_{k=1}^{j-1} |\alpha_{jk}|\,|\zeta_k| + \sum_{k=j+1}^{n} |\alpha_{jk}|\,|\eta_k|\right) \\ &\leq \frac{1}{|\alpha_{jj}|}\left(\sum_{k=1}^{j-1} |\alpha_{jk}|\,\|C_{\mathrm{G}}\|_\infty + \sum_{k=j+1}^{n} |\alpha_{jk}|\right) \|y\|_\infty \\ &\leq \sum_{\substack{k=1\\k\neq j}}^{n} \frac{|\alpha_{jk}|}{|\alpha_{jj}|} \|y\|_\infty. \end{aligned}$$

(b) Nach (a) gilt $\|C_{\mathrm{E}} y\|_\infty = \|z\|_\infty \leq \|C_{\mathrm{G}}\|_\infty \|y\|_\infty$ für jedes $y \in M(n, 1; \mathbb{K})$ und daher $\|C_{\mathrm{E}}\|_\infty \leq \|C_{\mathrm{G}}\|_\infty < 1$ [vgl. VII(2.5)]; folglich konvergiert das Einzelschrittverfahren nach (3.10).

(3.14) BEMERKUNG: (1) Die in (3.13)(3)(b) gegebene Abschätzung läßt sich so interpretieren: Genügt A dem starken Zeilensummenkriterium, so konvergiert das Einzelschrittverfahren mindestens so schnell wie das Gesamtschrittverfahren.
(2) Beispiele zeigen, daß es Matrizen gibt, für die das Gesamtschrittverfahren, aber nicht das Einzelschrittverfahren konvergiert, und daß es Matrizen gibt, für die das Einzelschrittverfahren, aber nicht das Gesamtschrittverfahren konvergiert [man vgl. [25], Kapitel 8, §3, S. 375].

§4 Differenzierbare Abbildungen

(4.0) (1) Es seien m, n, p, q, r und s natürliche Zahlen, es sei $\mathcal{X} = M(m,n;\mathbb{R})$, es sei $\mathbb{K}$ einer der Körper $\mathbb{R}$ oder $\mathbb{C}$, und es sei $\mathcal{Y} = M(r,s;\mathbb{K})$.
(2) Es wird der Begriff der differenzierbaren Abbildung eingeführt, und es werden einige der in Kapitel V für Funktionen $f: I \to \mathbb{R}$ [hier ist I ein Intervall in $\mathbb{R}$] "einer Veränderlichen" bewiesenen Resultate für differenzierbare Abbildungen, also für "Funktionen mehrerer Veränderlicher" hergeleitet.

(4.1) DEFINITION: Eine Abbildung $L: \mathcal{X} \to \mathcal{Y}$ heißt linear, wenn für alle X, $X' \in \mathcal{X}$ und jedes $\gamma \in \mathbb{R}$ gilt

$$L(X+X') = L(X) + L(X'), \qquad L(\gamma X) = \gamma L(X).$$

(4.2) BEMERKUNG: (1) Die Nullabbildung $X \mapsto 0 : \mathcal{X} \to \mathcal{Y}$ [vgl. (2.16)(1)] und die Abbildung $\mathrm{id}_{\mathcal{X}}: \mathcal{X} \to \mathcal{X}$ sind linear.
(2) Es sei $L: \mathcal{X} \to \mathcal{Y}$ eine lineare Abbildung. Dann gilt $L(0) = 0$ [denn es ist $L(0) = L(0+0) = L(0) + L(0)$] und $L(-X) = -L(X)$ für jedes $X \in \mathcal{X}$.
(3) Es seien L_1, $L_2: \mathcal{X} \to \mathcal{Y}$ lineare Abbildungen. Die Abbildung $L_1 + L_2$ [vgl. (2.16)(1)] ist linear [denn für alle X, $X' \in \mathcal{X}$ und $\gamma \in \mathbb{R}$ gilt $(L_1+L_2)(X+X') = L_1(X+X') + L_2(X+X') = L_1(X) + L_1(X') + L_2(X) + L_2(X') = (L_1+L_2)(X) + (L_1+L_2)(X')$ und $(L_1+L_2)(\gamma X) = L_1(\gamma X) + L_2(\gamma X) = \gamma L_1(X) + \gamma L_2(X) = \gamma(L_1+L_2)(X)$]. Entsprechend zeigt man, daß für jedes $\gamma \in \mathbb{K}$ die Abbildung γL_1 eine lineare Abbildung ist.
(4) Es sei $\mathcal{Y} = M(r,s;\mathbb{R})$, und es sei $\mathcal{Z} := M(p,q;\mathbb{K})$. Es seien $L: \mathcal{X} \to \mathcal{Y}$ und $M: \mathcal{Y} \to \mathcal{Z}$ lineare Abbildungen. Dann ist $M \circ L: \mathcal{X} \to \mathcal{Z}$ eine lineare Abbildung, denn für alle X, $X' \in \mathcal{X}$ und jedes $\gamma \in \mathbb{R}$ gilt $M \circ L(X+X') = M(L(X+X')) = M(L(X) + L(X')) = M(L(X)) + M(L(X')) = M \circ L(X) + M \circ L(X')$ und $M \circ L(\gamma X) = M(L(\gamma X)) = M(\gamma L(X)) = \gamma M(L(X)) = \gamma(M \circ L)(X)$.
(5) Es sei $\mathbb{K} = \mathbb{R}$, und es sei $L: \mathcal{X} \to \mathcal{Y}$ eine lineare Abbildung. Ist L bijektiv, so ist die Umkehrabbildung $L^{-1}: \mathcal{Y} \to \mathcal{X}$ von L linear.
Beweis: Es seien Y, $Y' \in \mathcal{Y}$, und es sei $\gamma \in \mathbb{R}$. Es gilt $L(L^{-1}(Y) + L^{-1}(Y')) = L(L^{-1}(Y)) + L(L^{-1}(Y')) = Y + Y'$ und daher $L^{-1}(Y+Y') = L^{-1}(Y) + L^{-1}(Y')$; es gilt $L(\gamma L^{-1}(Y)) = \gamma L(L^{-1}(Y)) = \gamma Y$ und daher $L^{-1}(\gamma Y) = \gamma L^{-1}(Y)$.
(6) Es sei $L: \mathcal{X} \to \mathcal{Y}$ eine lineare Abbildung. Es sei $\{E_{11}, \ldots, E_{mn}\}$ die Standardbasis von $\mathcal{X}$, und es sei $\{E'_{11}, \ldots, E'_{rs}\}$ die Standardbasis von $\mathcal{Y}$ [vgl. II(4.8)(2)].
(a) Für jedes $i \in \{1, \ldots, m\}$ und jedes $j \in \{1, \ldots, n\}$ gibt es eindeutig bestimmte Elemente $\alpha_{ij,11}, \ldots, \alpha_{ij,rs} \in \mathbb{K}$ mit $L(E_{ij}) = \sum_{k=1}^{r} \sum_{l=1}^{s} \alpha_{ij,kl} E'_{kl}$. Für jedes $X = (\xi_{ij}) = \sum_{i=1}^{m} \sum_{j=1}^{n} \xi_{ij} E_{ij} \in \mathcal{X}$ gilt $L(X) = \sum_{k=1}^{r} \sum_{l=1}^{s} \sum_{i=1}^{m} \sum_{j=1}^{n} \alpha_{ij,kl} \xi_{ij} E'_{kl}$.
(b) Mit den Bezeichnungen aus (a) wird

$$\|L\|_{\mathrm{F}} = \left(\sum_{i=1}^{m} \sum_{j=1}^{n} \sum_{k=1}^{r} \sum_{l=1}^{s} |\alpha_{ij,kl}|^2 \right)^{1/2}$$

gesetzt. Für jedes $X \in \mathcal{X}$ gilt $\|L(X)\|_{\mathrm{F}} \le \|L\|_{\mathrm{F}} \|X\|_{\mathrm{F}}$.

Beweis: Es sei $X = (\xi_{ij})$. Dann gilt nach (a) und der Cauchy-Schwarzschen Ungleichung [vgl. II(6.15)]

$$\begin{aligned}\|L(X)\|_{\mathrm{F}}^2 &= \sum_{k=1}^{r}\sum_{l=1}^{s}\left|\sum_{i=1}^{m}\sum_{j=1}^{n}\alpha_{ij,kl}\xi_{ij}\right|^2 \\ &\le \sum_{k=1}^{r}\sum_{l=1}^{s}\left(\sum_{i=1}^{m}\sum_{j=1}^{n}|\alpha_{ij,kl}|^2\right)\left(\sum_{i=1}^{m}\sum_{j=1}^{n}|\xi_{ij}|^2\right) = \|L\|_{\mathrm{F}}^2\|X\|_{\mathrm{F}}^2.\end{aligned}$$

(7) Es sei $L\colon \mathbb{R}^m \to \mathbb{K}^n$ eine lineare Abbildung, es sei $\{e_1, \ldots, e_m\}$ die Standardbasis von $\mathbb{R}^m$, und es sei $\{e'_1, \ldots, e'_n\}$ die Standardbasis von $\mathbb{K}^n$ [vgl. II(4.12)(5)].
(a) Für jedes $i \in \{1, \ldots, m\}$ gibt es eindeutig bestimmte Elemente $\alpha_{i1}, \ldots, \alpha_{in} \in \mathbb{K}$ mit $L(e_i) = \sum_{j=1}^{n} \alpha_{ij}e'_j$. Die Matrix $A = (\alpha_{ij}) \in M(m,n;\mathbb{K})$ heißt die Matrix von L. Für jedes $x = (\xi_1, \ldots, \xi_m) = \sum_{i=1}^{m} \xi_i e_i \in \mathbb{R}^m$ gilt $L(x) = xA$; die Matrix A ist die einzige Matrix in $M(m,n;\mathbb{K})$ mit $L(x) = xA$ für jedes $x \in \mathbb{R}^m$.
(b) Mit den Bezeichnungen aus (a) gilt $\|L\|_{\mathrm{F}} = \|A\|_{\mathrm{F}}$.
(c) Die Abbildung $\mathrm{id}_{\mathbb{R}^m}$ hat die m-reihige Einheitsmatrix E_m als Matrix, und die Nullabbildung $\mathbb{R}^m \to \mathbb{K}^n$ hat die Nullmatrix in $M(m,n;\mathbb{K})$ als Matrix.
(d) Die in (a) eingeführte Schreibweise unterscheidet sich von der in der Linearen Algebra üblichen Schreibweise [vgl. XII(2.7) und XII(2.8)].
(8) Es sei $L\colon \mathbb{R}^m \to \mathbb{R}^n$ eine lineare Abbildung, und es sei $A \in M(m,n;\mathbb{R})$ die Matrix von L; es sei $M\colon \mathbb{R}^n \to \mathbb{K}^r$ eine lineare Abbildung, und es sei $B \in M(n,r;\mathbb{K})$ die Matrix von M. Die Matrix von $M \circ L$ ist $AB \in M(m,r;\mathbb{K})$, denn es ist $M(L(x)) = M(xA) = xAB$ für jedes $x \in \mathbb{R}^m$.
(9) Es sei $L\colon \mathbb{R}^m \to \mathbb{R}^m$ eine lineare Abbildung, und es sei $A \in M(m;\mathbb{R})$ die Matrix von L. Es sei L bijektiv, und es sei $B \in M(m;\mathbb{R})$ die Matrix von L^{-1}. Nach (8) und (7)(c) gilt $AB = E_m$, und daher ist A invertierbar und $A^{-1} = B$.
(10) Es sei $A \in M(m,n;\mathbb{K})$. Die Abbildung $x \mapsto xA : \mathbb{R}^m \to \mathbb{K}^n$ ist linear, und A ist die Matrix dieser linearen Abbildung.
(11) Die Standardbasis von $M(1,1;\mathbb{R})$ ist $e_1 = 1$.
(a) Es sei $L\colon \mathbb{R} \to \mathcal{Y}$ eine lineare Abbildung, und es sei $A := L(1) \in M(r,s;\mathbb{K})$. Für jedes $u \in \mathbb{R}$ gilt $L(u) = L(u \cdot 1) = uL(1) = uA$; man nennt auch in diesem Fall A die Matrix der linearen Abbildung L. Es gilt $\|L\|_{\mathrm{F}} = \|A\|_{\mathrm{F}}$.
(b) Ist $A \in M(r,s;\mathbb{K})$, so ist die Abbildung $u \mapsto uA : \mathbb{R} \to \mathcal{Y}$ linear.
(c) Ist $\mathcal{Y} = \mathbb{K}$, so wird eine lineare Abbildung $L\colon \mathbb{R} \to \mathbb{K}$ häufig mit $L(1) \in \mathbb{K}$ identifiziert.
(12) Es sei $L\colon \mathcal{X} \to \mathbb{K}$ eine lineare Abbildung. Es sei $\{E_{11}, \ldots, E_{mn}\}$ die Standardbasis von $\mathcal{X}$. Für jedes $i \in \{1, \ldots, m\}$ und jedes $j \in \{1, \ldots, n\}$ sei $\alpha_{ij} := L(E_{ij})$, und es sei $A := (\alpha_{ij}) \in M(m,n;\mathbb{K})$. Für jedes $X = (\xi_{ij}) \in \mathcal{X}$ gilt $L(X) = \sum_{i=1}^{m}\sum_{j=1}^{n} \alpha_{ij}\xi_{ij}$. Man nennt auch in diesem Fall A die Matrix der linearen Abbildung L. Es gilt $\|L\|_{\mathrm{F}} = \|A\|_{\mathrm{F}}$.

(4.3) Satz: *Eine lineare Abbildung* $L\colon \mathcal{X} \to \mathcal{Y}$ *ist stetig.*

Beweis: Es sei $X_0 \in \mathcal{X}$. Für jedes $X \in \mathcal{X}$ gilt nach (4.2)(6)(b)

$$\|L(X) - L(X_0)\|_F = \|L(X - X_0)\|_F \le \|L\|_F \|X - X_0\|_F.$$

(4.4) Hilfssatz: *Es sei $L: \mathcal{X} \to \mathcal{Y}$ eine lineare Abbildung, und es sei $X_0 \in \mathcal{X}$. Es gelte*

$$\lim_{X \to X_0} \frac{\|L(X - X_0)\|_F}{\|X - X_0\|_F} = 0 \quad \text{in } \mathcal{X} \setminus \{X_0\}.$$

Dann ist L die Nullabbildung, d.h. es gilt $L(X) = 0$ für jedes $X \in \mathcal{X}$.

Beweis: Es ist X_0 ein Häufungspunkt von $\mathcal{X} \setminus \{X_0\}$ [vgl. (2.10)(3)]; es ist also sinnvoll, den in der Voraussetzung von (4.4) genannten Grenzwert zu bilden.

Weil L linear ist, ist $L(0) = 0$ [vgl. (4.2)(2)]. Es sei $X \in \mathcal{X} \setminus \{X_0\}$. Es sei $X^{(p)} := X_0 + (1/p)X$ für jedes $p \in \mathbb{N}$. Da L linear ist, gilt $L(X^{(p)} - X_0) = L((1/p)X) = (1/p)L(X)$ für jedes $p \in \mathbb{N}$. Da die Folge $(X^{(p)})_{p \ge 1}$ gegen X_0 konvergiert, gilt nach Voraussetzung und nach (2.34)(6)

$$0 = \lim_{p \to \infty} \left(\frac{\|L(X^{(p)} - X_0\|_F}{\|X^{(p)} - X_0\|_F} \right) = \lim_{p \to \infty} \left(\frac{\|L(X)\|_F / p}{\|X\|_F / p} \right) = \frac{\|L(X)\|_F}{\|X\|_F},$$

und somit ist $L(X) = 0$.

(4.5) Definition: Es sei $U \subset \mathcal{X}$ eine offene Menge, und es sei $X_0 \in U$ [es ist X_0 ein Häufungspunkt von U, vgl. (2.10)(3).] Es sei $F: U \to \mathcal{Y}$ eine Abbildung.
(1) Die Abbildung F heißt differenzierbar in X_0, wenn es eine lineare Abbildung $L: \mathcal{X} \to \mathcal{Y}$ und eine Abbildung $R: U \to \mathcal{Y}$ gibt mit

$$F(X) = F(X_0) + L(X - X_0) + \|X - X_0\|_F R(X) \quad \text{für jedes } X \in U \qquad (*)$$

und mit $\lim_{X \to X_0} R(X) = 0$. [Die Bedingung $\lim_{X \to X_0} R(X) = 0$ ist damit äquivalent, daß R in X_0 stetig ist und daß $R(X_0) = 0$ gilt, vgl. (2.34)(5).]
(2) F heißt differenzierbar, wenn F in jedem $X \in U$ differenzierbar ist.

(4.6) Bemerkung: Es sei $U \subset \mathcal{X}$ eine offene Menge, und es sei $F: U \to \mathcal{Y}$ eine Abbildung; es sei $X_0 \in U$. Es sei $|||\ |||$ eine der Normen $\|\ \|_F$, $\|\ \|$, $\|\ \|_1$, $\|\ \|_\infty$, $\|\ \|_G$.
(1)(a) Es sei F in X_0 differenzierbar. Daher gibt es eine lineare Abbildung $L: \mathcal{X} \to \mathcal{Y}$ und eine Abbildung $R: U \to \mathcal{Y}$ mit

$$F(X) = F(X_0) + L(X - X_0) + \|X - X_0\|_F R(X) \quad \text{für jedes } X \in U$$

und mit $\lim_{X \to X_0} R(X) = 0$. Setzt man

$$R_1(X) := \begin{cases} \dfrac{\|X - X_0\|_F}{|||X - X_0|||} R(X) & \text{für jedes } X \in U \setminus \{X_0\}, \\ 0 & \text{für } X = X_0, \end{cases}$$

so gilt $\lim_{X \to X_0} R_1(X) = 0$ [wie aus den Ungleichungen in (1.3)(5) folgt], und es ist

$$F(X) = F(X_0) + L(X - X_0) + |||X - X_0||| R_1(X) \quad \text{für jedes } X \in U.$$

(b) Es gebe eine lineare Abbildung $L: \mathcal{X} \to \mathcal{Y}$ und eine Abbildung $R_1: U \to \mathcal{Y}$ mit

$$F(X) = F(X_0) + L(X - X_0) + |||X - X_0|||R_1(X) \quad \text{für jedes } X \in U$$

und mit $\lim_{X \to X_0} R_1(X) = 0$. Wie in (a) folgert man, daß es eine Abbildung $R: U \to \mathcal{Y}$ gibt mit

$$F(X) = F(X_0) + L(X - X_0) + \|X - X_0\|_F R(X) \quad \text{für jedes } X \in U$$

und mit $\lim_{X \to X_0} R(X) = 0$.
(c) Aus (a) und (b) sieht man: Für die Definition der Differenzierbarkeit von F in X_0 ist es also gleichgültig, welche Norm auf der rechten Seite von (4.5)(1)(*) für den Faktor $X - X_0$ bei $R(X)$ gewählt wird.
(2) Es sei F in X_0 differenzierbar. Es gibt genau eine lineare Abbildung L wie in (4.5)(1)(*).
Beweis: Es sei $i \in \{1, 2\}$, und es sei $L_i: \mathcal{X} \to \mathcal{Y}$ eine lineare Abbildung, $R_i: U \to \mathcal{Y}$ eine Abbildung mit $\lim_{X \to X_0} R_i(X) = 0$, und es gelte

$$F(X) = F(X_0) + L_i(X - X_0) + \|X - X_0\|_F R_i(X) \quad \text{für jedes } X \in U.$$

Es ist $M := L_2 - L_1: \mathcal{X} \to \mathcal{Y}$ eine lineare Abbildung [vgl. (4.2)(3)]; es gilt

$$\frac{M(X - X_0)}{\|X - X_0\|_F} = R_1(X) - R_2(X) \quad \text{für jedes } X \in U \setminus \{X_0\}.$$

Es gilt $\lim_{X \to X_0}(R_1(X) - R_2(X)) = 0$ in U, und nach (2.35) gilt daher auch $\lim_{X \to X_0}(R_1(X) - R_2(X)) = 0$ in $U \setminus \{X_0\}$. Deshalb ist M die Nullabbildung [vgl. (4.4) und (2.34)(2)], also ist $L_1 = L_2$.

(4.7) DEFINITION: Es sei $U \subset \mathcal{X}$ eine offene Menge, und es sei $X_0 \in U$. Es sei $F: U \to \mathcal{Y}$ eine Abbildung, und es sei F in X_0 differenzierbar. Die nach (4.6)(2) eindeutig bestimmte lineare Abbildung $L: \mathcal{X} \to \mathcal{Y}$ mit (4.5)(1)(*) heißt die Ableitung von F in X_0, und man schreibt $L =: DF(X_0)$. *Die Ableitung von F in X_0 ist also eine lineare Abbildung $L: \mathcal{X} \to \mathcal{Y}$.*

(4.8) (1) SUMMENREGEL: Es sei $U \subset \mathcal{X}$ eine offene Menge, und es sei $X_0 \in U$. Es seien $F_1: U \to \mathcal{Y}$ und $F_2: U \to \mathcal{Y}$ in X_0 differenzierbar. Die Abbildung $F_1 + F_2: U \to \mathcal{Y}$ [vgl. (2.16)(1)] ist in X_0 differenzierbar und ihre Ableitung ist $DF_1(X_0) + DF_2(X_0)$.
Beweis: Für jedes $i \in \{1, 2\}$ gibt es eine Abbildung $R_i: U \to \mathcal{Y}$ mit $\lim_{X \to X_0} R_i(X) = 0$ und mit

$$F_i(X) = F_i(X_0) + DF_i(X_0)(X - X_0) + \|X - X_0\|_F R_i(X) \quad \text{für jedes } X \in U;$$

addiert man die für $i = 1$ und $i = 2$ entstehenden Gleichungen, so ergibt sich die Behauptung.
(2) PRODUKTREGEL: Es sei $U \subset \mathcal{X}$ eine offene Menge, und es sei $X_0 \in U$. Es seien $F_1: U \to \mathbb{K}$ und $F_2: U \to \mathbb{K}$ in X_0 differenzierbar. Die Funktion $F_1 F_2: U \to \mathbb{K}$ ist in X_0 differenzierbar mit der Ableitung $F_1(X_0) \cdot DF_2(X_0) + F_2(X_0) \cdot DF_1(X_0)$. Das beweist man ähnlich wie in (1) [vgl. auch V(1.5)(2)].

(4.9) Satz: *Es sei $U \subset \mathcal{X}$ eine offene Menge, es sei $F: U \to \mathcal{Y}$ eine Abbildung, und es sei $X_0 \in U$. Ist F in X_0 differenzierbar, so ist F in X_0 stetig.*
Beweis: Es gibt eine Abbildung $R: U \to \mathcal{Y}$ mit $\lim_{X \to X_0} R(X) = 0$, so daß

$$F(X) = F(X_0) + DF(X_0)(X - X_0) + \|X - X_0\|_{\mathrm{F}} R(X) \quad \text{für jedes } X \in U$$

gilt; aus den Rechenregeln in (2.35) und aus der Stetigkeit der linearen Abbildung $DF(X_0): \mathcal{X} \to \mathcal{Y}$ [vgl. (4.3)] folgt $\lim_{X \to X_0} F(X) = F(X_0)$ [vgl. (2.34)(5)], und daher ist F in X_0 stetig [vgl. (2.34)(5)].

(4.10) Satz: [Kettenregel] *Es seien $U \subset \mathcal{X}$ und $V \subset M(r,s;\mathbb{R})$ offene Mengen. Es seien $F: U \to M(r,s;\mathbb{R})$, $G: V \to M(p,q;\mathbb{K})$ Abbildungen. Es gelte $F(U) \subset V$. Es sei $X_0 \in U$, und es sei F in X_0 differenzierbar. Es sei $Y_0 := F(X_0)$, und es sei G in Y_0 differenzierbar. Dann ist $G \circ F$ in X_0 differenzierbar, und für die lineare Abbildung $D(G \circ F)(X_0): \mathcal{X} \to M(p,q;\mathbb{K})$ gilt*

$$D(G \circ F)(X_0) = DG(F(X_0)) \circ DF(X_0).$$

Beweis: Es wird $L := DF(X_0)$ und $M := DG(Y_0)$ gesetzt. Es gibt eine Abbildung $R: U \to M(r,s;\mathbb{R})$ mit

$$F(X) = F(X_0) + L(X - X_0) + \|X - X_0\|_{\mathrm{F}} R(X) \quad \text{für jedes } X \in U$$

und mit $\lim_{X \to X_0} R(X) = 0$. Es gibt eine Abbildung $S: V \to M(p,q;\mathbb{K})$ mit

$$G(Y) = G(Y_0) + M(Y - Y_0) + \|Y - Y_0\|_{\mathrm{F}} S(Y) \quad \text{für jedes } Y \in V$$

und mit $\lim_{Y \to Y_0} S(Y) = 0$. Für jedes $X \in U$ gilt daher

$$G \circ F(X) = G \circ F(X_0) + M \circ L(X - X_0) + \|X - X_0\|_{\mathrm{F}} T(X)$$

mit

$$T(X) := \begin{cases} M(R(X)) + \left\| \dfrac{L(X - X_0)}{\|X - X_0\|_{\mathrm{F}}} + R(X) \right\|_{\mathrm{F}} S(F(X)) & \text{für } X \in U \setminus \{X_0\}, \\ 0 & \text{für } X = X_0. \end{cases}$$

Für jedes $X \in U$ gilt

$$\|T(X)\|_{\mathrm{F}} \le \|M\|_{\mathrm{F}}\, \|R(X)\|_{\mathrm{F}} + \left(\|L\|_{\mathrm{F}} + \|R(X)\|_{\mathrm{F}}\right) \|S(F(X))\|_{\mathrm{F}}$$

[für $X \neq X_0$ nach (4.2)(6)(b) und für $X = X_0$ wegen $T(X_0) = 0$]. R hat in X_0 den Grenzwert 0. F ist in X_0 stetig [vgl. (4.9)] und hat daher in X_0 den Grenzwert $F(X_0)$, S hat in $F(X_0)$ den Grenzwert 0, und daher hat $S \circ F$ in X_0 den Grenzwert 0 [vgl. (2.36)]. Hieraus folgt: T hat in X_0 den Grenzwert 0.

(4.11) BEISPIEL: (1)(a) Es sei $B \in \mathcal{Y}$. Es sei $X_0 \in \mathcal{X}$; die Abbildung $X \mapsto B : \mathcal{X} \to \mathcal{Y}$ ist in X_0 differenzierbar, und ihre Ableitung ist die Nullabbildung.
(b) Es sei $L: \mathcal{X} \to \mathcal{Y}$ eine lineare Abbildung. Es sei $X_0 \in \mathcal{X}$. Für jedes $X \in \mathcal{X}$ gilt $L(X) = L(X_0) + L(X - X_0)$; es ist also L in X_0 differenzierbar, und es gilt $DL(X_0) = L$. Es ist daher die Ableitung der [linearen] Abbildung L in X_0 die lineare Abbildung L.
(2) Es sei $A \in M(n; \mathbb{K})$, und es sei $t_0 \in \mathbb{R}$. Die Abbildung $\exp_A: \mathbb{R} \to M(n; \mathbb{K})$ ist in t_0 differenzierbar, und ihre Ableitung $D\exp_A(t_0)$ in t_0 ist die lineare Abbildung $u \mapsto uA\exp(t_0A): \mathbb{R} \to M(n; \mathbb{K})$ [vgl. (4.2)(11)(b)].
Beweis: Die Matrizen A und $\exp(tA)$ [vgl. (1.8)(2)] sowie die Matrizen tA und t_0A sind für jedes $t \in \mathbb{R}$ vertauschbar. Für jedes $t \in \mathbb{R}$ ist daher [vgl. (1.14)(1)]

$$\exp(tA) = \exp(t_0A) + (t-t_0)A\exp(t_0A) + \exp(t_0A)\big(\exp((t-t_0)A) - E_n - (t-t_0)A\big),$$

also $\exp(tA) = \exp(t_0A) + (t-t_0)A\exp(t_0A) + |t-t_0|R(t)$ mit

$$R(t) = \operatorname{sign}(t-t_0)\exp(t_0A) \cdot \Big(\sum_{p=2}^{\infty}(t-t_0)^{p-1}\frac{A^p}{p!}\Big).$$

Es sei $\alpha := \|A\|_F$. Für jedes $t \in \mathbb{R}$ gilt $\|R(t)\|_F \leq \exp(\alpha|t_0|)\cdot\sum_{p=2}^{\infty}|t-t_0|^{p-1}\alpha^p/p!$, und daher hat R in t_0 den Grenzwert 0 [vgl. IV(1.15)(3)].

Somit ist $\exp_A$ in t_0 differenzierbar, und die Ableitung in t_0 ist die lineare Abbildung $u \mapsto uA\exp(t_0A) : \mathbb{R} \to M(n; \mathbb{K})$.

(4.12) BEMERKUNG: Es sei $I \subset \mathbb{R}$ ein offenes Intervall, und es sei $f: I \to \mathbb{K}$ eine Funktion. Es sei $t_0 \in I$.
(1) Nach der Definition in (4.5)(1) ist f in t_0 differenzierbar, wenn es eine lineare Abbildung $L: \mathbb{R} \to \mathbb{K}$ und eine Funktion $\rho: I \to \mathbb{K}$ gibt mit

$$f(t) = f(t_0) + L(t-t_0) + (t-t_0)\rho(t) \quad \text{für jedes } t \in I$$

und mit $\lim_{t\to t_0}\rho(t) = 0$ [statt $(t-t_0)\rho(t)$ müßte $|t-t_0|\widetilde{\rho}(t)$ mit einer Funktion $\widetilde{\rho}: U \to \mathbb{K}$, für die $\lim_{t\to t_0}\widetilde{\rho}(t) = 0$ gilt, stehen; setzt man $\rho(t) := \operatorname{sign}(t-t_0)\widetilde{\rho}(t)$ für jedes $t \in I$, so ergibt sich die angegebene Darstellung]. Mit $\alpha := L(1) \in \mathbb{K}$ gilt $L(u) = u\alpha$ für jedes $u \in \mathbb{R}$ [vgl. (4.2)(11)].
(2) Gibt es ein $\alpha \in \mathbb{K}$ und eine Funktion $\rho: I \to \mathbb{K}$ mit

$$f(t) = f(t_0) + (t-t_0)\cdot\alpha + (t-t_0)\rho(t) \quad \text{für jedes } t \in I$$

und mit $\lim_{t\to t_0}\rho(t) = 0$, so ist f in t_0 differenzierbar, und die Ableitung von f in t_0 ist die lineare Abbildung $u \mapsto u\alpha : \mathbb{R} \to \mathbb{K}$.
(3) Es sei f in t_0 differenzierbar. Häufig wird die lineare Abbildung $Df(t_0): \mathbb{R} \to \mathbb{K}$ mit $Df(t_0)(1) \in \mathbb{K}$ identifiziert [vgl. (4.2)(11)(c)].
(4) Es sei $\mathbb{K} = \mathbb{R}$. Aus (1) und (2) folgt: Es ist f in t_0 im Sinne von (4.5)(1) genau dann differenzierbar, wenn f in t_0 im Sinne von V(1.2) differenzierbar ist;

ist α die Ableitung von f in t_0 im Sinne von V(1.2), so ist die lineare Abbildung $u \to u\alpha : \mathbb{R} \to \mathbb{R}$ die Ableitung von f in t_0 im Sinne von (4.7).

(5) Es sei $\mathbb{K} = \mathbb{C}$. Es sei f in t_0 differenzierbar mit Ableitung α. Dann gibt es eine Funktion $\rho: I \to \mathbb{C}$ mit

$$f(t) = f(t_0) + (t - t_0) \cdot \alpha + (t - t_0)\rho(t) \quad \text{für jedes } t \in I$$

und mit $\lim_{t \to t_0} \rho(t) = 0$. Daher gilt

$$\operatorname{Re}(f)(t) = \operatorname{Re}(f)(t_0) + (t - t_0) \cdot \operatorname{Re}(\alpha) + (t - t_0)\operatorname{Re}(\rho)(t) \quad \text{für jedes } t \in I,$$

$$\operatorname{Im}(f)(t) = \operatorname{Im}(f)(t_0) + (t - t_0) \cdot \operatorname{Im}(\alpha) + (t - t_0)\operatorname{Im}(\rho)(t) \quad \text{für jedes } t \in I$$

und $\lim_{t \to t_0} \operatorname{Re}(\rho)(t) = 0$ und $\lim_{t \to t_0} \operatorname{Im}(\rho)(t) = 0$. Es ist also $\operatorname{Re}(f)$ in t_0 differenzierbar mit der Ableitung $\operatorname{Re}(\alpha)$, und es ist $\operatorname{Im}(f)$ in t_0 differenzierbar mit der Ableitung $\operatorname{Im}(\alpha)$. – Es gelte umgekehrt: Es ist $\operatorname{Re}(f)$ in t_0 differenzierbar mit der Ableitung β, und es ist $\operatorname{Im}(f)$ in t_0 differenzierbar mit der Ableitung γ. Dann sieht man leicht, daß f in t_0 differenzierbar ist mit der Ableitung $\beta + i\gamma$.

(4.13) BEMERKUNG: Es sei $I \subset \mathbb{R}$ ein offenes Intervall, und es sei $F: I \to \mathcal{Y}$ eine Abbildung. Es seien $\varphi_{kl}: I \to \mathbb{K}$ mit $k \in \{1, \dots, r\}$ und $l \in \{1, \dots, s\}$ die Koordinatenfunktionen von F [vgl. (2.15)(2)]. Es sei $t_0 \in I$.

(1) Es sei F in t_0 differenzierbar, und es sei $A = (\alpha_{kl}) \in \mathcal{Y}$ die Matrix der linearen Abbildung $DF(t_0): \mathbb{R} \to \mathcal{Y}$ [vgl. (4.2)(11)(a)], so daß $DF(t_0)(u) = uA$ für jedes $u \in \mathbb{R}$ gilt. Es gibt eine Abbildung $R: I \to \mathcal{Y}$ mit

$$F(t) = F(t_0) + (t - t_0) \cdot A + |t - t_0| R(t) \quad \text{für jedes } t \in I$$

und mit $\lim_{t \to t_0} R(t) = 0$. Es seien $\rho_{kl}: I \to \mathbb{K}$ mit $k \in \{1, \dots, r\}$ und $l \in \{1, \dots, s\}$ die Koordinatenfunktionen von R; es gilt also für jedes $k \in \{1, \dots, r\}$ und jedes $l \in \{1, \dots, s\}$

$$\varphi_{kl}(t) = \varphi_{kl}(t_0) + (t - t_0) \cdot \alpha_{kl} + |t - t_0| \rho_{kl}(t) \quad \text{für jedes } t \in I, \qquad (*)$$

und hierbei gilt $\lim_{t \to t_0} \rho_{kl}(t) = 0$ [vgl. (2.34)(3)]. Für jedes $k \in \{1, \dots, r\}$ und jedes $l \in \{1, \dots, s\}$ ist also die Koordinatenfunktion φ_{kl} in t_0 differenzierbar, und die Ableitung von φ_{kl} in t_0 ist die lineare Abbildung $u \mapsto u\alpha_{kl} : \mathbb{R} \to \mathbb{K}$; man sagt, daß φ_{kl} in t_0 die Ableitung α_{kl} hat [vgl. (4.2)(11)(b)].

(2) Es sei umgekehrt für jedes $k \in \{1, \dots, r\}$ und jedes $l \in \{1, \dots, s\}$ die Koordinatenfunktion φ_{kl} in t_0 differenzierbar, und es sei $\alpha_{kl} \in \mathbb{K}$ ihre Ableitung, also die durch $u \mapsto u\alpha_{kl} : \mathbb{R} \to \mathbb{K}$ definierte lineare Abbildung. Es gibt daher für jedes $k \in \{1, \dots, r\}$ und jedes $l \in \{1, \dots, s\}$ eine Funktion $\rho_{kl}: I \to \mathbb{K}$ mit

$$\varphi_{kl}(t) = \varphi_{kl}(t_0) + (t - t_0) \cdot \alpha_{kl} + |t - t_0| \rho_{kl}(t) \quad \text{für jedes } t \in I$$

und mit $\lim_{t \to t_0} \rho_{kl}(t) = 0$. Es sei $A := (\alpha_{kl}) \in \mathcal{Y}$, und es sei $R: I \to \mathcal{Y}$ die Abbildung mit den Koordinatenfunktionen ρ_{kl} mit $k \in \{1, \dots, r\}$ und $l \in \{1, \dots, s\}$. Dann gilt

$$F(t) = F(t_0) + (t - t_0) \cdot A + |t - t_0| R(t) \quad \text{für jedes } t \in I,$$

und hierbei ist $\lim_{t\to t_0} R(t) = 0$ [vgl. (2.34)(3)]. Es ist also F in t_0 differenzierbar, und die Ableitung in t_0 ist die lineare Abbildung $u \mapsto uA : \mathbb{R} \to \mathcal{Y}$.

(3) Hieraus und aus (4.12)(5) ergeben sich die folgenden Aussagen.

(a) Es sei $\mathbb{K} = \mathbb{R}$. Es ist F in t_0 differenzierbar, genau wenn für jedes $k \in \{1,\ldots,r\}$ und jedes $l \in \{1,\ldots,s\}$ die Koordinatenfunktion φ_{kl} in t_0 differenzierbar ist. Es sei dies der Fall; ist dann $A = (\alpha_{kl}) \in M(r,s;\mathbb{R})$ die Matrix von $DF(t_0)$, so ist für jedes $k \in \{1,\ldots,r\}$ und jedes $l \in \{1,\ldots,s\}$ α_{kl} die Ableitung von φ_{kl} in t_0.

(b) Es sei $\mathbb{K} = \mathbb{C}$. Es ist F in t_0 differenzierbar, genau wenn für jedes $k \in \{1,\ldots,r\}$ und jedes $l \in \{1,\ldots,s\}$ die Funktionen $\mathrm{Re}(\varphi_{kl})$ und $\mathrm{Im}(\varphi_{kl})$ in t_0 differenzierbar sind. Es sei dies der Fall. Ist dann $A = (\alpha_{kl}) \in M(r,s;\mathbb{C})$ die Matrix der Ableitung $DF(t_0)$, so ist für jedes $k \in \{1,\ldots,r\}$ und jedes $l \in \{1,\ldots,s\}$ $\mathrm{Re}(\alpha_{kl})$ die Ableitung von $\mathrm{Re}(\varphi_{kl})$ in t_0 und $\mathrm{Im}(\alpha_{kl})$ die Ableitung von $\mathrm{Im}(\varphi_{kl})$ in t_0.

(c) Es sei $\mathbb{K} = \mathbb{C}$. Es ist F in t_0 differenzierbar, genau wenn $\mathrm{Re}(F)$ und $\mathrm{Im}(F)$ in t_0 differenzierbar sind. Es sei dies der Fall. Ist $A = (\alpha_{kl}) \in M(r,s;\mathbb{C})$ die Matrix von $DF(t_0)$, so ist $\big(\mathrm{Re}(\alpha_{kl})\big)$ die Matrix der Ableitung von $\mathrm{Re}(F)$ in t_0, und $\big(\mathrm{Im}(\alpha_{kl})\big)$ ist die Matrix der Ableitung von $\mathrm{Im}(F)$ in t_0.

(4.14) DEFINITION: Es sei $I \subset \mathbb{R}$ ein offenes Intervall.

(1) Es sei $f\colon I \to \mathbb{C}$ eine Funktion.

(a) Es sei f differenzierbar. Es sei $t \in I$; die lineare Abbildung $Df(t)\colon \mathbb{R} \to \mathbb{C}$ wird mit $Df(t)(1) \subset \mathbb{C}$ identifiziert [vgl. (4.2)(11)(c)], die dadurch definierte Funktion $t \mapsto Df(t)(1) : I \to \mathbb{C}$ wird mit f' bezeichnet.

(b) Es sei f differenzierbar. Es wird $f^{(0)} := f$, $f^{(1)} := f'$ gesetzt. Es sei $n \in \mathbb{N}$, und es sei $f^{(n-1)}\colon I \to \mathbb{C}$ definiert. Ist $f^{(n-1)}$ differenzierbar, so setzt man $f^{(n)} := \big(f^{(n-1)}\big)'$ und nennt f n-mal differenzierbar.

(2) Es sei $F\colon I \to \mathcal{Y}$ eine differenzierbare Abbildung mit den Koordinatenfunktionen φ_{kl} mit $k \in \{1,\ldots,r\}$ und $l \in \{1,\ldots,s\}$. Die Abbildung $t \mapsto \big(\varphi'_{kl}(t)\big) : I \to \mathcal{Y}$ wird mit F' bezeichnet.

(4.15) MITTELWERTSÄTZE: (1) *Es sei $I := [a,b] \subset \mathbb{R}$ ein abgeschlossenes Intervall, und es seien $F\colon I \to \mathcal{Y}$, $g\colon I \to \mathbb{R}$ stetige Abbildungen. Es seien $F|(a,b)$ und $g|(a,b)$ differenzierbar, und es gelte $\|DF(t)\|_{\mathrm{F}} \le g'(t)$ für jedes $t \in (a,b)$. Dann gilt $\|F(b) - F(a)\|_{\mathrm{F}} \le g(b) - g(a)$.*

Beweis: Es wird gezeigt: Für jedes $\varepsilon > 0$ gilt

$$\|F(b) - F(a)\|_{\mathrm{F}} \le g(b) - g(a) + \varepsilon(b - a + 1);$$

hieraus folgt die Behauptung.

Es sei $\varepsilon > 0$, und es sei

$$J := \big\{t \in I \;\big|\; \|F(\tau) - F(a)\|_{\mathrm{F}} \le g(\tau) - g(a) + \varepsilon(\tau - a + 1) \text{ für jedes } \tau \in [a,t)\big\};$$

es gilt $a \in J$, also ist $J \ne \emptyset$. Es sei $c := \sup(J)$ [vgl. III(1.31)]. Ist $t' \in J$, so gilt $\tau \in J$ für jedes $\tau \in [a,t')$, und daher gilt $J = [a,c)$ oder $J = [a,c]$; da es nach Definition des Supremums von J zu jedem $\tau \in [a,c)$ ein $t \in J$ gibt mit $\tau < t < c$, gilt $c \in J$ und daher $J = [a, c]$. Aus der Stetigkeit von F und g in c folgt

$$\|F(c) - F(a)\|_{\mathrm{F}} \leq g(c) - g(a) + \varepsilon(c - a + 1). \qquad (*)$$

Es wird angenommen, daß $c < b$ gilt.
(a) Es sei $c = a$. Weil F und g in a stetig sind, gibt es zu ε ein $\delta > 0$ mit $[a, a+\delta) \subset I$ und mit $\|F(\tau) - F(a)\|_{\mathrm{F}} < \varepsilon/2$, $|g(\tau) - g(a)| < \varepsilon/2$ für jedes $\tau \in [a, a + \delta)$. Für jedes $\tau \in [a, a + \delta)$ gilt

$$\|F(\tau) - F(a)\| < \frac{\varepsilon}{2} + g(\tau) - g(a) + \frac{\varepsilon}{2} \leq \varepsilon + g(\tau) - g(a) + \varepsilon(\tau - a)$$

im Widerspruch zur Wahl von c. Daher ist $c > a$.
(b) Es sei $c > a$. Weil F und g in c differenzierbar sind, gibt es zu ε ein $\delta > 0$ mit $[c, c + \delta) \subset I$ und mit

$$\|F(\tau) - F(c) - DF(c)(\tau - c)\|_{\mathrm{F}} \leq \frac{\varepsilon}{2}(\tau - c), \quad |g(\tau) - g(c) - g'(c)(\tau - c)| \leq \frac{\varepsilon}{2}(\tau - c)$$

für jedes $\tau \in [c, c + \delta)$. Für jedes $\tau \in [c, c + \delta)$ gilt daher

$$\begin{aligned} \|F(\tau) - F(c)\|_{\mathrm{F}} &\leq \|DF(c)\|_{\mathrm{F}} \cdot (\tau - c) + \frac{\varepsilon}{2}(\tau - c) \\ &\leq g'(c)(\tau - c) + \frac{\varepsilon}{2}(\tau - c) \\ &\leq g(\tau) - g(c) + \varepsilon(\tau - c), \end{aligned}$$

und folglich wegen $(*)$

$$\|F(\tau) - F(a)\|_{\mathrm{F}} = \|(F(\tau) - F(c)) + (F(c) - F(a))\|_{\mathrm{F}} \leq g(\tau) - g(a) + \varepsilon(\tau - a + 1).$$

Da diese Ungleichung wegen $c \in J$ auch für jedes $\tau \in [a, c)$ gilt, folgt damit $c+\delta \in J$ im Widerspruch zur Wahl von c.

Daher gilt $c = b$, und folglich ist $J = I$.

(2) *Es sei $I = [a, b] \subset \mathbb{R}$ ein abgeschlossenes Intervall, es sei $F: I \to \mathcal{Y}$ eine stetige Abbildung, und es sei $F|(a, b)$ differenzierbar. Es gebe ein $M > 0$ mit $\|DF(t)\|_{\mathrm{F}} \leq M$ für jedes $t \in (a, b)$. Dann gilt $\|F(b) - F(a)\|_{\mathrm{F}} \leq M(b - a)$.*
Beweis: In (1) wird für g die Funktion $t \mapsto Mt : I \to \mathbb{R}$ gewählt.
(3) *Es sei $U \subset \mathcal{X}$ eine offene Menge, und es sei $F: U \to \mathcal{Y}$ eine differenzierbare Abbildung. Es seien $X_0, X_1 \in U$, und es gelte $S := \{X_0 + t(X_1 - X_0) \mid t \in [0, 1]\} \subset U$. Es gebe ein $M > 0$ mit $\|DF(X)\|_{\mathrm{F}} \leq M$ für jedes $X \in S$. Dann gilt*

$$\|F(X_1) - F(X_0)\|_{\mathrm{F}} \leq M\|X_1 - X_0\|_{\mathrm{F}}.$$

Beweis: Es sei $I := [0, 1]$, und es sei $\varphi: I \to \mathcal{X}$ die durch $t \mapsto X_0 + t(X_1 - X_0) : I \to \mathcal{X}$ definierte Abbildung. Es gilt $\varphi(I) \subset U$, φ ist stetig, und in jedem $t \in (0, 1)$ ist φ differenzierbar mit der Ableitung $u \mapsto u \cdot (X_1 - X_0) : \mathbb{R} \to \mathcal{X}$ [vgl. (4.11)(1)]. Es sei $\Phi := F \circ \varphi: I \to \mathcal{Y}$. Es ist Φ stetig [vgl. (2.29)], und in jedem $t \in (0, 1)$ ist Φ

differenzierbar mit der Ableitung $u \mapsto u \cdot DF(\varphi(t))(X_1 - X_0) : \mathbb{R} \to \mathcal{Y}$ [vgl. (4.10)]. Wegen $\|DF(\varphi(t))(X_1 - X_0)\|_F \leq \|DF(\varphi(t))\|_F \|X_1 - X_0\|_F \leq M\|X_1 - X_0\|_F$ für jedes $t \in (0,1)$ [vgl. (4.2)(6)(b) und (4.2)(11)(a)] folgt aus (2)

$$\|F(X_1) - F(X_0)\|_F = \|\Phi(1) - \Phi(0)\|_F \leq M\|X_1 - X_0\|_F.$$

(4.16) BEMERKUNG: Für den Rest dieses Paragraphen werden nur Abbildungen $f: U \to \mathbb{R}^n$ betrachtet, die auf einer offenen Menge $U \subset \mathbb{R}^m$ definiert sind.

(4.17) BEMERKUNG: Es sei $U \subset \mathbb{R}^m$ eine offene Menge, und es sei $f: U \to \mathbb{R}^n$ eine Abbildung mit den Koordinatenfunktionen $\varphi_1, \ldots, \varphi_n$. Dann gilt

$$f(x) = (\varphi_1(\xi_1, \ldots, \xi_m), \ldots, \varphi_n(\xi_1, \ldots, \xi_m)) \quad \text{für jedes } x = (\xi_1, \ldots, \xi_m) \in U.$$

Es sei $x_0 = (\xi_1^{(0)}, \ldots, \xi_m^{(0)}) \in U$.
(1) Es sei f in x_0 differenzierbar, und es sei $A = (\alpha_{jk}) \in M(m,n;\mathbb{R})$ die Matrix der linearen Abbildung $Df(x_0): \mathbb{R}^m \to \mathbb{R}^n$ [vgl. (4.2)(7)]. Es gilt also $Df(x_0)(z) = zA$ für jedes $z \in \mathbb{R}^m$. Es gibt eine Abbildung $R: U \to \mathbb{R}^n$ mit

$$f(x) = f(x_0) + (x - x_0)A + \|x - x_0\|_F R(x) \quad \text{für jedes } x \in U$$

und mit $\lim_{x \to x_0} R(x) = 0$. Es sei $k \in \{1, \ldots, n\}$, und es sei $\rho_k: U \to \mathbb{R}$ die k-te Koordinatenfunktion von R; es gilt daher

$$\varphi_k(x) = \varphi_k(x_0) + \sum_{j=1}^{m} (\xi_j - \xi_j^{(0)})\alpha_{jk} + \|x - x_0\|_F \rho_k(x) \quad \text{für jedes } x = (\xi_1, \ldots, \xi_m) \in U$$

und $\lim_{x \to x_0} \rho_k(x) = 0$ [vgl. (2.34)(3)]. Für jedes $k \in \{1, \ldots, n\}$ ist also die Funktion $\varphi_k: U \to \mathbb{R}$ in x_0 differenzierbar, und die Matrix der linearen Abbildung $D\varphi_k(x_0): \mathbb{R}^m \to \mathbb{R}$ ist die k-te Spalte ${}^t(\alpha_{1k}, \ldots, \alpha_{mk}) \in M(m,1;\mathbb{R})$ der Matrix A.
(2) Für jedes $k \in \{1, \ldots, n\}$ sei die Funktion $\varphi_k: U \to \mathbb{R}$ in x_0 differenzierbar, und es sei ${}^t(\alpha_{1k}, \ldots, \alpha_{mk}) \in M(m,1;\mathbb{R})$ die Matrix der linearen Abbildung $D\varphi_k(x_0): \mathbb{R}^m \to \mathbb{R}$. Zu jedem $k \in \{1, \ldots, n\}$ gibt es eine Funktion $\rho_k: U \to \mathbb{R}$ mit

$$\varphi_k(x) = \varphi_k(x_0) + \sum_{j=1}^{m} (\xi_j - \xi_j^{(0)})\alpha_{jk} + \|x - x_0\|_F \rho_k(x) \quad \text{für jedes } x = (\xi_1, \ldots, \xi_m) \in U$$

und mit $\lim_{x \to x_0} \rho_k(x) = 0$. Es sei $A := (\alpha_{jk}) \in M(m,n;\mathbb{R})$, es sei $R: U \to \mathbb{R}^n$ die Abbildung mit den Koordinatenfunktionen $\rho_1, \ldots, \rho_n$, und es sei $L: \mathbb{R}^m \to \mathbb{R}^n$ die lineare Abbildung mit $L(x) = xA$ für jedes $x \in \mathbb{R}^m$; es gilt

$$f(x) = f(x_0) + L(x - x_0) + \|x - x_0\|_F R(x) \quad \text{für jedes } x \in U$$

und $\lim_{x \to x_0} R(x) = 0$ [vgl. (2.34)(3)]. Es ist also f in x_0 differenzierbar, und die Matrix der linearen Abbildung $Df(x_0) = L$ ist die Matrix A.
(3) Das Resultat von (1) und (2) kann so zusammengefaßt werden: *Es ist f in x_0 genau dann differenzierbar, wenn die Koordinatenfunktionen $\varphi_1, \ldots, \varphi_n$ in x_0 differenzierbar sind; ist dies der Fall, so gilt $Df(x_0) = (D\varphi_1(x_0), \ldots, D\varphi_n(x_0))$: Für jedes $k \in \{1, \ldots, n\}$ ist also $D\varphi_k(x_0): \mathbb{R}^m \to \mathbb{R}$ die k-te Koordinatenfunktion der linearen Abbildung $Df(x_0): \mathbb{R}^m \to \mathbb{R}^n$.*

(4.18) PARTIELLE ABLEITUNGEN: Es sei $U \subset \mathbb{R}^m$ eine offene Menge, und es sei $\varphi: U \to \mathbb{R}$ eine Funktion.

(1) Es sei $x_0 = (\xi_1^{(0)}, \ldots, \xi_m^{(0)}) \in U$. Es sei $j \in \{1, \ldots, m\}$. Es wird ein $\delta > 0$ so gewählt, daß $(\xi_1^{(0)}, \ldots, \xi_j^{(0)} + h, \ldots, \xi_m^{(0)}) \in U$ für jedes $h \in \mathbb{R}$ mit $|h| < \delta$ gilt [weil U offen ist, gibt es solche δ]. Es wird die Funktion

$$h \mapsto \varphi(\xi_1^{(0)}, \ldots, \xi_j^{(0)} + h, \ldots, \xi_m^{(0)}) : (-\delta, \delta) \to \mathbb{R}$$

betrachtet [diese Funktion einer Veränderlichen "hängt nur von der j-ten Veränderlichen ξ_j ab"]; ist diese Funktion in $0 \in (-\delta, \delta)$ differenzierbar und ist $\alpha_j \in \mathbb{R}$ ihre Ableitung in 0, so sagt man: φ ist in x_0 partiell nach der j-ten Veränderlichen differenzierbar, und man nennt

$$D_j\varphi(x_0) = \frac{\partial \varphi}{\partial \xi_j}(x_0) := \alpha_j$$

die j-te partielle Ableitung von φ in x_0.

(2) Es sei $j \in \{1, \ldots, m\}$. Ist φ für jedes $x \in U$ partiell nach der j-ten Veränderlichen differenzierbar, so heißt φ partiell nach der j-ten Veränderlichen differenzierbar; die Funktion $x \mapsto D_j\varphi(x) : U \to \mathbb{R}$ wird mit $D_j\varphi$ bezeichnet.

(4.19) BEISPIEL: (1) Es sei $U = \mathbb{R}^2 \setminus \{0\}$, und es sei $\varphi: U \to \mathbb{R}$ die durch

$$(\xi, \eta) \mapsto \frac{\xi^2 - \eta^2}{\xi^2 + \eta^2} : U \to \mathbb{R}$$

definierte Funktion. Für jedes $(\xi_0, \eta_0) \in U$ gilt

$$\frac{\partial \varphi}{\partial \xi}(\xi_0, \eta_0) = \frac{2\xi_0}{\xi_0^2 + \eta_0^2} - \frac{2(\xi_0^2 - \eta_0^2)\xi_0}{(\xi_0^2 + \eta_0^2)^2}, \quad \frac{\partial \varphi}{\partial \eta}(\xi_0, \eta_0) = -\frac{2\eta_0}{\xi_0^2 + \eta_0^2} - \frac{2(\xi_0^2 - \eta_0^2)\eta_0}{(\xi_0^2 + \eta_0^2)^2}.$$

(2) Es sei $U := \{(r, \theta) \in \mathbb{R}^2 \mid r > 0\}$, und es sei $f = (\varphi_1, \varphi_2): U \to \mathbb{R}^2$ definiert durch $(r, \theta) \mapsto (r\cos\theta, r\sin\theta) : U \to \mathbb{R}^2$. Für jedes $(r_0, \theta_0) \in U$ gilt

$$\begin{aligned} \frac{\partial \varphi_1}{\partial r}(r_0, \theta_0) &= \cos\theta_0, & \frac{\partial \varphi_2}{\partial r}(r_0, \theta_0) &= \sin\theta_0, \\ \frac{\partial \varphi_1}{\partial \theta}(r_0, \theta_0) &= -r_0\sin\theta_0, & \frac{\partial \varphi_2}{\partial \theta}(r_0, \theta_0) &= r_0\cos\theta_0. \end{aligned}$$

(4.20) Satz: *Es sei $U \subset \mathbb{R}^m$ eine offene Menge, und es sei $\varphi: U \to \mathbb{R}$ eine Funktion. Es sei $x_0 \in U$, und es sei φ in x_0 differenzierbar; es sei ${}^t(\alpha_1, \ldots, \alpha_m) \in M(m, 1; \mathbb{R})$ die Matrix der linearen Abbildung $D\varphi(x_0): \mathbb{R}^m \to \mathbb{R}$. Für jedes $j \in \{1, \ldots, m\}$ ist φ in x_0 partiell nach der j-ten Veränderlichen differenzierbar, und es gilt*

$$D_j\varphi(x_0) = \frac{\partial \varphi}{\partial \xi_j}(x_0) = \alpha_j.$$

Beweis: Es sei $x_0 = (\xi_1^{(0)}, \dots, \xi_m^{(0)})$. Es gibt eine Funktion $\rho: U \to \mathbb{R}$ mit

$$\varphi(x) = \varphi(x_0) + \sum_{j=1}^{m} (\xi_j - \xi_j^{(0)})\alpha_j + \|x - x_0\|_F \rho(x) \quad \text{für jedes } x = (\xi_1, \dots, \xi_m) \in U$$

und mit $\lim_{x \to x_0} \rho(x) = 0$. Es sei $j \in \{1, \dots, m\}$. Es wird ein $\delta > 0$ so gewählt, daß $(\xi_1^{(0)}, \dots, \xi_j^{(0)} + h, \dots, \xi_m^{(0)}) \in U$ für jedes $h \in \mathbb{R}$ mit $|h| < \delta$ gilt [weil U offen ist, gibt es solche δ]. Für jedes $h \in (-\delta, \delta)$ gilt

$$\varphi(\xi_1^{(0)}, \dots, \xi_j^{(0)} + h, \dots, \xi_m^{(0)}) = \varphi(x_0) + h\alpha_j + |h| \rho(\xi_1^{(0)}, \dots, \xi_j^{(0)} + h, \dots, \xi_m^{(0)}),$$

und es gilt $\lim_{h \to 0} \rho(\xi_1^{(0)}, \dots, \xi_j^{(0)} + h, \dots, \xi_m^{(0)}) = 0$. Hieraus folgt die Behauptung.

(4.21) BEMERKUNG: Der folgende Satz kann als teilweise Umkehrung von (4.20) aufgefaßt werden.

(4.22) Satz: *Es sei $U \subset R^m$ eine offene Menge, und es sei $\varphi: U \to \mathbb{R}$ eine Funktion. Für jedes $j \in \{1, \dots, m\}$ sei φ partiell nach der j-ten Veränderlichen differenzierbar, und es sei $D_j\varphi: U \to \mathbb{R}$ stetig. Dann ist φ differenzierbar. Für jedes $x \in U$ ist die Matrix der Ableitung $D\varphi(x)$ die Spalte ${}^t(D_1\varphi(x), \dots, D_m\varphi(x)) \in M(m, 1; \mathbb{R})$.*

Beweis: Für $m = 1$ ist nichts zu zeigen. Es sei $m > 1$, und es sei die Behauptung für Funktionen von $m-1$ Veränderlichen bewiesen. Es sei $x_0 = (\xi_1^{(0)}, \dots, \xi_m^{(0)}) \in U$, und für jedes $j \in \{1, \dots, m\}$ sei $\alpha_j := D_j\varphi(x_0)$. Es gibt eine positive reelle Zahl ρ so, daß $V := \{x \mid \|x - x_0\|_G < \rho\} \subset U$ gilt. Für jedes $x = (\xi_1, \dots, \xi_m) \in V$ gilt $(\xi_1, \dots, \xi_{m-1}, \zeta) \in V$ für jedes $\zeta \in \{\xi_m^{(0)} + t(\xi_m - \xi_m^{(0)}) \mid t \in [0,1]\}$. Es gilt für jedes $x = (\xi_1, \dots, \xi_m) \in V$

$$\begin{aligned}
&\Big|\varphi(\xi_1, \dots, \xi_{m-1}, \xi_m) - \varphi(\xi_1^{(0)}, \dots, \xi_{m-1}^{(0)}, \xi_m^{(0)}) - \sum_{j=1}^{m} (\xi_j - \xi_j^{(0)})\alpha_j\Big| \\
&\le \big|\varphi(\xi_1, \dots, \xi_{m-1}, \xi_m) - \varphi(\xi_1, \dots, \xi_{m-1}, \xi_m^{(0)}) - (\xi_m - \xi_m^{(0)})\alpha_m\big| + \\
&\quad + \Big|\varphi(\xi_1, \dots, \xi_{m-1}, \xi_m^{(0)}) - \varphi(\xi_1^{(0)}, \dots, \xi_{m-1}^{(0)}, \xi_m^{(0)}) - \sum_{j=1}^{m-1} (\xi_j - \xi_j^{(0)})\alpha_j\Big| \\
&\overset{*}{=} \big|D_m\varphi(\xi_1, \dots, \xi_{m-1}, \zeta_m) - \alpha_m\big| \, \big|\xi_m - \xi_m^{(0)}\big| + \\
&\quad + \Big|\varphi(\xi_1, \dots, \xi_{m-1}, \xi_m^{(0)}) - \varphi(\xi_1^{(0)}, \dots, \xi_{m-1}^{(0)}, \xi_m^{(0)}) - \sum_{j=1}^{m-1} (\xi_j - \xi_j^{(0)})\alpha_j\Big|
\end{aligned}$$

mit einem $\zeta_m \in I(\xi_m, \xi_m^{(0)})$ [bei $*$ wird der Mittelwertsatz, vgl. V(1.19), auf die Funktion $\zeta \mapsto \varphi(\xi_1, \dots, \xi_{m-1}, \zeta) : \{\xi_m^{(0)} + t(\xi_m - \xi_m^{(0)}) \mid t \in [0,1]\} \to \mathbb{R}$ angewandt]. Es sei ε eine positive reelle Zahl. Die Funktion $D_m\varphi: U \to \mathbb{R}$ ist stetig; es gibt daher ein positives δ' so, daß $|D_m\varphi(x) - \alpha_m| < \varepsilon/2$ gilt für jedes $x \in V$ mit $\|x - x^{(0)}\|_G <$

δ'; wegen der Induktionsvoraussetzung gibt es ein positives δ'' so, daß für jedes $(\xi_1, \ldots, \xi_{m-1}, \xi_m^{(0)}) \in V$ mit $\|(\xi_1, \ldots, \xi_{m-1}, \xi_m^{(0)}) - (\xi_1^{(0)}, \ldots, \xi_{m-1}^{(0)}, \xi_m^{(0)})\|_G < \delta''$

$$\left|\varphi(\xi_1, \ldots, \xi_{m-1}, \xi_m^{(0)}) - \varphi(\xi_1^{(0)}, \ldots, \xi_{m-1}^{(0)}, \xi_m^{(0)}) - \sum_{j=1}^{m-1}(\xi_j - \xi_j^{(0)})\alpha_j\right| <$$
$$< \frac{\varepsilon}{2}\|(\xi_1, \ldots, \xi_{m-1}) - (\xi_1^{(0)}, \ldots, \xi_{m-1}^{(0)})\|_G$$

gilt. Es sei $\delta := \min(\delta', \delta'')$. Für jedes $x = (\xi_1, \ldots, \xi_m) \in V$ mit $\|x - x_0\|_G < \delta$ gilt daher

$$\begin{aligned} &\left|\varphi(x) - \varphi(x_0) - \sum_{j=1}^{m}(\xi_j - \xi_j^{(0)})\alpha_j\right| < \\ &< \frac{\varepsilon}{2}|\xi_m - \xi_m^{(0)}| + \frac{\varepsilon}{2}\|(\xi_1, \ldots, \xi_{m-1}) - (\xi_1^{(0)}, \ldots, \xi_{m-1}^{(0)})\|_G \\ &\leq \frac{\varepsilon}{2}\left(\frac{\|x - x_0\|_G}{\sqrt{m}} + \|x - x_0\|_G\right) < \varepsilon\|x - x_0\|_G. \end{aligned}$$

(4.23) DEFINITION: Es sei $U \subset \mathbb{R}^m$ eine offene Menge, und es sei $f: U \to \mathbb{R}^n$ eine Abbildung mit den Koordinatenfunktionen φ_k mit $k \in \{1, \ldots, n\}$. Die Abbildung f heißt stetig differenzierbar, wenn für jedes $k \in \{1, \ldots, n\}$ und für jedes $j \in \{1, \ldots, m\}$ die Funktion φ_k partiell nach der j-ten Veränderlichen differenzierbar ist und für jedes $k \in \{1, \ldots, n\}$ und jedes $j \in \{1, \ldots, m\}$ die Funktion $D_j\varphi_k: U \to \mathbb{R}$ stetig ist.

(4.24) BEISPIEL: (1) Es sei $L: \mathbb{R}^m \to \mathbb{R}^n$ eine lineare Abbildung, und es seien λ_k mit $k \in \{1, \ldots, n\}$ die Koordinatenfunktionen von L. Ist $A = (\alpha_{jk}) \in M(m, n; \mathbb{R})$ die Matrix von L, so gilt $\lambda_k(x) = \sum_{j=1}^m \xi_j\alpha_{jk}$ für jedes $x = (\xi_1, \ldots, \xi_m) \in \mathbb{R}^m$ und für jedes $k \in \{1, \ldots, n\}$. Für jedes $j \in \{1, \ldots, m\}$ und jedes $k \in \{1, \ldots, n\}$ gilt daher

$$D_j\lambda_k(x) = \frac{\partial\lambda_k}{\partial\xi_j}(x) = \alpha_{jk} \quad \text{für jedes } x \in \mathbb{R}^m.$$

Es ist daher L stetig differenzierbar.

(2) Es sei $z = (\zeta_1, \ldots, \zeta_n) \in \mathbb{R}^n$. Die durch $x \mapsto x + z : \mathbb{R}^n \to \mathbb{R}^n$ definierte Abbildung T_z hat die Koordinatenfunktionen $\tau_1, \ldots, \tau_n$ mit $\tau_k(\xi_1, \ldots, \xi_n) = \xi_k + \zeta_k$ für jedes $x = (\xi_1, \ldots, \xi_n) \in \mathbb{R}^n$ und jedes $k \in \{1, \ldots, n\}$. Es gilt

$$D_j\tau_k(x) = \frac{\partial\tau_k}{\partial\xi_j}(x) = \delta_{jk} \quad \text{für jedes } x \in \mathbb{R}^n \text{ und alle } j, k \in \{1, \ldots, n\}$$

[δ_{jk} ist das Kroneckersymbol, vgl. I(8.24)]. Es ist daher T_z stetig differenzierbar.

(4.25) BEZEICHNUNG: Es sei $U \subset \mathbb{R}^m$ eine offene Menge, es sei $f: U \to \mathbb{R}^n$ eine Abbildung, und es seien $\varphi_1, \ldots, \varphi_n$ die Koordinatenfunktionen von f.

(1) Es sei $x_0 \in U$, und es sei f in x_0 differenzierbar. Nach (4.17)(3) und (4.20)

ist für jedes $k \in \{1,\ldots,n\}$ und für jedes $j \in \{1,\ldots,m\}$ die Funktion φ_k in x_0 partiell nach der j-ten Veränderlichen differenzierbar, und die Matrix der linearen Abbildung $Df(x_0)\colon \mathbb{R}^m \to \mathbb{R}^n$ ist die Matrix

$$J_f(x_0) := \begin{pmatrix} D_1\varphi_1(x_0) & \cdots & D_1\varphi_n(x_0) \\ \vdots & & \vdots \\ D_m\varphi_1(x_0) & \cdots & D_m\varphi_n(x_0) \end{pmatrix} = \begin{pmatrix} \dfrac{\partial\varphi_1}{\partial\xi_1}(x_0) & \cdots & \dfrac{\partial\varphi_n}{\partial\xi_1}(x_0) \\ \vdots & & \vdots \\ \dfrac{\partial\varphi_1}{\partial\xi_m}(x_0) & \cdots & \dfrac{\partial\varphi_n}{\partial\xi_m}(x_0) \end{pmatrix}$$

$\in M(m,n;\mathbb{R})$; sie heißt die Jacobi-Matrix von f in x_0 [nach C. G. J. Jacobi] oder auch die Funktionalmatrix von f in x_0.
(2) Es sei f differenzierbar, und es sei die Abbildung $x \mapsto J_f(x) : U \to M(m,n;\mathbb{R})$ stetig. Dann ist f stetig differenzierbar [vgl. (4.23) und (2.21)].

(4.26) Folgerung: *Es sei $U \subset \mathbb{R}^m$ eine offene Menge, und es sei $f\colon U \to \mathbb{R}^n$ eine stetig differenzierbare Abbildung. Dann ist f differenzierbar, für jedes $x \in U$ ist $J_f(x)$ die Matrix der linearen Abbildung $Df(x)\colon \mathbb{R}^m \to \mathbb{R}^n$, und die Abbildung $x \mapsto J_f(x) : U \to M(m,n;\mathbb{R})$ ist stetig.*
Beweis: Das folgt aus (4.17)(3) und (4.22).

(4.27) Folgerung: [Kettenregel] *Es sei $U \subset \mathbb{R}^m$ eine offene Menge, und es sei $f\colon U \to \mathbb{R}^n$ eine Abbildung. Es sei $V \subset \mathbb{R}^n$ eine offene Menge, und es sei $g\colon V \to \mathbb{R}^p$ eine Abbildung. Es gelte $f(U) \subset V$.*
(1) *Es sei $x_0 \in U$, und es sei f in x_0 differenzierbar. Es sei $y_0 := f(x_0)$, und es sei g in y_0 differenzierbar. Dann ist $g \circ f$ in x_0 differenzierbar, und es gilt $J_{g\circ f}(x_0) = J_f(x_0) \cdot J_g(f(x_0))$.*
(2) *Es seien f und g stetig differenzierbar. Dann ist $g \circ f$ stetig differenzierbar.*
Beweis: (1) Das folgt aus (4.10) und (4.2)(8).
(2) Für jedes $x \in U$ ist $g \circ f$ differenzierbar; es gilt $J_{g\circ f}(x) = J_f(x) \cdot J_g(f(x))$, und daher ist die Abbildung $x \mapsto J_{g\circ f}(x) : U \to M(m,p;\mathbb{R})$ stetig [vgl. (2.22)(4), (2.21)(1) und (2.29)]. Die Behauptung folgt aus (4.25)(2).

(4.28) Höhere Ableitungen: Die Resultate in dieser Nummer werden ohne Beweis zitiert. Es sei $U \subset \mathbb{R}^m$ eine offene Menge, und es sei $\varphi\colon U \to \mathbb{R}$ eine stetig differenzierbare Funktion.
(1) Für jedes $i \in \{1,\ldots,m\}$ sei die partielle Ableitung $D_i\varphi = \partial\varphi/\partial\xi_i\colon U \to \mathbb{R}$ auf U partiell nach jeder Veränderlichen differenzierbar. Dann ist für alle $i, j \in \{1,\ldots,m\}$ die Funktion $D_j(D_i\varphi) =: \partial^2\varphi/\partial\xi_j\partial\xi_i\colon U \to \mathbb{R}$ definiert. Ist $D_j(D_i\varphi)\colon U \to \mathbb{R}$ für alle $i, j \in \{1,\ldots,m\}$ stetig, so heißt φ zweimal stetig differenzierbar.
(2) Es sei φ zweimal stetig differenzierbar. *Dann gilt*

$$\frac{\partial^2\varphi}{\partial\xi_i\partial\xi_j} = \frac{\partial^2\varphi}{\partial\xi_j\partial\xi_i} \quad \textit{für alle } i, j \in \{1,\ldots,m\}.$$

(3) Es sei φ zweimal stetig differenzierbar. Es wird $D_j(D_i\varphi) =: D_{ji}\varphi$ für alle i,

$j \in \{1, \ldots, m\}$ gesetzt. Das Resultat in (2) kann dann so formuliert werden: Es ist $D_{ij}\varphi = D_{ji}\varphi$ für alle $i, j \in \{1, \ldots, m\}$.
(4) Es sei φ zweimal stetig differenzierbar. Für jedes $x_0 \in U$ ist die Matrix $H_\varphi(x_0) := \big(D_{ij}\varphi(x_0)\big) \in M(m; \mathbb{R})$ eine symmetrische Matrix; sie heißt die Hesse-Matrix von φ in x_0 [nach L. O. Hesse, 1874–1925].
(5) *Es sei φ zweimal stetig differenzierbar. Dann gibt es zu jedem $x_0 \in U$ eine Funktion $\rho: U \to \mathbb{R}$ mit*

$$\varphi(x) = \varphi(x_0) + (x - x_0)J_\varphi(x_0) + \frac{1}{2}(x - x_0) \cdot H_\varphi(x_0) \cdot {}^t(x - x_0) + \|x - x_0\|_F^2 \rho(x)$$

für jedes $x \in U$ und mit $\lim_{x \to x_0} \rho(x) = 0$. Dieses Resultat ist eine Taylorformel für Funktionen von mehreren Veränderlichen [für Funktionen einer Veränderlichen vgl. Kapitel V, §2].
(6) Es sei $\varphi: U \to \mathbb{R}$ zweimal stetig differenzierbar, und für alle $i, j \in \{1, \ldots, m\}$ sei $D_{ij}\varphi$ partiell nach jeder Veränderlichen differenzierbar. Dann ist für alle i, j und $k \in \{1, \ldots, m\}$ die Funktion $D_k(D_{ij}\varphi): U \to \mathbb{R}$ definiert. Ist für alle i, j, $k \in \{1, \ldots, m\}$ die Funktion $D_{kij}\varphi := D_k(D_{ij}\varphi)$ stetig, so heißt φ dreimal stetig differenzierbar. In diesem Fall gilt $D_{ijk}\varphi = D_{i'j'k'}\varphi$ für jede Umordnung (i', j', k') des Tripels (i, j, k).

(4.29) DEFINITION: Es sei $U \subset \mathbb{R}^m$ eine offene Menge, und es sei $F: U \to \mathbb{R}^n$ eine Abbildung. F heißt zweimal [dreimal] stetig differenzierbar, wenn die Koordinatenfunktionen von F zweimal [dreimal] stetig differenzierbar sind.

(4.30) BEMERKUNG: Eine lineare Varietät in $\mathbb{E}_m = M(m, 1; \mathbb{R})$ [zur Bezeichnung vgl. Kapitel II, § 7] der Dimension $m - 1$ heißt Hyperebene [im Fall $m = 2$ ist eine Hyperebene eine Gerade, im Fall $m = 3$ ist eine Hyperebene eine Ebene].
(1) Ist $\mathcal{H} \subset \mathbb{E}_m$ eine Hyperebene, so gibt es ein $a \in \mathbb{E}_m \setminus \{0\}$ und ein $\beta \in \mathbb{R}$ mit $\mathcal{H} = \{x \in \mathbb{E}_m \mid (a \mid x) = \beta\}$ [vgl. II(7.16) und II(7.17)]. Der zu $\mathcal{H}$ gehörige Unterraum [vgl. II(7.8)] ist $U_\mathcal{H} := \{x \in \mathbb{E}_m \mid (a \mid x) = 0\}$. – Es seien $a \in \mathbb{E}_m \setminus \{0\}$, $\beta \in \mathbb{R}$, und es sei $\mathcal{H} := \{x \in \mathbb{E}_m \mid (a \mid x) = \beta\}$. $\mathcal{H}$ ist eine Hyperebene, denn es gilt $U_\mathcal{H} = \{x \in \mathbb{E}_m \mid {}^t a x = 0\} = R_{{}^t a}$, und es ist $\dim(R_{{}^t a}) = m - \operatorname{rang}({}^t a) = m - 1$.
(2) Es sei $a \in \mathbb{E}_m \setminus \{0\}$, es sei $\beta \in \mathbb{R}$, und es sei $\mathcal{H} := \{x \in \mathbb{E}_m \mid (a \mid x) = \beta\}$. Es sei $p \in \mathbb{E}_m \setminus \mathcal{H}$, und es sei q der Fußpunkt des Lotes von p auf $\mathcal{H}$ [vgl. II(7.23)]. Nach II(7.26) gilt $q = p + \lambda a$ mit $\lambda := ((a \mid p) - \beta)/\|a\|^2$, und daher gilt für den Abstand $d(p, \mathcal{H})$ des Punktes p von der Hyperebene $\mathcal{H}$: Es ist $d(p, \mathcal{H}) = \|p - q\| = |(a \mid p) - \beta|/\|a\|$.

(4.31) BEMERKUNG: In Kapitel II, §7 wurden lineare Varietäten in $M(m, 1; \mathbb{R}) = \mathbb{E}_m$ behandelt. Analog kann man lineare Varietäten in $M(1, m; \mathbb{R}) = \mathbb{R}^m$ definieren; es gelten dann entsprechende Resultate.

(4.32) BEZEICHNUNG: Es sei $U \subset \mathbb{R}^m$ offen, und es sei $f: U \to \mathbb{R}$ eine Funktion. Zu f wird die Abbildung $F: U \to \mathbb{R}^{m+1}$ mit $F(x) := (x, f(x))$ für jedes $x \in U$ definiert; dann ist $\Phi := F(U)$ die durch f definierte Hyperfläche in $\mathbb{R}^{m+1}$ [vgl. (2.18)(3)].

(1) Es sei $x_0 = (\xi_1^{(0)}, \dots, \xi_m^{(0)}) \in U$, und es sei f in x_0 differenzierbar. Die Hyperebene [vgl. (4.30) und (4.31)]

$$\mathcal{H}_{x_0} = \left\{(\eta_1, \dots, \eta_{m+1}) \in \mathbb{R}^{m+1} \mid \eta_{m+1} - f(x_0) = \sum_{i=1}^{m}(\eta_i - \xi_i^{(0)})D_i f(x_0)\right\} \subset \mathbb{R}^{m+1}$$

heißt die Tangentialhyperebene an Φ in x_0. Es gilt $(x_0, f(x_0)) \in \mathcal{H}_{x_0}$. Im Fall $m = 1$ ist $\mathcal{H}_{x_0}$ die in V(1.2) definierte Tangente an die Kurve Φ in x_0; im Fall $m = 2$ wird $\mathcal{H}_{x_0}$ die Tangentialebene an die Fläche Φ in x_0 genannt.
(2) Es sei $x_0 \in U$; die Funktion f hat in x_0 ein lokales Maximum [Minimum], wenn es eine offene Menge $V \subset \mathbb{R}^m$ mit $x_0 \in V \subset U$ gibt so, daß $f(x) \leq f(x_0)$ [$f(x) \geq f(x_0)$] für jedes $x \in V$ gilt; f hat in x_0 ein lokales Extremum, wenn f in x_0 ein lokales Maximum oder Minimum hat [vgl. V(1.15)].

(4.33) BEMERKUNG: Es sei $U \subset \mathbb{R}^m$ offen, es sei $x_0 = (\xi_1^{(0)}, \dots, \xi_m^{(0)}) \in U$, und es sei $f: U \to \mathbb{R}$ eine Funktion, die in x_0 differenzierbar ist. Es sei Φ die durch f definierte Hyperfläche in $\mathbb{R}^{m+1}$.
(1) Für jedes $x \in U$ sei $p(x) := (x, f(x)) \in \mathbb{R}^{m+1}$. Es sei $\mathcal{G}$ die Gerade durch die Punkte $0 \in \mathbb{R}^{m+1}$ und $(0, \dots, 0, 1) \in \mathbb{R}^{m+1}$. Es sei $\mathcal{H}$ eine Hyperebene in $\mathbb{R}^{m+1}$ durch $p(x_0)$, die nicht die Parallele durch den Punkt $p(x_0)$ zu der Geraden $\mathcal{G}$ enthält. Dann ist $\mathcal{H} = \{(\eta_1, \dots, \eta_{m+1}) \in \mathbb{R}^{m+1} \mid \eta_{m+1} - f(x_0) = \sum_{i=1}^m \alpha_i(\eta_i - \xi_i^{(0)})\}$ mit einem $a = (\alpha_1, \dots, \alpha_m) \in \mathbb{R}^m$. Es sei $x \in U$; für den Abstand $d(p(x), \mathcal{H})$ gilt nach (4.30): Es ist $d(p(x), \mathcal{H}) = |f(x) - f(x_0) - (x - x_0)^t a| / \sqrt{\|a\|_{\mathrm{F}}^2 + 1}$.

Es sei $a_0 := (D_1 f(x_0), \dots, D_m f(x_0)) \in M(1, m; \mathbb{R})$. Es gibt eine Funktion $\rho: U \to \mathbb{R}$ mit $f(x) = f(x_0) + (x - x_0)^t a_0 + \|x - x_0\|_{\mathrm{F}} \rho(x)$ für jedes $x \in U$ und mit $\lim_{x \to x_0} \rho(x) = 0$. Es gilt daher

$$d(p(x), \mathcal{H}) = \frac{\|x - x_0\|_{\mathrm{F}}}{\sqrt{\|a\|_{\mathrm{F}}^2 + 1}} \left|\rho(x) + \frac{x - x_0}{\|x - x_0\|_{\mathrm{F}}}^t (a_0 - a)\right| \quad \text{für jedes } x \in U \setminus \{x_0\}.$$

Folglich gilt $\lim_{x \to x_0} d(p(x), \mathcal{H}) / \|x - x_0\|_{\mathrm{F}} = 0$ in $U \setminus \{x_0\}$ genau dann, wenn $\mathcal{H}$ die Tangentialhyperebene an Φ in x_0 ist.
(2) Hat f in x_0 ein lokales Extremum, so gilt $Df(x_0) = 0$, also $D_1 f(x_0) = \dots = D_m f(x_0) = 0$.
Beweis: Es gelte $D_j f(x_0) \neq 0$ für ein $j \in \{1, \dots, m\}$; es wird gezeigt, daß dann f in x_0 kein lokales Extremum hat. Es gibt eine Funktion $\rho: U \to \mathbb{R}$ mit

$$f(x) = f(x_0) + \sum_{i=1}^{m}(\xi_i - \xi_i^{(0)}) D_i f(x_0) + \|x - x_0\|_{\mathrm{F}} \rho(x) \quad \text{für jedes } x = (\xi_1, \dots, \xi_m) \in U$$

und mit $\lim_{x \to x_0} \rho(x) = 0$ [vgl. (4.20)]. Es gelte $D_j f(x_0) > 0$. Es gibt eine offene Menge $V \subset \mathbb{R}^m$ mit $x_0 \in V \subset U$ und mit $|\rho(x) / D_j f(x_0)| \leq 1/2$ für jedes $x \in V$. Zu V gibt es ein $\delta > 0$ mit $x_h := (\xi_1^{(0)}, \dots, \xi_j^{(0)} + h, \dots, \xi_m^{(0)}) \in V$ für jedes $h \in (-\delta, \delta)$. Für jedes $h \in [0, \delta)$ gelten

$$f(x_h) - f(x_0) \geq \frac{h}{2} D_j f(x_0) > 0, \quad f(x_{-h}) - f(x_0) \leq -\frac{h}{2} D_j f(x_0) < 0.$$

Für jedes offene W mit $x_0 \in W \subset U$ gilt: Es gibt ein $h \in (0,\delta)$ mit $x_h \in W$ und $x_{-h} \in W$, und hierfür gilt $f(x_h) > f(x_0)$ und $f(x_{-h}) < f(x_0)$; daher hat f in x_0 kein lokales Extremum. Entsprechend schließt man, wenn $D_j f(x_0) < 0$ gilt.
(3) Es sei f in x_0 zweimal stetig differenzierbar. Gilt $D_i f(x_0) = 0$ für jedes $i \in \{1,\ldots,m\}$ und ist die symmetrische Matrix $H_f(x_0) \in M(m;\mathbb{R})$ eine positive [negative] Matrix, so hat f in x_0 ein lokales Minimum [Maximum].
Beweis: Es gibt eine Funktion $\rho: U \to \mathbb{R}$ mit

$$f(x) = f(x_0) + \frac{1}{2}(x-x_0)H_f(x_0)^t(x-x_0) + \|x-x_0\|_{\mathrm{F}}^2\rho(x) \quad \text{für jedes } x \in U$$

und mit $\lim_{x\to x_0}\rho(x) = 0$ [vgl. (4.28)(5)]. Es sei $H_f(x_0)$ eine positive Matrix. Es gibt ein $P \in O(m)$ mit ${}^tPH_f(x_0)P = \operatorname{diag}(\lambda_1,\ldots,\lambda_m)$ mit $\lambda_1 \geq \cdots \geq \lambda_m > 0$ [vgl. VIII(4.13) und VIII(4.18)]. Es gibt eine offene Menge $V \subset \mathbb{R}^m$ mit $x_0 \in V \subset U$ und mit $|\rho(x)| \leq \lambda_m/4$ für jedes $x \in V$. Es sei $x \in V$. Es gilt $\|(x-x_0)P\|_{\mathrm{F}} = \|x-x_0\|_F$ [vgl. VII(3.5) für den Fall von Spalten; ein entsprechendes Resultat gilt natürlich auch für Zeilen], und daher ist

$$\begin{aligned}
f(x) - f(x_0) &= \frac{1}{2}(x-x_0)H_f(x_0)^t(x-x_0) + \|x-x_0\|_{\mathrm{F}}^2\rho(x) \\
&= \frac{1}{2}(x-x_0)P({}^tPH_f(x_0)P)^t\big((x-x_0)P\big) + \|x-x_0\|_{\mathrm{F}}^2\rho(x) \\
&\geq \frac{1}{2}\lambda_m\|(x-x_0)P\|_{\mathrm{F}}^2 + \|x-x_0\|_{\mathrm{F}}^2\rho(x) \\
&\geq \frac{\lambda_m}{4}\|x-x_0\|_{\mathrm{F}}^2 \geq 0;
\end{aligned}$$

folglich hat f in x_0 ein lokales Minimum. Entsprechend schließt man, wenn $H_f(x_0)$ eine negative Matrix ist.
(4) Es sei f in x_0 zweimal differenzierbar, es gelte $Df(x_0) = 0$, und es sei $H_f(x_0)$ eine positive [negative] Matrix. Es sei Φ die durch f definierte Hyperfläche in $\mathbb{R}^{m+1}$. Die Tangentialhyperebene an Φ in x_0 ist eine zur "Koordinatenhyperebene" $\{(\eta_1,\ldots,\eta_{m+1}) \in \mathbb{R}^{m+1} \mid \eta_{m+1} = 0\}$ parallele Hyperebene [vgl. II(7.11)(2)], nämlich die Hyperebene $\mathcal{H}_{x_0} = \{(\eta_1,\ldots,\eta_{m+1}) \in \mathbb{R}^{m+1} \mid \eta_{m+1} = f(x_0)\}$. Es gibt eine offene Menge $V \subset \mathbb{R}^m$ mit: Für jedes $x \in V$ "liegt $(x, f(x)) \in \Phi$ oberhalb [unterhalb]" der Hyperebene $\mathcal{H}_{x_0}$.

Es sei $m = 2$. Es ist $H_f(x_0)$ genau dann eine positive Matrix, wenn $D_{11}f(x_0) > 0$ und $D_{11}f(x_0)D_{22}f(x_0) - (D_{12}f(x_0))^2 > 0$ gilt, und es ist $H_f(x_0)$ eine negative Matrix genau dann, wenn $D_{11}f(x_0) < 0$ und $D_{11}f(x_0)D_{22}f(x_0) - (D_{12}f(x_0))^2 > 0$ gilt [vgl. VIII(4.12)].

§5 Umkehrabbildungen und implizite Funktionen

(5.0) (1) In diesem Paragraphen seien m und n stets natürliche Zahlen.
(2) Es seien $U \subset \mathbb{R}^m$ und $V \subset \mathbb{R}^n$ offen, und es sei $\varphi: U \times V \to \mathbb{R}$ eine differenzierbare Funktion. Es werden die $m+n$ "Veränderlichen" $(\xi_1,\ldots,\xi_m) \in \mathbb{R}^m$

und $(\eta_1, \ldots, \eta_n) \in \mathbb{R}^n$ durchnumeriert. Es sei $(x_0, y_0) \in U \times V$; es ist dann klar, was für jedes $j \in \{1, \ldots, m+n\}$ unter der partiellen Ableitung "nach der j-ten Veränderlichen" $D_j\varphi(x_0, y_0)$ im Punkt (x_0, y_0) zu verstehen ist.
(3) Die wichtigsten Resultate dieses Paragraphen sind die Sätze (5.2) und (5.6); Anwendungen auf die Berechnung von Nullstellen bei Funktionen von mehreren Veränderlichen werden in (5.12) und (5.13) gegeben.

(5.1) Es sei $I \subset \mathbb{R}$ ein Intervall, und es sei $f: I \to \mathbb{R}$ eine differenzierbare Funktion mit $f'(x) \neq 0$ für jedes $x \in I$. Dann ist f streng monoton [vgl. V(1.21)], und es existiert die Umkehrfunktion $\varphi: f(I) \to \mathbb{R}$ [vgl. IV(2.21)]. Ferner ist φ differenzierbar, und es gilt $\varphi'(y) = 1/f'(\varphi(y))$ für jedes $y \in f(I)$ [vgl. V(1.13)]. In diesem Paragraphen wird ein entsprechendes Resultat für Abbildungen $f: U \to \mathbb{R}^n$ bewiesen; hier ist $U \subset \mathbb{R}^n$ eine offene Menge. Die genaue Formulierung folgt in (5.2). Der Beweis ist recht lang; dem mathematisch weniger interessierten Leser wird empfohlen, auf den Beweis zu verzichten und die Lektüre mit (5.3) fortzusetzen.

(5.2) Satz: [über die Umkehrabbildung] *Es sei $U \subset \mathbb{R}^n$ eine offene Menge, es sei $f: U \to \mathbb{R}^n$ eine stetig differenzierbare Abbildung, es sei $x_0 \in U$, und es sei die lineare Abbildung $Df(x_0): \mathbb{R}^n \to \mathbb{R}^n$ bijektiv, es sei also* $\det(J_f(x_0)) \neq 0$. *Dann gibt es eine offene Menge $U_1 \subset \mathbb{R}^n$ mit $x_0 \in U_1 \subset U$, eine offene Menge $V_1 \subset \mathbb{R}^n$ mit $f(x_0) \in V_1$ und eine stetig differenzierbare Abbildung $\varphi: V_1 \to \mathbb{R}^n$ so, daß $\varphi(V_1) = U_1$, $f(U_1) = V_1$, $\varphi(f(x)) = x$ für jedes $x \in U_1$ und $f(\varphi(y)) = y$ für jedes $y \in V_1$ gelten und daß für jedes $x \in U_1$ die lineare Abbildung $Df(x): \mathbb{R}^n \to \mathbb{R}^n$ bijektiv ist, daß also* $\det(J_f(x)) \neq 0$ *ist. Für jedes $y \in V_1$ gilt $D\varphi(y) = Df(\varphi(y))^{-1}$ und daher $J_\varphi(y) = J_f(\varphi(y))^{-1}$.*
[Man nennt $\varphi: V_1 \to \mathbb{R}^n$ die Umkehrabbildung zu f. Diese Bezeichnung "Umkehrabbildung" steht in Widerspruch zu der in I(2.11) getroffenen Vereinbarung; es gilt folgendes: Wird die Abbildung $x \mapsto f(x) : U_1 \to V_1$ mit f_1 und die Abbildung $y \mapsto \varphi(y) : V_1 \to U_1$ mit φ_1 bezeichnet, so ist φ_1 die Umkehrabbildung zu f_1. Es hat sich aber die oben eingeführte Sprechweise eingebürgert.]
Beweis: (1) Es sei $U \subset \mathbb{R}^n$ eine offene Menge mit $0 \in U$, es sei $f: U \to \mathbb{R}^n$ eine stetig differenzierbare Abbildung, es sei $f(0) = 0$, und es sei $J_f(0) = E_n$. Es wird der Satz zunächst unter diesen speziellen Voraussetzungen bewiesen.
(a) Es sei g die durch $x \mapsto x - f(x) : U \to \mathbb{R}^n$ definierte Abbildung; es ist $g(0) = 0$. Weil g stetig differenzierbar ist, ist die Abbildung $x \mapsto J_g(x) : U \to M(n; \mathbb{R})$ stetig [vgl. (4.26)]. Es ist nach Voraussetzung $J_f(0) = E_n$ und folglich $J_g(0) = 0$; daher gibt es ein positives ρ so, daß $Z := \{x \in \mathbb{R}^n \mid \|x\| \leq \rho\}$ in U liegt und daß $\|Dg(x)\|_F = \|J_g(x)\|_F \leq 1/2$ für jedes $x \in Z$ gilt.
(b) Es gilt

$$\|g(x_1) - g(x_2)\|_F \leq \frac{1}{2}\|x_1 - x_2\|_F \quad \text{für alle } x_1, x_2 \in Z.$$

Das sieht man so: Es seien x_1, $x_2 \in Z$; für jedes $t \in [0,1]$ ist $\|x_1 + t(x_2 - x_1)\|_F = \|(1-t)x_1 + tx_2\|_F \leq (1-t)\rho + t\rho = \rho$, und daher gilt $\{x_1 + t(x_2 - x_1) \mid t \in [0,1]\} \subset Z$; der Mittelwertsatz (4.15)(3) liefert $\|g(x_1) - g(x_2)\|_F \leq (1/2)\|x_1 - x_2\|_F$.

(c) Es sei $y \in \mathbb{R}^n$, und es gelte $\|y\|_F < \rho/2$. Dann gibt es genau ein $z \in Z$ mit $f(z) = y$. Das sieht man so: Es sei h die durch $x \mapsto y + g(x) : Z \to \mathbb{R}^n$ definierte Abbildung. Für jedes $x \in Z$ gilt nach (b) [mit $x_1 := x$, $x_2 := 0 \in Z$]

$$\|h(x)\|_F \leq \|y\|_F + \|g(x)\|_F \leq \rho/2 + \|x\|_F/2 \leq \rho/2 + \rho/2 = \rho$$

und daher $h(Z) \subset Z$. Für alle x_1, $x_2 \in Z$ gilt

$$\|h(x_1) - h(x_2)\|_F = \|g(x_1) - g(x_2)\|_F \leq \frac{1}{2}\|x_1 - x_2\|_F;$$

es ist also h eine kontrahierende Abbildung mit Kontraktionszahl 1/2. Weil Z abgeschlossen ist, hat h genau einen Fixpunkt z [vgl. (3.4)], d.h. es gilt $h(z) = z$ und daher $f(z) = y$.

(d) Es wird $U_1 := K_\rho(0) \cap f^{-1}\big(K_{\rho/2}(0)\big)$, $V_1 := f(U_1)$ gesetzt; es gilt $U_1 \subset Z$ und $V_1 \subset K_{\rho/2}(0)$. Aus (c) folgt: Die Abbildung $x \mapsto f(x) : U_1 \to V_1$ ist bijektiv. Es ist U_1 offen [denn $K_\rho(0)$ ist offen, und $f^{-1}\big(K_{\rho/2}(0)\big)$ ist offen, da f stetig ist, vgl. (2.28)(1), und der Durchschnitt von endlich vielen offenen Mengen ist offen, vgl. (2.4)(3)]. Zu jedem $y \in V_1$ sei $\varphi(y) \in U_1$ das Element mit $f(\varphi(y)) = y$. Es wird gezeigt: V_1 ist offen [vgl. (f)], und die eben definierte Abbildung $\varphi\colon V_1 \to \mathbb{R}^n$ [für die $\varphi(V_1) = U_1$ und $\varphi(0) = 0$ gilt] ist stetig differenzierbar [vgl. (g)].

(e) Es seien y, $y_1 \in K_{\rho/2}(0)$, und es seien x, x_1 die Elemente in Z mit $f(x) = y$ und $f(x_1) = y_1$ [vgl. (c)]. Dann gilt

$$\|x - x_1\|_F \leq 2\|y - y_1\|_F, \tag{$*$}$$

und daher ist die Abbildung $\varphi\colon V_1 \to \mathbb{R}^n$ stetig. Das sieht man so: Es gilt

$$\begin{aligned} \|x - x_1\|_F &= \|x - f(x) + f(x) - f(x_1) + f(x_1) - x_1\|_F \\ &= \|g(x) + f(x) - f(x_1) - g(x_1)\|_F \\ &\leq \|f(x) - f(x_1)\|_F + \frac{1}{2}\|x - x_1\|_F \;=\; \|y - y_1\|_F + \frac{1}{2}\|x - x\|_F \end{aligned}$$

nach (b); hieraus folgt ($*$).

(f) Es seien $y_1 \in V_1$ und $x_1 := \varphi(y_1)$ [also $f(x_1) = y_1$ und $x_1 \in U_1$]. Es gilt $y_1 \in K_{\rho/2}(0)$. Es gibt ein $\sigma > 0$ mit $K_\sigma(x_1) \subset U_1$ [denn U_1 ist offen], und die offene Menge $K_{\rho/2}(0) \cap K_{\sigma/2}(y_1)$ [vgl. (2.4)(3)] enthält y_1. Es sei $y \in K_{\rho/2}(0) \cap K_{\sigma/2}(y_1)$, und es sei $x \in Z$ das Element mit $f(x) = y$ [vgl. (c)]. Nach (e) gilt $\|x - x_1\|_F \leq 2\|y - y_1\|_F < \sigma$ und daher $x \in K_\sigma(x_1) \subset U_1$ und folglich $y \in V_1$. Damit ist gezeigt: Die offene Menge $K_{\rho/2}(0) \cap K_{\sigma/2}(y_1)$ liegt in V_1. Es ist also V_1 offen [vgl. (2.4)(5)].

(g) Es sei $y_1 \in V_1$. Es wird gezeigt: φ ist in y_1 differenzierbar. Es sei $x_1 := \varphi(y_1)$ [also $f(x_1) = y_1$]. Es ist $J_f(x_1) = E_n - J_g(x_1)$. Wegen $\|J_g(x_1)\|_F \leq 1/2$ [vgl. (a)] ist $J_f(x_1) \in \mathrm{GL}(n; \mathbb{R})$ [vgl. (1.13)(3)]. Es gibt eine Abbildung $\rho\colon U_1 \to \mathbb{R}^n$ mit

$$f(x) = f(x_1) + (x - x_1) \cdot J_f(x_1) + \|x - x_1\|_F\,\rho(x) \quad \text{für jedes } x \in U_1 \tag{$**$}$$

und mit $\lim_{x \to x_1} \rho(x) = 0$.

Es seien $y \in V_1$ und $x := \varphi(y)$ [also $f(x) = y$]. Es ist [mit (**)]

$$\begin{aligned}\varphi(y) - \varphi(y_1) - (y - y_1)J_f(x_1)^{-1} &= x - x_1 - \big(f(x) - f(x_1)\big)J_f(x_1)^{-1} \\ &= x - x_1 - (x - x_1) - \|x - x_1\|_{\mathrm{F}}\rho(x)J_f(x_1)^{-1}\end{aligned}$$

und daher nach (e)

$$\|\varphi(y) - \varphi(y_1) - (y - y_1) \cdot J_f(x_1)^{-1}\|_{\mathrm{F}} \le 2\|J_f(x_1)^{-1}\|_{\mathrm{F}}\, \|y - y_1\|_{\mathrm{F}}\|\rho(\varphi(y))\|_{\mathrm{F}}.$$

Nach (e) ist φ stetig, und daher gilt $\lim_{y \to y_1} \rho\big(\varphi(y)\big) = 0$ in V_1. Es folgt: φ ist in y_1 differenzierbar und es gilt $J_\varphi(y_1) = J_f(x_1)^{-1}$, d.h. es gilt $D\varphi(y_1) = Df(x_1)^{-1}$.
(h) Für jedes $y \in V_1$ gilt $J_\varphi(y) = J_f(\varphi(y))^{-1}$; da f stetig differenzierbar und φ stetig ist [vgl. (e)], ist $y \mapsto J_\varphi(y) : V_1 \to M(n; \mathbb{R})$ stetig [vgl. (2.25)(4) und (2.29)], und φ ist stetig differenzierbar.
(2) Es sei $U \subset \mathbb{R}^n$ eine offene Menge, es sei $f: U \to \mathbb{R}^n$ eine stetig differenzierbare Abbildung, es sei $x_0 \in U$, und es gelte $J_f(x_0) = E_n$. Es wird der Satz jetzt unter diesen Voraussetzungen bewiesen.
(a) Es sei $z \in \mathbb{R}^n$. Die Abbildung $T_z: \mathbb{R}^n \to \mathbb{R}^n$ mit $T_z(x) = z + x$ für jedes $x \in \mathbb{R}^n$ ist bijektiv und stetig differenzierbar [vgl. (4.24)(2)], und für jede offene Menge $W \subset \mathbb{R}^n$ ist $T_z(W) \subset \mathbb{R}^n$ eine offene Menge [vgl. (2.28)(2)].
(b) Es sei $y_0 := f(x_0)$, es sei $\widetilde{U} := T_{-x_0}(U)$, und es sei $\widetilde{f} := T_{-y_0} \circ f \circ T_{x_0}: \widetilde{U} \to \mathbb{R}^n$; es ist $\widetilde{U} \subset \mathbb{R}^n$ eine offene Menge, und es ist $\widetilde{f}: \widetilde{U} \to \mathbb{R}^n$ stetig differenzierbar. Es gilt $0 \in \widetilde{U}$, $\widetilde{f}(0) = 0$, $D\widetilde{f}(0) = D(f \circ T_{x_0})(0) = Df(x_0)$ [vgl. (4.27) und (4.24)(2)], und daher gilt $J_{\widetilde{f}}(0) = E_n$. Nach (1) gibt es eine offene Menge $\widetilde{U}_1 \subset \mathbb{R}^n$ mit $0 \in \widetilde{U}_1 \subset \widetilde{U}$, eine offene Menge $\widetilde{V}_1 \subset \mathbb{R}^n$ mit $0 \in \widetilde{V}_1$ und eine stetig differenzierbare Abbildung $\widetilde{\varphi}: \widetilde{V}_1 \to \mathbb{R}^n$ so, daß $\widetilde{\varphi}(\widetilde{V}_1) = \widetilde{U}_1$, $\widetilde{f}(\widetilde{U}_1) = \widetilde{V}_1$, $\widetilde{\varphi}(\widetilde{f}(x)) = x$ für jedes $x \in \widetilde{U}_1$ und $\widetilde{f}(\widetilde{\varphi}(y)) = y$ für jedes $y \in \widetilde{V}_1$ gelten. Es seien $U_1 := T_{x_0}(\widetilde{U}_1)$, $V_1 := T_{y_0}(\widetilde{V}_1)$; diese Mengen sind offen [vgl. (a)]. Die Abbildung $\varphi := T_{x_0} \circ \widetilde{\varphi} \circ T_{-y_0}: V_1 \to \mathbb{R}^n$ ist stetig differenzierbar [vgl. (4.27)]. Es gilt $f = T_{y_0} \circ \widetilde{f} \circ T_{-x_0}$, und daher ist $f(U_1) = T_{y_0}(\widetilde{f}(\widetilde{U}_1)) = T_{y_0}(\widetilde{V}_1) = V_1$, und entsprechend folgt $\varphi(V_1) = U_1$. Für jedes $x \in U_1$ ist $x - x_0 \in \widetilde{U}_1$, und für jedes $y \in \widetilde{V}_1$ ist $y_0 + y \in V_1$. Für jedes $x \in U_1$ ist $\varphi(f(x)) = \varphi(y_0 + \widetilde{f}(x - x_0)) = x_0 + \widetilde{\varphi}(\widetilde{f}(x - x_0)) = x_0 + (x - x_0) = x$, und entsprechend folgt $f(\varphi(y)) = y$ für jedes $y \in V_1$. Aus der Kettenregel folgen $D\varphi(f(x)) \circ Df(x) = \mathrm{id}_{\mathbb{R}^n}$ für jedes $x \in U_1$ und $Df(x) \circ D\varphi(f(x)) = \mathrm{id}_{\mathbb{R}^n}$ für jedes $f(x) = y \in V_1$; daher ist für jedes $x \in U_1$ die lineare Abbildung $Df(x): \mathbb{R}^n \to \mathbb{R}^n$ bijektiv, und es ist $Df(x)^{-1} = D\varphi(f(x))$.
(3) Es sei $U \subset \mathbb{R}^n$ eine offene Menge, es sei $f: U \to \mathbb{R}^n$ eine stetig differenzierbare Abbildung, es sei $x_0 \in U$, und es gelte $J_f(x_0) \in \mathrm{GL}(n; \mathbb{R})$. Jetzt wird der Satz bewiesen.
(a) Es sei $M: \mathbb{R}^n \to \mathbb{R}^n$ eine lineare Abbildung; dann ist M stetig differenzierbar [vgl. (4.24)(1)]. Es sei M bijektiv; dann ist die Umkehrabbildung M^{-1} linear [vgl. (4.2)(5)], und für jede offene Menge $W \subset \mathbb{R}^n$ ist $M(W) \subset \mathbb{R}^n$ eine offene Menge [vgl. (2.28)(2), (4.2)(5) und (4.3)].

(b) Die lineare Abbildung $Df(x_0): \mathbb{R}^n \to \mathbb{R}^n$ ist bijektiv, und ihre Umkehrabbildung $L := Df(x_0)^{-1}: \mathbb{R}^n \to \mathbb{R}^n$ ist linear und stetig differenzierbar. Es sei $\widetilde{f} := L \circ f: U \to \mathbb{R}^n$; es ist auch $\widetilde{f}$ stetig differenzierbar, und es ist $D\widetilde{f}(x_0) = D(L \circ f)(x_0) = DL(f(x_0)) \circ Df(x_0) = L \circ Df(x_0) = \mathrm{id}_{\mathbb{R}^n}$ [vgl. (4.11) und (4.27)], also gilt $J_{\widetilde{f}}(x_0) = E_n$. Es sei $\widetilde{y}_0 := \widetilde{f}(x_0)$. Nach (2)(b) gibt es eine offene Menge $U_1 \subset \mathbb{R}^n$ mit $x_0 \in U_1 \subset U$, eine offene Menge $\widetilde{V}_1 \subset \mathbb{R}^n$ mit $\widetilde{y}_0 \in \widetilde{V}_1$ und eine stetig differenzierbare Abbildung $\widetilde{\varphi}: \widetilde{V}_1 \to \mathbb{R}^n$ so, daß $\widetilde{\varphi}(\widetilde{V}_1) = U_1$, $\widetilde{f}(U_1) = \widetilde{V}_1$, $\widetilde{\varphi}(\widetilde{f}(x)) = x$ für jedes $x \in U_1$ und $\widetilde{f}(\widetilde{\varphi}(y)) = y$ für jedes $y \in \widetilde{V}_1$ gelten. Es sei $V_1 := L^{-1}(\widetilde{V}_1)$; diese Menge ist offen [vgl. (a)]. Die Abbildung $\varphi := \widetilde{\varphi} \circ L: V_1 \to \mathbb{R}^n$ ist stetig differenzierbar [vgl. (4.27)]; es gilt $f = L^{-1} \circ \widetilde{f}$, und daher ist $f(U_1) = L^{-1}(\widetilde{f}(U_1)) = L^{-1}(\widetilde{V}_1) = V_1$ und $\varphi(V_1) = \widetilde{\varphi}(L(V_1)) = \widetilde{\varphi}(\widetilde{V}_1) = U_1$, für jedes $x \in U_1$ ist $\varphi(f(x)) = \varphi(L(L^{-1}(\widetilde{f}(x))) = \widetilde{\varphi}(\widetilde{f}(x)) = x$, und entsprechend folgt $f(\varphi(y)) = y$ für jedes $y \in V_1$. Wie in (2)(b) folgt nun: Für jedes $x \in U_1$ ist die lineare Abbildung $Df(x): \mathbb{R}^n \to \mathbb{R}^n$ bijektiv, und $D\varphi(f(x))$ ist ihre Umkehrabbildung.

Damit ist der Satz bewiesen,

(5.3) Beispiel: (1) Es sei $U := \{(r,\theta) \in \mathbb{R}^2 \mid r > 0\}$, und es sei $f: U \to \mathbb{R}^2$ definiert durch $(r,\theta) \mapsto (r\cos\theta, r\sin\theta) : U \to \mathbb{R}^2$. Für jedes $(r,\theta) \in U$ ist $J_f((r,\theta))$ invertierbar, denn es ist $\det\big(J_f((r,\theta))\big) = r$ [vgl. (4.19)(2)]. Es seien

$$U_1 := \{(r,\theta) \in \mathbb{R}^2 \mid r > 0; 0 < \theta < \pi/2\}, \quad V_1 := \{(\xi,\eta) \in \mathbb{R}^2 \mid \xi > 0; \eta > 0\}.$$

Man sieht direkt: Es ist $f|U_1: U_1 \to \mathbb{R}^2$ injektiv, und es ist $f(U_1) = V_1$; die Umkehrabbildung $\varphi: V_1 \to \mathbb{R}^2$ zu f ist gegeben durch

$$(\xi,\eta) \mapsto \left(\sqrt{\xi^2+\eta^2},\ \arcsin\frac{\eta}{\sqrt{\xi^2+\eta^2}}\right) : V_1 \to \mathbb{R}^2.$$

(2) Es sei $U := \{(r,\theta,\omega) \in \mathbb{R}^3 \mid r > 0\}$, und es sei $f: U \to \mathbb{R}^3$ definiert durch

$$(r,\theta,\omega) \mapsto (r\cos\theta\sin\omega, r\sin\theta\sin\omega, r\cos\omega) : U \to \mathbb{R}^3.$$

Für jedes $(r,\theta,\omega) \in U$ gilt, wie man leicht nachprüft, $\det\big(J_f((r,\theta,\omega))\big) = -r^2\sin\omega$, also $\det\big(J_f((r,\theta,\omega))\big) \neq 0$, falls $\omega \notin \{n\pi \mid n \in \mathbb{Z}\}$ gilt. Es seien

$$\begin{aligned} U_1 &:= \big\{(r,\theta,\omega) \in \mathbb{R}^3 \mid r > 0; \theta \in (0,\pi/2); \omega \in (0,\pi/2)\big\}, \\ V_1 &:= \big\{(\xi,\eta,\zeta) \in \mathbb{R}^3 \mid \xi > 0; \eta > 0; \zeta > 0\big\}. \end{aligned}$$

Man sieht direkt: Es ist $f|U_1: U_1 \to \mathbb{R}^3$ injektiv, und es ist $f(U_1) = V_1$; die Umkehrabbildung $\varphi: V_1 \to \mathbb{R}^3$ zu f ist gegeben durch

$$(\xi,\eta,\zeta) \mapsto \left(\sqrt{\xi^2+\eta^2+\zeta^2},\ \arcsin\frac{\eta}{\sqrt{\xi^2+\eta^2}},\ \arccos\frac{\zeta}{\sqrt{\xi^2+\eta^2+\zeta^2}}\right) : V_1 \to \mathbb{R}^3.$$

(5.4) Bemerkung: Es sei $(\alpha,\beta) \in \mathbb{R} \times \mathbb{R}$, es sei $I \subset \mathbb{R}$ ein offenes Intervall mit $\alpha \in I$, und es sei $J \subset \mathbb{R}$ ein offenes Intervall mit $\beta \in J$. Es sei $f: I \times J \to \mathbb{R}$

eine stetig differenzierbare Funktion, und es gelte $f(\alpha,\beta) = 0$. Unter welchen Voraussetzungen läßt sich "$f(\xi,\eta) = 0$ nach η auflösen"? Genauer: Unter welchen Voraussetzungen gibt es ein offenes Intervall $I^* \subset I$ mit $\alpha \in I^*$ und eine stetige Funktion $g: I^* \to \mathbb{R}$ mit $g(\alpha) = \beta$, mit $(\xi, g(\xi)) \in I \times J$ für jedes $\xi \in I^*$ und mit $f(\xi, g(\xi)) = 0$? Wenn es ein solches g gibt, so sagt man: "Die Funktion g ist implizit durch die Gleichung $f(\xi,\eta) = 0$ definiert".

(5.5) BEISPIEL: Es sei $I = J = \mathbb{R}$, es sei $r > 0$, es sei $\alpha = r/2$, $\beta = \sqrt{3}r/2$, und es sei f die durch $(\xi,\eta) \mapsto \xi^2 + \eta^2 - r^2 : \mathbb{R} \times \mathbb{R} \to \mathbb{R}$ definierte Funktion. Es sei $I^* := (0,r)$, und es sei g die durch $\xi \mapsto \sqrt{r^2 - \xi^2} : I^* \to \mathbb{R}$ definierte stetige Funktion. Es ist $f(\alpha,\beta) = 0$, $g(\alpha) = \beta$, und es gilt $f(\xi, g(\xi)) = 0$ für jedes $\xi \in I^*$.

(5.6) Satz: [über implizite Funktionen] *Es sei $a \in \mathbb{R}^m$, es sei $b \in \mathbb{R}^n$, es sei $U \subset \mathbb{R}^m$ eine offene Menge mit $a \in U$, und es sei $V \subset \mathbb{R}^n$ eine offene Menge mit $b \in V$. Es sei $F: U \times V \to \mathbb{R}^n$ eine stetig differenzierbare Abbildung mit $F(a,b) = 0$. Es seien $\varphi_1, \ldots, \varphi_n$ die Koordinatenfunktionen von F. Es sei $(D_{m+i}\varphi_j(a,b))_{1\le i,j\le n} \in M(n;\mathbb{R})$ invertierbar. Dann existiert ein $r > 0$ mit $K_r(a) \subset U$ und dazu genau eine stetige Abbildung $g: K_r(a) \to \mathbb{R}^n$ mit $g(a) = b$ und mit $(x, g(x)) \subset U \times V$ sowie $F(x, g(x)) = 0$ für jedes $x \in K_r(a)$. Die Abbildung g ist stetig differenzierbar, und für jedes $x \in K_r(a)$ gilt $\big(D_{m+i}\varphi_j(x,g(x))\big)_{1\le i,j\le n} \in \mathrm{GL}(n;\mathbb{R})$ und*

$$J_g(x) = -\big(D_i\varphi_j(x,g(x))\big)_{1\le i\le m, 1\le j\le n} \cdot \big(D_{m+i}\varphi_j(x,g(x))\big)^{-1}_{1\le i,j\le n}. \qquad (*)$$

(5.7) BEMERKUNG: Es seien die Voraussetzungen in (5.6) erfüllt, und es sei $m = n = 1$. Es seien U, V offene Intervalle in $\mathbb{R}$. Es ist $K_r(a) = (a-r, a+r) \subset U$, es ist $g: (a-r,a+r) \to \mathbb{R}$ stetig differenzierbar, und für jedes $x \in (a-r, a+r)$ gilt

$$g'(x) = -\frac{\dfrac{\partial f}{\partial x}(x,g(x))}{\dfrac{\partial f}{\partial y}(x,g(x))}.$$

(5.8) Der Beweis von (5.6) ist lang; dem mathematisch nicht so interessierten Leser sei empfohlen, die Lektüre mit (5.9) fortzusetzen.

(1) Für jedes $(x,y) \in U \times V$ wird $A(x,y) := \big(D_i\varphi_j(x,y)\big)_{1\le i\le m, 1\le j\le n} \in M(m,n;\mathbb{R})$ und $B(x,y) := \big(D_{m+i}\varphi_j(x,y)\big)_{1\le i,j\le n} \in M(n;\mathbb{R})$ gesetzt.

(2) Es sei $H: U \times V \to \mathbb{R}^{m+n}$ die Abbildung mit

$$(x,y) \mapsto (x, \varphi_1(x,y), \ldots, \varphi_n(x,y)) : U \times V \to \mathbb{R}^{m+n},$$

es gilt also $H(x,y) = (x, F(x,y)) \in \mathbb{R}^{m+n}$ für jedes $(x,y) \in U \times V$, und es gilt

$$J_H(a,b) = \begin{pmatrix} E_m & A(a,b) \\ 0 & B(a,b) \end{pmatrix} \in M(m+n;\mathbb{R});$$

daher ist $\det(J_H(a,b)) = \det(B(a,b)) \neq 0$ [vgl. II(8.31)(2)], und es ist $H(a,b) = (a,0) \in \mathbb{R}^{m+n}$.

(3) Nach (5.2) gibt es eine offene Menge $W_1 \subset U \times V$ mit $(a,b) \in W_1$ und $\det(J_H(x,y)) \neq 0$ für jedes $(x,y) \in W_1$, eine offene Menge $W_2 \subset \mathbb{R}^{m+n}$ mit $(a,0) \in W_2$ und zu H die stetig differenzierbare Umkehrabbildung $K: W_2 \to \mathbb{R}^{m+n}$. Es gilt also $H(W_1) = W_2$, $K(W_2) = W_1$, $K(H(x,y)) = (x,y)$ für jedes $(x,y) \in W_1$ und $H(K(z,w)) = (z,w)$ für jedes $(z,w) \in W_2$.

(4) Es gibt eine stetig differenzierbare Abbildung $G: W_2 \to \mathbb{R}^n$ mit $K(z,w) = (z, G(z,w))$ für jedes $(z,w) \in W_2$ [vgl. die Definition der Abbildung H]. Es gilt insbesondere $H(K(z,w)) = H(z,G(z,w)) = \big(z, F(z,G(z,w))\big)$ für jedes $(z,w) \in W_2$.

Für jedes $(z,w) \in W_2$ ist $J_K(z,w) = J_H(K(z,w))^{-1}$ [vgl. (5.2)], und daher gilt

$$J_K(z,w) = \begin{pmatrix} E_m & -A(K(z,w)) \cdot B(K(z,w))^{-1} \\ 0 & B(K(z,w))^{-1} \end{pmatrix}.$$

(5) Es seien $\psi_1: W_2 \to \mathbb{R}, \ldots, \psi_n: W_2 \to \mathbb{R}$ die Koordinatenfunktionen von G. Es sei $(z,w) \in W_2$. Nach (4) gilt

$$J_G(z,w) = \big(D_i\psi_j(z,w)\big)_{1 \le i \le m+n, 1 \le j \le n} = \begin{pmatrix} -A(K(z,w)) \cdot B(K(z,w))^{-1} \\ B(K(z,w))^{-1} \end{pmatrix}.$$

(6) Es wird ein $r > 0$ so gewählt, daß $K_r(a) \times \{0\} \in W_2$ gilt; es sei $g: K_r(a) \to \mathbb{R}^n$ die durch $x \mapsto G(x,0) : K_r(a) \to \mathbb{R}^n$ definierte Abbildung. Nach (4) gilt

$$(x,0) = H(K(x,0)) = \big(x, F(x,G(x,0))\big) = \big(x, F(x,g(x))\big) \quad \text{für jedes } x \in K_r(a)$$

und daher $F(x,g(x)) = 0$ für jedes $x \in K_r(a)$. Es ist $g(a) = G(a,0) = b$, g ist stetig differenzierbar, und es gilt [wegen $K(x,0) = (x,G(x,0)) = (x,g(x))$]

$$J_g(x) = -A(x,g(x)) \cdot B(x,g(x))^{-1} \quad \text{für jedes } x \in K_r(a).$$

(7) Es sei $\widetilde{g}: K_r(a) \to \mathbb{R}^n$ eine stetige Abbildung mit $\widetilde{g}(a) = b$, mit $(x,\widetilde{g}(x)) \in U \times V$ für jedes $x \in K_r(a)$ und mit $F(x,\widetilde{g}(x)) = 0$ für jedes $x \in K_r(a)$. *Dann gilt* $g(x) = \widetilde{g}(x)$ *für jedes* $x \in K_r(a)$. Das sieht man so: Es sei $x_1 \in K_r(a)$. Für jedes $t \in [0,1]$ wird $x_t := a + t(x_1 - a)$ gesetzt. Es ist $x_0 = a$, und für jedes $t \in [0,1]$ gilt $x_t \in K_r(a)$. Es gilt $g(x_0) = \widetilde{g}(x_0)$. Es sei $T := \{t \in [0,1] \mid g(x_t) = \widetilde{g}(x_t)\}$; wegen $x_0 \in T$ ist $T \neq \emptyset$; da T eine beschränkte Menge ist, existiert $\sup(T) =: \bar{t}$. Es wird $\overline{x} := x_{\bar{t}}$ gesetzt. Weil g und $\widetilde{g}$ stetig sind, gilt $g(\overline{x}) = \widetilde{g}(\overline{x})$.

Es wird angenommen, daß $\bar{t} < 1$ gilt. Es wird $\overline{y} := g(\overline{x})$ gesetzt. Dann ist $(\overline{x},\overline{y}) \in W_1$. Es wird ein $\sigma > 0$ so gewählt, daß

$$\overline{W} := \{(x,y) \in \mathbb{R}^{m+n} \mid \|(x,y) - (\overline{x},\overline{y})\|_{\mathrm{F}} < \sigma\} \subset W_1$$

gilt. Zu σ gibt es ein $\delta > 0$ mit $\delta < \sigma/2$ und mit $\|\widetilde{g}(x) - \widetilde{g}(\overline{x})\|_{\mathrm{F}} < \sigma/2$ für jedes $x \in K_r(a)$ mit $\|x - \overline{x}\|_{\mathrm{F}} < \delta$ [da $\widetilde{g}$ stetig ist].

(a) Es sei $x' \in K_r(a)$, und es gelte $\|x' - \overline{x}\|_{\mathrm{F}} < \delta$. Es gilt also $(x',\widetilde{g}(x')) \in \overline{W} \subset W_1$ [wegen $\|(x',\widetilde{g}(x')) - (\overline{x},\overline{y})\|_{\mathrm{F}} < \sigma/\sqrt{2} < \sigma$]. Da $H|W_1: W_1 \to W_2$ bijektiv ist, gibt

es genau ein $y' \in \mathbb{R}^n$ mit $(x', y') \in W_1$ und mit $F(x', y') = 0$, nämlich $y' = g(x')$. Aus $F(x', \tilde{g}(x')) = 0$ und $(x', \tilde{g}(x')) \in W_1$ folgt $g(x') = \tilde{g}(x')$.
(b) Es wird ein $\tau \in \mathbb{R}$ mit $0 < \tau < \min(\delta/r, 1)$ gewählt, und es sei $t' := \bar{t}(1-\tau)+\tau$. Es ist $\bar{t} = \bar{t}(1-\tau) + \bar{t}\tau < \bar{t}(1-\tau) + \tau = t' < (1-\tau) + \tau = 1$ [wegen $\bar{t} < 1$]. Es sei $x' := x_{t'}$. Es ist $x' \in K_r(a)$, und es gilt $\|x' - \bar{x}\|_{\mathrm{F}} = (t' - \bar{t})\|x_1 - a\|_{\mathrm{F}} < \tau(1-\bar{t})r \leq \tau r < \delta$, und daher ist $g(x') = \tilde{g}(x')$ nach (a). Dann ist aber $t' \in T$, und das ist wegen $t' > \bar{t}$ ein Widerspruch zur Wahl von $\bar{t}$.

Damit ist der Satz bewiesen.

(5.9) BEMERKUNG: (1) Es sei $U \subset \mathbb{R}^n$ eine offene Menge, und es sei $F: U \to \mathbb{R}^n$ eine stetig differenzierbare Abbildung. Es sei $z \in U$ ein Fixpunkt von F, und es gelte $\|J_F(z)\|_{\mathrm{F}} < 1$ [das ist insbesondere dann erfüllt, wenn $J_F(z) = 0$ gilt]. *Es gibt ein $r > 0$ so, daß für jedes $x^{(0)} \in U$ mit $\|x^{(0)} - z\|_{\mathrm{F}} \leq r$ die durch $x^{(p+1)} := F(x^{(p)})$ für jedes $p \in \mathbb{N}_0$ definierte Folge $\left(x^{(p)}\right)_{p\geq 0}$ gegen z konvergiert.* [Es wird dafür die Sprechweise benutzt: Für jedes hinreichend nahe bei z gelegene $x^{(0)} \in U$ konvergiert die Folge $\left(x^{(p)}\right)_{p\geq 0}$ gegen z.]
Beweis: Es seien $\kappa' := \|J_F(z)\|_{\mathrm{F}}$ und $\kappa := (1+\kappa')/2$; es gilt $0 \leq \kappa' < 1$, und daher ist $0 < \kappa < 1$. $J_F: U \to M(n; \mathbb{R})$ ist stetig; folglich gibt es ein $r > 0$ so, daß für $Z := \{x \in \mathbb{R}^n \mid \|x - z\|_{\mathrm{F}} \leq r\}$ gilt: $Z \subset U$ und $\|J_F(x) - J_F(z)\|_{\mathrm{F}} < (1-\kappa')/2$ für jedes $x \in Z$. Für jedes $x \in Z$ gilt daher

$$\|J_F(x)\|_{\mathrm{F}} = \|(J_F(x) - J_F(z)) + J_F(z)\|_{\mathrm{F}} \leq \|J_F(x) - J_F(z)\|_{\mathrm{F}} + \|J_F(z)\|_{\mathrm{F}} \leq \kappa.$$

Es seien x, $x' \in Z$; für jedes $t \in [0,1]$ ist $x + t(x'-x) \in Z \subset U$, und daher gilt auch $\{x + t(x'-x) \mid t \in [0,1]\} \subset Z \subset U$. Nach dem Mittelwertsatz [vgl. (4.15)(3)] gilt $\|F(x) - F(x')\|_{\mathrm{F}} \leq \kappa\|x - x'\|_{\mathrm{F}}$. Es gilt also insbesondere $\|F(x) - F(z)\|_{\mathrm{F}} \leq \kappa\|x - z\|_{\mathrm{F}} \leq \kappa r < r$ für jedes $x \in Z$, und daher gilt $F(Z) \subset Z$. Es kann also auf die abgeschlossene Menge Z und die Abbildung F der Fixpunktsatz [vgl. (3.4)] angewandt werden; daraus folgt die Behauptung.
(2) Es werden die Bezeichnungen und Voraussetzungen aus (1) beibehalten, und es gelte darüber hinaus, daß F zweimal stetig differenzierbar ist. Es seien φ_i mit $i \in \{1, \ldots, n\}$ die Koordinatenfunktionen von F. Es wird $r^{(p)} = (\rho_1^{(p)}, \ldots, \rho_n^{(p)}) := x^{(p)} - z$ für jedes $p \in \mathbb{N}_0$ gesetzt. Weil F und daher $\varphi_1, \ldots, \varphi_n$ zweimal stetig differenzierbar sind, gibt es [vgl. (4.28)(5)] für jedes $i \in \{1, \ldots, n\}$ eine Abbildung $\psi_i: U \to \mathbb{R}$ mit

$$\varphi_i(x) = \varphi_i(z) + (x-z) \cdot J_{\varphi_i}(z) + \frac{1}{2}(x-z) \cdot H_{\varphi_i}(z) \cdot {}^t(x-z) + \|x-z\|_{\mathrm{F}}^2 \psi_i(x)$$

für jedes $x \in U$ und mit $\lim_{x \to z} \psi_i(x) = 0$. Es gilt daher für jedes $i \in \{1, \ldots, n\}$

$$\rho_i^{(p+1)} = r^{(p)} \cdot J_{\varphi_i}(z) + \frac{1}{2} r^{(p)} \cdot H_{\varphi_i}(z) \cdot {}^t r^{(p)} + \|r^{(p)}\|_{\mathrm{F}}^2 \psi_i(r^{(p)} + z) \quad \text{für jedes } p \in \mathbb{N}_0.$$

(a) Es gelte $J_F(z) \neq 0$. Dann ist "in erster Näherung"

$$r^{(p+1)} \approx r^{(p)} \cdot J_F(z) \quad \text{für jedes } p \in \mathbb{N}_0.$$

Man sagt: Die Folge $\left(x^{(p)}\right)_{p\geq 0}$ konvergiert linear gegen z.
(b) Es gelte $J_F(z) = 0$, und es sei $H_{\varphi_{i_0}}(z) \neq 0$ für mindestens ein $i_0 \in \{1,\ldots,n\}$; dann ist "in erster Näherung" für jedes $i \in \{1,\ldots,n\}$

$$\rho_i^{(p+1)} \approx r^{(p)} \cdot H_{\varphi_i}(z) \cdot {}^t r^{(p)} \quad \text{für jedes } p \in \mathbb{N}_0.$$

Man sagt: Die Folge $(x^{(p)})_{p\geq 0}$ konvergiert quadratisch gegen z.
(c) Es gelte $J_F(z) = 0$ und $H_{\varphi_i}(z) = 0$ für jedes $i \in \{1,\ldots,n\}$. Man sagt dann: Die Folge $(x^{(p)})_{p\geq 0}$ konvergiert mindestens quadratisch gegen z.

(5.10) BEMERKUNG: (1) Es sei $U \subset \mathbb{R}^n$ offen, und es sei $f\colon U \to \mathbb{R}^n$ eine zweimal stetig differenzierbare Abbildung mit den Koordinatenfunktionen $\varphi_1,\ldots,\varphi_n$. Es sei für jedes $x \in U$ die Matrix $J_f(x) \in M(n;\mathbb{R})$ invertierbar. Es sei g die durch $x \mapsto f(x)J_f(x)^{-1} : U \to \mathbb{R}^n$ definierte Abbildung. *Es ist g stetig differenzierbar. Es sei $x_0 \in U$, und es gelte $f(x_0) = 0$. Dann gilt $Dg(x_0) = \mathrm{id}_{\mathbb{R}^n}$, also $J_g(x_0) = E_n$.*
Beweis: Es sei $x \in U$; es sei $\mathrm{adj}(J_f(x)) =: (\psi_{ij}(x))$ die zu $J_f(x) = (D_i\varphi_j(x))$ adjungierte Matrix [vgl. II(8.26)], so daß $J_f(x)^{-1} = \mathrm{adj}(J_f(x)) \cdot \det(J_f(x))^{-1}$ ist. Weil f zweimal stetig differenzierbar ist, gilt: Für alle i, $j \in \{1,\ldots,n\}$ ist ψ_{ij} als Summe von Produkten stetig differenzierbarer Funktionen wieder stetig differenzierbar, denn nach V(1.5) [Summen- und Produktregel für Funktionen einer Veränderlichen] existieren die partiellen Ableitungen und sind stetig. Die Abbildung $x \mapsto \det(J_f(x))^{-1} : U \to \mathbb{R}$ ist stetig differenzierbar, denn nach V(1.5) [Quotientenregel für Funktionen einer Veränderlichen] existieren die partiellen Ableitungen und sind stetig. Folglich ist g stetig differenzierbar. Es sei $k \in \{1,\ldots,n\}$; für die k-te Komponente der Zeile $f(x) \cdot J_f(x)^{-1} \in M(1,n;\mathbb{R})$ gilt

$$f(x) \cdot J_f(x)^{-1}[k] = \sum_{l=1}^{n} \varphi_l(x)\psi_{lk}(x) \cdot \det(J_f(x))^{-1} \quad \text{für jedes } x \in U,$$

und daher gilt wegen $\varphi_l(x_0) = 0$ für jedes $l \in \{1,\ldots,n\}$ nach der Produktregel [für Funktionen einer Veränderlichen]: Für alle i, $k \in \{1,\ldots,n\}$ ist

$$\begin{aligned} D_i(fJ_f^{-1})(x_0)[k] &= \sum_{l=1}^{n} D_i\varphi_l(x_0)\psi_{lk}(x_0) \cdot \det(J_f(x_0))^{-1} \\ &= J_f(x_0) \cdot \mathrm{adj}(J_f(x_0))[i,k] \cdot \det(J_f(x_0))^{-1} \\ &= \delta_{ik} \end{aligned}$$

[δ_{ik} ist das Kroneckersymbol]. Die zu $Dg(x_0) = D(fJ_f^{-1})(x_0)$ gehörige Matrix $J_g(x_0)$ ist also die Einheitsmatrix.
(2) Es werden die Bezeichnungen und Voraussetzungen aus (1) beibehalten. Es ist $F := \mathrm{id}_{\mathbb{R}^n} - g$ stetig differenzierbar. *Es ist $F(x_0) = x_0$ und $DF(x_0) = 0$*, d.h. es ist $J_F(x_0) = 0$.
Beweis: Die erste Aussage ist klar, und die zweite Aussage ergibt sich aus (1), denn aus der Definition von F folgt $DF(x) = \mathrm{id}_{\mathbb{R}^n} - D(fJ_f^{-1})(x)$ für jedes $x \in U$, und daher ist $DF(x_0) = 0$.

(5.11) BEMERKUNG: Der in (5.10) bewiesene Sachverhalt wird benutzt, um die Konvergenzgüte der Näherungsverfahren in (5.12) und (5.13) zu bestimmen.

(5.12) NEWTON-VERFAHREN FÜR NULLSTELLEN: (1) Es sei $U \subset \mathbb{R}^n$ eine offene Menge, es sei $f: U \to \mathbb{R}^n$ dreimal stetig differenzierbar, und es sei $x_0 \in U$ mit $f(x_0) = 0$. Wie findet man rechnerisch eine Approximation für x_0, wenn eine grobe Näherung $x^{(0)}$ für x_0 bekannt ist? *Es gelte* $J_f(x_0) \in \mathrm{GL}(n;\mathbb{R})$. Dann ist $\det(J_f(x_0)) \neq 0$, und nach (2.22)(2) gibt es eine offene Menge $U' \subset \mathbb{R}^n$ mit $x_0 \in U' \subset U$ und mit $\det(J_f(x)) \neq 0$ für jedes $x \in U'$. Es ist daher $J_f(x)$ invertierbar für jedes $x \in U'$. Es sei $F: U \to \mathbb{R}^n$ die Abbildung mit $F(x) = x - f(x)J_f(x)^{-1}$ für jedes $x \in U'$. Weil f dreimal stetig differenzierbar ist, ist F zweimal stetig differenzierbar. Nach (5.10)(2) kann auf F und x_0 (5.9) angewandt werden: Für jedes hinreichend nahe bei x_0 gelegene $x^{(0)}$ konvergiert die durch $x^{(p+1)} := F(x^{(p)})$ für jedes $p \in \mathbb{N}_0$ definierte Folge $\left(x^{(p)}\right)_{p\geq 0}$ gegen x_0, und nach (5.9)(2)(b) konvergiert die Folge mindestens quadratisch.
(2) Die Rechnung wird so durchgeführt: Es wird rekursiv

$$y^{(p)} J_f\big(x^{(p)}\big) = f\big(x^{(p)}\big), \quad x^{(p+1)} = x^{(p)} - y^{(p)} \quad \text{für jedes } p \in \mathbb{N}_0$$

gesetzt; das linke lineare Gleichungssystem $y\, J_f(x^{(p)}) = f(x^{(p)})$ für die Zeile y kann etwa mittels LR-Zerlegung mit Skalierung [vgl. Kapitel II, §6] gelöst werden.
(3) Die in (3.7) bewiesene Aussage ist ein Spezialfall von (5.12).

(5.13) NEWTON-VERFAHREN FÜR IMPLIZITE FUNKTIONEN: (1) Es sei $(a, b) \in \mathbb{R}^{m+n}$. Es sei $U \subset \mathbb{R}^m$ eine offene Menge mit $a \in U$, es sei $V \subset \mathbb{R}^n$ eine offene Menge mit $b \in V$, und es sei $f: U \times V \to \mathbb{R}^n$ eine dreimal stetig differenzierbare Abbildung mit $f(a, b) = 0$; es seien $\varphi_1, \ldots, \varphi_n$ die Koordinatenfunktionen von f. *Es gelte* $(D_{m+i}\varphi_j(a, b))_{1\leq i,j\leq n} \in \mathrm{GL}(n;\mathbb{R})$. Nach dem Satz über implizite Funktionen [vgl. (5.6)] gibt es eine offene Menge U_1 mit $a \in U_1 \subset U$ und genau eine stetige Abbildung $g: U_1 \to \mathbb{R}^n$ mit $(x, g(x)) \in U \times V$, $f(x, g(x)) = 0$ und mit $(D_{m+i}\varphi_j(x, g(x))) \in \mathrm{GL}(n;\mathbb{R})$ für jedes $x \in U_1$.
(2) Es sei $x_1 \in U_1$, und es sei $y_1 := g(x_1)$. Wie findet man rechnerisch eine Approximation für y_1, wenn eine grobe Näherung $y^{(0)}$ für y_1 bekannt ist? Es sei f_1 die durch $y \mapsto f(x_1, y) : V \to \mathbb{R}^n$ definierte Abbildung; es gilt $J_{f_1}(y_1) = (D_{m+i}\varphi_j(x_1, y_1)) = (D_{m+i}\varphi_j(x_1, g(x_1))) \in \mathrm{GL}(n;\mathbb{R})$. Nun kann (5.12) auf f_1 und y_1 angewandt werden.

(5.14) BEISPIEL: Die Polynomfunktion $h: \mathbb{R} \to \mathbb{R}$ mit $h(x) = x^4 + 4x^2 - 2x - 6$ für jedes $x \in \mathbb{R}$ hat, wie man leicht sieht, genau zwei Nullstellen, von denen eine positiv und eine negativ ist [für die zweite Ableitung gilt $h''(x) = 12x^2 + 8 > 0$ für jedes $x \in \mathbb{R}$, daher ist die erste Ableitung h' eine monoton wachsende Funktion, die wegen $\lim_{x\to-\infty} h'(x) = -\infty$ und $\lim_{x\to\infty} h'(x) = \infty$ genau eine Nullstelle $x_0 \in \mathbb{R}$ hat, h hat in x_0 ein lokales Minimum, und h ist im Intervall $(-\infty, x_0)$ streng monoton fallend, im Intervall (x_0, ∞) streng monoton wachsend, und es ist $h(0) = -6 < 0$]. Es sei $\zeta := 1.2377...$ die positive Nullstelle von h. Es seien

$\varphi_1: \mathbb{R}^3 \to \mathbb{R}$, $\varphi_2: \mathbb{R}^3 \to \mathbb{R}$ definiert durch

$$\begin{aligned}\varphi_1(x,y,z) &:= x^4+z^4+x^3+y^3+z^2xy+4x^2+4z^2-2z-6,\\ \varphi_2(x,y,z) &:= x^3+y^2+2y+z-\zeta\end{aligned}$$

für jedes $(x,y,z) \in \mathbb{R}^3$. Für jedes $(x,y,z) \in \mathbb{R}^3$ gilt

$$\begin{aligned}D_2\varphi_1(x,y,z) &= 3y^2+z^2x, & D_3\varphi_1(x,y,z) &= 4z^3+2zxy+8z-2,\\ D_2\varphi_2(x,y,z) &= 2y+2, & D_3\varphi_2(x,y,z) &= 1.\end{aligned}$$

Es ist $\varphi_1(0,0,\zeta)=0$ und $\varphi_1(0,0,1.2377) = -0.001073278$, und es ist $\varphi_2(0,0,\zeta)=0$. Es sei mit den Bezeichnungen aus (5.12) $a=0$ und $b=(0,\zeta)$. Es wird $x_1 := 0.5$ gewählt, und es wird eine Approximation für das Paar (y_1,z_1) mit $\varphi_1(x_1,y_1,z_1) = 0$, $\varphi_2(x_1,y_1,z_1)=0$ bestimmt, wobei als grober Näherungswert für dieses Paar $(y^{(0)},z^{(0)}) = (0,1.2377)$ gewählt wird. Die Rechnung ergibt nach 5 Iterationen mit 10-stelliger Gleitpunktrechnung

p	$y^{(p)}$	$z^{(p)}$	$\varphi_1(x_1,y^{(p)},z^{(p)})$	$\varphi_2(x_1,y^{(p)},z^{(p)})$
0	0.00000 000000	1.23770 0000	1.18642 6722	0.12500 0000
1	−0.02480 640337	1.16231 2807	0.07510 9807	0.00061 5358
2	−0.02221 351755	1.15664 0318	0.00037 0751	0.00000 6723
3	−0.02220 254462	1.15661 2137	0.00000 0013	0.00000 0001
4	−0.02220 254464	1.15661 2136	0.00000 0002	0.00000 0000
5	−0.02220 254456	1.15661 2136	0.00000 0002	0.00000 0000

(5.15) BEMERKUNG: Es seien $U \subset \mathbb{R}^n$ und $V \subset \mathbb{R}$ offen, und es sei $\varphi: U \times V \to \mathbb{R}$ eine stetig differenzierbare Funktion. Es seien $x_0 = (\xi_1^{(0)},\ldots,\xi_n^{(0)}) \in U$, $y_0 \in V$ mit $\varphi(x_0,y_0)=0$. Es gelte $D_{n+1}\varphi(x_0,y_0) \neq 0$. Dann gibt es eine offene Menge $U_1 \in \mathbb{R}^n$ mit $x_0 \in U_1 \subset U$, eine offene Menge $V_1 \subset \mathbb{R}$ mit $y_0 \in V_1 \subset V$ und eine stetig differenzierbare Funktion $f: U_1 \to \mathbb{R}$ mit $f(U_1) \subset V_1$, mit $f(x_0)=y_0$ und mit $\varphi(x,f(x)) = 0$ für jedes $x \in U_1$ [vgl. (5.6)]. Es sei $F: U_1 \to \mathbb{R}^{n+1}$ die durch $F(x) := (x, f(x))$ für jedes $x \in U_1$ definierte Abbildung; die Menge $\Phi := F(U_1)$ heißt die durch φ in der Umgebung von (x_0,y_0) definierte Hyperfläche [vgl. (2.18)(3)]. Für jedes $i \in \{1,\ldots,n+1\}$ wird $\alpha_i := D_i\varphi(x_0,y_0)$ gesetzt. Die Tangentialhyperebene an Φ in x_0 [vgl. (4.32)(1)] ist

$$\mathcal{H}_{x_0} := \left\{(\eta_1,\ldots,\eta_{n+1}) \in \mathbb{R}^{n+1} \;\middle|\; \sum_{i=1}^{n} \alpha_i(\eta_i - \xi_i^{(0)}) + \alpha_{n+1}(\eta_{n+1}-y_0) = 0\right\}.$$

Beweis: Nach (5.6) gilt $D_i f(x_0) = -D_i\varphi(x_0,y_0)/D_{n+1}\varphi(x_0,y_0)$ für jedes $i \in \{1,\ldots,n\}$, und die Aussage folgt aus der Definition in (4.32)(1).

(5.16) BEISPIEL: Es seien a, b und c positive reelle Zahlen, und es sei $\varphi: \mathbb{R}^3 \to \mathbb{R}$ die Funktion mit

$$\varphi(x,y,z) = \frac{x^2}{a^2} + \frac{y^2}{b^2} + \frac{z^2}{c^2} - 1 \quad \text{für jedes } (x,y,z) \in \mathbb{R}^3.$$

Es ist $\varphi(0,0,c) = 0$. Es sei $U := \{(x,y) \in \mathbb{R}^2 \mid (x/a)^2 + (y/b)^2 < 1\}$, und es sei $f: U \to \mathbb{R}$ die Funktion mit

$$f(x,y) = c\sqrt{1 - \frac{x^2}{a^2} - \frac{y^2}{b^2}} \quad \text{für jedes } (x,y) \in U.$$

Es gilt $\varphi(x,y,f(x,y)) = 0$ für jedes $(x,y) \in U$. Es sei Φ die durch f definierte Fläche in $\mathbb{R}^3$; es ist Φ der Teil einer dreiachsigen Ellipsoidfläche mit dem Mittelpunkt in $(0,0,0) \in \mathbb{R}^3$ und mit den Halbachsen a, b und c, der oberhalb der Koordinatenebene $\mathcal{E} = \{(x,y,z) \in \mathbb{R}^3 \mid z = 0\}$ liegt. Die folgende Figur zeigt die ganze Ellipsoidfläche

$$\left\{(x,y,z) \in \mathbb{R}^3 \;\middle|\; \frac{x^2}{a^2} + \frac{y^2}{b^2} + \frac{z^2}{c^2} = 1\right\}.$$

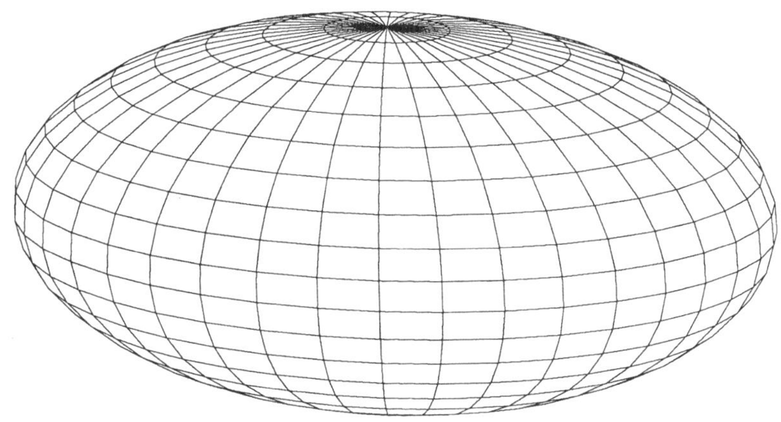

Es ist $f(0,0) = c$, und es gelten $D_1 f(0,0) = D_2 f(0,0) = 0$, $D_{11} f(0,0) = -c/a^2$, $D_{22} f(0,0) = -c/b^2$ und $D_{12} f(0,0) = 0$. Es hat daher f in $(0,0)$ ein lokales Maximum [vgl. (4.33)(4)]; die Tangentialebene an Φ in $(0,0)$ ist die zur Ebene $\mathcal{E}$ parallele Ebene $\mathcal{H}_{(0,0)} = \{(x,y,z) \in \mathbb{R}^3 \mid z = c\}$.

(5.17) In §2 und in §4, §5 sind die wichtigsten Sätze aus der Differentialrechnnung mehrerer Veränderlicher behandelt worden. Als Lehrbücher zu diesem Gebiet seien [5] und [27] genannt.

§6 Differentialgleichungen

(6.0) In diesem Paragraphen sind m und n stets natürliche Zahlen, und I ist stets ein Intervall in $\mathbb{R}$. Es sei $\mathbb{K}$ einer der Körper $\mathbb{R}$ oder $\mathbb{C}$. Ist $F: I \to M(m,n;\mathbb{K})$ eine Abbildung mit den Koordinatentenfunktionen φ_{kl} für $k \in \{1,\ldots,m\}$ und $l \in \{1,\ldots,n\}$, so schreibt man dafür $F = (\varphi_{kl})$.

(6.1) Gewöhnliche und partielle Differentialgleichungen treten in den Anwendungen sehr häufig auf [z.B. die Schwingungsgleichung oder die Maxwellschen Gleichungen zur Beschreibung elektromagnetischer Felder]. In diesem Buch werden nur gewöhnliche Differentialgleichungen behandelt. Dieser Paragraph ist der allgemeinen Theorie gewidmet; im nächsten Paragraphen werden lineare Differentialgleichungen, insbesondere solche mit konstanten Koeffizienten, behandelt.

(6.2) Bemerkung: Es sei $I = [a,b]$ ein abgeschlossenes Intervall.
(1) Es sei $f: I \to \mathbb{R}$ eine stetige Funktion. Es sei $F: I \to \mathbb{R}$ die Flächenfunktion von f, also die Funktion mit

$$F(t) = \int_a^t f(\tau)\,d\tau \quad \text{für jedes } t \in I$$

[vgl. VI(4.1)]. Dann ist $F|(a,b)$ differenzierbar, und es gilt $F'(t) = f(t)$ für jedes $t \in (a,b)$ [vgl. VI(4.3)].
(2) Es sei $f: I \to \mathbb{C}$ eine stetige Funktion. Die durch

$$t \mapsto \int_a^t \operatorname{Re}(f)(\tau)\,d\tau + i\int_a^t \operatorname{Im}(f)(\tau)\,d\tau : I \to \mathbb{C}$$

definierte Funktion F heißt die Flächenfunktion von f. Es ist $F|(a,b)$ differenzierbar, und es gilt $F'(t) = f(t)$ für jedes $t \in (a,b)$ [vgl. (4.13)(3)]. Es ist die Funktion $|f|: I \to \mathbb{R}$ stetig [vgl. (2.21)(3)]; es sei $G: I \to \mathbb{R}$ die Flächenfunktion von $|f|$. Es gilt $G'(t) = |f|(t)$ für jedes $t \in (a,b)$ und nach dem Mittelwertsatz [vgl. (4.15)(1)] daher

$$\left|\int_a^t f(\tau)\,d\tau\right| = |F(t) - F(a)| \le G(t) - G(a) = \int_a^t |f(\tau)|\,d\tau \quad \text{für jedes } t \in I.$$

Hieraus folgt sofort

$$\left|\int_{t_1}^{t_2} f(\tau)\,d\tau\right| \le \left|\int_{t_1}^{t_2} |f(\tau)|\,d\tau\right| \quad \text{für alle } t_1, t_2 \in I.$$

(3) Es sei $f = (\varphi_{ij}): I \to M(m,n;\mathbb{K})$ eine stetige Abbildung, und für jedes $i \in \{1,\ldots,m\}$ und $j \in \{1,\ldots,n\}$ sei $\Phi_{ij}: I \to \mathbb{K}$ die Flächenfunktion von φ_{ij}, es gilt also

$$\Phi_{ij}(t) = \int_a^t \varphi_{ij}(\tau)\,d\tau \quad \text{für jedes } t \in I.$$

Es heißt $F := (\Phi_{ij}): I \to M(m,n;\mathbb{K})$ die Flächenfunktion von f; es wird

$$F(t) = (\Phi_{ij}(t)) = \int_a^t (\varphi_{ij}(\tau))\,d\tau = \left(\int_a^t \varphi_{ij}(\tau)\,d\tau\right) = \int_a^t f(\tau)\,d\tau \quad \text{für jedes } t \in I$$

geschrieben. Es ist $F|(a,b)$ differenzierbar, und es gilt $F'(t) = f(t)$ für jedes $t \in (a,b)$ [zur Bezeichnung vgl. (4.14)(2)]. Die Funktion $\|f\|_{\mathrm{F}}: I \to \mathbb{R}$ ist stetig [vgl. (2.21)(3)]; es sei G die Flächenfunktion von $\|f\|_{\mathrm{F}}$ [vgl. VI(4.1)]. Aus dem Mittelwertsatz [vgl. (4.15)(1)] folgt

$$\left\|\int_a^t f(\tau)\,d\tau\right\|_{\mathrm{F}} = \|F(t) - F(a)\|_{\mathrm{F}} \le G(t) - G(a) = \int_a^t \|f(\tau)\|_{\mathrm{F}}\,d\tau$$

für jedes $t \in I$. Hieraus folgt sofort

$$\left\|\int_{t_1}^{t_2} f(\tau)\,d\tau\right\|_{\mathrm{F}} \le \left|\int_{t_1}^{t_2} \|f(\tau)\|_{\mathrm{F}}\,d\tau\right| \quad \text{für alle } t_1,\, t_2 \in I.$$

(6.3) Bezeichnung: Es sei I ein offenes Intervall, und es sei $U \subset \mathbb{K}^n$ eine offene Menge; mit $y = (\eta_1, \ldots, \eta_n)$ werden Elemente von U bezeichnet. Es sei $F: I \times U \to \mathbb{K}^n$ eine stetige Abbildung, und es sei $J \subset I$ ein offenes Intervall.

(1) Eine differenzierbare Abbildung $g: J \to \mathbb{K}^n$ heißt eine Lösung der Differentialgleichung

$$y' = F(t,y), \tag{$*$}$$

wenn $g(J) \subset U$ und $g'(t) = F(t, g(t))$ für jedes $t \in J$ gilt. Es sei $F = (f_1, \ldots, f_n)$, und es sei $g = (\varphi_1, \ldots, \varphi_n)$; es gilt also $(\varphi_1(t), \ldots, \varphi_n(t)) \in U$ für jedes $t \in J$ und

$$\varphi_i'(t) = f_i\big(t, \varphi_1(t), \ldots, \varphi_n(t)\big) \quad \text{für jedes } t \in J \text{ und jedes } i \in \{1, \ldots, n\}. \tag{$**$}$$

Es ist also $(*)$ ein System von Gleichungen der Form $(**)$; man nennt $(*)$ deshalb häufig ein System von Differentialgleichungen.

(2) Es sei $g: J \to \mathbb{K}^n$ eine Lösung von $(*)$; es sei $t_0 \in J$, und es sei $c \in M(1,n;\mathbb{K})$. Gilt $c = g(t_0)$, so heißt g eine Lösung von $(*)$ mit dem Anfangswert c in t_0.

Es sei $\mathbb{K} = \mathbb{R}$, und es sei $g: J \to \mathbb{R}^n$ eine Lösung von $(*)$. Dann ist die Menge $g(J)$ eine Kurve in $\mathbb{R}^n$ [vgl. (2.18)(1)]; man nennt sie eine Lösungskurve von $(*)$.

(6.4) Beispiele: (1) Es sei I ein offenes Intervall, und es sei $\varphi: I \to \mathbb{R}$ eine stetige Funktion. Es sei $F := \varphi\,\mathrm{id}_{\mathbb{R}}: I \times \mathbb{R} \to \mathbb{R}$, es gilt also $F(t,y) = \varphi(t)y$ für jedes $(t,y) \in I \times \mathbb{R}$. F ist stetig [vgl. (2.22)(4)]. Es sei $t_0 \in I$. Für die Differentialgleichung

$$y' = \varphi(t)y \quad [= F(t,y)]$$

gilt: Die durch $t \mapsto \exp\big(\int_{t_0}^t \varphi(\tau)\,d\tau\big) : I \to \mathbb{R}$ definierte Funktion ist eine Lösung mit dem Anfangswert 1 in t_0.

(2) Es seien I_1, I_2 offene Intervalle in $\mathbb{R}$, es seien $\varphi: I_1 \to \mathbb{R}$, $\psi: I_2 \to \mathbb{R}$ stetige

Funktionen, und es sei $F := \varphi\psi: I_1 \times I_2 \to \mathbb{R}$. F ist stetig [vgl. (2.22)(4)]. Es gelte $\psi(y) \neq 0$ für jedes $y \in I_2$. [Es ist (1) ein Spezialfall von (2).] Es wird die Differentialgleichung

$$y' = \varphi(t)\psi(y) \tag{$*$}$$

untersucht. Es seien $t_0 \in I_1$ und $y_0 \in I_2$. Es sei $f: I_1 \to \mathbb{R}$ die Funktion mit $f(t) = \int_{t_0}^t \varphi(\tau)\, d\tau$ für jedes $t \in I_1$, und es sei $h: I_2 \to \mathbb{R}$ die Funktion mit $h(y) = \int_{y_0}^y (1/\psi(\eta))\, d\eta$ für jedes $y \in I_2$. Für die Funktion $G: I_1 \times I_2 \to \mathbb{R}$ mit $G(t,y) = f(t) - h(y)$ für jedes $(t,y) \in I_1 \times I_2$ gilt $G(t_0, y_0) = 0$ und $D_2G(t_0,y_0) = -h'(y_0) = -1/\psi(y_0) \neq 0$. Nach dem Satz über implizite Funktionen [vgl. (5.6)] gibt es ein offenes Intervall $J \subset I_1$ mit $t_0 \in J$ und eine differenzierbare Funktion $g: J \to \mathbb{R}$ mit $g(J) \subset I_2$, mit $g(t_0) = y_0$ und mit $G(t, g(t)) = f(t) - h(g(t)) = 0$ für jedes $t \in J$. Es ist $g'(t) = \varphi(t)\psi(g(t))$ für jedes $t \in J$ [vgl. (5.7)], und daher ist $g: J \to \mathbb{R}$ eine Lösung der Differentialgleichung $(*)$ mit dem Anfangswert y_0 in t_0.

Es wird i.a. das Intervall J ein echtes Teilintervall des Intervalls I_1 sein; es war deshalb sinnvoll, in (6.3) eine Lösung der Differentialgleichung nur auf einem Teilintervall zu definieren [vgl. (6.15)].

(6.5) BEZEICHNUNG: Es sei I ein offenes Intervall, und es sei $U \subset \mathbb{K}^n$ eine offene Menge. Es sei $f: I \times U \to \mathbb{K}$ eine stetige Funktion. Es sei $J \subset I$ ein offenes Teilintervall. Eine n-mal differenzierbare Funktion $g: J \to \mathbb{K}$ mit $(g(t), g'(t), \ldots, g^{(n-1)}(t)) \in U$ für jedes $t \in J$ und mit

$$g^{(n)}(t) = f(t, g(t), g'(t), \ldots, g^{(n-1)}(t)) \quad \text{für jedes } t \in J$$

heißt eine Lösung der Differentialgleichung n-ter Ordnung

$$y^{(n)} = f(t, y, y', \ldots, y^{(n-1)}). \tag{$*$}$$

Es sei $t_0 \in J$, und es sei $c = (\gamma_1, \ldots, \gamma_n) \in M(1, n; \mathbb{K})$. Gilt $\gamma_i = g^{(i-1)}(t_0)$ für jedes $i \in \{1, \ldots, n\}$, so heißt g eine Lösung von $(*)$ mit dem Anfangswert c in t_0.

(6.6) BEISPIEL: Es sei $\omega \in \mathbb{R} \setminus \{0\}$. Es wird die Differentialgleichung

$$y'' + \omega^2 y = 0$$

betrachtet; für sie ist die Funktion f in (6.5)$(*)$ die Funktion mit $f(t,y,z) = -\omega^2 y$ für jedes $(t,y,z) \in \mathbb{R} \times \mathbb{R}^2$. Die durch $t \mapsto \cos\omega t : \mathbb{R} \to \mathbb{R}$ definierte Funktion g und die durch $t \mapsto \sin\omega t : \mathbb{R} \to \mathbb{R}$ definierte Funktion h sind Lösungen. Es hat g in $t_0 = 0$ den Anfangswert $(1, 0)$, und es hat h in $t_0 = 0$ den Anfangswert $(0, \omega)$.

(6.7) BEMERKUNG: Es wird gezeigt, wie man eine Differentialgleichung n-ter Ordnung der Form $(*)$ in (6.5) als ein System von Differentialgleichungen der in (6.3) genannten Form auffassen kann.

(1) Es sei I ein offenes Intervall, und es sei $U \subset \mathbb{K}^n$ eine offene Menge. Es sei $f: I \times U \to \mathbb{K}$ eine stetige Funktion. Man definiert Funktionen $f_1: I \times U \to \mathbb{K}$, $\ldots, f_n: I \times U \to \mathbb{K}$ so: Für jedes $(t, \eta_1, \ldots, \eta_n) \in I \times U$ sei

$$f_i(t, \eta_1, \ldots, \eta_n) = \eta_{i+1} \quad \text{für } i = 1, \ldots, n-1, \quad f_n(t, \eta_1, \ldots, \eta_n) = f(t, \eta_1, \ldots, \eta_n).$$

Es sind $f_1, \ldots, f_n$ stetig, und daher ist $F := (f_1, \ldots, f_n): I \times U \to \mathbb{K}^n$ stetig [vgl. (2.21)(1)].
(2) Zu der Funktion f in der Differentialgleichung (6.5)(*) wird die Abbildung F wie in (1) definiert. Es sei $J \subset I$ ein offenes Intervall, und es sei $g: J \to \mathbb{K}$ eine Lösung der Differentialgleichung (6.5)(*). Es ist also g n-mal differenzierbar, es gilt $(g(t), \ldots, g^{(n-1)}(t)) \in U$ und $g^{(n)}(t) = f(t, g(t), \ldots, g^{(n-1)}(t))$ für jedes $t \in J$.

Es wird $h_i := g^{(i-1)}$ für jedes $i \in \{1, \ldots, n\}$ gesetzt. Für jedes $t \in J$ ist

$$h_1'(t) = g'(t) = h_2(t), \ldots, h_{n-1}'(t) = g^{(n-1)}(t) = h_n(t),$$

$$h_n'(t) = g^{(n)}(t) = f(t, h_1(t), \ldots, h_n(t));$$

es ist also $h := (h_1, \ldots, h_n)$ eine Lösung der Differentialgleichung

$$y' = F(t, y). \qquad (*)$$

Es sei $t_0 \in J$, und es sei $c = (\gamma_1, \ldots, \gamma_n) \in M(1, n; \mathbb{K})$. Gilt $\gamma_i = g^{(i-1)}(t_0)$ für jedes $i \in \{1, \ldots, n\}$, so ist h eine Lösung von (*) mit dem Anfangswert c in t_0.
(3) Zu der Funktion f in der Differentialgleichung (6.5)(*) wird die Abbildung F wie in (1) definiert, und es wird die Differentialgleichung (*) in (2) betrachtet; es sei $J \subset I$ ein offenes Intervall, und es sei $h = (h_1, \ldots, h_n): J \to \mathbb{K}^n$ eine Lösung von (*). Dann gilt

$$h_1'(t) = h_2(t), \ldots, h_{n-1}'(t) = h_n(t), \ h_n'(t) = f(t, h_1(t), \ldots, h_n(t))$$

für jedes $t \in J$. Es wird $g := h_1$ gesetzt. Es ist g n-mal differenzierbar, und es gilt

$$g^{(n)}(t) = h_n'(t) = f(t, g(t), \ldots, g^{(n-1)}(t)) \quad \text{für jedes } t \in J.$$

Es sei $t_0 \in J$, und es sei $c = (\gamma_1, \ldots, \gamma_n) \in M(1, n; \mathbb{K})$. Hat h in t_0 den Anfangswert c, so gilt $g^{(i-1)}(t_0) = \gamma_i$ für jedes $i \in \{1, \ldots, n\}$. Es ist also g eine Lösung der Differentialgleichung n-ter Ordnung in (6.5) mit dem Anfangswert c in t_0.
(4) Aus (2) und (3) folgt: Kann man Systeme von Differentialgleichungen der Form (6.3)(*) lösen, so kann man Differentialgleichungen n-ter Ordnung lösen.

(6.8) DEFINITION: Es sei I ein offenes Intervall, es sei $U \subset \mathbb{K}^n$ offen, und es sei $F: I \times U \to \mathbb{K}^n$ eine Abbildung. F genügt einer Lipschitz-Bedingung mit der Lipschitz-Konstanten $L > 0$ [nach R. Lipschitz, 1832–1903], wenn gilt: Es ist

$$\|F(t, y_1) - F(t, y_2)\|_F \le L\|y_1 - y_2\|_F \quad \text{für alle } y_1, y_2 \in U \text{ und jedes } t \in I.$$

(6.9) BEMERKUNG: Es sei I ein offenes Intervall, es sei $U \subset \mathbb{K}^n$ eine offene Menge, und es sei $F: I \times U \to \mathbb{K}^n$ eine stetig differenzierbare Abbildung. Es sei $(t_0, y_0) \in I \times U$. Dann gibt es ein offenes Intervall J mit $t_0 \in J \subset I$ und eine offene Menge $V \subset \mathbb{K}^n$ mit $y_0 \in V \subset U$ so, daß die Abbildung $F|J \times V$ beschränkt ist und einer Lipschitz-Bedingung genügt.
Beweis: Es werden positive Zahlen ρ, σ so gewählt, daß $A := [t_0 - \rho, t_0 + \rho] \subset I$

und $B := \{y \in \mathbb{K}^n \mid \|y - y_0\|_F \leq \sigma\} \subset U$ gilt. Weil F stetig differenzierbar ist, ist die Abbildung $(t,y) \mapsto J_F(t,y) : I \times U \to M(n+1,n;\mathbb{K})$ stetig; weil $A \times B$ abgeschlossen und beschränkt ist, ist $F|A \times B$ beschränkt, und es gibt ein $L > 0$ mit $\|J_F(t,y)\|_F \leq L$ für jedes $(t,y) \in A \times B$ [vgl. (2.32)]. Nach dem Mittelwertsatz [vgl. (4.15)(3)] gilt daher für alle (t,y_1), $(t,y_2) \in A \times B$

$$\|F(t,y_1) - F(t,y_2)\|_F \leq L\|y_1 - y_2\|_F.$$

Es können $J := (t_0 - \rho, t_0 + \rho)$ und $V := K_\sigma(y_0)$ gewählt werden.

(6.10) Hilfssatz: *Es sei I ein Intervall, und es sei $g: I \to \mathbb{R}$ eine stetige Funktion mit $g(t) \geq 0$ für jedes $t \in I$. Es gebe nichtnegative Zahlen γ, δ und ein $t_0 \in I$ mit*

$$g(t) \leq \gamma + \delta\left|\int_{t_0}^{t} g(\tau)\,d\tau\right| \quad \text{für jedes } t \in I. \tag{$*$}$$

Dann gilt

$$g(t) \leq \gamma e^{\delta|t-t_0|} \quad \text{für jedes } t \in I.$$

Es folgt insbesondere:
(1) *Ist I ein beschränktes Intervall, so ist g beschränkt.*
(2) *Ist $\gamma = 0$, so ist $g = 0$, d.h. es ist $g(t) = 0$ für jedes $t \in I$.*
Beweis: (a) Es sei $t_1 \in I$, und es gelte $t_1 \geq t_0$. Weil g stetig ist, gibt es ein $\beta \geq 0$ mit $g(t) \leq \beta$ für jedes $t \in [t_0, t_1]$ [vgl. IV(2.13)]. Es gilt nach $(*)$

$$g(t) \leq \gamma + \beta\delta(t - t_0) \quad \text{für jedes } t \in [t_0, t_1].$$

Es sei $n \in \mathbb{N}$, und es sei bereits gezeigt, daß

$$g(t) \leq \gamma \sum_{\nu=0}^{n-1} \frac{(\delta(t-t_0))^\nu}{\nu!} + \beta\frac{\delta(t-t_0)^n}{n!} \quad \text{für jedes } t \in [t_0, t_1] \tag{$**$}$$

gilt [für $n = 1$ wurde das gerade gezeigt]. Es sei $t \in [t_0, t_1]$. Schätzt man in $(*)$ auf der rechten Seite $g(\tau)$ für jedes $\tau \in [t_0, t]$ mittels $(**)$ nach oben ab, so erhält man durch Ausführen der Integration $(**)$ für $n+1$ statt n. Es gilt also $(**)$ für jedes $n \in \mathbb{N}$, so daß

$$g(t) \leq \gamma e^{\delta(t-t_0)} \quad \text{für jedes } t \in [t_0, t_1]$$

gilt. Weil $t_1 \in I$ mit $t_1 \geq t_0$ beliebig gewählt war, ist die Behauptung für jedes $t \in I$ mit $t \geq t_0$ bewiesen.
(b) Ist $t_1 \in I$ und gilt $t_1 \leq t_0$, so kann man entsprechend argumentieren.

(6.11) Satz: *Es sei I ein offenes Intervall, es sei $U \subset \mathbb{K}^n$ eine offene Menge, und es sei $F: I \times U \to \mathbb{K}^n$ eine stetige Abbildung. Es erfülle F eine Lipschitz-Bedingung mit der Lipschitz-Konstanten L. Es seien $t_0 \in I$ und $y_0 \in U$; es sei J ein offenes Intervall mit $t_0 \in J \subset I$, und es seien $g: J \to \mathbb{K}^n$, $h: J \to \mathbb{K}^n$ zwei Lösungen der*

Differentialgleichung $y' = F(t, y)$ *mit dem gleichen Anfangswert* $g(t_0) = h(t_0) = y_0$. *Dann gilt* $g(t) = h(t)$ *für jedes* $t \in J$.
Beweis: Für jedes $t \in J$ gilt

$$g(t) - g(t_0) = \int_{t_0}^{t} F(\tau, g(\tau))\, d\tau, \quad h(t) - h(t_0) = \int_{t_0}^{t} F(\tau, h(\tau))\, d\tau$$

und daher [vgl. (6.2)(3)]

$$\begin{aligned} \|g(t) - h(t)\|_{\mathrm{F}} &\leq \left| \int_{t_0}^{t} \|F(\tau, g(\tau)) - F(\tau, h(\tau))\|_{\mathrm{F}}\, d\tau \right| \\ &\leq L \left| \int_{t_0}^{t} \|g(\tau) - h(\tau)\|_{\mathrm{F}}\, d\tau \right|. \end{aligned}$$

Aus (6.10)(2) folgt $g(t) = h(t)$ für jedes $t \in J$.

(6.12) Satz: [E. Picard, 1856–1941 und E. Lindelöf, 1870–1946] *Es sei* I *ein offenes Intervall, es sei* $U \subset \mathbb{K}^n$ *eine offene Menge, und es sei* $F: I \times U \to \mathbb{K}^n$ *eine stetige Abbildung. Es sei* F *beschränkt, und es erfülle* F *eine Lipschitz-Bedingung. Dann gibt es zu jedem* $(t_0, y_0) \in I \times U$ *ein offenes Intervall* J *mit* $t_0 \in J \subset I$ *und dazu genau eine Lösung* $g: J \to \mathbb{K}^n$ *der Differentialgleichung* $y' = F(t, y)$ *mit* $g(t_0) = y_0$.
Beweis: Es sei $(t_0, y_0) \in I \times U$.
(1) Nach Voraussetzung gibt es positive Zahlen L, M mit

$$\|F(t, y)\|_{\mathrm{F}} \leq M \quad \text{für jedes } (t, y) \in I \times U,$$

$$\|F(t, y_1) - F(t, y_2)\|_{\mathrm{F}} \leq L\|y_1 - y_2\|_{\mathrm{F}} \quad \text{für jedes } t \in I \text{ und alle } y_1,\ y_2 \in U.$$

Es werden ein $\alpha > 0$ mit $(t_0 - \alpha, t_0 + \alpha) \subset I$ und ein $\rho > 0$ mit $V_\rho := K_\rho(y_0) \subset U$ gewählt.
(2) [Existenz]: (a) Es sei $\beta := \min(\{\alpha, \rho/M\})$, und es sei $J := (t_0 - \beta, t_0 + \beta)$. Es sei $g_0: J \to \mathbb{K}^n$ die konstante Abbildung mit Wert y_0, und es sei g_1 die durch

$$t \mapsto y_0 + \int_{t_0}^{t} F(\tau, y_0)\, d\tau : J \to \mathbb{K}^n$$

definierte stetige Abbildung. Es gilt nach (6.2)

$$\|g_1(t) - g_0(t)\|_{\mathrm{F}} = \|g_1(t) - y_0\|_{\mathrm{F}} \leq \left| \int_{t_0}^{t} \|F(\tau, y_0)\|_{\mathrm{F}}\, d\tau \right| \leq |t - t_0| M < \rho$$

für jedes $t \in J$ und daher $g_1(J) \subset V_\rho$.

Es sei $p \in \mathbb{N}$, und es seien bereits stetige Abbildungen $g_0, \ldots, g_p$ von J in $\mathbb{K}^n$ konstruiert mit $g_i(J) \subset V_\rho$ für jedes $i \in \{0, \ldots, p\}$ und mit: Für jedes $i \in \{1, \ldots, p\}$

und jedes $t \in J$ gilt

$$\begin{aligned} g_i(t) &= y_0 + \int_{t_0}^{t} F(\tau, g_{i-1}(\tau))\, d\tau, \\ \|g_i(t) - g_{i-1}(t)\|_{\mathrm{F}} &\leq \frac{M}{L} L^i \frac{|t - t_0|^i}{i!}. \end{aligned}$$

Es sei g_{p+1} die durch

$$t \mapsto y_0 + \int_{t_0}^{t} F(\tau, g_p(\tau))\, d\tau : J \to \mathbb{K}^n$$

definierte stetige Abbildung. Es gilt

$$\|g_{p+1}(t) - y_0\|_{\mathrm{F}} \leq \left| \int_{t_0}^{t} \|F(\tau, g_p(\tau))\|_{\mathrm{F}}\, d\tau \right| \leq |t - t_0| M < \rho$$

für jedes $t \in J$ und daher $g_{p+1}(J) \subset V_\rho$. Für jedes $t \in J$ gilt

$$\begin{aligned} \|g_{p+1}(t) - g_p(t)\|_{\mathrm{F}} &\leq \left| \int_{t_0}^{t} \|F(\tau, g_p(\tau)) - F(\tau, g_{p-1}(\tau))\|_{\mathrm{F}}\, d\tau \right| \\ &\leq L \left| \int_{t_0}^{t} \|g_p(\tau) - g_{p-1}(\tau)\|_{\mathrm{F}}\, d\tau \right| \\ &\leq \frac{M}{L} L^{p+1} \frac{|t - t_0|^{p+1}}{(p+1)!}. \end{aligned}$$

(b) Für die in (a) konstruierte Folge $(g_p)_{p \geq 0}$ von Abbildungen $g_p \colon J \to \mathbb{K}^n$ gilt für jedes $p \in \mathbb{N}_0$

$$\|g_{p+1}(t) - g_p(t)\|_{\mathrm{F}} \leq \frac{M}{L} \frac{L^{p+1} \beta^{p+1}}{(p+1)!} \quad \text{für jedes } t \in J;$$

es konvergiert die Reihe $\sum_{p=0}^{\infty} (g_{p+1} - g_p)$ gleichmäßig [vgl. (2.47)], und es ist daher die durch

$$t \mapsto g_0(t) + \sum_{p=0}^{\infty} (g_{p+1}(t) - g_p(t)) : J \to \mathbb{K}^n$$

definierte Abbildung $g \colon J \to \mathbb{K}^n$ stetig [vgl. (2.48)]. Es gilt $g = \lim_{p \to \infty} (g_p)$.

(c) Es sei $\varepsilon > 0$. Es gibt ein $p_0 \in \mathbb{N}$ mit

$$\|g_p(t) - g(t)\|_{\mathrm{F}} < \frac{\varepsilon}{2L\beta} \quad \text{für jedes } t \in J \text{ und jedes } p \in \mathbb{N} \text{ mit } p \geq p_0$$

[vgl. (2.45)(1)]. Für jedes $p \geq p_0$ und jedes $t \in J$ gilt

$$\left\| \left[y_0 + \int_{t_0}^{t} F(\tau, g(\tau))\, d\tau \right] - g_{p+1}(t) \right\|_{\mathrm{F}} \leq \left| \int_{t_0}^{t} \|F(\tau, g(\tau)) - F(\tau, g_p(\tau))\|_{\mathrm{F}}\, d\tau \right|$$

$$\leq L\left|\int_{t_0}^{t}\|g(\tau)-g_p(\tau)\|_F\,d\tau\right|$$
$$\leq \frac{L\varepsilon\beta}{2L\beta} < \varepsilon.$$

Daher gilt [vgl. (1.6)(2)]

$$g(t)=\lim_{p\to\infty}(g_{p+1}(t)) = y_0+\int_{t_0}^{t}F(\tau,g(\tau))\,d\tau \quad \text{für jedes } t\in J.$$

Folglich ist g differenzierbar, es gilt $g'(t) = F(t,g(t))$ für jedes $t \in J$, und es ist $g(t_0) = y_0$.
(3) [Einzigkeit]: Ist $h\colon J \to \mathbb{K}^n$ eine weitere Lösung mit $h(t_0) = y_0$, so gilt $g(t) = h(t)$ für jedes $t \in J$ nach (6.11).

(6.13) Folgerung: *Es sei I ein offenes Intervall, und es sei $U \subset \mathbb{K}^n$ eine offene Menge; es sei $F\colon I \times U \to \mathbb{K}^n$ eine stetige Abbildung. Für jedes abgeschlossene und beschränkte Intervall $\tilde{I} \subset I$ gelte: Die Einschränkung $F|\tilde{I} \times U$ von F genügt einer Lipschitz-Bedingung. Es seien $t_0 \in I$ und $y_0 \in U$. Dann gibt es ein offenes Intervall J mit $t_0 \in J \subset I$ und genau eine Lösung $f\colon J \to \mathbb{K}^n$ von $y' = F(t,y)$ mit $f(t_0) = y_0$.*
Beweis: Es gibt ein $\delta > 0$ mit $I' := (t_0-\delta, t_0+\delta) \subset [t_0-\delta, t_0+\delta] \subset I$ und mit $U' := K_\delta(y_0) \subset \{y \in \mathbb{K}^n \mid \|y-y_0\|_F \leq \delta\} \subset U$ sowie positive Zahlen M und L mit

$$\|F(t,y)\|_F \leq M \quad \text{für jedes } (t,y)\in I'\times U',$$

$$\|F(t,y_1)-F(t,y_2)\|_F \leq L\|y_1-y_2\|_F \quad \text{für jedes } t\in I' \quad \text{und alle } y_1,y_2\in U'$$

[die Existenz von M folgt aus der Stetigkeit von F, vgl. (2.32)(1), die von L aus der Lipschitz-Bedingung]. Nun kann auf $I' \times U'$ und $F|I' \times U'$ (6.12) angewandt werden.

(6.14) BEMERKUNG: Es sei I ein offenes Intervall, es sei $U \subset \mathbb{K}^n$ eine offene Menge, und es sei $F\colon I \times U \to \mathbb{K}^n$ stetig. Für jedes abgeschlossene und beschränkte Intervall $\tilde{I} \subset I$ gelte: $F|\tilde{I} \times U$ genügt einer Lipschitz-Bedingung. Es sei $t_0 \in I$, und es sei $y_0 \in U$. Es wird das Differentialgleichungssystem

$$y' = F(t,y) \tag{$*$}$$

betrachtet.
(1) Es sei $i \in \{1,2\}$, es sei J_i ein offenes Intervall mit $t_0 \in J_i \subset I$, und es sei $f_i\colon J_i \to \mathbb{K}^n$ eine Lösung von $(*)$ mit $f_i(t_0) = y_0$. Dann gilt $f_1(t) = f_2(t)$ für jedes $t \in J_1 \cap J_2$.
Beweis: (a) Es sei $t \in J_1 \cap J_2$ mit $t > t_0$. Es werden ein $\delta > 0$ und ein $t' \in \mathbb{R}$ mit $t' > t$ so gewählt, daß $\tilde{I} := [t_0-\delta, t'] \subset I$ gilt. Es erfüllt $F|\tilde{I} \times U$ eine Lipschitz-Bedingung; nach (6.11) gilt $f_1(\tau) = f_2(\tau)$ für jedes $\tau \in (t_0-\delta, t')$, und daher gilt

$f_1(t) = f_2(t)$.
(b) Entsprechend wird $f_1(t) = f_2(t)$ für jedes $t \in J_1 \cap J_2$ mit $t < t_0$ gezeigt.
(2) Es werden Paare (J, f) betrachtet; hier ist J ein offenes Intervall, für welches $t_0 \in J \subset I$ gilt, und es ist $f: J \to \mathbb{K}^n$ eine Lösung von $(*)$, für welche $f(t_0) = y_0$ gilt. Es sei $\mathcal{J}$ die Menge dieser Paare, und es sei

$$I_0 := \bigcup_{(J,f) \in \mathcal{J}} J.$$

Dann ist I_0 ein offenes Intervall mit $t_0 \in I_0 \subset I$, und es gibt genau eine Lösung $g: I_0 \to \mathbb{K}^n$ von $(*)$ mit $g(t_0) = y_0$.
Beweis [Existenz]: Nach (2.4)(4) ist I_0 offen [als Vereinigung offener Mengen], und es ist klar, daß I_0 ein Intervall ist. Es wird g folgendermaßen definiert. Es sei $t \in I_0$; dann gibt es $(J, f) \in \mathcal{J}$ mit $t \in J$; es wird $g(t) := f(t)$ gesetzt. Ist auch $(J_1, f_1) \in \mathcal{J}$ mit $t \in J_1$, so ist $f_1(t) = f(t)$ nach (1). Folglich ist $g: I_0 \to \mathbb{K}^n$ wohldefiniert, und es ist klar, daß g eine Lösung von $(*)$ mit $g(t_0) = y_0$ ist.
[Einzigkeit]: Ist $h: I_0 \to \mathbb{K}^n$ eine Lösung von $(*)$ mit $h(t_0) = y_0$, so folgt $h = g$ nach (1).
(3) Das in (2) konstruierte Intervall I_0 ist das größte in I enthaltene Intervall, welches t_0 enthält und in welchem eine Lösung von $(*)$ mit dem Anfangswert y_0 in t_0 existiert.

(6.15) Beispiel: Es seien $I = (-\infty, \infty)$, $U = (0, \infty)$, und es sei $F: I \times U \to \mathbb{R}$ die Funktion mit $F(t, y) = -(y + 1/y)$ für jedes $(t, y) \in I \times U$. Es sei $t_0 \in I$, und es sei $y_0 \in U$. Es sei $c := t_0 + (\ln(1 + y_0^2))/2$, und es sei $J := (-\infty, c)$; es gilt $t_0 \in J$. Es sei $g: J \to \mathbb{R}$ die Funktion mit $g(t) = -1 + (1 + y_0^2)\exp(2(t_0 - t))$. Es gilt $g(t) > 0$ für jedes $t \in J$, und es gilt $\lim_{t \to c^-} g(t) = 0$. Die Funktion $f: J \to \mathbb{R}$ mit $f(t) = \sqrt{g(t)}$ für jedes $t \in J$ ist eine Lösung der Differentialgleichung $y' = F(t, y)$, wie man durch Differenzieren bestätigt, und es gilt $f(t_0) = y_0$. Wegen $\lim_{t \to c^-} f(t) = 0$ und $0 \notin U$ ist J das größte in I enthaltene und t_0 enthaltende Intervall, in dem es eine Lösung von $y' = F(t, y)$ mit dem Anfangswert y_0 in t_0 gibt.

(6.16) Beispiel: (1) In eine "große" Bevölkerungsgruppe wird eine kleine Gruppe von Personen gebracht, die an einer ansteckenden Krankheit leiden. Es wird ein Modell für die Ausbreitung der Krankheit vorgestellt. Dabei wird vorausgesetzt, daß die Inkubationszeit Null ist und daß Personen, die von der Krankheit genesen sind, gegen die Krankheit immun sind. Weiter wird vorausgesetzt, daß sich die Bevölkerungsgruppe in dem betrachteten Zeitraum nur krankheitsbedingt verändert, d.h. daß es keine Geburten, keine nicht durch die Krankheit bedingten Todesfälle und weder Einwanderung noch Auswanderung gibt. Es wird die Beobachtung zu einem Zeitpunkt $t_0 > 0$ begonnen.
(2) Zu jedem Zeitpunkt $t > 0$ wird die Bevölkerungsgruppe in drei paarweise disjunkte Mengen zerlegt:
(a) Die Menge der kranken Personen der Bevölkerungsgruppe, die also andere Personen der Bevölkerungsgruppe anstecken können – ihre Anzahl sei $K(t)$,

(b) die Menge der Personen der Bevölkerungsgruppe, die angesteckt werden können – ihre Anzahl sei $E(t)$,
(c) die Menge der Personen der Bevölkerungsgruppe, die aus dem Ausbreitungsprozeß ausgeschieden sind, etwa weil sie nicht mit Erkrankten in Berührung kommen, gegen die Krankheit immun sind oder im Lauf des Zeitraums $(0,t]$ von der Krankheit genesen oder an ihr gestorben sind – ihr Anzahl sei $N(t)$.

Es gilt also für die zeitlich konstante Gesamtzahl G der Bevölkerungsgruppe:

$$G = K(t) + E(t) + N(t) \quad \text{für jedes } t \in (0,\infty) =: I.$$

Zum Zeitpunkt t_0, in dem die Beobachtung beginnt, gelte $K_0 := K(t_0) > 0$ und $E_0 := E(t_0) > 0$.
(3) Für das Modell werden folgende Annahmen gemacht.

- Die zeitliche Änderung von E ist proportional zum Produkt EK;
- die zeitliche Änderung von N ist proportional zu K.

(4) Für jedes $t \in I$ sind $K(t)$, $E(t)$ und $N(t)$ nichtnegative ganze Zahlen. Die Theorie der Differentialgleichungen läßt sich aber nur anwenden, wenn die Funktionen $K: I \to \mathbb{R}$, $E: I \to \mathbb{R}$ und $N: I \to \mathbb{R}$ differenzierbar sind [dies hat insbesondere zur Folge, daß K, E, N auch nichtganzzahlige Werte annehmen]. Es wird nun vorausgesetzt, daß K, E und N differenzierbar sind; weiter wird vorausgesetzt, daß die monoton fallende Funktion E streng monoton fällt.

Dann besteht folgendes System von Differentialgleichungen [die zeitlichen Änderungen von K, E und N werden durch die Ableitungen gemessen]:

$$E' = -\beta EK, \quad N' = \gamma K, \quad K' = \beta EK - \gamma K$$

mit einer positiven Konstanten β, der Infektionsrate [da die Funktion E streng monoton fällt, muß β positiv sein], und einer positiven Konstanten γ, der Ausscheidungsrate. [Die beiden ersten Gleichungen folgen aus (3), und die letzte Gleichung folgt aus $K' + E' + N' = 0$, vgl. (2).]
(5) Die Abbildung $(E,K): I \to \mathbb{R}^2$ ist die Lösung des Differentialgleichungssystems

$$E' = -\beta EK, \quad K' = \beta EK - \gamma K \tag{$*$}$$

mit $E(t_0) = E_0$, $K(t_0) = K_0$.
(6) Es sei $J := E(I)$, und es sei $\eta: J \to \mathbb{R}$ die Umkehrfunktion zu E [vgl. IV(2.20)]. Es gilt $J \subset (0,\infty)$, weil $E(t) > 0$ für jedes $t \in I$ gilt. Es sei $\widetilde{K} := K \circ \eta$, und es sei $\alpha := \gamma/\beta$. Nach der Kettenregel gilt $\widetilde{K}' = (K' \circ \eta)\eta' = (K' \circ \eta)/(E' \circ \eta)$, und nach $(*)$ gilt

$$\widetilde{K}'(\tau) = \frac{\beta E(\eta(\tau))K(\eta(\tau)) - \gamma K(\eta(\tau))}{-\beta E(\eta(\tau))K(\eta(\tau))} = -1 + \frac{\alpha}{\tau} \quad \text{für jedes } \tau \in J.$$

Es gilt $\widetilde{K}(E_0) = K \circ \eta(E_0) = K(t_0) = K_0$, und daher gilt

$$\widetilde{K}(\tau) = K_0 + E_0 - \tau + \alpha \ln \frac{\tau}{E_0} \quad \text{für jedes } \tau \in J.$$

Für den Graphen der Funktion $\widetilde{K}$ gilt $\{(\tau, \widetilde{K}(\tau)) \mid \tau \in J\} = \{(E(t), K(t)) \mid t \in I\}$ [es ist $(E, K): I \to \mathbb{R}^2$ eine Parameterdarstellung der Kurve $\{\widetilde{K}(\tau) \mid \tau \in J\}$].

(7) Es sei $\widehat{K}: I \to \mathbb{R}$ die Funktion mit $\widehat{K}(\tau) = K_0 + E_0 - \tau + \alpha \ln(\tau / E_0)$ für jedes $\tau \in I$. Dann gilt $\widehat{K}(\tau) = \widetilde{K}(\tau)$ für jedes $\tau \in J$. Es ist $\widehat{K}$ monoton wachsend auf dem Intervall $(0, \alpha)$, denn es ist $\widehat{K}'(\tau) = -1 + \alpha/\tau > 0$ für jedes $\tau \in (0, \alpha)$, und es ist $\widehat{K}$ monoton fallend auf dem Intervall (α, ∞), denn es ist $\widehat{K}'(\tau) = -1 + \alpha/\tau < 0$ für jedes $\tau \in (\alpha, \infty)$. Es gilt $\lim_{\tau \to 0} \widehat{K}(\tau) = -\infty$ und $\widehat{K}(E_0) = K_0 > 0$; es existiert also genau ein $E_\infty \in (0, E_0)$ mit $\widehat{K}(E_\infty) = 0$. Der Graph der Funktion $\widehat{K}$ hat die in der folgenden Figur gezeigte Gestalt:

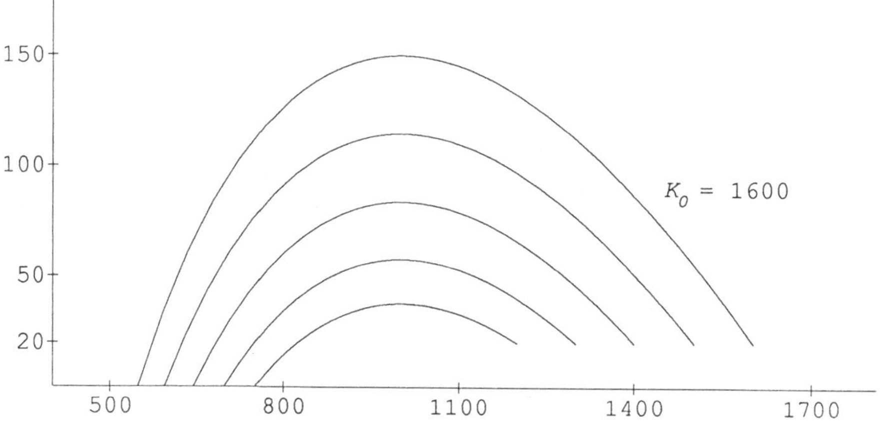

[Es sind die Graphen von $\widehat{K}$ zu den Anfangswerten $(E_0, K_0) =$ (20,1200), (20,1300), (20,1400), (20,1500), (20,1600) gezeichnet.]

(8) Aus (7) folgt: Der Punkt $((E(t), K(t)) \in \mathbb{R}^2$ wandert auf dem Graphen von $\widehat{K}$ von rechts nach links [in Richtung abnehmender Werte von $\tau = E(t)$], wenn die Zeit t von t_0 nach ∞ läuft, da die Funktion E monoton fällt. Ist $E_0 \leq \alpha$, so fällt die Funktion K in $[t_0, \infty)$ streng monoton auf den Wert 0. Ist $E_0 > \alpha$, so gibt es ein eindeutig bestimmtes $t^* \in [t_0, \infty)$ mit $E(t^*) = \alpha$; K wächst streng monoton in $[t_0, t^*]$ und fällt in $[t^*, \infty)$ streng monoton auf den Wert 0. In beiden Fällen gilt: Es ist $\lim_{t \to \infty} E(t) = E_\infty$.

(9) Die Ausbreitung der Krankheit hängt also wesentlich von α ab. Ist im Zeitpunkt t_0 die Anzahl E_0 der Personen, die angesteckt werden können, höchstens gleich α, so fällt die Anzahl der Kranken von Anfang an streng monoton auf den Wert 0. Ist aber die Anzahl E_0 größer als α, so steigt die Zahl der Kranken streng monoton bis zum Maximalwert α und fällt dann streng monoton auf den Wert 0. Die Erkrankungswelle erlischt, bevor alle Mitglieder der betroffenen Gruppe erkrankt sind: Beim Erlöschen der Krankheit gibt es E_∞ Personen, die während des gesamten Zeitraums nicht erkrankt sind.

(10) Das hier behandelte Modell beschreibt in manchen Fällen den Verlauf einer an-

steckenden Krankheit recht gut, in anderen Fällen weichen die damit hergeleiteten Ergebnisse erheblich von der Realität ab – in solchen Fällen wird somit ein anderer Ansteckungs- und Ausbreitungsmechanismus wirksam sein. Man vergleiche dazu [14], Abschnitt 4.11 und [26], S. 559–562 und die jeweils dort genannte Literatur.

(6.17) BEMERKUNG: Das im Beweis von (6.12) behandelte Iterationsverfahren wird es nur in den seltensten Fällen erlauben, eine Lösung einer Differentialgleichung explizit zu berechnen. Von den vielen Näherungsverfahren, die zur numerischen Lösung von Differentialgleichungen entwickelt wurden, wird das einfachste in (6.19) vorgestellt.

(6.18) BEMERKUNG: Es sei $\alpha \in \mathbb{R} \setminus \{1\}$, und es sei $\beta \in \mathbb{R}$. Es sei $(e_k)_{k \geq 0}$ eine Folge reeller Zahlen mit $e_0 = 0$ und mit $e_k \leq \alpha e_{k-1} + \beta$ für jedes $k \in \mathbb{N}$. Durch Induktion ergibt sich sofort

$$e_k \leq \beta \frac{\alpha^k - 1}{\alpha - 1} \quad \text{für jedes } k \in \mathbb{N}_0.$$

(6.19) DAS VERFAHREN VON EULER: (1) Es seien I, U offene Intervalle in $\mathbb{R}$, und es sei $F: I \times U \to \mathbb{R}$ eine stetig differenzierbare Funktion. Es sei $(t_0, y_0) \in I \times U$. Es gibt positive Zahlen α, ρ mit $(t_0 - \alpha, t_0 + \alpha) \subset I$, $(y_0 - \rho, y_0 + \rho) \subset U$ und positive Zahlen K, L, M mit

$$|F(t,y)| \leq M, \quad |(D_1F + FD_2F)(t,y)| \leq K \quad \text{für jedes } y \in (y_0 - \rho, y_0 + \rho),$$

$$|F(t,y_1) - F(t,y_2)| \leq L|y_1 - y_2| \quad \text{für alle } y_1, y_2 \in (y_0 - \rho, y_0 + \rho)$$

und jedes $t \in (t_0 - \alpha, t_0 + \alpha)$ [vgl. (6.9) und (2.32)]. Es sei $\beta := \min(\{\alpha, \rho/M\})$.
(2) Es sei $g: (t_0 - \beta, t_0 + \beta) \to \mathbb{R}$ die differenzierbare Funktion mit $g(t_0) = y_0$ und $g'(t) = F(t, g(t))$ für jedes $t \in (t_0 - \beta, t_0 + \beta)$ [vgl. (6.12)(2)]. Nach der Kettenregel ist g zweimal stetig differenzierbar, und es gilt [vgl. (4.27)] $g''(t) = (D_1F + FD_2F)(t, g(t))$ für jedes $t \in (t_0 - \beta, t_0 + \beta)$. Es seien $t', t'' \in (t_0 - \beta, t_0 + \beta)$, und es gelte $t' \neq t''$. Es gibt ein $\tau \in I(t', t'')$ [zur Bezeichnung vgl. V(2.18)] mit

$$\begin{aligned} g(t'') &= g(t') + (t'' - t')g'(t') + \frac{(t'' - t')^2}{2!} g''(\tau) \\ &= g(t') + (t'' - t')F(t', g(t')) + \frac{(t'' - t')^2}{2!} (D_1F + FD_2F)(\tau, g(\tau)) \end{aligned}$$

[vgl. V(2.6)(2); Taylorsche Formel mit Restglied nach Lagrange].
(3) Es sei $N \in \mathbb{N}$, und es sei $h := \beta/(N+1)$. Für jedes $k \in \{1, \ldots, N\}$ ist $t_k := t_0 + hk \in (t_0, t_0 + \beta)$.
(4) Es sei $k \in \{1, \ldots, N-1\}$, und es seien $y_1, \ldots, y_k \in \mathbb{R}$ konstruiert mit $|y_i - y_0| \leq ihM$, also $y_i \in (y_0 - \rho, y_0 + \rho)$ für jedes $i \in \{0, \ldots, k\}$, und mit $y_{i+1} = y_i + hF(t_i, y_i)$ für jedes $i \in \{0, \ldots, k-1\}$. Es wird $y_{k+1} := y_k + hF(t_k, y_k)$ gesetzt. Dann gilt

$$|y_{k+1} - y_0| \leq |y_{k+1} - y_k| + |y_k - y_0| \leq hM + khM = (k+1)hM,$$

und daher ist $y_{k+1} \in (y_0 - \rho, y_0 + \rho)$.
(5) Nach (4) werden zu $t_1, \ldots, t_N$ die Zahlen $y_1, \ldots, y_N \in (y_0 - \rho, y_0 + \rho)$ konstruiert. Für jedes $k \in \{0, \ldots, N\}$ sei $e_k := |y_k - g(t_k)|$. Es sei $k \in \{0, \ldots, N-1\}$. Es gilt

$$\begin{aligned} y_{k+1} - g(t_{k+1}) &= y_k + hF(t_k, y_k) - g(t_k) - hg'(t_k) - \frac{h^2}{2} g''(\tau_k) \\ &= (y_k - g(t_k) + h\big(F(t_k, y_k) - F(t_k, g(t_k))\big) \\ &\quad - \frac{h^2}{2!}(D_1F + FD_2F)(\tau_k, g(\tau_k)) \end{aligned}$$

mit einem $\tau_k \in (t_k, t_{k+1})$ nach (2), also gilt nach (1)

$$e_{k+1} \leq (1 + hL)e_k + \frac{h^2}{2} K.$$

Nach IV(3.1)(3) gilt $(1 + hL)^k \leq e^{hLk} \leq e^{\beta L}$; nach (6.18) gilt daher

$$0 \leq e_k \leq \frac{hK}{2L}\big((1 + hL)^k - 1\big) \leq \frac{hK}{2L}(e^{\beta L} - 1) \quad \text{für jedes } k \in \{1, \ldots, N\}.$$

(6) Damit sind Approximationen $y_1, \ldots, y_N$ für die Funktionswerte $g(t_1), \ldots, g(t_N)$ der Lösung g der Differentialgleichung $y' = F(t, y)$ mit dem Anfangswert $g(t_0) = y_0$ bestimmt. *Für jedes $k \in \{1, \ldots, N\}$ ist der Fehler $e_k = |y_k - g(t_k)|$ zu h proportional.*

(6.19) Die Literatur über gewöhnliche Differentialgleichungen ist uferlos. Dem interessierten Leser seien [14] und [26] empfohlen.

§7 Lineare Differentialgleichungen

(7.0) In diesem Paragraphen ist n eine natürliche Zahl, und I ist ein offenes Intervall in $\mathbb{R}$; $\mathbb{K}$ ist stets einer der Körper $\mathbb{R}$ oder $\mathbb{C}$.

(7.1) BEMERKUNG: (1) In diesem Paragraphen werden Systeme von linearen Differentialgleichungen behandelt. Die Theorie der linearen Differentialgleichungssysteme hat große formale Ähnlichkeit mit der Theorie der linearen Gleichungssysteme. Aus diesem Grund werden hier nicht wie in §6 Differentialgleichungen für Abbildungen $f: I \to \mathbb{K}^n$ untersucht, also Differentialgleichungen für Zeilen, sondern Differentialgleichungen für Abbildungen $f: I \to M(n, 1; \mathbb{K})$, also Differentialgleichungen für Spalten.
(2) Es seien $A: I \to M(n; \mathbb{K})$, $f: I \to M(n, 1; \mathbb{K})$ Abbildungen. Die Elemente von A und von f werden i.a. mit kleinen lateinischen Buchstaben bezeichnet; hat eine Matrix oder Spalte als Elemente nur konstante Funktionen, so werden diese i.a. mit kleinen griechischen Buchstaben bezeichnet, womit an die Konvention in Kapitel II angeschlossen wird. Ist A eine stetige [differenzierbare] Abbildung, so heißt A eine stetige [differenzierbare] Matrix; ist f eine stetige [differenzierbare] Abbildung, so heißt f eine stetige [differenzierbare] Spalte. Ist $\mathbb{K} = \mathbb{R}$, so heißt A eine reellwertige Matrix und f eine reellwertige Spalte.

(7.2) DEFINITION: Es sei $A = (a_{ij}): I \to M(n; \mathbb{K})$ eine stetige Matrix [es sind also für alle i, $j \in \{1, \ldots, n\}$ die Funktionen $a_{ij}: I \to \mathbb{K}$ stetig].

(1) Eine differenzierbare Spalte $f = {}^t(f_1, \ldots, f_n): I \to M(n, 1; \mathbb{K})$ heißt eine Lösung des homogenen linearen Differentialgleichungssystems

$$y' = Ay, \tag{7.2.1}$$

wenn $f' = Af$ gilt, wenn also

$$f_i' = \sum_{j=1}^{n} a_{ij} f_j \quad \text{für jedes } i \in \{1, \ldots, n\}$$

gilt. Es sei $t_0 \in I$, und es sei $c \in M(n, 1; \mathbb{K})$. Gilt $c = f(t_0)$, so heißt f eine Lösung von (7.2.1) mit dem Anfangswert c in t_0.

(2) Es sei $b = {}^t(b_1, \ldots, b_n): I \to M(n, 1; \mathbb{K})$ eine stetige Spalte. Eine differenzierbare Spalte $f = {}^t(f_1, \ldots, f_n): I \to M(n, 1; \mathbb{K})$ heißt eine Lösung des inhomogenen linearen Differentialgleichungssystems

$$y' = Ay + b, \tag{7.2.2}$$

wenn $f' = Af + b$ gilt, wenn also

$$f_i' = \sum_{j=1}^{n} a_{ij} f_j + b_i \quad \text{für jedes } i \in \{1, \ldots, n\}$$

gilt. Es sei $t_0 \in I$, und es sei $c \in M(n, 1; \mathbb{K})$. Gilt $c = f(t_0)$, so heißt f eine Lösung von (7.2.2) mit dem Anfangswert c in t_0.

(7.3) DEFINITION: Es seien $a_1: I \to \mathbb{K}, \ldots, a_n: I \to \mathbb{K}$ stetige Funktionen.

(1) Eine n-mal differenzierbare Funktion $f: I \to \mathbb{K}$ heißt eine Lösung der homogenen linearen Differentialgleichung n-ter Ordnung

$$y^{(n)} + a_1 y^{(n-1)} + \cdots + a_{n-1} y' + a_n y = 0, \tag{7.3.1}$$

wenn

$$f^{(n)} + a_1 f^{(n-1)} + \cdots + a_{n-1} f' + a_n f = 0$$

gilt. Es sei $t_0 \in I$, und es sei $c = {}^t(\gamma_1, \ldots, \gamma_n) \in M(n, 1; \mathbb{K})$. Gilt $\gamma_i = f^{(i-1)}(t_0)$ für jedes $i \in \{1, \ldots, n\}$, so heißt f eine Lösung von (7.3.1) mit dem Anfangswert c in t_0.

(2) Es sei $b: I \to \mathbb{K}$ eine stetige Funktion. Eine n-mal differenzierbare Funktion $f: I \to \mathbb{K}$ heißt eine Lösung der inhomogenen linearen Differentialgleichung n-ter Ordnung

$$y^{(n)} + a_1 y^{(n-1)} + \cdots + a_{n-1} y' + a_n y = b, \tag{7.3.2}$$

wenn

$$f^{(n)} + a_1 f^{(n-1)} + \cdots + a_{n-1} f' + a_n f = b$$

gilt. Es sei $t_0 \in I$, und es sei $c = {}^t(\gamma_1, \ldots, \gamma_n) \in M(n, 1; \mathbb{K})$. Gilt $\gamma_i = f^{(i-1)}(t_0)$ für jedes $i \in \{1, \ldots, n\}$, so heißt f eine Lösung von (7.3.2) mit dem Anfangswert c in t_0.

(7.4) BEMERKUNG: Es wird gezeigt, wie man (7.3.1) und (7.3.2) in ein lineares Differentialgleichungssystem umformen kann. Es sei mit den Bezeichnungen aus (7.3)

$$A := \begin{pmatrix} 0 & 1 & 0 & \dots & 0 \\ 0 & 0 & 1 & \dots & 0 \\ \vdots & \vdots & \vdots & & \vdots \\ 0 & 0 & 0 & \dots & 1 \\ -a_n & -a_{n-1} & -a_{n-2} & \dots & -a_1 \end{pmatrix}, \qquad \underline{b} := \begin{pmatrix} 0 \\ 0 \\ \vdots \\ 0 \\ b \end{pmatrix}.$$

Es ist $A: I \to M(n; \mathbb{K})$ eine stetige Matrix, und es ist $\underline{b}: I \to M(n,1;\mathbb{K})$ eine stetige Spalte. Es sei $t_0 \in I$, und es sei $c \in M(n,1;\mathbb{K})$.

(1) Es sei $f: I \to \mathbb{K}$ eine n-mal differenzierbare Funktion; zu f wird die Spalte $\underline{f} := {}^t(f, f', \dots, f^{(n-1)})$ definiert. Es ist $\underline{f}: I \to M(n,1;\mathbb{K})$ eine differenzierbare Spalte. Ist f eine Lösung von (7.3.1), so gilt $\underline{f}' = A\underline{f}$; ist f eine Lösung von (7.3.2), so gilt $\underline{f}' = A\underline{f} + \underline{b}$. Ist f eine Lösung von (7.3.1) oder (7.3.2) mit dem Anfangswert c in t_0, so hat die Lösung $\underline{f}$ den Anfangswert c in t_0.

(2) Es sei $\underline{f} = {}^t(f_1, \dots, f_n): I \to M(n,1;\mathbb{K})$ eine differenzierbare Spalte; es wird $f := f_1$ gesetzt. Gilt $\underline{f}' = A\underline{f}$, so ist $f: I \to \mathbb{K}$ eine n-mal differenzierbare Funktion, und es ist f eine Lösung von (7.3.1). Gilt $\underline{f}' = A\underline{f} + \underline{b}$, so ist $f: I \to \mathbb{K}$ eine n-mal differenzierbare Funktion, und es ist f eine Lösung von (7.3.2). Ist $\underline{f}$ eine Lösung von (7.2.1) oder (7.2.2) mit dem Anfangswert c in t_0, so hat f den Anfangswert c in t_0.

(3) Man kann also die lineare Differentialgleichung (7.3.1) oder (7.3.2) lösen, wenn man lineare Differentialgleichungssysteme der Form (7.2.1) oder (7.2.2) lösen kann.

(7.5) Satz: *Es sei $A = (a_{ij}): I \to M(n;\mathbb{K})$ eine stetige Matrix, und es sei die Spalte $b: I \to M(n,1;\mathbb{K})$ stetig. Es sei $t_0 \in I$, und es sei $c \in M(n,1;\mathbb{K})$. Es gibt genau eine Lösung $f: I \to M(n,1;\mathbb{K})$ von (7.2.1) bzw. (7.2.2) mit dem Anfangswert c in t_0.*

[Aus (6.12) folgt nur, daß Lösungen von (7.2.1) bzw. (7.2.2) auf einem Teilintervall $J \subset I$ existieren; hier wird gezeigt, daß Lösungen auf dem *ganzen* Intervall I existieren.]

Beweis: Es wird nur das Differentialgleichungssystem (7.2.2) behandelt, da (7.2.1) ein Spezialfall davon ist.

Es sei $I' \subset I$ ein abgeschlossenes und beschränktes Intervall. Weil die Einschränkung $A|I': I' \to M(n;\mathbb{K})$ von A auf I' stetig ist, gibt es ein $L > 0$ mit $\|A(t)\|_F \le L$ für jedes $t \in I'$ [vgl. (2.32)]. Daher gilt

$$\|A(t)(y_1 - y_2)\| \le L\|y_1 - y_2\| \quad \text{für alle } y_1, y_2 \in M(n,1;\mathbb{K}) \text{ und jedes } t \in I'.$$

Es kann deshalb (6.14) angewandt werden [man setzt dort $U := M(n,1;\mathbb{K})$ und wählt $F: I \times M(n,1;\mathbb{K}) \to M(n,1;\mathbb{K})$ als die Abbildung mit $F(t,y) = A(t)y + b(t)$ für jedes $(t,y) \in I \times M(n,1;\mathbb{K})$].

Es sei I_0 das größte in I enthaltene offene Intervall mit $t_0 \in I_0$, für welches es eine Lösung $f: I_0 \to M(n,1;\mathbb{K})$ von (7.2.2) mit dem Anfangswert c in t_0 gibt [vgl. (6.14)(3)]. Es sei $I =: (\alpha, \beta)$, $I_0 =: (\alpha_0, \beta_0)$ mit α, $\alpha_0 \in \mathbb{R} \cup \{-\infty\}$ und β, $\beta_0 \in \mathbb{R} \cup \{\infty\}$.

(1) Es ist $\beta_0 = \beta$ zu zeigen. Es wird angenommen, daß $\beta_0 < \beta$ gilt; es ist also insbesondere $\beta_0 \neq \infty$. Es gibt ein $\delta > 0$ mit $\|A(t)\|_F \leq \delta$ für jedes $t \in [t_0, \beta_0]$ und ein $\gamma' > 0$ mit $\|b(t)\| \leq \gamma'$ für jedes $t \in [t_0, \beta_0]$ [vgl. (2.32), denn A und b sind stetig, und $[t_0, \beta_0] \subset I$ ist abgeschlossen und beschränkt]. Es gilt

$$f(t) = c + \int_{t_0}^{t} \big(A(\tau)f(\tau) + b(\tau)\big)\, d\tau \quad \text{für jedes } t \in [t_0, \beta_0). \qquad (*)$$

Mit $\gamma := \|c\| + \gamma'(\beta_0 - t_0)$ gilt daher

$$0 \leq \|f(t)\| \leq \gamma + \delta \int_{t_0}^{t} \|f(\tau)\|\, d\tau \quad \text{für jedes } t \in [t_0, \beta_0),$$

so daß es nach (6.10) ein $M > 0$ mit $\|f(t)\| \leq M$ für jedes $t \in [t_0, \beta_0)$ gibt. Es gilt daher nach $(*)$

$$\|f(t_1) - f(t_2)\| \leq (\delta M + \gamma')|t_1 - t_2| \quad \text{für alle } t_1, t_2 \in [t_0, \beta_0).$$

Der Grenzwert $\lim_{t \to \beta_0^-} f(t) =: d \in M(n, 1; \mathbb{K})$ existiert [nach dem Cauchy-Kriterium, vgl. (2.34)(4)]. Weil f eine Lösung von (7.2.2) ist, gilt $\lim_{t \to \beta_0^-} f'(t) = A(\beta_0)d + b(\beta_0)$. Es gibt ein $\theta > 0$ mit $J := (\beta_0 - \theta, \beta_0 + \theta) \subset I$ und eine Lösung $g\colon J \to M(n, 1; \mathbb{K})$ von (7.2.2) mit $g(\beta_0) = d$ [vgl. (6.13)]. Es wird

$$h\colon (\alpha_0, \beta_0 + \theta) \to M(n, 1; \mathbb{K}) \quad \text{mit } h(t) = \begin{cases} f(t) & \text{für } t \in (\alpha_0, \beta_0), \\ g(t) & \text{für } t \in [\beta_0, \beta_0 + \theta) \end{cases}$$

gesetzt. Es ist leicht zu sehen, daß h differenzierbar und eine Lösung von (7.2.2) mit $h(t_0) = c$ ist; es ist also I_0 nicht das größte offene, t_0 enthaltende und in I enthaltene Intervall, für welches es eine Lösung von (7.2.2) mit dem Anfangswert c in t_0 gibt. Also ist die Annahme $\beta_0 < \beta$ falsch.

(2) Entsprechend zeigt man, daß $\alpha_0 = \alpha$ gilt.

(7.6) Folgerung: *Es sei $A\colon I \to M(n; \mathbb{K})$ eine stetige Matrix. Es sei $t_0 \in I$, und es sei $f\colon I \to M(n, 1; \mathbb{K})$ eine Lösung von (7.2.1). Hat f den Anfangswert 0 in t_0, so gilt $f = 0$.*

Beweis: Es ist $t \mapsto 0 : I \to M(n, 1; \mathbb{K})$ eine Lösung von (7.2.1) mit dem Anfangswert 0 in t_0; nach (7.5) ist daher $f = 0$.

(7.7) BEMERKUNG: Im folgenden wird die Struktur der Lösungsmenge der linearen Differentialgleichungssysteme (7.2.1) und (7.2.2) untersucht. Es wird sich herausstellen, daß die Verhältnisse weitgehend analog zu denen bei linearen Gleichungssystemen [vgl. Kapitel II, §3 und §5] sind.

(7.8) Satz: *Es seien $A: I \to M(n;\mathbb{K})$ eine stetige Matrix und $b: I \to M(n,1;\mathbb{K})$ eine stetige Spalte. Es sei $\mathcal{L}$ die Menge der Lösungen $f: I \to M(n,1;\mathbb{K})$ von $y' = Ay$, und es sei $\mathcal{L}^*$ die Menge der Lösungen $f: I \to M(n,1;\mathbb{K})$ von $y' = Ay + b$.*
(1) *Es seien f, $g \in \mathcal{L}$, und es seien λ, $\mu \in \mathbb{K}$. Dann gilt $\lambda f + \mu g \in \mathcal{L}$.*
(2) *Es sei $f^* \in \mathcal{L}^*$. Dann gilt $\mathcal{L}^* = \{f^* + f \mid f \in \mathcal{L}\} =: f^* + \mathcal{L}$.*
Beweis: (1) Es gilt $f' = Af$, $g' = Ag$ und daher $(\lambda f + \mu g)' = \lambda Af + \mu Ag = A(\lambda f + \mu g)$.
(2) Es sei $f \in \mathcal{L}$. Dann gilt $(f^* + f)' = Af^* + b + Af = A(f^* + f) + b$ und daher $f^* + f \in \mathcal{L}^*$. Es sei $g \in \mathcal{L}^*$, und es sei $f := g - f^*$. Dann gilt $f' - Af = g' - f^{*\prime} - A(g - f^*) = (g' - Ag) - (f^{*\prime} - Af^*) = b - b = 0$, und daher gilt $f \in \mathcal{L}$ und $g = f^* + f \in f^* + \mathcal{L}$.

(7.9) DEFINITION: Es sei $Z \subset \mathbb{R}$. Es sei $m \in \mathbb{N}$, und es seien $f_1: Z \to M(n,1;\mathbb{K})$, $\ldots, f_m: Z \to M(n,1;\mathbb{K})$ Spalten [von Funktionen $Z \to \mathbb{K}$]. $f_1, \ldots, f_m$ heißen linear abhängig, wenn es $\theta_1, \ldots, \theta_m \in \mathbb{K}$ gibt, die nicht alle Null sind und für die $\sum_{j=1}^m \theta_j f_j = 0$ gilt, d.h. es gilt $\sum_{j=1}^m \theta_j f_j(t) = 0$ für jedes $t \in Z$. Sind $f_1, \ldots, f_m$ nicht linear abhängig, so heißen sie linear unabhängig.

(7.10) BEMERKUNG: (1) Es sei $Z \subset \mathbb{R}$, und es seien $f_1: Z \to M(n,1;\mathbb{K}), \ldots, f_n: Z \to M(n,1;\mathbb{K})$ Spalten [von Funktionen $Z \to \mathbb{K}$]. Für jedes $j \in \{1, \ldots, n\}$ sei $f_j = {}^t(f_{1j}, \ldots, f_{nj})$. Sind $f_1, \ldots, f_n$ linear abhängig, so gilt

$$\det\big(f_1(t), \ldots, f_n(t)\big) = \det\big(f_{ij}(t)\big) = 0 \quad \text{für jedes } t \in Z. \qquad (*)$$

Beweis: Die Voraussetzung besagt: Es gibt $\theta_1, \ldots, \theta_n \in \mathbb{K}$, die nicht alle 0 sind, mit $\sum_{j=1}^n \theta_j f_{ij}(t) = 0$ für jedes $t \in Z$ und jedes $i \in \{1, \ldots, n\}$. Nach II(5.12) und II(8.28) gilt dann $(*)$.
(2) Das folgende Beispiel zeigt, daß die in (1) hergeleitete notwendige Bedingung für die lineare Abhängigkeit von Spalten nicht hinreichend ist. Es sei $\mathbb{K} = \mathbb{R}$, es sei $Z \subset \mathbb{R}$ eine Menge mit $\mathrm{Card}(Z) \geq 3$, und es sei $\varphi := \mathrm{id}_{\mathbb{R}}$. Es sei $f_1 := {}^t(\varphi, 0)$, $f_2 := {}^t(\varphi^2, 0)$, so daß $f_{11} = \varphi$, $f_{21} = 0$, $f_{12} = \varphi^2$, $f_{22} = 0$ gilt. Dann ist $\det(f_{ij}(t)) = 0$ für jedes $t \in Z$. Es seien θ_1, $\theta_2 \in \mathbb{R}$, und es gelte $\theta_1 f_{11}(t) + \theta_2 f_{12}(t) = 0$ für jedes $t \in Z$, d.h. es gilt $\theta_1 t + \theta_2 t^2 = 0$ für jedes $t \in Z$. Hieraus folgt $\theta_1 = \theta_2 = 0$ [denn ein von 0 verschiedenes Polynom von Grad ≤ 2 hat höchsten 2 Nullstellen], und daher sind f_1, f_2 linear unabhängig.
(3) Sind hingegen die Spalten $f_1, \ldots, f_n$ Lösungen eines linearen homogenen Differentialgleichungssystems, so kann der in (2) erwähnte Fall nicht eintreten, wie im folgenden Satz gezeigt wird.

(7.11) Satz: *Es sei $A: I \to M(n;\mathbb{K})$ eine stetige Matrix, und es seien die Spalten $f_1: I \to M(n,1;\mathbb{K}), \ldots, f_n: I \to M(n,1;\mathbb{K})$ Lösungen des homogenen linearen Differentialgleichungssystems $y' = Ay$.*
(1) *Es seien $\theta_1, \ldots, \theta_n \in \mathbb{K}$. Folgende Aussagen sind äquivalent:*
(a) *Es gilt $\sum_{j=1}^n \theta_j f_j(t) = 0$ für jedes $t \in I$;*
(b) *es gibt ein $t_0 \in I$ mit $\sum_{j=1}^n \theta_j f_j(t_0) = 0$.*
(2) *Folgende Aussagen sind äquivalent:*

(a) *Es gilt* $\det(f_1(t),\dots,f_n(t)) = 0$ *für jedes* $t \in I$;
(b) *es gibt ein* $t_0 \in I$ *mit* $\det(f_1(t_0),\dots,f_n(t_0)) = 0$.
Beweis: (1) Es gelte (a); dann gilt (b). – Es gelte (b). Dann ist $f := \sum_{j=1}^n \theta_j f_j$ eine Lösung von $y' = Ay$ [vgl. (7.8)(1)] mit $f(t_0) = 0$, und daher ist nach (7.6) $f(t) = 0$ für jedes $t \in I$.
(2) Es gelte (a); dann gilt (b). – Es gelte (b). Dann gibt es $\theta_1,\dots,\theta_n \in \mathbb{K}$, die nicht alle Null sind, mit $\sum_{j=1}^n \theta_j f_j(t_0) = 0$ [vgl. II(5.11) und II(8.28)]. Nach (1) folgt daraus $\sum_{j=1}^n \theta_j f_j(t) = 0$ für jedes $t \in I$, und daraus folgt [vgl. II(5.11) und II(8.28)] $\det(f_1(t),\dots,f_n(t)) = 0$ für jedes $t \in I$.

(7.12) BEMERKUNG: Es sei $A: I \to M(n;\mathbb{K})$ eine stetige Matrix.
(1) Es sei $m \in \mathbb{N}$ mit $m > n$, und es seien die m Spalten $f_1: I \to M(n,1;\mathbb{K}),\dots, f_m: I \to M(n,1;\mathbb{K})$ Lösungen des homogenen linearen Differentialgleichungssystems $y' = Ay$. Dann sind $f_1,\dots,f_m$ linear abhängig.
Beweis: Es sei $t_0 \in I$. Wegen $m > n$ gibt es $\theta_1,\dots,\theta_m \in \mathbb{K}$, die nicht alle Null sind, mit $\sum_{j=1}^m \theta_j f_j(t_0) = 0$ [es gilt $\dim(M(n,1;\mathbb{K})) = n$, vgl. II(4.12), also sind mehr als n Spalten in $M(n,1;\mathbb{K})$ linear abhängig]. Es ist $f := \sum_{j=1}^m \theta_j f_j$ eine Lösung von $y' = Ay$ mit dem Anfangswert 0 in t_0, und daher gilt nach (7.6) $f(t) = 0$ für jedes $t \in I$.
(2) In (1) wurde gezeigt, daß mehr als n Lösungen von $y' = Ay$ stets linear abhängig sind. Es wird sich herausstellen, daß das homogene lineare Differentialgleichungssystem $y' = Ay$ stets n Lösungen hat, die linear unabhängig sind und aus denen man alle Lösungen als Linearkombination erhalten kann.

(7.13) DEFINITION: Es sei $A: I \to M(n;\mathbb{K})$ eine stetige Matrix. Es seien die Spalten $f_1: I \to M(n,1;\mathbb{K}),\dots,f_n: I \to M(n,1;\mathbb{K})$ Lösungen des homogenen linearen Differentialgleichungssystems $y' = Ay$; $\{f_1,\dots,f_n\}$ heißt ein Fundamentalsystem für $y' = Ay$, wenn $f_1,\dots,f_n$ linear unabhängig sind; die Matrix $F := (f_1,\dots,f_n): I \to M(n;\mathbb{K})$ heißt dann eine Fundamentalmatrix für $y' = Ay$.

(7.14) BEMERKUNG: Es sei $A: I \to M(n;\mathbb{K})$ eine stetige Matrix. Es seien die Spalten $f_1: I \to M(n,1;\mathbb{K}),\dots,f_n: I \to M(n,1;\mathbb{K})$ Lösungen von $y' = Ay$. Nach (7.11) gilt: Die Matrix $F := (f_1,\dots,f_n)$ ist genau dann eine Fundamentalmatrix für $y' = Ay$, wenn es ein $t_0 \in I$ mit $\det(F(t_0)) = \det(f_1(t_0),\dots,f_n(t_0)) \neq 0$ gibt; es gilt dann $\det(F(t)) = \det(f_1(t),\dots,f_n(t)) \neq 0$ für jedes $t \in I$.

(7.15) Satz: *Es sei* $A: I \to M(n;\mathbb{K})$ *eine stetige Matrix. Für*

$$y' = Ay \tag{$*$}$$

gelten folgende Aussagen.
(1) *Es gibt ein Fundamentalsystem für* $(*)$.
(2) *Es sei* $F: I \to M(n;\mathbb{K})$ *eine Fundamentalmatrix für* $(*)$. *Für jedes* $D \in \mathrm{GL}(n;\mathbb{K})$ *ist auch* FD *eine Fundamentalmatrix für* $(*)$.
(3) *Es seien* F *und* G *Fundamentalmatrizen für* $(*)$. *Dann gibt es eine Matrix* $D \in \mathrm{GL}(n;\mathbb{K})$ *mit* $G = FD$.

(4) *Es sei* $F := (f_1, \dots, f_n): I \to M(n; \mathbb{K})$ *eine Fundamentalmatrix für* $(*)$. *Es sei* $f: I \to M(n, 1; \mathbb{K})$ *eine Lösung von* $(*)$. *Dann gibt es dazu eindeutig bestimmte* $\theta_1, \dots, \theta_n \in \mathbb{K}$ *mit* $f = \sum_{j=1}^{n} \theta_j f_j$. *Für jedes* $t_0 \in I$ *ist* $d := {}^t(\theta_1, \dots, \theta_n)$ *die Lösung des inhomogenen linearen Gleichungssystems* $F(t_0)x = f(t_0)$.

Beweis: (1) Es sei $\{e_1, \dots, e_n\}$ die Standardbasis von $M(n, 1; \mathbb{K})$. Es sei $t_0 \in I$. Nach (7.5) gibt es zu jedem $i \in \{1, \dots, n\}$ genau eine Lösung $f_i: I \to M(n, 1; \mathbb{K})$ mit $f_i(t_0) = e_i$. Es gilt $\det(f_1(t_0), \dots, f_n(t_0)) = 1$, und daher sind nach (7.14) die Spalten $f_1, \dots, f_n$ linear unabhängig.

(2) Es gilt $(FD)' = F'D = A(FD)$; jede Spalte der Matrix FD ist eine Lösung von $(*)$. Wegen $\det(FD) = \det(F)\det(D)$ [vgl. II(8.18)] ist auch FD eine Fundamentalmatrix für $(*)$ [vgl. (7.14)].

(3) Es sei $t_0 \in I$. Nach (2) sind $\widetilde{F} := F\,F(t_0)^{-1}$ und $\widetilde{G} := G\,G(t_0)^{-1}$ Fundamentalmatrizen für $(*)$, und es gilt $\widetilde{F}(t_0) = \widetilde{G}(t_0) = E_n$. Nach (7.5) gilt $\widetilde{F} = \widetilde{G}$ [denn es gilt $\widetilde{F}_{\bullet i}(t_0) = \widetilde{G}_{\bullet i}(t_0) = e_i$ für jedes $i \in \{1, \dots, n\}$] und daher $G = FD$ mit $D := F(t_0)^{-1}G(t_0) \in \mathrm{GL}(n; \mathbb{K})$.

(4) Es sei $t_0 \in I$. Es gilt $\det(F(t_0)) \neq 0$. Für $d := F(t_0)^{-1}f(t_0) \in M(n, 1; \mathbb{K})$ gilt: $g := f - Fd$ ist eine Lösung von $(*)$ [vgl. (7.8)(1)], es ist $g(t_0) = f(t_0) - F(t_0)d = 0$, und nach (7.6) folgt $g = 0$, also $f = Fd$.

(7.16) Satz: *Es sei* $A = (a_{ij}): I \to M(n; \mathbb{K})$ *eine stetige Matrix, und es seien* $f_1 = {}^t(f_{11}, \dots, f_{n1}): I \to M(n, 1; \mathbb{K}), \dots, f_n = {}^t(f_{1n}, \dots, f_{nn}): I \to M(n, 1; \mathbb{K})$ *Lösungen von* $y' = Ay$. *Es sei* $t_0 \in I$. *Dann gilt für jedes* $t \in I$

$$\det(f_1(t), \dots, f_n(t)) = \det(f_1(t_0), \dots, f_n(t_0)) \cdot \exp\left(\int_{t_0}^{t} \mathrm{Sp}(A)(\tau)\, d\tau\right).$$

Beweis: Es sei $F := (f_1, \dots, f_n)$. Es gilt [vgl. II(8.10)]

$$\Delta := \det(F) = \det(f_1, \dots, f_n) = \sum_{\sigma \in S_n} \mathrm{sgn}(\sigma) \prod_{i=1}^{n} f_{i\sigma(i)}$$

und daher

$$\Delta' = \sum_{\sigma \in S_n} \mathrm{sgn}(\sigma) \left(\sum_{i=1}^{n} f'_{i\sigma(i)} \prod_{\substack{j=1 \\ j \neq i}}^{n} f_{j\sigma(j)} \right) = \sum_{i=1}^{n} \det(D_i)$$

mit

$$D_i := \begin{pmatrix} f_{11} & \cdots & f_{1n} \\ \vdots & & \vdots \\ f'_{i1} & \cdots & f'_{in} \\ \vdots & & \vdots \\ f_{n1} & \cdots & f_{nn} \end{pmatrix} \quad \text{für jedes } i \in \{1, \dots, n\}.$$

Es sei $i \in \{1,\dots,n\}$. Addiert man in der Matrix D_i für jedes $j \in \{1,\dots,n\} \setminus \{i\}$ die mit $-a_{ij}$ multiplizierte j-te Zeile zur i-ten Zeile, so erhält man [wegen $(f'_{kl}) = (a_{kl})(f_{kl})$] $\det(D_i) = a_{ii}\det((f_{kl})) = a_{ii}\Delta$. Also gilt $\Delta' = \mathrm{Sp}(A)\Delta$. Die lineare Differentialgleichung 1. Ordnung $y' = \mathrm{Sp}(A)y$ hat genau eine Lösung mit dem Anfangswert $\Delta(t_0)$ in t_0 [vgl. (7.5)], nämlich die Funktion $\varphi\colon I \to \mathbb{K}$ mit

$$\varphi(t) = \det\bigl(f_1(t_0),\dots,f_n(t_0)\bigr)\cdot\exp\left(\int_{t_0}^{t}\mathrm{Sp}(A)(\tau)\,d\tau\right) \quad \text{für jedes } t \in I;$$

es ist nämlich φ eine Lösung, wie man durch Differenzieren sofort bestätigt, und es gilt $\varphi(t_0) = \det(\varphi_1(t_0),\dots,\varphi_n(t_0))$. Damit ist der Satz bewiesen.

(7.17) Satz: *Es seien $A\colon I \to M(n;\mathbb{K})$ eine stetige Matrix und $b = {}^t(b_1,\dots,b_n)\colon I \to M(n,1;\mathbb{K})$ eine stetige Spalte. Es sei $F = (f_{ij})\colon I \to M(n;\mathbb{K})$ eine Fundamentalmatrix für $y' = Ay$. Es werden $\Delta_j := \det(F_{\bullet 1},\dots,b,\dots,F_{\bullet n})$ [mit b als j-ter Spalte] für jedes $j \in \{1,\dots,n\}$ und $\Delta := \det(F)$ gesetzt. Es sei $t_0 \in I$.*
(1) Die Spalte $f\colon I \to M(n,1;\mathbb{K})$ mit

$$f(t) = \sum_{j=1}^{n} F_{\bullet j}(t)\int_{t_0}^{t}\frac{\Delta_j(\tau)}{\Delta(\tau)}d\tau \quad \text{für jedes } t \in I$$

ist eine Lösung von $y' = Ay + b$ mit dem Anfangswert 0 in t_0.
(2) Es sei $c \in M(n,1;\mathbb{K})$, und es sei f die in (1) definierte Spalte. Die Spalte $g := f + F\,F(t_0)^{-1}\,c$ ist die Lösung von $y' = Ay + b$ mit dem Anfangswert c in t_0.
Beweis: (1) Für die Spalte f gilt für jedes $t \in \mathbb{R}$

$$\begin{aligned} f'(t) &= \sum_{j=1}^{n}\left(F'_{\bullet j}(t)\int_{t_0}^{t}\frac{\Delta_j(\tau)}{\Delta(\tau)}d\tau + F_{\bullet j}(t)\frac{\Delta_j(t)}{\Delta(t)}\right) \\ &= \sum_{j=1}^{n}\left(A(t)F_{\bullet j}(t)\int_{t_0}^{t}\frac{\Delta_j(\tau)}{\Delta(\tau)}d\tau + F_{\bullet j}(t)\frac{\Delta_j(t)}{\Delta(t)}\right) \\ &= A(t)f(t) + \sum_{j=1}^{n}F_{\bullet j}(t)\frac{\Delta_j(t)}{\Delta(t)} \;=\; A(t)f(t) + b(t), \end{aligned}$$

denn nach der Cramerschen Regel [vgl. II(8.29)] gilt

$$\sum_{j=1}^{n} f_{ij}(t)\frac{\Delta_j(t)}{\Delta(t)} = b_i(t) \quad \text{für jedes } t \in I \text{ und für jedes } i \in \{1,\dots,n\}.$$

(2) Es ist g eine Lösung von $y' = Ay + b$ [vgl. (7.8)(2)], und es gilt $g(t_0) = c$.

(7.18) BEMERKUNG: Es seien $a_1\colon I \to \mathbb{K},\dots,a_n\colon I \to \mathbb{K}$ stetige Funktionen, und es sei $b\colon I \to \mathbb{K}$ eine stetige Funktion. Die bisher erzielten Resultate sollen jetzt speziell auf die homogene lineare Differentialgleichung n-ter Ordnung

$$y^{(n)} + a_1 y^{(n-1)} + \cdots + a_n y = 0 \tag{7.18.1}$$

und auf die inhomogene lineare Differentialgleichung n-ter Ordnung

$$y^{(n)} + a_1 y^{(n-1)} + \cdots + a_n y = b \tag{7.18.2}$$

angewandt werden. Es sei zu $a_1, \ldots, a_n$ die Matrix A wie in (7.4), und es sei zu b die Spalte $\underline{b}$ wie in (7.4) definiert. Diese Bezeichnungen werden bis einschließlich (7.21) beibehalten.

(7.19) Satz: *Es sei $t_0 \in I$, und es sei $c \in M(n,1;\mathbb{K})$. Es gibt genau eine Lösung $f: I \to M(n,1;\mathbb{K})$ von (7.18.2) mit dem Anfangswert c in t_0.*
Beweis: Das folgt unmittelbar aus (7.5).

(7.20) DEFINITION: (1) Es seien $f_1: I \to \mathbb{K}, \ldots, f_n: I \to \mathbb{K}$ Lösungen von (7.18.1); für jedes $j \in \{1, \ldots, n\}$ sei $\underline{f}_j := {}^t(f_j, f_j', \ldots, f_j^{(n-1)})$. $\{f_1, \ldots, f_n\}$ heißt ein Fundamentalsystem für (7.18.1), wenn $\{\underline{f}_1, \ldots, \underline{f}_n\}$ ein Fundamentalsystem für $y' = Ay$ ist [vgl. (7.13)].
(2) Es seien $f_1: I \to \mathbb{K}, \ldots, f_n: I \to \mathbb{K}$ $(n-1)$-mal differenzierbare Funktionen. Es sei

$$W(f_1, \ldots, f_n) := \begin{pmatrix} f_1 & \cdots & f_n \\ \vdots & & \vdots \\ f_1^{(n-1)} & \cdots & f_n^{(n-1)} \end{pmatrix};$$

die Matrix $W(f_1, \ldots, f_n)$ heißt die Wronski-Matrix der Funktionen $f_1, \ldots, f_n$ [nach J.-M. Hoene-Wronski, 1798–1853].

(7.21) BEMERKUNG: (1) Es gibt Fundamentalsysteme für (7.18.1) [vgl. (7.15)(1)].
(2) Es seien $f_1: I \to \mathbb{K}, \ldots, f_n: I \to \mathbb{K}$ Lösungen von (7.18.1). Folgende Aussagen sind äquivalent:
(a) $\{f_1, \ldots, f_n\}$ ist ein Fundamentalsystem für (7.18.1);
(b) es gibt ein $t_0 \in I$ mit $\det\big(W(f_1, \ldots, f_n)\big)(t_0) \neq 0$;
(c) es gilt $\det\big(W(f_1, \ldots, f_n)\big)(t) \neq 0$ für jedes $t \in I$.
(3) Es sei $\{f_1, \ldots, f_n\}$ ein Fundamentalsystem für (7.18.1), und es sei $D \in \mathrm{GL}(n;\mathbb{K})$. Es wird $(g_1, \ldots, g_n) := (f_1, \ldots, f_n)D$ gesetzt. Es ist $\{g_1, \ldots, g_n\}$ ein Fundamentalsystem für (7.18.1) [vgl. (7.15)(2)].
(4) Es sei $\{f_1, \ldots, f_n\}$ ein Fundamentalsystem für (7.18.1). Ist auch $\{g_1, \ldots, g_n\}$ ein Fundamentalsystem für (7.18.1), so gibt es ein $D \in \mathrm{GL}(n;\mathbb{K})$ mit $(g_1, \ldots, g_n) = (f_1, \ldots, f_n)D$ [vgl. (7.15)(3)].
(5) Es sei $\{f_1, \ldots, f_n\}$ ein Fundamentalsystem für (7.18.1). Es sei $f: I \to \mathbb{K}$ eine Lösung von (7.18.1); dann gibt es dazu eindeutig bestimmte Elemente $\theta_1, \ldots, \theta_n \in \mathbb{K}$ mit $f = \sum_{j=1}^{n} \theta_j f_j$. Es sei $t_0 \in I$; dann ist $d := {}^t(\theta_1, \ldots, \theta_n)$ die Lösung des linearen Gleichungssystems $W(f_1, \ldots, f_n)(t_0)\,x = {}^t\big(f(t_0), \ldots, f^{(n-1)}(t_0)\big)$ [vgl. (7.15)(4)].

(6) Es sei $t_0 \in I$. Es sei $\{f_1, \ldots, f_n\}$ ein Fundamentalsystem für (7.18.1); es wird

$$\Delta_j = \det \begin{pmatrix} f_1 & \ldots & 0 & \ldots & f_n \\ \vdots & & \vdots & & \vdots \\ f_1^{(n-1)} & \ldots & b & \ldots & f_n^{(n-1)} \end{pmatrix} \quad \text{für jedes } j \in \{1, \ldots, n\}$$

(die Spalte b steht an der j-ten Stelle: $\uparrow j$)

und $\Delta = \det\big(W(f_1, \ldots, f_n)\big)$ gesetzt. Dann ist die Funktion $f: I \to \mathbb{K}$ mit

$$f(t) := \sum_{j=1}^{n} f_j(t) \int_{t_0}^{t} \frac{\Delta_j(\tau)}{\Delta(\tau)}\, d\tau \quad \text{für jedes } t \in I$$

eine Lösung von (7.18.2) mit dem Anfangswert 0 in t_0. Ist $c \in M(n, 1; \mathbb{K})$, so ist $g := f + (f_1, \ldots, f_n)\, W(f_1, \ldots, f_n)(t_0)^{-1}\, c$ die Lösung von (7.18.2) mit dem Anfangswert c in t_0 [vgl. (7.17)].

(7) Es sei $\{f_1, \ldots, f_n\}$ ein Fundamentalsystem für (7.18.1), und es seien die Funktionen $g_1: I \to \mathbb{K}, \ldots, g_n: I \to \mathbb{K}$ $(n-1)$-mal differenzierbar. Gibt es ein $D \in M(n; \mathbb{K})$ mit $(f_1, \ldots, f_n) = (g_1, \ldots, g_n)D$, so sind die Funktionen $g_1, \ldots, g_n$ n-mal differenzierbar, Lösungen von (7.18.1) und $\{g_1, \ldots, g_n\}$ ist ein Fundamentalsystem für (7.18.1).

Beweis: Aus $(f_1, \ldots, f_n) = (g_1, \ldots, g_n)D$ ergibt sich durch $(n-1)$-maliges Differenzieren $W(f_1, \ldots, f_n) = W(g_1, \ldots, g_n)D$. Es sei $t_0 \in I$. Weil $\{f_1, \ldots, f_n\}$ ein Fundamentalsystem für (7.18.1) ist, gilt $\det\big(W(f_1, \ldots, f_n)\big)(t_0) \neq 0$ [vgl. (2)]; aus $\det\big(W(f_1, \ldots, f_n)\big)(t_0) = \det\big(W(g_1, \ldots, g_n)\big)(t_0) \det(D)$ folgt $\det(D) \neq 0$. Daher ist $D \in \mathrm{GL}(n; \mathbb{K})$, und es gilt $(g_1, \ldots, g_n) = (f_1, \ldots, f_n)D^{-1}$. Es sind also die Funktionen $g_1, \ldots, g_n$ Lösungen von (7.18.1) [vgl. (7.8)], und $\{g_1, \ldots, g_n\}$ ist ein Fundamentalsystem für (7.18.1), weil $\det\big(W(g_1, \ldots, g_n)\big)(t_0) \neq 0$ gilt [vgl. (2)].

(7.22) BEMERKUNG: Es sei nun die Matrix $A \in M(n; \mathbb{K})$ eine konstante Matrix. Dann ist die Abbildung $t \to A : (-\infty, \infty) \to M(n; \mathbb{K})$ stetig. Man kann die Lösungen des homogenen linearen Differentialgleichungssystems $y' = Ay$ explizit angeben.

(7.23) Satz: *Es sei $A \in M(n; \mathbb{K})$, und es sei*

$$y' = Ay \qquad (*)$$

das durch A definierte homogene lineare Differentialgleichungssystem.

(1) Es sei $c \in M(n, 1; \mathbb{K})$, und es sei $t_0 \in \mathbb{R}$. Die Spalte $f: \mathbb{R} \to M(n, 1; \mathbb{K})$ mit $f(t) = \exp((t - t_0)A) \cdot c$ für jedes $t \in \mathbb{R}$ ist die Lösung von $(*)$ mit dem Anfangswert c in t_0.

(2) Die Matrix $F: \mathbb{R} \to M(n; \mathbb{K})$ mit $F(t) = \exp(tA)$ für jedes $t \in \mathbb{R}$, also die Abbildung $F = \exp_A$ [vgl. (2.25)(4)], ist eine Fundamentalmatrix für $(*)$.

Beweis: (1) Es ist f differenzierbar, und es gilt $f'(t) = A\exp\big((t-t_0)A\big)\cdot c$ für jedes $t \in \mathbb{R}$ [vgl. (4.11)(2)]; es ist also f eine Lösung von $(*)$. Aus $f(t_0) = c$ folgt die Behauptung [vgl. (7.15)].
(2) Es gilt $F'(t) = AF(t)$ für jedes $t \in \mathbb{R}$, und nach (1.14)(4) ist $\det(F(t)) \neq 0$ für jedes $t \in \mathbb{R}$.

(7.24) BEMERKUNG: Es sei $A \in M(n;\mathbb{K})$. Im folgenden wird die Gestalt der Lösungen von

$$y' = Ay \qquad (*)$$

diskutiert. Es ist $F\colon \mathbb{R} \to M(n;\mathbb{K})$ mit $F(t) = \exp(tA)$ für jedes $t \in \mathbb{R}$ eine Fundamentalmatrix für $(*)$ [vgl. (7.23)(2)]. Es seien $\lambda_1, \ldots, \lambda_h \in \mathbb{C}$ die verschiedenen Eigenwerte der Matrix A; für jedes $j \in \{1, \ldots, h\}$ sei $m_j := \mu_A(\lambda_j)$ die algebraische Vielfachheit des Eigenwerts λ_j [vgl. VIII(1.21)]. Zu A wird $T \in \mathrm{GL}(n;\mathbb{C})$ so gewählt, daß $T^{-1}AT$ Jordansche Normalform hat, daß also

$$T^{-1}AT = \operatorname{diag}\big(J(\lambda_1, m_{11}), \ldots, J(\lambda_h, m_{hd_h})\big)$$

gilt [vgl. VIII(3.11); es sind für jedes $j \in \{1, \ldots, h\}$ $m_{j1}, \ldots, m_{jd_j}$ natürliche Zahlen mit $m_{j1} + \cdots + m_{jd_j} = m_j$]. Dann ist nach (1.14)(2) und (1.14)(5) für jedes $t \in \mathbb{R}$

$$\begin{aligned} \exp(tA) &= T\big(T^{-1}\exp(tA)T\big)T^{-1} \\ &= T\big(\exp(tT^{-1}AT)\big)T^{-1} \\ &= T\operatorname{diag}\big(\exp(tJ(\lambda_1, m_{11})), \ldots, \exp(tJ(\lambda_h, m_{hd_h}))\big)T^{-1}. \end{aligned}$$

Daher ist für jedes $t \in \mathbb{R}$ [vgl. (1.15)]

$$F(t)[k,l] = \exp(tA)[k,l] = \sum_{j=1}^{h} \sum_{i=0}^{m_j-1} \theta_{kl,ij} t^i e^{\lambda_j t} \quad \text{für alle } k, l \in \{1, \ldots, n\}; \qquad (**)$$

hierbei gilt $\theta_{kl,ij} \in \mathbb{C}$ für alle k, $l \in \{1, \ldots, n\}$, jedes $j \in \{1, \ldots, h\}$ und jedes $i \in \{0, \ldots, m_j - 1\}$.

(7.25) BEISPIEL: Wählt man $A \in M(4;\mathbb{R})$ wie in VIII(3.13) und ist J die dort angegebene Jordansche Normalform von A, so ist

$$\exp(tJ) = \begin{pmatrix} e^t & te^t & 0 & 0 \\ 0 & e^t & 0 & 0 \\ 0 & 0 & e^t & 0 \\ 0 & 0 & 0 & e^{2t} \end{pmatrix} \quad \text{für jedes } t \in \mathbb{R},$$

und daher gilt für jedes $t \in \mathbb{R}$

$$\exp(tA) = \begin{pmatrix} e^t & -e^t + e^{2t} & -3e^t - 2te^t + 3e^{2t} & -e^t + e^{2t} \\ 0 & e^t & 2te^t & 0 \\ 0 & 0 & e^t & 0 \\ 0 & -e^t + e^{2t} & -3e^t - 2te^t + 3e^{2t} & e^{2t} \end{pmatrix}.$$

Diese Matrix ist eine Fundamentalmatrix für das lineare Differentialgleichungssystem $y' = Ay$.

(7.26) BEMERKUNG: Es seien $\alpha_1, \ldots, \alpha_n \in \mathbb{K}$. Die bisher erzielten Resultate werden jetzt auf die lineare Differentialgleichung n-ter Ordnung

$$y^{(n)} + \alpha_1 y^{(n-1)} + \cdots + \alpha_n y = 0 \tag{7.26.1}$$

angewandt. Gemäß (7.4) hat man die zu (7.26.1) gehörige Matrix

$$A := \begin{pmatrix} 0 & 1 & 0 & \ldots & 0 \\ 0 & 0 & 1 & \ldots & 0 \\ \vdots & \vdots & \vdots & & \vdots \\ 0 & 0 & 0 & \ldots & 1 \\ -\alpha_n & -\alpha_{n-1} & -\alpha_{n-2} & \ldots & -\alpha_1 \end{pmatrix} \in M(n; \mathbb{K})$$

zu bilden. Das charakteristische Polynom der Matrix A ist, wie man durch Entwickeln nach der ersten Spalte sieht, $f_A = T^n + \alpha_1 T^{n-1} + \cdots + \alpha_n \in \mathbb{K}[T]$; es seien wie bisher $\lambda_1, \ldots, \lambda_h$ die verschiedenen Eigenwerte von A, also die verschiedenen Nullstellen von f_A in $\mathbb{C}$, und für jedes $j \in \{1, \ldots, h\}$ sei $m_j := \mu_A(\lambda_j)$ die algebraische Vielfachheit des Eigenwerts λ_j, also die Vielfachheit der Nullstelle λ_j des Polynom f_A. Es sei $f_{ji}\colon \mathbb{R} \to \mathbb{K}$ mit

$$f_{ji}(t) = t^i e^{\lambda_j t} \quad \text{für jedes } t \in \mathbb{R}, \text{ für } j \in \{1, \ldots, h\} \text{ und } i \in \{0, \ldots, m_j - 1\}. \quad (*)$$

(7.27) Satz: *Mit den Bezeichnungen aus* (7.26) *gilt:* $\{f_{10}, \ldots, f_{h,m_h-1}\}$ *ist ein Fundamentalsystem für* (7.26.1).

Beweis: Es sei $\{\varphi_1, \ldots, \varphi_n\}$ ein Fundamentalsystem für (7.26.1). Nach (7.24)(**) hat jede Lösung φ von (7.26.1) die Form $\varphi(t) = \sum_{j=1}^{h} \sum_{i=0}^{m_j-1} \theta_{ij} t^i e^{\lambda_j t}$ für jedes $t \in \mathbb{R}$; hier gilt $\theta_{ij} \in \mathbb{C}$ für jedes $j \in \{1, \ldots, h\}$ und jedes $i \in \{0, \ldots, m_j - 1\}$. Es gibt daher ein $D \in M(n; \mathbb{C})$ mit $(\varphi_1, \ldots, \varphi_n) = (f_{10}, \ldots, f_{h,m_h-1})D$. Die Behauptung folgt aus (7.21)(7).

(7.28) BEMERKUNG: In (7.26) sind $\alpha_1, \ldots, \alpha_n$ komplexe Zahlen. Nun seien $\alpha_1, \ldots,$ α_n *reelle* Zahlen; dann gibt es für die lineare Differentialgleichung (7.26.1) ein Fundamentalsystem aus *reellwertigen* Funktionen. Aus dem in (7.27) konstruierten, i.a. komplexwertigen Fundamentalsystem wird jetzt ein reellwertiges Fundamentalsystem konstruiert. Es seien

$$\lambda_1 =: \mu_1, \ldots, \lambda_r =: \mu_r$$

die reellen Eigenwerte der Matrix A, und es seien

$$\begin{array}{llllll} \lambda_{r+1} & =: & \mu_{r+1} + \sqrt{-1}\,\nu_{r+1}, & \ldots, & \lambda_{r+s} & =: & \mu_{r+s} + \sqrt{-1}\,\nu_{r+s}, \\ \lambda_{r+s+1} & = & \mu_{r+1} - \sqrt{-1}\,\nu_{r+1}, & \ldots, & \lambda_{r+2s} & = & \mu_{r+s} - \sqrt{-1}\,\nu_{r+s} \end{array}$$

die nicht reellen Eigenwerte von A [hier wird vorübergehend $\sqrt{-1}$ für die komplexe Zahl i geschrieben]; es gilt $r, s \in \mathbb{N}_0$ und $r + 2s = h$. Mit den Bezeichnungen aus (7.26) wird

$$g_{ji} := f_{ji} \quad \text{für jedes } j \in \{1, \ldots, r\} \text{ und jedes } i \in \{0, \ldots, m_j - 1\}$$

gesetzt; für jedes $j \in \{r+1,\dots,r+s\}$ und jedes $i \in \{0,\dots,m_j-1\}$ werden die Funktionen $g_{ji}\colon \mathbb{R} \to \mathbb{R}$ und $g_{j+s,i}\colon \mathbb{R} \to \mathbb{R}$ durch

$$g_{ji} := \frac{1}{2}\big(f_{ji} + f_{j+s,i}\big), \quad g_{j+s,i} := \frac{1}{2\sqrt{-1}}\big(f_{ji} - f_{j+s,i}\big)$$

definiert, so daß für jedes $t \in \mathbb{R}$

$$g_{ji}(t) = \begin{cases} t^i e^{\lambda_j t}, & j \in \{1,\dots,r\}, \quad i \in \{0,\dots,m_j-1\}, \\ t^i e^{\mu_j t}\cos\nu_j t, & j \in \{r+1,\dots,r+s\}, \quad i \in \{0,\dots,m_j-1\}, \\ t^i e^{\mu_{j-s} t}\sin\nu_{j-s} t, & j \in \{r+s+1,\dots,r+2s\}, \quad i \in \{0,\dots,m_j-1\} \end{cases}$$

gilt [vgl. III(3.9)(2)(d)]. Es gilt

$$f_{ji} = g_{ji} + \sqrt{-1}g_{j+s,i}, \quad f_{j+s,i} = g_{ji} - \sqrt{-1}g_{j+s,i}$$

für jedes $j \in \{1,\dots,h\}$ und jedes $i \in \{0,\dots,m_j-1\}$, und daher gibt es ein $D \in M(n;\mathbb{C})$ mit $\big(f_{10},\dots,f_{h,m_h-1}\big) = \big(g_{10},\dots,g_{r+2s,m_{r+2s}-1}\big)D$; nach (7.21)(7) ist $\{g_{10},\dots,g_{r+2s,m_{r+2s}-1}\}$ ein Fundamentalsystem von (7.26.1) aus *reellwertigen* Funktionen.

(7.29) BEISPIEL: Es seien λ und μ positive Zahlen; es soll

$$y'' + \lambda^2 y = \sin\mu t \tag{$*$}$$

gelöst werden. [Diese lineare inhomogene Differentialgleichung beschreibt in erster Näherung das Schwingungsverhalten von Brücken unter der Einwirkung einer äußeren periodischen Kraft; es ist t die Zeit, λ die Eigenfrequenz der Brücke und μ die Frequenz der äußeren Kraft.]

Ein Fundamentalsystem für $y'' + \lambda^2 y = 0$ ist $\{f_1, f_2\}$ mit

$$f_1(t) = \cos\lambda t, \qquad f_2(t) = \sin\lambda t \quad \text{für jedes } t \in \mathbb{R}.$$

Es ist $\Delta(t) := \det(W(\cos\lambda t, \sin\lambda t)) = \lambda$ für jedes $t \in \mathbb{R}$, und mit den Bezeichnungen aus (7.21)(6) ist für jedes $t \in \mathbb{R}$

$$\begin{aligned} \Delta_1(t) &= \det\begin{pmatrix} 0 & \sin\lambda t \\ \sin\mu t & \lambda\cos\lambda t \end{pmatrix} &= -\sin\lambda t\,\sin\mu t, \\ \Delta_2(t) &= \det\begin{pmatrix} \cos\lambda t & 0 \\ -\lambda\sin\lambda t & \sin\mu t \end{pmatrix} &= \cos\lambda t\,\sin\mu t. \end{aligned}$$

Es gelte $\lambda \neq \mu$. Dann ist für jedes $t \in \mathbb{R}$

$$\begin{aligned} \int_0^t \frac{\Delta_1(\tau)}{\Delta(\tau)}\,d\tau &= \frac{1}{2\lambda}\frac{\sin(\lambda+\mu)t}{\lambda+\mu} - \frac{1}{2\lambda}\frac{\sin(\lambda-\mu)t}{\lambda-\mu}, \\ \int_0^t \frac{\Delta_2(\tau)}{\Delta(\tau)}\,d\tau &= \frac{-1}{2\lambda}\frac{\cos(\lambda+\mu)t}{\lambda+\mu} + \frac{1}{2\lambda}\frac{\cos(\lambda-\mu)t}{\lambda-\mu} + \frac{\mu}{\lambda(\lambda^2-\mu^2)}. \end{aligned}$$

Es gelte $\lambda = \mu$. Dann ist

$$\begin{aligned}\int_0^t \frac{\Delta_1(\tau)}{\Delta(\tau)}\,d\tau &= \frac{1}{4\lambda^2}\sin 2\lambda t - \frac{t}{2\lambda},\\ \int_0^t \frac{\Delta_2(\tau)}{\Delta(\tau)}\,d\tau &= \frac{1}{2\lambda^2}\sin^2(\lambda t).\end{aligned}$$

Im Falle $\lambda = \mu$ ist also [vgl. (7.21)(6)] die durch

$$t \mapsto \frac{1}{2\lambda^2}\sin\lambda t - \frac{t\cos\lambda t}{2\lambda} : \mathbb{R} \to \mathbb{R}$$

definierte Funktion $\widetilde{f}$ eine Lösung von $(*)$, und man sieht, daß diese Lösung nicht beschränkt ist. Beschreibt die Differentialgleichung $(*)$ das Schwingungsverhalten einer Brücke unter der Einwirkung einer äußeren periodischen Kraft, deren Frequenz mit der Eigenfrequenz der Brücke übereinstimmt – man spricht in diesem Fall von Resonanz –, so kann es zur Zerstörung der Brücke kommen – man spricht in diesem Fall von Resonanzkatastrophe.

§8 Lineare Differenzengleichungen

(8.0) In diesem Paragraphen sind m und n stets natürliche Zahlen, und $\mathbb{K}$ ist einer der Körper $\mathbb{R}$ oder $\mathbb{C}$. Die Abbildungen $f\colon \mathbb{N}_0 \to \mathbb{K}$ werden diskrete Funktionen genannt.

(8.1) BEMERKUNG: Lineare Differenzengleichungen treten vor allem bei dynamischen Prozessen auf, bei denen die Zeitvariable nur eine diskrete Menge möglicher Werte annehmen kann, also insbesondere im Bereich der Psychologie und der Wirtschaftswissenschaften [vgl. (8.32)]. Im Bereich der Informatik führt die Untersuchung von Algorithmen häufig auf Differenzengleichungen [vgl. (8.29)(2)].

(8.2) BEMERKUNG: (1) Die Matrix $A = (\alpha_{ij})_{0\le i,j\le m} \in M(m+1;\mathbb{Z})$ mit

$$\alpha_{ij} := \binom{i}{j} \quad \text{für alle } i,j \in \{0,\dots,m\}$$

ist invertierbar; es ist $A^{-1} = (\beta_{ij})_{0\le i,j\le m} \in M(m+1;\mathbb{Z})$ mit

$$\beta_{ij} := (-1)^{i-j}\binom{i}{j} \quad \text{für alle } i,j \in \{0,\dots,m\}.$$

Beweis: Für jedes $i \in \{0,\dots,m\}$ gilt im Polynomring $\mathbb{Z}[T]$ [vgl. I(4.26)]

$$\begin{aligned} T^i &= ((T-1)+1)^i = \sum_{k=0}^{i}\binom{i}{k}(T-1)^k = \sum_{k=0}^{i}\binom{i}{k}\left[\sum_{j=0}^{k}\binom{k}{j}(-1)^{k-j}T^j\right]\\ &= \sum_{j=0}^{i}\sum_{k=0}^{i}\binom{i}{k}\binom{k}{j}(-1)^{k-j}T^j = \sum_{j=0}^{m}\sum_{k=0}^{m}\binom{i}{k}\binom{k}{j}(-1)^{k-j}T^j,\end{aligned}$$

und daher gilt in $M(m+1;\mathbb{Z})$

$$\left(\binom{i}{j}\right)_{0\le i,j\le m}\cdot\left((-1)^{i-j}\binom{i}{j}\right)_{0\le i,j\le m}=E_{m+1}.$$

Nach II(5.11)(3) folgt die Behauptung.
(2) Es seien $a_0,\ldots,a_n$, $a'_0,\ldots,a'_n$ diskrete Funktionen. Nach (1) gilt

$$a'_{n-i}=\sum_{j=0}^{n}(-1)^{j-i}\binom{j}{i}a_{n-j}\quad\text{für jedes } i\in\{0,\ldots,n\}$$

genau dann, wenn gilt: Es ist

$$a_{n-i}=\sum_{j=0}^{n}\binom{j}{i}a'_{n-j}\quad\text{für jedes } i\in\{0,\ldots,n\}.$$

(3) Es seien $\gamma_1,\ldots,\gamma_n$, $\gamma'_1,\ldots,\gamma'_n\in\mathbb{K}$. Nach (1) gilt

$$\gamma'_{i+1}=\sum_{k=0}^{n-1}\binom{i}{k}\gamma_{k+1}\quad\text{für jedes } i\in\{0,\ldots,n-1\}\tag{$*$}$$

genau dann, wenn gilt: Es ist

$$\gamma_{i+1}=\sum_{k=0}^{n-1}(-1)^{i-k}\binom{i}{k}\gamma'_{k+1}\quad\text{für jedes } i\in\{0,\ldots,n-1\}.\tag{$**$}$$

(8.3) BEZEICHNUNG: Es sei f eine diskrete Funktion.
(1) Die durch

$$\Delta f\colon\mathbb{N}_0\to\mathbb{K}\quad\text{mit } \Delta f(p)=f(p+1)-f(p)\quad\text{für jedes } p\in\mathbb{N}_0$$

definierte diskrete Funktion heißt die erste Differenz von f; man schreibt häufig $\Delta(f)$ statt Δf. [Faßt man f als Folge $\big(f(p)\big)_{p\ge0}$ auf, so heißt die Folge $\big(\Delta f(p)\big)_{p\ge0}$ die erste Differenzenfolge der Folge $\big(f(p)\big)_{p\ge0}$.]
(2) Die durch

$$Sf\colon\mathbb{N}_0\to\mathbb{K}\quad\text{mit } Sf(p)=f(p+1)\quad\text{für jedes } p\in\mathbb{N}_0$$

definierte diskrete Funktion heißt der erste Shift von f; man schreibt häufig $S(f)$ statt Sf.

(8.4) BEMERKUNG: Es seien f und g diskrete Funktionen, und es sei $\gamma\in\mathbb{K}$. Es gelten

$$\Delta(f+g)=\Delta f+\Delta g,\quad \Delta(\gamma f)=\gamma\Delta f,\ \text{und}$$

$$S(f+g) = Sf + Sg, \quad S(\gamma f) = \gamma Sf, \quad S(fg) = S(f)S(g).$$

(8.5) BEMERKUNG: Es sei f eine diskrete Funktion.
(1) Es wird $\Delta^0 f := f$, $\Delta^1 f := \Delta f$ gesetzt. Für jedes $k \in \mathbb{N}$ wird $\Delta^k f := \Delta(\Delta^{k-1} f)$ gesetzt.
(2) Es wird $S^0 f := f$, $S^1 f := Sf$ gesetzt. Für jedes $k \in \mathbb{N}$ wird $S^k f := S(S^{k-1} f)$ gesetzt.
(3) Es seien k, $l \in \mathbb{N}_0$. Dann gelten

$$\Delta^{k+l}(f) = \Delta^k(\Delta^l f), \quad S^{k+l} f = S^k(S^l f).$$

(8.6) Satz: *Es sei f eine diskrete Funktion. Für jedes $k \in \mathbb{N}_0$ gelten*

$$\Delta^k f = \sum_{\kappa=0}^{k} (-1)^{k-\kappa} \binom{k}{\kappa} S^\kappa f, \quad S^k f = \sum_{\kappa=0}^{k} \binom{k}{\kappa} \Delta^\kappa f.$$

Beweis: Die zweite Formel folgt aus der ersten Formel nach (8.2)(2). Die erste Formel wird durch Induktion nach k gezeigt. Für $k = 0$ ist die Formel wegen $\Delta^0 f = f$ richtig. Es sei $k \in \mathbb{N}_0$, und es sei die Formel richtig für k. Für jedes $p \in \mathbb{N}_0$ gilt

$$\begin{aligned}
\Delta^{k+1} f(p) &= \Delta^k f(p+1) - \Delta^k f(p) \\
&= \sum_{\kappa=0}^{k} (-1)^{k-\kappa} \binom{k}{\kappa} \big(f(p+1+\kappa) - f(p+\kappa)\big) \\
&= f(p+1+k) + \sum_{\kappa=1}^{k} (-1)^{k+1-\kappa} \left[\binom{k}{\kappa-1} + \binom{k}{\kappa}\right] f(p+\kappa) \\
&\quad + (-1)^{k+1} f(p) \\
&= \sum_{\kappa=0}^{k+1} (-1)^{k+1-\kappa} \binom{k+1}{\kappa} f(p+\kappa),
\end{aligned}$$

und das ist die Behauptung für $k+1$ statt k.

(8.7) BEZEICHNUNG: (1) Es sei $A = (a_{ij})_{1 \le i \le m, 1 \le j \le n} \colon \mathbb{N}_0 \to M(m,n;\mathbb{K})$ eine Abbildung. Für jedes $i \in \{1, \ldots, m\}$ und jedes $j \in \{1, \ldots, n\}$ ist dann a_{ij} eine diskrete Funktion, und für jedes $p \in \mathbb{N}_0$ ist $A(p) = (a_{ij}(p)) \in M(m,n;\mathbb{K})$. Man sagt häufig: $A \colon \mathbb{N}_0 \to M(m,n;\mathbb{K})$ ist eine diskrete Matrix.
(2) Es sei $A = (a_{ij}) \colon \mathbb{N}_0 \to M(m,n;\mathbb{K})$ eine diskrete Matrix. Man setzt

$$\Delta A := (\Delta a_{ij}), \quad SA := (Sa_{ij});$$

$\Delta A \colon \mathbb{N}_0 \to M(m,n;\mathbb{K})$ und $SA \colon \mathbb{N}_0 \to M(m,n;\mathbb{K})$ sind diskrete Matrizen. [Statt ΔA wird auch $\Delta(A)$, statt SA wird auch $S(A)$ geschrieben.]

(3) Es seien $A: \mathbb{N}_0 \to M(m,n;\mathbb{K})$ und $B: \mathbb{N}_0 \to M(m,n;\mathbb{K})$ diskrete Matrizen, und es sei $\gamma \in \mathbb{K}$. Es gelten

$$\Delta(A+B) = \Delta A + \Delta B, \quad \Delta(\gamma A) = \gamma \Delta A, \quad S(A+B) = SA + SB, \quad S(\gamma A) = \gamma SA.$$

(4) Es sei $A: \mathbb{N}_0 \to M(m,n;\mathbb{K})$ eine diskrete Matrix. Man setzt $\Delta^0 A := A$, $\Delta^1 A := \Delta A$, $S^0 A := A$, $S^1 A := SA$, und für jedes $k \in \mathbb{N}$

$$\Delta^k A := \Delta(\Delta^{k-1} A), \quad S^k A := S(S^{k-1} A).$$

(5) Es sei $A: \mathbb{N}_0 \to M(m,n;\mathbb{K})$ eine diskrete Matrix. Es seien $k, l \in \mathbb{N}_0$. Es gelten

$$\Delta^{k+l} A = \Delta^k(\Delta^l A), \quad S^{k+l}(A) = S^k(S^l A).$$

(8.8) BEZEICHNUNG: (1) Es seien $a_1, \dots, a_n$ diskrete Funktionen.
(a) Eine diskrete Funktion f heißt eine Lösung der homogenen linearen Differenzengleichung n-ter Ordnung

$$\Delta^n y + a_1 \Delta^{n-1} y + \cdots + a_{n-1} \Delta y + a_n y = 0, \tag{8.8.1}$$

wenn

$$\Delta^n f + a_1 \Delta^{n-1} f + \cdots + a_{n-1} \Delta f + a_n f = 0$$

gilt. Es sei $p_0 \in \mathbb{N}_0$, und es sei $c = {}^t(\gamma_1, \dots, \gamma_n) \in M(n,1;\mathbb{K})$. Gilt $\gamma_i = \Delta^{i-1} f(p_0)$ für jedes $i \in \{1, \dots, n\}$, so heißt f eine Lösung von (8.8.2) mit dem Anfangswert c in p_0.
(2) Es seien $a'_1, \dots, a'_n$ diskrete Funktionen.
(a) Eine diskrete Funktion f heißt eine Lösung der Gleichung

$$S^n y + a'_1 S^{n-1} y + \cdots + a'_{n-1} S y + a'_n y = 0, \tag{8.8.3}$$

wenn

$$S^n f + a'_1 S^{n-1} f + \cdots + a'_{n-1} S f + a'_n f = 0$$

gilt. Es sei $p_0 \in \mathbb{N}_0$, und es sei $c' = {}^t(\gamma'_1, \dots, \gamma'_n) \in M(n,1;\mathbb{K})$. Gilt $\gamma'_i = S^{i-1} f(p_0) = f(p_0 + i - 1)$ für jedes $i \in \{1, \dots, n\}$, so heißt f eine Lösung von (8.8.3) mit dem Anfangswert c' in p_0.
(b) Es sei b eine diskrete Funktion. Eine diskrete Funktion f heißt eine Lösung der Gleichung

$$S^n y + a'_1 S^{n-1} y + \cdots + a'_{n-1} S y + a'_n y = b, \tag{8.8.4}$$

wenn

$$S^n f + a'_1 S^{n-1} f + \cdots + a'_{n-1} S f + a'_n f = b$$

gilt. Es sei $p_0 \in \mathbb{N}_0$, und es sei $c = {}^t(\gamma'_1, \dots, \gamma'_n) \in M(n,1;\mathbb{K})$. Gilt $\gamma'_i = S^{i-1} f(p_0)$ für jedes $i \in \{1, \dots, n\}$, so heißt f eine Lösung von (8.8.4) mit dem Anfangswert c' in p_0.
(3) Es sei a die diskrete Funktion mit dem konstanten Wert 1. Es gelte: Zwischen

den diskreten Funktionen $a_0 := a, a_1, \ldots, a_n$ aus (1) und den diskreten Funktionen $a'_0 := a$, $a'_1, \ldots, a'_n$ aus (2) sowie zwischen den Elementen $\gamma_1, \ldots, \gamma_n$ aus (1) und den Elementen $\gamma'_1, \ldots, \gamma'_n$ aus (2) bestehen die in (8.2)(2) und (8.2)(3) aufgeschriebenen Beziehungen. Es sei f eine diskrete Funktion. Dann gilt: Genau dann ist f eine Lösung von (8.8.1) [bzw. von (8.8.2)], wenn f eine Lösung von (8.8.3) [bzw. von (8.8.4)] ist. Es sei $p_0 \in \mathbb{N}_0$; genau dann hat f als Lösung von (8.8.1) [bzw. von (8.8.2)] den Anfangswert ${}^t(\gamma_1, \ldots, \gamma_n)$ in p_0, wenn f als Lösung von (8.8.3) [bzw. von (8.8.4)] den Anfangswert ${}^t(\gamma'_1, \ldots, \gamma'_n)$ in p_0 hat.

Beweis: Es sei f eine Lösung von (8.8.1). Es gilt nach (8.6)

$$\begin{aligned} 0 &= \sum_{i=0}^{n} a_{n-i}\Delta^i f = \sum_{i=0}^{n}\sum_{j=0}^{n}\binom{j}{i} a'_{n-j}\Delta^i f = \sum_{i=0}^{n}\sum_{j=0}^{n}\sum_{k=0}^{n}\binom{j}{i}(-1)^{i-k}\binom{i}{k} a'_{n-j} S^k f \\ &= \sum_{j=0}^{n}\sum_{k=0}^{n}\delta_{jk} a'_{n-j} S^k f = \sum_{j=0}^{n} a'_{n-j} S^j f; \end{aligned}$$

es ist daher f eine Lösung von (8.8.3). Es habe f als Lösung von (8.8.1) den Anfangswert $c = {}^t(\gamma_1, \ldots, \gamma_n)$ in p_0, es gelte also $\Delta^{i-1} f(p_0) = \gamma_i$ für jedes $i \in \{1, \ldots, n\}$. Als Lösung von (8.8.3) hat f den Anfangswert $(S^0 f(p_0), \ldots, S^{n-1} f(p_0))$ in p_0. Aus

$$S^i f(p_0) = \sum_{j=0}^{n-1}\binom{i}{j}\Delta^j f(p_0) \quad \text{für jedes } i \in \{0, \ldots, n-1\}$$

folgt $(S^0 f(p_0), \ldots, S^{n-1} f(p_0)) = (\gamma'_1, \ldots, \gamma'_n)$. Entsprechend kann die andere Richtung bewiesen werden.

(4) Man nennt auch (8.8.3) eine homogene und (8.8.4) eine inhomogene Differenzengleichung n-ter Ordnung. Aus (3) folgt, daß es genügt, die Lösungen von (8.8.3) [bzw. von (8.8.4)] zu studieren, um Aussagen über die Lösungen von (8.8.1) [bzw. von (8.8.2)] zu erhalten. Es wird sich herausstellen, daß es einfacher ist, (8.8.3) und (8.8.4) zu behandeln als (8.8.1) und (8.8.2).

(8.9) BEZEICHNUNG: Es sei $A = (a_{ij})\colon \mathbb{N}_0 \to M(n; \mathbb{K})$ eine diskrete Matrix.

(1) Eine diskrete Spalte $f = {}^t(f_1, \ldots, f_n)\colon \mathbb{N}_0 \to M(n, 1; \mathbb{K})$ heißt eine Lösung des homogenen linearen Differenzengleichungssystems

$$Sy = Ay, \tag{8.9.1}$$

wenn $Sf = Af$ gilt, wenn also

$$Sf_i = \sum_{j=1}^{n} a_{ij} f_j \quad \text{für jedes } i \in \{1, \ldots, n\}$$

gilt. Es sei $p_0 \in \mathbb{N}_0$, und es sei $c \in M(n, 1; \mathbb{K})$. Gilt $c = f(p_0)$, so heißt f eine Lösung von (8.9.1) mit dem Anfangswert c in p_0.

(2) Es sei $b = {}^t(b_1, \dots, b_n)\colon \mathbb{N}_0 \to M(n,1;\mathbb{K})$ eine diskrete Spalte. Eine diskrete Spalte $f = {}^t(f_1, \dots, f_n)\colon \mathbb{N}_0 \to M(n,1;\mathbb{K})$ heißt eine Lösung des inhomogenen linearen Differenzengleichungssystems

$$Sy = Ay + b, \tag{8.9.2}$$

wenn $Sf = Af + b$ gilt, wenn also

$$Sf_i = \sum_{j=1}^{n} a_{ij} f_j + b_i \quad \text{für jedes } i \in \{1, \dots, n\}$$

gilt. Es sei $p_0 \in \mathbb{N}_0$, und es sei $c \in M(n,1;\mathbb{K})$. Gilt $c = f(p_0)$, so heißt f eine Lösung von (8.9.2) mit dem Anfangswert c in p_0.

(8.10) BEMERKUNG: Es seien $a_1, \dots, a_n$, b diskrete Funktionen. Es werden die linearen Differenzengleichungen n-ter Ordnung

$$S^n y + a_1 S^{n-1} y + \cdots + a_n y = 0, \tag{8.10.1}$$

$$S^n y + a_1 S^{n-1} y + \cdots + a_n y = b \tag{8.10.2}$$

betrachtet. Es werden die Matrix A wie in (7.4) und die Spalte $\underline{b}$ wie in (7.4) gebildet. Es sei $p_0 \in \mathbb{N}_0$, und es sei $c \in M(n,1;\mathbb{K})$.
(1) Es sei f eine diskrete Funktion; es wird $\underline{f} := {}^t(f, Sf, \dots, S^{n-1}f)$ gesetzt. Ist f eine Lösung von (8.10.1), so gilt $S\underline{f} = A\underline{f}$; ist f eine Lösung von (8.10.2), so gilt $S\underline{f} = A\underline{f} + \underline{b}$. Ist f eine Lösung von (8.10.1) oder (8.10.2) mit dem Anfangswert c in p_0, so hat $\underline{f}$ in p_0 den Anfangswert c.
(2) Es sei $\underline{f} = {}^t(f_1, \dots, f_n)\colon \mathbb{N}_0 \to M(n,1;\mathbb{K})$ eine diskrete Spalte; es wird $f := f_1$ gesetzt. Gilt $S\underline{f} = A\underline{f}$, so ist die diskrete Funktion f eine Lösung von (8.10.1). Gilt $S\underline{f} = A\underline{f} + \underline{b}$, so ist f eine Lösung von (8.10.2); hat $\underline{f}$ den Anfangswert c in p_0, so hat f den Anfangswert c in p_0.
(3) Kann man lineare Differenzengleichungssysteme der Form (8.9.1) oder (8.9.2) lösen, so kann man die lineare Differenzengleichung (8.10.1) oder (8.10.2) lösen.

(8.11) Satz: *Es sei $A\colon \mathbb{N}_0 \to M(n;\mathbb{K})$ eine diskrete Matrix, und es sei $b\colon \mathbb{N}_0 \to M(n,1;\mathbb{K})$ eine diskrete Spalte. Es sei $c \in M(n,1;\mathbb{K})$. Es gibt genau eine Lösung $f\colon \mathbb{N}_0 \to M(n,1;\mathbb{K})$ von (8.9.1) bzw. (8.9.2) mit $f(0) = c$.*
Beweis: Es genügt, den Fall (8.9.2) zu behandeln, da (8.9.1) ein Spezialfall davon ist.
[Existenz]: Es wird $f\colon \mathbb{N}_0 \to M(n,1;\mathbb{K})$ durch $f(0) := c$ und rekursiv durch

$$f(p+1) := A(p)f(p) + b(p) \quad \text{für jedes } p \in \mathbb{N}_0$$

definiert. Dann ist f eine Lösung von (8.9.2) mit $f(0) = c$.
[Einzigkeit]: Es seien f und g zwei Lösungen von (8.9.2) mit $f(0) = g(0) = c$. Es sei $p \in \mathbb{N}_0$, und es sei bereits gezeigt, daß $f(p) = g(p)$ gilt. Dann gilt

$$f(p+1) = A(p)f(p) + b(p) = A(p)g(p) + b(p) = g(p+1).$$

Daher ist $f = g$.

(8.12) BEMERKUNG: Es sei f die in (8.11) bestimmte Lösung. Für jedes $p \in \mathbb{N}$ ist

$$f(p) = A(p-1)\cdots A(0)\cdot c + \sum_{k=1}^{p-1} A(p-1)\cdots A(k)\cdot b(k-1) + b(p-1).$$

Gilt insbesondere $A(p) = A(p+1)$ für jedes $p \in \mathbb{N}_0$ – ist also A eine konstante Matrix –, so gilt für jedes $p \in \mathbb{N}$

$$f(p) = A^p \cdot c + \sum_{k=1}^{p-1} A^{p-k}\cdot b(k-1) + b(p-1) = A^p \cdot c + \sum_{k=1}^{p} A^{p-k}\cdot b(k-1).$$

(8.13) BEMERKUNG: Es sei $A\colon \mathbb{N}_0 \to M(n;\mathbb{K})$ eine diskrete Matrix, und es sei $b\colon \mathbb{N}_0 \to M(n,1;\mathbb{K})$ eine diskrete Spalte. Es sei $p_0 \in \mathbb{N}_0$, und es sei $c \in M(n,1;\mathbb{K})$. Es gelte $A(p) \in \mathrm{GL}(n,\mathbb{K})$ für jedes $p \in \{0,\dots,p_0-1\}$. *Dann gibt es genau eine Lösung f von* (8.9.1) *bzw.* (8.9.2) *mit $f(p_0) = c$; insbesondere ist $f = 0$ die einzige Lösung von* (8.9.1) *mit dem Anfangswert* 0 *in p_0.*
Beweis: Man setzt $f(p_0) = c$ und definiert rekursiv

$$f(p) = A(p-1)f(p-1) + b(p-1) \quad \text{für jedes } p \in \mathbb{N} \text{ mit } p > p_0$$

und

$$f(p) = A(p)^{-1}(f(p+1) - b(p)) \quad \text{für } p = p_0-1,\dots,0.$$

Dann ist f eine Lösung mit $f(p_0) = c$. Ist g eine Lösung von (8.9.1) bzw. von (8.9.2) mit $g(p_0) = c$, so ist $f(p) = g(p)$ für $p = p_0-1,\dots,0$, also ist $f(0) = g(0)$ und daher $f = g$ nach (8.11).

(8.14) BEMERKUNG: Im folgenden wird die Struktur der Lösungsmenge der linearen Differenzengleichungssysteme (8.9.1) und (8.9.2) untersucht. Es wird sich herausstellen, daß die Verhältnisse weitgehend analog zu denen bei linearen Gleichungssystemen [vgl. Kapitel II, §3 und §5] und bei linearen Differentialgleichungssystemen [vgl. §7] sind.

(8.15) Satz: *Es sei $A\colon \mathbb{N}_0 \to M(n;\mathbb{K})$ eine diskrete Matrix, und es $\mathcal{L}$ die Menge der Lösungen $f\colon \mathbb{N}_0 \to M(n,1;\mathbb{K})$ von* (8.9.1). *Es sei $b\colon \mathbb{N}_0 \to M(n,1;\mathbb{K})$ eine diskrete Spalte, und es sei $\mathcal{L}^*$ die Menge der Lösungen $f\colon \mathbb{N}_0 \to M(n,1;\mathbb{K})$ von* (8.9.2).
(1) *Es seien f, $g \in \mathcal{L}$, und es seien λ, $\nu \in \mathbb{K}$. Dann gilt $\lambda f + \nu g \in \mathcal{L}$.*
(2) *Es sei $f^* \in \mathcal{L}^*$. Dann gilt $\mathcal{L}^* = \{f^* + f \mid f \in \mathcal{L}\} =: f^* + \mathcal{L}$.*
Beweis: Wegen (8.7)(3) kann der Beweis von (7.8) abgeschrieben werden.

(8.16) Satz: *Es sei $A\colon \mathbb{N}_0 \to M(n;\mathbb{K})$ eine diskrete Matrix mit $A(p) \in \mathrm{GL}(n,\mathbb{K})$ für jedes $p \in \mathbb{N}_0$, und es seien $f_1\colon \mathbb{N}_0 \to M(n,1;\mathbb{K}),\dots,f_n\colon \mathbb{N}_0 \to M(n,1;\mathbb{K})$ Lösungen von* (8.9.1).
(1) *Es seien $\theta_1,\dots,\theta_n \in \mathbb{K}$. Folgende Aussagen sind äquivalent:*
(a) *Es gilt $\sum_{j=1}^{n} \theta_j f_j(p) = 0$ für jedes $p \in \mathbb{N}_0$;*

(b) *es gibt ein* $p_0 \in \mathbb{N}_0$ *mit* $\sum_{j=1}^n \theta_j f_j(p_0) = 0$.
(2) *Folgende Aussagen sind äquivalent:*
(a) *Es gilt* $\det(f_1(p), \ldots, f_n(p)) = 0$ *für jedes* $p \in \mathbb{N}_0$;
(b) *es gibt ein* $p_0 \in \mathbb{N}_0$ *mit* $\det(f_1(p_0), \ldots, f_n(p_0)) = 0$.
Beweis: Wie beim Beweis von (7.11); statt (7.6) wird (8.13) benutzt.

(8.17) DEFINITION: Es sei $A: \mathbb{N}_0 \to M(n; \mathbb{K})$ eine diskrete Matrix, und es seien $f_1: \mathbb{N}_0 \to M(n,1;\mathbb{K}), \ldots, f_n: \mathbb{N}_0 \to M(n,1;\mathbb{K})$ Lösungen von $Sy = Ay$. Dann heißt $\{f_1, \ldots, f_n\}$ ein Fundamentalsystem für $Sy = Ay$, wenn die Spalten $f_1, \ldots, f_n$ linear unabhängig sind [vgl. (7.9)]. Die Matrix $F = (f_1, \ldots, f_n): \mathbb{N}_0 \to M(n; \mathbb{K})$ heißt dann eine Fundamentalmatrix für $Sy = Ay$.

(8.18) Satz: *Es sei* $A: \mathbb{N}_0 \to M(n; \mathbb{K})$ *eine diskrete Matrix mit* $A(p) \in \mathrm{GL}(n; \mathbb{K})$ *für jedes* $p \in \mathbb{N}_0$, *und es sei*

$$Sy = Ay \qquad (*)$$

das durch A definierte homogene lineare Differenzengleichungssystem.
(1) *Es seien* $f_1: \mathbb{N}_0 \to M(n,1;\mathbb{K}), \ldots, f_n: \mathbb{N}_0 \to M(n,1;\mathbb{K})$ *Lösungen von* $(*)$. *Die diskrete Matrix* $F := (f_1, \ldots, f_n): \mathbb{N}_0 \to M(n; \mathbb{K})$ *ist genau dann eine Fundamentalmatrix für das lineare Differenzengleichungssystem* $Sy = Ay$, *wenn es ein* $p_0 \in \mathbb{N}_0$ *gibt mit* $\det(F(p_0)) = \det(f_1(p_0), \ldots, f_n(p_0)) \neq 0$; *es gilt dann* $\det(F(p)) = \det(f_1(p), \ldots, f_n(p)) \neq 0$ *für jedes* $p \in \mathbb{N}_0$.
(2) *Es gibt ein Fundamentalsystem für* $Sy = Ay$.
(3) *Es sei* $F: \mathbb{N}_0 \to M(n; \mathbb{K})$ *eine Fundamentalmatrix für* $Sy = Ay$. *Für jedes* $D \in \mathrm{GL}(n; \mathbb{K})$ *ist auch* FD *eine Fundamentalmatrix für* $Sy = Ay$.
(4) *Es seien* $F: \mathbb{N}_0 \to M(n; \mathbb{K})$ *und* $G: \mathbb{N}_0 \to M(n; \mathbb{K})$ *Fundamentalmatrizen für* $Sy = Ay$. *Dann gibt es eine Matrix* $D \in \mathrm{GL}(n; \mathbb{K})$ *mit* $G = FD$.
(5) *Es sei* $F := (f_1, \ldots, f_n): \mathbb{N}_0 \to M(n; \mathbb{K})$ *eine Fundamentalmatrix für* $Sy = Ay$. *Es sei* $f: \mathbb{N}_0 \to M(n,1;\mathbb{K})$ *eine Lösung von* $(*)$. *Dann gibt es dazu eindeutig bestimmte* $\theta_1, \ldots, \theta_n \in \mathbb{K}$ *mit* $f = \sum_{j=1}^n \theta_j f_j$. *Für jedes* $p_0 \in \mathbb{N}_0$ *ist* $d := {}^t(\theta_1, \ldots, \theta_n) = F(p_0)^{-1} f(p_0)$ *die Lösung des homogenen linearen Gleichungssystems* $F(p_0)x = f(p_0)$.
Beweis: Wie in (7.14), (7.15); es ist das Intervall I durch $\mathbb{N}_0$, und es ist y' durch Sy zu ersetzen.

(8.19) Satz: *Es sei* $A: \mathbb{N}_0 \to M(n; \mathbb{K})$ *eine diskrete Matrix mit* $A(p) \in \mathrm{GL}(n; \mathbb{K})$ *für jedes* $p \in \mathbb{N}_0$, *und es sei* $b: \mathbb{N}_0 \to M(n,1;\mathbb{K})$ *eine diskrete Spalte. Es sei* $F: \mathbb{N}_0 \to M(n; \mathbb{K})$ *eine Fundamentalmatrix für* $Sy = Ay$.
(1) *Die diskrete Matrix* $G: \mathbb{N}_0 \to M(n; \mathbb{K})$ *mit* $G(p) = A(p-1) \cdots A(0)$ *für jedes* $p \in \mathbb{N}_0$ *ist eine Fundamentamatrix für* $Sy = Ay$; *gilt* $A(p+1) = A(p)$ *für jedes* $p \in \mathbb{N}_0$, *ist also A eine konstante Matrix, so gilt* $G(p) = A^p$ *für jedes* $p \in \mathbb{N}_0$.
(2) *Die Spalte* $f: \mathbb{N}_0 \to M(n,1;\mathbb{K})$ *mit*

$$f(p) = F(p) \sum_{k=1}^{p} F(k)^{-1} b(k-1) \text{ für jedes } p \in \mathbb{N}_0$$

ist eine Lösung von $Sy = Ay + b$ *mit* $f(0) = 0$.
(3) *Es sei* f *die in* (1) *konstruierte Spalte. Es sei* $c \in M(n,1;\mathbb{K})$. *Dann ist die diskrete Spalte* $g := f + F \cdot F(0)^{-1} \cdot c$ *die Lösung von* $Sy = Ay + b$ *mit* $g(0) = c$.
Beweis: (1) Es ist $f(0) = 0$, und für jedes $p \in \mathbb{N}_0$ gilt

$$\begin{aligned} f(p+1) &= F(p+1)\left[\sum_{k=1}^{p} F(k)^{-1}b(k-1) + F(p+1)^{-1}b(p)\right] \\ &= A(p)F(p)\sum_{k=1}^{p} F(k)^{-1}b(k-1) + b(p) \\ &= A(p)f(p) + b(p). \end{aligned}$$

(2) folgt aus (8.15), und (3) ist klar.

(8.20) BEMERKUNG: Es seien $a_1, \ldots, a_n$, b diskrete Funktionen. Die bisher erzielten Resultate sollen jetzt speziell auf die homogene lineare Differenzengleichung n-ter Ordnung

$$S^n y + a_1 S^{n-1} y + \cdots + a_n y = 0 \tag{8.20.1}$$

und auf die inhomogene lineare Differenzengleichung n-ter Ordnung

$$S^n y + a_1 S^{n-1} y + \cdots + a_n y = b \tag{8.20.2}$$

angewandt werden. Es sei zu $a_1, \ldots, a_n$ die diskrete Matrix A wie in (7.4) und es sei zu b die diskrete Spalte $\underline{b}$ wie in (7.4) definiert. Es gilt $\det(A) = (-1)^n a_n$. *Es gelte* $a_n(p) \neq 0$ *für jedes* $p \in \mathbb{N}_0$.

(8.21) DEFINITION: (1) Es seien $f_1, \ldots, f_n$ Lösungen von (8.20.1). Für jedes $j \in \{1, \ldots, n\}$ sei $\underline{f}_j := {}^t(f_j, Sf_j, \ldots, S^{n-1}f_j)$. $\{f_1, \ldots, f_n\}$ heißt ein Fundamentalsystem für (8.20.1), wenn $\{\underline{f}_1 \ldots, \underline{f}_n\}$ ein Fundamentalsystem für das homogene lineare Differenzengleichungssystem $Sy = Ay$ ist.
(2) Es seien $f_1, \ldots, f_n$ diskrete Funktionen. Es wird

$$C(f_1, \ldots, f_n) := \begin{pmatrix} f_1 & \ldots & f_n \\ Sf_1 & \ldots & Sf_n \\ \vdots & & \vdots \\ S^{n-1}f_1 & \ldots & S^{n-1}f_n \end{pmatrix}$$

gesetzt; die diskrete Matrix $C(f_1, \ldots, f_n) \colon \mathbb{N}_0 \to M(n;\mathbb{K})$ heißt die Casorati-Matrix der n diskreten Funktionen $f_1, \ldots, f_n$ [nach F. Casorati, 1835–1890].

(8.22) BEMERKUNG: Die folgenden Resultate beweist man, sofern nichts dazu gesagt wird, wie in (7.21).
(1) Es gibt Fundamentalsysteme für (8.20.1).
(2) Es seien $f_1, \ldots, f_n$ diskrete Funktionen. Nach (8.18) sind folgende Aussagen äquivalent:

(a) $\{f_1, \dots, f_n\}$ ist ein Fundamentalsystem für (8.20.1);
(b) es gibt ein $p_0 \in \mathbb{N}_0$ mit $\det(C(f_1, \dots, f_n))(p_0) \neq 0$;
(c) es gilt $\det(C(f_1, \dots, f_n))(p) \neq 0$ für jedes $p \in \mathbb{N}_0$.
(3) Es sei $\{f_1, \dots, f_n\}$ ein Fundamentalsystem für (8.20.1), und es sei $D \in \mathrm{GL}(n; \mathbb{K})$. Setzt man $(g_1, \dots, g_n) := (f_1, \dots, f_n)D$, so ist $\{g_1, \dots, g_n\}$ ein Fundamentalsystem für (8.20.1).
(4) Es seien $\{f_1, \dots, f_n\}$ und $\{g_1, \dots, g_n\}$ Fundamentalsysteme für (8.20.1). Dann gibt es ein $D \in \mathrm{GL}(n; \mathbb{K})$ mit $(g_1, \dots, g_n) = (f_1, \dots, f_n)D$.
(5) Es sei $\{f_1, \dots, f_n\}$ ein Fundamentalsystem für (8.20.1); es sei f eine Lösung von (8.20.1). Dann gibt es dazu eindeutig bestimmte Elemente $\theta_1, \dots, \theta_n \in \mathbb{K}$ mit $f = \sum_{j=1}^{n} \theta_j f_j$. Es sei $p_0 \in \mathbb{N}_0$; es ist $d := {}^t(\theta_1, \dots, \theta_n)$ die Lösung des linearen Gleichungssystems $C(f_1, \dots, f_n)(p_0)\,x = {}^t(f(p_0), \dots, S^{n-1}f(p_0))$.
(6) Es sei $\{f_1, \dots, f_n\}$ ein Fundamentalsystem für (8.20.1), und es seien $g_1, \dots, g_n$ diskrete Funktionen. Gibt es ein $D \in M(n; \mathbb{K})$ mit $(f_1, \dots, f_n) = (g_1, \dots, g_n)D$, so sind $g_1, \dots, g_n$ Lösungen von (8.20.1), und $\{g_1, \dots, g_n\}$ ist ein Fundamentalsystem für (8.20.1).
Beweis: Es gilt $C(f_1, \dots, f_n) = C(g_1, \dots, g_n)D$; nun kann man wie in (7.21)(7) schließen.
(7) Es seien $f_1, \dots, f_n$ Lösungen von (8.20.1). Es gilt

$$S(\det(C(f_1, \dots, f_n))) = (-1)^n a_n \det(C(f_1, \dots, f_n)).$$

Beweis: Multipliziert man die erste Zeile der Matrix $C(f_1, \dots, f_n)$ mit a_n und addiert man für jedes $i \in \{2, \dots, n\}$ die mit a_{n-i} multiplizierte i-te Zeile der Matrix $C(f_1, \dots, f_n)$ zur ersten Zeile, so hat die erste Zeile der so erhaltenen Matrix die Form $(-S^n f_1, \dots, -S^n f_n)$. Vertauscht man in dieser Matrix für $i = 1, \dots, n-1$ nacheinander die i-te Zeile mit der $(i+1)$-ten Zeile, so erhält man die Behauptung, denn aus (8.4) folgt, daß $S\det(C(f_1, \dots, f_n)) = \det(SC(f_1, \dots, f_n))$ gilt.

(8.23) BEMERKUNG: Es sei $A \in \mathrm{GL}(n; \mathbb{K})$. Im folgenden wird die Gestalt der Lösungen von

$$Sy = Ay \tag{$*$}$$

diskutiert. Es ist $F\colon \mathbb{N}_0 \to M(n; \mathbb{K})$ mit $F(p) = A^p$ für jedes $p \in \mathbb{N}_0$ eine Fundamentalmatrix für $(*)$. Es seien $\lambda_1, \dots, \lambda_h \in \mathbb{C}$ die verschiedenen Eigenwerte der Matrix A; für jedes $j \in \{1, \dots, h\}$ sei $m_j := \mu_A(\lambda_j)$ die algebraische Vielfachheit des Eigenwerts λ_j [vgl. VIII(1.21)]. Wegen $\det(A) \neq 0$ sind alle Eigenwerte von Null verschieden. Zu A wird $T \in \mathrm{GL}(n; \mathbb{C})$ so gewählt, daß $T^{-1}AT$ Jordansche Normalform hat; dann hat $T^{-1}AT$ die in (7.24) angegebene Form. Es ist $A^p = T(T^{-1}AT)^p T^{-1}$ für jedes $p \in \mathbb{N}_0$. Es gilt [vgl. VIII(3.2)(2)] für jedes $p \in \mathbb{N}_0$

$$F(p)[k,l] = A^p[k,l] = \sum_{j=1}^{h} \sum_{i=0}^{m_j - 1} \theta_{kl,ij} \binom{p}{i} \lambda_j^{p-i} \quad \text{für alle } k, l \in \{1, \dots, n\}; \tag{$**$}$$

hierbei gilt $\theta_{kl,ij} \in \mathbb{C}$ für alle k, $l \in \{1,\ldots,n\}$, jedes $j \in \{1,\ldots,h\}$ und jedes $i \in \{0,\ldots,m_j-1\}$.

(8.24) BEISPIEL: Wählt man $A \in M(4;\mathbb{R})$ wie in VIII(3.13) und ist J die dort angegebene Jordansche Normalform von A, so ist

$$J^p = \begin{pmatrix} 1 & p & 0 & 0 \\ 0 & 1 & 0 & 0 \\ 0 & 0 & 1 & 0 \\ 0 & 0 & 0 & 2^p \end{pmatrix} \quad \text{für jedes } p \in \mathbb{N}_0,$$

und daher gilt für jedes $p \in \mathbb{N}_0$

$$A^p = \begin{pmatrix} 1 & -1+2^p & -3-2p+3\cdot 2^p & -1+2^p \\ 0 & 1 & 2p & 0 \\ 0 & 0 & 1 & 0 \\ 0 & -1+2^p & -3-2p+3\cdot 2^p & 2^p \end{pmatrix}.$$

Diese Matrix ist eine Fundamentalmatrix für das lineare Differenzengleichungssystem $Sy = Ay$.

(8.25) BEMERKUNG: Es seien $\alpha_1,\ldots,\alpha_n \in \mathbb{K}$. Die bisher erzielten Resultate werden jetzt auf die lineare Differenzengleichung n-ter Ordnung

$$S^n y + \alpha_1 S^{n-1} y + \cdots + \alpha_n y = 0 \tag{8.25.1}$$

mit $\alpha_n \neq 0$ angewandt. [Das ist keine Einschränkung: Gilt $\alpha_n = \cdots = \alpha_{n-s+1} = 0$ und $\alpha_{n-s} \neq 0$ für ein $s \in \{1,\ldots,n-1\}$, so wird aus (8.25.1) nach einer Ersetzung p durch $p-s$ eine Differenzengleichung der Ordnung $n-s$.] Das Polynom $f_A := T^n + \alpha_1 T^{n-1} + \cdots + \alpha_n \in \mathbb{C}[T]$ ist das charakteristische Polynom der zu (8.25.1) gehörigen Matrix A [vgl. (8.20)]; es seien wie bisher $\lambda_1,\ldots,\lambda_h$ die verschiedenen Eigenwerte von A [sie sind wegen $\alpha_n \neq 0$ von Null verschieden], und für jedes $j \in \{1,\ldots,h\}$ sei $m_j := \mu_A(\lambda_j)$ die algebraische Vielfachheit der Nullstelle λ_j des Polynoms f_A. Es sei für jedes $j \in \{1,\ldots,h\}$ und jedes $i \in \{0,\ldots,m_j-1\}$ $f_{ji}\colon \mathbb{N}_0 \to \mathbb{C}$ mit

$$f_{ji}(p) = \binom{p}{i}\lambda_j^{p-i} \quad \text{für jedes } p \in \mathbb{N}_0.$$

(8.26) Satz: *Mit den Bezeichnungen aus* (8.25) *gilt:* $\{f_{10},\ldots,f_{h,m_h-1}\}$ *ist ein Fundamentalsystem für* (8.25.1).

Beweis: Es sei $\{\varphi_1,\ldots,\varphi_n\}$ ein Fundamentalsystem für (8.25.1). Nach (8.23)(**) hat jede Lösung φ von (8.25.1) die Form $\varphi(p) = \sum_{j=1}^{h}\sum_{i=0}^{m_j-1}\theta_{ij}\binom{p}{i}\lambda_j^{p-i}$ für jedes $p \in \mathbb{N}_0$; hier gilt $\theta_{ij} \in \mathbb{C}$ für jedes $j \in \{1,\ldots,h\}$ und jedes $i \in \{0,\ldots,m_j-1\}$. Es gibt daher eine Matrix $D \in M(n;\mathbb{C})$ mit $(\varphi_1,\ldots,\varphi_n) = (f_{10},\ldots,f_{h,m_h-1})D$. Aus (8.22)(6) folgt die Behauptung.

(8.27) BEMERKUNG: Für jedes $j \in \{1, \ldots, h\}$ und jedes $i \in \{0, \ldots, m_j - 1\}$ wird $g_{ji}: \mathbb{N}_0 \to \mathbb{K}$ mit $g_{ji}(p) = p^i \lambda_j^{p-i}$ für jedes $p \in \mathbb{N}_0$ gesetzt. Für jedes $r \in \mathbb{N}_0$ gilt im Polynomring $\mathbb{Q}[T]$

$$\binom{T}{r} := \frac{1}{r!}[T]_r = \sum_{\rho=0}^{r} \theta_{r\rho} T^\rho \quad \text{mit } \theta_{r0}, \ldots, \theta_{rr} \in \mathbb{Q}$$

[vgl. dazu auch I(8.23)]. Daher gibt es ein $D \in M(n; \mathbb{Q})$ mit $(f_{10}, \ldots, f_{h,m_h-1}) = (g_{10}, \ldots, g_{h,m_h-1})D$. Nach (8.22)(6) ist $\{g_{10}, \ldots, g_{h,m_h-1}\}$ ein Fundamentalsystem für (8.25.1).

(8.28) BEMERKUNG: In (8.25) und (8.27) sind $\alpha_1, \ldots, \alpha_n$ komplexe Zahlen. Nun seien $\alpha_1, \ldots, \alpha_n$ *reelle* Zahlen, und es sei $\alpha_n \neq 0$; dann hat (8.25.1) ein Fundamentalsystem aus *reellwertigen* diskreten Funktionen. Aus dem in (8.27) konstruierten, i.a. komplexwertigen Fundamentalsystem wird jetzt ein reellwertiges Fundamentalsystem konstruiert. Es seien

$$\lambda_1 =: \mu_1, \ldots, \lambda_r =: \mu_r$$

die reellen Eigenwerte der Matrix A, und es seien

$$\begin{array}{llllll} \lambda_{r+1} & =: & \mu_{r+1} + \sqrt{-1}\,\nu_{r+1}, & \ldots, & \lambda_{r+s} & =: \mu_{r+s} + \sqrt{-1}\,\nu_{r+s}, \\ \lambda_{r+s+1} & = & \mu_{r+1} - \sqrt{-1}\,\nu_{r+1}, & \ldots, & \lambda_{r+2s} & = \mu_{r+s} - \sqrt{-1}\,\nu_{r+s} \end{array}$$

die nicht reellen Eigenwerte von A [hier wird vorübergehend $\sqrt{-1}$ für die komplexe Zahl i geschrieben, vgl. I(6.2)(2)]; es gilt r, $s \in \mathbb{N}_0$ und $r + 2s = h$.

Mit den Bezeichnungen aus (8.27) wird

$$\psi_{ji} := g_{ji} \quad \text{für jedes } j \in \{1, \ldots, r\} \text{ und jedes } i \in \{0, \ldots, m_j - 1\}$$

gesetzt; für jedes $j \in \{r+1, \ldots, r+s\}$ und jedes $i \in \{0, \ldots, m_j - 1\}$ werden die diskreten Funktionen ψ_{ji} und $\psi_{j+s,i}$ durch

$$\psi_{ji} := \frac{1}{2}(g_{ji} + g_{j+s,i}), \quad \psi_{j+s,i} := \frac{1}{2\sqrt{-1}}(g_{ji} - g_{j+s,i})$$

definiert. Zu jedem $j \in \{r+1, \ldots, r+s\}$ gibt es genau ein $\sigma_j \in [0, 2\pi)$ mit $\lambda_j = |\lambda_j| \exp(\sqrt{-1}\sigma_j)$. Es gilt $\lambda_j = |\lambda_j| \exp(-\sqrt{-1}\sigma_{j-s})$ für jedes $j \in \{r+s+1, \ldots, 2s\}$.

Nun gilt für jedes $p \in \mathbb{N}_0$

$$\psi_{ji}(p) = $$

$$= \begin{cases} p^i \lambda_j^{p-i}, & j \in \{1, \ldots, r\}, \quad i \in \{0, \ldots, m_j - 1\}, \\ p^i |\lambda_j|^{p-i} \cos((p-i)\sigma_j), & j \in \{r+1, \ldots, r+s\}, \quad i \in \{0, \ldots, m_j - 1\}, \\ p^i |\lambda_j|^{p-i} \sin((p-i)\sigma_{j-s}), & j \in \{r+s+1, \ldots, r+2s\}, \quad i \in \{0, \ldots, m_j - 1\} \end{cases}$$

[vgl. III(3.9)(2)(d)]. Es gilt

$$g_{ji} = \psi_{ji} + \sqrt{-1}\psi_{j+s,i}, \quad g_{j+s,i} = \psi_{ji} - \sqrt{-1}\psi_{j+s,i}$$

für jedes $j \in \{1,\dots,h\}$ und jedes $i \in \{0,\dots,m_j - 1\}$, und daher gibt es ein $D \in M(n;\mathbb{C})$ mit $(g_{10},\dots,g_{h,m_h-1}) = (\psi_{10},\dots,\psi_{r+2s,m_{r+2s}-1})D$; nach (8.22)(6) ist $\{\psi_{10},\dots,\psi_{r+2s,m_{r+2s}-1}\}$ ein Fundamentalsystem von (8.25.1) aus *reellwertigen* Funktionen.

(8.29) BEISPIEL: (1) Für die Folge $(F_p)_{p\geq 0}$ der Fibonacci-Zahlen [vgl. I(5.14)] gilt $F_{p+2} = F_{p+1} + F_p$ für jedes $p \in \mathbb{N}_0$ und $F_0 = 0$, $F_1 = 1$. Die Folge ist also die Lösung der Differenzengleichung

$$S^2y - Sy - y = 0 \tag{$*$}$$

mit dem Anfangswert $F_0 = 0$, $F_1 = 1$. Es hat $T^2 - T - 1 \in \mathbb{Q}[T]$ die Nullstellen

$$\lambda_1 = \frac{1+\sqrt{5}}{2},\ \lambda_2 = \frac{1-\sqrt{5}}{2}.$$

Es ist $\{f_1, f_2\}$ mit $f_1(p) = \lambda_1^p$ für jedes $p \in \mathbb{N}_0$ und $f_2(p) = \lambda_2^p$ für jedes $p \in \mathbb{N}_0$ ein Fundamentalsystem für $(*)$ [vgl. (8.27)]. Man erhält als Lösung $F_p = (\lambda_1^p - \lambda_2^p)/\sqrt{5}$ für jedes $p \in \mathbb{N}_0$ [vgl. I(7.7)].

(2) Es sei $m \in \mathbb{N}$, und es seien $g_0,\dots,g_m \in \mathbb{Q}$ durch $g_0 = 2$ und

$$g_{m-j} = 2\frac{m-j}{2m-j}g_{m-j-1} + \frac{2m}{2m-j} \quad \text{für } j = m-1,\dots,0$$

definiert. [Auf diese Folge führt die Untersuchung eines Backtracking-Problems, vgl. [76].] Es ist g_m zu bestimmen.

(a) Es wird die Differenzengleichung

$$Sy - 2\frac{p+1}{m+p+1}y = \frac{2m}{m+p+1} \tag{$*$}$$

betrachtet; ist f die Lösung von $(*)$ mit $f(0) = 2$, so gilt $f(p) = g_p$ für jedes $p \in \{0,\dots,m\}$.

(b) Die zu $(*)$ gehörige homogene Gleichung hat die durch

$$h(p) = 2^p\frac{1}{\binom{m+p}{p}} \quad \text{für jedes } p \in \mathbb{N}_0$$

definierte diskrete Funktion h als Lösung mit dem Anfangswert $h(0) = 1$. Es ist nach (8.19)

$$f(p) = 2h(p)\sum_{k=1}^{p}\frac{m}{m+k}\binom{m+k}{k}2^{-k} + 2h(p).$$

(c) Es gilt für jedes $m \in \mathbb{N}_0$

$$\sum_{k=0}^{m}\binom{m+k}{k}2^{-k} = 2^m.$$

Beweis [durch Induktion]: Für $m = 0$ ist die Formel richtig. Es sei $m \in \mathbb{N}_0$, und es sei die Formel für m richtig. Es ist

$$\begin{aligned} \sum_{k=0}^{m+1} \binom{m+1+k}{k} 2^{-k} &= \sum_{k=1}^{m+1} \binom{m+k}{k-1} 2^{-k} + \sum_{k=0}^{m+1} \binom{m+k}{k} 2^{-k} \\ &= \frac{1}{2} \sum_{k=0}^{m} \binom{m+1+k}{k} 2^{-k} + \sum_{k=0}^{m+1} \binom{m+k}{k} 2^{-k} \end{aligned}$$

und daher

$$\sum_{k=0}^{m+1} \binom{m+1+k}{k} 2^{-k} = 2 \sum_{k=0}^{m} \binom{m+k}{k} 2^{-k} = 2^{m+1},$$

denn es gilt $2\binom{2m+1}{m+1} = \binom{2m+2}{m+1}$.

(d) Für jedes $m \in \mathbb{N}$ gilt nach (c)

$$\sum_{k=0}^{m} \frac{m}{m+k} \binom{m+k}{m} 2^{-k} = \sum_{k=0}^{m} \binom{m-1+k}{m-1} 2^{-k} = 2^{m-1} + 2^{-m} \binom{2m-1}{m-1}.$$

(e) Es gilt nach (b) und (d)

$$\begin{aligned} g_m = f(m) &= 2h(m) \sum_{k=0}^{m} \frac{m}{m+k} \binom{m+k}{k} 2^{-k} \\ &= \frac{2^{2m}}{\binom{2m}{m}} + 2 \frac{\binom{2m-1}{m-1}}{\binom{2m}{m}} = \frac{2^{2m}}{\binom{2m}{m}} + 1. \end{aligned}$$

(f) Es gilt also [vgl. VI(4.8)(1b))]

$$g_m = 1 + \sqrt{\pi m} + O(m^{-1/2}) \quad \text{für } m \to \infty.$$

(8.30) BEISPIEL: Es sei

$$\begin{cases} \Pi\colon \mathrm{Abb}(\mathbb{N}_0, \mathbb{C}) \to \mathbb{C}[[T]] \\ \text{mit } \Pi(f) = \sum_{p=0}^{\infty} f(p) T^p \quad \text{für jedes } f \in \mathrm{Abb}(\mathbb{N}_0, \mathbb{C}). \end{cases}$$

Für jede diskrete Funktion f ist also $\Pi(f)$ die erzeugende Funktion der Folge $(f(p))_{p \geq 0}$ [vgl. I(7.7)(b)]. Die Abbildung Π ist bijektiv, und für alle diskreten Funktionen f, g und jedes $\theta \in \mathbb{C}$ gelten $\Pi(f+g) = \Pi(f) + \Pi(g)$, $\Pi(\theta f) = \theta \Pi(f)$.

(1) Es sei $m \in \mathbb{N}_0$. Dann gilt

$$\begin{aligned} \Pi(f) &= \sum_{k=0}^{m-1} f(k) T^k + T^m \sum_{k=0}^{\infty} f(m+k) T^k \\ &= \sum_{k=0}^{m-1} f(k) T^k + T^m \Pi(S^m f). \end{aligned}$$

Es gelte $f(0) = \cdots = f(m-1) = 0$; dann ist

$$\Pi(f) = T^m \Pi(S^m f). \qquad (*)$$

(2) Es seien $\alpha_1, \ldots, \alpha_n \in \mathbb{C}$ mit $\alpha_n \neq 0$, und es sei $b\colon \mathbb{N}_0 \to \mathbb{C}$ eine diskrete Funktion. Für die nach (8.13) einzige Lösung f der linearen Differenzengleichung n-ter Ordnung

$$S^n y + \alpha_1 S^{n-1} y + \cdots + \alpha_n y = b$$

mit $f(0) = \cdots = f(n-1) = 0$ gilt [es sei $\alpha_0 := 1$]

$$\Pi(f) = \left(\sum_{p=0}^{n} \alpha_p T^p\right)^{-1} T^n \Pi(b).$$

Beweis: Für jedes $i \in \{0, \ldots, n\}$ gilt $\Pi(f) = T^{n-i}\Pi(S^{n-i}f)$ nach $(*)$. Aus $\sum_{i=0}^{n} \alpha_i S^{n-i} f = b$ folgt daher durch Anwenden von Π und anschließender Multiplikation mit T^n

$$\Pi(f) \cdot \sum_{i=0}^{n} \alpha_i T^i = T^n \Pi(b).$$

Die formale Potenzreihe $\alpha_0 + \alpha_1 T + \cdots + \alpha_n T^n \in \mathbb{C}[[T]]$ ist wegen $\alpha_0 = 1$ eine Einheit in $\mathbb{C}[[T]]$ [vgl. I(7.5)]; daraus folgt die Behauptung.

(3) Es sei f die diskrete Funktion mit $f(0) = f(1) = 0$ und

$$f(p+2) - 2f(p+1) + f(p) = 1 + 4^p \quad \text{für jedes } p \in \mathbb{N}_0.$$

Aus (2) folgt: In $\mathbb{C}[[T]]$ gilt

$$\begin{aligned} \Pi(f) &= T^2(1 - 2T + T^2)^{-1} \sum_{p=0}^{\infty} (1 + 4^p) T^p \\ &= T^2(1-T)^{-2}\left((1-T)^{-1} + (1-4T)^{-1}\right). \end{aligned}$$

Es gilt in $\mathbb{Q}(T)$

$$\frac{1}{(1-4T)(1-T)^2} = \frac{1}{9}\left(\frac{-7+4T}{(1-T)^2} + \frac{16}{1-4T}\right)$$

[Partialbruchzerlegung, vgl. Kapitel VI, §2]. Es gilt also [vgl. I(7.6)(2)]

$$\Pi(f) = \frac{1}{18} T^2 \sum_{p=0}^{\infty} (9p^2 + 21p + 4 + 2^{2p+5}) T^p$$

und daher

$$f(p) = \frac{1}{18}(9p^2 - 15p - 2 + 2^{2p+1}) \quad \text{für jedes } p \in \mathbb{N}_0 \text{ mit } p \geq 2.$$

(8.31) Satz: *Es sei $A \in \mathrm{GL}(n;\mathbb{K})$, es sei $|||\ ||| \in \{\|\ \|, \|\ \|_1, \|\ \|_\infty, \|\ \|_F, \|\ \|_G\}$, und es gelte $|||A||| < 1$.*
(1) Für jede Lösung f von $Sy = Ay$ gilt $\lim_{p\to\infty}(f(p)) = 0$.
(2) Es sei $b\colon \mathbb{N}_0 \to M(n,1;\mathbb{K})$ eine diskrete Spalte, und es gebe eine Lösung g von $Sy = Ay + b$, für welche der Grenzwert $\lim_{p\to\infty}(g(p))$ existiert. Dann existiert für jede Lösung h von $Sy = Ay + b$ der Grenzwert $\lim_{p\to\infty}(h(p))$, und es gilt $\lim_{p\to\infty}(h(p)) = \lim_{p\to\infty}(g(p))$.

Beweis: (1) Es ist die diskrete Matrix $F\colon \mathbb{N}_0 \to M(n;\mathbb{K})$ mit $F(p) = A^p$ für jedes $p \in \mathbb{N}_0$ eine Fundamentalmatrix für $Sy = Ay$. Aus $|||A^p||| \leq |||A|||^p$ folgt $\lim_{p\to\infty}(A^p) = 0$.
(2) Zu h gibt es ein $d \in M(n,1;\mathbb{K})$ mit $h(p) = A^p d + g(p)$ für jedes $p \in \mathbb{N}_0$ [vgl. (8.15)]; hieraus folgt die Behauptung.

(8.32) EIN DYNAMISCHES INPUT-OUTPUT-MODELL: [vgl. [66], 5.5.2 und die dort zitierte Literatur]

(1) Das genannte Modell wird wie folgt beschrieben. Die Volkswirtschaft ist unterteilt in n Industriesektoren und den Sektor "private Haushalte". Jeder Industriesektor stellt nur ein Produkt her. Es sei $i \in \{1,\ldots,n\}$. Die Produktion $y_i(p)$ – die durch eine reelle Zahl gemessen wird – des Industriesektors i in der Zeitperiode p wird aufgeteilt in
(a) für jedes $j \in \{1,\ldots,n\}$ die Warenlieferungen $y_{ij}(p)$ an den Industriesektor j, die zur Produktion von Waren dienen,
(b) für jedes $j \in \{1,\ldots,n\}$ die Geldlieferungen [Investitionen] $\iota_{ij}(p)$ an den Industriesektor j, die dem Aufbau oder Abbau von Kapitalbeständen $\kappa_{ij}(p)$ dienen; es gilt also $\kappa_{ij}(p+1) - \kappa_{ij}(p) = \iota_{ij}(p)$.
(c) die Lieferungen $k_i(p)$ an die Haushalte, die zum Konsum bestimmt sind.
[Die Lieferungen in (a)-(c) werden durch reelle Zahlen gemessen.]

Es gilt daher für jedes $i \in \{1,\ldots,n\}$

$$y_i(p) = \sum_{j=1}^{n} y_{ij}(p) + \sum_{j=1}^{n} \iota_{ij}(p) + k_i(p) \quad \text{für jedes } p \in \mathbb{N}_0. \qquad (*)$$

(2) Die für Input-Output-Modelle charakteristischen Annahmen lauten:

- Die Warenlieferungen des Industriesektors i an den Industriesektor j in der Zeitperiode p sind proportional zur Produktion des Industiesektors j; für alle $i, j \in \{1,\ldots,n\}$ gibt es also $\alpha_{ij} \in \mathbb{R}$ mit $y_{ij}(p) = \alpha_{ij}y_j(p)$ für jedes $p \in \mathbb{N}_0$. [Die Zahlen α_{ij} werden als Input-Output-Koeffizienten bezeichnet.]

- Die zum Konsum bestimmten Produkte wachsen in jeder Zeitperiode mit einer konstanten Rate; es gibt also ein $\mu > 0$ mit $k_i(p) = (1+\mu)k_i(p-1)$ für jedes $i \in \{1,\ldots,n\}$ und jedes $p \in \mathbb{N}$.

- Der Kapitalbestand zwischen dem Industriesektor i und dem Industriesektor j zu Beginn einer Zeitperiode und die Produktion des Industriesektors j in der gleichen Zeitperiode verhalten sich proportional; es gibt also für alle $i, j \in$

$\{1,\ldots,n\}$ reelle Zahlen β_{ij} mit $\kappa_{ij}(p)=\beta_{ij}y_j(p)$; für die in der Zeitperiode p zwischen den Industriesektoren i und j vorgenommenen Investitionen $\iota_{ij}(p)=\kappa_{ij}(p+1)-\kappa_{ij}(p)$ gilt daher $\iota_{ij}(p)=\beta_{ij}(y_j(p+1)-y_j(p))$.

(3) Es sei $A:=(\alpha_{ij})\in M(n;\mathbb{R})$, $B:=(\beta_{ij})\in M(n;\mathbb{R})$, es sei $y:={}^t(y_1,\ldots,y_n)$ die durch die diskreten Funktionen $y_1,\ldots,y_n$ definierte diskrete Spalte, und es sei $d:={}^t(k_1(0),\ldots,k_n(0))\in M(n,1;\mathbb{R})$. Man sieht durch Einsetzen in $(*)$: Es ist

$$By(p+1)=(E_n-A+B)y(p)-(1+\mu)^p d \quad \text{für jedes } p\in\mathbb{N}_0.$$

Es wird vorausgesetzt, daß $B\in \mathrm{GL}(n;\mathbb{R})$ gilt. Dann ist

$$y(p+1)=(B^{-1}(E_n-A)+E_n)y(p)-(1+\mu)^pB^{-1}d \quad \text{für jedes } p\in\mathbb{N}_0. \qquad (**)$$

Es wird weiter vorausgesetzt, daß $C:=B^{-1}(E_n-A)+E_n\in\mathrm{GL}(n;\mathbb{R})$ gilt; dann ist die diskrete Matrix $F\colon\mathbb{N}_0\to M(n;\mathbb{R})$ mit $F(p)=C^p$ für jedes $p\in\mathbb{N}_0$ eine Fundamentalmatrix für das zu $(**)$ gehörige homogene Differenzengleichungssystem $Sy=Cy$ [vgl. (8.19)]. Es gelte zusätzlich $E_n-A-\mu B\in\mathrm{GL}(n;\mathbb{R})$. Dann ist $(1+\mu)^{-1}C-E_n=(1+\mu)^{-1}(B^{-1}(E_n-A)-\mu E_n)=(1+\mu)^{-1}B^{-1}(E_n-A-\mu B)$ und daher invertierbar. Für jedes $p\in\mathbb{N}_0$ gilt

$$\begin{aligned}
&\sum_{k=1}^{p}(1+\mu)^{k-1}C^{p-k}B^{-1} = \\
&\quad= (1+\mu)^{p-1}\left(\sum_{k=0}^{p-1}((1+\mu)^{-1}C)^k\right)B^{-1}\\
&\quad\overset{*}{=} (1+\mu)^{p-1}(((1+\mu)^{-1}C)^p-E_n)((1+\mu)^{-1}C-E_n)^{-1}B^{-1}\\
&\quad= (1+\mu)^p((1+\mu)^{-p}C^p-E_n)(E_n-A-\mu B)^{-1}BB^{-1}\\
&\quad= C^p(E_n-A-\mu B)^{-1}-(1+\mu)^p(E_n-A-\mu B)^{-1}
\end{aligned}$$

[bei $*$ wurde benutzt, daß für jede Matrix $P\in M(n;\mathbb{K})$

$$(P-E_n)\sum_{k=0}^{m}P^k=\left(\sum_{k=0}^{m}P^k\right)(P-E_n)=P^{m+1}-E_n$$

gilt]. Nach (8.19)(2) ist die diskrete Spalte $g\colon\mathbb{N}_0\to M(n,1;\mathbb{R})$ mit

$$g(p)=-\left(C^p(E_n-A-\mu B)^{-1}-(1+\mu)^p(E_n-A-\mu B)^{-1}\right)d \quad \text{für jedes } p\in\mathbb{N}_0$$

eine Lösung von $(**)$; die diskrete Spalte $f:=F(E_n-A-\mu B)^{-1}d+g$, für die also

$$f(p)=(1+\mu)^p(E_n-A-\mu B)^{-1}d \quad \text{für jedes } p\in\mathbb{N}_0$$

gilt, ist nach (8.15) eine Lösung von $(**)$. Damit sind alle Lösungen von $(**)$ bestimmt. Das Stabilitätsverhalten einer Lösung h von $(**)$, d.h. das Verhalten von h für $p\to\infty$, kann mittels (8.31) diskutiert werden.

(8.33) An Literatur zu diesem Paragraphen sei auf [60] und [66] hingewiesen.

Kapitel X Lineare Optimierung

§1 Vorbereitungen

(1.1) In diesem Paragraphen wird zunächst an einigen Beispielen gezeigt, mit welcher Art von Aufgaben sich das Lineare Optimieren beschäftigt. Dabei steht jedes Beispiel für eine ganze Klasse ähnlicher Aufgaben. Danach wird gezeigt, wie sich die verschiedenen Aufgabentypen auf einen einzigen Typ zurückführen lassen. Dieser Standardtyp wird dann im nächsten Paragraphen behandelt werden.

(1.2) BEISPIEL: In einem Unternehmen werden Produkte $P_1, P_2, \ldots, P_n$ hergestellt. Dafür stehen Ressourcen $R_1, R_2, \ldots, R_m$ zu Verfügung, und zwar β_1 Einheiten von R_1, β_2 Einheiten von $R_2, \ldots, \beta_m$ Einheiten von R_m. Für jedes $j \in \{1, \ldots, n\}$ gelte: Zur Herstellung einer Einheit von P_j werden α_{1j} Einheiten von R_1, α_{2j} Einheiten von $R_2, \ldots, \alpha_{mj}$ Einheiten von R_m benötigt, und der Verkauf einer Einheit von P_j bringt γ_j DM Gewinn. Werden ξ_1 Einheiten von P_1, ξ_2 Einheiten von $P_2, \ldots, \xi_n$ Einheiten von P_n hergestellt und verkauft, so gilt

$$\left\{\begin{array}{l} \sum_{j=1}^{n} \alpha_{ij}\xi_j \;\leq\; \beta_i \quad \text{für jedes } i \in \{1,2,\ldots,m\} \quad \text{und} \\ \xi_1 \geq 0,\ \xi_2 \geq 0, \ldots,\ \xi_n \geq 0, \end{array}\right. \tag{$*$}$$

und der Gewinn des Unternehmens ist $\sum_{j=1}^{n} \gamma_j \xi_j$. Das Unternehmen möchte seinen Gewinn unter den Restriktionen $(*)$ maximieren.

(1.3) BEISPIEL: Ein Mensch benötigt Vitamine $V_1, V_2, \ldots, V_m$ und zwar für jedes $i \in \{1,2,\ldots,m\}$ mindestens β_i Einheiten von V_i pro Tag. Zur Versorgung stehen Lebensmittel $L_1, L_2, \ldots, L_n$ zu Verfügung, und zwar gilt für jedes $j \in \{1,2,\ldots,n\}$: Eine Einheit von L_j kostet γ_j DM und enthält α_{1j} Einheiten von V_1, α_{2j} Einheiten von $V_2, \ldots, \alpha_{mj}$ Einheiten von V_m. Möchte man wissen, wieviele Einheiten von $L_1, L_2, \ldots, L_n$ der Mensch pro Tag zu sich nehmen muß, damit er bei minimalen Kosten ausreichend mit den Vitaminen $V_1, V_2, \ldots, V_m$ versorgt wird, so hat man $\xi_1, \xi_2, \ldots, \xi_n \in \mathbb{R}$ so zu bestimmen, daß

$$\left\{\begin{array}{l} \sum_{j=1}^{n} \alpha_{ij}\xi_j \;\geq\; \beta_i \quad \text{für jedes } i \in \{1,2,\ldots,m\} \quad \text{und} \\ \xi_1 \geq 0, \xi_2 \geq 0, \ldots, \xi_n \geq 0 \end{array}\right.$$

gilt und daß $\sum_{j=1}^{n} \gamma_j \xi_j$ minimal ist.

(1.4) BEISPIEL: Ein Unternehmen stellt ein Produkt in m Fabriken $F_1, F_2, \ldots, F_m$ her und liefert es in n Städte $S_1, S_2, \ldots, S_n$. Für $i \in \{1,2,\ldots,m\}$ und $j \in \{1,2,\ldots,n\}$ gelte: In F_i können pro Tag höchstens α_i Einheiten hergestellt werden, in S_j werden pro Tag mindestens β_j Einheiten benötigt, und die Kosten für den Transport einer Einheit von der Fabrik F_i in die Stadt S_j sind γ_{ij} DM. Das Ziel ist, die Städte $S_1, S_2, \ldots, S_n$ bei minimalen Transportkosten ausreichend zu versorgen. Für $i \in \{1,2,\ldots,m\}$ und $j \in \{1,2,\ldots,n\}$ sei ξ_{ij} die Anzahl der Einheiten, die pro Tag von F_i nach S_j zu transportieren sind. Diese Anzahlen sind so zu bestimmen, daß gilt: Es ist

$$\begin{cases} \sum_{j=1}^{n} \xi_{ij} \le \alpha_i & \text{für jedes } i \in \{1,2,\ldots,m\}, \\ \sum_{i=1}^{m} \xi_{ij} \ge \beta_j & \text{für jedes } j \in \{1,2,\ldots,n\} \quad \text{und} \\ \xi_{ij} \ge 0 \quad \text{für jedes } i \in \{1,2,\ldots,m\} \text{ und jedes } j \in \{1,2,\ldots,n\}, \end{cases}$$

und es ist

$$\sum_{i=1}^{m} \sum_{j=1}^{n} \gamma_{ij}\, \xi_{ij}$$

minimal.

(1.5) BEZEICHNUNG: Es sei $n \in \mathbb{N}$. Für jedes $x = {}^t(\xi_1, \xi_2, \ldots, \xi_n) \in M(n,1;\mathbb{R})$ setzt man $x[1] := \xi_1$, $x[2] := \xi_2, \ldots, x[n] := \xi_n$, und für x, $y \in M(n,1;\mathbb{R})$ schreibt man $x \le y$ oder $y \ge x$, wenn $x[i] \le y[i]$ für jedes $i \in \{1,2,\ldots,n\}$ gilt. Insbesondere schreibt man $x \ge 0$ für ein $x \in M(n,1;\mathbb{R})$, wenn $x[i] \ge 0$ für jedes $i \in \{1,2,\ldots,n\}$ gilt. [Man sieht, daß $\le$ eine Ordnung auf $M(n,1;\mathbb{R})$ ist.]

(1.6) Die Beispiele in (1.2), (1.3) und (1.4) sind Spezialfälle der folgenden Aufgabe: Es seien p, $n \in \mathbb{N}$; es seien $A = (\alpha_{ij}) \in M(p,n;\mathbb{R})$, $b = {}^t(\beta_1, \ldots, \beta_p) \in M(p,1;\mathbb{R})$ und $c = {}^t(\gamma_1, \ldots, \gamma_n) \in M(n,1;\mathbb{R})$. Es sei $X \subset M(n,1;\mathbb{R})$ die Menge aller $x = {}^t(\xi_1, \ldots, \xi_n) \in M(n,1;\mathbb{R})$, für die gilt: Es ist

$$\sum_{j=1}^{n} \alpha_{ij}\, \xi_j \begin{Bmatrix} \le \\ \ge \\ = \end{Bmatrix} \beta_i \quad \text{für jedes } i \in \{1,\ldots,p\}, \tag{$*$}$$

wobei in jeder Zeile von $(*)$ genau eines der Zeichen $\le$, $\ge$, $=$ steht. Die eigentliche Aufgabe besteht dann darin, die sogenannte Zielfunktion

$$x \mapsto \sum_{j=1}^{n} \gamma_j\, \xi_j = (c \mid x) : X \to \mathbb{R}$$

entweder zu minimieren oder zu maximieren, also ein $x_0 \in X$ zu finden, für das entweder $(c \mid x_0) \le (c \mid x)$ für jedes $x \in X$ oder $(c \mid x_0) \ge (c \mid x)$ für jedes $x \in X$ gilt. Diese Aufgabe wird nun auf eine Standardform gebracht:

(1) Steht für ein $i \in \{1,\ldots,p\}$ in der i-ten Zeile von $(*)$ das $\ge$-Zeichen, so ersetzt man diese Zeile durch die Zeile

$$\sum_{j=1}^{n} (-\alpha_{ij})\, \xi_j \le -\beta_i\ ;$$

steht für ein $i \in \{1,\ldots,p\}$ in der i-ten Zeile von $(*)$ das Gleichheitszeichen, so ersetzt man diese Zeile durch die zwei Zeilen

$$\sum_{j=1}^{n} \alpha_{ij}\, \xi_j \leq \beta_i \quad \text{und} \quad \sum_{j=1}^{n} (-\alpha_{ij})\, \xi_j \leq -\beta_i\,.$$

Auf diese Weise erhält man ein $m \in \mathbb{N}$ mit $m \geq p$, eine Matrix $A' = (\alpha'_{ij}) \in M(m,n;\mathbb{R})$ und ein $b' = {}^t(\beta'_1,\ldots,\beta'_m) \in M(m,1;\mathbb{R})$ mit: Es gilt

$$\begin{aligned} X &= \left\{ x \in M(n,1;\mathbb{R}) \mid \sum_{j=1}^{n} \alpha'_{ij}\xi_j \leq \beta'_i \quad \text{für } i = 1,\ldots,m \right\} \\ &= \{ x \in M(n,1;\mathbb{R}) \mid A'x \leq b' \}. \end{aligned}$$

Ist ein $x_0 \in X$ zu finden mit $(c \mid x_0) \geq (c \mid x)$ für jedes $x \in X$, so setzt man $c' := -c$; ist ein $x_0 \in X$ zu finden mit $(c \mid x_0) \leq (c \mid x)$ für jedes $x \in X$, so setzt man $c' := c$. Jetzt läßt sich die ursprüngliche Optimierungsaufgabe in der folgenden einheitlichen Form schreiben:

$$\left\{ \begin{array}{rcl} A'x & \leq & b', \\ (c' \mid x) & = & \min!\,. \end{array} \right. \tag{I}$$

[Dies ist eine abkürzende Schreibweise für die Optimierungsaufgabe: Man finde ein $x_0 \in M(n,1;\mathbb{R})$ mit $A'x_0 \leq b'$ und mit $(c' \mid x_0) \leq (c' \mid x)$ für jedes $x \in M(n,1;\mathbb{R})$ mit $A'x \leq b'$.]

(2) Man setzt

$$\begin{aligned} A'' &:= \left(A', -A'\right) \in M(m,2n;\mathbb{R}), \\ c'' &:= {}^t\!\left(c'[1],\ldots,c'[n],-c'[1],\ldots,-c'[n]\right) \in M(2n,1;\mathbb{R}) \quad \text{und} \\ Y &:= \left\{ y \in M(2n,1;\mathbb{R}) \mid A''y \leq b';\ y \geq 0 \right\}. \end{aligned}$$

(a) Es sei $x = {}^t(\xi_1,\ldots,\xi_n) \in X$. Für jedes $j \in \{1,\ldots,n\}$ gilt

$$\eta_j := \max(\{0,\xi_j\}) \geq 0, \quad \eta_{n+j} := \max(\{0,-\xi_j\}) \geq 0 \quad \text{und} \quad \xi_j = \eta_j - \eta_{n+j}.$$

Also gilt für $y(x) := {}^t(\eta_1,\ldots,\eta_{2n}) \in M(2n,1;\mathbb{R})$: Es ist $y(x) \geq 0$ und

$$A''y(x) = A' \cdot {}^t(\eta_1,\ldots,\eta_n) - A' \cdot {}^t(\eta_{n+1},\ldots,\eta_{2n}) = A'x \leq b',$$

d.h. es ist $y(x) \in Y$. Außerdem gilt

$$(c'' \mid y(x)) = \sum_{j=1}^{2n} c''[j]\, \eta_j = \sum_{j=1}^{n} c'[j]\, (\eta_j - \eta_{n+j}) = \sum_{j=1}^{n} c'[j]\, \xi_j = (c' \mid x).$$

(b) Es sei $y = {}^t(\eta_1,\ldots,\eta_{2n}) \in Y$. Dann gilt

$$x(y) := {}^t(\eta_1 - \eta_{n+1}, \eta_2 - \eta_{n+2}, \ldots, \eta_n - \eta_{2n}) \in X,$$

denn es gilt

$$A'x(y) = A' \cdot {}^t(\eta_1, \dots, \eta_n) - A' \cdot {}^t(\eta_{n+1} \dots, \eta_{2n}) = (A', -A')y = A''y \leq b'.$$

Außerdem gilt

$$(c' \mid x(y)) = \sum_{j=1}^{n} c'[j](\eta_j - \eta_{j+n}) = \sum_{j=1}^{2n} c''[j]\eta_j = (c'' \mid y).$$

(c) Es gilt: Ist $x_0 \in X$ mit $(c' \mid x_0) \leq (c' \mid x)$ für jedes $x \in X$, so ist $y(x_0) \in Y$, und für jedes $y \in Y$ gilt $(c'' \mid y(x_0)) = (c' \mid x_0) \leq (c' \mid x(y)) = (c'' \mid y)$; ist $y_0 \in Y$ mit $(c'' \mid y_0) \leq (c'' \mid y)$ für jedes $y \in Y$, so ist $x(y_0) \in X$, und für jedes $x \in X$ gilt $(c' \mid x(y_0)) = (c'' \mid y_0) \leq (c'' \mid y(x)) = (c' \mid x)$. Damit ist gezeigt: Die in (1) formulierte Optimierungsaufgabe (I) besitzt dann und nur dann eine Lösung $x_0 \in M(n, 1; \mathbb{R})$, wenn die Optimierungsaufgabe

$$\left\{\begin{array}{rcl} A''y & \leq & b', \\ y & \geq & 0, \\ (c'' \mid y) & = & \min! \end{array}\right. \qquad \text{(II)}$$

eine Lösung $y_0 \in M(2n, 1; \mathbb{R})$ besitzt, und dabei gilt: Ist $y_0 \in M(2n, 1; \mathbb{R})$ eine Lösung von (II), so ist $x_0 := x(y_0) = {}^t(y_0[1] - y_0[n+1], \dots, y_0[n] - y_0[2n])$ eine Lösung von (I), und es ist $(c' \mid x_0) = (c'' \mid y_0)$.

(3) Man setzt

$$\begin{array}{rcl} A''' & := & (E_m, A'') \in M(m, m+2n; \mathbb{R}), \\ c''' & := & {}^t(0, \dots, 0, c''[1], \dots, c''[2n]) \in M(m+2n, 1; \mathbb{R}) \quad \text{und} \\ Z & := & \{ z \in M(m+2n, 1; \mathbb{R}) \mid A'''z = b';\ z \geq 0 \}. \end{array}$$

(a) Für jedes $y \in Y = \{ y \in M(2n, 1; \mathbb{R}) \mid A''y \leq b';\ y \geq 0 \}$ gilt

$$z(y) := {}^t(\beta_1' - (A''y)[1], \dots, \beta_m' - (A''y)[m], y[1], \dots, y[2n]) \in Z$$

und $(c''' \mid z(y)) = (c'' \mid y)$.

(b) Für jedes $z \in Z$ gilt $y(z) := {}^t(z[m+1], \dots, z[m+2n]) \in Y$, denn es gilt $y(z) \geq 0$ und $A''y(z) = b' - {}^t(z[1], \dots, z[m]) \leq b'$, und außerdem ist $(c'' \mid y(z)) = (c''' \mid z)$.

(c) Es gilt: Ist $y_0 \in Y$ mit $(c'' \mid y_0) \leq (c'' \mid y)$ für jedes $y \in Y$, so ist $z(y_0) \in Z$, und für jedes $z \in Z$ gilt $(c''' \mid z(y_0)) = (c'' \mid y_0) \leq (c'' \mid y(z)) = (c''' \mid z)$; ist $z_0 \in Z$ mit $(c''' \mid z_0) \leq (c''' \mid z)$ für jedes $z \in Z$, so ist $y(z_0) \in Y$, und für jedes $y \in Y$ gilt $(c'' \mid y(z_0)) = (c''' \mid z_0) \leq (c''' \mid z(y)) = (c'' \mid y)$. Damit ist gezeigt: Die in (2) formulierte Optimierungsaufgabe (II) hat genau dann eine Lösung $y_0 \in M(2n, 1; \mathbb{R})$, wenn die Optimierungsaufgabe

$$\left\{\begin{array}{rcl} A'''z & = & b', \\ z & \geq & 0, \\ (c''' \mid z) & = & \min! \end{array}\right. \qquad \text{(III)}$$

eine Lösung $z_0 \in M(m+2n,1;\mathbb{R})$ besitzt, und dabei gilt: Ist $z_0 \in M(m+2n,1;\mathbb{R})$ eine Lösung von (III), so ist $y_0 := y(z_0) = {}^t(z_0[m+1],\ldots,z_0[m+2n])$ eine Lösung von (II), und es ist $(c'' \mid y_0) = (c''' \mid z_0)$.
(d) Für die Matrix $A''' = (E_m, A'') \in M(m, m+2n;\mathbb{R})$ in (III) gilt: Es ist $\operatorname{rang}(A''') = m$.

(1.7) Nach (1.6) braucht man sich nur noch mit Optimierungsaufgaben der folgenden Art zu befassen: Gegeben sind $A \in M(m,n;\mathbb{R})$, $b \in M(m,1;\mathbb{R})$ und $c \in M(n,1;\mathbb{R})$, und es gelte $\operatorname{rang}(A) = m \le n$. Man setzt

$$Z := \{\, x \in M(n,1;\mathbb{R}) \mid Ax = b;\ x \ge 0 \,\}$$

und sucht ein $x_0 \in Z$ mit $(c \mid x_0) \le (c \mid x)$ für jedes $x \in Z$, d.h. man löst die Optimierungsaufgabe

$$\begin{cases} Ax &= b, \\ x &\ge 0, \\ (c \mid x) &= \min!\,. \end{cases} \tag{$*$}$$

Folgende Fälle sind möglich:

- Es ist $Z = \emptyset$. Dann hat $(*)$ keine Lösung.
- Es ist $Z \neq \emptyset$, und die Zielfunktion $x \mapsto (c \mid x) : Z \to \mathbb{R}$ ist nicht nach unten beschränkt. Dann hat $(*)$ keine Lösung.
- Es ist $Z \neq \emptyset$, und die Zielfunktion $x \mapsto (c \mid x) : Z \to \mathbb{R}$ ist nach unten beschränkt. Im nächsten Paragraphen wird gezeigt werden, daß $(*)$ in diesem Fall mindestens eine Lösung $x_0 \in Z$ besitzt.

Im nächsten Paragraphen wird ein Algorithmus beschrieben, mit dessen Hilfe man entscheiden kann, welcher der drei eben angegebenen Fälle vorliegt, und mit dem man im dritten Fall eine Lösung x_0 berechnen kann. Dieser Algorithmus findet im dritten Fall eine Lösung der Aufgabe unter den sogenannten Ecken der Menge Z. Diese speziellen Punkte von Z werden in den Abschnitten (1.10) bis (1.13) behandelt.

(1.8) Es seien $A \in M(m,n;\mathbb{R})$, $b \in M(m,1;\mathbb{R})$ und $c \in M(n,1;\mathbb{R})$. Neben der Optimierungsaufgabe

$$\begin{cases} Ax &= b, \\ x &\ge 0, \\ (c \mid x) &= \min! \end{cases} \tag{$*$}$$

betrachtet man auch die Aufgabe

$$\begin{cases} {}^tAy &\le c, \\ (b \mid y) &= \max!\,. \end{cases} \tag{$**$}$$

Man nennt (∗∗) die zu (∗) duale Optimierungsaufgabe. Man setzt

$$Z := \{ x \in M(n,1;\mathbb{R}) \mid Ax = b;\ x \geq 0 \},\ Z_{\text{dual}} := \{ y \in M(m,1;\mathbb{R}) \mid {}^tAy \leq c \}.$$

(1) Für jedes $x \in Z$ und jedes $y \in Z_{\text{dual}}$ gilt $x \geq 0$ und ${}^tAy \leq c$ und daher

$$(b \mid y) = {}^tyb = {}^tyAx = {}^t({}^tAy)x = (x \mid {}^tAy) \leq (x \mid c) = (c \mid x).$$

(2) Es seien $x_0 \in Z$ und $y_0 \in Z_{\text{dual}}$, und es gelte $(c \mid x_0) = (b \mid y_0)$. Dann ist x_0 eine Lösung der Aufgabe (∗), und y_0 ist eine Lösung der Aufgabe (∗∗).
Beweis: Nach (1) gilt für jedes $x \in Z$ und jedes $y \in Z_{\text{dual}}$

$$(c \mid x_0) = (b \mid y_0) \leq (c \mid x) \quad \text{und} \quad (b \mid y_0) = (c \mid x_0) \geq (b \mid y).$$

(3) Aus (1) folgt: Ist die Zielfunktion $x \mapsto (c \mid x) : Z \to \mathbb{R}$ von (∗) nicht nach unten beschränkt, so ist $Z_{\text{dual}} = \emptyset$; ist die Zielfunktion $y \mapsto (b \mid y) : Z_{\text{dual}} \to \mathbb{R}$ von (∗∗) nicht nach oben beschränkt, so ist $Z = \emptyset$.

(1.9) VERABREDUNG: In den folgenden Abschnitten dieses Paragraphen seien stets $A \in M(m,n;\mathbb{R})$ und $b \in M(m,1;\mathbb{R})$, es gelte $\text{rang}(A) = m \leq n$, und es sei wieder $Z := \{ x \in M(n,1;\mathbb{R}) \mid Ax = b;\ x \geq 0 \}$.

(1.10) BEZEICHNUNG: (1) Für jedes nichtleere $J = \{ j(1), \ldots, j(p) \} \subset \{ 1, \ldots, n \}$ mit $j(1) < \cdots < j(p)$ sei $A_J := (A_{\bullet j(1)}, \ldots, A_{\bullet j(p)}) \in M(m,p;\mathbb{R})$ die Matrix mit den Spalten $A_{\bullet j(1)}, \ldots, A_{\bullet j(p)}$.
(2) Man nennt eine Teilmenge J von $\{ 1, \ldots, n \}$ eine Basismenge für A, wenn $\text{Card}(J) = m$ und $\text{rang}(A_J) = m$ gilt, wenn also die Spalten der Matrix A_J eine Basis von $M(m,1;\mathbb{R})$ bilden [vgl. II(4.13) und II(4.12)(2)].
(3) Für jedes $x \in M(n,1;\mathbb{R})$ setzt man $J(x) := \{ j \in \{1, \ldots, n\} \mid x[j] > 0 \}$.
(4) $z \in Z$ heißt eine Ecke von Z, wenn entweder $z = 0$ ist oder die Spalten der Matrix $A_{J(z)}$ linear unabhängig sind, also $\text{rang}(A_{J(z)}) = \text{Card}(J(z))$ gilt.

(1.11) BEMERKUNG: Es sei $J = \{ j(1), \ldots, j(m) \}$ mit $j(1) < \cdots < j(m)$ eine Basismenge für A. Dann ist die Matrix A_J invertierbar [vgl. II(5.12)].
(1) Man definiert $x_J \in M(n,1;\mathbb{R})$ durch

$$\begin{cases} x_J[j(i)] & := \ (A_J^{-1}b)[i] \quad \text{für jedes } i \in \{ 1, \ldots, m \}, \\ x_J[j] & := \ 0 \quad \text{für jedes } j \in \{ 1, \ldots, n \} \setminus J. \end{cases}$$

Dann ist x_J eine Lösung des linearen Gleichungssystems $Ax = b$, denn es gilt

$$\begin{aligned} Ax_J &= \sum_{j=1}^{n} x_J[j] A_{\bullet j} = \sum_{i=1}^{m} x_J[j(i)] A_{\bullet j(i)} \\ &= A_J \cdot {}^t\big(x_J[j(1)], \ldots, x_J[j(m)]\big) = b. \end{aligned}$$

Ist $x \in M(n,1;\mathbb{R})$ eine Lösung von $Ax = b$ mit $x[j] = 0$ für jedes $j \in \{1,\dots,n\}\setminus J$, so ist $x = x_J$. Für jedes $j \in \{1,\dots,n\} \setminus J$ gilt nämlich $x[j] = 0 = x_J[j]$, es ist

$$A_J \cdot {}^t(x_J[j(1)],\dots,x_J[j(m)]) \;=\; b \;=\; Ax \;=\; \sum_{j=1}^{n} x[j]A_{\bullet j} \;=$$

$$=\; \sum_{i=1}^{m} x[j(i)]A_{\bullet j(i)} \;=\; A_J \cdot {}^t(x[j(1)],\dots,x[j(m)]),$$

und da A_J invertierbar ist, folgt daraus $x[j(i)] = x_J[j(i)]$ für jedes $i \in \{1,\dots,m\}$. Also ist x_J die einzige Lösung von $Ax = b$ mit $x_J[j] = 0$ für jedes $j \in \{1,\dots,n\}\setminus J$. Man nennt x_J die zur Basismenge J gehörige Basislösung des linearen Gleichungssystems $Ax = b$.

(2) Es gelte $x_J \in Z$, d.h. es gelte $x_J \geq 0$. Dann gilt $J(x_J) \subset J$, und daher sind die Spalten der Matrix $A_{J(x_J)}$ linear unabhängig [vgl. II(4.6)], und x_J ist somit eine Ecke der Menge Z. Man nennt in diesem Fall J eine zulässige Basismenge für A und x_J die zu J gehörige Ecke von Z. [Ist $x_J = 0$, so ist $J(x_J) = \emptyset$. Es ist 0 genau dann eine Ecke von Z, wenn $0 \in Z$ ist, also genau dann, wenn $b = 0$ ist.]

(1.12) Satz: (1) *Es sei $J \subset \{1,\dots,n\}$ eine zulässige Basismenge für A. Dann gibt es eine und nur eine Ecke $z \in Z$ von Z mit $J(z) \subset J$, nämlich $z = x_J$.*

(2) *Es sei $z \in Z$ eine Ecke von Z. Dann gibt es eine zulässige Basismenge J für A mit $J(z) \subset J$.*

(3) *Z hat nur endlich viele Ecken, und zwar gibt es höchstens $\binom{n}{m}$ Ecken von Z.*

Beweis: (1) Nach Definition ist x_J eine Ecke von Z mit $J(x_J) \subset J$. Ist $z \in Z$ eine Ecke von Z mit $J(z) \subset J$, so gilt $Az = b$ und $z[j] = 0$ für jedes $j \in \{1,\dots,n\} \setminus J$, und nach (1.11)(1) gilt $z = x_J$.

(2) Ist $z = 0$, so ist nichts zu beweisen. Es sei von jetzt an $z \neq 0$. Es seien $J(z) = \{k(1),\dots,k(p)\}$ und $\{1,\dots,n\} \setminus J(z) = \{l(1),\dots,l(n-p)\}$, und es gelte $k(1) < \dots < k(p)$ und $l(1) < \dots < l(n-p)$. Für die zur Matrix

$$B := (A_{\bullet k(1)},\dots,A_{\bullet k(p)},A_{\bullet l(1)},\dots,A_{\bullet l(n-p)}) \in M(m,n;\mathbb{R})$$

gehörige Treppenmatrix T gilt: Nach II(4.13) ist

$$\begin{aligned}\operatorname{rang}(T) \;&=\; \operatorname{rang}(B) \;=\; \dim(\langle A_{\bullet k(1)},\dots,A_{\bullet k(p)},A_{\bullet l(1)},\dots,A_{\bullet l(n-p)}\rangle)\\ &=\; \dim(\langle A_{\bullet 1},\dots,A_{\bullet n}\rangle) \;=\; \operatorname{rang}(A) \;=\; m,\end{aligned}$$

und die ersten p charakteristischen Spaltenindizes von T sind $1,\dots,p$, da die Spalten der Matrix $A_{J(z)}$ linear unabhängig sind. Also gibt es $i_1,\dots,i_{m-p} \in \{1,\dots,n-p\}$ mit $i_1 < \dots < i_{m-p}$ und mit: $1,\dots,p$, $p+i_1,\dots,p+i_{m-p}$ sind die charakteristischen Spaltenindizes von T. Nach II(4.13) sind dann die Spalten $A_{\bullet k(1)},\dots,A_{\bullet k(p)}$, $A_{\bullet l(i_1)},\dots,A_{\bullet l(i_{m-p})}$ von A linear unabhängig, d.h. die Menge $J := J(z) \cup \{l(i_1),\dots,l(i_{m-p})\}$ ist eine Basismenge für A. Es gilt $J(z) \subset J$, und nach (1.11)(1) ist daher $x_J = z$. Insbesondere ist somit J eine zulässige Basismenge für die Matrix A.

(3) Es gibt genau $\binom{n}{m}$ m-elementige Teilmengen von $\{1,\ldots,n\}$. Also gibt es höchstens $\binom{n}{m}$ zulässige Basismengen für A. Wegen (1) und (2) folgt hieraus: Es gibt höchstens $\binom{n}{m}$ Ecken von Z.

(1.13) BEZEICHNUNG: Eine Ecke $z \in Z$ von Z heißt ausgeartet, wenn die Menge $J(z)$ weniger als m Elemente besitzt.

§2 Ein Simplex-Algorithmus

(2.1) Es seien $m, n \in \mathbb{N}$ mit $m \leq n$; es seien $A \in M(m,n;\mathbb{R})$, $b \in M(m,1;\mathbb{R})$, $c \in M(n,1;\mathbb{R})$, und es gelte $\operatorname{rang}(A) = m$. Zu lösen ist die Optimierungsaufgabe

$$\begin{cases} Ax &= b, \\ x &\geq 0, \\ (c \mid x) &= \min!\,. \end{cases} \qquad (*)$$

Es gelte: Es sind eine zulässige Basismenge $J \subset \{1,\ldots,n\}$ für A und die zugehörige Ecke x_J der Menge $Z := \{x \in M(n,1;\mathbb{R}) \mid Ax = b;\ x \geq 0\}$ bekannt.

Der folgende Algorithmus ermittelt entweder eine Ecke von Z, die eine Lösung der Aufgabe $(*)$ ist, oder er stellt fest, daß die Zielfunktion $x \mapsto (c \mid x) : Z \to \mathbb{R}$ nicht nach unten beschränkt ist und die Aufgabe $(*)$ daher keine Lösung besitzt.

ALGORITHMUS SIMPLEX:

(SIMPLEX 1): Es sei $J = \{j(1),\ldots,j(m)\}$ mit $j(1) < \cdots < j(m)$. Man berechnet

$$\begin{aligned} y &:= {}^tA_J^{-1} \cdot {}^t(c[j(1)],\ldots,c[j(m)]) \in M(m,1;\mathbb{R}) \quad \text{und} \\ v &:= {}^tA \cdot y - c \in M(n,1;\mathbb{R}). \end{aligned}$$

[Bemerkung: Es ist $v[j] = 0$ für jedes $j \in J$.]

(SIMPLEX 2): Ist $v \leq 0$, so ist die Ecke x_J von Z eine Lösung von $(*)$; in diesem Fall bricht man das Verfahren hier ab. Andernfalls geht man zu (SIMPLEX 3).

Behauptung: *Ist $v \leq 0$, so ist x_J eine Lösung von $(*)$.*
Beweis: Es gelte $v \leq 0$. Dann ist ${}^tA \cdot y = v + c \leq c$, und somit liegt y in der Menge $Z_{\text{dual}} = \{z \in M(m,1;\mathbb{R}) \mid {}^tAz \leq c\}$. Es gilt

$$\begin{aligned} (b \mid y) &= {}^ty \cdot b = {}^ty \cdot A \cdot x_J = {}^t({}^tA \cdot y) \cdot x_J = {}^t(v+c) \cdot x_J \\ &= \sum_{j=1}^{n} v[j] \cdot x_J[j] + (c \mid x_J) = (c \mid x_J), \end{aligned}$$

denn für jedes $j \in J$ ist $v[j] = 0$, und für jedes $j \in \{1, \ldots, n\} \setminus J$ ist $x_J[j] = 0$. Nach (1.8)(2) folgt: x_J ist eine Lösung der Aufgabe $(*)$.

(SIMPLEX 3): Man wählt $k \in \{1, \ldots, n\} \setminus J$ minimal mit $v[k] > 0$. Wenn $A_J^{-1} \cdot A_{\bullet k} \leq 0$ ist, so ist die Zielfunktion $x \mapsto (c \mid x) : Z \to \mathbb{R}$ nicht nach unten beschränkt, und die Aufgabe $(*)$ besitzt daher keine Lösung; in diesem Fall bricht man das Verfahren hier ab. Andernfalls geht man zu (SIMPLEX 4).

Behauptung: *Ist* $A_J^{-1} \cdot A_{\bullet k} \leq 0$, *so ist* $x \mapsto (c \mid x) : Z \to \mathbb{R}$ *nicht nach unten beschränkt.*

Beweis: Es gelte $A_J^{-1} \cdot A_{\bullet k} \leq 0$.

(a) Es sei $M \in \mathbb{R}$ positiv. Wegen $v[k] > 0$ gibt es ein $\alpha \in \mathbb{R}$ mit $\alpha > 0$ und mit $(b \mid y) - \alpha \cdot v[k] < -M$. Man definiert $z \in M(n, 1; \mathbb{R})$ mit

$$\begin{aligned} z[j(i)] &:= (A_J^{-1} \cdot b - \alpha \cdot A_J^{-1} \cdot A_{\bullet k})[i] \quad \text{für jedes } i \in \{1, \ldots, m\}, \\ z[k] &:= \alpha, \\ z[j] &:= 0 \quad \text{für jedes } j \in \{1, \ldots, n\} \setminus J \text{ mit } j \neq k. \end{aligned}$$

Es gilt $A_J^{-1} \cdot b = {}^t(x_J[j(1)], \ldots, x_J[j(m)]) \geq 0$, und wegen $\alpha > 0$ und $A_J^{-1} \cdot A_{\bullet k} \leq 0$ folgt $z \geq 0$. Es gilt

$$\begin{aligned} A \cdot z &= A_J \cdot {}^t(z[j(1)], \ldots, z[j(m)]) + \alpha \cdot A_{\bullet k} \\ &= A_J \cdot (A_J^{-1} \cdot b - \alpha \cdot A_J^{-1} \cdot A_{\bullet k}) + \alpha \cdot A_{\bullet k} = b, \end{aligned}$$

und daher ist $z \in Z$. Es ist

$$\begin{aligned} (c \mid z) &= \sum_{i=1}^{m} c[j(i)] \cdot z[j(i)] + c[k] \cdot z[k] \\ &= (z[j(1)], \ldots, z[j(m)]) \cdot {}^t(c[j(1)], \ldots, c[j(m)]) + \alpha \cdot c[k] \\ &= {}^t(A_J^{-1} \cdot b - \alpha \cdot A_J^{-1} \cdot A_{\bullet k}) \cdot {}^tA_J \cdot y + \alpha \cdot c[k] \\ &= {}^t(b - \alpha \cdot A_{\bullet k}) \cdot {}^tA_J^{-1} \cdot {}^tA_J \cdot y + \alpha \cdot c[k] \\ &= (b \mid y) - \alpha \cdot {}^t(A_{\bullet k}) \cdot y + \alpha \cdot c[k] \\ &= (b \mid y) - \alpha \cdot ({}^tA \cdot y)[k] + \alpha \cdot c[k] \\ &= (b \mid y) - \alpha \cdot v[k] < -M. \end{aligned}$$

(b) Nach (a) gibt es zu jedem positiven $M \in \mathbb{R}$ ein $z \in Z$ mit $(c \mid z) < -M$, und somit ist $x \mapsto (c \mid x) : Z \to \mathbb{R}$ nicht nach unten beschränkt.

(SIMPLEX 4): Man setzt

$$w := A_J^{-1} \cdot A_{\bullet k} \in M(m, 1; \mathbb{R}).$$

[Bemerkung: Es ist $w \not\leq 0$, d.h. es gibt ein $i \in \{1, \ldots, m\}$ mit $w[i] > 0$.]

(SIMPLEX 5): Man setzt

$$\lambda_i := x_J[j(i)]/w[i] \quad \text{für jedes } i \in \{1,\dots,m\} \text{ mit } w[i] > 0.$$

Dann wählt man $l \in \{ i \mid 1 \le i \le m;\ w[i] > 0 \}$ minimal mit

$$\lambda_l = \min(\{ \lambda_i \mid 1 \le i \le m;\ w[i] > 0 \}).$$

[Bemerkung: Es ist $\lambda_l \ge 0$. Wenn $\lambda_l = 0$ ist, so gilt $x_J[j(l)] = 0$ und daher $\{j \in J \mid x_J[j] > 0\} \subsetneqq J$, d.h. x_J ist eine ausgeartete Ecke von Z, vgl. (1.13).]

(SIMPLEX 6): Man definiert $x \in M(n,1;\mathbb{R})$ durch

$$\begin{aligned} x[j(i)] &:= x_J[j(i)] - \lambda_l \cdot w[i] \quad \text{für jedes } i \in \{1,\dots,m\}, \\ x[k] &:= \lambda_l, \\ x[j] &:= 0 \quad \text{für jedes } j \in \{1,\dots,n\} \setminus J \text{ mit } j \ne k. \end{aligned}$$

[Bemerkung: Es ist $x[j(l)] = 0$.]
Man setzt

$$J^* := (J \setminus \{j(l)\}) \cup \{k\}.$$

Dann ist J^* eine zulässige Basismenge für A, und x ist die zu J^* gehörige Ecke von Z. Es gilt $J^* \ne J$ und $(c \mid x) = (c \mid x_J) - \lambda_l \cdot v[k]$.
[Bemerkung: Wegen $\lambda_l \ge 0$ und $v[k] > 0$ gilt also $(c \mid x) \le (c \mid x_J)$. Außerdem gilt: Ist $(c \mid x) = (c \mid x_J)$, so ist $\lambda_l = 0$, x_J ist daher eine ausgeartete Ecke von Z, und es ist $x = x_J$.]

Behauptung: *J^* ist eine zulässige Basismenge für A, und x ist die zugehörige Ecke von Z; außerdem gilt $(c \mid x) = (c \mid x_J) - \lambda_l \cdot v[k]$.*
Beweis: (a) Es seien $\alpha_1, \dots, \alpha_{l-1}, \alpha_{l+1}, \dots, \alpha_m, \alpha^* \in \mathbb{R}$ mit

$$\sum_{\substack{i=1 \\ i \ne l}}^{m} \alpha_i \cdot A_{\bullet j(i)} + \alpha^* \cdot A_{\bullet k} = 0.$$

Es gilt $A_{\bullet k} = A_J \cdot w = \sum_{i=1}^{m} w[i] \cdot A_{\bullet j(i)}$ und daher

$$0 = \sum_{\substack{i=1 \\ i \ne l}}^{m} \alpha_i \cdot A_{\bullet j(i)} + \alpha^* \cdot \sum_{i=1}^{m} w[i] \cdot A_{\bullet j(i)} = \sum_{\substack{i=1 \\ i \ne l}}^{m} (\alpha_i + \alpha^* \cdot w[i]) \cdot A_{\bullet j(i)} + \alpha^* \cdot w[l] \cdot A_{\bullet j(l)}.$$

Weil J eine Basismenge ist, sind $A_{\bullet j(1)}, \dots, A_{\bullet j(m)}$ linear unabhängig. Hieraus folgt $\alpha_i + \alpha^* \cdot w[i] = 0$ für jedes $i \in \{1, \dots, l-1, l+1, \dots, m\}$ und $\alpha^* \cdot w[l] = 0$, wegen

$w[l] > 0$ folgt $\alpha^* = 0$ und daher auch $\alpha_1 = \cdots = \alpha_{l-1} = \alpha_{l+1} = \cdots = \alpha_m = 0$. Damit ist gezeigt, daß die Spalten $A_{\bullet j(1)}, \ldots, A_{\bullet j(l-1)}, A_{\bullet j(l+1)}, \ldots, A_{\bullet j(m)}, A_{\bullet k}$ von A linear unabhängig sind, daß also J^* eine Basismenge für A ist.

(b) Es gilt

$$Ax \;=\; A_J \cdot x_J - \lambda_l \cdot A_J \cdot w + x[k] \cdot A_{\bullet k} \;=\; b - \lambda_l \cdot A_J \cdot A_J^{-1} \cdot A_{\bullet k} + \lambda_l \cdot A_{\bullet k} \;=\; b.$$

Für jedes $i \in \{1, \ldots, m\}$ mit $w[i] > 0$ gilt

$$x[j(i)] \;=\; x_J[j(i)] - \lambda_l \cdot w[i] \;\geq\; x_J[j(i)] - \lambda_i \cdot w[i] \;=\; 0,$$

für jedes $i \in \{1, \ldots, m\}$ mit $w[i] \leq 0$ gilt $x[j(i)] \geq x_J[j(i)] \geq 0$, und für jedes $j \in \{1, \ldots, n\} \setminus J$ mit $j \neq k$ ist $x[j] = 0$.

Also gilt $x \geq 0$, und es ist $\{j \mid 1 \leq j \leq n;\; x[j] > 0\} \subset J^*$ [man beachte, daß $x[j(l)] = 0$ ist]. Damit ist gezeigt: Es ist $x \in Z$, J^* ist eine zulässige Basismenge für A, und x ist die zu J^* gehörige Ecke von Z [vgl. (1.11)].

(c) Es gilt

$$\begin{aligned}
(c \mid x) &= \sum_{j \in J^*} c[j] \cdot x[j] \;=\; \sum_{\substack{i=1 \\ i \neq l}}^{m} c[j(i)] \cdot x[j(i)] + c[k] \cdot x[k] \\
&= \sum_{i=1}^{m} c[j(i)] \cdot \big(x_J[j(i)] - \lambda_l \cdot w[i]\big) + \lambda_l \cdot c[k] \\
&= (c \mid x_J) - \lambda_l \cdot \sum_{i=1}^{m} c[j(i)] \cdot w[i] + \lambda_l \cdot c[k] \\
&= (c \mid x_J) - \lambda_l \cdot {}^t(A_J^{-1} \cdot A_{\bullet k}) \cdot {}^t A_J \cdot y + \lambda_l \cdot c[k] \\
&= (c \mid x_J) - \lambda_l \cdot {}^t(A_{\bullet k}) \cdot y + \lambda_l \cdot c[k] \\
&= (c \mid x_J) - \lambda_l \cdot ({}^t A \cdot y)[k] + \lambda_l \cdot c[k] \\
&= (c \mid x_J) - \lambda_l \cdot v[k].
\end{aligned}$$

(SIMPLEX 7): Man setzt $J := J^*$ und $x_J := x$ und geht zu (SIMPLEX 1) zurück.

(2.2) Satz: [R. G. Bland 1977] *Der Algorithmus* SIMPLEX *endet nach endlich vielen Schritten.*

Beweis: Es werden die Bezeichnungen aus (2.1) verwendet.

Annahme: Der Algorithmus SIMPLEX endet nicht, d.h. er durchläuft immer wieder die Schleife (SIMPLEX 1), (SIMPLEX 2), …, (SIMPLEX 7), (SIMPLEX 1). Da es in $\{1, \ldots, n\}$ nur endlich viele zulässige Basismengen für A gibt, ergibt sich in

(SIMPLEX 7) einmal eine zulässige Basismenge, mit der schon früher einmal eine Schleife in (SIMPLEX 1) begonnen hat.

Es gibt also eine zulässige Basismenge J_0 für A und eine natürliche Zahl $N > 1$ mit der folgenden Eigenschaft: Eine Schleife beginnt in (SIMPLEX 1) mit J_0, die nächsten Schleifen beginnen in (SIMPLEX 1) jeweils mit zulässigen Basismengen J_1, $J_2, \ldots,$ und es ist $J_N = J_0$ [und dann $J_{N+1} = J_1$, $J_{N+2} = J_2, \ldots, J_{2N} = J_N = J_0$, $J_{2N+1} = J_1$, und so fort].

(a) Für jedes $\nu \in \mathbb{N}_0$ sei x_ν die zu J_ν gehörige Ecke von Z. Dann gilt $x_N = x_0$, $x_{N+1} = x_1, \ldots,$ und es ist

$$(c \mid x_0) \;\geq\; (c \mid x_1) \;\geq\; \cdots \;\geq\; (c \mid x_N) \;=\; (c \mid x_0)$$

[vgl. die Bemerkung in (SIMPLEX 6)]. Also gilt

$$(c \mid x_0) \;=\; (c \mid x_1) \;=\; \cdots \;=\; (c \mid x_N).$$

Es folgt: Für jedes $\nu \in \mathbb{N}_0$ ist $x_\nu = x_0$, und x_0 ist eine ausgeartete Ecke von Z [vgl. die Bemerkung in (SIMPLEX 6)].

(b) Es sei $\nu \in \mathbb{N}_0$, und es sei $J_\nu = \{ j_\nu(1), \ldots, j_\nu(m) \}$ mit $j_\nu(1) < \cdots < j_\nu(m)$. In der Schleife, die in (SIMPLEX 1) mit der zulässigen Basismenge J_ν für A und mit der zugehörigen Ecke $x_\nu = x_0$ von Z beginnt, werden berechnet:

$$\begin{aligned}
y_\nu &= {}^t A_{J_\nu}^{-1} \cdot {}^t\big(c[j_\nu(1)], \ldots, c[j_\nu(m)]\big) \;\in M(m,1;\mathbb{R}),\\
v_\nu &= {}^t A \cdot y_\nu - c \;\in M(n,1;\mathbb{R}),\\
k_\nu &= \min\big(\{ j \mid 1 \leq j \leq n;\; v_\nu[j] > 0 \}\big) \;\in\; \{1, \ldots, n\} \setminus J_\nu,\\
w_\nu &= A_{J_\nu}^{-1} \cdot A_{\bullet k_\nu} \;\in\; M(m,1;\mathbb{R}),\\
l_\nu &= \min\big(\{ i \mid 1 \leq i \leq m;\; x_0[j_\nu(i)] = 0;\; w_\nu[i] > 0 \}\big) \;\in\; \{1, \ldots, m\},\\
J_{\nu+1} &= \big(J_\nu \setminus \{ j_\nu(l_\nu) \}\big) \;\cup\; \{ k_\nu \}.
\end{aligned}$$

(c) Es sei I die Menge aller $j \in \{1, \ldots, n\}$, für die gilt: Es gibt μ, $\nu \in \mathbb{N}_0$ mit $j \notin J_\mu$ und $j \in J_\nu$. Da I nicht leer ist, existiert

$$q := \max(I) \in \{1, \ldots, n\}.$$

Es gibt ein $\mu \in \{0, 1, \ldots, N-1\}$ mit $q \notin J_\mu = J_{N+\mu}$, und es gibt ein $\nu \in \{0, 1, \ldots, N-1\}$ mit $q \in J_\nu = J_{N+\nu}$. Also gibt es ein $\alpha \in \mathbb{N}_0$ mit $q \notin J_\alpha$ und $q \in J_{\alpha+1}$, und es gibt ein $\beta \in \mathbb{N}_0$ mit $\beta > \alpha$ und mit $q \in J_\beta$ und $q \notin J_{\beta+1}$.

(d) Man setzt

$$\widetilde{A} \;:=\; \left(\begin{array}{c|ccc} -1 & c[1] & \ldots & c[n] \\ \hline 0 & & & \\ \vdots & & A & \\ 0 & & & \end{array}\right) \;\in\; M(m+1, n+1; \mathbb{R}),$$

$$\widetilde{v} := \begin{pmatrix} 1 \\ v_\alpha[1] \\ \vdots \\ v_\alpha[n] \end{pmatrix} \in M(n+1,1;\mathbb{R}), \ \widetilde{y} := \begin{pmatrix} -1 \\ y_\alpha[1] \\ \vdots \\ y_\alpha[m] \end{pmatrix} \in M(m+1,1;\mathbb{R}).$$

Es gilt

$${}^t\widetilde{A} \cdot \widetilde{y} = \begin{pmatrix} 1 \\ -c[1] + ({}^tA)_{1\bullet} \cdot y_\alpha \\ \vdots \\ -c[n] + ({}^tA)_{n\bullet} \cdot y_\alpha \end{pmatrix} = \begin{pmatrix} 1 \\ v_\alpha[1] \\ \vdots \\ v_\alpha[n] \end{pmatrix} = \widetilde{v}.$$

Wegen $q \notin J_\alpha$ und $q \in J_{\alpha+1}$ gilt $q = k_\alpha$ und daher $v_\alpha[q] > 0$ und $v_\alpha[j] \leq 0$ für jedes $j \in \{1, \ldots, q-1\}$.
(e) Man definiert $z \in M(n,1;\mathbb{R})$ durch

$$\begin{aligned} z[j_\beta(i)] &:= w_\beta[i] \quad \text{für jedes } i \in \{1,\ldots,m\}, \\ z[k_\beta] &:= -1, \\ z[j] &:= 0 \quad \text{für jedes } j \in \{1,\ldots,n\} \setminus J_\beta \text{ mit } j \neq k_\beta. \end{aligned}$$

Es gilt

$$A \cdot z = A_{J_\beta} \cdot w_\beta - A_{\bullet k_\beta} = A_{J_\beta} \cdot A_{J_\beta}^{-1} \cdot A_{\bullet k_\beta} - A_{\bullet k_\beta} = 0,$$

und außerdem gilt

$$\begin{aligned} \sum_{j=1}^{n} c[j] \cdot z[j] &= {}^tw_\beta \cdot {}^t\big(c[j_\beta(1)], \ldots, c[j_\beta(m)]\big) - c[k_\beta] \\ &= {}^t\big(A_{J_\beta}^{-1} \cdot A_{\bullet k_\beta}\big) \cdot {}^tA_{J_\beta} \cdot y_\beta - c[k_\beta] = {}^t\big(A_{\bullet k_\beta}\big) \cdot y_\beta - c[k_\beta] \\ &= \big({}^tA \cdot y_\beta\big)[k_\beta] - c[k_\beta] = v_\beta[k_\beta]. \end{aligned}$$

Für

$$\widetilde{z} := \begin{pmatrix} v_\beta[k_\beta] \\ z[1] \\ \vdots \\ z[n] \end{pmatrix} \in M(n+1,1;\mathbb{R})$$

gilt daher

$$\widetilde{A} \cdot \widetilde{z} = \left(\begin{array}{c|ccc} -1 & c[1] & \ldots & c[n] \\ \hline 0 & & & \\ \vdots & & A & \\ 0 & & & \end{array}\right) \cdot \begin{pmatrix} v_\beta[k_\beta] \\ z[1] \\ \vdots \\ z[n] \end{pmatrix} = \begin{pmatrix} 0 \\ 0 \\ \vdots \\ 0 \end{pmatrix} \in M(m+1,1;\mathbb{R}).$$

Also gilt nach (d)

$$(\widetilde{z} \mid \widetilde{v}) = {}^t\widetilde{v} \cdot \widetilde{z} = {}^t\widetilde{y} \cdot \widetilde{A} \cdot \widetilde{z} = {}^t\widetilde{y} \cdot 0 = 0.$$

Wegen $q \in J_\beta$ und $q \notin J_{\beta+1}$ ist $q = j_\beta(l_\beta)$ mit

$$l_\beta = \min(\{ i \mid 1 \leq i \leq m;\ x_0[j_\beta(i)] = 0;\ w_\beta[i] > 0 \}).$$

(f) Es gilt

$$0 = (\widetilde{z} \mid \widetilde{v}) = v_\beta[k_\beta] + (z \mid v_\alpha) = v_\beta[k_\beta] + \sum_{i=1}^{m} v_\alpha[j_\beta(i)] \cdot w_\beta[i] - v_\alpha[k_\beta]$$

und daher

$$\sum_{i=1}^{m} v_\alpha[j_\beta(i)] \cdot w_\beta[i] = v_\alpha[k_\beta] - v_\beta[k_\beta] < 0,$$

denn es ist $v_\beta[k_\beta] > 0$, wegen $k_\beta \in I$ ist $k_\beta \leq \max(I) = q$, wegen $k_\beta \neq j_\beta(l_\beta) = q$ folgt $k_\beta < q$, und daher ist $v_\alpha[k_\beta] \leq 0$.

Also gibt es ein $r \in \{1, \ldots, m\}$ mit $v_\alpha[j_\beta(r)] \cdot w_\beta[r] < 0$. Hierfür gilt insbesondere $v_\alpha[j_\beta(r)] \neq 0$, also ist $j_\beta(r) \notin J_\alpha$ [denn für jedes $j \in J_\alpha$ ist $v_\alpha[j] = 0$], und wegen $j_\beta(r) \in J_\beta$ folgt $j_\beta(r) \in I$, also $j_\beta(r) \leq \max(I) = q = j_\beta(l_\beta)$. Wegen $w_\beta[l_\beta] > 0$ und $v_\alpha[j_\beta(l_\beta)] = v_\alpha[q] = v_\alpha[k_\alpha] > 0$ folgt schließlich $j_\beta(r) < q$.

Wegen $j_\beta(r) < q$ gilt $v_\alpha[j_\beta(r)] \leq 0$, also sogar $v_\alpha[j_\beta(r)] < 0$, und daher ist $w_\beta[r] > 0$. Es ist $j_\beta(r) \notin J_\alpha$, und daher ist $x_0[j_\beta(r)] = x_\alpha[j_\beta(r)] = 0$. Also ist $r \geq \min(\{ i \mid 1 \leq i \leq m;\ x_0[j_\beta(i)] = 0;\ w_\beta[i] > 0 \}) = l_\beta$, und daher ist $j_\beta(r) \geq j_\beta(l_\beta) = q$.

Es gilt also einerseits $j_\beta(r) < q$ und andererseits $j_\beta(r) \geq q$, und das ist nicht möglich.

Damit ist der Satz bewiesen.

(2.3) BEMERKUNG: Der Algorithmus SIMPLEX aus (2.1) setzt die Kenntnis einer zulässigen Basismenge und der zugehörigen Basislösung voraus. Das folgende Beispiel zeigt, daß man bei manchen Optimierungsaufgaben eine zulässige Basismenge und die zugehörige Basislösung unmittelbar der Aufgabenstellung entnehmen kann. Dies ist insbesondere bei den Aufgaben der Fall, die von der in (1.2) und in (1.3) beschriebenen Art sind. Kennt man keine zulässige Basismenge, so muß man vor dem Einsatz des Algorithmus SIMPLEX erst eine solche ermitteln. In (2.5) wird ein Algorithmus vorgestellt werden, der zu einem Problem eine zulässige Basismenge findet. Interessant dabei ist, daß dieser Algorithmus seinerseits den Algorithmus SIMPLEX verwendet.

(2.4) BEISPIEL: In einem Unternehmen werden Produkte P_1, P_2 und P_3 hergestellt; dafür stehen Ressourcen R_1, R_2 und R_3 zu Verfügung. Die Herstellung einer Einheit von P_1 erfordert 3 Einheiten von R_1, 3 Einheiten von R_2 und 10 Einheiten von R_3, die Herstellung einer Einheit von P_2 erfordert 6 Einheiten von R_2 und 5 Einheiten von R_3, und zur Produktion einer Einheit von P_3 sind eine Einheit von R_1, zwei Einheiten von R_2 und eine Einheit von R_3 erforderlich. Eine Einheit von P_1 bringt 35 DM Gewinn, eine Einheit von P_2 26 DM und eine Einheit von P_3 10 DM. Insgesamt stehen pro Zeiteinheit 570 Einheiten von R_1 und je 2280 Einheiten von R_2 und von R_3 zu Verfügung. Da der Unternehmer verständlicherweise seinen Gewinn maximieren möchte, hat er die folgende Optimierungsaufgabe zu lösen:

$$\left\{\begin{array}{rcl} 3\xi_1 \qquad + \xi_3 & \le & 570, \\ 3\xi_1 + 6\xi_2 + 2\xi_3 & \le & 2280, \\ 10\xi_1 + 5\xi_2 + \xi_3 & \le & 2280, \\ \xi_1 \ge 0,\ \xi_2 \ge 0,\ \xi_3 \ge 0, & & \\ 35\xi_1 + 26\xi_2 + 10\xi_3 & = & \max!\,. \end{array}\right.$$

Die Aufgabe wird gemäß (1.6) in die Standardform übergeführt. Man erhält: Mit

$$A := \begin{pmatrix} 1 & 0 & 0 & 3 & 0 & 1 \\ 0 & 1 & 0 & 3 & 6 & 2 \\ 0 & 0 & 1 & 10 & 5 & 1 \end{pmatrix}, \quad b := \begin{pmatrix} 570 \\ 2280 \\ 2280 \end{pmatrix}, \quad c := \begin{pmatrix} 0 \\ 0 \\ 0 \\ -35 \\ -26 \\ -10 \end{pmatrix}$$

ist die folgende Aufgabe zu lösen:

$$Ax = b, \quad x \ge 0, \quad (c \mid x) = \min!\,.$$

Man sieht sogleich: $J := \{1,2,3\}$ ist eine zulässige Basismenge für A, und $x_J := {}^t(570, 2280, 2280, 0, 0, 0)$ ist die zugehörige Basislösung von $Ax = b$. Der Algorithmus SIMPLEX liefert – mit den in (2.1) verwendeten Bezeichnungen – der Reihe nach
in Schritt 1:

$$\begin{array}{rclrcll} J & = & [1,2,3], & x_J & = & {}^t(570, 2280, 2280, 0, 0, 0), & (c \mid x_J) = 0, \\ & & & v & = & {}^t(0,0,0,35,26,10), & k = 4, \quad l = 1; \end{array}$$

in Schritt 2:

$$\begin{array}{rclrcll} J & = & [2,3,4], & x_J & = & {}^t(0, 1710, 380, 190, 0, 0), & (c \mid x_J) = -6650, \\ & & & v & = & {}^t(-35/3, 0, 0, 0, 26, -5/3), & k = 5, \quad l = 2; \end{array}$$

in Schritt 3:

$$\begin{array}{rclrcll} J & = & [2,4,5], & x_J & = & {}^t(0, 1254, 0, 190, 76, 0), & (c \mid x_J) = -8626, \\ & & & v & = & {}^t(17/3, 0, -26/5, 0, 0, 157/15), & k = 1, \quad l = 1; \end{array}$$

in Schritt 4:

$$J = [1,4,5], \quad x_J = {}^t(418,0,0,152/3,1064/3,0), \quad (c \mid x_J) = -32984/3,$$
$$v = {}^t(0,-17/9,-44/5,0,0,148/45), \quad k = 6, \quad l = 1;$$

in Schritt 5:

$$J = [4,5,6], \quad x_J = {}^t(0,0,0,80,230,330), \quad (c \mid x_J) = -12080,$$
$$v = {}^t(-148/57,-157/57,-36/19,0,0,0).$$

In Schritt 5 ist $v \leq 0$, und daher bricht das Verfahren an dieser Stelle ab. Damit hat sich ergeben: Der Gewinn des Unternehmers ist maximal – und zwar gleich 12080 DM –, wenn pro Zeiteinheit 80 Einheiten von P_1, 230 Einheiten von P_2 und 330 Einheiten von P_3 hergestellt werden.

(2.5) Es seien m, $n \in \mathbb{N}$ mit $m \leq n$; es sei $A \in M(m,n;\mathbb{R})$ mit $\operatorname{rang}(A) = m$, und es sei $b \in M(m,1;\mathbb{R})$. Der folgende Algorithmus findet entweder eine zulässige Basismenge J für A und die zu J gehörige Ecke von

$$Z := \{\, x \in M(n,1;\mathbb{R}) \mid Ax = b;\ x \geq 0 \,\},$$

oder er stellt fest, daß Z leer ist.

ALGORITHMUS ECKE:

(ECKE 1): Für jedes $i \in \{1,\ldots,m\}$ setzt man

$$\delta_i := \begin{cases} 1, & \text{falls } b[i] \geq 0 \text{ ist,} \\ -1, & \text{falls } b[i] < 0 \text{ ist.} \end{cases}$$

Dann setzt man

$$A := \operatorname{diag}(\delta_1,\ldots,\delta_m) \cdot A \quad \text{und} \quad b := \operatorname{diag}(\delta_1,\ldots,\delta_m) \cdot b.$$

Bemerkung: Jetzt ist $b \geq 0$, und es gilt, wie man sieht, noch immer $\operatorname{rang}(A) = m$ und $Z = \{\, x \in M(n,1;\mathbb{R}) \mid Ax = b;\ x \geq 0 \,\}$.

(ECKE 2): Man setzt

$$\widehat{A} := (A, E_m) \in M(m,n+m;\mathbb{R})$$

und definiert $\widehat{c} \in M(n+m,1;\mathbb{R})$ durch

$$\widehat{c}[j] := \begin{cases} 0 & \text{für jedes } j \in \{1,\ldots,n\}, \\ 1 & \text{für jedes } j \in \{n+1,\ldots,n+m\}. \end{cases}$$

Bemerkung: Es ist $\operatorname{rang}(\widehat{A}) = m$. Wegen $b \geq 0$ ist $\{ n+1, \ldots, n+m \}$ eine zulässige Basismenge für die Matrix $\widehat{A}$; die zugehörige Ecke von

$$\widehat{Z} := \{ y \in M(n+m, 1; \mathbb{R}) \mid \widehat{A}y = b;\ y \geq 0 \}$$

ist ${}^t(0, \ldots, 0, b[1], \ldots, b[m]) \in M(n+m, 1; \mathbb{R})$.

(ECKE 3): Man wendet den Algorithmus SIMPLEX auf die Optimierungsaufgabe

$$\widehat{A}y = b, \quad y \geq 0, \quad (\widehat{c} \mid y) = \min ! \tag{I}$$

an und startet dabei mit der zulässigen Basismenge $\{ n+1, \ldots, n+m \}$ für $\widehat{A}$ und der zugehörigen Ecke ${}^t(0, \ldots, 0, b[1], \ldots, b[m])$ von $\widehat{Z}$. SIMPLEX liefert eine zulässige Basismenge $\widehat{J} \subset \{ 1, \ldots, n+m \}$ für $\widehat{A}$ und die zugehörige Ecke $\widehat{y}$ von $\widehat{Z}$, die eine Lösung der Optimierungsaufgabe (I) ist, für die also

$$(\widehat{c} \mid \widehat{y}) = \min(\{ (\widehat{c} \mid y) \mid y \in \widehat{Z} \})$$

gilt.

Bemerkung: Ist $y \in \widehat{Z}$, so gilt $y \geq 0$ und daher $(\widehat{c} \mid y) = y[n+1] + \cdots + y[n+m] \geq 0$. Also ist die Zielfunktion $y \mapsto (\widehat{c} \mid y) : \widehat{Z} \to \mathbb{R}$ der Optimierungsaufgabe (I) nach unten beschränkt, und (ECKE 3) liefert wirklich eine zulässige Basismenge $\widehat{J}$ für $\widehat{A}$, für die gilt: Die zugehörige Ecke $\widehat{y}$ von $\widehat{Z}$ ist eine Lösung von (I).

(ECKE 4): Ist $(\widehat{c} \mid \widehat{y}) > 0$, so ist $Z = \emptyset$; in diesem Fall bricht man das Verfahren hier ab. Ist $(\widehat{c} \mid \widehat{y}) = 0$, so geht man zu (ECKE 5).

Behauptung: (a) *Ist $(\widehat{c} \mid \widehat{y}) > 0$, so ist $Z = \emptyset$.*
(b) *Ist $(\widehat{c} \mid \widehat{y}) = 0$, so gilt $J(\widehat{y}) := \{ j \mid 1 \leq j \leq n+m;\ \widehat{y}[j] > 0 \} \subset \{ 1, \ldots, n \}$, und $\widehat{x} := {}^t(\widehat{y}[1], \ldots, \widehat{y}[n])$ ist eine Ecke von Z; gilt dabei $\widehat{J} \subset \{ 1, \ldots, n \}$, so ist $\widehat{J}$ eine zulässige Basismenge für A, und $\widehat{x}$ ist die zugehörige Ecke von Z; gilt aber $\widehat{J} \not\subset \{ 1, \ldots, n \}$, so ist $\widehat{x}$ eine ausgeartete Ecke von Z.*
Beweis: (a) Es gelte $Z \neq \emptyset$. Man wählt ein $x \in Z$. Für

$$y := {}^t(x[1], \ldots, x[n], 0, \ldots, 0) \in M(n+m, 1; \mathbb{R})$$

gilt $y \geq 0$ und $\widehat{A}y = Ax = b$, d.h. es ist $y \in \widehat{Z}$. Also ist $0 \leq (\widehat{c} \mid \widehat{y}) \leq (\widehat{c} \mid y) = y[n+1] + \cdots + y[n+m] = 0$, und es folgt $(\widehat{c} \mid \widehat{y}) = 0$.
(b) Es gelte $0 = (\widehat{c} \mid \widehat{y}) = \widehat{y}[n+1] + \cdots + \widehat{y}[n+m]$. Wegen $\widehat{y} \geq 0$ gilt dann $\widehat{y}[j] = 0$ für jedes $j \in \{ n+1, \ldots, n+m \}$, d.h. es ist $J(\widehat{y}) \subset \{ 1, \ldots, n \}$. Für $\widehat{x}$ gilt daher $J(\widehat{x}) = J(\widehat{y})$ und $A\widehat{x} = \widehat{A}\widehat{y} = b$, und wegen $\widehat{x} \geq 0$ folgt $\widehat{x} \in Z$. Weil $\widehat{J}$ eine Basismenge für $\widehat{A}$ ist, sind die Elemente von $\{ \widehat{A}_{\bullet j} \mid j \in \widehat{J} \}$ linear unabhängig

[vgl. (1.10)(2)], und wegen

$$\{A_{\bullet j} \mid j \in J(\widehat{x})\} \;=\; \{\widehat{A}_{\bullet j} \mid j \in J(\widehat{y})\} \;\subset\; \{\widehat{A}_{\bullet j} \mid j \in \widehat{J}\}$$

sind daher auch die Elemente der Menge $\{A_{\bullet j} \mid j \in J(\widehat{x})\}$ linear unabhängig [vgl. II(4.6)(2)]. Also ist $\widehat{x}$ eine Ecke von Z. Gilt insbesondere $\widehat{J} \subset \{1,\ldots,n\}$, so ist $\widehat{J}$ eine Basismenge für A mit $J(\widehat{x}) \subset \widehat{J}$, $\widehat{x}$ ist die zugehörige Basislösung von $Ax = b$, und daher ist $\widehat{J}$ eine zulässige Basismenge für A, und $\widehat{x}$ ist die zugehörige Ecke von Z. Gilt aber $\widehat{J} \not\subset \{1,\ldots,n\}$, so gilt $J(\widehat{y}) \subsetneqq \widehat{J}$, also $\mathrm{Card}(J(\widehat{y})) < \mathrm{Card}(\widehat{J}) = m$, und wegen $J(\widehat{x}) = J(\widehat{y})$ ist $\widehat{x}$ daher eine ausgeartete Ecke von Z.

(ECKE 5): Ist $\widehat{J} \subset \{1,\ldots,n\}$, so setzt man

$$J := \widehat{J} \quad \text{und} \quad x_J := {}^t(\widehat{y}[1],\ldots,\widehat{y}[n])$$

und bricht das Verfahren an dieser Stelle ab: J ist jetzt eine zulässige Basismenge für A, und x_J ist die zugehörige Ecke von Z. Ist $\widehat{J} \not\subset \{1,\ldots,n\}$, so geht man zu ECKE 6.

(ECKE 6): Man setzt

$$J(\widehat{y}) := \;\{j \mid 1 \le j \le n;\; \widehat{y}[j] > 0\} \;=\; \{j(1),\ldots,j(p)\} \quad \text{mit } j(1) < \cdots < j(p)$$

und

$$\{1,\ldots,n\} \setminus J(\widehat{y}) \;=\; \{j(p+1),\ldots,j(n)\} \quad \text{mit } j(p+1) < \cdots < j(n).$$

Dann wendet man auf die Matrix

$$\widetilde{A} := \;(A_{\bullet j(1)},\ldots,A_{\bullet j(p)},A_{\bullet j(p+1)},\ldots,A_{\bullet j(n)})$$

den Gauß-Algorithmus an und ermittelt die Zahlen $i_1,\ldots,i_{m-p} \in \{p+1,\ldots,n\}$ mit $i_1 < \cdots < i_{m-p}$ und mit: $1,\ldots,p$, $i_1,\ldots,i_{m-p}$ sind die charakteristischen Spaltenindizes der zu $\widetilde{A}$ gehörigen Treppenmatrix. Man setzt

$$J := \;\{j(1),\ldots,j(p),j(i_1),\ldots,j(i_{m-p})\} \quad \text{und} \quad x_J := {}^t(\widehat{y}[1],\ldots,\widehat{y}[n])$$

und bricht das Verfahren an dieser Stelle ab: J ist eine zulässige Basismenge für die Matrix A, und x_J ist die zugehörige Ecke von Z.

Bemerkung: Nach II(4.13) gilt

$$\mathrm{rang}(\widetilde{A}) \;=\; \dim(\langle A_{\bullet j(1)},\ldots,A_{\bullet j(n)}\rangle) \;=\; \dim(\langle A_{\bullet 1},\ldots,A_{\bullet n}\rangle) \;=\; \mathrm{rang}(A) \;=\; m,$$

und die ersten p Spalten von $\widetilde{A}$ sind linear unabhängig. Also existieren $m-p$ Zahlen

$i_1, \dots, i_{m-p} \in \{p+1, \dots, n\}$ mit $i_1 < \dots < i_{m-p}$, für die gilt: Die charakteristischen Spaltenindizes der zu $\widetilde{A}$ gehörigen Treppenmatrix sind $1, \dots, p, i_1, \dots, i_{m-p}$. Für $J = \{j(1), \dots, j(p), j(i_1), \dots, j(i_{m-p})\}$ gilt nach II(4.13), daß $\{A_{\bullet j} \mid j \in J\}$ eine Basis von $M(m,1;\mathbb{R})$ ist, und daher ist J eine Basismenge für die Matrix A. Für $\widehat{x} = {}^t(\widehat{y}[1], \dots, \widehat{y}[n])$ gilt $\widehat{x} \in Z$ und $J(\widehat{x}) \subset J$, und daher ist $\widehat{x}$ die zu J gehörige Basislösung von $Ax = b$. Also ist J in der Tat eine zulässige Basismenge für A, und $x_J = \widehat{x}$ ist die zugehörige Ecke von Z.

(2.6) DER 2-PHASEN-ALGORITHMUS: Es seien $m, n \in \mathbb{N}$ mit $m \leq n$; es sei $A \in M(m,n;\mathbb{R})$ mit $\operatorname{rang}(A) = m$, und es seien $b \in M(m,1;\mathbb{R})$ und $c \in M(n,1;\mathbb{R})$. Es sei $Z := \{x \in M(n,1;\mathbb{R}) \mid Ax = b;\ x \geq 0\}$.

Der folgende Algorithmus findet entweder eine Lösung der Optimierungsaufgabe

$$\left\{\begin{array}{rcl} Ax & = & b, \\ x & \geq & 0, \\ (c \mid x) & = & \min!\,, \end{array}\right. \tag{$*$}$$

die eine Ecke von Z ist, oder er stellt fest, daß die Aufgabe $(*)$ keine Lösung besitzt.

(PHASE 1): Man wendet auf A und b den Algorithmus ECKE an. Wenn ECKE feststellt, daß Z leer ist, so bricht man das Verfahren ab: In diesem Fall hat die Optimierungsaufgabe $(*)$ keine Lösung. Im anderen Fall liefert ECKE eine zulässige Basismenge J für A und die zugehörige Ecke x_J von Z. Mit diesem J und diesem x_J geht man zu (PHASE 2).

(PHASE 2): Man wendet den Algorithmus SIMPLEX auf $(*)$ an und startet dabei mit der in (PHASE 1) berechneten zulässigen Basismenge J für A und der zugehörigen Ecke x_J von Z. Entweder stellt dann SIMPLEX fest, daß die Zielfunktion $x \mapsto (c \mid x) : Z \to \mathbb{R}$ der Aufgabe $(*)$ nicht nach unten beschränkt ist und $(*)$ daher keine Lösung besitzt, oder SIMPLEX liefert eine Lösung der Aufgabe $(*)$.

(2.7) BEMERKUNG: Der in (2.1) beschriebene Algorithmus SIMPLEX ist eine der vielen möglichen Versionen des sogenannten Simplex-Algorithmus, der in seiner Grundgestalt um 1950 von G. B. Dantzig angegeben wurde. Für die Anwendungen benötigt man Formulierungen dieses Algorithmus, die für das numerische Rechnen geeignet sind; solche Versionen nennt man revidierte Simplex-Verfahren. Im folgenden Abschnitt wird gezeigt, wie man in diesem Sinn das in (2.1) beschriebene Verfahren umformulieren könnte. Für bessere Fassungen des revidierten Simplex-Algorithmus muß auf die in (2.10) genannte Spezialliteratur verwiesen werden. Es soll auch nicht verschwiegen sein, daß die in (1.6) vorgenommene Reduktion einer konkret gegebenen Optimierungsaufgabe in die in (1.7) beschriebene Standardform die Zeilen- und Spaltenzahl der beteiligten Matrizen wesentlich vergrößert. Es gibt

Fassungen des Simplex-Algorithmus, die eine andere Standardform der zu behandelnden Aufgabe erlauben und in dieser Hinsicht günstiger sind. Auch hierfür wird auf die Spezialliteratur verwiesen.

(2.8) Es seien $m, n \in \mathbb{N}$ mit $m \leq n$, es sei $A \in M(m,n;\mathbb{R})$ mit $\operatorname{rang}(A) = m$, und es seien $b \in M(m,1;\mathbb{R})$ und $c \in M(n,1;\mathbb{R})$.
(1) Es sei $J = \{ j(1), \ldots, j(m) \}$ mit $j(1) < \cdots < j(m)$ eine im Verlauf des Algorithmus SIMPLEX auftretende zulässige Basismenge für A. Die in (2.1) angegebene Version des Algorithmus SIMPLEX erfordert in der mit J beginnenden Schleife zunächst in (SIMPLEX 1) die Berechnung von

$$y := {}^tA_J^{-1} \cdot {}^t(c[j(1)], \ldots, c[j(m)]) \quad \text{und} \quad v := {}^tA \cdot y - c,$$

also von

$${}^tv \;=\; (c[j(1)], \ldots, c[j(m)]) \cdot (A_J^{-1}A) \;-\; {}^tc.$$

Ist $v \not\leq 0$, so bricht das Verfahren noch nicht ab, und es wird

$$k := \min(\{ j \mid 1 \leq j \leq n;\; j \notin J;\; v[j] > 0 \})$$

ermittelt und damit $w := A_J^{-1}A_{\bullet k}$ berechnet. Die zulässige Basismenge J', mit der die nächste Schleife des Algorithmus in (SIMPLEX 1) beginnt, entsteht aus J durch Austausch des Elements $j(l)$ von J mit dem in (SIMPLEX 5) bestimmten $l \in \{ 1, \ldots, m \}$ gegen k.

Die Matrix $A_J^{-1}A$ kann man durch eine Variante des Gauß-Algorithmus berechnen: Man führt die Matrix A durch die beim Gauß-Algorithmus zugelassenen Zeilenumformungen in die Matrix B über, für die $B_J = (B_{\bullet j(1)}, \ldots, B_{\bullet j(m)})$ die Einheitsmatrix E_m ist. Dies ist möglich, weil $A_{\bullet j(1)}, \ldots, A_{\bullet j(m)}$ linear unabhängig sind. Wie man sogleich sieht, gilt dann $B = A_J^{-1}A$. Die in der nächsten Schleife zu berechnende Matrix $A_{J'}^{-1}A$ erhält man dann aus $B = A_J^{-1}A$, indem man B durch die Zeilenumformungen des Gauß-Algorithmus in die Matrix C überführt, für die $C_{J'} = E_m$ ist, indem man also $C = B_{J'}^{-1}B$ berechnet; wegen $A_JB = A$ gilt nämlich $A_JB_{\bullet j} = (A_JB)_{\bullet j} = A_{\bullet j}$ für jedes $j \in \{ 1, \ldots, n \}$, also gilt $A_JB_{J'} = A_{J'}$ und daher $A_{J'}^{-1}A = B_{J'}^{-1}A_J^{-1}A = B_{J'}^{-1}B = C$. Dabei kann man unter Umständen noch ausnützen, daß sich die Matrizen $B_J = E_m$ und $B_{J'}$ nur in zwei Spalten unterscheiden.
(2) Damit bei größeren Aufgaben, bei denen im Algorithmus SIMPLEX unter Umständen die Schleife (SIMPLEX 1), ..., (SIMPLEX 7) sehr oft durchlaufen wird, die Rundungsfehler bei der wiederholten Berechnung der Matrizen $A_J^{-1}A$ nach dem in (1) beschriebenen Verfahren das Ergebnis nicht zu sehr verfälschen, kann man in regelmäßigen Abständen die Matrix $A_{J'}^{-1}A$ immer wieder einmal auf die in (1) beschriebene Weise direkt aus der Matrix A und nicht aus der vorher berechneten Matrix $A_J^{-1}A$ berechnen.

(2.9) BEMERKUNG: (1) Es gibt Beispiele von Optimierungsaufgaben, bei denen der Algorithmus SIMPLEX aus (2.1) einen Aufwand erfordert, der exponentiell mit

der Größe der Aufgabe, also der Zeilen- und Spaltenzahl der zur Beschreibung erforderlichen Matrix, wächst [vgl. [70], Corollary 11.2b auf Seite 141]. Auch für andere Versionen des Simplex-Verfahrens kennt man derartige Beispiele. Man weiß aber, daß der mittlere Aufwand bei verschiedenen Simplex-Verfahren polynomial mit der Größe der behandelten Aufgabe wächst. Es gibt jedoch auch Verfahren zur Lösung von Aufgaben der linearen Optimierung, die selbst im ungünstigsten Fall nur einen Aufwand erfordern, der polynomial mit der Größe der Aufgabe wächst. Solche Verfahren wurden von L. G. Khachian (1979) und von N. Karmarkar (1984) angegeben.
(2) Bei manchen Problemen aus der Praxis wird als Lösung ein n-tupel gesucht, das ganz oder teilweise aus ganzen Zahlen besteht. Man braucht sich dazu in dem in (2.4) behandelten Beispiel nur vorzustellen, daß es sich bei den im Unternehmen hergestellten Produkten um Computer oder um Bücher handelt. Derartige Aufgaben des ganzzahligen Optimierens können hier nicht behandelt werden; auch hierzu muß auf die Spezialliteratur, etwa auf die im nächsten Abschnitt erwähnten Lehrbücher, verwiesen werden.

(2.10) Die Lehrbuch-Literatur zur Linearen Optimierung ist überaus umfangreich. Einführungen bieten [32] und [17]; in [17] finden sich auch einige umfangreichere Beispiele. Eine ausführlichere Darstellung ist [10]; dort finden sich eine genaue Behandlung revidierter Simplex-Verfahren und auch eine Beschreibung der Verfahren von Khachian und Karmarkar. Eine Version des Simplex-Algorithmus, bei der die zur Beschreibung der Aufgabe verwendete Matrix vergleichsweise klein gehalten werden kann, ist in [84], S. 152–190 angegeben; dort findet sich auch dazu ein ALGOL-Programm, das man ohne weitere Schwierigkeit in ein Pascal-Programm übersetzen kann. Größere Beispiele und Fallstudien findet man zum Beispiel in [74] und [73]. Die Theorie der Linearen Optimierung, die dahinterstehenden geometrischen Probleme und damit zusammenhängende Komplexitätsfragen werden sehr ausführlich in [70] behandelt. Eine detaillierte Untersuchung des mittleren Aufwands einer speziellen Version des Simplex-Verfahrens findet sich in [12].

Kapitel XI Stochastik

§1 Summierbare Abbildungen

(1.1) Die in diesem Paragraphen behandelten summierbaren Abbildungen werden im nächsten Paragraphen bei der Beschreibung der grundlegenden Strukturen der Stochastik, nämlich der diskreten Wahrscheinlichkeitsräume, benötigt. Die Theorie, die in den folgenden Abschnitten behandelt wird, ist im Grunde genommen nur eine Umformulierung der Theorie der absolut konvergenten Reihen aus Kapitel III, §3.

(1.2) DEFINITION: Es sei Ω eine nicht leere Menge, und es sei $f: \Omega \to \mathbb{R}$ eine Abbildung mit $f(\omega) \geq 0$ für jedes $\omega \in \Omega$. Wenn es eine reelle Zahl $c \geq 0$ mit $\sum_{\omega \in E} f(\omega) \leq c$ für jede endliche Teilmenge E von Ω gibt, so nennt man f summierbar und setzt

$$\sum_{\omega \in \Omega} f(\omega) := \sup\Big(\Big\{ \sum_{\omega \in E} f(\omega) \mid E \text{ endliche Teilmenge von } \Omega \Big\}\Big).$$

(1.3) BEISPIELE: (1) Es sei Ω eine nicht leere Menge, es sei $f: \Omega \to \mathbb{R}$ eine Abbildung mit $f(\omega) \geq 0$ für jedes $\omega \in \Omega$, und es gelte, daß $\Omega_0 := \{ \omega \in \Omega \mid f(\omega) > 0 \}$ eine endliche Menge ist. Dann ist f summierbar, und sind $\omega_1, \ldots, \omega_n$ die verschiedenen Elemente von Ω_0, so ist $\sum_{\omega \in \Omega} f(\omega) = f(\omega_1) + \cdots + f(\omega_n)$.
(2) Es sei Ω eine nicht leere Menge, und es sei $f: \Omega \to \mathbb{R}$ eine Abbildung mit $f(\omega) \geq 0$ für jedes $\omega \in \Omega$. Es sei Ω_0 eine abzählbar unendliche Teilmenge von Ω mit $\{ \omega \in \Omega \mid f(\omega) > 0 \} \subset \Omega_0$, und es gelte: Es gibt eine bijektive Abbildung $\varphi: \mathbb{N} \to \Omega_0$, für die die Reihe $\sum_{j=1}^{\infty} f(\varphi(j))$ konvergiert. Dann ist f summierbar, und $\sum_{\omega \in \Omega} f(\omega)$ ist gleich der Summe s dieser Reihe.
Beweis: Zu jeder endlichen Teilmenge E von Ω gibt es eine natürliche Zahl n mit $E \cap \Omega_0 \subset \{ \varphi(1), \ldots, \varphi(n) \}$, und damit gilt $\sum_{\omega \in E} f(\omega) \leq \sum_{j=1}^{n} f(\varphi(j)) \leq s$. Also ist f summierbar, und es ist $\sum_{\omega \in \Omega} f(\omega) \leq s$. Für jedes $n \in \mathbb{N}$ ist andererseits $E := \{ \varphi(1), \ldots, \varphi(n) \} \subset \Omega$ endlich, und daher gilt $\sum_{j=1}^{n} f(\varphi(j)) = \sum_{\omega \in E} f(\omega) \leq \sum_{\omega \in \Omega} f(\omega)$. Hieraus folgt $s = \lim_{n \to \infty}(\sum_{j=1}^{n} f(\varphi(j))) \leq \sum_{\omega \in \Omega} f(\omega)$.
(3) Es sei $(a_j)_{j \geq 1}$ eine Folge in $\mathbb{R}$ mit $a_j \geq 0$ für jedes $j \in \mathbb{N}$, für die die Reihe $\sum_{j=1}^{\infty} a_j$ konvergiert. Aus (2) folgt: Die Abbildung $f: \mathbb{N} \to \mathbb{R}$ mit $f(j) := a_j$ für jedes $j \in \mathbb{N}$ ist summierbar, und $\sum_{j \in \mathbb{N}} f(j)$ ist die Summe s der Reihe $\sum_{j=1}^{\infty} a_j$.
(4) Es sei Ω eine nicht leere Menge, es seien $f: \Omega \to \mathbb{R}$ und $g: \Omega \to \mathbb{R}$ Abbildungen mit $f(\omega) \geq g(\omega) \geq 0$ für jedes $\omega \in \Omega$. Man sieht sogleich: Ist f summierbar, so ist auch g summierbar, und es gilt $\sum_{\omega \in \Omega} g(\omega) \leq \sum_{\omega \in \Omega} f(\omega)$.

(1.4) BEMERKUNG: Es sei Ω eine nicht leere Menge, und es sei $f: \Omega \to \mathbb{R}$ eine summierbare Abbildung mit $f(\omega) \geq 0$ für jedes $\omega \in \Omega$. Für jedes nicht leere $A \in \mathcal{P}(\Omega)$, der Potenzmenge von Ω, ist die Einschränkung $f|A : A \to \mathbb{R}$ von f auf A offensichtlich summierbar, und somit ist die reelle Zahl $\sum_{\omega \in A} f(\omega)$ definiert. Ist $A = \emptyset$, so definiert man $\sum_{\omega \in A} f(\omega) := 0$ [in Übereinstimmung mit der Verabredung in I(3.19)(1)].

(1.5) Hilfssatz: *Es sei Ω eine nicht leere Menge, es sei $f\colon \Omega \to \mathbb{R}$ eine summierbare Abbildung mit $f(\omega) \geq 0$ für jedes $\omega \in \Omega$. Dann gilt für die Abbildung*

$$F : \mathcal{P}(\Omega) \to \mathbb{R} \quad \textit{mit} \quad F(A) := \sum_{\omega\in A} f(\omega) \textit{ für jedes } A \in \mathcal{P}(\Omega) :$$

(1) *Für jedes $A \in \mathcal{P}(\Omega)$ ist $F(A) = \sup(\{ F(E) \mid E$ endliche Teilmenge von $A \})$.*
(2) *Für jedes $A \in \mathcal{P}(\Omega)$ gilt $0 \leq F(A) \leq F(\Omega)$.*
(3) *Für alle $A, B \in \mathcal{P}(\Omega)$ mit $A \subset B$ gilt $F(A) \leq F(B)$.*
(4) *Für alle $A, B \in \mathcal{P}(\Omega)$ mit $A \cap B = \emptyset$ gilt $F(A \cup B) = F(A) + F(B)$.*
(5) *Für jedes $n \in \mathbb{N}$ gilt: Sind $A_1, \ldots, A_n \in \mathcal{P}(\Omega)$ paarweise disjunkt, so gilt $F(A_1 \cup \cdots \cup A_n) = F(A_1) + \cdots + F(A_n)$.*
(6) *Ist $(A_j)_{j\geq 1}$ eine Folge paarweise disjunkter Teilmengen von Ω und ist $A := \bigcup_{j=1}^{\infty} A_j$, so konvergiert die Reihe $\sum_{j=1}^{\infty} F(A_j)$ mit der Summe $F(A)$.*

Beweis: (1), (2) und (3) ergeben sich unmittelbar aus den Definitionen.
(4) Es seien $A, B \in \mathcal{P}(\Omega)$ disjunkt. Für jedes positive $\varepsilon \in \mathbb{R}$ gilt: Es gibt endliche Mengen $E_1 \subset A$ und $E_2 \subset B$ mit $F(E_1) > F(A)-\varepsilon/2$ und $F(E_2) > F(B)-\varepsilon/2$ [vgl. III(1.31)(2)], und weil $E_1 \cup E_2$ eine endliche Teilmenge von $A \cup B$ ist und E_1 und E_2 disjunkt sind, gilt $F(A\cup B) \geq F(E_1 \cup E_2) = F(E_1)+F(E_2) > F(A)+F(B)-\varepsilon$. Damit ist gezeigt, daß $F(A \cup B) \geq F(A) + F(B)$ gilt. Andererseits gilt für jedes endliche $E \subset A \cup B$: $E \cap A \subset A$ und $E \cap B \subset B$ sind endlich und disjunkt, und es gilt $(E\cap A)\cup(E\cap B) = E$ und daher $F(E) = F(E\cap A)+F(E\cap B) \leq F(A)+F(B)$. Nach (1) gilt daher auch $F(A \cup B) \leq F(A) + F(B)$.
(5) folgt aus (4) durch Induktion nach n.
(6) Es sei $(A_j)_{j\geq 1}$ eine Folge paarweise disjunkter Teilmengen von Ω, und es sei $A := \bigcup_{j=1}^{\infty} A_j$. Für jedes $n \in \mathbb{N}$ gilt $A_1 \cup \cdots \cup A_n \subset A$ und daher nach (5) $\sum_{j=1}^{n} F(A_j) = F(A_1 \cup \cdots \cup A_n) \leq F(A)$; außerdem gilt $F(A_j) \geq 0$ für jedes $j \in \mathbb{N}$. Nach III(2.2)(4) konvergiert daher die Reihe $\sum_{j=1}^{\infty} F(A_j)$, und nach III(1.14)(2) gilt für ihre Summe s: Es ist $s = \lim_{n\to\infty}(\sum_{j=1}^{n} F(A_j)) \leq F(A)$. Andererseits gilt für jedes endliche $E \subset A$: Es gibt ein $m \in \mathbb{N}$ mit $E \subset A_1 \cup \cdots \cup A_m$, und damit gilt $F(E) \leq F(A_1 \cup \cdots \cup A_m) = F(A_1) + \cdots + F(A_m) \leq s$. Nach (1) gilt daher $F(A) \leq s$. Also ist $s = F(A)$.

(1.6) BEMERKUNG: In (1.8) wird gezeigt, daß man für eine summierbare Abbildung $f\colon \Omega \to \mathbb{R}$ mit $f(\omega) \geq 0$ für jedes $\omega \in \Omega$ und ein $A \in \mathcal{P}(\Omega)$ die Zahl $\sum_{\omega\in A} f(\omega)$ als Summe endliche vieler reeller Zahlen oder als Summe einer konvergenten Reihe berechnen kann. Dazu wird der im folgenden Abschnitt formulierte Hilfssatz aus der Mengenlehre benötigt.

(1.7) BEMERKUNG: Es sei M eine Menge, es sei $(M_j)_{j\geq 1}$ eine Folge paarweise disjunkter endlicher Teilmengen von M, und es gelte $M = \bigcup_{j=1}^{\infty} M_j$. Dann ist M eine abzählbare Menge.
Beweis: Für jedes $j \in \mathbb{N}$ seien $m_j := \mathrm{Card}(M_j)$ und $n_j := m_1 + \cdots + m_j$, und es sei $n_0 := 0$. Dann ist $(n_j)_{j\geq 0}$ eine monoton wachsende Folge in $\mathbb{N}_0$. Ist sie beschränkt, so gibt es ein $k \in \mathbb{N}$ mit $m_j = 0$ für jedes $j > k$, und M ist daher

eine endliche Menge. – Es sei jetzt die Folge $(n_j)_{j\geq 0}$ nicht beschränkt, und es gelte $M_j = \{x_j(1),\ldots,x_j(m_j)\}$ für jedes $j \in \mathbb{N}$; es sei $j(i) := \min(\{j \in \mathbb{N} \mid i \leq n_j\})$ für jedes $i \in \mathbb{N}$. Dann ist die Abbildung

$$f : \mathbb{N} \to M \quad \text{mit} \quad f(i) := x_{j(i)}(i - n_{j(i)-1}) \text{ für jedes } i \in \mathbb{N}$$

offensichtlich bijektiv. Also ist M abzählbar unendlich.

(1.8) BEMERKUNG: Es sei Ω eine nicht leere Menge, es sei $f: \Omega \to \mathbb{R}$ eine summierbare Abbildung mit $f(\omega) \geq 0$ für jedes $\omega \in \Omega$, und es sei $\Omega_0 := \{\omega \in \Omega \mid f(\omega) > 0\}$. Es sei $F: \mathcal{P}(\Omega) \to \mathbb{R}$ die Abbildung mit $F(A) := \sum_{\omega\in A} f(\omega)$ für jedes $A \in \mathcal{P}(\Omega)$.
(1) Ω_0 ist abzählbar.
Beweis: Es sei $M_1 := \{\omega \in \Omega \mid f(\omega) \geq 1\}$, und für jedes $j \in \mathbb{N}$ mit $j \geq 2$ sei $M_j := \{\omega \in \Omega \mid 1/j \leq f(\omega) < 1/(j-1)\}$. Für jedes $j \in \mathbb{N}$ ist M_j eine endliche Menge [und zwar ist $\text{Card}(M_j) \leq j \cdot F(\Omega)$], für alle $j, k \in \mathbb{N}$ mit $j \neq k$ gilt $M_j \cap M_k = \emptyset$, und es ist $\Omega_0 = \bigcup_{j=1}^{\infty} M_j$. Nach (1.7) ist daher Ω_0 abzählbar.
(2) Es sei $A \in \mathcal{P}(\Omega)$. Ist $A\cap\Omega_0$ eine endliche Menge, so gilt $F(A) = \sum_{\omega\in A\cap\Omega_0} f(\omega)$, und dies ist eine Summe endlich vieler reeller Zahlen.
(3) Es sei $A \in \mathcal{P}(\Omega)$, und es gelte: $A \cap \Omega_0$ ist nicht endlich. Dann ist $A \cap \Omega_0$ abzählbar unendlich, und für jede bijektive Abbildung $\varphi: \mathbb{N} \to A \cap \Omega_0$ konvergiert die Reihe $\sum_{j=1}^{\infty} f(\varphi(j))$ mit der Summe $F(A)$.
Beweis: Nach (1) ist Ω_0 abzählbar, und daher ist nach I(4.34) auch $A\cap\Omega_0$ abzählbar und somit abzählbar unendlich. Es sei $\varphi: \mathbb{N} \to A \cap \Omega_0$ bijektiv. Es sei $B_0 := A \setminus (A\cap\Omega_0)$, und es sei $B_j := \{\varphi(j)\}$ für jedes $j \in \mathbb{N}$. Dann ist $(B_j)_{j\geq 0}$ eine Folge paarweise disjunkter Teilmengen von A mit $A = \bigcup_{j=0}^{\infty} B_j$, und daher konvergiert nach (1.5)(6) die Reihe $\sum_{j=0}^{\infty} F(B_j)$ mit der Summe $F(A)$. Wegen $F(B_0) = 0$ und $F(B_j) = f(\varphi(j))$ für jedes $j \in \mathbb{N}$ ist damit die Behauptung bewiesen.

(1.9) BEMERKUNG: Es sei Ω eine nicht leere Menge.
(1) Es seien $f: \Omega \to \mathbb{R}$ und $g: \Omega \to \mathbb{R}$ Abbildungen; es sei $\alpha \in \mathbb{R}$. Man definiert Abbildungen $f + g: \Omega \to \mathbb{R}$, $f - g: \Omega \to \mathbb{R}$, $\alpha f: \Omega \to \mathbb{R}$, $|f|: \Omega \to \mathbb{R}$, $fg: \Omega \to \mathbb{R}$ durch die folgenden Festsetzungen: Für jedes $\omega \in \Omega$ seien $(f+g)(\omega) := f(\omega)+g(\omega)$, $(f-g)(\omega) := f(\omega) - g(\omega)$, $(\alpha f)(\omega) := \alpha f(\omega)$, $|f|(\omega) := |f(\omega)|$ und $(fg)(\omega) := f(\omega)g(\omega)$ [vgl. IV(1.4), IX(2.16) und IX(2.17)].
(2) Es sei $f: \Omega \to \mathbb{R}$ eine Abbildung. Es seien $f^+: \Omega \to \mathbb{R}$ und $f^-: \Omega \to \mathbb{R}$ die Abbildungen mit $f^+(\omega) := \max(\{f(\omega), 0\})$ und $f^-(\omega) := -\min(\{f(\omega), 0\})$ für jedes $\omega \in \Omega$. Dann gilt $f^+(\omega) \geq 0$ und $f^-(\omega) \geq 0$ für jedes $\omega \in \Omega$, und es ist $f = f^+ - f^-$ und $|f| = f^+ + f^-$.

(1.10) DEFINITION: Es sei Ω eine nicht leere Menge, und es sei $f: \Omega \to \mathbb{R}$ eine Abbildung. Wenn die beiden gemäß (1.9)(2) definierten Abbildungen $f^+: \Omega \to \mathbb{R}$ und $f^-: \Omega \to \mathbb{R}$ summierbar sind, so nennt man f summierbar und setzt

$$\sum_{\omega\in\Omega} f(\omega) := \sum_{\omega\in\Omega} f^+(\omega) - \sum_{\omega\in\Omega} f^-(\omega).$$

(1.11) BEMERKUNG: Es sei Ω eine nicht leere Menge, und es sei $f:\Omega \to \mathbb{R}$ eine Abbildung; es sei $\Omega_0 := \{\omega \in \Omega \mid f(\omega) \neq 0\}$.
(1) Ist $f(\omega) \geq 0$ für jedes $\omega \in \Omega$, so ist $f^-(\omega) = 0$ für jedes $\omega \in \Omega$, und daher ist f genau dann im Sinn der Definition (1.10) summierbar, wenn f im Sinn der Definition (1.2) summierbar ist [und dann liefern beide Definitionen auch denselben Wert für $\sum_{\omega\in\Omega} f(\omega)$].
(2) Unmittelbar aus der Definition in (1.10) folgt: Die Abbildung $|f|:\Omega \to \mathbb{R}$ ist genau dann summierbar, wenn f summierbar ist.
(3) Es gelte: Ω_0 ist endlich. Dann ist f summierbar, und sind $\omega_1, \ldots, \omega_n$ die verschiedenen Elemente von Ω_0, so ist $\sum_{\omega\in\Omega} f(\omega) = f(\omega_1) + \cdots + f(\omega_n)$.
(4) Es gelte: Ω_0 ist abzählbar unendlich, und es gibt eine bijektive Abbildung $\varphi: \mathbb{N} \to \Omega_0$, für die die Reihe $\sum_{j=1}^{\infty} f(\varphi(j))$ absolut konvergiert. Dann ist f summierbar, und $\sum_{\omega\in\Omega} f(\omega)$ ist gleich der Summe s dieser Reihe.
Beweis: Nach dem Majorantenkriterium [vgl. III(2.9)(1)] konvergieren die Reihen $\sum_{j=1}^{\infty} f^+(\varphi(j))$ und $\sum_{j=1}^{\infty} f^-(\varphi(j))$. Wegen $\{\omega \in \Omega \mid f^+(\omega) > 0\} \subset \Omega_0$ und $\{\omega \in \Omega \mid f^-(\omega) > 0\} \subset \Omega_0$ sind daher f^+ und f^- nach (1.3)(2) summierbar, und somit ist f summierbar. Nach (1.3)(2) gilt außerdem [vgl. III(2.6)(1)]

$$\begin{aligned}\sum_{\omega\in\Omega} f(\omega) &= \sum_{\omega\in\Omega} f^+(\omega) - \sum_{\omega\in\Omega} f^-(\omega) = \sum_{j=1}^{\infty} f^+(\varphi(j)) - \sum_{j=1}^{\infty} f^-(\varphi(j)) \\ &= \sum_{j=1}^{\infty} (f^+(\varphi(j)) - f^-(\varphi(j))) = \sum_{j=1}^{\infty} f(\varphi(j)).\end{aligned}$$

(1.12) BEMERKUNG: Es sei Ω eine nicht leere Menge, und es seien $f:\Omega \to \mathbb{R}$ und $g:\Omega \to \mathbb{R}$ Abbildungen. Unmittelbar aus der Definition in (1.10) ergibt sich:
(1) Ist f summierbar und ist $|g(\omega)| \leq |f(\omega)|$ für jedes $\omega \in \Omega$, so ist auch g summierbar, und es gilt $|\sum_{\omega\in\Omega} g(\omega)| \leq \sum_{\omega\in\Omega} |f(\omega)|$.
(2) Sind f und g summierbar, so ist für alle reellen Zahlen α und β auch die Abbildung $\alpha f + \beta g : \Omega \to \mathbb{R}$ summierbar, und es gilt

$$\sum_{\omega\in\Omega} (\alpha f + \beta g)(\omega) = \alpha \sum_{\omega\in\Omega} f(\omega) + \beta \sum_{\omega\in\Omega} g(\omega).$$

(1.13) BEMERKUNG: Es sei Ω eine nicht leere Menge, und es sei $f:\Omega \to \mathbb{R}$ eine summierbare Abbildung.
(1) Es sei A eine nicht leere Teilmenge von Ω. Dann sind die beiden Abbildungen $(f|A)^+ = f^+|A : A \to \mathbb{R}$ und $(f|A)^- = f^-|A : A \to \mathbb{R}$ summierbar [vgl. (1.4)], und daher ist auch $f|A : A \to \mathbb{R}$ summierbar. Setzt man wieder $\sum_{\omega\in\emptyset} f(\omega) = 0$, so erhält man also auch in diesem Fall eine wohldefinierte Abbildung

$$F : \mathcal{P}(\Omega) \to \mathbb{R} \quad \text{mit} \quad F(A) := \sum_{\omega\in A} f(\omega) \text{ für jedes } A \in \mathcal{P}(\Omega).$$

(2) Ist $n \in \mathbb{N}$ und sind $A_1, \ldots, A_n$ paarweise disjunkte Teilmengen von Ω, so gilt $F(A_1 + \cdots + A_n) = F(A_1) + \cdots + F(A_n)$, wie sogleich aus (1.5)(5) folgt.

(3) Ist $(A_j)_{j\geq 1}$ eine Folge paarweise disjunkter Teilmengen von Ω und ist $A := \bigcup_{j=1}^{\infty} A_j$, so konvergiert die Reihe $\sum_{j=1}^{\infty} F(A_j)$ absolut und mit der Summe $F(A)$.
Beweis: Es seien $F_+: \mathcal{P}(\Omega) \to \mathbb{R}$ und $F_-: \mathcal{P}(\Omega) \to \mathbb{R}$ die Abbildungen mit $F_+(B) := \sum_{\omega\in B} f^+(\omega)$ und $F_-(B) := \sum_{\omega\in B} f^-(\omega)$ für jedes $B \in \mathcal{P}(\Omega)$. Für jedes $B \in \mathcal{P}(\Omega)$ gilt $F_+(B) - F_-(B) = F(B)$ und $F_+(B) + F_-(B) = \sum_{\omega\in B} |f(\omega)| =: G(B)$. Nach (1.5)(6) gilt: Die Reihe $\sum_{j=1}^{\infty} F_+(A_j)$ konvergiert mit der Summe $F_+(A)$, und die Reihe $\sum_{j=1}^{\infty} F_-(A_j)$ konvergiert mit der Summe $F_-(A)$. Hieraus und aus III(2.6)(1) folgt: Die Reihe $\sum_{j=1}^{\infty} F(A_j) = \sum_{j=1}^{\infty}(F_+(A_j) - F_-(A_j))$ konvergiert mit der Summe $F_+(A) - F_-(A) = F(A)$. Diese Reihe konvergiert auch absolut, denn sie besitzt die konvergente Majorante $\sum_{j=1}^{\infty} G(A_j) = \sum_{j=1}^{\infty}(F_+(A_j) + F_-(A_j))$.
(4) $\Omega_0 := \{\, \omega \in \Omega \mid f(\omega) \neq 0 \,\}$ ist eine abzählbare Menge.
Beweis: Da $f^+: \Omega \to \mathbb{R}$ und $f^-: \Omega \to \mathbb{R}$ summierbar sind, sind die Mengen $\Omega_0^+ := \{\, \omega \in \Omega \mid f(\omega) > 0 \,\}$ und $\Omega_0^- := \{\, \omega \in \Omega \mid f(\omega) < 0 \,\}$ abzählbar [vgl. (1.8)(1)]. Eine einfache Überlegung zeigt, daß die Vereinigung zweier abzählbarer Mengen abzählbar ist, und daher ist $\Omega_0 = \Omega_0^+ \cup \Omega_0^-$ abzählbar.
(5) Es sei $A \in \mathcal{P}(\Omega)$. Ist $A \cap \Omega_0$ endlich, so gilt $F(A) = \sum_{\omega\in A\cap\Omega_0} f(\omega)$, und dies ist eine Summe endlich vieler reeller Zahlen.
(6) Es sei $A \in \mathcal{P}(\Omega)$, und es gelte: $A \cap \Omega_0$ ist nicht endlich, also nach (4) und I(4.34) abzählbar unendlich. Dann gilt für jede bijektive Abbildung $\varphi: \mathbb{N} \to A \cap \Omega_0$: Die Reihe $\sum_{j=1}^{\infty} f(\varphi(j))$ konvergiert absolut und mit der Summe $F(A)$.
Beweis: Es sei $\varphi: \mathbb{N} \to A \cap \Omega_0$ bijektiv. Nach (1.11)(2) ist $|f|: \Omega \to \mathbb{R}$ summierbar, und daher konvergiert nach (1.8)(3) die Reihe $\sum_{j=1}^{\infty} f(\varphi(j))$ absolut. Daß sie die Summe $F(A)$ besitzt, folgt aus (3) [vgl. den Beweis in (1.8)(3)].

(1.14) Hilfssatz: *Es sei $n \in \mathbb{N}$; für jedes $i \in \{1, \dots, n\}$ sei Ω_i eine nicht leere Menge, sei $f_i: \Omega_i \to \mathbb{R}$ eine summierbare Abbildung mit $f_i(\omega_i) \geq 0$ für jedes $\omega_i \in \Omega_i$ und sei $F_i: \Omega_i \to \mathbb{R}$ die Abbildung mit $F_i(A_i) := \sum_{\omega_i\in A_i} f_i(\omega_i)$ für jedes $A_i \in \mathcal{P}(\Omega_i)$. Es sei $\Omega := \Omega_1 \times \cdots \times \Omega_n$, und es sei $f: \Omega \to \mathbb{R}$ die Abbildung mit $f(\omega_1, \dots, \omega_n) := f_1(\omega_1) \cdots f_n(\omega_n)$ für jedes $(\omega_1, \dots, \omega_n) \in \Omega$. Dann ist f summierbar, und sind $A_1 \in \mathcal{P}(\Omega_1), \dots, A_n \in \mathcal{P}(\Omega_n)$, so gilt*

$$\sum_{\omega\in A_1\times\cdots\times A_n} f(\omega) = F_1(A_1) \cdots F_n(A_n).$$

Beweis: Für jedes $i \in \{1, \dots, n\}$ sei $p_i : \Omega \to \Omega_i$ die Abbildung mit $p_i(\omega_1, \dots, \omega_n) := \omega_i$ für jedes $(\omega_1, \dots, \omega_n) \in \Omega$.
(a) Es sei $A \subset \Omega$. Ist $E \subset A$ endlich, so ist $E_i := p_i(E)$ eine endliche Teilmenge von $A_i := p_i(A) \subset \Omega_i$ für jedes $i \in \{1, \dots, n\}$, und wegen $E \subset E_1 \times \cdots \times E_n$ gilt

$$\begin{aligned}\sum_{\omega\in E} f(\omega) &\leq \sum_{\omega\in E_1\times\cdots\times E_n} f(\omega) = \sum_{\omega_1\in E_1,\dots,\omega_n\in E_n} f_1(\omega_1)\cdots f_n(\omega_n)\\ &= F_1(E_1)\cdots F_n(E_n) \leq F_1(A_1)\cdots F_n(A_n).\end{aligned}$$

(b) Aus (a) folgt: Für jedes endliche $E \subset \Omega$ ist $\sum_{\omega\in E} f(\omega) \leq F_1(\Omega_1) \cdots F_n(\Omega_n)$, und daher ist $f: \Omega \to \mathbb{R}$ summierbar.

(c) Es seien $A_1 \in \mathcal{P}(\Omega_1), \ldots, A_n \in \mathcal{P}(\Omega_n)$; es sei $A := A_1 \times \cdots \times A_n$. Für jedes endliche $E \subset A$ gilt nach (a) $F(E) \leq F_1(A_1) \cdots F_n(A_n)$, und daher gilt $F(A) \leq F_1(A_1) \cdots F_n(A_n)$. – Für jedes $k \in \mathbb{N}$ gilt: Es existieren endliche Mengen $E_1 \subset A_1, \ldots, E_n \subset A_n$ mit $F_1(E_1) > F_1(A_1) - 1/k, \ldots, F_n(E_n) > F_n(A_n) - 1/k$ [vgl. III(1.31)(2)], $E := E_1 \times \cdots \times E_n$ ist eine endliche Teilmenge von A, und es gilt $F(A) \geq F(E) = F_1(E_1) \cdots F_n(E_n) \geq (F_1(A_1) - 1/k) \cdots (F_n(A_n) - 1/k)$. Nach III(1.14)(2) folgt daraus: Es gilt

$$F(A) \geq \lim_{k \to \infty} \left((F_1(A_1) - 1/k) \cdots (F_n(A_n) - 1/k) \right) = F_1(A_1) \cdots F_n(A_n).$$

(1.15) Folgerung: *Es seien Ω_1, Ω_2 nicht leere Mengen, und es seien $f_1 \colon \Omega_1 \to \mathbb{R}$, $f_2 \colon \Omega_2 \to \mathbb{R}$ summierbare Abbildungen. Dann ist auch die Abbildung*

$$f : \Omega_1 \times \Omega_2 \to \mathbb{R} \quad \text{mit} \quad f(\omega_1, \omega_2) := f_1(\omega_1) f_2(\omega_2) \text{ für jedes } (\omega_1, \omega_2) \in \Omega_1 \times \Omega_2$$

summierbar, und für alle $A_1 \in \mathcal{P}(\Omega_1)$, $A_2 \in \mathcal{P}(\Omega_2)$ gilt

$$\sum_{\omega \in A_1 \times A_2} f(\omega) = \sum_{\omega_1 \in A_1, \, \omega_2 \in A_2} f_1(\omega_1) f_2(\omega_2) = \Big(\sum_{\omega_1 \in A_1} f_1(\omega_1) \Big) \Big(\sum_{\omega_2 \in A_2} f_2(\omega_2) \Big).$$

Beweis: Nach (1.11)(2) sind $|f_1|$ und $|f_2|$ summierbar, und daher ist nach (1.14) auch $|f|$ summierbar. Also ist nach (1.11)(2) auch f summierbar. – Man sieht: Für jedes $(\omega_1, \omega_2) \in \Omega_1 \times \Omega_2$ gilt $f^+(\omega_1, \omega_2) = f_1^+(\omega_1) f_2^+(\omega_2) + f_1^-(\omega_1) f_2^-(\omega_2)$ und $f^-(\omega_1, \omega_2) = f_1^+(\omega_1) f_2^-(\omega_2) + f_1^-(\omega_1) f_2^+(\omega_2)$. Die zweite Behauptung folgt also mit Hilfe von (1.12)(2) durch Anwendung von (1.14) auf jedes der vier Paare (f_1^+, f_2^+), (f_1^-, f_2^-), (f_1^+, f_2^-) und (f_1^-, f_2^+).

§2 Diskrete Wahrscheinlichkeitsräume

(2.1) Das erste Ziel der Stochastik ist es, mathematische Strukturen bereitzustellen, mit deren Hilfe man Phänomene, mit denen man die Vorstellung des Zufälligen verbindet, modellieren und analysieren kann. Diese Strukturen sind die Wahrscheinlichkeitsräume. In diesem Buch werden davon nur die einfachsten Typen behandelt, nämlich die endlichen und allgemeiner die diskreten Wahrscheinlichkeitsräume; zur Theorie der allgemeinen Wahrscheinlichkeitsräume vergleiche man die am Ende dieses Paragraphen angegebenen Lehrbücher.

(2.2) Definition: Ein diskreter Wahrscheinlichkeitsraum ist ein Tripel (Ω, p, P), bestehend aus

- einer nicht leeren Menge Ω,
- einer summierbaren Abbildung $p \colon \Omega \to \mathbb{R}$ mit $p(\omega) \geq 0$ für jedes $\omega \in \Omega$ und mit $\sum_{\omega \in \Omega} p(\omega) = 1$, und

- der gemäß (1.5) erklärten Abbildung

$$\begin{cases} P:\mathcal{P}(\Omega)\to\mathbb{R} \quad \text{mit} \\ P(A) := \sum_{\omega\in A} p(\omega) \quad \text{für jede Teilmenge } A \text{ von } \Omega. \end{cases}$$

(2.3) BEZEICHNUNG: Es sei (Ω, p, P) ein diskreter Wahrscheinlichkeitsraum. Man nennt dann die Elemente ω von Ω die Elementarereignisse, die Teilmengen A von Ω die Ereignisse und die Abbildung $P: \mathcal{P}(\Omega) \to \mathbb{R}$ die Wahrscheinlichkeitsfunktion von (Ω, p, P). Für jedes $\omega \in \Omega$ nennt man $p(\omega)$ die Wahrscheinlichkeit des Elementarereignisses ω, für jedes $A \in \mathcal{P}(\Omega)$ nennt man $P(A)$ die Wahrscheinlichkeit des Ereignisses A. Ist Ω eine endliche Menge, so heißt (Ω, p, P) ein endlicher Wahrscheinlichkeitsraum.

(2.4) Satz: *Es sei (Ω, p, P) ein diskreter Wahrscheinlichkeitsraum.*
(1) *Es gilt $P(\emptyset) = 0$ und $P(\Omega) = 1$, und für jedes Elementarereignis $\omega \in \Omega$ ist $P(\{\omega\}) = p(\omega)$.*
(2) *Für jedes Ereignis $A \in \mathcal{P}(\Omega)$ gilt $0 \le P(A) \le 1$ und $P(\Omega \setminus A) = 1 - P(A)$.*
(3) *Sind $A, B \in \mathcal{P}(\Omega)$ mit $A \subset B$, so gilt $P(B) = P(A) + P(B \setminus A)$.*
(4) *Sind $A, B \in \mathcal{P}(\Omega)$, so gilt $P(A \cup B) = P(A) + P(B) - P(A \cap B)$.*
(5) *Sind $A_1, \dots, A_n \in \mathcal{P}(\Omega)$ paarweise disjunkt, so gilt*

$$P\Big(\bigcup_{j=1}^{n} A_j\Big) = \sum_{j=1}^{n} P(A_j).$$

(6) *Ist $(A_j)_{j\ge1}$ eine Folge in $\mathcal{P}(\Omega)$ aus paarweise disjunkten Ereignissen, so konvergiert die Reihe $\sum_{j=1}^{\infty} P(A_j)$, und es gilt*

$$P\Big(\bigcup_{j=1}^{\infty} A_j\Big) = \sum_{j=1}^{\infty} P(A_j).$$

Beweis: (1) ist klar, (5) und (6) folgen direkt aus (1.5), und (2) und (3) ergeben sich aus (5).
(4) Für alle $A, B \in \mathcal{P}(\Omega)$ gilt $A\cup B = A\cup(B\setminus(A\cap B))$ und $A\cap(B\setminus(A\cap B)) = \emptyset$ und daher nach (5) und (3) $P(A\cup B) = P(A)+P(B\setminus(A\cap B)) = P(A)+P(B)-P(A\cap B)$.

(2.5) Satz: *Es sei (Ω, p, P) ein diskreter Wahrscheinlichkeitsraum. Für jedes $n \in \mathbb{N}$ und alle Ereignisse $A_1, \dots, A_n \in \mathcal{P}(\Omega)$ gilt*

$$P(A_1 \cup A_2 \cup \cdots \cup A_n) = \sum_{k=1}^{n} (-1)^{k-1} \Big(\sum_{1\le i_1<\cdots<i_k\le n} P(A_{i_1} \cap A_{i_2} \cap \cdots \cap A_{i_k}) \Big).$$

Beweis: Ist $n = 1$, so ist nichts zu beweisen. – Es sei $n \ge 2$, und es sei bereits gezeigt: Für alle $B_1, \dots, B_{n-1} \in \mathcal{P}(\Omega)$ gilt

$$P(B_1 \cup B_2 \cup \cdots \cup B_{n-1}) = \sum_{k=1}^{n-1} (-1)^{k-1} \Big(\sum_{1\le i_1<\cdots<i_k\le n-1} P(B_{i_1} \cap B_{i_2} \cap \cdots \cap B_{i_k}) \Big).$$

Dann gilt für alle $A_1, \ldots, A_n \in \mathcal{P}(\Omega)$: Aus (2.4)(4) folgt

$$\begin{aligned} P\Big(\bigcup_{j=1}^{n} A_j\Big) &= P\Big(\big(\bigcup_{j=1}^{n-1} A_j\big) \cup A_n\Big) = P\Big(\bigcup_{j=1}^{n-1} A_j\Big) + P(A_n) - P\Big(\big(\bigcup_{j=1}^{n-1} A_j\big) \cap A_n\Big) \\ &= P\Big(\bigcup_{j=1}^{n-1} A_j\Big) + P(A_n) - P\Big(\bigcup_{j=1}^{n-1} (A_j \cap A_n)\Big), \end{aligned}$$

die Induktionsvoraussetzung liefert

$$P\Big(\bigcup_{j=1}^{n-1} A_j\Big) = \sum_{k=1}^{n-1} (-1)^{k-1} \Big(\sum_{1 \le i_1 < \cdots < i_k \le n-1} P(A_{i_1} \cap A_{i_2} \cap \cdots \cap A_{i_k}) \Big)$$

und

$$\begin{aligned} P\Big(\bigcup_{j=1}^{n-1} (A_j \cap A_n)\Big) &= \\ &= \sum_{k=1}^{n-1} (-1)^{k-1} \Big(\sum_{1 \le i_1 < \cdots < i_k \le n-1} P((A_{i_1} \cap A_n) \cap (A_{i_2} \cap A_n) \cap \cdots \cap (A_{i_k} \cap A_n)) \Big) \\ &= \sum_{k=1}^{n-1} (-1)^{k-1} \Big(\sum_{1 \le i_1 < \cdots < i_k \le n-1} P(A_{i_1} \cap A_{i_2} \cap \cdots \cap A_{i_k} \cap A_n) \Big), \end{aligned}$$

und durch Einsetzen ergibt sich

$$P\Big(\bigcup_{j=1}^{n} A_j\Big) = \sum_{k=1}^{n} (-1)^{k-1} \Big(\sum_{1 \le i_1 < \cdots < i_k \le n} P(A_{i_1} \cap A_{i_2} \cap \cdots \cap A_{i_k}) \Big).$$

(2.6) BEISPIEL: Es sei Ω eine nicht leere endliche Menge, und es sei $p\colon \Omega \to \mathbb{R}$ die Abbildung mit $p(\omega) := 1/\operatorname{Card}(\Omega)$ für jedes $\omega \in \Omega$. Für jedes $A \in \mathcal{P}(\Omega)$ ist

$$P(A) := \sum_{\omega \in A} p(\omega) = \frac{\operatorname{Card}(A)}{\operatorname{Card}(\Omega)}.$$

Dann ist (Ω, p, P) ein endlicher Wahrscheinlichkeitsraum, in dem alle Elementarereignisse gleich wahrscheinlich sind. Wendet man (2.5) auf diesen Wahrscheinlichkeitsraum an, so ergibt sich eine bisweilen nützliche Anzahlformel für Teilmengen der endlichen Menge Ω: Für jedes $n \in \mathbb{N}$ und alle $A_1, \ldots, A_n \in \mathcal{P}(\Omega)$ gilt

$$\operatorname{Card}\Big(\bigcup_{j=1}^{n} A_j\Big) = \operatorname{Card}(\Omega) \cdot P\Big(\bigcup_{j=1}^{n} A_j\Big)$$

$$= \sum_{k=1}^{n}(-1)^{k-1}\Big(\sum_{1\le i_1<\cdots<i_k\le n} \operatorname{Card}(\Omega)\cdot P(A_{i_1}\cap A_{i_2}\cap\cdots\cap A_{i_k})\Big)$$

$$= \sum_{k=1}^{n}(-1)^{k-1}\Big(\sum_{1\le i_1<\cdots<i_k\le n} \operatorname{Card}(A_{i_1}\cap A_{i_2}\cap\cdots\cap A_{i_k})\Big).$$

(2.7) BEISPIEL: (1) Das einmalige Würfeln mit einem symmetrischen Würfel läßt sich durch den folgenden endlichen Wahrscheinlichkeitsraum beschreiben: Die Elementarereignisse sind hier die möglichen Ergebnisse eines Wurfs; ihre Menge ist also $\Omega := \{1,2,3,4,5,6\}$, und für jedes $\omega \in \Omega$ wird $p(\omega) = 1/6$ gesetzt. [Dies ist die mathematische Formulierung der Voraussetzung, daß mit einem *symmetrischen* Würfel gewürfelt wird.] Setzt man $P(A) := \sum_{\omega\in A} p(\omega) = \operatorname{Card}(A)/6$ für jedes $A \in \mathcal{P}(\Omega)$, so ist (Ω, p, P) ein endlicher Wahrscheinlichkeitsraum, der das einmalige Würfeln mit einem symmetrischen Würfel beschreibt.
(2) Das einmalige Würfeln mit einem Paar unterscheidbarer symmetrischer Würfel läßt sich so beschreiben: Die möglichen Ergebnisse eines Wurfes sind die Paare (i,j) mit $i, j \in \{1,2,3,4,5,6\}$, und alle Ergebnisse sind gleich wahrscheinlich. Mit $\Omega := \{1,2,3,4,5,6\}^2$, mit $p(\omega) := 1/\operatorname{Card}(\Omega) = 1/36$ für jedes $\omega \in \Omega$ und mit $P(A) := \sum_{\omega\in A} p(\omega) = \operatorname{Card}(A)/36$ für jedes $A \in \mathcal{P}(\Omega)$ ist (Ω, p, P) ein endlicher Wahrscheinlichkeitsraum, der das Würfeln mit diesem Paar von Würfeln beschreibt. Das Ereignis $A := \{(i,j) \in \Omega \mid i+j = 8\} = \{(2,6),(3,5),(4,4),(5,3),(6,2)\}$ hat darin die Wahrscheinlichkeit $P(A) = 5/36$.
(3) Das Würfeln mit zwei nicht unterscheidbaren Würfeln läßt sich durch den folgenden endlichen Wahrscheinlichkeitsraum (Ω, p, P) beschreiben: Man setzt $\Omega := \{(i,j) \mid i, j \in \mathbb{N},\ i \le j \le 6\}$ und

$$p(i,j) := \begin{cases} \dfrac{1}{18}, & \text{falls } 1 \le i < j \le 6 \text{ gilt,} \\ \dfrac{1}{36}, & \text{falls } 1 \le i = j \le 6 \text{ gilt} \end{cases}$$

[denn ein Ergebnis $(i,j) \in \Omega$ mit $i < j$ kann auf zwei verschiedene Weisen eintreten, ein Ergebnis $(i,i) \in \Omega$ aber nur auf eine Weise]. In (Ω, p, P) hat das Ereignis $A := \{(i,j) \in \Omega \mid i+j = 8\} = \{(2,6),(3,5),(4,4)\}$ die Wahrscheinlichkeit $P(A) = 5/36$.

(2.8) BEMERKUNG: In den Beispielen in (2.7) wird mit Würfeln gewürfelt, von denen von vorneherein feststeht, daß sie symmetrisch sind [etwa auf Grund einer genauen physikalischen Untersuchung oder einer Garantie des Herstellers]. In diesen Fällen ist jeweils ein zur Beschreibung geeigneter Wahrscheinlichkeitsraum gewissermaßen a priori gegeben. Wird mit einem Würfel gewürfelt, dessen Symmetrie nicht von vorneherein feststeht, so wird man diese dadurch bestätigen wollen, daß man die Häufigkeiten, mit denen die einzelnen Augenzahlen in einer langen Serie von Würfen auftreten, beobachtet und vergleicht. Man wird also testen wollen, ob diese beobachteten Häufigkeiten mit der Hypothese "Der Würfel ist symmetrisch" vereinbar sind oder nicht. Dies ist ein ganz anderes Problem; hierauf wird in §5 näher eingegangen.

(2.9) BEMERKUNG: Im folgenden wird oft von "Zufallsexperimenten" die Rede sein. Unter einem Zufallsexperiment versteht man einen genau beschriebenen und beliebig wiederholbaren Vorgang, dessen Ergebnis "zufällig" ist, nicht vorhersagbar ist, wie etwa das Werfen eines Würfels, das Ziehen einer Kugel aus einer Urne mit 49 numerierten Kugeln oder das Abzählen der von einer radioaktiven Substanz pro Sekunde emittierten α-Teilchen. Die Beispiele in (2.7) zeigen, wie man zu einem Zufallsexperiment einen geeigneten Wahrscheinlichkeitsraum gewinnen kann: Man setzt Ω gleich der Menge aller möglichen Ergebnisse ω des Experiments und ordnet jedem $\omega \in \Omega$ eine reelle Zahl $p(\omega) \geq 0$ zu, die sich auf Grund einer genauen Beschreibung des Experiments als Maß für die Wahrscheinlichkeit des Ergebnisses ω ergibt. Ist die Abbildung $p: \Omega \to \mathbb{R}$ summierbar und gilt $\sum_{\omega \in \Omega} p(\omega) = 1$, so setzt man $P(A) := \sum_{\omega \in A} p(\omega)$ für jedes $A \in \mathcal{P}(\Omega)$ und hat auf diese Weise einen diskreten Wahrscheinlichkeitsraum (Ω, p, P) konstruiert, den man zur Beschreibung und zur Analyse des Experiments verwendet.

(2.10) BEMERKUNG: In diesem Abschnitt werden einige Anzahlformeln der elementaren Kombinatorik zusammengestellt, die bisweilen bei der Konstruktion eines endlichen Wahrscheinlichkeitsraums nützlich sind.

Es seien $n, k \in \mathbb{N}$; es sei M eine endliche Menge mit $\operatorname{Card}(M) = n$.

(1) Für $\Omega_1 := M^k = \{(a_1, \ldots, a_k) \mid a_1, \ldots, a_k \in M\}$ gilt $\operatorname{Card}(\Omega_1) = n^k$. Die Elemente von Ω_1 nennt man die geordneten Stichproben aus M vom Umfang k mit Wiederholungen.

(2) Für die Menge $\Omega_2 := \{(a_1, \ldots, a_k) \in M^k \mid a_1, \ldots, a_k \text{ paarweise verschieden}\}$ gilt $\operatorname{Card}(\Omega_2) = n(n-1)\cdots(n-k+1) = [n]_k = k!\binom{n}{k}$. Die Elemente von Ω_2 heißen die geordneten Stichproben aus M vom Umfang k ohne Wiederholungen.

(3) Die Elemente von M seien numeriert, und zwar sei $M = \{b_1, \ldots, b_n\}$. Für die Menge Ω aller geordneten Stichproben aus M vom Umfang n ohne Wiederholungen, also aller n-tupel aus paarweise verschiedenen Elementen von M gilt $\operatorname{Card}(\Omega) = n!$, und die Abbildung $\sigma \mapsto (b_{\sigma(1)}, \ldots, b_{\sigma(n)}) : S_n \to \Omega$ ist bijektiv [S_n ist die symmetrische Gruppe vom Grad n, vgl. I(4.19)]. Man kann daher die Elemente von Ω durch die Elemente von S_n repräsentieren.

(4) Für $\Omega_3 := \{\omega \in \mathcal{P}(M) \mid \operatorname{Card}(\omega) = k\}$ gilt $\operatorname{Card}(\Omega_3) = \binom{n}{k}$ [vgl. I(4.27)]. Die Elemente von Ω_3 nennt man die ungeordneten Stichproben aus M vom Umfang k ohne Wiederholungen.

(5) Die Elemente von M seien numeriert, und zwar sei $M = \{b_1, \ldots, b_n\}$. Für $\Omega_3' := \{(b_{i(1)}, b_{i(2)}, \ldots, b_{i(k)}) \in M^k \mid 1 \leq i(1) < i(2) < \cdots < i(k) \leq n\}$ gilt $\operatorname{Card}(\Omega_3') = \operatorname{Card}(\Omega_3) = \binom{n}{k}$, denn die Abbildung

$$(b_{i(1)}, b_{i(2)}, \ldots, b_{i(k)}) \mapsto \{b_{i(1)}, b_{i(2)}, \ldots, b_{i(k)}\} : \Omega_3' \to \Omega_3$$

ist bijektiv. Bisweilen bezeichnet man auch die Elemente von Ω_3' als die ungeordneten Stichproben aus M vom Umfang k ohne Wiederholungen.

(6) Die Elemente von M seien numeriert, und zwar sei $M = \{ b_1, \ldots, b_n \}$. Die Elemente von $\Omega_4 := \{ (b_{i(1)}, b_{i(2)}, \ldots, b_{i(k)}) \in M^k \mid 1 \leq i(1) \leq i(2) \leq \cdots \leq i(k) \leq n \}$ heißen die ungeordneten Stichproben aus M vom Umfang k mit Wiederholungen. Es gilt $\text{Card}(\Omega_4) = \binom{n+k-1}{k}$, denn die folgende Abbildung ist bijektiv:

$$\begin{cases} f : \Omega_4 \to \{ B \in \mathcal{P}(\{1, \ldots, n+k-1\}) \mid \text{Card}(B) = k \} \quad \text{mit} \\ f(b_{i(1)}, b_{i(2)}, \ldots, b_{i(k)}) := \{ i(1), i(2)+1, i(3)+2, \ldots, i(k)+k-1 \} \\ \qquad\qquad \text{für jedes } (b_{i(1)}, b_{i(2)}, \ldots, b_{i(k)}) \in \Omega_4. \end{cases}$$

(2.11) Beispiel: (1) In einer Urne liegen $n \geq 1$ Kugeln, von denen $n_1 \geq 0$ weiß und $n_2 := n - n_1 \geq 0$ schwarz sind; es sei $m \in \{ 1, \ldots, n \}$. Als Zufallsexperiment betrachte man das zufällige Herausgreifen von m Kugeln aus der Urne. Die Menge aller Ergebnisse ist dann die Menge Ω aller m-elementigen Teilmengen der Menge M aller Kugeln in der Urne, und allen Ergebnissen ist dieselbe Wahrscheinlichkeit zuzuordnen. Man erhält also den endlichen Wahrscheinlichkeitsraum (Ω, p, P) mit $p(\omega) := 1/\binom{n}{m}$ für jedes $\omega \in \Omega$.

Es sei $j \in \{ 0, 1, \ldots, m \}$, und es sei A_j die Menge aller $\omega \in \Omega$, in denen genau j Kugeln weiß sind. Für ein $\omega \in \Omega$ gilt $\omega \in A_j$ genau dann, wenn ω die Vereinigung einer Menge aus j weißen und einer Menge aus $m - j$ schwarzen Kugeln aus M ist. Also gilt

$$\text{Card}(A_j) = \binom{n_1}{j}\binom{n_2}{m-j} \quad \text{und daher} \quad P(A_j) = \binom{n_1}{j}\binom{n_2}{m-j} \Big/ \binom{n}{m}.$$

(2) Es sei $n \in \mathbb{N}$. Das n-malige Werfen einer symmetrischen Münze mit den Seiten "Kopf" und "Adler" wird durch folgenden endlichen Wahrscheinlichkeitsraum (Ω, p, P) beschrieben: Man setzt $\Omega := \{ K, A \}^n$ und $p(\omega) := 1/\text{Card}(\Omega) = 1/2^n$ für jedes $\omega \in \Omega$. Es sei $j \in \{ 0, 1, \ldots, n \}$, und es sei $A_j \in \mathcal{P}(\Omega)$ das Ereignis: Bei n aufeinanderfolgenden Würfen der Münze wird j-mal "Kopf" und $(n - j)$-mal "Adler" beobachtet. Dann ist $\text{Card}(A_j)$ die Anzahl der Möglichkeiten, aus den Zahlen $1, 2, \ldots, n$ genau j verschiedene auszuwählen, und daher gilt $\text{Card}(A_j) = \binom{n}{j}$ und $P(A_j) = \binom{n}{j}/2^n$.

(3) Es werden $k \geq 1$ unterscheidbare Kugeln, die mit $1, \ldots, k$ numeriert sind, "zufällig" auf $n \geq 1$ unterscheidbare Urnen, die mit $1, \ldots, n$ numeriert sind, verteilt. Das Ergebnis "Kugel 1 liegt in der Urne $i(1)$, Kugel 2 in der Urne $i(2)$, ..., Kugel k in der Urne $i(k)$" läßt sich durch das k-tupel $(i(1), i(2), \ldots, i(k)) \in \{ 1, 2, \ldots, n \}^k$ beschreiben. Man wird alle möglichen Ergebnisse als gleich wahrscheinlich betrachten [dies ist die mathematische Formulierung der Voraussetzung, daß die k Kugeln "zufällig" auf die Urnen verteilt werden] und erhält so zur Beschreibung den endlichen Wahrscheinlichkeitsraum (Ω, p, P) mit $\Omega := \{ 1, 2, \ldots, n \}^k$ und mit $p(\omega) := 1/\text{Card}(\Omega) = 1/n^k$ für jedes $\omega \in \Omega$. [Dies ist das Maxwell-Boltzmann-Modell der statistischen Physik.] Für die Ereignisse

$$\begin{aligned} A &:= \{ \omega \in \Omega \mid \text{bei } \omega \text{ liegt in jeder Urne höchstens eine Kugel} \} \quad \text{und} \\ B &:= \{ \omega \in \Omega \mid \text{bei } \omega \text{ liegen alle Kugeln in einer Urne} \} \end{aligned}$$

gilt dann $P(A) = k!\binom{n}{k}n^{-k}$ [vgl. (2.10)(2)] und $P(B) = n \cdot n^{-k} = n^{-k+1}$.
(4) Von jedem Mitglied einer Gruppe von $k \geq 1$ Menschen wird notiert, an welchem Tag des Jahres sein Geburtstag ist; dabei wird der Einfachheit halber angenommen, daß niemand an einem 29. Februar geboren ist. Das Ergebnis kann als ein k-tupel $(i(1), i(2), \ldots, i(k)) \in \{1, 2, \ldots, 365\}^k$ repräsentiert werden. Nimmt man an, daß alle diese Ergebnisse gleich wahrscheinlich sind, so führt das Modell aus (3) auf den endlichen Wahrscheinlichkeitsraum (Ω, p, P) mit $\Omega := \{1, 2, \ldots, 365\}^k$ und mit $p(\omega) := 1/365^k$ für jedes $\omega \in \Omega$. Für das Ereignis

$$A := \{\omega \in \Omega \mid \text{die Einträge in } \omega \text{ sind paarweise verschieden}\}$$

gilt nach (3) $P(A) = k!\binom{365}{k}365^{-k}$, und für das Ereignis

$$B := \{\omega \in \Omega \mid \text{mindestens zwei Einträge in } \omega \text{ sind gleich}\}$$

gilt $B = \Omega \setminus A$ und daher $P(B) = 1 - P(A) = 1 - k!\binom{365}{k}365^{-k}$. Die folgende Tabelle enthält für einige Werte von k die Wahrscheinlichkeit $P(B)$ [auf 3 Stellen gerundet]:

k	10	20	21	22	23	30	40	50	70
$P(B)$	0.117	0.411	0.444	0.476	0.507	0.706	0.891	0.970	0.999

Es gilt also: Besteht die Gruppe aus mindestens 23 Mitgliedern, so ist die Wahrscheinlichkeit dafür, daß mindestens zwei von ihnen am selben Tag des Jahres Geburtstag haben, größer als 0.5.
(5) Es werden $k \geq 1$ nicht unterscheidbare Kugeln "zufällig" auf $n \geq 1$ unterscheidbare Urnen, die mit $1, \ldots, n$ numeriert sind, verteilt. Die Ergebnisse sind die ungeordneten Stichproben $(i(1), \ldots, i(k))$ aus $\{1, \ldots, n\}$ vom Umfang k mit Wiederholungen, und zwar steht die Stichprobe $(i(1), \ldots, i(k))$ für das Ergebnis: Für jedes $m \in \{1, \ldots, n\}$ ist die Anzahl der Kugeln in der m-ten Urne gleich $\operatorname{Card}\{j \mid 1 \leq j \leq k \text{ mit } i(j) = m\}$. Nach (2.10)(6) hat die Menge Ω aller möglichen Ergebnisse genau $\binom{n+k-1}{k}$ Elemente. Man ordnet allen Ergebnissen $\omega \in \Omega$ dieselbe Wahrscheinlichkeit $p(\omega)$ zu, und erhält auf diese Weise den endlichen Wahrscheinlichkeitsraum (Ω, p, P) mit $p(\omega) = 1/\binom{n+k-1}{k}$ für jedes $\omega \in \Omega$. [Dies ist das Bose-Einstein-Modell der statistischen Physik.] Für die Ereignisse

$$\begin{aligned} A &:= \{\omega \in \Omega \mid \text{bei } \omega \text{ liegt in jeder Urne höchstens eine Kugel}\} \quad \text{und} \\ B &:= \{\omega \in \Omega \mid \text{bei } \omega \text{ liegen alle Kugeln in einer Urne}\} \end{aligned}$$

gilt darin $P(A) = \binom{n}{k}/\binom{n+k-1}{k}$ und $P(B) = n/\binom{n+k-1}{k}$.

(2.12) DEFINITION: Es sei (Ω, p, P) ein diskreter Wahrscheinlichkeitsraum, und es sei $n \in \mathbb{N}$. Ereignisse $A_1, \ldots, A_n \in \mathcal{P}(\Omega)$ heißen unabhängig, wenn für jedes

$m \in \{1, \ldots, n\}$ und alle paarweise verschiedenen $i(1), \ldots, i(m) \in \{1, \ldots, n\}$ gilt: Es ist

$$P\Big(\bigcap_{k=1}^{m} A_{i(k)}\Big) = \prod_{k=1}^{m} P(A_{i(k)}).$$

(2.13) BEMERKUNG: Es sei (Ω, p, P) ein diskreter Wahrscheinlichkeitsraum, es seien $A, B \in \mathcal{P}(\Omega)$.
(1) A und B sind genau dann unabhängig, wenn $P(A \cap B) = P(A)P(B)$ gilt.
(2) Sind A und B unabhängig, so gilt: A und $\Omega \setminus B$ sind unabhängig, und $\Omega \setminus A$ und $\Omega \setminus B$ sind unabhängig.
Beweis: Sind $A, B \in \mathcal{P}(\Omega)$ unabhängig, so gilt: $P(A \cap (\Omega \setminus B)) = P(A \setminus (A \cap B)) = P(A) - P(A \cap B) = P(A) - P(A)P(B) = P(A)(1 - P(B)) = P(A)P(\Omega \setminus B)$.

(2.14) BEISPIEL: Es werden zwei unterscheidbare symmetrische Würfel geworfen. Dazu gehört der endliche Wahrscheinlichkeitsraum (Ω, p, P) mit $\Omega := \{1, 2, \ldots, 6\}^2$ und mit $p(\omega) = 1/\operatorname{Card}(\Omega) = 1/36$ für jedes $\omega \in \Omega$ [vgl. (2.7)(2)]. Für die Ereignisse $A := \{(6, j) \in \Omega \mid 1 \leq j \leq 6\}$, $B := \{(i, 6) \in \Omega \mid 1 \leq i \leq 6\}$ und $C := \{(i, j) \in \Omega \mid i + j = 10\}$ gilt $P(A \cap B) = 1/36 = P(A)P(B)$ und $P(A \cap C) = 1/36 \neq 1/72 = P(A)P(C)$. Also sind A und B unabhängig, nicht aber A und C.

(2.15) In den folgenden Abschnitten werden zwei weniger elementare Beispiele diskreter Wahrscheinlichkeitsräume behandelt: In (2.16)(2) wird gezeigt, daß auch ein vergleichsweise einfaches Zufallsexperiment zu einem nicht endlichen diskreten Wahrscheinlichkeitsraum führen kann; in (2.18) wird ein Abzählproblem der Kombinatorik gelöst, das wie manche ähnliche Probleme bei der Diskussion von Such- und Sortieralgorithmen eine Rolle spielt. Auf beide Beispiele wird im nächsten Paragraphen wieder eingegangen.

(2.16) BEISPIEL: Es sei (Ω, p, P) ein endlicher Wahrscheinlichkeitsraum; es gelte $\operatorname{Card}(\Omega) = 2$, $\Omega = \{\omega_{01}, \omega_{02}\}$ und $p_0 := p(\omega_{01}) > 0$; es sei $q_0 := p(\omega_{02})$. Dann gilt $p_0 + q_0 = P(\Omega) = 1$. Dieser Wahrscheinlichkeitsraum beschreibt ein Zufallsexperiment, das zwei verschiedene Ergebnisse ω_{01} und ω_{02} liefert, und zwar ω_{01} mit der Wahrscheinlichkeit p_0 und ω_{02} mit der Wahrscheinlichkeit q_0. Dieses Experiment könnte etwa darin bestehen, daß eine symmetrische Münze einmal geworfen wird [dann ist $p_0 = q_0 = 1/2$ zu setzen, vgl. (2.11)(2)], oder darin, daß mit einem symmetrischen Würfel einmal gewürfelt und dann notiert wird, ob die geworfene Augenzahl gleich 6 oder kleiner als 6 ist [dann ist $p_0 = 1/6$ und $q_0 = 5/6$ zu setzen].
(1) Es sei $n \in \mathbb{N}$; es sei $p_n \colon \Omega^n \to \mathbb{R}$ die Abbildung mit $p_n(\omega_1, \omega_2, \ldots, \omega_n) = p(\omega_1)p(\omega_2) \cdots p(\omega_n)$ für jedes $(\omega_1, \omega_2, \ldots, \omega_n) \in \Omega^n$, es sei $P_n(A) := \sum_{\omega \in A} p_n(\omega)$ für jedes $A \subset \Omega^n$. Für jedes $k \in \{0, 1, \ldots, n\}$ gilt: Es gibt genau $\binom{n}{k}$ Elemente $(\omega_1, \ldots, \omega_n)$ von Ω^n, in denen k-mal ω_{01} und $(n-k)$-mal ω_{02} vorkommt, und für jedes solche $(\omega_1, \ldots, \omega_n)$ ist $p_n(\omega_1, \ldots, \omega_n) = p_0^k q_0^{n-k}$. Also gilt $\sum_{\omega \in \Omega^n} p_n(\omega) = \sum_{k=0}^{n} \binom{n}{k} p_0^k q_0^{n-k} = (p_0 + q_0)^n = 1$, und somit ist (Ω^n, p_n, P_n) ein endlicher Wahrscheinlichkeitsraum.

Der Wahrscheinlichkeitsraum (Ω^n, p_n, P_n) beschreibt das folgende Zufallsexperiment: Man führt das ursprüngliche, durch (Ω, p, P) beschriebene Experiment n-mal hintereinander durch und notiert dann das dabei beobachtete n-tupel $(\omega_1, \ldots, \omega_n) \in \Omega^n$ als Ergebnis.

(2) Es sei ω_∞^* die konstante Folge in Ω mit dem Wert ω_{02}, und für jedes $n \in \mathbb{N}$ sei $\omega_n^* := (\omega_{02}, \omega_{02}, \ldots, \omega_{02}, \omega_{01}) \in \Omega^n$ das n-tupel, in dem am Ende ω_{01} und vorher $(n-1)$-mal ω_{02} steht. Es sei $\Omega^* := \{\omega_\infty^*\} \cup \{\omega_n^* \mid n \in \mathbb{N}\}$. Die Abbildung

$$\begin{cases} p^* : \Omega^* \to \mathbb{R} \quad \text{mit} \\ p^*(\omega_\infty^*) := 0 \quad \text{und} \quad p^*(\omega_n^*) := p_0 q_0^{n-1} \quad \text{für jedes } n \in \mathbb{N} \end{cases}$$

ist summierbar, da die Reihe $\sum_{n=1}^\infty p_0 q_0^{n-1}$ konvergiert, und es ist $\sum_{\omega^* \in \Omega^*} p^*(\omega^*) = 0 + p_0 \sum_{n=1}^\infty q_0^{n-1} = p_0/(1-q_0) = 1$. Setzt man noch $P^*(A) := \sum_{\omega^* \in A} p^*(\omega^*)$ für jedes $A \in \mathcal{P}(\Omega^*)$, so ist (Ω^*, p^*, P^*) ein diskreter Wahrscheinlichkeitsraum mit abzählbar unendlich vielen Elementarereignissen. Man beachte: Das Elementarereignis ω_∞^* hat die Wahrscheinlichkeit 0.

Der Wahrscheinlichkeitsraum (Ω^*, p^*, P^*) beschreibt das folgende Zufallsexperiment: Man wiederholt das ursprüngliche, durch (Ω, p, P) beschriebene Experiment so oft, bis es zum ersten Mal das Ergebnis ω_{01} liefert, und notiert als Ergebnis $\omega_n^* \in \Omega^*$, falls bei der n-ten Wiederholung abgebrochen werden kann. Man muß damit rechnen, daß im Laufe einer Serie niemals das Ergebnis ω_{01} beobachtet wird, daß also $\omega_\infty^* \in \Omega^*$ als Ergebnis zu notieren ist, aber es dürfte vernünftig erscheinen, daß diesem möglichen Ergebnis ω_∞^* die Wahrscheinlichkeit 0 zugeordnet wurde.

(2.17) BEMERKUNG: Es sei $n \in \mathbb{N}$, und es sei S_n die symmetrische Gruppe vom Grad n [vgl. I(4.19)]; für jedes $i \in \{1, \ldots, n\}$ sei $A_i := \{\sigma \in S_n \mid \sigma(i) = i\}$.

(1) Es sei $k \in \{1, \ldots, n\}$, und es seien $i_1, \ldots, i_k \in \{1, \ldots, n\}$ mit $i_1 < \cdots < i_k$. Dann hat die Menge $B := A_{i_1} \cap \cdots \cap A_{i_k} = \{\sigma \in S_n \mid \sigma(i_1) = i_1, \ldots, \sigma(i_k) = i_k\}$ genau $(n-k)!$ Elemente.

Beweis: Es gelte $k < n$, und es sei $\{j_1, \ldots, j_{n-k}\} = \{1, \ldots, n\} \setminus \{i_1, \ldots, i_k\}$ mit $j_1 < \cdots < j_{n-k}$. Ordnet man jedem $\sigma \in B$ das $(n-k)$-tupel $(\sigma(j_1), \ldots, \sigma(j_{n-k}))$ zu, so erhält man eine bijektive Abbildung von B auf die Menge aller geordneten Stichproben aus $\{j_1, \ldots, j_{n-k}\}$ vom Umfang $n-k$ ohne Wiederholungen. Also gilt $\mathrm{Card}(B) = (n-k)!$. – Im Fall $k = n$ ist dies trivialerweise richtig.

(2) Es gilt

$$\mathrm{Card}\{\sigma \in S_n \mid \sigma(i) \neq i \text{ für jedes } i \in \{1, \ldots, n\}\} = n! \sum_{k=0}^n \frac{(-1)^k}{k!}.$$

Beweis: Die Menge, deren Elementanzahl zu ermitteln ist, ist $S_n \setminus (A_1 \cup \cdots \cup A_n)$, und diese Menge besitzt nach (2.6), (2.10)(4) und nach (1) die Elementanzahl

$$\begin{aligned} \mathrm{Card}(S_n) - \mathrm{Card}(A_1 \cup \cdots \cup A_n) &= \\ &= n! - \sum_{k=1}^n (-1)^{k-1} \sum_{1 \le i_1 < \cdots < i_k \le n} \mathrm{Card}(A_{i_1} \cap \cdots \cap A_{i_k}) \end{aligned}$$

$$= n! - \sum_{k=1}^{n}(-1)^{k-1}\binom{n}{k}(n-k)! = n!\sum_{k=0}^{n}\frac{(-1)^k}{k!}.$$

(2.18) Satz: *Es sei $n \in \mathbb{N}$, und für jedes Element σ der Gruppe S_n sei $d(\sigma)$ die Anzahl der $i \in \{1,\dots,n\}$ mit $\sigma(i) = i$. Für jedes $m \in \{0,1,\dots,n\}$ gilt*

$$\operatorname{Card}\{\,\sigma \in S_n \mid d(\sigma) = m\,\} = \frac{n!}{m!}\sum_{k=0}^{n-m}\frac{(-1)^k}{k!}.$$

Beweis: (1) Für den Fall $m = 0$ wurde die Behauptung in (2.17)(2) bewiesen; im Fall $m = n$ ist sie trivialerweise richtig.
(2) Es sei $m \in \{1,\dots,n-1\}$, und für alle $i_1,\dots,i_m \in \{1,\dots,n\}$ mit $i_1 < \dots < i_m$ sei $C(i_1,\dots,i_m)$ die Menge der $\sigma \in S_n$, für die $\sigma(i_1) = i_1,\dots,\sigma(i_m) = i_m$ und $\sigma(j) \neq j$ für jedes $j \in \{1,\dots,n\} \setminus \{i_1,\dots,i_m\}$ gilt.
(a) Es seien $i_1,\dots,i_m \in \{1,\dots,n\}$ mit $i_1 < \dots < i_m$, und es sei $\{j_1,\dots,j_{n-m}\} = \{1,\dots,n\} \setminus \{i_1,\dots,i_m\}$ mit $j_1 < \dots < j_{n-m}$. Für jedes $\tau \in S_{n-m}$ ist

$$\begin{cases} \overline{\tau} : \{1,\dots,n\} \to \{1,\dots,n\} \quad \text{mit} \\ \overline{\tau}(i_1) = i_1,\dots,\overline{\tau}(i_m) = i_m \quad \text{und} \quad \overline{\tau}(j_1) = j_{\tau(1)},\dots,\overline{\tau}(j_{n-m}) = j_{\tau(n-m)} \end{cases}$$

ein Element von S_n. Die Abbildung $\tau \mapsto \overline{\tau} : S_{n-m} \to S_n$ ist injektiv und bildet die Menge $B_{n-m} := \{\,\tau \in S_{n-m} \mid \tau(1) \neq 1,\dots,\tau(n-m) \neq n-m\,\}$ auf die Menge $C(i_1,\dots,i_m)$ ab. Hieraus und aus (2.17)(2) folgt: Es gilt $\operatorname{Card}(C(i_1,\dots,i_m)) = \operatorname{Card}(B_{n-m}) = (n-m)!\sum_{k=0}^{n-m}(-1)^k/k!$.
(b) Wie man sieht, ist $\{\,C(i_1,\dots,i_m) \mid 1 \leq i_1 < \dots < i_m \leq n\,\}$ eine Partition der Menge $\{\,\sigma \in S_n \mid d(\sigma) = m\,\}$. Somit gilt nach (a) und nach (2.10)(4)

$$\begin{aligned} \operatorname{Card}(\{\,\sigma \in S_n \mid d(\sigma) = m\,\}) &= \sum_{1 \leq i_1 < \dots < i_m \leq n} \operatorname{Card}(C(i_1,\dots,i_m)) \\ &= \binom{n}{m}(n-m)!\sum_{k=0}^{n-m}\frac{(-1)^k}{k!} = \frac{n!}{m!}\sum_{k=0}^{n-m}\frac{(-1)^k}{k!}. \end{aligned}$$

(2.19) BEMERKUNG: (1) Es sei $n \in \mathbb{N}$; es sei $\Omega := \{\,(\sigma(1),\dots,\sigma(n)) \mid \sigma \in S_n\,\}$ die Menge aller geordneten Stichproben aus $\{1,\dots,n\}$ vom Umfang n ohne Wiederholungen, also aller n-tupel $(a_1,\dots,a_n)$ aus paarweise verschiedenen $a_1,\dots,a_n \in \{1,\dots,n\}$. Mit $p(\omega) := 1/\operatorname{Card}(\Omega) = 1/n!$ für jedes $\omega \in \Omega$ und mit $P(A) := \sum_{\omega \in A} p(\omega) = \operatorname{Card}(A)/n!$ für jedes $A \in \mathcal{P}(\Omega)$ ist (Ω, p, P) ein endlicher Wahrscheinlichkeitsraum, der das zufällige Herausgreifen einer Stichprobe ω aus Ω beschreibt.

Bei der Diskussion von Such- und Sortieralgorithmen [vgl. etwa [36] und [59]] interessieren für jedes $m \in \mathbb{N}_0$ die Wahrscheinlichkeiten dafür, daß in einem beliebig aus Ω herausgegriffenen n-tupel ω genau m Einträge, bzw. mindestens m Einträge an der richtigen Stelle stehen, also die Wahrscheinlichkeiten der Ereignisse

$$\begin{aligned} A_{n,m} &:= \{\,(\sigma(1),\dots,\sigma(n)) \in \Omega \mid \sigma \in S_n \text{ mit } d(\sigma) = m\,\} \quad \text{und} \\ B_{n,m} &:= \{\,(\sigma(1),\dots,\sigma(n)) \in \Omega \mid \sigma \in S_n \text{ mit } d(\sigma) \geq m\,\} \end{aligned}$$

[darin ist wie in (2.18) $d(\sigma)$ für jedes $\sigma \in S_n$ die Anzahl der $i \in \{1,\dots,n\}$ mit $\sigma(i) = i$]. Für jedes $m > n$ gilt $A_{n,m} = \emptyset = B_{n,m}$ und daher $P(A_{n,m}) = 0 = P(B_{n,m})$, und nach (2.18) gilt für jedes $m \in \{0,1,\dots,n\}$

$$P(A_{n,m}) = \frac{1}{m!}\sum_{k=0}^{n-m}\frac{(-1)^k}{k!} \quad \text{und}$$

$$P(B_{n,m}) = P\Big(\biguplus_{j=m}^{n} A_{n,j}\Big) = \sum_{j=m}^{n} P(A_{n,j}) = \sum_{j=m}^{n}\frac{1}{j!}\sum_{k=0}^{n-j}\frac{(-1)^k}{k!}.$$

(2) Für jedes $m \in \mathbb{N}$ existieren die Grenzwerte

$$\lim_{n\to\infty}\big(P(A_{n,m})\big) = \frac{1}{m!}\cdot\lim_{n\to\infty}\Big(\sum_{k=0}^{n-m}\frac{(-1)^k}{k!}\Big) = \frac{1}{m!\cdot e} \quad \text{und}$$

$$b_m := \lim_{n\to\infty}\big(P(B_{n,m})\big) = \sum_{j=m}^{\infty}\frac{1}{j!}\Big(\sum_{k=0}^{\infty}\frac{(-1)^k}{k!}\Big) = \frac{1}{e}\sum_{j=m}^{\infty}\frac{1}{j!} = 1-\frac{1}{e}\sum_{j=0}^{m-1}\frac{1}{j!}$$

[hier wurde der Doppelreihensatz III(2.16) benützt; vgl. auch IV(3.4)(2)]. Die folgende Tabelle enthält für einige Werte von n und m die Wahrscheinlichkeiten $P(B_{n,m})$ und die Grenzwerte b_m:

m	1	2	3	4	5	6
$P(B_{4,m})$	0.62500	0.29167	0.04167	0.04167		
$P(B_{6,m})$	0.63194	0.26528	0.07778	0.02222	0.00139	0.00139
$P(B_{8,m})$	0.63219	0.26426	0.08023	0.01912	0.00350	0.00072
$P(B_{10,m})$	0.63213	0.26424	0.08030	0.01899	0.00366	0.00060
$P(B_{12,m})$	0.63212	0.26424	0.08030	0.01899	0.00366	0.00059
b_m	0.63212	0.26424	0.08030	0.01899	0.00366	0.00059

(2.20) Zum Abschluß dieses Paragraphen wird ein Verfahren zur Konstruktion diskreter Wahrscheinlichkeitsräume vorgeführt, das im nächsten Paragraphen benötigt wird.

(2.21) Satz: *Es sei $n \in \mathbb{N}$, es seien $(\Omega_1, p_1, P_1), \dots, (\Omega_n, p_n, P_n)$ diskrete Wahrscheinlichkeitsräume, es sei $\Omega := \Omega_1 \times \cdots \times \Omega_n$, für jedes $(\omega_1,\dots,\omega_n) \in \Omega$ sei $p(\omega_1,\dots,\omega_n) := p_1(\omega_1)\cdots p_n(\omega_n)$, und für jedes $A \in \mathcal{P}(\Omega)$ sei $P(A) := \sum_{\omega\in A} p(\omega)$. Dann ist (Ω, p, P) ein diskreter Wahrscheinlichkeitsraum, und für alle Ereignisse $A_1 \in \mathcal{P}(\Omega_1), \dots, A_n \in \mathcal{P}(\Omega_n)$ gilt $P(A_1 \times \cdots \times A_n) = P_1(A_1)\cdots P_n(A_n)$.*

Beweis: Nach (1.14) ist $p:\Omega \to \mathbb{R}$ summierbar, und für alle Ereignisse $A_1 \in \mathcal{P}(\Omega_1),\dots,A_n \in \mathcal{P}(\Omega_n)$ gilt $P(A_1 \times \cdots \times A_n) = P_1(A_1)\cdots P_n(A_n)$. Insbesondere gilt daher $\sum_{\omega\in\Omega} p(\omega) = P(\Omega_1 \times\cdots\times \Omega_n) = P_1(\Omega_1)\cdots P_n(\Omega_n) = 1$, und daher ist (Ω, p, P) ein diskreter Wahrscheinlichkeitsraum.

(2.22) BEMERKUNG: Die Lehrbuchliteratur zur Stochastik ist unübersehbar. Gut zugänglich und anwendungsorientiert ist [22]; Einführungen in die Theorie liefern [28], [41] und besonders ausführlich [9]. Ein an den Bedürfnissen der Informatiker ausgerichtetes Lehrbuch ist [58], und weitergehende Anwendungen der Stochastik in der Informatik sind in [62] behandelt.

§3 Zufällige Veränderliche

(3.1) DEFINITION: Es sei (Ω, p, P) ein diskreter Wahrscheinlichkeitsraum; es sei $Y:\Omega \to \mathbb{R}$ eine Abbildung. Man nennt dann Y eine zufällige Veränderliche auf (Ω, p, P); die Funktion

$$\begin{cases} f_Y : \mathbb{R} \to \mathbb{R} \quad \text{mit} \\ f_Y(x) \;:=\; P\big(Y^{-1}(x)\big) \;=\; P\big(\{\,\omega\in\Omega \mid Y(\omega)=x\,\}\big) \quad \text{für jedes } x\in\mathbb{R} \end{cases}$$

heißt die Dichte oder die Dichtefunktion von Y. [Dabei ist für jedes $x \in \mathbb{R}$ zur Abkürzung $Y^{-1}(x) := Y^{-1}(\{\,x\,\}) = \{\,\omega\in\Omega \mid Y(\omega) = x\,\}$ gesetzt.]

(3.2) BEMERKUNG: Es sei (Ω, p, P) ein diskreter Wahrscheinlichkeitsraum; es sei $Y:\Omega \to \mathbb{R}$ eine zufällige Veränderliche, und es sei $f_Y : \mathbb{R} \to \mathbb{R}$ die Dichte von Y.
(1) Für jedes $x \in \mathbb{R}$ ist $f_Y(x) \geq 0$, und die Menge $T(Y) := \{\,x \in \mathbb{R} \mid f_Y(x) > 0\,\}$ ist abzählbar.
Beweis: Für jedes $x \in \mathbb{R}$ ist $f_Y(x) = P(Y^{-1}(x)) \geq 0$. $\Omega_0 := \{\,\omega\in\Omega \mid p(\omega) > 0\,\}$ ist abzählbar [vgl. (1.8)(1)]. Die Abbildung $\omega \mapsto Y(\omega) : \Omega_0 \to T(Y)$ ist surjektiv; daher kann man zu jedem $x \in T(Y)$ ein $\omega_x \in \Omega_0$ mit $Y(\omega_x) = x$ wählen. Die Menge $\Omega_{00} := \{\,\omega_x \mid x \in T(Y)\,\}$ ist als Teilmenge der abzählbaren Menge Ω_0 abzählbar [vgl. I(4.34)], und die Abbildung $x \mapsto \omega_x : T(Y) \to \Omega_{00}$ ist bijektiv. Daher ist, wie man sogleich sieht, auch $T(Y)$ abzählbar.
(2) Es sei $h:\mathbb{R} \to \mathbb{R}$ eine Funktion. Dann gilt: Ist eine der beiden Abbildungen $\omega \mapsto (h\circ Y)(\omega)\,p(\omega) : \Omega \to \mathbb{R}$ und $x \mapsto h(x)\,f_Y(x) : \mathbb{R}\to\mathbb{R}$ summierbar, so ist es auch die andere, und es gilt

$$\sum_{\omega\in\Omega} (h\circ Y)(\omega)\,p(\omega) \;=\; \sum_{x\in\mathbb{R}} h(x)\,f_Y(x).$$

Dieses Ergebnis ist trivialerweise richtig, wenn die Menge $\Omega_0 = \{\,\omega\in\Omega \mid p(\omega) > 0\,\}$ endlich ist, also insbesondere dann, wenn (Ω, p, P) ein endlicher Wahrscheinlichkeitsraum ist. Der Beweis im allgemeinen Fall erfordert die in §1 zusammengestellten Ergebnisse und wird hier nicht ausgeführt.
(3) Wenn man (2) auf die Funktion $h:\mathbb{R}\to\mathbb{R}$ mit $h(x) = 1$ für jedes $x \in \mathbb{R}$ anwendet, so folgt: f_Y ist summierbar, und es ist $\sum_{x\in\mathbb{R}} f_Y(x) = \sum_{\omega\in\Omega} p(\omega) = P(\Omega) = 1$.

Setzt man noch $P_Y(A) = \sum_{x\in A} f_Y(x)$ für jede Teilmenge A von $\mathbb{R}$, so ist daher $(\mathbb{R}, f_Y, P_Y)$ ein diskreter Wahrscheinlichkeitsraum. An ihm kann man Eigenschaften von Y studieren, ohne über (Ω, p, P) genauere Informationen zu besitzen.

(3.3) BEZEICHNUNG: Es sei (Ω, p, P) ein diskreter Wahrscheinlichkeitsraum, es sei $n \in \mathbb{N}$, es seien $Y_1: \Omega \to \mathbb{R}, \dots, Y_n: \Omega \to \mathbb{R}$ zufällige Veränderliche, und es sei $\alpha \in \mathbb{R}$. Man definiert zufällige Veränderliche $Y_1 + \dots + Y_n: \Omega \to \mathbb{R}$, $Y_1 + \alpha: \Omega \to \mathbb{R}$, $\alpha Y_1: \Omega \to \mathbb{R}$, $Y_1 Y_2: \Omega \to \mathbb{R}$ und $|Y_1|: \Omega \to \mathbb{R}$ durch die folgenden Festsetzungen: Für jedes $\omega \in \mathbb{R}$ seien $(Y_1 + \dots + Y_n)(\omega) := Y_1(\omega) + \dots + Y_n(\omega)$, $(Y_1 + \alpha_1)(\omega) := Y_1(\omega) + \alpha_1$, $(\alpha Y_1)(\omega) := \alpha Y_1(\omega)$, $(Y_1 Y_2)(\omega) := Y_1(\omega) Y_2(\omega)$ und $|Y_1|(\omega) := |Y_1(\omega)|$ [vgl. (1.9)(1)].

(3.4) DEFINITION: Es sei (Ω, p, P) ein diskreter Wahrscheinlichkeitsraum, und es sei $Y: \Omega \to \mathbb{R}$ eine zufällige Veränderliche. Ist die Abbildung $Yp : \Omega \to \mathbb{R}$ summierbar, so nennt man

$$\mathbf{E}(Y) := \sum_{\omega\in\Omega} Y(\omega)\, p(\omega)$$

den Erwartungswert von Y. [Man sagt dann: Der Erwartungswert von Y existiert, oder auch nur: $\mathbf{E}(Y)$ existiert.]

(3.5) BEMERKUNG: Es sei (Ω, p, P) ein diskreter Wahrscheinlichkeitsraum, es sei $Y: \Omega \to \mathbb{R}$ eine zufällige Veränderliche, und es sei $f_Y: \mathbb{R} \to \mathbb{R}$ ihre Dichte.

(1) Aus (3.2)(2), angewandt auf die Funktion $h: \mathbb{R} \to \mathbb{R}$ mit $h(x) = x$ für jedes $x \in \mathbb{R}$, folgt: Der Erwartungswert $\mathbf{E}(Y)$ von Y existiert dann und nur dann, wenn $x \mapsto x f_Y(x) : \mathbb{R} \to \mathbb{R}$ summierbar ist, und wenn dies der Fall ist, so gilt auch

$$\mathbf{E}(Y) = \sum_{x\in\mathbb{R}} x f_Y(x) = \sum_{x\in\mathbb{R}} x P(Y^{-1}(x)).$$

(2) Ist $T(Y) = \{ x \in \mathbb{R} \mid f_Y(x) > 0 \}$ eine endliche Menge [dies ist der Fall, wenn Y nur endlich viele Werte annimmt, also insbesondere, wenn (Ω, p, P) ein endlicher Wahrscheinlichkeitsraum ist], so existiert der Erwartungswert $\mathbf{E}(Y)$ von Y, und wenn dabei $x_1, \dots, x_N$ die verschiedenen Elemente von $T(Y)$ sind, so gilt $\mathbf{E}(Y) = \sum_{i=1}^{N} x_i f_Y(x_i)$. Ist $T(Y)$ nicht endlich, so braucht der Erwartungswert von Y nicht zu existieren.

(3.6) BEISPIEL: Es sei (Ω, p, P) ein endlicher Wahrscheinlichkeitsraum; es gelte $\mathrm{Card}(\Omega) = n$ und $\Omega = \{\omega_1, \dots, \omega_n\}$, und es sei $Y: \Omega \to \mathbb{R}$ eine zufällige Veränderliche. Ist $p(\omega_j) = 1/\mathrm{Card}(\Omega) = 1/n$ für jedes $j \in \{1, \dots, n\}$, so ist $\mathbf{E}(Y) = (Y(\omega_1) + \dots + Y(\omega_n))/n$ das arithmetische Mittel der Zahlen $Y(\omega_1), \dots, Y(\omega_n)$. Im allgemeinen Fall ist $\mathbf{E}(Y) = \sum_{j=1}^{n} Y(\omega_j) p(\omega_j)$ ein gewichtetes Mittel dieser Zahlen: Je größer für ein $j \in \{1, \dots, n\}$ die Wahrscheinlichkeit $p(\omega_j)$ ist, desto größer ist der Beitrag von $Y(\omega_j)$ zu $\mathbf{E}(Y)$.

(3.7) Hilfssatz: *Es sei (Ω, p, P) ein diskreter Wahrscheinlichkeitsraum, und es sei $Y: \Omega \to \mathbb{R}$ eine zufällige Veränderliche, deren Erwartungswert existiert.*
(1) Es existiert der Erwartungswert von $|Y|: \Omega \to \mathbb{R}$, und es gilt $|\mathbf{E}(Y)| \leq \mathbf{E}(|Y|)$.
(2) Es sei $X: \Omega \to \mathbb{R}$ eine zufällige Veränderliche mit $|X(\omega)| \leq |Y(\omega)|$ für jedes $\omega \in \Omega$. Dann existiert der Erwartungswert von X, und es gilt $|\mathbf{E}(X)| \leq \mathbf{E}(|Y|)$.
Beweis: (1) folgt sogleich aus (1.11)(2), denn da $\mathbf{E}(Y)$ existiert, ist $Yp: \Omega \to \mathbb{R}$ summierbar.
(2) Für jedes $\omega \in \Omega$ gilt $|X(\omega)p(\omega)| \leq |Y(\omega)|p(\omega)$, und daher folgt die Behauptung unmittelbar aus (1.12)(1).

(3.8) Satz: *Es sei (Ω, p, P) ein diskreter Wahrscheinlichkeitsraum, es sei $n \in \mathbb{N}$, es seien $Y_1: \Omega \to \mathbb{R}, \ldots, Y_n: \Omega \to \mathbb{R}$ zufällige Veränderliche, deren Erwartungswerte existieren, und es seien $\alpha_1, \ldots, \alpha_n \in \mathbb{R}$. Dann existiert auch der Erwartungswert von $\alpha_1 Y_1 + \cdots + \alpha_n Y_n: \Omega \to \mathbb{R}$, und es ist*

$$\mathbf{E}(\alpha_1 Y_1 + \cdots + \alpha_n Y_n) = \alpha_1 \mathbf{E}(Y_1) + \cdots + \alpha_n \mathbf{E}(Y_n).$$

Beweis: Für jedes $j \in \{1, \ldots, n\}$ ist $Y_j p: \Omega \to \mathbb{R}$ summierbar. Aus (1.12)(2) folgt [mit Hilfe von Induktion nach n]: Die Abbildung $(\alpha_1 Y_1 + \cdots + \alpha_n Y_n)p: \Omega \to \mathbb{R}$ ist summierbar, und es gilt

$$\begin{aligned} \mathbf{E}(\alpha_1 Y_1 + \cdots + \alpha_n Y_n) &= \sum_{\omega \in \Omega} (\alpha_1 Y_1 + \cdots + \alpha_n Y_n)(\omega)\, p(\omega) \\ &= \alpha_1 \sum_{\omega \in \Omega} Y_1(\omega)\, p(\omega) + \cdots + \alpha_n \sum_{\omega \in \Omega} Y_n(\omega)\, p(\omega) \\ &= \alpha_1 \mathbf{E}(Y_1) + \cdots + \alpha_n \mathbf{E}(Y_n). \end{aligned}$$

(3.9) DEFINITION: Es sei (Ω, p, P) ein diskreter Wahrscheinlichkeitsraum, und es sei $Y: \Omega \to \mathbb{R}$ eine zufällige Veränderliche, deren Erwartungswert existiert. Wenn der Erwartungswert der zufälligen Veränderlichen $(Y - \mathbf{E}(Y))^2: \Omega \to \mathbb{R}$ existiert, so heißt

$$\mathbf{V}(Y) := \mathbf{E}([Y - \mathbf{E}(Y)]^2) = \sum_{\omega \in \Omega} \big(Y(\omega) - \mathbf{E}(Y)\big)^2 p(\omega)$$

die Varianz von Y [man sagt dann: $\mathbf{V}(Y)$ existiert], und

$$\sigma(Y) := \sqrt{\mathbf{V}(Y)}$$

heißt die Standardabweichung von Y.

(3.10) BEMERKUNG: Es sei (Ω, p, P) ein diskreter Wahrscheinlichkeitsraum, und es sei $Y: \Omega \to \mathbb{R}$ eine zufällige Veränderliche, deren Erwartungswert existiert; es sei $f_Y: \mathbb{R} \to \mathbb{R}$ die Dichte von Y.
(1) Nach (3.5)(1) existiert die Varianz $\mathbf{V}(Y)$ von Y dann und nur dann, wenn die Abbildung $x \mapsto (x - \mathbf{E}(Y))^2 f_Y(x) : \mathbb{R} \to \mathbb{R}$ summierbar ist, und wenn dies der Fall ist, so gilt

$$\mathbf{V}(Y) = \sum_{x \in \mathbb{R}} \big(x - \mathbf{E}(Y)\big)^2 f_Y(x) = \sum_{x \in \mathbb{R}} \big(x - \mathbf{E}(Y)\big)^2 P\big(Y^{-1}(x)\big).$$

(2) Ist $T(Y) = \{ x \in \mathbb{R} \mid f_Y(x) > 0 \}$ eine endliche Menge, so existiert die Varianz von Y, und sind dabei $x_1, \ldots, x_N$ die verschiedenen Elemente von $T(Y)$, so ist $\mathbf{V}(Y) = \sum_{i=1}^N (x_i - \mathbf{E}(Y))^2 f_Y(x_i)$. Ist $T(Y)$ nicht endlich, so braucht die Varianz von Y nicht zu existieren.

(3.11) Satz: *Es sei (Ω, p, P) ein diskreter Wahrscheinlichkeitsraum, und es sei $Y: \Omega \to \mathbb{R}$ eine zufällige Veränderliche.*
(1) Existiert der Erwartungswert von $Y^2: \Omega \to \mathbb{R}$, so existieren $\mathbf{E}(Y)$ und $\mathbf{V}(Y)$, und es gilt $\mathbf{V}(Y) = \mathbf{E}(Y^2) - \mathbf{E}(Y)^2$.
(2) Existieren $\mathbf{E}(Y)$ und $\mathbf{V}(Y)$, so existiert $\mathbf{E}(Y^2)$.
Beweis: Die zufällige Veränderliche $I: \Omega \to \mathbb{R}$ mit $I(\omega) := 1$ für jedes $\omega \in \Omega$ besitzt den Erwartungswert $\mathbf{E}(I) = \sum_{\omega \in \Omega} p(\omega) = P(\Omega) = 1$.
(1) Es gelte: Es existiert $\mathbf{E}(Y^2)$. Nach (3.8) existiert dann auch $\mathbf{E}(Y^2 + I)$. Für jedes $\omega \in \Omega$ gilt $|Y(\omega)| \le \max(\{1, Y(\omega)^2\}) \le 1 + Y(\omega)^2 = (I + Y^2)(\omega)$, und nach (3.7)(2) existiert daher $\mathbf{E}(Y)$. Es gilt

$$\big(Y - \mathbf{E}(Y)\big)^2 = Y^2 - 2\mathbf{E}(Y)Y + \mathbf{E}(Y)^2 = Y^2 - 2\mathbf{E}(Y)Y + \mathbf{E}(Y)^2 I,$$

und daher folgt aus (3.8): Es existiert der Erwartungswert von $(Y - \mathbf{E}(Y))^2$, und es gilt

$$\begin{aligned} \mathbf{V}(Y) &= \mathbf{E}\big(Y^2 - 2\mathbf{E}(Y)Y + \mathbf{E}(Y)^2 I\big) \\ &= \mathbf{E}(Y^2) - 2\mathbf{E}(Y) \cdot \mathbf{E}(Y) + \mathbf{E}(Y)^2 \cdot \mathbf{E}(I) = \mathbf{E}(Y^2) - \mathbf{E}(Y)^2. \end{aligned}$$

(2) Existieren $\mathbf{E}(Y)$ und $\mathbf{V}(Y) = \mathbf{E}\big([Y - \mathbf{E}(Y)]^2\big)$, so existiert nach (3.8) auch der Erwartungswert von $Y^2 = (Y - \mathbf{E}(Y))^2 + 2\mathbf{E}(Y)Y - \mathbf{E}(Y)^2 I$.

(3.12) BEISPIEL: (1) Es sei (Ω, p, P) ein diskreter Wahrscheinlichkeitsraum, es sei $n \in \mathbb{N}$, und es sei $Y: \Omega \to \mathbb{R}$ eine zufällige Veränderliche, für die gilt: Für jedes $j \in \{1, \ldots, n\}$ ist $P(Y^{-1}(j)) = 1/n$. Für $A := Y^{-1}(1) \cup \cdots \cup Y^{-1}(n)$ gilt dann nach (2.4)(5) $P(A) = P(Y^{-1}(1)) + \cdots + P(Y^{-1}(n)) = 1$ und daher $P(\Omega \setminus A) = 0$, und somit ist $P(Y^{-1}(x)) = 0$ für jedes $x \in \mathbb{R} \setminus \{1, \ldots, n\}$. Es gilt also [vgl. (3.5)(2)]:

$$\begin{aligned} \mathbf{E}(Y) &= \sum_{j=1}^n j \cdot P(Y^{-1}(j)) = \frac{1}{n} \sum_{j=1}^n j = \frac{1}{2}(n+1) \quad \text{und} \\ \mathbf{E}(Y^2) &= \sum_{j=1}^n j^2 \cdot P(Y^{-1}(j)) = \frac{1}{n} \sum_{j=1}^n j^2 = \frac{1}{6}(n+1)(2n+1) \end{aligned}$$

[was man durch Induktion nach n beweist oder VII(6.13) entnimmt], und daher gilt nach (3.11)

$$\mathbf{V}(Y) = \mathbf{E}(Y^2) - \mathbf{E}(Y)^2 = \frac{1}{12}(n^2 - 1).$$

(2) Das Würfeln mit einem symmetrischen Würfel wird durch einen endlichen Wahrscheinlichkeitsraum (Ω, p, P) mit $\mathrm{Card}(\Omega) = 6$ und $p(\omega) = 1/6$ für jedes $\omega \in \Omega$

beschrieben [vgl. (2.7)(1)]. Ordnet man jedem Wurf die gewürfelte Augenzahl zu, so erhält man eine zufällige Veränderliche $Y:\Omega \to \mathbb{R}$ mit $P(Y^{-1}(j)) = 1/6$ für jedes $j \in \{1,\ldots,6\}$. Nach (1) gilt $\mathbf{E}(Y) = 3.5$ und $\mathbf{V}(Y) = 35/12 = 2.916\ldots$.
(3) Es sei $n \in \mathbb{N}$ mit $n \geq 2$, und es sei (Ω, p, P) wie in (2.19)(1) der endliche Wahrscheinlichkeitsraum mit $\Omega = \{(\sigma(1),\ldots,\sigma(n)) \mid \sigma \in S_n\}$ und mit $p(\omega) = 1/\operatorname{Card}(\Omega) = 1/n!$ für jedes $\omega \in \Omega$. Für jedes $\sigma \in S_n$ sei $Y((\sigma(1),\ldots,\sigma(n)))$ die Anzahl der $i \in \{1,\ldots,n\}$ mit $\sigma(i) = i$. Dann ist $Y:\Omega \to \mathbb{R}$ eine zufällige Veränderliche mit $P(Y^{-1}(j)) = (\sum_{k=0}^{n-j}(-1)^k/k!)/j!$ für jedes $j \in \{0,1,\ldots,n\}$ und mit $P(Y^{-1}(x)) = 0$ für jedes $x \in \mathbb{R}\setminus\{0,1,\ldots,n\}$ [vgl. (2.19)(1)]. Erwartungswert und Varianz von Y berechnet man in diesem Fall nicht mit Hilfe der Formeln aus (3.5)(2) und (3.10)(2), sondern folgendermaßen:
(a) Es sei $i \in \{1,\ldots,n\}$. Man setzt für jedes $\sigma \in S_n$

$$Z_i((\sigma(1),\ldots,\sigma(n))) := \begin{cases} 1, & \text{falls } \sigma(i) = i \text{ ist,} \\ 0, & \text{falls } \sigma(i) \neq i \text{ ist.} \end{cases}$$

Es gilt $\operatorname{Card}(\{\sigma \in S_n \mid \sigma(i) = i\}) = (n-1)!$ [vgl. (2.17)(1)] und daher $P(Z_i^{-1}(1)) = (n-1)!/n! = 1/n$. Also ist $\mathbf{E}(Z_i) = 1/n$. Wegen $Z_i^2 = Z_i$ gilt auch $\mathbf{E}(Z_i^2) = 1/n$.
(b) Es seien $i,\ j \in \{1,\ldots,n\}$ mit $i \neq j$. Für eine Permutation $\sigma \in S_n$ ist $(Z_iZ_j)((\sigma(1),\ldots,\sigma(n))) = 1$ genau dann, wenn $\sigma(i) = i$ und $\sigma(j) = j$ gilt, und nach (2.17)(1) gibt es genau $(n-2)!$ Elemente $\sigma \in S_n$ mit $\sigma(i) = i$ und $\sigma(j) = j$. Also gilt $P(\{\omega \in \Omega \mid (Z_iZ_j)(\omega) = 1\}) = (n-2)!/n! = 1/((n-1)n)$, und daher ist $\mathbf{E}(Z_iZ_j) = 1/((n-1)n)$.
(c) Es ist $Y = Z_1 + \cdots + Z_n$, und daher gilt nach (3.8) $\mathbf{E}(Y) = \mathbf{E}(Z_1 + \cdots + Z_n) = \mathbf{E}(Z_1) + \cdots + \mathbf{E}(Z_n) = 1$ und

$$\begin{aligned} \mathbf{E}(Y^2) &= \mathbf{E}\Big(\big(\sum_{i=1}^{n} Z_i\big)^2\Big) = \mathbf{E}\Big(\sum_{i=1}^{n} Z_i^2 + 2\cdot\sum_{1\leq i<j\leq n} Z_iZ_j\Big) \\ &= \sum_{i=1}^{n}\mathbf{E}(Z_i^2) + 2\cdot\sum_{1\leq i<j\leq n}\mathbf{E}(Z_iZ_j) = 1 + 2\cdot\binom{n}{2}\frac{1}{(n-1)n} = 2. \end{aligned}$$

Also gilt $\mathbf{V}(Y) = \mathbf{E}(Y^2) - \mathbf{E}(Y)^2 = 1$. Erwartungswert und Varianz von Y hängen somit nicht von n ab.

(3.13) BEMERKUNG: (1) Der Erwartungswert einer zufälligen Veränderlichen kann, falls er existiert, als eine Art Mittelwert ihrer Werte angesehen werden; ihre Varianz ist, falls auch sie existiert, ein Maß dafür, wie sehr ihre Werte um diesen Mittelwert streuen. Hierauf wird im nächsten Paragraphen näher eingegangen.
(2) Die Berechnung von Erwartungswert und Varianz einer zufälligen Veränderlichen kann, wie schon das einfache Beispiel in (3.12)(1) zeigt, recht mühsam sein. Der in (3.15) angegebene Satz erleichtert diese Berechnung in vielen Fällen.

(3.14) BEMERKUNG: Es sei (Ω, p, P) ein diskreter Wahrscheinlichkeitsraum, es sei $Y:\Omega \to \mathbb{R}$ eine zufällige Veränderliche, es sei $f_Y:\mathbb{R} \to \mathbb{R}$ ihre Dichte, und es gelte $T(Y) := \{x \in \mathbb{R} \mid f_Y(x) > 0\} \subset \mathbb{N}_0$ [dies ist der Fall, wenn $Y(\Omega) \subset \mathbb{N}_0$ ist].

(1) Es sei $A := \bigcup_{j=0}^{\infty} Y^{-1}(j)$. Für jedes $\omega \in \Omega \setminus A$ gilt $Y(\omega) \notin \mathbb{N}_0$, also $p(\omega) = 0$, und daher ist $P(\Omega \setminus A) = 0$. Nach (2.4)(6) konvergiert die Reihe $\sum_{j=0}^{\infty} f_Y(j) = \sum_{j=0}^{\infty} P(Y^{-1}(j))$ [mit der Summe $P(A) = 1 - P(\Omega \setminus A) = 1$]. Die formale Potenzreihe $\sum_{j=0}^{\infty} f_Y(j)T^j \in \mathbb{R}[[T]]$ konvergiert also in 1 und daher in jedem $z \in \mathbb{C}$ mit $|z| < 1$ [vgl. III(3.3)(1)]. Also gilt für ihren Konvergenzradius ρ: Es ist $\rho \geq 1$. Sie definiert eine Funktion

$$\begin{cases} G_Y : (-\rho, \rho) \to \mathbb{R} \quad \text{mit} \\ G_Y(t) := \sum_{j=0}^{\infty} f_Y(j)\, t^j \quad \text{für jedes } t \in (-\rho, \rho). \end{cases}$$

Diese Funktion ist beliebig oft differenzierbar [vgl. V(2.10)(1)]. Man nennt sie die erzeugende Funktion von Y.

(2) Ist dabei $T(Y)$ endlich, so gibt es ein $n \in \mathbb{N}_0$ mit $f_Y(j) = 0$ für jedes $j > n$. In diesem Fall ist $\rho = \infty$, und die erzeugende Funktion von Y ist die Polynomfunktion

$$\begin{cases} G_Y : \mathbb{R} \to \mathbb{R} \quad \text{mit} \\ G_Y(t) := \sum_{j=0}^{n} f_Y(j)\, t^j \quad \text{für jedes } t \in \mathbb{R}. \end{cases}$$

(3.15) Satz: *Es sei (Ω, p, P) ein diskreter Wahrscheinlichkeitsraum, und es sei $Y : \Omega \to \mathbb{R}$ eine zufällige Veränderliche; es sei $f_Y : \mathbb{R} \to \mathbb{R}$ ihre Dichte, und es gelte: Es ist $T(Y) := \{x \in \mathbb{R} \mid f_Y(x) > 0\} \subset \mathbb{N}_0$, und die formale Potenzreihe $\sum_{j=0}^{\infty} f_Y(j)T^j \in \mathbb{R}[[T]]$ besitzt einen Konvergenzradius $\rho > 1$. Dann existieren die Erwartungswerte von Y und von Y^2 und die Varianz von Y, und mit der erzeugenden Funktion $G_Y : (-\rho, \rho) \to \mathbb{R}$ von Y gilt*

$$\mathbf{E}(Y) = G'_Y(1), \quad \mathbf{E}(Y^2) = G''_Y(1) + G'_Y(1), \quad \mathbf{V}(Y) = G''_Y(1) + G'_Y(1) - G'_Y(1)^2.$$

Beweis: Wegen $\rho > 1$ existieren die Ableitungen $G'_Y(1)$ und $G''_Y(1)$, und zwar gilt $G'_Y(1) = \sum_{j=1}^{\infty} j f_Y(j)$ und $G''_Y(1) = \sum_{j=2}^{\infty} j(j-1) f_Y(j)$ [vgl. V(2.10)(1)]. Nach III(2.6)(1) konvergiert daher die Reihe $\sum_{j=0}^{\infty} j^2 f_Y(j)$ und zwar mit der Summe $G''_Y(1) + G'_Y(1)$. Also existieren die Erwartungswerte von Y und Y^2, und zwar gilt $\mathbf{E}(Y) = G'_Y(1)$ und $\mathbf{E}(Y^2) = G''_Y(1) + G'_Y(1)$. Nach (3.11) existiert daher auch die Varianz von Y, und es ist $\mathbf{V}(Y) = \mathbf{E}(Y^2) - \mathbf{E}(Y)^2 = G''_Y(1) + G'_Y(1) - G'_Y(1)^2$.

(3.16) BEZEICHNUNG: Es sei (Ω, p, P) ein diskreter Wahrscheinlichkeitsraum, es sei $Y : \Omega \to \mathbb{R}$ eine zufällige Veränderliche, und es sei $f_Y : \mathbb{R} \to \mathbb{R}$ ihre Dichte.

(1) Es seien $n \in \mathbb{N}$ und $p_0 \in \mathbb{R}$ mit $0 \leq p_0 \leq 1$. Man sagt: Y besitzt eine Binomialverteilung mit den Parametern n und p_0, wenn gilt: Es ist

$$f_Y(j) = \binom{n}{j} p_0^j (1 - p_0)^{n-j} \quad \text{für jedes } j \in \{0, 1, \ldots, n\}.$$

[Wegen $\sum_{j=0}^{n} f_Y(j) = (p_0 + (1 - p_0))^n = 1$ gilt dann $f_Y(x) = 0$ für jede reelle Zahl $x \notin \{0, 1, \ldots, n\}$.]

(2) Es seien m, $n \in \mathbb{N}$ mit $m \leq n$, und es sei $n_1 \in \{0, 1, \dots, n\}$. Man sagt: Y besitzt eine hypergeometrische Verteilung mit den Parametern n, n_1 und m, wenn gilt: Es ist

$$f_Y(j) = \binom{n_1}{j}\binom{n-n_1}{m-j}\Big/\binom{n}{m} \quad \text{für jedes } j \in \{0, 1, \dots, m\}.$$

[Es gilt dann $f_Y(x) = 0$ für jedes $x \in \mathbb{R}\setminus\{0, 1, \dots, m\}$, denn das Additionstheorem für Binomialkoeffizienten aus I(8.16)(d) oder V(3.4)(2) liefert $\sum_{j=0}^{m} f_Y(j) = 1$.]
(3) Es sei $p_0 \in \mathbb{R}$ mit $0 < p_0 < 1$. Man sagt: Y besitzt eine geometrische Verteilung mit dem Parameter p_0, wenn gilt: Es ist

$$f_Y(j) = p_0\,(1-p_0)^j \quad \text{für jedes } j \in \mathbb{N}_0.$$

[Wegen $\sum_{j=0}^{\infty} f_Y(j) = p_0 \sum_{j=0}^{\infty}(1-p_0)^j = p_0/(1-(1-p_0)) = 1$ gilt dann $f_Y(x) = 0$ für jedes $x \in \mathbb{R}\setminus\mathbb{N}_0$.]
(4) Es sei $\lambda \in \mathbb{R}$ mit $\lambda > 0$. Man sagt: Y besitzt eine Poisson-Verteilung mit dem Parameter λ [nach S. D. Poisson, 1781–1840], wenn gilt: Es ist

$$f_Y(j) = \frac{\lambda^j}{j!}e^{-\lambda} \quad \text{für jedes } j \in \mathbb{N}_0.$$

[Wegen $\sum_{j=0}^{\infty} f_Y(j) = e^{-\lambda}\sum_{j=0}^{\infty}\lambda^j/j! = e^{-\lambda}e^{\lambda} = 1$ gilt auch in diesem Fall $f_Y(x) = 0$ für jedes $x \in \mathbb{R}\setminus\mathbb{N}_0$.]

(3.17) BEISPIEL: (1) Es sei (Ω, p, P) ein diskreter Wahrscheinlichkeitsraum, es seien $n \in \mathbb{N}$ und $p_0 \in \mathbb{R}$ mit $0 \leq p_0 \leq 1$, und es sei $Y\colon\Omega \to \mathbb{R}$ eine zufällige Veränderliche, die eine Binomialverteilung mit den Parametern n und p_0 besitzt. Die erzeugende Funktion von Y ist die Polynomfunktion $G_Y\colon\mathbb{R} \to \mathbb{R}$ mit

$$G_Y(t) = \sum_{j=0}^{n}\binom{n}{j}p_0^j\,(1-p_0)^{n-j}\,t^j = \big(p_0t + (1-p_0)\big)^n \quad \text{für jedes } t \in \mathbb{R}$$

[vgl. I(4.26)], und nach (3.15) folgt daraus $\mathbf{E}(Y) = np_0$ und $\mathbf{V}(Y) = np_0(1-p_0)$.
(2) Es sei (Ω, p, P) ein endlicher Wahrscheinlichkeitsraum mit $\mathrm{Card}(\Omega) = 2$, $\Omega = \{\omega_{01}, \omega_{02}\}$, und es sei $p_0 := p(\omega_{01})$. Es sei $n \in \mathbb{N}$, und es sei (Ω^n, p_n, P_n) der endliche Wahrscheinlichkeitsraum mit $p_n(\omega_1, \dots, \omega_n) = p(\omega_1)\cdots p(\omega_n)$ für jedes $(\omega_1, \dots, \omega_n) \in \Omega^n$ [vgl. (2.21)]. Ordnet man jedem $(\omega_1, \dots, \omega_n) \in \Omega^n$ die Anzahl der Indizes $i \in \{1, \dots, n\}$ mit $\omega_i = \omega_{01}$ zu, so erhält man eine zufällige Veränderliche $Y\colon\Omega^n \to \mathbb{R}$, die eine Binomialverteilung mit den Parametern n und p_0 besitzt [vgl. (2.16)(1)].
(3) Es wird mit einem symmetrischen Würfel gewürfelt und nur festgestellt, ob die Augenzahl 6 oder eine Augenzahl < 6 gewürfelt wurde. Dieses Experiment wird durch den endlichen Wahrscheinlichkeitsraum (Ω, p, P) aus (2) beschrieben, wobei ω_{01} für das Ergebnis "Augenzahl 6" und ω_{02} für das Ergebnis "Augenzahl < 6"

stehen und daher $p_0 = 1/6$ zu setzen ist. Setzt man in (2) $n = 100$ und definiert man $Y: \Omega^{100} \to \mathbb{R}$ wie in (2), so ergibt sich nach (1) $\mathbf{E}(Y) = 100/6 = 16.666...$, $\mathbf{V}(Y) = 125/9 = 13.888...$ und $\sigma(Y) = \sqrt{125/9} = 3.726...$. Außerdem gilt

$$\begin{aligned} & P_{100}(\{\omega \in \Omega^{100} \mid |Y(\omega) - \mathbf{E}(Y)| \leq 3\sigma(Y)\}) = \\ & = P_{100}(\{\omega \in \Omega^{100} \mid 6 \leq Y(\omega) \leq 27\}) = \sum_{j=6}^{27} \binom{100}{j} \left(\frac{1}{6}\right)^j \left(\frac{5}{6}\right)^{100-j} \\ & = 0.99961... . \end{aligned}$$

(3.18) BEISPIEL: (1) Es sei (Ω, p, P) ein diskreter Wahrscheinlichkeitsraum, es seien m, $n \in \mathbb{N}$ mit $n \geq 2$ und $m \leq n$, es sei $n_1 \in \{0, 1, \ldots, n\}$, und es sei $Y: \Omega \to \mathbb{R}$ eine zufällige Veränderliche, die eine hypergeometrische Verteilung mit den Parametern n, n_1 und m besitzt. Die erzeugende Funktion von Y ist die Polynomfunktion

$$\begin{cases} G_Y : \mathbb{R} \to \mathbb{R} \quad \text{mit} \\ G_Y(t) = \left[\sum_{j=0}^{m} \binom{n_1}{j} \binom{n-n_1}{m-j} t^j\right] \Big/ \binom{n}{m} \quad \text{für jedes } t \in \mathbb{R}, \end{cases}$$

und daher gilt nach (3.15)

$$\begin{aligned} \mathbf{E}(Y) &= G'_Y(1) = \left[\sum_{j=1}^{m} j \binom{n_1}{j} \binom{n-n_1}{m-j}\right] \Big/ \binom{n}{m} \\ &= \left[\sum_{j=1}^{m} n_1 \binom{n_1 - 1}{j-1} \binom{n-n_1}{m-j}\right] \Big/ \binom{n}{m} \\ &= \left[n_1 \sum_{j=0}^{m-1} \binom{n_1 - 1}{j} \binom{n-n_1}{(m-1)-j}\right] \Big/ \binom{n}{m} \\ &= n_1 \binom{n-1}{m-1} \Big/ \binom{n}{m} = m \frac{n_1}{n} \end{aligned}$$

[dabei wurden I(4.23)(3) und das Additionstheorem für Binomialkoeffizienten aus I(8.16)(d) verwendet]. Eine ähnliche Rechnung liefert

$$G''_Y(1) = \left[\sum_{j=2}^{m} j(j-1) \binom{n_1}{j} \binom{n-n_1}{m-j}\right] \Big/ \binom{n}{m} = \frac{m(m-1)n_1(n_1-1)}{n(n-1)},$$

und daher gilt nach (3.15)

$$\mathbf{V}(Y) = m \frac{n_1}{n} \left(1 - \frac{n_1}{n}\right) \left(1 - \frac{m-1}{n-1}\right).$$

(2) Aus einer Urne, in der $n \geq 2$ Kugeln liegen – und zwar n_1 weiße und $n - n_1$ schwarze –, werden mit einem Griff $m \geq 1$ Kugeln herausgegriffen. Dieses Experiment wird durch den endlichen Wahrscheinlichkeitsraum (Ω, p, P) mit $\mathrm{Card}(\Omega) = \binom{n}{m}$ und $p(\omega) = 1/\binom{n}{m}$ für jedes $\omega \in \Omega$ beschrieben [vgl. (2.11)(1)]. Bezeichnet man für jedes $\omega \in \Omega$ die Anzahl der bei ω herausgegriffenen weißen Kugeln mit $Y(\omega)$, so besitzt die so erklärte zufällige Veränderliche $Y: \Omega \to \mathbb{R}$ eine hypergeometrische Verteilung mit den Parametern n, n_1 und m [vgl. (2.11)(1)]. Ihr Erwartungswert und ihre Varianz sind daher (1) zu entnehmen.

(3.19) Beispiel: (1) Es sei (Ω, p, P) ein diskreter Wahrscheinlichkeitsraum, es sei $p_0 \in \mathbb{R}$ mit $0 < p_0 < 1$, und es sei $Y: \Omega \to \mathbb{R}$ eine zufällige Veränderliche, die eine geometrische Verteilung mit dem Parameter p_0 besitzt. Die formale Potenzreihe $\sum_{j=0}^{\infty} P(Y^{-1}(j))T^j = \sum_{j=0}^{\infty} p_0(1-p_0)^j T^j \in \mathbb{R}[[T]]$ hat den Konvergenzradius $\rho := 1/(1-p_0) > 1$, was man mit Hilfe von III(3.6)(1) beweist. Für die erzeugende Funktion $G_Y: (-\rho, \rho) \to \mathbb{R}$ von Y gilt: Für jedes $t \in (-\rho, \rho)$ ist

$$G_Y(t) = p_0 \sum_{j=0}^{\infty} (1-p_0)^j t^j = \frac{p_0}{1-(1-p_0)t}.$$

Nach (3.15) existieren der Erwartungswert und die Varianz von Y, und zwar gilt $\mathbf{E}(Y) = G_Y'(1) = (1-p_0)/p_0$ und $\mathbf{V}(Y) = G_Y''(1) + G_Y'(1) - G_Y'(1)^2 = (1-p_0)/p_0^2$
(2) Es wird mit einem symmetrischen Würfel solange gewürfelt, bis zum ersten Mal eine Sechs gewürfelt wird. Dieses Experiment wird durch einen diskreten Wahrscheinlichkeitsraum (Ω^*, p^*, P^*) mit $\Omega^* = \{\omega_\infty^*\} \cup \{\omega_j^* \mid j \in \mathbb{N}\}$, $p^*(\omega_\infty^*) = 0$ und $p^*(\omega_j^*) = (1/6)(5/6)^{j-1}$ für jedes $j \in \mathbb{N}$ beschrieben [vgl. (2.16)(2)]. Hier steht ω_∞^* für das Ereignis "Es wird niemals eine Sechs gewürfelt", und für jedes $j \in \mathbb{N}$ steht ω_j^* für das Ereignis "Beim j-ten Wurf wird zum ersten Mal eine Sechs gewürfelt". Setzt man $Z^*(\omega_\infty^*) := \infty$ und $Z^*(\omega_j^*) := j$ für jedes $j \in \mathbb{N}$, so ordnet Z^* jeder Serie $\omega^* \in \Omega^*$ ihre Länge zu. Die so erklärte Abbildung $Z^*: \Omega^* \to \mathbb{R} \cup \{\infty\}$ ist jedoch keine zufällige Veränderliche im Sinne der Definition (3.1). Da aber das Elementarereignis ω_∞^* die Wahrscheinlichkeit 0 besitzt, wird man, um auch in dieser Situation die bis jetzt aufgebaute Theorie verwenden zu können, dieses Elementarereignis ignorieren, d.h. man wird den diskreter Wahrscheinlichkeitsraum (Ω, p, P) mit $\Omega := \{\omega_j^* \mid j \in \mathbb{N}\}$ und mit $p(\omega_j^*) := (1/6)(5/6)^{j-1}$ für jedes $j \in \mathbb{N}$ und die zufällige Veränderliche $Z: \Omega \to \mathbb{R}$ mit $Z(\omega_j^*) := j$ für jedes $j \in \mathbb{N}$ verwenden. Die zufällige Veränderliche $Y := Z - 1: \Omega \to \mathbb{R}$ besitzt dann eine geometrische Verteilung mit dem Parameter $1/6$, und daher gilt nach (1) $\mathbf{E}(Z) = \mathbf{E}(Y+1) = \mathbf{E}(Y) + 1 = 6$ und $\mathbf{V}(Z) = \mathbf{E}([Z - \mathbf{E}(Z)]^2) = \mathbf{E}([(Y+1) - 6]^2) = \mathbf{E}([Y - \mathbf{E}(Y)]^2) = \mathbf{V}(Y) = 30$.

(3.20) Beispiel: (1) Es sei (Ω, p, P) ein diskreter Wahrscheinlichkeitsraum, es sei $\lambda \in \mathbb{R}$ mit $\lambda > 0$, und es sei $Y: \Omega \to \mathbb{R}$ eine zufällige Veränderliche, die eine Poisson-Verteilung mit dem Parameter λ besitzt. Für jedes $t \in \mathbb{R}$ konvergiert die Reihe $\sum_{j=0}^{\infty} (\lambda t)^j / j!$ mit der Summe $e^{\lambda t}$, und daher hat die formale Potenzreihe $\sum_{j=0}^{\infty} P(Y^{-1}(j)) T^j \in \mathbb{R}[[T]]$ den Konvergenzradius $\rho = \infty$, und für die erzeugende Funktion $G_Y: \mathbb{R} \to \mathbb{R}$ von Y gilt $G_Y(t) = e^{-\lambda} e^{\lambda t} = e^{\lambda(t-1)}$ für jedes $t \in \mathbb{R}$.

Nach (3.15) existieren daher $\mathbf{E}(Y)$ und $\mathbf{V}(Y)$, und zwar gilt $\mathbf{E}(Y) = G'_Y(1) = \lambda$ und $\mathbf{V}(Y) = G''_Y(1) + G'_Y(1) - G'_Y(1)^2 = \lambda^2 + \lambda - \lambda^2 = \lambda$.
(2) Zufällige Veränderliche, die eine Poisson-Verteilung besitzen, treten häufig dann auf, wenn "seltene" Ereignisse abgezählt werden. So erhält man eine zufällige Veränderliche, die näherungsweise eine Poisson-Verteilung besitzt, wenn man in einem (dicken) Buch die Seiten ohne Druckfehler, die mit einem Druckfehler, die mit zwei Druckfehlern ... oder in einer Spielzeit der Bundesliga die Spiele ohne Tore, die mit einem Tor, die mit zwei Toren ... abzählt. [Der Leser untersuche – im ersten Beispiel an diesem Buch –, ob dies wirklich so ist, und überprüfe sein Ergebnis mit dem in §5 behandelten Test; man vgl. dazu (5.8).]

(3.21) DEFINITION: Es sei (Ω, p, P) ein diskreter Wahrscheinlichkeitsraum, und es sei $n \in \mathbb{N}$. Zufällige Veränderliche $Y_1, \ldots, Y_n : \Omega \to \mathbb{R}$ heißen unabhängig, wenn für alle $x_1, \ldots, x_n \in \mathbb{R}$ gilt: Die Ereignisse $Y_1^{-1}(x_1), \ldots, Y_n^{-1}(x_n)$ sind im Sinn der Definition (2.12) unabhängig, d.h. für alle $x_1, \ldots, x_n \in \mathbb{R}$, jedes $m \in \{1, \ldots, n\}$ und alle paarweise verschiedenen $i(1), \ldots, i(m) \in \{1, \ldots, n\}$ gilt

$$P(\{\omega \in \Omega \mid Y_{i(1)}(\omega) = x_{i(1)}, \ldots, Y_{i(m)}(\omega) = x_{i(m)}\}) = \\ = \prod_{k=1}^{m} P(\{\omega \in \Omega \mid Y_{i(k)}(\omega) = x_{i(k)}\}).$$

(3.22) BEMERKUNG: (1) Die Definition in (3.21) ist eine mathematisch präzise Formulierung der Vorstellung, daß zwei oder mehr zufällige Veränderliche auf demselben diskreten Wahrscheinlichkeitsraum "nichts miteinander zu tun haben", daß also die Werte der einen nicht mit den Werten der anderen "gekoppelt" sind.
(2) Insbesondere besagt (3.21) im Fall $n = 2$: Zwei zufällige Veränderliche Y und Z auf einem diskreten Wahrscheinlichkeitsraum (Ω, p, P) sind genau dann unabhängig, wenn für alle $y, z \in \mathbb{R}$ gilt: Es ist

$$P(\{\omega \in \Omega \mid Y(\omega) = y \text{ und } Z(\omega) = z\}) = \\ = P(\{\omega \in \Omega \mid Y(\omega) = y\}) \cdot P(\{\omega \in \Omega \mid Z(\omega) = z\}).$$

(3.23) BEISPIEL: Es sei (Ω, p, P) der endliche Wahrscheinlichkeitsraum mit $\Omega = \{1,2,3,4,5,6\}^2$ und mit $p(\omega) = 1/36$ für jedes $\omega \in \Omega$. Die zufälligen Veränderlichen $Y: \Omega \to \mathbb{R}$ und $Z: \Omega \to \mathbb{R}$ mit $Y(i,j) := i$ und $Z(i,j) := j$ für jedes $(i,j) \in \Omega$ sind unabhängig. Ist $X: \Omega \to \mathbb{R}$ die zufällige Veränderliche mit $X(i,j) := i + j$ für jedes $(i,j) \in \Omega$, so sind Y und X, sowie Z und X jeweils nicht unabhängig.

(3.24) Hilfssatz: *Es sei (Ω, p, P) ein diskreter Wahrscheinlichkeitsraum, und es seien $Y: \Omega \to \mathbb{R}$ und $Z: \Omega \to \mathbb{R}$ zufällige Veränderliche, deren Erwartungswerte und Varianzen existieren.*
(1) *Für alle α, $\beta \in \mathbb{R}$ existiert die Varianz $\mathbf{V}(\alpha Y + \beta Z)$.*
(2) *Es existiert der Erwartungswert $\mathbf{E}(YZ)$, und es gilt $\mathbf{E}(YZ)^2 \le \mathbf{E}(Y^2)\mathbf{E}(Z^2)$.*
(3) *Sind Y und Z unabhängig, so gilt $\mathbf{E}(YZ) = \mathbf{E}(Y)\mathbf{E}(Z)$.*
Beweis: (a) Es seien $Y' := \alpha Y$ und $Z' := \beta Z$. Es existieren die Erwartungswerte $\mathbf{E}(Y'^2)$ und $\mathbf{E}(Z'^2)$ [vgl. (3.11)] und daher auch $\mathbf{E}((Y'^2 + Z'^2)/2)$ [vgl. (3.8)].

Für jedes $\omega \in \Omega$ gilt $|(Y'Z')(\omega)| = |Y'(\omega)Z'(\omega)| \leq (Y'(\omega)^2 + Z'(\omega)^2)/2$, und somit existiert auch $\mathbf{E}(Y'Z')$ [vgl. (3.7)(2)]. Also existiert insbesondere $\mathbf{E}(YZ)$. Außerdem existiert der Erwartungswert von $(Y'+Z')^2 = Y'^2 + 2Y'Z' + Z'^2$ [vgl. (3.8)] und daher die Varianz von $Y'+Z'$ [vgl. (3.11)].
(b) Wenn $\mathbf{E}(Z^2) = 0$ ist, so ist $P(\{\omega \in \Omega \mid Z(\omega) \neq 0\}) = 0$, und daher ist auch $P(\{\omega \in \Omega \mid (YZ)(\omega) \neq 0\}) = 0$, und hieraus folgt $\mathbf{E}(YZ) = 0$. Ist $\mathbf{E}(Z^2) \neq 0$, so gilt mit $\lambda := \mathbf{E}(YZ)/\mathbf{E}(Z^2)$ [vgl. dazu den Beweis von II(6.15)]

$$\begin{aligned} 0 &\leq \mathbf{E}([Y-\lambda Z]^2) = \mathbf{E}(Y^2 - 2\lambda YZ + \lambda^2 Z^2) \\ &= \mathbf{E}(Y^2) - 2\lambda\,\mathbf{E}(YZ) + \lambda^2\,\mathbf{E}(Z^2) = \frac{1}{\mathbf{E}(Z^2)}\left(\mathbf{E}(Y^2)\mathbf{E}(Z^2) - \mathbf{E}(YZ)^2\right), \end{aligned}$$

und wegen $\mathbf{E}(Z^2) > 0$ folgt daraus $\mathbf{E}(YZ)^2 \leq \mathbf{E}(Y^2)\mathbf{E}(Z^2)$.
(c) Es gelte: Y und Z sind unabhängig. Die Menge $\Omega_0 := \{\omega \in \Omega \mid p(\omega) > 0\}$ ist abzählbar, und daher sind auch die Mengen $A := \{Y(\omega) \mid \omega \in \Omega_0\}$ und $B := \{Z(\omega) \mid \omega \in \Omega_0\}$ abzählbar [denn das Bild einer abzählbaren Menge bei einer surjektiven Abbildung ist abzählbar; vgl. den Beweis in (3.2)(1)]. Nach I(4.33) ist daher auch $A \times B$ abzählbar.
(α) Es sei $(y,z) \in A \times B$, und es sei $M(y,z) := \{\omega \in \Omega_0 \mid Y(\omega) = y;\ Z(\omega) = z\}$. Für jedes $\omega \in \Omega \setminus M(y,z)$ mit $Y(\omega) = y$ und $Z(\omega) = z$ ist $p(\omega) = 0$, und daher gilt

$$\begin{aligned} P(M(y,z)) &= P(\{\omega \in \Omega \mid Y(\omega) = y;\ Z(\omega) = z\}) = P(Y^{-1}(y) \cap Z^{-1}(z)) \\ &= P(Y^{-1}(y))P(Z^{-1}(z)). \end{aligned}$$

(β) Es gilt $\Omega_0 = \bigcup_{(y,z)\in A\times B} M(y,z)$, und für alle (y,z), $(y',z') \in A \times B$ mit $(y,z) \neq (y',z')$ gilt $M(y,z) \cap M(y',z') = \emptyset$. Es folgt

$$\begin{aligned} \mathbf{E}(YZ) &= \sum_{\omega\in\Omega} Y(\omega)Z(\omega)p(\omega) = \sum_{\omega\in\Omega_0} Y(\omega)Z(\omega)p(\omega) = \\ &\overset{(*)}{=} \sum_{(y,z)\in A\times B}\Big(\sum_{\omega\in M(y,z)} Y(\omega)Z(\omega)p(\omega)\Big) = \sum_{(y,z)\in A\times B} yzP(M(y,z)) \\ &= \sum_{(y,z)\in A\times B} yzP(Y^{-1}(y))P(Z^{-1}(z)) \overset{(**)}{=} \Big(\sum_{y\in A} yP(Y^{-1}(y))\Big)\Big(\sum_{z\in B} zP(Z^{-1}(z))\Big) \\ &= \Big(\sum_{y\in\mathbb{R}} yP(Y^{-1}(y))\Big)\Big(\sum_{z\in\mathbb{R}} zP(Z^{-1}(z))\Big) = \mathbf{E}(Y)\mathbf{E}(Z). \end{aligned}$$

[Die Abbildung $\omega \mapsto Y(\omega)Z(\omega)p(\omega): \Omega \to \mathbb{R}$ ist summierbar, und daher folgt $(*)$ aus (1.13)(2), wenn $A \times B$ endlich ist, und aus (1.13)(3), wenn $A \times B$ abzählbar unendlich ist. Die Abbildungen $y \mapsto yP(Y^{-1}(y)) : \mathbb{R} \to \mathbb{R}$ und $x \mapsto zP(Z^{-1}(z)) : \mathbb{R} \to \mathbb{R}$ sind summierbar, und daher folgt $(**)$ aus (1.15).]

(3.25) Satz: *Es sei (Ω, p, P) ein diskreter Wahrscheinlichkeitsraum, es sei $n \in \mathbb{N}$, es seien $Y_1, \ldots, Y_n: \Omega \to \mathbb{R}$ unabhängige zufällige Veränderliche, deren Erwartungswerte und Varianzen existieren, und es seien $\alpha_1, \ldots, \alpha_n \in \mathbb{R}$. Dann existiert die*

Varianz der zufälligen Veränderlichen $Y := \alpha_1 Y_1 + \cdots + \alpha_n Y_n : \Omega \to \mathbb{R}$, *und zwar gilt* $\mathbf{V}(Y) = \alpha_1^2 \mathbf{V}(Y_1) + \cdots + \alpha_n^2 \mathbf{V}(Y_n)$.

Beweis: Für jedes $i \in \{1, \ldots, n\}$ gilt offensichtlich: Es ist $\mathbf{V}(\alpha_i Y_i) = \alpha_i^2 \mathbf{V}(Y_i)$. Durch Induktion folgt aus (3.24)(1), daß die Varianz von Y existiert. Aus (3.11) und (3.8) folgt

$$\begin{aligned} \mathbf{V}(Y) &= \mathbf{E}(Y^2) - \mathbf{E}(Y)^2 \\ &= \mathbf{E}\Big(\sum_{i=1}^n \alpha_i^2 Y_i^2 + 2 \sum_{1 \le i < j \le n} \alpha_i \alpha_j Y_i Y_j\Big) - \Big[\sum_{i=1}^n \alpha_i \mathbf{E}(Y_i)\Big]^2 \\ &= \sum_{i=1}^n \alpha_i^2 \big(\mathbf{E}(Y_i^2) - \mathbf{E}(Y_i)^2\big) + 2 \sum_{1 \le i < j \le n} \alpha_i \alpha_j \big(\mathbf{E}(Y_i Y_j) - \mathbf{E}(Y_i)\mathbf{E}(Y_j)\big) \\ &= \sum_{i=1}^n \alpha_i^2 \mathbf{V}(Y_i), \end{aligned}$$

denn für alle $i, j \in \{1, \ldots, n\}$ mit $i \ne j$ sind Y_i und Y_j unabhängig, und daher ist nach (3.24)(3) $\mathbf{E}(Y_i Y_j) = \mathbf{E}(Y_i)\mathbf{E}(Y_j)$.

(3.26) BEMERKUNG: Viele konkrete Fragestellungen der Stochastik führen auf zufällige Veränderliche, die eine Binomialverteilung besitzen. Das Konstruktionsprinzip, das dabei verwendet wird, geht bereits auf Jakob Bernoulli zurück und wird in (3.28) behandelt.

(3.27) Satz: *Es sei* (Ω, p, P) *ein diskreter Wahrscheinlichkeitsraum; es sei* $n \in \mathbb{N}$, *es sei* $p_0 \in \mathbb{R}$ *mit* $0 \le p_0 \le 1$, *und es seien* $Y_1 : \Omega \to \mathbb{R}, \ldots, Y_n : \Omega \to \mathbb{R}$ *unabhängige zufällige Veränderliche mit der Eigenschaft: Für jedes* $i \in \{1, \ldots, n\}$ *gilt* $P(Y_i^{-1}(0)) = 1 - p_0$ *und* $P(Y_i^{-1}(1)) = p_0$. *Dann besitzt die zufällige Veränderliche* $Z := Y_1 + \cdots + Y_n : \Omega \to \mathbb{R}$ *eine Binomialverteilung mit den Parametern* n *und* p_0.

Beweis: Für jedes $(\delta_1, \ldots, \delta_n) \in \{0, 1\}^n$ sind die Ereignisse $Y_1^{-1}(\delta_1), \ldots, Y_n^{-1}(\delta_n)$ unabhängig, und daher gilt für $A(\delta_1, \ldots, \delta_n) := Y_1^{-1}(\delta_1) \cap \cdots \cap Y_n^{-1}(\delta_n)$: Es ist

$$P\big(A(\delta_1, \ldots, \delta_n)\big) = \prod_{i=1}^n P\big(Y_i^{-1}(\delta_i)\big) = p_0^{\delta_1 + \cdots + \delta_n} (1 - p_0)^{n - (\delta_1 + \cdots + \delta_n)}.$$

Für jedes $j \in \{0, 1, \ldots, n\}$ gilt: Die Mengen $A(\delta_1, \ldots, \delta_n)$ mit $(\delta_1, \ldots, \delta_n) \in \{0, 1\}^n$ und mit $\delta_1 + \cdots + \delta_n = j$ sind paarweise disjunkt, und für ihre Vereinigung V_j gilt offensichtlich $V_j \subset Z^{-1}(j)$ und $P(Z^{-1}(j) \setminus V_j) = 0$. Da es genau $\binom{n}{j}$ n-tupel $(\delta_1, \ldots, \delta_n) \in \{0, 1\}^n$ mit $\delta_1 + \cdots + \delta_n = j$ gibt, folgt daraus

$$\begin{aligned} P\big(Z^{-1}(j)\big) &= P(V_j) = \sum_{\delta_1 + \cdots + \delta_n = j} P\big(A(\delta_1, \ldots, \delta_n)\big) \\ &= \sum_{\delta_1 + \cdots + \delta_n = j} p_0^{\delta_1 + \cdots + \delta_n} (1 - p_0)^{n - (\delta_1 + \cdots + \delta_n)} = \binom{n}{j} p_0^j (1 - p_0)^{n-j}. \end{aligned}$$

(3.28) Das Versuchsschema von Jakob Bernoulli: Es sei (Ω, p, P) ein diskreter Wahrscheinlichkeitsraum, es sei $n \in \mathbb{N}$, und es sei (Ω^n, p_n, P_n) der diskrete Wahrscheinlichkeitsraum mit $p_n(\omega_1, \ldots, \omega_n) = p(\omega_1) \cdots p(\omega_n)$ für jedes $(\omega_1, \ldots, \omega_n) \in \Omega^n$ [vgl. (2.21)]. Für alle $A_1, \ldots, A_n \in \mathcal{P}(\Omega)$ gilt darin $P_n(A_1 \times \cdots \times A_n) = P(A_1) \cdots P(A_n)$. Es sei $A \in \mathcal{P}(\Omega)$. Dann ist $0 \leq p_0 := P(A) \leq 1$.

(1) Für die zufällige Veränderliche $X: \Omega \to \mathbb{R}$ mit $X(\omega) := 1$ für jedes $\omega \in A$ und mit $X(\omega) := 0$ für jedes $\omega \in \Omega \setminus A$ gilt $P(X^{-1}(1)) = P(A) = p_0$ und $P(X^{-1}(0)) = P(\Omega \setminus A) = 1 - p_0$.

(2) Es sei $i \in \{1, \ldots, n\}$, und es sei $Y_i : \Omega^n \to \mathbb{R}$ die zufällige Veränderliche mit

$$Y_i(\omega_1, \ldots, \omega_n) := X(\omega_i) = \left\{ \begin{array}{ll} 1, & \text{falls } \omega_i \in A \text{ ist,} \\ 0, & \text{falls } \omega_i \notin A \text{ ist,} \end{array} \right\} \text{ für jedes } (\omega_1, \ldots, \omega_n) \in \Omega^n.$$

Dann gilt $Y_i^{-1}(1) = \{(\omega_1, \ldots, \omega_n) \in \Omega^n \mid \omega_i \in A\} = \Omega \times \cdots \times \Omega \times A \times \Omega \times \cdots \times \Omega$ und daher $P_n(Y_i^{-1}(1)) = P(A) = p_0$ und $P_n(Y_i^{-1}(0)) = P(\Omega \setminus A) = 1 - p_0$, und für jedes $x \in \mathbb{R} \setminus \{0, 1\}$ ist $P_n(Y_i^{-1}(x)) = 0$.

(3) Die zufälligen Veränderlichen $Y_1: \Omega^n \to \mathbb{R}, \ldots, Y_n: \Omega^n \to \mathbb{R}$ sind unabhängig, denn für alle $x_1, \ldots, x_n \in \mathbb{R}$, jedes $m \in \{1, \ldots, n\}$ und alle paarweise verschiedenen $i(1), \ldots, i(m) \in \{1, \ldots, n\}$ gilt

$$\bigcap_{k=1}^{m} Y_{i(k)}^{-1}(x_{i(k)}) = A_1 \times \cdots \times A_n \quad \text{mit } A_i := \left\{ \begin{array}{ll} X^{-1}(x_i) & \text{für } i \in \{i(1), \ldots, i(m)\}, \\ \Omega & \text{für } i \notin \{i(1), \ldots, i(m)\} \end{array} \right.$$

und daher

$$\begin{aligned} P_n\Big(\bigcap_{k=1}^{m} Y_{i(k)}^{-1}(x_{i(k)})\Big) &= P_n(A_1 \times \cdots \times A_n) = \prod_{i=1}^{n} P(A_i) = \prod_{k=1}^{m} P\big(X^{-1}(x_{i(k)})\big) \\ &= \prod_{k=1}^{m} P_n\big(Y_{i(k)}^{-1}(x_{i(k)})\big). \end{aligned}$$

(4) *Die zufällige Veränderliche* $Z: \Omega^n \to \mathbb{R}$ *mit*

$$Z(\omega_1, \ldots, \omega_n) := \operatorname{Card}\big(\{i \mid 1 \leq i \leq n;\ \omega_i \in A\}\big) \quad \textit{für jedes } (\omega_1, \ldots, \omega_n) \in \Omega^n$$

besitzt eine Binomialverteilung mit den Parametern n *und* p_0.

Beweis: Es gilt $Z(\omega_1, \ldots, \omega_n) = \operatorname{Card}(\{i \mid 1 \leq i \leq n;\ Y_i(\omega_1, \ldots, \omega_n) = 1\})$ für jedes $(\omega_1, \ldots, \omega_n) \in \Omega^n$, und daher ist $Z = Y_1 + \cdots + Y_n$. Die Behauptung folgt somit aus (3.27).

(5) Z zählt ab, wie oft in einer Serie von n Wiederholungen eines durch den ursprünglichen diskreten Wahrscheinlichkeitsraum (Ω, p, P) beschriebenen Zufallsexperiments das Ereignis A eintritt [vgl. (2.16)(1) und (3.17)(2)].

§4 Die Ungleichung von Tschebyscheff

(4.1) Es sei (Ω, p, P) ein diskreter Wahrscheinlichkeitsraum, und es sei $A \in \mathcal{P}(\Omega)$. Die Wahrscheinlichkeit $P(A)$ von A ergibt sich aus der Definition von (Ω, p, P), und diese ergibt sich aus theoretischen Erwägungen über das dadurch beschriebene Zufallsexperiment. Jedermann ist wohl der Meinung, daß man $P(A)$ auch durch Beobachtung ermitteln kann, nämlich folgendermaßen: Man wiederholt das Experiment, für das (Ω, p, P) das mathematische Modell ist, n-mal und nimmt dann, wenn innerhalb der n Wiederholungen N_n-mal das Ereignis A beobachtet wurde, die relative Häufigkeit N_n/n als Näherung für $P(A)$. Dabei ist man überzeugt, daß diese beobachtete relative Häufigkeit N_n/n die Wahrscheinlichkeit umso besser approximiert, je größer n ist, vielleicht sogar, daß eine aus Beobachtungen gewonnene Folge $(N_n/n)_{n \geq 1}$ gegen $P(A)$ konvergiert. Dies ist nicht richtig. Ein Zusammenhang zwischen beobachteten relativen Häufigkeiten und der Wahrscheinlichkeit eines Ereignisses läßt sich nur innerhalb der Stochastik selbst formulieren. Hiervon ist in diesem Paragraphen die Rede [vgl. (4.6) und (4.9)].

(4.2) Satz: *Es sei (Ω, p, P) ein diskreter Wahrscheinlichkeitsraum, und es sei $Y: \Omega \to \mathbb{R}$ eine zufällige Veränderliche, deren Erwartungswert und Varianz existieren; es sei $\sigma(Y)$ ihre Standardabweichung, und es sei c eine positive reelle Zahl. Dann gilt*

$$P(\{\omega \in \Omega \mid |Y(\omega) - \mathbf{E}(Y)| > c\sigma(Y)\}) \; < \; \frac{1}{c^2}$$

[Ungleichung von P. L. Tschebyscheff, 1821–1894].
Beweis: Es sei $A_c := \{\omega \in \Omega \mid |Y(\omega) - \mathbf{E}(Y)| > c\sigma(Y)\}$.
(a) Ist $P(A_c) = 0$, so ist nichts zu beweisen.
(b) Es gelte $\sigma(Y) = 0$. Dann ist $\sum_{\omega \in \Omega}(Y(\omega) - \mathbf{E}(Y))^2 p(\omega) = \mathbf{V}(Y) = 0$, und daher gilt für jedes $\omega \in \Omega$: Es ist $p(\omega) = 0$, oder es ist $Y(\omega) = \mathbf{E}(Y)$. Also gilt $A_c \subset \{\omega \in \Omega \mid p(\omega) = 0\}$ und daher $P(A_c) = 0$.
(c) Es gelte $\sigma(Y) \neq 0$ und $P(A_c) \neq 0$. Dann gilt

$$\begin{aligned} \mathbf{V}(Y) &= \sum_{\omega \in \Omega} (Y(\omega) - \mathbf{E}(Y))^2 p(\omega) \geq \sum_{\omega \in A_c} (Y(\omega) - \mathbf{E}(Y))^2 p(\omega) \\ &> \sum_{\omega \in A_c} c^2 \sigma(Y)^2 p(\omega) = c^2 \sigma(Y)^2 \sum_{\omega \in A_c} p(\omega) = c^2 \mathbf{V}(Y) P(A_c), \end{aligned}$$

und daher gilt $P(A_c) < 1/c^2$.

(4.3) Bemerkung: Es sei (Ω, p, P) ein diskreter Wahrscheinlichkeitsraum, und es sei $Y: \Omega \to \mathbb{R}$ eine zufällige Veränderliche, deren Erwartungswert und Varianz existieren. Es wurde schon bemerkt, daß $\mathbf{E}(Y)$ eine Art Mittelwert für die Werte von Y ist und daß $\mathbf{V}(Y)$ und damit auch $\sigma(Y)$ ein Maß für die Streuung dieser Werte um $\mathbf{E}(Y)$ ist. Der Satz von Tschebyscheff gibt eine quantitative Fassung dieser Aussage. Es folgt daraus zum Beispiel: Es ist

$$P(\{\omega \in \Omega \mid |Y(\omega) - \mathbf{E}(Y)| \leq 3\sigma(Y)\}) \; > \; 8/9 \; = \; 0.888\ldots .$$

Diese Abschätzung gilt für jede zufällige Veränderliche $Y:\Omega \to \mathbb{R}$, deren Erwartungswert und Varianz existieren. In konkreten Fällen kann die darin abgeschätzte Wahrscheinlichkeit deutlich größer als 8/9 sein [vgl. (3.17)(3)].

(4.4) Satz: *Es sei (Ω, p, P) ein diskreter Wahrscheinlichkeitsraum, es seien $n \in \mathbb{N}$ und $p_0 \in \mathbb{R}$ mit $0 \le p_0 \le 1$, und es sei $Y:\Omega \to \mathbb{R}$ eine zufällige Veränderliche, die eine Binomialverteilung mit den Parametern n und p_0 besitzt. Dann gilt für jedes positive $\delta \in \mathbb{R}$: Es ist*

$$P\left(\left\{\omega \in \Omega \;\middle|\; \left|\frac{Y(\omega)}{n} - p_0\right| > \delta\right\}\right) \le \frac{p_0(1-p_0)}{\delta^2 n} \le \frac{1}{4\delta^2 n}.$$

Beweis: Es sei $\delta > 0$, und es sei $A := \{\omega \in \Omega \mid |Y(\omega)/n - p_0| > \delta\}$. Ist $p_0 = 0$, so gilt $P(Y^{-1}(0)) = 1$ und $P(Y^{-1}(x)) = 0$ für jedes $x \in \mathbb{R}$ mit $x \neq 0$, und ist $p_0 = 1$, so gilt $P(Y^{-1}(n)) = 1$ und $P(Y^{-1}(x)) = 0$ für jedes $x \in \mathbb{R}$ mit $x \neq n$; in beiden Fällen ist $P(A) = 0$. Gilt $0 < p_0 < 1$, so ist $c := \delta\sqrt{n}/\sqrt{p_0(1-p_0)}$ eine positive Zahl, wegen $\mathbf{E}(Y) = np_0$ und $\sigma(Y) = \sqrt{np_0(1-p_0)}$ [vgl. (3.17)(1)] ist $A = \{\omega \in \Omega \mid |Y(\omega) - \mathbf{E}(Y)| > c\sigma(Y)\}$, und daher folgt aus (4.2) und wegen $p_0(1-p_0) \le 1/4$ die Behauptung.

(4.5) Folgerung: [Jakob Bernoulli] *Es sei (Ω, p, P) ein diskreter Wahrscheinlichkeitsraum, es sei $n \in \mathbb{N}$, und es sei (Ω^n, p_n, P_n) der diskrete Wahrscheinlichkeitsraum mit $p_n(\omega_1, \ldots, \omega_n) = p(\omega_1)\cdots p(\omega_n)$ für jedes $(\omega_1, \ldots, \omega_n) \in \Omega^n$; es sei $A \in \mathcal{P}(\Omega)$, und es sei $Z:\Omega^n \to \mathbb{R}$ die zufällige Veränderliche mit*

$$Z(\omega_1, \ldots, \omega_n) := \mathrm{Card}(\{i \mid 1 \le i \le n;\ \omega_i \in A\}) \quad \text{für jedes } (\omega_1, \ldots, \omega_n) \in \Omega^n.$$

Dann gilt für jedes positive $\delta \in \mathbb{R}$: Es ist

$$P_n\left(\left\{(\omega_1, \ldots, \omega_n) \in \Omega^n \;\middle|\; \left|\frac{Z(\omega_1, \ldots, \omega_n)}{n} - P(A)\right| > \delta\right\}\right) \le \frac{1}{4\delta^2 n}.$$

Beweis: Nach (3.28) besitzt $Z:\Omega^n \to \mathbb{R}$ eine Binomialverteilung mit den Parametern n und $p_0 := P(A)$, und somit folgt die Behauptung sogleich aus (4.4).

(4.6) BEMERKUNG: Die Aussage des Satzes (4.5) nennt man das Gesetz der großen Zahlen von Jakob Bernoulli. Es liefert eine mathematisch präzise Formulierung eines Zusammenhangs zwischen beobachteten relativen Häufigkeiten eines Ereignisses und seiner Wahrscheinlichkeit in einem zugrundegelegten diskreten Wahrscheinlichkeitsraum (Ω, p, P). So erhält man mit den Bezeichnungen aus (4.5) zum Beispiel: Es ist

$$P_n\left(\left\{(\omega_1, \ldots, \omega_n) \in \Omega^n \;\middle|\; \left|\frac{Z(\omega_1, \ldots, \omega_n)}{n} - P(A)\right| > \frac{5}{\sqrt{n}}\right\}\right) \le \frac{1}{100},$$

und da für ein $(\omega_1, \ldots, \omega_n) \in \Omega^n$ die Zahl $Z(\omega_1, \ldots, \omega_n)/n$ die relative Häufigkeit des Auftretens von A in der Beobachtungsserie $(\omega_1, \ldots, \omega_n)$ ist, so bedeutet dies, etwas umgangssprachlich formuliert: Höchstens bei einem Prozent aller Serien von n Beobachtungen wird die relative Häufigkeit des Auftretens von A um mehr als $5/\sqrt{n}$ von der theoretisch gegebenen Wahrscheinlichkeit $P(A)$ von A abweichen.

(4.7) BEMERKUNG: Für jedes $t \in (-\infty, -1]$ gilt $0 < \exp(-t^2/2) \leq 2/t^2$, und daher existiert für jedes $x \in \mathbb{R}$ das uneigentliche Integral $\int_{-\infty}^{x} \exp(-t^2/2)\, dt$ [vgl. VI(5.5)(1)]. Die Funktion

$$\begin{cases} \Phi : \mathbb{R} \to \mathbb{R} \quad \text{mit} \\ \Phi(x) := \dfrac{1}{\sqrt{2\pi}} \displaystyle\int_{-\infty}^{x} e^{-t^2/2}\, dt \quad \text{für jedes } x \in \mathbb{R} \end{cases}$$

heißt die Gaußsche Verteilungsfunktion oder die Verteilungsfunktion der Normalverteilung; sie wächst streng monoton [vgl. V(1.21)]. Ihre Werte sind in vielen Lehrbüchern der Stochastik und in Tafelwerken tabelliert, zum Beispiel in [22], [41] und [1].

Der folgende Satz, der hier ohne Beweis angegeben wird, ist die älteste und einfachste Version des sogenannten zentralen Grenzwertsatzes, für dessen Formulierung auf die Lehrbuchliteratur verwiesen sei.

(4.8) Satz: [A. de Moivre, 1667–1754; P. S. Laplace] *Es sei p_0 eine reelle Zahl mit $0 < p_0 < 1$. Für jedes $n \in \mathbb{N}$ seien ein diskreter Wahrscheinlichkeitsraum (Ω_n, p_n, P_n) und eine zufällige Veränderliche $Y_n : \Omega_n \to \mathbb{R}$, die eine Binomialverteilung mit den Parametern n und p_0 besitzt, gegeben. Dann gilt für alle α, $\beta \in \mathbb{R}$ mit $\alpha < \beta$: Die Folge*

$$\left(P_n\left(\left\{\omega \in \Omega_n \mid \alpha \leq \frac{Y_n(\omega) - \mathbf{E}(Y_n)}{\sigma(Y_n)} \leq \beta\right\}\right)\right)_{n \geq 1}$$

konvergiert mit dem Grenzwert

$$\Phi(\beta) - \Phi(\alpha) = \frac{1}{\sqrt{2\pi}} \int_{\alpha}^{\beta} e^{-t^2/2}\, dt.$$

(4.9) BEMERKUNG: Es sei $n \in \mathbb{N}$, und es sei $p_0 \in \mathbb{R}$ mit $0 < p_0 < 1$. Es sei (Ω, p, P) ein diskreter Wahrscheinlichkeitsraum, und es sei $Y : \Omega \to \mathbb{R}$ eine zufällige Veränderliche, die eine Binomialverteilung mit den Parametern n und p_0 besitzt. Es seien α, $\beta \in \mathbb{R}$ mit $\alpha < \beta$, und es sei $A := \{\omega \in \Omega \mid \alpha \leq (Y(\omega) - \mathbf{E}(Y))/\sigma(Y) \leq \beta\}$. Wegen (4.8) kann man $\Phi(\beta) - \Phi(\alpha)$ als Näherungswert für $P(A)$ verwenden, falls n hinreichend groß ist. [Eine genaue Abschätzung zeigt, daß dies der Fall ist, wenn $np_0(1 - p_0) > 10$ ist.]

(4.10) BEISPIEL: Es sei (Ω, p, P) ein diskreter Wahrscheinlichkeitsraum, und es sei $Y : \Omega \to \mathbb{R}$ eine zufällige Veränderliche, die eine Binomialverteilung mit den Parametern $n := 60$ und $p_0 := 2/7$ besitzt. Es ist, jeweils auf drei Stellen nach dem Dezimalpunkt gerundet, $\mathbf{E}(Y) = 17.143$, $\mathbf{V}(Y) = 12.245$ und $\sigma(Y) = 3.499$, und für $A := \{\omega \in \Omega \mid 12 \leq Y(\omega) \leq 24\}$ gilt

$$P(A) = \sum_{j=12}^{24} \binom{60}{j} \left(\frac{2}{7}\right)^j \left(\frac{5}{7}\right)^{60-j} = 0.931.$$

Mit $\alpha := (12 - \mathbf{E}(Y))/\sigma(Y) = -1.470$ und $\beta := (24 - \mathbf{E}(Y))/\sigma(Y) = 1.960$ gilt $A = \{\omega \in \Omega \mid \alpha \leq (Y(\omega) - \mathbf{E}(Y))/\sigma(Y) \leq \beta\}$, und somit liefert (4.9) für $P(A)$ den Näherungswert $\Phi(\beta) - \Phi(\alpha) = 0.904$.

§5 Der chi-Quadrat-Test

(5.1) In den Paragraphen 2 und 3 wurde ein Zufallsexperiment jeweils durch einen diskreten Wahrscheinlichkeitsraum beschrieben, dessen Eigenschaften aus der Beschreibung des Experiments und nicht aus der Beobachtung der Häufigkeiten, mit denen die einzelnen möglichen Ergebnisse auftreten, gewonnen wurden. Auch die Dichte einer zufälligen Veränderlichen war in jedem Fall vorgegeben. Bernoullis Gesetz der großen Zahlen [vgl. (4.5) und (4.6)] legt den Versuch nahe, aus den Ergebnissen eines Experiments und den Häufigkeiten ihres Auftretens in einer langen Serie von Durchführungen des Experiments Informationen über einen Wahrscheinlichkeitsraum und eine zufällige Veränderliche zu gewinnen, die zur Beschreibung des Experiments geeignet sind. Man möchte, etwas genauer gesagt, Verfahren angeben, mit deren Hilfe man testen kann, ob ein konkretes Experiment durch einen ganz bestimmten Wahrscheinlichkeitsraum und gegebenenfalls eine zufällige Veränderliche mit einer ganz bestimmten Dichtefunktion in befriedigender Weise beschrieben wird. Dieses Problem führt in das umfangreiche Gebiet der Mathematischen Statistik.

In diesem Paragraphen wird ein wichtiger statistischer Test behandelt, der sogenannte chi-Quadrat-Test, der 1900 von K. Pearson [1857–1936] veröffentlich worden ist.

(5.2) Bemerkung: (1) Es sei $\nu \in \mathbb{N}$. Die Funktion $F_\nu \colon \mathbb{R} \to \mathbb{R}$ mit

$$F_\nu(x) := \begin{cases} 0 & \text{für jedes } x < 0, \\ \dfrac{1}{\Gamma(\nu/2)} \cdot \displaystyle\int_0^{x/2} t^{\nu/2-1} e^{-t}\, dt & \text{für jedes } x \geq 0 \end{cases}$$

heißt die Verteilungsfunktion der chi-Quadrat-Verteilung mit ν Freiheitsgraden. Sie ist auf $\mathbb{R}$ stetig [vgl. VI, §4], ihre Einschränkung auf $[0,\infty)$ ist streng monoton wachsend [vgl. V(1.21)], es ist $F_\nu(0) = 0$, und wegen

$$\lim_{x\to\infty} \int_0^{x/2} t^{\nu/2-1} e^{-t}\, dt = \int_0^{\infty} t^{\nu/2-1} e^{-t}\, dt = \Gamma\Big(\frac{\nu}{2}\Big)$$

[vgl. VI(5.9)(1)] gilt $\lim_{x\to\infty} F_\nu(x) = 1$. Aus dem Zwischenwertsatz folgt, daß $F_\nu((0,\infty)) = (0,1)$ ist [vgl. IV(2.16)(1)], und daher ist $F_\nu([0,\infty)) = [0,1)$. Also gibt es zu jedem $\alpha \in [0,1)$ eine eindeutig bestimmte Zahl $x(\nu,\alpha) \in [0,\infty)$ mit $F_\nu(x(\nu,\alpha)) = \alpha$. Es ist $x(\nu,0) = 0$, und es gibt Verfahren, mit denen man zu jedem $x \in (0,\infty)$ den Funktionswert $F_\nu(x)$ und zu jedem $\alpha \in (0,1)$ die Zahl $x(\nu,\alpha)$ näherungsweise mit jeder gewünschten Genauigkeit berechnen kann.

(2) Die Tabelle auf der folgenden Seite enthält für einige Werte von $\alpha \in (0,1)$ und für jedes $\nu \in \mathbb{N}$ mit $\nu \leq 30$ den Wert $x(\nu,\alpha)$. Für Freiheitsgrade $\nu > 30$ gilt die folgende Näherungsformel

$$x(\nu,\alpha) \approx \nu \cdot \left(1 - \frac{2}{9\nu} + x(\alpha)\sqrt{\frac{2}{9\nu}}\right)^3,$$

wobei $x(\alpha)$ der folgenden Tabelle zu entnehmen ist:

α	0.10	0.25	0.50	0.75	0.90	0.95	0.99
$x(\alpha)$	−1.2816	−0.6745	0.0000	0.6745	1.2816	1.6449	2.3263

Weitere Werte $x(\nu,\alpha)$ findet man in der Tabelle (26.8) in [1].

(5.3) Es sei (Ω, p, P) ein diskreter Wahrscheinlichkeitsraum, es sei $Y: \Omega \to \mathbb{R}$ eine zufällige Veränderliche mit der Dichte $f_Y: \mathbb{R} \to \mathbb{R}$ und mit $Y(\Omega) = \{x_1, \ldots, x_N\}$, wobei $N \geq 2$ ist und $x_1, \ldots, x_N$ paarweise verschieden sind. Es gelte: Für jedes $j \in \{1, \ldots, N\}$ ist $q_j := f_Y(x_j) = P(Y^{-1}(x_j)) > 0$.

(1) Es sei $n \in \mathbb{N}$, und es sei (Ω^n, p_n, P_n) der diskrete Wahrscheinlichkeitsraum mit $p_n(\omega_1, \ldots, \omega_n) := p(\omega_1) \cdots p(\omega_n)$ für jedes $(\omega_1, \ldots, \omega_n) \in \Omega^n$ [vgl. (2.21)].

(a) Es sei $j \in \{1, \ldots, N\}$, und für jedes $(\omega_1, \ldots, \omega_n) \in \Omega^n$ sei

$$Z_j((\omega_1, \ldots, \omega_n)) :=$$
$$:= \operatorname{Card}(\{i \mid 1 \leq i \leq n;\ Y(\omega_i) = x_j\}) = \operatorname{Card}(\{i \mid 1 \leq i \leq n;\ \omega_i \in Y^{-1}(x_j)\}).$$

Nach (3.28)(4) besitzt die zufällige Veränderliche $Z_j: \Omega^n \to \mathbb{R}$ eine Binomialverteilung mit den Parametern n und $P(Y^{-1}(x_j)) = q_j$ [in (3.28) ist $A := Y^{-1}(x_j)$ zu wählen]. Ihr Erwartungswert ist $\mathbf{E}(Z_j) = nq_j$ [vgl. (3.17)(1)].

(b) Man setzt

$$W_n := \sum_{j=1}^{N} \frac{(Z_j - \mathbf{E}(Z_j))^2}{\mathbf{E}(Z_j)} = \sum_{j=1}^{N} \frac{(Z_j - nq_j)^2}{nq_j}.$$

Es ist

$$\sum_{j=1}^{N} q_j = \sum_{j=1}^{N} P(Y^{-1}(x_j)) = P\Big(\bigcup_{j=1}^{N} Y^{-1}(x_j)\Big) = P(\Omega) = 1,$$

und für jedes $(\omega_1, \ldots, \omega_n) \in \Omega^n$ ist $\sum_{j=1}^{N} Z_j(\omega_1, \ldots, \omega_n) = n$. Daher gilt für die zufällige Veränderliche $W_n: \Omega^n \to \mathbb{R}$: Es ist

$$W_n = \frac{1}{n}\sum_{j=1}^{N} \frac{1}{q_j}(Z_j^2 - 2nq_jZ_j + n^2q_j^2) = \frac{1}{n}\sum_{j=1}^{N} \frac{1}{q_j}Z_j^2 - 2\sum_{j=1}^{N} Z_j + n\sum_{j=1}^{N} q_j$$
$$= \frac{1}{n}\sum_{j=1}^{N} \frac{1}{q_j}Z_j^2 - n.$$

$\alpha =$	0.10	0.25	0.50	0.75	0.90	0.95	0.99
$\nu = 1$	0.016	0.102	0.455	1.323	2.706	3.841	6.635
$\nu = 2$	0.211	0.575	1.386	2.773	4.605	5.991	9.210
$\nu = 3$	0.584	1.213	2.366	4.108	6.251	7.815	11.345
$\nu = 4$	1.604	1.923	3.357	5.385	7.779	9.488	13.277
$\nu = 5$	1.610	2.675	4.351	6.626	9.236	11.070	15.086
$\nu = 6$	2.204	3.455	5.348	7.841	10.645	12.592	16.812
$\nu = 7$	2.833	4.255	6.346	9.037	12.017	14.067	18.475
$\nu = 8$	3.490	5.071	7.344	10.219	13.362	15.507	20.090
$\nu = 9$	4.168	5.899	8.343	11.389	14.684	16.919	21.666
$\nu = 10$	4.865	6.737	9.342	12.549	15.987	18.307	23.209
$\nu = 11$	5.578	7.584	10.341	13.701	17.275	19.675	24.725
$\nu = 12$	6.304	8.438	11.340	14.845	18.549	21.026	26.217
$\nu = 13$	7.042	9.299	12.340	15.984	19.812	22.362	27.688
$\nu = 14$	7.790	10.165	13.339	17.117	21.064	23.685	29.141
$\nu = 15$	8.547	11.037	14.339	18.245	22.307	24.996	30.578
$\nu = 16$	9.312	11.912	15.338	19.369	23.542	26.296	32.000
$\nu = 17$	10.085	12.792	16.338	20.489	24.769	27.587	33.409
$\nu = 18$	10.865	13.675	17.338	21.605	25.989	28.869	34.805
$\nu = 19$	11.651	14.562	18.338	22.718	27.204	30.144	36.191
$\nu = 20$	12.433	15.452	19.337	23.828	28.412	31.410	37.566
$\nu = 21$	13.240	16.344	20.337	24.935	29.615	32.671	38.932
$\nu = 22$	14.041	17.240	21.337	26.039	30.813	33.924	40.289
$\nu = 23$	14.848	18.137	22.337	27.141	32.007	35.172	41.638
$\nu = 24$	15.659	19.037	23.337	28.241	33.196	36.415	42.980
$\nu = 25$	16.473	19.939	24.337	29.339	34.382	37.652	44.314
$\nu = 26$	17.292	20.843	25.336	30.435	35.563	38.885	45.642
$\nu = 27$	18.114	21.749	26.336	31.528	36.741	40.113	46.963
$\nu = 28$	18.939	22.657	27.336	32.620	37.916	41.337	48.278
$\nu = 29$	19.768	23.567	28.336	33.711	39.087	42.557	49.588
$\nu = 30$	20.599	24.478	29.336	34.800	40.256	43.773	50.892

(2) *Die Folge* $(P_n(\{(\omega_1,\ldots,\omega_n) \in \Omega^n \mid W_n(\omega_1,\ldots,\omega_n) \leq x\}))_{n\geq 1}$ *konvergiert für jedes* $x \in \mathbb{R}$ *gegen* $F_{N-1}(x)$. Zum Beweis dieses Grenzwertsatzes muß auf die Literatur verwiesen werden [vgl. zum Beispiel [22], Kap. XII, §4].

(5.4) DER CHI-QUADRAT-TEST: Es sei (Ω, p, P) ein diskreter Wahrscheinlichkeitsraum. Es wird ein Zufallsexperiment durchgeführt, das durch (Ω, p, P) beschrieben wird, und jedem möglichen Ergebnis $\omega \in \Omega$ dieses Experiments wird eine reelle Zahl $Y(\omega)$ zugeordnet.
(1) Für die zufällige Veränderliche $Y: \Omega \to \mathbb{R}$ gelte $Y(\Omega) = \{x_1,\ldots,x_N\}$, wobei $N \geq 2$ ist und $x_1,\ldots,x_N$ paarweise verschieden sind. Es seien $q_1,\ldots,q_N \in \mathbb{R}$ positiv mit $q_1 + \cdots + q_N = 1$. Man stellt die folgende Hypothese auf:
(H) Für jedes $j \in \{1,\ldots,N\}$ ist $P(Y^{-1}(x_j)) = q_j$.
Der chi-Quadrat-Test bietet eine Möglichkeit zu entscheiden, ob (H) zu verwerfen ist oder akzeptiert werden kann. Dies geschieht auf die folgende Weise:
(a) Man wählt ein hinreichend großes $n \in \mathbb{N}$ [vgl. dazu (3)], führt das Experiment n-mal durch und notiert jedesmal den Wert von Y. So erhält man ein Element $\widetilde{\omega}_0 = (\omega_{01},\ldots,\omega_{0n}) \in \Omega^n$ und für jedes $j \in \{1,\ldots,N\}$ die beobachtete Häufigkeit

$$z_j := \operatorname{Card}(\{i \mid 1 \leq i \leq n;\ Y(\omega_{0i}) = x_j\}).$$

Man nimmt die Gültigkeit der Hypothese (H) an und definiert die zufälligen Veränderlichen $Z_1,\ldots,Z_N: \Omega^n \to \mathbb{R}$ und $W_n: \Omega^n \to \mathbb{R}$ wie in (5.3)(1). Dann gilt $Z_j(\widetilde{\omega}_0) = z_j$ für jedes $j \in \{1,\ldots,N\}$ und

$$\begin{aligned} w_n := W_n(\widetilde{\omega}_0) &= \sum_{j=1}^{N} \frac{\left(Z_j(\widetilde{\omega}_0) - nq_j\right)^2}{nq_j} = \frac{1}{n}\sum_{j=1}^{N} \frac{1}{q_j} Z_j(\widetilde{\omega}_0)^2 - n \\ &= \frac{1}{n}\sum_{j=1}^{N} \frac{1}{q_j} z_j^2 - n \geq 0. \end{aligned}$$

[Man kann w_n als ein Maß dafür betrachten, wie sehr sich die beobachteten Häufigkeiten $z_1,\ldots,z_N$ von den auf der Gültigkeit der Hypothese (H) beruhenden "theoretischen" Häufigkeiten $nq_1,\ldots,nq_N$ unterscheiden; je größere Unterschiede dabei auftreten, desto größer ist w_n.]
(b) Für jedes $x \in \mathbb{R}$ gilt näherungsweise $P_n(\{\widetilde{\omega} \in \Omega^n \mid W_n(\widetilde{\omega}) \leq x\}) \approx F_{N-1}(x)$, falls n groß genug ist [vgl. (5.3)(2)]. Ist $\alpha \in [0,1)$ und ist $x(N-1,\alpha) \in [0,\infty)$ wie in (5.2)(1) die Zahl mit $F_{N-1}(x(N-1,\alpha)) = \alpha$, so gilt also: Es ist näherungsweise $P_n(\{\widetilde{\omega} \in \Omega^n \mid W_n(\widetilde{\omega}) \leq x(N-1,\alpha)\}) \approx \alpha$ und daher

$$P_n(\{\widetilde{\omega} \in \Omega^n \mid W_n(\widetilde{\omega}) > x(N-1,\alpha)\}) \approx 1 - \alpha.$$

[Der Grenzwertsatz aus (5.3)(2) dient hier, wie man sieht, der Verringerung des Rechenaufwands. Man kann selbstverständlich auch $F_{N-1}(w_n)$ selbst ausrechnen, falls man ein geeignetes Berechnungsverfahren programmiert hat; die auf der vorangehenden Seite abgedruckte Tabelle erleichtert aber doch die Verwendung des chi-Quadrat-Tests erheblich.]

(c) Ist $w_n = 0$, so sind die beobachteten Häufigkeiten genau die theoretischen Häufigkeiten, die sich aus der Gültigkeit der Hypothese (H) ergeben; in diesem Fall wird man (H) selbstverständlich nicht verwerfen. Andernfalls vergleicht man $w_n = W_n(\tilde{\omega}_0)$ mit den Einträgen $x(N-1,\alpha)$ der Tabelle und findet das größte α unter 0 und den in der Tabelle vorkommenden α-Werten mit $w_n > x(N-1,\alpha)$. Dann gilt $\tilde{\omega}_0 \in \{\tilde{\omega} \in \Omega^n \mid W_n(\tilde{\omega}) > x(N-1,\alpha)\}$, und es ist näherungsweise $P_n(\{\tilde{\omega} \in \Omega^n \mid W_n(\tilde{\omega}) > x(N-1,\alpha)\}) \approx 1-\alpha$, d.h. die Wahrscheinlichkeit dafür, daß ein n-tupel $\tilde{\omega} \in \Omega^n$ mit $W_n(\tilde{\omega}) > x(N-1,\alpha)$ beobachtet wird, ist ungefähr $1-\alpha$. Man wird daher die Hypothese (H) verwerfen, wenn $1-\alpha$ zu klein, also α zu groß ist; üblicherweise verwirft man (H) auf jeden Fall, wenn $\alpha = 0.99$ ist, und besser auch, wenn $\alpha = 0.95$ ist – jedenfalls in den Anwendungen des chi-Quadrat-Tests im nächsten Paragraphen; ergibt sich $\alpha = 0.90$, so ist (H) mindestens mit Vorsicht zu verwenden; in diesem Fall sollte man, wenn es möglich ist, den Test mit einer neuen Beobachtungsreihe wiederholen.

(2) Es gelte jetzt – anders als in (1) –, daß Y unendlich viele verschiedene Werte annehmen kann. Dann wählt man, passend zu beobachteten Werten von Y, ein $N \geq 2$ und paarweise verschiedene $x_1, \ldots, x_{N-1} \in Y(\Omega)$. Es seien $q_1, \ldots, q_N \in \mathbb{R}$ positiv mit $q_1 + \cdots + q_N = 1$. Man stellt jetzt die Hypothese auf:

(H) Es gilt

$$\begin{cases} P(Y^{-1}(x_j)) = q_j & \text{für } j = 1, \ldots, N-1 \quad \text{und} \\ P(\{\omega \in \Omega \mid Y(\omega) \notin \{x_1, \ldots, x_{N-1}\}\}) = q_N. \end{cases}$$

Man wählt ein hinreichend großes $n \in \mathbb{N}$, führt das Experiment n-mal durch und setzt dann mit dem n-tupel $\tilde{\omega}_0 = (\omega_{01}, \ldots, \omega_{0n}) \in \Omega^n$, das für die n-malige Wiederholung des Experiments steht,

$$z_j := \begin{cases} \operatorname{Card}(\{i \mid 1 \leq i \leq n;\ Y(\omega_{0i}) = x_j\}) & \text{für } j = 1, \ldots, N-1, \\ \operatorname{Card}(\{i \mid 1 \leq i \leq n;\ Y(\omega_{0i}) \notin \{x_1, \ldots, x_{N-1}\}\}) & \text{für } j = N. \end{cases}$$

Mit diesen Werten $z_1, \ldots, z_N$ und $q_1, \ldots, q_N$ berechnet man wie in (1)(a) w_n und verfährt weiter, wie es in (1)(b) und (c) geschildert ist.

(3) Die Anzahl n der beobachteten Werte von Y muß hinreichend groß sein. Als (allerdings etwas pessimistisch formulierte) Faustregel ist die folgende Vorschrift zu verwenden: Für jedes $j \in \{1, \ldots, N\}$ sollte $nq_j \geq 5$ sein.

(5.5) BEISPIEL: (1) Das Würfeln mit zwei symmetrischen Würfeln wird durch den endlichen Wahrscheinlichkeitsraum (Ω, p, P) mit $\Omega := \{1,2,3,4,5,6\}^2$ und mit $p(\omega) := 1/36$ für jedes $\omega \in \Omega$ beschrieben. Es sei $Y: \Omega \to \mathbb{R}$ die zufällige Veränderliche mit $Y(i,j) = i+j$ für jedes $(i,j) \in \Omega$. Der Wertebereich von Y ist $\{x \in \mathbb{N} \mid 2 \leq x \leq 12\}$, und es gilt

$$P(Y^{-1}(x)) = \begin{cases} (x-1)/36 & \text{für } x = 2, \ldots, 7, \\ (12-x+1)/36 & \text{für } x = 8, \ldots, 12. \end{cases}$$

(2) Es wird mit zwei Paaren von Würfeln gewürfelt, und zwar mit jedem Paar fünfhundertmal. Man zählt für jedes Paar ab, wie oft jede der möglichen Augenzahlsummen dabei auftritt:

x	2	3	4	5	6	7	8	9	10	11	12
1. Paar	14	29	39	48	67	99	77	49	36	24	18
2. Paar	13	19	38	75	77	98	71	41	32	27	9

Für jedes Paar wird die folgende Hypothese aufgestellt:

(H) Das Paar besteht aus symmetrischen Würfeln, d.h. es gilt: Die Wahrscheinlichkeit dafür, daß ein Wurf mit beiden Würfeln die Augenzahlensumme $x \in \{2,\ldots,12\}$ ergibt, ist gleich dem in (1) angegebenen Wert.

Für das erste Paar ergibt sich $w_{500} = 8.3812$. Dieser Wert liegt zwischen den Zahlen $x(10,0.25)$ und $x(10,0.50)$, und daher darf für das erste Würfelpaar die Hypothese (H) akzeptiert werden. Für das zweite Paar ergibt sich $w_{500} = 21.196$, und dieser Wert ist größer als $x(10,0.95) = 18.307$. Nur für etwa 5% aller $\widetilde{\omega} \in \Omega^{500}$ ist $W_{500}(\widetilde{\omega}) > 18.307$, falls die Hypothese (H) zutrifft. Man muß also (H) für das zweite Würfelpaar verwerfen.

(5.6) Bemerkung: Bisweilen, so etwa in den Anwendungen im nächsten Paragraphen, ist es nützlich, eine etwas einfacher formulierte Version des chi-Quadrat-Tests zu Verfügung zu haben. Ist ein Zufallsexperiment zu diskutieren, das $N \geq 2$ verschiedene mögliche Ergebnisse $\omega_1,\ldots,\omega_N$ besitzt, so kann man so vorgehen: Man setzt $\Omega := \{\omega_1,\ldots,\omega_N\}$, wählt eine Abbildung $p\colon \Omega \to \mathbb{R}$ mit $p(\omega_j) > 0$ für jedes $j \in \{1,\ldots,N\}$ und mit $\sum_{j=1}^{N} p(\omega_j) = 1$, setzt $P(A) := \sum_{\omega\in A} p(\omega)$ für jedes $A \in \mathcal{P}(\Omega)$ und stellt die Hypothese auf:

(H) Der endliche Wahrscheinlichkeitsraum (Ω, p, P) ist ein brauchbares Modell für das Zufallsexperiment.

Um diese Hypothese zu testen, geht man so vor: Man wählt eine hinreichend große natürliche Zahl n, wiederholt das Experiment n-mal und testet, ob das dabei beobachtete n-tupel $(\omega_{01},\ldots,\omega_{0n}) \in \Omega^n$ von Ergebnissen mit der Hypothese (H) vereinbar ist. Dazu stellt man für jedes $j \in \{1,\ldots,N\}$ die Anzahl $z_j \in \{0,1,\ldots,n\}$ fest, mit der dabei das Ergebnis ω_j beobachtet wurde, berechnet

$$w_n := \sum_{j=1}^{N} \frac{\bigl(z_j - n\,p(\omega_j)\bigr)^2}{n\,p(\omega_j)} = \frac{1}{n}\sum_{j=1}^{N} \frac{z_j^2}{p(\omega_j)} - n$$

und wendet den chi-Quadrat-Test mit $N-1$ Freiheitsgraden an. [Dies ist genau das Verfahren aus (5.3)(1), angewandt auf die zufällige Veränderliche $Y\colon \Omega \to \mathbb{R}$ mit $Y(\omega_j) := j$ für jedes $j \in \{1,\ldots,N\}$ und auf $q_1 := p(\omega_1),\ldots,q_N := p(\omega_N)$.]

(5.7) BEMERKUNG: In (5.3) [und auch in (5.6)] wird der chi-Quadrat-Test in der folgenden Situation angewandt: Zu einem Zufallsexperiment werden a priori ein diskreter Wahrscheinlichkeitsraum (Ω, p, P) und eine zufällige Veränderliche $Y: \Omega \to \mathbb{R}$ erklärt, und dann wird getestet, ob eine Serie von Beobachtungsergebnissen mit der Hypothese, daß (Ω, p, P) und Y ein brauchbares Modell für das Experiment darstellen, vereinbar ist. Dabei geht in die Konstruktion von (Ω, p, P) und Y keine Information aus den Beobachtungsergebnissen ein. Es ist aber auch möglich, daß man in die Definition von (Ω, p, P) und Y Informationen einfließen läßt, die man erst aus den Beobachtungen gewinnt. Dann ist aber die Zahl der Freiheitsgrade beim chi-Quadrat-Test zu verkleinern [man vgl. [22], Kap. XII, §4]: Gewinnt man aus den Beobachtungsergebnissen Schätzwerte für r Parameter der Verteilung von Y, so hat man beim chi-Quadrat-Test die Anzahl der Freiheitsgrade um r zu vermindern. Der folgende Abschnitt behandelt ein klassisches Beispiel.

(5.8) BEISPIEL: Bei der Beobachtung der α-Strahlung einer radioaktiven Substanz wurde in $n = 2608$ Zeiteinheiten von je 7.5 Sekunden Länge festgestellt, wieviele α-Teilchen emittiert wurden [E. Rutherford und H. Geiger 1910]. Die folgende Liste enthält für jedes $j \in \{0, 1, \ldots, 10\}$ die Anzahl z_j der Zeiteinheiten, in denen genau j α-Teilchen, und die Anzahl z_{11} der Zeiteinheiten, in denen mehr als 10 Teilchen registriert wurden [in 4 Zeiteinheiten wurden 11 und in je einer Zeiteinheit 13 und 14 Teilchen beobachtet]:

j	0	1	2	3	4	5	6	7	8	9	10	11
z_j	57	203	383	525	532	408	273	139	45	27	10	6

Auf Grund theoretischer Überlegungen [vgl. die Ausführungen über den Poisson-Prozeß in [58]] darf man annehmen: Die zufällige Veränderliche $Y: \mathbb{N}_0 \to \mathbb{R}$, die jedem $j \in \mathbb{N}_0$ die Anzahl $Y(j)$ der Zeiteinheiten zuordnet, in denen gerade j Teilchen beobachtet werden, besitzt eine Poisson-Verteilung mit einem noch zu ermittelnden Parameter λ, d.h. für den zu Grunde gelegten diskreten Wahrscheinlichkeitsraum $(\mathbb{N}_0, p, P)$ gilt $p(j) = e^{-\lambda}\lambda^j/j!$ für jedes $j \in \mathbb{N}_0$. Für dieses λ ist aus der Tabelle der Beobachtungsergebnisse eine vernünftige "Schätzung" zu gewinnen, und dabei verfährt man folgendermaßen: In allen 2608 Zeiteinheiten zusammen wurden insgesamt 10097 Teilchen registriert, also pro Zeiteinheit im Mittel $10097/2608 = 3.871...$ Teilchen; andererseits hat eine zufällige Veränderliche, die eine Poisson-Verteilung mit dem Parameter λ besitzt, den Erwartungswert λ [vgl. (3.20)(1)], und daher wird man $\lambda = 3.87$ als eine brauchbare Schätzung ansehen dürfen. Man wird also die folgende Hypothese formulieren:

(H) Die Anzahl der pro Zeiteinheit emittierten α-Teilchen besitzt eine Poisson-Verteilung mit dem Parameter $\lambda = 3.87$.

Will man diese Hypothese dem chi-Quadrat-Test unterwerfen, so geht man vor wie in (5.4)(2): Man setzt

$$q_j := \begin{cases} P(Y^{-1}(j)) = p(j) = e^{-\lambda}\lambda^j/j! & \text{für jedes } j \in \{0,1,\dots,10\}, \\ P(\{j \in \mathbb{N}_0 \mid Y(j) > 10\}) = 1 - (q_0 + \cdots + q_{10}) & \text{für } j = 11, \end{cases}$$

berechnet

$$w_{2608} := \frac{1}{2608}\sum_{j=0}^{11} \frac{z_j^2}{q_j} - 2608 = 12.974...$$

und wendet den chi-Quadrat-Test an, aber nicht wie in (5.4) mit $12 - 1 = 11$ Freiheitsgraden, sondern nach (5.7) mit $12-2 = 10$ Freiheitsgraden, da in die Formulierung von (H) ein aus den Beobachtungsergebnissen geschätzter Parameter einging. Die Tabelle in (5.2) liefert: Es ist $12.549 = x(10, 0.75) < w_{2806} < x(10, 0.90) = 15.987$, und daher besteht kein Grund, die Hypothese (H) zu verwerfen.

(5.9) Der chi-Quadrat-Test ist die einzige in diesem Buch behandelte Methode der Mathematischen Statistik. Aus der überaus umfangreichen Literatur zu diesem Gebiet der Stochastik seien nur die beiden Lehrbücher [22] und [81] genannt.

§6 Zufallszahlen

(6.1) Wohl jeder hat eine Vorstellung davon, wann eine Folge von Zahlen als eine Folge von zufällig aus einer festen Zahlenmenge ausgewählten Zahlen oder kurz als eine Folge von Zufallszahlen betrachtet werden kann. Diese Vorstellung hat D. H. Lehmer in [47] folgendermaßen ausgedrückt:

"A pseudo-random sequence is a vague notion embodying the idea of a sequence in which each term is unpredictable to the uninitiated and whose digits pass a certain number of tests traditional with statisticians and depending somewhat on the uses to which the sequence is to be put."

Eine formale Definition des Begriffs einer Folge von Zufallszahlen wird hier nicht versucht und ist wohl überhaupt nicht möglich. Hier wird – der Formulierung Lehmers entsprechend – eine Folge von Zahlen als eine Folge von Zufallszahlen bezeichnet, wenn mehrere statistische Tests bestätigt haben, daß man dies tun darf.

In diesem Paragraphen werden die einfachsten dieser Tests behandelt; für die vielen anderen, die man sich ausdenken kann, wird auf die Literatur verwiesen, so auf [58] und vor allem auf [35]; lesenswert ist dort als Einleitung in die Problematik insbesondere der Abschnitt (3.5) "What is a random sequence?", der mit dem hier abgedruckten Zitat Lehmers beginnt.

(6.2) BEMERKUNG: Im folgenden werden drei der einfachsten Tests behandelt, mit deren Hilfe man feststellen kann, ob eine gegebene Folge $(a_i)_{i\geq 1}$ reeller Zahlen aus dem Intervall $[0, 1)$ für die Verwendung als Folge von Zufallszahlen geeignet ist. Getestet wird dabei jeweils auf eine Eigenschaft, die man mit der Vorstellung von Folgen zufällig aus $[0, 1)$ gewählter Zahlen verbindet. So wird im Häufigkeitstest

(6.3) im wesentlichen untersucht, ob bei einer Einteilung dieses Intervalls in gleich große Teilintervalle für größeres n ungefähr gleich viele der Zahlen $a_1, \ldots, a_n$ in jedes der Teilintervalle fallen, oder in dem Test (6.4) mit $m = 2$, ob bei einer Einteilung des Quadrates $\{ (x,y) \in \mathbb{R}^2 \mid 0 \leq x < 1;\ 0 \leq y < 1 \}$ in gleich große Teilquadrate für größeres n ungefähr gleich viele der Paare (a_1, a_2), $(a_3, a_4), \ldots, (a_{2n-1}, a_{2n})$ aufeinanderfolgender Folgenterme in jedes der Teilquadrate fallen.

In den folgenden Abschnitten wird stets von Folgen potentieller Zufallszahlen oder von Folgen von Zufallszahlen die Rede sein. Dies dient der Einheitlichkeit der Sprechweise; selbstverständlich werden immer nur endliche Abschnitte solcher Folgen getestet oder verwendet.

(6.3) DER HÄUFIGKEITSTEST: Es sei $(a_i)_{i \geq 1}$ eine Folge im Intervall $[0,1)$.
(1) Man wählt ein $d \in \mathbb{N}$ mit $d > 1$ [zum Beispiel $d = 100$ oder $d = 128 = 2^7$]. Dann ist $b_i := \lfloor d a_i \rfloor \in \{ 0, \ldots, d-1 \}$ für jedes $i \in \mathbb{N}$. Die Folge $(b_i)_{i \geq 1}$ wird nun darauf getestet, ob unter ihren Termen jede der Zahlen $j \in \{ 0, 1, \ldots, d-1 \}$ im wesentlichen mit derselben Häufigkeit vorkommt.

Es sei (Ω, p, P) der endliche Wahrscheinlichkeitsraum mit $\Omega := \{ 0, 1, \ldots, d-1 \}$ und mit $p(j) := 1/d$ für jedes $j \in \Omega$. Dieser endliche Wahrscheinlichkeitsraum beschreibt das zufällige Auswählen einer Zahl aus Ω. Man wählt eine natürliche Zahl $n \geq 5d$ [vgl. (5.4)(3)], betrachtet das n-tupel $(b_1, \ldots, b_n)$ als das Ergebnis, das man erhält, wenn man n-mal hintereinander ein Element aus Ω herausgreift, und stellt die Hypothese auf:

(H) Das Ergebnis $(b_1, \ldots, b_n)$ ist vereinbar mit der Tatsache, daß $p(j) = 1/d$ für jedes $j \in \Omega$ gilt.

Man ermittelt für jedes $j \in \Omega$ die Anzahl $z_j := \operatorname{Card}(\{ i \mid 1 \leq i \leq n;\ b_i = j \})$ und wendet auf

$$w_n := \frac{1}{n} \sum_{j=0}^{d-1} \frac{z_j^2}{p(j)} - n = \frac{d}{n} \sum_{j=0}^{d-1} z_j^2 - n$$

den chi-Quadrat-Test mit $d-1$ Freiheitsgraden an. Ist die Hypothese (H) zu verwerfen, weil w_n zu groß ist [vgl. (5.4)(1)(c)], so wird man $(a_i)_{i \geq 1}$ nicht als Folge von Zufallszahlen verwenden.
(2) Man wird diesen Test mit verschiedenen Abschnitten der Folge $(a_i)_{i \geq 1}$, sowie eventuell auch mit verschiedenen Werten von d durchführen.

(6.4) HÖHERDIMENSIONALE HÄUFIGKEITSTESTS: Es sei $(a_i)_{i \geq 1}$ eine Folge im Intervall $[0,1)$, und es sei $m \in \mathbb{N}$. [Der Fall $m = 1$ liefert den Test aus (6.3).]
(1) Man wählt ein $d > 1$ und setzt $b_i := \lfloor d a_i \rfloor$ für jedes $i \in \mathbb{N}$.

Der endliche Wahrscheinlichkeitsraum (Ω, p, P) mit $\Omega := \{ 0, 1, \ldots, d-1 \}^m$ und mit $p(\omega) := 1/d^m$ für jedes $\omega \in \Omega$ beschreibt das zufällige Auswählen eines Elements $(j_1, \ldots, j_m) \in \Omega$. Man wählt eine natürliche Zahl $n \geq 5d^m$, betrachtet das n-tupel $((b_1, \ldots, b_m), (b_{m+1}, \ldots, b_{2m}), \ldots, (b_{(n-1)m+1}, \ldots, b_{nm}))$ als das Ergebnis, das man erhält, wenn man n-mal nacheinander ein Element aus der Menge Ω herausgreift, und stellt die Hypothese auf:

(H) Das Ergebnis $((b_1,\ldots,b_m),(b_{m+1},\ldots,b_{2m}),\ldots,(b_{(n-1)m+1},\ldots,b_{nm}))$ ist mit der Tatsache vereinbar, daß $p(\omega)=1/d^m$ für jedes $\omega\in\Omega$ gilt.

Um die Hypothese zu testen, geht man wie in (6.3) vor: Man ermittelt für jedes $(j_1,\ldots,j_m)\in\{0,1,\ldots,d-1\}^m$ die Anzahl

$$z_{j_1,\ldots,j_m} := \operatorname{Card}(\{\, i \mid 1\le i\le n;\ (b_{(i-1)m+1},\ldots,b_{im})=(j_1,\ldots,j_m)\,\})$$

und wendet auf

$$w_n := \frac{1}{n}\sum_{j_1=0}^{d-1}\cdots\sum_{j_m=0}^{d-1}\frac{z^2_{j_1,\ldots,j_m}}{p(j_1,\ldots,j_m)}-n = \frac{d^m}{n}\sum_{j_1=0}^{d-1}\cdots\sum_{j_m=0}^{d-1} z^2_{j_1,\ldots,j_m}-n$$

den chi-Quadrat-Test mit d^m-1 Freiheitsgraden an. Ist die Hypothese (H) zu verwerfen, so wird man $(a_i)_{i\ge1}$ nicht als Folge von Zufallszahlen verwenden.
(2) Man wird diesen Test auch auf

$$((b_k,\ldots,b_{m+k-1}),(b_{m+k},\ldots,b_{2m+k-1}),\ldots,(b_{(n-1)m+k},\ldots,b_{nm+k-1}))$$

mit $k\in\{2,\ldots,m\}$ anwenden; außerdem wird man ihn für verschiedene Abschnitte der Folge $(a_i)_{i\ge1}$, sowie mit verschiedenen Werten von m und eventuell auch von d durchführen.

(6.5) DER LÜCKENTEST: Es sei $(a_i)_{i\ge1}$ eine Folge im Intervall $[0,1)$. Es sei $L\in\mathbb{N}$, und es seien α und β reelle Zahlen mit $0\le\alpha<\beta\le1$ und mit $p_0:=\beta-\alpha<1$. [Naheliegend sind die Möglichkeiten $\alpha=0$, $\beta=0.5$ oder $\alpha=0.5$, $\beta=1$.]
(1) Es sei (Ω,p,P) der diskrete Wahrscheinlichkeitsraum mit der abzählbar unendlichen Menge $\Omega:=\{\omega_\infty\}\cup\{\omega_j\mid j\in\mathbb{N}\}$ und mit $p(\omega_\infty):=0$ und $p(\omega_j):=p_0(1-p_0)^{j-1}$ für jedes $j\in\mathbb{N}$ [vgl. (2.16)(2) und (3.19)(2)]; es sei $Y:\Omega\to\mathbb{R}$ die zufällige Veränderliche mit $Y(\omega_j):=j$ für jedes $j\in\{1,\ldots,L\}$ und mit $Y(\omega):=L+1$ für jedes $\omega\in\Omega\setminus\{\omega_1,\ldots,\omega_L\}$. Für jedes $j\in\{1,\ldots,L\}$ gilt

$$q_j := P(Y^{-1}(j)) = P(\{\omega_j\}) = p_0(1-p_0)^{j-1} > 0,$$

und es ist

$$\begin{aligned} q_{L+1} &:= P(Y^{-1}(L+1)) = P(\Omega\setminus\{\omega_1,\ldots,\omega_L\}) \\ &= 1-(q_1+\cdots+q_L) = 1-p_0\,\frac{1-(1-p_0)^L}{1-(1-p_0)} = (1-p_0)^L > 0. \end{aligned}$$

(Ω,p,P) und $Y:\Omega\to\mathbb{R}$ beschreiben das folgende Zufallsexperiment: Man greift aus dem Intervall $[0,1)$ solange Zahlen heraus, bis zum ersten Mal eine Zahl aus dem Teilintervall $[\alpha,\beta)$ gewählt wird; das Ergebnis wird für $j\in\mathbb{N}$ mit ω_j bezeichnet, wenn nach $j-1$ Zahlen aus $[0,1)\setminus[\alpha,\beta)$ eine Zahl aus $[\alpha,\beta)$ erscheint, und mit ω_∞, wenn niemals eine Zahl aus $[\alpha,\beta)$ erscheint; für $j\in\{1,\ldots,L\}$ bezeichnet $Y(\omega_j)$ die Anzahl der bei ω_j gezogenen Zahlen, und für alle $\omega\in\Omega$, bei denen mehr als L Zahlen gezogen wurden, wird $Y(\omega)=L+1$ gesetzt.

(2) Man wählt ein $n \in \mathbb{N}$, das so groß ist, daß $nq_j \geq 5$ für jedes $j \in \{1, \ldots, L+1\}$ ist. Liegen weniger als n Terme der Folge $(a_i)_{i\geq 1}$ im Intervall $[\alpha, \beta)$ und alle anderen in $[0, \alpha) \cup [\beta, 1)$, so wird man $(a_i)_{i\geq 1}$ nicht als Folge von Zufallszahlen verwenden. Bei der praktischen Durchführung des Tests wird man abbrechen und $(a_i)_{i\geq 1}$ nicht als Folge von Zufallszahlen verwenden, wenn man unterhalb eines vernünftig großen $i_{\max} \in \mathbb{N}$ nur höchstens $n-1$ Indizes i mit $a_i \in [\alpha, \beta)$ findet. Andernfalls setzt man $i(0) := 0$ und bestimmt nacheinander die Indizes $i(1), \ldots, i(n) \in \mathbb{N}$ mit

$$i(k) := \min(\{ i \in \mathbb{N} \mid i > i(k-1);\ a_i \in [\alpha, \beta) \}) \quad \text{für } k = 1, \ldots, n.$$

Dann betrachtet man das n-tupel

$$((a_1, \ldots, a_{i(1)}), (a_{i(1)+1}, \ldots, a_{i(2)}), \ldots, (a_{i(n-1)+1}, \ldots, a_{i(n)}))$$

als das Ergebnis von n Wiederholungen des durch den diskreten Wahrscheinlichkeitsraum (Ω, p, P) beschriebenen Experiments und das n-tupel

$$(\min(\{ i(1), L+1 \}), \min(\{ i(2) - i(1), L+1 \}), \ldots, \min(\{ i(n) - i(n-1), L+1 \}))$$

als das n-tupel der dabei beobachteten Werte der zufälligen Veränderlichen Y und stellt die Hypothese auf:

(H) Diese Beobachtungen sind mit der Tatsache vereinbar, daß für jedes $j \in \{1, \ldots, L+1\}$ gilt: Es ist $P(Y^{-1}(j)) = q_j$.

Diese Hypothese unterwirft man jetzt dem chi-Quadrat-Test. Man setzt für jedes $j \in \{1, \ldots, L\}$ [mit $i(0) = 0$]

$$\begin{aligned} z_j &:= \operatorname{Card}(\{ k \mid 1 \leq k \leq n;\ i(k) - i(k-1) = j \}) \quad \text{und} \\ z_{L+1} &:= \operatorname{Card}(\{ k \mid 1 \leq k \leq n;\ i(k) - i(k-1) \geq L+1 \}), \end{aligned}$$

berechnet damit und mit den oben angegebenen Werten $q_1, \ldots, q_{L+1}$

$$w_n := \frac{1}{n} \sum_{j=1}^{L+1} \frac{z_j^2}{q_j} - n = \frac{1}{n(\beta - \alpha)} \sum_{j=1}^{L} \frac{z_j^2}{(1 - \beta + \alpha)^{j-1}} + \frac{z_{L+1}^2}{n(1 - \beta + \alpha)^L} - n$$

und wendet darauf den chi-Quadrat-Test mit L Freiheitsgraden an. Ist w_n so groß, daß die Hypothese (H) zu verwerfen ist, so wird man $(a_i)_{i\geq 1}$ nicht als eine Folge von Zufallszahlen verwenden.

(3) Man wird diesen Test mit anderen Werten von α, β und L und insbesondere mit anderen Abschnitten der Folge $(a_i)_{i\geq 1}$ wiederholen.

(4) Diesen Test nennt man den Lückentest, weil man mit den in (2) verwendeten Bezeichnungen für $k \in \{1, \ldots, n\}$ das $(i(k) - i(k-1) - 1)$-tupel $(a_{i(k-1)+1}, \ldots, a_{i(k)-1})$, das nur aus Elementen von $[0, \alpha) \cup [\beta, 1)$ besteht, als eine Lücke der Länge $d_k := i(k) - i(k-1) - 1$ zwischen den beiden Zahlen $a_{i(k-1)}$ und $a_{i(k)}$, die beide in $[\alpha, \beta)$ liegen, ansehen kann. Mit dem chi-Quadrat-Test wird dann in (2) untersucht, ob die Längen $d_1, \ldots, d_n$ dieser Lücken "richtig verteilt" sind.

(6.6) BEISPIEL: Aus der Zahl $\pi = 3.1415\,92653\,58979...$ gewinnt man eine Folge $(a_i)_{i\geq 1}$ im Intervall $[0,1)$, wenn man

$$a_i := \left(\lfloor 10^{5i-1} \cdot \pi \rfloor \mod 10^5\right)/10^5 \qquad \text{für jedes } i \in \mathbb{N}$$

setzt, also $a_1 := 0.31415$, $a_2 := 0.92653$, $a_3 := 0.58979$ und so fort. Den Abschnitt $(a_1, a_2, \ldots, a_{2000})$ dieser Folge kann man den in diesem Paragraphen behandelten Tests unterwerfen. [Es werden die in (6.3), (6.4) und (6.5) verwendeten Bezeichnungen verwendet.]

(1) Beim Häufigkeitstest mit $d := 100$ ergibt sich $w_{2000} = 84.1$. Anzuwenden ist der chi-Quadrat-Test mit $d-1 = 99$ Freiheitsgraden. Mit den Bezeichnungen aus (5.2)(2) ergibt sich $81.5 = x(99, 0.10) < w_{2000} = 84.1 < x(99, 0.25) = 89.2$. [Dabei wurde die in (5.2)(2) angegebene Näherungsformel verwendet.]

(2) Beim Häufigkeitstest aus (6.4) mit $m := 2$ und $d := 10$ ergibt sich $w_{1000} = 101.4$. Anzuwenden ist der chi-Quadrat-Test mit $d^2 - 1 = 99$ Freiheitsgraden. Es ergibt sich $98.3 = x(99, 0.50) < w_{1000} = 101.4 < w(99, 0.75) = 108.1$.

(3) Beim Lückentest mit $\alpha := 0$ und $\beta := 0.5$ stellt man die Indizes $i(1), \ldots, i(n)$ mit $1 \leq i(1) < \cdots < i(n) \leq 2000$ fest, für die gilt: Es ist $a_{i(k)} \in [\alpha, \beta)$ für jedes $k \in \{1, \ldots, n\}$, und es ist $a_i \notin [\alpha, \beta)$ für jedes $i \in \{1, \ldots, 2000\} \setminus \{i(1), \ldots, i(n)\}$. Dabei ergibt sich $n = 1006$, und mit $L := 7$ erhält man für die Zahlen z_j mit $1 \leq j \leq L+1$ [vgl. (6.5)(2)]: Es ist $(z_1, \ldots, z_8) = (498, 276, 119, 53, 26, 15, 8, 11)$. Hiermit ergibt sich $w_n = 6.58$. Der chi-Quadrat-Test ist hier mit $L = 7$ Freiheitsgraden durchzuführen, und die Tabelle in (5.2)(2) liefert $6.346 = x(7, 0.50) < w_n = 6.58 < x(7, 0.75) = 9.037$.

Für $\alpha := 0.33333$ und $\beta := 0.66666$ ergibt sich mit denselben Bezeichnungen $n = 687$, und mit $L := 8$ erhält man $(z_1, \ldots, z_9) = (232, 157, 97, 65, 47, 33, 26, 12, 18)$. Es ist $w_n = 6.28$. Hierauf ist der chi-Quadrat-Test mit 8 Freiheitsgraden anzuwenden: Es gilt $5.071 = x(8, 0.25) < w_n = 6.28 < x(8, 0.50) = 7.344$.

(4) Wie man sieht, besteht der Abschnitt $(a_1, \ldots, a_{2000})$ die Tests, denen er unterzogen wurde, sehr gut. Dasselbe gilt für jeden der vier Abschnitte $(a_1, \ldots, a_{500})$, $(a_{501}, \ldots, a_{1000})$, $(a_{1001}, \ldots, a_{1500})$ und $(a_{1501}, \ldots, a_{2000})$. Ob $(a_1, \ldots, a_{2000})$ wirklich als eine Serie von 2000 Zufallszahlen verwendbar ist, müßten aber noch weitere Tests anderer Bauart bestätigen.

(6.7) BEMERKUNG: (1) Benötigt man für ein $d \in \mathbb{N}$ Zufallszahlen in der Menge $\{0, 1, \ldots, d-1\}$, so wählt man eine Folge $(a_i)_{i\geq 1}$ von Zufallszahlen im Intervall $[0,1)$, setzt $b_i := \lfloor d a_i \rfloor$ für jedes $i \in \mathbb{N}$ und verwendet die Folge $(b_i)_{i\geq 1}$ als eine Folge von Zufallszahlen in $\{0, 1, \ldots, d-1\}$. [Bei einer Folge $(a_i)_{i\geq 1}$ wie der aus dem Beispiel (6.6) darf dabei d selbstverständlich nicht größer als 10^5 sein.] Man kann die Folge $(b_i)_{i\geq 1}$ dann als eine Folge von Werten einer zufälligen Veränderlichen $Y: \Omega \to \mathbb{R}$ auf einem diskreten Wahrscheinlichkeitsraum (Ω, p, P) ansehen, für die gilt: Es ist $P(Y^{-1}(j)) = 1/d$ für jedes $j \in \{0, 1, \ldots, d-1\}$ [und $P(Y^{-1}(x)) = 0$ für jedes $x \in \mathbb{R} \setminus \{0, 1, \ldots, d-1\}$]. Die Folge $(b_i)_{i\geq 1}$ kann also zur Simulation eines durch (Ω, p, P) und Y beschriebenen Zufallsexperiments dienen.

(2) Es sei jetzt (Ω, p, P) ein diskreter Wahrscheinlichkeitsraum, es sei $Y: \Omega \to \mathbb{R}$ eine zufällige Veränderliche, es seien $x_1, \ldots, x_N \in \mathbb{R}$ paarweise verschieden, und es gelte $q_1 := P(Y^{-1}(x_1)) > 0, \ldots, q_N := P(Y^{-1}(x_N)) > 0$ und $q_1 + \cdots + q_N = 1$ [und daher $P(Y^{-1}(x)) = 0$ für jedes $x \in \mathbb{R} \setminus \{x_1, \ldots, x_N\}$]. Will man eine Folge $(b_i)_{i \geq 1}$ von Werten von Y simulieren, so geht man so vor: Man wählt eine Folge $(a_i)_{i \geq 1}$ von Zufallszahlen im Intervall $[0, 1)$ und setzt für jedes $i \in \mathbb{N}$

$$b_i := \begin{cases} x_1, & \text{falls } 0 \leq a_i < q_1 \text{ ist,} \\ x_2, & \text{falls } q_1 \leq a_i < q_1 + q_2 \text{ ist,} \\ \ldots & \ldots \\ x_j, & \text{falls } q_1 + \cdots + q_{j-1} \leq a_i < q_1 + \cdots + q_{j-1} + q_j \text{ ist,} \\ \ldots & \ldots \\ x_N, & \text{falls } q_1 + \cdots + q_{N-1} \leq a_i < 1 \text{ ist.} \end{cases}$$

(3) Bisweilen möchte man auch "zufällige" Realisierungen anderer Datentypen simulieren. Der folgende Algorithmus liefert zu einer natürlichen Zahl n eine "zufällige" geordnete Stichprobe $(x_1, \ldots, x_n)$ aus $\{1, \ldots, n\}$ vom Umfang n ohne Wiederholungen, also ein "zufälliges" Element von $\{(\sigma(1), \ldots, \sigma(n)) \mid \sigma \in S_n\}$ [und durch Iteration eine ganze Serie solcher Elemente]:

```
for i := 1 to n do x_i := i;
for i := n downto 2 do
  begin
    wähle eine Zufallszahl k ∈ { 1,...,i };     {vgl. Abschnitt (1)}
    temp := x_i; x_i := x_k; x_k := temp;
  end;
return(x_1,...,x_n).
```

Es ist klar, daß der Algorithmus das Verlangte leistet: Als x_n wählt er eine Zufallszahl in $\{1, \ldots, n\}$; dann konstruiert er $(x_1, \ldots, x_{n-1})$ als eine Stichprobe aus $\{1, \ldots, n\} \setminus \{x_n\}$ vom Umfang $n - 1$ ohne Wiederholungen, und dieses Verfahren wird fortgesetzt.

(4) Zu dem in (2) geschilderten Vorgehen und zur "zufälligen" Realisierung von anderen Datentypen [wie etwa von Teilmengen einer Menge, von Partitionen einer Menge, von Bäumen oder von Graphen] vergleiche man [19].

(6.8) BEMERKUNG: In (6.7) wurde mit der Simulation von Zufallsexperimenten eine wichtige Anwendung von Zufallszahlen beschrieben. Für den Informatiker wichtig ist die Möglichkeit, beim Testen von Algorithmen mit der Hilfe von Zufallszahlen "zufällige" Eingabedaten zu erzeugen. Ganz allgemein bieten sie die Möglichkeit, technische, wirtschaftliche und biologische Prozesse zu simulieren und dadurch zu studieren. Als weitere Anwendung sei noch die Verwendung von Zufallszahlen in den nicht deterministischen Algorithmen der Zahlentheorie erwähnt, von denen in Kapitel XIV die Rede ist, sowie in dem deterministischen Algorithmus von Cantor und Zassenhaus [vgl. XV(3.14)].

(6.9) An dieser Stelle dürfte es jedem Leser klar sein, daß bei der Konstruktion eines Verfahrens zur Berechnung von Zufallszahlen nichts dem Zufall überlassen bleiben darf, sondern daß man viel Mühe aufwenden muß, um ein gutes Verfahren zu finden und zu testen. Dies formuliert R. Sedgewick [vgl. [72], S. 519] so:

As a rule, random number generators are fragile and need to be treated with respect. It's difficult to be sure that a particular generator is good without investing an enormous amount of effort in the various statistical tests. The moral is: do your best to use a good generator, based on the mathematical analysis and the experience of others....

§7 Erzeugung von Zufallszahlen

(7.1) In grauer Vorzeit, als man noch keine Computer zur Hand hatte, entnahm man Zufallszahlen umfangreichen Tabellen, wenn man mit Würfeln oder dem Werfen einer Münze nicht auskam; so enthält die Tabelle (26.11) in [1] 2500 ganze Zahlen zwischen 0 und 99999, die man als Zufallszahlen verwenden kann. Solche Tabellen wurden mit Hilfe recht aufwendiger Apparaturen hergestellt [vgl. [69]] oder auch dadurch, daß aus umfangreichen Tafeln von Funktionswerten der Logarithmus-Funktion oder aus statistischen Jahrbüchern gewisse Ziffern ausgewählt wurden. Der erste brauchbare Algorithmus zur schnellen Berechnung von Zufallszahlen wurde 1949 von D. H. Lehmer in [47] angegeben. Von diesem Algorithmus ist in den folgenden Abschnitten die Rede.

(7.2) BEZEICHNUNG: Es sei $m \in \mathbb{N}$, und es seien a, b, $x^* \in \{0, 1, \ldots, m-1\}$. Die Folge $(x_i)_{i\geq 1}$ in $\{0, 1, \ldots, m-1\}$ mit $x_1 := x^*$ und $x_{i+1} := (ax_i + b) \bmod m$ für jedes $i \in \mathbb{N}$ heißt die durch (m, a, b, x^*) definierte L-Folge.

(7.3) BEMERKUNG: Es sei $m \in \mathbb{N}$, es seien a, b, $x^* \in \{0, 1, \ldots, m-1\}$, und es sei $(x_i)_{i\geq 1}$ die durch (m, a, b, x^*) definierte L-Folge.
(1) Da die Menge $\{0, 1, \ldots, m-1\}$ endlich ist, existiert ein $r \in \mathbb{N}$, für das gilt: $x_1, \ldots, x_r$ sind paarweise verschieden, und x_{r+1} ist eine der Zahlen $x_1, \ldots, x_r$. Es sei $j \in \{1, \ldots, r\}$ der eindeutig bestimmte Index mit $x_{r+1} = x_j$. Dann sind $k := j - 1 \in \mathbb{N}_0$ und $l := r - k \in \mathbb{N}$, $x_1, \ldots, x_k$, $x_{k+1}, \ldots, x_{k+l}$ sind paarweise verschieden, und für jedes $i \in \{1, \ldots, l\}$ und jedes $j \in \mathbb{N}$ gilt $x_{k+jl+i} = x_{k+i}$. Man nennt $(x_1, \ldots, x_k)$ die Vorperiode und $(x_{k+1}, \ldots, x_{k+l})$ die Periode von $(x_i)_{i\geq 1}$. Für die Länge k der Vorperiode und die Länge l der Periode gilt $0 \leq k \leq m-1$, $1 \leq l \leq m$ und $1 \leq k + l \leq m$. Insbesondere gilt: Ist $l = m$, so ist $k = 0$.
(2) Es seien i, $j \in \mathbb{N}$ mit $i \geq k$, $j \geq k$. Wie man sogleich sieht, gilt $x_i = x_j$ dann und nur dann, wenn $j - i$ durch die Länge l der Periode von $(x_i)_{i\geq 1}$ teilbar ist.
(3) Es sei $n \in \mathbb{N}$. Durch Induktion ergibt sich sofort: Für jedes $i \in \mathbb{N}_0$ ist $x_{n+i} = \big(a^i x_n + b(a^{i-1} + a^{i-2} + \cdots + a + 1)\big) \bmod m$, und es gilt

$$x_{n+i} = \begin{cases} (a^i x_n + ib) \bmod m, & \text{falls } a = 1 \text{ ist,} \\ \left(a^i x_n + b\,\dfrac{a^i - 1}{a - 1}\right) \bmod m, & \text{falls } a > 1 \text{ ist.} \end{cases}$$

(7.4) BEMERKUNG: (1) D. H. Lehmer hat 1949 folgendes Verfahren zur Erzeugung von Folgen von Zufallszahlen vorgeschlagen: Man wählt Zahlen $m \in \mathbb{N}$ und a, b, x^* in $\{0,1,\ldots,m-1\}$, berechnet die durch (m,a,b,x^*) definierte L-Folge $(x_i)_{i\geq 1}$ und setzt $a_i := x_i/m$ für jedes $i \in \mathbb{N}$. Dann ist $(a_i)_{i\geq 1}$ eine Folge im Intervall $[0,1)$, die man den in §6 beschriebenen statistischen Tests unterzieht und, falls deren Ergebnisse es erlauben, als Folge von Zufallszahlen verwenden kann.

(2) Der Vorteil der von Lehmer vorgeschlagenen Methode besteht darin, daß man die Terme einer L-Folge sehr schnell berechnen kann, insbesondere wenn man m geeignet wählt. Ein offensichtlicher Nachteil besteht darin, daß nach (7.3) eine L-Folge $(x_i)_{i\geq 1}$ in $\{0,1,\ldots,m-1\}$ und somit auch die aus ihr berechnete Folge $(x_i/m)_{i\geq 1}$ periodisch ist und man daher mit ihrer Hilfe höchstens Serien von m Zufallszahlen gewinnen kann. Es kommt also zunächst darauf an, Bedingungen für die Zahlen m, a, b und x^* zu finden, die sicherstellen, daß die durch (m,a,b,x^*) definierte L-Folge eine möglichst lange Periode und wenn möglich sogar eine Periode der Länge m besitzt. Der Beweis des ersten Ergebnisses, das hierher gehört, nämlich des Satzes in (7.12), erfordert einige einfache zahlentheoretische Überlegungen, die aber nicht über den Inhalt von Kapitel I, §5 hinausgehen.

(7.5) Hilfssatz: *Es seien m_1, $m_2 \in \mathbb{N}$ teilerfremd, es sei $m := m_1m_2$, und es seien a, b, $x^* \in \{0,1,\ldots,m-1\}$. Es seien $(x_i)_{i\geq 1}$ die durch (m,a,b,x^*) definierte L-Folge, $(y_i)_{i\geq 1}$ die durch $(m_1, a \bmod m_1, b \bmod m_1, x^* \bmod m_1)$ definierte L-Folge und $(z_i)_{i\geq 1}$ die durch $(m_2, a \bmod m_2, b \bmod m_2, x^* \bmod m_2)$ definierte L-Folge; es seien l, l_1 und l_2 die Periodenlängen der Folgen $(x_i)_{i\geq 1}$, $(y_i)_{i\geq 1}$ und $(z_i)_{i\geq 1}$. Dann gilt $l = \mathrm{kgV}(l_1,l_2)$.*

Beweis: (1) Es gilt $y_1 = x^* \bmod m_1 = x_1 \bmod m_1$, und ist i eine natürliche Zahl, für die $y_i = x_i \bmod m_1$ ist, so gilt $y_{i+1} = ((a \bmod m_1)y_i + (b \bmod m_1)) \bmod m_1 = (ay_i + b) \bmod m_1 = (ax_i + b) \bmod m_1 = x_{i+1} \bmod m_1$. Also gilt $y_i = x_i \bmod m_1$ für jedes $i \in \mathbb{N}$, und ebenso folgt $z_i = x_i \bmod m_2$ für jedes $i \in \mathbb{N}$.

(2) Es sei $i \in \mathbb{N}$ größer als die Vorperiodenlängen von $(x_i)_{i\geq 1}$, $(y_i)_{i\geq 1}$ und $(z_i)_{i\geq 1}$. Wegen $x_{i+l} = x_i$ gilt $y_{i+l} = x_{i+l} \bmod m_1 = x_i \bmod m_1 = y_i$, und daher ist nach (7.3)(2) l_1 ein Teiler von $(i+l)-i = l$. Ebenso ist auch l_2 ein Teiler von l, und daher ist $l' := \mathrm{kgV}(l_1,l_2)$ ein Teiler von l. Wegen $l_1 \mid l'$ und $l_2 \mid l'$ gilt andererseits $y_{i+l'} = y_i$ und $z_{i+l'} = z_i$, also $x_{i+l'} \bmod m_1 = x_i \bmod m_1$ und $x_{i+l'} \bmod m_2 = x_i \bmod m_2$, und somit ist $x_{i+l'} - x_i$ durch m_1 und durch m_2 und daher auch durch $\mathrm{kgV}(m_1,m_2) = m_1m_2 = m$ teilbar. Wegen $-m < x_{i+l'} - x_i < m$ folgt daraus, daß $x_{i+l'} = x_i$ ist, und daher ist nach (7.3)(2) l' durch l teilbar. Also gilt $l = l' = \mathrm{kgV}(l_1,l_2)$.

(7.6) Folgerung: *Es sei $m \in \mathbb{N}$ mit $m \geq 2$, es sei $m = p_1^{\alpha_1}\cdots p_r^{\alpha_r}$ die Primzerlegung von m, und es seien a, b, $x^* \in \{0,1,\ldots,m-1\}$. Es sei l die Periodenlänge der durch (m,a,b,x^*) definierten L-Folge, und für jedes $j \in \{1,\ldots,r\}$ sei l_j die Periodenlänge der durch $(p_j^{\alpha_j}, a \bmod p_j^{\alpha_j}, b \bmod p_j^{\alpha_j}, x^* \bmod p_j^{\alpha_j})$ definierten L-Folge. Dann gilt $l = \mathrm{kgV}(l_1,\ldots,l_r)$.*

Beweis: Die Behauptung folgt mit Hilfe von (7.5) durch Induktion nach r.

(7.7) Hilfssatz: *Es sei p eine Primzahl, es sei $\beta \in \mathbb{N}$, und es gelte $p^\beta > 2$ [d.h. es gelte $p > 2$ oder $p = 2$ und $\beta > 1$]; es sei $x \in \mathbb{Z}$ mit $x \equiv 1 \pmod{p^\beta}$. Dann gilt $x^p \equiv 1 \pmod{p^{\beta+1}}$, und wenn $x \not\equiv 1 \pmod{p^{\beta+1}}$ ist, so gilt $x^p \not\equiv 1 \pmod{p^{\beta+2}}$.*
Beweis: (1) Für jedes $j \in \{1, \ldots, p-1\}$ gilt: Die Primzahl p ist ein Teiler von $p!$, aber nicht von $j!$ und von $(p-j)!$, und daher ist die natürliche Zahl $\binom{p}{j} = p!/(j!(p-j)!)$ durch p teilbar.
(2) Es gibt ein $q \in \mathbb{Z}$ mit $x = 1 + qp^\beta$. Es ist

$$r := \sum_{j=2}^{p-1} \frac{1}{p}\binom{p}{j} q^{j-1} p^{(j-1)\beta-1} + q^{p-1}p^{(p-1)\beta-2} \in \mathbb{Z},$$

und die binomische Formel aus I(4.26) liefert

$$\begin{aligned} x^p &= (1+qp^\beta)^p = 1 + \binom{p}{1} qp^\beta + \sum_{j=2}^{p-1} \binom{p}{j} q^j p^{\beta j} + q^p p^{\beta p} \\ &= 1 + qp^{\beta+1}(1+pr) \equiv 1 \pmod{p^{\beta+1}}. \end{aligned}$$

Gilt $x = 1 + qp^\beta \not\equiv 1 \pmod{p^{\beta+1}}$, so ist q nicht durch p teilbar, und es folgt $x^p = 1 + qp^{\beta+1} + qrp^{\beta+2} \equiv 1 + qp^{\beta+1} \not\equiv 1 \pmod{p^{\beta+2}}$.

(7.8) Folgerung: *Es sei p eine Primzahl, es sei $\beta \in \mathbb{N}$, und es gelte $p^\beta > 2$; es sei x eine ganze Zahl mit $x \equiv 1 \pmod{p^\beta}$. Dann gilt für jedes $\gamma \in \mathbb{N}_0$: Es ist $x^{p^\gamma} \equiv 1 \pmod{p^{\beta+\gamma}}$, und wenn $x \not\equiv 1 \pmod{p^{\beta+1}}$ ist, so gilt $x^{p^\gamma} \not\equiv 1 \pmod{p^{\beta+\gamma+1}}$.*
Beweis: Man führt Induktion nach γ durch und verwendet dabei (7.7).

(7.9) BEMERKUNG: Ist p eine Primzahl, so gilt $a^p \equiv a \pmod{p}$ für jedes $a \in \mathbb{N}$. Dies wird in XIV(1.19) bewiesen, kann aber ohne Schwierigkeiten auch sogleich durch Induktion nach a gezeigt werden. [Dabei sind die binomische Formel und die im Beweis von (7.7) angegebene Teilbarkeitseigenschaft der Binomialkoeffizienten $\binom{p}{j}$ mit $1 \le j \le p-1$ zu verwenden.]

(7.10) Hilfssatz: *Es sei p eine Primzahl, es sei $\alpha \in \mathbb{N}$, und es gelte $p^\alpha > 2$; es sei a eine natürliche Zahl mit $1 < a < p^\alpha$. Dann sind die folgenden Aussagen äquivalent:*
(1) Es gilt

$$p^\alpha \mid \frac{a^{p^\alpha}-1}{a-1} \quad \text{und} \quad p^\alpha \nmid \frac{a^j-1}{a-1} \text{ für jedes } j \in \{1, \ldots, p^\alpha - 1\}.$$

(2) Es gilt $a \equiv 1 \pmod{p}$, falls $p > 2$ ist, bzw. $a \equiv 1 \pmod{4}$, falls $p = 2$ ist.
Beweis: (1) $\Rightarrow$ (2): Es gelte (1).
(a) Nach (1) ist p^α ein Teiler von $(a^{p^\alpha}-1)/(a-1)$, also auch von $a^{p^\alpha}-1$, und daher ist $a^{p^\alpha}-1$ durch p teilbar, d.h. es gilt $a^{p^\alpha} \equiv 1 \pmod{p}$. Nach (7.9) gilt $a^{p^\alpha} = (a^{p^{\alpha-1}})^p \equiv a^{p^{\alpha-1}} \equiv \cdots \equiv a^p \equiv a \pmod{p}$, und somit gilt $a \equiv 1 \pmod{p}$.
(b) Es gelte $p = 2$. Angenommen, es gilt $a \not\equiv 1 \pmod{4}$. Nach (a) ist a ungerade, und daher ist dann $a \equiv 3 \pmod{4}$, d.h. es gibt ein $c \in \mathbb{Z}$ mit $a = 3 + 4c$. Es gilt

$a^2 = 9 + 24c + 16c^2 \equiv 1 \pmod 8$, und daher folgt aus (7.8) [mit $p = 2$, $x = a^2$, $\beta = 3$ und $\gamma = \alpha - 2$]: Es ist $a^{2^{\alpha-1}} = (a^2)^{2^{\alpha-2}} \equiv 1 \pmod{2^{\alpha+1}}$, d.h. $2^{\alpha+1}$ teilt $a^{2^{\alpha-1}} - 1$. Also ist 2^α ein Teiler von $(a^{2^{\alpha-1}} - 1)/2$; weil $(a-1)/2$ ungerade ist und $(a^{2^{\alpha-1}} - 1)/2$ teilt, gilt $2^\alpha \mid (a^{2^{\alpha-1}} - 1)/(a-1)$, im Widerspruch zur Voraussetzung.
(2) $\Rightarrow$ (1): Es gelte (2). Dann gibt es ein $\beta \in \mathbb{N}$ und ein $q \in \mathbb{Z}$ mit $a = 1 + qp^\beta$ und mit $p \nmid q$, und dabei gilt: Ist $p = 2$, so ist $\beta \geq 2$. In jedem Fall ist also $p^\beta > 2$.
(a) Es gilt $a \equiv 1 \pmod{p^\beta}$ und $a \not\equiv 1 \pmod{p^{\beta+1}}$, und daher gilt nach (7.8) für jedes $\gamma \in \mathbb{N}_0$: $a^{p^\gamma} - 1$ ist durch $p^{\beta+\gamma}$ teilbar, aber nicht durch $p^{\beta+\gamma+1}$, und daher ist $(a^{p^\gamma} - 1)/(a-1) = [(a^{p^\gamma} - 1)/p^\beta]/q$ durch p^γ teilbar, aber nicht durch $p^{\gamma+1}$.
(b) Nach (a) gilt insbesondere: p^α teilt $(a^{p^\alpha} - 1)/(a-1)$.
(c) Angenommen, es gibt ein $j \in \{1, \ldots, p^\alpha - 1\}$ mit: p^α teilt $(a^j - 1)/(a-1)$. Dann sei $(x_i)_{i \geq 1}$ die durch $(p^\alpha, a, 1, 0)$ definierte L-Folge. Wegen $x_1 = 0$ gilt [nach (7.3)(3) mit $n = 1$]: Für jedes $i \in \mathbb{N}_0$ ist

$$x_{1+i} = \left(a^i x_1 + \frac{a^i - 1}{a-1}\right) \bmod p^\alpha = \left(\frac{a^i - 1}{a-1}\right) \bmod p^\alpha.$$

Nach (b) ist $x_{1+p^\alpha} = [(a^{p^\alpha} - 1)/(a-1)] \bmod p^\alpha = 0 = x_1$, und daher ist nach (7.3)(2) $(1+p^\alpha)-1 = p^\alpha$ durch die Länge l der Periode von $(x_i)_{i\geq 1}$ teilbar. Also gibt es ein $\gamma \in \{0, 1, \ldots, \alpha\}$ mit $l = p^\gamma$. Es ist $x_{1+j} = (a^j - 1)/(a-1) \bmod p^\alpha = 0 = x_1$, und daher gilt $l \mid j$, also $l \leq j$. Wegen $(a^l - 1)/(a-1) \bmod p^\alpha = x_{1+l} = x_1 = 0$ ist p^α ein Teiler von $(a^l - 1)/(a-1)$, und wegen $p^\gamma = l \leq j \leq p^\alpha - 1$ folgt $\gamma < \alpha$, also $\gamma + 1 \leq \alpha$. Daher ist $p^{\gamma+1}$ ein Teiler von $(a^l - 1)/(a-1) = (a^{p^\gamma} - 1)/(a-1)$, im Widerspruch zu (a).

(7.11) Folgerung: *Es sei p eine Primzahl, es sei $\alpha \in \mathbb{N}$, und es seien a, b, $x^* \in \{0, 1, \ldots, p^\alpha - 1\}$. Die beiden folgenden Aussagen sind äquivalent:*
(1) *Die durch (p^α, a, b, x^*) definierte L-Folge hat die Periodenlänge p^α.*
(2) *Es ist b nicht durch p teilbar, und es gilt*

$$\begin{aligned} a &\equiv 1 \pmod p, && \text{falls } p > 2 \text{ gilt,} \\ a &\equiv 1 \pmod 2, && \text{falls } p = 2 \text{ und } \alpha = 1 \text{ gilt,} \\ a &\equiv 1 \pmod 4, && \text{falls } p = 2 \text{ und } \alpha > 1 \text{ gilt.} \end{aligned}$$

Beweis: Es sei $(x_i)_{i\geq 1}$ die durch (p^α, a, b, x^*) definierte L-Folge, und es sei l ihre Periodenlänge.
(1) $\Rightarrow$ (2): Es gelte $l = p^\alpha$. Dann besitzt $(x_i)_{i\geq 1}$ keine Vorperiode [vgl. (7.3)(1)], und es ist $a \neq 0$, da sonst $x_3 = (ax_2 + b) \bmod p^\alpha = b = (ax_1 + b) \bmod p^\alpha = x_2$ wäre, im Widerspruch zu $l \geq 2$.
(a) Es gelte $a = 1$. Dann gilt $a \equiv 1 \pmod p$ und $a \equiv 1 \pmod 4$, und für jedes $j \in \mathbb{N}$ ist $x_{1+j} = (x_1 + jb) \bmod p^\alpha$ [vgl. (7.3)(3)]. Wäre b durch p teilbar, so wäre $x_{1+p^{\alpha-1}} = (x_1 + p^{\alpha-1}b) \bmod p^\alpha = x_1$, und es wäre $l \leq p^{\alpha-1}$ [vgl. (7.3)(2)], im Widerspruch zur Voraussetzung $l = p^\alpha$.
(b) Es gelte $a > 1$. Wegen $a < p^\alpha$ ist dann $p^\alpha > 2$ [d.h. im Fall $p = 2$ ist $\alpha > 1$]. Wegen $l = p^\alpha$ ist $(x_1, \ldots, x_{p^\alpha})$ die Periode von $(x_i)_{i\geq 1}$, und daher gilt

$\{x_1,\ldots,x_{p^\alpha}\} = \{0,1,\ldots,p^\alpha-1\}$. Also gibt es ein $n \in \{1,\ldots,p^\alpha\}$ mit $x_n = 0$. Dann gilt nach (7.3)(3) für jedes $i \in \mathbb{N}_0$: Es ist

$$x_{n+i} = \left(a^i x_n + b\,\frac{a^i-1}{a-1}\right) \bmod p^\alpha = \left(b\,\frac{a^i-1}{a-1}\right) \bmod p^\alpha.$$

Es gilt $\{x_n, x_{n+1},\ldots,x_{n+p^\alpha-1}\} = \{x_n,\ldots,x_{p^\alpha},x_1,\ldots,x_{n-1}\} = \{0,1,\ldots,p^\alpha-1\}$, und daher gibt es ein $r \in \{1,\ldots,p^\alpha\}$ mit $1 = x_{n+r} = [\,b\cdot(a^r-1)/(a-1)\,] \bmod p^\alpha$. Hieran sieht man, daß b nicht durch p teilbar ist.

Es gilt $[\,b\cdot(a^{p^\alpha}-1)/(a-1)\,] \bmod p^\alpha = x_{n+p^\alpha} = x_n = 0$, und weil b nicht durch p teilbar ist, gilt $p^\alpha \mid (a^{p^\alpha}-1)/(a-1)$. Für jedes $j \in \{1,\ldots,p^\alpha-1\}$ gilt andererseits $[\,b\cdot(a^j-1)/(a-1)\,] \bmod p^\alpha = x_{n+j} \neq x_n = 0$ und somit $p^\alpha \nmid (a^j-1)/(a-1)$. Nach (7.10) gilt daher $a \equiv 1 \pmod p$, falls $p > 2$ ist, bzw. $a \equiv 1 \pmod 4$, falls $p = 2$ ist.
(2) $\Rightarrow$ (1): Es gelte (2). In jedem Fall gilt $p \mid a-1$, also $a > 0$.
(a) Es gelte $a = 1$. Sind $i, j \in \{1,\ldots,p^\alpha\}$ und gilt $x_i = x_j$, so folgt $(i-1)\,b \equiv (j-1)\,b \pmod{p^\alpha}$ [vgl. (7.3)(3)], also $p^\alpha \mid (j-i)\,b$, und weil p kein Teiler von b ist, gilt daher $p^\alpha \mid j-i$ [vgl. I(5.21)(2)(b)], also $i = j$. Die p^α Zahlen x_1, $x_2 = (x_1+b) \bmod p^\alpha$, $x_3 = (x_1+2b) \bmod p^\alpha, \ldots, x_{p^\alpha} = (x_1 + (p^\alpha-1)\,b) \bmod p^\alpha$ sind somit paarweise verschieden. Wegen $x_{p^\alpha+1} = (x_1 + p^\alpha b) \bmod p^\alpha = x_1$ hat die Folge $(x_i)_{i\geq 1}$ keine Vorperiode [denn die Elemente der Vorperiode kommen in einer L-Folge nur einmal vor], und somit folgt: Es ist $l = p^\alpha$.
(b) Es gelte $a > 1$. Wegen $a < p^\alpha$ ist dann $p^\alpha > 2$. Nach Voraussetzung gilt $a \equiv 1 \pmod p$, falls $p > 2$ ist, bzw. $a \equiv 1 \pmod 4$, falls $p = 2$ ist, und daher ist nach (7.10) p^α ein Teiler von $(a^{p^\alpha}-1)/(a-1)$, aber kein Teiler von $(a^j-1)/(a-1)$ für jedes $j \in \{1,\ldots,p^\alpha-1\}$. Es sei $(y_i)_{i\geq 1}$ die durch $(p^\alpha, a, b, 0)$ definierte L-Folge. Es ist $y_1 = 0$, und für jedes $i \in \mathbb{N}_0$ ist

$$y_{1+i} = \left(a^i y_1 + b\,\frac{a^i-1}{a-1}\right) \bmod p^\alpha = \left(b\,\frac{a^i-1}{a-1}\right) \bmod p^\alpha$$

[vgl. (7.3)(3)]. Wegen $p^\alpha \mid (a^{p^\alpha}-1)/(a-1)$ gilt daher $y_{1+p^\alpha} = 0 = y_1$, und somit hat die Folge $(y_i)_{i\geq 1}$ keine Vorperiode. Für die Periodenlänge l' von $(y_i)_{i\geq 1}$ gilt $1 \leq l' \leq p^\alpha$, und wegen $[\,b\cdot(a^{l'}-1)/(a-1)\,] \bmod p^\alpha = y_{1+l'} = y_1 = 0$ und $p \nmid b$ folgt $p^\alpha \mid (a^{l'}-1)/(a-1)$ und daher $l' = p^\alpha$. Weil $(y_i)_{i\geq 1}$ somit die Periodenlänge p^α besitzt, ist $\{y_1,\ldots,y_{p^\alpha}\} = \{0,1,\ldots,p^\alpha-1\}$, und daher gibt es ein $n \in \{1,\ldots,p^\alpha\}$ mit $y_n = x^* = x_1$. Dann gilt für jedes $i \in \mathbb{N}_0$

$$x_{1+i} = \left(a^i x_1 + b\,\frac{a^i-1}{a-1}\right) \bmod p^\alpha = \left(a^i y_n + b\,\frac{a^i-1}{a-1}\right) \bmod p^\alpha = y_{n+i},$$

und es folgt $\{x_1,\ldots,x_{p^\alpha}\} = \{y_n,\ldots,y_{n+p^\alpha-1}\} = \{0,1,\ldots,p^\alpha-1\}$ und $x_{1+p^\alpha} = y_{n+p^\alpha} = y_n = x_1$. Also hat die Folge $(x_i)_{i\geq 1}$ die Periodenlänge p^α.

(7.12) Satz: *Es sei $m \in \mathbb{N}$ mit $m > 1$, und es seien a, b, $x^* \in \{0,1,\ldots,m-1\}$. Dann sind die beiden folgenden Aussagen äquivalent:*

(1) *Die durch* (m, a, b, x^*) *definierte L-Folge hat die Periodenlänge* m.

(2) *Es gilt*

(a) b *und* m *sind teilerfremd.*

(b) *Für jede ungerade Primzahl* p, *die* m *teilt, gilt* $a \equiv 1 \pmod p$.

(c) *Ist* m *gerade, so gilt* $a \equiv 1 \pmod 2$, *und ist* m *durch* 4 *teilbar, so gilt* $a \equiv 1 \pmod 4$.

Beweis: Es sei $m = p_1^{\alpha_1} \cdots p_r^{\alpha_r}$ die Primzerlegung von m, es sei l die Länge der Periode der durch (m, a, b, x^*) definierten L-Folge, und für jedes $j \in \{1, \ldots, r\}$ sei l_j die Länge der Periode der durch $(p_j^{\alpha_j}, a \bmod p_j^{\alpha_j}, b \bmod p_j^{\alpha_j}, x^* \bmod p_j^{\alpha_j})$ definierten L-Folge.

(1) $\Rightarrow$ (2): Es gelte $l = m$. Für jedes $j \in \{1, \ldots, r\}$ ist $l_j \leq p_j^{\alpha_j}$, und daher und wegen (7.6) gilt $l = \mathrm{kgV}(l_1, \ldots, l_r) \leq \prod_{j=1}^r l_j \leq \prod_{j=1}^r p_j^{\alpha_j} = m = l$. Hieraus folgt: Für jedes $j \in \{1, \ldots, r\}$ ist $l_j = p_j^{\alpha_j}$. Nach (7.11) gilt daher für jedes $j \in \{1, \ldots, r\}$ $p_j \nmid (b \bmod p_j^{\alpha_j})$ und $(a \bmod p_j^{\alpha_j}) \equiv 1 \pmod{p_j}$, bzw. $(a \bmod p_j^{\alpha_j}) \equiv 1 \pmod 4$ im Fall $p_j = 2$ und $\alpha_j > 1$, d.h. es gilt $p_j \nmid b$ und $a \equiv 1 \pmod{p_j}$, bzw. $a \equiv 1 \pmod 4$ im Fall $p_j = 2$ und $\alpha_j > 1$.

(2) $\Rightarrow$ (1): Es gelte (2). Dann gilt für jedes $j \in \{1, \ldots, r\}$: Wegen $p_j \nmid b$ gilt $p_j \nmid (b \bmod p_j^{\alpha_j})$, und wegen $a \equiv 1 \pmod{p_j}$, bzw. $a \equiv 1 \pmod{p_j^2}$ im Fall $p_j = 2$ und $\alpha_j > 1$ gilt $(a \bmod p_j^{\alpha_j}) \equiv 1 \pmod{p_j}$, bzw. $(a \bmod p_j^{\alpha_j}) \equiv 1 \pmod 4$ im Fall $p_j = 2$ und $\alpha_j > 1$, und nach (7.11) folgt daraus $l_j = p_j^{\alpha_j}$. Hieraus und aus (7.6) folgt

$$l = \mathrm{kgV}(l_1, \ldots, l_r) = \mathrm{kgV}(p_1^{\alpha_1}, \ldots, p_r^{\alpha_r}) = \prod_{j=1}^r p_j^{\alpha_j} = m.$$

(7.13) BEMERKUNG: Es seien $m \in \mathbb{N}$ und a, b, $x^* \in \{0, 1, \ldots, m-1\}$, und es sei $(x_i)_{i \geq 1}$ die durch (m, a, b, x^*) definierte L-Folge. Der Satz in (7.12) gibt notwendige und hinreichende Bedingungen dafür an, daß $(x_i)_{i \geq 1}$ eine Periode der größtmöglichen Länge m besitzt. In der Praxis geht man bei der Konstruktion einer solchen Folge so vor: Man wählt zuerst m [hierbei richtet man sich nach dem Computer, mit dem man arbeiten möchte], dann wählt man ein a, das der Bedingung (2)(b) bzw. (2)(c) aus (7.12) genügt und schließlich ein zu m teilerfremdes b. Den Startwert x^* kann man dann in $\{0, 1, \ldots, m-1\}$ beliebig wählen.

Für die Anwendungen ist auch der Fall $b = 0$ wichtig, in dem nach (7.12) die Periodenlänge von $(x_i)_{i \geq 1}$ kleiner als m ist. Die folgenden Sätze beschreiben diese Situation; sie erfordern einige weniger elementare Begriffe und Ergebnisse der Zahlentheorie, die aber alle in Kapitel XIV behandelt werden.

(7.14) BEMERKUNG: In XIV(1.37) wird die Carmichael-Funktion

$$\begin{cases} \lambda : \mathbb{N} \to \mathbb{N} \quad \text{mit} \\ \lambda(m) := \max(\{ \mathrm{ord}([a]_m) \mid a \in \mathbb{Z};\ \mathrm{ggT}(m, a) = 1 \}) \quad \text{für jedes } m \in \mathbb{N} \end{cases}$$

definiert; für $m \in \mathbb{N}$ und $a \in \mathbb{Z}$ mit $\mathrm{ggT}(m, a) = 1$ ist dabei $\mathrm{ord}([a]_m)$ die Ordnung des Elements $[a]_m$ in der Einheitengruppe $E(\mathbb{Z}/m\mathbb{Z})$ des Restklassenrings $\mathbb{Z}/m\mathbb{Z}$ [vgl. XIII(2.3)]. In XIV(1.38) wird gezeigt:

(1) Es gilt $\lambda(2) = 1$, $\lambda(4) = 2$ und $\lambda(2^\alpha) = 2^{\alpha-2}$ für jedes $\alpha \geq 3$.
(2) Für jede ungerade Primzahl p und jedes $\alpha \in \mathbb{N}$ ist $\lambda(p^\alpha) = p^{\alpha-1}(p-1)$.
(3) Ist m eine natürliche Zahl mit der Primzerlegung $m = p_1^{\alpha_1} p_2^{\alpha_2} \cdots p_r^{\alpha_r}$, so gilt

$$\lambda(m) = \operatorname{kgV}\big(\lambda(p_1^{\alpha_1}), \lambda(p_2^{\alpha_2}), \ldots, \lambda(p_r^{\alpha_r})\big).$$

(7.15) Satz: *Es sei p eine Primzahl, es sei $\alpha \in \mathbb{N}$, es seien a, $x^* \in \{0, 1, \ldots, p^\alpha - 1\}$, und es sei $(x_i)_{i\geq 1}$ die durch $(p^\alpha, a, 0, x^*)$ definierte L-Folge; es sei l die Periodenlänge von $(x_i)_{i\geq 1}$. Dann gilt:*
(1) Es ist l ein Teiler von $\lambda(p^\alpha)$, und daher ist $l \leq \lambda(p^\alpha)$.
(2) Ist p ungerade, gilt $p \nmid x^*$ und ist a eine Primitivwurzel modulo p^α [man vgl. dazu XIV(1.29)], *so besitzt $(x_i)_{i\geq 1}$ keine Vorperiode, und es ist $l = \lambda(p^\alpha)$.*
(3) Ist $p = 2$, ist x^* ungerade und gilt

$$\begin{cases} a \equiv 1 \pmod 2, & \text{falls } \alpha = 1 \text{ ist},\\ a \equiv 3 \pmod 4, & \text{falls } \alpha = 2 \text{ ist},\\ a \equiv 3 \text{ oder } 5 \text{ oder } 7 \pmod 8, & \text{falls } \alpha = 3 \text{ ist},\\ a \equiv 3 \text{ oder } 5 \pmod 8, & \text{falls } \alpha \geq 4 \text{ ist}, \end{cases}$$

so besitzt $(x_i)_{i\geq 1}$ keine Vorperiode, und es ist $l = \lambda(2^\alpha)$.

Beweis: (a) Es gelte $p \mid a$. Für jedes $i \in \mathbb{N}$ mit $i \geq \alpha$ gilt dann $p^\alpha \mid a^i$, also $x_{1+i} = (a^i x^*) \bmod p^\alpha = 0$, und daher ist $l = 1$.
(b) Ist $x^* = 0$, so ist $x_i = 0$ für jedes $i \in \mathbb{N}$, und es gilt $l = 1$.
(c) Es gelte $p \nmid a$ und $x^* \neq 0$. Dann gilt $x^* = p^\beta y$ mit einem $\beta \in \{0, 1, \ldots, \alpha - 1\}$ und einem $y \in \mathbb{N}$, das nicht durch p teilbar ist. Die Restklassen $[a]_{p^{\alpha-\beta}}$ und $[y]_{p^{\alpha-\beta}}$ sind Einheiten im Ring $\mathbb{Z}/p^{\alpha-\beta}\mathbb{Z}$ [vgl. I(5.28)]. Für i, $j \in \mathbb{N}_0$ gilt $x_{i+1} = (a^i x^*) \bmod p^\alpha = (a^j x^*) \bmod p^\alpha = x_{j+1}$, genau wenn $a^i y \equiv a^j y \pmod{p^{\alpha-\beta}}$ gilt, also genau wenn $[a]^i_{p^{\alpha-\beta}} [y]_{p^{\alpha-\beta}} = [a]^j_{p^{\alpha-\beta}} [y]_{p^{\alpha-\beta}}$ gilt, also genau wenn $[a]^i_{p^{\alpha-\beta}} = [a]^j_{p^{\alpha-\beta}}$ gilt. Ist $d := \operatorname{ord}([a]_{p^{\alpha-\beta}})$ die Ordnung von $[a]_{p^{\alpha-\beta}}$ in der Einheitengruppe $E(\mathbb{Z}/p^{\alpha-\beta}\mathbb{Z})$, so sind $[a]^0_{p^{\alpha-\beta}} = [1]_{p^{\alpha-\beta}}$, $[a]^1_{p^{\alpha-\beta}} = [a]_{p^{\alpha-\beta}}$, $[a]^2_{p^{\alpha-\beta}}, \ldots, [a]^{d-1}_{p^{\alpha-\beta}}$ paarweise verschieden, und es ist $[a]^d_{p^{\alpha-\beta}} = [1]_{p^{\alpha-\beta}} = [a]^0_{p^{\alpha-\beta}}$, und daher sind $x_1, \ldots, x_d$ paarweise verschieden, und es ist $x_{d+1} = x_1$. Die Folge $(x_i)_{i\geq 1}$ besitzt also keine Vorperiode, und es ist $l = d$. Nach XIII(2.12) ist d ein Teiler von $\lambda(p^{\alpha-\beta}) = \max(\{\operatorname{ord}(\varepsilon) \mid \varepsilon \in E(\mathbb{Z}/p^{\alpha-\beta}\mathbb{Z})\})$, und $\lambda(p^{\alpha-\beta})$ ist offensichtlich ein Teiler von $\lambda(p^\alpha)$ [vgl. (7.14)(2)]. Also ist l ein Teiler von $\lambda(p^\alpha)$. Ist p ungerade und kein Teiler von x^* und ist a eine Primitivwurzel modulo p^α, so ist $l = \operatorname{ord}([a]_{p^\alpha}) = \operatorname{Card}(E(\mathbb{Z}/p^\alpha\mathbb{Z})) = p^{\alpha-1}(p-1) = \lambda(p^\alpha)$ [vgl. (7.14)(2)]. Daß auch (3) richtig ist, folgt für $\alpha \leq 3$ aus XIV(1.33) und für $\alpha \geq 4$ aus XIV(1.36)(2).

(7.16) Folgerung 1: *Es sei p eine ungerade Primzahl, und es seien a, $x^* \in \{0, 1, \ldots, p-1\}$. Die durch $(p, a, 0, x^*)$ definierte L-Folge hat eine Periode der Länge $\leq p-1$ und genau dann eine Periode der Länge $p-1$, wenn $x^* \neq 0$ und a eine Primitivwurzel modulo p ist.*

(7.17) Folgerung 2: *Es sei* $m \in \mathbb{N}$ *mit* $m \geq 2$.
(1) *Für alle* a, $x^* \in \{0, 1, \ldots, m-1\}$ *gilt: Die Länge der Periode der durch* $(m, a, 0, x^*)$ *definierten L-Folge ist ein Teiler von* $\lambda(m)$ *und daher* $\leq \lambda(m)$.
(2) *Ist* $x^* \in \{0, 1, \ldots, m-1\}$ *mit* $\mathrm{ggT}(m, x^*) = 1$, *so gibt es ein* $a \in \{0, 1, \ldots, m-1\}$ *mit: Die durch* $(m, a, 0, x^*)$ *definierte L-Folge hat eine Periode der Länge* $\lambda(m)$.
Beweis: Es sei $m = p_1^{\alpha_1} \cdots p_r^{\alpha_r}$ die Primzerlegung von m, und für jedes $j \in \{1, \ldots, r\}$ sei $m_j := p_j^{\alpha_j}$.
(1) Es seien a, $x^* \in \{0, 1, \ldots, m-1\}$, und es sei l die Länge der Periode der durch $(m, a, 0, x^*)$ definierten L-Folge $(x_i)_{i\geq 1}$. Für jedes $j \in \{1, \ldots, r\}$ sei l_j die Länge der Periode der durch $(m_j, a \bmod m_j, 0, x^* \bmod m_j)$ definierten L-Folge. Nach (7.6) ist $l = \mathrm{kgV}(l_1, \ldots, l_r)$, nach (7.15)(1) ist l_j für jedes $j \in \{1, \ldots, r\}$ ein Teiler von $\lambda(m_j)$, und daher ist l ein Teiler von $\mathrm{kgV}(\lambda(m_1), \ldots, \lambda(m_r)) = \lambda(m)$.
(2) Es sei $x^* \in \{0, 1, \ldots, m-1\}$ mit $\mathrm{ggT}(m, x^*) = 1$, also mit $p_j \nmid x^*$ für jedes $j \in \{1, \ldots, r\}$. Zu jedem $j \in \{1, \ldots, r\}$ wird ein $a_j \in \{0, 1, \ldots, m_j - 1\}$ gewählt, für das die Restklasse $[a_j]_{m_j}$ in der Einheitengruppe des Rings $\mathbb{Z}/m_j\mathbb{Z}$ die Ordnung $\lambda(m_j)$ besitzt. Der Chinesische Restsatz [vgl. XIV(1.12)] liefert ein $a \in \{0, 1, \ldots, m-1\}$ mit $a \equiv a_j \pmod{m_j}$ für jedes $j \in \{1, \ldots, r\}$. Für jedes $j \in \{1, \ldots, r\}$ hat die durch $(m_j, a \bmod m_j, 0, x^* \bmod m_j)$ definierte L-Folge wegen $a \bmod m_j = a_j$ eine Periode der Länge $\lambda(m_j)$ [vgl. den Beweis in (7.15)]. Die durch $(m, a, 0, x^*)$ definierte L-Folge hat daher nach (7.6) eine Periode der Länge $\mathrm{kgV}(\lambda(m_1), \ldots, \lambda(m_r)) = \lambda(m)$.

(7.18) BEISPIELE: (1) Die erste von D. H. Lehmer zur Erzeugung von Zufallszahlen vorgeschlagene L-Folge war die durch $(10^8 + 1, 23, 0, 47\,594\,118)$ definierte L-Folge $(x_i)_{i\geq 1}$. Die Primzerlegung von $m := 10^8 + 1$ ist $m = 17 \cdot 5\,882\,353$, und $a = 23$ ist eine Primitivwurzel modulo 17 und modulo 5 882 353. Wie der Beweis von (7.17) zeigt, hat daher $(x_i)_{i\geq 1}$ eine Periode der Länge $\lambda(m) = \mathrm{kgV}(\lambda(17), \lambda(5\,882\,353)) = \mathrm{kgV}(16, 5\,882\,352) = 5\,882\,352$. Statistische Tests zeigen, daß diese Folge zur Erzeugung von Zufallszahlen gemäß (7.4)(1) geeignet ist; die in (7.19)(1) erwähnten theoretischen Tests ergeben allerdings, daß sie nur mäßig brauchbar ist, da der "Multiplikator" 23 zu klein ist.
(2) Es sei $\beta \in \mathbb{N}$ mit $2 \leq \beta < 35$, es seien b, $x^* \in \{0, 1, \ldots, 2^{35} - 1\}$, und dabei sei b ungerade. Dann hat die durch $(2^{35}, 2^\beta + 1, b, x^*)$ definierte L-Folge nach (7.12) eine Periode der Länge 2^{35}, so daß es auf die Wahl von x^* hier nicht weiter ankommt. L-Folgen dieser Gestalt wurden 1960 von A. Rotenberg in [67] zur Erzeugung von Zufallszahlen vorgeschlagen und getestet.
(3) Das "Standard Apple Numeric Environment (SANE)" der Macintosh-Rechner der Firma Apple stellt zur Erzeugung von Zufallszahlen die durch $(2^{31} - 1, 7^5, 0, x^*)$ definierte L-Folge bereit, wobei $x^* \in \{1, \ldots, 2^{31} - 2\}$ beliebig gewählt werden kann. Da $2^{31} - 1$ eine Primzahl und 7^5 eine Primitivwurzel modulo $2^{31} - 1$ ist, besitzt diese Folge nach (7.16) eine Periode der Länge $2^{31} - 2$. [Diese Periode besteht aus den natürlichen Zahlen $\leq 2^{31} - 2$, da 0 darin nicht vorkommen kann.]
(4) In Maple (Version 4.2) wird zur Erzeugung von Zufallszahlen die durch

$$(999\,999\,999\,999\,999\,999\,996\,467,\ 671\,354\,420\,908\,421\,773\,035\,669,\ 0,\ 1)$$

definierte L-Folge verwendet. Da $p := 999\,999\,999\,999\,999\,999\,996\,467$ eine Primzahl und $a := 671\,354\,420\,908\,421\,773\,035\,669$ eine Primitivwurzel modulo p ist, hat diese Folge nach (7.16) eine Periode der Länge $p-1$; diese Periode besteht aus allen natürlichen Zahlen $\leq p-1$. Die in (7.19)(1) erwähnten theoretischen Tests ergeben, daß diese Folge zur Erzeugung von Zufallszahlen sehr gut geeignet ist.
(5) Die NAG-Bibliothek, eine umfangreiche Sammlung von FORTRAN-Routinen zur Angewandten Mathematik, verwendet zur Erzeugung von Zufallszahlen die durch

$$(2^{59}, 13^{13}, 0, (2^{32}+1)\cdot 123456789)$$

erzeugte L-Folge [Routine G05CAF]. Wegen $13^{13} \bmod 8 = 5$ hat diese Folge nach (7.15)(3) keine Vorperiode und besitzt eine Periode der Länge 2^{57}. [Die zur Numerik gehörenden Routinen der NAG-Bibliothek werden in [38] beschrieben.]

(7.19) BEMERKUNG: (1) Die Bedeutung der L-Folgen zur Erzeugung von Zufallszahlen beruht nicht nur darauf, daß man mit ihrer Hilfe schnell lange Sequenzen von Zufallszahlen berechnen kann, sondern vor allem auch darauf, daß es zu ihrer Beurteilung "theoretische" Tests gibt. Hierauf kann an dieser Stelle nicht eingegangen werden; diese überaus interessanten Methoden werden in [35], [58] und [2] näher behandelt.
(2) Eine Verallgemeinerung der L-Folgen sind mehrfach rekursiv definierte Folgen. Eine solche Folge $(x_i)_{i\geq 1}$ wird so definiert: Man wählt $m \in \mathbb{N}$, $q \in \mathbb{N}$ und Zahlen $a_1, \ldots, a_q, x_1^*, \ldots, x_q^* \in \{0, 1, \ldots, m-1\}$ und setzt

$$x_i := \begin{cases} x_i^* & \text{für jedes } i \in \{1, \ldots, q\}, \\ (a_1 x_{i-1} + a_2 x_{i-2} + \cdots + a_q x_{i-q}) \bmod m & \text{für jedes } i \geq q+1. \end{cases}$$

Auch derartige Folgen werden zur Erzeugung von Zufallszahlen verwendet. Sie werden in [24] genauer untersucht.
(3) Einige andere zahlentheoretische Methoden zur Erzeugung von Zufallszahlen werden in [40], Kapitel IV beschrieben.

(7.20) BEMERKUNG: In [2] und ausführlicher in [3] wird die Implementierung von Algorithmen zur Erzeugung von Zufallszahlen in einigen Rechnern kritisch untersucht. Die Lektüre wird jedem interessierten Leser empfohlen.

Kapitel XII Vektorräume und lineare Abbildungen

§1 Vektorräume

(1.1) In diesem Kapitel wird der abstrakte Hintergrund der Matrizenrechnung aus Kapitel II behandelt. Dabei ist K stets ein Körper. [Zum Begriff des Körpers vergleiche man I(3.13) und XIII(3.2)(3).]

(1.2) DEFINITION: Es sei V eine nichtleere Menge; es seien

$$(x,y) \mapsto x+y : V \times V \to V \quad \text{und} \quad (\lambda, x) \mapsto \lambda \cdot x : K \times V \to V$$

Abbildungen. V heißt ein K-Vektorraum, wenn gilt:
(1) Mit der Verknüpfung $+$ ist V eine abelsche Gruppe.
(2) Für alle λ, $\mu \in K$ und x, $y \in V$ [und für das Einselement 1 des Körpers K] gelten

$$\begin{aligned} \lambda \cdot (x+y) &= \lambda \cdot x + \lambda \cdot y, & (\lambda+\mu)\cdot x &= \lambda \cdot x + \mu \cdot x, \\ (\lambda\mu)\cdot x &= \lambda \cdot (\mu \cdot x), & 1 \cdot x &= x. \end{aligned}$$

(1.3) BEMERKUNG: Es sei V ein K-Vektorraum.
(1) Das neutrale Element der Gruppe V wird mit 0 oder mit 0_V bezeichnet; es heißt das Nullelement oder auch der Nullvektor von V und ist vom Nullelement 0_K des Körpers K zu unterscheiden. Für jedes $x \in V$ wird das Inverse von x in der Gruppe V mit $-x$ bezeichnet.
(2) Für λ, $\mu \in K$ und x, $y \in V$ schreibt man λx statt $\lambda \cdot x$, $-\lambda x$ statt $-(\lambda \cdot x)$, $x-y$ statt $x+(-y)$, $\lambda x + \mu y$ statt $(\lambda \cdot x) + (\mu \cdot y)$ und $\lambda\mu x$ statt $(\lambda \cdot \mu)\cdot x = \lambda \cdot (\mu \cdot x)$.
(3) Sind x, y und $z \in V$ mit $x+y = x+z$, so gilt $y = (-x+x)+y = -x+(x+y) = -x+(x+z) = (-x+x)+z = z$.
(4) Für $x_1, x_2, \ldots, x_n \in V$ setzt man $\sum_{i=1}^n x_i = x_1 + x_2 + \cdots + x_n$; ist dabei $n = 0$, so wird $\sum_{i=1}^n x_i = 0_V$ gesetzt.

(1.4) BEISPIELE: (1) Es seien m, $n \in \mathbb{N}$. Mit der Matrizenaddition

$$(A,B) \mapsto A+B : M(m,n;K) \times M(m,n;K) \to M(m,n;K)$$

und mit der in II(1.5)(1) angegebenen Abbildung

$$(\lambda, A) \mapsto \lambda A : K \times M(m,n;K) \to M(m,n;K)$$

ist $M(m,n;K)$ ein K-Vektorraum [vgl. II(1.4) und II(1.5)(2)].
(2) Der Polynomring $K[T]$ in der Unbestimmten T über dem Körper K ist mit der in $K[T]$ gegebenen Addition $(f,g) \mapsto f+g : K[T] \times K[T] \to K[T]$ und mit der Multiplikation $(\lambda, f) \mapsto \lambda f : K \times K[T] \to K[T]$ ein K-Vektorraum.

(3) Der Körper $\mathbb{R}$ ist mit der darauf gegebenen Addition und mit der Multiplikation $(\lambda, x) \mapsto \lambda x : \mathbb{Q} \times \mathbb{R} \to \mathbb{R}$ ein $\mathbb{Q}$-Vektorraum.
(4) Ist $I \subset \mathbb{R}$ ein Intervall, so ist die Menge $\mathrm{Abb}(I, \mathbb{R})$ aller Funktionen $f: I \to \mathbb{R}$ mit den Abbildungen $(f, g) \mapsto f + g : \mathrm{Abb}(I, \mathbb{R}) \times \mathrm{Abb}(I, \mathbb{R}) \to \mathrm{Abb}(I, \mathbb{R})$ und $(\lambda, f) \mapsto \lambda f : \mathbb{R} \times \mathrm{Abb}(I, \mathbb{R}) \to \mathrm{Abb}(I, \mathbb{R})$ aus IV(1.4)(2) ein $\mathbb{R}$-Vektorraum.

(1.5) RECHENREGELN: Es sei V ein K-Vektorraum; es seien $\lambda \in K$ und $x \in V$.
(1) Es gilt $0_K \cdot x = 0_V$ und $\lambda \cdot 0_V = 0_V$. Dies folgt wegen $0_K \cdot x + 0_V = 0_K \cdot x = (0_K + 0_K)x = 0_K \cdot x + 0_K \cdot x$ und $\lambda \cdot 0_V + 0_V = \lambda \cdot 0_V = \lambda(0_V + 0_V) = \lambda \cdot 0_V + \lambda \cdot 0_V$ aus (1.3)(3).
(2) Es gilt $(-\lambda)x = -(\lambda x) = \lambda(-x)$ und insbesondere $(-1) \cdot x = -x$. [Denn es gilt $0_V = 0_K \cdot x = (\lambda + (-\lambda))x = \lambda x + (-\lambda)x$, also $-(\lambda x) = (-\lambda)x$.] Hieraus folgt $\lambda(-x) = \lambda \cdot ((-1) \cdot x) = (-\lambda)x$.
(3) Ist $\lambda x = 0_V$, so gilt $\lambda = 0_K$ oder $x = 0_V$. Gilt nämlich $\lambda x = 0_V$ und $\lambda \neq 0_K$, so folgt $x = 1 \cdot x = (\lambda^{-1} \cdot \lambda)x = \lambda^{-1} \cdot (\lambda x) = \lambda^{-1} \cdot 0_V = 0_V$.
(4) Durch Induktion nach n zeigt man: Für jedes $\alpha \in K$ und alle $x_1, \ldots, x_n \in V$ gilt $\alpha \cdot \sum_{i=1}^n x_i = \sum_{i=1}^n \alpha x_i$.

(1.6) DEFINITION: Es sei V ein K-Vektorraum. Eine Teilmenge $U \subset V$ heißt ein Unterraum von V, wenn die folgenden Bedingungen erfüllt sind:
(1) Es ist $U \neq \emptyset$.
(2) Für alle $x, y \in U$ ist $x + y \in U$.
(3) Für jedes $\lambda \in K$ und jedes $x \in U$ ist $\lambda x \in U$.

(1.7) BEISPIELE: (1) Für jeden K-Vektorraum V gilt: $\{0_V\}$ und V sind Unterräume von V.
(2) Es seien $m, n \in \mathbb{N}$. Die gemäß (1.6) definierten Unterräume des K-Vektorraums $M(m, n; K)$ sind genau die in II(4.1) definierten Unterräume von $M(m, n; K)$.
(3) Es sei $I \subset \mathbb{R}$ ein Intervall. Dann ist der Ring $\mathcal{C}(I)$ aller auf I stetigen Funktionen $f: I \to \mathbb{R}$ ein Unterraum des $\mathbb{R}$-Vektorraums $\mathrm{Abb}(I, \mathbb{R})$ aller auf I definierten reellwertigen Funktionen [vgl. IV(2.6)(3)]. Auch der Ring $\mathcal{E}^{(1)}(I)$ aller differenzierbaren Funktionen $f: I \to \mathbb{R}$ ist ein Unterraum von $\mathrm{Abb}(I, \mathbb{R})$ [vgl. V(1.8)(5)].

(1.8) BEMERKUNG: Es sei V ein K-Vektorraum.
(1) Es sei U ein Unterraum von V. Man sieht sofort, daß U mit der nach (1.6)(2) definierten Verknüpfung $(x, y) \mapsto x + y : U \times U \to U$ eine abelsche Gruppe ist: Neutrales Element von U ist 0_V [es gibt ein $x_0 \in U$, und nach (1.6)(3) folgt $0_V = 0_K \cdot x_0 \in U$], und für jedes $x \in U$ ist $-x = (-1) \cdot x \in U$ das Inverse von x in U bezüglich $+$. Mit der nach (1.6)(3) definierten Abbildung $(\lambda, x) \mapsto \lambda x : K \times U \to U$ ist U offensichtlich ein K-Vektorraum.
(2) Es sei U ein Unterraum von V. Durch Induktion beweist man, daß für jedes $m \in \mathbb{N}_0$ gilt: Sind $x_1, \ldots, x_m \in U$ und $\lambda_1, \ldots, \lambda_m \in K$, so ist $\sum_{i=1}^m \lambda_i x_i \in U$.
(3) Der Durchschnitt von Unterräumen von V ist ein Unterraum von V. [Der Durchschnitt ist nicht leer, denn jeder Unterraum von V enthält 0_V; die übrigen Bedingungen aus (1.6) sind leicht nachzuprüfen.]

(4) Es seien $U_1, \dots, U_p$ Unterräume von V. Dann ist

$$U := \Big\{ \sum_{i=1}^{p} x_i \mid x_i \in U_i \text{ für jedes } i \in \{1,\dots,p\} \Big\}$$

ein Unterraum von V. Man nennt U die Summe der Unterräume $U_1,\dots,U_p$ und schreibt $U = U_1 + \cdots + U_p$. Es ist U der kleinste Unterraum von V, der die Unterräume $U_1, \dots, U_p$ umfaßt. [Im Falle $V = M(n,1;K)$ wurde die Summe von Unterräumen bereits in VIII(1.15) eingeführt.]
(5) Es sei $X \subset V$. Dann ist

$$\langle X \rangle := \Big\{ \sum_{i=1}^{m} \lambda_i x_i \mid m \in \mathbb{N}_0;\ x_1,\dots,x_m \in X;\ \lambda_1,\dots,\lambda_m \in K \Big\}$$

ein Unterraum von V, es ist $X \subset \langle X \rangle$, und nach (2) ist $\langle X \rangle$ der kleinste Unterraum von V, der X enthält. Man nennt $\langle X \rangle$ den von X erzeugten Unterraum von V.
(6) Es sei $X \subset V$. Ist $X = \emptyset$, so ist $\langle X \rangle = \{0_V\}$. Ist $X = \{0_V\}$, so ist ebenfalls $\langle X \rangle = \{0_V\}$. Ist umgekehrt $\langle X \rangle = \{0_V\}$, so ist $X = \emptyset$, oder es ist $X = \{0_V\}$.
(7) Es seien $x_1, \dots, x_p \in V$. Wie in II(4.2)(5) setzt man

$$\langle x_1,\dots,x_p \rangle := \langle \{x_1,\dots,x_p\} \rangle = \Big\{ \sum_{i=1}^{p} \lambda_i x_i \mid \lambda_1,\dots,\lambda_p \in K \Big\}.$$

Die Elemente von $\langle x_1,\dots,x_p \rangle$ heißen die Linearkombinationen von $x_1, \dots, x_p$.

(1.9) DEFINITION: Es sei V ein K-Vektorraum, es sei U ein Unterraum von V. Eine Teilmenge X von U heißt ein Erzeugendensystem von U, wenn $U = \langle X \rangle$ ist, wenn also jedes Element von U eine Linearkombination von Elementen von X ist.

(1.10) DEFINITION: Es sei V ein K-Vektorraum.
(1) $x_1, \dots, x_p \in V$ heißen linear unabhängig, wenn es zu jedem $x \in \langle x_1,\dots,x_p \rangle$ *eindeutig bestimmte* $\lambda_1, \dots, \lambda_p \in K$ mit $x = \sum_{i=1}^{p} \lambda_i x_i$ gibt. [Man vergleiche die entsprechende Definition in II(4.4).]
(2) $y_1, \dots, y_q \in V$ heißen linear abhängig, wenn sie nicht linear unabhängig sind.

(1.11) Hilfssatz: *Es sei V ein K-Vektorraum.*
(1) $x_1, \dots, x_p \in V$ sind genau dann linear unabhängig, wenn gilt:
Sind $\lambda_1, \dots, \lambda_p \in K$ mit $\sum_{i=1}^{p} \lambda_i x_i = 0_V$, so gilt $\lambda_1 = \cdots = \lambda_p = 0$.
(2) $y_1, \dots, y_q \in V$ sind genau dann linear abhängig, wenn es $\mu_1,\dots,\mu_q \in K$ gibt, die nicht alle Null sind und für die $\sum_{i=1}^{q} \mu_i y_i = 0_V$ ist.
Beweis: wörtlich wie in II(4.5).

(1.12) BEMERKUNG: Es sei V ein K-Vektorraum, und es seien $x_1, \dots, x_p \in V$ linear unabhängig. Dann sind $x_1, \dots, x_p$ paarweise verschieden und $\neq 0_V$, und sind $i_1, \dots, i_s \in \{1,\dots,p\}$ paarweise verschieden, so sind $x_{i_1}, \dots, x_{i_s}$ linear unabhängig.

(1.13) DEFINITION: Es sei V ein K-Vektorraum, und es sei $n \in \mathbb{N}_0$. Eine Menge $\{x_1, \ldots, x_n\} \subset V$ heißt eine [endliche] Basis von V, wenn entweder $n = 0$ und $V = \{0_V\}$ ist, oder wenn gilt: Es ist $V = \langle x_1, \ldots, x_n \rangle$, und $x_1, \ldots, x_n$ sind linear unabhängig.

(1.14) BEMERKUNG: Es sei V ein K-Vektorraum, und es sei $\{x_1, \ldots, x_n\}$ eine Basis von V. In manchen Zusammenhängen kommt es wesentlich auf die verwendete Reihenfolge der Basiselemente an. In solchen Fällen nennt man das n-tupel $(x_1, \ldots, x_n)$ eine geordnete Basis von V.

(1.15) BEMERKUNG: (1) Ist $V = \{0_V\}$ der K-Vektorraum, der nur aus seinem Nullelement besteht, so ist $\emptyset$ die einzige Basis von V.
(2) Der in (1.13) eingeführte Begriff der Basis eines K-Vektorraums stimmt für Unterräume von $M(m, n; K)$ mit dem in II(4.7) eingeführten Begriff überein.

(1.16) Hilfssatz: *Es sei V ein K-Vektorraum, es seien $x_1, \ldots, x_p \in V$, und es seien $y_1, \ldots, y_s \in \langle x_1, \ldots, x_p \rangle$ linear unabhängig. Dann ist $s \leq p$.*
Beweis: wörtlich wie in II(4.9).

(1.17) Satz: *Es sei V ein K-Vektorraum, der ein endliches Erzeugendensystem besitzt, und es sei U ein Unterraum von V. Dann gibt es eine [endliche] Basis von U, und alle Basen von U haben dieselbe Elementanzahl.*
Beweis: Der Beweis verläuft wie der von II(4.10): Dort wurde von dem K-Vektorraum $M(m, n; K)$ nur benutzt, daß er ein endliches Erzeugendensystem besitzt.

(1.18) Folgerung: *Es sei V ein K-Vektorraum, der ein endliches Erzeugendensystem besitzt. Dann hat V eine [endliche] Basis, und alle Basen von V haben dieselbe Elementanzahl.*

(1.19) DEFINITION: Es sei V ein K-Vektorraum, der ein endliches Erzeugendensystem besitzt. Die Elementanzahl einer und damit jeder Basis von V heißt die Dimension von V und wird mit $\dim(V)$ bezeichnet, und V heißt ein endlichdimensionaler K-Vektorraum.

(1.20) BEMERKUNG: (1) Es sei V ein endlichdimensionaler K-Vektorraum. Genau dann gilt $\dim(V) = 0$, wenn $V = \{0_V\}$ ist.
(2) Es sei $I \subset \mathbb{R}$ ein Intervall, es sei $\mathbb{K}$ einer der Körper $\mathbb{R}$ oder $\mathbb{C}$, und es sei $A: I \to M(n; \mathbb{K})$ eine stetige Matrix. Die Menge der Lösungen des homogenen linearen Differentialgleichungssystem $y' = Ay$ ist ein $\mathbb{K}$-Vektorraum der Dimension n [vgl. IX(7.15)(4)].
(3) Es sei $\mathbb{K}$ einer der Körper $\mathbb{R}$ oder $\mathbb{C}$, und es sei $A: \mathbb{N}_0 \to M(n; \mathbb{K})$ eine diskrete Matrix. Die Menge der Lösungen des homogenen linearen Differenzengleichungssystems $Sy = Ay$ ist ein $\mathbb{K}$-Vektorraum der Dimension n [vgl. IX(8.18)(5)].

(1.21) Satz: *Es sei V ein endlichdimensionaler K-Vektorraum.*
(1) *Jeder Unterraum von V ist endlichdimensional.*
(2) *Sind U und U' Unterräume von V mit $U \subset U'$, so gilt $\dim(U) \leq \dim(U')$, und ist dabei $\dim(U) = \dim(U')$, so ist $U = U'$.*

Beweis: (1) folgt aus (1.17), und (2) beweist man wie die entsprechende Aussage in II(4.12)(3).

(1.22) Satz: *Es sei* $V \neq \{0_V\}$ *ein endlichdimensionaler* K*-Vektorraum, und es sei* $\{x_1, \ldots, x_n\}$ *eine Basis von* V. *Es seien* $a_1, \ldots, a_p \in V$, *es sei* $A = (\alpha_{ij})_{1 \leq i \leq n, 1 \leq j \leq p} \in M(n,p;K)$ *die Matrix mit* $a_j = \sum_{i=1}^n \alpha_{ij} x_i$ *für jedes* $j \in \{1, \ldots, p\}$, *es sei* $r := \operatorname{rang}(A)$, *und es seien* $q(1), \ldots, q(r)$ *die charakteristischen Spaltenindizes der zu* A *gehörigen Treppenmatrix. Dann gilt für den Unterraum* $U := \langle a_1, \ldots, a_p \rangle$ *von* V: *Es ist* $\dim(U) = r$, *und* $\{a_{q(1)}, \ldots, a_{q(r)}\}$ *ist eine Basis von* U.

Beweis: Ist $U = \{0_V\}$, so ist nichts zu beweisen. Es sei von jetzt an $U \neq \{0_V\}$.
(1) Nach II(4.13) ist $\{A_{\bullet q(1)}, \ldots, A_{\bullet q(r)}\}$ eine Basis des Unterraums $\langle A_{\bullet 1}, \ldots, A_{\bullet p} \rangle$ von $M(n,1;K)$. Also gibt es zu jedem $j \in \{1, \ldots, p\}$ Elemente $\lambda_{1j}, \ldots, \lambda_{rj} \in K$ mit $A_{\bullet j} = \lambda_{1j} A_{\bullet q(1)} + \cdots + \lambda_{rj} A_{\bullet q(r)}$, also mit

$$\alpha_{ij} = A[i,j] = \sum_{k=1}^{r} \lambda_{kj} A[i, q(k)] = \sum_{k=1}^{r} \lambda_{kj} \alpha_{iq(k)} \quad \text{für jedes } i \in \{1, \ldots, n\}.$$

Für jedes $j \in \{1, \ldots, p\}$ gilt dann

$$\begin{aligned} a_j &= \sum_{i=1}^{n} \alpha_{ij} x_i = \sum_{i=1}^{n} \Big(\sum_{k=1}^{r} \lambda_{kj} \alpha_{iq(k)} \Big) x_i = \sum_{k=1}^{r} \lambda_{kj} \Big(\sum_{i=1}^{n} \alpha_{iq(k)} x_i \Big) \\ &= \sum_{k=1}^{r} \lambda_{kj} a_{q(k)} \in \langle a_{q(1)}, \ldots, a_{q(r)} \rangle. \end{aligned}$$

Damit ist gezeigt, daß $U = \langle a_{q(1)}, \ldots, a_{q(r)} \rangle$ ist.
(2) Es seien $\beta_1, \ldots, \beta_r \in K$ mit $\sum_{k=1}^r \beta_k a_{q(k)} = 0_V$. Dann gilt

$$0_V = \sum_{k=1}^{r} \beta_k a_{q(k)} = \sum_{k=1}^{r} \beta_k \Big(\sum_{i=1}^{n} \alpha_{iq(k)} x_i \Big) = \sum_{i=1}^{n} \Big(\sum_{k=1}^{r} \beta_k \alpha_{iq(k)} \Big) x_i,$$

und weil $x_1, \ldots, x_n$ linear unabhängig sind, folgt $\sum_{k=1}^r \beta_k \alpha_{iq(k)} = 0$ für jedes $i \in \{1, \ldots, n\}$, also $\sum_{k=1}^r \beta_k A_{\bullet q(k)} = 0$. Da $A_{\bullet q(1)}, \ldots, A_{\bullet q(r)}$ linear unabhängige Elemente des K-Vektorraums $M(n,1;K)$ sind, folgt daraus $\beta_1 = \cdots = \beta_r = 0$. Also sind $a_{q(1)}, \ldots, a_{q(r)}$ linear unabhängig.
(3) Nach (1) und (2) ist $\{a_{q(1)}, \ldots, a_{q(r)}\}$ eine Basis von U, und insbesondere gilt daher $\dim(U) = r = \operatorname{rang}(A)$.

(1.23) Satz: [Basisergänzungssatz] *Es sei* V *ein endlichdimensionaler* K*-Vektorraum der Dimension* n, *es sei* $p \in \mathbb{N}_0$, *und es seien* $y_1, \ldots, y_p \in V$ *linear unabhängig. Dann existieren* $y_{p+1}, \ldots, y_n \in V$, *mit denen* $\{y_1, \ldots, y_p, y_{p+1}, \ldots, y_n\}$ *eine Basis von* V *ist.*

Beweis: Es sei $\{x_1, \ldots, x_n\}$ eine Basis von V. Ist $p = 0$, so setzt man $y_i := x_i$ für jedes $i \in \{1, \ldots, n\}$. – Es gelte von jetzt an $p > 0$. Nach (1.16) gilt $p \leq n$. Es sei

$A \in M(n,p;K)$ die Matrix mit $y_j := \sum_{i=1}^{n} A[i,j]\, x_i$ für jedes $j \in \{1,\ldots,p\}$. Für die Matrix $(A, E_n) \in M(n, p+n; K)$ gilt nach (1.22)

$$\operatorname{rang}(A, E_n) = \dim(\langle y_1,\ldots,y_p,x_1,\ldots,x_n\rangle) = \dim(V) = n,$$

und die zu (A, E_n) gehörige Treppenmatrix $T \in M(n, p+n; K)$ besitzt daher n charakteristische Spaltenindizes $q(1), \ldots, q(n) \in \{1,\ldots,p+n\}$. Die zu A gehörige Treppenmatrix $(T_{\bullet 1},\ldots,T_{\bullet p})$ besitzt wegen $\operatorname{rang}(A) = \dim(\langle y_1,\ldots,y_p\rangle) = p$ die charakteristischen Spaltenindizes $1, \ldots, p$. Also gilt $q(i) = i$ für jedes $i \in \{1,\ldots,p\}$. Nach (1.22) ist daher $\{y_1,\ldots,y_p,x_{q(p+1)-p},\ldots,x_{q(n)-p}\}$ eine Basis von V. [Man vgl. dazu den Beweis in II(4.16).]

(1.24) BEMERKUNG: Es sei V ein endlichdimensionaler K-Vektorraum, es sei U ein Unterraum von V, und es sei $d := \dim(U)$.
(1) Es sei $\{y_1,\ldots,y_d\}$ ein Erzeugendensystem von U, und es seien $z_1, \ldots, z_d \in U$ linear unabhängig. Dann sind $\{y_1,\ldots,y_d\}$ und $\{z_1,\ldots,z_d\}$ Basen von U.
Beweis: (1.22) liefert eine Basis B von U mit $B \subset \{y_1,\ldots,y_d\}$, und wegen $\operatorname{Card}(B) = \dim(U) = d$ folgt $B = \{y_1,\ldots,y_d\}$. (1.23) liefert eine Basis B' von U mit $\{z_1,\ldots,z_d\} \subset B'$, und wegen $\operatorname{Card}(B') = \dim(U) = d$ folgt $B' = \{z_1,\ldots,z_d\}$.
(2) Es sei $\{y_1,\ldots,y_d\}$ eine Basis von U. Es gibt Elemente $y_{d+1},\ldots,y_n \in V$ so, daß $\{y_1,\ldots,y_n\}$ eine Basis von V ist [vgl. (1.23)]. Es sei $W := \langle y_{d+1},\ldots,y_n\rangle$. Dann gilt $V = U + W$ und $U \cap W = \{0_V\}$. Man schreibt dafür $V = U \oplus W$ und sagt, daß V die direkte Summe von U und W ist [vgl. auch VIII(1.16) und VIII(1.17)(1)].

(1.25) BEMERKUNG: Es sei V ein endlichdimensionaler K-Vektorraum, und es sei U ein Unterraum von V. Der Satz in (1.22) liefert ein Rechenverfahren, mit dem man – mit Hilfe des Gauß-Algorithmus – aus einem endlichen Erzeugendensystem von U eine Basis von U gewinnen kann. Aus dem Beweis in (1.23) ergibt sich ein Rechenverfahren, mit dessen Hilfe man eine Basis von U zu einer Basis von V ergänzen kann. Der nächste Satz schließlich erlaubt es, aus einer Basis von V alle möglichen Basen von V zu konstruieren.

(1.26) Satz: *Es sei $V \neq \{0_V\}$ ein endlichdimensionaler K-Vektorraum, es sei $n := \dim(V)$, und es sei $\{x_1,\ldots,x_n\}$ eine Basis von V. Es seien $x'_1, \ldots, x'_n \in V$, und es sei $C = (\gamma_{ij}) \in M(n;K)$ die Matrix mit $x'_j = \sum_{i=1}^{n} \gamma_{ij} x_i$ für jedes $j \in \{1,\ldots,n\}$. Genau dann ist $\{x'_1,\ldots,x'_n\}$ eine Basis von V, wenn die Matrix C invertierbar ist. Ist $\{x'_1,\ldots,x'_n\}$ eine Basis von V und gilt $C^{-1} =: (\gamma'_{ij})$, so ist $x_j = \sum_{i=1}^{n} \gamma'_{ij} x'_i$ für jedes $j \in \{1,\ldots,n\}$.*
Beweis: Nach (1.21)(2) und (1.24) ist $\{x'_1,\ldots,x'_n\}$ genau dann eine Basis von V, wenn $\dim(\langle x'_1,\ldots,x'_n\rangle) = n$ ist, nach (1.22) gilt $\dim(\langle x'_1,\ldots,x'_n\rangle) = \operatorname{rang}(C)$, und nach II(2.15) ist $\operatorname{rang}(C) = n$ genau dann, wenn C invertierbar ist. Also ist $\{x'_1,\ldots,x'_n\}$ genau dann eine Basis von V, wenn C invertierbar ist. – Ist $\{x'_1,\ldots,x'_n\}$ eine Basis von V und ist $A = (\alpha_{ij}) \in M(n;K)$ die Matrix mit $x_j = \sum_{i=1}^{n} \alpha_{ij} x'_i$ für jedes $j \in \{1,\ldots,n\}$, so gilt, wie man leicht nachrechnet, $AC = E_n$ und daher $A = C^{-1}$.

(1.27) Satz: *Es sei V ein endlichdimensionaler K-Vektorraum, und es seien Y und Z Unterräume von V. Dann gilt*

$$\dim(Y) + \dim(Z) = \dim(Y + Z) + \dim(Y \cap Z).$$

Beweis: Wörtlich wie in II(4.19).

(1.28) BEMERKUNG: Es sei V ein endlichdimensionaler K-Vektorraum, es seien Y und Z Unterräume von V, und es seien $\{x_1, \ldots, x_n\}$ eine Basis von V, $\{y_1, \ldots, y_p\}$ eine Basis von Y und $\{z_1, \ldots, z_q\}$ eine Basis von Z.
(1) Es sei $A = (\alpha_{ij})_{1 \le i \le n, 1 \le j \le p} \in M(n, p; K)$ die Matrix mit $y_j = \sum_{i=1}^n \alpha_{ij} x_i$ für jedes $j \in \{1, \ldots, p\}$, und es sei $B = (\beta_{ik})_{1 \le i \le n, 1 \le k \le q} \in M(n, q; K)$ die Matrix mit $z_k = \sum_{i=1}^n \beta_{ik} x_i$ für jedes $k \in \{1, \ldots, q\}$. Es ist $\{y_1, \ldots, y_p, z_1, \ldots, z_q\}$ ein Erzeugendensystem des Unterraums $Y + Z = \{y + z \mid y \in Y,\ z \in Z\}$. Das Verfahren aus Satz (1.22), angewandt auf dieses Erzeugendensystem und damit auf die Matrix $(A, B) \in M(n, p + q; K)$, liefert eine Basis von $Y + Z$, und nach (1.22) ergibt sich insbesondere: Es ist $\dim(Y + Z) = \operatorname{rang}((A, B))$.
(2) Es wird jetzt gezeigt, wie man eine Basis des Unterraums $Y \cap Z$ von V findet. Nach (1.27) gilt

$$d := \dim(Y \cap Z) = \dim(Y) + \dim(Z) - \dim(Y + Z) = p + q - \operatorname{rang}((A, B)).$$

Gilt $Y = \{0_V\}$ oder $Z = \{0_V\}$, so ist $Y \cap Z = \{0_V\}$, und $\emptyset$ ist eine Basis von $Y \cap Z$. Es gelte von jetzt an $Y \neq \{0_V\}$ und $Z \neq \{0_V\}$, also $p > 0$ und $q > 0$.

Es sei $w \in V$. Es gilt $w \in Y$, genau wenn es $\lambda_1, \ldots, \lambda_p \in K$ mit $w = \sum_{j=1}^p \lambda_j y_j$ gibt, und es gilt $w \in Z$, genau wenn es $\mu_1, \ldots, \mu_q \in K$ mit $w = \sum_{k=1}^q (-\mu_k) z_k$ gibt, und daher gilt $w \in Y \cap Z$, genau wenn es ein Element ${}^t(\lambda_1, \ldots, \lambda_p, \mu_1, \ldots, \mu_q) \in M(p + q, 1; K)$ gibt, für das

$$\begin{aligned} \sum_{i=1}^n \Big(\sum_{j=1}^p \alpha_{ij} \lambda_j\Big) x_i &= \sum_{j=1}^p \lambda_j \Big(\sum_{i=1}^n \alpha_{ij} x_i\Big) = \sum_{j=1}^p \lambda_j y_j = w = \sum_{k=1}^q (-\mu_k) z_k \\ &= \sum_{k=1}^q (-\mu_k) \Big(\sum_{i=1}^n \beta_{ik} x_i\Big) = \sum_{i=1}^n \Big(\sum_{k=1}^q \beta_{ik} (-\mu_k)\Big) x_i \end{aligned}$$

gilt, also

$$(A, B) \cdot {}^t(\lambda_1, \ldots, \lambda_p, \mu_1, \ldots, \mu_q) = 0.$$

Die Lösungsmenge R dieses homogenen linearen Gleichungssystems ist ein Unterraum von $M(p + q, 1; K)$ mit $\dim(R) = (p + q) - \operatorname{rang}((A, B)) = d = \dim(Y \cap Z)$, und das Verfahren aus II(3.7)(2) liefert eine Basis $\{v^{(1)}, \ldots, v^{(d)}\}$ von R [vgl. dazu II(5.2)]. Es gelte $v^{(l)} = {}^t(\lambda_1^{(l)}, \ldots, \lambda_p^{(l)}, \mu_1^{(l)}, \ldots, \mu_q^{(l)})$ für jedes $l \in \{1, \ldots, d\}$. Dann gilt für jedes $l \in \{1, \ldots, d\}$: Es ist $w_l := \sum_{j=1}^p \lambda_j^{(l)} y_j = \sum_{k=1}^q (-\mu_k^{(l)}) z_k \in Y \cap Z$, und daher ist $\langle w_1, \ldots, w_d \rangle \subset Y \cap Z$. Andererseits gilt für jedes $w \in Y \cap Z$: Es gibt ein $v = {}^t(\lambda_1, \ldots, \lambda_p, \mu_1, \ldots, \mu_q) \in R$ mit $w = \sum_{j=1}^p \lambda_j y_j = \sum_{k=1}^q (-\mu_k) z_k$, es existieren $\gamma_1, \ldots, \gamma_d \in K$ mit $v = \sum_{l=1}^{d} \gamma_l v^{(l)}$, und daher gilt $w = \sum_{j=1}^{p} \lambda_j y_j = \sum_{l=1}^{d} \gamma_l w_l \in \langle w_1, \ldots, w_d \rangle$. Damit ist gezeigt, daß $\{ w_1, \ldots, w_d \}$ ein Erzeugendensystem von $Y \cap Z$ ist. Wegen $\dim(Y \cap Z) = d$ folgt aus (1.24), daß $\{ w_1, \ldots, w_d \}$ eine Basis von $Y \cap Z$ ist.

(1.29) BEMERKUNG: (1) Es sei V ein K-Vektorraum. Eine Teilmenge $X \subset V$ heißt eine Basis von V, wenn X ein Erzeugendensystem von V ist und je endlich viele paarweise verschiedene Elemente von X stets linear unabhängig sind.
(2) Mit tieferliegenden Hilfsmitteln aus der Mengentheorie kann man zeigen, daß jeder K-Vektorraum eine Basis besitzt.

(1.30) BEISPIEL: Es sei $K[T]$ der Polynomring über K in der Unbestimmten T. Für jedes $n \in \mathbb{N}_0$ gilt: $U_n := \{ f \in K[T] \mid f = 0 \text{ oder } \operatorname{grad}(f) < n \}$ ist ein Unterraum des K-Vektorraums $K[T]$, und $\{ 1, T, T^2, \ldots, T^{n-1} \}$ ist eine Basis von U_n. Außerdem gilt: $\{ T^i \mid i \in \mathbb{N}_0 \}$ ist eine Basis von $K[T]$.

§2 Lineare Abbildungen

(2.1) In diesem Paragraphen ist K stets ein Körper, und m und n sind natürliche Zahlen.

(2.2) DEFINITION: Es seien V und W K-Vektorräume. Eine Abbildung $f: V \to W$ heißt linear, wenn für alle $x, y \in V$ und jedes $\lambda \in K$ gilt: Es ist

$$f(x+y) = f(x) + f(y), \quad f(\lambda x) = \lambda f(x).$$

(2.3) BEMERKUNG: Es seien V und W K-Vektorräume, und es sei $f: V \to W$ eine lineare Abbildung.
(1) Es gilt $f(0_V) = f(0_K \cdot 0_V) = 0_K \cdot f(0_V) = 0_W$, und für jedes $x \in V$ ist $f(-x) = f((-1) \cdot x) = (-1) \cdot f(x) = -f(x)$ [vgl. (1.5)(1) und (2)].
(2) Das Bild $\operatorname{im}(f) := f(V) = \{f(x) \mid x \in V\}$ von V bei f ist ein Unterraum von W, denn es ist $\operatorname{im}(f) \neq \emptyset$, und für alle $x, y \in V$ und jedes $\lambda \in K$ gilt $f(x) + f(y) = f(x+y) \in \operatorname{im}(f)$ und $\lambda f(x) = f(\lambda x) \in \operatorname{im}(f)$. Es ist $\operatorname{im}(f) = W$ genau dann, wenn f surjektiv ist. ["im" steht als Abkürzung für "image", das englische Wort für "Bild".]
(3) Es ist $\ker(f) := \{ x \in V \mid f(x) = 0_W \}$ ein Unterraum von V, denn wegen $f(0_V) = 0_W$ ist $\ker(f) \neq \emptyset$, und für alle $x, y \in \ker(f)$ und jedes $\lambda \in K$ gilt $f(x+y) = f(x) + f(y) = 0_W + 0_W = 0_W$ und $f(\lambda x) = \lambda f(x) = \lambda \cdot 0_W = 0_W$. Man nennt $\ker(f)$ den Kern von f. Es ist f genau dann injektiv, wenn $\ker(f) = \{0_V\}$ gilt. [Ist f injektiv, so gilt $f(x) \neq f(0_V) = 0_W$ für jedes $x \in V$ mit $x \neq 0_V$, und somit ist $\ker(f) = \{0_V\}$. Ist $\ker(f) = \{0_V\}$ und sind $x, y \in V$ mit $x \neq y$, so gilt $x - y \notin \ker(f)$ und folglich $f(x) = f(y + (x-y)) = f(y) + f(x-y) \neq f(y)$, und f ist somit injektiv.]
(4) Es sei X ein weiterer K-Vektorraum, und es sei $g: W \to X$ ebenfalls eine lineare Abbildung. Dann ist auch die Abbildung $g \circ f: V \to X$ linear, denn für alle $x, y \in V$ und jedes $\lambda \in K$ gilt $g \circ f(x+y) = g(f(x+y)) = g(f(x)) + g(f(y)) = g \circ f(x) + g \circ f(y)$ und $g \circ f(\lambda x) = g(f(\lambda x)) = g(\lambda f(x)) = \lambda g(f(x)) = \lambda \cdot (g \circ f(x))$.

(2.4) BEISPIEL: (1) Es sei $A \in M(m,n;K)$; es sei $f\colon M(n,1;K) \to M(m,1;K)$ die Abbildung mit $f(x) := Ax$ für jedes $x \in M(n,1;K)$. f ist eine lineare Abbildung, $\ker(f) = \{ x \in M(n,1;K) \mid Ax = 0 \}$ ist die Lösungsmenge R_A des homogenen linearen Gleichungssystems $Ax = 0$ [vgl. II(5.2)], und $\mathrm{im}(f)$ ist die Menge der $b \in M(m,1;K)$, zu denen es ein $x \in M(n,1;K)$ mit $Ax = b$ gibt, für die also das lineare Gleichungssystem $Ax = b$ lösbar ist. Ebenso ist die Abbildung $v \mapsto vA : M(1,m;K) \to M(1,n;K)$ linear, ihr Kern ist die Lösungsmenge L_A des homogenen linearen Gleichungssystems $vA = 0$, und das Bild von $M(1,m;K)$ bei dieser Abbildung ist die Menge aller $d \in M(n,1;K)$, für die $vA = d$ lösbar ist.
(2) Die Abbildung $A \mapsto {}^tA : M(m,n;K) \to M(n,m;K)$ ist linear.
(3) Es sei $I \subset \mathbb{R}$ ein Intervall. Dann sind $\mathcal{E}^{(1)}(I)$ und $\mathrm{Abb}(I,\mathbb{R})$ $\mathbb{R}$-Vektorräume [vgl. (1.7)(3) und (1.4)(4)], und die Abbildung $f \mapsto f' : \mathcal{E}^{(1)}(I) \to \mathrm{Abb}(I,\mathbb{R})$ ist linear [vgl. V(1.5)]. Der Kern dieser linearen Abbildung ist die Menge aller auf dem Intervall I konstanten Funktionen [vgl. V(1.20)(2)].

(2.5) Satz: *Es sei V ein endlichdimensionaler K-Vektorraum, es sei W ein K-Vektorraum, und es sei $f\colon V \to W$ eine lineare Abbildung. Dann ist $\ker(f)$ ein endlichdimensionaler Unterraum von V, $\mathrm{im}(f)$ ist ein endlichdimensionaler Unterraum von W, und es gilt*

$$\dim(V) = \dim(\ker(f)) + \dim(\mathrm{im}(f)).$$

Beweis: Ist $\dim(V) = 0$, so ist nichts zu beweisen. Es gelte von jetzt an $n := \dim(V) > 0$. Es sei $\{ x_1, \ldots, x_p \}$ eine Basis von $\ker(f)$. Nach (1.23) existieren dazu $x_{p+1}, \ldots, x_n \in V$, mit denen $\{ x_1, \ldots, x_n \}$ eine Basis von V ist. Ist $y \in \mathrm{im}(f)$, so gibt es ein $x \in V$ mit $y = f(x)$, hierzu existieren $\xi_1, \ldots, \xi_n \in K$ mit $x = \sum_{i=1}^n \xi_i x_i$, und hiermit folgt $f(x) = \sum_{i=1}^n \xi_i f(x_i) = \sum_{i=p+1}^n \xi_i f(x_i)$, denn für jedes $i \in \{1, \ldots, p\}$ gilt $x_i \in \ker(f)$ und daher $f(x_i) = 0$. Also gilt $\mathrm{im}(f) = \langle f(x_{p+1}), \ldots, f(x_n) \rangle$. Sind $\lambda_{p+1}, \ldots, \lambda_n \in K$ mit $\sum_{i=p+1}^n \lambda_i f(x_i) = 0_W$, so gilt $\sum_{i=p+1}^n \lambda_i x_i \in \ker(f) = \langle x_1, \ldots, x_p \rangle$, also gibt es $\lambda_1, \ldots, \lambda_p \in K$ mit $\sum_{i=p+1}^n \lambda_i x_i = \sum_{i=1}^p \lambda_i x_i$, und weil $x_1, \ldots, x_n$ linear unabhängig sind, folgt daraus: Es gilt $\lambda_{p+1} = \cdots = \lambda_n = 0$. Also sind $f(x_{p+1}), \ldots, f(x_n)$ linear unabhängig, und somit ist $\{ f(x_{p+1}), \ldots, f(x_n) \}$ eine Basis von $\mathrm{im}(f)$. Es gilt also $\dim(\mathrm{im}(f)) = n - p = \dim(V) - \dim(\ker(f))$.

(2.6) Satz: *Es sei V ein endlichdimensionaler K-Vektorraum, es sei $\dim(V) = n$, und es sei $\{ x_1, \ldots, x_n \}$ eine Basis von V; es sei W ein K-Vektorraum, und es seien $y_1, \ldots, y_n$ Elemente aus W. Dann gibt es genau eine lineare Abbildung $f\colon V \to W$ mit $f(x_i) = y_i$ für jedes $i \in \{1, \ldots, n\}$, und zwar gilt hierfür $f(\sum_{i=1}^n \xi_i x_i) = \sum_{i=1}^n \xi_i y_i$ für jedes $\sum_{i=1}^n \xi_i x_i \in V$.*
Beweis: Es sei $f\colon V \to W$ die Abbildung mit $f(\sum_{i=1}^n \xi_i x_i) := \sum_{i=1}^n \xi_i y_i$ für jedes $\sum_{i=1}^n \xi_i x_i \in V$. Dann ist f linear [sind $x = \sum_{i=1}^n \xi_i x_i$ und $x' = \sum_{i=1}^n \xi'_i x_i \in V$, so ist $x + x' = \sum_{i=1}^n (\xi_i + \xi'_i) x_i$ und daher

$$f(x + x') = \sum_{i=1}^n (\xi_i + \xi'_i) y_i = \sum_{i=1}^n \xi_i y_i + \sum_{i=1}^n \xi'_i y_i = f(x) + f(x'),$$

und ist $\lambda \in K$, so gilt $\lambda x = \sum_{i=1}^{n}(\lambda\xi_i)x_i$ und daher $f(\lambda x) = \sum_{i=1}^{n}(\lambda\xi_i)y_i = \lambda f(x)$], und für jedes $i \in \{1,\ldots,n\}$ ist $f(x_i) = y_i$. Ist $g: V \to W$ linear mit $g(x_i) = y_i$ für jedes $i \in \{1,\ldots,n\}$, so gilt für jedes $\sum_{i=1}^{n} \xi_i x_i \in V$: Es ist

$$g\Big(\sum_{i=1}^{n} \xi_i x_i\Big) = \sum_{i=1}^{n} \xi_i g(x_i) = \sum_{i=1}^{n} \xi_i y_i = f\Big(\sum_{i=1}^{n} \xi_i x_i\Big),$$

d.h. es gilt $g = f$.

(2.7) BEZEICHNUNG: Es seien V und W endlichdimensionale K-Vektorräume mit $n := \dim(V) > 0$ und $m := \dim(W) > 0$, es seien $\{v_1,\ldots,v_n\}$ eine Basis von V und $\{w_1,\ldots,w_m\}$ eine Basis von W, und es sei $f: V \to W$ eine lineare Abbildung.
(1) Die eindeutig bestimmte Matrix $A = (\alpha_{ij})_{1\le i\le m, 1\le j\le n} \in M(m,n;K)$ mit

$$f(v_j) = \sum_{i=1}^{m} \alpha_{ij} w_i \quad \text{für jedes } j \in \{1,\ldots,n\}$$

heißt die Matrix, die f bezüglich der Basen $\{v_1,\ldots,v_n\}$ von V und $\{w_1,\ldots,w_m\}$ von W beschreibt. [Gilt dabei $V = W$ und $v_i = w_i$ für jedes $i \in \{1,\ldots,n\}$, so heißt $A \in M(n;K)$ die Matrix, die f bezüglich der Basis $\{v_1,\ldots,v_n\}$ von V beschreibt.] Die Matrix A hängt von der Wahl der in V und W verwendeten Basen ab. Diese Abhängigkeit wird in (2.9) genau beschrieben.
(2) Zu jedem $x \in V$ gibt es ein eindeutig bestimmtes ${}^t(\xi_1,\ldots,\xi_n) \in M(n,1;K)$ mit $x = \sum_{j=1}^{n} \xi_j v_j$ und ein eindeutig bestimmtes ${}^t(\eta_1,\ldots,\eta_m) \in M(m,1;K)$ mit $f(x) = \sum_{i=1}^{m} \eta_i w_i$. Es gilt

$$\begin{aligned}\sum_{i=1}^{m} \eta_i w_i = f(x) &= f\Big(\sum_{j=1}^{n} \xi_j v_j\Big) = \sum_{j=1}^{n} \xi_j f(v_j) = \sum_{j=1}^{n} \xi_j \Big(\sum_{i=1}^{m} \alpha_{ij} w_i\Big) \\ &= \sum_{i=1}^{m} \Big(\sum_{j=1}^{n} \alpha_{ij} \xi_j\Big) w_i,\end{aligned}$$

und da $w_1, \ldots, w_m$ linear unabhängig sind, folgt daraus: Es ist

$$\begin{pmatrix} \eta_1 \\ \vdots \\ \eta_m \end{pmatrix} = A \cdot \begin{pmatrix} \xi_1 \\ \vdots \\ \xi_n \end{pmatrix}.$$

(3) Es gilt $\mathrm{im}(f) = \langle f(v_1),\ldots,f(v_n)\rangle$, und für jedes $j \in \{1,\ldots,n\}$ ist $f(v_j) = \sum_{i=1}^{m} \alpha_{ij} w_i$. Also kann man die Dimension von $\mathrm{im}(f)$ und eine Basis von $\mathrm{im}(f)$ mit Hilfe von (1.22) ermitteln. Insbesondere folgt: Es ist $\dim(\mathrm{im}(f)) = \mathrm{rang}(A)$.
(4) Nach (2) gilt mit $R_A := \{{}^t(\xi_1,\ldots,\xi_n) \mid A \cdot {}^t(\xi_1,\ldots,\xi_n) = 0\}$: Es ist $\ker(f) = \{\sum_{j=1}^{n} \xi_j v_j \mid {}^t(\xi_1,\ldots,\xi_n) \in R_A\}$. Nach (2.5) und (3) gilt $d := \dim(\ker(f)) = \dim(V) - \dim(\mathrm{im}(f)) = n - \mathrm{rang}(A)$, und man sieht ohne Schwierigkeit: Ist $\{{}^t(\xi_1^{(k)},\ldots,\xi_n^{(k)}) \mid k = 1,\ldots,d\}$ eine [etwa gemäß II(3.7)(2) bestimmte] Basis des Unterraums R_A von $M(n,1;K)$, so ist $\{\sum_{j=1}^{n} \xi_j^{(1)} v_j, \ldots, \sum_{j=1}^{n} \xi_j^{(d)} v_j\}$ eine Basis von $\ker(f)$.

(2.8) BEMERKUNG: Es sei $\mathbb{K}$ einer der Körper $\mathbb{R}$ oder $\mathbb{C}$.
(1) Es sei $\mathcal{X} = M(m,n;\mathbb{R})$, es seien r, $s \in \mathbb{N}$, und es sei $\mathcal{Y} = M(r,s;\mathbb{K})$. Es wird $\mathcal{Y}$ als $\mathbb{R}$-Vektorraum aufgefaßt. Die in IX(4.1) eingeführten linearen Abbildungen des $\mathbb{R}$-Vektorraums $\mathcal{X}$ in den $\mathbb{R}$-Vektorraum $\mathcal{Y}$ sind lineare Abbildungen im Sinne von (2.2).
(2) Es sei $\{e_1,\ldots,e_m\}$ die Standardbasis von $M(1,m;\mathbb{R})$, und es sei $\{e'_1,\ldots,e'_n\}$ die Standardbasis von $M(1,n;\mathbb{K})$. Es wird $M(1,n;\mathbb{K})$ als $\mathbb{R}$-Vektorraum aufgefaßt. Es sei $L\colon M(1,m;\mathbb{R}) \to M(1,n;\mathbb{K})$ eine lineare Abbildung, und es sei $A := (\alpha_{ij}) \in M(m,n;\mathbb{K})$ die Matrix mit $L(e_i) = \sum_{j=1}^{n} \alpha_{ij}e'_j$ für jedes $i \in \{1,\ldots,m\}$. In IX(4.2)(7) wurde A die Matrix der linearen Abbildung L genannt – das war dort zweckmäßig –, wohingegen hier – im Falle $\mathbb{K} = \mathbb{R}$ – die transponierte Matrix ${}^tA$ als Matrix der linearen Abbildung L bezeichnet wird – für die Zwecke der Linearen Algebra ist diese Wahl günstiger.

(2.9) Satz: *Es seien V und W endlichdimensionale K-Vektorräume mit $n := \dim(V) > 0$ und $m := \dim(W) > 0$, es seien $\{v_1,\ldots,v_n\}$ und $\{v'_1,\ldots,v'_n\}$ Basen von V, es seien $\{w_1,\ldots,w_m\}$ und $\{w'_1,\ldots,w'_m\}$ Basen von W, und es seien $S = (\sigma_{ij}) \in \mathrm{GL}(n;K)$ und $T = (\tau_{ik}) \in \mathrm{GL}(m;K)$ die Matrizen mit $v'_j = \sum_{i=1}^{n} \sigma_{ij}v_i$ für jedes $j \in \{1,\ldots,n\}$ und $w'_k = \sum_{i=1}^{m} \tau_{ik}w_i$ für jedes $k \in \{1,\ldots,m\}$ [vgl. (1.26)]. Es sei $f\colon V \to W$ eine lineare Abbildung, und es sei $A \in M(m,n;K)$ die Matrix, die f bezüglich der Basen $\{v_1,\ldots,v_n\}$ von V und $\{w_1,\ldots,w_m\}$ von W beschreibt. Dann wird f bezüglich der Basen $\{v'_1,\ldots,v'_n\}$ von V und $\{w'_1,\ldots,w'_m\}$ von W durch die Matrix $T^{-1}AS$ beschrieben.*
Beweis: Es sei $A = (\alpha_{ij})$, und es sei $T^{-1} = (\tau'_{ij})$. Nach (1.26) ist $w_k = \sum_{i=1}^{m} \tau'_{ik}w'_i$ für jedes $k \in \{1,\ldots,m\}$, und daher gilt für jedes $j \in \{1,\ldots,n\}$: Es ist

$$\begin{aligned} f(v'_j) &= f\Big(\sum_{l=1}^{n} \sigma_{lj}v_l\Big) = \sum_{l=1}^{n} \sigma_{lj}f(v_l) = \sum_{l=1}^{n} \sigma_{lj}\Big(\sum_{k=1}^{m} \alpha_{kl}w_k\Big) \\ &= \sum_{l=1}^{n}\sum_{k=1}^{m} \sigma_{lj}\alpha_{kl}\Big(\sum_{i=1}^{m} \tau'_{ik}w'_i\Big) = \sum_{i=1}^{m}\Big(\sum_{k=1}^{m}\sum_{l=1}^{n} \tau'_{ik}\alpha_{kl}\sigma_{lj}\Big)w'_i \\ &= \sum_{i=1}^{m} (T^{-1}AS)[i,j]\,w'_i. \end{aligned}$$

(2.10) Satz: *Es seien V, W und X endlichdimensionale K-Vektorräume mit $n := \dim(V) > 0$, $m := \dim(W) > 0$ und $p := \dim(X) > 0$, es seien $\{v_1,\ldots,v_n\}$ eine Basis von V, $\{w_1,\ldots,w_m\}$ eine Basis von W und $\{x_1,\ldots,x_p\}$ eine Basis von X. Es sei $f\colon V \to W$ eine lineare Abbildung, und es sei $A \in M(m,n;K)$ die Matrix, die f bezüglich der Basen $\{v_1,\ldots,v_n\}$ von V und $\{w_1,\ldots,w_m\}$ von W beschreibt; es sei $g\colon W \to X$ eine lineare Abbildung, und es sei $B \in M(p,m;K)$ die Matrix, die g bezüglich der Basen $\{w_1,\ldots,w_m\}$ von W und $\{x_1,\ldots,x_p\}$ von X beschreibt. Dann wird die lineare Abbildung $g \circ f : V \to X$ bezüglich der Basen $\{v_1,\ldots,v_n\}$ von V und $\{x_1,\ldots,x_p\}$ von X durch die Matrix $BA \in M(p,n;K)$ beschrieben.*

Beweis: Es seien $A = (\alpha_{ij})$ und $B = (\beta_{ij})$. Dann gilt $f(v_j) = \sum_{k=1}^{m} \alpha_{kj} w_k$ für jedes $j \in \{1, \ldots, n\}$ und $g(w_k) = \sum_{i=1}^{p} \beta_{ik} x_i$ für jedes $k \in \{1, \ldots, m\}$. Für jedes $j \in \{1, \ldots, n\}$ gilt

$$\begin{aligned} g \circ f(v_j) &= g(f(v_j)) = g\Big(\sum_{k=1}^{m} \alpha_{kj} w_k\Big) = \sum_{k=1}^{m} \alpha_{kj} g(w_k) \\ &= \sum_{k=1}^{m} \alpha_{kj} \Big(\sum_{i=1}^{p} \beta_{ik} x_i\Big) = \sum_{i=1}^{p} \Big(\sum_{k=1}^{m} \beta_{ik} \alpha_{kj}\Big) x_i = \sum_{i=1}^{p} (BA)[i,j]\, x_i. \end{aligned}$$

(2.11) DEFINITION: Es seien V und W K-Vektorräume. Eine bijektive lineare Abbildung $f: V \to W$ heißt ein Isomorphismus von K-Vektorräumen.

(2.12) BEMERKUNG: Es seien V und W K-Vektorräume.
(1) Die identische Abbildung $\mathrm{id}_V: V \to V$ ist ein Isomorphismus von K-Vektorräumen.
(2) Es sei $f: V \to W$ ein Isomorphismus von K-Vektorräumen. Dann ist auch die Umkehrabbildung $f^{-1}: W \to V$ ein Isomorphismus von K-Vektorräumen.
Beweis: f^{-1} ist bijektiv. Es seien $v, w \in W$ und $\lambda \in K$. Dann gilt $x := f^{-1}(v) \in V$, $y := f^{-1}(w) \in V$, $f^{-1}(v+w) = f^{-1}(f(x)+f(y)) = f^{-1}(f(x+y)) = f^{-1} \circ f(x+y) = x+y = f^{-1}(v)+f^{-1}(w)$ und $f^{-1}(\lambda v) = f^{-1}(\lambda f(x)) = f^{-1}(f(\lambda x)) = f^{-1} \circ f(\lambda x) = \lambda x = \lambda f^{-1}(v)$.
(3) Man nennt V und W isomorphe K-Vektorräume, wenn es einen Isomorphismus $f: V \to W$ von K-Vektorräumen gibt. Nach (2) ist dies dann und nur dann der Fall, wenn es einen Isomorphismus $g: W \to V$ von K-Vektorräumen gibt.
(4) Ist X ein weiterer K-Vektorraum und sind $f: V \to W$ und $g: W \to X$ Isomorphismen von K-Vektorräumen, so ist auch $g \circ f: V \to X$ ein Isomorphismus von K-Vektorräumen.

(2.13) Satz: *Es seien V und W endlichdimensionale K-Vektorräume, es gelte $\dim(V) = \dim(W)$, und es sei $f: V \to W$ eine lineare Abbildung. Dann sind die folgenden Aussagen äquivalent:*
(1) f ist ein Isomorphismus von K-Vektorräumen.
(2) f ist surjektiv.
(3) f ist injektiv.
Beweis: Es gilt $\dim(W) = \dim(V) = \dim(\ker(f)) + \dim(\mathrm{im}(f))$ [vgl. (2.5)], und daher gilt: f ist injektiv, genau wenn $\ker(f) = \{0_V\}$ gilt, also genau wenn $W = \mathrm{im}(f)$ ist, also genau wenn f surjektiv ist.

(2.14) Satz: *Es seien V und W endlichdimensionale K-Vektorräume, es gelte $n := \dim(V) = \dim(W) > 0$, und es seien $\{v_1, \ldots, v_n\}$ eine Basis von V und $\{w_1, \ldots, w_n\}$ eine Basis von W. Es sei $f: V \to W$ eine lineare Abbildung, und es sei $A \in M(n; K)$ die Matrix, die f bezüglich der Basen $\{v_1, \ldots, v_n\}$ von V und $\{w_1, \ldots, w_n\}$ von W beschreibt.*
(1) f ist genau dann ein Isomorphismus von K-Vektorräumen, wenn die Matrix A

invertierbar ist.
(2) *Ist f ein Isomorphismus von K-Vektorräumen, so wird der Isomorphismus $f^{-1}: W \to V$ bezüglich der Basen $\{ w_1, \ldots, w_n \}$ von W und $\{ v_1, \ldots, v_n \}$ von V durch die Matrix A^{-1} beschrieben.*
Beweis: (1) Nach (2.13) ist f bijektiv, genau wenn f surjektiv ist, also genau wenn $\mathrm{rang}(A) = \dim(\mathrm{im}(f)) = \dim(W) = n$ gilt [vgl. (2.7)(3)], also genau wenn A invertierbar ist [vgl. II(2.16)].
(2) Es sei $B \in M(n; K)$ die Matrix, die die Abbildung $f^{-1}: W \to V$ bezüglich der Basen $\{ w_1, \ldots, w_n \}$ von W und $\{ v_1, \ldots, v_n \}$ von V beschreibt. Da $f^{-1} \circ f = \mathrm{id}_V$ ist, gilt $BA = E_n$ [vgl. (2.10)] und daher $B = A^{-1}$.

(2.15) Satz: *Es seien V und W endlichdimensionale K-Vektorräume. V und W sind dann und nur dann isomorph, wenn V und W dieselbe Dimension besitzen.*
Beweis: (1) Ist $f: V \to W$ ein Isomorphismus von K-Vektorräumen, so gilt $\ker(f) = \{ 0_V \}$ und $\mathrm{im}(f) = W$ und daher $\dim(V) = \dim(\ker(f)) + \dim(\mathrm{im}(f)) = \dim(W)$.
(2) Es gelte $\dim(V) = n = \dim(W)$, und es seien $\{ v_1, \ldots, v_n \}$ eine Basis von V und $\{ w_1, \ldots, w_n \}$ eine Basis von W. Nach (2.6) gibt es eine lineare Abbildung $f: V \to W$ mit $f(v_i) = w_i$ für jedes $i \in \{ 1, \ldots, n \}$. Wegen $w_1, \ldots, w_n \in \mathrm{im}(f)$ ist f surjektiv. Nach (2.13) ist daher f ein Isomorphismus von K-Vektorräumen.

(2.16) BEISPIEL: Es sei V ein endlichdimensionaler K-Vektorraum, und es sei $n := \dim(V) > 0$; es sei $\{ v_1, \ldots, v_n \}$ eine Basis von V, und es sei $\{ e_1, \ldots, e_n \}$ die Standardbasis von $M(n, 1; K)$ [vgl. II(4.12)(4)]. Nach (2.6) gibt es eine eindeutig bestimmte lineare Abbildung $f: V \to M(n, 1; K)$ mit $f(v_i) = e_i$ für jedes $i \in \{ 1, \ldots, n \}$. Dieses f ist surjektiv und daher nach (2.13) ein Isomorphismus von K-Vektorräumen. Für jedes $x \in V$ gilt: Es gibt eindeutig bestimmte $\xi_1, \ldots, \xi_n \in K$ mit $x = \sum_{i=1}^{n} \xi_i v_i$, und es ist

$$f(x) = f\Big(\sum_{i=1}^{n} \xi_i v_i\Big) = \sum_{i=1}^{n} \xi_i e_i = \begin{pmatrix} \xi_1 \\ \vdots \\ \xi_n \end{pmatrix}.$$

(2.17) In diesem Kapitel wurden nur die Grundbegriffe aus der Linearen Algebra behandelt. Ausführliche Darstellungen findet man in jedem Lehrbuch über Lineare Algebra; es wird auf [21], [45] und [55] verwiesen.

Kapitel XIII Algebra

§1 Monoide und Gruppen

(1.0) Im folgenden werden die in Kapitel I, §3 eingeführten Begriffe und Sprechweisen benutzt; dem Leser wird empfohlen, sich den Inhalt jenes Paragraphen nochmals ins Gedächtnis zu rufen.

(1.1) DEFINITION: Es sei M eine nichtleere Menge, auf der eine Verknüpfung $(a, b) \mapsto a \cdot b : M \times M \to M$ gegeben ist.
(1) M [oder ausführlicher: $(M, \cdot)$] heißt ein Monoid, wenn $\cdot$ assoziativ ist und wenn es ein bei $\cdot$ neutrales Element $e \in M$ gibt.
(2) M heißt ein kommutatives Monoid, wenn M ein Monoid ist und wenn $\cdot$ kommutativ ist.

(1.2) BEMERKUNG: Im folgenden wird die Verknüpfung auf einem Monoid M immer als "Multiplikation" $(a, b) \mapsto a \cdot b : M \times M \to M$ geschrieben, falls dafür nicht eine andere Schreibweise üblich oder nötig ist; sind dabei a, $b \in M$, so wird dann meistens ab statt $a \cdot b$ geschrieben. In einem Monoid M gibt es ein eindeutig bestimmtes neutrales Element [vgl. I(3.5)(3)]; dieses wird mit e_M bezeichnet, falls nicht eine andere Bezeichnung dafür üblich oder nötig ist.

(1.3) DEFINITION: Es sei M ein Monoid.
(1) Ein Element $a \in M$ heißt invertierbar oder eine Einheit von M, wenn es ein $b \in M$ mit $ab = e_M$ und mit $ba = e_M$ gibt.
(2) Ein Element $a \in M$ heißt regulär, wenn gilt: Sind x, $y \in M$ und ist $ax = ay$ oder $xa = ya$, so ist $x = y$.
(3) Das Monoid M heißt regulär, wenn jedes $a \in M$ regulär ist.

(1.4) BEMERKUNG: Es sei M ein Monoid.
(1) Es sei $a \in M$ invertierbar. Dann gibt es ein und nur ein $b \in M$ mit $ab = e_M$ und mit $ba = e_M$ [denn sind b, $b' \in M$ mit $ab = e_M = ba$ und $ab' = e_M = b'a$, so gilt $b' = b'e_M = b'ab = e_M b = b$]. Dieses Element b heißt das Inverse von a und wird mit a^{-1} bezeichnet, falls dafür keine andere Bezeichnung üblich oder nötig ist.
(2) e_M ist invertierbar, und zwar ist $e_M^{-1} = e_M$. Es sei $a \in M$ invertierbar. Dann ist a^{-1} invertierbar, und es gilt $(a^{-1})^{-1} = a$, denn es gilt $a^{-1}a = aa^{-1} = e_M$.
(3) Es sei $a \in M$ invertierbar. Dann ist a regulär, denn sind x, $y \in M$ mit $ax = ay$, bzw. mit $xa = ya$, so folgt $x = a^{-1}ax = a^{-1}ay = y$, bzw. $x = xaa^{-1} = yaa^{-1} = y$.

(1.5) BEISPIEL: (1) $(\mathbb{N}_0, +)$ ist ein reguläres kommutatives Monoid mit dem neutralen Element 0; 0 ist darin das einzige invertierbare Element. $(\mathbb{N}, \cdot)$ ist ein reguläres kommutatives Monoid mit dem neutralen Element 1; 1 ist darin das einzige invertierbare Element.
(2) Die Gruppen sind genau die Monoide, in denen jedes Element invertierbar ist. Jede Gruppe ist also ein reguläres Monoid.
(3) (a) Es sei $\Sigma \neq \emptyset$ eine Menge. Ist $n \in \mathbb{N}_0$ und sind $\sigma_1, \ldots, \sigma_n \in \Sigma$, so heißt das

n-tupel $(\sigma_1, \ldots, \sigma_n)$ ein Wort der Länge n über Σ. Das einzige Wort der Länge 0 ist das leere Wort ( ). Es sei

$$M(\Sigma) := \{ (\sigma_1, \ldots, \sigma_n) \mid n \in \mathbb{N}_0,\ \sigma_1, \ldots, \sigma_n \in \Sigma \}$$

die Menge aller Wörter über Σ. Für $(\sigma_1, \ldots, \sigma_n) \in M(\Sigma)$ und $(\tau_1, \ldots, \tau_m) \in M(\Sigma)$ definiert man

$$(\sigma_1, \ldots, \sigma_n) \cdot (\tau_1, \ldots, \tau_m) := (\sigma_1, \ldots, \sigma_n, \tau_1, \ldots, \tau_m).$$

Man sieht: Mit der so erklärten Verknüpfung $\cdot$ ist $M(\Sigma)$ ein Monoid mit dem neutralen Element $e_{M(\Sigma)} = (\ )$. Zur Vereinfachung der Schreibweise identifiziert man jedes $\sigma \in \Sigma$ mit dem Wort $(\sigma) \in M(\Sigma)$. So wird Σ eine Teilmenge von $M(\Sigma)$, und für jedes $s \in M(\Sigma)$ gilt: Es gibt ein eindeutig bestimmtes $n \in \mathbb{N}_0$ und eindeutig bestimmte $\sigma_1, \sigma_2, \ldots, \sigma_n \in \Sigma$ mit

$$\begin{aligned} s &= (\sigma_1, \sigma_2, \ldots, \sigma_n) = (\sigma_1) \cdot (\sigma_2, \ldots, \sigma_n) = (\sigma_1) \cdot (\sigma_2) \cdot (\sigma_3, \ldots, \sigma_n) \\ &= \cdots = (\sigma_1) \cdot (\sigma_2) \cdots (\sigma_n) = \sigma_1 \cdot \sigma_2 \cdots \sigma_n = \sigma_1 \sigma_2 \cdots \sigma_n. \end{aligned}$$

(b) Man definiert $M(\emptyset)$ als das triviale Monoid, das nur aus seinem neutralen Element besteht.
(c) Es sei Σ eine Menge. Dann heißt $M(\Sigma)$ das freie Monoid über der Menge Σ oder über dem Alphabet Σ. Man sieht: $M(\Sigma)$ ist regulär, das einzige invertierbare Element in $M(\Sigma)$ ist $e_{M(\Sigma)}$, und $M(\Sigma)$ ist genau dann kommutativ, wenn $\mathrm{Card}(\Sigma) \leq 1$ ist.

(1.6) DEFINITION: (1) Es sei M ein Monoid. $U \subset M$ heißt ein Untermonoid von M, wenn gilt: Es ist $e_M \in U$, und für alle a, $b \in U$ ist $ab \in U$.
(2) Es sei G eine Gruppe. $U \subset G$ heißt eine Untergruppe von G, wenn gilt: Es ist $e_G \in U$, für alle a, $b \in U$ ist $ab \in U$, und für jedes $a \in U$ ist $a^{-1} \in U$.

(1.7) BEMERKUNG: (1) Es sei M ein Monoid, und es sei U ein Untermonoid von M. Mit der Verknüpfung $(a, b) \mapsto ab : U \times U \to U$, die aus der auf M gegebenen Verknüpfung $(a, b) \mapsto ab : M \times M \to M$ durch Einschränkung auf U entsteht, ist U ein Monoid mit dem neutralen Element e_M.
(2) Es sei G eine Gruppe, und es sei U eine Untergruppe von G. Die auf G gegebene Verknüpfung $(a, b) \mapsto ab : G \times G \to G$ liefert durch Einschränkung eine Verknüpfung $(a, b) \mapsto ab : U \times U \to U$. Damit ist U eine Gruppe, das neutrale Element darin ist e_G, und für jedes $a \in U$ gilt: Invers zu a in der Gruppe U ist das Inverse a^{-1} von a in der Gruppe G.
(3) Es sei G eine Gruppe, und es sei U eine nichtleere Teilmenge von G mit $ab^{-1} \in U$ für alle a, $b \in U$. Dann ist U eine Untergruppe von G.
Beweis: Wegen $U \neq \emptyset$ gibt es ein $x \in U$, und es ist $e_G = xx^{-1} \in U$. Für jedes $a \in U$ ist $a^{-1} = e_G a^{-1} \in U$; sind a, $b \in U$, so gilt $b^{-1} \in U$ und daher $ab = a(b^{-1})^{-1} \in U$.

(1.8) BEISPIEL: (1) In jedem Monoid M sind $\{e_M\}$ und M Untermonoide; in jeder Gruppe G sind $\{e_G\}$ und G Untergruppen.

(2) Es sei Σ eine Menge, und es sei $\Sigma' \subset \Sigma$. Dann ist das freie Monoid $M(\Sigma')$ ein Untermonoid des freien Monoids $M(\Sigma)$.
(3) Es sei M ein Monoid. Dann sind

$$M_{\mathrm{reg}} := \{\, a \in M \mid a \text{ regulär} \,\} \quad \text{und} \quad M^\times := \{\, a \in M \mid a \text{ invertierbar} \,\}$$

Untermonoide von M. M_{reg} ist ein reguläres Monoid, und $M^\times$ ist eine Gruppe.
Beweis: (a) Es ist $e_M \in M_{\mathrm{reg}}$. Es seien a, $b \in M_{\mathrm{reg}}$, und es seien x, $y \in M$. Gilt $abx = aby$, so folgt zunächst $bx = by$, weil a regulär ist, und daraus $x = y$, weil b regulär ist; gilt $xab = yab$, so folgt zunächst $xa = ya$ und dann $x = y$. Also ist $ab \in M_{\mathrm{reg}}$. Jedes Element von M_{reg} ist in M regulär und daher erst recht im Monoid M_{reg}.
(b) Es gilt $e_M \in M^\times$, und für alle a, $b \in M^\times$ gilt $(ab)(b^{-1}a^{-1}) = abb^{-1}a^{-1} = aa^{-1} = e_M$ und $(b^{-1}a^{-1})(ab) = b^{-1}a^{-1}ab = b^{-1}b = e_M$ und daher $ab \in M^\times$ [und $(ab)^{-1} = b^{-1}a^{-1}$]. Also ist $M^\times$ ein Untermonoid von M. Für jedes $a \in M^\times$ gilt: Es ist $a^{-1}a = e_M = e_{M^\times}$ und $aa^{-1} = e_M = e_{M^\times}$, also ist $a^{-1} \in M^\times$ [mit $(a^{-1})^{-1} = a$], und a ist in $M^\times$ invertierbar mit dem Inversen a^{-1}.
(4) Es sei $X \neq \emptyset$ eine Menge, und es sei $M := \mathrm{Abb}(X, X)$ die Menge aller Abbildungen $f\colon X \to X$. Mit der Hintereinanderausführung $(f, g) \mapsto f \circ g : M \times M \to M$ als Verknüpfung ist M ein Monoid mit dem neutralen Element id_X [vgl. I(3.4)(3)]. Für ein $f \in M$ gilt: f ist in M genau dann invertierbar, wenn es ein $g \in M$ mit $f \circ g = \mathrm{id}_X$ und $g \circ f = \mathrm{id}_X$ gibt, also genau dann, wenn f bijektiv ist [vgl. I(2.12)], und ist f bijektiv, so ist das Inverse von f im Monoid M die Umkehrabbildung f^{-1} von f. Aus (3) ergibt sich:

$$S(X) := M^\times = \{\, f \in M \mid f \text{ invertierbar} \,\} = \{\, f \in M \mid f \text{ bijektiv} \,\}$$

ist mit der Hintereinanderausführung $\circ$ als Verknüpfung eine Gruppe. $S(X)$ ist die in I(4.18) eingeführte symmetrische Gruppe auf X.
(5) Es sei $m \in \mathbb{N}_0$. Dann ist

$$m\mathbb{Z} := \{\, mx \mid x \in \mathbb{Z} \,\} = \{\, a \in \mathbb{Z} \mid m \text{ teilt } a \,\}$$

eine Untergruppe der abelschen Gruppe $(\mathbb{Z}, +)$. Der nächste Satz zeigt, daß jede Untergruppe von $(\mathbb{Z}, +)$ von dieser Gestalt ist.

(1.9) Satz: *Es sei U eine Untergruppe der Gruppe $(\mathbb{Z}, +)$ mit $U \neq \{0\}$. Dann gibt es ein eindeutig bestimmtes $m \in \mathbb{N}$ mit*

$$U = m\mathbb{Z} := \{\, mx \mid x \in \mathbb{Z} \,\} = \{\, a \in \mathbb{Z} \mid m \text{ teilt } a \,\},$$

und zwar ist $m = \min(U \cap \mathbb{N})$.
Beweis: (a) Wegen $U \neq \{0\}$ gibt es ein $b \in U$ mit $b \neq 0$. Ist $b > 0$, so ist $b \in U \cap \mathbb{N}$; ist $b < 0$, so ist $-b \in U \cap \mathbb{N}$. Also ist $U \cap \mathbb{N}$ eine nichtleere Teilmenge von $\mathbb{N}$ und besitzt daher ein kleinstes Element $m = \min(U \cap \mathbb{N})$. Man sieht: Wegen $m \in U$ ist $m\mathbb{Z} \subset U$.

(b) Es sei $a \in U$. Division mit Rest liefert q, $r \in \mathbb{Z}$ mit $a = mq + r$ und mit $0 \leq r \leq m-1$. Wegen $a \in U$ und $-mq \in m\mathbb{Z} \subset U$ ist $r = a - mq \in U$. Wäre $r \neq 0$, so wäre $r \in U \cap \mathbb{N}$, also wäre $r \geq \min(U \cap \mathbb{N}) = m$, im Widerspruch zu $r \leq m-1$. Also ist $r = 0$ und daher $a = mq \in m\mathbb{Z}$.
(c) Nach (a) und (b) gilt $U = m\mathbb{Z}$. Ist auch $m' \in \mathbb{N}$ mit $U = m'\mathbb{Z}$, so gilt einerseits $m' \in U = m\mathbb{Z}$, also $m \mid m'$ und andererseits $m \in U = m'\mathbb{Z}$, also $m' \mid m$, und wegen $m \in \mathbb{N}$ und $m' \in \mathbb{N}$ folgt $m = m'$.

(1.10) DEFINITION: Es sei M ein Monoid. Eine Relation $\sim$ auf M heißt eine Kongruenzrelation, wenn $\sim$ eine Äquivalenzrelation ist und wenn gilt: Sind a, b, a', $b' \in M$ mit $a \sim a'$ und $b \sim b'$, so gilt $ab \sim a'b'$.

(1.11) BEISPIEL: Es sei $m \in \mathbb{N}$. Die Äquivalenzrelation $\equiv \pmod m$ auf der Menge $\mathbb{Z}$ ist eine Kongruenzrelation auf der Gruppe $(\mathbb{Z}, +)$ und auf dem Monoid $(\mathbb{Z}, \cdot)$ [vgl. I(5.25)].

(1.12) Es sei M ein Monoid, und es sei $\sim$ eine Kongruenzrelation auf M. Für jedes $a \in M$ sei $[a]_\sim := \{x \in M \mid x \sim a\}$ die Äquivalenzklasse von a bezüglich $\sim$, und es sei $M/\sim := \{[a]_\sim \mid a \in M\}$. Sind a, b, a', $b' \in M$ mit $[a]_\sim = [a']_\sim$ und $[b]_\sim = [b']_\sim$, also mit $a \sim a'$ und $b \sim b'$, so gilt $ab \sim a'b'$, also $[ab]_\sim = [a'b']_\sim$. Man erhält also eine wohldefinierte Verknüpfung $\cdot$ auf $M/\sim$, wenn man festsetzt: Für alle a, $b \in M$ sei $[a]_\sim \cdot [b]_\sim := [ab]_\sim$.

(1.13) Satz: *Es sei M ein Monoid, und es sei $\sim$ eine Kongruenzrelation auf M.*
(1) *Mit der in (1.12) definierten Verknüpfung $\cdot$ ist $M/\sim$ ein Monoid mit dem neutralen Element $[e_M]_\sim$.*
(2) *Ist M kommutativ, so ist auch das Monoid $M/\sim$ kommutativ.*
(3) *Ist M eine Gruppe, so ist auch $M/\sim$ eine Gruppe, und für jedes $a \in M$ gilt: Es ist $[a]_\sim^{-1} = [a^{-1}]_\sim$.*
Beweis: Durch Rechnen in M.

(1.14) DEFINITON: (1) Es sei M ein Monoid, und es sei $\sim$ eine Kongruenzrelation auf M. Dann heißt das Monoid $M/\sim$ das Faktormonoid von M bezüglich $\sim$.
(2) Es sei G eine Gruppe, und es sei $\sim$ eine Kongruenzrelation auf G. Dann heißt die Gruppe $G/\sim$ die Faktorgruppe von G bezüglich $\sim$.

(1.15) BEISPIEL: Es sei $m \in \mathbb{N}$. Da die Äquivalenzrelation $\equiv \pmod m$ sowohl auf $(\mathbb{Z}, +)$ als auch auf $(\mathbb{Z}, \cdot)$ eine Kongruenzrelation ist, sind gemäß (1.12) auf der Menge

$$\mathbb{Z}_m = \{[a]_m \mid a \in \mathbb{Z}\} = \{[0]_m, [1]_m, \ldots, [m-1]_m\}$$

aller Restklassen modulo m eine Addition $+$ und eine Multiplikation $\cdot$ definiert. Nach (1.13) ist $(\mathbb{Z}_m, +)$ eine abelsche Gruppe, und $(\mathbb{Z}_m, \cdot)$ ist ein kommutatives Monoid [vgl. I(5.27)].

(1.16) DEFINITION: Es seien M und N Monoide. Eine Abbildung $f: M \to N$ heißt ein Homomorphismus von Monoiden, wenn gilt: Es ist $f(e_M) = e_N$, und für alle a, $b \in M$ ist $f(ab) = f(a)f(b)$.

(1.17) BEMERKUNG: Es seien M und N Monoide, und es sei $f: M \to N$ ein Homomorphismus von Monoiden.
(1) Es ist $f(e_M) = e_N$, und sind $a, b \in M$ mit $f(a) = e_N$ und $f(b) = e_N$, so gilt $f(ab) = f(a)f(b) = e_N \cdot e_N = e_N$. Also ist **ker**$(f) := \{ a \in M \mid f(a) = e_N \}$ ein Untermonoid von M. Man nennt ker(f) den Kern von f.
(2) Es gilt $e_N = f(e_M) \in f(M)$, und für alle $a, b \in M$ ist $f(a)f(b) = f(ab) \in f(M)$. Also ist das Bild $f(M) = \{ f(a) \mid a \in M \}$ von M bei f ein Untermonoid von N.
(3) Es gilt $f(M^\times) \subset N^\times$, denn ist $a \in M$ invertierbar, so gilt in N $f(a)f(a^{-1}) = f(aa^{-1}) = f(e_M) = e_N$ und ebenso $f(a^{-1})f(a) = e_N$, d.h. $f(a)$ ist im Monoid N invertierbar, und es ist $f(a)^{-1} = f(a^{-1})$.

(1.18) BEISPIEL: (1) Es sei M ein Monoid, und es sei U ein Untermonoid von M. Dann ist die Inklusionsabbildung $a \mapsto a : U \to M$ ein injektiver Homomorphismus von Monoiden.
(2) Es sei M ein Monoid, es sei $\sim$ eine Kongruenzrelation auf M, und es sei $M/\sim$ das Faktormonoid von M bezüglich $\sim$. Dann ist $a \mapsto [a]_\sim : M \to M/\sim$ ein surjektiver Homomorphismus von Monoiden. Der Kern dieses Homomorphismus ist das Untermonoid $\{ a \in M \mid a \sim e_M \}$ von M.

(1.19) DEFINITION: Es seien M und N Monoide. Eine Abbildung $f: M \to N$ heißt ein Isomorphismus von Monoiden, wenn gilt: f ist bijektiv und ein Homomorphismus von Monoiden.

(1.20) BEMERKUNG: Es seien M und N Monoide; es sei $f: M \to N$ ein Isomorphismus von Monoiden.
(1) Die Umkehrabbildung $f^{-1}: N \to M$ von f ist ebenfalls ein Isomorphismus von Monoiden. Denn f^{-1} ist bijektiv, wegen $f(e_M) = e_N$ gilt $f^{-1}(e_N) = e_M$, und für alle $x, y \in N$ gilt $xy = f(f^{-1}(x))f(f^{-1}(y)) = f(f^{-1}(x)f^{-1}(y))$ und daher $f^{-1}(xy) = f^{-1}(x)f^{-1}(y)$.
(2) Wie man sogleich nachrechnet, gilt für ein $a \in M$: a ist genau dann in M regulär, wenn $f(a)$ in N regulär ist; a ist genau dann in M invertierbar, wenn $f(a)$ in N invertierbar ist, und ist a in M invertierbar, so gilt $f(a)^{-1} = f(a^{-1})$. Es gilt also $f(M_{\text{reg}}) = N_{\text{reg}}$ und $f(M^\times) = N^\times$. Insbesondere ist somit M genau dann regulär, wenn N regulär ist.
(3) M ist dann und nur dann kommutativ, wenn N kommutativ ist.

(1.21) BEISPIEL: Es seien Σ und Σ' endliche Mengen mit Card(Σ) = Card(Σ'). Dann gibt es eine bijektive Abbildung $\varphi : \Sigma \to \Sigma'$. Die Abbildung

$$\sigma_1\sigma_2 \cdots \sigma_n \mapsto \varphi(\sigma_1)\varphi(\sigma_2) \cdots \varphi(\sigma_n) : M(\Sigma) \to M(\Sigma')$$

ist ein Isomorphismus von Monoiden.

(1.22) BEMERKUNG: Zwei Monoide M und N heißen isomorph, wenn es einen Isomorphismus $f: M \to N$ gibt. Wegen (1.20)(1) ist dies genau dann der Fall, wenn es einen Isomorphismus $g: N \to M$ gibt. Isomorphe Monoide unterscheiden sich nicht wesentlich [vgl. etwa (1.20)(2) und (3)].

(1.23) DEFINITION: Es seien G und H Gruppen. Eine Abbildung $f: G \to H$ heißt ein Homomorphismus von Gruppen, wenn gilt: Für alle a, $b \in G$ ist $f(ab) = f(a)f(b)$.

(1.24) BEMERKUNG: Es seien G und H Gruppen, und es sei $f: G \to H$ ein Homomorphismus von Gruppen.
(1) Es gilt $f(e_G)f(e_G) = f(e_G\, e_G) = f(e_G)$ und daher $f(e_G) = f(e_G)f(e_G)^{-1} = e_H$, und für jedes $a \in G$ gilt $f(a^{-1})f(a) = f(a^{-1}a) = f(e_G) = e_H$ und daher $f(a^{-1}) = f(a)^{-1}$.
(2) $\ker(f) := \{\, a \in G \mid f(a) = e_H \,\}$ ist eine Untergruppe von G und heißt der Kern von f; das Bild $f(G) = \{\, f(a) \mid a \in G \,\}$ von G bei f ist eine Untergruppe von H.
(3) f ist genau dann injektiv, wenn $\ker(f) = \{\, e_G \,\}$ ist.
Beweis: Ist f injektiv, so gilt für jedes $a \in G$ mit $a \neq e_G$: Es ist $f(a) \neq f(e_G) = e_H$, d.h. es ist $a \notin \ker(f)$. – Gilt $\ker(f) = \{\, e_G \,\}$, so gilt für a, $b \in G$ mit $f(a) = f(b)$: Wegen $f(ab^{-1}) = f(a)f(b^{-1}) = f(a)f(b)^{-1} = e_H$ gilt $ab^{-1} \in \ker(f)$, also $ab^{-1} = e_G$, also $a = b$.

(1.25) BEISPIEL: (1) Es sei G eine Gruppe, und es sei U eine Untergruppe von G. Die Inklusionsabbildung $a \mapsto a : U \to G$ ist ein injektiver Homomorphismus von Gruppen.
(2) Es sei G eine Gruppe, es sei $\sim$ eine Kongruenzrelation auf G, und es sei $G/\!\sim$ die Faktorgruppe von G bezüglich $\sim$. Die Abbildung $a \mapsto [a]_\sim : G \to G/\!\sim$ ist ein surjektiver Homomorphismus von Gruppen. Der Kern dieses Homomorphismus ist die Untergruppe $\{\, a \in G \mid a \sim e_G \,\}$ von G.
(3) Es sei K ein Körper, es sei $n \in \mathbb{N}$. Dann ist $\det: \mathrm{GL}(n;K) \to K^\times$ ein Homomorphismus der Gruppe aller invertierbaren Matrizen $A \in M(n;K)$ in die Multiplikativgruppe $K^\times = K \setminus \{0\}$ des Körpers K [mit der in K gegebenen Multiplikation $\cdot$ als Verknüpfung], denn nach II(8.18) gilt $\det(AB) = \det(A)\det(B)$ für alle A, $B \in \mathrm{GL}(n;K)$. Der Homomorphismus det ist surjektiv, und es ist $\ker(\det) = \{\, A \in \mathrm{GL}(n;K) \mid \det(A) = 1 \,\}$.

(1.26) DEFINITION: Es seien G und H Gruppen. Eine Abbildung $f: G \to H$ heißt ein Isomorphismus von Gruppen, wenn gilt: f ist bijektiv und ein Homomorphismus von Gruppen.

(1.27) BEMERKUNG: Es seien G und H Gruppen.
(1) Wie in (1.20)(1) ergibt sich: Ist $f: G \to H$ ein Isomorphismus von Gruppen, so ist auch die Umkehrabbildung $f^{-1}: H \to G$ von f ein Isomorphismus von Gruppen.
(2) G und H heißen isomorph, wenn es einen Isomorphismus $f: G \to H$ von Gruppen gibt.

(1.28) BEISPIEL: $\mathbb{R}$ ist mit der Addition $+$ als Verknüpfung eine Gruppe, und $\mathbb{R}_{>0} := \{\, x \in \mathbb{R} \mid x > 0 \,\}$ ist mit der Multiplikation $\cdot$ als Verknüpfung eine Gruppe. Die Abbildung $\exp: \mathbb{R} \to \mathbb{R}_{>0}$ ist bijektiv, und für alle a, $b \in \mathbb{R}$ gilt $\exp(a+b) = \exp(a)\exp(b)$ [vgl. IV(3.4)(1) und IV(3.1)(2)], d.h. $\exp: \mathbb{R} \to \mathbb{R}_{>0}$ ist ein Isomorphismus von Gruppen. Die Umkehrabbildung $\ln: \mathbb{R}_{>0} \to \mathbb{R}$ von exp ist ebenfalls ein Isomorphismus von Gruppen [vgl. dazu IV(3.5)(1) und (2)].

(1.29) DEFINITION: Es sei M ein kommutatives Monoid, und es sei S ein Untermonoid von M_{reg}. Ein Paar (X, i), bestehend aus einem kommutativen Monoid X und einem injektiven Homomorphismus $i: M \to X$ von Monoiden, heißt ein Quotientenmonoid von M bezüglich S, wenn gilt:
(1) Für jedes $s \in S$ ist $i(s)$ ein invertierbares Element von X.
(2) Zu jedem $x \in X$ existieren ein $a \in M$ und ein $s \in S$ mit $x = i(a)i(s)^{-1}$.

(1.30) BEISPIEL: $\mathbb{Z}$ und $\mathbb{Q}$ sind, jeweils mit der Multiplikation $\cdot$ als Verknüpfung, kommutative Monoide, und die Inklusionsabbildung

$$\begin{cases} i : \mathbb{Z} \to \mathbb{Q} \\ \text{mit } i(a) = a \quad \text{für jedes } a \in \mathbb{Z} \end{cases}$$

ist ein injektiver Homomorphismus von Monoiden. $\mathbb{N}$ ist ein Untermonoid von $\mathbb{Z}$ und besteht nur aus regulären Elementen von $\mathbb{Z}$. Jedes $s \in \mathbb{N}$ ist im Monoid $\mathbb{Q}$ invertierbar, und zu jedem $x \in \mathbb{Q}$ existieren $a \in \mathbb{Z}$ und $s \in \mathbb{N}$ mit $x = a/s = as^{-1}$. Also ist $(\mathbb{Q}, i)$ ein Quotientenmonoid von $\mathbb{Z}$ bezüglich $\mathbb{N}$.

(1.31) Satz: *Es sei M ein kommutatives Monoid, und es sei S ein Untermonoid von M_{reg}.*
(1) *Es gibt ein Quotientenmonoid (X, i) von M bezüglich S.*
(2) *Sind (X, i) und (Y, j) Quotientenmonoide von M bezüglich S, so gibt es einen eindeutig bestimmten Isomorphismus $f: X \to Y$ von Monoiden mit $f \circ i = j$.*
Beweis: (1)(a) Für alle (a, s), $(b, t) \in M \times S$ ist $(a, s) \cdot (b, t) := (ab, st) \in M \times S$. Mit der so erklärten Verknüpfung $\cdot$ ist $M \times S$ ein kommutatives Monoid mit dem neutralen Element (e_M, e_M).
(b) Für (a, s), $(b, t) \in M \times S$ setzt man $(a, s) \sim (b, t)$, genau wenn $at = bs$ gilt. Daß die so erklärte Relation $\sim$ auf $M \times S$ reflexiv und symmetrisch ist, ist klar; daß $\sim$ auch transitiv ist, ergibt sich so: Sind (a, s), (b, t), $(c, u) \in M \times S$ mit $(a, s) \sim (b, t)$ und $(b, t) \sim (c, u)$, so gilt $at = bs$ und $bu = ct$ und daher $aut = atu = bsu = bus = cts = cst$, und weil t ein reguläres Element von M ist, folgt daraus $au = cs$, also $(a, s) \sim (c, u)$. Also ist $\sim$ eine Äquivalenzrelation auf $M \times S$. Sind (a, s), (a', s'), (b, t), $(b', t') \in M \times S$ mit $(a, s) \sim (a', s')$ und $(b, t) \sim (b', t')$, so gilt $as' = a's$ und $bt' = b't$ und daher $abs't' = as'bt' = a'sb't = a'b'st$, und daher gilt $(a, s) \cdot (b, t) = (ab, st) \sim (a'b', s't') = (a', s') \cdot (b', t')$. Damit ist gezeigt, daß $\sim$ eine Kongruenzrelation auf $M \times S$ ist.
(c) Für jedes $(a, s) \in M \times S$ sei

$$[a, s] := [(a, s)]_\sim = \{(b, t) \in M \times S \mid (b, t) \sim (a, s)\}$$

die Äquivalenzklasse von (a, s) bezüglich $\sim$, und es sei

$$X := (M \times S)/\sim = \{[a, s] \mid a \in M, s \in S\}$$

das Faktormonoid von $M \times S$ bezüglich $\sim$. Die Verknüpfung auf X ist dabei folgendermaßen definiert [vgl. (1.12)]: Es ist

$$[a, s] \cdot [b, t] = [ab, st] \quad \text{für alle } [a, s], [b, t] \in X.$$

Nach (1.13) ist X ein kommutatives Monoid mit dem neutralen Element $[e_M, e_M]$.
(d) Es sei $i: M \to X$ die Abbildung mit $i(a) := [a, e_M]$ für jedes $a \in M$. Sind a, $b \in M$ verschieden, so gilt $(a, e_M) \not\sim (b, e_M)$ und daher $i(a) = [a, e_M] \neq [b, e_M] = i(b)$, und somit ist i injektiv. Es gilt $i(e_M) = [e_M, e_M] = e_X$, und für alle a, $b \in M$ ist $i(ab) = [ab, e_M] = [a, e_M][b, e_M] = i(a)i(b)$, d.h. i ist ein Homomorphismus von Monoiden. Für jedes $s \in S$ gilt $(s, s) \sim (e_M, e_M)$, also $[s, s] = [e_M, e_M] = e_X$ und daher

$$i(s) \cdot [e_M, s] = [e_M, s] \cdot i(s) = [e_M, s] \cdot [s, e_M] = [s, s] = e_X,$$

also ist $i(s)$ im Monoid X invertierbar, und es ist $i(s)^{-1} = [e_M, s]$. Schließlich gibt es zu jedem $x \in X$ ein $a \in M$ und ein $s \in S$ mit

$$x = [a, s] = [a, e_M] \cdot [e_M, s] = i(a) \cdot i(s)^{-1}.$$

Damit ist gezeigt, daß (X, i) ein Quotientenmonoid von M bezüglich S ist.
(2) Es seien (X, i) und (Y, j) Quotientenmonoide von M bezüglich S.
(a) Es seien a, $a' \in M$ und s, $s' \in S$ mit $i(a)i(s)^{-1} = i(a')i(s')^{-1}$. Dann gilt $i(as') = i(a)i(s') = i(a')i(s) = i(a's)$, und weil i injektiv ist, folgt $as' = a's$ und daher $j(a)j(s') = j(as') = j(a's) = j(a')j(s)$, also $j(a)j(s)^{-1} = j(a')j(s')^{-1}$. Man erhält also eine wohldefinierte Abbildung $f: X \to Y$, indem man für jedes $x \in X$ ein $a \in M$ und ein $s \in S$ mit $x = i(a)i(s)^{-1}$ wählt und dann $f(x) := j(a)j(s)^{-1}$ setzt. Analog erhält man eine wohldefinierte Abbildung $g: Y \to X$, indem man für jedes $y \in Y$ ein $a \in M$ und ein $s \in S$ mit $y = j(a)j(s)^{-1}$ wählt und $g(y) := i(a)i(s)^{-1}$ setzt. Es gilt $f \circ g = \mathrm{id}_Y$ und $g \circ f = \mathrm{id}_X$, und somit ist f bijektiv. Wegen $i(e_M) = e_X$ gilt $e_X = i(e_M)i(e_M)^{-1}$, und wegen $j(e_M) = e_Y$ folgt $f(e_X) = j(e_M)j(e_M)^{-1} = e_Y$. Sind x_1, $x_2 \in X$, so gibt es a_1, $a_2 \in M$ und s_1, $s_2 \in S$ mit $x_1 = i(a_1)i(s_1)^{-1}$ und $x_2 = i(a_2)i(s_2)^{-1}$, und wegen $x_1x_2 = i(a_1)i(s_1)^{-1}i(a_2)i(s_2)^{-1} = i(a_1a_2)i(s_1s_2)^{-1}$ folgt $f(x_1x_2) = j(a_1a_2)j(s_1s_2)^{-1} = j(a_1)j(s_1)^{-1}j(a_2)j(s_2)^{-1} = f(x_1)f(x_2)$.

Damit ist gezeigt, daß $f: X \to Y$ ein Isomorphismus von Monoiden ist. Für jedes $a \in M$ gilt $i(a) = i(a)e_X^{-1} = i(a)i(e_M)^{-1}$ und $j(a) = j(a)e_Y^{-1} = j(a)j(e_M)^{-1}$ und daher $f \circ i(a) = f(i(a)) = f(i(a)i(e_M)^{-1}) = j(a)j(e_M)^{-1} = j(a)$, d.h. es gilt $f \circ i = j$.
(b) Es seien $f: X \to Y$ und $f_1: X \to Y$ Isomorphismen von Monoiden mit $f \circ i = j$ und $f_1 \circ i = j$. Für jedes $a \in M$ und jedes $s \in S$ gilt $f(i(a)) = j(a)$ und $f(i(s)) = j(s)$ und daher

$$\begin{aligned} f(i(a)i(s)^{-1}) &= f(i(a))f(i(s)^{-1}) &&= f(i(a))f(i(s))^{-1} \\ &= j(a)j(s)^{-1} &&= f_1(i(a))f_1(i(s))^{-1} \\ &= f_1(i(a))f_1(i(s)^{-1}) &&= f_1(i(a)i(s)^{-1}), \end{aligned}$$

und wegen $X = \{\, i(a)i(s)^{-1} \mid a \in M,\ s \in S \,\}$ folgt $f = f_1$.

(1.32) Folgerung: *Es sei M ein reguläres kommutatives Monoid.*
(1) *Es gibt eine abelsche Gruppe G, die M als Untermonoid enthält und für die*

gilt: Zu jedem $x \in G$ existieren a, $b \in M$ mit $x = ab^{-1}$.

(2) Es sei G eine abelsche Gruppe, die M als Untermonoid enthält und für die gilt: Zu jedem $x \in G$ existieren a, $b \in M$ mit $x = ab^{-1}$. Es sei auch H eine abelsche Gruppe, die M als Untermonoid enthält und für die gilt: Zu jedem $y \in H$ existieren a, $b \in M$ mit $y = ab^{-1}$. Dann gibt es einen eindeutig bestimmten Isomorphismus $f: G \to H$ von Gruppen mit $f(a) = a$ für jedes $a \in M$.

Beweis: (1)(a) Nach (1.31)(1) existiert ein Quotientenmonoid (G, i) von M bezüglich M. G ist ein kommutatives Monoid, und für jedes $a \in M$ ist $i(a)$ ein invertierbares Element von G. Ferner gilt für jedes $x \in G$: Es existieren a, $b \in M$ mit $x = i(a)i(b)^{-1}$, und hiermit gilt $i(b)i(a)^{-1} \cdot x = x \cdot i(b)i(a)^{-1} = e_G$, d.h. x ist in G invertierbar mit dem Inversen $i(b)i(a)^{-1}$. Also ist G eine abelsche Gruppe.

(b) Man identifiziert jedes $a \in M$ mit seinem Bild $i(a) \in G$. Weil i injektiv ist, wird auf diese Weise M zu einer Teilmenge von G, und weil $i: M \to G$ ein Homomorphismus von Monoiden ist, sogar zu einem Untermonoid von G. Jetzt gilt: Zu jedem $x \in G$ existieren a, $b \in G$ mit $x = i(a)i(b)^{-1} = ab^{-1}$.

(2) Es sei G eine abelsche Gruppe, die M als Untermonoid enthält und für die gilt: Zu jedem $x \in G$ existieren a, $b \in M$ mit $x = ab^{-1}$. Dann ist die Inklusionsabbildung

$$\begin{cases} i : M \to G \\ \text{mit } i(a) = a \quad \text{für jedes } a \in M \end{cases}$$

ein injektiver Homomorphismus von Monoiden, und (G, i) ist ein Quotientenmonoid von M bezüglich M. Es sei auch H eine abelsche Gruppe, die M als Untermonoid enthält und für die gilt: Zu jedem $y \in H$ existieren a, $b \in M$ mit $y = ab^{-1}$. Mit der Inklusionsabbildung

$$\begin{cases} j : M \to H \\ \text{mit } j(a) = a \quad \text{für jedes } a \in M \end{cases}$$

ist dann auch (H, j) ein Quotientenmonoid von M bezüglich M, und daher existiert nach (1.31)(2) ein Isomorphismus $f: G \to H$ von Monoiden mit $f \circ i = j$. f ist ein Isomorphismus von Gruppen mit $f(a) = f(i(a)) = j(a) = a$ für jedes $a \in M$ und ist nach (1.31)(2) durch diese Eigenschaft eindeutig bestimmt.

(1.33) BEISPIEL: $\mathbb{Q}_{>0} := \{x \in \mathbb{Q} \mid x > 0\}$ ist mit der Multiplikation $\cdot$ als Verknüpfung eine abelsche Gruppe, die $\mathbb{N}$ als Untermonoid enthält. Zu jedem $x \in \mathbb{Q}_{>0}$ existieren a, $b \in \mathbb{N}$ mit $x = a/b = ab^{-1}$, und daher ist mit der Inklusionsabbildung

$$\begin{cases} i : \mathbb{N} \to \mathbb{Q}_{>0} \\ \text{mit } i(a) = a \quad \text{für jedes } a \in \mathbb{N} \end{cases}$$

$(\mathbb{Q}_{>0}, i)$ ein Quotientenmonoid des regulären kommutativen Monoids $(\mathbb{N}, \cdot)$ bezüglich $\mathbb{N}$. Die im Beweis von (1.31)(1) vorgeführte Konstruktion des Quotientenmonoids ist in diesem Spezialfall gerade der mathematische Hintergrund der im Schulunterricht am Beginn der Bruchrechnung durchgeführten Konstruktion der positiven rationalen Zahlen aus den natürlichen Zahlen, in die mit der im Beweis von (1.32) beschriebenen Methode die natürlichen Zahlen eingebettet sind.

§2 Endliche abelsche Gruppen

(2.1) BEMERKUNG: (1) Es sei M ein Monoid; es sei $a \in M$. Man definiert für jedes $n \in \mathbb{N}_0$ ein Element $a^n \in M$, und zwar so: Man setzt $a^0 := e_M$ und $a^n := a \cdot a^{n-1}$ für jedes $n \in \mathbb{N}$, also $a^1 := a$, $a^2 := a \cdot a$, $a^3 := a \cdot a \cdot a$, usw. [vgl. dazu auch I(3.19)(3)]. Für alle $m, n \in \mathbb{N}_0$ gilt dann $a^m a^n = a^{m+n} = a^n a^m$ und $(a^m)^n = a^{mn} = (a^n)^m$. Diese beiden Aussagen beweist man leicht durch Induktion.
(2) Es sei G eine Gruppe; es sei $a \in G$. Für jedes $n \in \mathbb{N}_0$ ist gemäß (1) $a^n \in G$ definiert. Man setzt noch $a^{-n} := (a^{-1})^n$ für jedes $n \in \mathbb{N}$ mit $n \geq 2$. Damit ist für jedes $n \in \mathbb{Z}$ ein Element $a^n \in G$ erklärt. Für alle $m, n \in \mathbb{Z}$ gilt $a^m a^n = a^{m+n} = a^n a^m$ und $(a^m)^n = a^{mn} = (a^n)^m$. Ist $b \in G$ und gilt $ab = ba$, so gilt für jedes $n \in \mathbb{Z}$: Es ist $(ab)^n = a^n b^n$.

(2.2) BEMERKUNG: Es sei G eine Gruppe, es sei $a \in G$, und es sei

$$\langle a \rangle := \{ a^k \mid k \in \mathbb{Z} \}.$$

Es gilt $e_G = a^0 \in \langle a \rangle$, für alle $k, l \in \mathbb{Z}$ ist $a^k a^l = a^{k+l} \in \langle a \rangle$, und für jedes $k \in \mathbb{Z}$ ist $(a^k)^{-1} = a^{-k} \in \langle a \rangle$. Also ist $\langle a \rangle$ eine Untergruppe von G, und es gilt $a \in \langle a \rangle$. Für alle $k, l \in \mathbb{Z}$ ist $a^k a^l = a^l a^k$, und daher ist $\langle a \rangle$ eine abelsche Gruppe. Ist U eine Untergruppe von G und ist $a \in U$, so gilt $a^k \in U$ für jedes $k \in \mathbb{Z}$, wie man durch Induktion leicht zeigt, d.h. es ist $\langle a \rangle \subset U$. $\langle a \rangle$ ist also die kleinste Untergruppe von G, die a enthält. Man nennt $\langle a \rangle$ die von a erzeugte Untergruppe von G.

(2.3) DEFINITION: Es sei G eine Gruppe.
(1) Ist G eine endliche Menge, so heißt G eine endliche Gruppe, und $\mathrm{Card}(G)$ heißt die Ordnung von G; andernfalls heißt G eine unendliche Gruppe.
(2) Ist $a \in G$ und ist $\langle a \rangle$ endlich, so heißt a von endlicher Ordnung, und $\mathrm{ord}(a) := \mathrm{Card}(\langle a \rangle)$ heißt die Ordnung von a.

(2.4) Satz: *Es sei G eine Gruppe, und es sei $a \in G$.*
(1) *a ist genau dann von endlicher Ordnung, wenn es ein $n \in \mathbb{N}$ mit $a^n = e_G$ gibt.*
(2) *Ist a von endlicher Ordnung, so gilt:*
  (a) *Es ist $\mathrm{ord}(a) = \min(\{ i \in \mathbb{N} \mid a^i = e_G \})$.*
  (b) *Es ist $\langle a \rangle = \{ e_G, a, a^2, \ldots, a^{\mathrm{ord}(a)-1} \}$.*
  (c) *Für $k, l \in \mathbb{Z}$ ist $a^k = a^l$ genau dann, wenn $k \equiv l \pmod{\mathrm{ord}(a)}$ gilt.*
  (d) *Für $k \in \mathbb{Z}$ ist $a^k = e_G$ genau dann, wenn k durch $\mathrm{ord}(a)$ teilbar ist.*

Beweis: (i) Es gelte: a ist von endlicher Ordnung. Weil $\langle a \rangle = \{ a^k \mid k \in \mathbb{Z} \}$ eine endliche Menge ist, existieren $k, l \in \mathbb{Z}$ mit $a^k = a^l$ und mit $k < l$. Dann gilt $n := l - k \in \mathbb{N}$ und $a^n = a^{l-k} = a^l a^{-k} = a^k a^{-k} = a^0 = e_G$.
(ii) Es gelte: Es gibt ein $n \in \mathbb{N}$ mit $a^n = e_G$. $U := \{ i \in \mathbb{Z} \mid a^i = e_G \}$ ist eine Untergruppe von $(\mathbb{Z}, +)$, denn es gilt $a^0 = e_G$, für alle $i, j \in U$ ist $a^{i+j} = a^i a^j = e_G$, und für jedes $i \in U$ ist $a^{-i} = (a^i)^{-1} = e_G$. Wegen $n \in U$ ist $U \neq \{ 0 \}$, und daher gilt nach (1.9) für $m := \min(U \cap \mathbb{N}) = \min(\{ i \in \mathbb{N} \mid a^i = e_G \})$: Es ist $U = m\mathbb{Z}$. Wegen $m \in U$ ist insbesondere $a^m = e_G$.

(α) Es sei $x \in \langle a \rangle$. Dann gibt es ein $k \in \mathbb{Z}$ mit $x = a^k$, und es existieren $q, r \in \mathbb{Z}$ mit $k = mq + r$ und mit $0 \leq r \leq m - 1$. Es folgt: Es ist $x = a^k = a^{mq+r} = (a^m)^q a^r = a^r \in \{ e_G, a, a^2, \dots, a^{m-1} \}$. Also gilt $\langle a \rangle = \{ e_G, a, a^2, \dots, a^{m-1} \}$, und daher ist $\operatorname{ord}(a) = \operatorname{Card}(\langle a \rangle) \leq m < \infty$.
(β) Es seien $k, l \in \mathbb{Z}$. Wegen $a^{k-l} = a^k(a^l)^{-1}$ gilt $a^k = a^l$, genau wenn $a^{k-l} = e_G$ ist, also genau wenn $k - l \in U = m\mathbb{Z}$ ist, also genau wenn $k \equiv l \pmod m$ gilt. Insbesondere sind daher die Elemente $a^0 = e_G$, $a^1 = a$, a^2, ..., a^{m-1} von $\langle a \rangle$ paarweise verschieden. Also gilt

$$\operatorname{ord}(a) = \operatorname{Card}(\langle a \rangle) = m = \min(\{ i \in \mathbb{N} \mid a^i = e_G \}).$$

Damit ist der Satz bewiesen.

(2.5) Satz: [J. L. Lagrange] *Es sei G eine endliche Gruppe.*
(1) *Für jede Untergruppe U von G gilt:* $\operatorname{Card}(U)$ *teilt* $\operatorname{Card}(G)$.
(2) *Für jedes $a \in G$ gilt:* $\operatorname{ord}(a)$ *teilt* $\operatorname{Card}(G)$, *und es ist* $a^{\operatorname{Card}(G)} = e_G$.
Beweis: (1) Es sei U eine Untergruppe von G.
(a) Für a, $b \in U$ wird $a \sim b$ gesetzt, genau wenn $b^{-1}a \in U$ gilt. Die so erklärte Relation $\sim$ auf G ist eine Äquivalenzrelation.
Beweis: Für jedes $a \in G$ gilt $a^{-1}a = e_G \in U$, also $a \sim a$. Sind a, $b \in G$ mit $a \sim b$, so gilt $b^{-1}a \in U$ und daher auch $a^{-1}b = (b^{-1}a)^{-1} \in U$, also $b \sim a$. Sind a, b, $c \in G$ mit $a \sim b$ und $b \sim c$, so gilt $b^{-1}a \in U$ und $c^{-1}b \in U$ und daher auch $c^{-1}a = c^{-1}bb^{-1}a \in U$, also $a \sim c$.
(b) Für jedes $a \in G$ gilt: Die Äquivalenzklasse von a bezüglich $\sim$ ist

$$aU := \{ ax \mid x \in U \} = \{ b \in G \mid b \sim a \},$$

und die Abbildung $x \mapsto ax : U \to aU$ ist bijektiv [mit der Umkehrabbildung $y \mapsto a^{-1}y : aU \to U$].
(c) Es seien $a_1, \dots, a_d \in U$ mit: $a_1U, \dots, a_dU$ sind die verschiedenen Äquivalenzklassen bezüglich $\sim$ in G. Dann gilt $G = a_1U \cup a_2U \cup \dots \cup a_dU$ und $a_iU \cap a_jU = \emptyset$ für alle i, $j \in \{ 1, \dots, d \}$ mit $i \neq j$ [vgl. I(1.19)]. Hieraus und aus (b) folgt: Es ist

$$\operatorname{Card}(G) = \sum_{i=1}^{d} \operatorname{Card}(a_iU) = d \cdot \operatorname{Card}(U).$$

(2) Es sei $a \in G$. Nach (1) ist $\operatorname{ord}(a) = \operatorname{Card}(\langle a \rangle)$ ein Teiler von $\operatorname{Card}(G)$, und nach (2.4)(2)(d) folgt daraus $a^{\operatorname{Card}(G)} = e_G$.

(2.6) DEFINITION: Es sei G eine Gruppe. G heißt zyklisch, wenn es ein $a \in G$ mit $G = \langle a \rangle = \{ a^k \mid k \in \mathbb{Z} \}$ gibt. Ist G zyklisch, so heißt jedes $b \in G$ mit $G = \langle b \rangle$ ein erzeugendes Element von G.

(2.7) BEMERKUNG: (1) Zyklische Gruppen sind abelsch [vgl. (2.2)].
(2) Es sei G eine endliche Gruppe. G ist genau dann zyklisch, wenn es ein $a \in G$ mit $\operatorname{ord}(a) = \operatorname{Card}(G)$ gibt.

(3) Es sei p eine Primzahl, und es sei G eine Gruppe mit $\mathrm{Card}(G) = p$. Für jedes $a \in G$ mit $a \neq e_G$ ist $\mathrm{ord}(a) > 1$ und nach (2.5) ein Teiler von p, d.h. es ist $\mathrm{ord}(a) = p$ und daher $G = \langle a \rangle$.
(4) Es sei G eine endliche zyklische Gruppe, und es sei $\mathrm{Card}(G) = m$. Es sei $a \in G$ ein erzeugendes Element von G. Dann ist $\mathrm{ord}(a) = m$, und es ist $G = \{ e_G, a, a^2, \ldots, a^{m-1} \}$ [vgl. (2.4)(2)(b)]. Das Rechnen in G läßt sich auf die folgende einfache Weise beschreiben: Sind x, $y \in G$, so existieren eindeutig bestimmte k, $l \in \{ 0, 1, \ldots, m-1 \}$ mit $x = a^k$ und $y = a^l$, und es gilt [wegen (2.4)(2)(c)]

$$xy = a^{k+l} = a^{(k+l) \bmod m} \quad \text{und} \quad x^{-1} = a^{-k} = a^{(-k) \bmod m} .$$

(2.8) BEISPIEL: (1) Die von 2 erzeugte Untergruppe $\langle 2 \rangle = \{ 2^k \mid k \in \mathbb{Z} \}$ der Gruppe $\mathbb{R}^\times$ ist eine unendliche zyklische Gruppe, und zwar sind 2 und 2^{-1} erzeugende Elemente.
(2) Die Gruppe $(\mathbb{Z}, +)$ ist eine unendliche zyklische Gruppe, und zwar sind 1 und -1 erzeugende Elemente.
(3) In der Gruppe S_4 gilt: Das neutrale Element ist $\varepsilon = \begin{pmatrix} 1 & 2 & 3 & 4 \\ 1 & 2 & 3 & 4 \end{pmatrix}$; es ist $\mathrm{ord}(\varepsilon) = 1$ und $\langle \varepsilon \rangle = \{ \varepsilon \}$. Für

$$\rho := \begin{pmatrix} 1 & 2 & 3 & 4 \\ 2 & 1 & 4 & 3 \end{pmatrix}, \quad \tau := \begin{pmatrix} 1 & 2 & 3 & 4 \\ 2 & 3 & 1 & 4 \end{pmatrix} \quad \text{und} \quad \sigma := \begin{pmatrix} 1 & 2 & 3 & 4 \\ 2 & 3 & 4 & 1 \end{pmatrix}$$

gilt: Es ist $\rho \neq \varepsilon$ und $\rho^2 = \varepsilon$, also ist $\mathrm{ord}(\rho) = 2$ und $\langle \rho \rangle = \{ \varepsilon, \rho \}$; es ist $\tau \neq \varepsilon$, $\tau^2 = \begin{pmatrix} 1 & 2 & 3 & 4 \\ 3 & 1 & 2 & 4 \end{pmatrix} \neq \varepsilon$ und $\tau^3 = \varepsilon$, also ist $\mathrm{ord}(\tau) = 3$ und $\langle \tau \rangle = \{ \varepsilon, \tau, \tau^2 \}$; es ist $\sigma \neq \varepsilon$, $\sigma^2 = \begin{pmatrix} 1 & 2 & 3 & 4 \\ 3 & 4 & 1 & 2 \end{pmatrix} \neq \varepsilon$, $\sigma^3 = \begin{pmatrix} 1 & 2 & 3 & 4 \\ 4 & 1 & 2 & 3 \end{pmatrix} \neq \varepsilon$ und $\sigma^4 = \varepsilon$, also ist $\mathrm{ord}(\sigma) = 4$ und $\langle \sigma \rangle = \{ \varepsilon, \sigma, \sigma^2, \sigma^3 \}$. Für ρ, $\rho' := \begin{pmatrix} 1 & 2 & 3 & 4 \\ 3 & 4 & 1 & 2 \end{pmatrix}$ und $\rho'' := \begin{pmatrix} 1 & 2 & 3 & 4 \\ 4 & 3 & 2 & 1 \end{pmatrix}$ ist $V_4 := \{ \varepsilon, \rho, \rho', \rho'' \}$ eine abelsche Untergruppe von S_4. Da jedes Element von V_4 eine Ordnung < 4 besitzt, ist V_4 keine zyklische Gruppe. V_4 heißt die Kleinsche Vierergruppe [nach Felix Klein, 1849–1925].
(4) Es sei $n \in \mathbb{N}$ mit $n \geq 2$. In der Gruppe S_n hat

$$\sigma := \begin{pmatrix} 1 & 2 & 3 & \ldots & n-1 & n \\ 2 & 3 & 4 & \ldots & n & 1 \end{pmatrix}$$

die Ordnung n, und daher ist die von σ erzeugte Untergruppe $\langle \sigma \rangle$ von S_n eine zyklische Gruppe der Ordnung n.

(2.9) Satz: *Es sei G eine zyklische Gruppe.*
(1) *Ist G nicht endlich, so ist G zu $(\mathbb{Z}, +)$ isomorph.*
(2) *Ist G eine endliche Gruppe und ist $m := \mathrm{Card}(G)$, so ist G zu $(\mathbb{Z}_m, +)$ isomorph.*
Beweis: (1) Es sei $G = \langle a \rangle$ ein unendliche Gruppe. Die Abbildung $f\colon \mathbb{Z} \to G$ mit $f(n) := a^n$ für jedes $n \in \mathbb{Z}$ ist ein surjektiver Homomorphismus von Gruppen.

f ist auch injektiv: Sind nämlich $m, n \in \mathbb{Z}$ verschieden, etwa $n < m$, und ist $f(n) = f(m)$, also $a^n = a^m$, so ist $a^{m-n} = e_G$, und daher ist a von endlicher Ordnung [vgl. (2.4)(1)]. Folglich ist $f: \mathbb{Z} \to G$ ein Isomorphismus von Gruppen.
(2) Es sei $G = \langle a \rangle = \{e_G, a, \ldots, a^{m-1}\}$. Die Abbildung $f: \mathbb{Z}_m \to G$ mit $f([i]_m) := a^i$ für jedes $i \in \{0, \ldots, m-1\}$ ist bijektiv. Für alle $i, j \in \{0, 1, \ldots, m-1\}$ gilt

$$\begin{aligned} f([i]_m + [j]_m) &= f([i+j]_m) = f([(i+j) \bmod m]_m) = a^{(i+j) \bmod m} \\ &= a^i a^j = f([i]_m) f([j]_m) \end{aligned}$$

[vgl. (2.7)(4)].

(2.10) Hilfssatz: *Es sei G eine endliche Gruppe.*
(1) Es seien $a, b \in G$ mit $ab = ba$ und mit $\operatorname{ggT}(\operatorname{ord}(a), \operatorname{ord}(b)) = 1$. Dann ist $\operatorname{ord}(ab) = \operatorname{ord}(a)\operatorname{ord}(b)$.
(2) Es sei $a \in G$, und es sei $k \in \mathbb{Z}$. Dann ist $\operatorname{ord}(a^k) = \operatorname{ord}(a)/\operatorname{ggT}(k, \operatorname{ord}(a))$.
Beweis: (1) Es seien $r := \operatorname{ord}(a)$ und $s := \operatorname{ord}(b)$. Es ist $(ab)^{rs} = a^{rs}b^{rs} = (a^r)^s(b^s)^r = e_G$, und daher ist rs durch $t := \operatorname{ord}(ab)$ teilbar [vgl. (2.4)(2)(d)]. Es gilt $a^{st} = a^{st}(b^s)^t = (ab)^{st} = e_G$, und daher ist st durch $\operatorname{ord}(a) = r$ teilbar; es gilt $b^{rt} = (a^r)^t b^{rt} = (ab)^{rt} = e_G$, und daher ist rt durch $\operatorname{ord}(b) = s$ teilbar. Wegen $\operatorname{ggT}(r, s) = 1$ gibt es $x, y \in \mathbb{Z}$ mit $xr + ys = 1$ [vgl. I(5.13)(1)], und daher ist $t = x \cdot rt + y \cdot st$ durch r und durch s teilbar, also auch durch das kleinste gemeinsame Vielfache $rs/\operatorname{ggT}(r, s) = rs$ von r und s. Also ist $\operatorname{ord}(ab) = t = rs = \operatorname{ord}(a)\operatorname{ord}(b)$.
(2) Es sei $r := \operatorname{ord}(a)$, und es sei $d := \operatorname{ggT}(k, r)$. Es gilt $d \mid r$ und $(a^d)^{r/d} = a^r = e_G$, und daher ist r/d durch $\operatorname{ord}(a^d)$ teilbar. Wegen $a^{d \cdot \operatorname{ord}(a^d)} = e_G$ ist $d \cdot \operatorname{ord}(a^d)$ durch r teilbar und daher $\operatorname{ord}(a^d)$ durch r/d. Also ist $\operatorname{ord}(a^d) = r/d$.

Es gibt $x, y \in \mathbb{Z}$ mit $d = xk + yr$. Wegen $a^d = a^{xk+yr} = a^{kx}a^{ry} = (a^k)^x \in \langle a^k \rangle$ gilt $\langle a^d \rangle \subset \langle a^k \rangle$, und wegen $a^k = (a^d)^{k/d} \in \langle a^d \rangle$ gilt $\langle a^k \rangle \subset \langle a^d \rangle$. Es gilt also $\langle a^k \rangle = \langle a^d \rangle$ und daher $\operatorname{ord}(a^k) = \operatorname{ord}(a^d) = r/d = \operatorname{ord}(a)/\operatorname{ggT}(k, \operatorname{ord}(a))$.

(2.11) Folgerung: *Es sei G eine endliche zyklische Gruppe, es sei a ein erzeugendes Element von G, und es sei $k \in \mathbb{Z}$. Dann und nur dann ist a^k ein erzeugendes Element von G, wenn k und $\operatorname{Card}(G)$ teilerfremd sind.*
Beweis: Es gilt $G = \langle a^k \rangle$ genau dann, wenn $\operatorname{ord}(a^k) = \operatorname{Card}(G) = \operatorname{ord}(a)$ ist, also nach (2.10)(2) genau dann, wenn k und $\operatorname{ord}(a) = \operatorname{Card}(G)$ teilerfremd sind.

(2.12) Satz: *Es sei G eine endliche zyklische Gruppe der Ordnung m, es sei a ein erzeugendes Element von G, und es sei $d \in \mathbb{N}$ ein Teiler von m. Dann gibt es eine und nur eine Untergruppe U der Ordnung d von G, und zwar ist $U = \langle a^{m/d} \rangle = \{x \in G \mid \operatorname{ord}(x) \text{ teilt } d\} = \{x \in G \mid x^d = e_G\}$.*
Beweis: (a) Es ist $\{x \in G \mid \operatorname{ord}(x) \text{ teilt } d\} = \{x \in G \mid x^d = e_G\}$ [vgl. (2.4)(2)(d)], und nach (2.5)(2) ist in dieser Menge jede Untergruppe der Ordnung d von G enthalten.
(b) Nach (2.10)(2) gilt $\operatorname{ord}(a^{m/d}) = \operatorname{ord}(a)/\operatorname{ggT}(\operatorname{ord}(a), m/d) = m/\operatorname{ggT}(m, m/d) = d$, und daher ist $U := \langle a^{m/d} \rangle$ eine Untergruppe der Ordnung d von G.

(c) Es sei $x \in G$ mit $\mathrm{ord}(x) \mid d$. Es gibt ein $r \in \mathbb{Z}$ mit $x = a^r$, und wegen $a^{rd} = x^d = e_G$ ist rd durch $\mathrm{ord}(a) = m$ teilbar [vgl. (2.4)(2)(d)], also r durch m/d, und daher ist $x = a^r \in \langle a^{m/d} \rangle = U$. Also ist $U = \{ x \in G \mid \mathrm{ord}(x) \text{ teilt } d \}$.
(d) Es sei U' eine Untergruppe von G mit $\mathrm{Card}(U') = d$. Nach (a) und (c) gilt $U' \subset U$, und wegen $\mathrm{Card}(U') = d = \mathrm{Card}(U)$ folgt $U' = U$.

(2.13) Hilfssatz: *Es sei G eine endliche abelsche Gruppe, und es sei $n := \max(\{ \mathrm{ord}(x) \mid x \in G \})$. Dann gilt für jedes $a \in G$: $\mathrm{ord}(a)$ teilt n, und es ist $a^n = e_G$.*
Beweis: Es sei $b \in G$ mit $\mathrm{ord}(b) = n$, es sei $a \in G$, und es sei $m := \mathrm{ord}(a)$.
(a) Es sei p eine Primzahl. Es existieren $k, l \in \mathbb{N}_0$ und $m_0, n_0 \in \mathbb{N}$ mit $m = p^k m_0$ und $n = p^l n_0$ und mit $p \nmid m_0$ und $p \nmid n_0$. Nach (2.9)(2) gilt

$$\begin{aligned} \mathrm{ord}(a^{m_0}) &= m/\mathrm{ggT}(m_0, m) &= m/m_0 &= p^k, \\ \mathrm{ord}(b^{p^l}) &= n/\mathrm{ggT}(p^l, n) &= n/p^l &= n_0. \end{aligned}$$

Wegen $p \nmid n_0$ ist $\mathrm{ggT}(p^k, n_0) = 1$, und daher gilt nach (2.10)(1) $\mathrm{ord}(a^{m_0} b^{p^l}) = p^k n_0$. Also ist $p^k n_0 \le \max(\{ \mathrm{ord}(x) \mid x \in G \}) = n = p^l n_0$, und es folgt $k \le l$.
(b) Aus (a) folgt: Jede Primzahl p kommt in der Primzerlegung von n mindestens mit demselben Exponenten wie in der Primzerlegung von m vor. Also ist $m = \mathrm{ord}(a)$ ein Teiler von n, und daher gilt nach (2.4)(2)(d): Es ist $a^n = e_G$.

(2.14) Satz: *Es sei K ein Körper, und es sei G eine endliche Untergruppe der Multiplikativgruppe $K^\times$ von K. Dann ist die Gruppe G zyklisch.*
Beweis: G ist eine endliche abelsche Gruppe mit dem neutralen Element $1 = 1_K$. Es sei $n := \max(\{ \mathrm{ord}(x) \mid x \in G \})$, und es sei $a \in G$ mit $\mathrm{ord}(a) = n$. Es ist $n = \mathrm{Card}(\langle a \rangle) \le \mathrm{Card}(G)$. Nach (2.13) gilt für jedes $b \in G$: Es ist $b^n = 1$, d.h. b ist eine Nullstelle des Polynoms $T^n - 1 \in K[T]$. Nach I(8.11) besitzt $T^n - 1$ in K höchstens n Nullstellen, und daher ist $\mathrm{Card}(G) \le n$. Also gilt $\mathrm{Card}(G) = n = \mathrm{ord}(a)$, d.h. es ist $G = \langle a \rangle$.

(2.15) Folgerung: *Es sei K ein endlicher Körper. Dann ist die Multiplikativgruppe $K^\times$ von K eine zyklische Gruppe.*

§3 Ringe und Körper

(3.1) In diesem Paragraphen wird auf die in I(3.6) und I(3.13) definierten algebraischen Strukturen "Ring" und "Körper" genauer eingegangen. Zuerst werden die wichtigsten Definitionen aus Kapitel I, §3 wiederholt; dem Leser wird empfohlen, sich anschließend nochmals die aus diesen Definitionen folgenden Rechenregeln in Ringen und Körpern in Erinnerung zu rufen. Dann wird vorgeführt, wie man auf verschiedene Weisen aus gegebenen Ringen und Körpern neue Ringe und Körper konstruieren kann.

(3.2) (1) Ein Ring R ist eine nichtleere Menge, auf der zwei Verknüpfungen gegeben sind, nämlich eine "Addition" $(a, b) \mapsto a+b : R \times R \to R$ und eine "Multiplikation"

$(a, b) \mapsto a \cdot b : R \times R \to R$, für die gilt:

(a) $(R, +)$ ist eine abelsche Gruppe.

(b) $(R, \cdot)$ ist ein Monoid.

(c) Für alle a, b, $c \in R$ gilt $a \cdot (b + c) = a \cdot b + a \cdot c$ und $(b + c) \cdot a = b \cdot a + c \cdot a$.

Das neutrale Element der Gruppe $(R, +)$ ist das Nullelement des Rings R und wird mit 0_R oder mit 0 bezeichnet; das neutrale Element des Monoids $(R, \cdot)$ ist das Einselement des Rings R und wird mit 1_R oder mit 1 bezeichnet, falls dafür keine andere Bezeichnung üblich oder nötig ist. Für jedes $a \in R$ wird das zu a inverse Element in der Gruppe $(R, +)$ mit $-a$ bezeichnet. Die invertierbaren Elemente des Monoids $(R, \cdot)$ sind die Einheiten des Rings R; $E(R) = \{a \in R \mid a \text{ Einheit von } R\} = (R, \cdot)^\times$ ist mit der in R gegebenen Multiplikation $\cdot$ als Verknüpfung eine Gruppe [vgl. (1.8)(3)]. Dies ist die Einheitengruppe des Rings R. Für jedes $a \in E(R)$ wird das Inverse von a im Monoid $(R, \cdot)$ und in der Gruppe $E(R)$ mit a^{-1} oder auch mit $1/a$ bezeichnet. Die in I(3.7)(4) und (5) angegebenen abkürzenden Schreibweisen für das Rechnen in Ringen werden auch im folgenden verwendet.

(2) Ein kommutativer Ring ist ein Ring R, für den das Monoid $(R, \cdot)$ kommutativ ist. Ein Integritätsring ist ein kommutativer Ring R, für den gilt: Es ist $1_R \neq 0_R$, und für alle a, $b \in R$ mit $a \neq 0_R$ und $b \neq 0_R$ gilt $ab \neq 0_R$. Ist R ein Integritätsring, so ist jedes $a \in R$ mit $a \neq 0_R$ ein reguläres Element des Monoids $(R, \cdot)$, denn sind a, b, $c \in R$ und gilt $a \neq 0_R$ und $ab = ac$, so gilt $a(b - c) = 0_R$ und daher $b - c = 0_R$, also $b = c$.

(3) Ein Körper ist ein kommutativer Ring K mit $1_K \neq 0_K$, in dem jedes Element $a \neq 0_K$ eine Einheit ist. Ist K ein Körper, so ist $K^\times = \{a \in K \mid a \neq 0_K\} = E(K)$ mit der im Körper K gegebenen Multiplikation $\cdot$ eine abelsche Gruppe mit dem neutralen Element 1_K; diese Gruppe $K^\times$ ist die Multiplikativgruppe des Körpers K.

(3.3) DEFINITION: (1) Es sei R ein Ring; es sei $R' \subset R$. R' heißt ein Unterring von R, wenn gilt: R' ist eine Untergruppe der abelschen Gruppe $(R, +)$ und ein Untermonoid des Monoids $(R, \cdot)$.

(2) Es sei R ein Ring mit $1_R \neq 0_R$; es sei $K' \subset R$. K' heißt ein Unterkörper des Rings R, wenn gilt:

(a) K' ist eine Untergruppe der abelschen Gruppe $(R, +)$.

(b) K' ist ein kommutatives Untermonoid des Monoids $(R, \cdot)$.

(c) Für jedes $a \in K'$ mit $a \neq 0_R$ gilt $a \in E(R)$ und $a^{-1} \in K'$.

(3.4) BEMERKUNG: (1) Man sieht: Ist R ein Ring und ist R' ein Unterring von R, so ist R' mit den Verknüpfungen $+$ und $\cdot$, die sich aus den in R gegebenen Verknüpfungen $+$ und $\cdot$ durch Einschränken auf R' ergeben, ein Ring; dieser Ring R' hat dasselbe Nullelement und dasselbe Einselement wie der Ring R. Ist R ein Ring mit $1_R \neq 0_R$ und ist K' ein Unterkörper von R, so ist K' mit den Verknüpfungen $+$ und $\cdot$, die sich aus den in R gegebenen Verknüpfungen $+$ und $\cdot$ durch Einschränken auf K' ergeben, ein Körper; dieser Körper K' hat dasselbe Nullelement und dasselbe Einselement wie der Ring R.

(2) Ist R ein Ring und ist R' ein Unterring von R, so heißt R ein Erweiterungsring

von R' [oder ein Oberring von R']; ist K ein Körper und ist R' ein Unterring von K, so ist R' ein Integritätsring, und K heißt ein Erweiterungskörper von R' [oder ein Oberkörper von R'].

(3) Es sei R ein Ring, und es sei R' eine Teilmenge von R. Man sieht: R' ist dann und nur dann ein Unterring von R, wenn gilt: Es ist $1_R \in R'$, und für alle a, $b \in R'$ gilt $a - b \in R'$ und $ab \in R'$ [vgl. (1.7)(3)].

(4) Es sei K ein Körper, und es sei K' eine Teilmenge von K. Man sieht: K' ist dann und nur dann ein Unterkörper von K, wenn gilt: Es ist $1_K \in K'$, für alle a, $b \in K'$ gilt $a - b \in K'$ und $ab \in K'$, und für jedes $a \in K'$ mit $a \neq 0_K$ ist $a^{-1} \in K'$.

(3.5) BEISPIEL: (1) $\mathbb{Z}$ ist ein Unterring von $\mathbb{Q}$, von $\mathbb{R}$ und von $\mathbb{C}$, $\mathbb{Q}$ ist ein Unterkörper von $\mathbb{R}$ und von $\mathbb{C}$, und $\mathbb{R}$ ist ein Unterkörper von $\mathbb{C}$.

(2) Es sei R ein kommutativer Ring. Der Polynomring $R[T]$ in einer Unbestimmten T über R ist ein Unterring des Rings $R[[T]]$ der formalen Potenzreihen in der Unbestimmten T über R, und R ist ein Unterring von $R[T]$ und von $R[[T]]$. Ist R dabei ein Körper, so ist R ein Unterkörper von $R[T]$ und von $R[[T]]$.

(3) Es sei $n \in \mathbb{N}$. Dann ist

$$M(n;\mathbb{Z}) := \left\{ (\alpha_{ij}) \in M(n;\mathbb{C}) \;\middle|\; \alpha_{ij} \in \mathbb{Z} \text{ für alle } i,j \in \{1,\ldots,n\} \right\}$$

ein Unterring des Rings $M(n;\mathbb{R})$ und des Rings $M(n;\mathbb{C})$, und $M(n;\mathbb{R})$ ist ein Unterring von $M(n;\mathbb{C})$.

(4) $K := \{a + bi \mid a, b \in \mathbb{Q}\}$ ist ein Unterkörper von $\mathbb{C}$.

Beweis: Es werden die in (3.4)(4) angegebenen Bedingungen nachgeprüft: Es ist $1 = 1 + 0 \cdot i \in K$, für alle a, b, c, $d \in \mathbb{Q}$ gilt

$$(a+bi)-(c+di) = (a-c)+(b-d)i \in K, \quad (a+bi)(c+di) = (ac-bd)+(ad+bc)i \in K,$$

und ist $a + bi \in K \setminus \{0\}$, so gilt $a^2 + b^2 = |a + bi|^2 \neq 0$ und

$$\frac{1}{a+bi} = \frac{a-bi}{(a+bi)(a-bi)} = \frac{a}{a^2+b^2} + \frac{-b}{a^2+b^2}\, i \in K.$$

(5) $R := \{a + bi \mid a \in \mathbb{Z}, b \in \mathbb{Z}\}$ ist ein Unterring des Körpers K aus (4) und des Körpers $\mathbb{C}$.

(3.6) DEFINITION: Es seien R und R' Ringe. Eine Abbildung $f\colon R \to R'$ heißt ein Homomorphismus von Ringen, wenn gilt: Es ist $f(1_R) = 1_{R'}$, und für alle a, $b \in R$ gilt $f(a + b) = f(a) + f(b)$ und $f(ab) = f(a)f(b)$.

(3.7) BEMERKUNG: Es seien R und R' Ringe, und es sei $f\colon R \to R'$ ein Homomorphismus von Ringen.

(1) f ist ein Homomorphismus der Gruppe $(R, +)$ in die Gruppe $(R', +)$, und daher ist $f(0_R) = 0_{R'}$ und $f(-a) = -f(a)$ für jedes $a \in R$ [vgl. (1.24)(1)]. $\ker(f) := \{a \in R \mid f(a) = 0_{R'}\}$ ist eine Untergruppe von $(R, +)$ und heißt der Kern von f [vgl. (1.24)(2)]. Es gilt $\ker(f) = \{0_R\}$ genau dann, wenn f injektiv ist [vgl. (1.24)(3)].

(2) f ist ein Homomorphismus des Monoids $(R, \cdot)$ in das Monoid $(R', \cdot)$, und daher gilt $f(1_R) = 1_{R'}$, und für jede Einheit a von R ist $f(a)$ eine Einheit von R'. Das Bild $f(R)$ von R bei f ist ein Unterring von R', und $a \mapsto f(a) : R \to f(R)$ ist ein surjektiver Homomorphismus von Ringen, der denselben Kern wie f besitzt.
(3) Es sei K ein Körper, es sei R' ein Ring, und es sei $f: K \to R'$ ein Homomorphismus von Ringen. Dann ist entweder f injektiv, oder es ist $f(a) = 0_{R'}$ für jedes $a \in K$.
Beweis: Ist f nicht injektiv, so ist $\ker(f) \neq \{0_K\}$, und daher gibt es ein $a_0 \in K$ mit $a_0 \neq 0_K$ und $f(a_0) = 0_{R'}$. Dann gilt für jedes $a \in K$: Es ist $f(a) = f(aa_0^{-1}a_0) = f(aa_0^{-1})f(a_0) = f(aa_0^{-1}) \cdot 0_{R'} = 0_{R'}$.

(3.8) DEFINITION: (1) Es seien R und R' Ringe. Eine Abbildung $f: R \to R'$ heißt ein Isomorphismus von Ringen, wenn gilt: f ist bijektiv und ein Homomorphismus von Ringen.
(2) Es sei R ein Ring. Eine Abbildung $f: R \to R$ heißt ein Automorphismus des Rings R, wenn f ein Isomorphismus von Ringen ist.

(3.9) BEMERKUNG: (1) Es seien R und R' Ringe. Ist $f: R \to R'$ ein Isomorphismus von Ringen, so ist auch die Umkehrabbildung $f^{-1}: R' \to R$ von f ein Isomorphismus von Ringen. Dies beweist man wie die entsprechende Aussage über Isomorphismen von Monoiden in (1.20)(1).
(2) Man nennt Ringe R und R' isomorph, wenn es einen Isomorphismus $f: R \to R'$ gibt. Isomorphe Ringe unterscheiden sich nicht wesentlich voneinander: Beherrscht man das Rechnen in einem von ihnen, so auch im anderen.
(3) Es sei R ein Ring. Weil $\mathrm{id}_R: R \to R$ ein Automorphismus des Rings R ist, ist die Menge $\mathrm{Aut}(R)$ aller Automorphismen von R nichtleer. Für alle f, $g \in \mathrm{Aut}(R)$ gilt, wie man sogleich sieht, auch $f \circ g \in \mathrm{Aut}(R)$ und $f^{-1} \in \mathrm{Aut}(R)$, und somit ist $\mathrm{Aut}(R)$ eine Untergruppe der symmetrischen Gruppe auf R und daher – mit der Hintereinanderausführung $\circ$ als Verknüpfung – eine Gruppe [vgl. (1.7)(2)]. Man nennt $\mathrm{Aut}(R)$ die Automorphismengruppe des Rings R.

(3.10) BEMERKUNG: (1) Es seien K und K' Körper, und es sei $f: K \to K'$ ein Isomorphismus von Ringen. Dann nennt man f einen Isomorphismus von Körpern. Nach (3.9)(1) ist dann auch die Umkehrabbildung $f^{-1}: K' \to K$ von f ein Isomorphismus von Körpern.
(2) Es seien K und K' Körper. K und K' heißen isomorph, wenn es einen Isomorphismus $f: K \to K'$ von Körpern gibt. Isomorphe Körper K und K' unterscheiden sich nicht wesentlich: Beherrscht man das Rechnen in K, so beherrscht man auch das Rechnen in K' und umgekehrt.
(3) Es sei K ein Körper. Ein Isomorphismus $f: K \to K$ heißt ein Automorphismus des Körpers K. Nach (3.9)(3) ist die Menge $\mathrm{Aut}(K)$ aller Automorphismen des Körpers K mit der Hintereinanderausführung $\circ$ als Verknüpfung eine Gruppe. Diese Gruppe heißt die Automorphismengruppe des Körpers K.

(3.11) BEISPIEL: (1) Es sei R ein kommutativer Ring, es sei $R[T]$ der Polynomring über R, und es sei $a \in R$. Dann ist die Abbildung $p \mapsto p(a) : R[T] \to R$ ein

surjektiver Homomorphismus von Ringen mit dem Kern $\{p \in R[T] \mid p(a) = 0_R\}$.
(2) Es sei $n \in \mathbb{N}$, und es sei K ein Körper. Dann ist $K' := \{aE_n \mid a \in K\}$ ein Unterkörper des Rings $M(n;K)$, und $a \mapsto aE_n : K \to K'$ ist ein Isomorphismus von Körpern.
(3) Die Abbildung $z \mapsto \overline{z} : \mathbb{C} \to \mathbb{C}$ ist ein Automorphismus des Körpers $\mathbb{C}$ [vgl. dazu I(6.4)].

(3.12) DEFINITION: Es sei R ein Integritätsring. Ein Körper K heißt Quotientenkörper von R, wenn R ein Unterring von K ist und wenn es zu jedem $x \in K$ ein $a \in R$ und ein $b \in R$ mit $b \neq 0_R$ und mit $x = ab^{-1}$ gibt.

(3.13) Satz: *Es sei R ein Integritätsring.*
(1) *Es gibt einen Quotientenkörper K von R.*
(2) *Sind K und L Quotientenkörper von R, so gibt es einen eindeutig bestimmten Isomorphismus $f: K \to L$ von Körpern mit $f(a) = a$ für jedes $a \in R$.*
Beweis: (1)(a) $(R,\cdot)$ ist ein kommutatives Monoid mit dem neutralen Element 1_R, und $S := \{s \in R \mid s \neq 0_R\}$ ist ein Untermonoid von $(R,\cdot)$, das nur aus regulären Elementen von R besteht. Nach (1.31)(1) gibt es ein kommutatives Monoid $(K,\cdot)$ und einen injektiven Homomorphismus $i: R \to K$ von Monoiden mit: (K,i) ist ein Quotientenmonoid von R bezüglich S, d.h. für jedes $s \in S$ ist $i(s)$ in $(K,\cdot)$ invertierbar, und zu jedem $x \in K$ existieren $a \in R$ und $s \in S$ mit $x = i(a)i(s)^{-1}$.
(b) Für a, $a' \in R$ und s, $s' \in S$ gilt $i(a)i(s)^{-1} = i(a')i(s')^{-1}$, genau wenn $i(as') = i(a)i(s') = i(a')i(s) = i(a's)$ gilt, also genau wenn $as' = a's$ gilt.
(c) Es seien x, $y \in K$. Dann existieren a, $b \in R$ und s, $t \in S$ mit $x = i(a)i(s)^{-1}$ und $y = i(b)i(t)^{-1}$. Sind auch a', $b' \in R$ und s', $t' \in S$ mit $x = i(a')i(s')^{-1}$ und $y = i(b')i(t')^{-1}$, so gilt nach (b) in R $as' = a's$ und $bt' = b't$ und daher $(at+bs)s't' = (as')tt' + (bt')ss' = (a's)tt' + (b't)ss' = (a't'+b's')st$, d.h. in K gilt $i(at+bs)i(st)^{-1} = i(a't'+b's')i(s't')^{-1}$. Die Festsetzung

$$x + y = i(a)i(s)^{-1} + i(b)i(t)^{-1} := i(at+bs)i(st)^{-1}$$

liefert also ein wohldefiniertes Element $x+y$ von K.
(d) Man rechnet ohne Schwierigkeiten nach: K ist mit der in (c) definierten Addition $+$ und der auf K gegebenen Multiplikation $\cdot$ ein kommutativer Ring, und die Abbildung $i: R \to K$ ist ein injektiver Homomorphismus von Ringen. Wegen $1_R \neq 0_R$ gilt $1_K = i(1_R) \neq i(0_R) = 0_K$, und für jedes $x \in K$ mit $x \neq 0_K$ gilt: Es existieren $a \in R$ und $s \in R$ mit $x = i(a)i(s)^{-1}$, wegen $x \neq 0_K$ ist $a \in R \setminus \{0_R\} = S$, und daher ist x in $(K,\cdot)$ invertierbar mit dem Inversen $x^{-1} = i(s)i(a)^{-1}$. Also ist K ein Körper.
(e) Man identifiziert jedes $a \in R$ mit seinem Bild $i(a) \in K$ [man vgl. das entsprechende Vorgehen im Beweis von (1.32)(1)]. Weil $i: R \to K$ ein injektiver Homomorphismus von Ringen ist, wird dadurch R zu einem Unterring von K, und i wird zur Inklusionsabbildung von R in K. Zu jedem $x \in K$ existieren Elemente a, $s \in R$ mit $s \neq 0_R$ und mit $x = as^{-1}$. Also ist K ein Quotientenkörper von R.
(2) Es seien K und L Quotientenkörper von R.

(a) Es seien $i: R \to K$ und $j: R \to L$ die Abbildungen mit $i(a) = a$ und $j(a) = a$ für jedes $a \in R$. $(K, \cdot)$ und $(L, \cdot)$ sind kommutative Monoide, und (K, i) und (L, j) sind Quotientenmonoide des Monoids $(R, \cdot)$ bezüglich $S = R \setminus \{0_R\}$. Nach (1.31)(2) gibt es daher einen eindeutig bestimmten Isomorphismus $f: K \to L$ von Monoiden mit $f \circ i = j$, also mit $f(a) = a$ für jedes $a \in R$.
(b) Es seien x, $y \in K$. Dann existieren a, $b \in R$ und s, $t \in S$ mit $x = as^{-1} = i(a)i(s)^{-1}$ und $y = bt^{-1} = i(b)i(t)^{-1}$. Es gilt $x + y = as^{-1} + bt^{-1} = att^{-1}s^{-1} + bss^{-1}t^{-1} = (at + bs)(st)^{-1} = i(at + bs)i(st)^{-1}$, $f(x) = f(i(a)i(s)^{-1}) = f(i(a))f(i(s)^{-1}) = f(i(a))f(i(s))^{-1} = j(a)j(s)^{-1}$ und ebenso $f(y) = j(b)j(t)^{-1}$, und es folgt $f(x + y) = j(at + bs)j(st)^{-1} = \big(j(a)j(t) + j(b)j(s)\big)j(s)^{-1}j(t)^{-1} = j(a)j(s)^{-1} + j(b)j(t)^{-1} = f(x) + f(y)$.
(c) Die Abbildung $f: K \to L$ ist bijektiv, es gilt $f(1_K) = 1_R = 1_L$, und für alle x, $y \in K$ gilt $f(xy) = f(x)f(y)$ und nach (b) auch $f(x + y) = f(x) + f(y)$. Also ist f ein Isomorphismus von Körpern. Es gilt $f(a) = a$ für jedes $a \in R$, und f ist der einzige Isomorphismus des Körpers K auf den Körper L mit dieser Eigenschaft.

(3.14) BEMERKUNG: Es sei R ein Integritätsring. Nach (3.13) gibt es einen Quotientenkörper von R, und sind K und L Quotientenkörper von R, so gibt es einen Isomorphismus $f: K \to L$ von Körpern, der jedes Element $a \in R$ festläßt und daher für jedes $a \in R$ und jedes $s \in R$ mit $s \neq 0_R$ den "Bruch" $as^{-1} \in K$ auf den "Bruch" $as^{-1} \in L$ abbildet. Zwei Quotientenkörper von R unterscheiden sich also nicht wesentlich, denn K und L bestehen nur aus solchen "Brüchen", und daher spricht man von *dem* Quotientenkörper von R.

(3.15) BEISPIEL: (1) Der Quotientenkörper von $\mathbb{Z}$ ist der Körper $\mathbb{Q}$.
(2) Es sei R ein Integritätsring, und es sei K der Quotientenkörper von R.
(a) Die Polynomringe $R[T]$ und $K[T]$ in einer Unbestimmten T sind Integritätsringe. Sie besitzen denselben Quotientenkörper; dieser wird mit $K(T)$ bezeichnet und heißt der Körper der rationalen Funktionen in der Unbestimmten T über K. Seine Elemente sind die Quotienten f/g von Polynomen f, $g \in K[T]$ mit $g \neq 0$.
(b) Die Ringe $R[[T]]$ und $K[[T]]$ der formalen Potenzreihen in einer Unbestimmten T über R und K haben ebenfalls denselben Quotientenkörper. Dieser wird mit $K((T))$ bezeichnet. Seine Elemente sind die Quotienten f/g von formalen Potenzreihen f, $g \in K[[T]]$ mit $g \neq 0$. Es sei $h \in K[[T]] \setminus \{0\}$. Dann hat h genau eine Darstellung $h = h_0 T^n$ mit einem $h_0 \in K[[T]]^\times$ und einem $n \in \mathbb{N}_0$. Es sei $q \in K((T))^\times$; es gibt also f, $g \in K[[T]] \setminus \{0\}$ mit $q = f/g$. Schreibt man $f = f_0 T^m$, $g = g_0 T^n$ mit f_0, $g_0 \in K[[T]]^\times$ und mit m, $n \in \mathbb{N}_0$, so ist $q = q_0 T^k$ mit $q_0 := f_0/g_0 \in K[[T]]^\times$ und mit $k := m - n \in \mathbb{Z}$. Man überlegt sich leicht, daß q_0 und k durch q eindeutig bestimmt sind.
(3) Es sei L ein Körper, und es sei R ein Unterring von L. Dann ist R ein Integritätsring, $K := \{ ab^{-1} \mid a, b \in R; b \neq 0_L \}$ ist ein Unterkörper von L und der Quotientenkörper von R.

(3.16) BEMERKUNG: Es sei R ein Integritätsring, es sei L ein Körper, und es sei $f: R \to L$ ein injektiver Homomorphismus von Ringen. Für jedes Element x des

Quotientenkörpers K von R gilt: Es gibt a, $b \in R$ mit $b \neq 0_R$ und mit $x = ab^{-1}$, und das Element $f(a)f(b)^{-1}$ von L hängt, wie man sogleich nachprüft, nur von x und nicht von der Wahl von a und b ab. Man sieht: Die Abbildung

$$\begin{cases} \tilde{f} : K \to L \\ \text{mit } \tilde{f}(ab^{-1}) = f(a)f(b)^{-1} \quad \text{für alle } a,\ b \in R \text{ mit } b \neq 0_R \end{cases}$$

ist ein injektiver Homomorphismus des Körpers K in den Körper L, und es gilt $\tilde{f}(a) = f(a)$ für jedes $a \in R$, d.h. $\tilde{f}$ ist eine Fortsetzung von f auf den Quotientenkörper K von R.

(3.17) DEFINITION: Es sei R ein kommutativer Ring; es sei $\mathfrak{a} \subset R$. $\mathfrak{a}$ heißt ein Ideal in R, wenn gilt: $\mathfrak{a}$ ist eine Untergruppe der Gruppe $(R, +)$, und für jedes $a \in \mathfrak{a}$ und jedes $x \in R$ ist $xa \in \mathfrak{a}$.

(3.18) BEMERKUNG: (1) Es sei R ein kommutativer Ring, und es sei $a \in R$. Dann ist $aR := \{ax \mid x \in R\}$ ein Ideal in R. Dieses Ideal heißt das von a erzeugte Hauptideal in R. Ist $a = 0_R$, so ist $aR = \{0_R\}$; es gilt $aR = R$, genau wenn a eine Einheit von R ist. Ist e eine Einheit von R, so ist $eaR := (ea)R = aR$.
(2) Es sei K ein Körper. Es sei $\mathfrak{a}$ ein Ideal in K mit $\mathfrak{a} \neq \{0_K\}$, und es sei $a \in \mathfrak{a}$ mit $a \neq 0_K$. Für jedes $b \in K$ ist dann $b = (ba^{-1})a \subset \mathfrak{a}$, und somit ist $\mathfrak{a} = K$. In einem Körper gibt es also genau zwei Ideale, nämlich $\{0_K\}$ und K.
(3) Es sei R ein kommutativer Ring, es sei R' ein Ring, und es sei $f: R \to R'$ ein Homomorphismus von Ringen. Dann ist der Kern $\ker(f)$ von f eine Untergruppe von $(R, +)$ [vgl. (3.7)(1)], und für jedes $a \in \ker(f)$ und jedes $x \in R$ gilt $f(ax) = f(a)f(x) = 0_{R'} \cdot f(x) = 0_{R'}$ und daher $ax \in \ker(f)$. Also ist $\ker(f)$ ein Ideal im Ring R. Es ist f genau dann injektiv, wenn $\ker(f) = \{0_R\}$ gilt [vgl. (1.24)(3)].

(3.19) Satz: (1) *Es sei $\mathfrak{a}$ ein Ideal im Ring $\mathbb{Z}$. Dann ist $\mathfrak{a}$ ein Hauptideal. Genauer gilt: Es gibt ein eindeutig bestimmtes $m \in \mathbb{N}_0$ mit $\mathfrak{a} = m\mathbb{Z}$.*
(2) *Es sei K ein Körper, und es sei $K[T]$ der Polynomring über K in der Unbestimmten T. Es sei $\mathfrak{a}$ ein Ideal in $K[T]$. Dann ist $\mathfrak{a}$ ein Hauptideal. Genauer gilt: Ist $\mathfrak{a} \neq \{0\}$, so gibt es ein eindeutig bestimmtes normiertes Polynom $F \in K[T]$ mit $\mathfrak{a} = FK[T]$, und zwar ist F das normierte Polynom kleinsten Grades in $\mathfrak{a}$.*
Beweis: (1) $\mathfrak{a}$ ist eine Untergruppe von $(\mathbb{Z}, +)$, und daher folgt die Behauptung unmittelbar aus (1.9).
(2) Das Ideal $\{0\}$ ist ein Hauptideal. Es sei also $\mathfrak{a} \neq \{0\}$. Ist $G \in \mathfrak{a} \setminus \{0\}$, so ist auch $\operatorname{lcoeff}(G)^{-1}G \in \mathfrak{a}$ [vgl. (3.18)(2)], und daher liegen in $\mathfrak{a}$ normierte Polynome. Es sei $F \in \mathfrak{a}$ ein normiertes Polynom kleinsten Grades. Ist $\operatorname{grad}(F) = 0$, so ist $F = 1$ und $\mathfrak{a} = K[T]$. Es sei $\operatorname{grad}(F) > 0$. Es sei $G \in \mathfrak{a}$. Schreibt man $G = FQ + H$ mit $Q, H \in K[T]$ und $H = 0$ oder $\operatorname{grad}(H) < \operatorname{grad}(F)$ [vgl. I(8.6)], so ist $H = G - FQ \in \mathfrak{a}$. Wäre $H \neq 0$, so wäre $\operatorname{lcoeff}(H)^{-1}H$ ein normiertes Polynom in $\mathfrak{a}$ von kleinerem Grad als F. Folglich ist $H = 0$ und daher $G \in FK[T]$. Also gilt $\mathfrak{a} = FK[T]$. Ist $F' \in K[T]$ ein weiteres normiertes Polynom mit $\mathfrak{a} = F'K[T]$, so folgt $F \mid F'$ und $F' \mid F$ und daher $F = F'$.

(3.20) Es sei R ein kommutativer Ring, und es sei $\mathfrak{a}$ ein Ideal in R. Für a, $b \in R$ setzt man $a \sim b$, genau wenn $b - a \in \mathfrak{a}$ ist.
(1) $\sim$ ist eine Äquivalenzrelation auf R.
Beweis: $\sim$ ist reflexiv, denn für jedes $a \in R$ gilt $a - a = 0_R \in \mathfrak{a}$ und daher $a \sim a$. $\sim$ ist symmetrisch, denn sind a, $b \in R$ mit $a \sim b$, so gilt $b - a \in \mathfrak{a}$ und daher auch $a - b = -(b - a) \in \mathfrak{a}$, also $b \sim a$. $\sim$ ist transitiv, denn sind a, b, $c \in R$ mit $a \sim b$ und $b \sim c$, so gilt $b - a \in \mathfrak{a}$ und $c - b \in \mathfrak{a}$ und daher auch $c - a = (c - b) + (b - a) \in \mathfrak{a}$, also $a \sim c$.
(2) $\sim$ ist eine Kongruenzrelation sowohl auf $(R, +)$ als auch auf $(R, \cdot)$.
Beweis: Es seien a, a', b, $b' \in R$ mit $a \sim a'$ und $b \sim b'$. Dann gilt $a' - a \in \mathfrak{a}$ und $b' - b \in \mathfrak{a}$ und daher $(a' + b') - (a + b) = (a' - a) + (b' - b) \in \mathfrak{a}$ und $a'b' - ab = (a' - a)b' + a(b' - b) \in \mathfrak{a}$. Also gilt $a + b \sim a' + b'$ und $ab \sim a'b'$.
(3) Für jedes Element $a \in R$ heißt die Äquivalenzklasse $[a]_\mathfrak{a} = \{x \in R \mid x \sim a\} = \{a + y \mid y \in \mathfrak{a}\}$ von a bezüglich $\sim$ die Restklasse von a nach $\mathfrak{a}$. Nach (1.12) erhält man wohldefinierte Verknüpfungen $+$ und $\cdot$ auf $R/\mathfrak{a} := R/\sim = \{[a]_\mathfrak{a} \mid a \in R\}$, wenn man festsetzt: Für alle a, $b \in R$ sei $[a]_\mathfrak{a} + [b]_\mathfrak{a} := [a + b]_\mathfrak{a}$ und $[a]_\mathfrak{a} \cdot [b]_\mathfrak{a} = [ab]_\mathfrak{a}$.

(3.21) Satz: *Es sei R ein kommutativer Ring, und es sei $\mathfrak{a}$ ein Ideal in R. Mit den in (3.20)(3) definierten Verknüpfungen $+$ und $\cdot$ ist $R/\mathfrak{a}$ ein kommutativer Ring. Es gilt $0_{R/\mathfrak{a}} = [0_R]_\mathfrak{a}$ und $1_{R/\mathfrak{a}} = [1_R]_\mathfrak{a}$, für jedes $a \in R$ gilt $-[a]_\mathfrak{a} = [-a]_\mathfrak{a}$, und die Abbildung $a \mapsto [a]_\mathfrak{a} : R \to R/\mathfrak{a}$ ist ein surjektiver Homomorphismus von Ringen mit dem Kern $\mathfrak{a}$.*
Beweis: Nach (1.13) ist $(R/\mathfrak{a}, +)$ eine abelsche Gruppe mit dem neutralen Element $[0_R]_\mathfrak{a}$ und mit: Für jedes $a \in R$ ist $[-a]_\mathfrak{a}$ das Inverse von $[a]_\mathfrak{a}$ in der Gruppe $(R/\mathfrak{a}, +)$. Ebenfalls nach (1.13) ist $(R/\mathfrak{a}, \cdot)$ ein kommutatives Monoid mit dem neutralen Element $[1_R]_\mathfrak{a}$. Für alle a, b, $c \in R$ gilt in $R/\mathfrak{a}$

$$\begin{aligned}[a]_\mathfrak{a}([b]_\mathfrak{a} + [c]_\mathfrak{a}) &= [a]_\mathfrak{a}[b + c]_\mathfrak{a} = [a(b + c)]_\mathfrak{a} = [ab + ac]_\mathfrak{a} \\ &= [ab]_\mathfrak{a} + [ac]_\mathfrak{a} = [a]_\mathfrak{a}[b]_\mathfrak{a} + [a]_\mathfrak{a}[c]_\mathfrak{a},\end{aligned}$$

und somit ist $R/\mathfrak{a}$ ein kommutativer Ring.

Daß die Abbildung $a \mapsto [a]_\mathfrak{a} : R \to R/\mathfrak{a}$ ein surjektiver Homomorphismus von Ringen ist, ergibt sich direkt aus der Definition des Rings $R/\mathfrak{a}$ und der Definition von Addition und Multiplikation in diesem Ring. Der Kern dieses Homomorphismus ist $\{a \in R \mid [a]_\mathfrak{a} = [0_R]_\mathfrak{a}\} = \{a \in R \mid a - 0_R \in \mathfrak{a}\} = \mathfrak{a}$.

(3.22) DEFINITION: Es sei R ein kommutativer Ring, und es sei $\mathfrak{a}$ ein Ideal in R. Der kommutative Ring $R/\mathfrak{a}$ heißt der Restklassenring von R nach dem Ideal $\mathfrak{a}$, und der Homomorphismus $a \mapsto [a]_\mathfrak{a} : R \to R/\mathfrak{a}$ heißt der Restklassenhomomorphismus zu R und $\mathfrak{a}$.

(3.23) BEISPIEL: (1) Es sei R ein kommutativer Ring. Es ist R ein Ideal in R, und für jedes $a \in R$ ist $a - 0_R \in R$ und daher $[a]_R = [0_R]_R$. Also ist R/R der triviale Ring, der nur aus seinem Nullelement besteht. $\{0_R\}$ ist ein Ideal von R, und der Restklassenhomomorphismus $a \mapsto [a]_{\{0_R\}} : R \to R/\{0_R\}$ ist ein surjektiver Homomorphismus von Ringen mit dem Kern $\{0_R\}$ und somit ein Isomorphismus

von Ringen.
(2) Es sei $m \in \mathbb{N}$. Dann ist $m\mathbb{Z} = \{mx \mid x \in \mathbb{Z}\} = \{a \in \mathbb{Z} \mid m \text{ teilt } a\}$ ein Ideal im Ring $\mathbb{Z}$, und die nach (3.20) durch dieses Ideal auf $\mathbb{Z}$ definierte Äquivalenzrelation ist die in I(5.24) eingeführte Kongruenzrelation $\equiv \pmod{m}$: Für $a,\ b \in \mathbb{Z}$ gilt $a \equiv b \pmod{m}$, genau wenn $b - a$ durch m teilbar ist, also genau wenn $b - a \in m\mathbb{Z}$ ist. Für jedes $a \in \mathbb{Z}$ ist $[a]_m := [a]_{m\mathbb{Z}} = \{x \in \mathbb{Z} \mid m \text{ teilt } x - a\}$ die Restklasse von a modulo m. Der Restklassenring $\mathbb{Z}/m\mathbb{Z}$ ist der in I(5.26) und I(5.27) definierte Ring $\mathbb{Z}_m$ [vgl. auch (1.15)]. Er besteht aus den m Elementen $[0]_m, [1]_m, \ldots, [m-1]_m$, und für alle $a,\ b \in \mathbb{Z}$ gilt $[a]_m + [b]_m = [a+b]_m$ und $[a]_m \cdot [b]_m = [ab]_m$. Ist $m = 1$, so ist $m\mathbb{Z} = \mathbb{Z}$, und $\mathbb{Z}/m\mathbb{Z}$ ist der triviale Ring, der nur aus seinem Nullelement besteht; ist $m \geq 2$, so ist $\operatorname{Card}(\mathbb{Z}/m\mathbb{Z}) \geq 2$ und insbesondere $1_{\mathbb{Z}/m\mathbb{Z}} = [1]_m \neq [0]_m = 0_{\mathbb{Z}/m\mathbb{Z}}$.

Die Restklassenringe von $\mathbb{Z}$ werden in Kapitel XIV, §1 genauer behandelt.

(3.24) BEMERKUNG: Es sei R ein kommutativer Ring, und es sei $\mathfrak{a}$ ein Ideal in R. In Anlehnung an die in $\mathbb{Z}$ gebräuchliche Schreibweise bezeichnet man die in R durch $\mathfrak{a}$ gemäß (3.20) definierte Äquivalenzrelation $\sim$ auch mit $\equiv \pmod{\mathfrak{a}}$: Für $a,\ b \in R$ schreibt man also $a \equiv b \pmod{\mathfrak{a}}$, genau wenn $b - a \in \mathfrak{a}$ ist.

(3.25) Satz: (Homomorphiesatz) *Es sei R ein kommutativer Ring, es sei R' ein Ring, und es sei $f\colon R \to R'$ ein Homomorphismus von Ringen. Es sei $\mathfrak{a}$ der Kern von f, es sei $\mathfrak{b}$ ein Ideal in R mit $\mathfrak{b} \subset \mathfrak{a}$, und es sei $g\colon R \to R/\mathfrak{b}$ der zu R und $\mathfrak{b}$ gehörige Restklassenhomomorphismus. Dann gibt es genau einen Homomorphismus von Ringen $h\colon R/\mathfrak{b} \to R'$ mit $h \circ g = f$. Es gilt $h(R/\mathfrak{b}) = f(R)$, und es ist* $\ker(h) = \{[a]_{\mathfrak{b}} \mid a \in \mathfrak{a}\}$. *Ferner gelten die folgenden Aussagen:*
(a) *h ist dann und nur dann surjektiv, wenn f surjektiv ist.*
(b) *h ist dann und nur dann injektiv, wenn $\mathfrak{b} = \mathfrak{a}$ gilt.*
(c) *h ist genau dann ein Isomorphismus von Ringen, wenn f surjektiv ist und $\mathfrak{b} = \mathfrak{a}$ gilt.*

Beweis: [Existenz] Sind $a,\ a' \in R$ und gilt $[a]_{\mathfrak{b}} = [a']_{\mathfrak{b}}$, so gilt $a' - a \in \mathfrak{b} \subset \mathfrak{a} = \ker(f)$ und daher $f(a') - f(a) = f(a' - a) = 0_{R'}$, also $f(a) = f(a')$. Man erhält also eine wohldefinierte Abbildung $h\colon R/\mathfrak{b} \to R'$, wenn man festsetzt: Für jedes $a \in R$ sei $h([a]_{\mathfrak{b}}) := f(a)$. Für jedes $a \in R$ gilt $h \circ g(a) = h([a]_{\mathfrak{b}}) = f(a)$, und somit ist $h \circ g = f$. h ist ein Homomorphismus von Ringen, denn es gilt $h(1_{R/\mathfrak{b}}) = h([1_R]_{\mathfrak{b}}) = f(1_R) = 1_{R'}$, und für alle $a,\ b \in R$ gilt $h([a]_{\mathfrak{b}} + [b]_{\mathfrak{b}}) = h([a+b]_{\mathfrak{b}}) = f(a+b) = f(a) + f(b) = h([a]_{\mathfrak{b}}) + h([b]_{\mathfrak{b}})$ und $h([a]_{\mathfrak{b}}[b]_{\mathfrak{b}}) = h([ab]_{\mathfrak{b}}) = f(ab) = f(a)f(b) = h([a]_{\mathfrak{b}})h([b]_{\mathfrak{b}})$.
[Einzigkeit] Ist $\widetilde{h}\colon R/\mathfrak{b} \to R'$ ein Homomorphismus von Ringen mit $\widetilde{h} \circ g = f$, so gilt $\widetilde{h}([a]_{\mathfrak{b}}) = \widetilde{h}(g(a)) = f(a) = h([a]_{\mathfrak{b}})$ für jedes $a \in R$, und daher ist $\widetilde{h} = h$.

Es gilt $h(R/\mathfrak{b}) = \{h([a]_{\mathfrak{b}}) \mid a \in R\} = \{f(a) \mid a \in R\} = f(R)$, und es ist

$$\begin{aligned} \ker(h) &= \{[a]_{\mathfrak{b}} \mid a \in R;\ h([a]_{\mathfrak{b}}) = 0_{R'}\} = \{[a]_{\mathfrak{b}} \mid a \in R;\ f(a) = 0_{R'}\} \\ &= \{[a]_{\mathfrak{b}} \mid a \in \ker(f)\} = \{[a]_{\mathfrak{b}} \mid a \in \mathfrak{a}\}. \end{aligned}$$

Hieraus folgen sogleich die Aussagen (a), (b) [wegen (3.18)(3)] und (c).

(3.26) Ausführliche und weiterführende Darstellungen des in §1–§3 behandelten Stoffes findet man in jedem Lehrbuch der Algebra; es wird auf [44], [54] und [68] verwiesen.

§4 Faktorielle Monoide und Ringe

(4.1) (1) In diesem Paragraphen bezeichnet S_t für jedes $t \in \mathbb{N}$ stets die symmetrische Gruppe des Grades t; es ist also $S_t = S(\{1, \dots, t\})$ [vgl. (1.8)(4)].
(2) In diesem Paragraphen wird das neutrale Element eines Monoids stets mit 1 bezeichnet.

(4.2) BEMERKUNG: (1) In Kapitel I, §5 wurde Teilbarkeit im Ring $\mathbb{Z}$ der ganzen Zahlen behandelt und die Primzerlegung ganzer Zahlen hergeleitet [vgl. I(5.21)].
(2) Es sei K ein Körper, und es sei $K[T]$ der Polynomring über K in der Unbestimmten T. In Kapitel I, §8 wurde Teilbarkeit im Polynomring $K[T]$ behandelt und die Primzerlegung von Polynomen hergeleitet [vgl. I(8.25)(3)].
(3) In diesem Paragraphen wird Teilbarkeit in regulären kommutativen Monoiden und in Integritätsringen behandelt.

(4.3) DEFINITION: Es sei M ein reguläres kommutatives Monoid, und es seien a, $b \in M$. Es heißt b ein Teiler von a, wenn es ein $c \in M$ mit $a = bc$ gibt.

(4.4) BEMERKUNG: Es sei M ein reguläres kommutatives Monoid.
(1) Ist b ein Teiler von a, gibt es also ein $c \in M$ mit $a = bc$, so sagt man auch: b teilt a. Man schreibt dann $b \mid a$ sowie $a/b := c$ [c ist durch a und b eindeutig bestimmt]. Ist b kein Teiler von a, so schreibt man $b \nmid a$.
(2) Die in (1) erklärte Relation $\mid$ auf M ist reflexiv und transitiv, aber i.a. nicht symmetrisch [z.B. nicht in dem Monoid $\mathbb{Z} \setminus \{0\}$].
(3) Es ist $M^\times = \{e \in M \mid e \text{ teilt } 1\}$.
(4) Es sei $a \in M$. Es gilt $e \mid a$ für jedes $e \in M^\times$.

(4.5) DEFINITION: Es sei M ein reguläres kommutatives Monoid, und es seien a, $b \in M$. Es heißt b zu a assoziiert, wenn es ein $e \in M^\times$ gibt mit $a = eb$. Man schreibt dann $a \sim b$.

(4.6) BEMERKUNG: Es sei M ein reguläres kommutatives Monoid.
(1) Die in (4.5) definierte Relation $\sim$ ist eine Äquivalenzrelation auf M.
Beweis: Es sei $a \in M$. Wegen $a = 1 \cdot a$ ist $\sim$ reflexiv. Es seien a, $b \in M$, und es gelte $a \sim b$. Dann gibt es ein $e \in M^\times$ mit $a = eb$, und es ist $b = e^{-1}a$. Also ist $\sim$ symmetrisch. Es seien a, b, $c \in M^\times$, und es gelte $a \sim b$ und $b \sim c$. Dann gibt es e, $f \in M^\times$ mit $a = eb$ und mit $b = fc$, und es ist $a = (ef)c$ mit $ef \in M^\times$. Die Relation $\sim$ ist daher transitiv.
(2) Es seien a und $b \in M$. Es gilt $a \sim b$, genau wenn $a \mid b$ und $b \mid a$ gilt.
Beweis: Es gelte $a \sim b$. Dann gibt es ein $e \in M^\times$ mit $a = eb$, und daher ist $b = e^{-1}a$, folglich gilt $b \mid a$ und $a \mid b$. Es gelte $a \mid b$ und $b \mid a$. Dann gibt es c, $d \in M$ mit $b = ac$ und $a = bd$ und daher $b = ac = bdc$. Weil M regulär ist, folgt $1 = dc$ und daher d, $c \in M^\times$.

(4.7) BEMERKUNG: Es sei M ein reguläres kommutatives Monoid. Es sei $n \in \mathbb{N}$, und es seien $a_1, \ldots, a_n \in M$.
(1) Ein $d \in M$ heißt ein gemeinsamer Teiler von $a_1, \ldots, a_n$, wenn $d \mid a_i$ für jedes $i \in \{1, \ldots, n\}$ gilt.
(2) Ein gemeinsamer Teiler d von $a_1, \ldots, a_n$ heißt ein größter gemeinsamer Teiler von $a_1, \ldots, a_n$, wenn für jeden gemeinsamen Teiler $d' \in M$ von $a_1, \ldots, a_n$ gilt $d' \mid d$.
(3) Ein $m \in M$ heißt ein gemeinsames Vielfaches von $a_1, \ldots, a_n$, wenn $a_i \mid m$ für jedes $i \in \{1, \ldots, n\}$ gilt.
(4) Ein gemeinsames Vielfaches m von $a_1, \ldots, a_n$ heißt ein kleinstes gemeinsames Vielfaches von $a_1, \ldots, a_n$, wenn für jedes gemeinsame Vielfache $m' \in M$ von $a_1, \ldots, a_n$ gilt $m \mid m'$.
(5) Die Elemente $a_1, \ldots, a_n$ heißen teilerfremd, wenn 1 ein größter gemeinsamer Teiler von $a_1, \ldots, a_n$ ist.

(4.8) BEMERKUNG: Es sei M ein reguläres kommutatives Monoid. Es sei $n \in \mathbb{N}$, und es seien $a_1, \ldots, a_n \in M$.
(1) Sind d und d' größte gemeinsame Teiler von $a_1, \ldots, a_n$, so gilt $d \sim d'$ [denn es gilt $d \mid d'$ und $d' \mid d$].
(2) Sind m und m' kleinste gemeinsame Vielfache von $a_1, \ldots, a_n$, so gilt $m \sim m'$ [denn es gilt $m \mid m'$ und $m' \mid m$].
(3) Ist d ein größter gemeinsamer Teiler von $a_1, \ldots, a_n$, so sind die Elemente $a_1/d, \ldots, a_n/d$ teilerfremd.

(4.9) BEMERKUNG: Es sei M ein reguläres kommutatives Monoid mit: Je zwei Elemente aus M haben einen größten gemeinsamen Teiler.
(1) Je endlich viele Elemente von M haben einen größten gemeinsamen Teiler.
Beweis: Es sei $n \in \mathbb{N}$, und es seien $a_1, \ldots, a_n \in M$. Es sei $d_1 := a_1$, und für jedes $i \in \{2, \ldots, n\}$ sei d_i ein größter gemeinsamer Teiler von d_{i-1} und a_i. Dann ist d_n ein größter gemeinsamer Teiler von $a_1, \ldots, a_n$ [denn es gilt $d_n \mid a_i$ für jedes $i \in \{1, \ldots, n\}$, und ist $c \in M$ mit $c \mid a_i$ für jedes $i \in \{1, \ldots, n\}$, so folgt zunächst $c \mid a_1$; ist $i \in \{1, \ldots, n-1\}$ und $c \mid d_i$ bereits gezeigt, so folgt $c \mid d_{i+1}$ aus der Definition eines größten gemeinsamen Teilers zweier Elemente].
(2) Kennt man ein Verfahren zur Bestimmung eines größten gemeinsamen Teilers von zwei Elementen – wie etwa im Monoid $\mathbb{Z} \setminus \{0\}$ den Euklidischen Algorithmus [vgl. I(5.7)] –, so zeigt der in (1) gegebene Beweis, wie man einen größten gemeinsamen Teiler von endlich vielen Elementen berechnen kann.

(4.10) BEMERKUNG: Es sei M ein reguläres kommutatives Monoid mit: Je zwei Elemente haben einen größten gemeinsamen Teiler. Es sei $n \in \mathbb{N}$, und es seien $a_1, \ldots, a_n \in M$. Dann existiert ein größter gemeinsamer Teiler dieser Elemente [vgl. (4.9)(1)]. Zur Formulierung der folgenden Resultate ist es bequem, ihn mit $(a_1, \ldots, a_n)$ zu bezeichnen; diese Bezeichnung wird nur in dieser Nummer benutzt.
(1) Es seien a, b, $c \in M$. Es gilt $((a,b),c) \sim (a,(b,c))$.
Beweis: Der Beweis in (4.9)(1) zeigt

$$((a,b),c) \sim (a,b,c) \quad \text{und} \quad (a,(b,c)) \sim (a,b,c).$$

(2) Es sei $n \in \mathbb{N}$, es seien $a_1, \ldots, a_n \in M$, und es sei $b \in M$. Es gilt

$$b(a_1, \ldots, a_n) \sim (ba_1, \ldots, ba_n).$$

Beweis: Es seien d ein größter gemeinsamer Teiler von $a_1, \ldots, a_n$ und d' ein größter gemeinsamer Teiler von $ba_1, \ldots, ba_n$. Für jedes $i \in \{1, \ldots, n\}$ gilt $bd \mid ba_i$, und daher gibt es ein $e \in M$ mit $d' = bde$. Zu jedem $i \in \{1, \ldots, n\}$ gibt es $f_i \in M$ mit $ba_i = d'f_i = bdef_i$, und daher gilt $de \mid a_i$. Folglich gilt $de \mid d$ und daher $e \in M^\times$ und $d' \sim bd$.

(3) Es sei $n \in \mathbb{N}$, es seien $a_1, \ldots, a_n \in M$, und es sei $b \in M$. Aus $(b, a_i) \sim 1$ für jedes $i \in \{1, \ldots, n\}$ folgt $(b, a_1 \cdots a_n) \sim 1$.

Beweis [durch Induktion]: Für $n = 1$ ist die Aussage klar. Es sei $n \in \mathbb{N}$, und es sei die Aussage für n bewiesen. Es seien $a_1, \ldots, a_{n+1} \in M$, es sei $b \in M$, und es gelte $(b, a_i) \sim 1$ für jedes $i \in \{1, \ldots, n+1\}$. Aus der Induktionsannahme folgt $(b, a_1 \cdots a_n) \sim 1$, nach (2) daher $(ba_{n+1}, a_1 \cdots a_{n+1}) \sim a_{n+1}$, und wegen $(b, ba_{n+1}) \sim b$ folgt nach (1)

$$1 \sim (b, a_{n+1}) \sim \big(b, (ba_{n+1}, a_1 \cdots a_{n+1})\big) \sim \big((b, ba_{n+1}), a_1 \cdots a_{n+1}\big) \sim (b, a_1 \cdots a_{n+1}).$$

(4.11) DEFINITION: Es sei M ein reguläres kommutatives Monoid.

(1) Es sei $a \in M$. Ein Teiler b von a heißt ein echter Teiler von a, wenn $b \notin M^\times$ und $a \nmid b$ gilt.

(2) Ein $p \in M$ heißt irreduzibel, wenn $p \notin M^\times$ gilt und wenn p keine echten Teiler hat.

(3) Ein $p \in M$ heißt prim [oder ein Primelement], wenn $p \notin M^\times$ ist und wenn für alle a, $b \in M$ mit $p \mid ab$ gilt $p \mid a$ oder $p \mid b$.

(4.12) BEMERKUNG: Es sei M ein reguläres kommutatives Monoid.

(1) Eine Einheit in M hat keine echten Teiler.

(2) Primelemente in M sind irreduzible Elemente.

Beweis: Es sei $p \in M$ ein Primelement. Angenommen, es gibt einen echten Teiler $a \in M$ von p. Dann gilt $p = ab$ mit einem $b \in M$. Aus $p \nmid a$ folgt $p \mid b$; es gibt also ein $c \in M$ mit $b = pc$; aus $p = ab = acp$ folgt $1 = ac$ und daher $a \in M^\times$, im Widerspruch zur Wahl von a.

(4.13) BEZEICHNUNG: Es sei M ein reguläres kommutatives Monoid. Es werden folgende Bedingungen an M formuliert:

(F1) Jedes $a \in M \setminus M^\times$ ist ein Produkt von irreduziblen Elementen von M.

(F2) Es seien $p_1, \ldots, p_s$ und $q_1, \ldots, q_t$ irreduzible Elemente von M. Gilt $p_1 \cdots p_s = q_1 \cdots q_t$, so ist $s = t$, und es gibt ein $\sigma \in S_t$ mit $p_{\sigma(i)} \sim q_i$ für jedes $i \in \{1, \ldots, t\}$.

(F3) Jedes irreduzible Element von M ist prim.

(F4) Ist $(a_\nu)_{\nu \in \mathbb{N}}$ eine Folge in M mit $a_{\nu+1} \mid a_\nu$ für jedes $\nu \in \mathbb{N}$, so gibt es $N \in \mathbb{N}$ mit $a_{\nu+1} \sim a_\nu$ für jedes $\nu \in \mathbb{N}$ mit $\nu \geq N$.

(F5) Je zwei Elemente von M haben einen größten gemeinsamen Teiler.

(4.14) DEFINITION: Ein reguläres kommutatives Monoid M heißt faktoriell, wenn es den Bedingungen (F1) und (F2) genügt.

(4.15) BEMERKUNG: Es sei M ein faktorielles Monoid, und es sei $\mathbb{P} \subset M$ mit: Jedes $p \in \mathbb{P}$ ist irreduzibel, sind $p, p' \in \mathbb{P}$ verschieden, so sind p und p' nicht assoziiert, und zu jedem irreduziblen Element $p' \in M$ gibt es ein $p \in \mathbb{P}$ mit $p' \sim p$ [eine solche Menge $\mathbb{P}$ wird ein Repräsentantensystem für die Äquivalenzklassen der irreduziblen Elemente von M genannt].

(1) Jedes $a \in M$ hat genau eine Darstellung

$$a = \varepsilon(a) \prod_{p \in \mathbb{P}} p^{v_p(a)}$$

mit $v_p(a) \in \mathbb{N}_0$ für jedes $p \in \mathbb{P}$, mit $\operatorname{Card}(\{p \in \mathbb{P} \mid v_p(a) > 0\}) < \infty$ und mit $\varepsilon(a) \in M^\times$. Das folgt unmittelbar aus (F1) und (F2), indem in einer Darstellung $a = p_1 \cdots p_t$ mit irreduziblen Elementen $p_1, \ldots, p_t$ für jedes $i \in \{1, \ldots, t\}$ p_i durch ein $p \in \mathbb{P}$ mit $p_i \sim p$ ersetzt wird. Man nennt diese Darstellung die Primzerlegung von a bezüglich $\mathbb{P}$ [und läßt den Zusatz "bezüglich $\mathbb{P}$" weg, wenn aus dem Zusammenhang klar ist, welches Repräsentantensystem $\mathbb{P}$ gemeint ist].

(2) Es seien $a, b \in M$ mit den Primzerlegungen bezüglich $\mathbb{P}$

$$a = \varepsilon(a) \prod_{p \in \mathbb{P}} p^{v_p(a)}, \qquad b = \varepsilon(b) \prod_{p \in \mathbb{P}} p^{v_p(b)}.$$

(a) Genau dann gilt $a \mid b$, wenn $v_p(a) \le v_p(b)$ für jedes $p \in \mathbb{P}$ gilt.

(b) Es seien

$$d := \prod_{p \in \mathbb{P}} p^{\min(v_p(a), v_p(b))}, \qquad m := \prod_{p \in \mathbb{P}} p^{\max(v_p(a), v_p(b))}.$$

Dann ist d ein größter gemeinsamer Teiler und m ein kleinstes gemeinsames Vielfaches von a und b, und es gilt $ab \sim dm$ [vgl. I(5.21) und I(5.23)].

(4.16) Satz: *Es sei M ein reguläres kommutatives Monoid.*

(1) *Gilt in M (F3), so gilt auch (F2).*

(2) *Gilt in M (F4), so gilt auch (F1).*

(3) *Gilt in M (F5), so gilt auch (F3).*

(4) *Gelten in M (F1) und (F2), so gilt auch (F5).*

Beweis: (1) Es wird durch Induktion nach s gezeigt: Sind $s, t \in \mathbb{N}$ mit $s \le t$, sind $p_1, \ldots, p_s, q_1, \ldots, q_t \in M$ irreduzibel und ist $p_1 \cdots p_s = q_1 \cdots q_t$, so ist $s = t$, und es gibt ein $\sigma \in S_t$ mit $p_{\sigma(i)} \sim q_i$ für jedes $i \in \{1, \ldots, t\}$. Das ist für $s = 1$ richtig, weil p_1 irreduzibel ist. Es sei $s \in \mathbb{N}$, $s > 1$, und es sei die Behauptung für $s-1$ bewiesen. Es sei $t \in \mathbb{N}$ mit $s \le t$, es seien $p_1, \ldots, p_s, q_1, \ldots, q_t$ irreduzible Elemente in M, und es gelte $p_1 \cdots p_s = q_1 \cdots q_t$. Nach (F3) gilt $p_1 \mid q_j$ für ein $j \in \{1, \ldots, t\}$ und daher $p_1 \sim q_j$. Nach einer geeigneten Umnumerierung kann $p_1 \sim q_1$ angenommen werden, und daher ist $q_1 = ep_1$ mit einem $e \in M^\times$. Es gilt $p_2 \cdots p_s = (eq_2) \cdot q_3 \cdots q_t$, und aus der Induktionsannahme folgt $s = t$ und nach einer geeigneten Umnumerierung $p_i \sim q_i$ für jedes $i \in \{2, \ldots, t\}$.

(2) Es sei $a \in M \setminus M^\times$.
(a) Es gibt ein irreduzibles $p \in M$ mit $p \mid a$. Es wird dazu $a_1 := a$ gesetzt. Es sei $n \in \mathbb{N}$, und es seien Elemente $a_1, \ldots, a_n \in M \setminus M^\times$ so gefunden, daß für jedes $i \in \{1, \ldots, n-1\}$ gilt: $a_{i+1} \mid a_i$ und a_{i+1} ist ein echter Teiler von a_i, wenn a_i nicht irreduzibel ist. Ist a_n irreduzibel, so wird $a_{n+1} := a_n$ gesetzt, ist a_n nicht irreduzibel, so sei $a_{n+1} \in M$ ein echter Teiler von a_n. Dann ist $(a_\nu)_{\nu \in \mathbb{N}}$ eine Folge in M mit $a_{\nu+1} \mid a_\nu$ für jedes $\nu \in \mathbb{N}$. Es gibt also nach (F4) ein $N \in \mathbb{N}$ mit $a_{\nu+1} \sim a_\nu$ für jedes $\nu \in \mathbb{N}$ mit $\nu \geq N$, nach Konstruktion ist daher a_N irreduzibel, und es gilt $a_N \mid a$.
(b) Es sei $n \in \mathbb{N}$, und für jedes $i \in \{1, \ldots, n\}$ sei eine Darstellung $a = q_i a_i$ gefunden mit: q_i ist ein Produkt von irreduziblen Elementen von M, $a_i \in M$, und es gelte $a_{i+1} \mid a_i$ für jedes $i \in \{1, \ldots, n-1\}$. Ist $a_n \notin M^\times$, so gilt nach (a) $a_n = p_{n+1} a_{n+1}$ mit einem irreduziblen Element $p_{n+1} \in M$ und einem $a_{n+1} \in M$; es wird $q_{n+1} := q_n p_{n+1}$ gesetzt, und dann ist $a = q_{n+1} a_{n+1}$, und q_{n+1} ist ein Produkt von irreduziblen Elementen von M. Ist $a_n \in M^\times$, so wird $q_{n+1} := q_n$ und $a_{n+1} := a_n$ gesetzt, und es ist $a = q_{n+1} a_{n+1}$. Für die so konstruierte Folge $(a_\nu)_{\nu \in \mathbb{N}}$ in M gilt $a_{\nu+1} \mid a_\nu$ für jedes $\nu \in \mathbb{N}$. Nach (F4) gibt es ein $N \in \mathbb{N}$ mit $a_{\nu+1} \sim a_\nu$ für jedes $\nu \in \mathbb{N}$ mit $\nu \geq N$, und aus der Konstruktion folgt $a_N \in M^\times$ [wäre $a_N \notin M^\times$, so wäre $a_N = p_{N+1} a_{N+1}$ mit einem irreduziblen Element $p_{N+1} \in M$, und a_N und a_{N+1} wären nicht assoziiert].
(3) Es sei $p \in M$ irreduzibel, und es seien $a, b \in M$ mit $p \nmid a$ und $p \nmid b$. Dann ist 1 ein größter gemeinsamer Teiler von a und p und von b und p, also nach (4.10)(3) auch ein solcher von ab und p, und daher gilt $p \nmid ab$. Folglich ist p ein Primelement.
(4) Das folgt aus (4.15)(2)(b).

(4.17) Satz: *Es sei M ein reguläres kommutatives Monoid.*
(1) *In M gelte* (F1). *Dann gilt* (F2) *genau, wenn* (F3) *gilt.*
(2) *In M gelte* (F2). *Dann gilt* (F1) *genau, wenn* (F4) *gilt.*
(3) *In M gelte* (F1). *Dann gilt* (F3) *genau, wenn* (F5) *gilt.*

Beweis: (1)(a) Es gelte (F1) und (F2). Nach (4.16)(4) gilt in M (F5), also auch (F3) nach (4.16)(3).
(b) Es gelte (F1) und (F3). Nach (4.16)(1) gilt dann auch (F2).
(2)(a) Es gelte (F1) und (F2). Es sei $(a_\nu)_{\nu \in \mathbb{N}}$ eine Folge in M mit $a_{\nu+1} \mid a_\nu$ für jedes $\nu \in \mathbb{N}$. Es sei $\mathbb{P}$ ein Repräsentantensystem für die Äquivalenzklassen der irreduziblen Elemente von M [vgl. (4.15)]. Ist $p \in \mathbb{P}$, und gilt $p \mid a_\nu$ für ein $\nu \in \mathbb{N}$, so gilt $p \mid a_1$. Es gibt daher ein $s \in \mathbb{N}$ und $p_1, \ldots, p_s \in \mathbb{P}$ mit: Für jedes $\nu \in \mathbb{N}$ gilt

$$a_\nu = \varepsilon(a_\nu) \prod_{i=1}^{s} p_i^{\alpha_{i\nu}} \quad \text{mit } \varepsilon(a_\nu) \in M^\times \text{ und } \alpha_{i\nu} \in \mathbb{N}_0 \text{ für jedes } i \in \{1, \ldots, s\}.$$

Es sei $\nu \in \mathbb{N}$. Aus $a_{\nu+1} \mid a_\nu$ folgt $\alpha_{i,\nu+1} \leq \alpha_{i\nu}$ für jedes $i \in \{1, \ldots, s\}$. Es gibt daher ein $N \in \mathbb{N}$ mit $\alpha_{i,\nu+1} = \alpha_{i\nu}$ für jedes $\nu \in \mathbb{N}$ mit $\nu \geq N$ und jedes $i \in \{1, \ldots, s\}$, und daher gilt $a_{\nu+1} \sim a_\nu$ für jedes $\nu \in \mathbb{N}$ mit $\nu \geq N$.

(b) Es gelte (F2) und (F4). Nach (4.16)(2) gilt dann auch (F1).
(3)(a) Es gelte (F1) und (F3). Nach (1) gilt dann (F1) und (F2), und nach (4.16)(4) gilt auch (F5).
(b) Es gelte (F1) und (F5). Nach (4.16)(3) gilt dann auch (F3).

(4.18) BEMERKUNG: Es sei R ein Integritätsring.
(1) Es ist $R \setminus \{0\}$ ein reguläres kommutatives Monoid; für von Null verschiedene Elemente a, $b \in R$ ist $a \mid b$ definiert. Man definiert noch $a \mid 0$ für jedes $a \in R$. Es ist $(R \setminus \{0\})^{\times} = E(R)$ die Einheitengruppe des Rings R. Elemente a, $b \in R$ heißen assoziiert, wenn es ein $e \in E(R)$ mit $a = eb$ gibt; man schreibt dann $a \sim b$. Hierdurch wird eine Äquivalenzrelation $\sim$ auf R definiert.
(2) Die in (4.7) für reguläre kommutative Monoide definierten Begriffe "gemeinsamer Teiler" und "größter gemeinsamer Teiler" sowie "gemeinsames Vielfaches" und "kleinstes gemeinsames Vielfaches" von je endlich vielen Elementen können nun auch in R definiert werden. Insbesondere gilt: Für jedes $a \in R$ ist a ein größter gemeinsamer Teiler von a und 0.
(3) Ist R der Ring $\mathbb{Z}$ der ganzen Zahlen oder ist R der Polynomring in einer Unbestimmten T über einem Körper K, so stimmen diese Definitionen mit den in Kapitel I, §5 und §8 eingeführten Bezeichnungen überein.
(4) Ist $p \in R \setminus \{0\}$ irreduzibel [prim], so wird p irreduzibel [prim] in R genannt.
(5) Eine ganze Zahl a ist genau dann ein irreduzibles Element im Integritätsring $\mathbb{Z}$, wenn $|a|$ eine Primzahl ist.
(6) Es sei K ein Körper. Im Polynomring $K[T]$ über K in der Unbestimmten T sind die irreduziblen Elemente genau die irreduziblen Polynome [vgl. I(8.25)(3)].

(4.19) DEFINITION: Ein Integritätsring R heißt faktoriell, wenn das reguläre Monoid $R \setminus \{0\}$ faktoriell ist.

(4.20) BEISPIEL: (1) Ein Körper ist faktoriell [in einem Körper ist jedes von 0 verschiedene Element eine Einheit, und es gibt keine irreduziblen Elemente].
(2) $\mathbb{Z}$ ist faktoriell [vgl. I(5.17) und I(5.20)]. Als Repräsentantensystem $\mathbb{P}$ für die Äquivalenzklassen der irreduziblen Elemente wird die Menge der Primzahlen gewählt. Es ist $E(\mathbb{Z}) = \{1, -1\}$.
(3) Es sei K ein Körper, und es sei $R = K[T]$ der Polynomring über K in der Unbestimmten T. Dann ist R faktoriell [vgl. I(8.25)(3)]. Als Repräsentantensystem $\mathbb{P}$ für die Äquivalenzklassen der irreduziblen Elemente wird die Menge der irreduziblen normierten Polynome in $K[T]$ gewählt. Es ist $E(K[T]) = K^{\times}$.
(4) Es sei K ein Körper, und es sei $K[[T]]$ der Ring der formalen Potenzreihen über K in der Unbestimmten T. Nach (3.15)(2)(b) hat jedes $h \in K[[T]] \setminus \{0\}$ genau eine Darstellung $h = T^n h_0$ mit einem $n \in \mathbb{N}_0$ und einem $h_0 \in E(K[[T]])$. Daher ist T ein irreduzibles Element in $K[[T]]$, und jedes irreduzible Element in $K[[T]]$ ist zu T assoziiert. Es ist daher $K[[T]]$ faktoriell, und $\mathbb{P} = \{T\}$ ist ein Repräsentantensystem für die Äquivalenzklassen der irreduziblen Elemente von $K[[T]]$.
(5) Es sei $R := \{a + b\sqrt{5}i \mid a, b \in \mathbb{Z}\} \subset \mathbb{C}$. Es ist R ein Unterring von $\mathbb{C}$. Für die

durch $r \mapsto r\bar{r} : R \to \mathbb{N}_0$ definierte Abbildung N [für die also $N(a+b\sqrt{5}i) = a^2+5b^2$ für alle a, $b \in \mathbb{Z}$ gilt] gilt $N(rs) = N(r)N(s)$ für alle r, $s \in R$.
(a) Es ist $E(R) = \{1, -1\}$, denn sind s, $s' \in R$ mit $ss' = 1$, so ist $N(s)N(s') = 1$, also $N(s) = 1$. Ist $s = a + b\sqrt{5}i$ mit a, $b \in \mathbb{Z}$, so ist $a^2 + 5b^2 = 1$, also $a \in \{1, -1\}$ und $b = 0$. Für jedes $r \in R \setminus \{0\}$ ist $\{r, -r\}$ die Menge der zu r assoziierten Elemente in R.
(b) Es ist in R

$$9 = 3 \cdot 3 = (2 + \sqrt{5}i)(2 - \sqrt{5}i).$$

Es ist $3 \in R$ irreduzibel in R, denn aus $3 = rs$ mit echten Teilern r, $s \in R$ von 3 folgte $9 = N(3) = N(r)N(s)$ und daher $N(r) = 3$ und $N(s) = 3$. Es gibt aber kein Paar a, $b \in \mathbb{Z}$ mit $a^2 + 5b^2 = 3$. Entsprechend zeigt man, daß $2 + \sqrt{5}i$ und $2 - \sqrt{5}i$ in R irreduzibel sind. Es sind 3 und $2 + \sqrt{5}i$ nicht assoziiert in R, d.h. in $R \setminus \{0\}$ gilt (F2) nicht.
(c) In $R \setminus \{0\}$ gilt (F4). Ist nämlich $(a_\nu)_{\nu \in \mathbb{N}}$ ein Folge in $R \setminus \{0\}$ mit $a_{\nu+1} \mid a_\nu$ für jedes $\nu \in \mathbb{N}$, so gilt $1 \leq N(a_{\nu+1}) \leq N(a_\nu)$ für jedes $\nu \in \mathbb{N}$, und daher gibt es ein $n \in \mathbb{N}$ mit $N(a_{\nu+1}) = N(a_\nu)$ für jedes $\nu \in \mathbb{N}$ mit $\nu \geq n$. Für jedes solche ν ist aber $a_{\nu+1} \sim a_\nu$. Nach (4.16)(2) gilt in $R \setminus \{0\}$ daher (F1).

(4.21) BEMERKUNG: Es sei R ein faktorieller Ring. Es wird gezeigt, daß der Polynomring $R[T]$ über R in der Unbestimmten T faktoriell ist. Dieses Resultat geht auf C. F. Gauß zurück.

(4.22) BEMERKUNG: Es sei R ein faktorieller Ring.
(1) Es ist $E(R) = E(R[T])$. Sind daher a, $b \in R$ von 0 verschiedene Elemente, so sind sie genau dann in R assoziiert, wenn sie in $R[T]$ assoziiert sind.
(2) Es sei $F = \sum_{i=0}^n a_i T^i \in R[T]$, und es sei $a \in R$: Genau dann gilt $a \mid F$ in $R[T]$, wenn $a \mid a_i$ in R gilt für jedes $i \in \{0, \dots, n\}$.
Beweis: Es gelte $a \mid F$ in $R[T]$. Es gibt dann ein $H \in R[T]$ mit $F = aH$ und daher hat H die Form $\sum_{i=0}^n b_i T^i$ mit $b_i \in R$ für jedes $i \in \{0, \dots, n\}$. Es folgt $a_i = ab_i$ für jedes $i \in \{0, \dots, n\}$. Es gelte umgekehrt $a \mid a_i$ in R für jedes $i \in \{0, \dots, n\}$. Für jedes $i \in \{0, \dots, n\}$ gibt es ein $b_i \in R$ mit $a_i = ab_i$ und daher gilt für $H := \sum_{i=0}^n b_i T^i$: Es ist $F = aH$.

(4.23) DEFINITION: Es sei R ein faktorieller Ring.
(1) Es sei $F = \sum_{i=0}^n a_i T^i \in R[T]$ ein Polynom positiven Grades. Dann heißt ein größter gemeinsamer Teiler von $a_0, \dots, a_n$ ein Inhalt von F.
(2) Ein Polynom $F \in R[T]$ von positivem Grad heißt primitiv, wenn 1 ein Inhalt von F ist.

(4.24) BEMERKUNG: Es sei R ein faktorieller Ring, und es sei K der Quotientenkörper von R.
(1) Jedes Polynom $F \in R[T]$ von positivem Grad hat eine Darstellung $F = aF_1$ mit einem $a \in R \setminus \{0\}$ und einem primitiven Polynom $F_1 \in R[T]$. Die Äquivalenzklasse [vgl. (4.18)(1)] von a und F_1 in $R[T]$ ist durch F eindeutig bestimmt.
Beweis [Existenz]: Es sei $F = \sum_{i=0}^n a_i T^i$, und es sei a ein Inhalt von F. Nach (4.8)(3) ist 1 ein größter gemeinsamer Teiler von $a_0/a, \dots, a_n/a$, und daher ist

$F_1 := \sum_{i=0}^{n}(a_i/a)T^i \in R[T]$ ein primitives Polynom und $F = aF_1$.
[Einzigkeit]: Es sei $F = aF_1 = bF_2$ mit $a, b \in R\backslash\{0\}$ und mit primitiven Polynomen $F_1, F_2 \in R[T]$. Nach (4.10)(2) und (4.22)(2) gelten $a \mid b$ und $b \mid a$, also sind a und b assoziiert, und daher ist $a = eb$ mit einem $e \in E(R)$. Dann ist $eF_1 = F_2$.

(2) Jedes Polynom $F \in K[T]$ von positivem Grad hat eine Darstellung $F = cF_1$ mit einem $c \in K^\times$ und einem primitiven Polynom $F_1 \in R[T]$. Die Äquivalenzklasse von F_1 in $R[T]$ ist durch F eindeutig bestimmt.
Beweis [Existenz]: Es sei $F = \sum_{i=0}^{n} c_iT^i$ mit $c_i \in K$ für jedes $i \in \{0, \ldots, n\}$. Es gibt für jedes $i \in \{0, \ldots, n\}$ ein $a_i \in R$ und ein $b_i \in R\backslash\{0\}$ mit $c_i = a_i/b_i$. Dann ist $b := b_0 \cdots b_n \neq 0$. Es ist $bF \in R[T]$, und daher gilt $bF = aF_1$ mit einem $a \in R\backslash\{0\}$ und einem primitiven Polynom $F_1 \in R[T]$. $F = (a/b)F_1$ ist eine Darstellung der verlangten Art.
[Einzigkeit]: Es sei $F = cF_1 = dF_2$ mit $c, d \in K^\times$ und mit primitiven Polynomen $F_1, F_2 \in R[T]$. Es sei $c = a/b$ mit $a \in R$ und $b \in R \setminus \{0\}$, und es sei $d = e/f$ mit $e \in R$ und $f \in R \setminus \{0\}$. Dann ist $fbF = faF_1 = beF_2$ mit $fa \in R$ und $be \in R$, und daher sind nach (1) die primitiven Polynome F_1 und F_2 in $R[T]$ assoziiert.

(3) Es seien $F, G \in R[T]$ primitive Polynome. Gibt es $c \in K^\times$ mit $F = cG$, so sind F und G in $R[T]$ assoziiert.
Beweis: Es ist $F = 1 \cdot F = c \cdot G$; nach (2) sind F und G in $R[T]$ assoziiert.

(4) Ein normiertes Polynom positiven Grades in $R[T]$ ist primitiv.

(5) Es sei $F \in R[T]$ ein Polynom positiven Grades. Ist F irreduzibel in $R[T]$, so ist F ein primitives Polynom.

(4.25) Satz: *Es sei R ein faktorieller Ring. Das Produkt endlich vieler primitiver Polynome in $R[T]$ ist ein primitives Polynom in $R[T]$.*
Beweis: (1) Es seien $F = \sum_{i=0}^{m} a_iT^i$, $G = \sum_{j=0}^{n} b_jT^j$ primitive Polynome in $R[T]$, und es sei $FG = \sum_{k=0}^{m+n} c_kT^k$. Es wird angenommen, daß FG kein primitives Polynom ist. Dann ist ein Inhalt von FG keine Einheit in R, und daher gibt es ein irreduzibles Element $p \in R$ mit $p \mid c_k$ für jedes $k \in \{0, \ldots, m+n\}$. Das irreduzible Element p teilt nicht alle Koeffizienten von F; es sei $r \in \{0, \ldots, m\}$ so gewählt, daß $p \mid a_i$ für jedes $i \in \{0, \ldots, r-1\}$, aber $p \nmid a_r$ gilt. Entsprechend sei $s \in \{0, \ldots, n\}$ so gewählt, daß $p \mid b_j$ für jedes $j \in \{0, \ldots, s-1\}$, aber $p \nmid b_s$ gilt. Es ist

$$c_{r+s} = a_rb_s + a_{r+1}b_{s-1} + \cdots + a_{r-1}b_{s+1} + a_{r-2}b_{s+2} + \cdots . \qquad (*)$$

Wegen $p \mid c_{r+s}$, $p \mid a_i$ für jedes $i \in \mathbb{N}_0$ mit $i < r$ und $p \mid b_j$ für jedes $j \in \mathbb{N}_0$ mit $j < s$ gilt nach $(*)$ $p \mid a_rb_s$. Wegen $p \nmid a_r$ und $p \nmid b_s$ gilt nach (F3) aber $p \nmid a_rb_s$. Dieser Widerspruch zeigt: FG ist ein primitives Polynom.
(2) Die Aussage von (4.25) ergibt sich nun leicht durch Induktion.

(4.26) Folgerung: *Es sei R ein faktorieller Ring, und es sei K der Quotientenkörper von R. Es sei $F \in R[T]$ ein Polynom positiven Grades, das in $R[T]$ irreduzibel ist. Dann ist F irreduzibel in $K[T]$.*
Beweis: Es wird angenommen, daß F in $K[T]$ nicht irreduzibel ist. Dann gibt es Polynome $G, H \in K[T]$ von positivem Grad mit $F = GH$. Nach (4.24)(2) gibt es

c, $d \in K^\times$ und primitive Polynome G_1, $H_1 \in R[T]$ mit $G = cG_1$, $H = dH_1$, und daher ist $F = cdF_1$ mit dem primitiven Polynom $F_1 := G_1H_1 \in R[T]$ [vgl. (4.25)]. Nach (4.24)(5) ist F primitiv, und deswegen gilt nach (4.24)(3) $F = eF_1$ mit einem $e \in R^\times$. Wegen $\operatorname{grad}(G_1) > 0$ und $\operatorname{grad}(H_1) > 0$ ist F nicht irreduzibel in $R[T]$.

(4.27) Satz: *Es sei R ein faktorieller Ring. Der Polynomring $R[T]$ ist faktoriell.*
Beweis: Es sei K der Quotientenkörper von R.
(1) Jedes primitive Polynom in $R[T]$ ist ein Produkt irreduzibler Polynome in $R[T]$. Es sei nämlich S die Menge der primitiven Polynome in $R[T]$, die nicht ein Produkt irreduzibler Polynome in $R[T]$ sind. Es wird angenommen, daß $S \neq \emptyset$ ist. Es sei $F \in S$ ein Polynom kleinsten Grades. Weil F nicht irreduzibel in $R[T]$ ist, gibt es echte Teiler G, H von F in $R[T]$ mit $F = GH$. Dann sind G, H keine Einheiten in R, und weil F primitiv ist, gilt $\operatorname{grad}(G) \geq 1$ und $\operatorname{grad}(H) \geq 1$ [vgl. (4.22)(2)], und G und H sind primitiv [denn jeder Inhalt von G bzw. von H teilt den Inhalt 1 von F]. Wegen $\operatorname{grad}(G) < \operatorname{grad}(F)$ und $\operatorname{grad}(H) < \operatorname{grad}(F)$ gilt $G \notin S$ und $H \notin S$, und daher sind G und H und folglich auch F Produkte von irreduziblen Polynomen, und das steht im Widerspruch zur Wahl von F.
(2) Aus (1) und (4.24)(1) folgt: In $R[T]$ gilt (F1).
(3) Es seien $P_1, \ldots, P_s$, $Q_1, \ldots, Q_t$ irreduzible Polynome in $R[T]$ von positivem Grad, und es sei $P_1 \cdots P_s = Q_1 \cdots Q_t$. Weil $P_1, \ldots, P_s, Q_1, \ldots, Q_t$ irreduzibel in $K[T]$ sind [vgl. (4.26)], und weil

$$a\frac{P_1}{\operatorname{lcoeff}(P_1)} \cdots \frac{P_s}{\operatorname{lcoeff}(P_s)} = b\frac{Q_1}{\operatorname{lcoeff}(Q_1)} \cdots \frac{Q_t}{\operatorname{lcoeff}(Q_t)}$$

mit $a = \operatorname{lcoeff}(P_1) \cdots \operatorname{lcoeff}(P_s)$ und $b = \operatorname{lcoeff}(Q_1) \cdots \operatorname{lcoeff}(Q_t)$ gilt, folgen nach I(8.25)(3) $s = t$ und nach einer geeigneten Umnumerierung

$$P_i/\operatorname{lcoeff}(P_i) = Q_i/\operatorname{lcoeff}(Q_i) \quad \text{für jedes } i \in \{1, \ldots, s\}$$

sowie $a = b$. Weil $P_1, \ldots, P_s$, $Q_1, \ldots, Q_s$ primitiv sind, sind für jedes $i \in \{1, \ldots, s\}$ die Polynome P_i und Q_i in $R[T]$ assoziiert [vgl. (4.24)(3)].
(4) Es sei $F \in R[T]$ ein Polynom positiven Grades, und es sei

$$F = p_1 \cdots p_k P_1 \cdots P_s = q_1 \cdots q_l Q_1 \cdots Q_t$$

mit irreduziblen Elementen $p_1, \ldots, p_k$, $q_1, \ldots, q_l$ in R und mit irreduziblen Polynomen $P_1, \ldots, P_s$, $Q_1, \ldots, Q_t$ in $R[T]$ von positivem Grad. Weil irreduzible Polynome positiven Grades in $R[T]$ primitiv sind [vgl. (4.24)(5)], gilt nach (4.24)(1) und (4.25): $p_1 \cdots p_k$ und $q_1 \cdots q_l$ sind in R assoziiert, $P_1 \cdots P_s$ und $Q_1 \cdots Q_t$ sind in $R[T]$ assoziiert. Weil R faktoriell ist, ist $k = l$, und nach einer geeigneten Umnumerierung gilt $p_i \sim q_i$ für jedes $i \in \{1, \ldots, k\}$. Nach (3) ist $s = t$, und nach einer geeigneten Umnumerierung gilt für jedes $i \in \{1, \ldots, s\}$: P_i und Q_i sind in $R[T]$ assoziiert. Es gilt also (F2).

(4.28) Folgerung: *Es sei R ein faktorieller Ring, und es seien F, $G \in R[T]$. Es sei K der Quotientenkörper von R. Haben F und G einen gemeinsamen Teiler* *positiven Grades in $K[T]$, so haben F und G auch einen gemeinsamen Teiler positiven Grades in $R[T]$.*

Beweis: Es sind F und G Polynome positiven Grades. Es seien

$$F = p_1 \cdots p_m \cdot P_1 \cdots P_n, \quad G = q_1 \cdots q_s \cdot Q_1 \cdots Q_t$$

mit irreduziblen Elementen $p_1, \ldots, p_m$, $q_1, \ldots, q_s$ in R und irreduziblen Polynomen $P_1, \ldots, P_n$, $Q_1, \ldots, Q_t$ positiven Grades in $R[T]$ Primzerlegungen von F und G in $R[T]$ [es kann $m = 0$ oder $s = 0$ gelten]. Die Polynome $P_1, \ldots, P_n$ und $Q_1, \ldots, Q_t$ sind irreduzibel in $K[T]$ [vgl. (4.26)]. Weil F und G in $K[T]$ einen Teiler positiven Grades haben, gibt es ein irreduzibles Polynom in $K[T]$, welches F und G in $K[T]$ teilt, und daher gibt es ein $i \in \{1, \ldots, n\}$ und ein $j \in \{1, \ldots, t\}$ so, daß P_i und Q_j in $K[T]$ assoziiert sind [denn $K[T]$ ist ein faktorieller Ring]. Nach (4.24)(3) und (4.24)(5) sind P_i und Q_j auch in $R[T]$ assoziiert, und daher ist P_i ein Teiler von F und von G in $R[T]$.

(4.29) Folgerung: *Es sei R ein faktorieller Ring, und es sei K der Quotientenkörper von R. Es sei $F := \sum_{i=0}^{n} a_i T^i \in R[T]$ ein normiertes Polynom. Ist $a \in K$ eine Nullstelle von F, so gilt $a \in R$, und es gilt $a \mid a_0$.*

Beweis: (1) Es gilt $a = bc^{-1}$ mit teilerfremden Elementen $b \in R$ und $c \in R \setminus \{0\}$. F und $cT - b \in R[T]$ haben in $K[T]$ einen gemeinsamen Faktor positiven Grades, nämlich $T - a$ [vgl. I(8.9)]. Dann haben nach (4.28) F und $cT - b$ einen gemeinsamen Faktor H positiven Grades in $R[T]$. Dieser ist normiert, weil F normiert ist. Es gilt $\operatorname{grad}(H) = 1$, und $cT - b = eH$ mit einem $e \in R$. Da $cT - b$ primitiv ist, ist e und daher auch c eine Einheit in R, und daher gilt $a \in R$.

(2) Wegen $F(a) = 0$ gibt es ein Polynom $G = \sum_{i=0}^{n-1} b_i T^i \in R[T]$ mit $F = (T - a)G$, und daher ist $a_0 = b_0 a$, also a ein Teiler von a_0.

(4.30) BEMERKUNG: (1) Es sei R ein faktorieller Ring; für je zwei Elemente a, $b \in R$ gelte: Ein größter gemeinsamer Teiler d von a und b hat eine Darstellung $d = av + bw$ mit Elementen v, $w \in R$. [Dann hat *jeder* größte gemeinsame Teiler d_1 von a und b eine Darstellung $d_1 = av_1 + bw_1$ mit Elementen v_1, $w_1 \in R$.] Es sei $n \in \mathbb{N}$, es seien $a_1, \ldots, a_n \in R$, und es sei d ein größter gemeinsamer Teiler von $a_1, \ldots, a_n$. Dann gibt es $v_1, \ldots, v_n \in R$ mit $d = a_1 v_1 + \cdots + a_n v_n$.

Beweis: Ist $n \leq 2$, so ist nichts zu zeigen. Es sei $n \geq 3$, es sei d' ein größter gemeinsamer Teiler von $a_1, \ldots, a_{n-1}$, und es seien bereits Elemente $w_1, \ldots, w_{n-1} \in R$ so gefunden, daß $d' = a_1 w_1 + \cdots + a_{n-1} w_{n-1}$ gilt. Es sei d ein größter gemeinsamer Teiler von a_n und d'; dann ist d ein größter gemeinsamer Teiler von $a_1, \ldots, a_n$ [vgl. (4.9)], es gibt v, $w \in R$ mit $d = d'v + a_n w$, und es ist $d = a_1(w_1 v) + \cdots + a_{n-1}(w_{n-1} v) + a_n w$.

(2) Ringe mit der in (1) genannten Eigenschaft sind der Ring $\mathbb{Z}$ der ganzen Zahlen [vgl. I(5.10) und XIV(1.3)(3)] und der Polynomring $K[T]$ in der Unbestimmten T über dem Körper K [vgl. I(8.25)(2)].

(4.31) DEFINITION: Es sei R ein faktorieller Ring. Ein Element $a \in R \setminus \{0\}$ heißt quadratfrei, wenn für jedes irreduzible $p \in R$ mit $p \mid a$ gilt: p^2 teilt a nicht.

(4.32) BEMERKUNG: Es sei R ein faktorieller Ring, und es sei $R[T]$ der Polynomring über R in der Unbestimmten T. Es sei $\mathbb{P}$ ein Repräsentantensystem für die Äquivalenzklassen der irreduziblen Polynome positiven Grades in $R[T]$ [d.h. zu jedem irreduziblen Polynom positiven Grades $P' \in R[T]$ gibt es genau ein $P \in \mathbb{P}$, welches zu P' assoziiert ist, und je zwei verschiedene Polynome in $\mathbb{P}$ sind nicht assoziiert].

(1) Jedes primitive Polynom $F \in R[T]$ hat genau eine Darstellung

$$F = a\prod_{i=1}^{h} F_i^i \qquad (*)$$

mit paarweise teilerfremden quadratfreien Polynomen $F_1, \ldots, F_h \in R[T]$, welche Produkte von Elementen in $\mathbb{P}$ sind, mit $\mathrm{grad}(F_h) > 0$ und mit $a \in E(R)$.

Beweis [Existenz]: Es sei $F = \varepsilon(F)\prod_{P\in\mathbb{P}} P^{v_P(F)}$ die Primzerlegung von F [vgl. (4.15) und (4.27); weil F primitiv ist, treten auf der rechten Seite keine irreduziblen Elemente aus R auf]. Für jedes $i \in \mathbb{N}$ sei F_i das Produkt der $P \in \mathbb{P}$ mit $v_p(F) = i$, und es sei $h := \max(\{i \in \mathbb{N} \mid \mathrm{grad}(F_i) > 0\})$; dann gilt $(*)$ mit $a := \varepsilon(F)$.

[Einzigkeit]: Es gelte $F = a\prod_{i=1}^{h} F_i^i = b\prod_{j=1}^{k} G_j^j$ mit paarweise teilerfremden quadratfreien Polynomen $F_1, \ldots, F_h \in R[T]$, welche Produkte von Elementen in $\mathbb{P}$ sind, mit $\mathrm{grad}(F_h) > 0$ und mit $a \in E(R)$, mit paarweise teilerfremden quadratfreien Polynomen $G_1, \ldots, G_k \in R[T]$, welche Produkte von Elementen in $\mathbb{P}$ sind, mit $\mathrm{grad}(G_k) > 0$ und mit $b \in E(R)$. Es sei $\mathcal{H}_l := \{P \in \mathbb{P} \mid v_P(F) = l\}$ für jedes $l \in \mathbb{N}$. Es sei $i \in \{1, \ldots, h\}$. Weil die Polynome $F_1, \ldots, F_h$ paarweise teilerfremd und quadratfrei sind, gilt $P \mid F_i$ für jedes $P \in \mathcal{H}_i$ und $F_i = \prod_{P\in\mathcal{H}_i} P$ und $h = \max(\{l \in \mathbb{N} \mid \mathcal{H}_l \neq \emptyset\})$. Es sei $j \in \{1, \ldots, k\}$. Wie eben folgt $G_j = \prod_{P\in\mathcal{H}_j} P$ und $k = \max(\{l \in \mathbb{N} \mid \mathcal{H}_l \neq \emptyset\})$. Dann ist $h = k$ und $F_i = G_i$ für jedes $i \in \{1, \ldots, h\}$ und daher $a = b$.

(2) Es sei $F \in K[T]$ ein primitives Polynom, und es sei $F = a\prod_{i=1}^{h} F_i^i$ die in (1)(*) gefundene Darstellung von F. Man nennt $\prod_{i=1}^{h} F_i$ den quadratfreien Teil von F; F ist quadratfrei [vgl. (4.31)], genau wenn F und der quadratfreie Teil assoziiert sind.

(4.33) BEMERKUNG: Es sei R ein faktorieller Ring. Es ist nicht einfach zu entscheiden, ob ein Polynom in $R[T]$ irreduzibel ist. Das nachstehende Kriterium geht auf G. Eisenstein [1823–1852] zurück.

(1) Es sei $F = \sum_{i=0}^{n} a_i T^i \in R[T]$ ein primitives Polynom. Gibt es ein irreduzibles Element $p \in R$ mit $p \nmid a_n$, $p \mid a_i$ für jedes $i \in \{0, \ldots, n-1\}$ und $p^2 \nmid a_0$, so ist F irreduzibel in $R[T]$.

Beweis: Es wird angenommen, daß F reduzibel ist. Dann gibt es Polynome $G = \sum_{i=0}^{s} b_i T^i$, $H = \sum_{j=0}^{t} c_j T^j$ positiven Grades mit $F = GH$. Es gilt $a_0 = b_0 c_0$. Wegen $p \mid a_0$ und $p^2 \nmid a_0$ teilt p genau eines der Elemente b_0, c_0. Es gelte etwa $p \mid c_0$. Wegen $p \nmid a_n$ und $a_n = b_s c_t$ gilt $p \nmid c_t$. Es gibt ein $r \in \{1, \ldots, t\}$ mit $p \mid c_0$, $p \mid c_1, \ldots, p \mid c_{r-1}$ und mit $p \nmid c_r$. Es ist $a_r = b_0 c_r + b_1 c_{r-1} + \cdots$; es teilt p jeden Summanden der rechten Seite mit Ausnahme von $b_0 c_r$. Da auch $p \mid a_r$ gilt [wegen

$r < n$], hat sich damit ein Widerspruch ergeben.
(2) Es sei $a \in \mathbb{Z}$ eine von ± 1 verschiedene quadratfreie Zahl. Nach (1) ist für jedes $n \in \mathbb{N}$ das Polynom $T^n - a$ irreduzibel in $\mathbb{Z}[T]$.
(3) Es sei $p \in \mathbb{N}$ eine Primzahl. Dann ist das Polynom $T^{p-1} + \cdots + 1$ irreduzibel in $\mathbb{Z}[T]$.
Beweis: Im Quotientenkörper $\mathbb{Q}(T)$ von $\mathbb{Z}[T]$ gilt

$$F(T+1) = \frac{(T+1)^p - 1}{(T+1) - 1} = T^{p-1} + \sum_{\nu=1}^{p-1} \binom{p}{\nu} T^{p-\nu-1}.$$

Für jedes $\nu \in \{1, \ldots, p-1\}$ sind die Binomialkoeffizienten $\binom{p}{\nu}$ durch p teilbar [vgl. XI(7.7)(1)], und es ist $\binom{p}{p-1} = p$ nicht durch p^2 teilbar. Nach (1) ist daher $F(T+1)$ irreduzibel in $\mathbb{Z}[T]$ und somit auch F [denn die Abbildung $\varphi: R[T] \to R[T]$ mit $\varphi|R = \mathrm{id}_R$ und $\varphi(T) = T+1$, vgl. (5.4), ist ein Isomorphismus von Ringen mit der durch $\psi|R = \mathrm{id}_R$ und $\psi(T) = T-1$ definierten Umkehrabbildung].

§5 Polynomringe in mehreren Unbestimmten

(5.1) Alle in diesem Paragraphen vorkommenden Ringe sind, wenn nichts anderes gesagt wird, kommutativ. Alle Homomorphismen [Isomorphismen] sind Homomorphismen [Isomorphismen] von Ringen.

(5.2) BEZEICHNUNG: Es sei S ein Ring.
(1) Es sei M eine Teilmenge von S. Der Durchschnitt R' aller Unterringe von S, welche M enthalten, ist ein Unterring von S [vgl. (3.4)(3)]; R' ist der kleinste Unterring von S, welcher M enthält.
(2) Ist $M = \emptyset$, so ist der Durchschnitt aller Unterringe von S, welche M enthalten, gleich dem Durchschnitt *aller* Unterringe von S und daher der kleinste in S enthaltene Unterring; er wird der Primring von S genannt und mit $\Pi(S)$ bezeichnet.
(3) Es sei R ein Unterring von S, und es sei M eine Teilmenge von S. Der kleinste Unterring von S, der R und M enthält, wird mit $R[M]$ bezeichnet. Es ist $R[\emptyset] = R$.
(4) Es sei R ein Unterring von S, und es sei $M = \{x_1, \ldots, x_n\} \subset S$ eine endliche Teilmenge. Es wird $R[x_1, \ldots, x_n]$ statt $R[\{x_1, \ldots, x_n\}]$ geschrieben. Es ist

$$R[x_1, \ldots, x_n] = \\ = \left\{ \sum_{h=0}^{m} \sum_{\substack{(i_1,\ldots,i_n) \in \mathbb{N}_0^n \\ i_1+\cdots+i_n = h}} r_{i_1,\ldots,i_n} x_1^{i_1} \cdots x_n^{i_n} \;\middle|\; m \in \mathbb{N}_0;\ r_{i_1,\ldots,i_n} \in R \right\}$$

[die rechts stehende Menge ist nämlich ein Unterring von S, der R und die Elemente $x_1, \ldots, x_n$ enthält, und jeder solche Unterring von S enthält die rechts stehende Menge]. Für jedes $p \in \{0, \ldots, n\}$ ist $R[x_1, \ldots, x_p][x_{p+1}, \ldots, x_n] = R[x_1, \ldots, x_n]$.

(5) In I(8.1) wurde der Polynomring in *einer* Unbestimmten T über einem Ring R als Unterring des Rings $S := R[[T]]$ der formalen Potenzreihen in T über R definiert. Man sieht: Dieser Polynomring ist der kleinste Unterring von S, der R und T enthält, also paßt die in I(8.1)(6) eingeführte Bezeichnung $R[T]$ für diesen Ring zu der hier eingeführten Bezeichnung.

(5.3) BEMERKUNG: Die in (5.4) beschriebene Eigenschaft von Polynomringen wird dazu dienen, Polynomringe in mehreren Unbestimmten einzuführen. Als Spezialfall ergibt sich das in I(8.8) behandelte Einsetzen [vgl. auch (5.10)(3)].

(5.4) Satz: *Es sei R ein Ring, und es sei S ein nicht notwendig kommutativer Ring; es sei $R[T]$ der Polynomring über R in der Unbestimmten T. Es sei $\varphi: R \to S$ ein Homomorphismus. Es sei $s \in S$, und es gelte $\varphi(r)s = s\varphi(r)$ für jedes $r \in R$. Es gibt genau einen Homomorphismus $\psi_s: R[T] \to S$ mit $\psi_s|R = \varphi$ und mit $\psi_s(T) = s$.*
Beweis [Existenz]: Für jedes $f = \sum_{i\geq 0} a_iT^i \in R[T]$ wird $\psi_s(f) = \sum_{i\geq 0} \varphi(a_i)s^i$ gesetzt. Dann ist $\psi_s(1_R) = 1_S$. Es seien $g = \sum_{i\geq 0} b_iT^i$, $h = \sum_{i\geq 0} c_iT^i$ Polynome in $R[T]$. Dann gelten

$$\psi_s(g+h) = \psi_s\Big(\sum_{i\geq 0}(b_i+c_i)T^i\Big) = \sum_{i\geq 0}(\varphi(b_i)+\varphi(c_i))s^i = \psi_s(g)+\psi_s(h),$$

$$\psi_s(gh) = \psi_s\Big(\sum_{i\geq 0}\Big(\sum_{j=0}^{i} b_jc_{i-j}\Big)T^i\Big) = \sum_{i\geq 0}\Big(\sum_{j=0}^{i}\varphi(b_j)\varphi(c_{i-j})\Big)s^i = \psi_s(g)\psi_s(h)$$

[um das letzte Gleichheitszeichen einzusehen, muß $\varphi(r)s = s\varphi(r)$ für jedes $r \in R$ benutzt werden].
[Einzigkeit]: Es sei $\chi: R[T] \to S$ ein Homomorphismus der verlangten Art. Für jedes $f = \sum_{i\geq 0} a_iT^i \in R[T]$ gilt $\chi(f) = \sum_{i\geq 0}\varphi(a_i)s^i = \psi_s(f)$.

(5.5) DEFINITION: Es sei S ein Ring, und es sei R ein Unterring von S. Der Ring S heißt endlich erzeugt über R, wenn es ein $n \in \mathbb{N}$ und Elemente $x_1, \ldots, x_n$ aus S mit $S = R[x_1, \ldots, x_n]$ gibt.

(5.6) Satz: *Es sei R ein Ring, und es sei $n \in \mathbb{N}$. Es existiert ein endlich erzeugter Oberring R_n von R der Form $R_n = R[T_1, \ldots, T_n]$ mit der folgenden Eigenschaft: Zu jedem Tripel (S, φ, η), in dem S ein Ring ist, $\varphi: R \to S$ ein Homomorphismus ist und $\eta = (\eta_1, \ldots, \eta_n) \in S^n$ ist, gibt es genau einen Homomorphismus $\psi: R_n \to S$ mit $\psi|R = \varphi$ und mit $\psi(T_i) = \eta_i$ für jedes $i \in \{1, \ldots, n\}$.*
Beweis: Es sei $R_1 := R[T_1]$ der Polynomring in der Unbestimmten T_1 über R; es sei $\psi_1: R[T_1] \to S$ der durch $\psi_1|R = \varphi$ und $\psi_1(T_1) = \eta_1$ definierte Homomorphismus [vgl. (5.4)]. Es sei $i \in \{1, \ldots, n-1\}$, und es seien ein Ring $R_i = R[T_1, \ldots, T_i]$ und ein Homomorphismus $\psi_i: R_i \to S$ mit $\psi_i|R = \varphi$ und mit $\psi_i(T_j) = \eta_j$ für jedes $j \in \{1, \ldots, i\}$ schon konstruiert. Es sei $R_{i+1} := R_i[T_{i+1}]$ der Polynomring über R_i in der Unbestimmten T_{i+1}. Dann ist $R_{i+1} = R[T_1, \ldots, T_{i+1}]$ [vgl. (5.2)(4)]. Nach (5.4) gibt es einen Homomorphismus $\psi_{i+1}: R_{i+1} \to S$ mit $\psi_{i+1}|R_i = \psi_i$ und $\psi_{i+1}(T_{i+1}) = \eta_{i+1}$. Es gilt also $\psi_{i+1}|R = \psi_i|R = \varphi$. Insgesamt ergeben sich

nach n solchen Schritten ein Ring $R_n = R[T_1, \dots, T_n]$ und ein Homomorphismus $\psi := \psi_n : R_n \to S$ mit der verlangten Eigenschaft, und ψ ist durch diese Forderung wegen der Gestalt der Elemente aus R_n [vgl. (5.2)(4)] eindeutig bestimmt.

(5.7) Folgerung: *Es sei R ein Ring, und es sei $n \in \mathbb{N}$. Die Ringe $R_n = R[T_1, \dots, T_n]$ und $R'_n = R[T'_1, \dots, T'_n]$ seien zwei Ringe der in (5.6) beschriebenen Art. Dann existiert genau ein Isomorphismus $\omega: R_n \to R'_n$ mit $\omega(r) = r$ für jedes $r \in R$ und mit $\omega(T_i) = T'_i$ für jedes $i \in \{1, \dots, n\}$.*

Beweis: Nach (5.6) existieren Homomorphismen $\omega: R_n \to R'_n$, $\omega': R'_n \to R_n$ mit $\omega(r) = \omega'(r) = r$ für jedes $r \in R$ und mit $\omega(T_i) = T'_i$, $\omega'(T'_i) = T_i$ für jedes $i \in \{1, \dots, n\}$. Dann hat $\psi := \omega' \circ \omega$ die folgenden Eigenschaften: Es gilt $\psi(r) = r$ für jedes $r \in R$ und $\psi(T_i) = T_i$ für jedes $i \in \{1, \dots, n\}$. Aus der Eindeutigkeitsaussage in (5.6) folgt $\psi = \mathrm{id}_{R_n}$. Entsprechend folgt $\omega \circ \omega' = \mathrm{id}_{R'_n}$, und daher sind ω und ω' Isomorphismen mit $\omega' = \omega^{-1}$.

(5.8) DEFINITION: Der in (5.6) konstruierte Ring R_n heißt der Polynomring über R in den Unbestimmten $T_1, \dots, T_n$; die Elemente von R_n heißen Polynome [in den Unbestimmten $T_1, \dots, T_n$].

(5.9) BEMERKUNG: Es sei R ein Ring, und es sei $n \in \mathbb{N}$. Es sei $R_n = R[T_1, \dots, T_n]$ der Polynomring über R in den Unbestimmten $T_1, \dots, T_n$.

(1) Die Polynome $F \in R_n$ haben die Form

$$F = \sum_{h=0}^{m} \Bigg(\sum_{\substack{(i_1, \dots, i_n) \in \mathbb{N}_0^n \\ i_1 + \dots + i_n = h}} r_{i_1, \dots, i_n} T_1^{i_1} \cdots T_n^{i_n} \Bigg) \quad \text{mit } m \in \mathbb{N}_0 \text{ und } r_{i_1, \dots, i_n} \in R. \qquad (*)$$

(2) Es sei $F \in R_n$ ein Polynom der Form $(*)$. Genau dann gilt $F = 0$, d.h. F ist das Nullelement, wenn $r_{i_1, \dots, i_n} = 0$ ist für alle in $(*)$ auftretenden $(i_1, \dots, i_n) \in \mathbb{N}_0^n$.

Beweis [durch Induktion]: Für $n = 1$ folgt das aus der Definition des Polynomrings $R[T_1]$ über R in der Unbestimmten T_1. Es sei $n \in \mathbb{N}$ und $n > 1$, und es sei die Aussage für den Polynomring $R_{n-1} = R[T_1, \dots, T_{n-1}]$ über R in den Unbestimmten $T_1, \dots, T_{n-1}$ bewiesen. Es sei $R_{n-1}[T_n] = R_n$ der Polynomring über R_{n-1} in der Unbestimmten T_n, und es sei F wie angegeben. Dann gilt

$$F = \sum_{h=0}^{m} \Bigg(\sum_{i_n=0}^{h} \Bigg(\sum_{\substack{(i_1, \dots, i_{n-1}) \in \mathbb{N}_0^{n-1} \\ i_1 + \dots + i_{n-1} = h - i_n}} r_{i_1, \dots, i_n} T_1^{i_1} \cdots T_{n-1}^{i_{n-1}} \Bigg) T_n^{i_n} \Bigg);$$

hier ist zunächst die innere Summe 0 [wie sich aus dem Fall $n = 1$ ergibt], und aus der Induktionsannahme folgt dann, daß $r_{i_1, \dots, i_n} = 0$ ist für alle in $(*)$ auftretenden $(i_1, \dots, i_n) \in \mathbb{N}_0^n$.

(3) Ein Polynom der Form $T_1^{i_1} \cdots T_n^{i_n}$ mit einem $(i_1, \dots, i_n) \in \mathbb{N}_0^n$ heißt ein Monom; $i_1 + \dots + i_n$ heißt der Grad des Monoms. Jedes Polynom $F \in R_n$, $F \neq 0$, hat genau eine Darstellung $F = \sum_{i=0}^{s} r_i M_i$ mit von 0 verschiedenen Elementen $r_0, \dots, r_s \in R$

und paarweise verschiedenen Monomen $M_0, \dots, M_s$. Ist t das Maximum der Grade dieser Monome, so setzt man $\mathrm{grad}(F) := t$. Es gelten wie in I(8.2) und I(8.3): Sind F, $G \in R_n$, so ist

$$\mathrm{grad}(F+G) \leq \max(\{\mathrm{grad}(F), \mathrm{grad}(G)\}), \text{ falls } F \neq 0, G \neq 0 \text{ und } F+G \neq 0 \text{ sind,}$$
$$\mathrm{grad}(FG) \leq \mathrm{grad}(F) + \mathrm{grad}(G), \qquad \text{ falls } F \neq 0, G \neq 0 \text{ und } FG \neq 0 \text{ sind.}$$

(4) Es sei $h \in \mathbb{N}_0$. Ein Polynom $0 \neq F \in R_n$ heißt homogen vom Grad h, wenn in der Darstellung $F = \sum_{i=0}^{s} r_i M_i$ als Summe von Monomen gemäß (3) alle Monome M_i den gleichen Grad h besitzen. Es hat jedes $F \in R_n \setminus \{0\}$ genau eine Darstellung $F = \sum_{i=0}^{m} F_i$ mit einem $m \in \mathbb{N}_0$ und mit Polynomen $F_0, \dots, F_m \in R_n$, für die gilt: Für jedes $i \in \{0, \dots, m\}$ ist $F_i = 0$ oder es ist F_i homogen vom Grad i, und es ist $F_m \neq 0$. Es ist dann $m = \mathrm{grad}(F)$.
(5) Es sei $R = \mathbb{Z}$ und $n = 3$; es ist

$$F = 3 + 4T_1 + 6T_3 + T_1T_2 + 8T_1T_2T_3 + 5T_1^2T_2^4 = F_0 + F_1 + F_2 + F_3 + F_4 + F_5 + F_6$$

mit $F_0 = 3$, $F_1 = 4T_1 + 6T_3$, $F_2 = T_1T_2$, $F_3 = 8T_1T_2T_3$, $F_4 = F_5 = 0$ und $F_6 = 5T_1^2T_2^4$; für $i = 0, \dots, 3$ und $i = 6$ ist F_i homogen vom Grad i.

(5.10) BEMERKUNG: Es sei R ein Ring, es sei $n \in \mathbb{N}$, und es sei $R[T_1, \dots, T_n]$ der Polynomring über R in den Unbestimmten $T_1, \dots, T_n$. Es sei S ein Ring, und es sei $\varphi: R \to S$ ein Homomorphismus.
(1) Es seien $s_1, \dots, s_n$ Elemente in S. Es gibt genau einen Homomorphismus $\psi: R_n \to S$ mit $\psi(r) = \varphi(r)$ für jedes $r \in R$ und mit $\psi(T_i) = s_i$ für jedes $i \in \{1, \dots, n\}$ [vgl. (5.6)]. Ist $f \in R[T_1, \dots, T_n]$, so setzt man $f(s_1, \dots, s_n) := \psi(f)$ [$s_1, \dots, s_n$ "eingesetzt" in f, vgl. I(8.8)].
(2) Es seien $f_1, \dots, f_n \in R_n$. Es gibt genau einen Homomorphismus $\psi: R_n \to R_n$ mit $\psi(r) = r$ und $\psi(T_i) = f_i$ für jedes $i \in \{1, \dots, n\}$ [man setzt dazu in (1) $S := R_n$ und wählt als φ die Inklusionsabbildung von R in R_n].
(3) Es sei S ein nicht notwendig kommutativer Ring; es sei $n = 1$ und $T := T_1$ und $s := s_1$; es gelte $s\varphi(r) = \varphi(r)s$ für jedes $r \in R$. Es sei $\psi: R[T] \to S$ der Homomorphismus mit $\psi|R = \varphi$ und mit $\psi(T) = s$ [vgl. (5.4)]. Ist $f \in R[T]$, so setzt man $f(s) := \psi(f)$ [s "eingesetzt" in f].
(4) Es sei $\varphi: R \to R'$ ein Isomorphismus von Ringen, es sei R_n der Polynomring über R in den Unbestimmten $T_1, \dots, T_n$, und es sei R'_n der Polynomring über R' in den Unbestimmten $T_1, \dots, T_n$. Es sei $\widetilde{\varphi}: R_n \to R'_n$ der durch $\widetilde{\varphi}(r) = \varphi(r)$ für jedes $r \in R$ und $\widetilde{\varphi}(T_i) = T_i$ für jedes $i \in \{1, \dots, n\}$ definierte Homomorphismus. Dann ist $\widetilde{\varphi}$ ein Isomorphismus; ist $\psi := \varphi^{-1}$, so ist der durch $\widetilde{\psi}(r') = \psi(r')$ für jedes $r' \in R'$ und $\widetilde{\psi}(T_i) = T_i$ für jedes $i \in \{1, \dots, n\}$ definierte Homomorphismus $\widetilde{\psi}: R'_n \to R_n$ die Umkehrabbildung von $\widetilde{\varphi}$.
(5) Es sei K ein Körper, es sei $K[T]$ der Polynomring über K in der Unbestimmten T, und es sei $A \in M(n; K)$. Es sei φ der durch $\gamma \mapsto \gamma E_n : K \to M(n; K)$ definierte Homomorphismus. Das in VIII(1.11) beschriebene "Einsetzen" der Matrix A in Polynome ist ein Spezialfall der Konstruktion in (2).

(5.11) Satz: *Es sei R ein Ring, und es sei $n \in \mathbb{N}$.*
(1) *Ist R ein Integritätsring, so ist der Polynomring R_n ein Integritätsring.*
(2) *Ist R ein faktorieller Ring, so ist der Polynomring R_n ein faktorieller Ring.*
Beweis: (1) Das folgt aus I(8.3)(2) mittels Induktion.
(2) Das folgt aus (4.27) mittels Induktion.

§6 Symmetrische Polynome

(6.0) (1) In diesem Paragraphen sind alle Ringe kommutativ, und alle Homomorphismen [Isomorphismen] sind Homomorphismen [Isomorphismen] von Ringen.
(2) Mit n wird in diesem Paragraphen stets eine natürliche Zahl bezeichnet.

(6.1) BEZEICHNUNG: Es sei G eine Gruppe; das neutrale Element von G werde mit e bezeichnet.
(1) Es sei X eine nichtleere Menge. Es sei

$$(g,x) \mapsto gx : G \times X \to X$$

eine Abbildung mit $(g'g)x = g'(gx)$ für alle g, $g' \in G$ und jedes $x \in X$, und mit $ex = x$ für jedes $x \in X$. Man sagt dann: Die Gruppe G operiert auf X.

Es sei $g \in G$. Für jedes $x \in X$ gilt $x = ex = (g^{-1}g)x = g^{-1}(gx)$. Für jedes $g \in G$ ist also $x \mapsto gx : X \to X$ eine bijektive Abbildung, und $x \mapsto g^{-1}x : X \to X$ ist die Umkehrabbildung dieser Abbildung.
(2) Es sei R ein Ring. Es operiere G auf R, und es gelte zusätzlich: Für jedes $g \in G$ ist die Abbildung $r \mapsto gr : R \to R$ ein Homomorphismus, nach (1) also dann ein Automorphismus von R. Man sagt: G operiert auf R als eine Gruppe von Automorphismen.

(6.2) BEISPIELE: (1) Es sei K ein Körper, es sei $G = \mathrm{GL}(n;K)$, und es sei $K_n = K[T_1,\dots,T_n]$ der Polynomring über K in den Unbestimmten $T_1,\dots,T_n$. Es sei $A = (\alpha_{ij}) \in \mathrm{GL}(n;K)$; es sei $\psi_A\colon K_n \to K_n$ der durch $\psi_A(T_i) := \sum_{j=1}^n \alpha_{ji}T_j$ für jedes $i \in \{1,\dots,n\}$ und $\psi_A(\gamma) = \gamma$ für jedes $\gamma \in K$ definierte Homomorphismus [vgl. (5.10)(2)]. Es gilt $\psi_{E_n} = \mathrm{id}_{K_n}$, und ist $B = (\beta_{ij}) \in \mathrm{GL}(n;K)$, so gilt für jedes $i \in \{1,\dots,n\}$

$$\psi_{AB}(T_i) = \sum_{k=1}^{n}\Bigl(\sum_{j=1}^{n}\alpha_{kj}\beta_{ji}\Bigr)T_k = \psi_A\Bigl(\sum_{j=1}^{n}\beta_{ji}T_j\Bigr) = \psi_A(\psi_B(T_i));$$

durch die Festsetzung $Af := \psi_A(f)$ für jedes $A \in \mathrm{GL}(n;K)$ und jedes $f \in K_n$ operiert $\mathrm{GL}(n;K)$ auf K_n als eine Gruppe von Automorphismen.
(2) Es sei $G = S_n$ die symmetrische Gruppe des Grades n, es sei R ein Ring, und es sei $R_n = R[T_1,\dots,T_n]$ der Polynomring über R in den Unbestimmten $T_1,\dots,T_n$. Es sei $\sigma \in S_n$; es sei $\psi_\sigma\colon R_n \to R_n$ der durch $\psi_\sigma(T_i) := T_{\sigma(i)}$ für jedes $i \in \{1,\dots,n\}$ und $\psi_\sigma(r) = r$ für jedes $r \in R$ definierte Homomorphismus [vgl. (5.10)(2)]. Für das neutrale Element ε von S_n gilt $\psi_\varepsilon = \mathrm{id}_{R_n}$, und ist $\tau \in S_n$, so ist $\psi_{\sigma\tau} = \psi_\sigma \circ \psi_\tau$; durch die Festsetzung $\sigma f := \psi_\sigma(f)$ für jedes $\sigma \in S_n$ und jedes $f \in R_n$ operiert S_n auf R_n als eine Gruppe von Automorphismen.

(6.3) BEZEICHNUNG: (1) Es sei R ein Ring, und es sei G eine Gruppe, die auf R als eine Gruppe von Automorphismen operiert. Es ist leicht zu sehen, daß

$$R^G := \{r \in R \mid gr = r \quad \text{für jedes } g \in G\}$$

ein Unterring von R ist [vgl. (3.4)(3)]; R^G heißt der Invariantenring von R bei der Operation von G.
(2) Es sei R ein Ring. Operiert die symmetrische Gruppe S_n auf dem Polynomring $R_n := R[T_1, \dots, T_n]$ wie in (6.2)(2), so heißen die Elemente aus $R_n^{S_n}$ symmetrische Polynome.

(6.4) BEZEICHNUNG: Es sei R ein Ring, und es sei R_n der Polynomring über R in den Unbestimmten $T_1, \dots, T_n$. Es operiere die symmetrische Gruppe S_n auf R_n wie in (6.2)(2). Es sei $R_n[X]$ der Polynomring über R_n in der Unbestimmten X. Setzt man $\sigma X = X$ für jedes $\sigma \in S_n$, so operiert die symmetrische Gruppe S_n als eine Gruppe von Automorphismen auf $R_n[X]$.
(1) Es wird in $R_n[X]$

$$H_n(T_1, \dots, T_n; X) := \prod_{j=1}^{n}(X - T_j) = \sum_{j=0}^{n}(-1)^j s_{nj} X^{n-j}$$

betrachtet; hier ist $s_{n0} = 1$, und es sind $s_{n1}, \dots, s_{nn}$ Elemente in R_n. Es ist

$$s_{n1}(T_1, \dots, T_n) = T_1 + \dots + T_n, \quad s_{nn}(T_1, \dots, T_n) = T_1 \cdots T_n.$$

(2) Es wird

$$s_{j0} := 1 \text{ für jedes } j \in \mathbb{N}_0 \qquad \text{und } s_{ij} = 0 \text{ für alle } i, j \in \mathbb{N}_0 \text{ mit } i < j$$

gesetzt. *Für jedes $j \in \{1, \dots, n\}$ gilt*

$$s_{nj}(T_1, \dots, T_n) = s_{n-1,j}(T_1, \dots, T_{n-1}) + s_{n-1,j-1}(T_1, \dots, T_{n-1})T_n,$$

s_{nj} ist homogen vom Grad j und Summe von $\binom{n}{j}$ Monomen:

$$s_{nj}(T_1, \dots, T_n) = \sum_{1 \le i_1 < \dots < i_j \le n} T_{i_1} \cdots T_{i_j}. \qquad (*)$$

Beweis: Für $n = 1$ ist (2) richtig. Es sei $n \in \mathbb{N}$, und es sei (2) richtig für n. Aus

$$H_{n+1}(T_1, \dots, T_{n+1}; X) = \prod_{j=1}^{n+1}(X - T_j) = (X - T_{n+1})H_n(T_1, \dots, T_n; X)$$

erhält man für jedes $j \in \{1, \dots, n\}$

$$s_{n+1,j}(T_1, \dots, T_{n+1}) = s_{nj}(T_1, \dots, T_n) + s_{n,j-1}(T_1, \dots, T_n)T_{n+1};$$

es ist $s_{n+1,n+1} = T_1 \cdots T_{n+1}$. Hieraus ergibt sich unmittelbar $(*)$. Die Anzahl der Summanden in $s_{n+1,j}$ für jedes $j \in \{1,\ldots,n\}$ ist

$$\binom{n}{j} + \binom{n}{j-1} = \binom{n+1}{j};$$

die Anzahl der Summanden in $s_{n+1,n+1}$ ist 1.
(3) Die in (2) angegebene Formel kann dazu benutzt werden, um die s_{nj} rekursiv zu berechnen.
(4) Insbesondere folgt aus (2)

$$s_{nj}(T_1,\ldots,T_n) = s_{n+1,j}(T_1,\ldots,T_n,0) \quad \text{für jedes } j \in \{0,\ldots,n\}.$$

(5) Wegen $\sigma\big(\prod_{j=1}^n (X - T_j)\big) = \prod_{j=1}^n (X - T_j)$ für jedes $\sigma \in S_n$ gilt: Für jedes $j \in \{1,\ldots,n\}$ ist s_{nj} ein symmetrisches Polynom; es wird das j-te elementarsymmetrische Polynom in den Unbestimmten $T_1,\ldots,T_n$ genannt. Es ist der Ring $R[\,s_{n1},\ldots,s_{nn}\,]$ ein Unterring von $R_n^{S_n}$. Es wird in (6.7) gezeigt, daß diese beiden Ringe gleich sind.

(6.5) BEZEICHNUNG: Es sei $Z := \mathbb{Z}^n$; die Elemente aus Z werden mit $\underline{i} = (i_1,\ldots,i_n)$, $\underline{j} = (j_1,\ldots,j_n),\ldots$ bezeichnet. Es seien $\underline{i}$, $\underline{j} \in Z$; ist $\underline{i} = \underline{j}$, oder ist $\underline{i} \neq \underline{j}$ und gibt es ein $k \in \{0,\ldots,n-1\}$ mit $i_\kappa = j_\kappa$ für jedes $\kappa \in \{1,\ldots,k\}$ und mit $i_{k+1} > j_{k+1}$, so wird $\underline{i} \succcurlyeq \underline{j}$ gesetzt. Es ist $\succcurlyeq$ eine lineare Ordnung auf Z [vgl. I(1.15)(3)]; man nennt diese lineare Ordnung die lexikographische Ordnung. Man schreibt $\underline{i} \succ \underline{j}$, falls $\underline{i} \succcurlyeq \underline{j}$, aber $\underline{i} \neq \underline{j}$ gilt. Sind $\underline{i}$, $\underline{j}$, $\underline{k} \in Z$ und ist $\underline{i} \succ \underline{j}$, so ist $\underline{i} + \underline{k} \succ \underline{j} + \underline{k}$. Hieraus folgt: Sind $\underline{i}$, $\underline{j}$, $\underline{i}'$, $\underline{j}' \in Z$ und gilt $\underline{i} \succ \underline{j}$, $\underline{i}' \succ \underline{j}'$, so ist $\underline{i} + \underline{i}' \succ \underline{j} + \underline{j}'$.
(1) Es sei R ein Ring, es sei R_n der Polynomring über R in den Unbestimmten $T_1,\ldots,T_n$, und es sei $\mathcal{M} = \{T_1^{i_1} \cdots T_n^{i_n} =: \underline{T}^{\underline{i}} \mid \underline{i} \in \mathbb{N}_0^n\}$ die Menge der Monome in R_n in den Unbestimmten $T_1,\ldots,T_n$. Auf $\mathcal{M}$ wird durch $\underline{T}^{\underline{i}} \succcurlyeq \underline{T}^{\underline{j}}$, genau wenn $\underline{i} \succcurlyeq \underline{j}$, eine lineare Ordnung definiert. Es seien $\underline{i}$, $\underline{j} \in \mathbb{N}_0^n$; gilt $\underline{i} \succ \underline{j}$, so wird $\underline{T}^{\underline{i}} \succ \underline{T}^{\underline{j}}$ geschrieben. Sind $\underline{i}$, $\underline{j}$, $\underline{i}'$, $\underline{j}' \in \mathbb{N}_0^n$ und ist $\underline{T}^{\underline{i}} \succ \underline{T}^{\underline{j}}$, $\underline{T}^{\underline{i}'} \succ \underline{T}^{\underline{j}'}$, so ist $\underline{T}^{\underline{i}+\underline{i}'} \succ \underline{T}^{\underline{j}+\underline{j}'}$.
(2) Im Sinne der in (1) definierten linearen Ordnung gilt: Für jedes $j \in \{1,\ldots,n\}$ ist $T_1 \cdots T_j$ das größte Monom in s_{nj}. Es sei $\underline{d} = (d_1,\ldots,d_n) \in \mathbb{N}_0^n$; das größte Monom in $s_{n1}^{d_1} \cdots s_{nn}^{d_n}$ ist das Monom $T_1^{d_1+\cdots+d_n} \cdot T_2^{d_2+\cdots+d_n} \cdots T_n^{d_n}$.

(6.6) BEMERKUNG: Es werden weiterhin die Bezeichnungen aus (6.5) beibehalten. Es sei $F = \sum_{\underline{i} \in \mathbb{N}_0^n} a_{\underline{i}} \underline{T}^{\underline{i}}$ ein von Null verschiedenes symmetrisches Polynom in R_n; es sei $\underline{k} \in \mathbb{N}_0^n$ so gewählt, daß $a_{\underline{k}} \neq 0$ und $\underline{T}^{\underline{k}} \succ \underline{T}^{\underline{j}}$ für jedes $\underline{j} \in \mathbb{N}_0^n$ mit $\underline{j} \neq \underline{k}$ und mit $a_{\underline{j}} \neq 0$ gilt. Man nennt dann $\underline{T}^{\underline{k}}$ das größte in F vorkommende Monom und $a_{\underline{k}}$ den Koeffizienten dieses Monoms. Es sei $\underline{k} =: (k_1,\ldots,k_n)$. *Dann gilt* $k_1 \geq \cdots \geq k_n$.
Beweis: Ist $n = 1$, so ist nichts zu zeigen. Es sei $n \geq 2$. Es sei $\tau \in S_n$; für jedes $\underline{j} \in \mathbb{N}_0^n$ mit $a_{\underline{j}} \neq 0$ ist auch $a_{\underline{j}'} \neq 0$ mit $\underline{j}' := (j_{\tau(1)},\ldots,j_{\tau(n)})$. Nun sei $\sigma \in S_n$ wie in (2.8)(4) definiert; es ist also $(\sigma(1),\ldots,\sigma(n)) = (2,\ldots,n,1)$, und

daher $a_{(k_2,\ldots,k_n,k_1)} \neq 0$ und folglich $k_1 \geq k_2$. Fortsetzen dieser Schlußweise mit $\sigma^2, \ldots, \sigma^{n-1}$ an Stelle von σ liefert die Behauptung.

(6.7) Satz: *Es sei R ein Ring. Für jedes $n \in \mathbb{N}$ ist $R_n^{S_n} = R[s_{n1}, \ldots, s_{nn}]$.*
Beweis: Es sei $R[X_1, \ldots, X_n]$ der Polynomring über R in den Unbestimmten $X_1, \ldots, X_n$. Das folgende Programm liefert den Beweis des Satzes.
Eingabe: $F \in R_n^{S_n}$;
Ausgabe: $Q \in R[X_1, \ldots, X_n]$ mit $F = Q(s_{n1}, \ldots, s_{nn})$.

$P := F$; $\{\in R_n^{S_n}\}$ $Q := 0$; $\{\in R[X_1, \ldots, X_n]\}$
`while` $P \neq 0$ `do`
  `begin`
    `suche das größte Monom` $\underline{T}^{\underline{k}}$ `in` P;
    `es sei` a `der Koeffizient von` $\underline{T}^{\underline{k}}$;
    $P' := a s_{n1}^{k_1-k_2} s_{n2}^{k_2-k_3} \cdots s_{n,n-1}^{k_{n-1}-k_n} s_{nn}^{k_n}$; $\{\in R_n^{S_n}\}$
    $Q' := a X_1^{k_1-k_2} X_2^{k_2-k_3} \cdots X_{n-1}^{k_{n-1}-k_n} X_n^{k_n}$; $\{\in R[X_1, \ldots, X_n]\}$
    $P := P - P'$; $Q := Q + Q'$;
  `end;`
`return(`Q`).`

Korrektheit: (1) Am Ende der while-Schleife ist das größte Monom in P kleiner als beim Eintritt in die while-Schleife [vgl. (6.5)(2)]. Bei einem Durchlaufen der while-Schleife erhöht sich der Grad von P nicht, da P' homogen vom gleichen Grad wie $\underline{T}^{\underline{k}}$ ist; da es nur endlich viele Monome eines festen Grades gibt, bricht der Algorithmus nach endlich vielen Schritten ab.
(2) Nach jedem Durchlaufen der while-Schleife ist $F = P + Q(s_{n1}, \ldots, s_{nn})$.

(6.8) BEMERKUNG: Verwendet man das Programm mit einem F, das nicht symmetrisch ist, so wird einmal für das größte Monom $T_1^{k_1} \cdots T_n^{k_n}$ in P nicht $k_1 \geq \cdots \geq k_n$ gelten. Mit diesem Programm kann also auch festgestellt werden, ob ein Polynom in R_n symmetrisch ist.

(6.9) BEISPIEL: Es sei $R = \mathbb{Z}$, und es sei $n = 3$, $s_1 := s_{31}$, $s_2 := s_{32}$, $s_3 := s_{33}$. Es sei

$$F = T_1^2 T_2 T_3 + T_1 T_2^2 T_3 + T_1 T_2 T_3^2 + T_1^2 + T_2^2 + T_3^2.$$

Es sei $P := F$. Das größte Monom in P ist $T_1^2 T_2 T_3$. Es ist $P' := s_1 s_3$, und nach dem ersten Durchlauf ist $P := T_1^2 + T_2^2 + T_3^2$, $Q := X_1 X_3$. Das größte Monom in P ist T_1^2, es ist $P' := s_1^2$, also ist nach dem zweiten Durchlauf $P := -2s_2$, $Q := X_1 X_2 + X_1^2$. Man erhält am Ende $Q = X_1 X_3 + X_1^2 - 2X_2$ und daher $F = s_1 s_3 + s_1^2 - 2s_2$.

(6.10) BEZEICHNUNG: Es sei S ein Ring, und es sei R ein Unterring von S. Es sei $R[X_1, \ldots, X_n]$ der Polynomring über R in den Unbestimmten $X_1, \ldots, X_n$. Es seien $x_1, \ldots, x_n$ Elemente in S, und es sei $\varphi: R[X_1, \ldots, X_n] \to R[x_1, \ldots, x_n]$ der durch $\varphi(X_i) = x_i$ für jedes $i \in \{1, \ldots, n\}$ und $\varphi(r) = r$ für jedes $r \in R$ definierte Homomorphismus [vgl. (5.10)(1)]. Die Elemente $x_1, \ldots, x_n$ heißen algebraisch unabhängig über R, wenn der Homomorphismus φ injektiv ist, wenn also gilt: Ist $F \in R[X_1, \ldots, X_n]$ und ist $F(x_1, \ldots, x_n) = 0$, so ist F das Nullpolynom.

Es seien die Elemente $x_1,\dots,x_n$ algebraisch unabhängig über R. Dann ist φ ein Isomorphismus [φ ist injektiv, da die Elemente $x_1,\dots,x_n$ algebraisch unabhängig über R sind, und φ ist surjektiv nach Konstruktion].

Beispiel: Ist R ein Ring, ist $S := R[X_1,\dots,X_n]$ der Polynomring über R in den Unbestimmten $X_1,\dots,X_n$, so sind $X_1,\dots,X_n$ algebraisch unabhängig über R.

(6.11) Satz: *Es sei R ein Ring, und es sei $R_n = R[T_1,\dots,T_n]$ der Polynomring über R in den Unbestimmten $T_1,\dots,T_n$. Die elementarsymmetrischen Polynome $s_{n1},\dots,s_{nn} \in R_n$ in den Unbestimmten $T_1,\dots,T_n$ sind algebraisch unabhängig über R.*

Beweis [durch Induktion]: Für $n = 1$ ist $s_{11} = T_1$, und die Aussage ist klar. Es sei $n \in \mathbb{N}$ mit $n \geq 2$, und es sei bereits gezeigt, daß $s_{n-1,1},\dots,s_{n-1,n-1}$ algebraisch unabhängig über R sind. Es wird angenommen: $s_{n1},\dots,s_{nn}$ sind algebraisch abhängig über R. Dann gibt es von Null verschiedene Polynome $F \in R[X_1,\dots,X_n]$ mit $F(s_{n1},\dots,s_{nn}) = 0$. Unter diesen Polynomen sei F eines von kleinstem Grad. Es gibt also ein $d \in \mathbb{N}_0$ so, daß

$$F = F(X_1,\dots,X_n) = \sum_{j=0}^{d} F_j(X_1,\dots,X_{n-1})X_n^j;$$

hier ist $F_j(X_1,\dots,X_{n-1}) \in R[X_1,\dots,X_{n-1}]$ für jedes $j \in \{0,\dots,d\}$, und es ist $F_d(X_1,\dots,X_{n-1}) \neq 0$. Wäre $F_0(X_1,\dots,X_{n-1}) = 0$, so folgte $F = X_nG$ mit einem $G \in R[X_1,\dots,X_n] \setminus \{0\}$, mit $\operatorname{grad}(G) < \operatorname{grad}(F)$ und $G(s_{n1},\dots,s_{nn}) = 0$ im Widerspruch zur Wahl von F [denn es ist $s_{nn} = T_1\cdots T_n$, und gilt für ein Polynom $H \in R_n$, daß $T_1\cdots T_nH = 0$ ist, so ist $H = 0$]. Es ist also $F_0(X_1,\dots,X_{n-1}) \neq 0$ und $0 = \sum_{j=0}^{d} F_j(s_{n1},\dots,s_{n,n-1})s_{nn}^j$. Nun ist $s_{nn}(T_1,\dots,T_{n-1},0) = 0$ und daher [vgl. (6.4)(3)] $F_0(s_{n-1,1},\dots,s_{n-1,n-1}) = 0$. Das ist ein Widerspruch dazu, daß $s_{n-1,1},\dots,s_{n-1,n-1}$ algebraisch unabhängig über R sind.

(6.12) Folgerung: *Es sei R ein Ring, und es sei $R_n = R[T_1,\dots,T_n]$ der Polynomring über R in den Unbestimmten $T_1,\dots,T_n$. Zu jedem symmetrischen Polynom $F \in R_n$ gibt es genau ein Polynom $Q \in R[X_1,\dots,X_n]$ mit $F = Q(s_{n1},\dots,s_{nn})$.*

Beweis: Nach (6.7) gibt es ein $Q \in R[X_1,\dots,X_n]$ mit $F = Q(s_{n1},\dots,s_{nn})$; nach (5.9)(2), (6.10) und (6.11) gibt es nur ein solches Q.

(6.13) BEMERKUNG: Es sei R ein Ring, und es sei $F = \sum_{i=0}^{n} a_iT^i \in R[T]$ ein normiertes Polynom vom Grad $n \geq 1$.

(1) Es gelte $F = \prod_{i=1}^{n}(T - x_i)$ mit Elementen $x_1,\dots,x_n \in R$. Dann ist

$$a_{n-i} = (-1)^i s_{ni}(x_1,\dots,x_n) \quad \text{für jedes } i \in \{0,\dots,n\};$$

insbesondere ist $a_{n-1} = -(x_1 + \cdots + x_n)$, $a_0 = (-1)^n x_1\cdots x_n$. Dieses Resultat wird häufig der Wurzelsatz von F. Viète [1540–1603] genannt.

(2) Es sei R faktoriell, und es sei K der Quotientenkörper von R. Jede Nullstelle von F in K liegt bereits in R und ist ein Teiler von a_0 [vgl. (4.29)].

(6.14) POTENZSUMMEN: (1) Es sei R ein Ring, und es sei R_n der Polynomring über R in den Unbestimmten $T_1,\ldots,T_n$. Es seien $s_{n1},\ldots,s_{nn} \in R_n$ die elementarsymmetrischen Polynome in den Unbestimmten $T_1,\ldots,T_n$. Es wird

$$\sigma_{nk} = \sum_{i=1}^{n} T_i^k \quad \text{für jedes } k \in \mathbb{N}_0$$

gesetzt; σ_{nk} heißt die k-te Potenzsumme der $T_1,\ldots,T_n$. Es ist klar, daß für jedes $k \in \mathbb{N}$ das Polynom $\sigma_{nk} \in R_n$ symmetrisch ist.
(2) Für jedes $k \in \mathbb{N}$ gilt die Newtonsche Formel

$$\sigma_{nk} = \begin{cases} \sum_{i=1}^{k-1}(-1)^{i+1}\sigma_{n,k-i}s_{ni} + (-1)^{k+1}ks_{nk}, & \text{falls } k \le n \text{ gilt,} \\ \sum_{i=1}^{n}(-1)^{i+1}\sigma_{n,k-i}s_{ni}, & \text{falls } k > n \text{ gilt.} \end{cases}$$

Beweis [durch Induktion nach n]: Für $n = 1$ und jedes $k \in \mathbb{N}$ ist die Aussage richtig. Es sei $n \in \mathbb{N}$, und es sei die Aussage für jedes $k \in \mathbb{N}$ richtig. Für jedes $k \le n$ gilt im Polynomring $R_{n+1} = R[T_1,\ldots,T_{n+1}]$

$$\begin{aligned} \sum_{i=1}^{k-1}(-1)^{i+1}\sigma_{n+1,k-i}s_{n+1,i} &= \sum_{i=1}^{k-1}(-1)^{i+1}\left(\sigma_{n,k-i} + T_{n+1}^{k-i}\right)\left(s_{ni} + s_{n,i-1}T_{n+1}\right) \\ &= \sum_{i=1}^{k-1}(-1)^{i+1}\left(\sigma_{n,k-i}s_{ni} + \sigma_{n,k-i}s_{n,i-1}T_{n+1}\right) + \\ &\qquad + T_{n+1}^k + (-1)^k s_{n,k-1}T_{n+1} \\ &\overset{*}{=} \sigma_{nk} + (-1)^k ks_{nk} + T_{n+1}^k + (-1)^k ks_{n,k-1}T_{n+1} \\ &= \sigma_{n+1,k} + (-1)^k ks_{n+1,k}, \end{aligned}$$

und das ist die Ausage für $n+1$ und $k \le n$ [bei $*$ wurde zweimal die Induktionsannahme benutzt]. Ähnlich behandelt man die Fälle $k = n+1$ und $k > n+1$.

(3) Die Formeln in (2) können offensichtlich dazu benutzt werden, um für jedes $k \in \mathbb{N}$ ein Polynom $F_k \in \mathbb{Z}[T_1,\ldots,T_n]$ mit $\sigma_{nk} = F(s_{n1},\ldots,s_{nn})$ zu finden. Es gelten

$$\sigma_{21} = s_{21}, \quad \sigma_{22} = s_{21}^2 - 2s_{22},$$

$$\sigma_{31} = s_{31}, \quad \sigma_{32} = s_{31}^2 - 2s_{32}, \quad \sigma_{33} = s_{31}^3 - 3s_{31}s_{32} + 3s_{33},$$

$$\sigma_{34} = s_{31}^4 - 4s_{31}^2 s_{32} + 4s_{31}s_{33} + 2s_{32}^2.$$

§7 Resultante und Diskriminante

(7.0) (1) Wenn nichts anderes gesagt wird, sind in diesem Paragraphen R ein Integritätsring und K ein Körper, und $R[T]$ ist der Polynomring über R in der Unbestimmten T, $K[T]$ ist der Polynomring über K in der Unbestimmten T. Alle Homomorphismen sind Homomorphismen von Ringen.
(2) Wenn nichts anderes gesagt wird, sind in diesem Paragraphen $m, n \in \mathbb{N}_0$.

(7.1) BEZEICHNUNG: (1) Es seien m und $n \in \mathbb{N}$, und es seien $F = \sum_{i=0}^{m} a_i T^i$ und $G = \sum_{j=0}^{n} b_j T^j$ Polynome in $R[T]$. Es wird nicht vorausgesetzt, daß $a_m \neq 0$ oder $b_n \neq 0$ gilt. Die Matrix [sie ist für den Fall $n < m$ aufgeschrieben]

$$S_{m,n}(F,G) = \begin{pmatrix} a_m & \cdots & a_0 & & \\ & a_m & \cdots & a_0 & \\ & & \ddots & & \\ & & a_m & \cdots & a_0 \\ b_n & \cdots & b_0 & & \\ & b_n & \cdots & b_0 & \\ & & \ddots & & \\ & & b_n & \cdots & b_0 \end{pmatrix} \begin{matrix} \left.\vphantom{\begin{matrix} a\\a\\a\\a \end{matrix}}\right\} n \text{ Zeilen} \\ \left.\vphantom{\begin{matrix} a\\a\\a\\a \end{matrix}}\right\} m \text{ Zeilen} \end{matrix}$$

$\in M(m+n;R)$ heißt die Sylvestermatrix [nach J. J. Sylvester, 1814–1897] der Polynome F und G; es heißt

$$\mathrm{res}_{m,n}(F,G) := \det\big(S_{m,n}(F,G)\big) \in R$$

die Resultante der Polynome F und G. Es gilt $\mathrm{res}_{m,n}(F,G) = 0$, falls $a_m = 0$ und $b_n = 0$ gilt.
(2) Mit den Bezeichnungen aus (1) setzt man noch

$$\begin{array}{rcll} \mathrm{res}_{0,n}(a,G) & = & a^n & \text{für jedes } a \in R, \\ \mathrm{res}_{m,0}(F,b) & = & b^m & \text{für jedes } b \in R, \\ \mathrm{res}_{0,0}(a,b) & = & 1 & \text{für alle } a,b \in R. \end{array}$$

(7.2) BEMERKUNG: (1) Es seien $F = \sum_{i=0}^{m} a_i T^i$, $G = \sum_{j=0}^{n} b_j T^j \in R[T]$, und es sei $a \in R$. Es gelten

$$\mathrm{res}_{m,n}(F,G) = (-1)^{mn}\,\mathrm{res}_{n,m}(G,F),$$

$$\mathrm{res}_{m,n}(aF,G) = a^n\,\mathrm{res}_{m,n}(F,G), \quad \mathrm{res}_{m,n}(F,aG) = a^m\,\mathrm{res}_{m,n}(F,G).$$

(2) Es seien $F := T - x_1$, $G := \sum_{j=0}^{n} b_j T^j \in R[T]$. Dann ist

$$\mathrm{res}_{1,n}(F,G) = G(x_1).$$

Beweis: Ist $n = 0$, so ist die Aussage richtig. Es sei $n > 0$. Es ist

$$S_{1,n}(F,G) = \left.\begin{pmatrix} 1 & -x_1 & & & \\ & 1 & -x_1 & & \\ & & \ddots & \ddots & \\ & & & 1 & -x_1 \\ b_n & \cdots\cdots & & b_1 & b_0 \end{pmatrix}\right\} n \text{ Zeilen}.$$

Es ist also $\mathrm{res}_{1,1}(F,G) = \det(S_{1,1}(F,G)) = G(x_1)$. Es sei $n > 1$, und es sei die Behauptung für $n-1$ gezeigt. Entwickelt man zur Berechnung von $\mathrm{res}_{1,n}(F,G) = \det(S_{1,n}(F,G))$ nach der ersten Spalte und benutzt die Induktionsannahme, so erhält man

$$\mathrm{res}_{1,n}(F,G) = \sum_{j=0}^{n-1} b_j x_1^j + b_n x_1^n = G(x_1).$$

(3) Es sei R' ein Ring, es sei $R'[T]$ der Polynomring über R' in der Unbestimmten T, und es sei $\omega: R[T] \to R'[T]$ ein Homomorphismus mit $\omega(R) \subset R'$ und mit $\omega(T) = T$. Es seien $F = \sum_{i=0}^{m} a_i T^i$, $G = \sum_{j=0}^{n} b_j T^j \in R[T]$. Es ist $\omega(F) = \sum_{i=0}^{m} \omega(a_i) T^i$, $\omega(G) = \sum_{j=0}^{n} \omega(b_j) T^j$. Es gilt

$$\omega\big(\mathrm{res}_{m,n}(F,G)\big) = \mathrm{res}_{m,n}\big(\omega(F), \omega(G)\big),$$

weil $\omega\big(\det(S_{m,n}(F,G))\big) = \det\big(S_{m,n}(\omega(F), \omega(G))\big)$ gilt.

(7.3) Satz: *Es sei $m \in \mathbb{N}$, es sei $R' := R[X_1, \ldots, X_m, V_0, \ldots, V_n]$ der Polynomring über R in den Unbestimmten $X_1, \ldots, X_m$, $V_0, \ldots, V_n$. Es sei $R'[T]$ der Polynomring über R' in der Unbestimmten T, und es seien*

$$F = \prod_{i=1}^{m} (T - X_i), \qquad G = \sum_{j=0}^{n} V_j T^j \in R'[T].$$

Dann gilt in R'

$$\mathrm{res}_{m,n}(F,G) = \prod_{i=1}^{m} G(X_i).$$

Beweis: (1) Ist $n = 0$, so ist die Aussage richtig [vgl. (7.1)(2)]. Es sei $n > 0$.
(2) Es sei $H := \prod_{i=1}^{m-1} (T - X_i)$, also $F = H \cdot (T - X_m)$. Es wird gezeigt:

$$\mathrm{res}_{m,n}(F,G) = G(X_m)\, \mathrm{res}_{m-1,n}(H,G).$$

Für $m = 1$ ist das die Aussage in (7.2)(2). Es sei $m > 1$. Es wird $S := S_{m,n}(F,G) \in M(m+n; R')$ gesetzt. Es gelten

$$F = \sum_{i=0}^{m} (-1)^{m-i} s_{m,m-i} T^i, \quad H = \sum_{i=0}^{m-1} (-1)^{m-i-1} s_{m-1,m-i-1} T^i;$$

hier ist $s_{m0} = s_{m-1,0} = 1$, $s_{m1}, \dots, s_{mm}$ sind die elementarsymmetrischen Polynome in $X_1, \dots, X_m$ und $s_{m-1,1}, \dots, s_{m-1,m-1}$ sind die elementarsymmetrischen Polynome in $X_1, \dots, X_{m-1}$. In der Matrix S wird für jedes $i \in \{1, \dots, m+n-1\}$ die mit X_m^{m+n-i} multiplizierte i-te Spalte zur letzten Spalte addiert; es sei $\widetilde{S}$ die so erhaltene Matrix. Es ist die transponierte letzte Spalte der Matrix $\widetilde{S}$ wegen $F(X_m) = 0$

$$\begin{aligned} {}^t(\widetilde{S}_{\bullet n+m}) &= (X_m^{n-1}F(X_m), \dots, X_m^0 F(X_m), X_m^{m-1}G(X_m), \dots, X_m^0 G(X_m)) \\ &= G(X_m)(\underbrace{0, \dots, 0}_{n}, X_m^{m-1}, \dots, X_m^0), \end{aligned}$$

und daher gilt

$$\det(S) = \det(\widetilde{S}) = G(X_m)\det(\widehat{S}); \qquad (*)$$

hier ist $\widehat{S}$ die Matrix, die aus der Matrix $\widetilde{S}$ dadurch entsteht, daß die letzte Spalte von $\widetilde{S}$ durch ${}^t(0, \dots, 0, X_m^{m-1}, \dots, X_m^0)$ ersetzt wird. Die Koeffizienten des Polynoms $F \in R'[T]$ haben, als Polynome in der Unbestimmten X_m aufgefaßt, höchstens den Grad 1, und daher hat $\det(S) = \mathrm{res}_{m,n}(F, G) \in R'$, als Polynom in der Unbestimmten X_m aufgefaßt, höchstens den Grad n. Andererseits hat aber $G(X_m)$, als Polynom in der Unbestimmten X_m aufgefaßt, den genauen Grad n. Aus $(*)$ folgt daher, da R' ein Integritätsring ist [vgl. (5.11)(1)], daß $\det(\widehat{S}) \in R'$, aufgefaßt als Polynom in der Unbestimmten X_m, den Grad 0 hat oder daß $\det(\widehat{S}) = 0$ ist. Man darf also in der Matrix $\widehat{S}$ X_m durch 0 ersetzen, ohne daß sich die Determinante dieser Matrix ändert. Führt man das durch, so hat die letzte Spalte der so entstandenen Matrix S' die Form ${}^t(0, \dots, 0, 1)$. Die erste Zeile der Matrix $\widehat{S}$ ist

$$(1, -s_{m1}, \dots, (-1)^{m-1}s_{m,m-1}, (-1)^m s_{mm}, \underbrace{0, \dots, 0}_{n-1}) \in M(1, m+n; R'),$$

und daher ist die erste Zeile der Matrix S' [vgl. (6.4)(4)]

$$(1, -s_{m-1,1}, \dots, (-1)^{m-1}s_{m-1,m-1}, \underbrace{0, \dots, 0}_{n}) \in M(1, m+n; R').$$

Berechnet man $\det(S')$ durch Entwickeln nach der letzten Spalte, so ergibt sich $\det(S') = \mathrm{res}_{m-1,n}(H, G)$, und das ist die Behauptung.

(3) Es wird (7.3) durch Induktion nach m bewiesen. Für $m = 1$ folgt die Behauptung aus (7.2)(2). Es sei $m \in \mathbb{N}$, und es sei (7.3) für m bewiesen. Es gilt nach (2)

$$\mathrm{res}_{m+1,n}\left(\prod_{i=1}^{m+1}(T - X_i), G\right) = G(X_{m+1})\,\mathrm{res}_{m,n}\left(\prod_{i=1}^{m}(T - X_i), G\right) = \prod_{i=1}^{m+1} G(X_i).$$

(7.4) BEMERKUNG: Es sei $h \in \mathbb{N}$, und es seien $F_1, \dots, F_h \in R[T]$ Polynome mit den positiven Graden $m_1, \dots, m_h$; es sei $a^{(j)} := \mathrm{lcoeff}(F_j)$ für jedes $j \in \{1, \dots, h\}$.

Es wird in XV(1.28) gezeigt werden: Es gibt einen Erweiterungskörper L von R und für jedes $j \in \{1,\dots,h\}$ Elemente $x_1^{(j)},\dots,x_{m_j}^{(j)} \in L$ so, daß

$$F_j = a^{(j)} \prod_{i=1}^{m_j} (T - x_i^{(j)}) \quad \text{für jedes } j \in \{1,\dots,h\} \quad \text{in } L[T]$$

gilt. Es wird dafür folgende Sprechweise benützt: Die Polynome $F_1,\dots,F_h$ zerfallen in L in Linearfaktoren.

(7.5) BEMERKUNG: (1) Es sei $m \in \mathbb{N}$, es sei $F \in R[T]$ ein Polynom mit $\operatorname{grad}(F) = m$, es sei $a_m := \operatorname{lcoeff}(F)$, und es sei $G = \sum_{j=0}^{n} b_j T^j \in R[T]$. Es sei L ein Erweiterungskörper von R, in dem F in Linearfaktoren zerfällt, in dem also

$$F = a_m \prod_{i=1}^{m} (T - x_i)$$

gilt mit Elementen $x_1,\dots,x_m \in L$ [vgl. (7.4)]. Dann gilt

$$\operatorname{res}_{m,n}(F,G) = a_m^n \prod_{i=1}^{m} G(x_i).$$

Beweis: Es sei L' der Polynomring über L in den Unbestimmten $X_1,\dots,X_m$, $V_0,\dots,V_n$, es sei $L'[T]$ der Polynomring über L' in der Unbestimmten T, und es sei $\varphi: L'[T] \to L[T]$ der Homomorphismus mit $\varphi(X_i) = x_i$ für jedes $i \in \{1,\dots,m\}$, $\varphi(V_j) = b_j$ für jedes $j \in \{0,\dots,n\}$, $\varphi(T) = T$ und $\varphi(\lambda) = \lambda$ für jedes $\lambda \in L$ [vgl. (5.10)(1)]. Es sei

$$F_1 := \prod_{i=1}^{m} (T - X_i), \quad G_1 = \sum_{j=0}^{n} V_j T^j \in L'[T].$$

Für die Polynome F_1 und G_1 gilt (7.3), d.h. es ist [vgl. (7.2)(1)]

$$\operatorname{res}_{m,n}(a_m F_1, G_1) = a_m^n \prod_{i=1}^{m} G_1(X_i).$$

Wendet man auf diese Formel den Homomorphismus φ an, so erhält man auf der linken Seite $\varphi\big(\operatorname{res}_{m,n}(a_m F_1, G_1)\big) = \operatorname{res}_{m,n}(F,G)$ [vgl. (7.2)(3)] und auf der rechten Seite $\varphi\big(a_m^n \prod_{i=1}^{n} G_1(X_i)\big) = a_m^n \prod_{i=1}^{n} G(x_i)$; das ist die Behauptung.

(2) Es sei F wie in (1), es sei $n > 0$, es sei $\operatorname{grad}(G) = n$, es sei $b_n := \operatorname{lcoeff}(G)$, und es zerfalle G ebenfalls in L in Linearfaktoren, d.h. es gelte $G = b_n \prod_{j=1}^{n} (T - y_j)$ mit Elementen $y_1,\dots,y_n \in L$. Dann gelten

$$\operatorname{res}_{m,n}(F,G) \quad = \quad (-1)^{mn} b_n^m \prod_{j=1}^{n} F(y_j), \tag{$*$}$$

$$\mathrm{res}_{m,n}(F,G) \quad = \quad a_m^n b_n^m \prod_{i=1}^{m}\prod_{j=1}^{n}(x_i - y_j). \tag{**}$$

Beweis: (*) ergibt sich aus (1) unter Verwendung von (7.2)(1), und (**) ergibt sich unmittelbar aus (1).
(3) Es ist klar, daß die Formel in (1) auch im Falle $m = 0$, d.h. $F = a_0 \in R$, richtig ist [wenn leere Produkte wie üblich den Wert 1 haben]. Auch die Formeln in (2) sind für alle m, $n \in \mathbb{N}_0$ richtig, wie man sofort einsieht.

(7.6) BEMERKUNG: Es seien m, $n \in \mathbb{N}$, und es sei $R' := R_{m+n+2}$ der Polynomring über R in den Unbestimmten $U_0, \dots, U_m, V_0, \dots, V_n$. Es sei $R'[T]$ der Polynomring über R' in der Unbestimmten T, und es sei $F := \sum_{i=0}^{m} U_i T^i$, $G := \sum_{j=0}^{n} V_j T^j \in R'[T]$. Dann ist $\mathrm{res}_{m,n}(F,G) \neq 0$.
Beweis: Es sei $\varphi: R'[T] \to R[T]$ der durch $\varphi(U_i) = 0$ für jedes $i \in \{0, \dots, m-1\}$, $\varphi(U_m) = 1$, $\varphi(V_j) = 0$ für jedes $j \in \{1, \dots, n-1\}$, $\varphi(V_0) = 1$, $\varphi(V_n) = 1$, $\varphi(T) = T$ und $\varphi(r) = r$ für jedes $r \in R$ definierte Homomorphismus [vgl. (5.10)(1)]. Es ist dann $F_1 := \varphi(F) = T^m$, $G_1 := \varphi(G) = T^n + 1$. Nach (7.5)(1) gilt $\mathrm{res}_{m,n}(F_1, G_1) = \prod_{i=1}^{m} G_1(0) = 1$; nach (7.2)(3) gilt $\varphi(\mathrm{res}_{m,n}(F,G)) = \mathrm{res}_{m,n}(F_1, G_1) = 1$ und daher $\mathrm{res}_{m,n}(F,G) \neq 0$.

(7.7) Satz: *Es sei R ein faktorieller Ring, und es seien F und G von Null verschiedene Polynome in $R[T]$; es sei $m :=$ grad(F) und $n :=$ grad(G). Folgende Aussagen sind äquivalent:*
(i) *F und G haben in $R[T]$ einen gemeinsamen Teiler positiven Grades;*
(ii) *es gilt $\mathrm{res}_{m,n}(F,G) = 0$;*
(iii) *es gibt Erweiterungskörper von K, in denen F und G eine gemeinsame Nullstelle haben.*
Beweis: (1) Es sei $R =: K$ ein Körper. Ist $m = 0$ oder $n = 0$, so ist die Behauptung des Satzes richtig. Es seien $m > 0$ und $n > 0$. Es sei L ein Erweiterungskörper von K, in dem F und G in Linearfaktoren zerfallen. Es sei also [mit $a_m :=$ lcoeff(F), $b_n :=$ lcoeff(G)]

$$F = a_m \prod_{i=1}^{m}(T - x_i), \qquad G = b_n \prod_{j=1}^{n}(T - y_j)$$

mit Elementen $x_1, \dots, x_m, y_1, \dots, y_n \in L$. Es sei H ein größter gemeinsamer Teiler von F und G in $K[T]$. Es ist $H \neq 0$, und es gibt A, $B \in K[T]$ mit $H = AF + BG$ [vgl. I(8.25)(2)].
(a) Es gelte grad$(H) > 0$. Aus $H \mid F$ folgt, daß H in L in Linearfaktoren zerfällt. Aus $H \mid G$ folgt dann, daß F und G in L gemeinsame Nullstellen haben, und daher ist $\mathrm{res}_{m,n}(F,G) = 0$ [vgl. (7.5)(2)(**)].
(b) Es gelte $\mathrm{res}_{m,n}(F,G) = 0$. Nach (7.5)(2)(**) gibt es dann ein $z \in L$ mit $F(z) = G(z) = 0$. Dann gilt wegen $H(z) = A(z)F(z) + B(z)G(z) = 0$: z ist eine Nullstelle von H, und daher ist grad$(H) > 0$.
(c) Aus (a) und (b) folgt, daß die Aussagen (i) und (ii) äquivalent sind. Nach

(7.5)(2) folgt die Äquivalenz von (ii) und (iii).
(2) Es sei R faktoriell, und es sei K der Quotientenkörper von R. Weil R faktoriell ist, haben die Polynome F und G genau dann einen gemeinsamen Teiler positiven Grades in $R[T]$, wenn sie einen gemeinsamen Teiler positiven Grades in $K[T]$ haben [vgl. (4.28)], wenn also ein größter gemeinsamer Teiler von F und G in $K[T]$ positiven Grad hat. Die Äquivalenz von (i) und (ii) folgt nun aus (1), und die Äquivalenz von (ii) und (iii) folgt wieder aus (7.5)(2).

(7.8) Satz: *Es seien F, G, $H \in R[T] \setminus \{0\}$. Es seien $m := \mathrm{grad}(F)$, $p := \mathrm{grad}(G)$ und $q := \mathrm{grad}(H)$. Es gilt*

$$\mathrm{res}_{m,p+q}(F, GH) = \mathrm{res}_{m,p}(F, G)\,\mathrm{res}_{m,q}(F, H).$$

Beweis: (1) Die Aussage ist klar, wenn eine der Zahlen m, p oder q gleich 0 ist.
(2) Es seien m, p, $q \in \mathbb{N}$, und es seien $a_m := \mathrm{lcoeff}(F)$, $b_p := \mathrm{lcoeff}(G)$ und $c_q := \mathrm{lcoeff}(H)$. Nach (7.4) gibt es einen Erweiterungskörper L von R, in dem F in Linearfaktoren zerfällt, in dem also $F = a_m \prod_{i=1}^{m}(T - x_i)$ mit Elementen $x_1, \ldots, x_m \in L$ gilt. Das Resultat folgt sofort aus (7.5)(1).

(7.9) Satz: *Es seien F, $G \in R[T] \setminus \{0\}$ und $m := \mathrm{grad}(F)$, $n := \mathrm{grad}(G)$. Es sei $a_m := \mathrm{lcoeff}(F)$. Für jedes $Q \in R[T]$ mit $FQ + G \neq 0$ gilt mit $l := \mathrm{grad}(FQ + G)$*

$$a_m^l\,\mathrm{res}_{m,n}(F, G) = a_m^n\,\mathrm{res}_{m,l}(F, FQ + G).$$

Beweis: Für $m = 0$ ist die Behauptung richtig. Es sei $m > 0$. Es sei L ein Erweiterungskörper von R, in dem F in Linearfaktoren zerfällt, in dem also

$$F = a_m \prod_{i=1}^{m}(T - x_i)$$

mit Elementen $x_1, \ldots, x_m \in L$ gilt. Nun gilt nach (7.5)(1)

$$\begin{aligned} a_m^l\,\mathrm{res}_{m,n}(F, G) &= a_m^{l+n} \prod_{i=1}^{m} G(x_i) = a_m^{l+n} \prod_{i=1}^{m}\big(F(x_i)Q(x_i) + G(x_i)\big) \\ &= a_m^n\,\mathrm{res}_{m,l}(F, FQ + G). \end{aligned}$$

(7.10) BEMERKUNG: Es seien F, $G \in K[T] \setminus \{0\}$. Es sei $m := \mathrm{grad}(F)$, $n := \mathrm{grad}(G)$.
(1) Es gibt eindeutig bestimmte Polynome Q, $P \in K[T]$ mit

$$F = GQ + P \quad \text{und mit } P = 0 \text{ oder } \mathrm{grad}(P) < n$$

[vgl. I(8.6)]. Es wird zur Abkürzung

$$P := \mathrm{rest}(F, G) \quad \text{oder } P := F \bmod G$$

gesetzt. Es sei $b_n := \operatorname{lcoeff}(G)$. Ist $P \neq 0$ und $l := \operatorname{grad}(P)$, so folgt aus (7.9)

$$\operatorname{res}_{m,n}(F,G) = (-1)^{mn} \operatorname{res}_{n,m}(G,F) = (-1)^{mn} b_n^{m-l} \operatorname{res}_{n,l}(G,P). \qquad (*)$$

(2) Es wird $P_0 := F$, $n_0 := m$, $P_1 := G$, $n_1 := n$ gesetzt. Es gibt ein $k \in \mathbb{N}$ und Polynome $P_2, \ldots, P_{k+1}$, $Q_1, \ldots, Q_k \in K[T]$ mit

$$P_i = Q_{i+1}P_{i+1} + P_{i+2} \quad \text{für jedes } i \in \{0, \ldots, k-1\},$$

mit $\operatorname{grad}(P_i) > \operatorname{grad}(P_{i+1})$ für jedes $i \in \{1, \ldots, k-1\}$ und mit $P_{k+1} = 0$ [Euklidischer Algorithmus, vgl. I(8.25)]; es ist dann P_k ein größter gemeinsamer Teiler von F und von G in $K[T]$. Es sei $n_i := \operatorname{grad}(P_i)$ für jedes $i \in \{2, \ldots, k\}$. Nach (1) gilt für jedes $i \in \{0, \ldots, k-2\}$

$$\operatorname{res}_{n_i,n_{i+1}}(P_i, P_{i+1}) = (-1)^{n_i n_{i+1}} \operatorname{lcoeff}(P_{i+1})^{n_i - n_{i+2}} \operatorname{res}_{n_{i+1},n_{i+2}}(P_{i+1}, P_{i+2})$$

und daher

$$\operatorname{res}_{m,n}(F,G) = \operatorname{res}_{n_{k-1},n_k}(P_{k-1}, P_k) \prod_{i=0}^{k-2} (-1)^{n_i n_{i+1}} \operatorname{lcoeff}(P_{i+1})^{n_i - n_{i+2}}. \qquad (*)$$

(3) Ist $n_k = 0$, so gilt $\operatorname{res}_{n_{k-1},0}(P_{k-1}, P_k) = \operatorname{lcoeff}(P_k)^{n_{k-1}} \neq 0$. Ist $n_k > 0$, so gilt $P_{k-1} = P_k Q_k$ mit $\operatorname{grad}(Q_k) = n_{k-1} - n_k > 0$, und es gilt nach (7.8)

$$\operatorname{res}_{n_k,n_{k-1}}(P_k, P_k Q_k) = \operatorname{res}_{n_k,n_k}(P_k, P_k) \cdot \operatorname{res}_{n_k,n_{k-1}-n_k}(P_k, Q_k) = 0$$

wegen $\operatorname{res}_{n_k,n_k}(P_k, P_k) = 0$ [die Determinante einer Matrix mit zwei gleichen Zeilen ist Null]. Damit ist (7.7) für den Fall $R = K$ nochmals bewiesen.

(4) Die Berechnung von $\operatorname{res}_{m,n}(F,G)$ mittels der definierenden Determinante in (7.1) ist, wenn m und n groß sind, sehr mühsam. Das folgende Programm benützt die in (2) hergeleitete Formel für die Resultante.

Eingabe: Polynome $F, G \in K[T] \setminus \{0\}$;

Ausgabe: $\operatorname{res}_{m,n}(F,G)$ mit $m := \operatorname{grad}(F)$ und $n := \operatorname{grad}(G)$.

```
P := F;  Q := G;  m := grad(P);  n := grad(Q);  r := 1;
repeat
  b := lcoeff(Q);  P' := Q;  Q := rest(P,Q);  P := P';
  if Q ≠ 0 then
    begin
      l := grad(Q);  r := r * (-1)^(m*n) * b^(m-l);  m := n;  n := l;
    end;
until Q = 0;
if grad(P) > 0 then r := 0 else r := r * b^m;
return(r).
```

(7.11) BEZEICHNUNG: Es sei $n \in \mathbb{N}$, es sei R_n der Polynomring über R in den Unbestimmten $X_1, \dots, X_n$, und es sei $R_n[T]$ der Polynomring über R_n in der Unbestimmten T. Es sei $a_n \in R$ von Null verschieden, und es sei

$$F := a_n \prod_{i=1}^{n}(T - X_i) \in R_n[T].$$

(1) Es sei $D(F)$ die formale Ableitung von F [vgl. I(8.1)(7)]. Es gilt nach (7.5)(1)

$$\operatorname{res}_{n,n-1}(F, D(F)) = a_n^{n-1} \prod_{i=1}^{n} D(F)(X_i).$$

Aus

$$D(F) = a_n \sum_{i=1}^{n} \prod_{\substack{j=1 \\ j \neq i}}^{n} (T - X_j)$$

folgt

$$\begin{aligned} \operatorname{res}_{n,n-1}(F, D(F)) &= a_n^{2n-1} \prod_{\substack{1 \le i,j \le n \\ i \neq j}} (X_i - X_j) \\ &= a_n^{2n-1}(-1)^{n(n-1)/2} \prod_{1 \le i < j \le n} (X_i - X_j)^2. \end{aligned}$$

(2) Es heißt

$$\Delta(F) := a_n^{2n-2} \prod_{1 \le i < j \le n} (X_i - X_j)^2 \ \in R_n$$

die Diskriminante von F.

(3) Aus (1) und (2) folgt:

$$\operatorname{res}_{n,n-1}(F, D(F)) = a_n(-1)^{n(n-1)/2}\Delta(F).$$

(4) Es ist klar, daß $\Delta(F)$ ein symmetrisches Polynom ist. Es gilt einerseits

$$\det({}^tV_{n-1}(X_1, \dots, X_n)) \cdot \det(V_{n-1}(X_1, \dots, X_n)) = \prod_{1 \le i < j \le n} (X_i - X_j)^2$$

[$V_{n-1}(X_1, \dots, X_n)$ ist die Vandermondesche Matrix, vgl. II(8.30)], und andererseits ist das Produkt ${}^tV_{n-1}(X_1, \dots, X_n)V_{n-1}(X_1, \dots, X_n)$ die Matrix

$$\begin{pmatrix} \sigma_{n0} & \sigma_{n1} & \sigma_{n2} & \cdots & \sigma_{n,n-1} \\ \sigma_{n1} & \sigma_{n2} & \sigma_{n3} & \cdots & \sigma_{nn} \\ \sigma_{n2} & \sigma_{n3} & \sigma_{n4} & \cdots & \sigma_{n,n+1} \\ \cdots & \cdots & \cdots & \cdots & \cdots \\ \sigma_{n,n-1} & \sigma_{nn} & \sigma_{n,n+1} & \cdots & \sigma_{n,2n-2} \end{pmatrix}; \qquad (*)$$

hier bezeichnet σ_{nk} für jedes $k \in \mathbb{N}_0$ die k-te Potenzsumme der $X_1, \ldots, X_n$ [vgl. (6.14)(1)]. Drückt man mittels der Newtonschen Formel [vgl. (6.14)] die Potenzsummen $\sigma_{n1}, \ldots, \sigma_{nn}$ als Polynome in den elementarsymmetrischen Polynomen $s_{n1}, \ldots, s_{nn}$ [in den Unbestimmten $X_1, \ldots, X_n$] aus, so erhält man aus (∗) eine Darstellung von $\Delta(F)$ als Polynom in $s_{n1}, \ldots, s_{nn}$ mit Koeffizienten in R.
(5) Aus den Formeln in (6.14)(3) ergibt sich insbesondere

im Fall $n = 2$

$$\Delta(F) = a_2^2(s_{21}^2 - 4s_{22}),$$

im Fall $n = 3$

$$\Delta(F) = a_3^4(-4s_{31}^3 s_{33} + s_{31}^2 s_{32}^2 + 18 s_{31}s_{32}s_{33} - 4s_{32}^3 - 27s_{33}^2).$$

(7.12) BEMERKUNG: Es sei $n \in \mathbb{N}$, und es sei $F = \sum_{i=0}^n a_i T^i \in R[T]$ ein Polynom vom Grade n. Es sei L ein Erweiterungskörper von R, in dem F in Linearfaktoren zerfällt, in dem also $F = a_n \prod_{i=1}^n (T - x_i)$ mit Elementen $x_1, \ldots, x_n \in L$ gilt.
(1) Man nennt auch in diesem Fall

$$\Delta(F) := a_n^{2n-2} \prod_{1 \leq i < j \leq n} (x_i - x_j)^2$$

die Diskrimante von F. Die Formeln in (7.11) bleiben richtig, wenn dort X_1 durch x_1, …, X_n durch x_n ersetzt wird. Nach (7.11)(4) und (6.13) gilt $\Delta(F) \in R$.
(2) Es sei R zusätzlich ein faktorieller Ring. Man sieht, daß folgende Aussagen äquivalent sind [vgl. (7.7)]:

- F hat mehrfache Nullstellen in L,
- die Diskriminante von F ist 0,
- die Resultante von F und $D(F)$ ist 0,
- F und $D(F)$ haben in $R[T]$ einen gemeinsamen Teiler von positivem Grad.

(3) Aus den Formeln in (7.11)(5) ergibt sich:
(a) Ist $F = a_2T^2 + a_1T + a_0 \in R[T]$ mit $a_2 \neq 0$, so ist

$$\Delta(F) = a_1^2 - 4a_0a_2.$$

(b) Ist $F = a_3T^3 + a_2T^2 + a_1T + a_0 \in R[T]$ mit $a_3 \neq 0$, so ist

$$\Delta(F) = a_2^2a_1^2 - 4a_3a_1^3 - 4a_2^3a_0 - 27a_3^2a_0^2 + 18a_0a_1a_2a_3.$$

(7.13) BEMERKUNG: Es sei K ein Körper. In (7.10) wurde ein Verfahren vorgeführt, wie man mittels "Division mit Rest" die Resultante zweier Polynome F, $G \in K[T]$ berechnen kann. Im Rest dieses Paragraphen wird gezeigt, wie man auf ähnliche Weise die Resultante zweier Polynome F, $G \in R[T]$ berechnen kann; der Fall $R = \mathbb{Z}$ ist der wichtigste Spezialfall. An die Stelle der "Division mit Rest" tritt dabei die "Pseudodivision mit Rest" [vgl. I(8.4)].

(7.14) BEZEICHNUNG: Es seien F, $G \in R[T] \setminus \{0\}$. Es sei $m := \text{grad}(F)$, $n := \text{grad}(G)$, $b_n := \text{lcoeff}(G)$, und es sei $e := \max(\{0, m-n+1\})$.

(1) Es gibt [vgl. I(8.4)] eindeutig bestimmte Polynome Q, $H \in R[T]$ mit

$$b_n^e F = GQ + H \quad \text{und mit } H = 0 \text{ oder } \text{grad}(H) < \text{grad}(G);$$

Man nennt $\text{prest}(F, G) := H$ den Pseudorest von F bei der Division durch G.

(2) Ist $m < n$, so ist $\text{prest}(F, G) = F$. Sind a, $b \in R$ von Null verschieden, so gilt

$$\text{prest}(aF, bG) = ab^e \, \text{prest}(F, G).$$

(3) Ist K der Quotientenkörper von R, so besteht zwischen $\text{rest}(F, G) \in K[T]$ und $\text{prest}(F, G) \in R[T]$ folgender Zusammenhang:

$$\text{prest}(F, G) = b_n^e \, \text{rest}(F, G).$$

(4) Es seien a, $b \in K^\times$, und es sei $H \in K[T] \setminus \{0\}$ ein Polynom mit $\text{grad}(H) < \text{grad}(G)$. Gilt $aF = GQ + bH$ mit einem Polynom $Q \in K[T]$, so gilt $H = (a/b)\,\text{rest}(F, G)$ und daher $\text{grad}(H) = \text{grad}(\text{rest}(F, G)) = \text{grad}(\text{prest}(F, G))$.

(5) Es sei $k \in \mathbb{N}$ mit $k \geq 2$. Eine Folge $(P_i)_{0 \leq i \leq k}$ in $R[T] \setminus \{0\}$ heißt eine Polynomrestfolge für F und G, wenn gilt: Es ist $P_0 = F$, $P_1 = G$, $\text{grad}(P_1) > \text{grad}(P_2) > \cdots > \text{grad}(P_k)$, $\text{prest}(P_{k-1}, P_k) = 0$, und es gibt zwei Folgen $(\mu_i)_{0 \leq i \leq k-1}$ und $(\nu_i)_{0 \leq i \leq k-2}$ von Null verschiedener Elemente in R und Polynome $Q_1, \ldots, Q_k \in R[T]$ so, daß

$$\mu_i P_i = P_{i+1} Q_{i+1} + \nu_i P_{i+2} \quad \text{für jedes } i \in \{0, \ldots, k-2\}, \quad \mu_{k-1} P_{k-1} = P_k Q_k.$$

Man setzt $n_i := \text{grad}(P_i)$ für jedes $i \in \{0, \ldots, k\}$; es heißen $(n_i)_{0 \leq i \leq k}$ die Gradfolge und $(\mu_i)_{0 \leq i \leq k-1}$, $(\nu_i)_{0 \leq i \leq k-2}$ die Koeffizientenfolgen der Polynomrestfolge. Die Gradfolge einer Polynomrestfolge ist durch F und G eindeutig bestimmt, denn es gilt nach (4): Für jedes $i \in \{2, \ldots, k\}$ ist $P_i = \lambda_i \, \text{rest}(P_{i-2}, P_{i-1})$ mit einem Element $\lambda_i \in K^\times$. [Sind $\alpha_0, \ldots, \alpha_l$ Elemente einer Menge M, so wird hier das $(l+1)$-tupel $(\alpha_i)_{0 \leq i \leq l} = (\alpha_0, \ldots, \alpha_l)$ eine Folge in M genannt.]

(6) Es gelte $\text{prest}(F, G) \neq 0$. Das folgende Programm bestimmt eine Polynomrestfolge $(P_i)_{0 \leq i \leq k}$ und die zugehörige Gradfolge $(n_i)_{0 \leq i \leq k}$ für F und G.

$P_0 := F$; $n_0 := \text{grad}(F)$; $k := 0$;
`repeat`
    $k := k + 1$; $n_k := \text{grad}(P_k)$; $P_{k+1} := \text{prest}(P_{k-1}, P_k)$;
`until` $P_{k+1} = 0$;
`return`$(k, P_0, \ldots, P_k, n_0, \ldots, n_k)$.

Dies ist eine Polynomrestfolge für F und G mit der Gradfolge $(n_i)_{0 \leq i \leq k}$ und den durch $\mu_i = \text{lcoeff}(P_{i+1})^{n_i - n_{i+1} + 1}$ für jedes $i \in \{0, \ldots, k-1\}$ und $\nu_i = 1$ für jedes $i \in \{0, \ldots, k-2\}$ bestimmten Koeffizientenfolgen $(\mu_i)_{0 \leq i \leq k-1}$ und $(\nu_i)_{0 \leq i \leq k-2}$.

(7) Es gelte $\text{prest}(F, G) \neq 0$. Es sei $(P_i)_{0 \leq i \leq k}$ eine Polynomrestfolge für F und G mit der Gradfolge $(n_i)_{0 \leq i \leq k}$ und den Koeffizientenfolgen $(\mu_i)_{0 \leq i \leq k-1}$, $(\nu_i)_{0 \leq i \leq k-2}$.

Wie in (7.10)(2) gilt für jedes $i \in \{0, \ldots, k-2\}$

$$\begin{aligned}
&\operatorname{res}_{n_i, n_{i+1}}(P_i, P_{i+1}) = \\
&= \ (-1)^{n_i n_{i+1}} \mu_i^{-n_{i+1}} \nu_i^{n_{i+1}} \operatorname{lcoeff}(P_{i+1})^{n_i - n_{i+2}} \operatorname{res}_{n_{i+1}, n_{i+2}}(P_{i+1}, P_{i+2}).
\end{aligned}$$

Die Kenntnis einer Polynomrestfolge für F und G gestattet es, die Resultante von F und G zu berechnen.

(8) Wählt man die in (6) konstruierte Polynomrestfolge, so treten i.a. hohe Potenzen der höchsten Koeffizienten der P_i auf. Das ist beim Rechnen sehr lästig. Es wird deshalb im Rest des Paragraphen ein Verfahren angegeben, das diesen Nachteil nicht hat. Es geht auf G. E. Collins (1967) zurück. Der Leser, der sich nur für das Ergebnis interessiert, kann die folgenden Nummern überspringen; er findet in (7.22) einen Algorithmus zur Berechnung der Resultante.

(7.15) BEZEICHNUNG: Es seien p, $q \in \mathbb{N}$, und es gelte $p \leq q$. Es sei $A = (\alpha_{ij}) \in M(p, q; R)$.

(1) Es wird

$$\operatorname{detpol}(A) := \sum_{j=p}^{q} \det(A_{\bullet 1}, \ldots, A_{\bullet p-1}, A_{\bullet j}) \cdot T^{q-j} \in R[T]$$

gesetzt; es wird $\operatorname{detpol}(A)$ das zu A gehörige Determinantenpolynom genannt. Es gilt $\operatorname{detpol}(A) = 0$ oder $\operatorname{grad}(\operatorname{detpol}(A)) \leq q - p$.

(2) Ist $r \in \mathbb{N}_0$ und ist $A = (\alpha_r, \ldots, \alpha_0) \in M(1, r+1; R)$, so gilt

$$\operatorname{detpol}(A) = \sum_{j=0}^{r} \alpha_j T^j.$$

(3) Für jedes $B \in M(p; R)$ gilt $\operatorname{detpol}(BA) = \det(B) \operatorname{detpol}(A)$, wie sofort aus der Definition folgt.

(7.16) BEZEICHNUNG: (1) Es seien m, $n \in \mathbb{N}$, es seien $F = \sum_{i=0}^{m} a_i T^i$ und $G = \sum_{j=0}^{n} b_j T^j \in R[T]$; es wird nicht verlangt, daß $a_m \neq 0$ oder $b_n \neq 0$ gilt. Es sei $k \in \mathbb{N}_0$ mit $k < \min(\{m, n\})$. Es wird

$$S_{m,n,k}(F, G) = \begin{pmatrix}
a_m & \cdots\cdots & a_0 & & \\
 & a_m & \cdots\cdots & a_0 & \\
 & & \ddots & & \\
 & & a_m & \cdots\cdots & a_0 \\
b_n & \cdots\cdots & b_0 & & \\
 & b_n & \cdots\cdots & b_0 & \\
 & & \ddots & & \\
 & & b_n & \cdots\cdots & b_0
\end{pmatrix}
\begin{matrix} \left.\vphantom{\begin{matrix}a\\a\\a\\a\end{matrix}}\right\} n-k \text{ Zeilen} \\ \left.\vphantom{\begin{matrix}a\\a\\a\\a\end{matrix}}\right\} m-k \text{ Zeilen}\end{matrix}$$

gesetzt; es gilt $S_{m,n,k}(F,G) \in M(m+n-2k, m+n-k; R)$. [In dieser Matrix steht das Element a_m der $(n-k)$-ten Zeile in der $(n-k)$-ten Spalte.] Es wird weiter

$$\mathrm{sres}_{m,n,k}(F,G) := \mathrm{detpol}(S_{m,n,k}(F,G)) \in R[T]$$

gesetzt. Dieses Polynom heißt die k-te Subresultante von F und G. Es gilt $\mathrm{sres}_{m,n,k}(F,G) = 0$ oder $\mathrm{grad}(\mathrm{sres}_{m,n,k}(F,G)) \leq k$ [vgl. (7.15)(1)].
(2) Mit den Bezeichnungen aus (1) gelten [vgl. (7.1)]

$$S_{m,n,0}(F,G) = S_{m,n}(F,G), \qquad \mathrm{sres}_{m,n,0}(F,G) = \mathrm{res}_{m,n}(F,G).$$

(3) Mit den Bezeichnungen aus (1) setzt man noch

$$\begin{aligned} \mathrm{sres}_{0,n,0}(a,G) &= a^n && \text{für jedes } a \in R, \\ \mathrm{sres}_{m,0,0}(F,b) &= b^m && \text{für jedes } b \in R, \\ \mathrm{sres}_{0,0,0}(a,b) &= 1 && \text{für alle } a, b \in R. \end{aligned}$$

(7.17) BEMERKUNG: (1) Es seien $m, n \in \mathbb{N}_0$, es seien $F = \sum_{i=0}^m a_i T^i$ und $G = \sum_{j=0}^n b_j T^j \in R[T]$, und es sei $a \in R$. Für jedes $k \in \mathbb{N}_0$ mit $k = 0$ oder $k < \min(\{m,n\})$ gelten

$$\mathrm{sres}_{m,n,k}(F,G) = (-1)^{(m-k)(n-k)} \mathrm{sres}_{n,m,k}(G,F),$$

$$\mathrm{sres}_{m,n,k}(aF,G) = a^{n-k} \mathrm{sres}_{m,n,k}(F,G), \quad \mathrm{sres}_{m,n,k}(F,aG) = a^{m-k} \mathrm{sres}_{m,n,k}(F,G).$$

(2) Es seien $m, n \in \mathbb{N}$ mit $m \geq n > 0$, es seien $F = \sum_{i=0}^m a_i T^i$, $G = \sum_{j=0}^n b_j T^j \in R[T]$, und es sei $a_m \neq 0$ und $b_n \neq 0$, also $\mathrm{grad}(F) = m$ und $\mathrm{grad}(G) = n$.
(a) Für jedes $k \in \{0, \ldots, n-2\}$ gilt

$$b_n^{(m-n+1)(n-k-1)} \mathrm{sres}_{m,n,k}(F,G) = (-1)^{(m-k)(n-k)} \mathrm{sres}_{n,n-1,k}(G, \mathrm{prest}(F,G)).$$

Beweis: Es sei $\mathrm{prest}(F,G) = \sum_{l=0}^{n-1} c_l T^l$; es wird nicht verlangt, daß $c_{n-1} \neq 0$ gilt. Es werden die ersten $n-k$ Zeilen der Matrix $S_{m,n,k}(F,G)$ jeweils mit b_n^{m-n+1} multipliziert; die so erhaltene Matrix kann durch elementare Zeilenoperationen in R auf die Form [vgl. II(2.20)]

$$\begin{pmatrix} C \\ B \end{pmatrix} \in M(m+n-2k, m+n-k; R) \tag{$*$}$$

mit den Matrizen

$$B := \left.\begin{pmatrix} b_n & \cdots\cdots & b_0 & & & \\ & b_n & \cdots\cdots & b_0 & & \\ & & \ddots & & \ddots & \\ & & & b_n & \cdots\cdots & b_0 \end{pmatrix}\right\} m-k \text{ Zeilen}$$

und

$$C := \begin{pmatrix} 0 & \dots & 0 & c_{n-1} & \dots & c_0 & & & \\ 0 & & & 0 & c_{n-1} & \dots & c_0 & & \\ \vdots & & & & \ddots & \ddots & & \ddots & \\ 0 & \dots & & & & 0 & c_{n-1} & \dots & c_0 \end{pmatrix} \Bigg\} n-k \text{ Zeilen}$$

(Pfeil über der Spalte c_{n-1} der ersten Zeile: $(m-n+2)$-te Spalte)

gebracht werden; es ist $B \in M(m-k, m+n-k; R)$ und $C \in M(n-k, m+n-k; R)$. [Es sei $i \in \{1, \dots, n-k\}$; um die i-te Zeile der Matrix $S_{m,n,k}(F,G)$ auf die Form

$$(\underbrace{0, \dots, 0}_{m-n+i}, c_{n-1}, \dots, c_0, \underbrace{0, \dots, 0}_{n-i-k})$$

zu bringen, werden die $(n-k+i)$-te, ..., $(m-k+i)$-te Zeile der Matrix $S_{m,n,k}(F,G)$ benötigt.] Es wird die Matrix $(*)$ durch $(m-k)(n-k)$ Zeilenvertauschungen in die Form

$$D := \begin{pmatrix} B \\ C \end{pmatrix} =: (\theta_{ij})_{1 \le i \le m+n-2k, 1 \le j \le m+n-k}$$

gebracht. Oberhalb des Elementes c_{n-1} in der ersten Zeile und $(m-n+2)$-ten Spalte der Matrix C steht in der Matrix D als erstes von Null verschiedenes Element das Element b_n. Es gilt $m-k \ge m-n+1$; für jedes $l \in \{1, \dots, k+1\}$ wird

$$\begin{aligned} \widetilde{D}_l' &:= (\theta_{ij})_{m-n+2 \le i \le m+n-2k, m-n+2 \le j \le m+n-2k-1}, \\ \widetilde{D}_l'' &:= (\theta_{i,m+n-2k-1+l})_{m-n+2 \le i \le m+n-2k}, \end{aligned}$$

und $\widetilde{D}_l := (\widetilde{D}_l' \ \widetilde{D}_l'')$ gesetzt; es gilt $\widetilde{D}_l' \in M(2n-2k-1, 2n-2k-2; R)$, $\widetilde{D}_l'' \in M(2n-2k-1, 1; R)$ und $\widetilde{D}_l \in M(2n-2k-1; R)$. Dann gilt

$$\begin{aligned} \operatorname{detpol}(D) &= \sum_{l=1}^{k+1} \det\big(D_{\bullet 1}, \dots, D_{\bullet m+n-2k-1}, D_{\bullet m+n-2k-1+l}\big) \cdot T^{k+1-l} \\ &= b_n^{m-n+1} \sum_{l=1}^{k+1} \det(\widetilde{D}_l) T^{k+1-l} \\ &= b_n^{m-n+1} \operatorname{sres}_{n,n-1,k}\big(G, \operatorname{prest}(F,G)\big). \end{aligned}$$

Berücksichtigt man die vorher vorgenommenen Operationen, so ergibt sich die Behauptung.

(b) Gilt $\operatorname{prest}(F,G) \ne 0$ und ist $l := \operatorname{grad}(\operatorname{prest}(F,G))$, so gilt für jedes $k \in \mathbb{N}_0$ mit $k = 0$ oder $k < l$

$$b_n^{(m-n+1)(n-k)-(m-l)} \operatorname{sres}_{m,n,k}(F,G) = (-1)^{(m-k)(n-k)} \operatorname{sres}_{n,l,k}\big(G, \operatorname{prest}(F,G)\big),$$

wie man unmittelbar abliest.
(c) Im Fall $k = 0$ ergibt sich aus (7.14)(2) die Formel (*) in (7.10)(1).
(d) Ähnlich kann man auch zeigen: Es gilt

$$\mathrm{sres}_{m,n,n-1}(F,G) = (-1)^{m-n+1}\,\mathrm{prest}(F,G).$$

(3) Es sei R' ein Ring, und es sei $\varphi\colon R[T] \to R'[T]$ ein Homomorphismus mit $\varphi(R) \subset R'$ und mit $\varphi(T) = T$. Es seien $F = \sum_{i=0}^{m} a_i T^i$, $G = \sum_{j=0}^{n} b_j T^j$. Für jedes $k \in \mathbb{N}_0$ mit $k = 0$ oder $k < \min(\{m,n\})$ gilt $\varphi(\mathrm{sres}_{m,n,k}(F,G)) = \mathrm{sres}_{m,n,k}(\varphi(F),\varphi(G))$, wie unmittelbar aus der Definition folgt.

(7.18) BEMERKUNG: Es sei $n \in \mathbb{N}$, und es sei R' der Polynomring über R in den Unbestimmten $U_0,\ldots,U_{n+1}, V_0,\ldots,V_n$. Es sei $R'[T]$ der Polynomring über R' in der Unbestimmten T, und es sei $\Phi := \sum_{i=0}^{n+1} U_i T^i$, $\Psi := \sum_{j=0}^{n} V_j T^j \in R'[T]$. Es wird

$$\Lambda_{n+1} := \Phi, \quad \Lambda_n := \Psi, \quad \Lambda_i := \mathrm{sres}_{n+1,n,i}(\Phi,\Psi) \quad \text{für jedes } i \in \{0,\ldots,n-1\}$$

gesetzt. Dann ist

$$\mathrm{grad}(\Lambda_i) = i \quad \text{für jedes } i \in \{0,\ldots,n+1\}, \tag{7.18.1}$$

und mit $\gamma_{n+1} := 1$, $\gamma_n := \mathrm{lcoeff}(\Lambda_n),\ldots,\gamma_0 := \mathrm{lcoeff}(\Lambda_0)$ gelten für jedes $i \in \{1,\ldots,n\}$

$$\gamma_{i+1}^2 \Lambda_{i-1} = \mathrm{prest}(\Lambda_{i+1},\Lambda_i), \tag{7.18.2}$$
$$\gamma_{i+1}^{2(i-k)} \Lambda_k = \mathrm{sres}_{i+1,i,k}(\Lambda_{i+1},\Lambda_i) \quad \text{für jedes } k \in \{0,\ldots,i-1\}. \tag{7.18.3}$$

Beweis: (1) Es ist $\Lambda_{n+1} = \Phi$ und daher $\mathrm{grad}(\Lambda_{n+1}) = n+1$. Es ist $\Lambda_n = \Psi$ und daher $\mathrm{grad}(\Lambda_n) = n$, und das ist (7.18.1) für $i = n+1$ und $i = n$. Es sei $i \in \{0,\ldots,n-1\}$. Es sei $\widetilde{S}_i$ die aus den ersten $2n+1-2i$ Spalten der Matrix $S_{n+1,n,i}(\Phi,\Psi)$ gebildete Matrix. Setzt man $U_{n+1} := 1$, $U_j := 0$ für jedes $j \in \{0,\ldots,n\}$, $V_i := 1$, $V_j := 0$ für jedes $j \in \{0,\ldots,n\}$ mit $j \neq i$, so entsteht aus $\widetilde{S}_i$ die $(2n+1-2i)$-reihige Einheitsmatrix. Folglich ist $\det(\widetilde{S}_i) \neq 0$ und daher $\mathrm{grad}(\Lambda_i) = i$. Damit ist (7.18.1) bewiesen.
(2) Es gilt nach (7.17)(2)(d)

$$\mathrm{prest}(\Lambda_{n+1},\Lambda_n) = \mathrm{sres}_{n+1,n,n-1}(\Lambda_{n+1},\Lambda_n),$$

und das ist (7.18.2) für $i = n$ wegen $\gamma_{n+1} = 1$. Es ist $\mathrm{sres}_{n+1,n,k}(\Phi,\Psi) = \Lambda_k$ für jedes $k \in \{0,\ldots,n-1\}$, und das ist (7.18.3) für $i = n$ [wegen $\gamma_{n+1} = 1$].

Es sei $i \in \{2,\ldots,n\}$, und es seien (7.18.2) und (7.18.3) für i bewiesen. Es gilt für jedes $k \in \{0,\ldots,i-2\}$

$$\begin{aligned}
\gamma_{i+1}^{2(i-k)}\gamma_i^{2(i-k-1)}\Lambda_k &= \gamma_i^{2(i-k-1)}\,\mathrm{sres}_{i+1,i,k}(\Lambda_{i+1},\Lambda_i) && [\text{nach (7.18.3)}]\\
&= \mathrm{sres}_{i,i-1,k}(\Lambda_i,\mathrm{prest}(\Lambda_{i+1},\Lambda_i)) && [\text{nach (7.17)(2)(a)}]\\
&= \mathrm{sres}_{i,i-1,k}(\Lambda_i,\gamma_{i+1}^2\Lambda_{i-1}) && [\text{nach (7.18.2)}]\\
&= \gamma_{i+1}^{2(i-k)}\,\mathrm{sres}_{i,i-1,k}(\Lambda_i,\Lambda_{i-1}) && [\text{nach (7.17)(1)}];
\end{aligned}$$

da R ein Integritätsring ist, kann man den Faktor $\gamma_{i+1}^{2(i-k)}$ in der letzten Gleichung weglassen. Damit ist (7.18.3) für $i-1$ bewiesen.

Aus (7.18.3) für $i-1$ erhält man für $k=i-2$ nach (7.17)(2)(d)

$$\gamma_i^2\Lambda_{i-2} = \mathrm{sres}_{i,i-1,i-2}(\Lambda_i,\Lambda_{i-1}) = \mathrm{prest}(\Lambda_i,\Lambda_{i-1}),$$

und das ist (7.18.2) für $i-1$.

Damit ist (7.18) bewiesen.

(7.19) Bezeichnung: (1) Es seien $n_0, n_1 \in \mathbb{N}$, und es seien $P_0 = \sum_{i=0}^{n_0} a_iT^i$, $P_1 = \sum_{j=0}^{n_1} b_jT^j \in R[T]$ Polynome mit $\mathrm{grad}(P_0) = n_0$ und $\mathrm{grad}(P_1) = n_1$. Es sei $n := \max(\{n_1, n_0-1\})$, und es sei

$$\begin{array}{llll} a_i := 0 & \text{für jedes } i \in \{n_0+1,\dots,n+1\}, & \text{falls} & n_0 \le n_1 \text{ ist},\\ b_j := 0 & \text{für jedes } j \in \{n_1+1,\dots,n\}, & \text{falls} & n_0 > n_1 \text{ ist}. \end{array}$$

Es seien $F := \sum_{i=0}^{n+1} a_iT^i$, $G := \sum_{j=0}^{n} b_jT^j$, so daß $P_0 = F$ und $P_1 = G$ gilt; es kann nun $\mathrm{sres}_{n+1,n,j}(F,G)$ für jedes $j \in \{0,\dots,n-1\}$ gebildet werden. Es wird weiter

$$L_{n+1} := F,\quad L_n := G,\quad L_i := \mathrm{sres}_{n+1,n,i}(F,G) \quad \text{für jedes } i \in \{0,\dots,n-1\}$$

gesetzt; für jedes $i \in \{0,\dots,n+1\}$ mit $L_i \ne 0$ sei $c_i := \mathrm{lcoeff}(L_i)$.

(2) Es werden die Bezeichnungen aus (7.18) beibehalten; es sei $\omega\colon R'[T] \to R[T]$ der durch $\omega(r) = r$ für jedes $r \in R$, $\omega(U_i) = a_i$ für jedes $i \in \{0,\dots,n+1\}$, $\omega(V_j) = b_j$ für jedes $j \in \{0,\dots,n\}$ und $\omega(T) = T$ definierte Homomorphismus [vgl. (5.10)(1)]. Es sei $i \in \{0,\dots,n+1\}$; dann gilt [vgl. (7.17)(3)] $\omega(\Lambda_i) = L_i$, und ist $L_i \ne 0$, so ist $\mathrm{grad}(L_i) \le i$. Für jedes $i \in \{0,\dots,n\}$ gilt: Ist $\mathrm{grad}(L_i) = i$, so ist $\omega(\gamma_i) = c_i$.

(7.20) Satz: *Es werden die Bezeichnungen aus (7.19) beibehalten. Es sei $i \in \{0,\dots,n\}$, und es gelte $\mathrm{grad}(L_{i+1}) = i+1$ und $L_i \ne 0$; es wird $r := \mathrm{grad}(L_i)$ gesetzt. Dann ist $r \le i$; es gilt*

$$L_k = 0 \quad \text{für jedes } k \in \mathbb{N} \quad \text{mit } r+1 \le k \le i-1; \tag{7.20.1}$$

ist $i < n$, so gilt

$$\begin{aligned} c_{i+1}^{i-r}L_r &= c_i^{i-r}L_i, & &\text{falls } r \ge 0 \text{ ist}, & (7.20.2)\\ (-1)^{i-r}c_{i+1}^{i-r+2}L_{r-1} &= \mathrm{prest}(L_{i+1},L_i), & &\text{falls } r > 0 \text{ ist}, & (7.20.3) \end{aligned}$$

ist $i = n$, so gilt

$$\begin{aligned} L_r &= (c_{n+1}c_n)^{n-r}L_n, & &\text{falls } r \ge 0 \text{ ist}, & (7.20.4)\\ (-c_{n+1})^{r-n}L_{r-1} &= \mathrm{prest}(L_{n+1},L_n), & &\text{falls } r > 0 \text{ ist}. & (7.20.5) \end{aligned}$$

Beweis: Es sei $L_{i+1} = \sum_{\lambda=0}^{i+1} \alpha_\lambda T^\lambda$, $L_i = \sum_{\lambda=0}^{i} \beta_\lambda T^\lambda$. Es ist also $c_{i+1} = \alpha_{i+1}$, $c_i = \beta_r$, $\beta_{r+1} = \cdots = \beta_i = 0$. Es sei

$$D^{(k)} := S_{i+1,i,k}(L_{i+1}, L_i) \in M(2i+1-2k, 2i+1-k; R) \quad \text{für jedes } k \in \{0, \ldots, i-1\},$$

so daß $D^{(k)}$ folgende Gestalt hat:

$$D^{(k)} = \begin{pmatrix} \alpha_{i+1} & \cdots\cdots & \alpha_0 & & \\ & \alpha_{i+1} & \cdots\cdots & \alpha_0 & \\ & & \ddots & & \\ & & \alpha_{i+1} & \cdots\cdots & \alpha_0 \\ \beta_i & \cdots\cdots & \beta_0 & & \\ & \beta_i & \cdots\cdots & \beta_0 & \\ & & \ddots & & \\ & & \beta_i & \cdots\cdots & \beta_0 \end{pmatrix} \begin{matrix} \left.\vphantom{\begin{matrix}a\\a\\a\\a\end{matrix}}\right\} i-k \text{ Zeilen} \\ \left.\vphantom{\begin{matrix}a\\a\\a\\a\end{matrix}}\right\} 1+i-k \text{ Zeilen} \end{matrix}$$

Es sei $k \in \{0, \ldots, i-1\}$. Zur Bestimmung von $\operatorname{sres}_{i+1,i,k}(L_{i+1}, L_i) = \operatorname{detpol}(D^{(k)})$ sind die Determinanten

$$\Delta_l^{(k)} := \det\big(D_{\bullet 1}^{(k)}, \ldots, D_{\bullet 2i-2k}^{(k)}, D_{\bullet 2i-2k+l}^{(k)}\big) \quad \text{für jedes } l \in \{1, \ldots, k+1\}$$

zu berechnen. Die Elemente in den ersten $i-r$ Spalten der Zeilen $D_{i+1-k\bullet}^{(k)}, \ldots, D_{2i+1-2k\bullet}^{(k)}$, welche von dem Polynom L_i herrühren, sind Null.

(1) Es sei $k \in \{r+1, \ldots, i-1\}$. Es sei $l \in \{1, \ldots, k+1\}$; entwickelt man $\Delta_l^{(k)}$ nach den ersten Spalten, so erhält man $\Delta_l^{(k)} = 0$ und aus (7.18.3) folgt $L_k = \operatorname{sres}_{n+1,n,k}(L_{n+1}, L_n) = 0$, falls $i = n$ gilt, und $c_{i+1}^{2(i-k)} L_k = \operatorname{sres}_{i+1,i,k}(L_{i+1}, L_i) = 0$, falls $i < n$ gilt [vgl. (7.19)(2)]; weil R ein Integritätsring und $c_{i+1} \neq 0$ ist, folgt (7.20.1).

(2) Ist $r = i$, so sind (7.20.2) und (7.20.4) richtig.

(a) Es sei $r < i$. Es sei $l \in \{1, \ldots, r+1\}$; es ist $\Delta_l^{(r)}$ eine Dreiecksmatrix; man erhält

$$\Delta_l^{(r)} = \alpha_{i+1}^{i-r} \beta_r^{i-r} \beta_{r+1-l}$$

und daher

$$\operatorname{sres}_{i+1,i,r}(L_{i+1}, L_i) = \alpha_{i+1}^{i-r} \beta_r^{i-r} \sum_{\lambda=0}^{r} \beta_\lambda T^\lambda = c_{i+1}^{i-r} c_i^{i-r} L_i.$$

Ist $i = n$, so folgt (7.20.4). Es sei $i < n$. Aus (7.18.3) ergibt sich $c_{i+1}^{2(i-r)} L_r = \operatorname{sres}_{i+1,i,r}(L_{i+1}, L_i)$ [vgl. (7.19)(2)]; weil R ein Integritätsring und $c_{i+1} \neq 0$ ist, folgt (7.20.2).

(b) Es sei $r > 0$. Entwickelt man $\Delta_l^{(r-1)}$ nach den ersten Spalten, so erhält man

$$\operatorname{sres}_{i+1,i,r-1}(L_{i+1}, L_i) = c_{i+1}^{i-r} \operatorname{sres}_{i+1,r,r-1}(L_{i+1}, L_i);$$

hier wird L_i als Polynom vom Grad r betrachtet. Nach (7.17)(2)(d) ist daher

$$\mathrm{sres}_{i+1,i,r-1}(L_{i+1}, L_i) = c_{i+1}^{i-r}(-1)^{i-r}\,\mathrm{prest}(L_{i+1}, L_i).$$

Ist $i = n$, so folgt (7.20.5). Es sei $i < n$. Nach (7.18.3) ist $c_{i+1}^{2(i+1-r)}L_{r-1} = \mathrm{sres}_{i+1,i,r-1}(L_{i+1}, L_i)$; da R ein Integritätsring und $c_{i+1} \neq 0$ ist, folgt (7.20.3).

(7.21) Satz: *Es seien* $P_0, P_1 \in R[T]\setminus\{0\}$ *Polynome mit* $\mathrm{grad}(P_0) \geq \mathrm{grad}(P_1) > 0$, *und es sei* $\mathrm{prest}(P_0, P_1) \neq 0$.
(1) *Es gibt ein* $k \in \mathbb{N}$ *mit* $k \geq 2$ *und eine Polynomrestfolge* $(P_i)_{0\leq i\leq k}$ *mit der Gradfolge* $(n_i)_{0\leq i\leq k}$, *deren Koeffizientenfolgen* $(\mu_i)_{0\leq i\leq k-1}$, $(\nu_i)_{0\leq i\leq k-2}$ *sich folgendermaßen berechnen:*

$$\mu_i := p_{i+1}^{n_i-n_{i+1}+1} \quad \text{für jedes } i \in \{0,\ldots,k-1\},$$

$\nu_0 := 1$, *falls* $n_0 = n_1$, $\nu_0 := (-1)^{n_0-n_1+1}$, *falls* $n_0 > n_1$, *und*

$$\nu_i := -p_i(-d_i)^{n_i-n_{i+1}} \quad \text{für jedes } i \in \{1,\ldots,k-2\};$$

hier ist $p_i := \mathrm{lcoeff}(P_i)$ *für jedes* $i \in \{0,\ldots,k\}$, *und die Folge* $(d_i)_{0\leq i\leq k}$ *ist durch*

$$d_0 := 1, \qquad d_i := \left(\frac{p_i}{d_{i-1}}\right)^{n_{i-1}-n_i} d_{i-1} \quad \text{für jedes } i \in \{1,\ldots,k\}$$

bestimmt.
(2) *Ist* $n_k > 0$, *so ist* $\mathrm{res}_{n_0,n_1}(P_0, P_1) = 0$; *ist* $n_k = 0$, *so ist*

$$\mathrm{res}_{n_0,n_1}(P_0, P_1) = \begin{cases} d_k, & \text{falls } n_0 > n_1 \text{ ist,} \\ (-1)^{n_0}d_k, & \text{falls } n_0 = n_1 \text{ ist.} \end{cases}$$

Beweis: (1)(a) Es werden zu P_0 und P_1 die Zahl n, die Polynome F, G und die Polynome $L_{n+1}, \ldots, L_0$ gemäß (7.19) gebildet. Es sei $j \in \{0,\ldots,n_1-1\}$. Es wird

$$M_j := \mathrm{sres}_{n_0,n_1,j}(P_0, P_1)$$

gesetzt. Setzt man noch

$$a_j := \begin{cases} p_0^{n_0-n_1-1}, & \text{falls } n_0 > n_1 \text{ ist,} \\ (-1)^{n_0-j}p_1, & \text{falls } n_0 = n_1 \text{ ist,} \end{cases}$$

so folgt unmittelbar aus den Definitionen $L_j = a_jM_j$. Es gilt daher: Ist $L_j \neq 0$, so ist $c_j/a_j \in R$ [es ist mit den Bezeichnungen aus (7.19) $c_j = \mathrm{lcoeff}(L_j)$].
(b) Es sei K der Quotientenkörper von R. Es werden in $K[T]$ rekursiv die Folgen $(\mu_i)_{0\leq i\leq k-1}$, $(\nu_i)_{0\leq i\leq k-2}$, $(d_i)_{1\leq i\leq k}$ und $(P_i)_{0\leq i\leq k}$ durch

$$P_{i+2} = (1/\nu_i)\,\mathrm{prest}(P_i, P_{i+1}) \quad \text{für jedes } i \in \{0,\ldots,k-2\}$$

und die in (7.21) angegebenen Formeln bestimmt [für zwei von Null verschiedene Polynome A, $B \in K[T]$ kann natürlich auch $\mathrm{prest}(A, B)$ gebildet werden]. Es

wird zunächst gezeigt, daß die Polynome $P_2, \ldots, P_k$ in $R[T]$ liegen, und daß die Elemente $\mu_0, \ldots, \mu_{k-1}$, $\nu_1, \ldots, \nu_{k-2}$ und $d_1, \ldots, d_k$ in R liegen.
(c) Es wird

$$a := \begin{cases} p_0^{n_0-n_1-1}, & \text{falls } n_0 > n_1 \text{ ist,} \\ p_1, & \text{falls } n_0 = n_1 \text{ ist,} \end{cases}$$

gesetzt; dann ist $a_j \in \{a, -a\}$ für jedes $j \in \{0, \ldots, n_1 - 1\}$. Es wird gezeigt:

$$L_{n_i} = a\frac{d_i}{p_i}P_i \quad \text{für } i \in \{1, \ldots, k\}, \qquad L_{n_i-1} = aP_{i+1} \quad \text{für } i \in \{1, \ldots, k-1\}. \qquad (*)$$

Ist $n_0 > n_1$, so gilt nach (7.20.4) und (7.20.5) [mit $r = n_1$ und $n = n_0 - 1$]

$$\begin{aligned} L_{n_1} &= ap_1^{n_0-n_1-1}P_1 &&= a\frac{d_1}{p_1}P_1, \\ L_{n_1-1} &= a(-1)^{n_0-n_1+1}\operatorname{prest}(P_0, P_1) &&= aP_2. \end{aligned}$$

Ist $n_0 = n_1$, so ist nach Definition und (a) sowie (7.17)(2)(d)

$$\begin{aligned} L_{n_1} &= P_1 &&= a\frac{d_1}{p_1}P_1, \\ L_{n_1-1} &= a_{n_1-1}M_{n_1-1} &&= aP_2. \end{aligned}$$

Damit ist $(*)$ für $i = 1$ gezeigt. Es sei $i \in \{1, \ldots, k-1\}$, und es wird angenommen, daß $(*)$ für i richtig ist. Es ist daher

$$c_{n_i} = ad_i, \qquad c_{n_i-1} = ap_{i+1}. \qquad (**)$$

In (7.20) werden $i+1$ durch n_i und r durch n_{i+1} ersetzt – das ist wegen $(*)$ erlaubt. Aus (7.20.2) ergibt sich

$$c_{n_i}^{n_i-n_{i+1}-1}L_{n_{i+1}} = c_{n_i-1}^{n_i-n_{i+1}-1}L_{n_i-1}$$

und daher wegen $(*)$ und $(**)$

$$L_{n_{i+1}} = \left(\frac{p_{i+1}}{d_i}\right)^{n_i-n_{i+1}-1}L_{n_i-1} = a\frac{d_{i+1}}{p_{i+1}}P_{i+1},$$

und das ist die erste Gleichung in $(*)$ für $i+1$. Ist $i+1 < k$, so ist $n_{i+1} > 0$; aus (7.20.3) ergibt sich

$$\begin{aligned} (-1)^{n_i-n_{i+1}-1}c_{n_i}^{n_i-n_{i+1}+1}L_{n_{i+1}-1} &= \operatorname{prest}(L_{n_i}, L_{n_i-1}) \\ &\overset{*}{=} \frac{ad_i}{p_i}a^{n_i-n_{i+1}+1}\operatorname{prest}(P_i, P_{i+1}) \end{aligned}$$

[bei $*$ wurde (7.14)(2) benutzt], und daher folgt wegen $(**)$ und (b)

$$-p_i(-d_i)^{n_i-n_{i+1}}L_{n_{i+1}-1} = a\nu_iP_{i+2}.$$

Da R ein Integritätsring ist, folgt hieraus die zweite Gleichung in $(*)$.
(d) Es sei $i \in \{1,\dots,k\}$. Nach (a) ist $c_{n_i}/a \in R$ und nach $(**)$ in (c) ist $d_i = c_{n_i}/a$; daher ist $d_i \in R$. Es sei $i \in \{2,\dots,k\}$. Nach $(*)$ in (c) ist $P_i = L_{n_{i-1}-1}/a$ und daher nach (a) $P_i \in R[T]$.

Damit ist (1) gezeigt.
(2) Es gelte $n_k > 0$. Wie in (7.10)(3) folgt mit (7.14)(7) $\mathrm{res}_{n_0,n_1}(P_0,P_1) = 0$. Es gelte $n_k = 0$. Aus (7.20.2) [mit $i+1 = n_{k-1}$ und $r = n_k = 0$] und $(*)$ und $(**)$ in (1)(c) erhält man

$$L_0 = \left(\frac{c_{n_{k-1}-1}}{c_{n_{k-1}}}\right)^{n_{k-1}-1} L_{n_{k-1}-1} = \left(\frac{p_k}{d_{k-1}}\right)^{n_{k-1}} d_{k-1}a\,\frac{P_k}{p_k} = d_k a,$$

und aus (1)(a) folgt damit (2), weil $M_0 = \mathrm{res}(P_0,P_1)$ ist.

(7.22) Das folgende Programm bestimmt die Resultante zweier Polynome F, $G \in R[T]$.
Eingabe: Polynome F, $G \in R[T]$ mit $m := \mathrm{grad}(F) \ge \mathrm{grad}(G) =: n > 0$;
Ausgabe: $\mathrm{res}_{m,n}(F,G)$.

```
P := F;  Q := G;  q := lcoeff(Q);  m := grad(P);  n := grad(Q);  d := 1;
if m ≠ n then
  begin ν := (−1)^(m−n+1);  s := 1;  end;
else
  begin ν := 1;  n0 := m;  s := 0;  end;
while Q ≠ 0 do
 begin
   R := Q;  Q := prest(P,Q)/ν;  P := R;  l := n;
    if Q ≠ 0 then
     begin
      d := (q/d)^(m−n) * d;  n := grad(Q);  ν := −q(−d)^(l−n);
      m := l;  q := lcoeff(Q);
     end;
  end;
if n > 0 then r := 0 else
  begin
   r := (q/d)^m * d;  if s = 0 then r := (−1)^n0 * r;
  end;
return(r).
```

(7.23) BEMERKUNG: Nach (7.11)(3) kann dieses Programm auch dazu benutzt werden, um die Diskriminante eines Polynoms $F \in R[T]$ zu berechnen.

(7.24) Für weitere Literatur über das Rechnen mit Polynomen, insbesondere Komplexitätsfragen, wird auf [53] verwiesen. Nach dem Algorithmus (7.22) berechnet Maple die Resultante zweier Polynome.

Kapitel XIV: Zahlentheorie

§1 Die Restklassenringe von $\mathbb{Z}$

(1.1) In diesem Paragraphen wird die in Kapitel I, §5 begonnene elementare Zahlentheorie fortgesetzt. Dabei wird zunächst noch einmal auf die Begriffe des größten gemeinsamen Teilers und des kleinsten gemeinsamen Vielfachen ganzer Zahlen eingegangen; dabei werden einige in Kapitel III, §4 für faktorielle Ringe R bewiesene Resultate für den speziellen Fall $R = \mathbb{Z}$ nochmals hergeleitet. Dann werden die Restklassenringe von $\mathbb{Z}$ und deren Einheitengruppen genauer behandelt. Die dabei erzielten Ergebnisse werden in den beiden anschließenden Paragraphen benötigt. Dem Leser wird empfohlen, sich das wichtigste Ergebnis aus Kapitel I, §5 und seinen Beweis [vgl. I(5.20) und auch XIII, §4] zu vergegenwärtigen, nämlich: Jede natürliche Zahl m besitzt eine – bis auf die Reihenfolge der Faktoren – eindeutig bestimmte Primzerlegung $m = \prod_{i=1}^{r} p_i^{\alpha_i}$; ist $m = 1$, so ist das Produkt leer, andernfalls sind darin $p_1, \ldots, p_r$ die verschiedenen Primteiler von m, und $\alpha_1, \ldots, \alpha_r$ sind natürliche Zahlen.

(1.2) Es seien $a, b \in \mathbb{Z}$.
(1) In Kapitel I, §5 wurde gezeigt, daß es einen eindeutig bestimmten größten gemeinsamen Teiler $\mathrm{ggT}(a, b) \in \mathbb{N}_0$ und ein eindeutig bestimmtes kleinstes gemeinsames Vielfaches $\mathrm{kgV}(a, b) \in \mathbb{N}_0$ von a und b gibt. Sind a und b beide Null, so gilt $\mathrm{ggT}(a, b) = 0$ und $\mathrm{kgV}(a, b) = 0$; gilt $a \neq 0$ oder $b \neq 0$, so gilt $\mathrm{ggT}(a, b) \in \mathbb{N}$ und $\mathrm{kgV}(a, b) = |ab| / \mathrm{ggT}(a, b)$. Man berechnet $\mathrm{ggT}(a, b)$ mit dem Euklidischen Algorithmus [vgl. I(5.9)]; eine erweiterte Fassung dieses Algorithmus [vgl. I(5.10)] liefert $\mathrm{ggT}(a, b)$ und ganze Zahlen v und w mit $\mathrm{ggT}(a, b) = av + bw$.
(2) a und b heißen teilerfremd, wenn $\mathrm{ggT}(a, b) = 1$ ist, und dies ist genau dann der Fall, wenn es ganze Zahlen v und w mit $av + bw = 1$ gibt.
(3) Sind a und b teilerfremd und ist $c \in \mathbb{Z}$ mit $a \mid bc$, so gilt $a \mid c$, denn es existieren $v, w \in \mathbb{Z}$ mit $av + bw = 1$, und hiermit gilt $c = a(cv) + (bc)w$.

(1.3) Es sei $n \in \mathbb{N}$, es seien $a_1, \ldots, a_n \in \mathbb{Z}$.
(1) Es gibt ein eindeutig bestimmtes $d \in \mathbb{N}_0$ mit den folgenden Eigenschaften: d ist ein Teiler von $a_1, \ldots, a_n$ und ein Vielfaches eines jeden gemeinsamen Teilers $c \in \mathbb{Z}$ von $a_1, \ldots, a_n$.
Beweis: Ist $n = 1$, so setzt man $d := |a_1|$; ist $n = 2$, so setzt man $d := \mathrm{ggT}(a_1, a_2)$. Es sei $n \geq 3$, und es sei bereits ein $d' \in \mathbb{N}_0$ mit $d' \mid a_1, \ldots, d' \mid a_{n-1}$ und mit $c \mid d'$ für jeden gemeinsamen Teiler $c \in \mathbb{Z}$ von $a_1, \ldots, a_{n-1}$ gefunden. Dann hat, wie man sogleich sieht, $d := \mathrm{ggT}(d', a_n)$ die gewünschten Eigenschaften und ist durch diese Eigenschaften eindeutig bestimmt.
(2) Man nennt $\mathrm{ggT}(a_1, \ldots, a_n) := d$ den größten gemeinsamen Teiler der Zahlen $a_1, \ldots, a_n$. Ist dabei $n \geq 3$, so gilt nach (1)

$$\mathrm{ggT}(a_1, \ldots, a_n) = \mathrm{ggT}(\mathrm{ggT}(a_1, \ldots, a_{n-1}), a_n);$$

man kann also $\mathrm{ggT}(a_1,\ldots,a_n)$ mit Hilfe des Euklidischen Algorithmus rekursiv berechnen.
(3) Es existieren $v_1,\ldots,v_n \in \mathbb{Z}$ mit $\mathrm{ggT}(a_1,\ldots,a_n) = a_1v_1 + \cdots + a_nv_n$.
Beweis: Für $n \leq 2$ ist nichts mehr zu beweisen. Ist $n \geq 3$ und sind bereits Zahlen $w_1,\ldots,w_{n-1} \in \mathbb{Z}$ mit $d' := \mathrm{ggT}(a_1,\ldots,a_{n-1}) = a_1w_1 + \cdots + a_{n-1}w_{n-1}$ gefunden, so ermittelt man mit dem Euklidischen Algorithmus ganze Zahlen v und w mit $\mathrm{ggT}(d',a_n) = d'v + a_nw$ und erhält

$$\mathrm{ggT}(a_1,\ldots,a_n) = \mathrm{ggT}(d',a_n) = a_1(w_1v) + \cdots + a_{n-1}(w_{n-1}v) + a_nw.$$

(4) Es gibt ein eindeutig bestimmtes $m \in \mathbb{N}_0$ mit: m ist ein Vielfaches von $a_1,\ldots,a_n$ und ein Teiler eines jedes gemeinsamen Vielfachen $c \in \mathbb{Z}$ von $a_1,\ldots,a_n$.
Beweis: Ist $n = 1$, so setzt man $m := |\,a_1\,|$; ist $n = 2$, so setzt man $m := \mathrm{kgV}(a_1,a_2)$. Es sei $n \geq 3$, und es sei bereits ein $m' \in \mathbb{N}_0$ mit $a_1 \mid m',\ldots,a_{n-1} \mid m'$ und mit $m' \mid c$ für jedes gemeinsame Vielfache $c \in \mathbb{Z}$ von $a_1,\ldots,a_{n-1}$ gefunden. Dann hat $m := \mathrm{kgV}(m',a_n)$ die gewünschten Eigenschaften und ist durch diese Eigenschaften eindeutig bestimmt.
(5) Man nennt $\mathrm{kgV}(a_1,\ldots,a_n) := m$ das kleinste gemeinsame Vielfache der Zahlen $a_1,\ldots,a_n$. Ist dabei $n \geq 3$, so gilt nach (4)

$$\mathrm{kgV}(a_1,\ldots,a_n) = \mathrm{kgV}(\mathrm{kgV}(a_1,\ldots,a_{n-1}),a_n);$$

man kann also auch $\mathrm{kgV}(a_1,\ldots,a_n)$ rekursiv berechnen.
(6) Sind $a_1,\ldots,a_n$ paarweise teilerfremd, so gilt $\mathrm{kgV}(a_1,\ldots,a_n) = |\,a_1\cdots a_n\,|$.

(1.4) BEMERKUNG: (1) Ist p eine Primzahl, so ist für jedes $a \in \mathbb{Z} \setminus \{0\}$

$$v_p(a) := \max(\{\, i \in \mathbb{N}_0 \mid p^i \text{ teilt } a \,\})$$

der Exponent, mit dem p in der Primzerlegung von a vorkommt.
(2) Es seien $a_1,\ldots,a_n \in \mathbb{Z} \setminus \{0\}$. Aus (1.3)(2) und I(5.21)(2)(c) folgt: Für jede Primzahl p ist

$$v_p(\mathrm{ggT}(a_1,\ldots,a_n)) = \min(\{\, v_p(a_1),\ldots,v_p(a_n) \,\}).$$

Aus (1.3)(5) und I(5.23)(4) folgt: Für jede Primzahl p ist

$$v_p(\mathrm{kgV}(a_1,\ldots,a_n)) = \max(\{\, v_p(a_1),\ldots,v_p(a_n) \,\}).$$

(1.5) BEMERKUNG: Es sei $m \in \mathbb{N}$; es seien a, b, $x \in \mathbb{Z}$. Im Ring $\mathbb{Z}/m\mathbb{Z}$ gilt $[\,a\,]_m[\,x\,]_m = [\,b\,]_m$ genau dann, wenn $ax \equiv b \pmod{m}$ im Ring $\mathbb{Z}$ gilt.

(1.6) Satz: *Es sei $m \in \mathbb{N}$; es sei $a \in \mathbb{Z}$. Folgende Aussagen sind äquivalent:*
(1) $[\,a\,]_m$ ist eine Einheit im Ring $\mathbb{Z}/m\mathbb{Z}$.
(2) Es gibt ein eindeutig bestimmtes $w \in \{0,1,\ldots,m-1\}$ mit $aw \equiv 1 \pmod{m}$.
(3) Es gibt ein $b \in \mathbb{Z}$ mit $ab \equiv 1 \pmod{m}$.
(4) Es gilt $\mathrm{ggT}(m,a) = 1$.
Beweis: (1) $\Rightarrow$ (2): Es gelte $[\,a\,]_m \in E(\mathbb{Z}/m\mathbb{Z})$. Es gibt ein $w \in \{0,1,\ldots,m-1\}$ mit $[\,a\,]_m^{-1} = [\,w\,]_m$, und hierfür gilt $[\,a\,]_m[\,w\,]_m = [\,1\,]_m$, also $aw \equiv 1 \pmod{m}$. Ist

$w_1 \in \{0, 1, \ldots, m-1\}$ mit $aw_1 \equiv 1 \pmod{m}$, so gilt $[a]_m[w_1]_m = [1]_m$, also $[w_1]_m = [a]_m^{-1} = [w]_m$, also $w_1 \equiv w \pmod{m}$, also $w_1 = w$.
(2) $\Rightarrow$ (3): Dies gilt trivialerweise.
(3) $\Rightarrow$ (4): Es gelte: Es gibt ein $b \in \mathbb{Z}$ mit $ab \equiv 1 \pmod{m}$. Dann gibt es ein $k \in \mathbb{Z}$ mit $ab = 1 + km$, und daher gilt $\mathrm{ggT}(m, a) = 1$.
(4) $\Rightarrow$ (1): Es gelte $\mathrm{ggT}(m, a) = 1$. Dann existieren v, $w \in \mathbb{Z}$ mit $mv + aw = 1$ [vgl. (1.2)(2)]. Es gilt $aw = 1 - mv \equiv 1 \pmod{m}$ und daher $[a]_m[w]_m = [1]_m$. Also ist $[a]_m \in E(\mathbb{Z}/m\mathbb{Z})$.

(1.7) Bemerkung: Es sei $m \in \mathbb{N}$; es sei $a \in \mathbb{Z}$, und es gelte $\mathrm{ggT}(m, a) = 1$. Dann ist $[a]_m$ eine Einheit im Ring $\mathbb{Z}/m\mathbb{Z}$, und es gibt ein eindeutig bestimmtes $w \in \{0, 1, \ldots, m-1\}$ mit $[a]_m^{-1} = [w]_m$. Dieses w wird durch den folgenden Algorithmus berechnet [vgl. dazu I(5.10)]:

```
z := m;  z' := a mod m;  w := 0;  w' := 1;
while z' ≠ 0 do
  begin
    q := z div z';  z'' := z mod z';  w'' := w − q * w';
    z := z';  z' := z'';  w := w';  w' := w'';
  end;
w := w mod m;
return(w).             {es ist [a]_m^{-1} = [w]_m}
```

Eine andere Methode zur Berechnung von w wird in (1.21)(1) angegeben werden.

(1.8) Satz: *Es sei $m \in \mathbb{N}$. Folgende Aussagen sind äquivalent:*
(1) *$\mathbb{Z}/m\mathbb{Z}$ ist ein Körper.*
(2) *$\mathbb{Z}/m\mathbb{Z}$ ist ein Integritätsring.*
(3) *m ist eine Primzahl.*
Beweis: (1) $\Rightarrow$ (2): Dies gilt trivialerweise.
(2) $\Rightarrow$ (3): Es gelte: $\mathbb{Z}/m\mathbb{Z}$ ist integer. Dann gilt $[1]_m = 1_{\mathbb{Z}/m\mathbb{Z}} \neq 0_{\mathbb{Z}/m\mathbb{Z}} = [0]_m$ und daher $m \neq 1$. Sind a, $b \in \mathbb{N}$ mit $ab = m$, so gilt $[a]_m[b]_m = [m]_m = [0]_m$, und weil $\mathbb{Z}/m\mathbb{Z}$ integer ist, folgt $[a]_m = [0]_m$ oder $[b]_m = [0]_m$, also $m \mid a$ oder $m \mid b$, also $a = m$ oder $b = m$. Es gilt also: m ist eine Primzahl.
(3) $\Rightarrow$ (1): Es gelte: m ist eine Primzahl. Dann gilt $m \neq 1$ und daher $[1]_m \neq [0]_m$. Für jedes $a \in \mathbb{Z}$ mit $[a]_m \neq [0]_m$ gilt $m \nmid a$, und weil m eine Primzahl ist, sind daher m und a teilerfremd, d.h. es gilt $[a]_m \in E(\mathbb{Z}/m\mathbb{Z})$. Es folgt: $\mathbb{Z}/m\mathbb{Z}$ ist ein Körper.

(1.9) Bemerkung: Für jede Primzahl p ist nach (1.8) $\mathbb{F}_p := \mathbb{Z}/p\mathbb{Z}$ ein Körper mit p Elementen. Es gibt noch andere endliche Körper [vgl. XV(2.6)].

(1.10) Satz: *Es sei $m \in \mathbb{N}$; es seien a, $b \in \mathbb{Z}$. Es gibt dann und nur dann ein $x \in \mathbb{Z}$ mit $ax \equiv b \pmod{m}$, wenn b durch $\mathrm{ggT}(m, a)$ teilbar ist.*
Beweis: Es sei $d := \mathrm{ggT}(m, a)$.
(1) Es gelte $d \mid b$. Der Euklidische Algorithmus liefert v, $w \in \mathbb{Z}$ mit $mv + aw = d$. Dann gilt $x := wb/d \in \mathbb{Z}$ und $ax = awb/d = (d - mv) \cdot b/d \equiv b \pmod{m}$.

(2) Es gelte: Es gibt ein $x \in \mathbb{Z}$ mit $ax \equiv b \pmod{m}$. Dann gibt es ein $y \in \mathbb{Z}$ mit $b = ax + my$, und wegen $d \mid a$ und $d \mid m$ folgt $d \mid b$.

(1.11) Es sei $m \in \mathbb{N}$; es seien a, $b \in \mathbb{Z}$.
(1) Es gelte $\mathrm{ggT}(m, a) = 1$. Dann ist $[a]_m \in E(\mathbb{Z}/m\mathbb{Z})$, und daher findet man mit dem Verfahren aus (1.7) ein $w \in \{0, 1, \ldots, m-1\}$ mit $aw \equiv 1 \pmod{m}$. Dann gilt $x_0 := (bw) \bmod m \in \{0, 1, \ldots, m-1\}$ und $ax_0 \equiv (aw)b \equiv b \pmod{m}$. Für jedes $x \in \mathbb{Z}$ mit $ax \equiv b \pmod{m}$ gilt $x \equiv awx \equiv bw \equiv x_0 \pmod{m}$. Es gilt daher: Es gibt ein eindeutig bestimmtes $x_0 \in \{0, 1, \ldots, m-1\}$, für das $ax_0 \equiv b \pmod{m}$ gilt, und hiermit ist $\{x \in \mathbb{Z} \mid ax \equiv b \pmod{m}\} = \{x \in \mathbb{Z} \mid x \equiv x_0 \pmod{m}\}$.
(2) Es gelte $d := \mathrm{ggT}(m, a) > 1$ und $d \mid b$.
(a) Es ist $\mathrm{ggT}(m/d, a/d) = 1$, und daher existiert nach (1) ein eindeutig bestimmtes $x_{00} \in \{0, 1, \ldots, m/d - 1\}$ mit $(a/d) \cdot x_{00} \equiv b/d \pmod{m/d}$. Für jedes $i \in \{0, 1, \ldots, d-1\}$ gilt $x_i := x_{00} + im/d \in \{0, 1, \ldots, m-1\}$ und

$$ax_i \;=\; d \cdot \frac{a}{d} x_{00} + ia \cdot \frac{m}{d} \;=\; b + d \cdot \left(\frac{a}{d} x_{00} - \frac{b}{d}\right) + mi \cdot \frac{a}{d} \;\equiv\; b \pmod{m}.$$

(b) Es sei $x \in \mathbb{Z}$ mit $ax \equiv b \pmod{m}$. Dann gilt $(a/d) \cdot x \equiv b/d \pmod{m/d}$ und daher $x \equiv x_{00} \pmod{m/d}$ [vgl. (1)], also gibt es ein $k \in \mathbb{Z}$ mit $x = x_{00} + km/d$. Es ist $i := k \bmod d \in \{0, 1, \ldots, d-1\}$ und $x = x_{00} + i \cdot (m/d) + (k \operatorname{div} d) \cdot m \equiv x_i \pmod{m}$.
(c) Nach (a) und (b) gibt es d paarweise verschiedene Lösungen $x_0, x_1, \ldots, x_{d-1} \in \{0, 1, \ldots, m-1\}$ der Kongruenz $ax \equiv b \pmod{m}$, und hiermit gilt

$$\{x \in \mathbb{Z} \mid ax \equiv b \pmod{m}\} \;=\; \biguplus_{i=0}^{d-1} \{x \in \mathbb{Z} \mid x \equiv x_i \pmod{m}\}.$$

(d) Aus (c) folgt: Die lineare Gleichung $[a]_m \cdot X = [b]_m$ hat im Ring $\mathbb{Z}/m\mathbb{Z}$ die d paarweise verschiedenen Lösungen $[x_0]_m, [x_1]_m, \ldots, [x_{d-1}]_m$.

(1.12) Satz: [Chinesischer Restsatz] *Es seien $m_1, \ldots, m_n \in \mathbb{N}$ paarweise teilerfremd, es seien $a_1, \ldots, a_n \in \mathbb{N}$, und es sei $m := m_1 \cdots m_n$. Dann gibt es ein eindeutig bestimmtes $x_0 \in \{0, 1, \ldots, m-1\}$ mit $x_0 \equiv a_i \pmod{m_i}$ für jedes $i \in \{1, \ldots, n\}$, und hiermit gilt*

$$\{x \in \mathbb{Z} \mid x \equiv a_i \pmod{m_i} \text{ für jedes } i \in \{1, \ldots, n\}\} = \{x \in \mathbb{Z} \mid x \equiv x_0 \pmod{m}\}.$$

Beweis: (1)(a) Man konstruiert für jedes $k \in \{1, \ldots, n\}$ eine Zahl $y_k \in \mathbb{Z}$ mit $0 \leq y_k < m_1 \cdots m_k$ und mit $y_k \equiv a_i \pmod{m_i}$ für jedes $i \in \{1, \ldots, k\}$, und zwar folgendermaßen: Man setzt $y_1 := a_1 \bmod m_1$. Ist $k \in \{2, \ldots, n\}$ und ist bereits ein $y_{k-1} \in \mathbb{Z}$ mit $0 \leq y_{k-1} < m_1 \cdots m_{k-1}$ und mit $y_{k-1} \equiv a_i \pmod{m_i}$ für jedes $i \in \{1, \ldots, k-1\}$ gefunden, so kann man, weil $m_1 \cdots m_{k-1}$ und m_k teilerfremd sind, ein $z_k \in \mathbb{Z}$ mit $m_1 \cdots m_{k-1} z_k \equiv a_k - y_{k-1} \pmod{m_k}$ ermitteln [vgl. (1.11)(1)]; dann setzt man $y_k := (y_{k-1} + m_1 \cdots m_{k-1} z_k) \bmod m_1 \cdots m_k$. Hierfür gilt $0 \leq y_k < m_1 \cdots m_k$, für jedes $i \in \{1, \ldots, k-1\}$ ist $y_k \equiv y_{k-1} \equiv a_i \pmod{m_i}$, und es ist

auch $y_k \equiv y_{k-1} + (a_k - y_{k-1}) = a_k \pmod{m_k}$.
(b) Für $x_0 := y_n$ gilt dann $0 \le x_0 < m_1 \cdots m_n = m$ und $x_0 \equiv a_i \pmod{m_i}$ für jedes $i \in \{1, \ldots, n\}$.
(2) Ist $x \in \mathbb{Z}$ mit $x \equiv a_i \pmod{m_i}$ für jedes $i \in \{1, \ldots, n\}$, so gilt für jedes $i \in \{1, \ldots, n\}$ $x \equiv a_i \equiv x_0 \pmod{m_i}$ und somit $m_i \mid x - x_0$, und weil $m_1, \ldots, m_n$ paarweise teilerfremd sind, folgt $m = m_1 \cdots m_n = \mathrm{kgV}(m_1, \cdots, m_n) \mid x - x_0$, also $x \equiv x_0 \pmod{m}$. Ist andererseits $x \in \mathbb{Z}$ mit $x \equiv x_0 \pmod{m}$, so gilt $x \equiv x_0 \equiv a_i \pmod{m_i}$ für jedes $i \in \{1, \ldots, n\}$. Also gilt

$$\{x \in \mathbb{Z} \mid x \equiv a_i \pmod{m_i} \text{ für jedes } i \in \{1, \ldots, n\}\} = \{x \in \mathbb{Z} \mid x \equiv x_0 \pmod{m}\}.$$

Insbesondere ist damit gezeigt: Ist $x \in \{0, 1, \ldots, m-1\}$ mit $x \equiv a_i \pmod{m_i}$ für jedes $i \in \{1, \ldots, n\}$, so gilt $x \equiv x_0 \pmod{m}$ und daher $x = x_0$.

(1.13) BEMERKUNG: Es seien $m_1, \ldots, m_n \in \mathbb{N}$ paarweise teilerfremd, es sei $m := m_1 \cdots m_n$, und es seien $a_1, \ldots, a_n \in \mathbb{Z}$. Der Beweis in (1.12) liefert ein Verfahren, mit dessen Hilfe man die kleinste nichtnegative Lösung $x_0 \in \mathbb{Z}$ des Kongruenzensystems

$$x \equiv a_1 \pmod{m_1},\ x \equiv a_2 \pmod{m_2},\ \ldots,\ x \equiv a_n \pmod{m_n} \qquad (*)$$

berechnen kann. Es gibt noch ein weiteres Verfahren, x_0 zu berechnen:
(a) Es sei $j \in \{1, \ldots, n\}$. Da m_j und $m'_j := m_1 \cdots m_{j-1} m_{j+1} \cdots m_n$ teilerfremd sind, findet man mit dem Verfahren aus (1.7) ein $w_j \in \{0, 1, \ldots, m_j - 1\}$ mit $m'_j w_j \equiv 1 \pmod{m_j}$. Für $e_j := m'_j w_j$ gilt $e_j \equiv 1 \pmod{m_j}$, und für jedes $i \in \{1, \ldots, j-1, j+1, \ldots, n\}$ gilt $m_i \mid m'_j$ und daher $e_j = m'_j w_j \equiv 0 \pmod{m_i}$.
(b) Für $x_0 := (\sum_{j=1}^n a_j e_j) \bmod m$ gilt $0 \le x_0 < m - 1$, und für jedes $i \in \{1, \ldots, n\}$ ist $x_0 \equiv \sum_{j=1}^n a_j e_j \equiv a_i e_i \equiv a_i \pmod{m_i}$.

Dieses zweite Verfahren, die Lösung $x_0 \in \{0, 1, \ldots, m-1\}$ von $(*)$ zu berechnen, wird man insbesondere dann verwenden, wenn das Kongruenzensystem $(*)$ für verschiedene n-tupel $(a_1, \ldots, a_n) \in \mathbb{Z}^n$ zu lösen ist. Eine Variante dieses Verfahrens wird in (1.21)(2) angegeben werden.

(1.14) BEMERKUNG: Der wohl etwas seltsam erscheinende Name des Satzes in (1.12) rührt daher, daß in einem chinesischen Rechenbuch aus der Zeit um 300 nach Chr. Geburt an einem Beispiel das in (1.13) beschriebene Verfahren vorgeführt wird. Dort wird eine (natürliche) Zahl x gesucht, die bei Division durch 3 den Rest 2, bei Division durch 5 den Rest 3 und bei Division durch 7 den Rest 2 besitzt, für die also $x \equiv 2 \pmod 3$ und $x \equiv 3 \pmod 5$ und $x \equiv 2 \pmod 7$ gilt. Geht man wie in (1.13) vor, so erhält man mit den dort verwendeten Bezeichnungen $w_1 = 2$, $w_2 = 1$, $w_3 = 1$, $e_1 = 70$, $e_2 = 21$, $e_3 = 15$ und $x_0 = (2 \cdot 70 + 3 \cdot 21 + 2 \cdot 15) \bmod 105 = 233 \bmod 105 = 23$. Das Verfahren aus dem Beweis von (1.12) liefert, mit den dort benutzten Bezeichnungen, zuerst $y_1 = 2$, dann $z_2 = 2$ und $y_2 = 8$ und schließlich $z_3 = 1$ und $x_0 = y_3 = 23$.

(1.15) Hilfssatz: *Es seien $m_1, \ldots, m_n \in \mathbb{N}$ paarweise teilerfremd, und es sei $m := m_1 \cdots m_n$. Dann gilt*

$$\operatorname{Card}(E(\mathbb{Z}/m\mathbb{Z})) = \prod_{i=1}^{n} \operatorname{Card}(E(\mathbb{Z}/m_i\mathbb{Z})).$$

Beweis: (a) Für jedes $a \in \mathbb{Z}$ mit $[a]_m \in E(\mathbb{Z}/m\mathbb{Z})$ gilt: Es ist $\operatorname{ggT}(m, a) = 1$, und daher gilt für jedes $i \in \{1, \ldots, n\}$ auch $\operatorname{ggT}(m_i, a) = 1$, also $[a]_{m_i} \in E(\mathbb{Z}/m_i\mathbb{Z})$ [vgl. (1.6)]. Außerdem gilt: Sind $a, b \in \mathbb{Z}$ mit $[a]_m = [b]_m$, so gilt $[a]_{m_i} = [b]_{m_i}$ für jedes $i \in \{1, \ldots, n\}$. Man erhält also eine wohldefinierte Abbildung

$$f : E(\mathbb{Z}/m\mathbb{Z}) \to E(\mathbb{Z}/m_1\mathbb{Z}) \times E(\mathbb{Z}/m_2\mathbb{Z}) \times \cdots \times E(\mathbb{Z}/m_n\mathbb{Z}),$$

indem man festsetzt: Für jedes $a \in \mathbb{Z}$ mit $\operatorname{ggT}(m, a) = 1$ sei

$$f([a]_m) := ([a]_{m_1}, [a]_{m_2}, \ldots, [a]_{m_n}).$$

(b) Es sei $\alpha \in E(\mathbb{Z}/m_1\mathbb{Z}) \times \cdots \times E(\mathbb{Z}/m_n\mathbb{Z})$. Dann existieren $a_1, \ldots, a_n \in \mathbb{Z}$ mit $\operatorname{ggT}(m_i, a_i) = 1$ für jedes $i \in \{1, \ldots, n\}$ und mit $\alpha = ([a_1]_{m_1}, \ldots, [a_n]_{m_n})$. Nach (1.12) existiert ein eindeutig bestimmtes $a \in \{0, 1, \ldots, m-1\}$ mit: Für jedes $i \in \{1, \ldots, n\}$ gilt $a \equiv a_i \pmod{m_i}$, also $[a]_{m_i} = [a_i]_{m_i}$. Für jedes $i \in \{1, \ldots, n\}$ gilt $\operatorname{ggT}(m_i, a) = \operatorname{ggT}(m_i, a_i) = 1$, und daher ist $\operatorname{ggT}(a, m) = 1$, also $[a]_m \in E(\mathbb{Z}/m\mathbb{Z})$. Es ist $f([a]_m) = ([a]_{m_1}, \ldots, [a]_{m_n}) = ([a_1]_{m_1}, \ldots, [a_n]_{m_n}) = \alpha$.
(c) Aus (b) folgt, daß f bijektiv ist. Also gilt

$$\begin{aligned}\operatorname{Card}(E(\mathbb{Z}/m\mathbb{Z})) &= \operatorname{Card}(E(\mathbb{Z}/m_1\mathbb{Z}) \times \cdots \times E(\mathbb{Z}/m_n\mathbb{Z})) \\ &= \prod_{i=1}^{n} \operatorname{Card}(E(\mathbb{Z}/m_i\mathbb{Z})).\end{aligned}$$

(1.16) Satz: *Für die Eulersche Funktion*

$$\begin{cases} \varphi : \mathbb{N} \to \mathbb{N} \\ \textit{mit } \varphi(m) := \operatorname{Card}(E(\mathbb{Z}/m\mathbb{Z})) \quad \textit{für jedes } m \in \mathbb{N} \end{cases}$$

gilt:
(1) *Für jede Primzahl p und jedes $\alpha \in \mathbb{N}$ ist $\varphi(p^\alpha) = p^\alpha - p^{\alpha-1} = p^{\alpha-1}(p-1)$.*
(2) *Sind $m_1, m_2, \ldots, m_n \in \mathbb{N}$ paarweise teilerfremd, so gilt*

$$\varphi(m_1 m_2 \cdots m_n) = \varphi(m_1)\varphi(m_2) \cdots \varphi(m_n).$$

(3) *Ist $m \in \mathbb{N}$ und ist $m = \prod_{i=1}^{n} p_i^{\alpha_i}$ die Primzerlegung von m, so gilt*

$$\varphi(m) = \prod_{i=1}^{n} \varphi(p_i^{\alpha_i}) = \prod_{i=1}^{n} p_i^{\alpha_i - 1}(p_i - 1) = m \prod_{i=1}^{n}\Big(1 - \frac{1}{p_i}\Big).$$

Beweis: (1) Es sei p eine Primzahl, und es sei $\alpha \in \mathbb{N}$. Die durch p teilbaren Zahlen in $\{0, 1, \ldots, p^\alpha - 1\}$ sind die $p^{\alpha-1}$ Zahlen kp mit $0 \le k \le p^{\alpha-1} - 1$. Also gilt $\varphi(p^\alpha) = \operatorname{Card}(\{a \in \mathbb{Z} \mid 0 \le a \le p^{\alpha-1} - 1;\ p \nmid a\}) = p^\alpha - p^{\alpha-1}$.
(2) folgt direkt aus (1.15), und (3) folgt aus (2) und (1).

(1.17) BEMERKUNG: Es sei $m \in \mathbb{N}$ mit $m \geq 2$. Dann ist $\varphi(m) \leq m-1$, und es gilt $\varphi(m) = m-1$ genau dann, wenn m eine Primzahl ist.
Beweis: Es ist $\varphi(m) \leq \text{Card}(\{1, \dots, m-1\}) = m-1$. Nach (1.8) ist m genau dann eine Primzahl, wenn $\mathbb{Z}/m\mathbb{Z}$ ein Körper ist, und dies ist genau dann der Fall, wenn jedes Element $\neq [0]_m$ von $\mathbb{Z}/m\mathbb{Z}$ eine Einheit von $\mathbb{Z}/m\mathbb{Z}$ ist, also genau dann, wenn $\varphi(m) = m-1$ ist.

(1.18) Satz: [L. Euler] *Es sei $m \in \mathbb{N}$, und es sei $a \in \mathbb{Z}$ mit $\text{ggT}(m, a) = 1$. Dann gilt $a^{\varphi(m)} \equiv 1 \pmod{m}$, und die Ordnung $\text{ord}([a]_m)$ von $[a]_m$ in der Gruppe $E(\mathbb{Z}/m\mathbb{Z})$ ist ein Teiler von $\varphi(m)$.*
Beweis: Die Ordnung von $[a]_m$ in $E(\mathbb{Z}/m\mathbb{Z})$ ist nach XIII(2.5) ein Teiler von $\text{Card}(E(\mathbb{Z}/m\mathbb{Z})) = \varphi(m)$, und es gilt $[a]_m^{\varphi(m)} = [1]_m$, also $a^{\varphi(m)} \equiv 1 \pmod{m}$.

(1.19) Folgerung: [P. Fermat] *Es sei p eine Primzahl.*
(1) *Für jedes $a \in \mathbb{Z}$ mit $p \nmid a$ gilt $a^{p-1} \equiv 1 \pmod{p}$, und die Ordnung von $[a]_p$ in der Multiplikativgruppe $\mathbb{F}_p^{\times}$ des Körpers $\mathbb{F}_p$ ist ein Teiler von $p-1$.*
(2) *Für jedes $a \in \mathbb{Z}$ gilt $a^p \equiv a \pmod{p}$.*
Beweis: Für jedes $a \in \mathbb{Z}$ mit $p \nmid a$ gilt nach (1.18) $a^{p-1} = a^{\varphi(p)} \equiv 1 \pmod{p}$ und daher $a^p \equiv a \pmod{p}$ und $\text{ord}([a]_p) \mid p-1$ [vgl. XIII(2.4)(2d)]. Für jedes $a \in \mathbb{Z}$ mit $p \mid a$ gilt $a^p \equiv 0 \equiv a \pmod{p}$.

(1.20) BEMERKUNG: (1) Es sei $m \in \mathbb{N}$. Findet man ein $a \in \mathbb{Z}$ mit $\text{ggT}(m, a) = 1$ und mit $a^{m-1} \not\equiv 1 \pmod{m}$, also mit $a^{m-1} \bmod m \neq 1$, so weiß man nach (1.19)(1), daß m keine Primzahl ist, ohne daß man einen Teiler $d \in \mathbb{N}$ von m mit $1 < d < m$ kennt. Da man für ein $a \in \mathbb{Z}$ sowohl $\text{ggT}(m, a)$ als auch $a^{m-1} \bmod m$ auf einfache Weise berechnen kann [vgl. I(5.32)], kann man auf diese Weise, wenn man ein geeignetes a gewählt hat, mit wenig Aufwand feststellen, daß m keine Primzahl ist.

Beispiel: Für $m := 2^{32} + 1 = 4\,294\,967\,297$ gilt $\text{ggT}(m, 3) = 1$, und es ist $3^{m-1} \bmod m = 3\,029\,026\,160 \neq 1$. Also ist m keine Primzahl.
(2) Es gibt natürliche Zahlen $m > 1$, die keine Primzahlen sind und für die gilt: Für jedes $a \in \mathbb{Z}$ mit $\text{ggT}(m, a) = 1$ gilt $a^{m-1} \equiv 1 \pmod{m}$. Das sind die sogenannten Carmichael-Zahlen [nach R. D. Carmichael, 1879–1967]; die kleinste ist 561.

(1.21) BEMERKUNG: (1) Es sei $m \in \mathbb{N}$, und es sei $a \in \mathbb{Z}$ mit $\text{ggT}(m, a) = 1$. Dann gibt es ein eindeutig bestimmtes $w \in \{0, 1, \dots, m-1\}$ mit $aw \equiv 1 \pmod{m}$ [vgl. (1.6)]. Nach (1.18) ist $a \cdot a^{\varphi(m)-1} = a^{\varphi(m)} \equiv 1 \pmod{m}$, und daher ist $w = a^{\varphi(m)-1} \bmod m$. Kennt man die Primzerlegung von m, so kann man daraus $\varphi(m)$ mit Hilfe von (1.16)(3) und schließlich $w = a^{\varphi(m)-1} \bmod m$ mit dem Algorithmus aus I(5.32) berechnen.
(2) Es seien $m_1, \dots, m_n \in \mathbb{N}$ paarweise teilerfremd, es sei $m := m_1 \cdots m_n$, und es seien $a_1, \dots, a_n \in \mathbb{Z}$. Für jedes $j \in \{1, \dots, n\}$ gilt: Die Zahlen m_j und $m_j' := m_1 \cdots m_{j-1} m_{j+1} \cdots m_n$ sind teilerfremd, und für $e_j := (m_j')^{\varphi(m_j)} \bmod m$ gilt $e_j \equiv 1 \pmod{m_j}$ und $e_j \equiv 0 \pmod{m_i}$ für jedes $i \in \{1, \dots, j-1, j+1, \dots, n\}$. Wie in (1.13) ist dann $x_0 := \left(\sum_{j=1}^{n} a_j e_j\right) \bmod m$ die kleinste nichtnegative Lösung des

Kongruenzensystems

$$x \equiv a_1 \pmod{m_1},\ x \equiv a_2 \pmod{m_2},\ \ldots,\ x \equiv a_n \pmod{m_n}.$$

(1.22) BEMERKUNG: Es sei p eine Primzahl. Dann ist $\mathbb{F}_p = \mathbb{Z}/p\mathbb{Z}$ ein Körper mit p Elementen. Seine Multiplikativgruppe $\mathbb{F}_p^\times = \{[1]_p, \ldots, [p-1]_p\}$ ist eine zyklische Gruppe [vgl. XIII(2.15)]. Also gibt es eine Zahl $a \in \{1, \ldots, p-1\}$ mit $\mathbb{F}_p^\times = \langle [a]_p \rangle = \{[a]_p^i \mid 0 \le i \le p-2\}$.

(1.23) DEFINITION: Es sei p eine Primzahl. Eine ganze Zahl g heißt Primitivwurzel modulo p, wenn $[g]_p$ ein erzeugendes Element der Gruppe $\mathbb{F}_p^\times$ ist.

(1.24) Satz: *Es sei p eine Primzahl, und es sei* $g \in \mathbb{Z}$ *eine Primitivwurzel modulo p. In* $\{1, \ldots, p-1\}$ *gibt es genau* $\varphi(p-1)$ *verschiedene Primitivwurzeln modulo p, und zwar ist* $\{g^i \bmod p \mid 0 \le i \le p-2;\ \mathrm{ggT}(p-1, i) = 1\}$ *die Menge der Primitivwurzeln modulo p in* $\{1, \ldots, p-1\}$.

Beweis: Es ist $\mathbb{F}_p^\times = \langle [g]_p \rangle = \{[g]_p^i \mid 0 \le i \le p-2\}$. Für $i \in \{0, \ldots, p-2\}$ gilt $\mathbb{F}_p^\times = \langle [g]_p^i \rangle$ genau dann, wenn $\mathrm{ord}([g]_p^i) = p-1$ ist, und nach XIII(2.11) ist dies genau dann der Fall, wenn $\mathrm{ggT}(p-1, i) = 1$ ist. In $\mathbb{F}_p^\times$ gibt es also genau $\mathrm{Card}(\{i \mid 0 \le i \le p-2;\ \mathrm{ggT}(p-1, i) = 1\}) = \varphi(p-1)$ verschiedene erzeugende Elemente.

(1.25) BEMERKUNG: Es sei p eine Primzahl.

(1) $g \in \mathbb{Z}$ ist genau dann eine Primitivwurzel modulo p, wenn g nicht durch p teilbar ist und wenn $\mathrm{ord}([g]_p) = \min(\{i \in \mathbb{N} \mid g^i \equiv 1 \pmod{p}\}) = p-1$ gilt [vgl. dazu XIII(2.4)(2a)].

(2) Es sei $g \in \mathbb{Z}$ mit $p \nmid g$. Dann und nur dann ist g eine Primitivwurzel modulo p, wenn für jeden Primteiler q von $p-1$ gilt: Es ist $g^{(p-1)/q} \not\equiv 1 \pmod{p}$.

Beweis: Ist g eine Primitivwurzel modulo p, so ist $\min(\{i \in \mathbb{N} \mid g^i \equiv 1 \pmod{p}\}) = p-1$, und für jeden Primteiler q von $p-1$ ist $(p-1)/q < p-1$ und daher $g^{(p-1)/q} \not\equiv 1 \pmod{p}$. Ist g nicht Primitivwurzel modulo p, so ist $d := \mathrm{ord}([g]_p)$ ein Teiler von $\mathrm{Card}(\mathbb{F}_p^\times) = p-1$ mit $d < p-1$ [vgl. XIII(2.5)(2)], und daher gibt es eine Primzahl q mit $q \mid (p-1)/d$. Dann ist q ein Teiler von $p-1$, und d ist ein Teiler von $(p-1)/q$, und nach XIII(2.4)(2d) folgt $[g]_p^{(p-1)/q} = [1]_p$, also $g^{(p-1)/q} \equiv 1 \pmod{p}$.

(3) Kennt man die Primzerlegung von $p-1$, so kann man mit Hilfe von (2) eine Primitivwurzel modulo p bestimmen: Man testet der Reihe nach für die Zahlen $a = 2$, $a = 3, \ldots, a = p-1$, ob $a^{(p-1)/q} \bmod p \neq 1$ für jeden Primteiler q von $p-1$ gilt.

(1.26) BEMERKUNG: Es sei p eine ungerade Primzahl, und es sei $g \in \mathbb{Z}$ eine Primitivwurzel modulo p.

(1) Es gilt

$$\mathbb{F}_p^\times = \{[g]_p^i \mid 0 \le i \le p-2\} \quad \text{und} \quad \{1, 2, \ldots, p-1\} = \{g^i \bmod p \mid 0 \le i \le p-2\}.$$

Daher gibt es zu jedem $a \in \mathbb{Z}$ mit $p \nmid a$ ein eindeutig bestimmtes $\operatorname{ind}(a) \in \{0,1,\ldots,p-2\}$ mit $[a]_p = [g]_p^{\operatorname{ind}(a)}$, also mit $a \equiv g^{\operatorname{ind}(a)} \pmod{p}$; diese Zahl $\operatorname{ind}(a)$ heißt der Index von a zum Modul p und zur Primitivwurzel g oder auch der diskrete Logarithmus von a zum Modul p und zur Primitivwurzel g.
(2) Für $a, b \in \mathbb{Z}$ mit $p \nmid a$ und $p \nmid b$ ist dann und nur dann $\operatorname{ind}(a) = \operatorname{ind}(b)$, wenn $a \equiv b \pmod{p}$ gilt.
(3) Für $a, b \in \mathbb{Z}$ mit $p \nmid a$ und $p \nmid b$ gilt $\operatorname{ind}(ab) = \big(\operatorname{ind}(a) + \operatorname{ind}(b)\big) \bmod (p-1)$.
(4) Um für jedes $a \in \{1,\ldots,p-1\}$ den Index $\operatorname{ind}(a)$ von a zur Primzahl p und zur Primitivwurzel g zu ermitteln, berechnet man für jedes $i \in \{0,1,\ldots,p-2\}$ die Zahl $a(i) := g^i \bmod p$ und zwar durch Rekursion: Man setzt $a(0) := 1$ und $a(i) := \big(g \cdot a(i-1)\big) \bmod p$ für jedes $i \in \{1,\ldots,p-2\}$. Die Abbildung

$$i \mapsto a(i) : \{0,1,\ldots,p-2\} \to \{1,\ldots,p-1\}$$

ist bijektiv, und ihre Umkehrabbildung ist die Abbildung

$$a \mapsto \operatorname{ind}(a) : \{1,\ldots,p-1\} \to \{0,1,\ldots,p-2\}.$$

(5) Kennt man für jedes a den Index $\operatorname{ind}(a)$, so bietet das Rechnen in $\mathbb{F}_p^\times$ keine Schwierigkeit. Es ergibt sich zum Beispiel: Ist $a \in \{1,\ldots,p-1\}$, so gibt es genau dann ein $b \in \{1,\ldots,p-1\}$ mit $a \equiv b^2 \pmod{p}$, wenn $\operatorname{ind}(a)$ gerade ist, und ist dies der Fall, so gilt $a \equiv b^2 \pmod{p}$ für $b = g^{\operatorname{ind}(a)/2} \bmod p$ und für $b = (-g^{\operatorname{ind}(a)/2}) \bmod p$ und für kein weiteres $b \in \{1,\ldots,p-1\}$.

(1.27) BEISPIEL: (1) Es gilt $\varphi(23) = 22 = 2 \cdot 11$. Wegen $2^{11} \equiv 1 \pmod{23}$ und $3^{11} \equiv 1 \pmod{23}$ sind 2 und 3 nicht Primitivwurzeln modulo 23. Wegen $5^{11} \equiv -1 \pmod{23}$ und $5^2 \equiv 2 \pmod{23}$ ist 5 eine Primitivwurzel modulo 23.
(2) Die folgende Tabelle enthält $a(i) := 5^i \bmod 23$ für jedes $i \in \{0,1,\ldots,21\}$, und zwar steht darin zum Beispiel auf der Kreuzung der Zeile 1 und der Spalte 4 die Zahl $a(14) = 13$.

	0	**1**	**2**	**3**	**4**	**5**	**6**	**7**	**8**	**9**
0	1	5	2	10	4	20	8	17	16	11
1	9	22	18	21	13	19	3	15	6	7
2	12	14								

(3) Aus der Tabelle in (2) ergibt sich die folgende Tafel, die für jedes $a \in \{1,\ldots,22\}$ den Index $\operatorname{ind}(a)$ von a zur Primzahl 23 und zur Primitivwurzel 5 enthält. In ihr steht zum Beispiel auf der Kreuzung der Zeile 1 und der Spalte 4 $\operatorname{ind}(14) = 21$.

	0	1	2	3	4	5	6	7	8	9
0		0	2	16	4	1	18	19	6	10
1	3	9	20	14	21	17	8	7	12	15
2	5	13	11							

(4) Für jedes $a \in \{1, \dots, 22\}$ gilt $\mathrm{ord}([a]_{23}) = 22/\operatorname{ggT}(22, \mathrm{ind}(a))$ [man vgl. dazu XIII(2.10)(2)]. Insbesondere ergibt sich [vgl. (1.24)]: Die $\varphi(22) = 10$ Primitivwurzeln modulo 23 in $\{1, \dots, 22\}$ sind 5, 7, 10, 11, 14, 15, 17, 19, 20 und 21.
(5) Um die quadratische Kongruenz $x^2 \equiv 13 \pmod{23}$ zu lösen, entnimmt man der Tabelle in (3) den Wert $\mathrm{ind}(13) = 14$. Im Körper $\mathbb{F}_{23}$ gilt also $[13]_{23} = [5]_{23}^{14} = ([5]_{23}^{7})^2 = [17]_{23}^{2}$, und daher hat das Polynom $T^2 - [13]_{23} \in \mathbb{F}_{23}[T]$ in $\mathbb{F}_{23}$ die beiden Nullstellen $[17]_{23}$ und $-[17]_{23} = [6]_{23}$. Also hat die Kongruenz $x^2 \equiv 13 \pmod{23}$ in $\{0, 1, \dots, 22\}$ die beiden Lösungen 6 und 17. Wie man sogleich sieht, gilt

$$\{x \in \mathbb{Z} \mid x^2 \equiv 13 \pmod{23}\} = \{x \in \mathbb{Z} \mid x \equiv 6 \pmod{23} \text{ oder } x \equiv 17 \pmod{23}\}.$$

(1.28) Hilfssatz: *Es sei p eine ungerade Primzahl. Dann gibt es eine Primitivwurzel g modulo p mit $g^{p-1} \not\equiv 1 \pmod{p^2}$, und zwar gilt: Ist $g_0 \in \mathbb{Z}$ eine Primitivwurzel modulo p mit $g_0^{p-1} \equiv 1 \pmod{p^2}$, so ist $g := (1+p)g_0$ eine Primitivwurzel modulo p mit $g^{p-1} \not\equiv 1 \pmod{p^2}$.*
Beweis: Es sei $g_0 \in \mathbb{Z}$ eine Primitivwurzel modulo p.
(a) Gilt $g_0^{p-1} \not\equiv 1 \pmod{p^2}$, so setzt man $g := g_0$.
(b) Es gelte $g_0^{p-1} \equiv 1 \pmod{p^2}$. Für $g := (1+p)g_0$ gilt: Es ist $g \equiv g_0 \pmod{p}$, also $[g]_p = [g_0]_p$, und somit ist g eine Primitivwurzel modulo p. Es gilt

$$\begin{aligned} g^{p-1} &= (1+p)^{p-1} g_0^{p-1} \equiv (1+p)^{p-1} = 1 + \binom{p-1}{1} p + p^2 \cdot \sum_{i=2}^{p-1} \binom{p-1}{i} p^{i-2} \\ &\equiv 1 + (p-1)p \equiv 1 - p \not\equiv 1 \pmod{p^2}. \end{aligned}$$

(1.29) Satz: *Es sei p eine ungerade Primzahl; es sei $\alpha \in \mathbb{N}$ mit $\alpha \geq 2$. Dann ist die Gruppe $E(\mathbb{Z}/p^\alpha\mathbb{Z})$ zyklisch, und zwar gilt: Ist g eine Primitivwurzel modulo p mit $g^{p-1} \not\equiv 1 \pmod{p^2}$, so ist $[g]_{p^\alpha}$ ein erzeugendes Element von $E(\mathbb{Z}/p^\alpha\mathbb{Z})$.*
Beweis: Es sei g eine Primitivwurzel modulo p mit $g^{p-1} \not\equiv 1 \pmod{p^2}$. [Ein solches g existiert nach (1.28).]
(1) Behauptung: Zu jedem $n \in \mathbb{N}_0$ gibt es ein $a_n \in \mathbb{Z}$ mit $p \nmid a_n$ und mit $g^{p^n(p-1)} = 1 + a_n p^{n+1}$.
Beweis durch Induktion nach n: Wegen $p \nmid g$ ist $g^{p-1} \equiv 1 \pmod{p}$ [vgl. (1.19)(1)], und daher gibt es ein $a_0 \in \mathbb{Z}$ mit $g^{p-1} = 1 + a_0 p$. Wegen $g^{p-1} \not\equiv 1 \pmod{p^2}$ gilt $p \nmid a_0$. Es sei $n \in \mathbb{N}$, und es sei bereits gezeigt: Es gibt ein $a_{n-1} \in \mathbb{Z}$ mit $p \nmid a_{n-1}$

und mit $g^{p^{n-1}(p-1)} = 1 + a_{n-1}p^n$. Dann ist

$$\begin{aligned} g^{p^n(p-1)} &= (1+a_{n-1}p^n)^p = \sum_{i=0}^{p} \binom{p}{i} p^{in} a_{n-1}^i \\ &= 1 + \binom{p}{1} p^n a_{n-1} + \binom{p}{2} p^{2n} a_{n-1}^2 + \sum_{i=3}^{p} \binom{p}{i} p^{in} a_{n-1}^i \\ &= 1 + p^{n+1} a_{n-1} + \frac{1}{2}(p-1) p^{2n+1} a_{n-1}^2 + \sum_{i=3}^{p} \binom{p}{i} p^{in} a_{n-1}^i \\ &= 1 + a_n p^{n+1} \end{aligned}$$

mit

$$a_n := a_{n-1} + p \cdot \left(\frac{1}{2}(p-1) p^{n-1} a_{n-1}^2 + \sum_{i=3}^{p} \binom{p}{i} p^{(i-1)n-2} a_{n-1}^i \right) \in \mathbb{Z},$$

und wegen $p \nmid a_{n-1}$ gilt $p \nmid a_n$.
(2) Die Ordnung $d := \operatorname{ord}([g]_{p^\alpha})$ von $[g]_{p^\alpha}$ in der Gruppe $E(\mathbb{Z}/p^\alpha\mathbb{Z})$ ist nach (1.18) ein Teiler von $\varphi(p^\alpha) = p^{\alpha-1}(p-1)$. Wegen $[g]_{p^\alpha}^d = [1]_{p^\alpha}$ gilt $g^d \equiv 1 \pmod{p^\alpha}$, und hieraus folgt $g^d \equiv 1 \pmod{p}$, also $[g]_p^d = [1]_p$. Nach XIII(2.4)(2d) ist daher d durch $\operatorname{ord}([g]_p) = \operatorname{Card}(\mathbb{F}_p^\times) = p-1$ teilbar. Es gilt also $d = p^\beta(p-1)$ mit einem $\beta \in \{0,1,\ldots,\alpha-1\}$. Nach (1) gibt es ein $a \in \mathbb{Z}$ mit $p \nmid a$ und mit $g^d = g^{p^\beta(p-1)} = 1 + ap^{\beta+1}$. Es gilt $g^d \equiv 1 \pmod{p^\alpha}$, und daher ist $ap^{\beta+1}$ durch p^α teilbar. Wegen $p \nmid a$ folgt $p^\alpha \mid p^{\beta+1}$, also $\alpha \le \beta+1$ und daher $\beta = \alpha-1$. Also gilt $\operatorname{ord}([g]_{p^\alpha}) = d = p^{\alpha-1}(p-1) = \varphi(p^\alpha) = \operatorname{Card}(E(\mathbb{Z}/p^\alpha\mathbb{Z}))$, und somit ist $E(\mathbb{Z}/p^\alpha\mathbb{Z}) = \langle [g]_{p^\alpha} \rangle$.

(1.30) DEFINITION: Es sei p eine ungerade Primzahl, und es sei $\alpha \in \mathbb{N}$ mit $\alpha \ge 2$. Eine ganze Zahl g heißt eine Primitivwurzel modulo p^α, wenn $[g]_{p^\alpha}$ ein erzeugendes Element der zyklischen Gruppe $E(\mathbb{Z}/p^\alpha\mathbb{Z})$ ist.

(1.31) BEMERKUNG: Es sei p eine ungerade Primzahl, und es sei $\alpha \in \mathbb{N}$ mit $\alpha \ge 2$. Der Satz in (1.29) zeigt, daß es eine Primitivwurzel modulo p^α gibt, und sein Beweis zeigt, wie man eine solche finden kann: Man ermittelt erst eine Primitivwurzel g_0 modulo p [mit Hilfe von (1.25)(1) oder (1.25)(2)] und setzt

$$g := \begin{cases} g_0, & \text{falls } g_0^{p-1} \not\equiv 1 \pmod{p^2} \text{ gilt,} \\ (1+p)g_0, & \text{falls } g_0^{p-1} \equiv 1 \pmod{p^2} \text{ gilt;} \end{cases}$$

nach (1.29) ist dann g eine Primitivwurzel modulo p^α.

(1.32) BEISPIEL: $g = 5$ ist eine Primitivwurzel modulo 23 [vgl. (1.27)(1)]. Es gilt $5^{22} \bmod 23^2 = 323 \ne 1$, und daher ist 5 auch für jedes $\alpha \in \mathbb{N}$ mit $\alpha \ge 2$ eine Primitivwurzel modulo 23^α.

(1.33) BEMERKUNG: Die Gruppen $E(\mathbb{Z}/2\mathbb{Z})$ und $E(\mathbb{Z}/4\mathbb{Z})$ sind zyklisch; die Gruppe $E(\mathbb{Z}/8\mathbb{Z}) = \{[1]_8, [3]_8, [5]_8, [7]_8\}$ ist nicht zyklisch, denn $[3]_8$, $[5]_8$ und $[7]_8$ sind darin Elemente der Ordnung 2. [Es gibt einen Isomorphismus dieser Gruppe auf die in XIII(2.8)(3) erwähnte Kleinsche Vierergruppe.] Auch für jedes $\alpha \in \mathbb{N}$ mit $\alpha > 3$ ist die Gruppe $E(\mathbb{Z}/2^\alpha\mathbb{Z})$ nicht zyklisch [vgl. (1.36)(1)]. Bisweilen, etwa bei der Diskussion eines häufig verwendeten Algorithmus zur Erzeugung von Zufallszahlen [vgl. XI(7.15) - (7.17)], benötigt man die folgenden genaueren Aussagen über die Struktur der Gruppen $E(\mathbb{Z}/2^\alpha\mathbb{Z})$ für $\alpha > 3$.

(1.34) Hilfssatz: *Für jedes* $i \in \mathbb{N}$ *mit* $i \geq 3$ *gilt* $5^{2^{i-3}} \equiv 1 + 2^{i-1} \pmod{2^i}$.
Beweis: Für $i = 3$ ist nichts zu beweisen. Ist $i \geq 3$ eine natürliche Zahl, für die $5^{2^{i-3}} \equiv 1 + 2^{i-1} \pmod{2^i}$ gilt, so gibt es ein $k \in \mathbb{Z}$ mit $5^{2^{i-3}} = 1 + 2^{i-1} + 2^i k$, und es folgt wegen $2i - 2 \geq i + 1$

$$\begin{aligned} 5^{2^{(i+1)-3}} &= (5^{2^{i-3}})^2 = (1 + 2^{i-1} + 2^i k)^2 \\ &= 1 + 2^i + (2^{i+1}k + 2^{2i-2} + 2^{2i}k + 2^{2i}k^2) \equiv 1 + 2^i \pmod{2^{i+1}}. \end{aligned}$$

(1.35) Hilfssatz: *Es sei* $\alpha \in \mathbb{N}$ *mit* $\alpha \geq 3$. *Dann gibt es zu jedem ungeraden* $b \in \mathbb{Z}$ *eindeutig bestimmte Zahlen* $i \in \{0,1\}$ *und* $j \in \{0, 1, \ldots, 2^{\alpha-2} - 1\}$ *mit* $b \equiv (-1)^i 5^j \pmod{2^\alpha}$.
Beweis: (a) Nach (1.34) gilt einerseits $5^{2^{\alpha-2}} \equiv 1 + 2^\alpha \pmod{2^{\alpha+1}}$ und daher $5^{2^{\alpha-2}} \equiv 1 \pmod{2^\alpha}$ und andererseits $5^{2^{\alpha-3}} \equiv 1 + 2^{\alpha-1} \not\equiv 1 \pmod{2^\alpha}$. In der Gruppe $E(\mathbb{Z}/2^\alpha\mathbb{Z})$ gilt daher $\operatorname{ord}([5]_{2^\alpha}) = \min(\{i \in \mathbb{N} \mid 5^i \equiv 1 \pmod{2^\alpha}\}) = 2^{\alpha-2}$.
(b) Es seien $i, k \in \{0,1\}$ und $j, l \in \{0, 1, \ldots, 2^{\alpha-2} - 1\}$, und es gelte $(-1)^i 5^j \equiv (-1)^k 5^l \pmod{2^\alpha}$. Dann gilt $(-1)^i \equiv (-1)^i 5^j \equiv (-1)^k 5^l \equiv (-1)^k \pmod 4$, und es folgt $i = k$, also $5^j \equiv 5^l \pmod{2^\alpha}$, also $[5]_{2^\alpha}^j = [5]_{2^\alpha}^l$. Nach XIII(2.4)(2c) ist daher $j - l$ durch $\operatorname{ord}([5]_{2^\alpha}) = 2^{\alpha-2}$ teilbar, d.h. es ist $j = l$.
(c) Nach (b) gilt $\operatorname{Card}(\{[-1]_{2^\alpha}^i [5]_{2^\alpha}^j \mid 0 \leq i \leq 1;\ 0 \leq j \leq 2^{\alpha-2} - 1\}) = 2^{\alpha-1} = \varphi(2^\alpha) = \operatorname{Card}(E(\mathbb{Z}/2^\alpha\mathbb{Z}))$, und daher ist

$$E(\mathbb{Z}/2^\alpha\mathbb{Z}) = \{[-1]_{2^\alpha}^i [5]_{2^\alpha}^j \mid 0 \leq i \leq 1;\ 0 \leq j \leq 2^{\alpha-2} - 1\}.$$

(1.36) Satz: *Es sei* $\alpha \in \mathbb{N}$ *mit* $\alpha > 3$.
(1) *Die Gruppe* $E(\mathbb{Z}/2^\alpha\mathbb{Z})$ *ist nicht zyklisch.*
(2) *Für jedes ungerade* $a \in \mathbb{Z}$ *gilt: Es ist* $\operatorname{ord}([a]_{2^\alpha}) \leq 2^{\alpha-2}$, *und es gilt dann und nur dann* $\operatorname{ord}([a]_{2^\alpha}) = 2^{\alpha-2}$, *wenn* $a \equiv 3 \pmod 8$ *oder* $a \equiv 5 \pmod 8$ *gilt.*
(3) *Ist* $a \in \mathbb{Z}$ *mit* $a \equiv 3 \pmod 8$ *oder mit* $a \equiv 5 \pmod 8$, *so gibt es zu jedem ungeraden* $b \in \mathbb{Z}$ *eindeutig bestimmte* $i \in \{0,1\}$ *und* $j \in \{0, 1, \ldots, 2^{\alpha-2} - 1\}$ *mit* $b \equiv (-1)^i a^j \pmod{2^\alpha}$.
Beweis: (a) Es sei $a \in \mathbb{Z}$ ungerade. Nach (1.35) gibt es $i \in \{0,1\}$ und $j \in \{0, 1, \ldots, 2^{\alpha-2} - 1\}$ mit $a \equiv (-1)^i 5^j \pmod{2^\alpha}$. Wegen $\operatorname{ord}([5]_{2^\alpha}) = 2^{\alpha-2}$ gilt $a^{2^{\alpha-2}} \equiv \left((-1)^{2^{\alpha-2}}\right)^i (5^{2^{\alpha-2}})^j \equiv 1 \pmod{2^\alpha}$, und daher ist $\operatorname{ord}([a]_{2^\alpha}) \leq 2^{\alpha-2}$. Wegen $\alpha > 3$ gilt $a^{2^{\alpha-3}} \equiv (-1)^{2^{\alpha-3}i} \cdot 5^{2^{\alpha-3}j} = 5^{2^{\alpha-3}j} \pmod{2^\alpha}$, und daher gilt

$\operatorname{ord}([a]_{2^\alpha}) = 2^{\alpha-2}$ dann und nur dann, wenn $2^{\alpha-3}j$ nicht durch $\operatorname{ord}([5]_{2^\alpha}) = 2^{\alpha-2}$ teilbar ist, also genau dann, wenn j ungerade ist. Ist j ungerade, so gilt [wegen $5^2 \equiv 1 \pmod 8$] $a \equiv (-1)^i 5^j \equiv (-1)^i 5 \equiv 3$ oder $5 \pmod 8$; ist j gerade, so gilt $a \equiv (-1)^i 5^j \equiv (-1)^i \equiv 1$ oder $7 \pmod 8$. Damit ist (2) bewiesen.
(b) Nach (2) gilt für jedes ungerade $a \in \mathbb{Z}$: Es ist $\operatorname{ord}([a]_{2^\alpha}) \leq 2^{\alpha-2} < 2^{\alpha-1} = \operatorname{Card}(E(\mathbb{Z}/2^\alpha\mathbb{Z}))$, und daher ist $E(\mathbb{Z}/2^\alpha\mathbb{Z})$ nicht zyklisch.
(c) Ist $a \in \mathbb{Z}$ mit $a \equiv 5 \pmod 8$, so folgt wie im Beweis von (1.35): Es ist $E(\mathbb{Z}/2^\alpha\mathbb{Z}) = \{[-1]_{2^\alpha}^i [a]_{2^\alpha}^j \mid 0 \leq i \leq 1;\ 0 \leq j \leq 2^{\alpha-2}-1\}$. Ist $a \in \mathbb{Z}$ mit $a \equiv 3 \pmod 8$, so gilt $-a \equiv 5 \pmod 8$, also gibt es, wie eben bemerkt, zu jedem ungeraden $b \in \mathbb{Z}$ ein $i \in \{0,1\}$ und ein $j \in \{0,1,\ldots,2^{\alpha-2}-1\}$ mit $b \equiv (-1)^i(-a)^j = (-1)^{i+j}a^j \pmod{2^\alpha}$, und daher gilt auch in diesem Fall $E(\mathbb{Z}/2^\alpha\mathbb{Z}) = \{[-1]_{2^\alpha}^i [a]_{2^\alpha}^j \mid 0 \leq i \leq 1;\ 0 \leq j \leq 2^{\alpha-2}-1\}$.

(1.37) DEFINITION: Die Funktion

$$\begin{cases} \lambda : \mathbb{N} \to \mathbb{N} \\ \text{mit } \lambda(m) := \max(\{\operatorname{ord}([a]_m) \mid a \in \mathbb{Z};\ \operatorname{ggT}(m,a) = 1\}) \quad \text{für jedes } m \in \mathbb{N} \end{cases}$$

heißt die Carmichael-Funktion.

(1.38) Satz: (1) *Es gilt* $\lambda(2) = 1$, $\lambda(4) = 2$ *und* $\lambda(2^\alpha) = 2^{\alpha-2}$ *für jedes* $\alpha \geq 3$.
(2) *Für jede ungerade Primzahl* p *und jedes* $\alpha \in \mathbb{N}$ *ist* $\lambda(p^\alpha) = \varphi(p^\alpha) = p^{\alpha-1}(p-1)$.
(3) *Ist* m *eine natürliche Zahl mit der Primzerlegung* $m = p_1^{\alpha_1} p_2^{\alpha_2} \cdots p_n^{\alpha_n}$, *so gilt*

$$\lambda(m) = \operatorname{kgV}(\lambda(p_1^{\alpha_1}), \lambda(p_2^{\alpha_2}), \ldots, \lambda(p_n^{\alpha_n})).$$

Beweis: (a) Es sei $m \in \mathbb{N}$. Nach XIII(2.13) gilt für jedes $a \in \mathbb{Z}$ mit $\operatorname{ggT}(m,a) = 1$: Die Ordnung von $[a]_m$ in der Gruppe $E(\mathbb{Z}/m\mathbb{Z})$ ist ein Teiler von $\lambda(m)$, und daher ist $[a]_m^{\lambda(m)} = [1]_m$.
(b) Es seien $m_1, m_2 \in \mathbb{N}$ teilerfremd, und es sei $m := m_1 m_2$. Die Abbildung

$$\begin{cases} \Phi : E(\mathbb{Z}/m\mathbb{Z}) \to E(\mathbb{Z}/m_1\mathbb{Z}) \times E(\mathbb{Z}/m_2\mathbb{Z}) \\ \text{mit } \Phi([a]_m) := ([a]_{m_1}, [a]_{m_2}) \quad \text{für jedes } a \in \mathbb{Z} \text{ mit } \operatorname{ggT}(m,a) = 1 \end{cases}$$

ist, wie im Beweis von (1.15) gezeigt wurde, bijektiv. Es seien $a_1, a_2 \in \mathbb{Z}$ mit $\operatorname{ggT}(m_1,a_1) = 1$, $\operatorname{ggT}(m_2,a_2) = 1$ und mit $\operatorname{ord}([a_1]_{m_1}) = \lambda(m_1)$, $\operatorname{ord}([a_2]_{m_2}) = \lambda(m_2)$. Weil Φ surjektiv ist, gibt es ein $x \in \mathbb{Z}$ mit $\operatorname{ggT}(m,x) = 1$, $[x]_{m_1} = [a_1]_{m_1}$ und $[x]_{m_2} = [a_2]_{m_2}$. Wegen (a) gilt

$$\begin{aligned} ([1]_{m_1},[1]_{m_2}) = \Phi([1]_m) &= \Phi([x]_m^{\lambda(m)}) = \Phi([x^{\lambda(m)}]_m) = \\ = ([x^{\lambda(m)}]_{m_1},[x^{\lambda(m)}]_{m_2}) &= ([x]_{m_1}^{\lambda(m)},[x]_{m_2}^{\lambda(m)}) = ([a_1]_{m_1}^{\lambda(m)},[a_2]_{m_2}^{\lambda(m)}), \end{aligned}$$

und daher ist nach XIII(2.4)(2d) $\lambda(m)$ durch $\lambda(m_1)$ und durch $\lambda(m_2)$ teilbar und daher auch durch $l := \operatorname{kgV}(\lambda(m_1),\lambda(m_2))$. Ist $a \in \mathbb{Z}$ mit $\operatorname{ggT}(m,a) = 1$ und mit $\operatorname{ord}([a]_m) = \lambda(m)$, so gilt wegen (a) $\Phi([a]_m^l) = \Phi([a^l]_m) = ([a^l]_{m_1},[a^l]_{m_2}) = ([a]_{m_1}^l,[a]_{m_2}^l) = ([1]_{m_1},[1]_{m_2}) = \Phi([1]_m)$, und weil Φ injektiv ist, folgt $[a]_m^l =$

$[1]_m$. Also ist $\lambda(m) = \mathrm{ord}([a]_m)$ ein Teiler von l, und es folgt $\lambda(m) = l = \mathrm{kgV}(\lambda(m_1), \lambda(m_2))$.
(c) (1) folgt aus (1.33) und (1.36)(2); (2) folgt aus (1.29). (3) ergibt sich aus (b) durch Induktion nach n.

(1.39) BEMERKUNG: (1) Es sei $m \in \mathbb{N}$. Die Gruppe $E(\mathbb{Z}/m\mathbb{Z})$ ist genau dann zyklisch, wenn es darin ein Element gibt, dessen Ordnung gleich der Ordnung von $E(\mathbb{Z}/m\mathbb{Z})$ ist, also genau dann, wenn $\lambda(m) = \varphi(m)$ ist.
(2) Es sei p eine ungerade Primzahl, und es sei $\alpha \in \mathbb{N}$. Nach (1.38) gilt $\lambda(2p^\alpha) = \mathrm{kgV}(\lambda(2), \lambda(p^\alpha)) = \mathrm{kgV}(1, \varphi(p^\alpha)) = \varphi(p^\alpha) = \varphi(2)\varphi(p^\alpha) = \varphi(2p^\alpha)$, und somit ist die Gruppe $E(\mathbb{Z}/2p^\alpha\mathbb{Z})$ zyklisch. Also gibt es ganze Zahlen g mit $\mathrm{ggT}(2p^\alpha, g) = 1$ und mit $E(\mathbb{Z}/2p^\alpha\mathbb{Z}) = \langle [g]_{2p^\alpha} \rangle$. Solche ganze Zahlen g heißen Primitivwurzeln modulo $2p^\alpha$. Man sieht übrigens ohne große Schwierigkeit: Ist g eine Primitivwurzel modulo p^α, so ist die ungerade der beiden Zahlen g und $g + p^\alpha$ eine Primitivwurzel modulo $2p^\alpha$.

(1.40) BEMERKUNG: Es sei $m \in \mathbb{N}$. Nach (1.22), (1.29), (1.33) und nach (1.39)(2) ist die Gruppe $E(\mathbb{Z}/m\mathbb{Z})$ zyklisch, wenn m eine der Zahlen 1, 2 oder 4 ist oder wenn gilt: Es gibt eine ungerade Primzahl p und ein $\alpha \in \mathbb{N}$ mit $m = p^\alpha$ oder mit $m = 2p^\alpha$. Man kann leicht aus (1.38) folgern, daß für jede andere natürliche Zahl m gilt: Es ist $\lambda(m) < \varphi(m)$, und die Gruppe $E(\mathbb{Z}/m\mathbb{Z})$ ist daher nicht zyklisch.

(1.41) BEMERKUNG: Zum Abschluß dieses Paragraphen wird die sogenannte Umkehrformel von Möbius bewiesen, die bisweilen beim Abzählen endlicher Mengen von Nutzen ist. Ein erstes Anwendungsbeispiel dieser Formel wird in (1.45) behandelt, eine zweite Anwendung findet sich in XV(2.19).

(1.42) DEFINITION: Die Funktion $\mu: \mathbb{N} \to \mathbb{Z}$ mit

$$\mu(m) := \begin{cases} (-1)^k, & \text{wenn } m \text{ das Produkt von } k \text{ verschiedenen Primzahlen ist,} \\ 0, & \text{wenn } m \text{ durch das Quadrat einer Primzahl teilbar ist,} \end{cases}$$

heißt die Möbius-Funktion [nach A. F. Möbius, 1790–1868].

(1.43) BEMERKUNG: Für jedes $m \in \mathbb{N}$ gilt

$$\sum_{d|m} \mu(d) = \begin{cases} 1, & \text{falls } m = 1 \text{ ist,} \\ 0, & \text{falls } m > 1 \text{ ist.} \end{cases} \qquad (*)$$

Hierin [und in entsprechend gebildeten Summen in den nächsten Abschnitten] wird jeweils über alle *natürlichen* Teiler d von m summiert.
Beweis: Es sei $m \in \mathbb{N}$, und es sei $n \in \mathbb{N}_0$ die Anzahl der verschiedenen Primteiler von m. In der Summe in $(*)$ sind nur die Summanden $\mu(d)$ nicht Null, für die d ein Produkt von paarweise verschiedenen Primteilern von m ist. Zu jedem $k \in \{0, 1, \ldots, n\}$ gibt es genau $\binom{n}{k}$ Produkte aus k paarweise verschiedenen Primteilern von m [vgl. I(4.27)], und daher ist

$$\sum_{d|m} \mu(d) = \sum_{k=0}^{n} \binom{n}{k} (-1)^k = (1-1)^n = \begin{cases} 1, & \text{falls } m = 1 \text{ ist,} \\ 0, & \text{falls } m > 1 \text{ ist.} \end{cases}$$

(1.44) Satz: (Umkehrformel von Möbius) *Es sei* $f\colon \mathbb{N} \to \mathbb{C}$ *eine Funktion, und es sei* $F\colon \mathbb{N} \to \mathbb{C}$ *die Funktion mit*

$$F(m) := \sum_{d|m} f(d) \quad \text{für jedes } m \in \mathbb{N}.$$

Dann gilt

$$f(m) = \sum_{d|m} \mu(d)\, F\Big(\frac{m}{d}\Big) \quad \text{für jedes } m \in \mathbb{N}.$$

Beweis: Für jedes $m \in \mathbb{N}$ gilt: Es ist $\{ (d,t) \in \mathbb{N} \times \mathbb{N} \mid d \text{ teilt } m;\ t \text{ teilt } m/d \} = \{ (d,t) \in \mathbb{N} \times \mathbb{N} \mid t \text{ teilt } m;\ d \text{ teilt } m/t \}$, und hieraus und aus (1.43) folgt

$$\sum_{d|m} \mu(d)\, F\Big(\frac{m}{d}\Big) = \sum_{d|m} \mu(d) \cdot \Big(\sum_{t|(m/d)} f(t)\Big) = \sum_{t|m} f(t) \cdot \Big(\sum_{d|(m/t)} \mu(d)\Big) = f(m).$$

(1.45) BEISPIEL: (a) Es sei $m \in \mathbb{N}$, und es sei $t \in \mathbb{N}$ ein Teiler von m. Man sieht sofort: Für jedes $a \in A(t) := \{ a \in \mathbb{N}_0 \mid a \le m-1;\ \mathrm{ggT}(a,m) = t \}$ ist $a/t \in B(t) := \{ b \in \mathbb{N} \mid b \le m/t - 1;\ \mathrm{ggT}(b, m/t) = 1 \}$, und die Abbildung $a \mapsto a/t : A(t) \to B(t)$ ist bijektiv. Also ist $\mathrm{Card}(A(t)) = \mathrm{Card}(B(t)) = \varphi(m/t)$.
(b) Es sei $m \in \mathbb{N}$. Dann ist $\{ A(t) \mid t \in \mathbb{N};\ t \text{ teilt } m \}$ eine Partition der Menge $\{ 0, 1, \ldots, m-1 \}$, und daher gilt

$$m = \sum_{t|m} \mathrm{Card}(A(t)) = \sum_{t|m} \varphi(m/t) = \sum_{d|m} \varphi(d).$$

(c) Aus (b) und aus (1.44) folgt: Für jedes $m \in \mathbb{N}$ gilt

$$\varphi(m) = \sum_{d|m} \mu(d)\, \frac{m}{d}.$$

§2 Primzahlen

(2.1) Seit jeher haben sich die Mathematiker für Primzahlen interessiert, insbesondere für Verfahren, mit deren Hilfe man eine gegebene natürliche Zahl als Primzahl oder als Nichtprimzahl erkennen kann. In den letzten Jahren sind solche Verfahren auch für die Anwendungen wichtig geworden: Viele Verschlüsselungsverfahren der Kryptographie beruhen auf der Kenntnis großer Primzahlen. In diesem Paragraphen wird zuerst ein bereits aus der Antike stammendes Siebverfahren zur Herstellung von Primzahltafeln behandelt, dann wird ein vergleichsweise neuer Primzahltest genauer diskutiert. Den Abschluß des Paragraphen bilden einige Sätze der Primzahltheorie, die ohne Beweis angegeben werden.

(2.2) BEMERKUNG: Es sei $a \in \mathbb{Z}$ mit $|a| > 1$.
(1) $p := \min(\{ d \in \mathbb{N} \mid d > 1;\ d \text{ teilt } a \})$ ist ein Primteiler von a.
(2) Ist $|a|$ keine Primzahl, so gibt es eine Primzahl p mit $p \mid a$ und mit $p \leq \sqrt{|a|}$.
Beweis: Es gelte: $|a|$ ist keine Primzahl. Dann gibt es b, $c \in \mathbb{N}$ mit $|a| = bc$ und mit $b > 1$ und $c > 1$. Nach (1) gibt es Primzahlen p_1 und p_2 mit $p_1 \mid b$ und $p_2 \mid c$. p_1 und p_2 teilen a. Ist $b \leq \sqrt{|a|}$, so gilt $p_1 \leq \sqrt{|a|}$; ist aber $b > \sqrt{|a|}$, so ist $c < \sqrt{|a|}$, und es folgt $p_2 < \sqrt{|a|}$.

(2.3) ALGORITHMUS A: Es sei $m \in \mathbb{N}$.
(1) Der folgende Algorithmus stellt fest, ob m eine Primzahl ist.
(A 1) Wenn $m = 1$ oder wenn m eine gerade Zahl > 2 ist, so ist m keine Primzahl.
(A 2) Man testet der Reihe nach, ob eine ungerade Zahl d mit $3 \leq d \leq \lfloor \sqrt{m} \rfloor$ ein Teiler von m ist. Findet man eine solches d, so ist m keine Primzahl. Andernfalls ist m eine Primzahl.
(2) Das Verfahren erfordert den größten Aufwand, wenn m eine Primzahl oder das Quadrat einer Primzahl ist. In diesem Fall ist der Aufwand mindestens zu $\sqrt{m}$ proportional.

(2.4) DAS SIEB DES ERATOSTHENES (um 200 v. Chr. Geburt): Es sei $N \in \mathbb{N}$. Um alle Primzahlen $\leq N$ zu finden, geht man so vor:
(1) Man schreibt 2 und alle ungeraden Zahlen $\leq N$ in eine Tabelle. Darin streicht man alle Vielfachen > 3 von 3. Die kleinste nichtgestrichene Zahl > 3, nämlich 5, hat keinen nichttrivialen Teiler – sonst wäre sie bereits gestrichen – und ist daher eine Primzahl. Dann streicht man alle noch nicht gestrichenen Vielfachen > 5 von 5. Die kleinste nichtgestrichene Zahl > 5, also 7, besitzt wieder keinen nichttrivialen Teiler und ist daher eine Primzahl. Dieses Verfahren wird fortgesetzt, bis damit eine Primzahl $> \sqrt{N}$ gefunden ist. Dann sind die nichtgestrichenen Zahlen in der Tabelle die Primzahlen $\leq N$.

Für $N = 100$ sieht die Tabelle am Ende so aus:

2	3	5	7	~~9~~	11	13	~~15~~	17	19	~~21~~
	23	~~25~~	~~27~~	29	31	~~33~~	~~35~~	37	~~39~~	41
	43	~~45~~	47	~~49~~	~~51~~	53	~~55~~	~~57~~	59	61
	~~63~~	~~65~~	67	~~69~~	71	73	~~75~~	~~77~~	79	~~81~~
	83	~~85~~	~~87~~	89	~~91~~	~~93~~	~~95~~	97	~~99~~	

Es wurden zuerst 9, 15, 21, 27, 33, 39, 45, 51, 57, 63, 69, 75, 81, 87, 93 und 99 gestrichen, dann 25, 35, 55, 65, 85 und 95 und schließlich 49, 77 und 91, und weil dann die kleinste nichtgestrichene Zahl > 7, nämlich 11, größer als $\sqrt{100} = 10$ ist, sind die übriggebliebenen 25 Zahlen 2, 3, 5, 7, 11, 13, 17, 19, 23, 29, 31, 37, 41, 43, 47, 53, 59, 61, 67, 71, 73, 79, 83, 89, 97 die Primzahlen ≤ 100.

(2.5) ALGORITHMUS B: Es sei $n_0 \in \mathbb{N}$ mit $n_0 > 1$. Der folgende Algorithmus siebt gemäß (2.4) aus der Menge $\{3, 5, \ldots, 2n_0 - 1\}$ alle Primzahlen heraus. Er verwendet eine Tabelle prim = array$[1..n_0 - 1]$, für die am Ende gilt: Für jedes

$i \in \{1, \ldots, n_0 - 1\}$ ist

$$\text{prim}[i] = \begin{cases} 1, & \text{falls } 2i+1 \text{ eine Primzahl ist,} \\ 0, & \text{falls } 2i+1 \text{ keine Primzahl ist.} \end{cases}$$

(B 1) Man setzt prim$[i] := 1$ für jedes $i \in \{1, \ldots, n_0 - 1\}$.
(B 2) Man setzt $i := 1$, $a := 3$, $b := 4$.
(B 3) Ist prim$[i] = 0$, so geht man zu (B 6).
(B 4) Ist $a > \sqrt{2n_0}$, so bricht man ab.
(B 5) Man setzt prim$[b + ja] := 0$ für jedes $j \in \{0, 1, \ldots, \lfloor (n_0 - 1 - b)/a \rfloor\}$.
(B 6) Man setzt $i := i + 1$, $a := a + 2$, $b := b + 2a - 2$ und geht zu (B 3).

(2.6) BEMERKUNG: Es sei $(p_i)_{i \geq 1}$ die Folge der Primzahlen in ihrer natürlichen Reihenfolge: $p_1 = 2$, $p_2 = 3, \ldots, p_{25} = 97, \ldots$.
(1) Es gilt: Zu jedem $a \in \mathbb{N}$ mit $a > 1$ gibt es eine Primzahl p mit $a < p < 2a$. Diese Aussage nennt man das Bertrandsche Postulat; sie wurde im Jahr 1845 von J. L. F. Bertrand [1822–1900] für $a < 6\,000\,000$ nachgewiesen und 1854 von P. L. Tschebyscheff für jedes a bewiesen. Einen Beweis findet man in [30], Abschnitt 5.7 und in [61], Band II, Abschnitt 8.3.
(2) Es sei $m \in \mathbb{N}$ ungerade mit $m \geq 5$. Es gilt: m ist dann und nur dann eine Primzahl, wenn es ein $k \geq 2$ mit $p_k < m$, mit $p_2 \nmid m, \ldots, p_k \nmid m$ und mit $\lfloor m/p_k \rfloor \leq p_k$ gibt.
Beweis: (a) Es gelte: m ist eine Primzahl. Dann gibt es ein $k \in \mathbb{N}$ mit $m = p_{k+1}$. Es gilt $k \geq 2$, $p_k < m$ und $p_2 \nmid m, \ldots, p_k \nmid m$. Nach (1) gibt es eine Primzahl p mit $p_k < p < 2p_k$. Dann gilt $m = p_{k+1} \leq p < 2p_k < p_k^2$ und daher $\lfloor m/p_k \rfloor \leq p_k$.
(b) Es gelte: Es gibt ein $k \geq 2$ mit $p_k < m$, mit $p_2 \nmid m, \ldots, p_k \nmid m$ und mit $\lfloor m/p_k \rfloor \leq p_k$. Es sei p eine Primzahl, die m teilt. Dann gilt $p \geq p_{k+1}$ und $m = p_k \lfloor m/p_k \rfloor + (m \bmod p_k) \leq p_k^2 + p_k - 1 < (p_k + 1)^2 < p_{k+1}^2$, und somit ist $p \geq p_{k+1} > \sqrt{m}$. Also hat m keinen Primteiler $\leq \sqrt{m}$ und ist daher eine Primzahl.

(2.7) ALGORITHMUS C: Es sei $n \in \mathbb{N}$ mit $n > 2$. Der folgende Algorithmus liefert die Tabelle primzahl = array$[1..n]$ der ersten n Primzahlen:
(C 1) Man setzt primzahl$[1] := 2$, primzahl$[2] := 3$, $m := 5$, $i := 2$.
(C 2) Man setzt $j := 2$.
(C 3) Man setzt $q := m$ div primzahl$[j]$ und $r := m$ mod primzahl$[j]$.
(C 4) Ist $r = 0$, so setzt man $m := m + 2$ und geht zu (C 2).
(C 5) Ist $q >$ primzahl$[j]$, so setzt man $j := j + 1$ und geht zu (C 3). Ist $q \leq$ primzahl$[j]$, so setzt man $i := i + 1$ und primzahl$[i] := m$. [Ist $q \leq$ primzahl$[j]$, so ist m nach (2.6)(2) eine Primzahl.]
(C 6) Ist $i < n$, so setzt man $m := m + 2$ und geht zu (C 2); ist $i = n$, so bricht man ab.

(2.8) BEMERKUNG: Das in (2.3) beschriebene Verfahren, eine natürliche Zahl m darauf zu testen, ob sie eine Primzahl ist oder nicht, ist für große Zahlen m nicht zu gebrauchen. In den folgenden Abschnitten werden Hilfsmittel zusammengestellt, mit deren Hilfe in (2.14) ein schneller (allerdings ein stochastischer) Primzahltest formuliert werden wird.

(2.9) Satz: *Es sei p eine ungerade Primzahl, und es gelte $p-1=2^\alpha q$ mit einem $\alpha \in \mathbb{N}$ und einem ungeraden $q \in \mathbb{N}$; es sei $a \in \mathbb{Z}$ mit $p \nmid a$. Dann gilt entweder $a^q \equiv 1 \pmod p$, oder es gibt ein $\beta \in \{0,1,\ldots,\alpha-1\}$ mit $a^{2^\beta q} \equiv -1 \pmod p$.*

Beweis: Nach (1.19) ist die Ordnung d von $[a]_p$ in der Gruppe $\mathbb{F}_p^\times$ ein Teiler von $\mathrm{Card}(\mathbb{F}_p^\times) = p-1 = 2^\alpha q$. Also gibt es ein $\gamma \in \{0,1,\ldots,\alpha\}$ und einen Teiler $r \in \mathbb{N}$ von q mit $d = 2^\gamma r$.

(a) Es gelte $\gamma = 0$. Dann ist $d = r$ ein Teiler von q, und nach XIII(2.4)(2d) folgt $[a^q]_p = [a]_p^q = [1]_p$, also $a^q \equiv 1 \pmod p$.

(b) Es gelte $\gamma \geq 1$. Es gilt $d/2 = 2^{\gamma-1}r < d = \mathrm{ord}([a]_p)$ und daher $[a]_p^{d/2} \neq [1]_p$. Im Körper $\mathbb{F}_p$ gilt $[0]_p = [a]_p^d - [1]_p = ([a]_p^{d/2} - [1]_p)([a]_p^{d/2} + [1]_p)$, und somit ist $[a^{d/2}]_p = [a]_p^{d/2} = -[1]_p = [-1]_p$. Für $\beta := \gamma - 1 \in \{0,1,\ldots,\alpha-1\}$ gilt also $a^{2^\beta q} = a^{2^{\gamma-1}q} = (a^{d/2})^{q/r} \equiv (-1)^{q/r} = -1 \pmod p$, denn q/r ist ungerade.

(2.10) BEZEICHNUNG: Für jedes $m \in \mathbb{N}$ sei

$$E(m) := \{a \in \mathbb{Z} \mid 0 \leq a \leq m-1;\ \mathrm{ggT}(a,m) = 1\}.$$

(2.11) Hilfssatz: *Es sei $m \in \mathbb{N}$ ungerade und > 1, es sei $m = \prod_{i=1}^r p_i^{\alpha_i}$ die Primzerlegung von m, und es sei $n \in \mathbb{N}$.*

(1) Es sei $b \in \mathbb{Z}$ mit $\mathrm{ggT}(m,b) = 1$, und es gelte: Es gibt ein $x_0 \in \mathbb{Z}$, für das $x_0^n \equiv b \pmod m$ gilt. Dann gilt

$$\mathrm{Card}(\{x \in E(m) \mid x^n \equiv b \pmod m\}) = \prod_{i=1}^r \mathrm{ggT}(n, \varphi(p_i^{\alpha_i})).$$

(2) Es gibt dann und nur dann ein $x_0 \in \mathbb{Z}$ mit $x_0^n \equiv -1 \pmod m$, wenn gilt: Für jedes $i \in \{1,\ldots,r\}$ ist $v_2(n) < v_2(p_i - 1)$.

Beweis: Für jedes $i \in \{1,\ldots,r\}$ sei $m_i := p_i^{\alpha_i}$ und sei $g_i \in \mathbb{Z}$ eine Primitivwurzel modulo m_i [vgl. (1.31)].

(1)(a) Es sei $i \in \{1,\ldots,r\}$. Es gilt $p_i \nmid b$ und $p_i \nmid x_0$, und daher existieren $l_i, k_{i0} \in \{0,1,\ldots,\varphi(m_i)-1\}$ mit $b \equiv g_i^{l_i} \pmod{m_i}$ und $x_0 \equiv g_i^{k_{i0}} \pmod{m_i}$. Es gilt $g_i^{nk_{i0}} \equiv x_0^n \equiv b \equiv g_i^{l_i} \pmod{m_i}$ und daher $nk_{i0} \equiv l_i \pmod{\varphi(m_i)}$ [vgl. XIII(2.4)(2c)]. Nach (1.10) ist daher l_i durch $d(i) := \mathrm{ggT}(n, \varphi(m_i))$ teilbar, und nach (1.11)(2) gibt es paarweise verschiedene $k_{i1}, \ldots, k_{i,d(i)} \in \{0,1,\ldots,\varphi(m_i)-1\}$ mit $nk_{ij} \equiv l_i \pmod{\varphi(m_i)}$ für $j = 1,\ldots,d(i)$.

(b) Es sei für jedes $i \in \{1,\ldots,r\}$ ein $j(i) \in \{1,\ldots,d(i)\}$ gewählt. Nach dem Chinesischen Restsatz (1.12) gibt es ein $x \in \{0,1,\ldots,m-1\}$ mit $x \equiv g_i^{k_{i,j(i)}} \pmod{m_i}$ für jedes $i \in \{1,\ldots,r\}$. Für jedes $i \in \{1,\ldots,r\}$ gilt $\mathrm{ggT}(g_i, m_i) = 1$ und daher $\mathrm{ggT}(x, m_i) = 1$, sowie $x^n \equiv g_i^{nk_{i,j(i)}} \equiv g_i^{l_i} \equiv b \pmod{m_i}$. Also gilt $x \in E(m)$ und $x^n \equiv b \pmod m$.

(c) Man sieht: Das in (b) beschriebene Verfahren liefert $d(1)\cdots d(r)$ paarweise verschiedene Zahlen $x \in E(m)$ mit $x^n \equiv b \pmod m$, und man erhält auf diese Weise jedes $x \in E(m)$ mit $x^n \equiv b \pmod m$.

(2)(a) Es sei $i \in \{1,\ldots,r\}$. Es gibt eine Zahl $l_i \in \{0,1,\ldots,\varphi(m_i)-1\}$ mit $-1 \equiv g_i^{l_i} \pmod{m_i}$. Es ist $\operatorname{ord}([g_i]_{m_i}) = \varphi(m_i)$, nach XIII(2.10)(2) gilt

$$2 = \operatorname{ord}([-1]_{m_i}) = \operatorname{ord}([g_i]_{m_i}^{l_i}) = \frac{\varphi(m_i)}{\operatorname{ggT}(l_i,\varphi(m_i))},$$

und hieraus folgt sogleich $l_i = \varphi(m_i)/2$.
(b) Es gelte: Es gibt ein $x_0 \in \mathbb{Z}$ mit $x_0^n \equiv -1 \pmod m$. Es sei $i \in \{1,\ldots,r\}$. Es gilt $\operatorname{ggT}(x_0,m) = 1$, und daher gibt es ein $k_i \in \{0,1,\ldots,\varphi(m_i)-1\}$ mit $x_0 \equiv g_i^{k_i} \pmod{m_i}$. Es gilt $g_i^{nk_i} \equiv x_0^n \equiv -1 \equiv g_i^{l_i} \pmod{m_i}$, und daher ist $nk_i \equiv l_i \pmod{\varphi(m_i)}$ [vgl. XIII(2.4)(2c)]. Nach (1.10) ist daher $\operatorname{ggT}(n,\varphi(m_i))$ ein Teiler von $l_i = \varphi(m_i)/2 = p_i^{\alpha_i-1}(p_i-1)/2$. Wegen $v_2(\varphi(m_i)) = v_2(p_i^{\alpha_i-1}(p_i-1)) = v_2(p_i-1)$ folgt hieraus

$$\begin{aligned}\min(\{v_2(n),v_2(p_i-1)\}) &= \min(\{v_2(n),v_2(\varphi(m_i))\}) = v_2(\operatorname{ggT}(n,\varphi(m_i))) \leq \\ &\leq v_2(l_i) = v_2(\varphi(m_i)) - 1 = v_2(p_i-1) - 1 < v_2(p_i-1),\end{aligned}$$

und hieraus folgt $v_2(n) < v_2(p_i-1)$.
(c) Es gelte $v_2(n) < v_2(p_i-1)$ für jedes $i \in \{1,\ldots,r\}$. Dann gilt für jedes $i \in \{1,\ldots,r\}$: $\operatorname{ggT}(n,\varphi(m_i))$ teilt $l_i = \varphi(m_i)/2$, und daher gibt es nach (1.10) ein $k_i \in \mathbb{Z}$ mit $nk_i \equiv l_i \pmod{\varphi(m_i)}$. Nach dem Chinesischen Restsatz gibt es ein $x_0 \in \mathbb{Z}$ mit $x_0 \equiv g_i^{k_i} \pmod{m_i}$ für jedes $i \in \{1,\ldots,r\}$, und hierfür gilt $x_0^n \equiv g_i^{nk_i} \equiv g_i^{l_i} \equiv -1 \pmod{m_i}$ für jedes $i \in \{1,\ldots,r\}$ und daher $x_0^n \equiv -1 \pmod m$.

(2.12) Satz: *Es sei $m \in \mathbb{N}$ ungerade und nicht durch 3 teilbar, > 1 und keine Primzahl; es gelte $m-1 = 2^\alpha q$ mit $\alpha \in \mathbb{N}$ und einem ungeraden $q \in \mathbb{N}$. Es sei*

$$A(m) := \left\{ a \in E(m) \;\middle|\; \begin{array}{l}\text{Es gilt } a^q \equiv 1 \pmod m, \text{ oder es gibt ein}\\ \beta \in \{0,1,\ldots,\alpha-1\} \text{ mit } a^{2^\beta q} \equiv -1 \pmod m\end{array} \right\}.$$

Dann gilt

$$\operatorname{Card}(A(m)) \leq \frac{1}{4}\varphi(m).$$

Beweis: Es sei $m = \prod_{i=1}^r p_i^{\alpha_i}$ die Primzerlegung von m.
(1) Es gelte: Es gibt ein $i_0 \in \{1,\ldots,r\}$ mit $\alpha_{i_0} \geq 2$.
(a) Für jedes $a \in A(m)$ gilt $a^{m-1} \equiv 1 \pmod m$. Denn ist $a \in A(m)$ und gilt $a^q \equiv 1 \pmod m$, so gilt $a^{m-1} = (a^q)^{2^\alpha} \equiv 1 \pmod m$. Gilt $a^q \not\equiv 1 \pmod m$, so gibt es ein $\beta \in \{0,1,\ldots,\alpha-1\}$ mit $a^{2^\beta q} \equiv -1 \pmod m$, und es folgt

$$a^{m-1} = (a^{2^\beta q})^{2^{\alpha-\beta}} \equiv (-1)^{2^{\alpha-\beta}} = 1 \pmod m.$$

(b) Nach (a) gilt $A(m) \subset \{a \in E(m) \mid a^{m-1} \equiv 1 \pmod m\}$, und hieraus folgt mit Hilfe von (2.11)(1)

$$\operatorname{Card}(A(m)) \leq \operatorname{Card}(\{a \in E(m) \mid a^{m-1} \equiv 1 \pmod m\}) =$$

$$\begin{aligned}
&= \prod_{i=1}^{r} \mathrm{ggT}(m-1, p_i^{\alpha_i - 1}(p_i - 1)) \\
&= \prod_{i=1}^{r} \mathrm{ggT}(m-1, p_i - 1) \qquad [\text{denn } p_1, \ldots, p_r \text{ teilen } m-1 \text{ nicht}] \\
&\le \prod_{i=1}^{r} (p_i - 1) = \Big(\prod_{i=1}^{r} \varphi(p_i^{\alpha_i})\Big) \Big/ \prod_{i=1}^{r} p_i^{\alpha_i - 1} = \varphi(m) \Big/ \prod_{i=1}^{r} p_i^{\alpha_i - 1} \\
&\le \frac{\varphi(m)}{p_{i_0}} \le \frac{\varphi(m)}{5} < \frac{\varphi(m)}{4}.
\end{aligned}$$

(2) Es gelte $\alpha_i = 1$ für jedes $i \in \{1, \ldots, r\}$. Dann ist $m = p_1 \cdots p_r$ mit paarweise verschiedenen Primzahlen $p_1 \ge 5, \ldots, p_r \ge 5$.
(a) Für jedes $i \in \{1, \ldots, r\}$ ist $p_i = 1 + 2^{\beta_i} q_i$ mit einem $\beta_i \in \mathbb{N}$ und mit einem ungeraden $q_i \in \mathbb{N}$. Durch eine Umnumerierung von $p_1, \ldots, p_r$ erreicht man, daß $\beta_1 = \min(\{\beta_1, \ldots, \beta_r\})$ gilt. Für jedes $i \in \{1, \ldots, r\}$ sei $q_i' := \mathrm{ggT}(q, q_i)$.
(b) Nach (2.11)(1) gilt

$$\begin{aligned}
&\mathrm{Card}(\{ a \in E(m) \mid a^q \equiv 1 \pmod{m} \}) = \\
&= \prod_{i=1}^{r} \mathrm{ggT}(q, p_i - 1) = \prod_{i=1}^{r} \mathrm{ggT}(q, 2^{\beta_i} q_i) = \prod_{i=1}^{r} \mathrm{ggT}(q, q_i) = \prod_{i=1}^{r} q_i'
\end{aligned}$$

[denn q ist ungerade]. Es sei $\beta \in \{0, 1, \ldots, \alpha - 1\}$. Nach (2.11)(2) gilt

$$\{ a \in E(m) \mid a^{2^\beta q} \equiv -1 \pmod{m} \} = \emptyset,$$

falls $\beta = v_2(2^\beta q) \ge \min(\{ v_2(p_1 - 1), \ldots, v_2(p_r - 1) \}) = \min(\{\beta_1, \ldots, \beta_r\}) = \beta_1$ gilt. Ist aber $\beta \le \beta_1 - 1$, so gilt nach (2.11)(1)

$$\begin{aligned}
&\mathrm{Card}(\{ a \in E(m) \mid a^{2^\beta q} \equiv -1 \pmod{m} \}) = \\
&= \prod_{i=1}^{r} \mathrm{ggT}(2^\beta q, p_i - 1) = \prod_{i=1}^{r} \mathrm{ggT}(2^\beta q, 2^{\beta_i} q_i) = \prod_{i=1}^{r} (2^\beta q_i') = 2^{r\beta} \prod_{i=1}^{r} q_i'.
\end{aligned}$$

Es gilt

$$\begin{aligned}
A(m) &= \{ a \in E(m) \mid a^q \equiv 1 \pmod{m} \} \uplus \\
&\qquad \uplus \biguplus_{\beta=0}^{\alpha-1} \{ a \in E(m) \mid a^{2^\beta q} \equiv -1 \pmod{m} \} \\
&= \{ a \in E(m) \mid a^q \equiv 1 \pmod{m} \} \uplus \\
&\qquad \uplus \biguplus_{\beta=0}^{\beta_1 - 1} \{ a \in E(m) \mid a^{2^\beta q} \equiv -1 \pmod{m} \}.
\end{aligned}$$

Also gilt

$$\begin{aligned}
\operatorname{Card}(A(m)) &= \operatorname{Card}(\{\, a \in E(m) \mid a^q \equiv 1 \pmod{m} \,\}) + \\
&\qquad + \sum_{\beta=0}^{\beta_1-1} \operatorname{Card}(\{\, a \in E(m) \mid a^{2^\beta q} \equiv -1 \pmod{m} \,\}) \\
&= \Big(1 + \sum_{\beta=0}^{\beta_1-1} 2^{r\beta}\Big) \cdot \prod_{i=1}^{r} q_i' = \Big(1 + \frac{2^{r\beta_1}-1}{2^r-1}\Big) \cdot \prod_{i=1}^{r} q_i' \\
&= \frac{\varphi(m)}{\prod_{i=1}^{r}(p_i-1)} \cdot \Big(1 + \frac{2^{r\beta_1}-1}{2^r-1}\Big) \cdot \prod_{i=1}^{r} q_i' \\
&= \varphi(m) \cdot \frac{1}{2^{\beta_1+\beta_2+\cdots+\beta_r}} \cdot \Big(1 + \frac{2^{r\beta_1}-1}{2^r-1}\Big) \cdot \prod_{i=1}^{r} \frac{q_i'}{q_i}.
\end{aligned}$$

(c) Es gelte $r \geq 3$. Dann folgt aus der Abschätzung in (b)

$$\begin{aligned}
\operatorname{Card}(A(m)) &\leq \varphi(m) \cdot \frac{1}{2^{r\beta_1}} \cdot \Big(1 + \frac{2^{r\beta_1}-1}{2^r-1}\Big) = \\
&= \varphi(m) \cdot \Big(\frac{1}{2^r-1} + \frac{2^r-2}{2^{r\beta_1}(2^r-1)}\Big) \leq \varphi(m) \cdot \Big(\frac{1}{2^r-1} + \frac{2^r-2}{2^r(2^r-1)}\Big) \\
&= \frac{\varphi(m)}{2^{r-1}} \leq \frac{\varphi(m)}{4}.
\end{aligned}$$

(d) Es gelte $r = 2$ und $\beta_1 < \beta_2$. Dann ergibt sich aus (b)

$$\begin{aligned}
\operatorname{Card}(A(m)) &\leq \varphi(m) \cdot \frac{1}{2^{\beta_1+\beta_2}} \cdot \Big(1 + \frac{2^{2\beta_1}-1}{2^2-1}\Big) \leq \\
&\leq \varphi(m) \cdot \frac{1}{2^{2\beta_1+1}} \cdot \frac{2^{2\beta_1}+2}{3} \leq \varphi(m) \cdot \Big(\frac{1}{6} + \frac{1}{12}\Big) = \frac{\varphi(m)}{4}.
\end{aligned}$$

(e) Es gelte $r = 2$ und $\beta_1 = \beta_2$. Für $q_1' = \operatorname{ggT}(q, q_1)$ und $q_2' = \operatorname{ggT}(q, q_2)$ gilt $q_1' < q_1$ oder $q_2' < q_2$.

Angenommen, es gilt $q_1' = q_1$ und $q_2' = q_2$. Dann gilt $q_1 \mid q$ und $q_2 \mid q$, und wegen $0 \equiv 2^\alpha q = m - 1 = p_1 p_2 - 1 = (1 + 2^{\beta_1} q_1) p_2 - 1 \equiv p_2 - 1 = 2^{\beta_2} q_2 \pmod{q_1}$ folgt $q_1 \mid q_2$. Ebenso folgt $q_2 \mid q_1$. Also ist $q_1 = q_2$ und $p_1 = 1 + 2^{\beta_1} q_1 = 1 + 2^{\beta_2} q_2 = p_2$, und das ist nicht wahr.

Also gilt $q_1' < q_1$ oder $q_2' < q_2$, und wegen $q_1' \mid q_1$ und $q_2' \mid q_2$ und weil q_1 und q_2 ungerade sind, folgt $q_1' \leq q_1/3$ oder $q_2' \leq q_2/3$, also $q_1' q_2' \leq q_1 q_2 / 3$. Hieraus und aus der Abschätzung in (b) ergibt sich

$$\begin{aligned}
\operatorname{Card}(A(m)) &= \varphi(m) \cdot \frac{1}{2^{2\beta_1}} \cdot \Big(1 + \frac{2^{2\beta_1}-1}{2^2-1}\Big) \cdot \frac{q_1' q_2'}{q_1 q_2} \leq \\
&\leq \varphi(m) \cdot \frac{2^{2\beta_1}+2}{3 \cdot 2^{2\beta_1}} \cdot \frac{1}{3} = \varphi(m) \cdot \frac{1}{9} \cdot \Big(1 + \frac{1}{2^{2\beta_1-1}}\Big) \leq \frac{\varphi(m)}{6} < \frac{\varphi(m)}{4}.
\end{aligned}$$

Damit ist der Satz bewiesen.

(2.13) BEMERKUNG: (1) Es sei m eine natürliche Zahl > 1, die ungerade und nicht durch 3 teilbar ist, und es sei $m - 1 = 2^\alpha q$ mit einem $\alpha \in \mathbb{N}$ und mit einem ungeraden $q \in \mathbb{N}$. Ist m eine Primzahl, so gilt nach (2.9) für jedes $a \in E(m)$:

$$\left\{\begin{array}{l}\text{Entweder ist } a^q \equiv 1 \pmod{m},\\ \text{oder es gibt ein } \beta \in \{0,1,\ldots,\alpha-1\} \text{ mit } a^{2^\beta q} \equiv -1 \pmod{m};\end{array}\right. \qquad (*)$$

ist dagegen m keine Primzahl, so gilt $(*)$ nach (2.12) nur für höchstens ein Viertel aller $a \in E(m)$. Dieses Ergebnis ermöglicht den im nächsten Abschnitt behandelten Primzahltest.

(2) Die Abschätzung in (2.12) läßt sich nicht verbessern. So gilt zum Beispiel für $m = 91 = 7 \cdot 13$, daß $(*)$ für genau $\varphi(91)/4 = 18$ Elemente $a \in E(91)$ gilt, und zwar gilt $a^{45} \equiv 1 \pmod{91}$ für $a = 1$, 9, 16, 22, 29, 53, 74, 79 und 81, und $a^{45} \equiv -1 \pmod{91}$ für $a = 10$, 12, 17, 38, 62, 69, 75, 82 und 90.

(2.14) DER STOCHASTISCHE PRIMZAHLTEST VON M. O. RABIN (1976/1980): Es sei m eine natürliche Zahl > 100; es sei $k_{\max}$ eine natürliche Zahl, etwa $k_{\max} = 20$.

(Rabin 1) Ist m durch eine der 25 Primzahlen < 100 teilbar, so bricht man mit der Meldung "m ist keine Primzahl" ab.

(Rabin 2) Ist $m < 10\,201 = 101^2$, so bricht man mit der Meldung "m ist eine Primzahl" ab. [m ist dann wegen (2.2)(2) eine Primzahl.]

(Rabin 3) Man setzt $\alpha := v_2(m-1)$, $q := (m-1)/2^\alpha$ und $k := 1$.

(Rabin 4) Man wählt eine Zufallszahl $a \in \{1, \ldots, m-1\}$. Wenn dann $d := \mathrm{ggT}(a, m) > 1$ ist, so bricht man mit der Meldung "m ist keine Primzahl" ab. [In diesem Fall ist d ein Teiler $< m$ von m.]

(Rabin 5) Gilt sowohl $a^q \not\equiv 1 \pmod{m}$ als auch $a^{2^\beta q} \not\equiv -1 \pmod{m}$ für jedes $\beta \in \{0, 1, \ldots, \alpha - 1\}$, so bricht man mit der Meldung "m ist keine Primzahl" ab. [m ist jetzt nach (2.9) keine Primzahl; man beachte, daß man in diesem Fall keinen nichttrivialen Teiler von m kennt.]

(Rabin 6) Ist $k < k_{\max}$, so setzt man $k := k + 1$ und geht zu (Rabin 4) zurück. Ist $k = k_{\max}$, so bricht man mit der Meldung "m ist Primzahl (mit einer Fehlerwahrscheinlichkeit von höchstens $(1/4)^{k_{\max}}$)" ab.

(2.15) BEMERKUNG: Der Primzahltest von Rabin ist "nur" ein stochastischer Primzahltest: Liefert er für eine eingegebene Zahl m die Auskunft "m ist Primzahl", so braucht m dennoch keine Primzahl zu sein. [Die Auskunft "m ist keine Primzahl" ist in jedem Fall korrekt.] Die Wahrscheinlichkeit dafür, daß der Test eine falsche Auskunft liefert, kann durch eine geeignete Wahl von $k_{\max}$ klein genug gemacht werden. Man könnte daher ohne weiteres den Primzahltest von Rabin zur kommerziellen Herstellung großer Primzahlen verwenden; man sollte allerdings kostenlosen Umtausch garantieren, falls ein Kunde eine ihm als Primzahl verkaufte natürliche Zahl als Nichtprimzahl erkennt.

(2.16) BEMERKUNG: (1) Ein einfacher Primzahltest, der auf derselben Überlegung wie der Primzahltest von Rabin beruht, ist der in Maple enthaltene Primzahltest. Im folgenden wird die Fassung dieses Tests beschrieben, die in der Version 4.2 von Maple enthalten ist. Auch dieser Test kann bei Eingabe einer Nichtprimzahl die Ausgabe "Primzahl" liefern, allerdings läßt sich dabei nicht eine Fehlerwahrscheinlichkeit abschätzen, da die einzelnen Schritte des Tests nicht wie im Algorithmus von Rabin voneinander unabhängig sind.

(2) Es sei $(p_i)_{i\geq 1}$ die Folge der Primzahlen in ihrer natürlichen Reihenfolge; es sei $P_1 := p_1 \cdots p_{25}$ das Produkt aller Primzahlen < 100, und es sei $P_2 := p_{26} \cdots p_{168}$ das Produkt aller Primzahlen zwischen 100 und 1000. Es sei $m \in \mathbb{N}$. Der folgende Algorithmus D ist der Primzahltest, den Maple in der Funktion `isprime` verwendet. Er führt k "Iterationen" durch, wobei die Standardeinstellung $k = 5$ ist, die aber vom Benutzer nach Wunsch vergrößert werden kann.

(D 1) Ist m eine der Zahlen $p_1, \ldots, p_{25}$, so setzt man `isprime := true` und geht zu (D 9).

(D 2) Ist $m = 1$ oder gilt $\mathrm{ggT}(m, P_1) > 1$, so setzt man `isprime := false` und geht zu (D 9).

(D 3) Ist $m < 10\,201 = 101^2 = p_{26}^2$, so setzt man `isprime := true` und geht zu (D 9).

(D 4) Ist $\mathrm{ggT}(m, P_2) > 1$, so setzt man `isprime := false` und geht zu (D 9).

(D 5) Ist $m < 1\,018\,081 = 1\,009^2 = p_{169}^2$, so setzt man `isprime := true` und geht zu (D 9).

(D 6) Man setzt $\alpha := v_2(m-1)$, $q := (m-1)/2^\alpha$ und $i := 1$.

(D 7) Wenn sowohl $p_i^q \not\equiv 1 \pmod{m}$ als auch $p_i^{2^\beta q} \not\equiv -1 \pmod{m}$ für jedes $\beta \in \{0, 1, \ldots, \alpha - 1\}$ gilt, so setzt man `isprime := false` und geht zu (D 9).

(D 8) Ist $i = k$, so setzt man `isprime := true` und geht zu (D 9); ist $i < k$, so setzt man $i := i + 1$ und geht zu (D 7).

(D 9) Man gibt `isprime` aus und bricht ab.

(3) Ist $m \in \mathbb{N}$ und liefert der Algorithmus D die Ausgabe `false`, so ist m keine Primzahl; liefert der Algorithmus D aber die Ausgabe `true`, so braucht m dennoch keine Primzahl zu sein. Derartige Ausnahmen sind selten; die Autoren von Maple machen dazu die folgenden Angaben:

Die kleinste Nichtprimzahl m, für die der Algorithmus D mit k Iterationen die Ausgabe `true` liefert, ist

$$\begin{array}{llcrcl} \text{für } k=1 & m & = & 1\,194\,649 & = & 1\,093^2, \\ \text{für } k=2 & m & = & 2\,284\,453 & = & 1\,069 \cdot 2\,137, \\ \text{für } k=3 & m & = & 25\,326\,001 & = & 2\,251 \cdot 11\,251, \end{array}$$

und für $k = 4$ ist $m = 118\,670\,087\,467 = 172\,243 \cdot 688\,969$ die kleinste bekannte Ausnahmezahl. Im Fall $k = 5$ liefert der Algorithmus D jedenfalls für jedes $m \leq 2.5 \cdot 10^{10}$ die korrekte Antwort. Man vergleiche dazu [23].

Man würde sich wünschen, über den Gültigkeitsbereich des Algorithmus D in Abhängigkeit von k und über Ausnahmezahlen, für die der Algorithmus D bei verschiedenen Werten von k die falsche Ausgabe `true` liefert, besser Bescheid zu wissen.

(2.17) Bemerkung: Es gibt noch weitere stochastische Primzahltests. Es gibt aber auch schnelle deterministische, also nicht stochastische Primzahltests. Hierauf kann an dieser Stelle nicht eingegangen werden; man vergleiche dazu [40], [64], [65] und die Überblicksartikel [20] und [49].

(2.18) Über die Verteilung der Primzahlen innerhalb der natürlichen Zahlen weiß man bis zu einem gewissen Grad genau Bescheid. Setzt man

$$\pi(x) \;:=\; \mathrm{Card}(\{\,p \mid p \text{ Primzahl mit } p \le x\,\}) \quad \text{für jedes } x \in \mathbb{R} \text{ mit } x \ge 0,$$

so gilt

$$\lim_{x\to\infty}\Big(\pi(x)\Big/\frac{x}{\ln x}\Big) \;=\; 1.$$

Dies ist der sogenannte Primzahlsatz, der bereits 1792 von C. F. Gauss vermutet und 1896 von C. de la Vallée-Poussin [1866–1962] und von J. Hadamard bewiesen wurde.

Es gibt ein Verfahren, mit dem man die Werte der Primzahlfunktion π genau ausrechnen kann [und das natürlich nicht in der Berechnung großer Primzahltafeln besteht]. Es gilt zum Beispiel

$$\begin{aligned}
\pi(10^8) &= 5\,761\,455,\\
\pi(10^9) &= 50\,847\,534,\\
\pi(10^{10}) &= 455\,052\,511,\\
\pi(10^{16}) &= 279\,238\,341\,033\,925,\\
\pi(4\cdot 10^{16}) &= 1\,075\,292\,778\,753\,150.
\end{aligned}$$

Dazu vergleiche man [65], Chapter 1. Die größte in Buchform veröffentlichte Primzahltafel ist übrigens [48]. Diese Tafel enthält die 664 999 Primzahlen, die $\le 10\,006\,721$ sind.

(2.19) Für jedes $n \in \mathbb{N}$ nennt man $M(n) := 2^n - 1$ die n-te Mersenne-Zahl [nach M. Mersenne, 1588–1648]. Man überlegt sich leicht, daß für ein $n \in \mathbb{N}$ die Zahl $M(n)$ höchstens dann eine Primzahl ist, wenn n eine Primzahl ist. Vierhundert Jahre lang war jeweils die größte bekannte Primzahl eine Mersenne-Zahl: So zeigte bereits P. A. Cataldi 1588, daß $M(17) = 131\,071$ und $M(19) = 524\,287$ Primzahlen sind [und zwar mit der in (2.3) beschriebenen Methode], und im Jahr 1985 wurde $M(216\,091)$ als Primzahl erkannt. Daß man gerade Mersenne-Zahlen darauf untersucht, ob sie Primzahlen sind, liegt daran, daß es dafür einen einfachen Test gibt: Es sei $(a_n)_{n\ge 1}$ die Folge mit $a_1 := 4$ und mit $a_{n+1} := a_n^2 - 2$ für jedes $n \in \mathbb{N}$. Dann gilt: Ist p eine ungerade Primzahl, so ist $M(p)$ dann und nur dann eine Primzahl, wenn a_{p-1} durch $M(p)$ teilbar ist. Dies ist der Test von E. Lucas (1878) und D. H. Lehmer (1930/1935). Man vergleiche dazu [40], Abschnitt 2.9, [64], Chapter 2 und [65], Chapter 4. Im August 1989 wurde gezeigt, daß die Zahl $391\,581\cdot 2^{216\,193} - 1$ eine Primzahl ist, und diese Zahl ist größer als die Mersennesche Primzahl $M(216\,091)$. 1992 wurde gezeigt, daß $M(756\,839)$ eine Primzahl ist.

§3 Primzerlegungen

(3.1) In diesem Paragraphen wird zunächst das jedem Leser aus der Schule bekannte Verfahren zur Herstellung der Primzerlegung einer natürlichen Zahl beschrieben und dann ein Verfahren, das einen wesentlich kleineren Aufwand als dieses erfordert. Für die Behandlung dieses zweiten Verfahrens benötigt man die Grundbegriffe der Theorie der Kettenbrüche. Diese Grundbegriffe werden in den Abschnitten (3.4) bis (3.10) zusammengestellt.

(3.2) (1) Es sei $(d_i)_{i\geq 1}$ eine Folge in $\mathbb{N}$, in der alle Primzahlen vorkommen und für die gilt: Es ist $d_1 = 2$, und für jedes $i \in \mathbb{N}$ ist $d_i < d_{i+1}$.
(2) ALGORITHMUS E: Es sei $m \in \mathbb{N}$. Der Algorithmus liefert die Primzerlegung von m in der Form $m = p_1 p_2 \cdots p_n$ mit Primzahlen $p_1 \leq p_2 \leq \cdots \leq p_n$.
(E 1) Man setzt $n := 0$, $i := 1$, $a := m$.
(E 2) Ist $a = 1$, so bricht man ab.
(E 3) Man setzt $q := a \operatorname{div} d_i$ und $r := a \bmod d_i$.
(E 4) Ist $r \neq 0$, so geht man zu (E 6).
(E 5) [Ist $r = 0$, so ist d_i ein Primteiler von a und daher von m.] Man setzt $n := n + 1$, $p_n := d_i$, $a := q$ und geht zu (E 2).
(E 6) Ist $q > d_i$, so setzt man $i := i + 1$ und geht zu (E 3).
(E 7) [Ist $q \leq d_i$, so ist a nach (2.2)(2) eine Primzahl.] Man setzt $n := n + 1$ und $p_n := a$ und bricht ab.
(3) Es sei $m > 1$. Der Algorithmus E findet zuerst entweder ein $j \in \mathbb{N}$ mit $d_i \nmid m$ für $i = 1, \ldots, j-1$ und mit $d_j \mid m$, oder er findet ein $j \in \mathbb{N}$ mit $d_i \nmid m$ und $m \operatorname{div} d_i > d_i$ für $i = 1, \ldots, j-1$ und mit $d_j \nmid m$ und $m \operatorname{div} d_j \leq d_j$. Im ersten Fall ist $p_1 := d_j$ der kleinste natürliche Teiler > 1 und daher der kleinste Primteiler von m, und das Verfahren wird mit $a := m/p_1$ fortgesetzt, wobei a nur noch durch $d_j, d_{j+1}, \ldots$ dividiert wird. Im zweiten Fall gilt $m = (m \operatorname{div} d_j)d_j + m \bmod d_j \leq d_j^2 + d_j - 1 < d_j(d_j+1) < d_{j+1}^2$ und daher $d_{j+1} > \sqrt{m}$, und somit ist m durch keine Primzahl $p \leq \sqrt{m}$ teilbar und daher eine Primzahl [vgl. (2.2)(2)].

Es folgt: Der Algorithmus ist endlich und liefert die Primzerlegung von m. Ist $s := \min(\{ i \in \mathbb{N} \mid d_i > \sqrt{m} \})$, so benötigt er dazu nur die Terme $d_1, \ldots, d_s$ der Folge $(d_i)_{i\geq 1}$.

(3.3) BEMERKUNG: (1) Als Folge $(d_i)_{i\geq 1}$ im Algorithmus E kann man die Folge $(d_i)_{i\geq 1}$ mit $d_1 = 2$ und mit $d_i = 2i - 1$ für jedes $i \geq 2$ wählen. Günstiger ist die Folge $(d_i)_{i\geq 1}$ mit $d_1 = 2$, $d_2 = 3$, $d_3 = 5$ und $d_{2i} = d_{2i-1} + 2$, $d_{2i+1} = d_{2i} + 4$ für jedes $i \geq 2$, denn in dieser Folge kommen keine Vielfachen > 3 von 3 vor.
(2) Der Aufwand beim Algorithmus E ist am größten, wenn die eingegebene Zahl m eine Primzahl oder das Quadrat einer Primzahl ist; er ist dann mindestens proportional zu $\sqrt{m}$.
(3) Es sei $m_0 \in \mathbb{N}$ mit $m_0 > 1$. Zur Faktorisierung aller natürlichen Zahlen $m \leq m_0$ benötigt der Algorithmus E nur alle Primzahlen $\leq \sqrt{m_0}$.

Beispiel: Will man alle $m \leq m_0 := 1\,000\,000$ faktorisieren können, so wählt man als $d_1, d_2, \ldots, d_{168}$ die 168 Primzahlen $\leq \sqrt{m_0} = 1\,000$ in ihrer natürlichen

Reihenfolge, also 2, 3,..., 997 und setzt noch $d_{169} := 1000$, damit der Algorithmus abbricht, wenn eine Primzahl m mit $997^2 = 994\,009 < m \le m_0$ eingegeben wird.

(3.4) Es sei $n \in \mathbb{N}_0$, und es seien $a_0, a_1, \ldots, a_n \in \mathbb{R}$ mit $a_i > 0$ für $i = 1, \ldots, n$.
(1) Man setzt $[a_0] := a_0$ und für jedes $j \in \{1, \ldots, n\}$

$$[a_0, a_1, \ldots, a_{j-1}, a_j] := [a_0, a_1, \ldots, a_{j-2}, a_{j-1} + \frac{1}{a_j}].$$

Es gilt also

$$[a_0, a_1] = a_0 + \frac{1}{a_1}, \quad [a_0, a_1, a_2] = a_0 + \cfrac{1}{a_1 + \cfrac{1}{a_2}},$$

$$[a_0, a_1, a_2, a_3] = a_0 + \cfrac{1}{a_1 + \cfrac{1}{a_2 + \cfrac{1}{a_3}}} \quad \text{und so fort.}$$

Ist $n \ge 1$, so gilt $[a_1, a_2, \ldots, a_n] > 0$ und

$$[a_0, a_1, \ldots, a_n] = a_0 + \frac{1}{[a_1, a_2, \ldots, a_n]}.$$

(2) Man definiert rekursiv Zahlen $r_{-2}, r_{-1}, r_0, \ldots, r_n$ und $s_{-2}, s_{-1}, s_0, \ldots, s_n$ durch die folgenden Festsetzungen: Man setzt

$$r_{-2} := 0, \; r_{-1} := 1, \; s_{-2} := 1, \; s_{-1} := 0,$$

$$r_j := a_j r_{j-1} + r_{j-2}, \; s_j := a_j s_{j-1} + s_{j-2} \quad \text{für jedes } j \in \{0, 1, \ldots, n\}.$$

Man sieht: Für jedes $j \in \{0, 1, \ldots, n\}$ hängen r_j und s_j nur von $a_0, \ldots, a_j$ ab.
(3) Für jedes $j \in \{0, 1, \ldots, n\}$ ist $s_j > 0$, denn es gilt $s_0 = 1$ und $s_1 = a_1 > 0$, und ist für ein $j \in \{2, \ldots, n\}$ bereits gezeigt, daß $s_0, s_1, \ldots, s_{j-1}$ positiv sind, so folgt $s_j = a_j s_{j-1} + s_{j-2} > 0$.
(4) Es gilt $[a_0, a_1, \ldots, a_n] = r_n / s_n$.
Beweis: Es gilt $[a_0] = a_0 = a_0/1 = r_0/s_0$. Es gelte $n \ge 1$, und es sei bereits bewiesen: Sind $a'_0, a'_1, \ldots, a'_{n-1} \in \mathbb{R}$ mit $a'_j > 0$ für $j = 1, \ldots, n-1$ und sind $r'_{-2}, r'_{-1}, r'_0, \ldots, r'_{n-1}$ und $s'_{-2}, s'_{-1}, s'_0, \ldots, s'_{n-1}$ die dazu gemäß (2) definierten Zahlen, so gilt $[a'_0, a'_1, \ldots, a'_{n-1}] = r'_{n-1}/s'_{n-1}$. Die zu $a'_0 := a_0$, $a'_1 := a_1, \ldots, a'_{n-2} := a_{n-2}$, $a'_{n-1} := a_{n-1} + 1/a_n$ gemäß (2) berechneten Zahlen sind $r'_{-2} = 0 = r_{-2}$, $r'_{-1} = 1 = r_{-1}$, $r'_0 = r_0, \ldots, r'_{n-2} = r_{n-2}$,

$$\begin{aligned} r'_{n-1} &= (a_{n-1} + 1/a_n) r'_{n-2} + r'_{n-3} = (a_{n-1} r_{n-2} + r_{n-3}) + r_{n-2}/a_n \\ &= r_{n-1} + r_{n-2}/a_n = (a_n r_{n-1} + r_{n-2})/a_n = r_n/a_n, \end{aligned}$$

und $s'_{-2} = 1 = s_{-2}$, $s'_{-1} = 0 = s_{-1}$, $s'_0 = s_0, \ldots, s'_{n-2} = s_{n-2}$, $s'_{n-1} = s_n/a_n$. Also gilt auf Grund der Induktionsvoraussetzung

$$\begin{aligned}[a_0, a_1, \ldots, a_{n-1}, a_n] &= [a_0, a_1, \ldots, a_{n-1} + 1/a_n] = [a'_0, a'_1, \ldots, a'_{n-1}] \\ &= r'_{n-1}/s'_{n-1} = (r_n/a_n)/(s_n/a_n) = r_n/s_n.\end{aligned}$$

(5) Aus (4) folgt sofort: Für jedes $j \in \{0, 1, \ldots, n\}$ gilt $[a_0, a_1, \ldots, a_j] = r_j/s_j$.
(6) Für jedes $j \in \{0, 1, \ldots, n\}$ definiert man die Matrizen

$$A_j := \begin{pmatrix} a_j & 1 \\ 1 & 0 \end{pmatrix} \in M(2; \mathbb{R}) \quad \text{und} \quad B_j := A_0 A_1 \cdots A_{j-1} A_j \in M(2; \mathbb{R}).$$

Für jedes $j \in \{0, \ldots, n\}$ gilt $\det(A_j) = -1$ und daher $\det(B_j) = (-1)^{j+1}$, und es ist

$$B_j = \begin{pmatrix} r_j & r_{j-1} \\ s_j & s_{j-1} \end{pmatrix}.$$

Beweis: Es gilt

$$B_0 = A_0 = \begin{pmatrix} a_0 & 1 \\ 1 & 0 \end{pmatrix} = \begin{pmatrix} r_0 & r_{-1} \\ s_0 & s_{-1} \end{pmatrix}.$$

Ist $j \in \{1, \ldots, n\}$ und ist bereits gezeigt, daß

$$B_{j-1} = \begin{pmatrix} r_{j-1} & r_{j-2} \\ s_{j-1} & s_{j-2} \end{pmatrix}$$

ist, so gilt

$$\begin{aligned} B_j = B_{j-1} A_j &= \begin{pmatrix} r_{j-1} & r_{j-2} \\ s_{j-1} & s_{j-2} \end{pmatrix} \begin{pmatrix} a_j & 1 \\ 1 & 0 \end{pmatrix} \\ &= \begin{pmatrix} a_j r_{j-1} + r_{j-2} & r_{j-1} \\ a_j s_{j-1} + s_{j-2} & s_{j-1} \end{pmatrix} = \begin{pmatrix} r_j & r_{j-1} \\ s_j & s_{j-1} \end{pmatrix}. \end{aligned}$$

(3.5) Es sei $n \in \mathbb{N}_0$, es seien $a_0 \in \mathbb{Z}$ und $a_1, \ldots, a_n \in \mathbb{N}$, und es seien r_{-2}, r_{-1}, $r_0, \ldots, r_n$ und s_{-2}, s_{-1}, $s_0, \ldots, s_n$ die gemäß (3.4)(2) zu a_0, $a_1, \ldots, a_n$ berechneten Zahlen.
(1) Für jedes $j \in \{0, 1, \ldots, n\}$ gilt: Es ist $r_j \in \mathbb{Z}$ und $s_j \in \mathbb{N}$, nach (3.4)(6) ist $r_j s_{j-1} - r_{j-1} s_j = (-1)^{j+1}$, und daher gilt $\operatorname{ggT}(r_j, s_j) = 1$.
(2) Es gilt $1 = s_0 \le s_1 = a_1 < s_2 < \cdots < s_n$.
(3) Für jedes $j \in \{0, 1, \ldots, n-1\}$ gilt wegen (3.4)(5) und (3.4)(6)

$$\begin{aligned}[a_0, a_1, \ldots, a_j, a_{j+1}] - [a_0, a_1, \ldots, a_{j-1}, a_j] &= \frac{r_{j+1}}{s_{j+1}} - \frac{r_j}{s_j} \\ &= \frac{r_{j+1} s_j - r_j s_{j+1}}{s_j s_{j+1}} = \frac{(-1)^j}{s_j s_{j+1}}.\end{aligned}$$

(3.6) Bemerkung: Es sei $n \in \mathbb{N}$, es seien $a_0 \in \mathbb{Z}$ und $a_1, \ldots, a_n \in \mathbb{N}$, und es gelte $a_n \ge 2$.

(1) Es gilt $a_0 < [a_0, a_1, \ldots, a_n] < a_0 + 1$; insbesondere ist $[a_0, a_1, \ldots, a_n] \notin \mathbb{Z}$.
(2) Für jedes $j \in \{0, 1, \ldots, n\}$ ist $a_j = \lfloor [a_j, a_{j+1}, \ldots, a_n] \rfloor$.
Beweis: (1) Sind $a_0 \in \mathbb{Z}$ und $a_1 \in \mathbb{N}$ mit $a_1 \geq 2$, so gilt $a_0 < [a_0, a_1] = a_0 + 1/a_1 \leq a_0 + 1/2 < a_0 + 1$. Es gelte $n \geq 2$, und es sei bereits bewiesen: Sind $a'_0 \in \mathbb{Z}$ und $a'_1, a'_2, \ldots, a'_{n-1} \in \mathbb{N}$ mit $a'_{n-1} \geq 2$, so gilt $a'_0 < [a'_0, a'_1, \ldots, a'_{n-1}] < a'_0 + 1$. Sind dann $a_0 \in \mathbb{Z}$ und $a_1, \ldots, a_n \in \mathbb{N}$ mit $a_n \geq 2$, so gilt $a_1 < [a_1, a_2, \ldots, a_n] < a_1 + 1$ nach Induktionsvoraussetzung und daher

$$a_0 < a_0 + \frac{1}{a_1 + 1} < [a_0, a_1, \ldots, a_n] = a_0 + \frac{1}{[a_1, a_2, \ldots, a_n]} < a_0 + \frac{1}{a_1} \leq a_0 + 1.$$

(2) Es gilt $[a_n] = a_n$ und daher $\lfloor [a_n] \rfloor = a_n$. Für jedes $j \in \{0, 1, \ldots, n-1\}$ gilt nach (1) $a_j < [a_j, a_{j+1}, \ldots, a_n] < a_j + 1$ und daher $\lfloor [a_j, a_{j+1}, \ldots, a_n] \rfloor = a_j$.

(3.7) Satz: *Es seien $a \in \mathbb{Z}$ und $b \in \mathbb{N}$. Dann gibt es ein eindeutig bestimmtes $n \in \mathbb{N}_0$ und eindeutig bestimmte Zahlen $a_0 \in \mathbb{Z}$ und $a_1, \ldots, a_n \in \mathbb{N}$ mit $a_n \geq 2$, falls $n \geq 1$ ist, und mit*

$$\frac{a}{b} = [a_0, a_1, \ldots, a_n].$$

Beweis: (1)(a) Der Euklidische Algorithmus liefert ein $n \in \mathbb{N}_0$ und Zahlen $a_0 \in \mathbb{Z}$ und $a_1, \ldots, a_n, b_1, \ldots, b_n \in \mathbb{N}$ mit

$$\begin{array}{lcll}
a &=& a_0 b + b_1 & \text{und} \quad b_1 < b_0 := b, \\
b &=& a_1 b_1 + b_2 & \text{und} \quad b_2 < b_1, \\
\ldots && \ldots\ldots\ldots\ldots\ldots\ldots\ldots\ldots\ldots\ldots & \\
b_{n-2} &=& a_{n-1} b_{n-1} + b_n & \text{und} \quad b_n < b_{n-1}, \\
b_{n-1} &=& a_n b_n. &
\end{array}$$

Es ist $b_n = \mathrm{ggT}(a, b)$, und im Fall $n \geq 1$ ist $a_n = b_{n-1}/b_n \geq 2$ [vgl. I(5.10)].
(b) Es gilt $a/b = [a_0, a_1, \ldots, a_n]$.
Beweis: Ist $n = 0$, so gilt $a/b = a_0 = [a_0]$; ist $n = 1$, so ist $a/b = a_0 + 1/(b/b_1) = [a_0, b_0/b_1]$. Es sei $n \geq 2$, es sei $j \in \{0, 1, \ldots, n-2\}$, und es sei bereits gezeigt, daß $a/b = [a_0, a_1, \ldots, a_j, b_j/b_{j+1}]$ gilt. Wegen $b_j/b_{j+1} = a_{j+1} + 1/(b_{j+1}/b_{j+2})$ gilt dann

$$\frac{a}{b} = \left[a_0, a_1, \ldots, a_j, a_{j+1} + \frac{1}{b_{j+1}/b_{j+2}}\right] = \left[a_0, a_1, \ldots, a_j, a_{j+1}, \frac{b_{j+1}}{b_{j+2}}\right].$$

Für $j = n-2$ erhält man hiermit

$$\frac{a}{b} = \left[a_0, a_1, \ldots, a_{n-1}, \frac{b_{n-1}}{b_n}\right] = [a_0, a_1, \ldots, a_{n-1}, a_n].$$

(2) Es seien $r, s \in \mathbb{N}_0$, es seien $x_0, y_0 \in \mathbb{Z}$ und $x_1, \ldots, x_r, y_1, \ldots, y_s \in \mathbb{N}$ mit $x_r \geq 2$, falls $r \geq 1$ ist, und mit $y_s \geq 2$, falls $s \geq 1$ ist, und es gelte $[x_0, x_1, \ldots, x_r] = [y_0, y_1, \ldots, y_s]$. Dann gilt $r = s$ und $x_j = y_j$ für jedes $j \in \{0, 1, \ldots, r\}$.

Beweis: Man braucht nur den Fall $r \le s$ zu betrachten. Ist $r = 0$, so ist auch $s = 0$ [denn sonst wäre nach (3.6)(1) $x_0 = [x_0] = [y_0, y_1, \dots, y_s] \notin \mathbb{Z}$], und es folgt $x_0 = [x_0] = [y_0] = y_0$. Ist $r \ge 1$, so gilt nach (3.6)(2)

$$x_0 = \lfloor [x_0, x_1, \dots, x_r] \rfloor = \lfloor [y_0, y_1, \dots, y_s] \rfloor = y_0,$$

wegen

$$x_0 + \frac{1}{[x_1, x_2, \dots, x_r]} = [x_0, x_1, \dots, x_r] = [y_0, y_1, \dots, y_s] = y_0 + \frac{1}{[y_1, y_2, \dots, y_s]}$$

folgt $[x_1, x_2, \dots, x_r] = [y_1, y_2, \dots, y_s]$, und Induktion liefert dann $r - 1 = s - 1$ und $x_j = y_j$ für jedes $j \in \{1, \dots, r\}$.

(3.8) BEMERKUNG: Es seien $a \in \mathbb{Z}$ und $b \in \mathbb{N}$. Nach (3.7) gibt es ein eindeutig bestimmtes $n \in \mathbb{N}_0$ und eindeutig bestimmte Zahlen $a_0 \in \mathbb{Z}$, $a_1, \dots, a_n \in \mathbb{N}$ mit $a_n \ge 2$, falls $n \ge 1$ ist, und mit

$$\frac{a}{b} = [a_0, a_1, \dots, a_n]. \qquad (*)$$

(1) Man nennt $(*)$ die Kettenbruchentwicklung von a/b und

$$[a_0, a_1, \dots, a_n] = a_0 + \cfrac{1}{a_1 + \cfrac{1}{a_2 + \cfrac{1}{\ddots\, a_{n-2} + \cfrac{1}{a_{n-1} + \cfrac{1}{a_n}}}}}$$

den [endlichen regelmäßigen] Kettenbruch für a/b. Die Zahlen $a_0, a_1, \dots, a_n$ heißen die Teilnenner dieses Kettenbruchs. Der Existenzbeweis in (3.7) zeigt, wie man diese Teilnenner mit Hilfe der im Euklidischen Algorithmus durchzuführenden Rechnung ermitteln kann. Die gemäß (3.4)(2) zu dem Kettenbruch $(*)$ berechneten rationalen Zahlen $r_0/s_0, r_1/s_1, \dots, r_n/s_n$ heißen die Näherungsbrüche zu diesem Kettenbruch. Nach (3.4)(4) und (3.5)(1) gilt $r_n/s_n = [a_0, a_1, \dots, a_n] = a/b$ und $\mathrm{ggT}(r_n, s_n) = 1$.
(2) Für jedes $j \in \{0, 1, \dots, n-1\}$ gilt nach (3.5)(3): Es ist $r_{j+1}/s_{j+1} - r_j/s_j = (-1)^j/(s_j\, s_{j+1})$ und

$$\frac{a}{b} - \frac{r_j}{s_j} = \frac{r_n}{s_n} - \frac{r_j}{s_j} = \sum_{i=j}^{n-1}\Big(\frac{r_{i+1}}{s_{i+1}} - \frac{r_i}{s_i}\Big) = \sum_{i=j}^{n-1} \frac{(-1)^i}{s_i\, s_{i+1}}$$
$$= (-1)^j \Big(\frac{1}{s_j s_{j+1}} + \frac{-1}{s_{j+1} s_{j+2}} + \dots + \frac{(-1)^{n-j-1}}{s_{n-1} s_n}\Big),$$

und wegen $s_0 \le s_1 < s_2 < \cdots < s_n$ folgt daraus

$$\left| \frac{a}{b} - \frac{r_j}{s_j} \right| \le \frac{1}{s_j\, s_{j+1}} \quad \text{für jedes } j \in \{0, 1, \ldots, n-1\}.$$

(3.9) BEISPIEL: Für $a = 22\,277$ und $b = 99\,111$ erhält man, wenn man wie im Beweis von (3.7) rechnet:

$$\begin{aligned} 22\,277 &= 0 \cdot 99\,111 + 22\,277 \\ 99\,111 &= 4 \cdot 22\,277 + 10\,003 \\ 22\,277 &= 2 \cdot 10\,003 + 2\,271 \\ 10\,003 &= 4 \cdot 2\,271 + 919 \\ 2\,271 &= 2 \cdot 919 + 433 \\ 919 &= 2 \cdot 433 + 53 \\ 433 &= 8 \cdot 53 + 9 \\ 53 &= 5 \cdot 9 + 8 \\ 9 &= 1 \cdot 8 + 1 \\ 8 &= 8 \cdot 1. \end{aligned}$$

Also gilt

$$\frac{22\,277}{99\,111} = [\,0, 4, 2, 4, 2, 2, 8, 5, 1, 8\,].$$

Die Näherungsbrüche dieses Kettenbruchs sind

$$\frac{0}{1}, \frac{1}{4}, \frac{2}{9}, \frac{9}{40}, \frac{20}{89}, \frac{49}{218}, \frac{412}{1\,833}, \frac{2\,109}{9\,383}, \frac{2\,521}{11\,216}, \frac{22\,277}{99\,111}.$$

(3.10) Es seien a, $b \in \mathbb{N}$ mit $b < a$ und mit $b \nmid a$.
(1) Es sei $a/b = [\,a_0, a_1, \ldots, a_n\,]$ die Kettenbruchentwicklung von a/b. Wegen $b < a$ ist $a_0 = \lfloor a/b \rfloor \in \mathbb{N}$, und wegen $b \nmid a$ gilt $n \ge 1$ und daher $a_n \ge 2$. Es gilt

$$\frac{b}{a} = 0 + \frac{1}{a/b} = \left\lfloor \frac{b}{a} \right\rfloor + \frac{1}{[\,a_0, a_1, \ldots, a_n\,]} = [\,0, a_0, a_1, \ldots, a_n\,].$$

Wegen a_0, $a_1, \ldots, a_n \in \mathbb{N}$ und wegen $a_n \ge 2$ ist dies die Kettenbruchentwicklung von b/a.
(2) Es seien r_0, $r_1, \ldots, r_n$ die Zähler und s_0, $s_1, \ldots, s_n$ die Nenner der Näherungsbrüche des Kettenbruchs $a/b = [\,a_0, a_1, \ldots, a_n\,]$, und es seien r'_0, $r'_1, \ldots, r'_{n+1}$ die Zähler und s'_0, $s'_1, \ldots, s'_{n+1}$ die Nenner der Näherungsbrüche des Kettenbruchs $b/a = [\,0, a_0, a_1, \ldots, a_n\,]$. Dann gilt

$$r_{-2} = 0,\ r_{-1} = 1,\ s_{-2} = 1,\ s_{-1} = 0,$$

$$r_j = a_j r_{j-1} + r_{j-2},\ s_j = a_j s_{j-1} + s_{j-2} \quad \text{für jedes } j \in \{0, 1, \ldots, n\}$$

und

$$r'_{-2} = 0,\ r'_{-1} = 1,\ r'_0 = 0 \cdot r'_{-1} + r'_{-2},\ s'_{-2} = 1,\ s'_{-1} = 0,\ s'_0 = 0 \cdot s'_{-1} + s'_{-2},$$

$$r'_j \;=\; a_{j-1}r'_{j-1} + r'_{j-2},\; s'_j \;=\; a_{j-1}s'_{j-1} + s'_{j-2} \quad \text{für jedes } j \in \{1,\ldots,n\}.$$

Man liest ab: Es gilt $r'_0 = 0 = s_{-1}$, $s'_0 = 1 = r_{-1}$,

$$r'_1 = a_0 r'_0 + r'_{-1} = a_0 s_{-1} + s_{-2} = s_0, \quad s'_1 = a_0 s'_0 + s'_{-1} = a_0 r_{-1} + r_{-2} = r_0,$$
$$r'_2 = a_1 r'_1 + r'_0 = a_1 s_0 + s_{-1} = s_1, \quad s'_2 = a_1 s'_1 + s'_0 = a_1 r_0 + r_{-1} = r_1,$$

und so fort. Auf diese Weise ergibt sich also: Für jedes $j \in \{0,1,\ldots,n+1\}$ gilt $r'_j = s_{j-1}$ und $s'_j = r_{j-1}$. Die Näherungsbrüche für den Kettenbruch $b/a = [0, a_0, a_1, \ldots, a_n]$ sind also $0/1$, s_0/r_0, $s_1/r_1, \ldots, s_n/r_n$. Aus (3.8)(2) folgt daher: Für jedes $j \in \{0,1,\ldots,n-1\}$ gilt

$$\left|\frac{a}{b} - \frac{r_j}{s_j}\right| \;\le\; \frac{1}{s_j\, s_{j+1}} \quad \text{und} \quad \left|\frac{b}{a} - \frac{s_j}{r_j}\right| \;\le\; \frac{1}{r_j\, r_{j+1}}.$$

(3.11) Hilfssatz: *Es sei $m \in \mathbb{N}$, und es gelte: Es gibt Primzahlen p und q mit $m = pq$ und mit $m^{1/3} < p \le q < m^{2/3}$. Dann gibt es natürliche Zahlen r und s mit $rs < m^{1/3}$ und mit $|pr - qs| \le m^{1/3}$.*

Beweis: (1) Gilt $p = q$, so kann man $r := 1$ und $s := 1$ setzen.

(2) Es gelte $p < q$. Dann gibt es ein $n \in \mathbb{N}$ und $a_0, a_1, \ldots, a_n \in \mathbb{N}$ mit $a_n > 1$ und mit $q/p = [a_0, a_1, \ldots, a_n]$. Es seien r_0/s_0, $r_1/s_1, \ldots, r_n/s_n$ die Näherungsbrüche für den Kettenbruch $[a_0, a_1, \ldots, a_n]$. Es gilt $r_0 = a_0$ und $s_0 = 1$ und daher

$$r_0 s_0 \;=\; a_0 \;=\; \left\lfloor \frac{q}{p} \right\rfloor \;\le\; \frac{q}{p} \;<\; \frac{m^{2/3}}{m^{1/3}} \;=\; m^{1/3}. \qquad (*)$$

Es gilt $r_n/s_n = [a_0, a_1, \ldots, a_n] = q/p$ und daher $r_n = q$ und $s_n = p$, denn es gilt $\mathrm{ggT}(r_n, s_n) = 1$ und $\mathrm{ggT}(q,p) = 1$. Also gilt

$$r_n s_n \;=\; pq \;=\; m \;>\; m^{1/3}. \qquad (**)$$

Wegen $(*)$ und $(**)$ folgt: Es gibt ein $j \in \{0,1,\ldots,n-1\}$ mit $r_j s_j < m^{1/3}$ und mit $r_{j+1}s_{j+1} \ge m^{1/3}$.

(a) Es gelte $q/p \ge r_{j+1}/s_{j+1}$, also $p/s_{j+1} \le q/r_{j+1}$. Dann gilt

$$\begin{aligned}
|pr_j - qs_j| &= ps_j \left|\frac{r_j}{s_j} - \frac{q}{p}\right| \;\le\; ps_j \frac{1}{s_j\, s_{j+1}} \;=\; \frac{p}{s_{j+1}} \\
&= \sqrt{\frac{p}{s_{j+1}}}\sqrt{\frac{p}{s_{j+1}}} \;\le\; \sqrt{\frac{p}{s_{j+1}}}\sqrt{\frac{q}{r_{j+1}}} \;=\; \frac{\sqrt{pq}}{\sqrt{r_{j+1}\, s_{j+1}}} \\
&= \frac{\sqrt{m}}{\sqrt{r_{j+1}\, s_{j+1}}} \;\le\; \frac{m^{1/2}}{m^{1/6}} \;=\; m^{1/3}.
\end{aligned}$$

Also kann man $r := r_j$ und $s := s_j$ setzen.

(b) Es gelte $q/p < r_{j+1}/s_{j+1}$, also $q/r_{j+1} < p/s_{j+1}$. In diesem Fall gilt

$$|pr_j - qs_j| \;=\; qr_j \left|\frac{p}{q} - \frac{s_j}{r_j}\right| \;\le\; qr_j \frac{1}{r_j\, r_{j+1}} \;=\; \frac{q}{r_{j+1}}$$

$$= \sqrt{\frac{q}{r_{j+1}}}\sqrt{\frac{q}{r_{j+1}}} \le \sqrt{\frac{p}{s_{j+1}}}\sqrt{\frac{q}{r_{j+1}}} = \frac{\sqrt{pq}}{\sqrt{r_{j+1}\,s_{j+1}}}$$
$$= \frac{\sqrt{m}}{\sqrt{r_{j+1}\,s_{j+1}}} \le \frac{m^{1/2}}{m^{1/6}} = m^{1/3}.$$

Also kann man $r := r_j$ und $s := s_j$ setzen.

(3.12) Hilfssatz: *Es sei $m \in \mathbb{N}$, und es gelte: Es gibt Primzahlen p und q mit $m = pq$ und mit $m^{1/3} < p \le q < m^{2/3}$. Dann gibt es ein $k \in \mathbb{N}$ und ein $d \in \mathbb{N}_0$ mit den folgenden Eigenschaften:*
(a) *Es gilt $k \le \lfloor m^{1/3} \rfloor$ und $d \le \lfloor m^{1/6}/(4\sqrt{k}) \rfloor + 1$.*
(b) *$(\lfloor \sqrt{4km} \rfloor + d)^2 - 4km$ ist eine Quadratzahl.*
Beweis: Nach (3.11) gibt es $r, s \in \mathbb{N}$ mit $rs < m^{1/3}$ und mit $|pr - qs| \le m^{1/3}$. Man setzt $k := rs$ und $d := pr + qs - \lfloor \sqrt{4km} \rfloor$. Dann gilt $1 \le k = rs \le \lfloor m^{1/3} \rfloor$ und $(pr + qs)^2 - (pr - qs)^2 = 4pqrs = 4km$ und daher

$$d = pr + qs - \lfloor \sqrt{4km} \rfloor \ge \sqrt{4km} - \lfloor \sqrt{4km} \rfloor \ge 0,$$

und wegen

$$\begin{aligned} m^{2/3} &\ge (pr - qs)^2 = (pr + qs)^2 - 4km \\ &= \left((pr + qs) - \sqrt{4km}\right)\left((pr + qs) + \sqrt{4km}\right) \\ &\ge \left((pr + qs) - \sqrt{4km}\right) \cdot 2\sqrt{4km} \\ &> 2\left((pr + qs) - (\lfloor \sqrt{4km} \rfloor + 1)\right)\sqrt{4km} = 2(d-1)\sqrt{4km} \end{aligned}$$

folgt $d < m^{2/3}/(2\sqrt{4km}) + 1 = m^{1/6}/(4\sqrt{k}) + 1$, also $d \le \lfloor m^{1/6}/(4\sqrt{k}) \rfloor + 1$. Außerdem gilt

$$(\lfloor \sqrt{4km} \rfloor + d)^2 - 4km = (pr + qs)^2 - 4km = (pr - qs)^2.$$

(3.13) Hilfssatz: *Für jedes $m \in \mathbb{N}$ mit $m > 100$ gilt*

$$2m^{2/3} + \frac{m^{1/6}}{4} + 1 < \frac{m}{2}.$$

Beweis: Es sei $f\colon \mathbb{R} \to \mathbb{R}$ die Funktion mit $f(t) := t^6/2 - 2t^4 - t/4 - 1$ für jedes $t \in \mathbb{R}$. Für jedes $t \in \mathbb{R}$ gilt $f'(t) = 3t^5 - 8t^3 - 1/4$ und $f''(t) = 15t^4 - 24t^2 = 15t^2(t^2 - 8/5)$. Für jedes $t \in \mathbb{R}$ mit $t > \sqrt{8/5} = 1.264...$ gilt $f''(t) > 0$, und daher ist f' in $[\sqrt{8/5}, \infty)$ streng monoton wachsend [vgl. V(1.21)(2)]. Also gilt für jedes $t \in \mathbb{R}$ mit $t \ge 2$: Es ist $f'(t) \ge f'(2) = 31.75 > 0$, und daher ist f in $[2, \infty)$ streng monoton wachsend. Für jedes $m \in \mathbb{N}$ mit $m > 100$ gilt $m^{1/6} > 100^{1/6} = 2.154... > 2.1$ und daher $m/2 - 2m^{2/3} - m^{1/6}/4 - 1 = f(m^{1/6}) > f(2.1) = 2.461... > 0$.

(3.14) Der Algorithmus von R. S. Lehman (1974):

(1) Es sei $m \in \mathbb{N}$ mit $m > 100$. Der Algorithmus findet entweder eine nichttriviale Faktorzerlegung $m = m_1 m_2$ von m, oder er stellt fest, daß m eine Primzahl ist.

(Lehman 1) Man stellt fest, ob m einen Primteiler $\leq \lfloor m^{1/3} \rfloor$ besitzt [wie im Algorithmus E mit Hilfe einer geeigneten Folge $(d_i)_{i \geq 1}$]. Findet man dabei einen Primteiler p von m, so hat man die nichttriviale Faktorisierung $m = p \cdot (m/p)$ gefunden und bricht ab. Findet man dabei keinen Primteiler $\leq \lfloor m^{1/3} \rfloor$ von m, so ist m entweder eine Primzahl, oder es gibt Primzahlen p und q mit $m = pq$ und mit $m^{1/3} < p \leq q < m^{2/3}$.

(Lehman 2) Man sucht ein Paar (k, d) ganzer Zahlen mit $1 \leq k \leq \lfloor m^{1/3} \rfloor$ und mit $0 \leq d \leq \lfloor m^{1/6}/(4\sqrt{k}) \rfloor + 1$, für das $(\lfloor \sqrt{4km} \rfloor + d)^2 - 4km$ eine Quadratzahl ist. Hat man ein solches Paar (k, d) gefunden, so setzt man $a := \lfloor \sqrt{4km} \rfloor + d$, $b := \sqrt{a^2 - 4km}$ und $m_1 := \mathrm{ggT}(a + b, m)$, $m_2 := m/m_1$ und hat mit $m = m_1 m_2$ eine nichttriviale Faktorisierung gefunden. Wenn man in dem angegebenen Bereich kein Paar (k, d) findet, für das $(\lfloor \sqrt{4km} \rfloor + d)^2 - 4km$ eine Quadratzahl ist, so ist m eine Primzahl.

(2) Der Algorithmus leistet das Verlangte.

Beweis: Es sei $m \in \mathbb{N}$ mit $m > 100$.

(a) Wenn der Algorithmus in (Lehman 1) einen Primteiler $p \leq \lfloor m^{1/3} \rfloor$ findet, so ist $m = p \cdot (m/p)$ eine nichttriviale Faktorzerlegung von m.

(b) Es gelte: Der Algorithmus findet in (Lehman 1) keinen Primteiler $p \leq \lfloor m^{1/3} \rfloor$ von m und findet in (Lehman 2) ein Paar $(k, d) \in \mathbb{Z}^2$ mit $1 \leq k \leq \lfloor m^{1/3} \rfloor$ und $0 \leq d \leq \lfloor m^{1/6}/(4\sqrt{k}) \rfloor + 1$, für das $(\lfloor \sqrt{4km} \rfloor + d)^2 - 4km$ eine Quadratzahl ist. Dann gilt $a := \lfloor \sqrt{4km} \rfloor + d \in \mathbb{N}$, $b := \sqrt{a^2 - 4km} \in \mathbb{N}_0$ und $b < a$ und daher $1 \leq a - b \leq a \leq a + b < 2a$, und es ist

$$\begin{aligned} a &= \lfloor \sqrt{4km} \rfloor + d \leq \sqrt{4km} + d \leq \sqrt{4 \lfloor m^{1/3} \rfloor m} + \left\lfloor \frac{m^{1/6}}{4\sqrt{k}} \right\rfloor + 1 \\ &\leq \sqrt{4m^{1/3}m} + \frac{m^{1/6}}{4\sqrt{k}} + 1 \leq 2m^{2/3} + \frac{1}{4}m^{1/6} + 1 \leq \frac{1}{2}m \end{aligned}$$

[nach (3.13) wegen $m > 100$]. Also gilt $1 \leq a - b \leq a + b < 2a \leq m$. Für $m_1 := \mathrm{ggT}(a + b, m)$ und $m_2 := m/m_1$ gilt $m = m_1 m_2$. Wäre $m_1 = 1$, so wären $a + b$ und m teilerfremd, und wegen $(a + b)(a - b) = a^2 - b^2 = 4km$ wäre daher m ein Teiler von $a - b$, aber wegen $1 \leq a - b < m$ ist dies nicht möglich. Wäre $m_2 = 1$, so wäre $m = m_1 = \mathrm{ggT}(a + b, m)$ ein Teiler von $a + b$, aber wegen $a \leq a + b < m$ ist auch dies nicht möglich. Also ist $m = m_1 m_2$ eine nichttriviale Faktorzerlegung von m.

(c) Ist m keine Primzahl, so besitzt m entweder einen Primteiler $\leq \lfloor m^{1/3} \rfloor$, oder es gibt Primzahlen p und q mit $m = pq$ und mit $m^{1/3} < p \leq q < m^{2/3}$. Im ersten Fall findet der Algorithmus in (Lehman 1) einen Primteiler p von m, im zweiten Fall gibt es nach (3.12) ein Paar (k, d) ganzer Zahlen mit $1 \leq k \leq \lfloor m^{1/3} \rfloor$ und $0 \leq d \leq \lfloor m^{1/6}/(4\sqrt{k}) \rfloor + 1$, für das $(\lfloor \sqrt{4km} \rfloor + d)^2 - 4km$ eine Quadratzahl ist, und hieraus ergibt sich, wie in (b) gezeigt wurde, eine nichttriviale Faktorisierung von m.

Damit ist gezeigt, daß der Algorithmus das Verlangte leistet.

(3.15) Hilfssatz: *Für jedes $n \in \mathbb{N}$ gilt*

$$\sum_{k=1}^{n} \frac{1}{\sqrt{k}} < 2\sqrt{n}.$$

Beweis: Für $n = 1$ ist nichts zu beweisen. Ist $n \geq 2$, so ist $1/\sqrt{k} \leq \int_{k-1}^{k} (1/\sqrt{x})\, dx$ für jedes $k \in \{2, \ldots, n\}$ [vgl. VI(3.15)(3)], und daher gilt

$$\begin{aligned} \sum_{k=1}^{n} \frac{1}{\sqrt{k}} &= 1 + \sum_{k=2}^{n} \frac{1}{\sqrt{k}} \leq 1 + \sum_{k=2}^{n} \int_{k-1}^{k} \frac{1}{\sqrt{x}}\, dx \\ &= 1 + \int_{1}^{n} \frac{1}{\sqrt{x}}\, dx = 1 + 2(\sqrt{n} - 1) < 2\sqrt{n}. \end{aligned}$$

(3.16) BEMERKUNG: Wird der Algorithmus von Lehman auf eine natürliche Zahl $m > 100$ angewandt, so benötigt (Lehman 1) höchstens $\lfloor m^{1/3} \rfloor$ Test-Divisionen, und für die Anzahl N der in (Lehman 2) getesteten Paare $(k, d) \in \mathbb{Z}^2$ gilt nach III(3.15)

$$\begin{aligned} N &\leq \sum_{k=1}^{\lfloor m^{1/3} \rfloor} \left(\left\lfloor \frac{m^{1/6}}{4\sqrt{k}} \right\rfloor + 2 \right) &&\leq \sum_{k=1}^{\lfloor m^{1/3} \rfloor} \frac{m^{1/6}}{4\sqrt{k}} + 2\lfloor m^{1/3} \rfloor \\ &= \frac{1}{4} m^{1/6} \sum_{k=1}^{\lfloor m^{1/3} \rfloor} \frac{1}{\sqrt{k}} + 2\lfloor m^{1/3} \rfloor &&\leq \frac{1}{4} m^{1/6} \cdot 2\sqrt{\lfloor m^{1/3} \rfloor} + 2\lfloor m^{1/3} \rfloor \\ &\leq \frac{1}{2} m^{1/6} \sqrt{m^{1/3}} + 2 m^{1/3} &&= \frac{5}{2} m^{1/3}. \end{aligned}$$

Also erfordert der Algorithmus von Lehman im ungünstigsten Fall einen Aufwand, der zu $m^{1/3}$ proportional ist. Er ist also für größere m dem Algorithmus E deutlich überlegen.

(3.17) Der im folgenden Abschnitt beschriebene Faktorisierungsalgorithmus wurde 1975 von J. M. Pollard angegeben. Er führt – wie auch manche anderen Faktorisierungsalgorithmen – nicht in jedem Fall zu einer nichttrivialen Faktorzerlegung einer eingegebenen Nichtprimzahl, ist aber in vielen Fällen erfolgreich und daher durchaus – auch als Vorbereitung aufwendigerer Verfahren – zu empfehlen. Er kann auf vielerlei Art abgeändert werden und eignet sich daher zum eigenen Experimentieren. Auf eine Untersuchung der mittleren Laufzeit und auf eine Abschätzung von Erfolgsaussichten soll hier nicht eingegangen werden. Man vergleiche dazu [37], Kapitel V, §2 und [65], Kapitel 5.

(3.18) Die ρ-Methode von Pollard:

(1) Es sei m eine natürliche Zahl, die keine Primzahl ist. Man wählt eine Abbildung $f\colon \{1,\ldots,m-1\} \to \{1,\ldots,m-1\}$, ein $x_0 \in \{1,\ldots,m-1\}$ und ein (hinreichend großes) $N \in \mathbb{N}$. Dann geht man so vor:

```
1.   x := x0; y := x0; i := 1; d := 1;
2.   while (i < N and d = 1) do
3.     begin
4.       x := f(x);
5.       y := f(y); y := f(y);
6.       d := ggT(y - x, m);
7.       i := i + 1;
8.     end;
9.   if (d > 1 and d < m) then return(d) else print('kein Erfolg!');
10.  end.
```

(2) Der Algorithmus funktioniert folgendermaßen: Es sei $(x_i)_{i\geq 0}$ die Folge in der Menge $\{1,\ldots,m-1\}$ mit $x_{i+1} := f(x_i)$ für jedes $i \in \mathbb{N}_0$. Da $\{1,\ldots,m-1\}$ eine endliche Menge ist, gibt es i, $j \in \mathbb{N}_0$ mit $i < j$ und mit $x_i = x_j$. Dann gilt $x_{i+k} = x_{j+k}$ für jedes $k \in \mathbb{N}_0$ [es ist $x_{i+1} = f(x_i) = f(x_j) = x_{j+1}$, $x_{i+2} = f(x_{i+1}) = f(x_{j+1}) = x_{j+2}$ und so fort]. Die Folge $(x_i)_{i\geq 0}$ wird also – gegebenenfalls nach einer Vorperiode – periodisch: Es gibt ein $i_0 \in \mathbb{N}_0$ und ein $l \in \mathbb{N}$ mit $x_{i+l} = x_i$ für jedes $i \in \mathbb{N}_0$ mit $i \geq i_0$. Dann gilt für jeden Teiler $d \in \mathbb{N}$ von m: Für jedes $i \in \mathbb{N}_0$ mit $i \geq i_0$ ist $x_{i+l} - x_i$ durch d teilbar. Ist $d \in \mathbb{N}$ ein Teiler von m mit $1 < d < m$, so wird man erwarten dürfen, daß es Indizes i, $j \in \mathbb{N}_0$ mit $x_i \neq x_j$ und mit $d \mid x_j - x_i$ gibt. Das Verfahren aus (1) sucht ein $i \in \mathbb{N}_0$ [mit $i \leq N$], für das $x_{2i} - x_i$ einen Teiler $d \in \mathbb{N}$ mit m gemeinsam hat, für den $1 < d < m$ gilt. Findet es ein solches i, so ist mit d ein nichttrivialer Teiler von m gefunden. Es ist klar, daß das Verfahren aus zwei Gründen ohne Erfolg bleiben kann: Einmal können m und $x_{2i} - x_i$ für jedes $i \in \{1,\ldots,N\}$ teilerfremd sein, zum anderen kann $x_{2i} - x_i$ für ein $i \leq N$ durch m selbst teilbar sein. In diesem zweiten Fall bricht das Verfahren an dieser Stelle ab, denn je nach Wahl der Abbildung f kann dann auch für größere Indizes j ebenfalls $x_{2j} - x_j$ durch m teilbar sein.
Eine graphische Darstellung des in (2) beschriebenen Verhaltens der Terme der Folge $(x_i)_{i\geq 0}$ führt zu einer Figur, die dem griechischen Buchstaben ρ ähnelt; von daher hat das Verfahren seinen Namen.

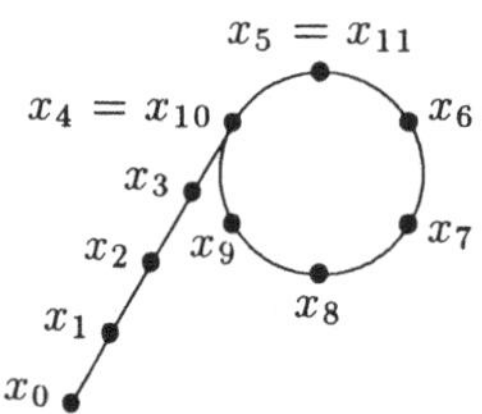

(3) Führt das Verfahren nicht zum Erfolg, so kann man einerseits die Maximalzahl N der durchzuführenden Iterationen vergrößern, andererseits einen anderen Startwert x_0 für die Folge $(x_i)_{i\geq 0}$ wählen oder zum dritten auch die Abbildung f verändern. Schließlich kann man auch die Auswahl der Indexpaare (i,j) abändern, für die in Zeile 6 der größte gemeinsame Teiler von $x_j - x_i$ und m berechnet wird. Übrigens kann man als Startwert x_0 auch eine Zufallszahl in $\{1,\ldots,m-1\}$ wählen.

(4) Die in (1) verwendete Abbildung f sollte unter allen Abbildungen der Menge $\{1,\ldots,m-1\}$ in sich "zufällig" gewählt sein. Wie man aber eine solche "zufällige" Abbildung f findet oder welche Abbildungen f optimale Ergebnisse liefern, ist nicht bekannt. Man verwendet zweckmäßig eine Polynomabbildung, zum Beispiel mit einem $a \in \mathbb{Z}$ die Abbildung

$$\begin{cases} f : \{1,\ldots,m-1\} \to \{1,\ldots,m-1\} \\ \text{mit } f(x) := (x^2+a) \bmod m \text{ für jedes } x \in \{1,\ldots,m-1\}; \end{cases}$$

dabei sollte a weder 0 noch -2 sein.

(5) Bevor man einen Faktorisierungsalgorithmus wie den von Pollard auf eine natürliche Zahl m anwendet, sollte man mit Hilfe eines Primzahltests festgestellt haben, daß m keine Primzahl ist.

(3.19) BEMERKUNG: Das in (3.18) beschriebene Faktorisierungsverfahren ist in vielen Fällen überraschend schnell erfolgreich. So findet das Verfahren mit der Abbildung

$$\begin{cases} f : \{1,\ldots,m-1\} \to \{1,\ldots,m-1\} \\ \text{mit } f(x) := (x^{32}+7) \bmod m \text{ für jedes } x \in \{1,\ldots,m-1\} \end{cases}$$

und dem Startwert $x_0 = 3$ in 2 Iterationen den Faktor 641 von $m = 2^{2^5}+1 = 4\,294\,967\,297$ und in 52 Iterationen den Faktor 274 177 der Zahl $m = 2^{2^6}+1 = 18\,446\,744\,073\,709\,551\,617$. Mit demselben f und demselben x_0 liefert das Verfahren in 31 Iterationen den Faktor $p_1 = 18\,121$ der Mersenne-Zahl

$$M(151) = 2^{151}-1 = 2\,854\,495\,385\,411\,919\,762\,116\,571\,938\,898\,990\,272\,765\,493\,247,$$

in 240 Iterationen den Faktor $p_2 = 165\,799$ von $M(151)/p_1$, in weiteren 279 Iterationen den Faktor $p_3 = 55\,871$ von $M(151)/(p_1p_2)$ und schließlich in 1141 Iterationen den Faktor $p_4 = 2\,332\,951$ von $M(151)/(p_1p_2p_3)$. Der Primzahltest von Rabin aus (2.14) liefert, daß p_1, p_2, p_3, p_4 und $M(151)/(p_1p_2p_3p_4)$ Primzahlen sind, und damit ist [jedenfalls mit der Sicherheit, die der Rabinsche Test bietet] die Primzerlegung

$$M(151) = 18\,121 \cdot 55\,871 \cdot 165\,799 \cdot 2\,332\,951 \cdot 7\,289\,088\,383\,388\,253\,664\,437\,433$$

von $M(151)$ gefunden. [Dies ist übrigens wirklich die Primzerlegung von $M(151)$.]

(3.20) BEMERKUNG: Es gibt noch weitere Faktorisierungsverfahren für ganze Zahlen. Die neuesten und schnellsten dieser Verfahren beruhen aber auf recht tiefliegenden mathematischen Grundlagen und können daher hier nicht dargestellt werden. Daß man sich überhaupt für schnelle Faktorisierungsverfahren interessiert, liegt auch an den Anwendungen: Die Sicherheit vieler üblicher Verschlüsselungsmethoden der Kryptographie beruht darauf, daß Herstellung und Multiplikation zweier großer Primzahlen mit vergleichsweise geringem Aufwand möglich ist, (noch) nicht aber die Zerlegung des Produkts in die beiden Primzahlen. Einen Überblick über Faktorisierungsverfahren geben [20], [63] und [80], Anwendungen der Zahlentheorie in der Kryptographie bringt [37]; eine gut lesbare Darstellung vieler Methoden der Kryptographie ist [13].

Kapitel XV Primzerlegung von Polynomen

§1 Körpererweiterungen

(1.0) In diesem Paragraphen bezeichnen K und L stets Körper, und es ist $K[T]$ der Polynomring über K in der Unbestimmten T, $L[T]$ der Polynomring über L in der Unbestimmten T. Ist L ein Erweiterungskörper von K, so ist $K[T]$ ein Unterring von $L[T]$.

(1.1) (1) Es sei S eine Teilmenge von L. Der Durchschnitt K' aller Unterkörper von L, welche S enthalten, ist ein Unterkörper von L [vgl. XIII(3.4)(4)]; K' ist der kleinste Unterkörper von L, welcher S enthält.

(2) Ist $S = \emptyset$, so ist der Durchschnitt aller Unterkörper von L, welche $\emptyset$ enthalten, gleich dem Durchschnitt *aller* Unterkörper von L und daher der kleinste in L enthaltene Unterkörper; er wird der Primkörper von L genannt und mit $\Pi(L)$ bezeichnet. Isomorphe Körper haben isomorphe Primkörper.

(3) Es sei K ein Unterkörper von L, und es sei S eine Teilmenge von L. Der kleinste Unterkörper von L, der K und S enthält, wird mit $K(S)$ bezeichnet. Es ist $K(\emptyset) = K$.

(4) Es sei K ein Unterkörper von L, und es sei $S = \{x_1, \ldots, x_n\} \subset L$ eine endliche Teilmenge. Es wird $K(x_1, \ldots, x_n)$ statt $K(\{x_1, \ldots, x_n\})$ geschrieben. Es ist

$$K(x_1, \ldots, x_n) = \left\{ \frac{F(x_1, \ldots, x_n)}{G(x_1, \ldots, x_n)} \;\middle|\; F, G \in K[T_1, \ldots, T_n];\ G(x_1, \ldots, x_n) \neq 0 \right\}.$$

[Hier bezeichnet $K[T_1, \ldots, T_n]$ den Polynomring über K in den Unbestimmten $T_1, \ldots, T_n$.] Die auf der rechten Seite stehende Menge ist nämlich ein Unterkörper von L, der K und die Elemente $x_1, \ldots, x_n$ enthält, und jeder solche Unterkörper von L enthält die auf der rechten Seite stehende Menge. Für jedes $h \in \{0, \ldots, n\}$ ist $K(x_1, \ldots, x_h)(x_{h+1}, \ldots, x_n) = K(x_1, \ldots, x_n)$.

(5) Die in XIII(3.5)(2) eingeführte Bezeichnung $K(T)$ für den Körper der rationalen Funktionen in der Unbestimmten T über dem Körper K paßt zu der in (4) eingeführten Bezeichnung.

(1.2) Beispiel: (1) Der Körper $\mathbb{Q}$ der rationalen Zahlen enthält keinen von $\mathbb{Q}$ verschiedenen Unterkörper [denn jeder Unterkörper von $\mathbb{Q}$ enthält 0 und 1 und daher den Ring $\mathbb{Z}$ der ganzen Zahlen und somit jeden Bruch a/b mit $a \in \mathbb{Z}$ und $b \in \mathbb{N}$]. Also ist $\Pi(\mathbb{Q}) = \mathbb{Q}$.

(2) Es sei p eine Primzahl, und es sei $\mathbb{F}_p$ der in I(5.31) konstruierte Körper mit $\mathrm{Card}(\mathbb{F}_p) = p$. Jeder Teilkörper K von $\mathbb{F}_p$ enthält $1_{\mathbb{F}_p}$, also $i \cdot 1_{\mathbb{F}_p}$ für jedes $i \in \{1, \ldots, p-1\}$ und stimmt daher mit $\mathbb{F}_p$ überein; folglich ist $\Pi(\mathbb{F}_p) = \mathbb{F}_p$.

(3) Sind p und q zwei verschiedene Primzahlen, so sind $\mathbb{F}_p$ und $\mathbb{F}_q$ nicht isomorph [wegen $\mathrm{Card}(\mathbb{F}_p) = p \neq q = \mathrm{Card}(\mathbb{F}_q)$].

(1.3) BEMERKUNG: (1) Es sei R ein kommutativer Ring mit dem Einselement 1_R. Für jedes $n \in \mathbb{Z}$ ist [in der Gruppe $(R,+)$] ein Element $n \cdot 1_R \in R$ erklärt [vgl. XIII(2.1)(2)], und es gelten

$$(m+n)\cdot 1_R = m\cdot 1_R + n\cdot 1_R, \quad (mn)\cdot 1_R = (m\cdot 1_R)(n\cdot 1_R) \quad \text{für alle } m,n \in \mathbb{Z}$$

sowie $1_{\mathbb{Z}} \cdot 1_R = 1_R$. Es ist daher die Abbildung

$$\begin{cases} \psi_R\colon \mathbb{Z} \to R \\ \text{mit } \psi_R(n) = n\cdot 1_R \quad \text{für jedes } n \in \mathbb{Z} \end{cases}$$

ein Homomorphismus von Ringen.
(2) Es sei K ein Körper, und es sei $\mathfrak{a}_K := \ker(\psi_K)$.
(a) Ist $\mathfrak{a}_K = \{0_{\mathbb{Z}}\}$, ist also $n \cdot 1_K \neq 0_K$ für jedes $n \in \mathbb{Z} \setminus \{0\}$, so sagt man: *$K$ hat die Charakteristik* 0.
(b) Ist $\mathfrak{a}_K \neq \{0_{\mathbb{Z}}\}$, so ist $\mathfrak{a} = p\mathbb{Z}$ mit einem eindeutig bestimmten $p \in \mathbb{N}$ [vgl. XIII(3.19)(1)]. *Es ist p eine Primzahl.* [Wäre nämlich p keine Primzahl, so gäbe es m und $n \in \mathbb{N}$ mit $m < p$ und $n < p$ und mit $m \cdot n = p$, also $(m\cdot 1_K)\cdot(n\cdot 1_K) = 0_K$, und da K ein Körper ist, wäre $m \cdot 1_K = 0_K$ und daher $m \in \mathfrak{a}_K$ und $p \mid m$, oder es wäre $n \cdot 1_K = 0_K$ und daher $n \in \mathfrak{a}_K$ und $p \mid n$. Das aber ist nicht möglich.] Man sagt: *K hat die Charakteristik p.*

(1.4) Satz: *Es sei K ein Körper.*
(1) *Hat K die Charakteristik 0, so ist der Primkörper $\Pi(K)$ von K zum Körper $\mathbb{Q}$ der rationalen Zahlen isomorph. Insbesondere hat $\mathbb{Q}$ die Charakteristik 0.*
(2) *Hat K die Charakteristik $p > 0$, so ist der Primkörper $\Pi(K)$ von K zum Körper $\mathbb{F}_p$ isomorph. Insbesondere hat $\mathbb{F}_p$ die Charakteristik p.*
Beweis: (1) Es habe K die Charakteristik 0. Es ist der Homomorphismus von Ringen $\psi_K\colon \mathbb{Z} \to K$ [vgl. (1.3)] injektiv. Der zu ψ_K gemäß XIII(3.16) definierte Homomorphismus $\widetilde{\psi_K}\colon \mathbb{Q} \to K$ von Körpern ist ein injektiver Homomorphismus. Es ist $K' := \widetilde{\psi_K}(\mathbb{Q})$ ein zu $\mathbb{Q}$ isomorpher Unterkörper von K, und daher gilt $\Pi(K) \subset K'$. Jeder Unterkörper L von K enthält $1_K = \psi_K(1_{\mathbb{Z}})$ und daher K', und daher gilt $K' \subset L$. Es ist also $K' = \Pi(K)$.
(2) Es habe K die Charakteristik p. Der Homomorphismus $\psi_K\colon \mathbb{Z} \to K$ von Ringen hat den Kern $p\mathbb{Z}$; es sei $\varphi\colon \mathbb{Z} \to \mathbb{Z}/p\mathbb{Z}$ der Restklassenhomomorphismus. Nach dem Homomorphiesatz [vgl. XIII(3.25)] gibt es genau einen Homomorphismus $\psi\colon \mathbb{Z}/p\mathbb{Z} \to K$ von Ringen mit $\psi_K = \psi \circ \varphi$, und es ist ψ ein injektiver Homomorphismus. Wie in (1) folgt: $\psi(\mathbb{Z}/p\mathbb{Z})$ ist ein zu $\mathbb{F}_p = \mathbb{Z}/p\mathbb{Z}$ isomorpher Unterkörper von K und daher der Primkörper $\Pi(K)$ von K.

(1.5) Satz: *Es sei p eine Primzahl, es sei K ein Körper der Charakteristik p, und es sei R ein kommutativer Erweiterungsring von K. Für alle x, $y \in R$ gilt*

$$(x \pm y)^{p^n} = x^{p^n} \pm y^{p^n} \quad \textit{für jedes } n \in \mathbb{N}.$$

Beweis [durch Induktion]: (1) Es sei $n = 1$. Nach der binomischen Formel [vgl. I(4.26)] gilt

$$(x \pm y)^p = (x + (\pm 1_K)y)^p = \sum_{i=0}^{p} \binom{p}{i} (\pm 1_K)^{p-i} x^i y^{p-i}.$$

Für jedes $i \in \{1, \ldots, p-1\}$ ist $\binom{p}{i}$ durch p teilbar [vgl. XI(7.7)(1)]. Wegen $p \cdot 1_K = 0$ ist die Behauptung für $n = 1$ bewiesen [denn ist $p \geq 3$, so ist p ungerade und $(-1_K)^p = -1_K$; ist $p = 2$, so ist $1_K + 1_K = 0$ und daher $-1_K = 1_K$].
(2) Es sei $n \in \mathbb{N}$ und $n > 1$; es wird angenommen, daß die Behauptung für $n-1$ bewiesen ist. Es gilt nach (1)

$$(x \pm y)^{p^n} = \left((x \pm y)^{p^{n-1}}\right)^p = \left(x^{p^{n-1}} \pm y^{p^{n-1}}\right)^p = x^{p^n} \pm y^{p^n}.$$

(1.6) BEMERKUNG: Es sei R ein kommutativer Ring, es sei $R[T]$ der Polynomring über R in der Unbestimmten T, und es sei $F = \sum_{i=0}^{n} c_i T^i \in R[T]$. Es sei $\mathfrak{a} := FR[T]$ das von F erzeugte Hauptideal [vgl. XIII(3.18)(1)]. Es sei $S := R[T]/\mathfrak{a}$ der Restklassenring, und es sei $\varphi: R[T] \to S$ der Restklassenhomomorphismus [vgl. XIII(3.22)]. Es sei $t := \varphi(T)$.
(1) Ist $F = 0$, so ist φ ein Isomorphismus [vgl. XIII(3.23)(1)].
(2) Es sei $F \neq 0$, und es sei $n := \mathrm{grad}(F)$. Es gelte $c_n \in E(R)$. Dann ist $\mathfrak{a} = c_n^{-1}FR[T]$ [vgl. XIII(3.18)(1)].
(a) Es sei $n = 0$. Dann ist $1 = c_n^{-1} \cdot c_n \in \mathfrak{a}$, und daher ist $\mathfrak{a} = R[T]$, und S ist der triviale Ring, der nur aus seinem Nullelement besteht [vgl. XIII(3.23)(1)].
(b) Es sei $n \geq 1$. Dann ist $\mathfrak{a} \cap R = \{0\}$ [denn wegen $c_n \in E(R)$ gilt für jedes $G \in R[T] \setminus \{0\}$: Es ist $FG \neq 0$ und $\mathrm{grad}(FG) = \mathrm{grad}(F) + \mathrm{grad}(G) \geq 1$]. Es ist daher $\ker(\varphi|R) = \{0_R\}$; folglich ist $\varphi|R: R \to S$ ein injektiver Homomorphismus von Ringen [vgl. XIII(3.18)(3)]. Es wird R mit seinem Bild $\varphi(R)$ identifiziert und als Unterring von S aufgefaßt. Für jedes $G = \sum_{j=0}^{m} b_j T^j \in R[T]$ gilt $\varphi(G) = \sum_{j=0}^{m} \varphi(b_j)\varphi(T)^j = \sum_{j=0}^{m} \varphi(b_j)t^j = G(t)$. In S ist $F(t) = 0$ [wegen $F \in \mathfrak{a}$ gilt $\varphi(F) = 0$]. Mit den Bezeichnungen aus XIII(5.2)(4) gilt offensichtlich $S = R[t]$.
(c) Es gelte weiterhin $n \geq 1$. Jedes $s \in S$ hat genau eine Darstellung

$$s = \sum_{i=0}^{n-1} a_i t^i \quad \text{mit Elementen } a_0, \ldots, a_{n-1} \in R.$$

Beweis [Existenz]: Es sei $s \in S$. Wegen $S = R[t]$ gibt es ein $G \in R[T]$ mit $s = G(t) = \varphi(G)$. Zu F und G gibt es genau ein $Q \in R[T]$ und ein $H \in R[T]$ mit $G = FQ + H$ und mit $H = 0$ oder $\mathrm{grad}(H) < n$ [vgl. I(8.7); die dort gemachte Voraussetzung, daß R ein Integritätsring ist, ist offensichtlich nicht notwendig]. Wegen $F(t) = 0$ ist $s = G(t) = F(t)Q(t) + H(t) = H(t)$.
[Einzigkeit]: Es seien G, $G' \in R[T]$ Polynome mit $G = 0$ oder $\mathrm{grad}(G) < n$, mit $G' = 0$ oder $\mathrm{grad}(G') < n$, und es gelte $G(t) = G'(t)$. Dann ist $\varphi(G - G') = 0$ und

daher $G - G' \in \mathfrak{a}$; es gibt also ein $H \in R[T]$ mit $G - G' = HF$. Wäre $H \neq 0$, so wäre $\operatorname{grad}(HF) = \operatorname{grad}(H) + \operatorname{grad}(F) \geq \operatorname{grad}(F)$; daher ist $H = 0$ und $G = G'$.
(d) Es gelte weiterhin $n \geq 1$. Es ist $t^n = -c_n^{-1} \cdot \sum_{i=0}^{n-1} c_i t^i$. Es sei $k \in \mathbb{N}$ mit $k \geq n$, und es seien Elemente $b_0, \ldots, b_{n-1} \in R$ mit $t^k = \sum_{i=0}^{n-1} b_i t^i$ gefunden. Dann ist $t^{k+1} = \sum_{i=0}^{n-1} b_i' t^i$ mit $b_0' := -b_{n-1} c_0 c_n^{-1}$ und mit $b_i' := b_{i-1} - b_{n-1} c_i c_n^{-1}$ für jedes $i \in \{1, \ldots, n-1\}$.

(1.7) Bezeichnung: (1) Es sei S ein kommutativer Erweiterungsring von K. Mit den Verknüpfungen

$$(s_1, s_2) \mapsto s_1 + s_2 : S \times S \to S, \quad (c, s) \mapsto cs : K \times S \to S$$

ist S ein K-Vektorraum [vgl. XII(1.2)].
(2) Es seien S, S' kommutative Erweiterungsringe von K. Ein Homomorphismus $\varphi: S \to S'$ von Ringen mit $\varphi(c) = c$ für jedes $c \in K$ heißt ein K-Homomorphismus; ein solcher ist insbesondere eine lineare Abbildung des K-Vektorraums S in den K-Vektorraum S'. Ist ein K-Homomorphismus $\varphi: S \to S'$ ein Isomorphismus von Ringen, so heißt φ ein K-Isomorphismus; es ist dann $\varphi^{-1}: S' \to S$ ebenfalls ein K-Isomorphismus [vgl. XIII(3.9)(1)].
(3) Es sei L ein Erweiterungskörper von K. Ist V ein L-Vektorraum, so ist V auch ein K-Vektorraum. In diesem Fall wird eine Basis des K-Vektorraums V eine K-Basis von V genannt; entsprechend heißt eine Basis des L-Vektorraums V eine L-Basis von V.

(1.8) Satz: *Es sei $F \in K[T] \setminus \{0\}$ ein Polynom vom Grad $n \geq 1$. Es sei $S := K[T]/FK[T]$, es sei $\varphi: K[T] \to S$ der Restklassenhomomorphismus, und es sei $t := \varphi(T)$, so daß $S = K[t]$ gilt.*
(1) Es ist $K[t]$ ein K-Vektorraum der Dimension n, und $\{1, t, \ldots, t^{n-1}\}$ ist eine Basis von $K[t]$.
(2) Zu jedem $x \in K[t]$ gibt es genau ein Polynom $G \in K[T]$ mit $G = 0$ oder $\operatorname{grad}(G) < n$ und mit $x = G(t)$.
(3) Es ist $K[t]$ genau dann ein Integritätsring, wenn F irreduzibel in $K[T]$ ist; ist F irreduzibel, so ist $K[t]$ ein Körper, und es gilt $K[t] = K(t)$.
Beweis: (1) Diese Aussage folgt aus (1.6)(2)(c).
(2) Diese Aussage folgt aus (1).
(3)(a) Es sei F ein irreduzibles Polynom in $K[T]$. Es seien $y, z \in K[t]$ mit $yz = 0$. Es gibt Polynome $G, G' \in K[T]$ mit $y = G(t) = \varphi(G)$ und $z = G'(t) = \varphi(G')$ [vgl. (1.6)(2)(b)]. Es ist $0 = yz = G(t)G'(t)$. Dann gilt $GG' \in FK[T]$, und daher gibt es ein $Q \in K[T]$ mit $GG' = FQ$. Weil F irreduzibel und daher prim ist [denn $K[T]$ ist ein faktorieller Ring, vgl. XIII(4.20)(3)], gilt $F \mid G$ und dann $0 = G(t) = x$ oder $F \mid G'$ und dann $0 = G'(t) = y$.
(b) Es sei F kein irreduzibles Polynom in $K[T]$. Dann gibt es Polynome $G, G' \in K[T]$ von positivem Grad mit $GG' = F$. Wegen $G \notin FK[T]$ ist $\varphi(G) = G(t) \neq 0$, und entsprechend ist $G'(t) \neq 0$, aber es ist $G(t)G'(t) = F(t) = 0$. Es ist also $K[t]$ kein Integritätsring und daher erst recht kein Körper.

(c) Es sei F ein irreduzibles Polynom in $K[T]$. Es sei $y \in K[t] \setminus \{0\}$. Nach (2) gibt es ein Polynom $G \in K[T] \setminus \{0\}$ mit $\text{grad}(G) < n$ und mit $y = G(t)$. Weil F irreduzibel ist, haben F und G keinen gemeinsamen Teiler positiven Grades in $K[T]$. Es gibt folglich Polynome H, $H_1 \in K[T]$ mit $1 = H_1F + HG$ [vgl. I(8.25)(4)] und mit $\text{grad}(H) < \text{grad}(F)$. Dann gilt $1 = G(t)H(t) = yH(t)$, es ist also y in $K[t]$ invertierbar und daher $K[t]$ ein Körper; darüber hinaus ist H das nach (2) eindeutig bestimmte Polynom in $K[T]$ mit $\text{grad}(H) < n$ und mit $H(t) = y^{-1}$.

Es gilt $t \in K(t)$ und daher $K[t] \subset K(t)$, denn $K[t]$ ist der kleinste Unterring von $K(t)$, der K und t enthält; folglich ist $K[t] = K(t)$, denn $K(t)$ ist der kleinste Unterkörper von $K(t)$, der K und t enthält.

(1.9) Folgerung: *Es sei $F \in K[T]$ ein irreduzibles Polynom. Es gibt einen Erweiterungskörper L von K, in dem F eine Nullstelle hat.*
Beweis: Es sei $L := K[T]/FK[T]$, es sei $\varphi: K[T] \to L$ der Restklassenhomomorphismus, und es sei $t := \varphi(T)$. Dann ist $L = K(t)$ ein Körper, und es ist $F(t) = 0$.

(1.10) BEMERKUNG: Es sei $F \in K[T]$ ein irreduzibles Polynom, und es sei $n := \text{grad}(F)$. Es sei $L := K[T]/FK[T]$, es sei $\varphi: K[T] \to L$ der Restklassenhomomorphismus, und es sei $t := \varphi(T)$. Dann ist $L = K[t] = K(t)$. Es wird gezeigt, wie man im Körper L rechnet, ohne den "numerischen Wert" der Nullstelle t von F zu kennen.

Es seien y, $y' \in K[t]$. Es seien G, $G' \in K[T]$ die nach (1.8)(2) eindeutig bestimmten Polynome mit $G = 0$ oder $\text{grad}(G) < n$, mit $G' = 0$ oder $\text{grad}(G') < n$, und mit $y = G(t)$, $y' = G'(t)$.
(1) Es ist $H := G + G'$ das eindeutig bestimmte Polynom in $K[T]$ mit $H = 0$ oder $\text{grad}(H) < n$ und mit $H(t) = y + y'$.
(2) Zu GG' gibt es Polynome Q, $H \in K[T]$ mit $GG' = FQ + H$ und mit $H = 0$ oder $\text{grad}(H) < n$. Dann ist H das eindeutig bestimmte Polynom in $K[T]$ mit $H = 0$ oder $\text{grad}(H) < n$ und mit $H(t) = yy'$.
(3) Es sei $y \neq 0$; der Beweis in (1.8)(3)(c) liefert auch ein Verfahren, um das eindeutig bestimmte Polynom $H \in K[T]$ mit $\text{grad}(H) < n$ und mit $y^{-1} = H(t)$ zu finden. Man kann dieses Polynom H auch folgendermaßen finden. Es ist $y = \sum_{i=0}^{n-1} a_i t^i$ mit Elementen $a_0, \ldots, a_{n-1} \in K$. Es gibt dazu eindeutig bestimmte Elemente $b_0, \ldots, b_{n-1} \in K$ mit $y^{-1} = \sum_{i=0}^{n-1} b_i t^i$. Um diese Elemente $b_0, \ldots, b_{n-1}$ zu bestimmen, wird in $K[t]$ das Produkt $\left(\sum_{i=0}^{n-1} a_i t^i\right)\left(\sum_{i=0}^{n-1} b_i t^i\right)$ gebildet; die dabei auftretenden Potenzen $t^n, \ldots, t^{2n-2}$ werden gemäß (1.6)(2)(d) durch $t^0 = 1, \ldots, t^{n-1}$ ausgedrückt. Auf diese Weise ergibt sich ein inhomogenes lineares Gleichungssystem mit n Gleichungen für die n unbekannten Elemente $b_0, \ldots, b_{n-1}$, das genau eine Lösung hat.

(1.11) BEISPIEL: Es sei $F := T^3 - T + 1 \in \mathbb{Q}[T]$. Es ist F irreduzibel in $\mathbb{Q}[T]$. [Ist F nicht irreduzibel in $\mathbb{Q}[T]$, so ist F nicht irreduzibel in $\mathbb{Z}[T]$ [vgl. XIII(4.26)]; dann hat F eine Nullstelle a in $\mathbb{Z}$, und für a gilt $a \mid 1$ [vgl. XIII(4.29)], so daß $a = 1$

oder $a = -1$ ist. Es gilt aber $F(1) = F(-1) = 1 \neq 0$.] Es sei $L := \mathbb{Q}[T]/F\mathbb{Q}[T]$, es sei $\varphi: \mathbb{Q}[T] \to L$ der Restklassenhomomorphismus, und es sei $t := \varphi(T)$. Es gilt $t^3 = t - 1$, $t^4 = t^2 - t$. Es sei $y = a_0 + a_1 t + a_2 t^2 \neq 0$ mit Elementen $a_0, a_1, a_2 \in \mathbb{Q}$. Der Ansatz $y^{-1} = b_0 + b_1 t + b_2 t^2$ führt auf das lineare Gleichungssystem

$$\begin{pmatrix} a_0 & -a_2 & -a_1 \\ a_1 & a_0 + a_2 & a_1 - a_2 \\ a_2 & a_1 & a_0 + a_2 \end{pmatrix} \begin{pmatrix} b_0 \\ b_1 \\ b_2 \end{pmatrix} = \begin{pmatrix} 1 \\ 0 \\ 0 \end{pmatrix}.$$

So ergibt sich insbesondere $t^{-1} = 1 - t^2$, was auch direkt aus $t^3 - t + 1 = 0$ folgt.

(1.12) DEFINITION: Es sei L ein Erweiterungskörper von K, und es sei $x \in L$. x heißt algebraisch über K, wenn es ein Polynom $F \in K[T] \setminus \{0\}$ gibt mit $F(x) = 0$.

(1.13) BEMERKUNG: Es sei L ein Erweiterungskörper von K, und es sei $x \in L$ algebraisch über K.
(1) Es sei $\varphi: K[T] \to K[x]$ der durch $\varphi(c) = c$ für jedes $c \in K$ und $\varphi(T) = x$ definierte Homomorphismus von Ringen [vgl. XIII(5.4)], und es sei $\mathfrak{a} := \ker(\varphi)$.
(a) Es sei $\omega: K[T] \to K[T]/\mathfrak{a}$ der Restklassenhomomorphismus, und es sei $t := \omega(T)$, so daß $K[T]/\mathfrak{a} = K[t]$ gilt. Es ist φ surjektiv; nach dem Homomorphiesatz [vgl. XIII(3.25)] gibt es einen eindeutig bestimmten Homomorphismus von Ringen $\psi: K[t] \to K[x]$ mit $\varphi = \psi \circ \omega$; es ist ψ ein K-Isomorphismus, und es gilt $\psi(t) = x$. Ist $\widetilde{\psi}: K[t] \to K[x]$ ein K-Isomorphismus mit $\widetilde{\psi}(t) = x$, so ist $\widetilde{\psi} = \psi$ [wie aus der Gestalt der Elemente von $K[t]$ sofort folgt].
(b) Es ist $\mathfrak{a} \neq 0$ [da x algebraisch über K ist, gibt es von Null verschiedene Polynome $G \in K[T]$ mit $G(x) = 0$] und $\mathfrak{a} \neq K[T]$ [wegen $\varphi(1_K) = 1_K \neq 0_K$]. Nach XIII(3.19)(2) ist $\mathfrak{a} = FK[T]$ mit einem eindeutig bestimmten normierten Polynom $F \in K[T]$ von positivem Grad; es ist F das normierte Polynom minimalen Grades in $\mathfrak{a}$ und daher das normierte Polynom minimalen Grades in $K[T]$ mit $F(x) = 0$. F heißt das Minimalpolynom von x über K.
(2) Das Minimalpolynom $F \in K[T]$ von x über K ist durch die folgenden drei Forderungen eindeutig bestimmt:

- $F \neq 0$ und $\mathrm{grad}(F) \geq 1$,
- F ist normiert,
- $F(x) = 0$, und für jedes $G \in K[T]$ mit $G(x) = 0$ gilt $F \mid G$.

Beweis: Das Minimalpolynom F von x über K erfüllt diese drei Forderungen [es sei $G \in K[T]$; es ist $G \in FK[T]$ genau, wenn $G(x) = 0$]. Ist umgekehrt $F_1 \in K[T]$ ein Polynom, das diese drei Forderungen erfüllt, so gilt $F \mid F_1$ und $F_1 \mid F$ und daher $F = F_1$.
(3) Es sei $F \in K[T]$ das Minimalpolynom von x über K. Dann ist F in $K[T]$ irreduzibel.
Beweis: Ist F nicht irreduzibel in $K[T]$, so gibt Polynome $G, H \in K[T]$ von positivem Grad mit $F = GH$ und daher $\mathrm{grad}(G) < \mathrm{grad}(F)$ und $\mathrm{grad}(H) < \mathrm{grad}(F)$;

aus $F(x) = 0$ folgt $G(x) = 0$ oder $H(x) = 0$, da L ein Körper ist. Wegen $\mathrm{grad}(G) < \mathrm{grad}(F)$, $\mathrm{grad}(H) < \mathrm{grad}(F)$ ist das ein Widerspruch zu (1).
(4) Es sei $F \in K[T]$ das Minimalpolynom von x über K. Dann ist die in (1)(a) angegebene Abbildung $\psi: K[t] \to K[x]$ ein K-Isomorphismus von Ringen. Es ist F irreduzibel in $K[T]$, und daher gilt $K[t] = K(t)$, und $K[t]$ ist ein Körper [vgl. (1.8)]. Folglich ist auch $K[x]$ ein Körper und daher $K[x] = K(x)$.

(1.14) BEMERKUNG: (1) Es sei $F \in K[T]$ ein normiertes irreduzibles Polynom, es sei L ein Erweiterungskörper von K, und es sei $x \in L$ eine Nullstelle von F. Dann ist F das Minimalpolynom von x über K.
Beweis: Es sei $G \in K[T]$, und es gelte $G(x) = 0$. Es gibt Polynome Q, $H \in K[T]$ mit $G = FQ + H$ und mit $H = 0$ oder $\mathrm{grad}(H) < \mathrm{grad}(F)$. Aus $G(x) = 0$ folgt $H(x) = 0$. Andererseits gilt: Ist $H \neq 0$, so sind F und H teilerfremd [da F irreduzibel ist], und daher gibt es Polynome A, $B \in K[T]$ mit $1 = AF + BH$ und daher $1 = A(x)F(x) + B(x)H(x) = 0$. Folglich ist $H = 0$, und es gilt $F \mid G$. Nach (1.13)(2) ist F das Minimalpolynom von x über K.
(2) Es sei $y \in K$. Dann ist y algebraisch über K, und $T - y$ ist nach (1.13) das Minimalpolynom von y über K.

(1.15) DEFINITION: Es sei L ein Erweiterungskörper von K. Ist L ein endlichdimensionaler K-Vektorraum, so heißt L eine endliche Erweiterung von K; in diesem Fall heißt $[L : K] := \dim(L)$ der Grad von L über K.

(1.16) Folgerung: *Es sei K ein Körper, und es sei $F \in K[T]$ ein irreduzibles Polynom. Es ist $L := K[T]/FK[T]$ eine endliche Erweiterung von K, und es gilt $[L : K] = \mathrm{grad}(F)$.*
Beweis: Das folgt aus (1.8)(1) und (1.8)(3).

(1.17) Satz: [Gradmultiplikationssatz] *Es sei L eine endliche Erweiterung von K, und es sei M eine endliche Erweiterung von L. Dann ist M eine endliche Erweiterung von K, und es gilt*

$$[M : K] = [M : L][L : K].$$

Beweis: Es sei $\{x_1, \ldots, x_m\}$ eine K-Basis von L, und es sei $\{y_1, \ldots, y_n\}$ eine L-Basis von M. Es wird gezeigt: Es ist $S := \{x_i y_j \mid i \in \{1, \ldots, m\}; j \in \{1, \ldots, n\}\}$ eine K-Basis von M.
(1) Es sei $z \in M$. Es gibt Elemente $v_1, \ldots, v_n \in L$ mit $z = \sum_{j=1}^n v_j y_j$; zu jedem $j \in \{1, \ldots, n\}$ gibt es Elemente $u_{1j}, \ldots, u_{mj} \in K$ mit $v_j = \sum_{i=1}^m u_{ij} x_i$. Folglich ist $z = \sum_{i=1}^m \sum_{j=1}^n u_{ij} x_i y_j$. Es ist S ein Erzeugendensystem des K-Vektorraumes M.
(2) Es gelte $0 = \sum_{i=1}^m \sum_{j=1}^n u_{ij} x_i y_j = \sum_{j=1}^n \left(\sum_{i=1}^m u_{ij} x_i\right) y_j$ mit Elementen $u_{ij} \in K$. Da $\{y_1, \ldots, y_n\}$ eine L-Basis von M ist, folgt zunächst $\sum_{i=1}^m u_{ij} x_i = 0$ für jedes $j \in \{1, \ldots, n\}$; für jedes $j \in \{1, \ldots, n\}$ gilt, da $\{x_1, \ldots, x_m\}$ eine K-Basis von L ist, $u_{ij} = 0$ für jedes $i \in \{1, \ldots, m\}$. Daher ist S eine K-Basis von M.

(1.18) DEFINITION: Ein Erweiterungskörper L von K heißt ein algebraischer Erweiterungskörper von K, wenn jedes Element aus L algebraisch über K ist. Man sagt dann auch: L ist algebraisch über K.

(1.19) Satz: *Es sei L eine endliche Erweiterung von K. Dann ist L algebraisch über K.*
Beweis: Es sei $n := [L : K]$. Es sei $z \in L$. Die $n+1$ Elemente $1, z, \dots, z^n$ sind linear abhängig über K, also gibt es Elemente $u_0, \dots, u_n \in K$, die nicht alle 0 sind, mit $\sum_{i=0}^{n} u_i z^i = 0$. Das Polynom $G := \sum_{i=0}^{n} u_i T^i \in K[T] \setminus \{0\}$ hat z als Nullstelle.

(1.20) Satz: *Es sei L ein Erweiterungskörper von K, und es sei $x \in L$ algebraisch über K. Es sei $F \in K[T]$ das Minimalpolynom für x über K, und es sei $n :=$ grad(F). Dann ist $K(x) = K[x]$, und es gelten folgende Aussagen.*
(1) *Es ist $[K(x) : K] = n$, und $\{1, x, \dots, x^{n-1}\}$ ist eine K-Basis von $K(x)$.*
(2) *$K(x)$ ist algebraisch über K.*
Beweis: Nach (1.13)(4) gilt $K[x] = K(x)$; (1) folgt aus (1.8) und (1.13)(1), (2) folgt aus (1) und (1.19).

(1.21) BEMERKUNG: In den folgenden Abschnitten wird gezeigt, daß es für endlich viele Polynome in $K[T]$ stets einen Erweiterungskörper von K gibt, in dem sie in Linearfaktoren zerfallen. Der mathematisch weniger interessierte Leser möge sich mit der Definition eines Zerfällungskörpers eines Polynoms [vgl. (1.23)] und dem Satz über Existenz und Einzigkeit eines Zerfällungskörpers [bis auf K-Isomorphie] begnügen [vgl. (1.25) und (1.27)].

(1.22) BEMERKUNG: Es seien K, K' Körper, und es sei $\sigma: K \to K'$ ein Isomorphismus von Körpern. Es sei $K[T]$ der Polynomring über K in der Unbestimmmten T, und es sei $K'[T]$ der Polynomring über K' in der Unbestimmten T. Es sei $\widetilde{\sigma}: K[T] \to K'[T]$ der Homomorphismus von Ringen mit $\widetilde{\sigma}(c) = \sigma(c)$ für jedes $c \in K$ und $\widetilde{\sigma}(T) = T$; es ist $\widetilde{\sigma}$ ein Isomorphismus von Ringen [vgl. XIII(5.10)(4)]. Es sei $F \in K[T]$ ein normiertes irreduzibles Polynom, und es sei $F' := \widetilde{\sigma}(F)$.
(1) Es seien G, $H \in K[T]$. Ist $G \neq 0$, so ist $\widetilde{\sigma}(G) \neq 0$, und es gilt grad$(G) =$ grad$(\widetilde{\sigma}(G))$. Es gilt $G \mid H$ in $K[T]$ genau, wenn $\widetilde{\sigma}(G) \mid \widetilde{\sigma}(H)$ in $K'[T]$ gilt.
(2) Das Polynom F' ist irreduzibel in $K'[T]$, wie sofort aus (1) folgt.
(3) Es sei L ein Erweiterungskörper von K, in dem F eine Nullstelle x hat, und es sei L' ein Erweiterungskörper von K', in dem F' eine Nullstelle x' hat. Dann ist F das Minimalpolynom von x über K, und F' ist das Minimalpolynom von x' über K' [vgl. (1.14)], und es gilt $K[x] = K(x)$, $K'[x'] = K'(x')$ [vgl. (1.13)(4)]. *Es gibt genau einen Isomorphismus $\varphi: K(x) \to K'(x')$ mit $\varphi(c) = \sigma(c)$ für jedes $c \in K$ und mit $\varphi(x) = x'$.*
Beweis [Existenz]: Es sei $\psi: K[T] \to K'[x']$ der Homomorphismus von Ringen mit $\psi(c) = \sigma(c)$ für jedes $c \in K$ und mit $\psi(T) = x'$. Es ist ψ surjektiv. Für jedes $G \in K[T]$ gilt $\psi(G) = \widetilde{\sigma}(G)(x')$ [ist $G = \sum_{j=0}^{m} b_j T^j$, so gilt $\psi(G) = \sum_{j=0}^{m} \psi(b_j)\psi(T)^j = \sum_{j=0}^{m} \sigma(b_j)x'^j = \widetilde{\sigma}(G)(x')$]. Es gilt $F \in \ker(\psi)$ wegen $\psi(F) = F'(x') = 0$; ist $G \in \ker(\psi)$, so gilt $\widetilde{\sigma}(G)(x') = 0$ und daher $F' \mid \widetilde{\sigma}(G)$ [vgl. (1.13)(2)] und folglich $F \mid G$ [vgl. (1)]. Daher ist $\ker(\psi) = FK[T]$. Es sei

$\chi: K[T] \to K[T]/FK[T]$ der Restklassenhomomorphismus. Aus dem Homomorphiesatz folgt, daß der Homomorphismus von Ringen $\omega': K[T]/FK[T] \to K'[x']$ mit $\psi = \omega' \circ \chi$ ein Isomorphismus ist. Es gilt $\omega'(c) = \sigma(c)$ für jedes $c \in K$ und $\omega'(\chi(T)) = x'$. Es gibt einen K-Isomorphismus $\omega'': K[x] \to K[\chi(T)]$ mit $\omega''(x) = \chi(T)$ [vgl. (1.13)(4)]. Dann ist $\omega := \omega' \circ \omega''$ ein Isomorphismus der verlangten Art.
[Einzigkeit]: Es sei $z \in K[x]$. Dann gibt es ein $G = \sum_{j=0}^{m} b_j T^j \in K[T]$ mit $z = G(x)$, und es ist $\omega(z) = \sum_{j=0}^{m} \sigma(b_j) x'^j$. Es ist folglich ω eindeutig bestimmt.

(1.23) Satz: *Es sei L ein Erweiterungskörper von K, und es sei $F \in K[T]$ ein irreduzibles Polynom. Es seien x, $y \in L$ Nullstellen von F. Dann gibt es genau einen K-Isomorphismus $\varphi: K(x) \to K(y)$ mit $\varphi(x) = y$.*
Beweis: Das folgt aus (1.22)(3) mit $K' := K$ und mit $\sigma := \mathrm{id}_K$.

(1.24) DEFINITION: Es sei $n \in \mathbb{N}$, und es sei $F = \sum_{i=0}^{n} a_i T^i \in K[T]$ ein Polynom vom Grad n. Ein Erweiterungskörper L von K heißt ein Zerfällungskörper für F über K, wenn gilt:
(i) F zerfällt in L in Linearfaktoren, d.h. es ist $F = a_n(T - x_1)\cdots(T - x_n) \in L[T]$ mit Elementen $x_1, \ldots, x_n \in L$.
(ii) Es ist $L = K(x_1, \ldots, x_n)$.
[In keinem Teilkörper M von L mit $K \subset M$ und $M \neq L$ zerfällt F in Linearfaktoren.]

(1.25) Satz: *Es sei $F \in K[T]$ ein Polynom positiven Grades. Es gibt Zerfällungskörper für F über K, und jeder Zerfällungskörper für F über K ist eine endliche Erweiterung von K.*
Beweis: (1) Ist $\mathrm{grad}(F) = 1$, so ist K ein Zerfällungskörper für F über K.
(2) Es sei $\mathrm{grad}(F) > 1$, und für jedes Paar (M, H), in dem M ein Körper und $H \in M[T]$ ein Polynom mit $H \neq 0$ und $1 \le \mathrm{grad}(H) < \mathrm{grad}(F)$ ist, gelte: H hat einen Zerfällungskörper über M. Es sei $G \in K[T]$ ein irreduzibler Faktor von F [ist F irreduzibel in $K[T]$, so sei $G = F$]. Es gibt einen Erweiterungskörper N von K, in dem G eine Nullstelle x_1 hat [vgl. (1.9)], und es sei $K_1 := K(x_1)$. In $K_1[T]$ gilt $F = (T - x_1)F_1$ mit einem Polynom $F_1 \in K_1[T]$ [vgl. I(8.9)], und es ist $\mathrm{grad}(F_1) < \mathrm{grad}(F)$. Es gibt nach Voraussetzung einen Zerfällungskörper L für F_1 über K_1. In $L[T]$ gilt $F_1 = b(T - x_2)\cdots(T - x_n)$ mit Elementen $b \in K^\times$ und $x_2, \ldots, x_n \in L$, und es ist $L = K_1(x_2, \ldots, x_n) = K(x_1, x_2, \ldots, x_n)$. Folglich ist L ein Zerfällungskörper für F über K.
(3) Es sei $i \in \{1, \ldots, n\}$; es ist x_i algebraisch über $K(x_1, \ldots, x_{i-1})$ [für $i = 1$ ist $K(x_1, \ldots, x_{i-1}) = K$]. Nach (1.20) und (1.17) gilt

$$[K(x_1, \ldots, x_n) : K] = \prod_{i=1}^{n} [K(x_1, \ldots, x_i) : K(x_1, \ldots, x_{i-1})].$$

(1.26) BEMERKUNG: Die folgenden Überlegungen zeigen, daß ein Zerfällungskörper eines Polynoms $F \in K[T] \setminus K$ bis auf K-Isomorphie eindeutig bestimmt ist.

Es seien K und K' Körper, und es sei $\sigma: K \to K'$ ein Isomorphismus von Körpern. Es sei $K[T]$ der Polynomring über K in der Unbestimmten T, und es sei $K'[T]$ der Polynomring über K' in der Unbestimmten T; es sei $\widetilde{\sigma}: K[T] \to K'[T]$ der Homomorphismus von Ringen mit $\widetilde{\sigma}(c) = \sigma(c)$ für jedes $c \in K$ und $\widetilde{\sigma}(T) = T$; $\widetilde{\sigma}$ ist ein Isomorphismus von Ringen [vgl. XIII(5.10)(4)].

Es sei $F \in K[T]$ ein Polynom positiven Grades, und sei $F' := \widetilde{\sigma}(F) \in K'[T]$. Es sei L ein Zerfällungskörper für F über K, und es sei L' ein Zerfällungskörper für F' über K'. *Es gibt einen Isomorphismus von Körpern $\tau: L \to L'$ mit $\tau(c) = \sigma(c)$ für jedes $c \in K$.*

Beweis: Es kann F als normiert vorausgesetzt werden; dann ist auch F' normiert.
(1) Ist $\mathrm{grad}(F) = 1$, ist also $F = T - c$ mit einem $c \in K$, so ist $L := K$ ein Zerfällungskörper für F über K, und es ist $L' := K'$ ein Zerfällungskörper für $F' = T - \sigma(c)$ über K'. Es kann $\tau := \sigma$ gewählt werden.
(2) Es sei $\mathrm{grad}(F) > 1$, und es sei die Aussage bereits bewiesen für alle Quadrupel (M, M', H, ψ), in denen $\psi: M \to M'$ ein Isomorphismus von Körpern und $H \in M[T]$ ein normiertes Polynom mit $1 \leq \mathrm{grad}(H) < \mathrm{grad}(F)$ ist.

Die nachfolgenden Konstruktionen werden in den beiden folgenden Diagrammen veranschaulicht, in denen die vertikalen Pfeile jeweils Inklusionsabbildungen sind.

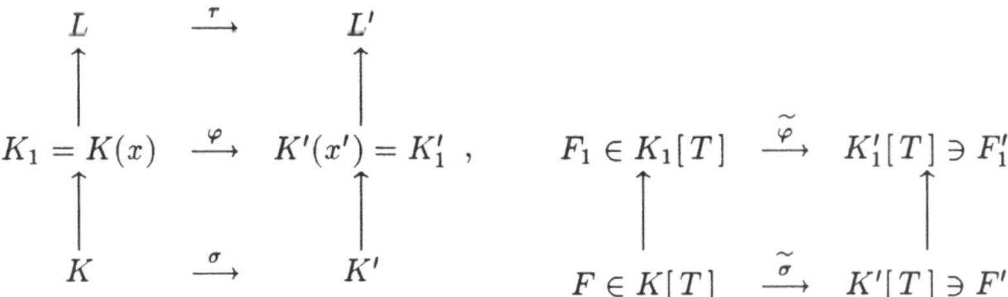

Es sei $x \in L$ eine Nullstelle von F, und es sei $G \in K[T]$ das Minimalpolynom von x über K. Es ist G irreduzibel in $K[T]$ [vgl. (1.13)(4)], und es gilt $G \mid F$ [vgl. (1.13)(2)]. Es sei $G' := \widetilde{\sigma}(G)$. Es ist G' irreduzibel in $K'[T]$, und es gilt $G' \mid F'$ in $K'[T]$ [vgl. (1.22)(1)]; es zerfällt daher G' in $L'[T]$ in Linearfaktoren. Es sei $x' \in L'$ eine Nullstelle von G'. Es sei $\varphi: K(x) \to K'(x')$ der durch $\varphi(c) = \sigma(c)$ für jedes $c \in K$ und $\varphi(x) = x'$ definierte Isomorphismus [vgl. (1.22)(3)]. In $K_1[T]$ gilt $F = (T - x)F_1$ mit einem Polynom $F_1 \in K_1[T]$; in $K'_1[T]$ gilt $F' = (T - x')F'_1$ mit einem Polynom $F'_1 \in K'_1[T]$. Es sei $\widetilde{\varphi}: K_1[T] \to K'_1[T]$ der durch $\widetilde{\varphi}(c) = \varphi(c)$ für jedes $c \in K_1$ und $\widetilde{\varphi}(T) = T$ definierte Homomorphismus von Ringen; $\widetilde{\varphi}$ ist ein Isomorphismus von Ringen [vgl. XIII(5.10)(4)]. Wegen $\widetilde{\varphi}|K[T] = \widetilde{\sigma}$ gilt $F' = \widetilde{\sigma}(F) = \widetilde{\varphi}\big((T - x)F_1\big) = (T - x')\widetilde{\varphi}(F_1)$, also ist $F'_1 = \widetilde{\varphi}(F_1)$. Es ist L ein Zerfällungskörper für F_1 über K_1, und es ist L' ein Zerfällungskörper für F'_1 über K'_1. Nach der Induktionsvoraussetzung gibt es einen Isomorphismus von Körpern $\tau: L \to L'$ mit $\tau|K_1 = \varphi$. Dann gilt $\tau|K = \sigma$, und es ist die Behauptung bewiesen.

(1.27) Folgerung: *Es sei $F \in K[T]$ ein Polynom positiven Grades, und es seien L, L' Zerfällungskörper für F über K. Dann gibt es einen K-Isomorphismus $\tau: L \to L'$.*

Beweis: Das folgt aus (1.26) [mit $K' := K$ und $\sigma := \mathrm{id}_K$].

(1.28) BEMERKUNG: Es sei $h \in \mathbb{N}$, und es seien $F_1, \ldots, F_h \in K[T]$ Polynome positiven Grades. Es gibt einen Erweiterungskörper L von K, in dem die Polynome $F_1, \ldots, F_h$ in Linearfaktoren zerfallen.
Beweis: Es wird L als Zerfällungskörper über K für das Polynom $F := F_1 \cdots F_h$ gewählt.

(1.29) BEMERKUNG: Es sei K ein Körper der Charakteristik 0, und es sei $F \in K[T]$ ein irreduzibles Polynom. Es sei L ein Erweiterungskörper von K, in dem F in Linearfaktoren zerfällt. Dann hat F in L keine mehrfachen Nullstellen.
Beweis: Die formale Ableitung $D(F)$ von F ist von Null verschieden und hat einen um 1 kleineren Grad als F; weil F irreduzibel ist, haben F und $D(F)$ keinen gemeinsamen Faktor positiven Grades in $K[T]$, und daher hat F in L keine mehrfachen Nullstellen [vgl. XIII(7.12)].

§2 Endliche Körper

(2.1) In diesem Paragraphen werden die in §1 bewiesenen Resultate benutzt, um endliche Körper, d.h. Körper mit nur endlich vielen Elementen, zu untersuchen. Im folgenden bezeichnet p stets eine Primzahl, und m und n sind natürliche Zahlen.

(2.2) Satz: *Es sei K ein endlicher Körper, und es sei L ein Erweiterungskörper von K von endlichem Grad. Ist $q := \mathrm{Card}(K)$ und $n := [L : K]$, so gilt $\mathrm{Card}(L) = q^n$.*
Beweis: Es sei $\{x_1, \ldots, x_n\}$ eine Basis des K-Vektorraums L. Jedes Element von L hat genau eine Darstellung $\sum_{i=1}^n c_i x_i$ mit Elementen $c_1, \ldots, c_n \in K$. Folglich gilt $\mathrm{Card}(L) = \mathrm{Card}(K^n) = \mathrm{Card}(K)^n = q^n$ [vgl. I(4.13)].

(2.3) Satz: *Es sei K ein endlicher Körper, und es sei $\Pi(K)$ der Primkörper von K.*
(1) Die Charakteristik von K ist eine Primzahl p, und $\Pi(K)$ ist zu $\mathbb{F}_p$ isomorph.
(2) K ist eine endliche Erweiterung von $\Pi(K)$. Ist $[K : \Pi(K)] =: n$, so ist $\mathrm{Card}(K) = p^n$.
Beweis: (1) Der Primkörper von K kann wegen $\mathrm{Card}(K) < \infty$ nicht zu $\mathbb{Q}$ isomorph sein, also ist $\Pi(K)$ zu $\mathbb{F}_p$ für genau eine Primzahl p isomorph [vgl. (1.2)(3) und (1.4)].
(2) Es hat K endlichen Grad über $\Pi(K)$, da K endlich ist. Aus (2.2) folgt (2).

(2.4) Satz: *Es sei L ein endlicher Körper der Charakteristik p, und es sei $q := \mathrm{Card}(L)$.*
(1) $L^\times$ ist eine zyklische Gruppe der Ordnung $q-1$.
(2) Für jedes $x \in L$ gilt $x^q = x$.
(3) Es sei K ein Unterkörper von L. Dann ist L ein Zerfällungskörper für $T^q - T \in K[T]$ über K, und es gilt

$$T^q - T = \prod_{x \in L} (T - x).$$

Beweis: (1) folgt aus XIII(2.15).
(2) Nach (1) und XIII(2.5)(2) gilt $x^{q-1} = 1$ für jedes $x \in L^\times$, und daher ist $x^q = x$ für jedes $x \in L$.
(3) Es sei $L = \{x_1, \ldots, x_q\}$. Dann ist $L = K(x_1, \ldots, x_q)$. Das Polynom $T^q - T \in K[T]$ hat höchstens q Nullstellen in L [vgl. I(8.11)]. Nach (2) ist jedes Element aus L Nullstelle von $T^q - T$, also zerfällt $T^q - T$ in $L[T]$ in Linearfaktoren:

$$T^q - T = \prod_{i=1}^{q}(T - x_i) \quad \text{in } L[T].$$

Wegen $L = K(x_1, \ldots, x_q)$ ist L ein Zerfällungskörper für $T^q - T \in K[T]$ über K.

(2.5) BEMERKUNG: (1) Es sei $x \in \mathbb{F}_p$. Für jedes $n \in \mathbb{N}$ gilt $x^{p^n} = x$.
Beweis [durch Induktion]: Nach (2.4)(2) ist $x^p = x$; ist $n \in \mathbb{N}$ und ist bereits gezeigt, daß $x^{p^n} = x$ gilt, so folgt $x^{p^{n+1}} = (x^{p^n})^p = x^p = x$.
(2) Es sei L ein endlicher Körper der Charakteristik p. Es sei $m \in \mathbb{N}$, und es sei $q := p^m$. Dann ist $M := \{x \in L \mid x^q = x\}$ ein Unterkörper von L, und $\{x \in L \mid x^p = x\}$ ist der Primkörper $\Pi(L)$ von L.
Beweis: Es seien $x, y \in M$. Es gilt $x - y \in M$ [denn es ist $(x-y)^q = x^q - y^q = x - y$ nach (1.5)] und $xy \in M$ [denn es ist $(xy)^q = x^q y^q = xy$]; ist $y \neq 0$, so ist $1/y \in M$ [denn es ist $(1/y)^q = 1/y^q = 1/y$]. Folglich ist M ein Unterkörper von L [vgl. XIII(3.4)(4)]. Insbesondere ist $N := \{x \in L \mid x^p = x\}$ ein Unterkörper von L, der $\Pi(L)$ umfaßt; weil $T^p - T \in N[T]$ höchstens p Nullstellen in N hat, gilt $\mathrm{Card}(N) \leq p = \mathrm{Card}(\Pi(L))$, und wegen $\Pi(L) \subset N$ folgt $N = \Pi(L)$.
(3) Es sei L ein endlicher Körper der Charakteristik p. Es sei $q := p^n$. Nach (1.5) ist die Abbildung $x \mapsto x^q : L \to L$ ein Homomorphismus von Körpern und daher injektiv [vgl. (XIII(3.7)(3)]. Das Bild $M := \{x^q \mid x \in L\}$ ist ein Unterkörper von L, die Körper L und M sind isomorph, und daher gilt $\mathrm{Card}(L) = \mathrm{Card}(M)$ und folglich $L = M$.
(4) Zu jedem $x \in L$ gibt es genau ein $y \in L$ mit $y^q = x$ [die Existenz von y folgt aus (3); sind $z, z' \in L$ mit $z^q = z'^q$, so ist $0 = z^q - z'^q = (z - z')^q$ nach (1.5) und daher $z = z'$].

(2.6) Satz: *Es sei* $q := p^n$.
(1) *Es gibt Körper mit der Elementanzahl* q.
(2) *Es sei L ein Zerfällungskörper für das Polynom $T^q - T$ über $\mathbb{F}_p$. Dann hat L die Elementanzahl q, und jeder Körper mit der Elementanzahl q ist zu L isomorph.*
Beweis: (a) Es sei L ein Zerfällungskörper für das Polynom $T^q - T \in \mathbb{F}_p[T]$ über $\mathbb{F}_p$ [vgl. (1.25)]. Dann hat L die Charakteristik p, und $\mathbb{F}_p$ ist der Primkörper von L.
(b) Nach (2.5)(2) ist $M := \{x \in L \mid x^q = x\}$ ein Unterkörper von L.
(c) Es gibt Elemente $x_1, \ldots, x_q \in L$ mit $L = \mathbb{F}_p(x_1, \ldots, x_q)$ und

$$T^q - T = \prod_{i=1}^{q}(T - x_i) \quad \text{in } L[T],$$

da L ein Zerfällungskörper für $T^q - T \in \mathbb{F}_p[T]$ über $\mathbb{F}_p$ ist. Für jedes $i \in \{1, \ldots, q\}$ gilt $x_i^q - x_i = 0$ und daher $x_i \in M$, also ist $L = \mathbb{F}_p(x_1, \ldots, x_q) \subset M$ und folglich $M = L$.
(d) Das Polynom $T^q - T$ hat die formale Ableitung $D(T^q - T) = qT^{q-1} - 1 = -1$; folglich haben $D(T^q - T)$ und $T^q - T$ in $L[T]$ keinen gemeinsamen Teiler positiven Grades, und $T^q - T$ hat daher in L keine mehrfachen Nullstellen [vgl. XIII(7.12)(2)]. Folglich ist $\mathrm{Card}(M) = q$: Es gilt genauer $M = \{x_1, \ldots, x_q\}$.
(e) Es sei K ein Körper mit q Elementen, und es sei $\Pi(K)$ der Primkörper von K. Es hat K die Charakteristik p [denn nach (2.2) ist q eine Potenz von $\mathrm{Card}(\Pi(K))$], also sind $\Pi(K)$ und $\mathbb{F}_p$ isomorph [nach (1.4)(2)]. Es sei $\sigma: \Pi(K) \to \mathbb{F}_p$ ein Isomorphismus von Körpern. Nach (2.4)(3) ist K ein Zerfällungskörper für das Polynom $T^q - T \in \Pi(K)[T]$ über $\Pi(K)$. Nach (1.26) sind K und L isomorph.

(2.7) BEMERKUNG: Es sei $q := p^n$.
(1) Nach (2.6) sind je zwei Körper mit q Elementen isomorph.
(2) Jeder Zerfällungskörper für $T^q - T \in \mathbb{F}_p[T]$ über $\mathbb{F}_p$ hat q Elemente; im folgenden wird mit $\mathbb{F}_q$ ein Zerfällungskörper für $T^q - T \in \mathbb{F}_p$ bezeichnet.
(3) Es sei L ein Zerfällungskörper für $T^{q^m} - T$ über $\mathbb{F}_q$. Dann ist L auch ein Zerfällungskörper für $T^{q^m} - T$ über $\mathbb{F}_p$ [denn es gilt $x^q = x$ und daher $x^{q^m} = x$ für jedes $x \in \mathbb{F}_q$, also ist jedes $x \in \mathbb{F}_q$ Nullstelle von F], und folglich gilt $\mathrm{Card}(L) = q^m$.

(2.8) Satz: *Es sei $q := p^n$, und es sei L ein Körper mit* $\mathrm{Card}(L) = q$.
(1) *Ist K ein Unterkörper von L, so gilt* $\mathrm{Card}(K) = p^m$ *mit einem $m \in \mathbb{N}$, und es gilt $m \mid n$.*
(2) *Zu jeder natürlichen Zahl m mit $m \mid n$ gibt es genau einen Unterkörper M von L mit* $\mathrm{Card}(M) = p^m$, *nämlich $M = \{x \in L \mid x^{p^m} = x\}$.*
Beweis: (1) Aus $\Pi(L) \subset K$ und $\mathrm{Card}(\Pi(L)) = p$ folgt nach (2.2) $\mathrm{Card}(K) = p^m$ für ein $m \in \mathbb{N}$. Nach (2.2) gilt weiter: $q = \mathrm{Card}(L)$ ist eine Potenz von $p^m = \mathrm{Card}(K)$, also ist $p^n = (p^m)^h$ für ein $h \in \mathbb{N}$, so daß $n = mh$ gilt.
(2) [Existenz]: Es sei $m \in \mathbb{N}$. Es ist $M := \{x \in L \mid x^{p^m} = x\}$ ein Unterkörper von L [vgl. (2.5)(2)]. Jedes Element von M ist Nullstelle von $T^{p^m} - T \in \Pi(L)[T]$, und daher gilt $\mathrm{Card}(M) \leq p^m$. Nun gelte $m \mid n$, also $n = mh$ mit einem $h \in \mathbb{N}$. Es ist $p^{mh} - 1 = (p^m - 1)\big((p^m)^{h-1} + (p^m)^{h-2} + \cdots + 1\big)$, also ist $p^m - 1$ ein Teiler von $p^n - 1 = q - 1$. Es ist $L^\times$ eine zyklische Gruppe der Ordnung $q - 1$ [vgl. (2.4)(1)]; nach XIII(2.12) gibt es eine zyklische Untergruppe G von $L^\times$ der Ordnung $p^m - 1$. Es gilt $G \cup \{0\} \subset M$, also $(p^m - 1) + 1 \leq \mathrm{Card}(M) \leq p^m$ und daher $\mathrm{Card}(M) = p^m$.
[Einzigkeit]: Ist $M' \subset L$ ein Unterkörper mit $\mathrm{Card}(M') = p^m$, so gilt $x^{p^m} = x$ für jedes $x \in M'$ [vgl. (2.4)(2)] und folglich $M' \subset M$, woraus $M' = M$ folgt.

(2.9) BEZEICHNUNG: Es sei K ein endlicher Körper. Ein erzeugendes Element der zyklischen Gruppe $K^\times$ heißt ein primitives Element von K.

(2.10) BEMERKUNG: Es sei $q := p^n$, und es sei K ein Körper mit $\mathrm{Card}(K) = q$.
(1) Es sei L ein endlicher Erweiterungskörper von K, und es sei $m := [L : K]$, so daß $\mathrm{Card}(L) = q^m$ gilt [vgl. (2.2)]. Es sei ζ ein primitives Element von L. Dann

ist $L^\times = \{\zeta^i \mid i \in \{0, \ldots, q^m - 2\}\}$, und daher ist $L = K(\zeta)$.
(2) Es sei $m \in \mathbb{N}$. Es gibt irreduzible Polynome in $K[T]$ vom Grad m.
Beweis: Es sei L ein Zerfällungskörper für $T^{q^m} - T \in K[T]$ über K. Dann ist L auch ein Zerfällungskörper für $T^{q^m} - T \in \Pi(K)[T]$ über $\Pi(K)$ [denn für jedes $x \in K$ gilt $x^q = x$ und daher $x^{q^m} = x$], und es gilt $\mathrm{Card}(L) = q^m$ [vgl. (2.7)(2)]. Es sei ζ ein primitives Element von L; nach (1) gilt $L = K(\zeta)$. Wegen $[L : K] = m$ hat das Minimalpolynom für ζ über K den Grad m [vgl. (1.20)(1)] und ist irreduzibel [vgl. (1.13)(3)].
(3) Es sei L ein endlicher Erweiterungskörper von K. Es gilt $\mathrm{Card}(L) = q^m$ mit einem $m \in \mathbb{N}$; dann ist $K = \{x \in L \mid x^q = x\}$ [vgl. (2.8)].

(2.11) BEMERKUNG: Die nun folgenden Resultate werden bei der Herleitung von Methoden zur Bestimmung der Primzerlegung von Polynomen über endlichen Körpern benötigt.

(2.12) Satz: *Es sei* $q := p^n$, *und es sei* K *ein Körper mit* $\mathrm{Card}(K) = q$. *Es seien* $r, s \in \mathbb{N}$.
(1) *Das Polynom* $T^{q^r} - T \in K[T]$ *teilt das Polynom* $T^{q^s} - T \in K[T]$ *genau dann, wenn* $r \mid s$ *gilt.*
(2) *Es sei* $F \in K[T]$ *ein irreduzibles Polynom, und es sei* $\mathrm{grad}(F) = r$. *Es teilt* F *das Polynom* $T^{q^s} - T$ *genau dann, wenn* $r \mid s$ *gilt.*
Beweis: (1) Es sei L ein Zerfällungskörper für $T^{q^s} - T$ über K, so daß $\mathrm{Card}(L) = q^s$ gilt [vgl. (2.7)(3)].
(a) Es gelte $(T^{q^r} - T) \mid (T^{q^s} - T)$. L enthält den Körper $N := \{x \in K \mid x^{q^r} = x\}$, und dieser ist ein Zerfällungskörper für $T^{q^r} - T \in K[T]$ über K. Es gilt $\mathrm{Card}(N) = q^r$ [vgl. (2.7)(3)], und aus $s = [L : K] = [L : N][N : K] = [L : N]r$ [vgl. (1.17)] folgt $r \mid s$.
(b) Es gelte $r \mid s$. Dann ist $N := \{x \in L \mid x^{q^r} = x\}$ der Unterkörper von L mit $\mathrm{Card}(N) = q^r$ [vgl. (2.8)(2)] und ein Zerfällungskörper für $T^{q^r} - T \in K[T]$ über K [vgl. (2.4)(3)]. Es ist also das Polynom $T^{q^r} - T = \prod_{x \in N}(T - x)$ ein Teiler des Polynoms $\prod_{x \in L}(T - x) = T^{q^s} - T$.
(2) Es sei L ein Zerfällungskörper für $T^{q^s} - T \in K[T]$ über K, und es sei M ein Zerfällungskörper für $F \in L[T]$ über L. Es gilt $L = \{x \in M \mid x^{q^s} = x\}$ [vgl. (2.10)(3)]. Es sei $y \in M$ eine Nullstelle von F. Es ist $[K(y) : K] = \mathrm{grad}(F) = r$ [vgl. (1.20)], also ist $\mathrm{Card}(K(y)) = q^r$ [vgl. (2.2)].
(a) Es gelte: F teilt $T^{q^s} - T$. Dann ist $K(y) \subset L$, denn es gilt $y^{q^s} = y$. Nach (2.8)(1) folgt $r \mid s$.
(b) Es gelte $r \mid s$. Wegen $\mathrm{Card}(K(y)) = q^r$ ist $K(y)$ ein Zerfällungskörper für $T^{q^r} - T \in K[T]$ über K [vgl. (2.4)(3)], wegen $r \mid s$ gilt $T^{q^r} - T \mid T^{q^s} - T$ nach (1), also ist y Nullstelle von $T^{q^s} - T$, und damit gilt [vgl. (1.13)] $F \mid (T^{q^s} - T)$.

(2.13) Satz: *Es sei* $q := p^n$, *und es sei* K *ein Körper mit* $\mathrm{Card}(K) = q$, *es sei* $F \in K[T]$ *ein normiertes irreduzibles Polynom vom Grad* r. *Es sei* L *ein Zerfällungskörper für* F *über* K, *und es sei* $x \in L$ *eine Nullstelle von* F. *Dann gilt* $L = K(x)$, L *ist zu* $\mathbb{F}_{q^r}$ *isomorph, und* F *zerfällt in* L *in* r *paarweise verschiedene*

Linearfaktoren

$$F = \prod_{i=1}^{r} (T - x^{q^{i-1}}) \quad \in K[T]. \tag{$*$}$$

Beweis: (a) Es ist $[K(x) : K] = r$ [vgl. (1.20)] und daher $\mathrm{Card}(K(x)) = q^r$ [vgl. (2.2)], also sind $K(x)$ und $\mathbb{F}_{q^r}$ isomorphe Körper [vgl. (2.6)].
(b) Es sei $F =: T^r + a_1T^{r-1} + \cdots + a_r$ mit Elementen $a_1, \ldots, a_r \in K$. Ist $y \in L$ ein Nullstelle von F, so gilt $F(y^q) = 0$. Das sieht man so: Wegen $a_i^q = a_i$ für jedes $i \in \{1, \ldots, r\}$ [vgl. (2.4)(2)] gilt nach (1.5)

$$0 = (F(y))^q = (y^r + a_1y^{r-1} + \cdots + a_r)^q = (y^q)^r + a_1(y^q)^{r-1} + \cdots + a_r = F(y^q).$$

Also sind die Elemente $x, x^q, \ldots, x^{q^{r-1}}$ Nullstellen von F.
(c) Es gilt $x^{q^i} \neq x^{q^j}$ für alle $i, j \in \{0, \ldots, r-1\}$ mit $i \neq j$. Gäbe es nämlich i und j in $\{0, \ldots, r-1\}$ mit $i < j$ und mit $x^{q^i} = x^{q^j}$, so wäre $x^{q^i} = (x^{q^{j-i}})^{q^i}$, also $(x - x^{q^{j-i}})^{q^i} = x^{q^i} - (x^{q^{j-i}})^{q^i} = 0$ [vgl. (1.5)] und daher $x = x^{q^{j-i}}$. Es wäre somit x Nullstelle von $T^{q^{j-i}} - T \in K[T]$; nach (1.13) und (1.14) wäre F ein Teiler von $T^{q^{j-i}} - T$, und aus (2.12)(2) folgte $r \mid (j-i)$; es ist aber $j - i < r$.
(d) Aus (c) folgt ($*$) und $L = K(x, \ldots, x^{q^{r-1}}) = K(x)$.

(2.14) Folgerung: *Es sei $q := p^n$, und es sei K ein Körper mit* $\mathrm{Card}(K) = q$; *es sei $r \in \mathbb{N}$.*
(1) *Es sei $F \in K[T]$ ein irreduzibles Polynom vom Grad r. Es ist $K[T]/FK[T]$ zu $\mathbb{F}_{q^r}$ isomorph.*
(2) *Es seien $F, G \in K[T]$ irreduzible Polynome von gleichem Grad r. Es sei L ein Zerfällungskörper für F über K, und es sei M ein Zerfällungskörper für G über K. Dann sind die Körper L und M isomorph.*
Beweis: (1) Nach (1.8) und (2.13) ist $K[T]/FK[T]$ zu $\mathbb{F}_{q^r}$ isomorph.
(2) Die Körper L und M sind jeweils zu $\mathbb{F}_{q^r}$ isomorph.

(2.15) BEMERKUNG: Ein zu (2.14) entsprechendes Resultat gilt nicht über dem Körper $\mathbb{Q}$ der rationalen Zahlen. Die beiden Polynome $T^2 - 2$ und $T^2 + 1 \in \mathbb{Q}[T]$ sind irreduzibel; es ist $\mathbb{Q}(\sqrt{2}) \subset \mathbb{R}$ ein Zerfällungskörper für $T^2 - 2$ über $\mathbb{Q}$, und $\mathbb{Q}(i) \subset \mathbb{C}$ ist ein Zerfällungskörper für $T^2 + 1$ über $\mathbb{Q}$; diese beiden Körper sind nicht isomorph: Ist $\tau\colon \mathbb{Q}(\sqrt{2}) \to \mathbb{Q}(i)$ ein Isomorphismus, so gilt $\tau(\sqrt{2}) = a + bi$ mit $a, b \in \mathbb{Q}$ und $b \neq 0$ [denn die Körper $\mathbb{Q}$ und $\mathbb{Q}(\sqrt{2})$ sind nicht isomorph], also ist $2 = 1 + 1 = \tau(1) + \tau(1) = \tau(1+1) = \tau(2) = \tau(\sqrt{2}\sqrt{2}) = (a + bi)^2 = a^2 - b^2 + 2abi$, woraus $a = 0$ und $2 = -b^2 < 0$ folgt.

(2.16) Satz: *Es sei $q := p^n$, und es sei K ein Körper mit* $\mathrm{Card}(K) = q$. *Es sei $r \in \mathbb{N}$. Es ist $T^{q^r} - T$ das Produkt aller normierten irreduziblen Polynome $F \in K[T]$ mit* $\mathrm{grad}(F) \mid r$.
Beweis: Nach (2.12)(2) kommen in der Primzerlegung von $T^{q^r} - T \in K[T]$ genau die normierten irreduziblen Polynome vor, deren Grade Teiler von r sind. Da das Polynom $T^{q^r} - T$ in einem Zerfällungskörper für $T^{q^r} - T$ über K wegen

$D(T^{q^r} - T) = -1$ nur einfache Nullstellen hat [vgl. (XIII(7.12)(2)], kommt dabei jedes solche Polynom nur in der ersten Potenz vor.

(2.17) BEZEICHNUNG: Es sei $q = p^n$, und für jedes $r \in \mathbb{N}$ sei $N_q(r)$ die Anzahl der normierten irreduziblen Polynome in $\mathbb{F}_q[T]$ vom Grad r.

(2.18) Folgerung: *Für jedes $r \in \mathbb{N}$ gilt*

$$q^r = \sum_{d|r} dN_q(d).$$

[Hierin und in den Summen in (2.19) wird jeweils über alle Teiler $d \in \mathbb{N}$ von r summiert.]
Beweis: Das folgt aus (2.16).

(2.19) Folgerung: *Für jedes $r \in \mathbb{N}$ gilt*

$$N_q(r) = \frac{1}{r}\sum_{d|r} \mu\Big(\frac{r}{d}\Big)q^d = \frac{1}{r}\sum_{d|r} \mu(d)q^{r/d}.$$

[Hierin ist μ die in XIV(1.42) erklärte Möbius-Funktion.]
Beweis: Das folgt sofort aus der Möbiusschen Umkehrformel [vgl. XIV(1.41)].

(2.20) BEMERKUNG: Wegen $\mu(1) = 1$ und $\mu(d) \geq -1$ für jedes $d \in \mathbb{N}$ gilt

$$N_q(r) \geq \frac{1}{r}(q^r - q^{r-1} - \cdots - q) = \frac{1}{r}\Big(q^r - \frac{q^r - q}{q-1}\Big) > 0.$$

Das zeigt erneut, daß es zu jedem $r \in \mathbb{N}$ mindestens ein irreduzibles Polynom in $\mathbb{F}_q[T]$ vom Grad r gibt [vgl. (2.10)(2)].

(2.21) Eine enzyklopädische Darstellung der Theorie der endlichen Körper findet man in [51]. Endliche Körper spielen in der Kodierungstheorie eine wesentliche Rolle; man vergleiche dazu [52] und [57].

§3 Primzerlegung von Polynomen über endlichen Körpern

(3.0) BEZEICHNUNG: (1) In diesem Paragraphen ist K stets ein endlicher Körper; es seien p die Charakteristik von K und q die Elementanzahl von K.
(2) Es seien $F, G \in K[T]$, und es sei mindestens eines der beiden Polynome von Null verschieden. Der normierte größte gemeinsame Teiler von F und G wird mit $\mathrm{ggT}(F, G)$ bezeichnet.

(3.1) BEMERKUNG: (1) Es sei $\mathbb{P}$ die Menge der normierten irreduziblen Polynome in $K[T]$; es ist also $\mathbb{P}$ ein Repräsentantensystem für die irreduziblen Polynome in $K[T]$. Nach XIII(4.32)(1) hat jedes normierte Polynom $F \in K[T]$ positiven Grades genau eine Darstellung $F = \prod_{i=1}^h F_i^i$ mit normierten und paarweise teilerfremden quadratfreien Polynomen $F_1, \ldots, F_h$ und mit $\mathrm{grad}(F_h) > 0$.

(2) Es sei $F \in K[T]$ ein Polynom positiven Grades. Es sei L ein Zerfällungskörper für F über K [vgl. (1.26)]. Es ist F nicht quadratfrei [vgl. XIII(4.32)(2)] genau, wenn F in $L[T]$ mehrfache Nullstellen hat [denn ein irreduzibles Polynom $P \in K[T]$ hat in einem Zerfällungskörper für P über K keine mehrfachen Nullstellen, vgl. (2.13), und nicht assoziierte irreduzible Polynome in $K[T]$ haben in keinem Erweiterungskörper von K eine gemeinsame Nullstelle, vgl. XIII(7.7)], und dies ist nach XIII(7.12)(2) genau dann der Fall, wenn für die Diskriminante $\Delta(F)$ von F gilt: Es ist $\Delta(F) = 0$.

(3.2) BEMERKUNG: Es sei $n \in \mathbb{N}$, und es seien $F, G_1, \ldots, G_n \in K[T]$ normierte Polynome; es sei $G := G_1 \cdots G_n$. Dann gilt $F \mid G$ genau, wenn F das Produkt $\operatorname{ggT}(F, G_1) \cdots \operatorname{ggT}(F, G_n)$ teilt.
Beweis: (1) Es sei

$$F = \prod_{P \in \mathbb{P}} P^{v_P(F)}, \qquad G_i = \prod_{P \in \mathbb{P}} P^{v_P(G_i)} \quad \text{für jedes } i \in \{1, \ldots, n\}.$$

Es wird $t_{P,i} := \min(\{v_P(F), v_P(G_i)\})$ für jedes $P \in \mathbb{P}$ und jedes $i \in \{1, \ldots, n\}$ gesetzt. Es gelten

$$G = \prod_{P \in \mathbb{P}} P^{v_P(G_1)+\cdots+v_P(G_n)}, \quad \prod_{i=1}^{n} \operatorname{ggT}(F, G_i) = \prod_{P \in \mathbb{P}} P^{t_{P,1}+\cdots+t_{P,n}}. \qquad (*)$$

(2) Es gelte $F \mid G$. Dann gilt $v_P(F) \leq v_P(G_1) + \cdots + v_P(G_n)$ für jedes $P \in \mathbb{P}$. Es sei $P \in \mathbb{P}$. Gilt $v_P(F) \geq v_P(G_i)$ für jedes $i \in \{1, \ldots, n\}$, so ist $t_{P,i} = v_P(G_i)$ für jedes $i \in \{1, \ldots, n\}$, also ist $v_P(F) \leq t_{P,1} + \cdots + t_{P,n}$. Gilt $v_P(F) < v_P(G_j)$ für ein $j \in \{1, \ldots, n\}$, so ist $t_{P,j} = v_P(F)$ und folglich wieder $v_P(F) \leq t_{P,1} + \cdots + t_{P,n}$. In beiden Fällen folgt aus $(*)$: F teilt $\operatorname{ggT}(F, G_1) \cdots \operatorname{ggT}(F, G_n)$.
(3) Es gelte: F teilt $\operatorname{ggT}(F, G_1) \cdots \operatorname{ggT}(F, G_n)$. Dann gilt

$$v_P(F) \leq \sum_{i=1}^{n} t_{P,i} \leq \sum_{i=1}^{n} v_P(G_i) \quad \text{für jedes } P \in \mathbb{P},$$

also gilt $F \mid G$.

(3.3) BEMERKUNG: Es sei $F \in K[T]$ ein Polynom von positivem Grad.
(1) Es gilt $D(F) = 0$ genau dann, wenn es ein $G \in K[T]$ gibt mit $F(T) = G(T^p)$. [Hier bezeichnet $D(F)$ die formale Ableitung von F, vgl. I(8.1)(7).]
Beweis: (a) Es sei $F = \sum_{i=0}^{n} a_i T^i \in K[T]$, und es gelte $D(F) = 0$. Es ist $D(F) = \sum_{i=1}^{n} i a_i T^{i-1}$ und daher $i\ a_i = 0$ für jedes $i \in \{1, \ldots, n\}$. Für jedes $j \in \{1, \ldots, n\}$ mit $a_j \neq 0$ gilt: p ist ein Teiler von j. Wird also

$$G := \sum_{\substack{i=0 \\ p \mid i}}^{n} a_i T^{i/p} \in K[T]$$

gesetzt, so gilt $F(T) = G(T^p)$.
(b) Es gelte $F(T) = G(T^p)$ mit einem Polynom $G = \sum_{i=0}^m b_i T^i \in K[T]$. Es ist $D(G(T^p)) = \sum_{i=1}^m pib_i T^{pi-1} = 0$.
(2) Es sei $D(F) = 0$. Dann gibt es nach (1) ein Polynom $F_1 \in K[T]$ mit $F(T) = F_1(T^p)$. Gilt auch $D(F_1) = 0$, so gibt es ein Polynom $F_2 \in K[T]$ mit $F_1(T) = F_2(T^p)$, also $F(T) = F_2(T^{p^2})$. Fortsetzen des Verfahrens zeigt: Es gibt ein $e \in \mathbb{N}$ und ein Polynom $F_e \in K[T]$ mit $F(T) = F_e(T^{p^e})$ und mit $D(F_e) \neq 0$.
(3) Es sei $D(F) = 0$. Dann gibt es ein $e \in \mathbb{N}$ und ein Polynom $G \in K[T]$ mit $F = G^{p^e}$ und mit $D(G) \neq 0$.
Beweis: Nach (2) gibt es ein Polynom $H = \sum_{i=0}^m a_i T^i \in K[T]$ mit $D(H) \neq 0$ und mit $F(T) = H(T^{p^e})$. Aus $D(H) \neq 0$ folgt: Es gibt mindestens ein $j \in \{1, \ldots, m\}$ mit $a_j \neq 0$ und $p \nmid j$. Für jedes $i \in \{0, \ldots, m\}$ wird ein $b_i \in K$ mit $a_i = b_i^{p^e}$ gewählt [vgl. (2.5)(4)]. Dann gilt

$$H(T^{p^e}) = \sum_{i=0}^m a_i (T^{p^e})^i = \sum_{i=0}^m b_i^{p^e} (T^{p^e})^i = \left(\sum_{i=0}^m b_i T^i\right)^{p^e},$$

und es ist $b_j \neq 0$.
(4) Ist $P \in K[T]$ ein irreduzibles Polynom, so ist nach (3) $D(P) \neq 0$.
(5) Es sei $F \in K[T]$ ein quadratfreies Polynom. Dann haben F und $D(F)$ keinen gemeinsamen Faktor positiven Grades.
Beweis: Ist $\operatorname{grad}(F) = 0$, so ist die Aussage klar. Es sei $\operatorname{grad}(F) > 0$; dann gibt es $h \in \mathbb{N}$ und paarweise teilerfremde irreduzible Polynome $P_1, \ldots, P_h \in K[T]$ mit $F = P_1 \cdots P_h$. Es gilt

$$D(F) = \sum_{i=1}^h \Bigl(D(P_i) \prod_{\substack{j=1 \\ j \neq i}}^h P_j\Bigr);$$

wegen $P_i \nmid D(P_i)$ für jedes $i \in \{1, \ldots, h\}$ gilt $P_i \nmid D(F)$ für jedes $i \in \{1, \ldots, h\}$.
(6) Es sei $h \in \mathbb{N}$, es seien $F_1, \ldots, F_h \in K[T]$ paarweise teilerfremde quadratfreie Polynome positiven Grades, und es seien $l_1, \ldots, l_h$ nicht durch p teilbare natürliche Zahlen. Es sei $F := F_1^{l_1} \cdots F_h^{l_h}$. Dann ist $D(F) \neq 0$.
Beweis: Ist $D(F) = 0$, so gibt es ein $G \in K[T]$ und ein $e \in \mathbb{N}$ mit $F = G^{p^e}$, also ein irreduzibles Polynom $P \in K[T]$ mit $P^{p^e} \mid F$. Das widerspricht aber den Voraussetzungen über $F_1, \ldots, F_h$ und $l_1, \ldots, l_h$.

(3.4) BEMERKUNG: Es sei $F \in K[T]$ ein normiertes Polynom von positivem Grad, und es gelte $D(F) \neq 0$.
(1) Es hat F genau eine Darstellung

$$F = H \prod_{\substack{i=1 \\ p \nmid i}}^m F_i^i \qquad (*)$$

mit einem $m \in \mathbb{N}$ mit $p \nmid m$, mit $\operatorname{grad}(F_m) \geq 1$ und mit:
(a) Für jedes $i \in \{1, \ldots, m\}$ mit $p \nmid i$ ist $F_i \in K[T]$ ein normiertes quadratfreies

Polynom.
(b) Für alle $i, j \in \{1, \ldots, m\}$ mit $p \nmid i$ und mit $p \nmid j$ und mit $i \neq j$ gilt $\operatorname{ggT}(F_i, F_j) = 1$.
(c) Es ist $H \in K[T]$ normiert, und es gilt $D(H) = 0$ [es kann $H = 1$ gelten].
(d) Für jedes $i \in \{1, \ldots, m\}$ mit $p \nmid i$ gilt $\operatorname{ggT}(H, F_i) = 1$.
Beweis [Existenz]: Es sei $F_1 \cdots F_h$ der quadratfreie Teil von F; dann gilt

$$F = \prod_{i=1}^{h} F_i^i = H \prod_{\substack{i=1 \\ p \nmid i}}^{h} F_i^i \quad \text{mit } H := \prod_{\substack{i=1 \\ p \mid i}}^{h} F_i^i.$$

Es gilt $\operatorname{ggT}(H, F_i) = 1$ für jedes $i \in \{1, \ldots, h\}$ mit $p \nmid i$, und es ist

$$D(F) = \sum_{i=1}^{h} iD(F_i)F_i^{i-1} \prod_{\substack{j=1 \\ j \neq i}}^{h} F_j^j, \quad D(H) = \sum_{\substack{i=1 \\ p \mid i}}^{h} iD(F_i)F_i^{i-1} \prod_{\substack{j=1 \\ p \mid j, j \neq i}}^{h} F_j^j,$$

und daher gilt $D(H) = 0$, und wegen $D(F) \neq 0$ gibt es mindestens ein $i \in \{1, \ldots, h\}$ mit $p \nmid i$ und $\operatorname{grad}(F_i) > 0$.
[Einzigkeit]: Es seien

$$F = H \prod_{\substack{i=1 \\ p \nmid i}}^{m} F_i^i = H' \prod_{\substack{j=1 \\ p \nmid i}}^{m'} F_j'^j \tag{$*$}$$

zwei Darstellungen der in (1) genannten Art. Für jedes $l \in \mathbb{N}$ sei $\mathcal{H}_l$ die Menge der normierten irreduziblen Polynome $P \in K[T]$ mit $v_P(F) = l$. Es sei $l \in \mathbb{N}$ mit $p \nmid l$, und es sei $\mathcal{H}_l \neq \emptyset$; für jedes $P \in \mathcal{H}_l$ gilt $P \nmid H$ [denn aus $P \mid H$ folgt $v_P(H) = l$, also gilt $H = P^l H_1$ mit einem $H_1 \in K[T]$ mit $P \nmid H_1$, und aus $0 = D(H) = lD(P)P^{l-1}H_1 + P^l D(H_1)$ folgt $P \mid H_1$ wegen $l \cdot 1_K \neq 0$ und $D(P) \neq 0$], und daher ist $F_l = \prod_{P \in \mathcal{H}_l} P$. Entsprechend gilt $F_l' = \prod_{P \in \mathcal{H}_l} P$, und daher ist $F/H = F/H'$ und folglich $H = H'$.
(2) In (3.5) wird ein Algorithmus angegeben, der die in (1) angegebene Darstellung von F findet.
(3) Gilt in (1) $\operatorname{grad}(H) \geq 1$, so gibt es ein $\widetilde{F} \in K[T]$ und ein $e \in \mathbb{N}$ mit $H = \widetilde{F}^{p^e}$ und mit $D(\widetilde{F}) \neq 0$ [vgl. (3.3)(3)]. Nun kann der in (3.5) vorgestellte Algorithmus auf $\widetilde{F}$ angewendet werden. Durch Fortsetzen dieses Verfahrens findet man schließlich die in XIII(4.32)(1) genannte Darstellung von F und insbesondere die Faktoren des quadratfreien Teils von F. Um eine Primzerlegung eines Polynoms in $K[T]$ bestimmen zu können, genügt es folglich, einen Algorithmus zu kennen, der die Primzerlegung eines quadratfreien Polynoms bestimmt. Solche Algorithmen werden in (3.11) und (3.14) behandelt werden.

(3.5) Es wird ein Programm angegeben, das die in (3.4)(1) genannte Darstellung von F findet.
Eingabe: ein normiertes Polynom $F \in K[T]$ mit $D(F) \neq 0$.
Ausgabe: $m \in \mathbb{N}$ und normierte Polynome $H, F_1, \ldots, F_m \in K[T]$ wie in (3.4)(1).

```
1.  f := F; g := D(f); k := 1; {Initialisierung}
2.  while g ≠ 0 do
3.    begin
4.      G := ggT(f,g); A := f/G; B := ggT(A,G);
5.      {Nun beginnt das eigentliche Programm}
6.      F_k := A/B;
7.      if grad(B) ≥ 1 then
8.        begin
9.          if p = 2 then
10.           begin
11.             f := G/B; k := k + 2;
12.           end;
13.         else
14.           begin
15.             C := ggT(B, -D(A) + g/G);
16.             k := k + 1;
17.             if p | k then k := k + 1;
18.             f := G/C;
19.           end; {von Zeile 14}
20.       end; {von Zeile 8}
21.     else {entspricht dem if von Zeile 7}
22.       f := f/F_k;
23.       g := D(f);
24.   end; {von Zeile 3}
25. return(k, f, F_1,...,F_k).
```

(3.6) Dieses Programm liefert die gesuchte Darstellung von F.

Beweis: Es sei wie in (3.4)(1)

$$F = H \prod_{\substack{i=1 \\ p \nmid i}}^{m} F_i^i.$$

(1) Nach der Initialisierung ist $g \neq 0$, folglich wird die while-Schleife mindestens einmal durchlaufen.

(2) Vor dem Eintritt in die while-Schleife gelte: Es gibt ein $k \in \{1, \ldots, m\}$ mit $p \nmid k$ und mit

$$f = H \prod_{\substack{i=k \\ p \nmid i}}^{m} F_i^{i-k+1-d_{ik}}; \qquad (*)$$

hier ist für jedes $i \in \{k, \ldots, m\}$ mit $p \nmid i$

$$d_{ik} := \begin{cases} 0, & \text{falls } i \bmod p \notin \{1, \ldots, (k \bmod p) - 1\} \text{ gilt,} \\ 1, & \text{falls } i \bmod p \in \{1, \ldots, (k \bmod p) - 1\} \text{ gilt,} \end{cases}$$

so daß $p \nmid (i - k + 1 - d_{ik})$ für jedes $i \in \{k, \ldots, m\}$ mit $p \nmid i$ gilt. [Ist $p = 2$, so ist k ungerade und $d_{ik} = 0$ für jedes $i \in \{k, \ldots, m\}$ mit $p \nmid i$.] Für $k = 1$ ist $d_{ik} = 0$ für jedes $i \in \{1, \ldots, m\}$, also hat f vor dem erstmaligen Durchlaufen der while-Schleife die angegebene Form $(*)$. Es ist $d_{mm} \neq 0$, und daher gilt $\operatorname{grad}(f/H) > 0$. Nach (3.3)(5) ist $g = D(f) \neq 0$, und es wird die while-Schleife durchlaufen. Es ist

$$g = H \sum_{\substack{i=k \\ p \nmid i}}^{m} (i - k + 1 - d_{ik}) F_i^{i-k-d_{ik}} D(F_i) \prod_{\substack{j=k \\ j \neq i, p \nmid j}}^{m} F_j^{j-k+1-d_{jk}}.$$

Nach (3.3)(5) haben für jedes $i \in \{k, \ldots, m\}$ mit $p \nmid i$ die Polynome F_i und $D(F_i)$ keinen gemeinsamen Faktor positiven Grades in $K[T]$, da F_i quadratfrei ist, und die Polynome F_i mit $i \in \{k, \ldots, m\}$ und $p \nmid i$ sind paarweise teilerfremd. Daher gilt

$$G = \operatorname{ggT}(f, g) = H \prod_{\substack{i=k \\ p \nmid i}}^{m} F_i^{i-k-d_{ik}},$$

nach Zeile 4 gilt

$$A = \prod_{\substack{i=k \\ p \nmid i}}^{m} F_i, \qquad B = \prod_{\substack{i=k+1 \\ p \nmid i}}^{m} F_i,$$

und nach Zeile 6 wird $A/B = F_k$ abgeliefert.

(a) Es gelte $\operatorname{grad}(B) \geq 1$ und $p = 2$. Nach Zeile 11 gilt am Ende der while-Schleife [der Index k ist um 2 erhöht worden] $p \nmid k$ und

$$f = \frac{G}{B} = H \prod_{\substack{i=k \\ p \nmid i}}^{m} F_i^{i-k+1}.$$

(b) Es gelte $\operatorname{grad}(B) \geq 1$ und $p \neq 2$. In Zeile 15 ist zunächst

$$\begin{aligned} \frac{g}{G} - D(A) &= \sum_{\substack{i=k \\ p \nmid i}}^{m} \left((i - k + 1 - d_{ik}) D(F_i) \prod_{\substack{j=k \\ j \neq i, p \nmid j}}^{m} F_j - D(F_i) \prod_{\substack{j=k \\ j \neq i, p \nmid j}}^{m} F_j \right) \\ &= \sum_{\substack{i=k \\ p \nmid i, p \nmid (i-k-d_{ik})}}^{m} (i - k - d_{ik}) D(F_i) \prod_{\substack{j=k \\ j \neq i, p \nmid j}}^{m} F_j \end{aligned}$$

zu berechnen. Weiter ist nach Zeile 15

$$C = \prod_{\substack{i=k+1 \\ p \nmid i, p \mid (i-k-d_{ik})}}^{m} F_i.$$

Es ist daher

$$\frac{G}{C} = H \prod_{\substack{i=k+1 \\ p \nmid i}}^{m} F_i^{e_{ik}};$$

für jedes $i \in \{k+1, \ldots, m\}$ mit $p \nmid i$ ist hierbei

$$e_{ik} := \begin{cases} i-k-d_{ik}, & \text{falls } p \nmid (i-k-d_{ik}) \text{ gilt,} \\ i-k-d_{ik}-1, & \text{falls } p \mid (i-k-d_{ik}) \text{ gilt.} \end{cases}$$

Es bleibe dem Leser überlassen, sich zu überlegen, daß nun gilt:

$$\frac{G}{C} = \begin{cases} H \cdot \prod\limits_{\substack{i=k+1 \\ p \nmid i}}^{m} F_i^{i-k-d_{i,k+1}}, & \text{falls } p \nmid (k+1) \text{ gilt,} \\ H \cdot \prod\limits_{\substack{i=k+2 \\ p \nmid i}}^{m} F_i^{i-k-1-d_{i,k+2}}, & \text{falls } p \mid (k+1) \text{ gilt.} \end{cases}$$

Wird der Index k, wie in Zeile 16 und 17 vorgeschrieben, erhöht, so gilt $p \nmid k$, und am Ende der while-Schleife hat f die gleiche Form wie vor dem Eintritt in die while-Schleife.

(c) Es gelte $\text{grad}(B) = 0$. Dann ist $k = m$, und nach Zeile 6 ist $A/B = F_m$; nach Zeile 22 ist $f = H$, und die while-Schleife wird nicht nochmals durchlaufen.

(3.7) DER CHINESISCHE RESTSATZ: Es sei M ein nicht notwendigerweise endlicher Körper, und es sei $M[T]$ der Polynomring über M in der Unbestimmten T. Es wird ein Analogon zum Chinesischen Restsatz in $\mathbb{Z}$ [vgl. XIV(1.12)] formuliert und bewiesen. Der hier vorgeführte Beweis ist eine Übertragung des in XIV(1.13) angegebenen Beweises auf den hier behandelten Fall.

(1) Es sei $F \in M[T]$ ein Polynom positiven Grades. In Anlehnung an die in I(5.24) eingeführte Schreibweise wird für Polynome $G, H \in M[T]$ $G \equiv H \pmod{F}$ statt $G \equiv H \pmod{FM[T]}$ geschrieben.

(2) Es sei $h \in \mathbb{N}$, und es seien $F_1, \ldots, F_h$ paarweise teilerfremde Polynome positiven Grades in $M[T]$; es sei $F := F_1 \cdots F_h$. Es seien $G_1, \ldots, G_h \in M[T]$. Dann gibt es dazu genau ein $G \in M[T]$ mit $G \equiv G_i \pmod{F_i}$ für jedes $i \in \{1, \ldots, h\}$ und mit $G = 0$ oder mit $\text{grad}(G) < \text{grad}(F)$.

Beweis [Existenz]: Die Polynome $F_1, \ldots, F_h$ sind paarweise teilerfremd. Daher existieren [vgl. I(8.25)(2)] für alle $r, s \in \{1, \ldots, h\}$ mit $r \neq s$ Polynome $L_r^{(s)} \in F_rM[T]$ und $L_s^{(r)} \in F_sM[T]$ mit $1 = L_r^{(s)} + L_s^{(r)}$. Es wird

$$L_k := \prod_{\substack{j=1 \\ j \neq k}}^{h} L_j^{(k)} \quad \text{für jedes } k \in \{1, \ldots, h\}$$

gesetzt. Es sei $k \in \{1, \ldots, h\}$. Für jedes $j \in \{1, \ldots, h\}$ mit $j \neq k$ ist $L_j^{(k)} \in F_jM[T]$ und daher $L_k \equiv 0 \pmod{F_j}$; für jedes $j \in \{1, \ldots, h\}$ mit $j \neq k$ ist $L_k^{(j)} \in F_kM[T]$ und daher

$$L_k = \prod_{\substack{j=1 \\ j \neq k}}^{h} \left(1 - L_k^{(j)}\right) \equiv 1 \pmod{F_k}.$$

Es sei $G' := \sum_{k=1}^{h} L_k G_k$. Dann gilt $G' \equiv G_j \pmod{F_j}$ für jedes $j \in \{1, \ldots, h\}$. Setzt man $G := \operatorname{rest}(G', F)$ [vgl. XIII(7.10)(1)], so hat G die verlangten Eigenschaften.
[Einzigkeit]: Es seien G, $\widetilde{G}$ zwei Polynome in $M[T]$ mit den verlangten Eigenschaften. Für die Differenz $H := G - \widetilde{G}$ gilt $H = 0$ oder $\operatorname{grad}(H) < \operatorname{grad}(F)$ und $H \equiv 0 \pmod{F_j}$ und daher $F_j \mid H$ für jedes $j \in \{1, \ldots, h\}$. Weil die Polynome $F_1, \ldots, F_h$ paarweise teilerfremd sind, folgt daraus $F \mid H$ und daher $H = 0$.
(3) Bei der Durchführung der Rechnung sollte man beachten:
(a) Es seien j, $k \in \{1, \ldots, h\}$ mit $j \neq k$. Die Polynome $L_j^{(k)}$ können in der Form $H_j^{(k)} F_j$ mit Polynomen $H_j^{(k)} \in M[T]$ gewählt werden, für die $\operatorname{grad}(H_j^{(k)}) < \operatorname{grad}(F_k)$ gilt.
(b) Es sei $k \in \{1, \ldots, h\}$. Das in (2) definierte Polynom L_k sollte durch $\operatorname{rest}(L_k, F)$ ersetzt werden.

(3.8) BEMERKUNG: Es gilt $T^q - T = \prod_{s \in K}(T - s)$ [vgl. (2.4)(3)]. Für jedes $G \in K[T]$ gilt daher $G^q - G = \prod_{s \in K}(G - s)$.

(3.9) BEMERKUNG: Es sei $F \in K[T]$ ein normiertes Polynom.
(1) Für jedes Polynom $G \in K[T]$ mit $G^q \equiv G \pmod{F}$ gilt

$$F = \prod_{s \in K} \operatorname{ggT}(G - s, F). \qquad (*)$$

Beweis: Es seien s, $s' \in K$, und es gelte $s \neq s'$. Dann gilt $\operatorname{ggT}(G-s, G-s') = 1$, also haben $\operatorname{ggT}(G - s, F)$ und $\operatorname{ggT}(G - s', F)$ keinen gemeinsamen Teiler von positivem Grad. Folglich gilt $\prod_{s \in K} \operatorname{ggT}(G - s, F) \mid F$. Aus $F \mid (G^q - G)$ folgt nach (3.8) und (3.2) $F \mid \prod_{s \in K} \operatorname{ggT}(G - s, F)$.
(2) Ein Polynom $G \in K[T]$ mit $G^q \equiv G \pmod{F}$ heißt F-reduzierend, wenn $(*)$ eine echte Faktorisierung von F ist, d.h. wenn mindestens einer der Faktoren auf der rechten Seite einen positiven und kleineren Grad als F hat.

(3.10) Es sei $F \in K[T]$ ein normiertes Polynom, und es gelte $m := \operatorname{grad}(F) \geq 1$. Es sei V der m-dimensionale K-Vektorraum der Polynome $G \in K[T]$ mit $G = 0$ oder $\operatorname{grad}(G) \leq m - 1$ [vgl. XII(1.30)]. Es ist $\{1, T, \ldots, T^{m-1}\}$ eine Basis von V.
(1) Es ist $W_F := \{G \in V \mid G^q \equiv G \pmod{F}\}$ ein Unterraum von V.
Beweis: Wegen $0 \in W_F$ ist $W_F \neq \emptyset$. Es seien $G, H \in W_F$. Dann gelten $F \mid (G^q - G)$, $F \mid (H^q - H)$, und aus $(G+H)^q - (G+H) = G^q + H^q - (G+H) = G^q - G + H^q - H$ [vgl. (1.5)] folgt $G + H \in W_F$. Ist $c \in K$, so ist $cG \in W_F$ wegen $(cG)^q = c^q G^q = cG^q \equiv cG \pmod{F}$.
(2) Es sei $G \in W_F$ ein Polynom positiven Grades. Für jedes $s \in K$ gilt dann: F teilt das Polynom $G - s$ nicht, denn es ist $G - s \neq 0$ und $\operatorname{grad}(G - s) < m = \operatorname{grad}(F)$. Folglich ist die in (3.9)(1)$(*)$ angegebene Darstellung von F eine echte Faktorisierung von F, also ist G F-reduzierend.
(3) Es sei $F_1 \in K[T]$ ein normiertes Polynom mit $F_1 \mid F$. Dann gilt auch: Für jedes $G \in W_F$ ist $F_1 = \prod_{s \in K} \operatorname{ggT}(G - s, F_1)$; diese Faktorisierung von F_1 braucht aber keine echte Faktorisierung zu sein.

(3.11) Es sei $F \in K[T]$ ein normiertes quadratfreies Polynom vom Grad $m \geq 1$; es sei $F = P_1 \cdots P_r$ die Primzerlegung von F in paarweise verschiedene normierte irreduzible Polynome. Das folgende Verfahren von E. R. Berlekamp (1967) findet die irreduziblen Faktoren $P_1, \ldots, P_r$.

(1) Es werden die beiden K-Vektorräume W_F [vgl. (3.10)] und $M(1, r; K)$ betrachtet; es wird ein Isomorphismus von K-Vektorräumen

$$\varphi: W_F \to M(1, r; K)$$

konstruiert.

Es sei $G \in W_F$. Es folgt aus (3.9)(1): Zu jedem $i \in \{1, \ldots, r\}$ gibt es genau ein $s_i \in K$ mit $P_i \mid (G - s_i)$; es wird $\varphi(G) := (s_1, \ldots, s_r)$ gesetzt.

(a) Die Abbildung φ ist linear: Es seien G, $H \in W_F$. Es sei $i \in \{1, \ldots, r\}$; es gibt $s_i, t_i \in K$ mit $P_i \mid (G - s_i)$ und $P_i \mid (H - t_i)$. Es gilt also $P_i \mid ((G + H) - (s_i + t_i))$, und daher ist $\varphi(G + H) = \varphi(G) + \varphi(H)$. Es sei $c \in K$. Aus $P_i \mid G - s_i$ für jedes $i \in \{1, \ldots, r\}$ folgt $P_i \mid (cG - cs_i)$ für jedes $i \in \{1, \ldots, r\}$; es ist also $\varphi(c\,G) = c\,\varphi(G)$.

(b) φ ist bijektiv: Es sei $(s_1, \ldots, s_r) \in M(1, r; K)$. Nach dem Chinesischen Restsatz [vgl. (3.7)] gibt es dazu genau ein $G \in V$ mit $G \equiv s_i \pmod{P_i}$ für jedes $i \in \{1, \ldots, r\}$. Es gilt $G^q - G \equiv s_i^q - s_i \equiv 0 \pmod{P_i}$ für jedes $i \in \{1, \ldots, r\}$ und daher $G^q \equiv G \pmod{F}$ und $G \in W_F$ sowie $\varphi(G) = (s_1, \ldots, s_r)$.

(2) Nach (1) und XII(2.14) gilt $\dim(W_F) = r$, d.h. die Dimension von W_F ist gleich der Anzahl der irreduziblen Faktoren von F.

(3) Es wird eine Basis von W_F konstruiert. Es sei $k \in \{0, \ldots, m-1\}$; es werden Elemente $a_{0k}, \ldots, a_{m-1,k} \in K$ durch $T^{qk} \equiv \sum_{j=0}^{m-1} a_{jk} T^j \pmod{F}$ bestimmt. Es sei $G = \sum_{k=0}^{m-1} g_k T^k \in V$. Dann ist $G^q = \sum_{k=0}^{m-1} g_k T^{qk}$ [vgl. (1.5) und (2.4)]. Daher ist $G \in W_F$ genau dann, wenn $\sum_{k=0}^{m-1} g_k \Big(\sum_{j=0}^{m-1} a_{jk} T^j \Big) - \sum_{k=0}^{m-1} g_k T^k = 0$ gilt, also genau dann, wenn

$$\sum_{k=0}^{m-1} (a_{jk} - \delta_{jk}) g_k = 0 \quad \text{für jedes } j \in \{0, \ldots, m-1\}$$

gilt. Es wird $A := (a_{jk})_{0 \leq j,k \leq m-1} \in M(m; K)$ gesetzt. Mit dieser Bezeichnung gilt: G ist genau dann in W_F, wenn für die Spalte ${}^t(g_0, \ldots, g_{m-1}) \in M(m, 1; K)$

$$(A - E_m)\,{}^t(g_0, \ldots, g_{m-1}) = 0 \tag{$*$}$$

gilt. Es ist also $r = \dim(W_F) = m - \operatorname{rang}(A - E_m)$ [vgl. II(5.2)]. Der Lösungsraum R_{A-E_m} des linearen Gleichungssystems ($*$) hat die Dimension r [zur Bezeichnung vgl. II(5.2)]; es sei $\{{}^t(g_0^{(i)}, \ldots, g_{m-1}^{(i)}) \mid i \in \{1, \ldots, r\}\}$ eine Basis von R_{A-E_m}. Da die erste Spalte der Matrix $A - E_m$ Null ist, kann ${}^t(g_0^{(1)}, \ldots, g_{m-1}^{(1)}) = {}^t(1, 0, \ldots, 0)$ gewählt werden. Wird $G^{(i)} := \sum_{j=0}^{m-1} g_j^{(i)} T^j$ für jedes $i \in \{1, \ldots, r\}$ gesetzt, so ist $G^{(1)} = 1$, und $\{G^{(1)}, \ldots, G^{(r)}\}$ ist eine Basis von W_F.

(4) Für jedes $i \in \{1, \ldots, r\}$ ist $(s_{i1}, \ldots, s_{ir}) := \varphi(G^{(i)}) \in M(1, r; K)$. Weil φ ein

Isomorphismus von K-Vektorräumen ist, sind die Zeilen der Matrix $S := (s_{ij}) \in M(r; K)$ linear unabhängig, S hat daher den Rang r, und folglich sind auch die Spalten von S linear unabhängig [vgl. II(5.12)], insbesondere also paarweise verschieden. Daher gibt es zu allen j, $k \in \{1, \dots, r\}$ mit $j \neq k$ ein $i \in \{1, \dots, r\}$ mit $s_{ij} \neq s_{ik}$, und hierfür gilt $P_j \mid (G^{(i)} - s_{ij})$ und $P_k \nmid (G^{(i)} - s_{ij})$.
(5) Man erhält eine Faktorisierung von F durch folgendes Verfahren:
(a) Man bestimme [etwa mit dem Gauß-Algorithmus, vgl. II(2.18) und II(3.9)] $r = m - \text{rang}(A - E_m)$ und eine Basis $\{G^{(1)}, \dots, G^{(r)}\}$ von W_F mit $G^{(1)} = 1$. Damit kennt man bereits die Anzahl r der irreduziblen Faktoren von F.
(b) Für jedes $s \in K$ wird $\text{ggT}(G^{(2)} - s, F) =: H_s^{(2)}$ berechnet. Das liefert nach (3.10)(2) eine echte Faktorisierung von F. Erhält man hierbei r paarweise verschiedene Faktoren von positivem Grad, so ist

$$\mathcal{P}^{(2)} := \{H_s^{(2)} \mid s \in K;\ \text{grad}(H_s^{(2)}) \geq 1\}$$

die Menge der irreduziblen Faktoren von F.
(c) Es gelte $\text{Card}(\mathcal{P}^{(2)}) < r$. Für $k = 3, 4, \dots, r$ werden rekursiv die Mengen

$$\mathcal{P}^{(k)} := \{\text{ggT}(G^{(k)} - s, H) \mid s \in K;\ H \in \mathcal{P}^{(k-1)};\ \text{grad}(\text{ggT}(G^{(k)} - s, H)) \geq 1\}$$

bestimmt. Sobald ein $k \in \{3, \dots, r\}$ mit $\text{Card}(\mathcal{P}^{(k)}) = r$ gefunden ist, sind die r verschiedenen Primfaktoren von F bestimmt, und das Verfahren wird abgebrochen. Nach (4) gibt es ein $k \in \{2, \dots, r\}$ mit $\text{Card}(\mathcal{P}^{(k)}) = r$, d.h. dieses Verfahren liefert die gesuchte Faktorisierung von F.

(3.12) BEMERKUNG: (1) Es sei $K := \mathbb{F}_p$; es sei p so klein, daß die Zeiteinheit für die Ausführung der vier Operationen Addition, Subtraktion, Multiplikation und Division in K als eine feste, von p unabhängige Größe betrachtet werden kann. Es seien G, $H \in K[T] \setminus \{0\}$; zur Berechnung von $\text{ggT}(G, H)$ werden $O(\text{grad}(G), \text{grad}(H))$ Zeiteinheiten benötigt. Es sei $F \in K[T]$ ein Polynom vom Grad $m \in \mathbb{N}$. Der Algorithmus in (3.5) benötigt $O(m^2)$ Zeiteinheiten. Nun sei F quadratfrei; zur Konstruktion der Matrix A in (3.11) werden $O(pm^2)$ Zeiteinheiten benötigt, und zur Berechnung einer Basis von W_F werden $O(m^3)$ Zeiteinheiten benötigt. Es seien $k \in \mathbb{N}$ und $s \in K$, und es sei $\mathcal{P}^{(1)} = \{F\}$; zur Berechnung von $\text{ggT}(G^{(k)} - s, H)$ für jedes $H \in \mathcal{P}^{(k)}$ [Bezeichnungen wie in (3.11)(5)] werden $O(m^2)$ Zeiteinheiten benötigt, und daher werden in (3.11)(5) höchstens $O(prm^2)$ Zeiteinheiten benötigt. *Der Algorithmus von Berlekamp benötigt daher $O(m^3 + prm^2)$ Zeiteinheiten.*
(2) Es sei p so groß, daß die für die Ausführung der arithmetischen Operationen in $\mathbb{F}_p$ benötigte Zeit nicht vernachlässigbar ist. Für diesen Fall findet man eine ausführliche Diskussion in [35], S. 428-429.

(3.13) BEISPIEL: Es sei $F := T^8 + 2T^6 + 2T^4 + 6T^2 + 2 \in \mathbb{F}_7[T]$. Die Diskriminante von F ist 2, also ist F quadratfrei. Für die Matrix $A - E_8$ findet man

$$A - E_8 = \begin{pmatrix} 0 & 0 & 5 & 0 & 0 & 0 & 6 & 0 \\ 0 & 6 & 0 & 6 & 0 & 3 & 0 & 1 \\ 0 & 0 & 3 & 0 & 0 & 0 & 5 & 0 \\ 0 & 0 & 0 & 4 & 0 & 4 & 0 & 0 \\ 0 & 0 & 4 & 0 & 5 & 0 & 4 & 0 \\ 0 & 0 & 0 & 1 & 0 & 1 & 0 & 0 \\ 0 & 0 & 4 & 0 & 0 & 0 & 2 & 0 \\ 0 & 1 & 0 & 2 & 0 & 5 & 0 & 6 \end{pmatrix}.$$

Diese Matrix hat den Rang 4; die Polynome aus (3.11)(4) sind

$$G^{(2)} := 3T + T^3 + 6T^5, \quad G^{(3)} := 4T^2 + 6T^4 + 6T^6, \quad G^{(4)} := 6T + 6T^7,$$

und man findet

$$\mathcal{P}^{(2)} = \{6 + T + T^2, 3 + 6T + T^2, 3 + T + T^2, 6 + 6T + T^2\}.$$

(3.14) BEMERKUNG: Es sei $F \in K[T]$ ein normiertes quadratfreies Polynom von positivem Grad.
(1) Es gibt genau ein $d \in \mathbb{N}$ und Polynome $G_1, \ldots, G_d \in K[T]$, so daß für jedes $i \in \{1, \ldots, d\}$ das Polynom G_i ein Produkt von paarweise verschiedenen Polynomen $P \in \mathbb{P}$ mit $\operatorname{grad}(P) = i$ ist, daß $\operatorname{grad}(G_d) > 0$ ist und daß $F = G_1 \cdots G_d$ gilt.
Beweis [Existenz]: Für jedes $i \in \mathbb{N}$ sei G_i das Produkt der $P \in \mathbb{P}$ mit $\operatorname{grad}(P) = i$ und $P \mid F$ [hat F keinen irreduziblen Faktor vom Grad i, so ist $G_i = 1$], und es wird $d \in \mathbb{N}$ so gewählt, daß $\operatorname{grad}(G_d) > 0$ und $\operatorname{grad}(G_i) = 0$ für jedes $i \in \mathbb{N}$ mit $i > d$ gilt. Weil F quadratfrei ist, sind für jedes $i \in \{1, \ldots, d\}$ die $P \in \mathbb{P}$ mit $P \mid G_i$ paarweise verschieden, und es gilt $F = G_1 \cdots G_d$.
[Einzigkeit]: Es seien $d, e \in \mathbb{N}$, für jedes $i \in \{1, \ldots, d\}$ sei G_i ein Produkt von paarweise verschiedenen Polynomen $P \in \mathbb{P}$ mit $\operatorname{grad}(P) = i$, für jedes $j \in \{1, \ldots, e\}$ sei H_j ein Produkt von paarweise verschiedenen Polynomen $P \in \mathbb{P}$ mit $\operatorname{grad}(P) = j$, es sei $\operatorname{grad}(G_d) > 0$, $\operatorname{grad}(H_e) > 0$, und es gelte $F = G_1 \cdots G_d = H_1 \cdots H_e$. Es sei $P \in \mathbb{P}$ mit $P \mid G_d$; dann gilt $P \mid F$, und daher ist $d \leq e$; entsprechend folgt $e \leq d$, also ist $d = e$. Es sei $k \in \{1, \ldots, d\}$; für jedes $P \in \mathbb{P}$ mit $\operatorname{grad}(P) = k$ und mit $P \mid G_k$ gilt $P \mid F$ und daher $P \mid H_k$; hieraus folgt $G_k \mid H_k$; entsprechend zeigt man $H_k \mid G_k$. Dann ist $H_k = G_k$.
(2) In der Darstellung $F = G_1 \cdots G_d$ aus (1) gilt: Für jedes $i \in \{1, \ldots, d\}$ ist $\operatorname{grad}(G_i)/i$ die Anzahl der irreduziblen Faktoren von F vom Grad i.
(3) Es sei $P \in \mathbb{P}$ und $i := \operatorname{grad}(P)$. Für jedes $j \in \mathbb{N}$ gilt nach (2.12)(2) $P \mid T^{q^j} - T$ genau, wenn $i \mid j$ gilt. Es gilt insbesondere $P \nmid T^{q^j} - T$ für $j = 1, \ldots, i-1$ und $P \mid T^{q^i} - T$.
(4) Der folgende Algorithmus bestimmt für das Polynom F die Zahl d und die Faktoren $G_1, \ldots, G_d$ aus (1).

```
        d := 0; m := grad(F); w := T; h := F;
        while d ≤ m do
          begin
            if 2(d+1) > m then
              begin d := m; G_d := h; goto 100; end;
            else
              begin
                d := d+1; w := w^q mod h;
                G_d := ggT(w − T, h); n := grad(G_d);
                if n > 0 then
                  begin h := h/G_d; m := m − n; end;
              end;
          end;
  100:  return (d; G_1, ..., G_d).
```

(5) Um ein quadratfreies Polynom $F \in K[T]$ von positivem Grad zu faktorisieren, genügt es nach (4), Algorithmen zu kennen, die ein quadratfreies Polynom, welches nur irreduzible Polynome gleichen Grades als Teiler hat, faktorisieren. Ein solcher Algorithmus wird in (3.15) vorgestellt.

(3.15) BEMERKUNG: Es sei p eine ungerade Primzahl, und es sei $r := (q^d - 1)/2$. Es sei $F \in K[T]$ ein quadratfreies normiertes Polynom; es sei F nicht irreduzibel und ein Produkt von Polynomen $P \in \mathbb{P}$, die alle den gleichen Grad d haben. Es sei $\mathcal{B} := \{B \in K[T] \mid B = 0 \text{ oder } \mathrm{grad}(B) \leq 2d-1\}$. Wird $B \in \mathcal{B}$ zufällig gewählt [vgl. (3.16)], so ist die Wahrscheinlichkeit dafür, daß $\mathrm{ggT}(F, B^r - 1)$ ein von F verschiedener Teiler positiven Grades von F ist, mindestens $1/2 - 1/(2q^{2d})$ [also ungefähr $1/2$, falls q groß ist].

Beweis: (1) Für jedes $A = \sum_{i\geq 0} a_i T^i \in K[T]$ gilt

$$F = \mathrm{ggT}(F, A) \cdot \mathrm{ggT}(F, A^r - 1) \cdot \mathrm{ggT}(F, A^r + 1). \qquad (*)$$

Es ist nämlich $A^{q^d} - A = A(A^r - 1)(A^r + 1)$; die auf der rechten Seite dieser Gleichung stehenden Polynome A, $A^r - 1$, $A^r + 1$ sind paarweise teilerfremd. Für jedes $P \in \mathbb{P}$ mit $\mathrm{grad}(P) = d$ gilt $P \mid T^{q^d} - T$ [vgl. (2.12)(2)], und aus

$$A^{q^d} - A = \sum_{i\geq 0} a_i (T^{iq^d} - T^i) = \sum_{i\geq 0} a_i (T^{q^d} - T)\left(\sum_{j=0}^{i-1} T^{jq^d + i - 1 - j}\right)$$

[vgl. (1.5) und (2.4)(2)] folgt $P \mid A^{q^d} - A$. Daraus folgt $(*)$.

(2) Es sei $\mathcal{A} := \{A \in K[T] \mid A = 0 \text{ oder } \mathrm{grad}(A) < d\}$. Es sei $P \in \mathbb{P}$ mit $\mathrm{grad}(P) = d$. Es ist $L := K[T]/PK[T]$ ein Erweiterungskörper von K vom Grad d [vgl. (1.16)]. In L ist $U := \{x \in L \mid x^r = 1\}$ eine Untergruppe von $L^\times$ mit r Elementen [vgl. XIII(2.12)], und deshalb gilt [vgl. (1.10)]

$$\mathrm{Card}(\{A \in \mathcal{A} \mid A^r \equiv 1 \pmod{P}\}) = r, \quad \mathrm{Card}(\{A \in \mathcal{A} \mid A^r \not\equiv 1 \pmod{P}\}) = r+1.$$

Es seien $P_1, P_2 \in \mathbb{P}$ zwei verschiedene Teiler von F. Nach dem Chinesischen Restsatz [vgl. (3.7)] ist die Abbildung $B \mapsto (B \bmod P_1, B \bmod P_2) : \mathcal{B} \to \mathcal{A} \times \mathcal{A}$ bijektiv. Es sei $(A_1, A_2) \in \mathcal{A} \times \mathcal{A}$, und es sei $B \in \mathcal{B}$ das eindeutig bestimmte Polynom mit $B \bmod P_1 = A_1$, $B \bmod P_2 = A_2$. Gilt $A_1^r \equiv 1 \pmod{P_1}$ und $A_2^r \not\equiv 1 \pmod{P_2}$, so gilt $B^r \equiv 1 \pmod{P_1}$ und $B^r \not\equiv 1 \pmod{P_2}$, und daher gilt $P_1 \mid \mathrm{ggT}(F, B^r - 1)$ und $P_2 \nmid \mathrm{ggT}(F, B^r - 1)$. Gilt $A_1^r \not\equiv 1 \pmod{P_1}$ und $A_2^r \equiv 1 \pmod{P_2}$, so gilt entsprechend: $P_1 \nmid \mathrm{ggT}(F, B^r - 1)$ und $P_2 \mid \mathrm{ggT}(F, B^r - 1)$. Es ist daher

$$\begin{aligned}\mathrm{Card}\big(\{B \in \mathcal{B} \mid \mathrm{ggT}(F, B^r - 1) \neq F;\ \mathrm{grad}(\mathrm{ggT}(F, B^r - 1)) \geq 1\}\big)\\ \geq 2r(r+1) = 2\frac{q^d - 1}{2}\frac{q^d + 1}{2},\end{aligned}$$

und wegen $\mathrm{Card}(\mathcal{B}) = q^{2d}$ folgt die Behauptung aus

$$\frac{2}{q^{2d}}\frac{q^d - 1}{2}\frac{q^d + 1}{2} = \frac{1}{2} - \frac{1}{2q^{2d}}.$$

(3.16) BEMERKUNG: Es sei $r := [K : \Pi(K)]$, und es sei $\{x_1, \ldots, x_r\}$ eine Basis des $\Pi(K)$-Vektorraums K. Es ist $\mathrm{Card}(\Pi(K)) = p$. Es gelte $\Pi(K) = \mathbb{F}_p$. Die zufällige Wahl eines Elements $a \in K$ kann durch die zufällige Wahl von r Elementen $\alpha_1, \ldots, \alpha_r$ in $\{0, \ldots, p-1\}$ mit $a = \alpha_1 x_1 + \cdots + \alpha_r x_r$ realisiert werden, und die zufällige Wahl eines Polynoms $F = \sum_{i=0}^{2d-1} a_i T^i \in K[T]$ in $\mathcal{B}$ kann durch die zufällige Wahl von $2d$ Elementen $a_0, \ldots, a_{2d-1}$ in K realisiert werden.

(3.17) BEMERKUNG: Es werden die Bezeichnungen aus (3.15) beibehalten.
(1) Das in (3.15) geschilderte Verfahren wurde von H. Zassenhaus und D. G. Cantor 1981 angegeben. Es kann so modifiziert werden, daß es auch im Fall $p = 2$ funktioniert, doch wird darauf hier nicht eingegangen.
(2) In $\{\mathrm{ggT}(F, A^r - 1) \mid A \in K[T]; A = 0 \text{ oder } \mathrm{grad}(A) \leq d\}$ liegt mindestens ein von F verschiedenes Polynom positiven Grades. Es seien nämlich P, $Q \in \mathbb{P}$ zwei verschiedene Teiler von F. Mit $A := Q$ folgt aus (1), daß $P = \mathrm{ggT}(P, Q^r - 1) \cdot \mathrm{ggT}(P, Q^r + 1)$ gilt [es ist $\mathrm{ggT}(P, Q) = 1$]. Es gilt $Q \nmid Q^r \pm 1$. Gilt $P \mid Q^r - 1$, so ist $\mathrm{ggT}(F, Q^r - 1)$ ein von F verschiedener Teiler von F positiven Grades; gilt $P \mid Q^r + 1$, so wird ein $s \in K$ mit $s^r = -1$ gewählt, und für $A := sQ$ gilt $A^r - 1 = -(Q^r + 1)$, und daher ist $\mathrm{ggT}(F, A^r - 1)$ ein von F verschiedener Teiler positiven Grades.
(3) Es gibt mindestens ein $B \in \mathcal{B}$, so daß $\mathrm{ggT}(F, B^r - 1)$ ein von F verschiedener Teiler positiven Grades von F ist, wie aus (2) folgt. Das Verfahren in (3.15) ist also letztlich ein deterministisches Verfahren.

(3.18) Weitere Verfahren zur Faktorisierung von Polynomen über einem endlichen Körper findet man in [51], Chapter 4.

§4 Primzerlegung von Polynomen über $\mathbb{Z}$

(4.1) Der Ring $\mathbb{Z}[T]$ ist nach XIII(4.27) faktoriell. Es sei $F \in \mathbb{Z}[T]$ ein Polynom von positivem Grad; F hat genau eine Darstellung $F = aF_1$ mit einem $a \in \mathbb{Z}$

und einem primitiven Polynom $F_1 \in \mathbb{Z}[T]$ mit $\operatorname{lcoeff}(F_1) > 0$ [vgl. XIII(4.24)(1)]; hierbei ist a ein größter gemeinsamer Teiler der Koeffizienten von F und kann etwa mittels des Euklidischen Algorithmus [vgl. XIII(4.9)(2)] berechnet werden. Um die Primzerlegung von F zu finden, muß man die Primzerlegung von a und von F_1 bestimmen. Algorithmen zur Bestimmung der Primzerlegung ganzer Zahlen werden in Kapitel XIV, §3 behandelt. In diesem Paragraphen wird ein Algorithmus zur Bestimmung der Primzerlegung primitiver Polynome in $\mathbb{Z}[T]$ vorgestellt.

(4.2) BEZEICHNUNG: Es sei $\mathbb{P}_1$ die Menge der Primzahlen in $\mathbb{Z}$, und es sei $\mathbb{P}_2$ die Menge der irreduziblen Polynome $P \in \mathbb{Z}[T]$ mit $\operatorname{grad}(P) > 0$ und $\operatorname{lcoeff}(P) > 0$. Dann ist $\mathbb{P} := \mathbb{P}_1 \cup \mathbb{P}_2$ ein Repräsentantensystem für die Menge der Äquivalenzklassen der irreduziblen Elemente in $\mathbb{Z}[T]$; $\mathbb{P}_2$ ist ein Repräsentantensystem für die Menge der Äquivalenzklassen der irreduziblen Polynome positiven Grades in $\mathbb{Z}[T]$ [vgl. XIII(4.32)] und ist auch ein Repräsentantensystem für die Menge der Äquivalenzklassen der irreduziblen Polynome in $\mathbb{Q}[T]$.
(1) Jedes $F \in \mathbb{Z}[T] \setminus \{0\}$ hat genau eine Darstellung

$$F = \varepsilon(F) \prod_{p \in \mathbb{P}_1} p^{v_p(F)} \prod_{P \in \mathbb{P}_2} P^{v_P(F)}$$

mit $v_p(F) \in \mathbb{N}_0$ für jedes $p \in \mathbb{P}_1$, mit $v_P(F) \in \mathbb{N}_0$ für jedes $P \in \mathbb{P}_2$, mit

$$\operatorname{Card}\bigl(\{p \in \mathbb{P}_1 \mid v_p(F) > 0\}\bigr) < \infty \text{ und } \operatorname{Card}\bigl(\{P \in \mathbb{P}_2 \mid v_P(F) > 0\}\bigr) < \infty,$$

und mit $\varepsilon(F) \in \{-1, 1\}$. Man nennt dies die Primzerlegung von F in $\mathbb{Z}[T]$; es wird

$$\operatorname{Inhalt}(F) := \varepsilon(F) \prod_{p \in \mathbb{P}_1} p^{v_p(F)}, \qquad \operatorname{prim.Teil}(F) = \prod_{P \in \mathbb{P}_2} P^{v_P(F)}$$

gesetzt, so daß $F = \operatorname{Inhalt}(F) \cdot \operatorname{prim.Teil}(F)$ gilt; hierbei steht prim.Teil(F) für "primitiver Teil" von F [vgl. XIII(4.24); ist $\operatorname{grad}(F) > 0$, so ist prim.Teil($F$) ein primitives Polynom, ist $\operatorname{grad}(F) = 0$, so ist $\operatorname{prim.Teil}(F) = 1$].

Ist $F = a_0 + \cdots + a_n T^n \in \mathbb{Z}[T] \setminus \{0\}$ und ist a der [positive] größte gemeinsame Teiler der Zahlen $a_0, \ldots, a_n$, so ist

$$\varepsilon(F) = \begin{cases} 1, & \text{falls } \operatorname{lcoeff}(F) > 0 \text{ ist,} \\ -1, & \text{falls } \operatorname{lcoeff}(F) < 0 \text{ ist,} \end{cases}$$

und es gilt $\operatorname{Inhalt}(F) = \varepsilon(F) \cdot a$, $\operatorname{prim.Teil}(F) = F/\operatorname{Inhalt}(F)$.
(2) Es seien F, $G \in \mathbb{Z}[T]$ von Null verschieden mit den Primzerlegungen

$$F = \varepsilon(F) \prod_{p \in \mathbb{P}_1} p^{v_p(F)} \prod_{P \in \mathbb{P}_2} P^{v_P(F)}, \qquad G = \varepsilon(G) \prod_{p \in \mathbb{P}_1} p^{v_p(G)} \prod_{P \in \mathbb{P}_2} P^{v_P(G)}.$$

Dann ist

$$\operatorname{ggT}(F, G) := \prod_{p \in \mathbb{P}_1} p^{\min(v_p(F), v_p(G))} \prod_{P \in \mathbb{P}_2} P^{\min(v_P(F), v_P(G))}$$

ein größter gemeinsamer Teiler von F und von G [vgl. auch XIII(4.15)(2)], und es gilt $\operatorname{lcoeff}(\operatorname{ggT}(F,G)) > 0$.
(3) Es seien $F,\ G \in \mathbb{Z}[T] \setminus \{0\}$, und hierbei sei F ein primitives Polynom mit $\operatorname{lcoeff}(F) > 0$. Es sei $H \in \mathbb{Q}[T]$ ein [etwa mittels des Euklidischen Algorithmus berechneter] größter gemeinsamer Teiler von F und G in $\mathbb{Q}[T]$, es gelte $\operatorname{grad}(H) \geq 1$, und es sei $H = aH_1$ mit einem $a \in \mathbb{Q}$ und einem primitiven Polynom $H_1 \in \mathbb{Z}[T]$ mit $\operatorname{lcoeff}(H_1) > 0$ [vgl. XIII(4.24)(2)]. Dann ist $H_1 = \operatorname{ggT}(F,G)$.
Beweis: Die primitiven Polynome $\operatorname{ggT}(F,G)$ und $H_1 \in \mathbb{Z}[T]$ sind in $\mathbb{Q}[T]$ assoziiert, also sind sie auch in $\mathbb{Z}[T]$ assoziiert [vgl. XIII(4.24)(3)], und daher ist $H_1 = \operatorname{ggT}(F,G)$, denn H_1 und $\operatorname{ggT}(F,G)$ haben positive höchste Koeffizienten.

(4.3) BEMERKUNG: (1) Es sei $F \in \mathbb{Z}[T]$ ein primitives Polynom mit $\operatorname{lcoeff}(F) > 0$. Nach XIII(4.32) hat F genau eine Darstellung $F = \prod_{i=1}^{s} F_i^i$ mit quadratfreien und paarweise teilerfremden Polynomen $F_1, \ldots, F_s$, welche Produkte von Elementen aus $\mathbb{P}_2$ sind, und mit $\operatorname{grad}(F_s) > 0$. Für jedes $i \in \{1, \ldots, s\}$ gilt: Ist $\operatorname{grad}(F_i) > 0$, so ist F_i ein primitives Polynom. Das primitive Polynom $F_1 \cdots F_s$ ist der quadratfreie Teil von F.
(2) Es sei $F \in \mathbb{Z}[T]$ ein quadratfreies Polynom positiven Grades. Dann haben F und die formale Ableitung $D(F)$ von F [vgl. I(8.1)(7)] keinen gemeinsamen Teiler positiven Grades.
Beweis: Es sei $P \in \mathbb{Z}[T]$ ein irreduzibles Polynom positiven Grades mit $P \mid F$. Dann gilt $F = PF_1$ mit einem $F_1 \in \mathbb{Z}[T]$, für welches $P \nmid F_1$ gilt. Es ist $D(F) = D(P)F_1 + PD(F_1)$, und wegen $D(P) \neq 0$ gilt $P \nmid D(P)$ und daher $P \nmid D(F)$.

(4.4) ALGORITHMUS 1: Der folgende Algorithmus zeigt: Um die Primzerlegung eines primitiven Polynoms in $\mathbb{Z}[T]$ zu finden, genügt es, die Primzerlegung von primitiven quadratfreien Polynomen zu bestimmen.
Eingabe: ein primitives Polynom $F \in \mathbb{Z}[T]$ mit $\operatorname{lcoeff}(F) > 0$;
Ausgabe: $s \in \mathbb{N}$, Polynome $F_1, \ldots, F_s \in \mathbb{Z}[T]$ mit $F = F_1F_2^2 \cdots F_s^s$ wie in (4.3).

```
1.  {Initialisierung} f := F; g := D(F);
2.  G := ggT(f,g); A := f/G; B := g/G - D(A); k := 0;
3.  while grad(A) ≥ 1 do
4.    begin
5.      k := k + 1;
6.      F_k := ggT(A,B); A := A/F_k; B := B/F_k - D(A);
7.    end;
8.  return(k,F_1,...,F_k).
```

Korrektheit des Algorithmus: Nach Zeile 1 ist

$$g = \sum_{i=1}^{s} iF_i^{i-1} D(F_i) \prod_{\substack{j=1 \\ j \neq i}}^{s} F_j^j$$

und daher nach Zeile 2 [weil die Polynome $F_1, \ldots, F_s$ quadratfrei sind, haben für jedes $i \in \{1, \ldots, s\}$ die Polynome F_i und $D(F_i)$ keinen gemeinsamen Teiler positiven

Grades, vgl. (4.3)(2)]

$$G=\prod_{i=2}^{s}F_i^{i-1},\quad A=\prod_{i=1}^{s}F_i,\quad \frac{g}{G}=\sum_{i=1}^{s}iD(F_i)\prod_{\substack{j=1\\ j\neq i}}^{s}F_j$$

und folglich

$$B=\sum_{i=2}^{s}(i-1)D(F_i)\prod_{\substack{j=1\\ j\neq i}}^{s}F_j.$$

Es sei $k\in\{0,\dots,s-1\}$, und vor dem Durchlaufen der while-Schleife sei

$$A=\prod_{i=k+1}^{s}F_i,\quad B=\sum_{i=k+2}^{s}(i-k-1)D(F_i)\prod_{\substack{j=k+1\\ j\neq i}}^{s}F_j. \qquad (*)$$

[Für $k=0$ ist das richtig.] Es wird $k+1$ durch k ersetzt; dann ist $\mathrm{ggT}(A,B)=F_k$ [denn die Polynome F_i und $D(F_i)$ haben keinen gemeinsamen Teiler positiven Grades], und am Ende der while-Schleife haben A und B wieder die Form $(*)$.

(4.5) BEMERKUNG: Im folgenden werden Polynome $F\in\mathbb{C}[T]$ betrachtet; es werden Abschätzungen nach oben für die Beträge der Nullstellen von F in Abhängigkeit von den Koeffizienten von F gegeben. Wichtig für das Ziel dieses Paragraphen ist die Aussage in (5).

(1) Es sei $F\in\mathbb{C}[T]$ ein Polynom von positivem Grad n, also von der Form

$$F=a_nT^n+a_{n-1}T^{n-1}+\cdots+a_0=a_n\prod_{j=1}^{n}(T-z_j)$$

mit komplexen Zahlen $z_1,\dots,z_n$ [vgl. I(8.12)] und mit $a_n\neq 0$; es wird gesetzt:

$$S(F):=|a_n|\prod_{j=1}^{n}\max(1,|z_j|),\qquad \|F\|:=\left(\sum_{j=0}^{n}|a_j|^2\right)^{1/2}.$$

(2) Für jedes $F\in\mathbb{C}[T]$ von positivem Grad und für jedes $z\in\mathbb{C}$ gilt

$$\|(T-z)F\|=\|(\overline{z}T-1)F\|.$$

Beweis: Es sei $n:=\mathrm{grad}(F)$, und es sei $F=a_0+\cdots+a_nT^n$. Es wird $a_{-1}:=0$, $a_{n+1}:=0$ gesetzt. Es gilt

$$\begin{aligned}\|(T-z)F\|^2 &= \sum_{j=0}^{n+1}|a_{j-1}-za_j|^2=\sum_{j=0}^{n+1}(a_{j-1}-za_j)(\overline{a}_{j-1}-\overline{za}_j)\\ &= (1+|z|^2)\|F\|^2-\sum_{j=1}^{n}(za_j\overline{a}_{j-1}+\overline{za}_ja_{j-1}).\end{aligned}$$

Berechnet man auf ähnliche Weise $\|(\overline{z}T-1)F\|^2$, so ergibt sich das gleiche Resultat.
(3) Für jedes $F \in \mathbb{C}[T]$ von positivem Grad gilt $S(F) \le \|F\|$.
Beweis: Es sei $n := \operatorname{grad}(F)$, und es sei $F = a_0 + \cdots + a_n T^n$. Es seien $z_1, \ldots, z_n \in \mathbb{C}$ die Nullstellen von F, so daß $F = a_n \prod_{i=1}^{n}(T - z_i)$ gilt, und es sei die Numerierung der Nullstellen so gewählt, daß für ein $k \in \{0, \ldots, n\}$ gilt: Für jedes $j \in \{1, \ldots, n\}$ ist $|z_j| \ge 1$, falls $j \le k$ gilt, und $|z_j| < 1$, falls $j \ge k+1$ gilt. Dann ist $S(F) = |a_n||z_1| \cdots |z_k|$. Es sei $G := a_n \prod_{j=1}^{k}(\overline{z}_j T - 1) \prod_{j=k+1}^{n}(T - z_j) = b_0 + b_1 T + \cdots + b_n T^n$ mit $b_0, \ldots, b_n \in \mathbb{C}$. Es ist $|b_n|^2 = |a_n|^2 |z_1|^2 \cdots |z_k|^2 = S(F)^2$. Wegen (2) folgt

$$\begin{aligned} \|F\| &= \Big\| a_n \prod_{j=1}^{n}(T - z_j) \Big\| = \Big\| a_n(\overline{z}_1 T - 1) \prod_{j=2}^{n}(T - z_j) \Big\| = \cdots \\ &= \Big\| a_n \prod_{j=1}^{k}(\overline{z}_j T - 1) \prod_{j=k+1}^{n}(T - z_j) \Big\| = \|G\| \ge |b_n| = S(F). \end{aligned}$$

(4) Es seien F, $G \in \mathbb{C}[T]$ Polynome von positivem Grad, es seien

$$F = a_0 + \cdots + a_m T^m, \quad G = b_0 + \cdots + b_n T^n \quad \text{mit } a_m \ne 0 \text{ und } b_n \ne 0.$$

Es gelte $G \mid F$ in $\mathbb{C}[T]$. Dann gilt

$$|b_0| + \cdots + |b_n| \le \frac{|b_n|}{|a_m|} \cdot 2^n \cdot \|F\|.$$

Beweis: Es seien $w_1, \ldots, w_n \in \mathbb{C}$ die Nullstellen von G; es ist also

$$G = b_n \prod_{j=1}^{n}(T - w_j) = b_n \Big(\frac{b_0}{b_n} + \frac{b_1}{b_n} T + \cdots + \frac{b_n}{b_n} T^n \Big).$$

Es seien $s_1, \ldots, s_n$ die elementarsymmetrischen Polynome [in n Unbestimmten, vgl. XIII(6.4)], so daß $b_{n-j}/b_n = (-1)^j s_j(w_1, \ldots, w_n)$ für jedes $j \in \{1, \ldots, n\}$ gilt [vgl. XIII(6.13)]. Für jedes $j \in \{1, \ldots, n\}$ ist s_j eine Summe mit $\binom{n}{j}$ Summanden [vgl. XIII(6.4)(2)], und jeder Summand ist ein Produkt von Nullstellen $w_1, \ldots, w_n$; der Betrag jedes Summanden ist daher $\le S(G)/|b_n|$. Folglich gilt [wegen $1 \le S(G)/|b_n|$]

$$\sum_{j=0}^{n} \frac{|b_{n-j}|}{|b_n|} = 1 + \sum_{j=1}^{n} \frac{|b_{n-j}|}{|b_n|} \le \frac{S(G)}{|b_n|} \sum_{j=0}^{n} \binom{n}{j} = 2^n \frac{S(G)}{|b_n|}.$$

Wegen $G \mid F$ kommen die Nullstellen von G unter den Nullstellen von F vor. Aus der Definition von $S(F)$ und $S(G)$ folgt dann $S(G)/|b_n| \le S(F)/|a_m|$. Nach (3) gilt daher

$$\sum_{j=0}^{n} |b_{n-j}| \le 2^n S(G) \le 2^n \frac{|b_n|}{|a_m|} S(F) \le 2^n \frac{|b_n|}{|a_m|} \|F\|.$$

(5) Es seien F, $G \in \mathbb{Z}[T]$ Polynome von positivem Grad mit $G \mid F$. Dann ist $(\mathrm{lcoeff}(F)/\mathrm{lcoeff}(G))G \in \mathbb{Z}[T]$, und es gilt

$$\frac{|\mathrm{lcoeff}(F)|}{|\mathrm{lcoeff}(G)|}|\mathrm{coeff}(G,j)| \leq 2^{\mathrm{grad}(F)}\|F\| \quad \text{für jedes } j \in \mathbb{N}_0.$$

Beweis: Es gilt $\mathrm{lcoeff}(G) \mid \mathrm{lcoeff}(F)$, und es gilt $\mathrm{grad}(G) \leq \mathrm{grad}(F)$. Aus (4) folgt für jedes $j \in \mathbb{N}_0$

$$\frac{|\mathrm{lcoeff}(F)|}{|\mathrm{lcoeff}(G)|}|\mathrm{coeff}(G,j)| \leq \frac{|\mathrm{lcoeff}(F)|}{|\mathrm{lcoeff}(G)|}\sum_{k=0}^{\mathrm{grad}(G)}|\mathrm{coeff}(G,k)| \leq 2^{\mathrm{grad}(F)}\,\|F\|.$$

(4.6) BEZEICHNUNG: (1) Es sei $m \in \mathbb{N}$, es sei $\mathfrak{a}_m := m\mathbb{Z}$, und es sei $\mathbb{Z}/\mathfrak{a}_m = \mathbb{Z}_m$ der Restklassenring. Es sei $\varphi_m: \mathbb{Z} \to \mathbb{Z}_m$ der Restklassenhomomorphismus [vgl. XIII(3.23)(2)]; es gilt $\varphi(a) = [a]_m$ für jedes $a \in \mathbb{Z}$. Es sei $\widetilde{\varphi}_m: \mathbb{Z}[T] \to \mathbb{Z}_m[T]$ der durch $\widetilde{\varphi}_m(a) = \varphi_m(a)$ für jedes $a \in \mathbb{Z}$ und $\widetilde{\varphi}_m(T) = T$ definierte Homomorphismus [vgl. XIII(5.4)]. Es seien F, $G \in \mathbb{Z}[T]$. Gilt $\widetilde{\varphi}_m(F) = \widetilde{\varphi}_m(G)$, so wird dafür im folgenden auch häufig $F \equiv G \pmod{m}$ geschrieben.
(2) Es sei $m \in \mathbb{N}$. Es sei $G \in \mathbb{Z}_m[T]$ ein von Null verschiedenes Polynom mit $\mathrm{lcoeff}(G) \in E(\mathbb{Z}_m)$. Zu jedem $F \in \mathbb{Z}_m[T]$ gibt es eindeutig bestimmte Polynome Q, $R \in \mathbb{Z}_m[T]$ mit $F = GQ + R$ und mit $R = 0$ oder $\mathrm{grad}(R) < \mathrm{grad}(G)$ [vgl. I(8.7); dort wurde zwar vorausgesetzt, daß K integer ist, doch ist das offensichtlich nicht notwendig]. Man schreibt in Anlehnung an I(5.6) [vgl. auch (3.13)]

$$F \ \mathrm{div}_m\ G := Q, \quad F \ \mathrm{mod}_m\ G := R.$$

(3) Es seien m, $n \in \mathbb{N}$, und es gelte $m \mid n$. Dann gilt $\mathfrak{a}_n \subset \mathfrak{a}_m$. Nach dem Homomorphiesatz [vgl. XIII(3.25)] gibt es genau einen Homomorphismus von Ringen $\omega_{m,n}: \mathbb{Z}_n \to \mathbb{Z}_m$ mit $\omega_{m,n} \circ \varphi_n = \varphi_m$; es ist $\ker(\omega_{m,n}) = [m]_n\mathbb{Z}_n$ das durch $[m]_n$ in $\mathbb{Z}_n$ erzeugte Hauptideal, und $\omega_{m,n}$ ist surjektiv. Es sei $\widetilde{\omega}_{m,n}: \mathbb{Z}_n[T] \to \mathbb{Z}_m[T]$ der durch $\widetilde{\omega}_{m,n}([a]_n) = \omega_{m,n}([a]_n)$ für jedes $[a]_n \in \mathbb{Z}_n$ und $\widetilde{\omega}_{m,n}(T) = T$ definierte Homomorphismus von Ringen; es ist $\ker(\widetilde{\omega}_{m,n}) = [m]_n\mathbb{Z}_n[T]$ das durch $[m]_n$ in $\mathbb{Z}_n[T]$ erzeugte Hauptideal, und $\widetilde{\omega}_{m,n}$ ist surjektiv. Es gilt $\widetilde{\varphi}_m = \widetilde{\omega}_{m,n} \circ \widetilde{\varphi}_n$.
(4) Es seien m, $n \in \mathbb{N}$, und es gelte $m \mid n$.
(a) Die Elemente von $\mathbb{Z}_m$ sind die Restklassen $[0]_m, [1]_m, \ldots, [m-1]_m$. Es sei $\psi_{m,n}: \mathbb{Z}_m \to \mathbb{Z}_n$ die durch $\psi_{m,n}([a]_m) := [a]_n$ für jedes $a \in \{0, \ldots, m-1\}$ definierte Abbildung [$\psi_{m,n}$ ist *kein* Homomorphismus von Ringen, falls $m < n$ gilt]. Es gilt $\omega_{m,n} \circ \psi_{m,n} = \mathrm{id}_{\mathbb{Z}_m}$, so daß $\psi_{m,n}$ injektiv ist.
(b) Es sei $x \in \ker(\omega_{m,n})$. Dann hat x eine Darstellung $x = [m]_n\psi_{n/m,n}([l]_{n/m})$ mit einem eindeutig bestimmten $l \in \{0, \ldots, (n/m)-1\}$; man schreibt $x/m := \psi_{n/m,n}([l]_{n/m})$.
Beweis [Existenz]: Es gilt $x = [m]_n[k]_n$ mit einem $k \in \mathbb{Z}$. Es sei $r := k \bmod (n/m)$; dann ist $x = [mk]_n = [mr]_n = [m]_n[r]_n = [m]_n\psi_{n/m,n}([r]_{n/m})$.
[Einzigkeit]: Es sei $k \in \mathbb{Z}$. Es ist $[m]_n[k]_n = 0$ genau, wenn $n \mid (mk)$, also genau,

wenn $(n/m) \mid k$ gilt.
(c) Es sei $\widetilde{\psi}_{m,n}\colon \mathbb{Z}_m[T] \to \mathbb{Z}_n[T]$ die durch $\widetilde{\psi}_{m,n}(\sum_{i\geq 0} a_i T^i) := \sum_{i\geq 0} \psi_{m,n}(a_i)T^i$ für jedes Polynom $\sum_{i\geq 0} a_i T^i \in \mathbb{Z}_m[T]$ definierte Abbildung [auch $\widetilde{\psi}_{m,n}$ ist i.a. *kein* Homomorphismus von Ringen]. Es gilt $\widetilde{\omega}_{m,n} \circ \widetilde{\psi}_{m,n} = \mathrm{id}_{\mathbb{Z}_m}$, und $\widetilde{\psi}_{m,n}$ ist daher injektiv.
(d) Es sei $F \in \ker(\widetilde{\omega}_{m,n})$; dann hat F eine Darstellung $F = [m]_n \widetilde{\psi}_{n/m,n}(F_1)$ mit einem eindeutig bestimmten $F_1 \in \mathbb{Z}_{n/m}[T]$ [vgl. (b)]; es wird $F/m := \widetilde{\psi}_{n/m,n}(F_1)$ gesetzt.
(e) Es seien F, $G \in \mathbb{Z}_m[T]$. Dann gelten

$$\widetilde{\omega}_{m,n}(\widetilde{\psi}_{m,n}(F)+\widetilde{\psi}_{m,n}(G)) = F+G, \quad \widetilde{\omega}_{m,n}(\widetilde{\psi}_{m,n}(F)\cdot\widetilde{\psi}_{m,n}(G)) = F\cdot G \text{ in } \mathbb{Z}_m[T],$$

denn $\widetilde{\omega}_{m,n}$ ist ein Homomorphismus von Ringen; es gilt daher in $\mathbb{Z}_n[T]$: Die Polynome $\widetilde{\psi}_{m,n}(F+G) - \widetilde{\psi}_{m,n}(F) - \widetilde{\psi}_{m,n}(G)$ und $\widetilde{\psi}_{m,n}(FG) - \widetilde{\psi}_{m,n}(F)\widetilde{\psi}_{m,n}(G)$ liegen in $\ker(\widetilde{\omega}_{m,n})$.
(f) Es sei $H \in \mathbb{Z}[T]$, und es seien F, $G \in \mathbb{Z}_m[T]$. Gilt $\widetilde{\varphi}_m(H) = F + G$ [bzw. $\widetilde{\varphi}_m(H) = F \cdot G$], so gilt $\widetilde{\varphi}_n(H) - (\widetilde{\psi}_{m,n}(F) + \widetilde{\psi}_{m,n}(G)) \in \ker(\widetilde{\omega}_{m,n})$ [bzw. $\widetilde{\varphi}_n(H) - (\widetilde{\psi}_{m,n}(F) \cdot \widetilde{\psi}_{m,n}(G)) \in \ker(\widetilde{\omega}_{m,n})$].
(5) Sind l, m und $n \in \mathbb{N}$ mit $l \mid m$ und mit $m \mid n$, so gilt $\widetilde{\omega}_{l,n} = \widetilde{\omega}_{m,n} \circ \widetilde{\omega}_{l,m}$.

(4.7) DAS VERFAHREN: Es werden zunächst die einzelnen Schritte angegeben, die zur Bestimmung der Primzerlegung eines primitiven quadratfreien Polynoms $F \in \mathbb{Z}[T]$ vom Grad n mit $\mathrm{lcoeff}(F) > 0$ durchgeführt werden. Es sei $F = F_1 \cdots F_s$ die Primzerlegung von F mit paarweise verschiedenen irreduziblen Polynomen $F_1, \ldots, F_s$, für die $\mathrm{lcoeff}(F_i) > 0$ für jedes $i \in \{1, \ldots, s\}$ gilt. Es sind die Polynome $F_1, \ldots, F_s$ zu bestimmen.
SCHRITT 1: Es wird die Diskriminante $\Delta(F)$ von F in $\mathbb{Z} \setminus \{0\}$ berechnet.
SCHRITT 2: Es wird eine Primzahl p mit $p \nmid \Delta(F)$ und mit $p \nmid \mathrm{lcoeff}(F)$ gewählt.
SCHRITT 3: Es wird eine Primzerlegung $\widetilde{\varphi}_p(F) = H_1 \cdots H_r$ in $\mathbb{F}_p[T]$ mit paarweise teilerfremden irreduziblen Polynomen $H_1, \ldots, H_r \in \mathbb{F}_p[T]$ berechnet, für die gilt: Es ist $\mathrm{lcoeff}(H_1) = \varphi_p(\mathrm{lcoeff}(F))$, und $H_2, \ldots, H_r$ sind normiert.
SCHRITT 4: Aus den Koeffizienten von F wird die Zahl $\|F\|$ [vgl. (4.5)(1)] berechnet.
SCHRITT 5: Es werden eine Potenz q von p mit $q > 2^{\mathrm{grad}(F)+1}\|F\|$ und Polynome $H_1', \ldots, H_r' \in \mathbb{Z}_q[T]$ mit
(a) $\varphi_q(\mathrm{lcoeff}(F)) = \mathrm{lcoeff}(H_1')$ und $H_2', \ldots, H_r'$ sind normiert,
(b) $\widetilde{\omega}_{p,q}(H_i') = H_i$ in $\mathbb{Z}_p[T] = \mathbb{F}_p[T]$ für jedes $i \in \{1, \ldots, r\}$,
(c) $\widetilde{\varphi}_q(F) = H_1' \cdots H_r'$ in $\mathbb{Z}_q[T]$
berechnet.
SCHRITT 6: Mit den in Schritt 5 gefundenen Polynomen wird die Primzerlegung von F konstruiert.

Im folgenden werden die einzelnen Schritte näher beschrieben..
SCHRITTE 1 – 4: Die Diskriminante $\Delta(F)$ von F kann mit dem Verfahren aus XIII(7.22) berechnet werden. Ist p eine Primzahl mit $p \nmid \Delta(F)$ und $p \nmid \mathrm{lcoeff}(F)$,

so ist $\operatorname{grad}(\widetilde{\varphi}_p(F)) = \operatorname{grad}(F)$, und $\widetilde{\varphi}_p(F) \in \mathbb{F}_p[T]$ ist quadratfrei [vgl. (3.1)(2)]. Die Primzerlegung von $\widetilde{\varphi}_p(F)$ wird etwa mit einem der Verfahren aus §3 bestimmt.

SCHRITT 5: (1) Der folgende Algorithmus geht auf Ideen von K. Hensel [1861–1941] zurück; diese Version stammt von S. P. Wang (1979).
ALGORITHMUS 2:
Eingabe: $\Phi \in \mathbb{Z}[T] \setminus \{0\}$, $q \in \mathbb{N}$ mit $q \geq 2$ und mit $\operatorname{ggT}(q, \operatorname{lcoeff}(\Phi)) = 1$, von Null verschiedene Polynome $G_1^*, \dots, G_r^*$, $H_1^*, \dots, H_r^* \in \mathbb{Z}_q[T]$ mit:
(a) es gilt $\operatorname{lcoeff}(H_1^*) = \varphi_q(\operatorname{lcoeff}(\Phi))$, die Polynome $H_2^*, \dots, H_r^*$ sind normiert, und es gilt $\widetilde{\varphi}_q(\Phi) = \prod_{i=1}^r H_i^*$ in $\mathbb{Z}_q[T]$;
(b) es gilt $\operatorname{grad}(G_i^*) < \operatorname{grad}(H_i^*)$ für jedes $i \in \{1, \dots, r\}$;
(c) es gilt

$$\sum_{i=1}^r G_i^* \widetilde{H}_i^* = 1 \quad \text{in } \mathbb{Z}_q[T] \qquad \text{mit } \widetilde{H}_i^* = \prod_{\substack{j=1 \\ j \neq i}}^r H_j^* \quad \text{für jedes } i \in \{1, \dots, r\};$$

Ausgabe: von Null verschiedene Polynome $G_1^{**}, \dots, G_r^{**}$, $H_1^{**}, \dots, H_r^{**} \in \mathbb{Z}_{q^2}[T]$ mit $\widetilde{\omega}_{q,q^2}(G_i^{**}) = G_i^*$ und $\widetilde{\omega}_{q,q^2}(H_i^{**}) = H_i^*$ für jedes $i \in \{1, \dots, r\}$, welche die Bedingungen (a) – (c) der Eingabe mit q^2 statt q, G_i^{**} statt G_i^* und H_i^{**} statt H_i^* für jedes $i \in \{1, \dots, r\}$ erfüllen.
[Bei einer Implementierung dieses Algorithmus in einem Formelmanipulationssystem wie etwa Maple entfällt natürlich Zeile 2, und in Zeile 14 und 30 ist $[q]_{q^2}$ durch q zu ersetzen.]

1. for $i := 1$ to r do
2. begin $H_i^* := \widetilde{\psi}_{q,q^2}(H_i^*)$; $G_i^* := \widetilde{\psi}_{q,q^2}(G_i^*)$; end;
3. $\operatorname{lcoeff}(H_1^*) := \varphi_{q^2}(\operatorname{lcoeff}(\Phi))$;
4. $H := 1$; for $i := 1$ to r do $H := H * H_i^*$; {berechnet in $\mathbb{Z}_{q^2}[T]$}
5. {$\widetilde{\varphi}_{q^2}(\Phi) - H \in \mathbb{Z}_{q^2}[T]$ liegt in $\ker(\widetilde{\omega}_{q,q^2})$, vgl. (4.6)(4)(f)}
6. $U := \widetilde{\varphi}_{q^2}(\Phi) - H$;
7. {es gilt $U = 0$ oder $\operatorname{grad}(U) < \operatorname{grad}(\Phi)$ nach Zeile 3}
8. $U := U/q$; {in $\mathbb{Z}_{q^2}[T]$; zur Bezeichnung vgl. (4.6)(4)(d)}
9. for $i := 1$ to r do
10. begin
11. $\widehat{H}_i^* := (U * G_i^*) \bmod_{q^2} H_i^*$; {in $\mathbb{Z}_{q^2}[T]$}
12. {der Leitkoeffizient von H_1^* ist eine Einheit in $\mathbb{Z}_{q^2}$;
13. die Polynome $H_2^*, \dots, H_r^* \in \mathbb{Z}_{q^2}[T]$ sind normiert}
14. $H_i^{**} := H_i^* + [q]_{q^2} * \widehat{H}_i^*$; {in $\mathbb{Z}_{q^2}[T]$}
15. end;
16. for $i := 1$ to r do
17. begin {es wird in $\mathbb{Z}_{q^2}[T]$ gerechnet}
18. $K := 1$;
19. for $j := 1$ to $i - 1$ do $K := K * H_j^{**}$;
20. for $j := i + 1$ to r do $K := K * H_j^{**}$;

21. $\quad\quad \widetilde{H}_i^{**} := K$;
22. $\quad$ **end**;
23. $V := 0$;
24. **for** $i := 1$ **to** r **do** $V := V + G_i^* * \widetilde{H}_i^{**}$; $V := 1 - V$; {in $\mathbb{Z}_{q^2}[T]$}
25. {es gilt $V \in \ker(\widetilde{\omega}_{q,q^2})$}
26. $V := V/q$; {in $\mathbb{Z}_{q^2}[T]$; zur Bezeichnung vgl. (4.6)(4)(d)}
27. **for** $i := 1$ **to** r **do**
28. $\quad$ **begin**
29. $\quad\quad \widehat{G}_i^* := (V * G_i^*) \bmod_{q^2} H_i^*$; {in $\mathbb{Z}_{q^2}[T]$}
30. $\quad\quad G_i^{**} := G_i^* + [q]_{q^2} * \widehat{G}_i^*$; {in $\mathbb{Z}_{q^2}[T]$}
31. $\quad$ **end**;
32. return$(G_1^{**}, \ldots, G_r^{**},\ H_1^{**}, \ldots, H_r^{**})$.

Korrektheit des Algorithmus: Die Aussage in Zeile 5 ist nach (a) und (4.6)(4)(e) richtig. Es sei $i \in \{1, \ldots, r\}$. Nach Zeile 11 gilt $UG_i^* = H_i^* Q_i + \widehat{H}_i^*$ in $\mathbb{Z}_{q^2}[T]$ mit $Q_i := UG_i^* \operatorname{div}_{q^2} H_i^*$ in $\mathbb{Z}_{q^2}[T]$. Es sei $\widetilde{H}_i^* := \widetilde{\psi}_{q,q^2}(\widetilde{H}_i^*)$. Es gilt daher nach (c) und (4.6)(4)(e) $1 - \sum_{i=1}^r G_i^* \widetilde{H}_i^* \in \ker(\widetilde{\omega}_{q,q^2})$; deshalb ist nach (4.6)(4)(e) und der Voraussetzung (c) der Eingabe

$$U \equiv \sum_{i=1}^r UG_i^* \widetilde{H}_i^* \equiv \left(\sum_{i=1}^r \widehat{H}_i^* \widetilde{H}_i^* + \left(\sum_{i=1}^r Q_i \right) \prod_{j=1}^r H_j^* \right) \pmod{[q]_{q^2} \mathbb{Z}_{q^2}[T]}.$$

Es gilt $U = 0$ oder $\operatorname{grad}(U) < \operatorname{grad}(\Phi)$, und für jedes $i \in \{1, \ldots, r\}$ gilt $\widehat{H}_i^* = 0$ oder $\operatorname{grad}(\widehat{H}_i^*) < \operatorname{grad}(H_i^*)$ und daher $\widehat{H}_i^* \widetilde{H}_i^* = 0$ oder $\operatorname{grad}(\widehat{H}_i^* \widetilde{H}_i^*) < \operatorname{grad}(\Phi)$. Es ist $\operatorname{grad}(H_1^* \cdots H_r^*) = \operatorname{grad}(\Phi)$, und es ist $\operatorname{lcoeff}(H_1^* \cdots H_r^*) = \operatorname{lcoeff}(\widetilde{\varphi}_{q^2}(\Phi))$ eine Einheit in $\mathbb{Z}_{q^2}$; es gilt $U \equiv \sum_{i=1}^r \widehat{H}_i^* \widetilde{H}_i^* \pmod{[q]_{q^2} \mathbb{Z}_{q^2}[T]}$, wie man durch Gradvergleich sieht. Es folgt [nach Zeile 6 und 8]

$$\begin{aligned} \widetilde{\varphi}_{q^2}(\Phi) &= \prod_{i=1}^r H_i^* + [q]_{q^2} U &&= \prod_{i=1}^r H_i^* + [q]_{q^2} \sum_{i=1}^r \widehat{H}_i^* \widetilde{H}_i^* \\ &= \prod_{i=1}^r (H_i^* + [q]_{q^2} \widehat{H}_i^*) &&= \prod_{i=1}^r H_i^{**} \quad \text{in } \mathbb{Z}_{q^2}[T]. \end{aligned}$$

Das ist die Aussage in (a) für q^2 statt q; ferner gilt $\operatorname{grad}(H_i^*) = \operatorname{grad}(H_i^{**})$ und $\widetilde{\omega}_{q,q^2}(H_i^{**}) = \widetilde{\omega}_{q,q^2}(H_i^*)$ für jedes $i \in \{1, \ldots, r\}$.

Es sei $i \in \{1, \ldots, r\}$. Die Aussage in Zeile 25 ist nach (c) und (4.6)(4)(e) richtig. Nach Zeile 29 ist $VG_i^* = H_i^* Q_i + \widehat{G}_i^*$ in $\mathbb{Z}_{q^2}[T]$ mit $Q_i := (VG_i^*) \operatorname{div}_{q^2} H_i^*$ in $\mathbb{Z}_{q^2}[T]$. Es gilt daher

$$\sum_{i=1}^r G_i^{**} \widetilde{H}_i^{**} = \sum_{i=1}^r (G_i^* + [q]_{q^2}(VG_i^* - Q_i H_i^*)) \widetilde{H}_i^{**}$$

$$= (1+[q]_{q^2}V)\sum_{i=1}^{r} G_i^* \widetilde{H}_i^{**} - [q]_{q^2}\sum_{i=1}^{r} Q_i \widetilde{H}_i^{**}(H_i^{**} - [q]_{q^2}\widehat{H}_i^*)$$

$$= (1+[q]_{q^2}V)(1-[q]_{q^2}V) - [q]_{q^2}\Big(\sum_{i=1}^{r} Q_i\Big)\prod_{j=1}^{r} H_j^{**}$$

$$= 1 - [q]_{q^2}\Big(\sum_{i=1}^{r} Q_i\Big)\prod_{j=1}^{r} H_j^{**} \quad \text{in } \mathbb{Z}_{q^2}[T].$$

Es ist $G_i^{**} \neq 0$ und $\operatorname{grad}(G_i^{**}) < \operatorname{grad}(H_i^*) = \operatorname{grad}(H_i^{**})$. Durch Gradvergleich ergibt sich, da der Leitkoeffizient von $H_1^{**} \cdots H_r^{**}$ eine Einheit in $\mathbb{Z}_{q^2}$ ist: In $\mathbb{Z}_{q^2}[T]$ gilt $\sum_{i=1}^{r} G_i^{**}\widetilde{H}_i^{**} = 1$. Damit sind (b) und (c) für q^2 statt q bewiesen; weiter gilt $\widetilde{\omega}_{q,q^2}(G_i^{**}) = \widetilde{\omega}_{q,q^2}(G_i^*)$ für jedes $i \in \{1,\ldots,r\}$.

(2) Es sei $H := H_1 \cdots H_r$, und es sei

$$\frac{1}{H} = \sum_{i=1}^{r} \frac{G_i}{H_i} \quad \text{in } \mathbb{F}_p[T] \tag{$*$}$$

die Partialbruchzerlegung von $1/H$ [vgl. VI, §2]; es sind $G_1,\ldots,G_r \in \mathbb{F}_p[T]$ von Null verschiedene Polynome mit $\operatorname{grad}(G_i) < \operatorname{grad}(H_i)$ für jedes $i \in \{1,\ldots,r\}$. Es gilt also

$$\sum_{i=1}^{r} G_i\widetilde{H}_i = 1 \quad \text{in } \mathbb{F}_p[T] \quad \text{mit } \widetilde{H}_i := \prod_{\substack{j=1\\ j\neq i}}^{r} H_j \quad \text{für jedes } i \in \{1,\ldots,r\}. \tag{$**$}$$

In dem folgenden Algorithmus 3 werden die Polynome in Zeile 4 mittels des Algorithmus 2 berechnet; die Formel $(**)$ liefert dafür die Initialisierung. Die Ausgabe des Algorithmus 3 sind gerade die in Schritt 5 gesuchten Daten q und $H_1',\ldots,H_r'$.

ALGORITHMUS 3:

1. $q := p$; $k := 0$;
2. `repeat`
3. $\quad q := q^2$; $k := k+1$;
4. $\quad$ `berechne Polynome` $H_1^{(k)},\ldots,H_r^{(k)} \in \mathbb{Z}_q[T]$ `mit:`
5. $\quad \varphi_q(\operatorname{lcoeff}(F)) = \operatorname{lcoeff}(H_1^{(k)})$;
6. $\quad H_2^{(k)},\ldots,H_r^{(k)}$ `sind normiert;`
7. $\quad \widetilde{\varphi}_q(F) = H_1^{(k)} * \cdots * H_r^{(k)}$ `in` $\mathbb{Z}_q[T]$;
8. $\quad \widetilde{\omega}_{p,q}(H_i^{(k)}) = H_i$ `in` $\mathbb{F}_p[T]$ `für jedes` $i \in \{1,\ldots,r\}$;
9. `until` $q > 2^{\operatorname{grad}(F)+1}\|F\|$;
10. `return`$(q, H_1^{(k)},\ldots,H_r^{(k)})$.

SCHRITT 6: (1) Es seien A, B, A_1, $B_1 \in \mathbb{Z}[T]$, es seien A und A_1 normierte Polynome von gleichem positiven Grad. Es gelte

$$A_1 \equiv A \pmod{p}, \qquad B_1 \equiv B \pmod{p}.$$

Es seien die Polynome $\widetilde{\varphi}_p(A)$ und $\widetilde{\varphi}_p(B)$ teilerfremd in $\mathbb{F}_p[T]$. Es sei $l \in \mathbb{N}$, und es gelte $A_1B_1 \equiv AB \pmod{p^l}$. Dann gelten

$$A_1 \equiv A \pmod{p^l}, \qquad B_1 \equiv B \pmod{p^l}.$$

Beweis: Es sei $j \in \{1,\ldots,l-1\}$, und es sei bereits gezeigt: Es gilt $A_1 \equiv A \pmod{p^j}$ und $B_1 \equiv B \pmod{p^j}$. Es gibt also Polynome A', $B' \in \mathbb{Z}[T]$ mit $A_1 = A + p^jA'$ und mit $B_1 = B + p^jB'$. Weil A und A_1 normiert sind und den gleichen Grad haben, gilt $A' = 0$ oder $\mathrm{grad}(A') < \mathrm{grad}(A)$. Nun ist $A_1B_1 = AB + p^j(A'B + AB' + p^jA'B')$. Wegen $j < l$ und $A_1B_1 \equiv AB \pmod{p^l}$ gilt $A'B + AB' \equiv 0 \pmod{p}$. In $\mathbb{F}_p[T]$ sind $\widetilde{\varphi}_p(A)$ und $\widetilde{\varphi}_p(B)$ teilerfremd; es gibt also Polynome A'', $B'' \in \mathbb{Z}[T]$ mit $1 \equiv AA'' + BB'' \pmod{p}$. Folglich ist $A' \equiv A(A'A'' - B'B'') \pmod{p}$, und wegen $\mathrm{grad}(A) = \mathrm{grad}(\widetilde{\varphi}_p(A))$ gilt also $\widetilde{\varphi}_p(A') = 0$ und daher $0 = \widetilde{\varphi}_p(A')\widetilde{\varphi}_p(B) = \widetilde{\varphi}_p(A'B)$. Dann gilt $0 = \widetilde{\varphi}_p(AB') = \widetilde{\varphi}_p(A)\widetilde{\varphi}_p(B')$; weil $\widetilde{\varphi}_p(A)$ normiert ist, ist $\widetilde{\varphi}_p(B') = 0$. Es gilt also $A_1 \equiv A \pmod{p^{j+1}}$ und $B_1 \equiv B \pmod{p^{j+1}}$. Durch Wiederholen dieser Schlußweise ergibt sich die Behauptung.

(2) Es ist $F = F_1 \cdots F_s$ die Primzerlegung von F in $\mathbb{Z}[T]$. Es sei $I := \{1,\ldots,r\}$; es gibt eine Partition $I = I_1 \uplus \cdots \uplus I_s$ von I mit $1 \in I_1$ und mit

$$\begin{aligned}\widetilde{\varphi}_p(F_1) &= \frac{\varphi_p(\mathrm{lcoeff}(F_1))}{\varphi_p(\mathrm{lcoeff}(F))} \cdot \prod_{i \in I_1} H_i \quad \text{in } \mathbb{Z}_p[T],\\ \widetilde{\varphi}_p(F_k) &= \varphi_p(\mathrm{lcoeff}(F_k)) \cdot \prod_{i \in I_k} H_i \quad \text{für jedes } k \in \{2,\ldots,s\} \quad \text{in } \mathbb{Z}_p[T].\end{aligned}$$

[Es sind $H_1,\ldots,H_r$ die Polynome aus Schritt 3.] Es seien q und $H'_1,\ldots,H'_r \in \mathbb{Z}_q[T]$ die in Schritt 5 abgelieferten Polynome. *Dann gelten*

$$\begin{aligned}\widetilde{\varphi}_q(F_1) &= \frac{\varphi_q(\mathrm{lcoeff}(F_1))}{\varphi_q(\mathrm{lcoeff}(F))} \cdot \prod_{i \in I_1} H'_i \quad \textit{in } \mathbb{Z}_q[T],\\ \widetilde{\varphi}_q(F_k) &= \varphi_q(\mathrm{lcoeff}(F_k)) \cdot \prod_{i \in I_k} H'_i \quad \textit{für jedes } k \in \{2,\ldots,s\} \quad \textit{in } \mathbb{Z}_q[T].\end{aligned}$$

Beweis: (a) Es sei $k \in \{2,\ldots,s\}$. Es gilt $\mathrm{lcoeff}(F) = \prod_{i=1}^s \mathrm{lcoeff}(F_i)$ und daher $p \nmid \mathrm{lcoeff}(F_k)$. Es ist also $\varphi_q(\mathrm{lcoeff}(F_k)) \in E(\mathbb{Z}_q)$, und es gibt ein $c_k \in \mathbb{Z}$ mit $c_k\,\mathrm{lcoeff}(F_k) \equiv 1 \pmod{q}$; es gilt dann $c_k\,\mathrm{lcoeff}(F_k) \equiv 1 \pmod{p}$. Es gibt normierte Polynome A, $A_1 \in \mathbb{Z}[T]$ mit $\widetilde{\varphi}_q(A) = \prod_{i \in I_k} H'_i$, $A_1 \equiv c_kF_k \pmod{q}$ und mit $\mathrm{grad}(A) = \mathrm{grad}(A_1) = \mathrm{grad}(F_k)$. [Es haben F_k und $\prod_{i \in I_k} H'_i$ den gleichen Grad.] Es gelten [vgl. (4.6)(3)]

$$\widetilde{\varphi}_p(A) = \widetilde{\omega}_{p,q}(\widetilde{\varphi}_q(A)) = \prod_{i \in I_k} \widetilde{\omega}_{p,q}(H'_i) = \prod_{i \in I_k} H_i = \varphi_p(c_k)\widetilde{\varphi}_p(F_k),$$

$$\widetilde{\varphi}_p(A_1) = \widetilde{\omega}_{p,q}(\widetilde{\varphi}_q(A_1)) = \widetilde{\omega}_{p,q}(\widetilde{\varphi}_q(c_kF_k)) = \widetilde{\varphi}_p(c_kF_k) = \varphi_p(c_k)\widetilde{\varphi}_p(F_k),$$

und daher gilt $A \equiv A_1 \pmod p$. Es seien $B,\ B_1 \in \mathbb{Z}[T]$ Polynome mit

$$\widetilde{\varphi}_q(B) = \prod_{i\in I\setminus I_k} H_i', \qquad B_1 \equiv \operatorname{lcoeff}(F_k)\prod_{\substack{i=1\\ i\neq k}}^{s} F_i \pmod q;$$

dann gelten $\widetilde{\varphi}_p(B) = \widetilde{\omega}_{p,q}(\widetilde{\varphi}_q(B)) = \prod_{i\in I\setminus I_k}\widetilde{\omega}_{p,q}(H_i') = \prod_{i\in I\setminus I_k} H_i$ und

$$\begin{aligned}\widetilde{\varphi}_p(B_1) &= \varphi_p(\operatorname{lcoeff}(F_k))\prod_{\substack{i=1\\ i\neq k}}^{s}\widetilde{\varphi}_p(F_i)\\ &= \varphi_p(\operatorname{lcoeff}(F_k))\frac{\varphi_p(\operatorname{lcoeff}(F_1))}{\varphi_p(\operatorname{lcoeff}(F))}\prod_{\substack{j=2\\ j\neq k}}^{s}\varphi_p(\operatorname{lcoeff}(F_j))\prod_{i\in I\setminus I_k} H_i\\ &= \prod_{i\in I\setminus I_k} H_i\end{aligned}$$

und daher $B \equiv B_1 \pmod p$. Nun gilt [nach Zeile 7 von Algorithmus 3] $AB \equiv A_1B_1 \pmod q$, und es sind $\widetilde{\varphi}_p(A)$ und $\widetilde{\varphi}_p(B)$ teilerfremd in $\mathbb{F}_p[T]$. Aus (1) folgen $A \equiv A_1 \pmod q$ und $B \equiv B_1 \pmod q$.

(b) Es sei $k = 1$. Es seien $c_2, \ldots, c_s$ die in (a) bestimmten Zahlen. Es wird ein $c \in \mathbb{Z}$ mit $c\operatorname{lcoeff}(F) \equiv 1 \pmod q$ gewählt; dann ist $c\operatorname{lcoeff}(F) \equiv 1 \pmod p$. Es gibt normierte Polynome $A,\ A_1 \in \mathbb{Z}[T]$ mit

$$\widetilde{\varphi}_q(A) = \varphi_q(c)\cdot\prod_{i\in I_1} H_i', \qquad A_1 \equiv \left(c\cdot\prod_{i=2}^{s}\operatorname{lcoeff}(F_i)\right)\cdot F_1 \pmod q,$$

und mit $\operatorname{grad}(A) = \operatorname{grad}(A_1) = \operatorname{grad}(F_1)$. Es gilt

$$\widetilde{\varphi}_p(A) = \widetilde{\omega}_{p,q}(\widetilde{\varphi}_q(A)) = \varphi_p(c)\prod_{I\in I_1}\widetilde{\omega}_{p,q}(H_i') = \varphi_p(c)\prod_{i\in I_1} H_i,$$

$$\widetilde{\varphi}(A_1) = \left(\varphi_p(c)\prod_{i=2}^{s}\varphi_p(\operatorname{lcoeff}(F_i))\right)\widetilde{\varphi}_p(F_1) = \varphi_p(c)\prod_{i\in I_1} H_i,$$

und daher gilt $A \equiv A_1 \pmod p$. Es seien $B,\ B_1 \in \mathbb{Z}[T]$ Polynome mit

$$\widetilde{\varphi}_q(B) = \prod_{i\in I\setminus I_1} H_i', \qquad B_1 \equiv c_2\cdots c_s\cdot\prod_{i=2}^{s} F_i \pmod q.$$

Dann ist

$$\widetilde{\varphi}_p(B) = \prod_{i\in I\setminus I_1} H_i \quad\text{und}\quad \widetilde{\varphi}_p(B_1) = \widetilde{\varphi}_p\left(\prod_{i=2}^{s} c_i\cdot\operatorname{lcoeff}(F_i)\right)\prod_{i\in I\setminus I_1} H_i = \prod_{i\in I\setminus I_1} H_i$$

und daher $B \equiv B_1 \pmod{p}$. Es gilt wieder $AB \equiv A_1B_1 \pmod{q}$, und es sind $\widetilde{\varphi}_p(A)$ und $\widetilde{\varphi}_p(B)$ teilerfremd in $\mathbb{F}_p[T]$. Aus (1) folgen $A \equiv A_1 \pmod{q}$ und $B \equiv B_1 \pmod{q}$.
(3) Es sei $m \in \mathbb{N}$. Es sei

$$R_m := \left\{a \in \mathbb{Z} \;\middle|\; -\frac{m}{2} < a \le \frac{m}{2}\right\}.$$

Für jedes $a \in \mathbb{Z}$ gilt: Die Restklasse $[a]_m = \{a + lm \mid l \in \mathbb{Z}\}$ hat mit R_m genau ein Element gemeinsam, nämlich $a \bmod m$, falls $a \bmod m \le m/2$ ist, und $a \bmod m - m$ im anderen Fall. Ordnet man jeder Restklasse dieses Element zu, so erhält man eine Abbildung $\chi_m : \mathbb{Z}_m \to \mathbb{Z}$; diese ist *kein* Homomorphismus von Ringen. Es gilt $\varphi_m \circ \chi_m = \mathrm{id}_{\mathbb{Z}_m}$. Es sei $\widetilde{\chi}_m : \mathbb{Z}_m[T] \to \mathbb{Z}[T]$ die durch $\widetilde{\chi}_m\big(\sum_{i\ge 0}[a_i]_m T^i\big) = \sum_{i\ge 0}\chi_m([a_i]_m)T^i$ definierte Abbildung [$\widetilde{\chi}_m$ ist *kein* Homomorphismus von Ringen]. Es sei $A \in \mathbb{Z}[T]$, und es gelte $\mathrm{coeff}(A,j) \in R_m$ für jedes $j \in \mathbb{N}_0$; es sei $B \in \mathbb{Z}_m[T]$; gilt $\widetilde{\varphi}_m(A) = B$, so gilt $A = \widetilde{\chi}_m(B)$.
(4) Nach (4.5)(5) gilt für jedes $k \in \{1,\dots,s\}$ und jedes $j \in \mathbb{N}_0$ mit dem in Schritt 5 bestimmten q

$$\frac{|\,\mathrm{lcoeff}(F)|}{|\,\mathrm{lcoeff}(F_k)|}\,\big|\,\mathrm{coeff}(F_k,j)\big| \le 2^{\mathrm{grad}(F)}\|F\| < \frac{q}{2}.$$

Es gilt also: Für jedes $k \in \{1,\dots,s\}$ ist $\big(\mathrm{lcoeff}(F)/\,\mathrm{lcoeff}(F_k)\big)F_k$ ein Polynom in $\mathbb{Z}[T]$, dessen Koeffizienten in R_q liegen.

Es sei $k \in \{2,\dots,s\}$. Nach (2) gilt

$$\widetilde{\varphi}_q\left(\frac{\mathrm{lcoeff}(F)}{\mathrm{lcoeff}(F_k)}F_k\right) = \varphi_q\big(\mathrm{lcoeff}(F)\big)\prod_{i\in I_k} H_i';$$

es folgt aus (3)

$$\frac{\mathrm{lcoeff}(F)}{\mathrm{lcoeff}(F_k)}F_k = \widetilde{\chi}_q\left(\varphi_q\big(\mathrm{lcoeff}(F)\big)\prod_{i\in I_k} H_i'\right).$$

Damit gilt

$$F_k = \mathrm{prim.Teil}\left(\widetilde{\chi}_q\left(\varphi_q\big(\mathrm{lcoeff}(F)\big)\prod_{i\in I_k} H_i'\right)\right). \qquad (*)$$

Hat man auf diese Weise $F_2,\dots,F_s$ gefunden, so ist $F_1 = F/(F_2\cdots F_s)$.
(5) In (4)(*) sind die Teilmengen $I_1,\dots,I_s$ unbekannt; um die irreduziblen Faktoren $F_1,\dots,F_s$ von F zu finden, hat man also alle Partitionen von I zu bilden und zu testen, wann die rechte Seite von (4)(*) ein Faktor von F ist. Das folgende Programm findet nach (1)–(4) die Primzerlegung von F.
Eingabe: F, q und die Polynome $H_1',\dots,H_r'$ aus Schritt 5;
Ausgabe: die Anzahl s der irreduziblen Faktoren von F und irreduzible primitive Polynome $F_1,\dots,F_s$ mit $\mathrm{lcoeff}(F_i) > 0$ für jedes $i \in \{1,\dots,s\}$ und mit $F = F_1\cdots F_s$.

```
1.        A := F; C := {2,...,r}; s := 1; m0 := 1;
2. 100:   for m := m0 to Card(C) do
3.          begin
4.            für alle m-elementigen Teilmengen {i1,...,im} von C do
5.              begin
6.                g := prim.Teil(χ̃q(φq(lcoeff(A)) * H'i1 * ··· * H'im));
7.                if g | A then
8.                  begin
9.                    s := s + 1; Fs := g; A := A/g; m0 := m;
10.                   C := C \ {i1,...,im};
11.                   goto 100;
12.                 end;
13.             end;
14.         end;
15.       {es wurden keine weiteren Faktoren von F gefunden}
16.       F1 := A; {nun ist F = F1 ··· Fs}
17.       return(s,F1,...,Fs).
```

(4.8) BEMERKUNG: Der zeitlich aufwendigste Schritt bei diesem Faktorisierungsverfahren ist Schritt 6, und der Aufwand wächst exponentiell mit dem Grad n des Polynoms F, wie der folgende Satz zeigt, für dessen Beweis, den man in [33], S. 102 findet, Hilfsmittel aus der Galoistheorie benötigt werden.

(4.9) Satz: *Es sei $n \in \mathbb{N}$, und es seien $p_1, \ldots, p_n$ paarweise verschiedene Primzahlen. Es sei $X := \{e_1\sqrt{p_1} + \cdots + e_n\sqrt{p_n} \mid e_1, \ldots, e_n \in \{-1, 1\}\}$. Es ist $\operatorname{Card}(X) = 2^n$, das normierte Polynom $F := \prod_{x \in X}(T - x)$ liegt in $\mathbb{Z}[T]$ und ist irreduzibel, die Primzahlen $p_1, \ldots, p_n$ sind Teiler der Diskriminante von F, und für jede Primzahl $p \notin \{p_1, \ldots, p_n\}$ gilt: Die irreduziblen Faktoren von $\widetilde{\varphi}_p(F)$ in $\mathbb{F}_p[T]$ haben höchstens den Grad 2.*

(4.10) BEISPIEL: (1) Es sei $F := T^8 - 40T^6 + 352T^4 - 960T^2 + 576 \in \mathbb{Z}[T]$. Die Diskriminante von F ist 1156529404533248750008, wie man mit dem Verfahren in XIII(7.22) feststellt; daher ist F quadratfrei. Es wird $p = 7$ gewählt; es ist $H := \widetilde{\varphi}_7(F)$ das in (3.12) untersuchte Polynom. Es sei

$$\begin{aligned} G_1 &:= 6T+1, & H_1 &:= T^2 + T + 6, \\ G_2 &:= 3T+2, & H_2 &:= T^2 + 6T + 3, \\ G_3 &:= 4T+2, & H_3 &:= T^2 + T + 3, \\ G_4 &:= T+1, & H_4 &:= T^2 + 6T + 6. \end{aligned}$$

Dann ist $H = H_1H_2H_3H_4$ die Primzerlegung von H in $\mathbb{F}_7$, und es gilt in $\mathbb{F}_7(T)$

$$\frac{1}{H} = \frac{G_1}{H_1} + \frac{G_2}{H_2} + \frac{G_3}{H_3} + \frac{G_4}{H_4}.$$

Es ist $\|F\| = 1174.25\ldots$ und $2^{\operatorname{grad}(F)+1}\|F\| = 601219.91\ldots$. Es ist $7^4 = 2401$ und $q := 7^8 = 5764801$. Mit dem Algorithmus 2 in (4.7) findet man die vom Algorithmus

3 benötigten Polynome H_1', H_2', H_3' und $H_4' \in \mathbb{Z}_q[T]$ zu

$$\begin{aligned} H_1' &:= T^2 + 1266421983T + 4549284487, \\ H_2' &:= T^2 + 642260856T + 9578381830, \\ H_3' &:= T^2 + 9728616143T + 5335488294, \\ H_4' &:= T^2 + 10908837729T + 3892097173. \end{aligned}$$

Es gilt

$$\begin{aligned} \widetilde{\chi}_q(H_2') &= T^2 + 2367945T - 2717432, \\ \widetilde{\chi}_q(H_3') &= T^2 - 2367945T - 2717432, \\ \widetilde{\chi}_q(H_4') &= T^2 + 1834237T + 856498, \\ \widetilde{\chi}_q(H_2'H_3') &= T^4 - 676433T^2 - 2460729, \\ \widetilde{\chi}_q(H_2'H_4') &= T^4 - 1562619T^3 + 2219402T^2 + 2262041T - 82197, \\ \widetilde{\chi}_q(H_3'H_4') &= T^4 - 533708T^3 - 176469T^2 - 2653151T - 82197, \\ \widetilde{\chi}_q(H_2'H_3'H_4') &= T^6 + 1834237T^5 + 180065T^4 + 2388206T^3 + 2292938T^2 \\ &\quad + 2293779T + 1778558. \end{aligned}$$

Man stellt fest, daß keines dieser Polynome ein Teiler von F ist, und deshalb ist F ein irreduzibles Polynom [vgl. Zeile 16 des Algorithmus in (4.7)(5), in dem dann $s = 1$ ist].

(2) Man überzeugt sich, daß F das in (4.9) beschriebene Polynom zu den Primzahlen $p_1 := 2$, $p_2 := 3$ und $p_3 := 5$ ist.

(4.11) Weitere Resultate und eine umfangreiche Bibliographie findet man in [33].

Kapitel XVI Boolesche Algebren

§1 Verbände

(1.1) DEFINITION: Es sei V eine nichtleere Menge, auf der zwei Verknüpfungen

$$(a,b) \mapsto a \vee b : V \times V \to V \quad \text{und} \quad (a,b) \mapsto a \wedge b : V \times V \to V$$

definiert sind. $(V, \vee, \wedge)$ heißt ein Verband, wenn gilt:
(V1) $\vee$ und $\wedge$ sind assoziativ.
(V2) $\vee$ und $\wedge$ sind kommutativ.
(V3) [Absorptionsgesetze:] Für alle a, $b \in V$ gilt

$$a \vee (a \wedge b) = a \quad \text{und} \quad a \wedge (a \vee b) = a.$$

(1.2) BEZEICHNUNG: Es sei $(V, \vee, \wedge)$ ein Verband.
(1) Ist $(V, \vee)$ ein Monoid, so bezeichnet man sein neutrales Element mit 0_V, falls keine andere Bezeichnung üblich oder nötig ist, und nennt es das Nullelement des Verbandes $(V, \vee, \wedge)$.
(2) Ist $(V, \wedge)$ ein Monoid, so bezeichnet man sein neutrales Element mit 1_V, falls keine andere Bezeichnung üblich oder nötig ist, und nennt es das Einselement des Verbandes $(V, \vee, \wedge)$.

(1.3) Satz: *Es sei $(V, \vee, \wedge)$ ein Verband.*
(1) *Für jedes $a \in V$ gilt $a \vee a = a$ und $a \wedge a = a$.*
(2) *Besitzt $(V, \vee, \wedge)$ ein Nullelement 0_V, so gilt für jedes $a \in V$: Es ist $0_V \vee a = a$ und $0_V \wedge a = 0_V$.*
(3) *Besitzt $(V, \vee, \wedge)$ ein Einselement 1_V, so gilt für jedes $a \in V$: Es ist $1_V \wedge a = a$ und $1_V \vee a = 1_V$.*
Beweis: Es sei $a \in V$.
(1) Aus (V3) folgt $a \vee a = a \vee (a \wedge (a \vee a)) = a$ und $a \wedge a = a \wedge (a \vee (a \wedge a)) = a$.
(2) Ist 0_V Nullelement von $(V, \vee, \wedge)$, so gilt $0_V \vee a = a$, und wegen (V3) folgt $0_V \wedge a = 0_V \wedge (0_V \vee a) = 0_V$.
(3) Ist 1_V Einselement von $(V, \vee, \wedge)$, so gilt $1_V \wedge a = a$, und wegen (V3) folgt $1_V \vee a = 1_V \vee (1_V \wedge a) = 1_V$.

(1.4) BEISPIEL: (1) Es sei M eine nichtleere Menge, und es sei $\leq$ eine lineare Ordnung auf M. Für alle a, $b \in M$ sind dann in M die Elemente

$$a \vee b := \max(\{a,b\}) = \begin{cases} a, & \text{falls } b \leq a \text{ gilt,} \\ b, & \text{falls } a < b \text{ gilt,} \end{cases}$$

$$a \wedge b := \min(\{a,b\}) = \begin{cases} a, & \text{falls } a \leq b \text{ gilt,} \\ b, & \text{falls } b < a \text{ gilt,} \end{cases}$$

definiert. $(M, \vee, \wedge)$ ist ein Verband. Gibt es in $(M, \leq)$ ein kleinstes Element, so ist dieses Nullelement, gibt es in $(M, \leq)$ ein größtes Element, so ist dieses Einselement von $(M, \vee, \wedge)$.

(2) Für alle a, $b \in \mathbb{N}$ existieren $a \vee b := \mathrm{kgV}(a, b) \in \mathbb{N}$ und $a \wedge b := \mathrm{ggT}(a, b) \in \mathbb{N}$. $(\mathbb{N}, \vee, \wedge)$ ist ein Verband, in dem 1 Nullelement ist und der kein Einselement besitzt.
(3) Es sei $m \in \mathbb{N}$, und es sei $V_m := \{ d \in \mathbb{N} \mid d \text{ teilt } m \}$. Für alle a, $b \in V_m$ gilt $a \vee b := \mathrm{kgV}(a, b) \in V_m$ und $a \wedge b := \mathrm{ggT}(a, b) \in V_m$, und mit den so erklärten Verknüpfungen $\vee$ und $\wedge$ ist $(V_m, \vee, \wedge)$ ein Verband, der 1 als Nullelement und m als Einselement besitzt.
(4) Es sei M eine Menge, und es sei $\mathcal{P}(M)$ die Potenzmenge von M. Dann ist $(\mathcal{P}(M), \cup, \cap)$ ein Verband, in dem $\emptyset$ Nullelement und M Einselement ist.

(1.5) Satz: *Es sei $(V, \vee, \wedge)$ ein Verband. Für a, $b \in V$ setzt man $a \leq b$, genau wenn $a \vee b = b$ ist.*
(1) $\leq$ ist eine Ordnung auf V.
(2) Für a, $b \in V$ gilt $a \leq b$, genau wenn $a \wedge b = a$ ist.
(3) Für alle a, $b \in V$ gilt $a \leq a \vee b$ und $b \leq a \vee b$, und für jedes $c \in V$ mit $a \leq c$ und $b \leq c$ gilt $a \vee b \leq c$.
(4) Für alle a, $b \in V$ gilt $a \wedge b \leq a$ und $a \wedge b \leq b$, und für jedes $d \in V$ mit $d \leq a$ und $d \leq b$ gilt $d \leq a \wedge b$.
(5) Besitzt $(V, \vee, \wedge)$ ein Nullelement 0_V, so gilt $0_V \leq a$ für jedes $a \in V$; besitzt $(V, \vee, \wedge)$ ein Einselement 1_V, so gilt $a \leq 1_V$ für jedes $a \in V$.
Beweis: (1) Für jedes $a \in V$ gilt nach (1.3)(1) $a \vee a = a$ und daher $a \leq a$. Sind a, $b \in V$ mit $a \leq b$ und $b \leq a$, so gilt $b = a \vee b = b \vee a = a$. Sind a, b, $c \in V$ mit $a \leq b$ und $b \leq c$, so gilt $a \vee b = b$ und $b \vee c = c$ und daher $a \vee c = a \vee (b \vee c) = (a \vee b) \vee c = b \vee c = c$, also $a \leq c$. Damit ist gezeigt, daß $\leq$ eine Ordnung auf V ist.
(2) Es seien a, $b \in V$. Gilt $a \leq b$, so gilt $a \vee b = b$ und daher wegen (V3) $a = a \wedge (a \vee b) = a \wedge b$. Gilt andererseits $a \wedge b = a$, so folgt mit Hilfe von (V3) $b = (a \wedge b) \vee b = a \vee b$ und daher $a \leq b$.
(3), (4) Es seien a, $b \in V$. Nach (V3) gilt $a = a \wedge (a \vee b)$ und $a = a \vee (a \wedge b)$ und daher $a \leq a \vee b$ und $a \wedge b \leq a$ [wegen (2)]. Ebenso ergibt sich $b \leq a \vee b$ und $a \wedge b \leq b$. Ist $c \in V$ mit $a \leq c$ und $b \leq c$, so gilt $c = a \vee c$ und $c = b \vee c$ und daher $(a \vee b) \vee c = a \vee (b \vee c) = a \vee c = c$, also $a \vee b \leq c$. Ist $d \in V$ mit $d \leq a$ und $d \leq b$, so gilt nach (2) $d = a \wedge d$ und $d = b \wedge d$ und daher $(a \wedge b) \wedge d = a \wedge (b \wedge d) = a \wedge d = d$, also $d \leq a \wedge b$.
(5) Ist 0_V Nullelement von $(V, \vee, \wedge)$ und ist $a \in V$, so gilt $0_V \vee a = a$ und daher $0_V \leq a$. Ist 1_V Einselement von $(V, \vee, \wedge)$ und ist $a \in V$, so gilt $1_V \wedge a = a$ und daher $a \leq 1_V$.

(1.6) Folgerung: *Ein endlicher Verband besitzt ein Nullelement und ein Einselement.*
Beweis: Es sei $(V, \vee, \wedge)$ ein endlicher Verband, und es sei $\leq$ die gemäß (1.5) auf V definierte Ordnung. Gilt $V = \{a\}$, so ist $0_V = a = 1_V$. Es gelte $\mathrm{Card}(V) \geq 2$. Weil V eine endliche Menge und weil $\mathrm{Card}(V) \geq 2$ ist, gibt es Elemente v_0, $v_1 \in V$ mit $a \nless v_0$ und $v_1 \nless a$ für jedes $a \in V$. Dann gilt für jedes $a \in V$: Es ist $v_0 \wedge a \leq v_0$ und $v_0 \wedge a \nless v_0$, also $v_0 \wedge a = v_0$ und daher $v_0 \vee a = (v_0 \wedge a) \vee a = a$. Ebenso ergibt sich für jedes $a \in V$: Es ist $v_1 \leq v_1 \vee a$ und $v_1 \nless v_1 \vee a$, also $v_1 = v_1 \vee a$ und

daher $v_1 \wedge a = (v_1 \vee a) \wedge a = a$. Also ist v_0 Nullelement von $(V, \vee, \wedge)$, und v_1 ist Einselement von $(V, \vee, \wedge)$.

(1.7) Beispiel: (1) Es sei $(\mathbb{N}, \vee, \wedge)$ der in (1.4)(2) definierte Verband. Ist $\preceq$ die gemäß (1.5) auf $\mathbb{N}$ definierte Ordnung, so gilt für a, $b \in \mathbb{N}$: Es ist $a \preceq b$ genau dann, wenn $a = a \wedge b = \text{ggT}(a, b)$ gilt, also genau dann, wenn a ein Teiler von b ist.
(2) Es sei M eine Menge. Für X, $Y \subset M$ gilt $X \cup Y = Y$ genau dann, wenn $X \subset Y$ gilt. Die auf dem Verband $(\mathcal{P}(M), \cup, \cap)$ gemäß (1.5) definierte Ordnung ist also gerade die durch die Inklusion $\subset$ gegebene Ordnung.

(1.8) Satz: *Es sei M eine nichtleere Menge, und es sei $\leq$ eine Ordnung auf M mit den folgenden Eigenschaften:*
(a) *Zu allen a, $b \in M$ gibt es ein Element $\sup(a, b) \in M$ mit $a \leq \sup(a, b)$ und $b \leq \sup(a, b)$ und mit: Für jedes $c \in M$ mit $a \leq c$ und $b \leq c$ gilt $\sup(a, b) \leq c$.*
(b) *Zu allen a, $b \in M$ gibt es ein Element $\inf(a, b) \in M$ mit $\inf(a, b) \leq a$ und $\inf(a, b) \leq b$ und mit: Für jedes $d \in M$ mit $d \leq a$ und $d \leq b$ gilt $d \leq \inf(a, b)$.*
Dann gilt: Für alle a, $b \in M$ ist $\sup(a, b)$ das einzige Element in M mit den in (a) genannten Eigenschaften und $\inf(a, b)$ das einzige Element in M mit den in (b) genannten Eigenschaften. Für alle a, $b \in M$ wird $a \vee b := \sup(a, b)$, $a \wedge b := \inf(a, b)$ gesetzt. Dann ist mit den Verknüpfungen

$$(a, b) \mapsto a \vee b : M \times M \to M \quad \text{und} \quad (a, b) \mapsto a \wedge b : M \times M \to M$$

$(M, \vee, \wedge)$ ein Verband, und die gemäß (1.5) auf M definierte Ordnung ist gerade die ursprünglich auf M gegebene Ordnung $\leq$. Existiert in $(M, \leq)$ ein kleinstes Element, so ist dieses Nullelement von $(M, \vee, \wedge)$; existiert in $(M, \leq)$ ein größtes Element, so ist dieses Einselement von $(M, \vee, \wedge)$.
Beweis: (1) Es seien a, $b \in M$, und es sei $u \in M$ mit $a \leq u$, $b \leq u$ und mit: Für jedes $c \in M$ mit $a \leq c$ und $b \leq c$ gilt $u \leq c$. Dann gilt $u \leq \sup(a, b)$ und $\sup(a, b) \leq u$ und daher $u = \sup(a, b)$. Es gibt also nur ein Element in M mit den in (a) genannten Eigenschaften. Genauso gilt: Es gibt nur ein Element in M mit den in (b) genannten Eigenschaften.
(2) Es seien a, b, $c \in M$. Für $x := (a \vee b) \vee c$ und $y := a \vee (b \vee c)$ gilt einerseits $a \leq a \vee b \leq x$, $b \leq a \vee b \leq x$ und $c \leq x$, also $a \leq x$ und $b \vee c \leq x$, also $y = a \vee (b \vee c) \leq x$ und andererseits $a \leq y$, $b \leq b \vee c \leq y$ und $c \leq b \vee c \leq y$, also $a \vee b \leq y$ und $c \leq y$, also $x = (a \vee b) \vee c \leq y$. Also ist $x = y$.
(3) Aus (2) folgt, daß $(M, \vee)$ assoziativ ist. Auf ähnlich einfache Weise ergibt sich, daß auch $(M, \wedge)$ assoziativ ist, und aus der Definition von $\wedge$ und $\vee$ folgt, daß $(M, \vee)$ und $(M, \wedge)$ kommutativ sind.
(4) Es seien a, $b \in M$. Es gilt $a \leq a \vee (a \wedge b)$, und wegen $a \leq a$ und $a \wedge b \leq a$ ist $a \vee (a \wedge b) \leq a$. Also gilt $a = a \vee (a \wedge b)$. Es gilt $a \wedge (a \vee b) \leq a$, und wegen $a \leq a$ und $a \leq a \vee b$ ist $a \leq a \wedge (a \vee b)$. Also gilt auch $a = a \wedge (a \vee b)$.
(5) Nach (2), (3) und (4) ist $(M, \vee, \wedge)$ ein Verband. Es sei $\preceq$ die gemäß (1.5) auf M definierte Ordnung. Für a, $b \in M$ gilt $a \preceq b$, genau wenn $a \vee b = b$ ist, also genau wenn $a \leq b$ ist [denn es gilt $a \leq a \vee b$]. Also stimmt $\preceq$ mit der ursprünglich gegebenen Ordnung $\leq$ überein.

(5) Es gelte: In $(M, \leq)$ gibt es ein kleinstes Element $m_0 = \min(M)$. Dann gilt für jedes $a \in M$: Es ist $m_0 \leq a$ und $a \leq a$ und daher $m_0 \vee a \leq a$, und wegen $a \leq m_0 \vee a$ folgt $a = m_0 \vee a$. Damit ist gezeigt, daß m_0 Nullelement des Verbandes $(M, \vee, \wedge)$ ist. Ebenso ergibt sich: Gibt es in $(M, \leq)$ ein größtes Element $m_1 = \max(M)$, so gilt $a = m_1 \wedge a$ für jedes $a \in M$, d.h. m_1 ist Einselement von $(M, \vee, \wedge)$.

(1.9) BEMERKUNG: Satz (1.8) und die Aussagen (1), (3) und (4) von Satz (1.5) zeigen, daß die Verbände genau die geordneten Mengen $(M, \leq)$ sind, die die in (1.8) angegebenen Eigenschaften (a) und (b) besitzen.

(1.10) Satz: *Es sei $(V, \vee, \wedge)$ ein Verband. Folgende Aussagen sind äquivalent:*
(1) *Für alle a, b, $c \in V$ gilt $a \vee (b \wedge c) = (a \vee b) \wedge (a \vee c)$.*
(2) *Für alle a, b, $c \in V$ gilt $a \wedge (b \vee c) = (a \wedge b) \vee (a \wedge c)$.*
Beweis: Gilt (1), so gilt für alle a, b, $c \in V$

$$\begin{aligned}(a \wedge b) \vee (a \wedge c) &= \big((a \wedge b) \vee a\big) \wedge \big((a \wedge b) \vee c\big) = a \wedge \big((a \wedge b) \vee c\big) \\ &= a \wedge \big((a \vee c) \wedge (b \vee c)\big) = \big(a \wedge (a \vee c)\big) \wedge (b \vee c) \\ &= a \wedge (b \vee c),\end{aligned}$$

und somit gilt (2).

Gilt (2), so gilt für alle a, b, $c \in V$

$$\begin{aligned}(a \vee b) \wedge (a \vee c) &= \big((a \vee b) \wedge a\big) \vee \big((a \vee b) \wedge c\big) = a \vee \big((a \vee b) \wedge c\big) \\ &= a \vee \big((a \wedge c) \vee (b \wedge c)\big) = \big(a \vee (a \wedge c)\big) \vee (b \wedge c) \\ &= a \vee (b \wedge c),\end{aligned}$$

und somit gilt (1).

(1.11) DEFINITION: Ein Verband $(V, \vee, \wedge)$ heißt distributiv, wenn in ihm eine und damit beide der Aussagen (1) und (2) aus (1.10) gelten.

(1.12) Satz: *Es sei $(V, \vee, \wedge)$ ein distributiver Verband, und es seien a, b, $c \in V$ mit $a \vee b = a \vee c$ und mit $a \wedge b = a \wedge c$. Dann gilt $b = c$.*
Beweis: Es gilt

$$\begin{aligned}b &= (a \vee b) \wedge b = (a \vee c) \wedge b = (a \wedge b) \vee (c \wedge b) \\ &= (a \wedge c) \vee (b \wedge c) = (a \vee b) \wedge c = (a \vee c) \wedge c = c.\end{aligned}$$

(1.13) DEFINITION: Ein Verband $(V, \vee, \wedge)$ heißt komplementär, wenn $(V, \vee, \wedge)$ ein Nullelement 0_V und ein Einselement 1_V besitzt und wenn es zu jedem $a \in V$ ein $b \in V$ mit $a \vee b = 1_V$ und mit $a \wedge b = 0_V$ gibt.

(1.14) BEISPIEL: (1) Es sei M eine nichtleere Menge, und es sei $\leq$ eine lineare Ordnung auf M. Der Verband $(M, \vee, \wedge)$, der in (1.4)(1) definiert wurde, ist distributiv: Für alle a, b, $c \in M$ gilt

$$a \vee (b \wedge c) = \max\big(\{a, \min(\{b, c\})\}\big)$$

$$= \begin{cases} a, & \text{falls } \begin{cases} b \le a \le c \text{ oder } c \le b \le a \text{ oder} \\ b \le c \le a \text{ oder } c \le a \le b \text{ gilt,} \end{cases} \\ b, & \text{falls } a \le b \le c \text{ gilt,} \\ c, & \text{falls } a \le c \le b \text{ gilt,} \end{cases}$$

$$= \min(\{\max(\{a,b\}), \max(\{a,c\})\}) = (a \vee b) \wedge (a \vee c).$$

(2) Der in (1.4)(2) definierte Verband $(\mathbb{N}, \vee, \wedge)$ ist distributiv, denn für alle a, b, $c \in \mathbb{N}$ gilt: Für jede Primzahl p ist [mit der in XIV(1.4) eingeführten Bezeichnung]

$$\begin{aligned} v_p(\mathrm{kgV}(a, \mathrm{ggT}(b,c))) &= \max(\{v_p(a), v_p(\mathrm{ggT}(b,c))\}) \\ &= \max(\{v_p(a), \min(\{v_p(b), v_p(c)\})\}) \\ &= \min(\{\max(\{v_p(a), v_p(b)\}), \max(\{v_p(a), v_p(c)\})\}) \\ &= \min(\{v_p(\mathrm{kgV}(a,b)), v_p(\mathrm{kgV}(a,c))\}) \\ &= v_p(\mathrm{ggT}(\mathrm{kgV}(a,b), \mathrm{kgV}(a,c))), \end{aligned}$$

und daher gilt

$$a \vee (b \wedge c) = \mathrm{kgV}(a, \mathrm{ggT}(b,c)) = \mathrm{ggT}(\mathrm{kgV}(a,b), \mathrm{kgV}(a,c)) = (a \vee b) \wedge (a \vee c).$$

Nach (1.10) gilt daher für alle a, b, $c \in \mathbb{N}$ auch

$$\mathrm{ggT}(a, \mathrm{kgV}(b,c)) = a \wedge (b \vee c) = (a \wedge b) \vee (a \wedge c) = \mathrm{kgV}(\mathrm{ggT}(a,b), \mathrm{ggT}(a,c)).$$

(3) Es sei M eine Menge. Der Verband $(\mathcal{P}(M), \cup, \cap)$ ist distributiv, denn für alle X, Y, $Z \subset M$ gilt $X \cup (Y \cap Z) = (X \cup Y) \cap (X \cup Z)$. Er hat das Nullelement $\emptyset$ und das Einselement M, und für jedes $X \in \mathcal{P}(M)$ ist $X \cup (M \setminus X) = M$ und $X \cap (M \setminus X) = \emptyset$. Also ist $(\mathcal{P}(M), \cup, \cap)$ ein komplementärer Verband.

(4) Es sei K ein Körper, es sei V ein K-Vektorraum der endlichen Dimension n, und es sei $\mathcal{U}$ die Menge aller Unterräume von V.

(a) Für alle U, $W \in \mathcal{U}$ sind die Unterräume $U + W$ und $U \cap W$ von V erklärt. $(\mathcal{U}, +, \cap)$ ist ein Verband, der $\{0_V\}$ als Nullelement und V als Einselement besitzt. Zu jedem $U \in \mathcal{U}$ gibt es ein $W \in \mathcal{U}$ mit $V = U \oplus W$ [vgl. XII(1.24)(2)], also mit $U + W = V$ und mit $U \cap W = \{0_V\}$, und daher ist $(\mathcal{U}, +, \cap)$ ein komplementärer Verband.

(b) Es gelte $n = \dim(V) \ge 2$, und es sei $\{b_1, \ldots, b_n\}$ eine Basis von V. Für die Unterräume $U := \langle b_1, \ldots, b_{n-1} \rangle$, $W_1 := \langle b_n \rangle$ und $W_2 := \langle b_1 + b_n \rangle$ von V gilt

$$U + (W_1 \cap W_2) = U + \{0_V\} = U \ne V = V \cap V = (U + W_1) \cap (U + W_2),$$

und somit ist der Verband $(\mathcal{U}, +, \cap)$ nicht distributiv. Außerdem gilt $V = U \oplus W_1$, $V = U \oplus W_2$ und $W_1 \ne W_2$; es gibt also zu U in $\mathcal{U}$ nicht nur ein Element W mit $U + W = V$ und $U \cap W = \{0_V\}$.

(1.15) DEFINITION: Es seien $(V, \vee, \wedge)$ und $(W, \vee, \wedge)$ Verbände. Eine Abbildung $f\colon V \to W$ heißt ein Isomorphismus von Verbänden, wenn gilt: f ist bijektiv, und für alle a, $b \in V$ gilt $f(a \vee b) = f(a) \vee f(b)$ und $f(a \wedge b) = f(a) \wedge f(b)$.

(1.16) BEMERKUNG: Es seien $(V, \vee, \wedge)$ und $(W, \vee, \wedge)$ Verbände.
(1) Es sei $f: V \to W$ ein Isomorphismus von Verbänden. Dann ist auch die Umkehrabbildung $f^{-1}: W \to V$ ein Isomorphismus von Verbänden: f^{-1} ist bijektiv, für alle $x, y \in W$ gilt $f(f^{-1}(x) \vee f^{-1}(y)) = f(f^{-1}(x)) \vee f(f^{-1}(y)) = x \vee y$ und daher $f^{-1}(x \vee y) = f^{-1}(x) \vee f^{-1}(y)$, und ebenso ergibt sich $f^{-1}(x \wedge y) = f^{-1}(x) \wedge f^{-1}(y)$.
(2) Die Verbände $(V, \vee, \wedge)$ und $(W, \vee, \wedge)$ heißen isomorph, wenn es einen Isomorphismus $f: V \to W$ gibt.
(3) Sind $(V, \vee, \wedge)$ und $(W, \vee, \wedge)$ isomorph, so unterscheiden sie sich nicht wesentlich. Ist nämlich $f: V \to W$ ein Isomorphismus von Verbänden, so gilt: Besitzt V ein Nullelement 0_V, so ist $f(0_V)$ Nullelement von W; besitzt V ein Einselement 1_V, so ist $f(1_V)$ Einselement von W; ist V distributiv, so ist auch W distributiv; ist V komplementär, so ist auch W komplementär.

(1.17) BEISPIEL: Es seien M und N Mengen, und es sei $f: M \to N$ eine bijektive Abbildung. Dann sind die Verbände $(\mathcal{P}(M), \cup, \cap)$ und $(\mathcal{P}(N), \cup, \cap)$ isomorph, und zwar ist die Abbildung $X \mapsto f(X) : \mathcal{P}(M) \to \mathcal{P}(N)$ ein Isomorphismus von Verbänden.

§2 Boolesche Algebren

(2.1) DEFINITION: Es sei A eine nichtleere Menge, auf der zwei Verknüpfungen

$$(a, b) \mapsto a \vee b : A \times A \to A \quad \text{und} \quad (a, b) \mapsto a \wedge b : A \times A \to A$$

definiert sind. $(A, \vee, \wedge)$ heißt eine Boolesche Algebra oder ein Boolescher Verband [nach G. Boole, 1815–1864], wenn gilt: $(A, \vee, \wedge)$ ist ein distributiver und komplementärer Verband.

(2.2) BEMERKUNG: Es sei $(A, \vee, \wedge)$ eine Boolesche Algebra.
(1) $(A, \vee, \wedge)$ ist ein komplementärer Verband und besitzt daher ein Nullelement 0_A und ein Einselement 1_A.
(2) Es sei $a \in A$. Da $(A, \vee, \wedge)$ komplementär ist, gibt es ein Element $a' \in A$ mit $a \vee a' = 1_A$ und mit $a \wedge a' = 0_A$, und da $(A, \vee, \wedge)$ distributiv ist, ist a' nach (1.12) eindeutig bestimmt. Dieses a' heißt das Komplement von a.
(3) Es sei $n \in \mathbb{N}_0$, und es seien $a_1, \ldots, a_n \in A$. Man setzt

$$a_1 \vee a_2 \vee \cdots \vee a_n := \bigvee_{i=1}^{n} a_i := \begin{cases} 0_A, & \text{falls } n = 0 \text{ ist,} \\ a_1, & \text{falls } n = 1 \text{ ist,} \\ \left(\bigvee_{i=1}^{n-1} a_i\right) \vee a_n, & \text{falls } n \geq 2 \text{ ist.} \end{cases}$$

Weil $(A, \vee)$ ein Monoid ist, ist diese Definition sinnvoll [vgl. I(3.5)(1) und I(4.6)], und weil $(A, \vee)$ auch kommutativ ist, gilt im Fall $n \geq 1$ für jedes $\sigma \in S_n$: Es ist

$$a_{\sigma(1)} \vee a_{\sigma(2)} \vee \cdots \vee a_{\sigma(n)} = a_1 \vee a_2 \vee \cdots \vee a_n$$

[vgl. I(3.5)(2)]. Weil $(A, \vee, \wedge)$ distributiv ist, gilt außerdem: Für jedes $a \in A$ ist

$$a \wedge (a_1 \vee a_2 \vee \cdots \vee a_n) = (a \wedge a_1) \vee (a \wedge a_2) \vee \cdots \vee (a \wedge a_n).$$

(4) Es sei $n \in \mathbb{N}_0$, und es seien $a_1, \ldots, a_n \in A$. Man setzt

$$a_1 \wedge a_2 \wedge \cdots \wedge a_n := \bigwedge_{i=1}^{n} a_i := \begin{cases} 1_A, & \text{falls } n = 0 \text{ ist,} \\ a_1, & \text{falls } n = 1 \text{ ist,} \\ \left(\bigwedge_{i=1}^{n-1} a_i\right) \wedge a_n, & \text{falls } n \geq 2 \text{ ist.} \end{cases}$$

Weil $(A, \wedge)$ ein Monoid ist, ist diese Definition sinnvoll, und weil $(A, \wedge)$ auch kommutativ ist, gilt im Fall $n \geq 1$ für jedes $\sigma \in S_n$: Es ist

$$a_{\sigma(1)} \wedge a_{\sigma(2)} \wedge \cdots \wedge a_{\sigma(n)} = a_1 \wedge a_2 \wedge \cdots \wedge a_n.$$

Weil $(A, \vee, \wedge)$ distributiv ist, gilt außerdem: Für jedes $a \in A$ ist

$$a \vee (a_1 \wedge a_2 \wedge \cdots \wedge a_n) = (a \vee a_1) \wedge (a \vee a_2) \wedge \cdots \wedge (a \vee a_n).$$

(5) Für $a, b \in A$ setzt man wie in (1.5) $a \leq b$, genau wenn $a \vee b = b$ ist. In (1.5) wurde gezeigt: $\leq$ ist eine Ordnung auf A, und für $a, b \in A$ gilt $a \leq b$, genau wenn $a \wedge b = a$ ist. Insbesondere gilt also $0_A \leq a \leq 1_A$ für jedes $a \in A$. Sind $a, b \in A$ und gilt $a \leq b$ und $a \neq b$, so schreibt man $a < b$ oder $b > a$.
(6) Wenn im folgenden von einer Ordnung $\leq$ auf einer Booleschen Algebra die Rede ist, so ist damit immer die in (5) angegebene und in (1.5) näher untersuchte Ordnung $\leq$ gemeint.

(2.3) Satz: *Es sei $(A, \vee, \wedge)$ eine Boolesche Algebra.*
(1) *Es gilt $0'_A = 1_A$ und $1'_A = 0_A$.*
(2) *Für jedes $a \in A$ gilt $(a')' = a$.*
(3) *Für alle $a, b \in A$ gilt $(a \vee b)' = a' \wedge b'$ und $(a \wedge b)' = a' \vee b'$.*
(4) *Für $a, b \in A$ gilt $a \leq b$ genau dann, wenn $b' \leq a'$ gilt.*
Beweis: Es seien $a, b \in A$. Es gilt $a' \vee a = 1_A$ und $a' \wedge a = 0_A$ und daher $(a')' = a$. Es gilt

$$\begin{aligned} (a \vee b) \vee (a' \wedge b') &= ((a \vee b) \vee a') \wedge ((a \vee b) \vee b') \\ &= ((a \vee a') \vee b) \wedge (a \vee (b \vee b')) \\ &= (1_A \vee b) \wedge (a \vee 1_A) = 1_A \wedge 1_A = 1_A \quad \text{und} \\ (a \vee b) \wedge (a' \wedge b') &= ((a \wedge (a' \wedge b')) \vee (b \wedge (a' \wedge b')) \\ &= ((a \wedge a') \wedge b') \vee (a' \wedge (b \wedge b')) \\ &= (0_A \wedge b') \vee (a' \wedge 0_A) = 0_A \vee 0_A = 0_A, \end{aligned}$$

und daher ist $(a \vee b)' = a' \wedge b'$. Hieraus folgt

$$(a \wedge b)' = ((a')' \wedge (b')')' = ((a' \vee b')')' = a' \vee b'.$$

Gilt $a \leq b$, so gilt $b = a \vee b$ und daher $b' = (a \vee b)' = a' \wedge b'$, also $b' \leq a'$. Gilt $b' \leq a'$, so gilt $a = (a')' \leq (b')' = b$.

Für jedes $a \in A$ gilt $1'_A \vee a = (1_A \wedge a')' = (a')' = a$, und daher ist $1'_A = 0_A$. Hieraus folgt schließlich $0'_A = (1'_A)' = 1_A$.

(2.4) BEISPIEL: Es sei M eine Menge. Der Verband $(\mathcal{P}(M), \cup, \cap)$ ist eine Boolesche Algebra [vgl. (1.14)(3)]. Ihr Nullelement ist $\emptyset$, ihr Einselement ist M, und für jedes $X \in \mathcal{P}(M)$ ist $M \setminus X$ das Komplement von X. (2.3) besagt: Es ist $M \setminus \emptyset = M$ und $M \setminus M = \emptyset$; für jedes $X \in \mathcal{P}(M)$ ist $M \setminus (M \setminus X) = X$, und für alle X, $Y \in \mathcal{P}(M)$ gilt $M \setminus (X \cup Y) = (M \setminus X) \cap (M \setminus Y)$ und $M \setminus (X \cap Y) = (M \setminus X) \cup (M \setminus Y)$, und es gilt $X \subset Y$, genau wenn $M \setminus Y \subset M \setminus X$ gilt.

(2.5) DEFINITION: Ein Ring $(R, +, \cdot)$ heißt ein Boolescher Ring, wenn für jedes $a \in R$ gilt: Es ist $a^2 = a$.

(2.6) Satz: *Es sei $(R, +, \cdot)$ ein Boolescher Ring. Dann ist R ein kommutativer Ring, und für jedes $a \in R$ ist $a + a = 0_R$.*

Beweis: Für jedes $a \in R$ gilt $a + a = (a + a)^2 = a^2 + a^2 + a^2 + a^2 = a + a + a + a$ und daher $a + a = 0_R$, also $-a = a$. Für alle a, $b \in R$ gilt $a + b = (a + b)^2 = a^2 + b^2 + ab + ba = a + b + ab + ba$ und daher $ab = -ba = ba$.

(2.7) BEMERKUNG: Die beiden nächsten Sätze zeigen, daß die Booleschen Algebren gerade die Booleschen Ringe sind. Man hätte also Boolesche Algebren auch als Ringe mit der in (2.5) angegebenen Eigenschaft einführen können. Für die meisten Booleschen Algebren, wie etwa für die Boolesche Algebra $(\mathcal{P}(M), \cup, \cap)$ der Teilmengen einer Menge M, ist aber doch wohl die in (2.1) gebrachte Beschreibung als distributiver und komplementärer Verband die natürliche Beschreibung. Dennoch sind die Sätze (2.8) und (2.9) nicht ohne Interesse: Sie zeigen, wie sich die Theorie der Booleschen Algebren in die Theorie der Ringe, die wohl den meisten Lesern vertrauter ist, einfügt.

(2.8) Satz: *Es sei $(A, \vee, \wedge)$ eine Boolesche Algebra, und es sei für alle a, $b \in A$*

$$a + b := (a \wedge b') \vee (a' \wedge b) = (a \vee b) \wedge (a \wedge b)' \quad \text{und} \quad a \cdot b := a \wedge b$$

gesetzt. Dann ist $(A, +, \cdot)$ ein Boolescher Ring.

Beweis: (a) Für alle a, $b \in A$ gilt, wie man sogleich nachrechnet,

$$a + b = (a \vee b) \wedge (a \wedge b)' = (a \vee b) \wedge (a' \vee b').$$

(b) Eine leichte Rechnung ergibt: Für alle a, b, $c \in A$ gilt

$$a + (b + c) = (a \wedge b' \wedge c') \vee (a' \wedge b \wedge c') \vee (a' \wedge b' \wedge c) \vee (a \wedge b \wedge c) = (a + b) + c,$$

und daher ist $(A, +)$ assoziativ. Daß $(A, +)$ kommutativ ist, ist klar, und für jedes $a \in A$ gilt

$$a + 0_A = (a \wedge 0'_A) \vee (a' \wedge 0_A) = (a \wedge 1_A) \vee (a' \wedge 0_A) = a \vee 0_A = a$$

und

$$a + a = (a \wedge a') \vee (a' \wedge a) = 0_A \vee 0_A = 0_A.$$

Also ist $(A, +)$ eine abelsche Gruppe mit dem neutralen Element 0_A, in der jedes Element sein eigenes Inverses ist.
(c) $(A, \cdot) = (A, \wedge)$ ist ein kommutatives Monoid mit dem neutralen Element 1_A, und für jedes $a \in A$ gilt $a \cdot a = a \wedge a = a$. Daß in $(R, +, \cdot)$ die Distributivgesetze gelten, zeigt wiederum eine leichte Rechnung.

(2.9) Satz: *Es sei $(R, +, \cdot)$ ein Boolescher Ring, und es sei für alle $a, b \in R$*

$$a \vee b := a + b + a \cdot b \quad \text{und} \quad a \wedge b := a \cdot b$$

gesetzt. Dann ist $(A, \vee, \wedge)$ eine Boolesche Algebra.
Beweis: (a) Für alle $a, b, c \in R$ gilt

$$\begin{aligned}
a \vee (b \vee c) &= a \vee (b + c + bc) \\
&= a + (b + c + bc) + a(b + c + bc) \\
&= (a + b + c) + (ab + bc + ac) + abc \\
&= (a + b + ab) + c + (a + b + ab)c \\
&= (a \vee b) \vee c, \\
a \wedge (b \wedge c) &= abc \;=\; (a \wedge b) \wedge c, \\
a \vee b &= a + b + ab \;=\; b + a + ba \;=\; b \vee a, \\
a \wedge b &= ab \;=\; ba \;=\; b \wedge a, \\
a \vee (a \wedge b) &= a + ab + a^2 b \;=\; a + (ab + ab) \;=\; a, \\
a \wedge (a \vee b) &= a(a + b + ab) \;=\; a^2 + ab + a^2 b \;=\; a + (ab + ab) \;=\; a, \\
(a \vee b) \wedge (a \vee c) &= (a + b + ab)(a + c + ac) \\
&= a^2 + ac + a^2 c + ab + bc + abc + a^2 b + abc + a^2 bc \\
&= a + (ac + ac) + (ab + ab) + bc + (abc + abc + abc) \\
&= a + bc + abc \\
&= a \vee (b \wedge c)
\end{aligned}$$

[vgl. (2.6)]. Also ist $(R, \vee, \wedge)$ ein distributiver Verband.
(b) Für jedes $a \in R$ gilt

$$\begin{aligned}
0_R \vee a &= 0_R + a + 0_R \cdot a \;=\; a, \\
1_R \wedge a &= 1_R \cdot a \;=\; a, \\
a \vee (1_R + a) &= a + (1_R + a) + a(1_R + a) \;=\; 1_R + (a + a) + (a + a) \;=\; 1_R, \\
a \wedge (1_R + a) &= a(1_R + a) \;=\; a + a \;=\; 0_R.
\end{aligned}$$

Der Verband $(R, \vee, \wedge)$ besitzt also ein Nullelement, nämlich 0_R, ein Einselement, nämlich 1_R, und jedes $a \in R$ besitzt ein Komplement in R, nämlich $1_R + a$. Also ist $(R, \vee, \wedge)$ ein komplementärer Verband und daher eine Boolesche Algebra.

(2.10) Beispiel: Es sei M eine Menge. Wenn man für alle $X, Y \in \mathcal{P}(M)$

$$X + Y := \big(X \cap (M \setminus Y)\big) \cup \big((M \setminus X) \cap Y\big) \quad \text{und} \quad X \cdot Y := X \cap Y$$

setzt, so ist $(\mathcal{P}(M), +, \cdot)$ nach (2.8) ein Boolescher Ring. Für $X, Y \in \mathcal{P}(M)$ heißt die Menge

$$X + Y = \big(X \cap (M \setminus Y)\big) \cup \big((M \setminus X) \cap Y\big) = (X \cup Y) \setminus (X \cap Y)$$

die symmetrische Differenz von X und Y.

(2.11) Definition: Es sei $(A, \vee, \wedge)$ eine Boolesche Algebra.
(1) Ein Element $p \in A$ heißt ein Atom von A, wenn gilt: Es ist $p \neq 0_A$, und ist $a \in A$ ein Element mit $a \leq p$, so gilt $a = 0_A$ oder $a = p$.
(2) Ein Element $q \in A$ heißt ein Coatom von A, wenn gilt: Es ist $q \neq 1_A$, und ist $a \in A$ ein Element mit $q \leq a$, so gilt $a = q$ oder $a = 1_A$.

(2.12) Beispiel: Es sei M eine Menge. In der Booleschen Algebra $(\mathcal{P}(M), \cup, \cap)$ sind die Atome gerade die Mengen $\{a\}$ mit $a \in M$, und die Coatome sind die Mengen $M \setminus \{a\}$ mit $a \in M$.

(2.13) Hilfssatz: *Es sei $(A, \vee, \wedge)$ eine Boolesche Algebra, es sei $p \in A$ ein Atom, und es sei $q \in A$ ein Coatom.*
(1) *p' ist ein Coatom und q' ist ein Atom von A.*
(2) *Sind $a, b \in A$ mit $p = a \vee b$, so gilt $a = p$ oder $b = p$.*
(3) *Sind $a, b \in A$ mit $q = a \wedge b$, so gilt $a = q$ oder $b = q$.*
Beweis: (1) Es ist $p' \neq 1_A$, denn sonst wäre $p = (p')' = 1'_A = 0_A$, und ist $a \in A$ mit $p' \leq a$, so gilt $a' \leq (p')' = p$ und daher $a' = 0_A$ oder $a' = p$, also $a = 1_A$ oder $a = p'$. Daß q' ein Atom von A ist, folgt analog.
(2) Es seien $a, b \in A$ mit $p = a \vee b$. Wegen $a \leq a \vee b = p$ folgt $a = 0_A$ oder $a = p$. Ist $a = 0_A$, so folgt $b = 0_A \vee b = a \vee b = p$.
(3) Es seien $a, b \in A$ mit $q = a \wedge b$. Wegen $q = a \wedge b \leq a$ folgt $a = 1_A$ oder $a = q$. Ist $a = 1_A$, so folgt $b = 1_A \wedge b = a \wedge b = q$.

(2.14) Hilfssatz: *Es sei $(A, \vee, \wedge)$ eine endliche Boolesche Algebra.*
(1) *Zu jedem $a \in A$ mit $a \neq 0_A$ gibt es ein Atom $p \in A$ mit $p \leq a$.*
(2) *Ist $a \in A$ und ist $\{p_1, p_2, \ldots, p_r\}$ die Menge aller Atome $p \in A$ mit $p \leq a$, so gilt $a = p_1 \vee p_2 \vee \cdots \vee p_r$.*
(3) *Zu jedem $a \in A$ mit $a \neq 1_A$ gibt es ein Coatom $q \in A$ mit $a \leq q$.*
(4) *Ist $a \in A$ und ist $\{q_1, q_2, \ldots, q_s\}$ die Menge aller Coatome $q \in A$ mit $a \leq q$, so gilt $a = q_1 \wedge q_2 \wedge \cdots \wedge q_s$.*
Beweis: (1) Es sei $a \in A$ mit $a \neq 0_A$. Dann ist $M := \{b \in A \mid 0_A < b \leq a\}$ nichtleer, und weil A endlich ist, gibt es ein $p \in M$ mit: Für jedes $b \in M$ gilt $b \not< p$. Dann ist p ein Atom von A mit $p \leq a$.
(2) Es sei $a \in A$, und es sei $\{p \in A \mid p \text{ Atom mit } p \leq a\} = \{p_1, \ldots, p_r\}$. Ist $a = 0_A$, so ist $r = 0$, und es ist nichts zu beweisen [vgl. (2.2)(3)]. Es sei von jetzt

an $a > 0_A$. Dann ist nach (1) $r \geq 1$, und wegen $p_i \leq a$ für jedes $i \in \{1, \ldots, r\}$ folgt aus (1.5)(3) und durch Induktion: Es ist $b := p_1 \vee p_2 \vee \cdots \vee p_r \leq a$.

Angenommen, es ist $b < a$. Dann ist $a \wedge b' \neq 0_A$ [denn sonst wäre $b = 0_A \vee b = (a \wedge b') \vee b = (a \vee b) \wedge (b' \vee b) = a \wedge 1_A = a$]. Nach (1) gibt es daher ein Atom $p \in A$ mit $p \leq a \wedge b'$, und wegen $a \wedge b' \leq a$ ist $p \in \{p_1, \ldots, p_r\}$. Also gilt $p \leq b$ und daher $p \leq (a \wedge b') \wedge b = a \wedge (b' \wedge b) = a \wedge 0_A = 0_A$, also $p = 0_A$, im Widerspruch zu $p \neq 0_A$.

Also gilt $a = b = p_1 \vee p_2 \vee \cdots \vee p_r$.

(3) Es sei $a \in A$ mit $a \neq 1_A$. Dann ist $a' \neq 0_A$, und daher gibt es nach (1) ein Atom $p \in A$ mit $p \leq a$. Nach (2.13)(1) ist p' ein Coatom von A, und nach (2.3) gilt $a = (a')' \leq p'$.

(4) Es sei $a \in A$, und es sei $\{q_1, \ldots, q_s\}$ die Menge der Coatome $q \in A$ mit $a \leq q$. Aus (2.13)(1) und aus (2.3)(4) folgt sogleich, daß $\{q_1', \ldots, q_s'\}$ die Menge der Atome $p \in A$ mit $p \leq a'$ ist. Nach (2) gilt daher $a' = q_1' \vee \cdots \vee q_s'$, und hieraus folgt mit Hilfe von (2.3) und durch Induktion sogleich $a = q_1 \wedge \cdots \wedge q_s$.

(2.15) DEFINITION: Es seien $(A, \vee, \wedge)$ und $(B, \vee, \wedge)$ Boolesche Algebren. Eine Abbildung $f: A \to B$ heißt ein Isomorphismus von Booleschen Algebren, wenn f ein Isomorphismus von Verbänden ist, wenn also gilt: f ist bijektiv, und für alle a, $b \in A$ gilt $f(a \vee b) = f(a) \vee f(b)$ und $f(a \wedge b) = f(a) \wedge f(b)$.

(2.16) BEMERKUNG: Es seien $(A, \vee, \wedge)$ und $(B, \vee, \wedge)$ Boolesche Algebren, und es sei $f: A \to B$ ein Isomorphismus von Booleschen Algebren. Man sieht: $p \in A$ ist genau dann ein Atom von A, wenn $f(p)$ ein Atom von B ist, und $q \in A$ ist genau dann ein Coatom von A, wenn $f(q)$ ein Coatom von B ist.

(2.17) Satz: *Es sei $(A, \vee, \wedge)$ eine endliche Boolesche Algebra, und es sei P die Menge der Atome von A. Dann sind die Booleschen Algebren $(A, \vee, \wedge)$ und $(\mathcal{P}(P), \cup, \cap)$ isomorph, und zwar gilt: Die Abbildung*

$$\begin{cases} f: A \to \mathcal{P}(P) \\ \text{mit } f(a) := \{p \in P \mid p \leq a\} \quad \text{für jedes } a \in A \end{cases}$$

ist ein Isomorphismus von Booleschen Algebren. Es gilt

$$f^{-1}(\{p_1, \ldots, p_r\}) = p_1 \vee \cdots \vee p_r \quad \text{für alle } p_1, \ldots, p_r \in P.$$

Beweis: (1) Ist $P = \emptyset$, so ist $A = \{0_A\}$ [vgl. (2.14)(1)], und es ist $\mathcal{P}(P) = \{\emptyset\}$. In diesem Fall ist also nichts zu beweisen.

(2) Es sei $P \neq \emptyset$.

(a) Für alle a, $b \in A$ gilt $f(a \vee b) = f(a) \cup f(b)$.

Beweis: Es seien a, $b \in A$. Für jedes $p \in f(a)$ gilt $p \leq a \leq a \vee b$ und daher $p \in f(a \vee b)$, und für jedes $p \in f(b)$ gilt $p \leq b \leq a \vee b$ und daher $p \in f(a \vee b)$. Also gilt $f(a) \cup f(b) \subset f(a \vee b)$. Für jedes $p \in f(a \vee b)$ gilt $p \leq a \vee b$ und daher $p = p \wedge (a \vee b) = (p \wedge a) \vee (p \wedge b)$, also $p \wedge a = p$ oder $p \wedge b = p$ [vgl. (2.13)(2)], also $p \leq a$ oder $p \leq b$, also $p \in f(a)$ oder $p \in f(b)$. Also gilt auch $f(a \vee b) \subset f(a) \cup f(b)$.

(b) Für jedes $a \in A$ gilt $f(a') = P \setminus f(a)$.
Beweis: Es sei $a \in A$. Wegen $1_A = a \vee a'$ gilt $P = f(1_A) = f(a \vee a') = f(a) \cup f(a')$ [wegen (a)], und es ist $f(a) \cap f(a') = \emptyset$, denn sonst gäbe es ein $p \in P$ mit $p \leq a$ und mit $p \leq a'$, also mit $p \leq a \wedge a' = 0_A$, aber das ist nicht möglich. Also ist $f(a') = P \setminus f(a)$.
(c) Für alle $a, b \in A$ gilt $f(a \wedge b) = f(a) \cap f(b)$.
Beweis: Es seien $a, b \in A$. Es gilt [wegen (a), (b) und (2.3)(3)]

$$\begin{aligned} P \setminus f(a \wedge b) &= f((a \wedge b)') = f(a' \vee b') = f(a') \cup f(b') \\ &= \big(P \setminus f(a)\big) \cup \big(P \setminus f(b)\big) = P \setminus \big(f(a) \cap f(b)\big), \end{aligned}$$

und daher

$$f(a \wedge b) = P \setminus \big(P \setminus f(a \wedge b)\big) = P \setminus \big(P \setminus (f(a) \cap f(b))\big) = f(a) \cap f(b).$$

(d) f ist surjektiv.
Beweis: Es ist $f(0_A) = \emptyset$, und für jedes $p \in P$ ist $f(p) = \{p\}$. Es sei $n \in \mathbb{N}$, und es sei bereits gezeigt: Für alle $p_1, \ldots, p_n \in P$ ist $f(p_1 \vee \cdots \vee p_n) = \{p_1, \ldots, p_n\}$. Dann gilt für alle $p_1, \ldots, p_{n+1} \in P$ [nach (a)]

$$\begin{aligned} f(p_1 \vee \cdots \vee p_{n+1}) &= f((p_1 \vee \cdots \vee p_n) \vee p_{n+1}) = f(p_1 \vee \cdots \vee p_n) \cup f(p_{n+1}) \\ &= \{p_1, \ldots, p_n\} \cup \{p_{n+1}\} = \{p_1, \ldots, p_{n+1}\}. \end{aligned}$$

Damit ist gezeigt: Zu jedem $X \in \mathcal{P}(P)$ gibt es ein $a \in A$ mit $f(a) = X$. Also ist f surjektiv.
(e) f ist injektiv.
Beweis: Es seien $a, b \in A$, und es gelte $f(a) = f(b)$, und zwar gelte $f(a) = \{p_1, \ldots, p_r\} = f(b)$. Dann gilt sowohl $\{p \in P \mid p \leq a\} = \{p_1, \ldots, p_r\}$ als auch $\{p \in P \mid p \leq b\} = \{p_1, \ldots, p_r\}$, und daher folgt aus (2.14)(2): Es ist $a = p_1 \vee \cdots \vee p_r = b$.

Damit ist der Satz bewiesen.

(2.18) Folgerung 1: *Es sei $(A, \vee, \wedge)$ eine endliche Boolesche Algebra. Dann gibt es ein $n \in \mathbb{N}_0$ mit* $\mathrm{Card}(A) = 2^n$, *und zwar ist n die Anzahl der Atome von A.*
Beweis: Es sei $P := \{p \in A \mid p \text{ ist ein Atom von } A\}$. Nach (2.17) gibt es eine bijektive Abbildung $f: A \to \mathcal{P}(P)$, und daher ist $\mathrm{Card}(A) = \mathrm{Card}(\mathcal{P}(P)) = 2^{\mathrm{Card}(P)}$ [vgl. I(4.15)(2)].

(2.19) Folgerung 2: *Es seien $(A, \vee, \wedge)$ und $(B, \vee, \wedge)$ endliche Boolesche Algebren. Es gibt dann und nur dann einen Isomorphismus $f: A \to B$ von Booleschen Algebren, wenn* $\mathrm{Card}(A) = \mathrm{Card}(B)$ *ist.*
Beweis: (1) Es gelte: Es gibt einen Isomorphismus $f: A \to B$ von Booleschen Algebren. Da f bijektiv ist, folgt $\mathrm{Card}(A) = \mathrm{Card}(B)$.
(2) Es gelte $\mathrm{Card}(A) = \mathrm{Card}(B)$. Es sei P_A die Menge der Atome von A, und es sei P_B die Menge der Atome von B. Nach (2.18) gilt dann $\mathrm{Card}(P_A) = \mathrm{Card}(P_B)$,

und daher gibt es eine bijektive Abbildung $g: P_A \to P_B$. Die Abbildung

$$\begin{cases} \widetilde{g} : \mathcal{P}(P_A) \to \mathcal{P}(P_B) \\ \text{mit } \widetilde{g}(X) := g(X) \text{ für jedes } X \in \mathcal{P}(P_A) \end{cases}$$

ist ein Isomorphismus der Booleschen Algebra $(\mathcal{P}(P_A), \cup, \cap)$ auf die Boolesche Algebra $(\mathcal{P}(P_B), \cup, \cap)$. Nach (2.17) gibt es Isomorphismen $f_A: A \to \mathcal{P}(P_A)$ und $f_B: B \to \mathcal{P}(P_B)$ von Booleschen Algebren. Man sieht: $f_B^{-1} \circ \widetilde{g} \circ f_A: A \to B$ ist ein Isomorphismus von Booleschen Algebren [vgl. (1.16)(1)].

(2.20) Satz: *Es sei $(A, \vee, \wedge)$ eine endliche Boolesche Algebra.*
(1) *Zu jedem $a \in A$ gibt es bis auf die Reihenfolge eindeutig bestimmte paarweise verschiedene Atome $p_1, \ldots, p_r \in A$ mit $a = p_1 \vee \cdots \vee p_r$.*
(2) *Zu jedem $a \in A$ gibt es bis auf die Reihenfolge eindeutig bestimmte paarweise verschiedene Coatome $q_1, \ldots, q_s$ mit $a = q_1 \wedge \cdots \wedge q_s$.*
Beweis: Es sei P die Menge der Atome von A. Nach (2.17) ist die Abbildung

$$\begin{cases} f : A \to \mathcal{P}(P) \\ \text{mit } f(a) := \{ p \in P \mid p \leq a \} \text{ für jedes } a \in A \end{cases}$$

ein Isomorphismus von $(A, \vee, \wedge)$ auf die Boolesche Algebra $(\mathcal{P}(P), \cup, \cap)$. Die Atome von $\mathcal{P}(P)$ sind die Mengen $\{ p \}$ mit $p \in P$, und die Coatome von $\mathcal{P}(P)$ sind die Mengen $P \setminus \{ p \}$ mit $p \in P$.

Es sei $a \in A$. Dann gibt es paarweise verschiedene Elemente $p_1, \ldots, p_r \in P$ mit $f(a) = \{ p_1, \ldots, p_r \} = \{ p_1 \} \cup \cdots \cup \{ p_r \}$, und dies ist offensichtlich die einzige Möglichkeit, $f(a)$ als eine Vereinigung von Atomen von $\mathcal{P}(P)$ zu schreiben. Es ist

$$a = f^{-1}(\{ p_1, \ldots, p_r \}) = p_1 \vee \cdots \vee p_r.$$

Es sei $n := \operatorname{Card}(P)$, und es sei $\{ p_{r+1}, \ldots, p_n \} = P \setminus \{ p_1, \ldots, p_r \}$. Für jedes $i \in \{ 1, \ldots, n-r \}$ ist $Q_i := P \setminus \{ p_{r+i} \}$ ein Coatom von $\mathcal{P}(P)$, es gilt $f(a) = Q_1 \cap \cdots \cap Q_{n-r}$, und dies ist die einzige Möglichkeit, $f(a)$ als Durchschnitt von Coatomen von $\mathcal{P}(P)$ zu schreiben. Für jedes $i \in \{ 1, \ldots, n-r \}$ ist $q_i := f^{-1}(Q_i)$ ein Coatom von A [vgl. (2.16)], und es gilt

$$a = f^{-1}(Q_1 \cap \cdots \cap Q_{n-r}) = f^{-1}(Q_1) \wedge \cdots \wedge f^{-1}(Q_{n-r}) = q_1 \wedge \cdots \wedge q_{n-r}.$$

Die Einzigkeitsaussagen in (1) und (2) folgen sofort daraus, daß in der Booleschen Algebra $(\mathcal{P}(P), \cup, \cap)$, wie bereits bemerkt wurde, die entsprechenden Einzigkeitsaussagen gelten.

(2.21) BEMERKUNG: Zu einer nichtendlichen Booleschen Algebra $(A, \vee, \wedge)$ braucht es keine Menge M zu geben, für die $(A, \vee, \wedge)$ zur Booleschen Algebra $(\mathcal{P}(M), \cup, \cap)$ isomorph ist. Dies gilt z.B. für die Boolesche Algebra

$$\mathcal{M} := \{ X \in \mathcal{P}(\mathbb{N}) \mid X \text{ ist endlich} \} \cup \{ Y \in \mathcal{P}(\mathbb{N}) \mid \mathbb{N} \setminus Y \text{ ist endlich} \}.$$

(2.22) Ein ausführliche Darstellung der Theorie der Booleschen Algebren findet man in [39].

Literaturverzeichnis

[1] Abramowitz, M., Stegun, I., Handbook of Mathematical Functions. Dover Publications, New York 1972

[2] Afflerbach, L., Lineare Kongruenz-Generatoren zur Erzeugung von Pseudo-Zufallszahlen und ihre Gitterstruktur. Dissertation Darmstadt 1983

[3] Afflerbach, L., The Pseudo-Random Number Generators in Commodore and Apple Microcomputers. Statistische Hefte **26** (1985) 321–333

[4] Akritas, G., Elements of Computer Algebra with Applications. Wiley, Chichester 1989

[5] Barner, W., Flohr, F., Analysis I und II (De Gruyter Lehrbücher). De Gruyter, Berlin-New York, 3. und 2. Auflage 1987 und 1989

[6] Barsky, B. A., Computer Graphics and Geometric Modeling Using Beta-Splines (Computer Science Workbench). Springer, Berlin-Heidelberg-New York 1988

[7] Bartels, R. H., Beatty, J. C., Barsky, B. A., An Introduction to Splines for Use in Computer Graphics and Geometric Modeling. Morgan Kaufmann Publishers, Los Altos 1987

[8] Bartels, R. H., Stoer, J., Zenger, Ch., A Realization of the Simplex Method based on Triangular Decompositions. In [84], S. 152–190

[9] Bauer, H., Wahrscheinlichkeitstheorie und Grundzüge der Maßtheorie (De Gruyter Lehrbuch). De Gruyter, Berlin-New York, 3. Auflage 1978

[10] Beisel, E.-P., Mendel, M., Optimierungsmethoden des Operations Research I. Vieweg, Braunschweig-Wiesbaden 1987

[11] Bland, R. G., New Finite Pivoting Rules for the Simplex Method. Mathematics of Operations Research **2** (1977) 103–107

[12] Borgwardt, K. H., The Simplex Method. A Probabilistic Approach (Algorithms and Combinatorics 1). Springer, Berlin-Heidelberg-New York 1987

[13] Brassard, G., Modern Cryptography – A Tutorial (Lecture Notes in Computer Science 325). Springer, Berlin-Heidelberg-New York 1988

[14] Braun, Differentialgleichungen und ihre Anwendungen (Hochschultext). Springer, Berlin-Heidelberg-New York 1988

[15] Buchberger, B., Collins, G. E., Loos, R. (eds.), Computer Algebra and Algebraic Computation. Springer, Wien-New York, 2nd edition 1983

[16] Bunse, W., Bunse-Gerstner, A., Numerische lineare Algebra (Teubner Studienbücher). Teubner, Stuttgart 1985

[17] Chvátal, V., Linear Programming. Freeman, New York 1983

[18] Daniel, J. W., Gragg, W. B., Kaufmann, L., Stewart, G. W., Reorthogonalization and Stable Algorithms for Updating the Gram-Schmidt QR Factorization. Mathematics of Computation **30** (1976) 772–795

[19] Devroye, L., Non-Uniform Random Variate Generation. Springer, Berlin-Heidelberg-New York 1986

[20] Dixon, J. D., Factorization and Primality Tests. American Mathematical Monthly **91** (1984) 333–352

[21] Fischer, G., Lineare Algebra (Vieweg Studium 17, Grundkurs Mathematik). Vieweg, Braunschweig-Wiesbaden, 9. Auflage 1986

[22] Fisz, M., Wahrscheinlichkeitsrechnung und Mathematische Statistik (Hochschulbücher für Mathematik 40). Deutscher Verlag der Wissenschaften, Berlin, 11. Auflage 1988

[23] Gonnet, G. H., Heuristic Primality Testing. Maple Newsletter 4, Januar 1989

[24] Grube, A., Moderne Erzeugung von Zufallszahlen (Informatik und Operations Research 5). S. Toeche-Mittler-Verlag, Darmstadt 1975

[25] Hämmerlin, G., Hoffmann, K.-H., Numerische Mathematik (Grundwissen Mathematik 7), Springer, Berlin-Heidelberg-New York 1989

[26] Heuser, H., Differentialgleichungen (Mathematische Leitfäden). Teubner, Stuttgart 1989

[27] Heuser, H., Lehrbuch der Analysis I und II. Mathematische Leitfäden, Teubner, Stuttgart, 7. und 5. Auflage 1990

[28] Hinderer, K., Grundbegriffe der Wahrscheinlichkeitstheorie (Hochschultext). Springer, Berlin-Heidelberg-New York 1972

[29] Hoschek, J., Lasser, D., Grundlagen der geometrischen Datenverarbeitung. Teubner, Stuttgart 1989

[30] Hua, L. K., Introduction to Number Theory. Springer, Berlin-Heidelberg-New York 1982

[31] Indlekofer, K.-H., Zahlentheorie. Eine Einführung (Uni-Taschenbücher 688). Birkhäuser, Basel-Stuttgart 1978

[32] Kall, P., Mathematische Methoden des Operation Research (Studienbücher Mathematik). Teubner, Stuttgart 1976

[33] Kaltofen, E., Factorization of Polynomials. In [15], S. 95–113

[34] Knuth, D. E., Euler's Constant to 1271 Places. Mathematics of Computation **16** (1962) 275–281

[35] Knuth, D. E., The Art of Computer Programming II: Seminumerical Algorithms (Addison-Wesley Series in Computer Science and Information Processing). Addison-Wesley, Reading, 2nd edition 1981

[36] Knuth, D. E., The Art of Computer Programming III: Sorting and Searching (Addison-Wesley Series in Computer Science and Information Processing). Addison-Wesley, Reading 1973

[37] Koblitz, N., A Course in Number Theory and Cryptography (Graduate Texts in Mathematics 114). Springer, Berlin-Heidelberg-New York 1987

[38] Köckler, N., Numerische Algorithmen in Softwaresystemen unter besonderer Berücksichtigung der NAG-Bibliothek. Teubner, Stuttgart 1990

[39] Koppelberg, S., Handbook of Boolean Algebras I: General Theory of Boolean Algebras (ed. by J. D. Monk). North-Holland, Amsterdam 1988

[40] Kranakis, E., Primality and Cryptography (Wiley-Teubner Series in Mathematics). Teubner/Wiley, Stuttgart/Chichester-New York 1986

[41] Krengel, U., Einführung in die Wahrscheinlichkeitstheorie und Statistik (Vieweg Studium, Aufbaukurs Mathematik). Vieweg, Braunschweig-Wiesbaden, 2. Auflage 1990

[42] Kronsjö, L. I., Algorithms: Their Complexity and Efficiency (Wiley Series in Computing). Wiley, Chichester, 2nd edition 1987

[43] Kulisch, U. W., Miranker, W. L., Computer Arithmetic in Theory and Practice (Computer Science and Applied Mathematics), Academic Press, New York 1981

[44] Lamprecht, E., Einführung in die Algebra (Uni-Taschenbücher 739). Birkhäuser, Basel-Boston 1978

[45] Lamprecht, E., Lineare Algebra I und II (Uni-Taschenbücher 1021 und 1224), Birkhäuser, Basel-Boston 1980 und 1983

[46] Lehman, R. S., Factoring Large Integers. Mathematics of Computation **28** (1974) 637–646

[47] Lehmer, D. H., Mathematical Methods in Large-Scale Computing Units. Proceeding of a Second Symposium on Large-Scale Digital Calculating Machinery 1949, 141–146. Harvard University Press, Cambridge/Massachusetts 1951

[48] Lehmer, D. N., List of Prime Numbers from 1 to 10 006 721. 1. Auflage 1914

[49] Lenstra, H. W., Primality Testing. In [50], S. 55–77.

[50] Lenstra, H. W., Tijdeman, R. (eds.), Computational Methods in Number Theory I. Mathematisch Centrum, Amsterdam, 2nd edition 1984

[51] Lidl, R., Niederreiter, H., Finite Fields (Encyclopedia of Mathematics and its Applications 20). Addison-Wesley, Reading 1983

[52] van Lint, J. H., Introduction to Coding Theory (Graduate Texts in Mathematics 86). Springer, Berlin-Heidelberg-New York 1982

[53] Loos, R., Generalized Polynomial Remainder Sequence. In [15], S. 115–136

[54] Lorenz, F., Einführung in die Algebra I. Bibliographisches Institut, Mannheim 1987

[55] Lorenz, F., Lineare Algebra I und II. Bibliographisches Institut, 2. Auflage Mannheim 1988 und 1989

[56] Lüneburg, H., On the Rational Normal Form of Endomorphisms. A Primer to Constructive Algebra. B. I.-Wissenschaftsverlag, Mannheim 1987

[57] Macwilliams, F. J., Sloane, N. J. A., The Theory of Error-Correcting Codes (North-Holland Mathematical Library). North-Holland, Amsterdam 1977

[58] Mathar, K., Pfeifer, D., Stochastik für Informatiker (Leitfäden und Monographien der Informatik). Teubner, Stuttgart 1990

[59] Mehlhorn, K., Datenstrukturen und effiziente Algorithmen I: Sortieren und Suchen (Leitfäden und Monographien der Informatik). Teubner, Stuttgart, 2. Auflage 1988

[60] Miller, K. S., Linear Difference Equations. W. A. Benjamin, New York 1968

[61] Niven, I., Zuckerman, H. S., Einführung in die Zahlentheorie I, II. Bibliographisches Institut, Mannheim-Wien-Zürich 1976

[62] Pflug, G., Stochastische Modelle in der Informatik (Leitfäden und Monographien der Informatik). Teubner, Stuttgart 1986

[63] Pomerance, C., Analysis and Comparison of Some Integer Factoring Algorithms. In [50], S. 89–139

[64] Ribenboim, P., The Book of Prime Number Records. Springer, Berlin-Heidelberg-New York 1988

[65] Riesel, H., Prime Numbers and Computer Methods for Factorization (Progress in Mathematics 57). Birkhäuser-Verlag, Basel-Stuttgart-Boston 1985

[66] Rommelfanger, R., Differenzengleichungen. Bibliographisches Institut, Mannheim 1986

[67] Rotenberg, A., A New Pseudo-Random Number Generator. Journal of the Association for Computing Machinery **7** (1960) 75–77

[68] Scheja, G. und Storch, U., Lehrbuch der Algebra I–III (Mathematische Leitfäden). Teubner, Stuttgart 1980–1988

[69] Schmitz, N., Lehmann, F., Monte-Carlo-Methoden I: Erzeugen und Testen von Zufallszahlen (Mathematical Systems in Economics 28). Verlag Anton Hain, Meisenheim am Glan 1976

[70] Schrijver, A., Theory of Linear and Integer Programming (Wiley-Interscience Series in Discrete Mathematics). Wiley, Chichester 1986

[71] Schwarz, H. R., Numerische Mathematik. Teubner, Stuttgart, 2. Auflage 1988

[72] Sedgewick, R., Algorithms. Addison-Wesley, Reading, 2. Auflage 1988

[73] Shapiro, R. D., Optimization Models for Planning and Allocation: Text and Cases in Mathematical Programming. Wiley, New York 1984

[74] Späth, H. (Hsg.), Fallstudien Operations Research I, II, III. Oldenbourg, München 1978

[75] Spaniol, O., Computer Arithmetic. Logic and Design (Wiley Series in Computing). Wiley, Chichester 1981

[76] Speckenmeyer, E., On the Average Case Behaviour of Backtracking for Satisfiability and Exact Satisfiability. Habilitationsschrift Paderborn 1988

[77] Stoer, J., Einführung in die Numerische Mathematik I (Heidelberger Taschenbücher 105). Springer, Berlin-Heidelberg-New York, 4. Auflage 1983

[78] Stoer, J., Bulirsch, R., Einführung in die Numerische Mathematik II (Heidelberger Taschenbücher 114). Springer, Berlin-Heidelberg-New York, 2. Auflage 1978

[79] Storch, U., Wiebe, H., Lehrbuch der Mathematik für Mathematiker, Informatiker und Physiker I: Analysis einer Veränderlichen. B. I.-Wissenschaftsverlag, Mannheim-Wien-Zürich 1989

[80] Voorhoeve, M., Factorization Algorithms of Exponential Order. In [50], S. 79–87

[81] van der Waerden, B. L., Mathematische Statistik (Grundlehren der mathematischen Wissenschaften 87). Springer, Berlin-Heidelberg-New York, 3. Auflage 1971

[82] Wilkinson, J. H., Rundungsfehler (Heidelberger Taschenbücher 44). Springer, Berlin-Heidelberg-New York 1969

[83] Wilkinson, J. H., Error Analysis of Direct Methods of Matrix Inversion. Journal of the Association of Computing Machinery **8** (1961) 281–330

[84] Wilkinson, J. H., Reinsch, C. (eds.), Linear Algebra (Grundlehren der mathematischen Wissenschaften 186). Springer, Berlin-Heidelberg-New York 1971

Namen- und Sachverzeichnis